실기

전기기사

출제유형별 기출문제집

전수기, 임한규, 정종연 지음

BM (주)도서출판 성안당

■ 도서 A/S 안내

성안당에서 발행하는 모든 도서는 저자와 출판사, 그리고 독자가 함께 만들어 나갑니다.

좋은 책을 펴내기 위해 많은 노력을 기울이고 있습니다. 혹시라도 내용상의 오류나 오탈자 등이 발견되면 "좋은 책은 나라의 보배"로서 우리 모두가 함께 만들어 간다는 마음으로 연락주시기 바랍니다. 수정 보완하여 더 나은 책이 되도록 최선을 다하겠습니다.

성안당은 늘 독자 여러분들의 소중한 의견을 기다리고 있습니다. 좋은 의견을 보내주시는 분께는 성안당 쇼핑몰의 포인트(3,000포인트)를 적립해 드립니다.

잘못 만들어진 책이나 부록 등이 파손된 경우에는 교환해 드립니다.

저자 문의 : jeon6363@hanmail.net(전수기)

본서 기획자 e-mail : coh@cyber.co.kr(최옥현)

홈페이지 : http://www.cyber.co.kr   전화 : 031) 950-6300

이 책을 펴내면서…

전기수험생 여러분!

합격하기도, 학습하기도 어려운 전기자격증시험 어떻게 하면 합격할 수 있을까요? 이것은 과거부터 현재까지 끊임없이 제기되고 있는 전기수험생들의 고민이며 가장 큰 바람입니다.

필자가 강단에서 30여 년 강의를 하면서 안타깝게도 전기수험생들이 열심히 준비하지만 합격하지 못한 채 중도에 포기하는 경우를 많이 보았습니다. 전기자격증시험이 너무 어려워서?, 머리가 나빠서?, 수학실력이 없어서?, 그렇지 않습니다. 그것은 전기자격증 시험대비 학습방법이 잘못되었기 때문입니다.

전기기사 시험문제는 출제될 수 있는 문제가 모두 출제된 상태로 현재는 문제은행 방식으로 기출문제를 그대로 출제하고 있습니다.

따라서 이 책은 기출개념원리에 의한 독특한 교수법으로 시험에 강해질 수 있는 사고력을 기르고 이를 바탕으로 기출문제 해결능력을 키울 수 있도록 다음과 같이 구성하였습니다.

이 책의 특징

❶ **기출핵심개념과 기출문제를 동시에 학습**

중요한 기출문제를 기출핵심이론의 하단에서 바로 학습할 수 있도록 구성하였습니다. 따라서 기출개념과 기출문제풀이가 동시에 학습이 가능하여 어떠한 형태로 문제가 출제되는지 출제감각을 익힐 수 있게 구성하였습니다.

❷ **전기자격증시험에 필요한 내용만 서술**

기출문제를 토대로 방대한 양의 이론을 모두 서술하지 않고 시험에 필요 없는 부분은 과감히 삭제, 시험에 나오는 내용만 담아 수험생의 학습시간을 단축시킬 수 있도록 교재를 구성하였습니다.

이 책으로 인내심을 가지고 꾸준히 시험대비를 한다면 학습하기도, 합격하기도 어렵다는 전기자격증시험에 반드시 좋은 결실을 거둘 수 있으리라 확신합니다.

전수기 씀

기출개념과 문제를 한번에 잡는 합격 구성

1단계
기출개념 이해하기

기출개념
기출문제에 꼭 나오는 핵심개념을 관련 기출문제와 구성하여 한번에 쉽게 이해

2단계
단원별 빈출문제 익히기

단원 빈출문제
단원별로 자주 출제되는 기출문제를 엄선하여 출제 가능성이 높은 필수 빈출문제 공략

3단계
실전 기출문제 풀어보기

실전 기출문제
최근 출제되었던 기출문제를 풀면서 실전시험 최종 마무리

이 책의 구성과 특징

01 기출개념

시험에 출제되는 중요한 핵심개념을 체계적으로 정리해 먼저 제시하고 그 개념과 관련된 기출문제를 동시에 학습할 수 있도록 구성하였다.

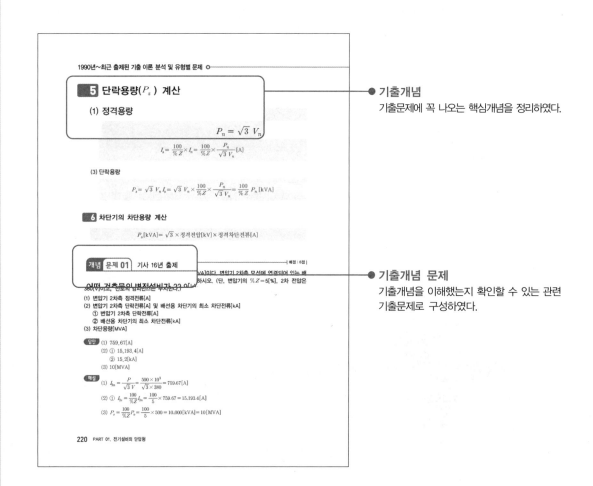

1990년~최근 출제된 기출 이론 분석 및 유형별 문제

5 단락용량(P_s) 계산

(1) 정격용량

$$P_n = \sqrt{3}\ V_n$$

$$I_s = \frac{100}{\%Z} \times I_n = \frac{100}{\%Z} \times \frac{P_n}{\sqrt{3}\ V_n} [A]$$

(3) 단락용량

$$P_s = \sqrt{3}\ V_n I_s = \sqrt{3}\ V_n \times \frac{100}{\%Z} \times \frac{P_n}{\sqrt{3}\ V_n} = \frac{100}{\%Z} P_n [kVA]$$

6 차단기의 차단용량 계산

$$P_s[kVA] = \sqrt{3} \times 정격전압[kV] \times 정격차단전류[A]$$

개념 문제 01 기사 16년 출제 | 배점 : 6점 |

어떤 건축물의 변전설비가 22.9[kV ... VA]이다. 변압기 2차측 모선에 연결되어 있는 배 ... 하시오. (단, 변압기의 $\%Z$=5[%], 2차 전압은 380[V]이고, 선로의 임피던스는 무시한다.)

(1) 변압기 2차측 정격전류[A]
(2) 변압기 2차측 단락전류[A] 및 배선용 차단기의 최소 차단전류[kA]
  ① 변압기 2차측 단락전류[A]
  ② 배선용 차단기의 최소 차단전류[kA]
(3) 차단용량[MVA]

답안 (1) 759.67[A]
(2) ① 15,193.4[A]
  ② 15.2[kA]
(3) 10[MVA]

해설
(1) $I_{2n} = \frac{P}{\sqrt{3}\ V} = \frac{500 \times 10^3}{\sqrt{3} \times 380} = 759.67[A]$

(2) ① $I_{2s} = \frac{100}{\%Z} I_{2n} = \frac{100}{5} \times 759.67 = 15.193.4[A]$

(3) $P_s = \frac{100}{\%Z} P_n = \frac{100}{5} \times 500 = 10,000[kVA] = 10[MVA]$

220 PART 01. 전기설비의 단답형

기출개념
기출문제에 꼭 나오는 핵심개념을 정리하였다.

기출개념 문제
기출개념을 이해했는지 확인할 수 있는 관련 기출문제로 구성하였다.

02 단원 빈출문제

자주 출제되는 기출문제를 엄선하여 단원별로 학습할 수 있도록 빈출문제로 구성하였다.

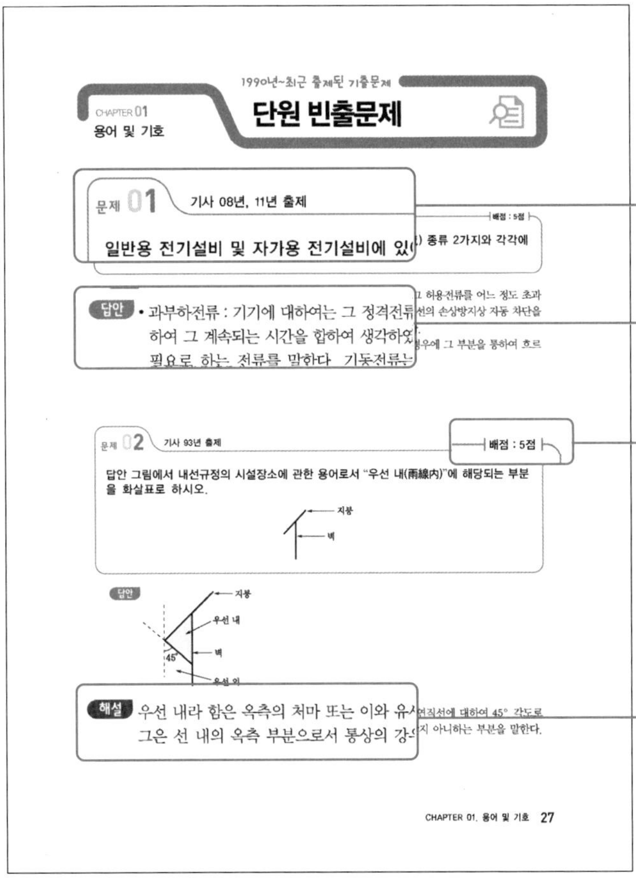

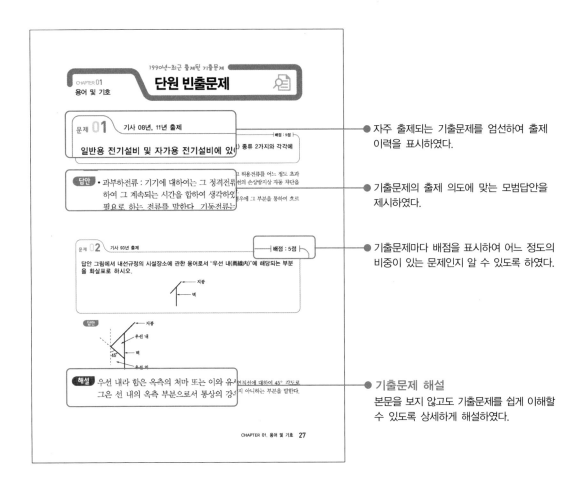

● 자주 출제되는 기출문제를 엄선하여 출제 이력을 표시하였다.

● 기출문제의 출제 의도에 맞는 모범답안을 제시하였다.

● 기출문제마다 배점을 표시하여 어느 정도의 비중이 있는 문제인지 알 수 있도록 하였다.

● **기출문제 해설**
본문을 보지 않고도 기출문제를 쉽게 이해할 수 있도록 상세하게 해설하였다.

03 최근 과년도 출제문제

실전시험에 대비할 수 있도록 최근 기출문제를 수록하여 시험에 대한 감각을 기를 수 있도록 구성하였다.

전기자격시험안내

01 시행처

한국산업인력공단

02 시험과목

구분	전기기사	전기산업기사	전기공사기사	전기공사산업기사
필기	1. 전기자기학 2. 전력공학 3. 전기기기 4. 회로이론 및 제어공학 5. 전기설비기술기준	1. 전기자기학 2. 전력공학 3. 전기기기 4. 회로이론 5. 전기설비기술기준	1. 전기응용 및 공사재료 2. 전력공학 3. 전기기기 4. 회로이론 및 제어공학 5. 전기설비기술기준	1. 전기응용 2. 전력공학 3. 전기기기 4. 회로이론 5. 전기설비기술기준
실기	전기설비 설계 및 관리	전기설비 설계 및 관리	전기설비 견적 및 시공	전기설비 견적 및 시공

03 검정방법

[기사]

- **필기** : 객관식 4지 택일형, 과목당 20문항(과목당 30분)
- **실기** : 필답형(2시간 30분)

[산업기사]

- **필기** : 객관식 4지 택일형, 과목당 20문항(과목당 30분)
- **실기** : 필답형(2시간)

04 합격기준

- **필기** : 100점을 만점으로 하여 과목당 40점 이상, 전과목 평균 60점 이상
- **실기** : 100점을 만점으로 하여 60점 이상

05 출제기준

주요항목	세부항목
1. 전기계획	(1) 현장조사 및 분석하기 (2) 부하용량 산정하기 (3) 전기실 크기 산정하기 (4) 비상전원 및 무정전 전원 산정하기 (5) 에너지이용기술 계획하기
2. 전기설계	(1) 부하설비 설계하기 (2) 수변전 설비 설계하기 (3) 실용도별 설비 기준 적용하기 (4) 설계도서 작성하기 (5) 원가계산하기 (6) 에너지 절약 설계하기
3. 자동제어 운용	(1) 시퀀스제어 설계하기 (2) 논리회로 작성하기 (3) PLC프로그램 작성하기 (4) 제어시스템 설계 운용하기
4. 전기설비 운용	(1) 수 · 변전설비 운용하기 (2) 예비전원설비 운용하기 (3) 전동력설비 운용하기 (4) 부하설비 운용하기
5. 전기설비 유지관리	(1) 계측기 사용법 파악하기 (2) 수 · 변전기기 시험, 검사하기 (3) 조도, 휘도 측정하기 (4) 유지관리 및 계획수립하기
6. 감리업무 수행계획	(1) 인허가업무 검토하기
7. 감리 여건제반조사	(1) 설계도서 검토하기
8. 감리행정업무	(1) 착공신고서 검토하기
9. 전기설비감리 안전관리	(1) 안전관리계획서 검토하기 (2) 안전관리 지도하기
10. 전기설비감리 기성준공관리	(1) 기성 검사하기 (2) 예비준공검사하기 (3) 시설물 시운전하기 (4) 준공검사하기
11. 전기설비 설계감리업무	(1) 설계감리계획서 작성하기

이 책의 차례

PART 01 전기설비의 단답형

Ⅰ. 전기설비 시설계획

Ⅱ. 전기설비 유지관리

PART 03 시퀀스제어

PART 04 전기설비설계

부 록

P·A·R·T 01

전기설비의 단답형

Ⅰ. 전기설비 시설계획

Ⅱ. 전기설비 유지관리

Ⅲ. 전기설비 시설관리

"할 수 있다고 믿는 사람은 그렇게 되고,
할 수 없다고 믿는 사람 역시 그렇게 된다."

– 샤를 드골 –

I. 전기설비 시설계획

1990년~최근 출제된 기출 이론 분석 및 유형별 문제

01 CHAPTER 용어 및 기호

기출개념 01 용어해설

(1) 전기사용장소

① 전기를 사용하기 위하여 전기설비를 시설한 장소이다.
② 발전소, 변전소, 개폐소, 수전소(실) 또는 배전반 등은 포함하지 아니한다.
③ 옥외에 하나의 작업장으로 통일되어 있는 것은 하나의 전기사용장소이다.

(2) 수용장소

전기사용장소를 포함하여 전기를 사용하는 구내 전체이다.

(3) 조영물

건축물, 광고탑 등 토지에 정착하는 시설물 중 지붕 및 기둥 또는 벽을 가지는 시설물이다.

(4) 조영재

조영물을 구성하는 부분을 말한다.

(5) 건조물

사람이 거주하거나 근무하거나, 빈번히 출입하거나 또는 사람이 모이는 건축물 등이다.

(6) 우선 내

옥측의 처마 또는 이와 유사한 것의 선단에서 연직선에 대하여 45° 각도로 그은 선 내의 옥측 부분으로서, 통상의 강우 상태에서 비를 맞지 아니하는 부분이다.

(7) 점검 가능한 은폐장소

점검구가 있는 천장 안이나 벽장 또는 다락같은 장소이다.

(8) 점검할 수 없는 은폐장소

점검구가 없는 천장 안, 마루 밑, 벽 내, 콘크리트 바닥 내, 지중 등과 같은 장소이다.

(9) 사람이 쉽게 접촉될 우려가 있는 장소

옥내에서는 바닥에서 1.8[m] 이하, 옥외에서는 지표상 2[m] 이하인 장소를 말하고, 그 밖에 계단의 중간, 창 등에서 손을 뻗어서 쉽게 닿을 수 있는 범위를 말한다.

(10) 사람이 접촉될 우려가 있는 장소

옥내에서는 바닥에서 저압인 경우는 1.8[m] 이상 2.3[m] 이하(고압인 경우는 1.8[m] 이상 2.5[m] 이하), 옥외에서는 지표면에서 2[m] 이상 2.5[m] 이하의 장소를 말하고, 그 밖에 계단의 중간, 창 등에서 손을 뻗어서 닿을 수 있는 범위를 말한다.

(11) 전선로

① 발전소, 변전소, 개폐소 이와 유사한 장소 및 전기사용장소 상호 간의 전선 및 이를 지지하거나 보장하는 시설물을 말한다.

② 보장하는 시설물이라 함은 지중전선로에 대하여 케이블을 넣는 암거, 관, 지중관 등을 말한다.

(12) 전구선(조명용 전원코드)

전기사용장소에 시설하는 전선 가운데에서 조영물에 고정하지 아니하고 백열전등에 이르는 것으로서 조영물에 시설하지 아니하는 코드 등을 말한다. 전기사용 기계기구 내의 전선은 포함하지 아니한다.

(13) 이동전선

전기사용장소에 시설하는 전선 가운데서 조영재에 고정하여 시설하지 아니하는 것을 말한다. 전구선, 전기사용 기계기구 내의 전선, 케이블의 포설 등은 포함하지 아니한다.

(14) 제어회로 등

자동제어회로, 원방조작회로, 원방감시조작의 신호회로 등 이와 유사한 전기회로이다.

(15) 신호회로

벨, 부저, 신호등 등의 신호를 발생하는 장치에 전기를 공급하는 회로이다.

(16) 관등회로

방전등용 안정기(네온 변압기를 포함한다)와 점등관등의 점등에 필요한 부속품과 방전관을 연결하는 회로를 말한다.

(17) 대지전압

접지식 전로에서는 전선과 대지 사이의 전압을 말하고 또 비접지식 전로에서는 전선과 그 전로 중의 임의의 다른 전선 사이의 전압을 말한다.

(18) 접촉전압

지락이 발생된 전기기계기구의 금속제 외함 등에 인축이 닿을 때 생체에 가하여지는 전압을 말한다.

(19) 인입구

옥외 또는 옥측에서의 전로가 가옥의 외벽을 관통하는 부분을 말한다.

(20) 인입선

가공 인입선, 지중 인입선 및 연접 인입선의 총칭을 말한다.

(21) 가공 인입선

가공전선로의 지지물에서 다른 지지물을 거치지 아니하고 수용장소의 인입선 접속점에 이르는 가공전선을 말한다.

(22) 연접 인입선

하나의 수용장소의 인입선 접속점에서 분기하여 지지물을 거치지 아니하고 다른 수용장소의 인입선 접속점에 이르는 전선을 말한다.

(23) 간선

① 인입구에서 분기 과전류 차단기에 이르는 배선으로서 분기회로의 분기점에서 전원측의 부분을 말한다.

② 고압 수전의 경우는 저압의 주배전반(수전실 등에 시설되고 공급 변압기에서 보아 최초의 배전반)에서부터로 한다.

(24) 분기회로

간선에서 분기하여 분기 과전류 차단기를 거쳐서 부하에 이르는 사이의 배선이다.

(25) 인입구장치

① 인입구 이후의 전로에 설치하는 전원측으로부터 최초의 개폐기 및 과전류 차단기를 합하여 말한다.

② 인입구장치로서는 일반적으로 배선용 차단기, 퓨즈를 붙인 나이프 스위치 또는 컷아웃 스위치가 사용된다. 이것을 단순히 인입 개폐기라 부르는 경우도 있다.

③ 분기회로수가 적을 경우에는 인입구장치의 개폐기가 주개폐기, 분기 개폐기 또는 조작 개폐기를 겸하는 것도 있다.

(26) 주개폐기

① 간선에 설치하는 개폐기(개폐기를 하는 배선용 차단기를 포함한다) 중에서 인입구장치 이외의 것이다.

② 주개폐기는 인입구장치 이외의 것을 말하지만 시설장소에 따라서는 인입구장치를 겸하는 것도 있다.

(27) 분기 개폐기

① 간선과 분기회로와의 분기점에서 부하측에 설치하는 전원측으로부터 최초의 개폐기를 말한다.

② 분기 개폐기는 분기 과전류 차단기와 조합하여 사용하는 것이 보통이다.

③ 분기 개폐기는 분기회로의 절연저항 측정 등의 경우에 해당 회로를 개로하기 위하여 시설되고 또 전등회로에서는 분기회로 전체를 점멸하는 데 이용되는 수도 있다. 또 전동기회로에서는 조작 개폐기를 겸할 때도 있다.

(28) 조작 개폐기

전동기, 가열장치, 전력장치 등의 기동이나 정지를 위하여 상용하는 개폐기(배선용 차단기를 포함한다)를 말한다.

(29) 점멸기

전등 등의 점멸에 상용하는 개폐기(텀블러 스위치 등)를 말한다.

(30) 수전반

특고압 또는 고압 수용가의 수전용 배전반을 말한다.

(31) 배전반

① 대리석판, 강판, 목판 등에 개폐기, 과전류 차단기, 계기(전류계, 전압계, 전력계, 전력량계 등) 등을 장비한 집합체를 말한다.
② 수전용, 전동기의 제어용 등을 목적으로 하는 것은 포함되나 분전반은 포함되지 아니한다.

(32) 제어반

전동기, 가열장치, 조명 등의 제어를 목적으로 개폐기, 과전류 차단기, 전자 개폐기, 제어용 기구 등을 집합하여 설치한 것을 말한다.

(33) 분전반

분기 과전류 차단기 및 분기 개폐기를 집합하여 설치한 것(주개폐기나 인입구장치를 설치하는 경우도 포함한다)을 말한다.

(34) 수구

소켓, 리셉터클, 콘센트 등의 총칭을 말한다.

(35) 전압측 전선

저압 전로에서 접지측 전선 이외의 전선을 말한다.

(36) 접지측 전선

저압 전로에서 기술상의 필요에 따라 접지한 중성선 또는 접지된 전선을 말한다.

(37) 중성선

다선식 전로에서 전원의 중성극에 접속된 전원을 말한다.

(38) 뱅크(BANK)

전로에 접속된 변압기 또는 콘덴서의 결선상 단위를 말한다.

(39) 전기기계기구

배선기구, 가정용 전기기계기구, 업무용 전기기계기구, 백열전등 및 방전등(관등회로의 배선은 제외한다)을 말한다.

(40) 배선기구

개폐기, 과전류 차단기, 접속기 및 기타 이와 유사한 기구를 말한다.

(41) 이동 전기기계기구

탁상용 선풍기, 전기다리미, 텔레비젼, 전기세탁기, 가방전기드릴 등과 같이 손으로 운반하기 쉽고 수시로 옥내 배선에 접속하거나 또는 옥내 배선에서 분리할 수 있도록 꽂음 플러그가 달린 코드 등이 부속되어 있는 것을 말한다.

(42) 고정 전기기계기구

나사못 등으로 조영물에 붙이는 전기기계기구 또는 전기냉장고, 캐비닛형 난방기, 조리용 전기기구 등과 같이 형태 및 중량이 크고 일정한 위치에서 사용하는 성질의 전기기계기구를 말한다.

(43) 방수형

옥측의 우선외, 옥외에서 비와 이슬을 맞는 장소, 상시 또는 장시간 습기가 100[%]에 가깝고 물방울이 떨어지거나 또는 이슬이 맺혀 전기용품이 젖어 있는 장소(영안실, 지하도 등)에서 사용에 적합한 형의 것으로, 다음에 해당하는 것을 말한다.

① 적당한 외함을 구비하고 내부에 물기가 스며드는 것을 방지하는 것
② 외함 등은 구비하지 아니하였으나, 그것 자체가 습기 및 물방울에 견디고 사용상 지장이 없는 것

(44) 옥내형

습기 또는 수분이 많지 않은 보통의 옥내 장소에서 사용에 적합한 성능을 가지는 것을 말한다. 특히 옥외형이라 표기하지 아니하는 경우에는 옥내형을 말하고, 이 경우에 일반적으로 옥내형이라고는 표기하지 아니한다.

(45) 옥외형

① 바람, 비 및 눈과 직사광선을 받는 장소에서 사용하는데 적합한 성능을 가지는 것을 말한다.
② 옥외형의 것을 옥내에 사용하는 것은 지장이 없다.
③ 옥내형의 것을 옥외형의 성능을 가지는 함 속에 넣으면 옥외에서 사용할 수 있다.

(46) 애관류

전선의 조영재 관통장소 등에 사용하는 애관, 두께 1.2[mm] 이상의 합성수지관 등이다.

(47) 내화성

사용 중 닿게 될지도 모르는 불꽃, 아크 또는 고열에 의하여 연소되는 일이 없고 또한 실용상 지장을 주는 변형 또는 변질을 초래하지 아니하는 성질이다.

(48) 불연성

사용 중 닿게 될지도 모르는 불꽃, 아크 또는 고열에 의하여 연소되지 아니하는 성질이다.

(49) 난연성

불꽃, 아크 또는 고열에 의하여 착화하지 아니하거나 또는 착화하여도 잘 연소하지 아니하는 성질이다.

(50) 과전류

과부하전류 및 단락전류이다.

(51) 과부하전류

기기에 대하여는 그 정격전류, 전선에 대하여는 그 허용전류를 어느 정도 초과하여 그 계속되는 시간을 합하여 생각하였을 때 기기 또는 전선의 부하 방지상 자동 차단을 필요로 하는 전류로, 기동전류는 포함하지 아니한다.

(52) 단락전류

전로의 선간 임피던스가 적은 상태로 접속되었을 경우에 그 부분을 통하여 흐르는 큰 전류이다.

(53) 지락전류

지락에 의하여 전로의 외부로 유출되어 화재, 인축의 감전 또는 전로나 기기의 상해 등 사고를 일으킬 우려가 있는 전류이다.

(54) 누설전류

① 전로 이외를 흐르는 전류로서 전로의 절연체(전선의 피복절연체, 단자, 부싱, 스페이서 및 기타 기기의 부분으로 사용하는 절연체 등)의 내부 및 표면과 공간을 통하여 선간 또는 대지 사이를 흐르는 전류이다.
② 누설전류가 생기는 것은 절연체의 절연저항이 무한대가 아니며 전로 각부 상호 간 또는 대지 간에 정전용량이 존재하기 때문이다.

(55) 과전류 차단기

① 배선차단기, 퓨즈, 기중차단기(ACB)와 같이 과부하전류 및 단락전류를 자동 차단하는 기능을 가지는 기구이다.
② 배선차단기 및 퓨즈는 일반적으로 단락전류 및 과부하전류에 대하여 보호기능을 갖는다. 단락전류 전용의 것도 있으나, 이것은 과전류 차단기로는 인정하지 아니한다. 또 열동계전기가 붙은 전자 개폐기는 일반적으로 과부하전류 보호전용으로서 단락전류에 대한 차단 능력은 없다.
③ 전류제한기는 전력수급거래상 필요에 따라 설치하는 것으로서 과전류 차단기가 아니다.

(56) 분기 과전류 차단기

① 분기회로마다 시설하는 것으로서 그 분기회로의 배선을 보호하는 과전류 차단기이다.
② 분기 과전류 차단기로는 일반적으로 배선용 차단기 또는 퓨즈가 사용된다.

③ 열동계전기가 붙은 전자 개폐기 또는 로제트 혹은 전등점멸용의 점멸기 내부에 시설하는 퓨즈는 분기 과전류 차단기라고는 보지 아니한다.

(57) 지락차단장치

전로에 지락이 생겼을 경우에 부하기기, 금속제 외함 등에 발생하는 고장전압 또는 지락전류를 검출하는 부분과 차단기 부분을 조합하여 자동적으로 전로를 차단하는 장치이다.

(58) 누전차단기

누전차단장치를 일체로 하여 용기 속에 넣어서 제작한 것으로서 용기 밖에서 수동으로 전로의 개폐 및 자동 차단 후에 복귀가 가능한 것이다.

(59) 배선차단기

전자 작용 또는 바이메탈의 작용에 의하여 과전류를 검출하고 자동으로 차단하는 과전류 차단기로서 그 최소 동작전류(동작하고 아니하는 한계전류)가 정격전류의 100[%]와 125[%] 사이에 있고 또 외부에서 수동, 전자적 또는 전동적으로 조작할 수 있는 것이다.

(60) 정격차단용량

과전류 차단기가 어떤 정해진 조건에서 차단할 수 있는 차단용량의 한계이다.

(61) 포장 퓨즈

가용체를 절연물 또는 금속으로 충분히 포장한 구조의 통형 퓨즈 또는 플러그 퓨즈로서 정격차단용량 이내의 전류를 용융금속 또는 아크를 방출하지 아니하고 안전하게 차단할 수 있는 것이다.

(62) 비포장 퓨즈

포장 퓨즈 이외의 퓨즈를 말하고 방출형 퓨즈를 포함한다.

(63) 한류 퓨즈

단락전류를 신속히 차단하며 또한 흐르는 단락전류의 값을 제한하는 성질을 가지는 퓨즈로서 이 성질에 관하여 일정한 규격에 적합한 것을 말한다.

(64) 조상설비

무효전력을 조정하여 전송 효율을 증가시키고, 전압을 조정하여 계통의 안정도를 증진시키기 위한 전기기계기구이다.

(65) 액세스플로어(Movable Floor 또는 OA Floor)

주로 컴퓨터실, 통시기계실, 사무실 등에서 배선, 기타의 용도를 위한 2중 구조의 바닥을 말한다.

(66) 전기기계기구의 방폭구조

가스증기위험장소에 사용에 적합하도록 특별히 고려한 구조를 말하며, 내압방폭구조(耐壓防爆構造), 내압방폭구조(內壓防爆構造), 유입(油入)방폭구조, 안전증가방폭구조, 본질(本質)방폭구조 및 특수방폭구조와 분진위험장소에서 사용에 적합하도록 고려한 분진방폭방진구조로 구별한다.

(67) 스트레스 전압

지락고장 중에 접지부분 또는 기기나 장치의 외함과 기기나 장치의 다른 부분 사이에 나타나는 전압을 말한다.

(68) 임펄스 내전압

지정된 조건 하에서 절연파괴를 일으키지 않는 규정된 파형 및 극성의 임펄스전압의 최대 피크값 또는 충격내전압을 말한다.

(69) 뇌전자기 임펄스(LEMP)

서지 및 방사상 전자계를 발생시키는 저항성, 유도성 및 용량성 결합을 통한 뇌전류에 의한 모든 전자기 영향을 말한다.

(70) 서지보호장치(SPD)

과도 과전압을 제한하고 서지전류를 분류시키기 위한 장치를 말한다.

(71) 접지 전위 상승(EPR)

접지계통과 기준 대지 사이의 전위차를 말한다.

(72) 리플프리 직류

교류를 직류로 변환할 때 리플 성분의 실효값이 10[%] 이하로 포함된 직류를 말한다.

(73) 기본보호

정상운전 시 기기의 충전부에 직접 접촉함으로써 발생할 수 있는 위험으로부터 인축의 보호를 말한다.

(74) 고장보호

고장 시 기기의 노출도전부에 간접 접촉함으로써 발생할 수 있는 위험으로부터 인축을 보호하는 것을 말한다.

(75) 보호접지

고장 시 감전에 대한 보호를 목적으로 기기의 한 점 또는 여러 점을 접지하는 것을 말한다.

(76) 계통접지

전력계통에서 돌발적으로 발생하는 이상 현상에 대비하여 대지와 계통을 연결하는 것으로, 중성점을 대지에 접속하는 것을 말한다.

(77) 보호도체

감전에 대한 보호 등 안전을 위해 제공되는 도체를 말한다.

(78) 접지도체

계통, 설비 또는 기기의 한 점과 접지극 사이의 도전성 경로 또는 그 경로의 일부가 되는 도체를 말한다.

(79) 등전위 본딩

등전위를 형성하기 위해 도전부 상호 간을 전기적으로 연결하는 것을 말한다.

(80) 보호등전위 본딩

감전에 대한 보호 등과 같은 안전을 목적으로 하는 등전위 본딩을 말한다.

(81) 등전위 본딩망

구조물의 모든 도전부와 충전도체를 제외한 내부설비를 접지극에 상호 접속하는 망을 말한다.

(82) 특별저압(ELV)

인체에 위험을 초래하지 않을 정도의 저압으로 직류 120[A], 교류 50[A] 이하를 말한다. 여기서 SELV는 비접지회로에 해당되며, PELV는 접지회로에 해당된다.

(83) 전압의 구분

① 저압 : 교류는 1[kV] 이하, 직류는 1.5[kV] 이하인 것
② 고압 : 교류는 1[kV]를, 직류는 1.5[kV]를 초과하고 7[kV] 이하인 것
③ 특고압 : 7[kV]를 초과하는 것

개념 문제 01 기사 98년, 01년 출제 | 배점 : 5점 |

다음에 주어진 전기 용어를 간단히 설명하시오.

(1) 뱅크(BANK)
(2) 수구
(3) 한류 퓨즈(FUSE)
(4) 접촉 전압

답안 (1) 변압기, 콘덴서 등에서 결선상의 용량 단위
(2) 소켓, 리셉터클, 콘센트의 총칭
(3) 단락전류를 차단할 때 또는 단락전류 크기를 제한하는 퓨즈
(4) 금속제 외함을 갖는 기기에서 지기가 발생할 때 충전부와 대지 사이에 인축이 접촉할 경우 생체에 걸리는 전압

개념 문제 02 산업 96년, 04년, 05년, 11년 출제 | 배점 : 5점 |

대지전압이란 무엇과 무엇 사이의 전압을 말하는지 접지식 전로와 비접지식 전로를 구분하여 설명하시오.

(1) 접지식 전로
(2) 비접지식 전로

답안 (1) 전선과 대지 사이의 전압
(2) 전선과 다른 전선 사이의 전압

개념 문제 03 산업 95년, 02년, 05년 출제 | 배점 : 5점 |

전압의 종별을 구분하고 그 전압의 범위를 쓰시오.

답안
- 저압 : 직류 1.5[kV]이하, 교류 1[kV] 이하인 것
- 고압 : 직류 1.5[kV], 교류 1[kV]를 초과하고 7[kV] 이하인 것
- 특고압 : 7[kV] 초과한 것

기출개념 02 옥내 배선의 그림 기호

1 적용 범위(KS C 0301-1990)

이 규격은 일반 옥내 배선에서 전등 · 전력 · 통신 · 신호 · 재해방지 · 피뢰설비 등의 배선, 기기 및 부착 위치, 부착 방법을 표시하는 도면에 사용하는 그림 기호에 대하여 규정한다.

2 배선

(1) 일반 배선(배관 · 덕트 · 금속선 홈통 등을 포함)

명 칭	그림 기호	적 용
천장 은폐 배선	———	(1) 천장 은폐 배선 중 천장 속의 배선을 구별하는 경우는 천장 속의 배선에 —·——·—를 사용하여도 좋다. (2) 노출 배선 중 바닥면 노출 배선을 구별하는 경우는 바닥면 노출 배선에 —··——··—를 사용하여도 좋다. (3) 전선의 종류를 표시할 필요가 있는 경우는 기호를 기입한다. [보기] • 600[V] 비닐 절연전선 IV • 600[V] 2종 비닐 절연전선 HIV • 가교 폴리에틸렌 절연 비닐 시스 케이블 CV • 600[V] 비닐 절연 비닐 시스 케이블(평형) VVF • 내화 케이블 FP • 내열 전선 HP • 통신용 PVC 옥내선 TIV
바닥 은폐 배선	— — —	
노출 배선	- - - - - -	

명 칭	그림 기호	적 용
		(4) 절연전선의 굵기 및 전선수는 다음과 같이 기입한다. 단위가 명백한 경우는 단위를 생략하여도 좋다. [보기] ///1.6 //2 //2[mm²] ///8 • 숫자 표기 1.6×5 5.5×1 다만, 시방서 등에 전선의 굵기 및 심선수가 명백한 경우는 기입하지 않아도 좋다. (5) 케이블의 굵기 및 심선수(또는 쌍수)는 다음과 같이 기입하고 필요에 따라 전압을 기입한다. [보기] • 1.6[mm] 3심인 경우 1.6-3C • 0.5[mm] 100쌍인 경우 0.5~100P 다만, 시방서 등에 케이블의 굵기 및 심선수가 명백한 경우는 기입하지 않아도 좋다. (6) 전선의 접속점은 다음에 따른다. (7) 배관은 다음과 같이 표시한다. • //1.6(19) 강제 전선관인 경우 • //1.6(VE16) 경질 비닐 전선관인 경우 • //1.6(F₂17) 2종 금속제 가요 전선관인 경우 • //1.6(PF16) 합성수지제 가요관인 경우 • C(19) 전선이 들어 있지 않은 경우 다만, 시방서 등에 명백한 경우는 기입하지 않아도 좋다. (8) 플로어 덕트의 표시는 다음과 같다. [보기] (F7) (FC6) 정크션 박스를 표시하는 경우는 다음과 같다. (9) 금속 덕트의 표시는 다음과 같다. MD (10) 금속선 홈통의 표시는 다음과 같다. 1종 MM_1 2종 MM_2 (11) 라이팅 덕트의 표시는 다음과 같다. □ LD □ LD □는 피드인 박스를 표시한다. 필요에 따라 저압, 극수, 용량을 기입한다. [보기] □ LD 125V 2P 15A (12) 접지선의 표시는 다음과 같다. [보기] E2.0 (13) 접지선과 배선을 동일관 내에 넣는 경우는 다음과 같다. [보기] ///2.0(25) /E2.0 다만, 접지선의 표시 E가 명백한 경우는 기입하지 않아도 좋다. (14) 정원등 등에 사용하는 지중매설 배선은 다음과 같다.
천장 은폐 배선	────	
바닥 은폐 배선	━ ━ ━	
노출 배선	- - - - - -	

명 칭	그림 기호	적 용
풀 박스 및 접속 상자		(1) 재료의 종류, 치수를 표시한다. (2) 박스의 대소 및 모양에 따라 표시한다.
VVF용 조인트 박스		단자붙이임을 표시하는 경우는 t를 표시한다. 
접지단자		의료용인 것은 H를 표기한다.
접지센터		의료용인 것은 H를 표기한다.
접지극	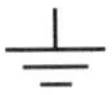	필요에 따라 재료의 종류, 크기, 필요한 접지저항치 등을 표기한다.
수전점		인입구에 이것을 적용하여도 좋다.
점검구		–

(2) 버스 덕트

명 칭	그림 기호	적 용
버스 덕트		필요에 따라 다음 사항을 표시한다. (1) 피드 버스 덕트 FBD 플러그인 버스 덕트 PBD 트롤리 버스 덕트 TBD (2) 방수형인 경우는 WP (3) 전기방식, 정격전압, 정격전류 [보기]  FBD3ϕ 3[W] 300[V] 600[A]

(3) 증설

동일 도면에서 증설·기설을 표시하는 경우 증설은 굵은 선, 기설은 가는 선 또는 점선으로 한다. 또한, 증설은 적색, 기설은 흑색 또는 청색으로 하여도 좋다.

(4) 철거 : 철거인 경우는 ×를 붙인다.

[보기] 

3 기기

명 칭	그림 기호	적 용
전동기		필요에 따라 전기방식, 전압, 용량을 표기한다. [보기]  3ϕ 200[V] 3.7[kW]
콘덴서		전동기의 적요를 준용한다.
전열기		전동기의 적요를 준용한다.
환기 팬 (선풍기를 포함)		필요에 따라 종류 및 크기를 표기한다.

명 칭	그림 기호	적 용
룸 에어컨	RC	(1) 옥외 유닛에는 0을, 옥내 유닛에는 1을 표기한다. RC_0 RC_1 (2) 필요에 따라 전동기, 전열기의 전기방식, 전압, 용량 등을 표기한다.
소형 변압기	Ⓣ	(1) 필요에 따라 용량, 2차 전압을 표기한다. (2) 필요에 따라 벨 변압기는 B, 리모컨 변압기는 R, 네온 변압기는 N, 형광등용 안정기는 F, HID등(고효율 방전등)용 안정기는 H를 표기한다. $Ⓣ_B$ $Ⓣ_R$ $Ⓣ_N$ $Ⓣ_F$ $Ⓣ_H$ (3) 형광등용 안정기 및 HID등용 안정기로서 기구에 넣는 것은 표시하지 않는다.
정류 장치		필요에 따라 종류, 용량, 전압 등을 표기한다.
축전지		필요에 따라 종류, 용량, 전압 등을 표기한다.
발전기	Ⓖ	전동기의 적요를 준용한다.

4 전등 · 전력

(1) 조명기구

명 칭	그림 기호	적 용
일반용 조명 백열등 HID등	○	(1) 벽 붙이는 벽 옆을 칠한다.  (2) 기구 종류를 표시하는 경우는 ○ 안이나 또는 표기로 글자명, 숫자 등의 문자 기호를 기입하고 도면의 비고 등에 표시한다. [보기] ㉯ $○_{나}$ ① $○_1$ Ⓐ $○_A$ 등 같은 방에 기구를 여러 개 시설하는 경우는 통합하여 문자 기호와 기구수를 기입하여도 좋다. (3) (2)에 따르기 어려운 경우는 다음에 따른다. • 걸림 로우젯만  • 팬던트  • 실링 · 직접 부착 (CL) • 샹들리에 (CH) • 매입 기구 (DL) 로 하여도 좋다. (4) 용량을 표시하는 경우는 와트수(W)×램프수로 표시한다. [보기] 100 200×3 (5) 옥외등은 로 하여도 좋다. (6) HID등의 종류를 표시하는 경우는 용량 앞에 다음 기호를 붙인다. • 수은등 H • 메탈할라이드등 M • 나트륨등 N [보기] H400

명 칭		그림 기호	적 용
형광등		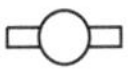	(1) 그림 기호 ◯는 ⊖로 표시하여도 좋다. (2) 벽붙이는 벽 옆을 칠한다. • 가로붙이인 경우 • 세로붙이인 경우 (3) 기구 종류를 표시하는 경우는 ○ 안이나 또는 표기로 글자명, 숫자 등의 문자 기호를 기입하고 도면의 비고 등에 표시한다. [보기] ㉯ ○$_{나}$ ① ○$_{1}$ Ⓐ ○$_{A}$ 등 같은 방에 기구를 여러 개 시설하는 경우는 통합하여 문자 기호와 기구수를 기입하여도 좋다. 또한, 여기에 따르기 어려운 경우는 일반용 조명 백열등, HID등의 적용(3)을 준용한다. (4) 용량을 표시하는 경우는 램프의 크기(형)×램프수로 표시한다. 또 용량 앞에 F를 붙인다. [보기] F40 F40×2 (5) 용량 외에 기구수를 표시하는 경우는 램프의 크기(형)×램프수－기구수로 표시한다. [보기] F40－2 F40×2－3 (6) 기구 내 배선의 연결 방법을 표시하는 경우는 다음과 같다. [보기] 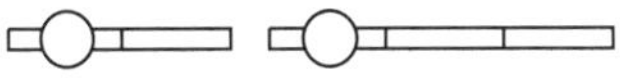 F40－2 F40－3 (7) 기구의 대소 및 모양에 따라 표시하여도 좋다. [보기] 
비상용 조명 (건축 기준법에 따르는 것)	백열등		(1) 일반용 조명 백열등의 적요를 준용한다. 다만, 기구의 종류를 표시하는 경우는 표기한다. (2) 일반용 조명 형광등에 조립하는 경우는 다음과 같다.
	형광등		(1) 일반용 조명 백열등의 적요를 준용한다. 다만, 기구의 종류를 표시하는 경우는 표기한다. (2) 계단에 설치하는 통로 유도등과 겸용인 것은 로 한다.
유도등 (소방법에 따르는 것)	백열등		(1) 일반용 조명 백열등의 적요를 준용한다. (2) 객석 유도등인 경우는 필요에 따라 S를 표기한다. S
	형광등		(1) 일반용 조명 백열등의 적요를 준용한다. (2) 기구의 종류를 표시하는 경우는 표기한다. [보기] 중 (3) 통로 유도등인 경우는 필요에 따라 화살표를 기입한다. [보기] (4) 계단에 설치하는 비상용 조명과 겸용인 것은 로 한다.

(2) 콘센트

명 칭	그림 기호	적 용
콘센트		(1) 그림 기호는 벽붙이는 표시하고 옆 벽을 칠한다. (2) 그림 기호 는 로 표시하여도 좋다. (3) 천장에 부착하는 경우는 다음과 같다.  (4) 바닥에 부착하는 경우는 다음과 같다.  (5) 용량의 표시방법은 다음과 같다. • 15[A]는 표기하지 않는다. • 20[A] 이상은 암페어수를 표기한다. [보기]  20[A] (6) 2구 이상인 경우는 구수를 표기한다. [보기]  2 (7) 3극 이상인 것은 극수를 표기한다. [보기]  3P (8) 종류를 표시하는 경우는 다음과 같다. • 빠짐 방지형  LK • 걸림형  T • 접지극붙이  E • 접지단자붙이  ET • 누전차단기붙이  EL (9) 방수형은 WP를 표기한다.  WP (10) 방폭형은 EX를 표기한다.  EX (11) 타이머붙이, 덮개붙이 등 특수한 것은 표기한다. (12) 의료용은 H를 표기한다.  H (13) 전원종별을 명확히 하고 싶은 경우는 그 뜻을 표기한다.
비상 콘센트 (소방법에 따르는 것)		–
점멸기	●	(1) 용량의 표시방법은 다음과 같다. • 10[A]는 표기하지 않는다. • 15[A] 이상은 전류치를 표기한다. [보기] ●15[A] (2) 극수의 표시방법은 다음과 같다. • 단극은 표기하지 않는다. • 2극 또는 3으로, 4로는 각각 2P 또는 3, 4의 숫자를 표기한다. [보기] ●2P ●3 (3) 플라스틱은 P를 표기한다. [보기] ●P (4) 파일럿 램프를 내장하는 것은 L을 표기한다. [보기] ●L (5) 따로 놓여진 파일럿 램프는 ○로 표시한다. [보기] ○● (6) 방수형은 WP를 표기한다. [보기] ● WP

명 칭	그림 기호	적 용
점멸기	●	(7) 방폭형은 EX를 표기한다. [보기] ●EX (8) 타이머붙이는 T를 표기한다. [보기] ●T (9) 지동형, 덮개붙이 등 특수한 것은 표기한다. (10) 옥외등 등에 사용하는 자동 점멸기는 A 및 용량을 표기한다. [보기] ●A(3A)
조광기	●↗	용량을 표시하는 경우는 표기한다. [보기] ●↗ 15[A]
리모컨 스위치	●R	(1) 파일럿 램프붙이는 ○을 병기한다. [보기] ○●R (2) 리모컨 스위치임이 명백한 경우는 R을 생략하여도 좋다.
실렉터 스위치	⊗	(1) 점멸 회로수를 표기한다. [보기] ⊗9 (2) 파일럿 램프붙이는 L을 표기한다. [보기] ⊗9L
리모컨 릴레이	▲	리모컨 릴레이를 집합하여 부착하는 경우는 [▲▲▲]를 사용하고 릴레이수를 표기한다. [보기] [▲▲▲]10
개폐기	[S]	(1) 상자인 경우는 상자의 재질 등을 표기한다. (2) 극수, 정격전류, 퓨즈 정격전류 등을 표기한다. [보기] [S] 2P 30[A] f 15[A] (3) 전류계 붙이는 [Ⓢ]를 사용하고 전류계의 정격전류를 표기한다. [보기] [Ⓢ] 2P 30[A] f 15[A] A 5
배선용 차단기	[B]	(1) 상자인 경우는 상자의 재질 등을 표기한다. (2) 극수, 프레임의 크기, 정격전류 등을 표기한다. [보기] [B] 3P 225 AF 150[A] (3) 모터브레이커를 표시하는 경우는 [B]를 사용한다. (4) [B]를 [S]MCB로서 표시하여도 좋다.
누전차단기	[E]	(1) 상자인 경우는 상자의 재질 등을 표기한다. (2) 과전류 소자붙이는 극수, 프레임의 크기, 정격전류, 정격감도전류 등 과전류 소자 없음은 극수, 정격전류, 정격감도전류 등을 표기한다. • 과전류 소자 있음의 보기 [E] 2P 30 AF 15[A] 30[mA] • 과전류 소자 없음의 보기 [E] 3P 15[A] 30[mA] (3) 과전류 소자 있음은 [BE]를 사용하여도 좋다. (4) [E]를 [S]ELB로 표시하여도 좋다.

명 칭	그림 기호	적 용
전력량계	(WH)	(1) 필요에 따라 전기 방식, 전압, 전류 등을 표기한다. (2) 그림 기호 (Wh)는 (WH)로 표시하여도 좋다.
전력량계 (상자들이 또는 후드붙이)	[Wh]	(1) 전력량계의 적요를 준용한다. (2) 집합계기 상자에 넣는 경우는 전력량계의 수를 표기한다. [보기] [Wh] 12
변류기(상자)	[CT]	필요에 따라 전류를 표기한다.
전류 제한기	(L)	(1) 필요에 따라 전류를 표기한다. (2) 상자인 경우는 그 뜻을 표기한다.
누전 경보기		필요에 따라 종류를 표기한다.
누전 화재 경보기(소방법에 따르는 것)		필요에 따라 급별을 표기한다.
지진 감지기	(EQ)	필요에 따라 동작 특성을 표기한다. [보기] (EQ) 100 170[cm/s²] (EQ) 100~170 Gal

(3) 배전반 · 분전반 · 제어반

명 칭	그림 기호	적 용
배전반, 분전반 및 제어반	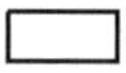	(1) 종류를 구별하는 경우는 다음과 같다. • 배전반  • 분전반  • 제어반  (2) 직류용은 그 뜻을 표기한다. (3) 재해방지 전원회로용 배전반 등인 경우는 2중 틀로 하고 필요에 따라 종별을 표기한다. [보기] 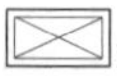1종 2종

(4) 확성장치 및 인터폰

명 칭	그림 기호	적 용
스피커		(1) 벽 붙이는 벽 옆을 칠한다.  (2) 모양, 종류를 표시하는 경우는 그 뜻을 표기한다. (3) 소방용 설비 등에 사용하는 것은 필요에 따라 F를 표기한다. (4) 아웃렛만 있는 경우는 다음과 같다. 

5 경보 · 호출 · 표시장치

명 칭	그림 기호	적 용
누름 버튼		(1) 벽 붙이는 벽 옆을 칠한다.  (2) 2개 이상인 경우는 버튼수를 표기한다. [보기] 3 (3) 간호부 호출용은 N 또는 N으로 한다. (4) 복귀용은 다음에 따른다. [보기] 
손잡이 누름 버튼		간호부 호출용은 N 또는 Ⓝ으로 한다.
벨		경보용, 시보용을 구별하는 경우는 다음과 같다. 경보용  시보용 
부저		경보용, 시보용을 구별하는 경우는 다음과 같다. 경보용  시보용 
차임		–
경보 수신반		–
간호부 호출용 수신반	NC	창 수를 표기한다. [보기] NC 10

6 방화 : 자동화재감지설비

명 칭	그림 기호	적 용
차동식 스폿형 감지기		필요에 따라 종별을 표기한다.
보상식 스폿형 감지기		필요에 따라 종별을 표기한다.
정온식 스폿형 감지기		(1) 필요에 따라 종별을 표기한다. (2) 방수인 것은 로 한다. (3) 내산인 것은 로 한다. (4) 내알칼리인 것은 로 한다. (5) 방폭인 것은 EX를 표기한다.
연기 감지기		(1) 필요에 따라 종별을 표기한다. (2) 점검 박스붙이인 경우는 로 한다. (3) 매입인 것은 로 한다.

개념 문제 01 기사 95년, 98년, 02년 출제 | 배점 : 8점 |

일반용 조명에서 백열등 또는 HID등의 KS심벌에 대한 다음 각 물음에 답하시오.

(1) 로 표시되는 등의 명칭은?

(2) 다음 심벌로 구분되는 HID등의 종류를 구분하시오.

① H400

② M400

③ N400

(3) 콘센트의 그림 기호는 이다.

① 천장에 부착하는 경우의 그림 기호는?

② 바닥에 부착하는 경우의 그림 기호는?

(4) 다음 그림 기호를 구분하여 설명하시오.

① 2

② 3P

답안 (1) 옥외등

(2) ① 400[W] 수은등, ② 400[W] 메탈 핼라이드등, ③ 400[W] 나트륨등

(3) ① 

② 

(4) ① 2구 콘센트

② 3극 콘센트

개념 문제 02 기사 02년, 05년 출제 | 배점 : 5점 |

그림은 콘센트의 종류를 표시한 옥내 배선용 그림 기호이다. 각 그림 기호는 어떤 의미를 가지고 있는지 설명하시오.

(1) LK

(2) ET

(3) EL

(4) E

(5) T

답안 (1) 빠짐 방지형 콘센트

(2) 접지단자붙이 콘센트

(3) 누전차단기붙이 콘센트

(4) 접지극붙이 콘센트

(5) 걸림형 콘센트

기출개념 03 전선 및 케이블 종류별 약호

1 정격전압 450/750[V] 이하 염화비닐 절연 케이블

(1) 배선용 비닐 절연전선

① NR : 450/750[V] 일반용 단심 비닐 절연전선
② NF : 450/750[V] 일반용 유연성 단심 비닐 절연전선
③ NFI(70) : 300/500[V] 기기 배선용 유연성 단심 비닐 절연전선(70[℃])
④ NFI(90) : 300/500[V] 기기 배선용 유연성 단심 절연전선(90[℃])
⑤ NRI(70) : 300/500[V] 기기 배선용 단심 비닐 절연전선(70[℃])
⑥ NRI(90) : 300/500[V] 기기 배선용 단심 비닐 절연전선(90[℃])

(2) 배선용 비닐 시스 케이블

LPS : 300/500[V] 연질 비닐 시스 케이블

(3) 유연성 비닐 케이블(코드)

① FTC : 300/300[V] 평형 금사 코드
② FSC : 300/300[V] 평형 비닐 코드
③ CIC : 300/300[V] 실내 장식 전등 기구용 코드
④ LPC : 300/500[V] 연질 비닐 시스 코드
⑤ OPC : 300/500[V] 범용 비닐 시스 코드
⑥ HLPC : 300/300[V] 내열성 연질 비닐 시스 코드(90[℃])
⑦ HOPC : 300/500[V] 내열성 범용 비닐 시스 코드(90[℃])

(4) 비닐 리프트 케이블

① FSL : 평형 비닐 시스 리프트 케이블
② CSL : 원형 비닐 시스 리프트 케이블

(5) 비닐 절연 비닐 시스 차폐 및 비차폐 유연성 케이블

① ORPSF : 300/500[V] 오일내성 비닐 절연 비닐 시스 차폐 유연성 케이블
② ORPUF : 300/500[V] 오일내성 비닐 절연 비닐 시스 비차폐 유연성 케이블

2 정격전압 450/750[V] 이하 고무 절연 케이블

(1) 내열 실리콘 고무 절연전선

HRS : 300/500[V] 내열 실리콘 고무 절연전선(180[℃])

(2) 고무 코드, 유연성 케이블

① BRC : 300/500[V] 편조 고무 코드
② ORSC : 300/500[V] 범용 고무 시스 코드
③ OPSC : 300/500[V] 범용 클로로프렌, 합성고무 시스 코드

④ HPSC : 450/750[V] 경질 클로로프랜, 합성고무 시스 유연성 케이블
⑤ PCSC : 300/500[V] 장식 전등 지구용 클로로프렌, 합성고무 시스 케이블(원형)
⑥ PCSCF : 300/500[V] 장식 전등 지구용 클로로프렌, 합성고무 시스 케이블(평면)

(3) 고무 리프트 케이블

① BL : 300/500[V] 편조 리프트 케이블
② RL : 300/300[V] 고무 시스 리프트 케이블
③ PL : 300/500[V] 폴리클로로프렌, 합성고무 시스 리프트 케이블

(4) 아크 용접용 케이블

① AWP : 클로로프렌, 천연합성고무 시스 용접용 케이블
② AWR : 고무 시스 용접용 케이블

(5) 내열성 에틸렌아세테이트 고무 절연전선

① HR(0.5) : 500[V] 내열성 고무 절연전선(110[℃])
② HRF(0.5) : 500[V] 내열성 유연성 고무 절연전선(110[℃])
③ HR(0.75) : 750[V] 내열성 고무 절연전선(110[℃])
④ HRF(0.75) : 750[V] 내열성 유연성 고무 절연전선(110[℃])

(6) 전기기용 고유연성 고무 코드

① RIF : 300/300[V] 유연성 고무 절연 고무 시스 코드
② RICLF : 300/300[V] 유연성 고무 절연 가교 폴리에틸렌 비닐 시스 코드
③ CLF : 300/300[V] 유연성 가교 비닐 절연 가교 비닐 시스 코드

3 정격전압 1~3[kV] 압출 성형 절연 전력 케이블

(1) 케이블(1[kV] 및 3[kV])

① VV : 0.6/1[kV] 비닐 절연 비닐 시스 케이블
② CVV : 0.6/1[kV] 비닐 절연 비닐 시스 제어 케이블
③ VCT : 0.6/1[kV] 비닐 절연 비닐 캡타이어 케이블
④ CV : 0.6/1[kV] 가교 폴리에틸렌 절연 비닐 시스 케이블
⑤ CE : 0.6/1[kV] 가교 폴리에틸렌 절연 폴리에틸렌 시스 케이블
⑥ HFCO : 0.6/1[kV] 가교 폴리에틸렌 절연 저독성 난연 폴리올레핀 시스 전력 케이블
⑦ HFCCO : 0.6/1[kV] 가교 폴리에틸렌 절연 저독성 난연 폴리올레핀 시스 제어 케이블
⑧ CCV : 0.6/1[kV] 제어용 가교 폴리에틸렌 절연 비닐 시스 케이블
⑨ CCE : 0.6/1[kV] 제어용 가교 폴리에틸렌 절연 폴리에틸렌 시스 케이블
⑩ PV : 0.6/1[kV] EP 고무 절연 비닐 시스 케이블
⑪ PN : 0.6/1[kV] EP 고무 절연 클로로프렌 시스 케이블
⑫ PNCT : 0.6/1[kV] EP 고무 절연 클로로프렌 캡타이어 케이블

(2) 케이블(6[kV] 및 30[kV])

① CV1 : 6/10[kV] 가교 폴리에틸렌 절연 비닐 시스 케이블
② CE10 : 6/10[kV] 가교 폴리에틸렌 절연 폴리에틸렌 시스 케이블
③ CVT : 6/10[kV] 트리플렉스형 가교 폴리에틸렌 절연 비닐 시스 케이블
④ CET : 6/10[kV] 트리플렉스형 가교 폴리에틸렌 시스 케이블
⑤ PDC : 6/10[kV] 고압 인하용 가교 폴리에틸렌 절연전선
⑥ PDP : 6/10[kV] 고압 인하용 가교 EP고무 절연전선

4 기타

(1) 옥외용 전선

① OC : 옥외용 가교 폴리에틸렌 절연전선
② OE : 옥외용 폴리에틸렌 절연전선
③ OW : 옥외용 비닐 절연전선
④ ACSR-OC : 옥외용 강심 알루미늄도체 가교 폴리에틸렌 절연전선
⑤ ACSR-OE : 옥외용 강심 알루미늄도체 폴리에틸렌 절연전선
⑥ Al-OC : 옥외용 알루미늄도체 가교 폴리에틸렌 절연전선
⑦ Al-OE : 옥외용 알루미늄도체 폴리에틸렌 절연전선
⑧ Al-OW : 옥외용 알루미늄도체 비닐 절연전선

(2) 인입용 전선

① DV : 인입용 비닐 절연전선
② ACSR-DV : 인입용 강심 알루미늄도체 비닐 절연전선

(3) 알루미늄선

① A-Al : 연알루미늄선
② H-Al : 경알루미늄선
③ ACSR : 강심 알루미늄 연선
④ IACSR : 강심 알루미늄 합금 연선
⑤ CA : 강복 알루미늄선

(4) 네온관용 전선

① NEV : 폴리에틸렌 절연 비닐 시스 네온전선
② NRC : 고무절연 클로로프렌 시스 네온전선
③ NRV : 고무절연 비닐 시스 네온전선
④ NV : 비닐 절연 네온전선

(5) 기타

① A : 연동선
② H : 경동선

③ HA : 반경동선
④ ABC-W : 특고압 수밀형 가공 케이블
⑤ CN-CV-W : 동심 중성선 수밀형 전력 케이블
⑥ FR-CNCO-W : 동심 중성선 수밀형 저독성 난연 전력 케이블
⑦ CB-EV : 콘크리트 직매용 폴리에틸렌 절연 비닐 시스 케이블(환형)
⑧ CB-EVF : 콘크리트 직매용 폴리에틸렌 절연 비닐 시스 케이블(평형)
⑨ CD-C : 가교 폴리에틸렌절연 CD케이블
⑩ CN-CV : 동심중성선 차수형 전력 케이블
⑪ EE : 폴리에틸렌 절연 폴리에틸렌 시스 케이블
⑫ EV : 폴리에틸렌 절연 비닐 시스 케이블
⑬ FL : 형광방전등용 비닐전선
⑭ MI : 미네랄 인슈레이션 케이블

개념 문제 기사 95년, 96년, 97년, 99년 / 산업 96년, 98년, 00년, 04년 출제 | 배점 : 4점 |

다음 전선의 약호이다. 각각 어떤 전선의 약호인지 우리말 명칭을 쓰시오.

(1) NR
(2) NF
(3) FR-CNCO-W
(4) CCV

답안 (1) 450/750[V] 일반용 단심 비닐 절연전선
(2) 450/750[V] 일반용 유연성 단심 비닐 절연전선
(3) 동심 중성선 수밀형 저독성 난연 전력 케이블
(4) 0.6/1[kV] 제어용 가교 폴리에틸렌 절연 비닐 시스 케이블

단원 빈출문제

문제 01 기사 08년, 11년 출제

배점 : 5점

일반용 전기설비 및 자가용 전기설비에 있어서의 과전류(過電流) 종류 2가지와 각각에 대한 용어의 정의를 쓰시오.

답안
- 과부하전류 : 기기에 대하여는 그 정격전류, 전선에 대하여는 그 허용전류를 어느 정도 초과하여 그 계속되는 시간을 합하여 생각하였을 때, 기기 또는 전선의 손상방지상 자동 차단을 필요로 하는 전류를 말한다. 기동전류는 포함하지 아니한다.
- 단락전류 : 전로의 선간 임피던스가 적은 상태로 접속되었을 경우에 그 부분을 통하여 흐르는 큰 전류를 말한다.

문제 02 기사 93년 출제

배점 : 5점

답안 그림에서 내선규정의 시설장소에 관한 용어로서 "우선 내(雨線内)"에 해당되는 부분을 화살표로 하시오.

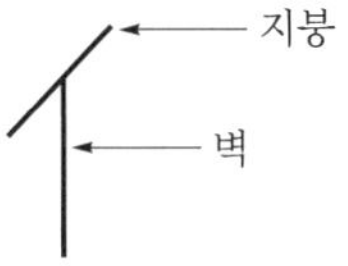

답안

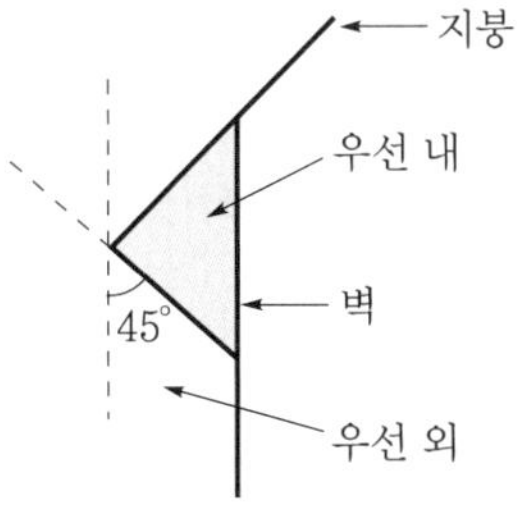

해설 우선 내라 함은 옥측의 처마 또는 이와 유사한 것의 선단에서 연직선에 대하여 45° 각도로 그은 선 내의 옥측 부분으로서 통상의 강우 상태에서 비를 맞지 아니하는 부분을 말한다.

문제 03

기사 99년, 03년, 11년 출제

배점 : 6점

점멸기의 그림 기호에 대한 다음 각 물음에 답하시오.

점멸기의 그림 기호 : ●

(1) 용량 표시방법에서 몇 [A] 이상일 때 전류치를 표기하는가?
(2) $●_{2P}$와 $●_{4}$는 어떻게 구분하는가?
　① $●_{2P}$
　② $●_{4}$
(3) ① 방수형과 ② 방폭형은 어떤 문자로 표기하는가?

답안 (1) 15[A]
(2) ① 2극용
　② 4로 스위치
(3) ① WP
　② EX

문제 04

기사 96년, 00년 출제

배점 : 6점

옥내 배선용 그림 기호에 대한 물음에 답하시오.

(1) 용량 10[A]의 점멸기 심벌을 그리시오.
(2) 조명기구의 그림 기호가 로 표시되어 있다. 그림 기호의 의미는?
(3) 바닥에 부착하는 경우의 콘센트 그림 기호를 그리시오.

답안 (1) ●
(2) 옥외등
(3) 

문제 05 기사 00년 출제

배점 : 9점

옥내 배선용 그림 기호 중 콘센트 심벌에 대한 다음 각 물음에 답하시오.

(1) 다음 심벌의 구분이 되도록 설명하시오.

① 

② 

③ 

④ 3

⑤ 3P

(2) 15A의 잘못된 부분을 고쳐 그리시오.

답안 (1) ① 벽붙이 콘센트
② 천장붙이 콘센트
③ 바닥붙이 콘센트
④ 3구 콘센트
⑤ 3극 콘센트

(2) 

문제 06 기사 13년 출제

배점 : 5점

일반 배선에 대한 덕트의 그림 기호 명칭을 정확히 쓰시오.

그림 기호	명 칭
MD	
LD	
(F7)	

답안

그림 기호	명 칭
MD	금속 덕트
LD	라이팅 덕트
(F7)	플로어 덕트

문제 07 기사 09년 출제

| 배점 : 5점 |

다음 그림 기호는 일반 옥내 배선에서 전등 · 통신 · 신호 · 재해방지 · 피뢰설비 등의 배선, 기기 및 부착위치, 부착방법을 표시하는 도면에 사용되는 기호이다. 각 기호의 명칭을 쓰시오.

(1) [E]
(2) [B]
(3) [EC]
(4) [S]
(5) 

답안 (1) 누전차단기
(2) 배선용 차단기
(3) 접지 센터
(4) 개폐기
(5) 누전 경보기

문제 08 기사 07년 출제

| 배점 : 5점 |

개폐기 중에서 다음 기호(심벌)가 의미하는 것은 무엇인지 모두 쓰시오.

답안 3극 50[A] 개폐기로서 퓨즈 정격 20[A], 정격전류 5[A]인 전류계 붙이

문제 09 기사 09년 출제

| 배점 : 5점 |

다음과 같은 소형 변압기 심벌의 명칭을 쓰시오.

(1) 

(2) 

(3) 

(4) 

(5) 

답안 (1) 벨 변압기
(2) 리모콘 변압기
(3) 네온 변압기
(4) 형광등용 안정기
(5) HID등용 안정기

문제 10 기사 12년 출제

배점 : 4점

그림은 교류 차단기에 장치하는 경우에 표시하는 전기용 기호의 단선도용 심벌이다. 이 심벌의 정확한 명칭은?

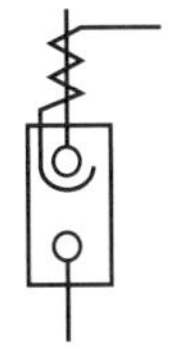

답안 부싱형 변류기

문제 11 기사 97년, 99년 출제

배점 : 6점

다음 전선의 우리말 명칭을 쓰시오.

(1) OW
(2) DV
(3) VCT
(4) EV

답안 (1) 옥외용 비닐 절연전선
(2) 인입용 비닐 절연전선
(3) 0.6/1[kV] 비닐 절연 비닐 캡타이어 케이블
(4) 폴리에틸렌 절연 비닐 시스 케이블

문제 **12** 기사 99년 출제

배점 : 6점

다음 전선의 표시 약호에 대한 우리말 명칭을 쓰시오.

(1) DV
(2) CVV
(3) EV

답안 (1) 인입용 비닐 절연전선
(2) 0.6/1[kV] 비닐 절연 비닐 시스 제어 케이블
(3) 폴리에틸렌 절연 비닐 시스 케이블

문제 **13** 기사 99년 출제

배점 : 8점

다음 전선의 약호이다. 각각 어떤 전선의 약호인지 우리말 명칭을 쓰시오.

(1) DV
(2) CV1
(3) OW
(4) VV

답안 (1) 인입용 비닐 절연전선
(2) 6/10[kV] 가교 폴리에틸렌 절연 비닐 시스 케이블
(3) 옥외용 비닐 절연전선
(4) 0.6/1[kV] 비닐 절연 비닐 시스 케이블

문제 **14** 기사 99년 출제

배점 : 4점

다음 전선의 우리말 명칭을 쓰시오.

(1) CE10
(2) CVV
(3) OW
(4) VV

답안 (1) 6/10[kV] 가교 폴리에틸렌 절연 폴리에틸렌 시스 케이블
(2) 0.6/1[kV] 비닐 절연 비닐 시스 제어 케이블
(3) 옥외용 비닐 절연전선
(4) 0.6/1[kV] 비닐 절연 비닐 시스 케이블

문제 15 기사 13년 출제 배점 : 4점

다음 전선의 우리말 명칭을 쓰시오.

(1) NFI(70)
(2) CV1
(3) ACSR-OC
(4) HFCO

답안 (1) 300/500[V] 기기 배선용 유연성 단심 비닐 절연전선(70[℃])
(2) 6/10[kV] 가교 폴리에틸렌 절연 비닐 시스 케이블
(3) 옥외용 강심 알루미늄도체 가교 폴리에틸렌 절연전선
(4) 0.6/1[kV] 가교 폴리에틸렌 절연 저독성 난연 폴리올레핀 시스 전력 케이블

1990년~최근 출제된 기출 이론 분석 및 유형별 문제

02 CHAPTER 전로의 절연과 접지시스템

기출개념 01 전로의 절연

1 전로의 절연 원칙

(1) 전로

대지로부터 절연한다.

(2) 절연하지 않아도 되는 경우

접지공사를 하는 경우의 접지점

(3) 절연할 수 없는 부분

① 시험용 변압기, 전력선 반송용 결합 리액터, 전기울타리용 전원장치, 엑스선발생장치, 전기부식방지용 양극, 단선식 전기철도의 귀선 등 전로의 일부를 대지로부터 절연하지 아니하고 전기를 사용하는 것이 부득이한 것

② 전기욕기 · 전기로 · 전기보일러 · 전해조 등 대지로부터 절연하는 것이 기술상 곤란한 것

2 전로의 절연저항 및 절연내력

(1) 누설전류

① 저압인 전로에서 정전이 어려운 경우 등 절연저항 측정이 곤란한 경우 누설전류를 1[mA] 이하로 유지한다.

② 누설전류가 최대공급전류의 $\frac{1}{2,000}$을 넘지 아니하도록 한다.

㉠ 누설전류 $I_g \leq$ 최대공급전류(I_m)의 $\frac{1}{2,000}$[A]

㉡ 절연저항 $R \geq \frac{V}{I_g} \times 10^{-6} = [\text{M}\Omega]$

(2) 저압 전로의 절연성능

① 개폐기 또는 과전류 차단기로 구분할 수 있는 전로마다 다음 표에서 정한 값 이상이어야 한다.

② 측정 시 영향을 주거나 손상을 받을 수 있는 SPD 또는 기타 기기 등은 측정 전에 분리시켜야 하고, 부득이하게 분리가 어려운 경우에는 시험전압을 250[V] DC로 낮추어 측정할 수 있지만 절연저항값은 1[MΩ] 이상이어야 한다.

전로의 사용전압[V]	DC시험전압[V]	절연저항[MΩ]
SELV 및 PELV	250	0.5
FELV, 500[V] 이하	500	1.0
500[V] 초과	1,000	1.0

[주] 특별저압(extra low voltage : 2차 전압이 AC 50[V], DC 120[V] 이하)으로 SELV(비접지회로 구성) 및 PELV (접지회로 구성)은 1차와 2차가 전기적으로 절연된 회로, FELV는 1차와 2차가 전기적으로 절연되지 않은 회로

(3) 절연내력

정한 시험전압을 전로와 대지 사이에 연속하여 10분간 가하여 절연내력을 시험, 케이블을 사용하는 교류 전로로서 정한 시험전압의 2배의 직류전압을 전로와 대지 사이에 연속하여 10분간 가하여 절연내력을 시험

▌전로의 종류 및 시험전압▐

전로의 종류(최대사용전압)		시험전압
7[kV] 이하		1.5배(최저 500[V])
중성선 다중 접지하는 것		0.92배
7[kV] 초과 60[kV] 이하		1.25배(최저 10,500[V])
60[kV] 초과	중성점 비접지식	1.25배
	중성점 접지식	1.1배(최저 75[kV])
	중성점 직접 접지식	0.72배
170[kV] 초과 중성점 직접 접지		0.64배

3 회전기 및 정류기의 절연내력

종 류			시험전압	시험방법
회전기	발전기 전동기 조상기	7[kV] 이하	1.5배(최저 500[V])	권선과 대지 간에 연속하여 10분간
		7[kV] 초과	1.25배(최저 10,500[V])	
	회전변류기		직류측의 최대사용전압의 1배의 교류전압(최저 500[V])	
정류기	60[kV] 이하		직류측의 최대사용전압의 1배의 교류전압(최저 500[V])	충전부분과 외함 간에 연속하여 10분간
	60[kV] 초과		•교류측의 최대사용전압의 1.1배의 교류전압 •직류측의 최대사용전압의 1.1배의 직류전압	교류측 및 직류 고전압측 단자와 대지 간에 연속하여 10분간

4 연료전지 및 태양전지 모듈의 절연내력

연료전지 및 태양전지 모듈은 최대사용전압의 1.5배의 직류전압 또는 1배의 교류전압(최저 500[V])을 충전부분과 대지 사이에 연속하여 10분간

개념 문제 01 산업 04년 출제

| 배점 : 6점 |

다음 ( ) 안에 알맞은 말이나 숫자를 써 넣으시오.

(1) 6,600[V] 전로에 사용하는 다심 케이블은 최대사용전압의 (①)배의 시험전압을 심선 상호 및 심선과 (②) 사이의 연속해서 (③)분간 가하여 절연내력을 시험했을 때 이에 견디어야 한다.

(2) 비방향성의 고압 지락 계전장치는 전류에 의하여 동작한다. 따라서 수용가 구내에 선로의 길이가 긴 고압 케이블을 사용하고 대지와의 사이에 (①)이 크면 (②)측 지락사고에 의해 불필요한 동작을 하는 경우가 있다.

답안 (1) ① 1.5배, ② 대지, ③ 10
(2) ① 정전용량, ② 저압

개념 문제 02 기사 14년, 16년, 21년 / 산업 13년 출제

| 배점 : 5점 |

한국전기설비규정에 따라 계통의 공칭전압이 154[kV]인 중성점 직접 접지식 전로의 절연내력시험을 하고자 한다. 시험전압[V]과 시험방법에 대한 다음 각 물음에 답하시오.

(1) 절연내력 시험전압[V]을 구하시오. (단, 최대사용전압은 정격전압으로 한다.)

(2) 절연내력 시험방법을 설명하시오.

답안 (1) 110,880[V]
(2) 전로와 대지 사이에 정한 시험전압 110,880[V]를 계속하여 10분간 가하여 견디어야 한다.

해설 (1) $V = 154 \times 10^3 \times 0.72 = 110,880[\text{V}]$

기출개념 02 접지시스템

1 접지시스템의 구성

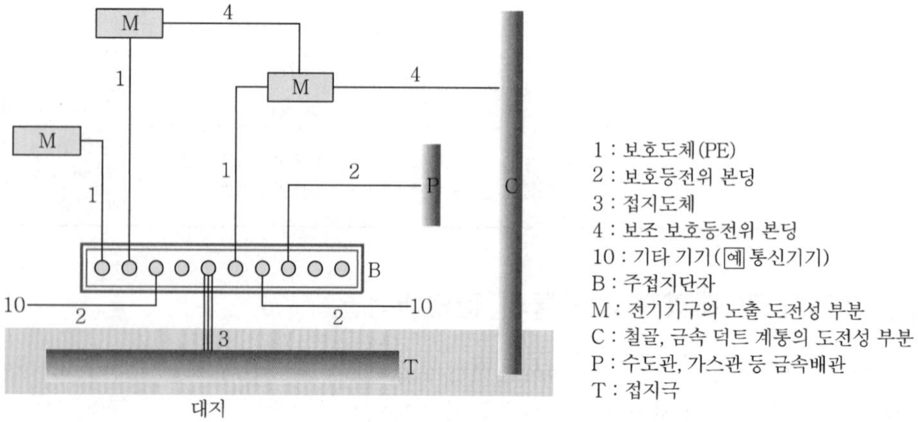

▌접지극, 접지도체 및 주접지단자의 구성 예▐

2 접지시스템의 구분 및 종류

(1) 계통접지(System Earthing)

전력계통에서 돌발적으로 발생하는 이상현상에 대비하여 대지와 계통을 연결하는 것으로, 중성점을 대지에 접속하는 것을 말한다.

(2) 보호접지(Protective Earthing)

고장 시 감전에 대한 보호를 목적으로 기기의 한 점 또는 여러 점을 접지하는 것을 말한다.

(3) 피뢰시스템(LPS : lightning protection system)

구조물 뇌격으로 인한 물리적 손상을 줄이기 위해 사용되는 전체 시스템을 말하며, 외부피뢰시스템과 내부피뢰시스템으로 구성된다.

3 계통접지의 방식

(1) 계통접지 구성

① 저압 전로의 보호도체 및 중성선의 접속방식에 따른 접지계통
- ㉠ TN 계통
- ㉡ TT 계통
- ㉢ IT 계통

② 계통접지에서 사용되는 문자의 정의
- ㉠ 제1문자 – 전원계통과 대지의 관계
  - T(Terra) : 한 점을 대지에 직접 접속
  - I(Insulation) : 모든 충전부를 대지와 절연시키거나 높은 임피던스를 통하여 한 점을 대지에 직접 접속
- ㉡ 제2문자 – 전기설비의 노출도전부와 대지의 관계
  - T(Terra) : 노출도전부를 대지로 직접 접속, 전원계통의 접지와는 무관
  - N(Neutral) : 노출도전부를 전원계통의 접지점(교류계통에서는 통상적으로 중성점, 중성점이 없을 경우는 선도체)에 직접 접속
- ㉢ 그 다음 문자(문자가 있을 경우) – 중성선과 보호도체의 배치
  - S(Separated 분리) : 중성선 또는 접지된 선도체 외에 별도의 도체에 의해 제공되는 보호기능
  - C(Combined 결합) : 중성선과 보호기능을 한 개의 도체로 겸용(PEN 도체)

③ 각 계통에서 나타내는 그림의 기호

구 분	기호 설명
	중성선(N), 중간도체(M)
	보호도체(PE : Protective Earthing)
	중성선과 보호도체 겸용(PEN)

(2) TN 계통

전원측의 한 점을 직접 접지하고 설비의 노출도전부를 보호도체로 접속시키는 방식으로 중성선 및 보호도체(PE 도체)의 배치 및 접속방식에 따라 다음과 같이 분류한다.

① TN-S 계통은 계통 전체에 대해 별도의 중성선 또는 PE 도체를 사용한다. 배전계통에서 PE 도체를 추가로 접지할 수 있다.

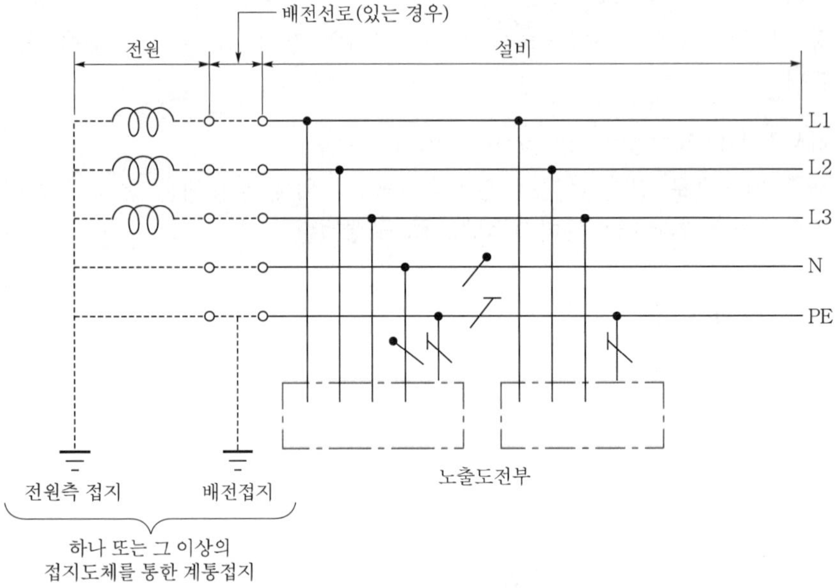

▌계통 내에서 별도의 중성선과 보호도체가 있는 TN-S 계통▐

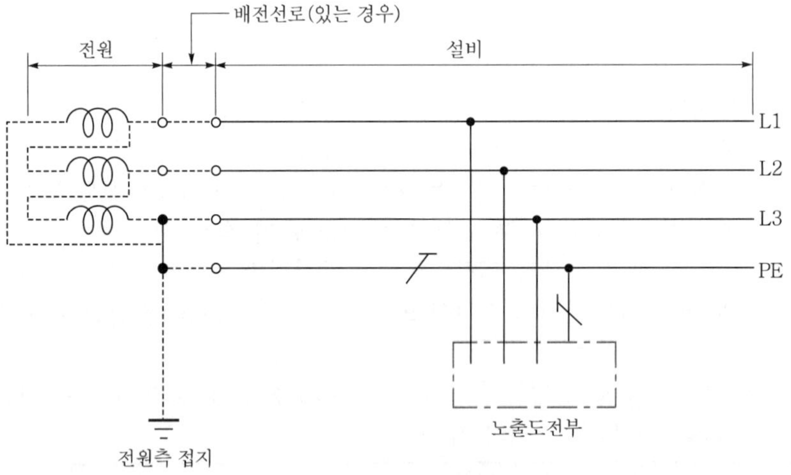

▌계통 내에서 별도의 접지된 선도체와 보호도체가 있는 TN-S 계통▐

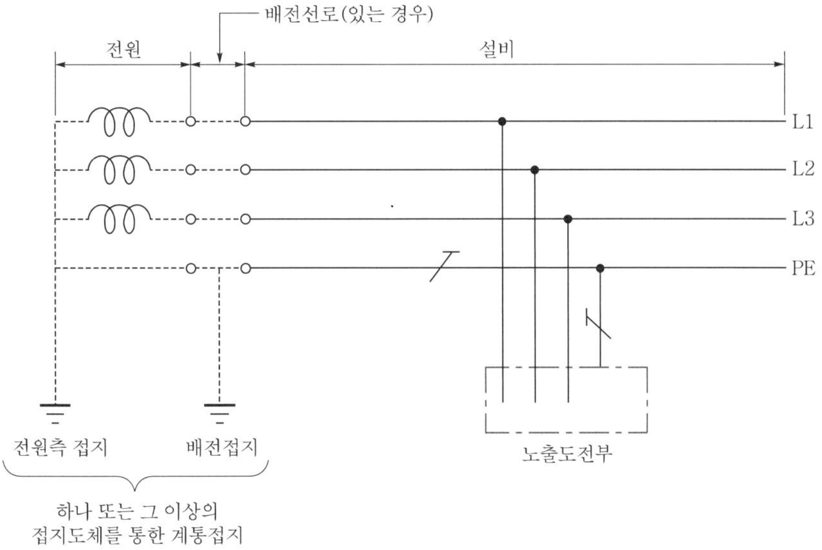

▌계통 내에서 접지된 보호도체는 있으나 중성선의 배선이 없는 TN-S 계통▐

② TN-C 계통은 그 계통 전체에 대해 중성선과 보호도체의 기능을 동일 도체로 겸용한 PEN 도체를 사용한다. 배전계통에서 PEN 도체를 추가로 접지할 수 있다.

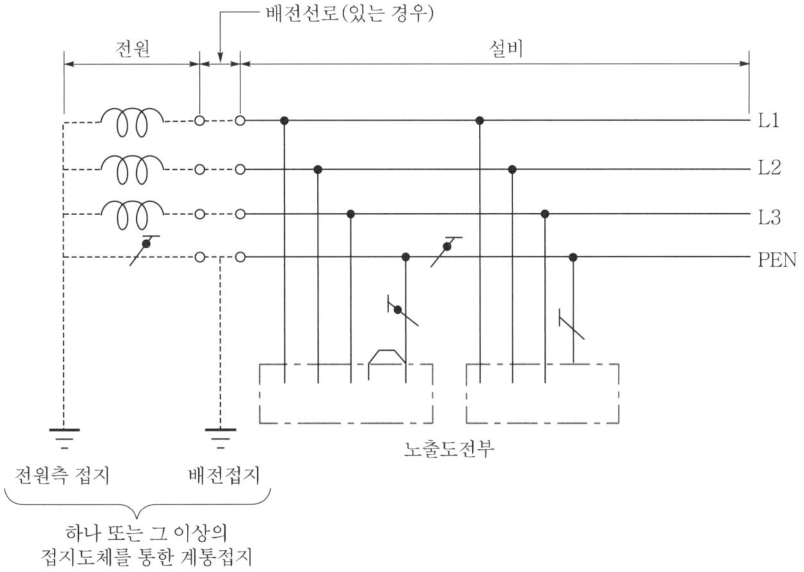

▌TN-C 계통▐

③ TN-C-S 계통은 계통의 일부분에서 PEN 도체를 사용하거나, 중성선과 별도의 PE 도체를 사용하는 방식이 있다. 배전계통에서 PEN 도체와 PE 도체를 추가로 접지할 수 있다.

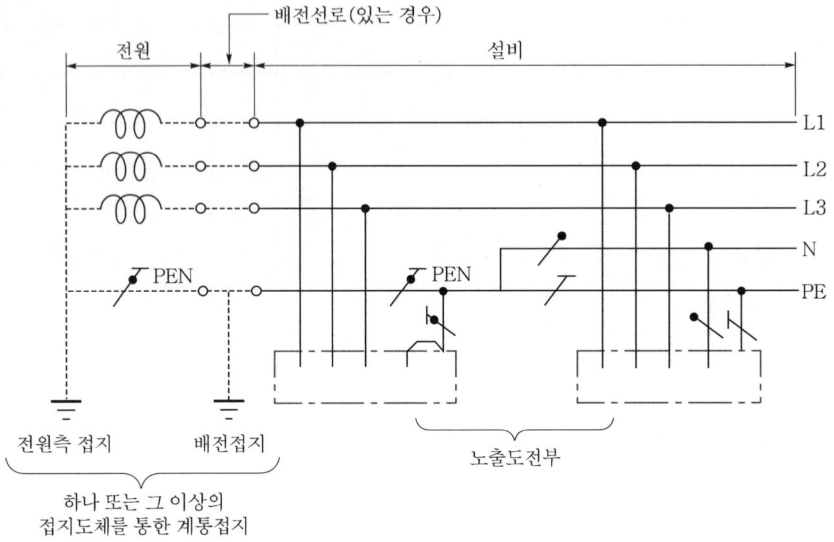

▌설비의 어느 곳에서 PEN이 PE와 N으로 분리된 3상 4선식 TN-C-S 계통▐

(3) TT 계통

전원의 한 점을 직접 접지하고 설비의 노출도전부는 전원의 접지전극과 전기적으로 독립적인 접지극에 접속시킨다. 배전계통에서 PE 도체를 추가로 접지할 수 있다.

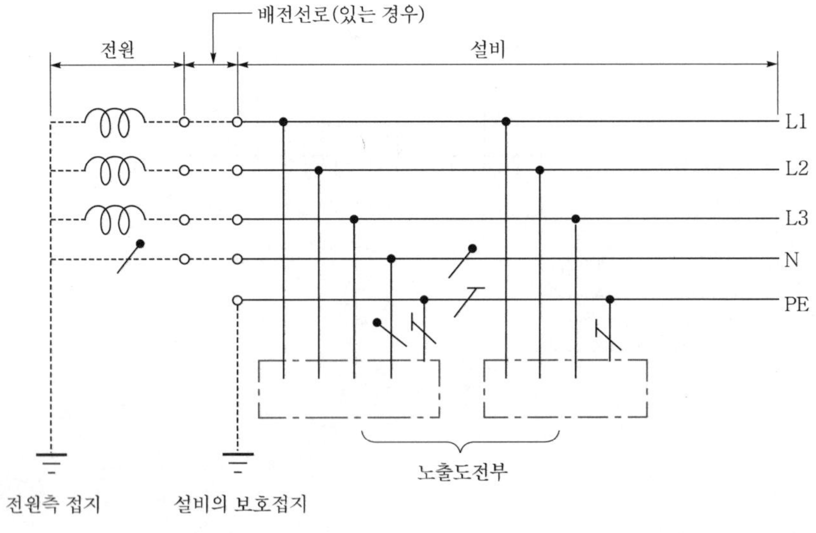

▌설비 전체에서 별도의 중성선과 보호도체가 있는 TT 계통▐

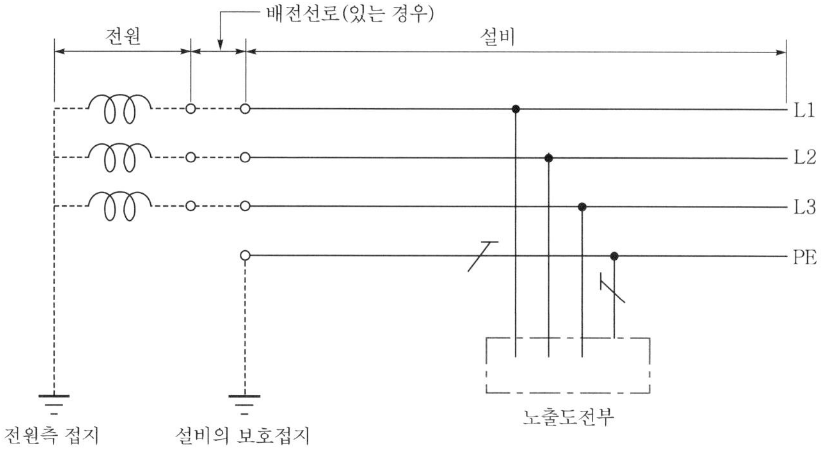

▍설비 전체에서 접지된 보호도체가 있으나 배전용 중성선이 없는 TT 계통▐

(4) IT 계통

① 충전부 전체를 대지로부터 절연시키거나, 한 점을 임피던스를 통해 대지에 접속시킨다. 전기설비의 노출도전부를 단독 또는 일괄적으로 계통의 PE 도체에 접속시킨다. 배전계통에서 추가접지가 가능하다.

② 계통은 충분히 높은 임피던스를 통하여 접지할 수 있다.

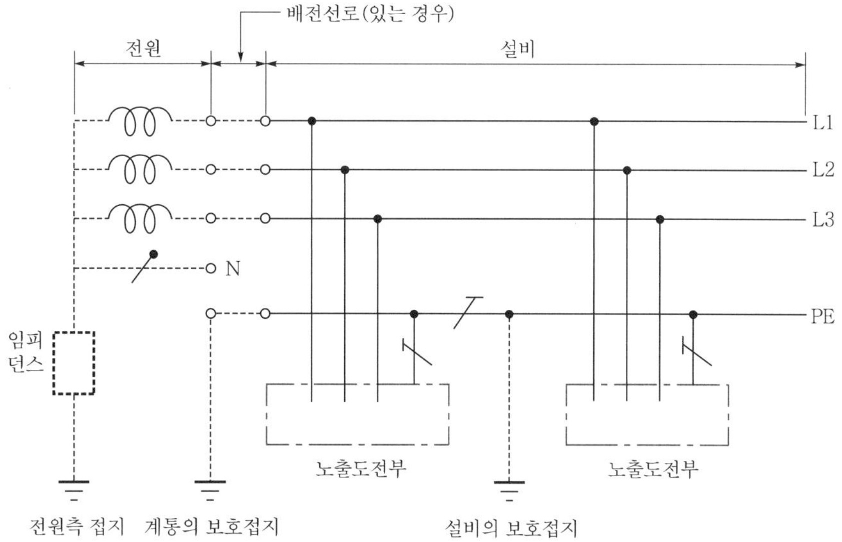

▍계통 내의 모든 노출도전부가 보호도체에 의해 접속되어 일괄 접지된 IT 계통▐

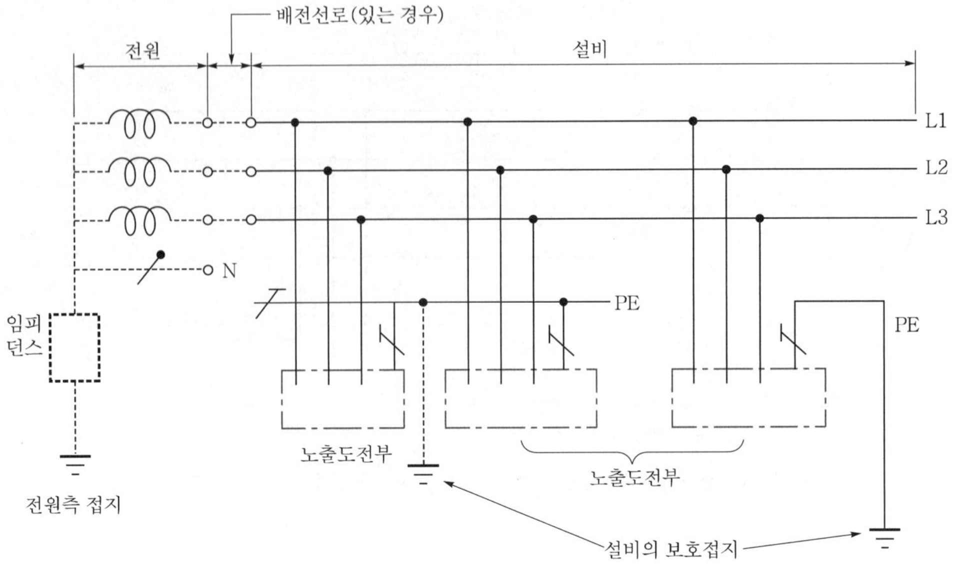

▌노출도전부가 조합으로 또는 개별로 접지된 IT 계통▐

4 접지시스템의 시설의 종류

(1) 단독접지

고압, 특고압 계통 접지극과 저압 접지계통 접지극을 독립적으로 시설하는 접지

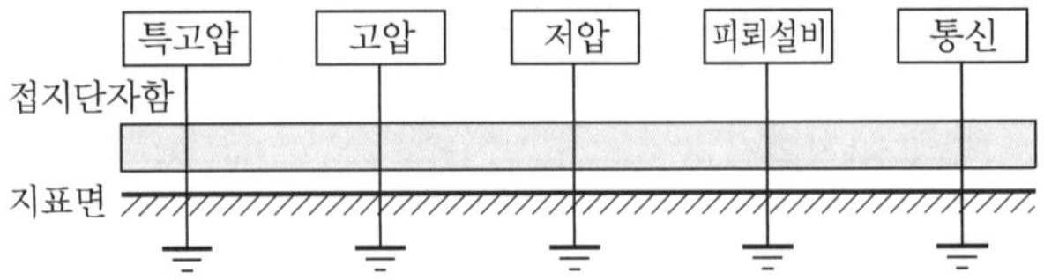

(2) 공통접지

고압, 특고압 접지계통과 저압 접지계통이 등전위가 되도록 공통으로 시설하는 접지

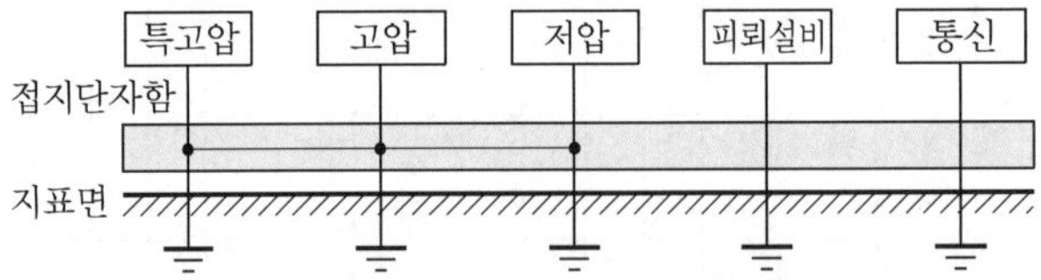

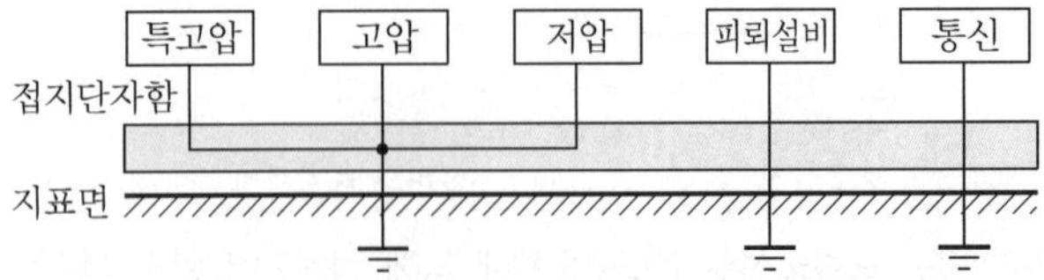

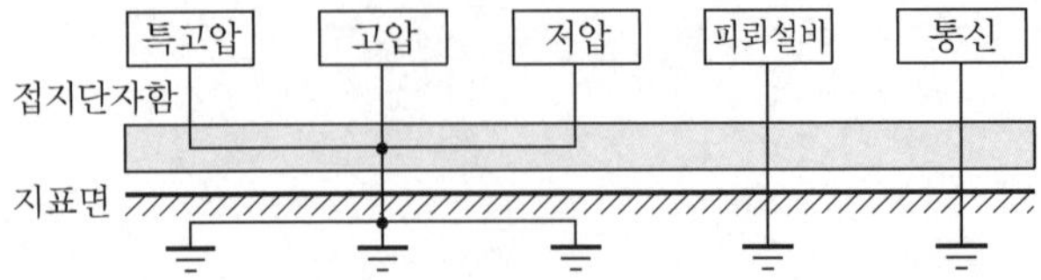

(3) 통합접지

고저압 및 특고압 접지계통과 통신설비 접지, 피뢰설비 접지 및 수도관, 철근, 철골 등과 같이 전기설비와 무관한 계통 외에도 모두 함께 접지를 하여 그들 간에 전위차가 없도록 함으로써 인체의 감전우려를 최소화하는 접지

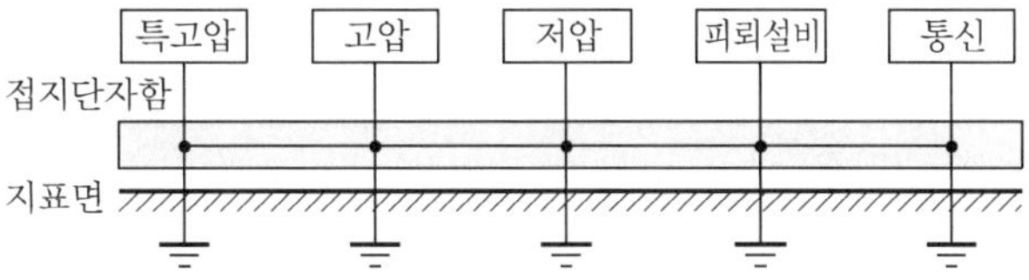

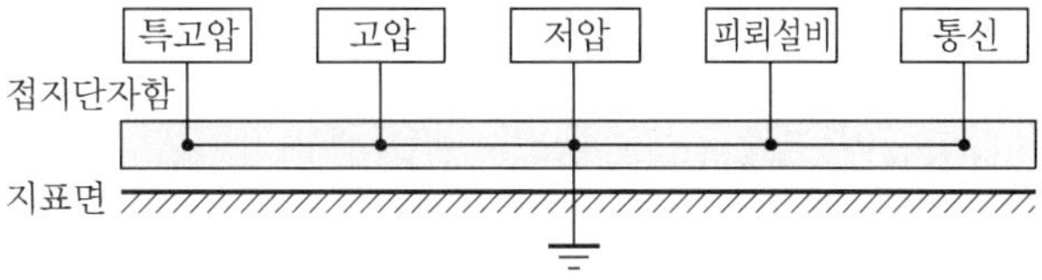

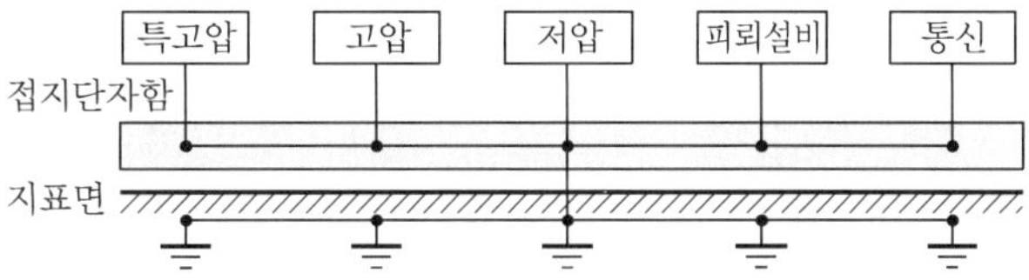

5 접지극의 시설 및 접지저항

(1) 접지극 시설

① 토양 또는 콘크리트에 매입되는 접지극의 재료 및 최소 굵기 등은 저압 전기설비에 따라야 한다.

② 피뢰시스템의 접지는 접지시스템을 우선 적용한다.

(2) 접지극은 다음의 방법 중 하나 또는 복합하여 시설

① 콘크리트에 매입된 기초 접지극

② 토양에 매설된 기초 접지극

③ 토양에 수직 또는 수평으로 직접 매설된 금속전극

④ 케이블의 금속외장 및 그 밖에 금속피복

⑤ 지중 금속구조물(배관 등)

⑥ 대지에 매설된 철근콘크리트의 용접된 금속보강재(강화 콘크리트 제외)

(3) 접지극의 매설

① 토양을 오염시키지 않아야 하며, 가능한 다습한 부분에 설치

② 지표면으로부터 지하 0.75[m] 이상, 동결깊이를 감안하여 매설

③ 접지도체를 철주 기타의 금속체를 따라서 시설하는 경우 : 접지극을 철주의 밑면으로부터 0.3[m] 이상의 깊이에 매설하는 경우 이외에는 접지극을 지중에서 그 금속체로부터 1[m] 이상 떼어 매설한다.

(4) 부식에 대한 고려

① 접지극에 부식을 일으킬 수 있는 폐기물 집하장 및 번화한 장소에 접지극 설치는 피해야 한다.
② 서로 다른 재질의 접지극을 연결할 경우 전식을 고려하여야 한다.
③ 콘크리트 기초 접지극에 접속하는 접지도체가 용융 아연도금 강제인 경우 접속부를 토양에 직접 매설해서는 안 된다.

(5) 접지극을 접속하는 경우

발열성 용접, 압착접속, 클램프 또는 그 밖의 적절한 기계적 접속장치로 접속하여야 한다.

(6) 접지극으로 사용할 수 없는 배관

가연성 액체, 가스를 운반하는 금속제 배관

(7) 수도관 등을 접지극으로 사용하는 경우

① 지중에 매설되어 있고 대지와의 전기저항값이 3[Ω] 이하의 값을 유지하고 있는 금속제 수도관로가 다음에 따르는 경우 접지극으로 사용이 가능하다.
내경 75[mm] 이상인 수도관에서 내경 75[mm] 미만인 수도관이 분기한 경우
㉠ 5[m] 이하 : 3[Ω] 이하
㉡ 5[m] 초과 : 2[Ω] 이하
② 건축물·구조물의 철골 기타의 금속제는 이를 비접지식 고압 전로에 시설하는 기계기구의 철대 또는 금속제 외함의 접지공사 또는 비접지식 고압 전로와 저압 전로를 결합하는 변압기의 저압 전로의 접지공사의 접지극은 대지와의 사이에 전기저항값 2[Ω] 이하

(8) 접지저항 결정 요소

① 접지도체와 접지전극의 자체 저항
② 접지전극의 표면과 접하는 토양 사이의 접촉저항
③ 접지전극 주위의 토양이 나타내는 저항

6 접지도체 · 보호도체

(1) 접지도체

① 접지도체의 선정
㉠ 보호도체의 최소 단면적에 의한다.
㉡ 큰 고장전류가 접지도체를 통하여 흐르지 않는 경우
- 구리 : 6[mm^2] 이상
- 철제 : 50[mm^2] 이상

㉢ 접지도체에 피뢰시스템이 접속되는 경우
- 구리 : 16[mm^2] 이상
- 철제 : 50[mm^2] 이상

② 접지도체와 접지극의 접속

㉠ 접속은 견고하고 전기적인 연속성이 보장되도록 접속부는 발열성 용접, 압착접속, 클램프 또는 그 밖에 적절한 기계적 접속장치에 의해야 한다.

㉡ 클램프를 사용하는 경우, 접지극 또는 접지도체를 손상시키지 않아야 한다.

③ 접지도체를 접지극이나 접지의 다른 수단과 연결하는 것은 견고하게 접속하고, 전기적·기계적으로 적합하여야 하며, 부식에 대해 적절하게 보호되어야 한다.

㉠ 접지극의 모든 접지도체 연결 지점

㉡ 외부 도전성 부분의 모든 본딩도체 연결 지점

㉢ 주개폐기에서 분리된 주접지단자

④ 접지도체는 지하 0.75[m]부터 지표상 2[m]까지 부분은 합성수지관(두께 2[mm] 미만 제외) 또는 몰드로 덮어야 한다.

⑤ 접지도체는 절연전선(옥외용 제외) 또는 케이블(통신용 케이블 제외)을 사용하여야 한다. 금속체를 따라서 시설하는 경우 이외에는 접지도체의 지표상 0.6[m]를 초과하는 부분에 대하여는 절연전선을 사용하지 않을 수 있다.

⑥ (접지도체의 선정) 이외의 접지도체의 굵기

㉠ 특고압·고압 전기설비용 접지도체 : 단면적 6[mm^2] 이상

㉡ 중성점 접지용 접지도체 : 단면적 16[mm^2] 이상
다만, 다음의 경우에는 공칭단면적 6[mm^2] 이상

- 7[kV] 이하의 전로
- 22.9[kV] 중성선 다중 접지 전로

㉢ 이동하여 사용하는 전기기계기구의 금속제 외함 등의 접지

- 특고압·고압용 접지도체 및 중성점 접지용 접지도체
  - 캡타이어 케이블(3종 및 4종)
  - 다심 캡타이어 케이블 : 단면적 10[mm^2] 이상
- 저압용 접지도체
  - 다심 코드 또는 캡타이어 케이블의 1개 도체의 단면적이 0.75[mm^2] 이상
  - 연동연선은 1개 도체의 단면적이 1.5[mm^2] 이상

(2) 보호도체

① 보호도체의 최소 단면적

상도체의 단면적 S ([mm^2], 구리)	보호도체의 최소 단면적([mm^2], 구리)	
	보호도체의 재질	
	상도체와 같은 경우	상도체와 다른 경우
$S \le 16$	S	$\left(\frac{k_1}{k_2}\right)\times S$
$16 < S \le 35$	16	$\left(\frac{k_1}{k_2}\right)\times 16$
$S > 35$	$\frac{S}{2}$	$\left(\frac{k_1}{k_2}\right)\times\left(\frac{S}{2}\right)$

보호도체의 단면적(차단시간이 5초 이하) : $S = \frac{\sqrt{I^2 t}}{k}$ [mm^2]

여기서, I : 보호장치를 통해 흐를 수 있는 예상 고장전류 실효값[A]

t : 자동차단을 위한 보호장치의 동작시간[s]

k : 보호도체, 절연, 기타 부위의 재질 및 초기온도와 최종온도에 따라 정해지는 계수

㉠ 기계적 손상에 대해 보호가 되는 경우 : 구리 2.5[mm^2], 알루미늄 16[mm^2] 이상

㉡ 기계적 손상에 대해 보호가 되지 않는 경우 : 구리 4[mm^2], 알루미늄 16[mm^2] 이상

② 보호도체의 종류

㉠ 보호도체

- 다심케이블의 도체
- 충전도체와 같은 트렁킹에 수납된 절연도체 또는 나도체
- 고정된 절연도체 또는 나도체
- 금속케이블 외장, 케이블 차폐, 케이블 외장, 전선묶음(편조전선), 동심도체, 금속관

㉡ 다음과 같은 금속부분은 보호도체 또는 보호본딩도체로 사용해서는 안 된다.

- 금속 수도관
- 가스·액체·분말과 같은 잠재적인 인화성 물질을 포함하는 금속관
- 상시 기계적 응력을 받는 지지구조물 일부
- 가요성 금속배관
- 가요성 금속전선관
- 지지선, 케이블트레이

③ 보호도체의 단면적 보강

보호도체에 10[mA]를 초과하는 전류가 흐르는 경우 구리 10[mm^2], 알루미늄 16[mm^2] 이상

(3) 보호도체와 계통도체 겸용

① 보호도체와 계통도체를 겸용하는 겸용도체(중성선과 겸용, 상도체와 겸용, 중간도체와 겸용 등)는 해당하는 계통의 기능에 대한 조건을 만족하여야 한다.

② 겸용도체는 고정된 전기설비에서만 사용할 수 있으며 다음에 의한다.

㉠ 단면적 : 구리 10[mm^2] 또는 알루미늄 16[mm^2] 이상

㉡ 중성선과 보호도체의 겸용도체는 전기설비의 부하측으로 시설하면 안 된다.

㉢ 폭발성 분위기 장소는 보호도체를 전용으로 한다.

7 전기수용가 접지

(1) 저압수용가 인입구 접지(142.4.1)

① 저압 전선로의 중성선 또는 접지측 전선에 추가로 접지공사를 할 수 있다.

㉠ 지중에 매설되고 대지와의 전기저항값이 3[Ω] 이하 금속제 수도관로
㉡ 대지 사이의 전기저항값이 3[Ω] 이하인 값을 유지하는 건물의 철골
② 접지도체는 공칭단면적 6[mm^2] 이상의 연동선

(2) 주택 등 저압수용장소 접지

① 저압수용장소에서 계통접지가 TN-C-S 방식인 경우 보호도체
㉠ 보호도체의 최소 단면적 이상으로 한다.
㉡ 중성선 겸용 보호도체(PEN)는 고정 전기설비에만 사용할 수 있고, 그 도체의 단면적이 구리는 10[mm^2] 이상, 알루미늄은 16[mm^2] 이상
② 감전보호용 등전위 본딩을 하여야 한다.

8 변압기 중성점 접지

(1) 접지저항값

① 고압·특고압측 전로 1선 지락전류로 150을 나눈 값과 같은 저항값 이하
② 고압·특고압측 전로 또는 사용전압이 35[kV] 이하의 특고압 전로가 저압측 전로와 혼촉하고 저압 전로의 대지전압이 150[V]를 초과하는 경우
㉠ 1초 초과 2초 이내에 고압·특고압 전로를 자동으로 차단하는 장치를 설치할 때는 300을 나눈 값 이하
㉡ 1초 이내에 고압·특고압 전로를 자동으로 차단하는 장치를 설치할 때는 600을 나눈 값 이하

(2) 전로의 1선 지락전류

실측값, 실측이 곤란한 경우에는 선로정수 등으로 계산

(3) 고압측 전로의 1선 지락전류 계산식

① 중성점 비접지식 고압 전로

㉠ 전선에 케이블 이외의 것을 사용하는 전로 : $I_1 = 1 + \dfrac{\frac{V}{3}L - 100}{150}$

㉡ 케이블을 사용하는 전로 : $I_1 = 1 + \dfrac{\frac{V}{3}L' - 1}{2}$

㉢ 전선에 케이블 이외의 것을 사용하는 전로와 전선에 케이블을 사용하는 전로로 되어 있는 전로 : $I_1 = 1 + \dfrac{\frac{V}{3}L - 100}{150} + \dfrac{\frac{V}{3}L' - 1}{2}$

우변의 각각의 값이 마이너스로 되는 경우에는 0으로 한다.
I_1의 값은 소수점 이하는 절상한다. I_1이 2 미만으로 되는 경우에는 2로 한다.
I_2 : 일선지락전류([A]를 단위로 한다)
V : 전로의 공칭전압을 1.1로 나눈 전압([kV]를 단위로 한다)

L : 동일모선에 접속되는 고압 전로(전선에 케이블을 사용하는 것을 제외한다)의 전선연장([km]를 단위로 한다)

L' : 동일모선에 접속되는 고압 전로(전선에 케이블을 사용하는 것에 한한다)의 선로연장([km]를 단위로 한다)

9 공통접지 및 통합접지

(1) 공통접지시스템

① 저압 전기설비의 접지극이 고압 및 특고압 접지극의 접지저항 형성영역에 완전히 포함되어 있다면 위험전압이 발생하지 않도록 이들 접지극을 상호 접속하여야 한다.

② 저압계통에 가해지는 상용주파 과전압

고압계통에서 지락고장시간[초]	저압설비 허용상용주파 과전압[V]	비 고
>5	U_0+250	중성선 도체가 없는 계통에서 U_0는 선간전압을 말한다.
≤5	U_0+1,200	

[비고] 1. 순시 상용주파 과전압에 대한 저압기기의 절연 설계기준과 관련된다.
2. 중성선이 변전소 변압기의 접지계통에 접속된 계통에서 건축물 외부에 설치한 외함이 접지되지 않은 기기의 절연에는 일시적 상용주파 과전압이 나타날 수 있다.

(2) 통합접지시스템

낙뢰에 의한 과전압 등으로부터 전기전자기기 등을 보호하기 위해 서지보호장치를 설치하여야 한다.

10 기계기구의 철대 및 외함의 접지

① 전로에 시설하는 기계기구의 철대 및 금속제 외함에는 접지공사를 한다.

② 접지공사를 하지 아니해도 되는 경우

㉠ 사용전압이 직류 300[V] 또는 교류 대지전압이 150[V] 이하인 기계기구를 건조한 곳에 시설하는 경우

㉡ 저압용의 기계기구를 건조한 목재의 마루 기타 이와 유사한 절연성 물건 위에서 취급하도록 시설하는 경우

㉢ 기계기구를 사람이 쉽게 접촉할 우려가 없도록 목주 기타 이와 유사한 것의 위에 시설하는 경우

㉣ 철대 또는 외함의 주위에 적당한 절연대를 설치하는 경우

㉤ 외함이 없는 계기용 변성기가 고무·합성수지 기타의 절연물로 피복한 것일 경우

㉥ 2중 절연구조로 되어 있는 기계기구를 시설하는 경우

㉦ 저압용 기계기구에 전기를 공급하는 전로의 전원측에 절연변압기(2차 전압이 300[V] 이하이며, 정격용량이 3[kVA] 이하)를 시설하고 또한 그 절연변압기의 부하측 전로를 접지하지 않은 경우

ⓞ 물기 있는 장소 이외의 장소에 시설하는 저압용의 개별 기계기구에 인체감전보호용 누전차단기(정격감도전류가 30[mA] 이하, 동작시간이 0.03초 이하의 전류동작형에 한함)를 시설하는 경우

ⓩ 외함을 충전하여 사용하는 기계기구에 사람이 접촉할 우려가 없도록 시설하거나 절연대를 시설하는 경우

11 접지저항 저감법 및 저감재

(1) 물리적 접지 저감 공법

① 접지극의 병렬 접속
② 접지극의 치수 확대
③ 매설지선 및 평판 접지극
④ mesh공법
⑤ 심타공법 등으로 시공
⑥ 접지봉 깊이 박기

(2) 접지 저감재료

① 저감 효과가 크고 안전할 것
② 토양을 오염시켜 생명체에 유해한 것을 사용하면 안 됨
③ 전기적으로 양도체일 것. 즉, 주위의 토양에 비해 도전도가 좋아야 함
④ 저감 효과의 지속성이 있을 것
⑤ 접지극을 부식시키지 않을 것
⑥ 공해가 없고, 공법이 용이할 것

(3) 접지저항의 측정

접지저항은 전해액 저항과 같은 성질을 가지고 있으므로, 직류로써 측정하면 성극 작용이 생겨서 오차가 발생하므로 교류전원으로 측정한다. 접지저항 측정법에는 여러 가지 방법이 있다.

① 콜라우시 브리지법

접지저항의 측정 그림과 같이 저항을 측정할 접지전극판 G_1 외에 2개의 보조접지봉 G_2, G_3를 정삼각형으로 설치하고, 이 콜라우시 브리지로 $G_1 - G_2$, $G_2 - G_3$, $G_3 - G_1$ 사이의 저항을 측정한다.

지금, G_1, G_2, G_3을 각각 접지전극판 및 접지봉의 접지저항이라 하고, 각 단자 사이의 측정값을 R_1, R_2, R_3 이라 하면,

$$\left.\begin{aligned} R_1 &= G_1 + G_2 \\ R_2 &= G_2 + G_3 \\ R_3 &= G_3 + G_1 \end{aligned}\right\} \cdots\cdots\cdots\cdots\cdots\cdots \text{ⓐ}$$

식 ⓐ에서,

$$\frac{1}{2}(R_1 + R_2 + R_3) = G_1 + G_2 + G_3$$

$\therefore\ G_1 = \frac{1}{2}(R_1 + R_3 - R_2)[\Omega]$이다.

이때 각 접지전극 사이의 간격을 10[m] 이상으로 설치한다.

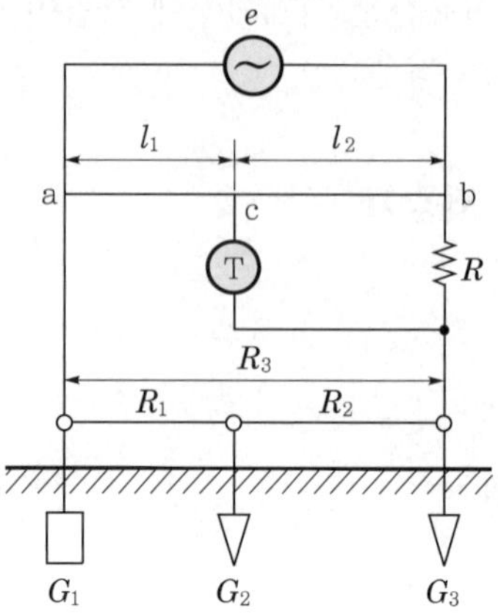

▌접지저항의 측정▌

② 접지저항계(earth tester)

아래 그림은 지멘스(Siemens) 접지저항계이다. 이것은 변류기(CT)를 사용하고, 전원으로는 1[kHz]의 부저(buzzer) 또는 핸들(handle)이 달린 자석식 발전기를 사용한다.

여기서, 슬라이드 접촉점 c를 이동하여 평형을 취하면 다음의 관계가 성립한다.

$I_1 R_1 = I_2 r$

$\therefore\ R_1 = \frac{I_2}{I_1} r\ [\Omega]$

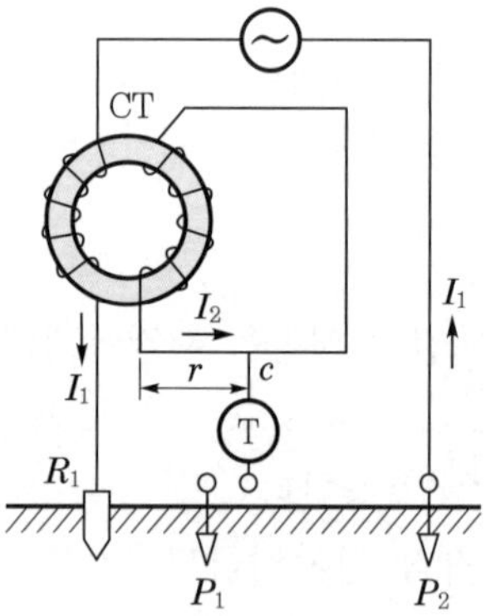

▌접지저항계▌

여기서 CT의 변류비, 즉 $I_1 : I_2 = 1 : 1$이면 $R_1 = r$로서 c점의 눈금으로 직접 접지저항 R_1의 값을 구할 수 있다. 또 $\frac{I_2}{I_1}$을 바꾸어서 10배, 100배의 측정범위를 확대할 수도 있다.

개념 문제 01 기사 96년, 99년, 20년 / 산업 91년, 96년 출제 | 배점 : 6점 |

옥내 배선의 시설에 있어서 인입구 부근에 전기저항치가 3[Ω] 이하의 값을 유지하는 수도관 또는 철골이 있는 경우에는 이것을 접지극으로 사용하여 이를 중성점 접지공사한 저압 전로의 중성선 또는 접지측 전선에 추가 접지할 수 있다. 이 추가 접지의 목적은 저압 전로에 침입하는 뇌격이나 고·저압 혼촉으로 인한 이상전압에 의한 옥내 배선의 전위 상승을 억제하는 역할을 한다. 또 지락사고 시에 단락전류를 증가시킴으로써 과전류 차단기의 동작을 확실하게 하는 것이다. 그림에 있어서 (나)점에서 지락이 발생한 경우 추가 접지가 없는 경우의 지락전류와 추가 접지가 있는 경우의 지락전류값을 구하시오.

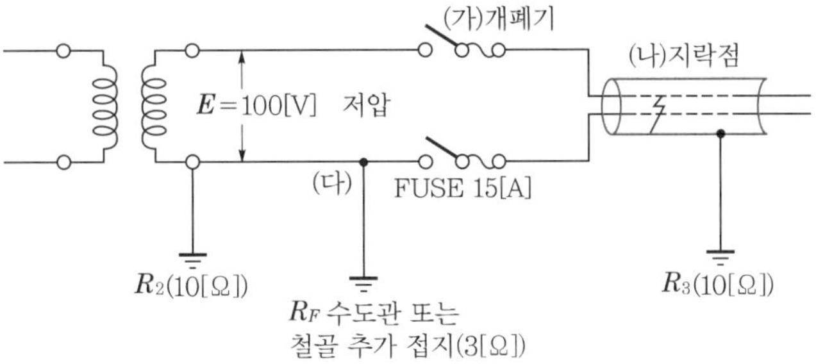

(1) 추가 접지가 없는 경우 지락전류[A]
(2) 추가 접지가 있는 경우 지락전류[A]

답안 (1) 5[A]
(2) 8.13[A]

해설
(1) $I_s = \dfrac{E}{R_2 + R_3} = \dfrac{100}{10+10} = 5[\text{A}]$

(2) $I_g = \dfrac{100}{10 + \dfrac{3\times 10}{3+10}} = 8.13[\text{A}]$

개념 문제 02 산업 93년, 97년 출제 | 배점 : 8점 |

배전용 변전소에 접지공사를 하고자 한다. 접지 목적을 3가지로 요약 설명하고, 중요한 접지 개소를 5개소만 쓰도록 하시오.

(1) 접지 목적
(2) 중요 접지 개소

답안 (1)
- 감전 방지 : 기기의 절연 열화나 손상 등으로 누전이 생기면, 사고전류가 접지선을 통하여 대지로 흘러 기기의 대지전위 상승이 억제되므로 인체의 감전 위험이 줄어들게 된다.
- 기기의 손상 방지 : 뇌전류 또는 고·저압 혼촉 등에 의하여 침입하는 고전압을 접지선을 통해 대지로 흘러 기기의 손상을 방지한다.
- 보호계전기의 동작 : 계통에 사고가 생기면 사고 정도를 파악하여 보호계전기를 작동시킨다.

(2) • 피뢰기 및 피뢰침 접지
• 변압기 및 변성기 등의 2차측 중성점 또는 1단자 접지
• 일반 기기 및 제어반 외함 접지
• 옥외 철구 및 경계책 접지
• 케이블 등의 실드선 접지

개념 문제 03 기사 05년, 19년 출제 | 배점 : 6점 |

접지저항을 측정하고자 한다. 다음 각 물음에 답하시오.

(1) 접지저항을 측정하기 위하여 사용되는 계기나 측정방법을 2가지 쓰시오.

(2) 그림과 같이 본 접지 E에 제1보조접지 P, 제2보조접지 C를 설치하여 본 접지 E의 접지저항값을 측정하려고 한다. 본 접지 E의 접지저항은 몇 [Ω]인가? (단, 본 접지와 P 사이의 저항값은 86[Ω], 본 접지와 C 사이의 접지저항값은 92[Ω], P와 C 사이의 접지저항값은 160[Ω]이다.)

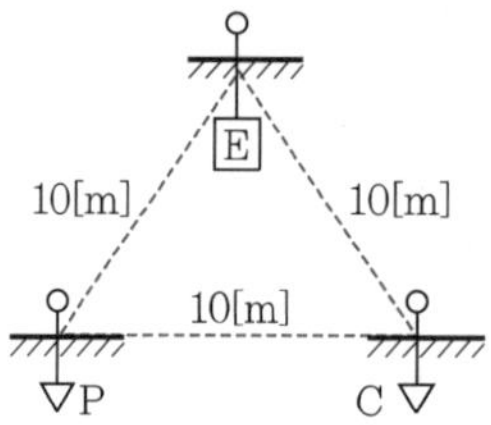

답안 (1) • 콜라우시 브리지에 의한 3극 접지저항 측정법
• 어스테스터에 의한 접지저항 측정법

(2) 9[Ω]

해설 (2) $R_E = \frac{1}{2}(R_{EP} + R_{EC} - R_{PC}) = \frac{1}{2}(86+92-160) = 9[\Omega]$

개념 문제 04 기사 10년, 15년 출제 | 배점 : 5점 |

어떤 변전소로부터 3상 3선식 비접지 배전선이 8회선 나와 있다. 이 배전선에 접속된 주상변압기의 중성점 접지저항값의 허용값[Ω]을 구하시오. (단, 전선로의 공칭전압은 3.3[kV], 배전선의 긍장은 모두 20[km/회선]인 가공선이며, 접지점의 수는 1로 한다.)

답안 3.75[Ω]

해설

1선 지락전류 $I_1 = 1 + \dfrac{\frac{3.3}{1.1} \times \frac{1}{3} \times 20 \times 3 \times 8 - 100}{150} = 4[A]$

∴ 접지저항 $R = \dfrac{150}{2} = 3.75[\Omega]$

개념 문제 05 산업 08년, 10년 출제

| 배점 : 5점 |

다음 그림은 사용이 편리하고 일반적인 접지저항을 측정하고자 할 때 널리 사용되는 전위차계법의 미완성 접속도이다. 다음 각 물음에 답하시오.

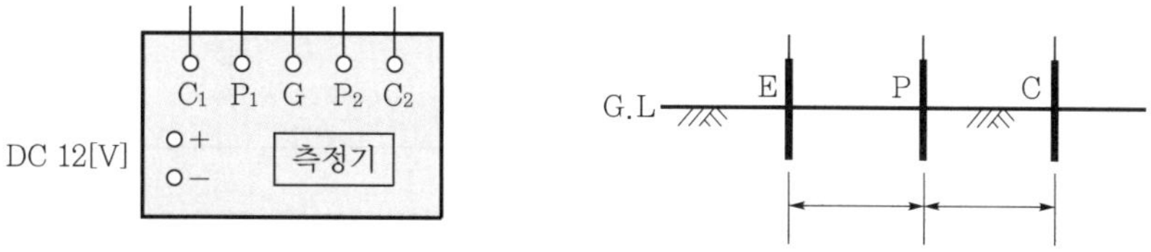

(1) 미완성 접속도를 완성하시오.
(2) 전극 간 거리는 몇 [m] 이상으로 하는가?
(3) 전극 매설 깊이는 몇 [cm] 이상으로 하는가?

답안 (1)

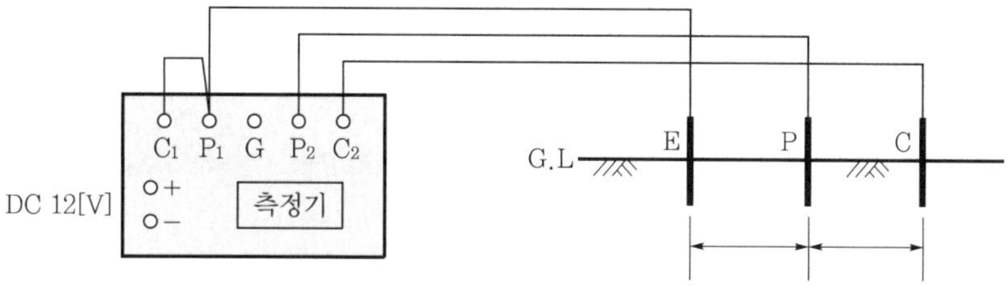

(2) 10[m]
(3) 20[cm]

1990년~최근 출제된 기출문제

CHAPTER 02

전로의 절연과 접지시스템

단원 빈출문제

문제 01 기사 21년 출제 | 배점 : 6점

다음은 전로의 사용전압에 따른 DC시험전압과 절연저항을 규정하고 있는 표이다. 빈칸에 알맞은 답을 쓰시오.

전로의 사용전압[V]	DC시험전압[V]	절연저항[MΩ]
SELV 및 PELV	(①)	(②)
FELV, 500[V] 이하	(③)	(④)
500[V] 초과	(⑤)	(⑥)

[주] 특별저압(extra low voltage : 2차 전압이 AC 50[V], DC 120[V] 이하)으로 SELV(비접지회로 구성) 및 PELV(접지회로 구성)은 1차와 2차가 전기적으로 절연된 회로, FELV는 1차와 2차가 전기적으로 절연되지 않은 회로

답안 ① 250, ② 0.5, ③ 500, ④ 1.0, ⑤ 1,000, ⑥ 1.0

문제 02 기사 90년 출제 | 배점 : 4점

절연저항 측정에 관한 다음 물음에 답하시오.

(1) 통상적으로 저압 전로의 배선이나 기기에 대한 절연저항 측정을 하는 절연저항계의 전압은?

(2) 저압 전로의 절연저항값을 기록하시오.

전로의 사용전압[V]	DC시험전압[V]	절연저항[MΩ]
SELV 및 PELV	250	(①)
FELV, 500[V] 이하	500	(②)
500[V] 초과	1,000	(③)

[주] 특별저압(extra low voltage : 2차 전압이 AC 50[V], DC 120[V] 이하)으로 SELV(비접지회로 구성) 및 PELV(접지회로 구성)은 1차와 2차가 전기적으로 절연된 회로, FELV는 1차와 2차가 전기적으로 절연되지 않은 회로

답안 (1) 500[V]

(2) ① 0.5, ② 1.0, ③ 1.0

문제 03 기사 14년 출제

배점 : 4점

다음은 절연저항 측정 및 절연내력시험에 관한 내용이다. 물음에 답하시오.

(1) 어느 건물에 3.3[kV]용 전동기가 있다. 이 전동기로 절연저항을 측정하려고 할 때 몇 [V]급 절연저항 측정기를 사용해야 하는가?
(2) 어느 전로의 전압이 500[V]를 초과하면 절연저항은 몇 [MΩ] 이상이어야 하는가?
(3) 380[V], 5.5[kW], 3상 유도전동기의 절연내력시험을 하려 한다. 시험전압은 몇 [V]를 가하여야 하며, 어떤 방법으로 시험하여야 하는지 쓰시오.

답안 (1) 4,950[V]
(2) 1.0[MΩ]
(3) • 시험전압 : 570[V]
• 시험방법 : 권선과 대지 사이에 연속하여 10분간 가한다.

해설 (1) 절연내력시험전압 $= 3,300 \times 1.5 = 4,950$[V]
(3) 시험전압 $= 380 \times 1.5 = 570$[V]

문제 04 기사 21년 출제

배점 : 5점

한국전기설비규정에서 기구 등의 전로의 절연내력시험전압[V]에 대한 내용이다. 다음 ( )에 들어갈 내용을 답란에 쓰시오.

공칭전압	최대사용전압	시험전압
6,600[V]	6,900[V]	(①)
13,200[V](중성점 다중 접지식 전로)	13,800[V]	(②)
22,900[V](중성점 다중 접지식 전로)	24,000[V]	(③)

답안 ① 10,350[V]
② 12,696[V]
③ 22,080[V]

해설 ① $6,900 \times 1.5 = 10,350$[V]
② $13,800 \times 0.92 = 12,696$[V]
③ $24,000 \times 0.92 = 22,080$[V]

문제 05 기사 15년 출제

| 배점 : 5점 |

변압기의 절연내력시험전압에 대한 ①~⑦의 알맞은 내용을 빈칸에 쓰시오.

구분	종류(최대사용전압의 기준으로)	시험전압
1	최대사용전압 7[kV] 이하인 권선 (단, 시험전압이 500[V] 미만으로 되는 경우에는 500[V])	최대사용전압×(①)배
2	7[kV]를 넘고 25[kV] 이하의 권선으로서 중성선 다중 접지식에 접속되는 것.	최대사용전압×(②)배
3	7[kV]를 넘고 60[kV] 이하의 권선(중성선 다중 접지 제외) (단, 시험전압이 10,500[V] 미만으로 되는 경우에는 10,500[V])	최대사용전압×(③)배
4	60[kV]를 넘는 권선으로서 중성점 비접지 전로에 접속되는 것	최대사용전압×(④)배
5	60[kV]를 넘는 권선으로서 중성점 접지식 전로에 접속하고 또한 성형결선의 권선의 경우에는 그 중성점에 T좌 권선과 주좌 권선의 접속점에 피뢰기를 시설하는 것. (단, 시험전압이 75[kV] 미만으로 되는 경우에는 75[kV])	최대사용전압×(⑤)배
6	60[kV]를 넘는 권선으로서 중성점 직접 접지식 전로에 접속하는 것. 다만, 170[kV]를 초과하는 권선에는 그 중성점에 피뢰기를 시설하는 것.	최대사용전압×(⑥)배
7	170[kV]를 넘는 권선으로서 중성점 직접 접지에 접속하고 또는 그 중성점을 직접 접지하는 것.	최대사용전압×(⑦)배
(예시)	기타의 권선	최대사용전압×(1.1)배

답안 ① 1.5, ② 0.92, ③ 1.25, ④ 1.25
⑤ 1.1, ⑥ 0.72, ⑦ 0.64

문제 06 기사 11년 출제

| 배점 : 5점 |

사용전압이 154[kV]인 중성점 직접 접지식의 절연내력시험전압은 얼마인지 계산하시오.

답안 110.880[kV]

해설 $154{,}000 \times 0.72 = 110.880[\text{kV}]$

문제 07 기사 10년 출제

배점 : 5점

전력 케이블에 있어서 열화의 대부분은 트리(Tree)가 성장 발전하여 절연파괴에 이른다고 한다. 이와 관련하여 다음 각 물음에 답하시오.

(1) 트리(Tree) 현상이란 무엇인지 쓰시오.
(2) 트리 현상의 종류 3가지를 쓰시오

답안 (1) 고체 절연물 속에서 발생하는 수지상의 방전흔적을 남기는 절연열화 현상
(2) 수 트리, 전기적 트리, 화학적 트리

문제 08 기사 15년 출제

배점 : 5점

접지공사의 목적을 3가지만 쓰시오.

답안
- 고장전류(지락전류, 단락전류)나 뇌격전류의 유입에 대한 기기를 보호할 목적
- 지표면의 국부적인 전위경도에서 감전사고에 대한 인체를 보호할 목적
- 계통회로전압과 보호계전기의 동작의 안정과 정전차폐효과를 유지할 목적

문제 09 기사 13년 출제

배점 : 8점

계통접지와 기기접지의 접지점을 도면에 표시하고 그 기능을 각각 설명하시오. (단, 접지점과 접지전극을 접지선으로 연결하시오.)

(1) 계통접지

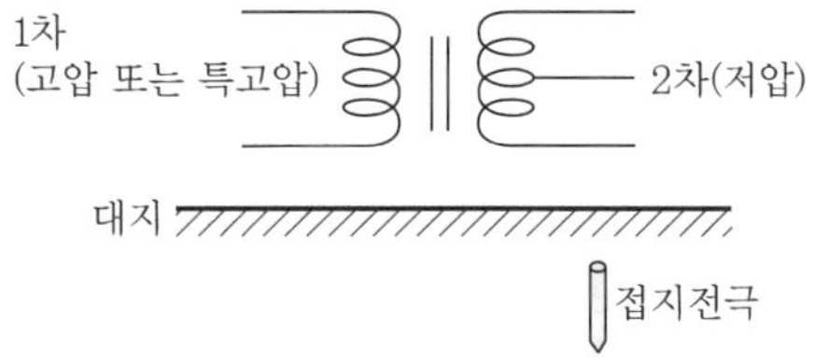

(2) 기기접지

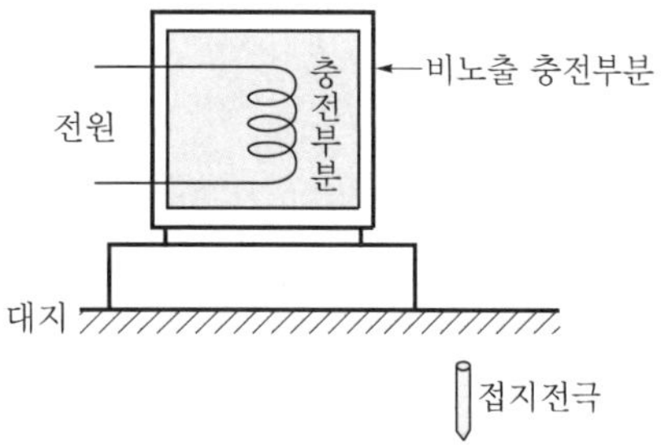

(3) 기능
① **계통접지 :**
② **기기접지 :**

답안 (1) 계통접지

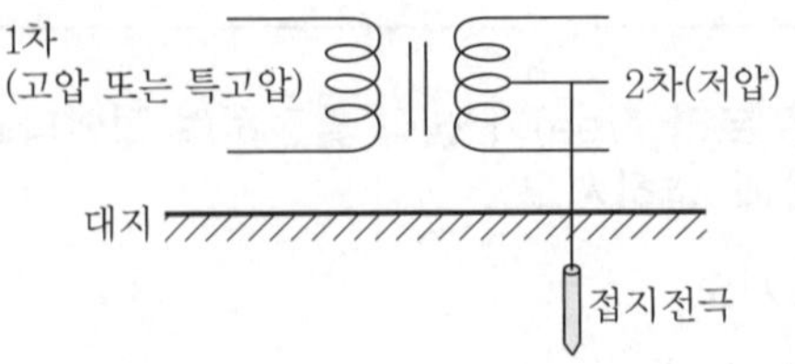

(2) 기기접지

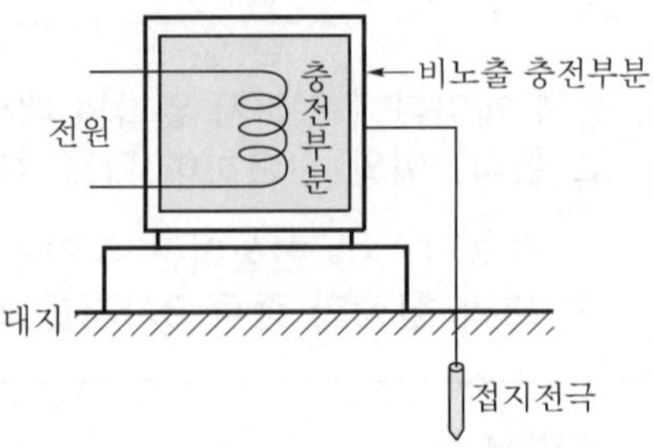

(3) ① 계통접지 : 2차측 중성선을 접지하여 고저압 혼촉에 의한 저압측 전위상승을 방지하여 계통의 위험을 방지한다.

② 기기접지 : 충전부분의 절연파괴로 인한 비노출 충전부분(외함)의 전위가 상승하여 접촉전압 증가로 인한 인축에 대한 감전사고를 방지한다.

문제 10 기사 21년 출제 | 배점 : 4점 |

한국전기설비규정에 따른 보호등전위 본딩도체에 대한 내용이다. 다음 ( )에 들어갈 내용을 답란에 쓰시오.

- KEC 143.3 등전위 본딩도체
- KEC 143.3.1 보호등전위 본딩도체

(1) 주접지단자에 접속하기 위한 등전위 본딩도체는 설비 내에 있는 가장 큰 보호접지도체 단면적의 1/2 이상의 단면적을 가져야 하고 다음의 단면적 이상이어야 한다.
① 구리 도체 ( )[mm^2]
② 알루미늄 도체 ( )[mm^2]
③ 강철 도체 ( )[mm^2]

(2) 주접지단자에 접속하기 위한 보호본딩도체의 단면적은 구리 도체 ( )[mm^2] 또는 다른 재질의 동등한 단면적을 초과할 필요는 없다.

답안 (1) ① 6, ② 16, ③ 50
(2) 25

문제 **11** 기사 17년 출제

| 배점 : 5점 |

접지설비에서 보호도체에 대한 다음 각 물음에 답하시오.

(1) 보호도체란 안전을 목적(가령 감전보호)으로 설치된 전선으로서 다음 표의 단면적 이상으로 선정하여야 한다. ①~③에 알맞은 보호도체 최소 단면적의 기준을 각각 쓰시오.

▌보호도체의 단면적▐

선도체의 단면적 S [mm²]	보호도체의 최소 단면적[mm²] (보호도체의 재질이 상전선과 같은 경우)
$S \leq 16$	(①)
$16 < S \leq 35$	(②)
$S > 35$	(③)

(2) 보호도체의 종류를 2가지만 쓰시오.

답안

(1) ① S, ② 16, ③ $\frac{S}{2}$

(2) • 다심케이블의 도체
 • 고정된 절연도체 또는 나도체

문제 **12** 기사 21년 출제

| 배점 : 5점 |

어느 전력계통에서 보호장치를 통해 흐를 수 있는 예상 고장전류가 25[kA], 자동 차단을 위한 보호장치의 동작시간이 0.5초이며, 보호도체, 절연, 기타 부위의 재질 및 초기온도와 최종온도에 따라 정해지는 계수는 159일 때 이 계통의 보호도체 단면적[mm²]을 선정하시오. (단, 보호도체, 절연, 기타 부위의 재질 및 초기온도와 최종온도에 따라 정해지는 계수는 KS C IEC 60364-5-54의 부속서 A에 의한다.)

답안 120[mm²]

해설

$$S = \frac{\sqrt{I^2 t}}{k} = \frac{\sqrt{25{,}000^2 \times 0.5}}{159} = 111.18[\text{mm}^2]$$

보호도체의 최소 단면적

상도체의 단면적 S ([mm²], 구리)	보호도체의 최소 단면적([mm²], 구리)	
	보호도체의 재질	
	상도체와 같은 경우	상도체와 다른 경우
$S \leq 16$	S	$\left(\frac{k_1}{k_2}\right) \times S$
$16 < S \leq 35$	16	$\left(\frac{k_1}{k_2}\right) \times 16$
$S > 35$	$\frac{S}{2}$	$\left(\frac{k_1}{k_2}\right) \times \left(\frac{S}{2}\right)$

보호도체의 단면적(차단시간이 5초 이하) : $S = \frac{\sqrt{I^2 t}}{k}$ [mm²]

여기서, I : 보호장치를 통해 흐를 수 있는 예상 고장전류 실효값[A]

t : 자동차단을 위한 보호장치의 동작시간[s]

k : 보호도체, 절연, 기타 부위의 재질 및 초기온도와 최종온도에 따라 정해지는 계수

문제 13

기사 13년 출제

배점 : 5점

배전용 변전소의 모선에서 3상 3선식 4피더(Feeder)의 6.6[kV] 중성점 비접지식 배전선로가 있다. 이 피더(Feeder)의 1선에 지락이 생겼을 때 지락전류를 계산하시오.

배전선	케이블 이외의 선로연장[km]	케이블의 선로연장[km]
A	20	0.3
B	30	0.5
C	–	20
D	40	–

답안 22[A]

해설

$$I_g = 1 + \frac{\frac{6.6}{1.1} \times \frac{1}{3} \times (20+30+40) - 100}{150} + \frac{\frac{6.6}{1.1} \times \frac{1}{3} \times (0.3+0.5+20) - 1}{2} = 21.83 = 22[\text{A}]$$

문제 **14** 기사 13년 출제

배점 : 5점

허용 가능한 독립접지의 이격거리를 결정하게 되는 세 가지 요인은 무엇인가?

답안
- 발생하는 접지전류의 최댓값
- 전위상승의 허용값
- 그 지점의 대지 저항률

문제 **15** 기사 21년 출제

배점 : 5점

접지저항을 결정하는 3가지 요소를 쓰시오

답안
- 접지도체와 접지전극의 자체 저항
- 접지전극의 표면과 접하는 토양 사이의 접촉저항
- 접지전극 주위의 토양이 나타내는 저항

문제 **16** 기사 08년 출제

배점 : 8점

접지방식은 각기 다른 목적이나 종류의 접지를 상호 연접시키는 공용접지와 개별적으로 접지하되 상호 일정한 거리 이상 이격하는 독립접지(단독접지)로 구분할 수 있다. 독립접지와 비교하여 공용접지의 장점과 단점을 각각 3가지만 쓰시오.

(1) 공용접지의 장점
(2) 공용접지의 단점

답안
(1)
- 접지극의 연접으로 합성저항의 저감 효과가 있다.
- 접지극의 연접으로 접지극의 신뢰도가 향상된다.
- 접지극의 수량이 감소된다.
- 계통접지를 단순화할 수 있다.
- 철근, 구조물 등을 연접하면 거대한 접지전극의 효과를 얻을 수 있다.

(2)
- 계통의 이상전압 발생 시 유기전압이 상승한다.
- 다른 기기 계통으로부터 사고가 파급된다.
- 피뢰침용과 공용하므로 뇌서지에 대한 영향을 받을 수 있다.

문제 **17** 기사 98년, 00년 출제

배점 : 5점

동일 개소에 2종류 이상의 접지공사를 할 때 접지저항이 적은 것을 공용으로 할 수 있다. 다만, 피뢰기, 피뢰침 접지는 타 접지와 공용이 안 된다. 그 이유를 설명하시오.

답안 낙뢰에 의한 이상전압 침입 시 피뢰기의 접지선을 통해 다른 기기 및 기구에 침입하여 계통의 사고가 확대되는 것을 방지하기 위함이다.

문제 **18** 기사 11년 출제

배점 : 4점

1개의 건축물에는 그 건축물 대지전위의 기준이 되는 접지극, 접지선 및 주접지단자를 그림과 같이 접속하여 전지설비를 구성한다. 건축 내 전기기기의 노출도전성 부분 및 계통의 도전성 부분(건축구조물의 금속제 부분 및 가스, 물, 난방 등의 금속배관설비) 모두를 주접지단자에 접속하여 도전성 물체 간에 전위차가 없도록 하고, 감전을 예방하기 위한 수단으로 활용되고 있다. 아래 그림과 같이 건축물의 등전위화한 접지설비의 구성에 대한 각각의 명칭을 답란에 쓰시오.

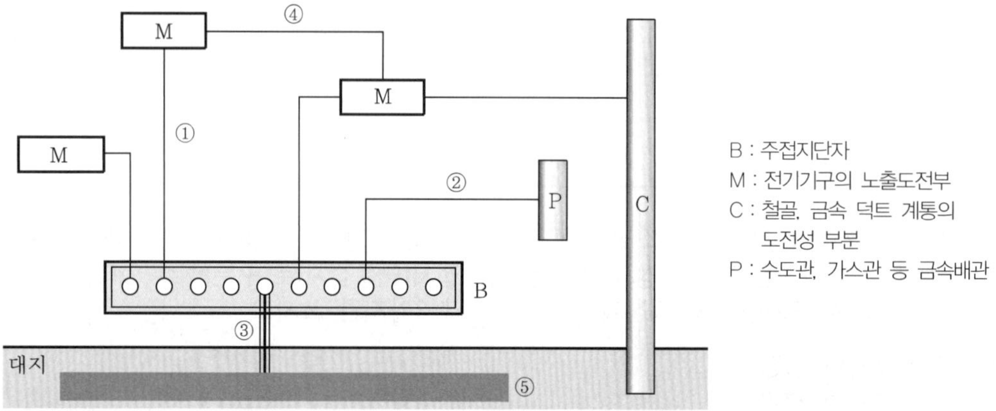

①	
②	
③	
④	
⑤	

답안

①	보호도체
②	보호등전위 본딩
③	접지도체
④	보조 보호등전위 본딩
⑤	접지극

문제 19 기사 95년, 06년, 11년 출제 | 배점 : 8점

다음 그림은 전자식 접지저항계를 사용하여 접지극의 접지저항을 측정하기 위한 배치도이다. 물음에 답하시오.

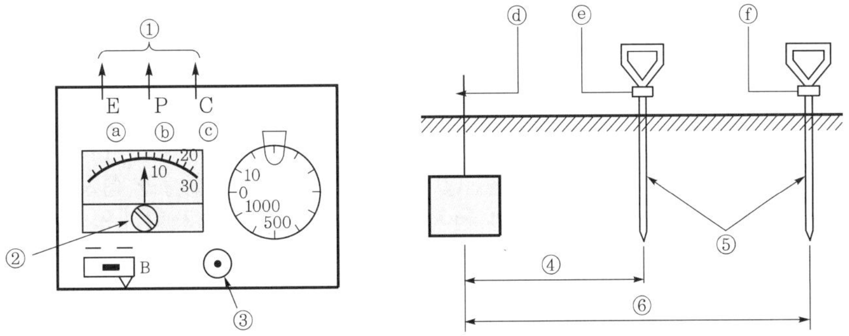

(1) 보조 접지극을 설치하는 이유는 무엇인가?
(2) ⑤와 ⑥의 설치 간격은 얼마인가?
(3) 그림에서 ①의 측정단자 접속은?
(4) 접지극의 매설 깊이는?

답안 (1) 전압과 전류를 공급하여 접지저항을 측정하기 위함이다.
(2) ⑤ 10[m], ⑥ 20[m]
(3) ⓐ → ⓓ, ⓑ → ⓔ, ⓒ → ⓕ
(4) 0.75[m] 이상

문제 20 기사 06년, 11년 출제

배점 : 8점

그림은 큐비클식 고압 수변전설비에서 접지극의 접지저항을 측정하기 위한 시험기구의 배치도이다. 이 배치도를 보고 다음 각 물음에 답하시오.

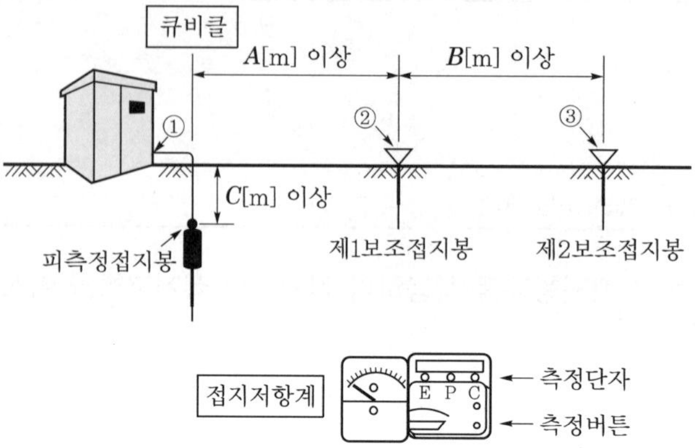

(1) 제2보조접지봉의 설치 목적을 간단하게 설명하시오.
(2) 그림에서 A[m]와 B[m] 거리는 몇 [m] 이상으로 하여야 하는가?
(3) 피측정접지봉(①), 제1보조접지봉(②), 제2보조접지봉(③)과 접지저항계의 접속은 어떻게 하여야 하는지 그 연결 단자명을 쓰시오. (접지저항계의 측정 단자명을 기록)
(4) 큐비클식 고압 수변전설비의 금속제함에는 어떤 접지를 하여야 하는가?
(5) 피측정접지봉의 설치 깊이는 몇 [m] 이상으로 하여야 하는가?

답안 (1) 전류 보조극으로 피측정접지봉과 제1보조접지봉에 전류를 공급한다.

(2) • A부분 : 10[m]
  • B부분 : 10[m]

(3) ① 접지단자(E), ② 전압단자(P), ③ 전류단자(C)

(4) 보호접지

(5) 0.75[m]

문제 21 기사 91년, 03년, 11년 출제

배점 : 5점

3개의 접지판 상호 간의 저항을 측정한 값이 그림과 같이 G_1과 G_2 사이는 30[Ω], G_2와 G_3 사이는 50[Ω], G_1과 G_3 사이는 40[Ω]이었다면, G_3의 접지저항값은 몇 [Ω]인지 계산하시오.

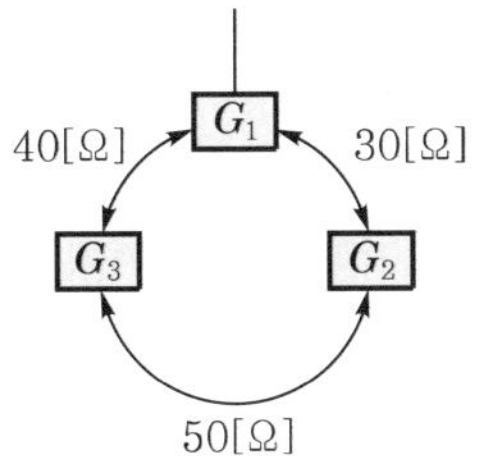

답안 30[Ω]

해설 $\frac{1}{2}(40+50-30)=30[\Omega]$

문제 22 기사 05년 출제

배점 : 5점

콜라우시 브리지법에 의해 그림과 같이 접지저항을 측정하였을 경우 접지관 X의 접지저항값은? (단, $R_{ab}=70[\Omega]$, $R_{ca}=95[\Omega]$, $R_{bc}=125[\Omega]$)

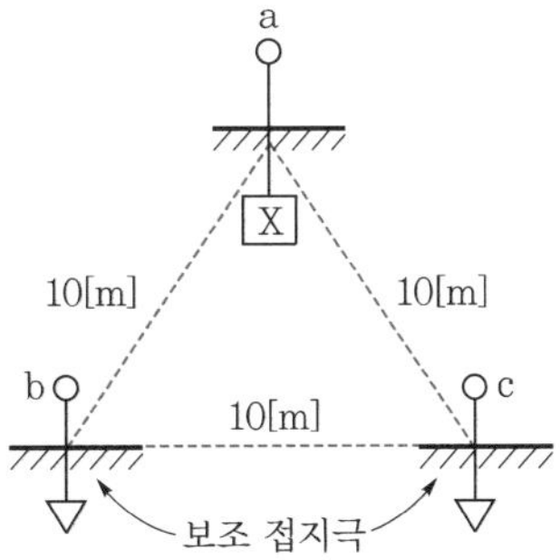

답안 20[Ω]

해설 $R=\frac{1}{2}(70+95-125)=20[\Omega]$

문제 23

기사 16년 출제

배점 : 7점

피뢰기 접지공사를 실시한 후, 접지저항을 보조 접지극 2개(a와 b)를 시설하여 측정하였더니 본 접지와 보조 접지극 a 사이의 저항은 86[Ω], 보조 접지극 a와 보조 접지극 b 사이의 저항은 156[Ω], 보조 접지극 b와 본 접지 사이의 저항은 80[Ω]이었다. 이때 다음 각 물음에 답하시오.

(1) 피뢰기의 접지저항값을 구하시오.
(2) 접지공사의 적합여부를 판단하고, 그 이유를 설명하시오.
① 적합여부
② 이유

답안 (1) 5[Ω]
(2) ① 적합여부 : 적합
② 이유 : 피뢰기 접지저항값은 10[Ω] 이하이어야 한다.

해설 (1) 접지저항값 $R_E = \frac{1}{2}(86 + 80 - 156) = 5[\Omega]$

문제 24

기사 14년 출제

배점 : 4점

대지 고유저항률 300[Ω · m], 직경 19[mm], 길이 2,400[mm]인 접지봉을 전부 매입했다고 한다. 접지저항(대지저항)값은 얼마인가?

답안 123.84[Ω]

해설 $R = \frac{\rho}{2\pi l}\ln\frac{2l}{r} = \frac{300}{2\pi \times 2.4} \times \ln\frac{2 \times 2.4}{\frac{19}{2} \times 10^{-3}} = 123.84[\Omega]$

문제 25 기사 22년 출제 | 배점 : 5점

대지 고유저항률 400[Ω · m], 직경 19[mm], 길이 2,400[mm]인 접지봉을 전부 타입하여 설치할 경우 접지저항을 구하시오.

답안 165.13[Ω]

해설 $R=\frac{\rho}{2\pi l}\ln\frac{2l}{r}=\frac{400}{2\pi\times 2.4}\times\ln\frac{2\times 2.4}{\frac{19}{2}\times 10^{-3}}=165.13[\Omega]$

전극계의 접지저항 산정식

- 반구 $R=\frac{\rho}{2\pi r}$
- 원판 $R=\frac{\rho}{4r}$
- 막대모양 $R=\frac{\rho}{2\pi l}\ln\frac{2l}{r}$

문제 26 기사 13년 출제 | 배점 : 5점

대지 고유저항 측정방법 중 Wenner의 4전극법 원리를 회로도, 공식 등을 나타내어 설명하시오.

답안

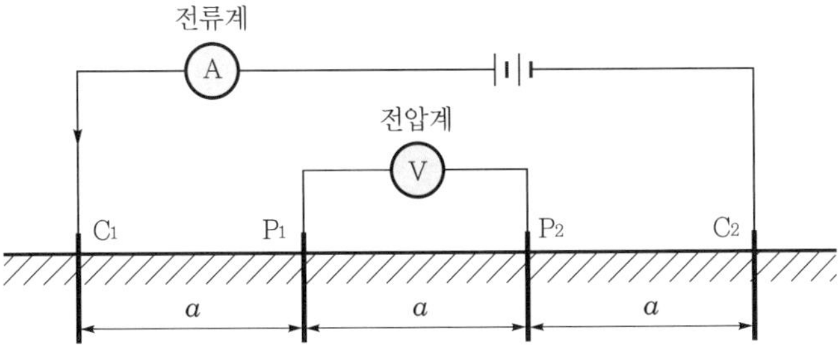

그림과 같이 4개의 전극을 일직선의 동일 간격으로 설치하고, 전극 C_1과 C_2 사이에 전원을 접속하여 대지에 전류를 흘리면서 전극 P_1과 P_2 사이의 전위차를 측정하여 접지(대지)저항값을 구하는 방법으로 접지저항 $R=\frac{\rho}{2\pi a}$에서 대지저항률 $\rho=2\pi aR[\Omega\cdot m]$이다.

문제 **27** 기사 08년 출제

배점 : 5점

접지시스템 설계에 가장 기본적인 과정은 시공 현장의 대지저항률을 측정하여 분석하는 것이다. 4개의 측정탐침(4-Test Probe)을 지표면에 일직선상에 등거리로 박아서 측정 방비 내에서 저주파 전류를 탐침을 통해 대지에 흘려보내어 대지저항률을 측정하는 방법을 무엇이라 하는가?

답안 위너의 4전극법

문제 **28** 기사 14년 출제

배점 : 5점

다음은 전위강하법에 의한 접지저항 측정방법이다. E, P, C가 일직선상에 있을 때, 다음 물음에 답하시오. [단, E는 반지름 r인 반구모양 전극(측정대상)이다.]

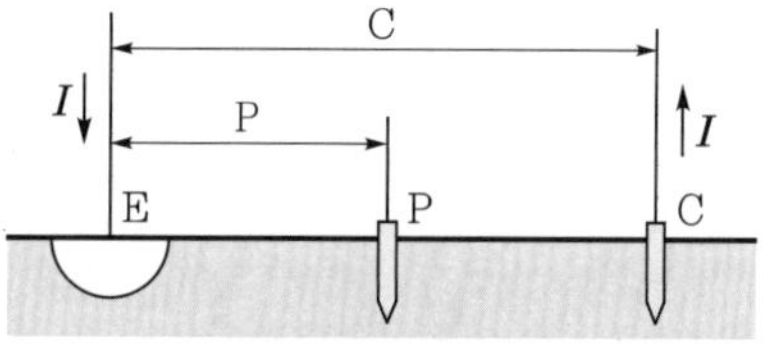

[그림 1]

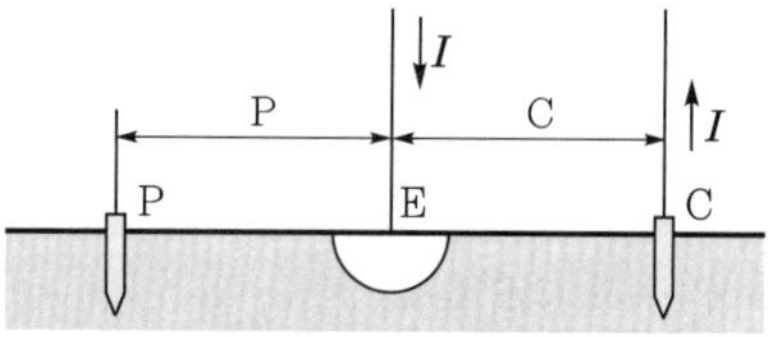

[그림 2]

(1) [그림 1]과 [그림 2]의 측정방법 중 접지저항값이 참값에 가까운 측정방법은?

(2) 반구모양 접지전극의 접지저항을 측정할 때 E-C간 거리의 몇 [%]인 곳에 전위 전극을 설치하면 정확한 접지저항값을 얻을 수 있는지 설명하시오.

답안 (1) [그림 1]

(2) P/C=0.618의 조건을 만족할 때 측정값이 참값과 같아지는 데, 이것은 반구모양 접지전극의 접지저항을 측정할 때 전위보조극 P를 EC간 거리의 61.8[%]에 시설하면 정확한 접지저항의 값을 얻을 수 있다.

문제 29 기사 08년 출제

배점 : 5점

접지공사에서 접지저항을 저감시키는 방법을 5가지만 쓰시오.

답안
- 접지극 길이를 길게 한다.
- 접지극을 병렬 접속한다.
- 심타공법으로 시공한다.
- 접지저항 저감제를 사용한다.
- 접지봉의 매설 깊이를 깊게 한다.

문제 30 기사 13년 출제

배점 : 6점

접지저항 저감법에는 화학적 저감방법과 물리적 저감방법이 있다. 물리적 접지저감 공법 및 접지 저감재로서의 구비조건을 각각 4가지만 쓰시오.

(1) 물리적 접지저감 공법(4가지)
(2) 접지 저감재로서의 구비조건(4가지)

답안
(1)
- 접지극의 병렬 접속
- 접지극의 치수 확대
- 매설지선 및 평판 접지극
- 접지봉 깊이 박기

(2)
- 저감 효과가 크고 안전할 것
- 전기적으로 양도체일 것. 즉, 주위의 토양에 비해 도전도가 좋아야 함
- 저감 효과의 지속성이 있을 것
- 접지극을 부식시키지 않을 것

1990년~최근 출제된 기출 이론 분석 및 유형별 문제

03 CHAPTER 전선로

기출개념 01 전선

1 가공전선의 구비조건

① 도전율, 가요성 및 기계적 강도가 클 것
② 저항률이 적고, 내구성이 있을 것
③ 중량이 적고, 가선 작업이 용이할 것
④ 가격이 저렴할 것

2 전선의 구성

(1) **단선** : 단면이 원형인 1본의 도체로 직경[mm]으로 나타낸다.

(2) **연선** : 1본의 중심선 위에 6의 층수 배수만큼 증가하는 구조이다.

① 소선의 총수 : $N=3n(1+n)+1$
② 연선의 바깥지름 : $D=(2n+1)d$ [mm]
③ 연선의 단면적 : $A=aN=\frac{\pi d^2}{4}N=\frac{\pi}{4}D^2[\text{mm}^2]$

(3) **강심 알루미늄 연선(ACSR)**

▌강심 알루미늄 연선과 경동연선의 비교▐

구 분	직 경	비 중	기계적 강도	도전율
경동선	1	1	1	97[%]
ACSR	1.4~1.6	0.8	1.5~2.0	61[%]

3 전선 굵기의 선정

(1) **송전계통에서 전선의 굵기 선정 시 고려 사항**

① 허용전류
② 전압강하
③ 기계적 강도
④ 코로나
⑤ 전력 손실
⑥ 경제성

(2) 경제적인 전선의 굵기 선정 – 켈빈의 법칙

$$전류밀도\ \sigma = \sqrt{\frac{WMP}{\rho N}} = \sqrt{\frac{8.89 \times 55MP}{N}}\ [\mathrm{A/mm^2}]$$

여기서, W : 전선 중량[kg/mm² · m]
N : 전력량의 가격[원/kW/년]
M : 전선 가격[원/kg]
P : 전선비에 대한 연경비 비율
ρ : 저항율[Ω/mm² · m]

(3) 이도(dip)의 계산

① 이도 : $D = \dfrac{WS^2}{8T_o}$ [m]

② 실제의 전선 길이 : $L = S + \dfrac{8D^2}{3S}$ [m]

4 전선의 하중

(1) 수직하중(W_0)

① 전선의 자중 : W_c[kg/m]

② 빙설의 하중 : $W_i = 0.017(d+6)$[kg/m]

(2) 수평하중(W_w : 풍압하중)

① 빙설이 많은 지역 : $W_w = Pk(d+12) \times 10^{-3}$[kg/m]

② 빙설이 적은 지역 : $W_w = Pkd \times 10^{-3}$[kg/m]

여기서, P : 전선이 받는 압력[kg/m²]
d : 전선의 직경[mm]
k : 전선 표면계수

(3) 합성하중

$$W = \sqrt{W_0^2 + W_w^2} = \sqrt{(W_c + W_i)^2 + W_w^2}$$

(4) 부하계수

$$부하계수 = \frac{합성하중}{전선의\ 자중} = \frac{\sqrt{W_0^2 + W_w^2}}{W_c}$$

5 전선의 진동과 도약

(1) 전선의 진동발생

진동 방지대책으로 댐퍼(damper), 아머로드(armour rod)를 사용한다.

(2) 전선의 도약

전선 주위의 빙설이나 물이 떨어지면서 반동 또는 사고 차단 등으로 전선이 도약하여 상하 전선 간 혼촉에 의한 단락사고 우려가 있다. 방지책으로는 오프셋(off set)을 한다.

6 지선

(1) 설치 목적

불평균 수평 장력을 분담하여 지지물 강도를 보강하고 전선로의 평형 유지

(2) 지선의 구성

① 지선밴드, 아연도금철선, 지선애자, 지선로드, 지선근가
② 지름 2.6[mm] 아연도금철선 3가닥 이상
③ 지선의 안전율 2.5 이상
④ 최소 인장하중 4.31[kN]

(3) 지선의 종류

① 보통(인류)지선 : 일반적으로 사용
② 수평지선 : 도로나 하천을 지나는 경우
③ 공동지선 : 지지물의 상호거리가 비교적 접근해 있을 경우
④ Y지선 : 다수의 완금이 있는 지지물 또는 장력이 큰 경우
⑤ 궁지선 : 비교적 장력이 적고 설치장소가 협소한 경우(A형, B형)
⑥ 지주 : 지선을 설치할 수 없는 경우

7 지선의 장력

(1) 지선의 장력

$$T_0 = \frac{T}{\cos\theta}\,[\text{kg}]$$

여기서, T : 전선의 불평균 수평 분력[kg]
θ : 지선과 지면과의 각
n : 소선의 가닥수
t : 소선 1가닥의 인장하중[kg]
k : 지선의 안전율 $\left(k = \dfrac{nt}{T_0}\right)$

(2) 지선의 소선 수

$$n \geq \frac{kT_0}{t} = \frac{k}{t} \times \frac{T}{\cos\theta}$$

개념 문제 01 기사 20년 출제 | 배점 : 5점 |

소선의 직경이 3.2[mm]인 37가닥 연선의 외경은 몇 [mm]인지 구하시오.

답안 22.4[mm]

해설 연선 구조는 1본의 중심선 위에 층수 배수이므로 37가닥은 중심선을 뺀 층수가 3층이다.
그러므로 외경 $D = (2n+1)d = (2 \times 3 + 1) \times 3.2 = 22.4$[mm]

개념 문제 02 기사 07년, 14년 출제 | 배점 : 6점 |

그림과 같은 송전 철탑에서 등가 선간거리[cm]는?

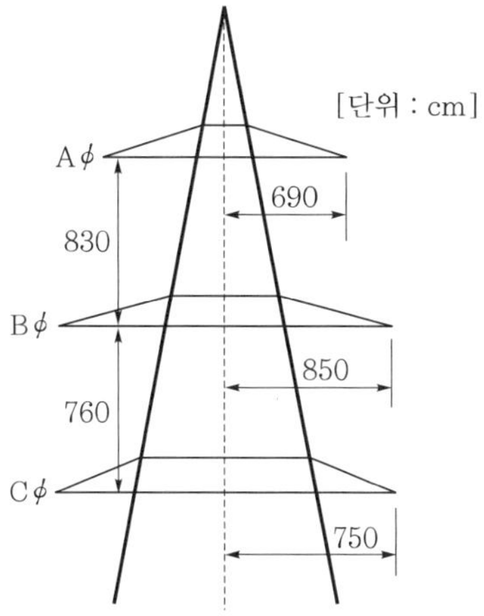

답안 1,010.22[cm]

해설 $D_{AB} = \sqrt{830^2 + (850-690)^2} = 845.28$[cm]

$D_{BC} = \sqrt{760^2 + (850-750)^2} = 766.55$[cm]

$D_{CA} = \sqrt{(830+760)^2 + (750-690)^2} = 1{,}591.13$[cm]

등가 선간거리 $D_e = \sqrt[3]{D_{AB} \cdot D_{BC} \cdot D_{CA}} = \sqrt[3]{845.28 \times 766.55 \times 1{,}591.13} = 1{,}010.22$[cm]

기출개념 02 지중전선로

1 지중전선로의 장 · 단점

(1) 장점

① 미관이 좋다.
② 화재 및 폭풍우 등 기상 영향이 적고, 지역 환경과 조화를 이룰 수 있다.
③ 통신선에 대한 유도장해가 적다.
④ 인축에 대한 안전성이 높다.
⑤ 다회선 설치와 시설 보안이 유리하다.

(2) 단점

① 건설비, 시설비, 유지보수비 등이 많이 든다.
② 고장 검출이 쉽지 않고, 복구 시 장시간이 소요된다.
③ 송전용량이 제한적이다.
④ 건설작업 시 교통장애, 소음, 분진 등이 있다.

2 케이블의 전력 손실

저항손, 유전체손, 연피손

3 전력 케이블의 고장

(1) 고장의 추정

① 유전체의 역률($\tan\delta$)을 측정하는 방법(셰링 브리지)
② 직류의 누설전류를 측정하는 방법

(2) 고장점 수색

① 머레이 루프법(Murray loop method) : 1선 지락고장, 선간 단락고장, 1선 지락 및 선간 지락고장 등을 측정한다.
② 정전용량의 측정에 의한 방법 : 단선 고장점을 구한다.
③ 수색 코일에 의한 방법
④ 펄스에 의한 측정법

개념 문제 01 기사 99년, 00년, 03년, 04년, 05년 출제

| 배점 : 7점 |

지중전선로의 시설에 관한 다음 각 물음에 답하시오.

(1) 지중전선로는 어떤 방식에 의하여 시설하여야 하는지 그 3가지만 쓰시오.
(2) 방식 조치를 하지 않은 지중전선의 피복금속체의 접지는 어떤 접지시스템인가?
(3) 지중전선로의 전선으로는 어떤 것을 사용하는가?

답안 (1) 직접매설식, 관로식, 암거식
(2) 보호접지
(3) 케이블

개념 문제 02 기사 15년, 19년 출제

| 배점 : 6점 |

가공전선로와 비교한 지중전선로의 장점과 단점을 각각 3가지씩 쓰시오.

(1) 장점
(2) 단점

답안 (1) • 다수 회선을 같은 루트에 시설할 수 있다.
• 지하시설로 설비 보안의 유지가 용이하다.
• 비바람이나 뇌 등 기상 조건에 영향을 받지 않는다.
(2) • 같은 굵기의 도체로는 송전용량이 작다.
• 건설비가 아주 비싸다.
• 고장점 발견이 어렵고 복구가 어렵다.

기출 개념 03 선로정수

1 선로의 저항

(1) 전선의 길이가 l[m], 단면적 A[mm^2]일 때의 전선의 저항

$$R=\rho\frac{l}{A}=\frac{1}{58}\times\frac{100}{C}\times\frac{l}{A}\,[\Omega]$$

(2) 기준온도 t_0[℃]에서 t[℃] 상승할 때의 저항

$$R_t=R_{t0}\{1+\alpha_{t0}(t-t_0)\}\,[\Omega]$$

여기서, R_t : 온도가 t[℃] 상승하였을 경우에 있어서 전선의 저항[Ω]
R_{t0} : 기준온도 t_0[℃]의 전선저항[Ω]
α_{t0} : 기준온도 t_0[℃]에 있어서의 저항의 온도계수

2 선로의 인덕턴스 L[mH/km]

(1) 단도체

$$L = 0.05 + 0.4605\log_{10}\frac{D}{r}\,[\text{mH/km}]$$

(2) 다도체

$$L = \frac{0.05}{n} + 0.4605\log_{10}\frac{D}{r'}\,[\text{mH/km}]$$

여기서, n : 소도체의 수

r' : 등가 반지름 $\left(r' = r^{\frac{1}{n}} \cdot s^{\frac{n-1}{n}} = \sqrt[n]{r \cdot s^{n-1}}\right)$

s : 소도체 간의 등가 선간거리

(3) 등가 선간거리(기하학적 평균거리)

$$D' = \sqrt[n]{D_1 \times D_2 \times D_3 \times \cdots \times D_n}$$

3 선로의 작용 정전용량

(1) 단도체

$$C = \frac{0.02413}{\log_{10}\frac{D}{r}}\,[\mu\text{F/km}]$$

(2) 다도체

$$C = \frac{0.02413}{\log_{10}\frac{D}{r'}} = \frac{0.02413}{\log_{10}\frac{D}{\sqrt[n]{r\,s^{n-1}}}}\,[\mu\text{F/km}]$$

(3) 1상당 작용 정전용량

① 단상 2선식 : $C_2 = C_s + 2C_m$

② 3상 1회선 : $C_3 = C_s + 3C_m$

4 누설 컨덕턴스

$$\text{저항의 역수 } G = \frac{1}{R}\,[\mho]$$

여기서, R : 애자의 절연저항

5 복도체 및 다도체의 특징

① 같은 도체 단면적의 단도체보다 인덕턴스와 리액턴스가 감소하고, 정전용량이 증가하여 송전용량을 크게 할 수 있다.
② 전선 표면의 전위경도를 저감시켜 코로나 임계전압을 높게 하므로 코로나손을 줄일 수 있다.
③ 전력계통의 안정도를 증대시킨다.
④ 초고압 송전선로에 채용한다.
⑤ 페란티 효과에 의한 수전단 전압 상승의 우려가 있다.
⑥ 단락사고 시 소도체와 충돌할 수 있다.

6 연가

(1) 전선로 각 상의 선로정수를 평형이 되도록 선로 전체의 길이를 3의 배수 등분하여 각 상에 속하는 전선이 전 구간을 통하여 각 위치를 일순하도록 도중의 개폐소나 연가철탑에서 바꾸어 주는 것이다.

(2) 연가의 효과

선로정수의 평형으로 통신선에 대한 유도장해 방지 및 전선로의 직렬공진을 방지한다.

개념 문제 01 기사 08년 출제 | 배점 : 5점 |

연동선을 사용한 코일의 저항이 0[℃]에서 4,000[Ω]이었다. 이 코일에 전류를 흘렸더니 그 온도가 상승하여 코일의 저항이 4,500[Ω]으로 되었다고 한다. 이 때 연동선의 온도를 구하시오.

답안 29.31[℃]

해설 0[℃]에서 연동선의 온도계수 $\alpha_0 = \frac{1}{234.5}$

$R_t = R_0\{1+\alpha_0(t_2 - t_0)\}$에서

$$4{,}500 = 4{,}000\left\{1 + \frac{1}{234.5}(t_2 - 0)\right\}$$

$$\therefore\ t_2 = \left(\frac{4{,}500}{4{,}000} - 1\right) \times 234.5 = 29.31[℃]$$

개념 문제 02 기사 99년 출제 | 배점 : 6점 |

연가의 주목적은 선로정수의 평형이다. 연가의 효과를 2가지만 쓰시오.

답안
- 통신선에 대한 유도장해 경감
- 소호 리액터 접지 시 직렬공진에 의한 이상전압 상승 방지

기출개념 04 코로나

1 공기의 전위경도(절연내력)

① 직류 : 30[kV/cm]
② 교류 : 21.1[kV/cm]

2 임계전압

$$E_0 = 24.3\, m_0 m_1 \delta\, d \log_{10}\frac{D}{r}\,[\text{kV}]$$

여기서, m_0 : 표면계수
m_1 : 날씨계수
δ : 상대공기밀도
d : 전선의 직경[cm]
D : 선간거리[cm]

3 영향

(1) 코로나 손실(peek식)

$$P_d = \frac{241}{\delta}(f+25)\sqrt{\frac{d}{2D}}\,(E-E_0)^2 \times 10^{-5}\,[\text{kW/km/선}]$$

여기서, E : 대지전압[kV]
E_0 : 임계전압[kV]
f : 주파수[Hz]
δ : 상대공기밀도
D : 선간거리[cm]
d : 전선의 직경[cm]

(2) 코로나 잡음

(3) 통신선에서의 유도장해

(4) 소호 리액터의 소호능력 저하

(5) 화학작용

코로나 방전으로 공기 중에 오존(O_3) 및 산화질소(NO)가 생기고 여기에 물이 첨가되면 질산(초산 : NHO_3)이 되어 전선을 부식시킨다.

(6) 코로나 발생의 이점

송전선에 낙뢰 등으로 이상전압이 들어올 때 이상전압 진행파의 파고값을 코로나의 저항 작용으로 빨리 감쇠시킨다.

4 방지대책

① 전선의 직경을 크게 하여 전선 표면의 전위경도를 줄여 임계전압을 크게 한다.
② 단도체(경동선)를 다도체 및 복도체 또는 ACSR, 중공연선으로 한다.

개념 문제 01 기사 99년, 08년 출제 | 배점 : 8점 |

전선로 부근이나 애자 부근(애자와 전선의 접속 부근)에 임계전압 이상이 가해지면 전선로나 애자 부근에 발생하는 코로나 현상에 대하여 다음 각 물음에 답하시오.

(1) 코로나 현상이란 무엇인지 쓰시오.
(2) 코로나 현상이 미치는 영향에 대하여 4가지만 쓰시오.
(3) 코로나 방지대책 중 2가지만 쓰시오.

답안 (1) 임계전압 이상의 전압이 전선로 부근이나 애자 부근에 가해지면 주위의 공기 절연이 부분적으로 파괴되는 현상

(2) • 코로나 손실
• 전선의 부식 촉진
• 통신선 유도장해
• 코로나 잡음

(3) • 다도체 방식을 채용한다.
• 굵은 도체를 사용한다.

개념 문제 02 기사 99년 출제 | 배점 : 8점 |

송전선로에 코로나가 발생할 경우 나쁜 영향들을 4가지만 설명하고 또한 코로나 발생 방지대책과 방지대책에 대한 그 이유를 설명하시오.

(1) 코로나 현상에 의한 나쁜 영향
(2) 방지대책과 그 이유

답안 (1) • 통신선에 유도장해를 일으킨다.
• 코로나 손실이 발생하여 송전효율을 저하시킨다.
• 소호 리액터의 소호능력을 저하시킨다.
• 전선의 부식이 발생한다.

(2) ① 대책 : 굵은 전선 및 복도체 등을 사용한다.
② 이유 : 전선 주위의 전위경도를 낮춤으로써 코로나 임계전압을 상승시켜 코로나 발생을 방지한다.

기출개념 05 배선과 분기회로

1 도체와 과부하 보호장치 사이의 협조

$$I_B \le I_n \le I_Z$$
$$I_2 \le 1.45 \times I_Z$$

여기서, I_B : 회로의 설계전류
I_Z : 케이블의 허용전류
I_n : 보호장치의 정격전류
I_2 : 보호장치가 규약시간 이내에 유효하게 동작하는 것을 보장하는 전류

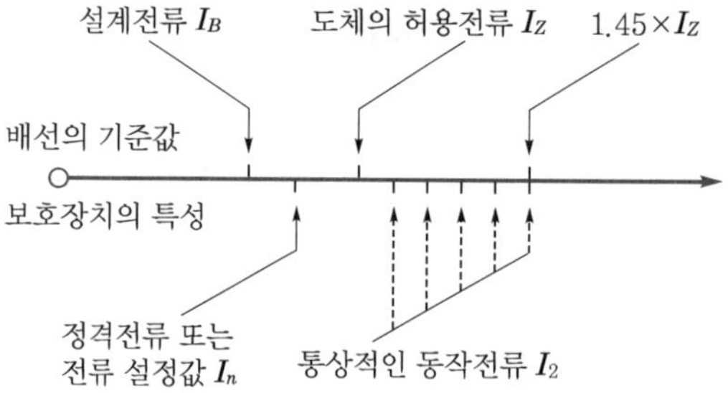

▌과부하 보호설계 조건도▐

2 과부하 보호장치의 설치위치

(1) 설치위치

과부하 보호장치는 전로 중 도체의 단면적, 특성, 설치방법, 구성의 변경으로 도체의 허용전류값이 줄어드는 곳(분기점, O점)에 설치해야 한다.

(2) 설치위치의 예외

① 분기회로(S_2)의 과부하 보호장치(P_2)의 전원측에 다른 분기회로 또는 콘센트의 접속이 없고 분기회로에 대한 단락보호가 이루어지고 있는 경우 : P_2는 분기회로의 분기점(O)으로부터 부하측으로 거리에 구애받지 않고 이동하여 설치할 수 있다.

② 분기회로(S_2)의 보호장치(P_2)는 (P_2)의 전원측에서 분기점(O) 사이에 다른 분기회로 또는 콘센트의 접속이 없고, 단락의 위험과 화재 및 인체에 대한 위험성이 최소화되도록 시설된 경우 : P_2는 분기회로의 분기점(O)으로부터 3[m]까지 이동하여 설치할 수 있다.

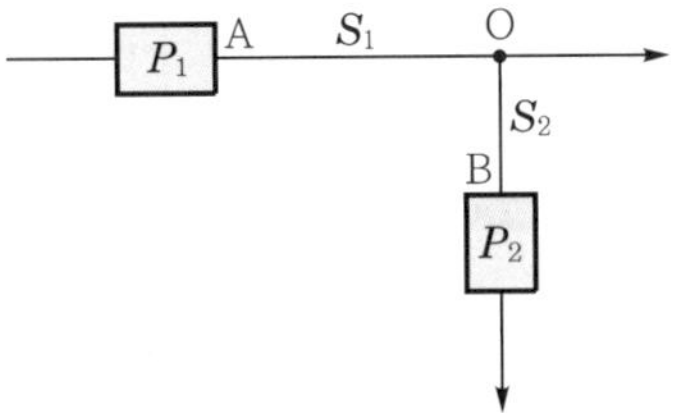

▌분기회로(S_2)의 분기점(O)에 설치되지 않은 분기회로 과부하 보호장치(P_2)▐

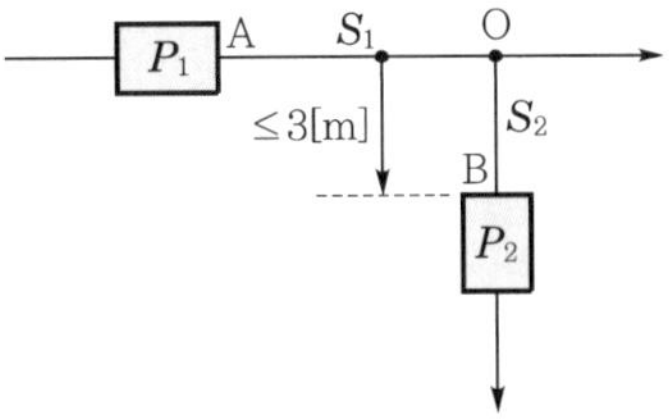

▌분기회로(S_2)의 분기점(O)에 3[m] 이내에 설치된 과부하 보호장치(P_2)▐

개념 문제 01 기사 86년, 97년 출제 | 배점 : 4점 |

사용전압 200[V]에 40[W]×2의 형광등 기구를 70개 시설하려고 하는 경우 분기회로수는 최소 몇 회로가 필요한가? (단, 분기회로는 20[A] 분기회로로 하고, 형광등 역률은 70[%]이고, 안정기 손실은 없는 것으로 하며, 1회로의 부하전류는 분기회로 용량의 80[%]로 한다.)

답안 20[A] 분기 3회로

해설
- 전류 $I = \dfrac{P}{V\cos\theta} = \dfrac{40 \times 2 \times 70}{200 \times 0.7} = 40[\text{A}]$
- 분기회로수 $n = \dfrac{40}{20 \times 0.8} = 2.5$ 회로

개념 문제 02 기사 85년, 96년 출제 | 배점 : 4점 |

그림과 같은 전동기 Ⓜ과 전열기 Ⓗ에 공급하는 저압 옥내 간선을 보호하는 과전류 차단기의 정격전류 최댓값은 몇 [A]인가? (단, 간선의 허용전류는 49[A], 수용률은 100[%]이며 기동 계급은 표시가 없다고 본다.)

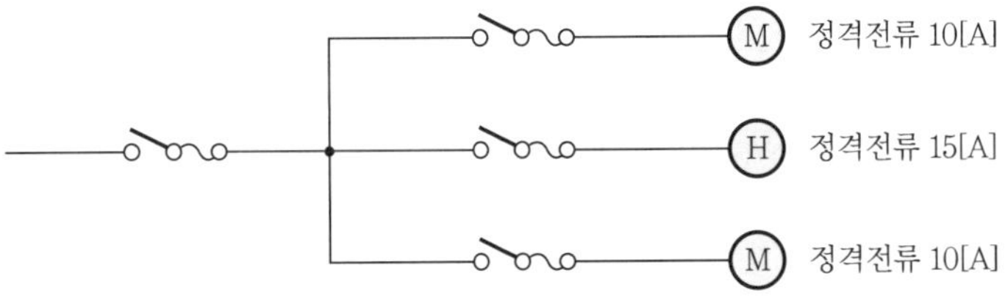

답안 46[A]

해설
- 설계전류 $I_B = 10 + 15 + 10 = 35[\text{A}]$
- 케이블의 허용전류 $I_Z = 49[\text{A}]$
- $I_B \le I_n \le I_Z$에서 $35 \le I_n \le 49[\text{A}]$이어야 하므로 과전류 차단기의 정격전류 최댓값은 49[A]이다.

1990년~최근 출제된 기출문제

CHAPTER 03
전선로

단원 빈출문제

문제 01

기사 11년 출제

배점 : 3점

가공전선로의 이도가 너무 크거나 너무 작을 시 전선로에 미치는 영향 3가지만 쓰시오.

답안
- 이도가 크면 지지물의 높이가 증대된다.
- 이도가 크면 전선이 좌우로 크게 흔들려 다른 상의 전선 및 수목과 접촉할 수 있다.
- 이도가 적으면 전선의 수평 장력이 증가하여 전선이 단선될 수도 있다.

문제 02

기사 21년 출제

배점 : 5점

다음 그림은 345[kV] 송전선로 철탑 및 1상당 소도체를 나타낸 그림이다. 다음 각 물음에 답하시오. (단, 각 수치의 단위는 [mm]이며, 도체의 직경은 29.61[mm]이다.)

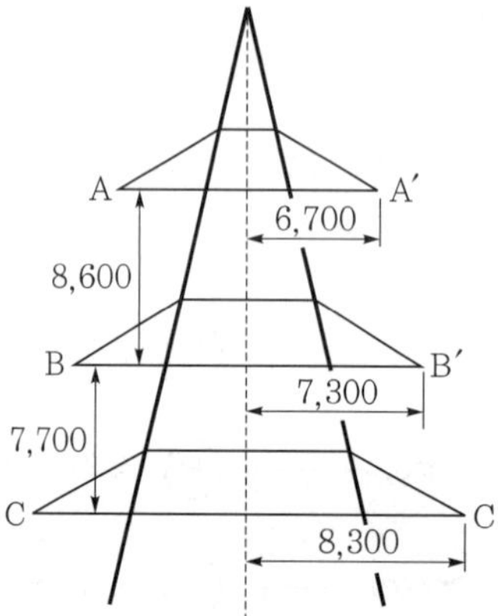

[그림 1]

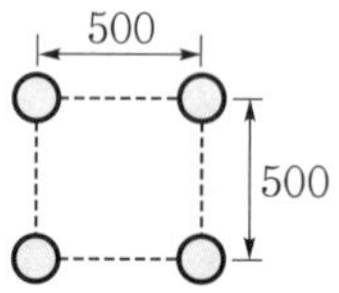

[그림 2]

(1) 송전철탑 암의 길이 및 암 간격이 [그림 1]과 같은 경우 등가 선간거리[m]를 구하시오.
① 계산 :
② 답 :

(2) 송전선로 1상당 소도체가 [그림 2]와 같이 구성되었을 경우 기하학적 평균거리[m]를 구하시오.
① 계산 :
② 답 :

답안 (1) ① $D_{AB}=\sqrt{8.6^2+(7.3-6.7)^2}=8.62[\text{m}]$

$D_{BC}=\sqrt{7.7^2+(8.3-7.3)^2}=7.76[\text{m}]$

$D_{CA}=\sqrt{(8.6+7.7)^2+(8.3-6.7)^2}=16.38[\text{m}]$

등가선간거리 $D_e=\sqrt[3]{D_{AB}\cdot D_{BC}\cdot D_{CA}}=\sqrt[3]{8.62\times7.76\times16.38}=10.31[\text{m}]$

② 10.31[m]

(2) ① $D=\sqrt[6]{2}\,S=\sqrt[6]{2}\times0.5=0.56[\text{m}]$

② 0.56[m]

문제 03

기사 11년 출제

배점 : 4점

최대사용전압 360[kV]의 가공전선이 최대사용전압 161[kV] 가공전선과 교차하여 시설되는 경우 양자 간의 최소 이격거리는 몇 [m]인가?

답안 5.6[m]

해설 최대사용전압 360[kV]의 60[kV]를 넘는 10[kV] 단수 $=\dfrac{360-60}{10}=30$ 이므로

양자 간의 이격거리는 $2+0.12\times30=5.6[\text{m}]$

문제 04

기사 03년 출제

배점 : 6점

송전선로의 거리가 길어지면서 송전선로의 전압이 대단히 커지고 있다. 따라서 여러 가지 이유에 의하여 단도체 대신 복도체 또는 다도체 방식이 채용되고 있는데 복도체(또는 다도체) 방식을 단도체 방식과 비교할 때 그 장점과 단점을 각각 3가지씩만 쓰시오.

(1) 장점
(2) 단점

답안 (1) • 인덕턴스가 감소하고, 정전용량이 증가
• 전선 표면의 전위경도가 저감되어 코로나 방지
• 송전용량의 증가로 계통의 안정도 증대

(2) • 건설비 및 시설 유지비가 증대
• 소도체의 꼬임현상 및 단락 시 대전류 등이 흐를 때 소도체 충돌 발생
• 페란티 현상 증대

문제 05 기사 20년 출제

배점 : 4점

가공선로의 ACSR에 Damper를 설치하는 목적을 쓰시오.

답안 전선의 진동방지

문제 06 기사 96년, 99년, 00년 출제

배점 : 5점

지중케이블의 포설방법 3가지를 열거하시오.

답안
- 직접매설식
- 관로식
- 암거식

문제 07 기사 15년, 18년, 19년 출제

배점 : 8점

지중선을 가공선과 비교하여 이에 대한 장 · 단점을 각각 4가지만 쓰시오.

(1) 장점
(2) 단점

답안

(1)
- 다수 회선을 같은 루트에 시설 가능하다.
- 지하시설로 설비 보안의 유지가 용이하다.
- 기후 환경 등 기상 조건에 영향을 받지 않는다.
- 유도장해가 적다.
- 도시 미관을 해치지 않는다.
- 폭풍우, 뇌격 등의 외부 환경에 영향을 받지 아니하므로 안전성 및 신뢰성이 높다.
- 인축에 대한 안정성이 높다.
- 다수 회선을 동일 경과지에 부설할 수 있다.
- 경과지 확보가 용이하다.

(2)
- 같은 굵기의 도체로 송전할 경우 송전용량이 적다.
- 고장점의 발견이 어렵다.
- 사고복구에 필요한 시간이 길다.

- 설비 구성상 신규 수용에 대한 탄력성이 결여된다.
- 건설비가 비싸다.
- 건설작업 시 교통장애, 소음, 분진 등이 발생할 수 있다.
- 공사기간이 길다.

문제 08 기사 95년, 00년 출제

배점 : 6점

송전선로로서 지중전선로를 채택하는 주요 이유를 4가지만 쓰시오.

답안
- 도시 미관을 중요시하는 경우
- 수용 밀도가 현저하게 높은 지역에 공급하는 경우
- 뇌, 풍수해 등에 의한 사고에 대하여 높은 신뢰도가 요구되는 경우
- 보안상의 제한 조건 등으로 가공전선로를 건설할 수 없는 경우

문제 09 기사 12년 출제

배점 : 4점

지중전선에 화재가 발생한 경우 화재의 확대방지를 위하여 케이블이 밀집 시설되는 개소의 케이블은 난연성 케이블을 사용하여 시설하는 것이 원칙이다. 부득이 전력구에 일반 케이블로 시설하고자 할 경우, 케이블에 방지대책을 하여야 하는데 케이블과 접속재에 사용하는 방재용 자재 2가지를 쓰시오.

답안
- 난연 테이프
- 난연 도료

문제 10 기사 15년 출제

배점 : 4점

전선이 정삼각형의 정점에 배치된 3상 선로에서 전선의 굵기, 선간거리, 표고, 기온에 의하여 코로나 파괴 임계전압이 받는 영향을 쓰시오.

구 분	임계전압이 받는 영향
전선의 굵기	
선간거리	
표고[m]	
기온[℃]	

답안

구 분	임계전압이 받는 영향
전선의 굵기	전선이 굵을수록 임계전압이 높아진다.
선간거리	선간거리가 클수록 임계전압이 높아진다.
표고[m]	표고가 높으면 기압이 낮아 임계전압이 낮아진다.
기온[℃]	온도가 높을수록 임계전압이 낮아진다.

문제 11 기사 99년, 09년, 18년 출제

배점 : 8점

다음은 가공 송전선로의 코로나 임계전압을 나타낸 식이다. 이 식을 보고 다음 각 물음에 답하시오.

$$E_0 = 24.3\, m_1\, m_0\, \delta\, d \log_{10}\frac{D}{r}\,[\mathrm{kV}]$$

(1) 기온 t[℃]에서 기압을 b[mmHg]라고 할 때 $\delta = \dfrac{0.386b}{273+t}$로 나타내는데 이 δ는 무엇을 의미하는지 쓰시오.
(2) m_1이 날씨에 의한 계수라면, m_0는 무엇에 의한 계수인지 쓰시오.
(3) 코로나에 의한 장해의 종류를 2가지만 쓰시오.
(4) 코로나 발생을 방지하기 위한 주요 대책을 2가지만 쓰시오.

답안 (1) 상대공기밀도
(2) 전선표면계수
(3) • 코로나 손실
• 통신선의 유도장해
(4) • 굵은 전선 사용
• 다도체(복도체) 및 중공연선 사용

문제 **12** 기사 21년 출제

배점 : 6점

154[kV], 60[Hz]의 3상 송전선로가 있다. 사용전선은 19/3.2[mm] 경동연선(지름 1.6[cm])이고, 등가 선간거리 400[cm]의 정삼각형의 정점에 배치되어 있다. 기압 760[mmHg], 기온 30[℃]일 때 코로나 임계전압[kV/phase] 및 코로나 손실[kW/km/phase]을 구하시오. (단, 날씨계수 $m_1=1$, 전선표면상태계수 $m_0=0.85$, 상대공기밀도 δ는 기압 760[mmHg], 기온 25[℃]일 때 1이다.)

(1) 코로나 임계전압
① 계산 :
② 답 :

(2) 코로나 손실(단, Peek의 실험식을 사용한다.)
① 계산 :
② 답 :

답안 (1) ① 상대공기밀도 $\delta=\dfrac{b}{760}\times\dfrac{273+25}{273+t}=\dfrac{760}{760}\times\dfrac{273+25}{273+30}=0.98$

따라서, 코로나 임계전압

$$E_0=24.3m_0m_1\delta d\log_{10}\frac{D}{r}=24.3\times0.85\times1\times0.98\times1.6\times\log_{10}\frac{400}{\frac{1.6}{2}}$$
$$=87.41\,[\text{kV/phase}]$$

② 87.41[kV/phase]

(2) ① 코로나 손실 $P=\dfrac{241}{\delta}(f+25)\sqrt{\dfrac{d}{2D}}(E-E_0)^2\times10^{-5}$

$$=\frac{241}{0.98}\times(60+25)\times\sqrt{\frac{1.6}{2\times400}}\times\left(\frac{154}{\sqrt{3}}-87.41\right)^2\times10^{-5}$$
$$=2.11\times10^{-2}\,[\text{kW/km/phase}]$$

② 2.11×10^{-2}[kW/km/phase]

문제 **13** 기사 97년, 00년, 22년 출제

배점 : 6점

전선 및 기계기구를 보호하기 위하여 중요한 곳에는 과전류 차단기를 시설하여야 하는데 과전류 차단기의 시설을 제한하고 있는 곳이 있다. 이 과전류 차단기의 시설 제한 개소를 3가지 쓰시오.

답안
- 접지공사의 접지도체
- 다선식 전로의 중성선
- 저압 가공전선로의 접지측 전선

문제 14 기사 94년, 97년, 03년, 07년 출제

배점 : 4점

저압 전로 중에 개폐기를 시설하는 경우에는 부하용량에 적합한 크기의 개폐기를 각극에 설치하여야 한다. 그러나 분기 개폐기에는 생략하여도 되는 경우가 있다. 다음 도면에서 생략하여도 되는 부분은 어느 개소인지를 모두 지적(영문 표기)하시오.

(1)

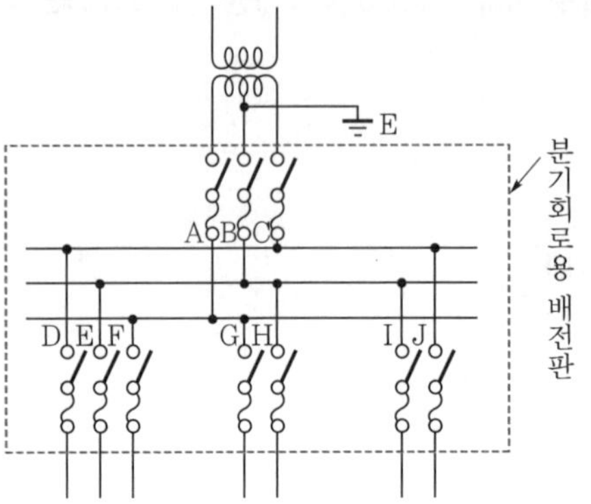

(2)

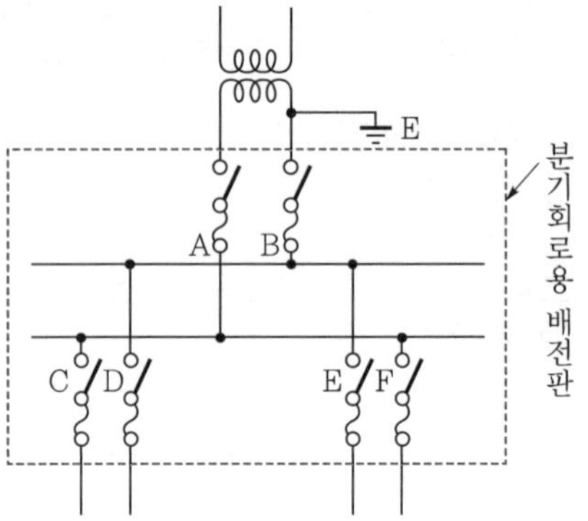

답안 (1) E, H, I
(2) D, E

문제 15 기사 16년 출제

배점 : 3점

한국전기설비규정에 의하여 욕실 등 인체가 물에 젖어 있는 상태에서 물을 사용하는 장소에 콘센트를 시설하는 경우에 설치해야 하는 저압차단기의 정확한 명칭을 쓰시오.

답안 인체감전보호용 누전차단기

문제 16 기사 16년 출제

배점 : 4점

변압기와 모선 또는 이를 지지하는 애자는 어떤 전류에 의하여 생기는 기계적 충격에 견디는 강도를 가져야 하는지 쓰시오.

답안 단락전류

문제 17 기사 12년 출제

| 배점 : 8점 |

아래의 표에서 금속관 부품의 특징에 해당하는 부품명을 쓰시오.

부품명	특 징
(①)	관과 박스를 접속할 경우 파이프 나사를 죄어 고정시키는 데 사용되며 6각형과 기어형이 있다.
(②)	전선 관단에 끼우고 전선을 넣거나 빼는 데 있어서 전선의 피복을 보호하여 전선이 손상되지 않게 하는 것으로 금속제와 합성수지제의 2종류가 있다.
(③)	금속관 상호 접속 또는 관과 노멀 밴드와의 접속에 사용되며 내면에 나사가 나있으며 관의 양측을 돌리어 사용할 수 없는 경우 유니온 커플링을 사용한다.
(④)	노출 배관에서 금속관을 조영재에 고정시키는데 사용되며 합성수지 전선관, 가요 전선관, 케이블 공사에도 사용된다.
(⑤)	배관의 직각 굴곡에 사용하며 양단에 나사가 나있어 관과의 접속에는 커플링을 사용한다.
(⑥)	금속관을 아웃렛 박스의 노크아웃에 취부할 때 노크아웃의 구멍이 관의 구멍보다 클 때 사용한다.
(⑦)	매입형의 스위치나 콘센트를 고정하는 데 사용되며 1개용, 2개용, 3개용 등이 있다.
(⑧)	전선관 공사에 있어 전등 기구나 점멸기 또는 콘센트의 고정, 접속함으로 사용되며 4각 및 8각이 있다.

답안 ① 로크 너트(lock nut)
② 부싱(bushing)
③ 커플링(coupling)
④ 새들(saddle)
⑤ 노멀 밴드(normal band)
⑥ 링 리듀서(ring reducer)
⑦ 스위치 박스(switch box)
⑧ 아웃렛 박스(outlet box)

문제 18 기사 17년 출제

배점 : 5점

주택 및 아파트에 설치하는 콘센트의 수는 주택의 크기, 생활수준, 생활방식 등이 다르기 때문에 일률적으로 규정하기는 곤란하다. 내선규정에서는 이 점에 대하여 아래의 표와 같이 규모별로 표준적인 콘센트수와 바람직한 콘센트 설치수를 규정하고 있다. 아래의 표를 완성하시오.

방의 크기	표준적인 설치수(개)
5[m^2] 미만	
5[m^2] 이상 10[m^2] 미만	
10[m^2] 이상 15[m^2] 미만	
15[m^2] 이상 20[m^2] 미만	
부엌	

[비고] 1. 콘센트는 구수에 관계없이 1개로 본다.
2. 콘센트는 2구 이상 콘센트를 설치하는 것이 바람직하다.
3. 대형 전기기계기구의 전용콘센트 및 환풍기, 전기시계 등을 벽에 붙이는 전용콘센트는 위 표에 포함되어 있지 않다.
4. 다용도실이나 세면장에는 방수형 콘센트를 시설하는 것이 바람직하다.

답안

방의 크기	표준적인 설치수(개)
5[m^2] 미만	1
5[m^2] 이상 10[m^2] 미만	2
10[m^2] 이상 15[m^2] 미만	3
15[m^2] 이상 20[m^2] 미만	3
부엌	2

문제 19 기사 08년 출제

배점 : 5점

배선설계에 있어서 분기 과전류 차단기의 정격전류에 따른 분기회로의 종류 7가지를 쓰시오.

답안

- 16[A] 분기회로
- 20[A] 배선용 차단기 분기회로
- 20[A] 분기회로
- 30[A] 분기회로
- 40[A] 분기회로
- 50[A] 분기회로
- 50[A]를 초과하는 분기회로

문제 20 기사 06년 출제

배점 : 4점

단상 2선식 220[V], 40[W] 2등용 형광등 기구 60대를 설치하려고 한다. 16[A]의 분기회로로 할 경우, 몇 회로로 하여야 하는가? (단, 형광등 역률은 80[%]이고, 안정기의 손실은 고려하지 않으며, 1회로의 부하전류는 분기회로 용량의 80[%]로 본다.)

답안 분기 3회로

해설

상정 부하용량 $P_a = \frac{40}{0.8} \times 2 \times 60 = 6{,}000[\text{VA}]$

분기회로수 $N = \frac{6{,}000}{220 \times 16 \times 0.8} = 2.13$ 회로

문제 21 기사 04년 출제

배점 : 3점

단상 2선식 100[V]의 옥내 배선에서 소비전력 40[W], 역률 80[%]의 형광등을 80[등] 설치할 때 이 시설을 16[A]의 분기회로로 하려고 한다. 이 때 필요한 분기회로는 최소 몇 회선이 필요한가? (단, 한 회로의 부하전류는 분기회로 용량의 70[%]로 하고 수용률은 100[%]로 한다.)

답안 분기 4회로

해설

$$\text{분기회로수} = \frac{\text{상정 부하설비의 합[VA]}}{\text{전압[V]} \times \text{분기회로 전류[A]}} = \frac{\frac{40}{0.8} \times 80}{100 \times 16 \times 0.7} = 3.57 \text{회로}$$

문제 22 기사 95년 출제

배점 : 5점

옥내 배선에서 사용전압 220[V]이고, 소비전력 40[W], 역률 80[%]인 2등용 형광등 기구 50개를 설치할 때 16[A]의 분기회로 최소수는 몇 회로가 필요한가? (단, 안정기의 손실은 고려하지 않고 1회로의 부하전류는 분기회로 용량의 80[%]로 한다.)

답안 분기 2회로

해설

$$\text{분기회로수} = \frac{\text{상정 부하설비의 합[VA]}}{\text{전압[V]} \times \text{분기회로 전류[A]}} = \frac{\frac{40}{0.8} \times 2 \times 50}{220 \times 16 \times 0.8} = 1.77 \text{회로}$$

문제 23 기사 97년, 05년 출제

배점 : 4점

연면적 300[m²]의 주택이 있다. 이 때 전등, 전열용 부하는 30[VA/m²]이며, 5,000[VA] 용량의 에어컨이 2대 가설되어 있으며, 사용하는 전압은 220[V] 단상이고 예비 부하로 1,500[VA]가 필요하다면 분전반의 분기회로수는 몇 회로인가? (단, 에어컨은 30[A] 전용회선으로 하고, 기타는 16[A] 분기회로로 한다.)

답안 16[A] 분기 3회로, 에어컨 전용 30[A] 분기 2회로 선정

해설
- 소형 기계기구 및 전등
  상정부하 = 바닥면적 × 부하밀도 + 가산부하 = 300 × 30 + 1,500 = 10,500[VA]
  16[A] 분기회로 : $\frac{10{,}500}{16\times 220} = 2.98$ 회로 ∴ 3회로
- 에어컨 전용 : 30[A] 분기 2회로 선정

문제 24 기사 03년 출제

배점 : 4점

다음 주어진 조건을 이용하여 간선의 최소 허용전류를 구하시오.

[조건]
- 전동기 정격전류 : 20[A]
- 전열 정격전류 : 6[A]×2개
- 전등 정격전류 : 3[A]

답안 35[A]

해설 회로의 설계전류 I_B

$$I_B = \Sigma I_M + \Sigma I_H + \Sigma I_L$$
$$= 20 + 6 \times 2 + 3$$
$$= 35[A]$$

문제 25 기사 16년 출제

배점 : 5점

정격전류 15[A] 전동기 M_1, M_2와 정격전류 10[A]인 전열기 1대에 공급하는 저압 옥내간선을 보호하는 과전류 차단기의 정격전류 최댓값은 몇 [A]인지 계산하시오. (단, 간선의 허용전류는 61[A], 수용률은 100[%]이다.)

답안 설계전류 I_B

$I_B = (15 \times 2) + 10$

$= 40[\text{A}]$

$I_B \leq I_n \leq I_Z$에서

$40 \leq I_n \leq 61$

따라서 과전류 차단기의 정격전류 최댓값 $I_n = 61[\text{A}]$가 되어야 한다.

해설 **도체와 과부하 보호장치 사이의 협조**

$$I_B \leq I_n \leq I_Z, \ I_2 \leq 1.45 \times I_Z$$

여기서, I_B : 회로의 설계전류

I_Z : 케이블의 허용전류

I_n : 보호장치의 정격전류

I_2 : 보호장치가 규약시간 이내에 유효하게 동작하는 것을 보장하는 전류

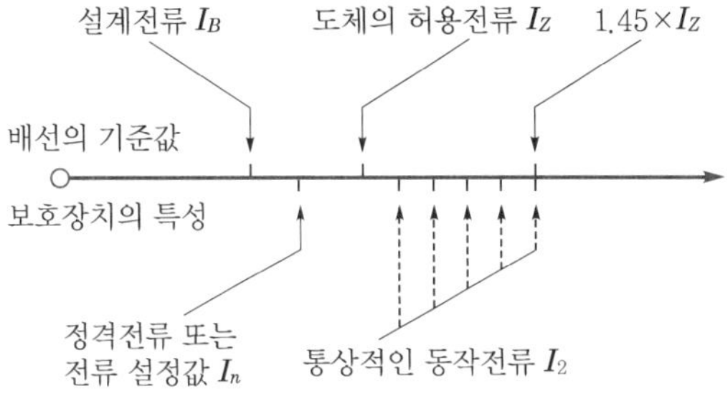

▌과부하 보호설계 조건도▐

문제 26

기사 03년 출제

배점 : 5점

380[V] 농형 유도전동기의 출력이 30[kW]이다. 이것을 시설한 분기회로의 전선의 굵기와 과전류 차단기의 정격전류를 계산하시오. (단, 역률은 85[%]이고, 효율은 80[%]이며 전선의 허용전류는 다음 표와 같다.)

동선의 단면적[mm^2]	허용전류[A]
6	49
10	61
16	88
25	115
35	162

(1) 전선의 굵기
(2) 과전류 차단기의 정격전류

답안 (1) 회로의 설계전류 I_B

$$I_B = \frac{P}{\sqrt{3}\,V\cos\theta\eta} = \frac{30{,}000}{\sqrt{3}\times 380\times 0.85\times 0.8} = 67.03[\text{A}]$$

$I_B \le I_n \le I_Z$의 조건을 만족하는 전선의 허용전류 I_Z가 88[A]인 16[mm^2] 선정

(2) $I_B \le I_n \le I_Z$에서 $67.03 \le I_n \le 88$의 조건을 만족하는 차단기의 정격전류는 80[A]이다.

해설 도체와 과부하 보호장치 사이의 협조

$$I_B \le I_n \le I_Z,\ \ I_2 \le 1.45\times I_Z$$

여기서, I_B : 회로의 설계전류
I_Z : 케이블의 허용전류
I_n : 보호장치의 정격전류
I_2 : 보호장치가 규약시간 이내에 유효하게 동작하는 것을 보장하는 전류

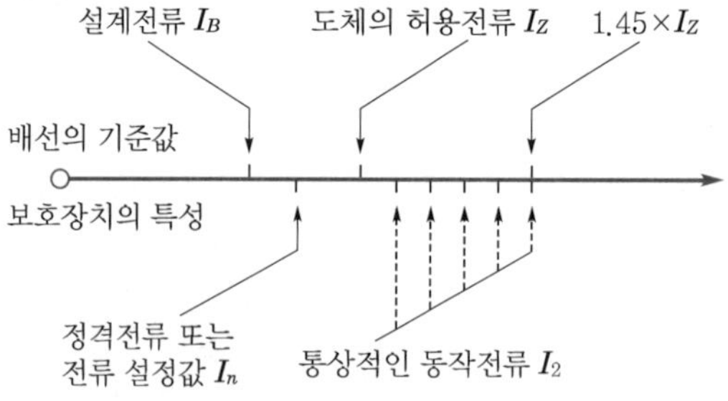

▌과부하 보호설계 조건도▐

문제 27

기사 04년 출제

배점 : 4점

전동기 Ⓜ과 전열기 Ⓗ가 그림과 같이 접속되어 있는 경우, 저압 옥내 간선의 굵기를 결정하는 전류는 최소 몇 [A] 이상이어야 하는가? (단, 수용률은 70[%]를 반영하여 전류 값을 계산하도록 한다.)

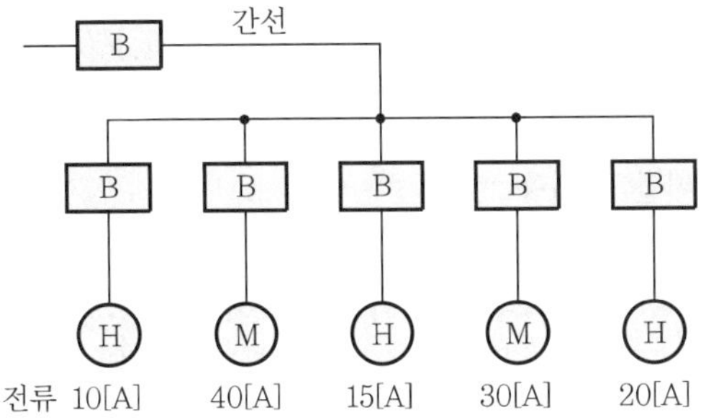

답안 80.5[A]

해설 $I_M = 40 + 30 = 70[A]$

$I_H = 10 + 15 + 20 = 45[A]$

$I_a = (\Sigma I_M + \Sigma I_H) \times 수용률 = (70 + 45) \times 0.7 = 80.5[A]$

문제 28

기사 95년, 10년, 12년 출제

배점 : 5점

3상 3선, 380[V] 회로에 그림과 같이 부하가 연결되어 있다. 간선의 허용전류[A]를 구하시오. (단, 전동기의 평균 역률은 80[%]이다.)

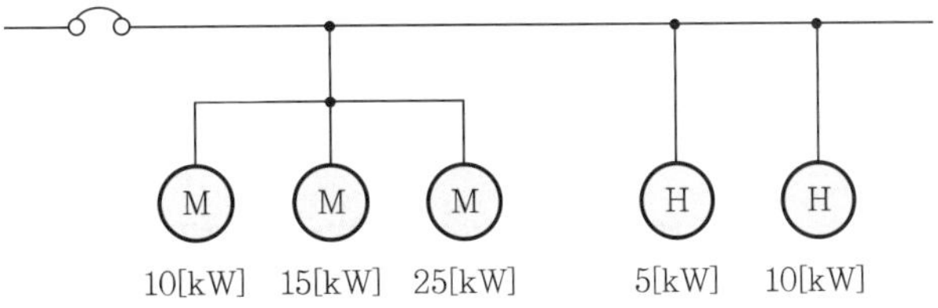

답안 114.02[A]

해설

- 전동기 정격전류의 합 $\Sigma I_M = \dfrac{(10 + 15 + 25) \times 10^3}{\sqrt{3} \times 380 \times 0.8} = 94.96[A]$
- 전동기의 유효전류 $I_r = 94.96 \times 0.8 = 75.97[A]$
- 전동기의 무효전류 $I_q = 94.95 \times \sqrt{1 - 0.8^2} = 56.98[A]$

• 전열기 정격전류의 합 $\Sigma I_H = \dfrac{(5+10)\times 10^3}{\sqrt{3}\times 380\times 1.0} = 22.79[A]$

• 설계전류 $I_B = \sqrt{(75.97+22.79)^2+56.98^2} = 114.02[A]$

따라서, $I_B \le I_n \le I_Z$의 조건을 만족하는 전선의 허용전류 $I_Z \ge 114.02[A]$

해설 **도체와 과부하 보호장치 사이의 협조**

$$I_B \le I_n \le I_Z,\ I_2 \le 1.45\times I_Z$$

여기서, I_B : 회로의 설계전류

I_Z : 케이블의 허용전류

I_n : 보호장치의 정격전류

I_2 : 보호장치가 규약시간 이내에 유효하게 동작하는 것을 보장하는 전류

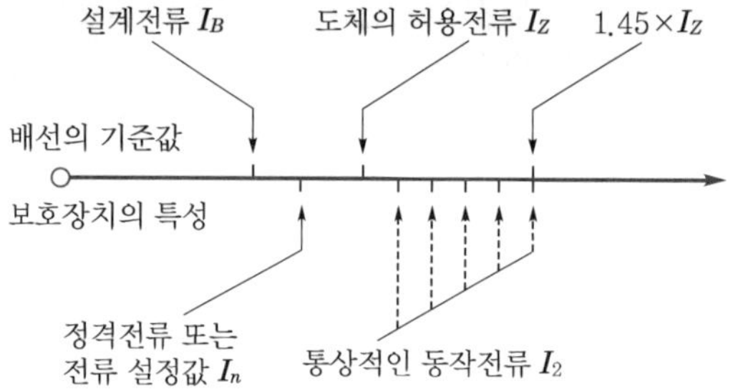

▌과부하 보호설계 조건도▌

문제 29 기사 07년, 11년, 18년 출제

배점 : 4점

그림과 같이 동력부하 및 전열부하를 접속하였을 때 간선 허용전류[A]의 최솟값을 구하시오.

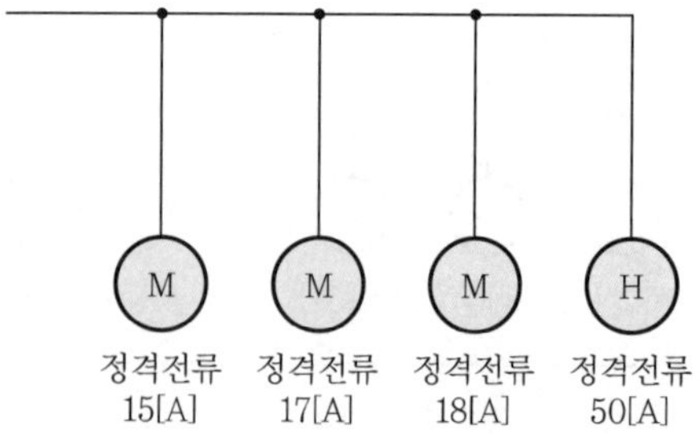

답안 100[A]

해설 • 전열기 전류의 합 $I_H = 50[A]$

• 전동기 전류의 합 $I_M = 15+18+17 = 50[A]$

• 설계전류 $I_B = I_H + I_M = 50+50 = 100[A]$

$I_B \le I_n \le I_Z$의 조건을 만족해야 하므로 간선의 최소 허용전류는 100[A]가 되어야 한다.

문제 **30** 기사 07년, 11년 출제

배점 : 4점

다음과 같이 전열기 Ⓗ와 전동기 Ⓜ이 간선에 접속되어 있을 때 간선 허용전류의 최솟값은 몇 [A]인가? (단, 수용률은 100[%]이며, 전동기의 기동계급은 표시가 없다고 본다.)

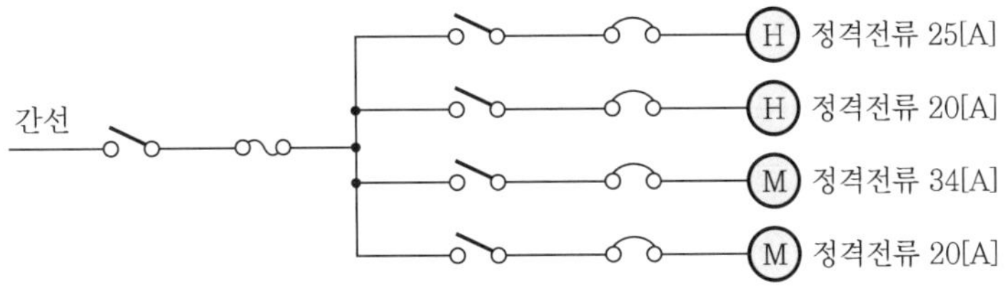

답안 99[A]

해설
- 전열기 전류의 합 $\Sigma I_H = 25 + 20 = 45$[A]
- 전동기 전류의 합 $\Sigma I_M = 34 + 20 = 54$[A]
- 설계전류 $I_B = \Sigma I_H + \Sigma I_M = 45 + 54 = 99$[A]

1990년~최근 출제된 기출 이론 분석 및 유형별 문제

04 CHAPTER 시험 및 측정

▌전기 계기의 동작 원리▐

종 류	기 호	사용 회로	주요 용도	동작 원리의 개요
가동 코일형		직류	전압계 전류계 저항계	영구자석에 의한 자계와 가동 코일에 흐르는 전류와의 사이에 전자력을 이용한다.
가동 철편형		교류 (직류)	전압계 전류계	고정 코일 속의 고정 철편과 가동 철편과의 사이에 움직이는 전자력을 이용한다.
전류력계형		교류 직류	전압계 전류계 전력계	고정 코일과 가동 코일에 전류를 흘려 양 코일 사이에 움직이는 전자력을 이용한다.
정류형		교류	전압계 전류계 저항계	교류를 정류기로 직류로 변환하여 가동 코일형 계기로 측정한다.
열전형		교류 직류	전압계 전류계 전력계	열선과 열전대의 접점에 생긴 열기전력을 가동 코일형 계기로 측정한다.
정전형		교류 직류	전압계 저항계	2개의 전극 간에 작용 정전력을 이용한다.
유도형		교류	전압계 전류계 전력량계	고정 코일의 교번 자계로 가동부에 와전류를 발생시켜 이것과 전계와의 사이의 전자력을 이용한다.
진동편형		교류	주파수계 회전계	진동편의 기계적 공진 작용을 이용한다.

1 전기 계기의 구비조건

① 확도가 높고 오차가 적을 것
② 눈금이 균등하든가 대수눈금일 것
③ 응답도가 좋을 것
④ 튼튼하고 취급이 편리할 것
⑤ 절연 및 내구력이 높을 것

2 구성요소

① 구동장치 : 가동 코일형, 가동 철편형, 전류력계형, 열전형, 유도형, 정전형, 진동편형
② 제어장치 : 스프링 제어, 중력 제어, 전자 제어
③ 제동장치 : 공기 제동, 와류 제동, 액체 제동

3 선로 고장 지점의 측정 : 머레이 루프법

그림은 머레이 루프법(Murray's loop method)을 표시한 것인데, 여기서 선로 c, d상의 g지점이 접지되었을 경우 g점까지의 거리를 찾기 위해서 선 c, d와 길이가 같고 저항이 같은 선 a, b를 b, d점에서 단락하고, a, c점을 휘트스톤 브리지에 접속하고 Q를 가감하여 평형점을 구한다. 이때 a, b, d, c선 전체의 저항을 R_0이라 하고, c, g 사이의 저항을 x라 하면,

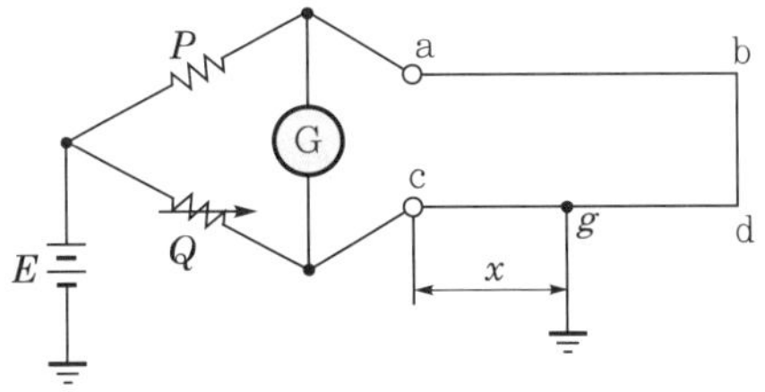

$Px = (R_0 - x)Q$

$\therefore \dfrac{x}{R_0} = \dfrac{Q}{P+Q}$, $\therefore x = \dfrac{Q}{P+Q} \cdot 2l$로 된다.

따라서 접지점까지의 거리를 구할 수 있다.

4 전력의 측정

(1) 전류계 및 전압계에 의한 측정

①

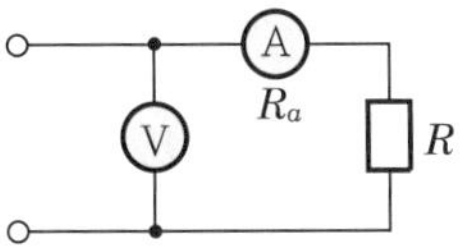

여기서, R : 부하저항
R_a : 전류계 내부저항

전력 $P = VI - I^2R_a$[W]

②

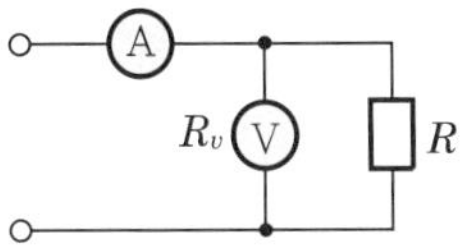

여기서, R : 부하저항
R_v : 전압계 내부저항

전력 $P = VI - \dfrac{V^2}{R_v} = V\left(1 - \dfrac{V}{R_v}\right)$

(2) 3전류계법에 의한 측정

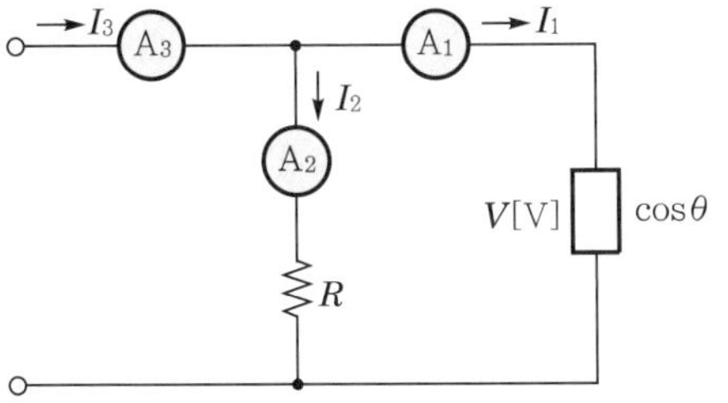

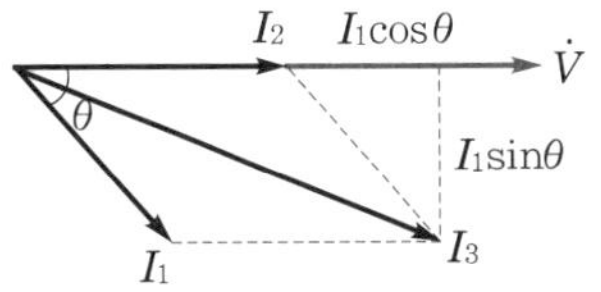

$I_3^{\,2} = (I_2 + I_1\cos\theta)^2 + (I_1\sin\theta)^2 = I_1^{\,2} + I_2^{\,2} + 2I_1I_2\cos\theta$

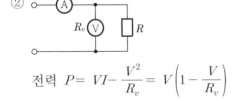

$\therefore \cos\theta = \dfrac{I_3^{\,2} - I_1^{\,2} - I_2^{\,2}}{2I_1I_2}$, $V = I_2R$

$$\text{전력}\ \ P = VI_1\cos\theta = I_2R \cdot I_1 \cdot \frac{I_3^{\,2} - I_1^{\,2} - I_2^{\,2}}{2I_1I_2} = \frac{R}{2}(I_3^{\,2} - I_1^{\,2} - I_2^{\,2})\,[\mathrm{W}]$$

(3) 3전압계법에 의한 측정

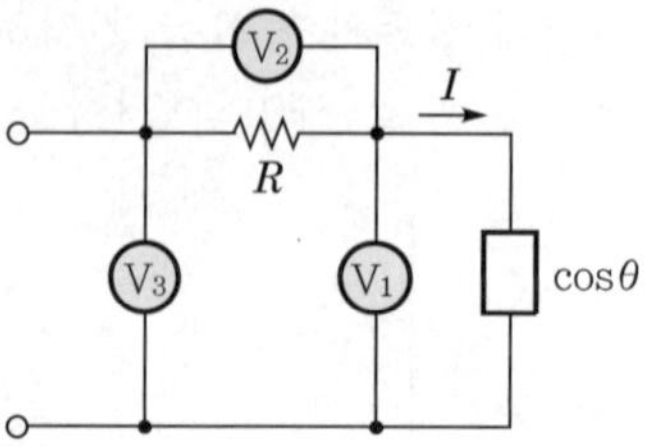

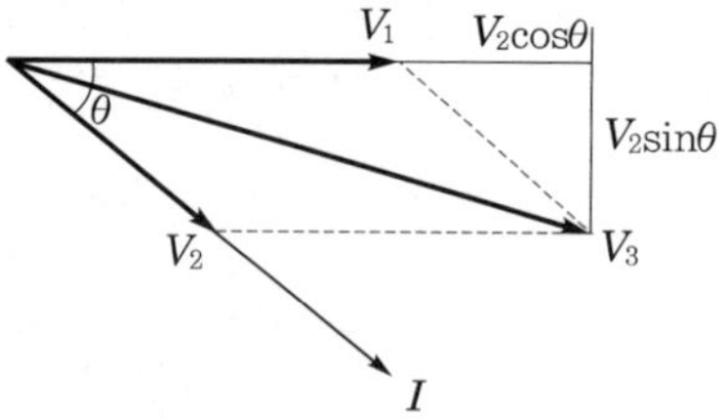

$$V_2 = IR$$

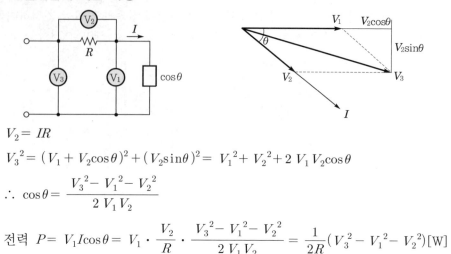

$$V_3^{\,2} = (V_1 + V_2\cos\theta)^2 + (V_2\sin\theta)^2 = V_1^{\,2} + V_2^{\,2} + 2V_1V_2\cos\theta$$

$$\therefore\ \cos\theta = \frac{V_3^{\,2} - V_1^{\,2} - V_2^{\,2}}{2V_1V_2}$$

$$\text{전력}\ \ P = V_1I\cos\theta = V_1 \cdot \frac{V_2}{R} \cdot \frac{V_3^{\,2} - V_1^{\,2} - V_2^{\,2}}{2V_1V_2} = \frac{1}{2R}(V_3^{\,2} - V_1^{\,2} - V_2^{\,2})\,[\mathrm{W}]$$

5 전력량계

(1) 전력량계 원리

- 원판의 구동은 원판을 통과하는 이동자계와 와류의 상호 작용에 의한다.
- 원판은 이동자계의 방향으로 회전한다.
- 원판의 제동은 영구자석에 의한다.
- 원판이 일정한 회전을 하려면 구동 토크와 제어 토크는 같아야 한다.

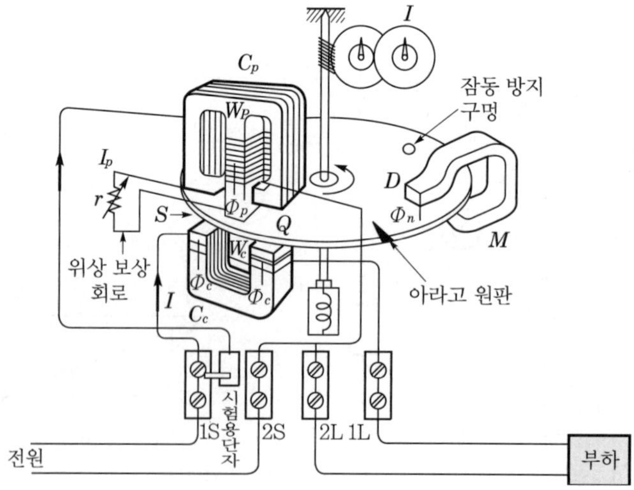

① 전압 코일

㉠ 전압 코일은 권수가 많다. (110[V]급 5,000회 정도)

㉡ 공극(air gap)이 적어서 인덕턴스가 대단히 크다.

㉢ 전압자속 ϕ_p는 전압 E보다 90° 가까이 늦다.

② 전류 코일

㉠ 전류 코일은 권수가 적다. (10[A]급에서 15회 정도)

㉡ 공극(air gap)이 커서 인덕턴스가 극히 적다.

㉢ 전류자속 ϕ_c는 전류 I와 동상이다.

③ 잠동(creeping)

㉠ 무부하 상태에서 정격주파수 및 정격전압의 110[%]를 인가하여 계기의 원판이 1회전 이상하는 것이다.

㉡ 원인

- 경부하 조정이 과도한 경우
- 전원전압이 높은 경우

㉢ 방지 장치

- 원판상에 작은 구멍을 뚫어 놓는다.
- 원판측에 소철편을 붙인다.

④ 위상 조정장치

㉠ 전압자속 ϕ_p의 위상을 전압 E보다 90° 정확히 늦도록 하기 위한 것이다.

㉡ shading coil을 전압 철심에 감고 가감 저항을 직렬로 연결하여 조정한다.

⑤ 제어 자석

㉠ 원판의 회전 속도에 비례하는 토크를 발생한다.

㉡ 구동 토크＝제어 토크

⑥ 경부하 조정장치

㉠ 계기의 기계적 마찰로 경부하 시에 회전력이 적어 오차가 많이 발생한다.

㉡ 방지 : 원판과 전압 코일 사이에 단락환 Q를 원판 회전 방향 쪽에 약간 옆으로 놓는다.

㉢ 효과 : 5[%] 부하에서 조정하는 효과는 10[%] 부하에서 조정하는 효과보다 2배 크다.

⑦ 중부하 조정장치

㉠ 중부하 시에 오차가 발생한다.

㉡ 제어자속 M의 위치를 조절한다.

⑧ 계량장치

㉠ 전력량을 계량할 수 있도록 회전축에 여러 개의 치차를 조합한 장치이다.

㉡ 지침형과 숫자형이 있다.

(2) 전력량 측정

① 단상 전력계

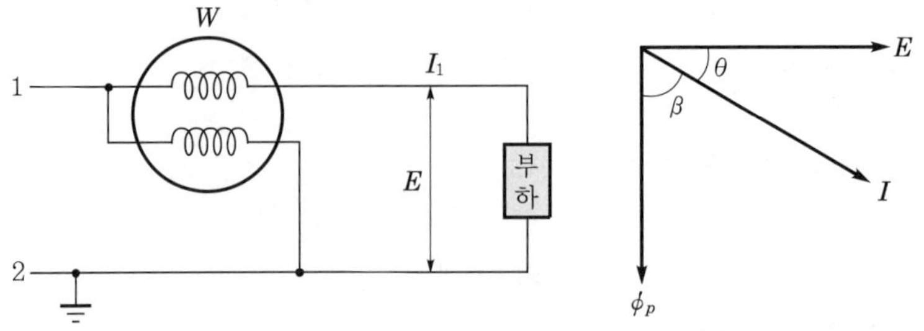

(a) 결선도　　　　(b) Vector도

▌단상 전력계 결선도▐

㉠ 원판에 생기는 구동 토크(T_D)

$$T_D = K_1 \phi_p \phi_c \sin\beta$$
$$= K_1 \phi_p \phi_c \sin(90° - \theta)$$
$$= K_2 EI \sin(90° - \theta)$$
$$= K_2 EI \cos\theta$$

즉, T_D는 부하전력에 비례한다.

㉡ 원판의 회전 속도에 비례하는 제어 토크(T_C)

$$T_C = K_3 \phi_m^2 n$$

㉢ 토크 평형

원판이 일정한 속도로 회전하기 위해서는 구동 토크와 제어 토크는 같아야 한다.

$$T_D = T_C$$
$$K_2 EI\cos\theta = K_3 \phi_m^2 n$$
$$\therefore\ n = \frac{K_2 EI\cos\theta}{K_3 \phi_m^2} = KEI\cos\theta$$

원판의 회전 속도 $n = KEI\cos\theta = \text{kW[kWh]}$

② 3상 3선식 전력량계

$$W = W_1 + W_2$$
$$= E_{12} I_1 \cos(30° + \theta) + E_{32} I_3 (\cos 30° - \theta)$$
$$= VI[\cos(30° + \theta) + \cos(30° - \theta)]$$
$$= VI\left[\frac{\sqrt{3}}{2}\cos\theta - \frac{1}{2}\sin\theta + \frac{\sqrt{3}}{2}\cos\theta + \frac{1}{2}\sin\theta\right]$$
$$W = \sqrt{3}\, VI\cos\theta$$

즉, 2개의 전력계 $W_1 + W_2$의 합이 3상 전력이 된다.

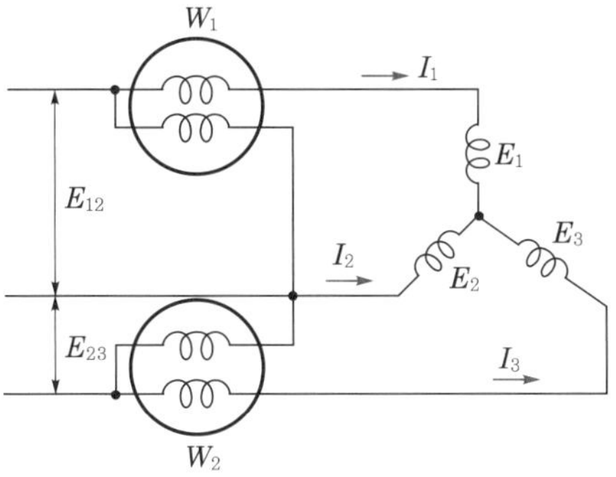

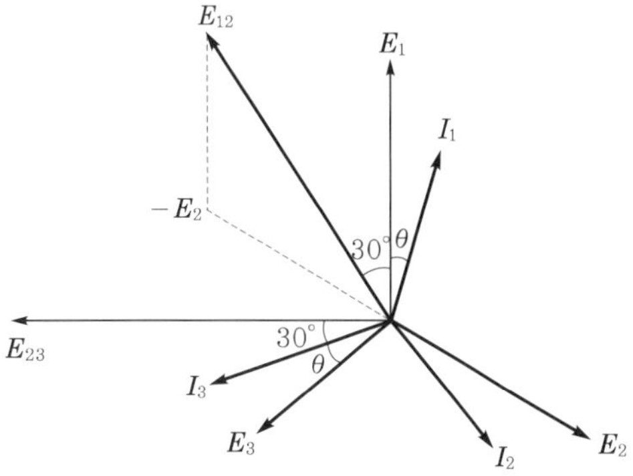

③ 계기정수

㉠ 계기정수의 표시방법

- Rev/kWh
- Wh/Rev
- Rev/min at FL
- Rev/Puls

㉡ 계기정수의 환산법

- $[\text{Rev/kWh}] = \dfrac{1{,}000}{[\text{Wh/Rev}]}$
- $[\text{Wh/Rev}] = \dfrac{1{,}000}{[\text{Rev/kWh}]}$
- $[\text{Rev/kWh}] = \dfrac{1{,}000 \times 60 \times [\text{R.P.M at FL}]}{\text{계기용량[또는 지정전력]}}$

㉢ 변성기 1차측으로 환산한 계기정수

- [Rev/kWh] ÷ 변성비
- [kW/Rev] × 변성비

㉣ 계기승률

승률 $= K \times$ C.T비 × P.T비

$$K(\text{상수}) = \frac{\text{치차비}}{\text{계기정수} \times \text{최소 지시치}}$$

6 계기 오차

(1) 오차 $= M - T$

$$\text{오차율 } \%\varepsilon = \frac{M-T}{T} \times 100$$

여기서, M : 계기의 측정값, T : 참값

(2) 보정률

$$\%\delta = \frac{T - M}{M} \times 100$$

(3) 오차

- 계통적 오차
  - ① 이론적 오차
  - ② 기기적 오차
  - ③ 개인적 오차
- 우발적 오차
  - ① 과실적 오차
  - ② 우발적 오차

개념 문제 01 기사 15년 출제 | 배점 : 4점 |

측정범위 1[mA], 내부저항 20[kΩ]의 전류계에 분류기를 붙여서 5[mA]까지 측정하고자 한다. 몇 [Ω]의 분류기를 사용하여야 하는지 계산하시오.

답안 5,000[Ω]

해설

$$R_s = \frac{r_a}{m-1} = \frac{20}{\frac{5}{1}-1} = 5{,}000[\Omega]$$

개념 문제 02 기사 97년, 00년 / 산업 95년, 97년, 00년 출제 | 배점 : 5점 |

50[mm^2](0.3195[Ω/km]), 전체의 길이가 3.6[km]인 3심 전력 케이블의 어떤 중간지점에서 1선 지락사고가 발생하여 전기적 사고점 탐지법의 하나인 머레이 루프법으로 측정한 결과 그림과 같은 상태에서 평형이 되었다고 한다. 측정점에서 사고지점까지의 거리를 구하시오.

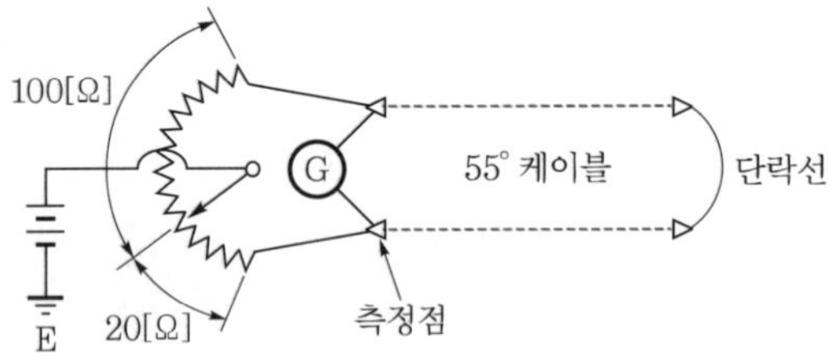

답안 1.2[km]

해설 고장점까지의 거리를 x, 전체의 길이를 L[km]라 하고 휘트스톤 브리지의 원리를 이용하면

$20 \times (2L - x) = 100 \times x$

$\therefore\ x = \frac{40L}{120} = \frac{40 \times 3.6}{120} = 1.2$[km]

개념 문제 03 기사 99년, 02년, 03년 출제

| 배점 : 8점 |

그림은 최대사용전압 6,900[V] 변압기의 절연내력을 시험하기 위한 회로도이다. 그림을 보고 다음 각 물음에 답하시오. (단, 시험전압은 10,350[V]이다.)

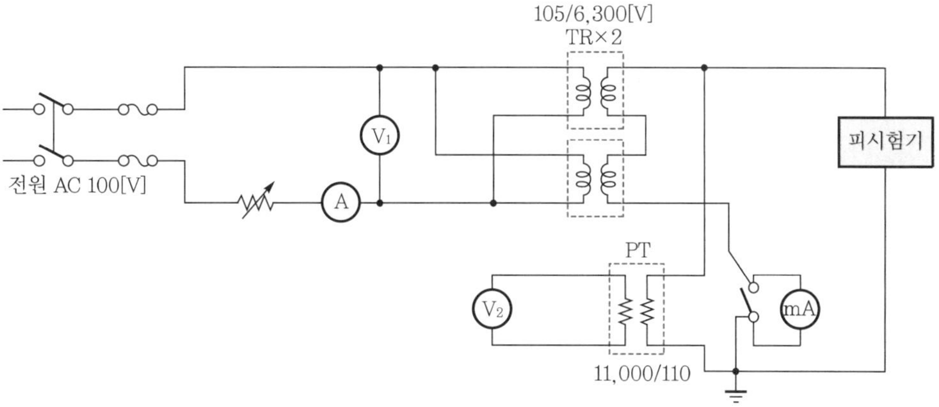

(1) 시험 시 전압계 V_1으로 측정되는 전압은 몇 [V]인가?
(2) 시험 시 전압계 V_2로 측정되는 전압은 몇 [V]인가?
(3) PT의 설치 목적은 무엇인가?
(4) 전류계[mA]의 설치 목적은 어떤 전류를 측정하기 위함인가?

답안 (1) 86[V]
(2) 103.5[V]
(3) 피시험기기의 절연내력시험전압의 측정
(4) 누설전류의 측정

해설 (1) $V_1 = 10{,}350 \times \frac{1}{2} \times \frac{105}{6{,}300} = 86[V]$

(2) $V_2 = 10{,}350 \times \frac{110}{11{,}000} = 103.5[V]$

개념 문제 04 산업 12년 출제

| 배점 : 5점 |

고압회로 케이블의 지락보호를 위하여 검출기로 관통형 영상변류기를 설치하고 원칙적으로는 케이블 1회선에 대하여 실드 접지의 접지점은 1개소로 한다. 그러나, 케이블의 길이가 길게 되어 케이블 양단에 실드 접지를 하게 되는 경우 양 끝의 접지는 다른 접지선과 접속하면 안 된다. 그 이유는 무엇인가?

답안 지락사고 시 지락전류의 일부분이 다른 접지선의 접지점을 통하여 흐르게 된다.
그 결과 지락전류의 검출이 제대로 되지 않아 지락 계전기가 동작하지 않을 수 있기 때문이다.

개념 문제 05 기사 95년, 99년, 20년 출제

| 배점 : 9점 |

그림과 같은 평형 3상 회로를 운전하는 유도전동기가 있다. 이 회로에 그림과 같이 2개의 전력계 W_1, W_2, 전압계 Ⓥ, 전류계 Ⓐ를 접속한 후 지시값은 $W_1=6.4$[kW], $W_2=2.5$[kW], $V=200$[V], $I=30$[A]이었다. 다음 물음에 답하시오.

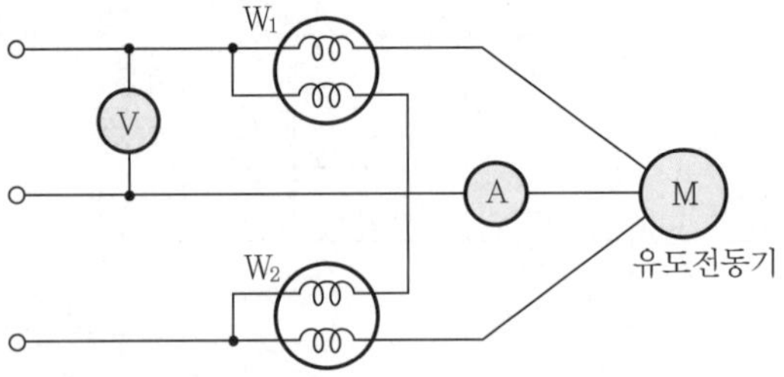

(1) 이 유도전동기의 역률은 몇 [%]인가?
(2) 역률을 90[%]로 개선시키려면 콘덴서는 몇 [kVA]가 필요한가?
(3) 이 전동기로 만일 매분 20[m]의 속도로 물체를 권상한다면 몇 [ton]까지 가능한가? (단, 종합 효율은 80[%]로 한다.)

답안 (1) 85.64[%]
(2) 1.2[kVA]
(3) 2.18[ton]

해설 (1) $\cos\theta = \dfrac{6.4+2.5}{\sqrt{3}\times 200\times 30\times 10^{-3}}\times 100 = 85.64[\%]$

(2) $Q=(6.4+2.5)(\tan\cos^{-1}0.85-\tan\cos^{-1}0.9)=1.2[\text{kVA}]$

(3) 권상기 $P=\dfrac{WV}{6.12\eta}$[kW]에서 권상하중 $W=\dfrac{6.12\times 8.9\times 0.8}{20}=2.18[\text{ton}]$

단원 빈출문제

문제 01 기사 22년 출제 | 배점 : 4점

측정범위 1[mA], 내부저항 20[kΩ]의 전류계에 분류기를 붙여서 6[mA]까지 측정하고자 한다. 이에 필요한 분류기의 저항[kΩ]을 구하시오.

답안 4[kΩ]

해설

$$R_s = \frac{r_a}{m-1} = \frac{20}{\frac{6}{1}-1} = 4\,[\text{k}\Omega]$$

문제 02 기사 11년 출제 | 배점 : 5점

다음 그림과 같이 L_1 전등 100[V], 200[W], L_2 전등 100[V], 250[W]을 직렬로 연결하고 200[V]를 인가하였을 때 L_1, L_2 전등에 걸리는 전압을 동일하게 유지하기 위하여 어느 전등에 몇 [Ω]의 저항을 병렬로 설치하여야 하는가?

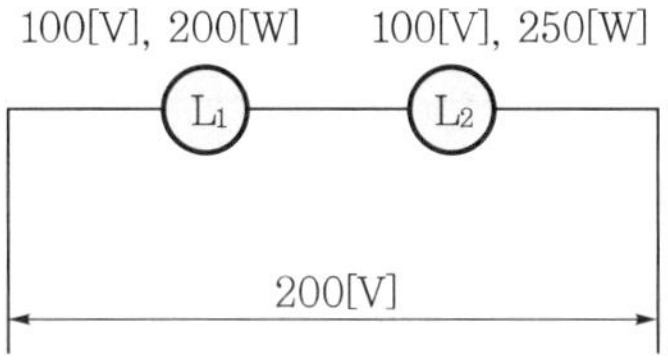

답안 저항 $R=200\,[\Omega]$을 L_1 전등에 병렬로 설치

해설

$$R_1 = \frac{V^2}{P_1} = \frac{100^2}{200} = 50\,[\Omega]$$

$$R_2 = \frac{V^2}{P_2} = \frac{100^2}{250} = 40\,[\Omega]$$

전압이 동일하려면 저항이 동일하여야 하므로 $40 = \frac{50R}{50+R}$에서 저항 $R=200\,[\Omega]$을 L_1 전등에 병렬로 설치하여야 한다.

문제 03 기사 07년, 21년 출제

배점 : 5점

그림과 같은 회로에서 최대 눈금 15[A]의 직류 전류계 2개를 접속하고 전류 20[A]를 흘리면 각 전류계의 지시는 몇 [A]인가? (단, 전류계 최대 눈금의 전압강하는 A_1이 75[mV], A_2가 50[mV]임)

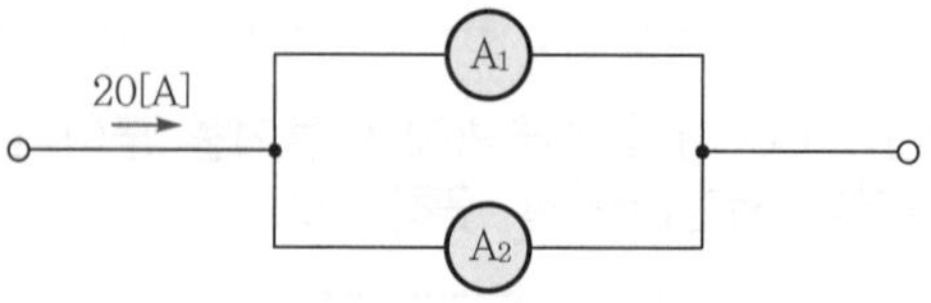

답안 $A_1 = 8[A]$, $A_2 = 12[A]$

해설

전류계 내부저항 $R_1 = \frac{75}{15} = 5[m\Omega]$

$$R_2 = \frac{50}{15} = 3.33[m\Omega]$$

따라서, $A_1 = \frac{R_2}{R_1 + R_2} \times I = \frac{3.33}{5+3.33} \times 20 = 8[A]$

$$A_2 = \frac{R_1}{R_1 + R_2} \times I = \frac{5}{5+3.33} \times 20 = 12[A]$$

문제 04 기사 14년 출제

배점 : 4점

기자재가 그림과 같이 주어졌다.

(1) 전압 전류계법으로 저항값을 측정하기 위한 회로를 완성하시오.

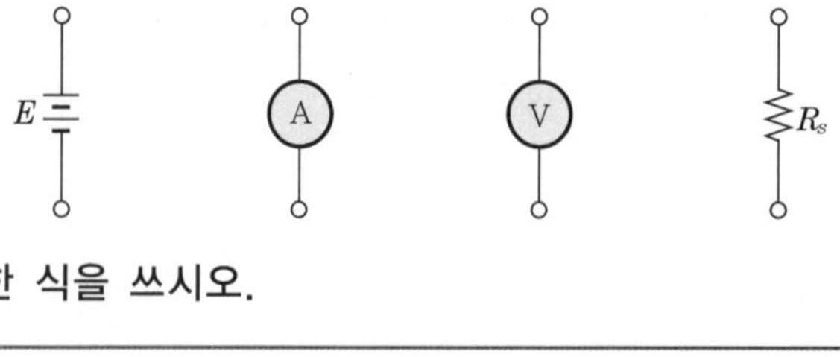

(2) 저항 R_s에 대한 식을 쓰시오.

답안 (1)

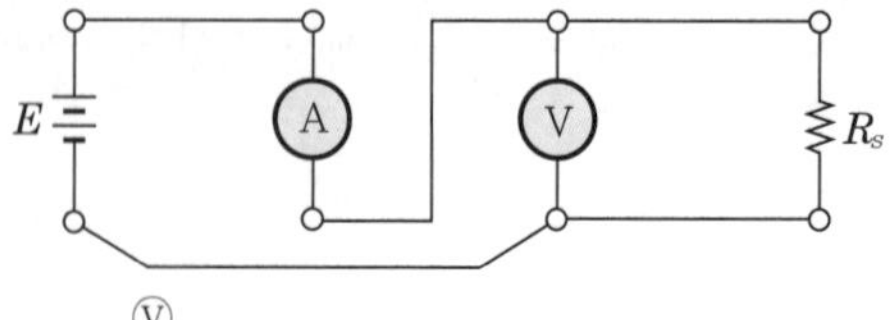

(2) $R_s = \frac{Ⓥ}{Ⓐ}$

해설 (1)

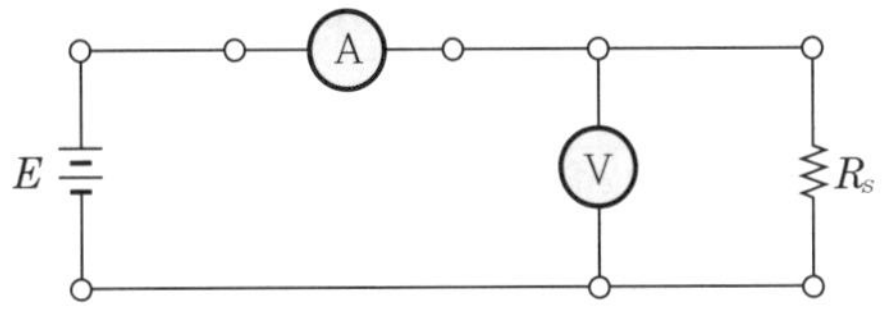

문제 05 기사 98년, 01년 출제

배점 : 4점

그림은 직류전원을 부하에 공급하는 회로이다. 양극(+) 선로와 음극(−) 선로측의 접지여부를 감시하기 위하여 그림과 같이 두 개의 표시등 L_1, L_2를 설치하였을 때 다음 각 물음에 답하시오.

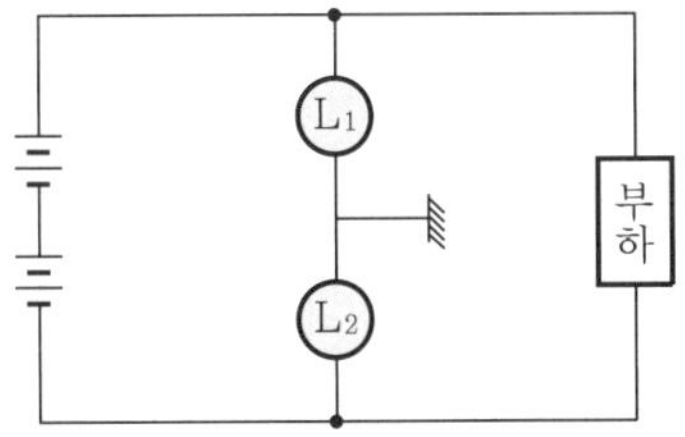

(1) 양극측 선로가 접지되었다면 L_1, L_2의 밝기는 어떻게 나타나는가?
(2) 양극과 음극의 선로측이 모두 접지되었다면 L_1, L_2의 밝기는 어떻게 되는가?

답안 (1) L_1 소등, L_2 점등
(2) L_1, L_2 모두 소등

문제 06 기사 09년 출제

배점 : 5점

그림의 회로에서 저항 R은 아는 값이다. 전압계 1개를 사용하여 부하의 역률을 구하는 방법에 대하여 쓰시오.

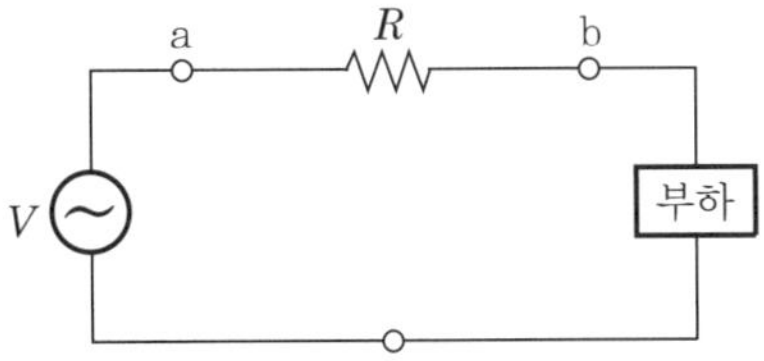

답안 ac 사이의 전압을 V_3, ab 사이의 전압을 V_2, bc 사이의 전압을 V_1이라고 하면

$V_3^2 = V_1^2 + V_2^2 + 2V_1V_2\cos\theta$이므로 $\cos\theta = \dfrac{V_3^2 - V_1^2 - V_2^2}{2V_1V_2}$가 된다.

문제 07 기사 97년 출제

배점 : 4점

그림과 같이 전류계 3개를 가지고 부하전력을 측정하려고 한다. (3전류계법) 이 경우에 부하전력을 나타낼 수 있는 식을 만드시오. (단, A_1, A_2, A_3는 각각 전류계의 눈금을 나타내며 부하의 역률은 $\cos\theta$라 한다.)

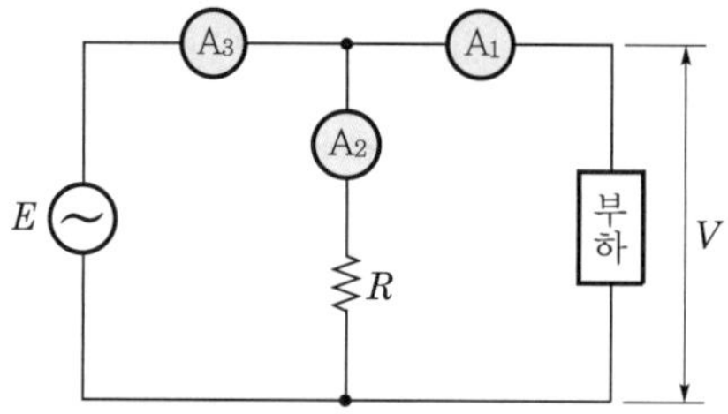

답안

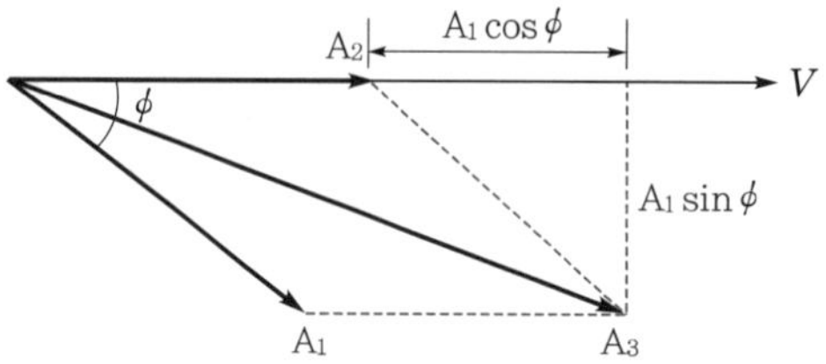

벡터에서 $(A_3)^2 = (A_2 + A_1\cos\theta)^2 + (A_1\sin\theta)^2 = A_1^2 + A_2^2 + 2A_1A_2\cos\theta$

$\therefore$ 역률 $\cos\theta = \dfrac{A_3^2 - A_1^2 - A_2^2}{2A_1A_2}$

전력 $P = VA_1\cos\theta = (A_2R)A_1\cos\theta$[W]이므로

$P = RA_2 \times A_1 \times \dfrac{A_3^2 - A_1^2 - A_2^2}{2A_1A_2} = \dfrac{R}{2}(A_3^2 - A_1^2 - A_2^2)$[W]

$\therefore P = \dfrac{R}{2}(A_3^2 - A_1^2 - A_2^2)$[W]

문제 08 기사 10년, 16년 출제

배점 : 5점

그림과 같이 전류계 A_1, A_2, A_3과 저항 $R=25[\Omega]$을 접속하였더니, 전류계의 지시값이 $A_1=10[A]$, $A_2=4[A]$, $A_3=7[A]$이었다. 부하전력과 부하역률을 구하시오.

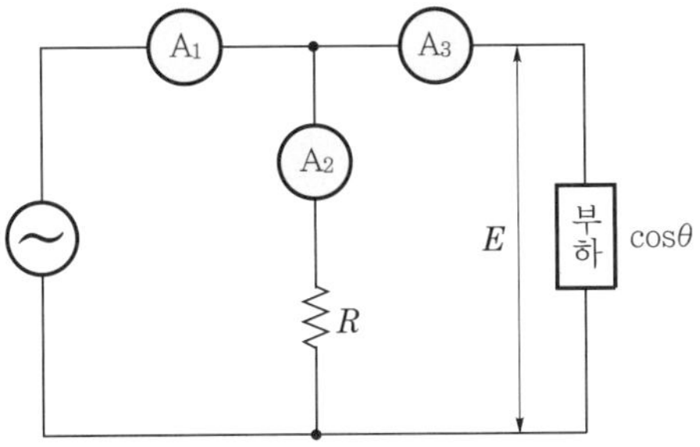

(1) 부하전력[W]을 구하시오.
(2) 부하역률을 구하시오.

답안 (1) 437.5[W]
(2) 62.5[%]

해설

(1) $P=\dfrac{R}{2}(A_1^{\,2}-A_2^{\,2}-A_3^{\,2})=\dfrac{25}{2}(10^2-4^2-7^2)=437.5[W]$

(2) $\cos\theta=\dfrac{A_1^{\,2}-A_2^{\,2}-A_3^{\,2}}{2A_2A_3}=\dfrac{10^2-4^2-7^2}{2\times4\times7}=0.625\times100=62.5[\%]$

문제 09 기사 07년 출제

배점 : 6점

그림과 같이 지상 역률 0.8인 부하와 유도성 리액턴스를 병렬로 접속한 회로에 교류전압 220[V]를 인가할 때 각 전류계 A_1, A_2 및 A_3의 지시는 18[A], 20[A] 및 34[A]이었다. 다음 물음에 답하시오.

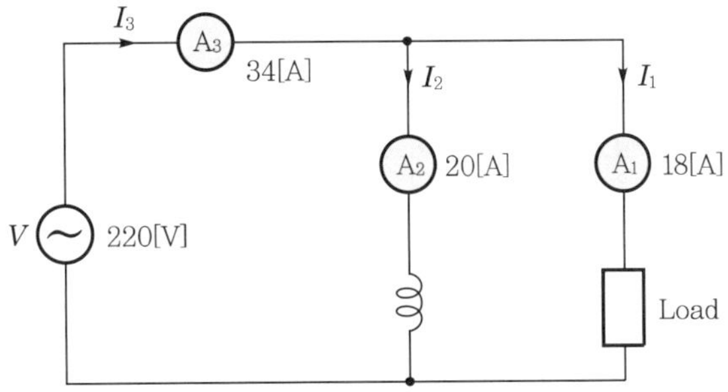

(1) 이 부하의 무효전력 Q는 약 몇 [kVar]인가?
(2) 이 부하의 소비전력 P는 약 몇 [kW]인가?

답안 (1) 2.38[kVar]

(2) 3.17[kW]

해설 (1) $Q = VI_1 \sin\theta = 220 \times 18 \times 0.6 \times 10^{-3} = 2.38[\text{kVar}]$

(2) $P = VI_1 \cos\theta = 220 \times 18 \times 0.8 \times 10^{-3} = 3.17[\text{kW}]$

문제 10 기사 10년 출제

배점 : 5점

220[V], 60[Hz]의 정현파 전원에 정류기를 그림과 같이 연결하여 20[Ω]의 부하에 전류를 통한다. 이 회로에 직렬로 접속한 가동 코일형 전류계 A_1과 가동 철편형 전류계 A_2는 각각 몇 [A]를 지시하는지 구하시오. (단, 정류기는 이상적인 정류기이고, 전류계의 저항은 무시한다.)

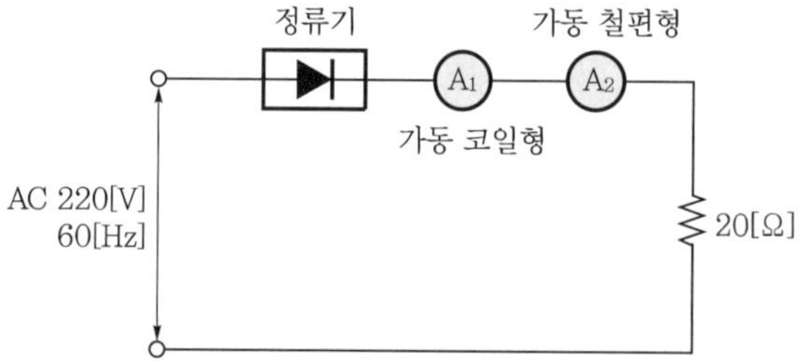

(1) 가동 코일형 전류계 A_1 지시값
(2) 가동 철편형 전류계 A_2 지시값

답안

(1) $\dfrac{11\sqrt{2}}{\pi}[\text{A}]$

(2) $5.5\sqrt{2}[\text{A}]$

해설 (1) 가동 코일형은 평균값을 지시하므로

$$A_1 = \frac{\frac{220\sqrt{2}}{\pi}}{20} = \frac{11\sqrt{2}}{\pi}[\text{A}]$$

(2) 가동 철편형은 실효값을 지시하므로

$$A_2 = \frac{110\sqrt{2}}{20} = 5.5\sqrt{2}[\text{A}]$$

문제 11 기사 96년 출제

배점 : 4점

권수비가 33인 PT와 20인 CT을 그림과 같이 단상 고압회로에 접속했을 때 전압계 Ⓥ와 전류계 Ⓐ 및 전력계 Ⓦ의 지시가 98[V], 4.2[A], 352[W]이었다면 고압부하의 역률은 몇 [%]가 되겠는가? (단, PT의 2차 전압은 110[V], CT의 2차 전류는 5[A]이다.)

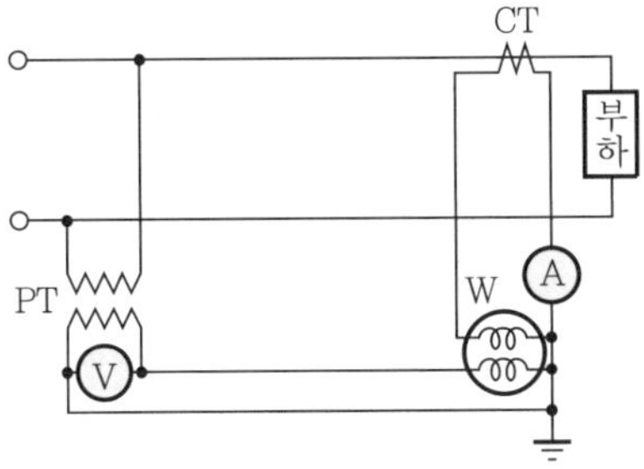

답안 85.52[%]

해설 역률 $\cos\theta = \dfrac{352}{98 \times 4.2} \times 100 = 85.52[\%]$

문제 12 기사 08년 출제

배점 : 5점

평형 3상 회로에 그림과 같이 접속된 전압계의 지시치가 220[V], 전류계의 지시치가 20[A], 2[kW]일 때 다음 각 물음에 답하시오.

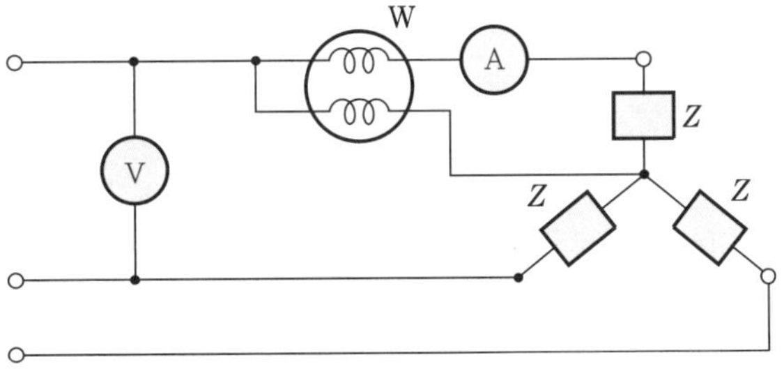

(1) 회로의 소비전력은 몇 [kW]인가?
(2) 부하의 저항은 몇 [Ω]인가?
(3) 부하의 리액턴스는 몇 [Ω]인가?

답안 (1) 6[kW]
(2) 5[Ω]
(3) 3.92[Ω]

해설 (1) $W_3 = 3 \times 2 = 6$[kW]

(2) $R = \dfrac{2 \times 10^3}{20^2} = 5[\Omega]$

(3) 임피던스 $Z = \dfrac{\frac{220}{\sqrt{3}}}{20} = \dfrac{11}{\sqrt{3}}[\Omega]$

리액턴스 $X = \sqrt{\left(\dfrac{11}{\sqrt{3}}\right)^2 - 5^2} = 3.92[\Omega]$

문제 13 기사 98년, 04년 출제

배점 : 6점

어떤 부하에 그림과 같이 접속된 전압계, 전류계 및 전력계의 지시가 각각 $V = 200$[V], $I = 30$[A], $W_1 = 5.96$[kW], $W_2 = 2.36$[kW]이다. 이 부하에 대하여 다음 각 물음에 답하시오.

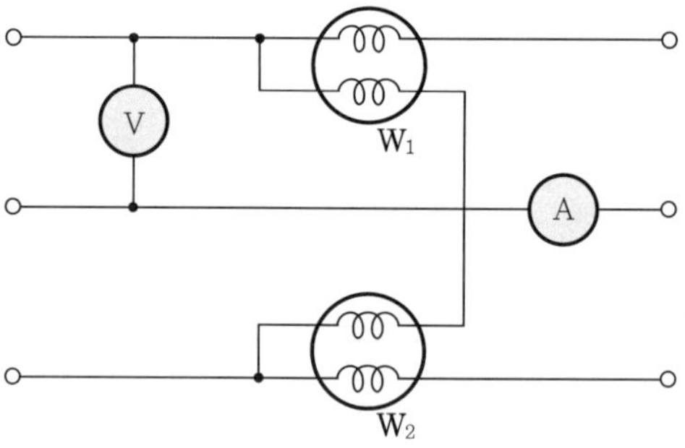

(1) 소비전력은 몇 [kW]인가?
(2) 피상전력은 몇 [kVA]인가?
(3) 부하역률은 몇 [%]인가?

답안 (1) 8.32[kW]

(2) 10.39[kVA]

(3) 80.08[%]

해설 (1) $P = W_1 + W_2 = 5.96 + 2.36 = 8.32$[kW]

(2) $P_a = \sqrt{3}\,VI = \sqrt{3} \times 200 \times 30 \times 10^{-3} = 10.39$[kVA]

(3) $\cos\theta = \dfrac{P}{P_a} \times 100 = \dfrac{8.32}{10.39} \times 100 = 80.08[\%]$

문제 **14** 기사 00년, 05년, 18년 출제

배점 : 7점

교류용 적산전력계에 대하여 다음 물음에 답하시오.

(1) Creeping(잠동) 현상에 대하여 설명하고, 잠동을 방지하기 위한 방법 2가지를 쓰시오.
(2) 적산전력량계가 구비해야 할 전기적, 기계적 및 기능상의 특성을 3가지만 쓰시오.

답안 (1) • 잠동이란 무부하 상태에서 정격주파수 및 정격전압의 110[%]를 인가하여 계기의 원판이 1회전 이상 회전하는 현상

• 방지 대책
 – 원판에 작은 구멍을 뚫는다.
 – 원판축에 작은 철편을 부착한다.

(2) • 부하 특성이 양호할 것 – 오차가 적고 손실이 적을 것
• 과부하 내량이 클 것
• 내구성 및 기계적 강도가 클 것
• 온도 및 주파수 보상능력이 있을 것
• 옥내 및 옥외 설치가 용이할 것

문제 **15** 기사 14년 출제

배점 : 5점

계기정수가 1,200[rev/kWh], 승률이 1인 전력량계의 원판이 12회전하는데 50초가 걸렸다. 이 때 부하의 평균전력은 몇 [kW]인가?

답안 0.72[kW]

해설
$$P_m = \frac{3{,}600N}{t \cdot k} \times \text{승률}$$
$$= \frac{3{,}600 \times 12}{50 \times 1{,}200} \times 1$$
$$= 0.72[\text{kW}]$$

문제 16 기사 09년, 19년 출제

배점 : 5점

전압 1.0183[V]를 측정하는데 측정값이 1.0092[V]이었다. 이 경우의 다음 각 물음에 답하시오. (단, 소수점 이하 넷째 자리까지 구하시오.)

(1) 오차
(2) 오차율
(3) 보정
(4) 보정률

답안 (1) −0.0091
(2) −0.0089
(3) 0.0091
(4) 0.0090

해설 (1) 오차 $=1.0092-1.0183=-0.0091$

(2) 오차율 $\varepsilon=\dfrac{-0.0091}{1.0183}=-0.0089$

(3) 보정 $=0.0091$

(4) 보정률 $\delta=\dfrac{0.0091}{1.0092}=0.0090$

문제 17 기사 21년 출제

배점 : 5점

어느 회로의 전압을 전압계로 측정해서 103[V]를 얻었다. %보정이 −0.8[%]인 경우 회로의 전압[V]을 구하시오.

답안 102.18[V]

해설

$$보정률=\frac{보정값}{측정값}\times 100[\%]$$

$$=\frac{참값-측정값}{측정값}\times 100[\%]$$

회로의 전압(참값) = 측정값 × (1+보정률)

$$=103\times\left(1-\frac{0.8}{100}\right)=102.176[V]$$

문제 18 기사 91년, 10년, 21년 출제

배점 : 5점

100[V], 20[A]용 단상 적산전력계에 어느 부하를 가할 때 원판의 회전수 20회에 대하여 40.3[초] 걸렸다. 만일 이 계기의 20[A]에 있어서 오차가 +2[%]라 하면 부하전력은 몇 [kW]인가? (단, 이 계기의 계기정수는 1,000[rev/kWh]이다.)

답안 1.75[kW]

해설 전력계 지시값 $P_m = \dfrac{3{,}600N}{t \cdot k} = \dfrac{3{,}600 \times 20}{40.3 \times 1{,}000} = 1.79[\text{kW}]$

오차율 $\varepsilon = \dfrac{P_m - P_t}{P_t} \times 100[\%]$에서

부하전력(참값) $P_t = \dfrac{P_m}{1+\varepsilon} = \dfrac{1.79}{1+0.02} = 1.75[\text{kW}]$

- 적산전력계의 측정값

  $P = \dfrac{3{,}600 \cdot N}{t \cdot k} \times \text{CT비} \times \text{PT비}[\text{kW}]$

  여기서, N : 회전수[회], t : 시간[sec], k : 계기정수[rev/kWh]
- 오차

  $\varepsilon = \dfrac{M-T}{T} \times 100[\%]$

  여기서, M : 측정값, T : 참값

문제 19 기사 98년, 01년 출제

배점 : 6점

다음과 같은 저항을 측정하는 방법이나 측정계기를 쓰시오.

(1) 굵은 나전선의 저항
(2) 수천 옴의 가는 전선의 저항
(3) 전해액의 저항
(4) 옥내 전등선의 절연저항

답안 (1) 캘빈더블 브리지
(2) 휘트스톤 브리지
(3) 콜라우시 브리지
(4) 메거

문제 **20** 기사 13년 출제

배점 : 4점

그림과 같이 변압기 2대를 사용하여 정전용량 1[μF]인 케이블의 내압 시험을 행하였다. 60[Hz]인 시험전압으로 5,000[V]를 가했을 때 전압계 ⓥ, 전류계 Ⓐ의 지시값은 얼마인지 계산하시오. (단, 변압기 탭전압은 저압측 105[V], 고압측 3,300[V]로 하고 내부 임피던스 및 여자전류는 무시한다.)

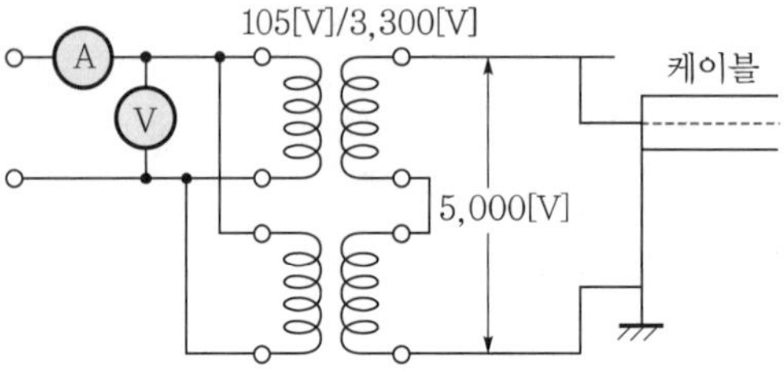

답안

- 전압계의 지시값 $V = 5,000 \times \frac{1}{2} \times \frac{105}{3,300} = 79.545 = 79.55[V]$
- 전류계의 지시값 $I = 2\pi \times 60 \times 1 \times 10^{-6} \times 5,000 \times \frac{3,300}{105} \times 2 = 118.48[A]$

문제 **21** 기사 96년, 99년, 02년, 03년 출제

배점 : 9점

다음 그림은 최대사용전압 6,900[V] 변압기의 절연내력시험을 위한 시험회로이다. 그림을 보고 다음 물음에 답하시오.

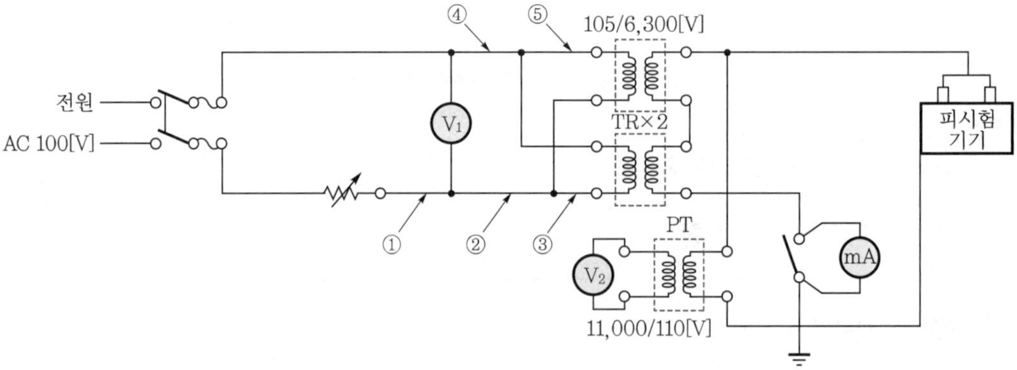

(1) 전원측 회로에 전류계 Ⓐ를 설치하고자 할 때 ①~⑤번 중 어느 곳이 적당한가?
(2) 시험시 전압계 V_1으로 측정되는 전압은 몇 [V]인가? (소수점 이하는 반올림 할 것)
(3) 시험시 전압계 V_2로 측정되는 전압은 몇 [V]인가?
(4) PT의 설치 목적은?
(5) 전류계[mA]의 설치 목적은?

답안 (1) ①

(2) 86[V]

(3) 103.5[V]

(4) 피시험기기의 절연내력시험전압의 측정

(5) 누설전류의 측정

해설 (2) 절연내력시험전압 $V = 6{,}900 \times 1.5 = 10{,}350$[V]

전압계 $V_1 = 10{,}350 \times \frac{1}{2} \times \frac{105}{6{,}300} = 86.25$[V]

(3) $V_2 = 10{,}350 \times \frac{110}{11{,}000} = 103.5$[V]

문제 22 기사 96년, 01년, 03년, 08년 출제

배점 : 6점

현장에서 시험용 변압기가 없을 경우 그림과 같이 주상변압기 2대와 수저항기를 사용하여 변압기의 절연내력시험을 할 수 있다. 이 때 다음 각 물음에 답하시오. (단, 최대사용전압 6,900[V]의 변압기의 권선을 시험할 경우이며, $\frac{E_2}{E_1} = \frac{105}{6{,}300}$[V]이다.)

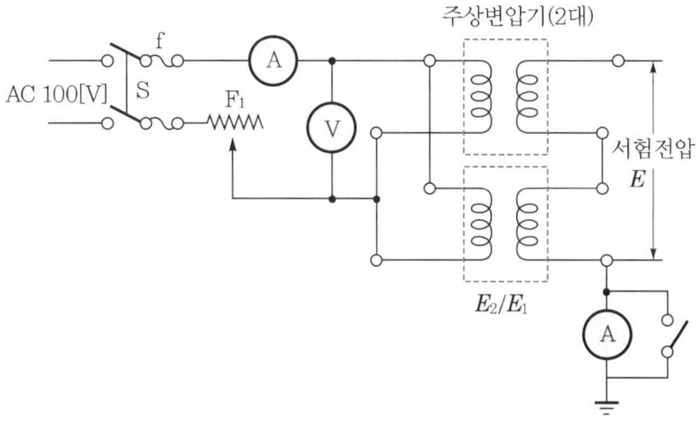

(1) 절연내력시험전압은 몇 [V]이며, 이 시험전압은 몇 분간 가하여 이에 견디어야 하는가?
(2) 시험 시 전압계 ⓥ로 측정되는 전압은 몇 [V]인가?
(3) 도면에서 오른쪽 하단의 접지되어 있는 전류계는 어떤 용도로 사용하는가?

답안 (1) 10,350[V], 10분

(2) 86.25[V]

(3) 누설전류의 측정

해설 (1) $V = 6{,}900 \times 1.5 = 10{,}350$[V]

(2) ⓥ$= 10{,}350 \times \frac{1}{2} \times \frac{105}{6{,}300} = 86.25$[V]

문제 23 기사 03년 출제

배점 : 4점

다음 그림과 같이 영상변류기를 당해 케이블에 설치하는 경우의 케이블 차폐층의 접지선은 어떻게 시설하는 것이 알맞은지 접지선을 추가로 그리시오.

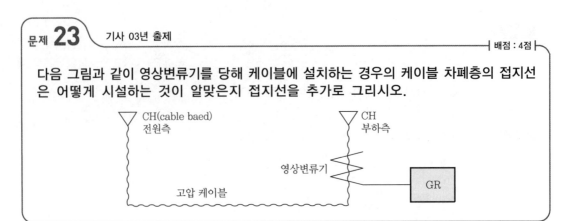

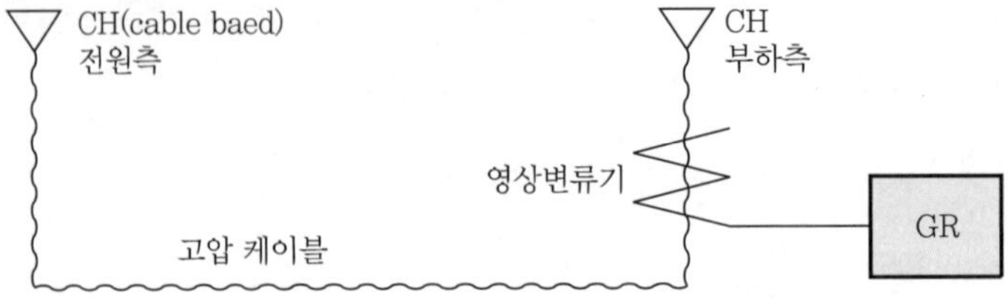

답안

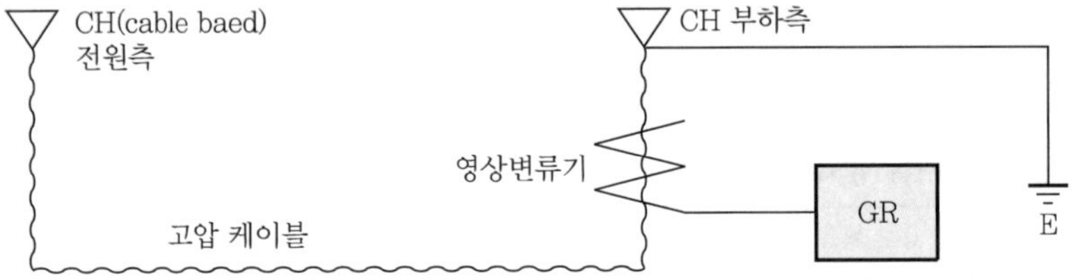

문제 24 기사 08년 출제

배점 : 5점

지중 배전선로에서 사용하는 대부분의 전력 케이블은 합성수지의 절연체를 사용하고 있어 사용기간의 경과에 따라 충격전압 등의 영향으로 절연 성능이 떨어진다. 이러한 전력 케이블의 고장점 측정을 위해 사용되는 방법을 3가지만 쓰시오.

답안

- 머레이 루프(Murray loop)법
- 정전용량법
- 펄스 측정법(Pulse radar method)

문제 25 기사 15년 출제

배점 : 6점

지중 케이블의 고장점 탐지법 3가지와 각각의 사용용도를 쓰시오.

고장점 탐지법	사용용도

답안

고장점 탐지법	사용용도
머레이 루프법	1선 지락사고 및 선간 단락사고 시 고장점 계산
정전용량법	단선사고 시 고장점 측정
펄스 측정법	3선 단락 및 지락사고 시 고장점 측정

문제 26 기사 21년 출제

배점 : 4점

다음 [보기]는 지중케이블의 사고점 측정법과 절연의 건전도를 측정하는 방법을 열거한 것이다. 이것을 사고점 측정법과 절연 측정법으로 구분하시오.

[보기]

① Megger법
② Tanδ법
③ 부분방전측정법
④ Murray Loop법
⑤ Capacity bridge법
⑥ Pulse radar법

(1) 사고점 측정법
(2) 절연 측정법

답안 (1) ④, ⑤, ⑥
(2) ①, ②, ③

문제 27 기사 21년 출제 | 배점 : 5점

60[mm^2](0.3195[Ω/km]), 전장 6[km]인 3심 전력 케이블의 어떤 지점에서 1선 지락사고가 발생하여 전기적 사고점 탐지법의 하나인 머레이 루프법으로 측정한 결과 그림과 같은 상태에서 평형이 되었다고 한다. 측정점에서 사고지점까지의 거리[km]를 구하시오.

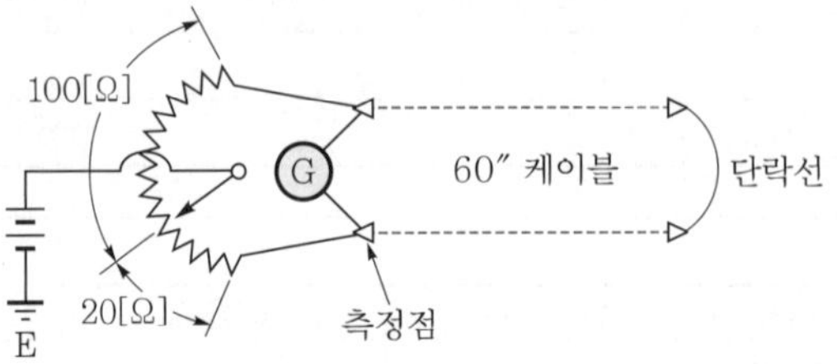

답안 2[km]

해설 고장점까지의 거리를 x, 전장을 L[km]라 하고 휘트스톤 브리지의 원리를 이용하면

$20\times(2L-x)=100\times x$

$\therefore\ x=\dfrac{40L}{120}=\dfrac{40\times 6}{120}=2[\text{km}]$

문제 28 기사 15년 출제 | 배점 : 4점

머레이 루프(Murray loop)법으로 선로의 고장지점을 찾고자 한다. 길이가 4[km](0.2[Ω/km])인 선로가 그림과 같이 접지 고장이 생겼을 때 고장점까지의 거리 X는 몇 [km]인지 구하시오. (단, G는 검류계이고, $P=170$[Ω], $Q=90$[Ω]에서 브리지가 평형되었다고 한다.)

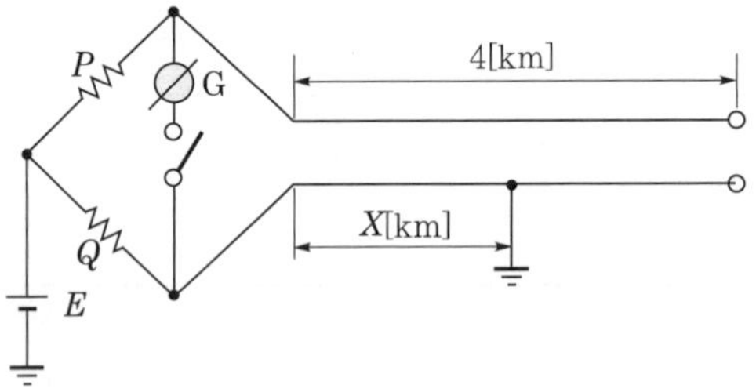

답안 2.77[km]

해설 $\dfrac{P}{Q}=\dfrac{4\times 2-X}{X}$ 에서 $\dfrac{170}{90}=\dfrac{8-X}{X}=\dfrac{8}{X}-1$

$\therefore\ X=\dfrac{8}{\dfrac{170}{90}+1}=2.77[\text{km}]$

문제 29 기사 90년 출제

배점 : 5점

75[mm^2], 길이 3.45[km]의 3심 케이블의 1선이 접지되었을 때 그림과 같이 접속하고 측정한 결과 $P=10$[Ω], $Q=1{,}000$[Ω], $R=92$[Ω]에서 검류계 G가 평형되었다. 지락사고점까지의 거리 d를 구하시오. (단, 시험 시 20[℃]에서 케이블의 전체 왕복저항 $R=1.65$[Ω]이다.)

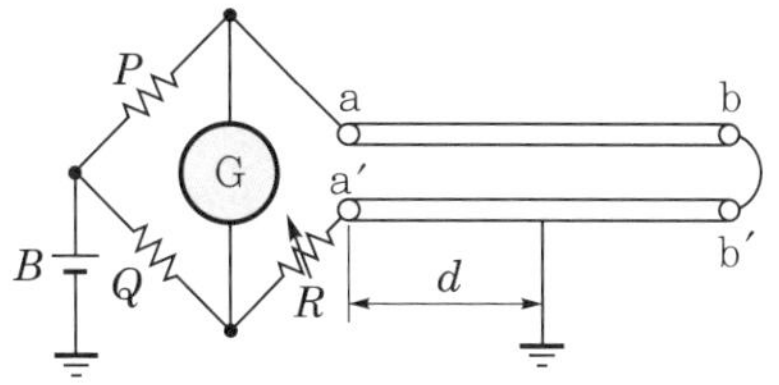

답안 3.02[km]

해설 $10\times(92+R_x)=1{,}000\times(1.65-R_x)$에서 $R_x=0.723$[Ω]

∴ 측정점에서 고장점까지의 거리

$$x=\frac{0.723}{1.65}\times(3.45\times2)=3.02\,[\text{km}]$$

문제 30 기사 95년, 00년 출제

배점 : 4점

그림의 표시와 같이 AB간 400[m]는 100[mm^2], BC간 500[m]는 200[mm^2], CD간 650[m]는 325[mm^2]인 3상 전력 케이블의 지중전선로가 있다. 지금 3상 전력 케이블에서 1선 지락사고가 발생하여 A점에서 머레이 루프법으로 고장점을 찾으려고 그림과 같이 휘트스톤 브리지의 원리를 이용하였다. A점에서부터 몇 [m]인 지점에서 1선 지락사고가 발생하였는가? (단, a의 저항은 400[Ω]이고, b의 저항은 600[Ω]이다.)

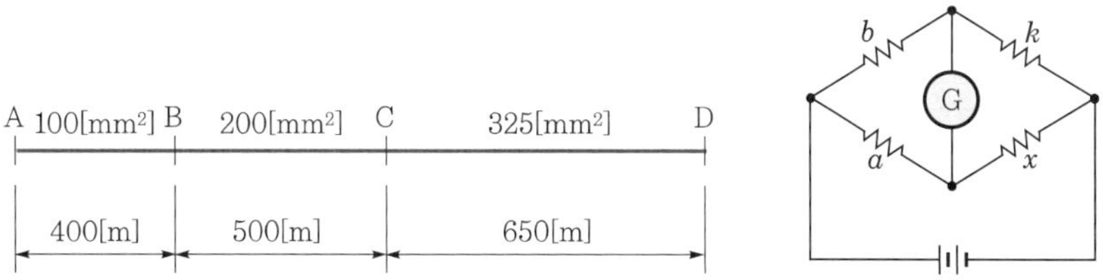

답안 997.5[m]

해설 • 전선로 전체 길이에 대한 저항

전선 100[mm^2], 1[m]당 저항을 1[Ω]이라고 가정하면 $R=\rho\frac{l}{A}$에서 $R\propto\frac{l}{A}$이므로

전체 저항 $R=\left\{\left(400\times\frac{100}{100}\right)+\left(500\times\frac{100}{200}\right)+\left(650\times\frac{100}{325}\right)\right\}\times2=1{,}700\,[\Omega]$

- 휘트스톤 브리지의 평형 조건에서 고장점까지의 저항 x은

  $a \times k = a \times (R - x) = b \times x$

  $400 \times (1{,}700 - x) = 600 \times x$

  $x = 680[\Omega]$

- 저항을 거리로 환산하면

  저항 $x = 680 = 400 + 250 + 30[\Omega]$이므로

  $\text{고장점까지의 거리} = 400 + 500 + 30 \times \dfrac{325}{100}$

  $= 997.5[\text{m}]$

문제 31 기사 03년, 12년 출제 | 배점 : 6점 |

그림은 구내에 설치할 3,300[V], 220[V], 10[kVA]인 주상변압기의 무부하 시험방법이다. 이 도면을 보고 다음 각 물음에 답하시오.

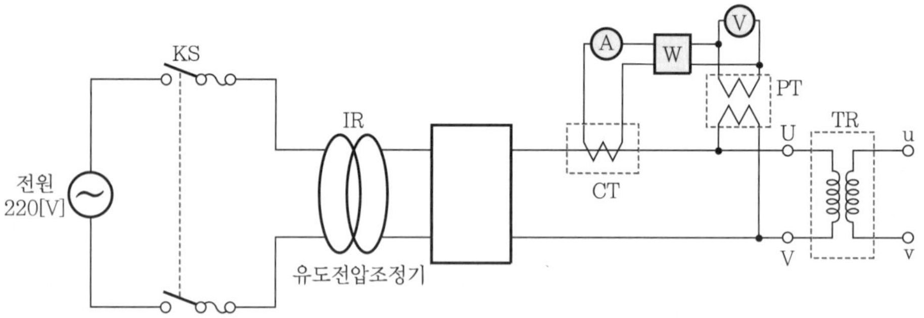

(1) 유도 전압 조정기의 오른쪽 네모 속에는 무엇이 설치되어야 하는가?
(2) 시험할 주상변압기의 2차측은 어떤 상태에서 시험을 하여야 하는가?
(3) 시험할 변압기를 사용할 수 있는 상태로 두고 유도 전압 조정기의 핸들을 서서히 돌려 전압계의 지시값이 1차 정격전압이 되었을 때 전력계가 지시하는 값은 어떤 값을 지시하는가?

답안 (1) 승압용 변압기(시험용 변압기)
(2) 개방 상태
(3) 철손

문제 32 기사 06년, 09년, 18년 출제

| 배점 : 9점 |

오실로스코프의 감쇄 Probe는 입력전압의 크기를 10배의 배율로 감소시키도록 설계되어 있다. 다음 각 물음에 답하시오. (단, 그림에서 오실로스코프의 입력 임피던스 R_s는 1[MΩ]이고, Probe의 내부저항 R_p는 9[MΩ]이다.)

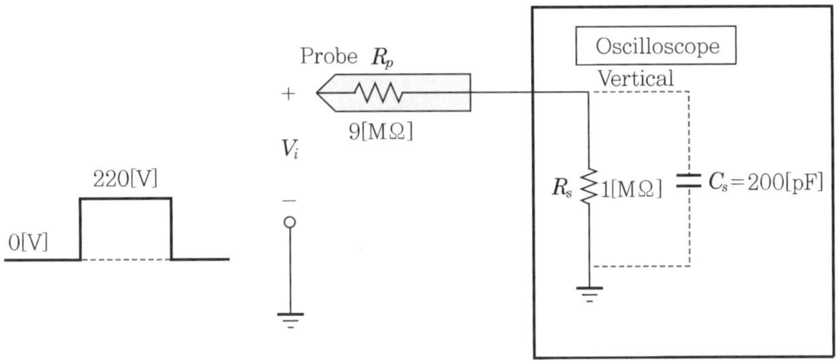

(1) 이 때 Probe의 입력전압을 v_i =220[V]라면 Oscilloscope에 나타나는 전압은?

(2) Oscilloscope의 내부저항 R_s =1[MΩ]과 C_s =200[pF]의 콘덴서가 병렬로 연결되어 있을 때 콘덴서 C_s에 대한 테브난의 등가회로가 다음과 같다면 시정수 τ와 v_i = 220[V]일 때의 테브난의 등가전압 E_{th}를 구하시오.

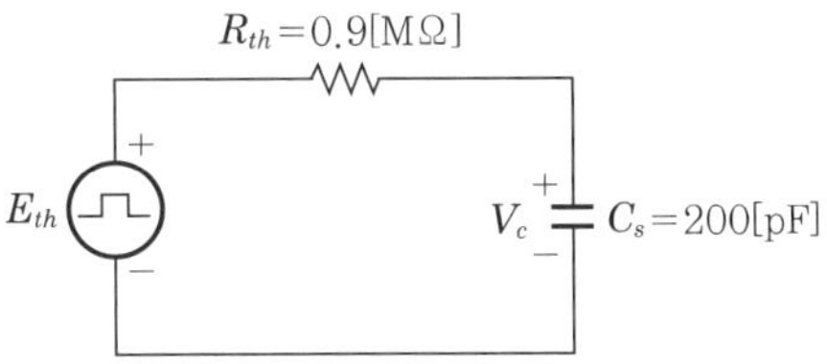

(3) 인가 주파수가 10[kHz]일 때 주기는 몇 [ms]인가?

답안 (1) 22[V]

(2) 22[V]

(3) 0.1[ms]

해설 (1) $V_o = \frac{220}{10} = 22[\text{V}]$

(2) 시정수 $\tau = R_{th}C_s = 0.9 \times 10^6 \times 200 \times 10^{-12} = 180 \times 10^{-6}[\text{sec}] = 180[\mu\text{sec}]$

등가전압 $E_{th} = \frac{R_s}{R_p + R_s} \times v_i = \frac{1}{9+1} \times 220 = 22[\text{V}]$

(3) 주기 $T = \frac{1}{f} = \frac{1}{10 \times 10^3} = 0.1 \times 10^{-3}[\text{s}] = 0.1[\text{ms}]$

문제 **33** 기사 09년, 11년 출제

배점 : 5점

배전선로 사고종류에 따른 보호장치 및 보호조치에 관한 다음 표의 ①~③의 빈칸을 채우시오. (단, ①, ②는 보호장치이고, ③은 보호조치임)

항 목	사고종류	보호장치 및 보호조치
고압 배전선로	접지사고	(①)
	과부하, 단락사고	(②)
	뇌해사고	피뢰기, 가공지선
주상변압기	과부하, 단락사고	고압 퓨즈
저압 배전선로	고저압 혼촉	(③)
	과부하, 단락사고	저압 퓨즈

답안 ① 접지 계전기
② 과전류 계전기
③ 중성점 접지

05 CHAPTER 변성기와 보호계전기

기출개념 01 변성기

계기용 변성기란 고전압, 대전류를 계측하는 장치 또는 보호용 계전기의 전원공급을 위해 저전압, 소전류로 변환하는 소형 변압기를 말하며 다음과 같이 분류된다.

1 계기용 변압기(PT : Potential Transformer)

고전압을 저전압으로 변환하여 계측기 및 계전기의 전원공급용 변압기이다.

(1) 정격전압

계기용 변압기의 1차 정격전압은 표의 값을 기준으로 하며 2차 정격전압은 110[V]이다.

‖ 계기용 변압기의 정격전압 ‖

(단위 : [V])

정격 1차 전압				정격 2차 전압
–	1,100	11,000	110,000	110
–	–	–	154,000	
220	2,200	22,000	–	
–	3,300	33,000	–	
440	–	–	–	
–	6,600	66,000	–	

※ PT비는 $\frac{V_1}{V_2}$ 이며, 표의 값으로 선정한다.

(2) PT의 보호장치와 정격부담

계기용 변압기의 1차측에는 PF 또는 COS를 설치하며 부담(burden)은 PT의 정격용량 [VA]를 말한다.

부담 : $P_a = \frac{{V_2}^2}{Z_2}$ [VA]

2 변류기(CT : Current Transformer)

대전류를 소전류로 변환하여 계측기 및 계전기에 전원을 공급하는 변압기이다.

(1) 정격전류

변류기의 1차 정격전류는 문제에서 주어진 표의 값에서 선정하며 2차 정격전류는 5[A]이다.

※ CT비는 $\frac{I_1}{I_2}$ 이며 I_1[A]는 선로 전부하 전류의 25~50[%]의 여유를 주어 문제에서 주어진 표의 값에서 선정한다.

(2) CT의 보호장치와 정격부담

변류기의 1차측에는 보호장치를 설치하지 않는 것을 원칙으로 하며 정격부담은 CT의 용량을 말한다.

$$\text{부담}: P_a = I_2^{\,2} \cdot Z_2 \,[\text{VA}]$$

(3) 계기용 변압 변류기(PCT, MOF)

고전압, 대전류를 저전압, 소전류로 변환하여 전력량계에 전원공급을 하기 위해 변압, 변류기가 함께 내장된 장치이다.

$$\text{MOF비} = \text{PT비} \times \text{CT비}$$

(4) 접지형 계기용 변압기(GPT : Grounded Potential Transformer)

지락사고 시 영상전압을 검출하여 계측기 및 계전기에 전원공급을 위한 변압기로 3권선 PT를 사용하여 1, 2차는 Y결선을 하고 3차는 오픈 델타(open delta)로 결선한다.

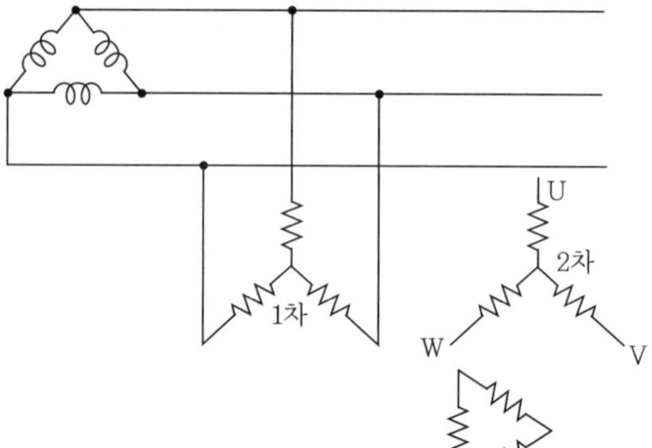

(5) 영상변류기(ZCT : Zero phase Current Transformer)

지락사고 시 영상전류를 검출하여 계전기에 전원공급을 위한 변류기이다.

▎ZCT 그림 기호▎

	단선도용	복선도용
영상변류기		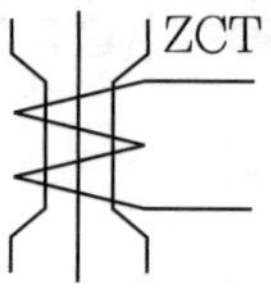

개념 문제 01 기사 99년, 02년 출제 | 배점 : 6점 |

변압비 30인 계기용 변압기를 그림과 같이 잘못 접속하였다. 각 전압계 V_1, V_2, V_3 에 나타나는 단자 전압은 몇 [V]인가?

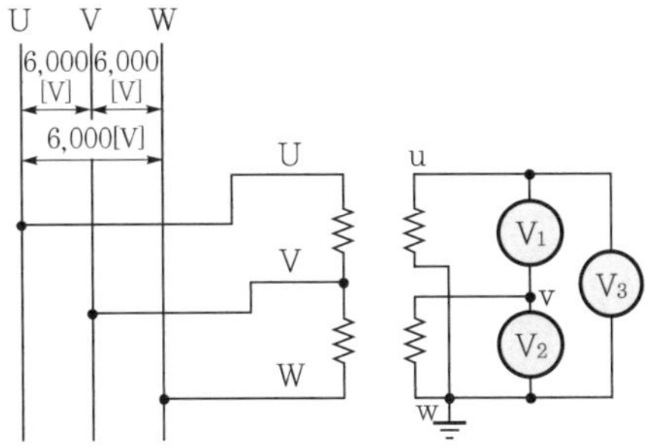

답안 (1) $V_1 = 346.4[V]$

(2) $V_2 = 200[V]$

(3) $V_3 = 200[V]$

해설 권수비 : $a = \frac{E_1}{E_2}$

전압계 V_1 은 오결선되어 E_2 의 $\sqrt{3}$ 배가 된다.

- $V_1 = \sqrt{3} \times \frac{E_1}{a} = \sqrt{3} \times \frac{6,000}{30} = 346.40[V]$
- $V_2 = \frac{6,000}{30} = 200[V]$
- $V_3 = \frac{6,000}{30} = 200[V]$

개념 문제 02 기사 97년 출제 | 배점 : 4점 |

변류비 $\frac{50}{5}$[A]인 CT 2개를 그림과 같이 접속하였을 때 전류계에 2[A]가 흐른다고 하면, CT 1차측에 흐르는 전류는 몇 [A]인지 계산하시오.

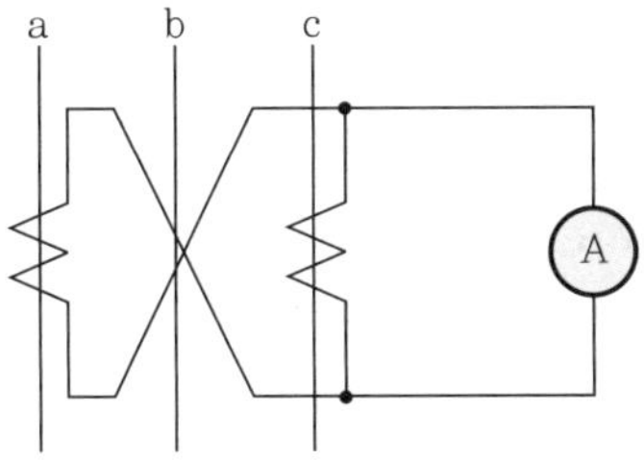

답안 $I_1 = \frac{2}{\sqrt{3}} \times \frac{50}{5} = 11.55[A]$

개념 문제 03 산업 97년, 00년, 03년 출제

| 배점 : 4점 |

사용 중의 변류기 2차측을 개로하면 변류기에는 어떤 현상이 발생하는지 원인과 결과를 간단하게 쓰시오.

답안 CT의 2차측을 개방하면 1차측 부하전류가 모두 여자전류가 되어 2차측에 고전압이 유기되어 절연파괴의 우려가 있다.

개념 문제 04 기사 07년 출제

| 배점 : 5점 |

평형 3상 회로에 변류비 $\frac{100}{5}$인 변류기 2대를 그림과 같이 접속하였을 때, 전류계에 3[A]의 전류가 흘렀다. 1차 전류의 크기는 몇 [A]인가?

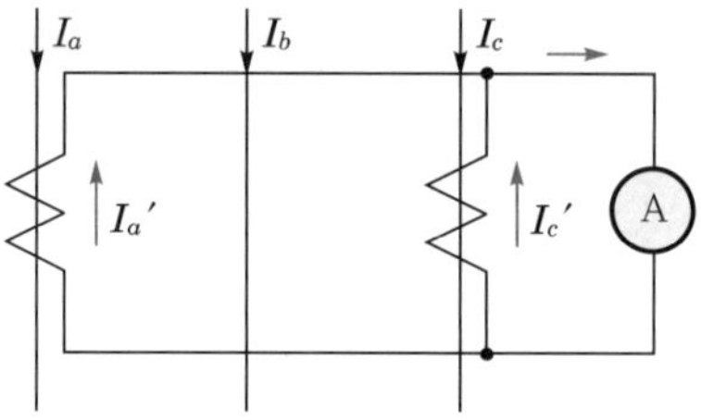

답안 60[A]

해설 가동접속이므로 $I_a{}' = I_c{}' = 3$[A]이므로 1차 전류 $I_a = \frac{100}{5} \times 3 = 60$[A]

기출 개념 02 보호계전기

1 보호계전기의 구비조건

① 고장 상태를 식별하여 그 정도를 파악할 수 있을 것
② 고장 개소를 정확하게 선택할 수 있을 것
③ 동작이 신속하고 오동작이 없을 것
④ 적절한 후비보호능력이 있을 것
⑤ 경제적일 것

2 보호계전기의 시한 특성

① 순시성 계전기 : 정정치 이상의 전류가 유입하는 순간 동작하는 계전기
② 정한시성 계전기 : 정정치 한도를 넘으면 넘는 양의 크기에 관계없이 일정 시한으로 동작하는 계전기

③ 반한시성 계전기 : 동작전류와 동작시한이 반비례하는 계전기

④ 반한시성 정한시성 계전기 : 특정 전류까지는 반한시성 특성을 나타내고 그 이상이 되면 정한시성 특성을 나타내는 계전기

3 보호계전기의 기능 및 종류

‖ 보호계전기의 사용 개소 ‖

사고별 \ 설비별	수전단	주변압기	배전선	전력 콘덴서
과전류(과부하 또는 단락)	OCR	OCR	OCR	OCR
과전압			OVR	OVR
저전압			UVR	UVR
접지			GR(SGR, DGR)	
변압기 내부 고장		RDF		

(1) 과전류 계전기(Over Current Relay : OCR)

① 가장 많이 채용하는 계전기로 계기용 변류기(CT)에서 검출된 과전류에 의해 동작하고 경보 및 차단기 등을 작동시킨다.

② 과전류 계전기의 탭 설정

과전류 계전기는 전류가 예정값 이상이 되었을 때 동작하도록 계전기를 정정한다. 그림과 같이 부하전류 60[A]가 흐를 때 계기용 변류기의 정격은 전부하 전류의 1.25~1.5배이므로 100/5[A]를 사용한다.

그러므로 CT 2차 전류는 $60 \times \frac{5}{100} = 3$[A]이며, 과전류 계전기 정격은 보통 CT 2차 5[A]의 사용 탭은 4, 5, 6, 7, 8, 10, 12 등이 있는데 부하전류 3[A]의 약 160[%]보다 약간 높이에 있는 5[A]를 사용하는 것이 바람직하다.

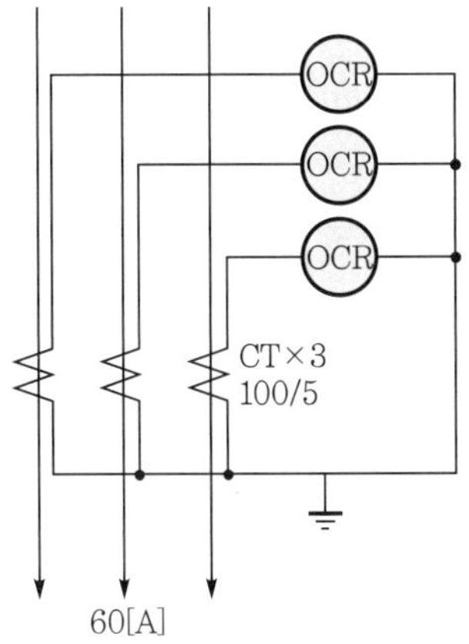

(2) 과전압 계전기(Over Voltage Relay : OVR)

수전 배전선로에 이상전압이나 과전압이 내습할 경우 PT에서 과전압을 검출하여 경보 및 주차단기 등을 차단시키는 작동을 한다.

과전압 계전기는 정격전압(PT 2차 전압)의 130[%]에서 정정한다. 따라서 일반적으로 PT 2차 전압을 110[V]로 보고 계전기의 전압 탭을 AC 135~150[V] 범위 내의 전압을 조정할 수 있는 전압 탭 하나는 반드시 구비하도록 하고 있다. 이 범위 밖의 전압 조정 탭은 몇 개가 있어도 관계없도록 하고 있다.

(3) 부족 전압 계전기(Under Voltage Relay : UVR)

수전 배전선로에 순간 정전이나 단락사고 등에 의한 전압강하 시 PT에서 이상 저전압을 검출하여 경보 및 주차단기 등을 차단시키고 비상발전기 계통에 자동 기동 등의 작동을 한다.

(4) 과전압 지락 계전기(Over Voltage Ground Relay : OVGR)

GPT를 이용하여 지락고장을 검출하여 영상전압으로 작동한다.

(5) 지락 계전기(Ground Relay : GR)

배전선로에서 접지 고장에 대한 보호동작을 하는 것으로 영상전압과 대지 충전전류에 대하여 동작한다. 즉, 영상전류만으로 동작하는 비방향성 지락 계전기(GR)와 영상전류와 영상전압과 그 상호 간의 위상으로 동작이 결정되는 방향성 지락 계전기(SGR, DGR)로 나눌 수 있다.

(6) 방향성 지락 계전기(Directional Ground Relay : DGR)

방향성 지락 계전기는 비접지방식 선로에서 과전류 지락 계전기(OCGR)와 조합하여 지락에 의한 고장전류를 접지계기용 변성기(Ground PT)와 영상계기용 변성기(Zero CT) 등을 이용해 검출된 이상접지전류를 한 방향으로만(선로에서 대지쪽으로 흐르는 전류 방향) 동작하도록 한 지락 계전기를 말하며, 방향성 지락 계전기는 여러 선로의 배전선이 시설되어 있을 경우 어느 한 선로에서 지락사고가 발생하면 그 사고 발생 선로에 접속된 계전기만을 동작시키기 위한 선택성 지락 계전기도 있다.

(7) 비율 차동 계전기(Ratio Differential Relay : RDF)

변압기나 조상기의 내부 고장 시 1차와 2차의 전류비 차이로 동작하는 릴레이로 대용량 변압기 등에서(5,000[kVA] 이상) 많이 채용되고 있다.

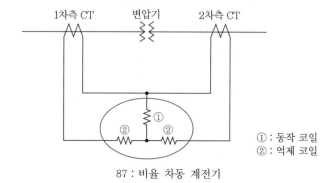

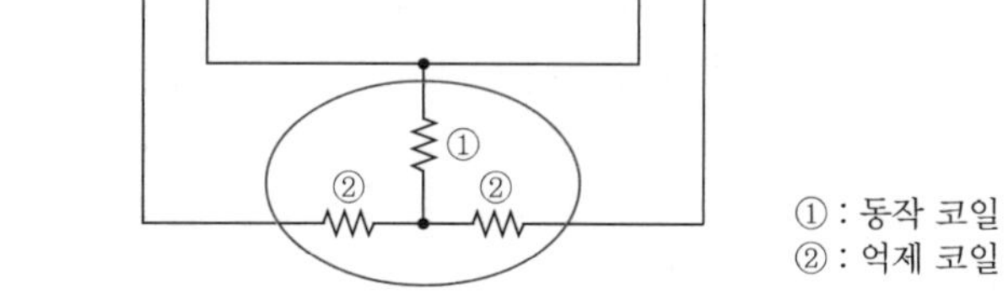

87 : 비율 차동 계전기

개념 문제 01 기사 03년 출제

| 배점 : 3점 |

다음 계전기 약호의 우리말 명칭을 쓰시오.

(1) OC
(2) OL
(3) UV
(4) GR

답안 (1) 과전류 계전기
(2) 과부하 계전기
(3) 부족 전압 계전기
(4) 지락 계전기

개념 문제 02 기사 95년, 05년 출제

| 배점 : 4점 |

수전전압 22.9[kV], 설비용량 2,000[kW]인 수용가의 수전단에 설치한 CT의 변류비는 60/5이다. 이때 CT에서 검출된 2차 전류가 과부하 계전기로 흐르도록 하였다. 120[%] 부하에서 차단기를 동작시키고자 할 때 과부하 TRIP 전류값은 얼마로 선정해야 하는지 산정하시오.

답안 5[A]

해설

$$I_t = \frac{2,000}{\sqrt{3} \times 22.9} \times \frac{5}{60} \times 1.2 = 5.04[A]$$

개념 문제 03 기사 14년 출제

| 배점 : 4점 |

영상변류기(ZCT)에 대하여 정상상태에서와 지락발생 시 전류 검출에 대하여 쓰시오.

답안
- 정상상태 : 지락전류가 없으므로 영상전류가 검출되지 않는다.
- 지락발생 시 : 영상전류가 검출되어 지락 계전기를 작동시킨다.

단원 빈출문제

문제 01 기사 91년, 02년, 10년 출제

배점 : 4점

어떤 전기설비에서 3,300[V]의 고압 3상 회로에 변압비 33의 계기용 변압기 2대를 그림과 같이 설치하였다. 전압계 V_1, V_2, V_3의 지시값을 각각 구하시오.

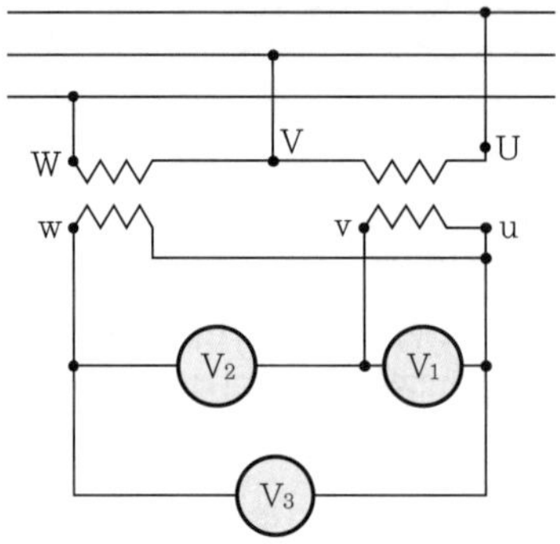

(1) V_1의 지시값을 구하시오.
(2) V_2의 지시값을 구하시오.
(3) V_3의 지시값을 구하시오.

답안 (1) 100[V]
(2) 173.2[V]
(3) 100[V]

해설
(1) $V_1 = \frac{3,300}{33} = 100[V]$

(2) $V_2 = \frac{3,300}{33} \times \sqrt{3} = 173.2[V]$

(3) $V_3 = \frac{3,300}{33} = 100[V]$

문제 02 기사 22년 출제

배점 : 6점

다음은 계기용 변압기(PT)의 결선에 대한 그림이다. 각 물음에 답하시오. (단, 1차측 선간전압은 380[V]이며, 각 PT비는 $\frac{380}{110}$[V]이다.)

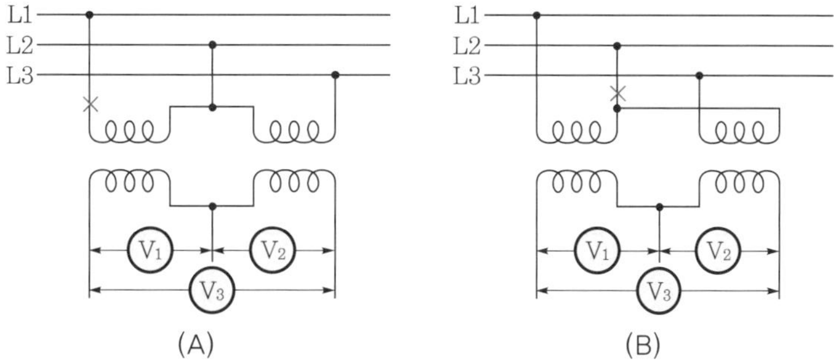

(1) 그림 (A)의 ×점에서 단선이 발생할 경우 전압계 V_1, V_2, V_3의 지시값을 쓰시오.
- V_1 =
- V_2 =
- V_3 =

(2) 그림 (B)의 ×점에서 단선이 발생할 경우 전압계 V_1, V_2, V_3의 지시값을 쓰시오.
- V_1 =
- V_2 =
- V_3 =

답안

(1) $V_1 = 0$, $V_2 = 380 \times \frac{110}{380} = 110[V]$, $V_3 = 0 + V_2 = 110[V]$

(2) $V_1 = \frac{110}{2} = 55[V]$, $V_2 = \frac{110}{2} = 55[V]$, $V_3 = V_1 - V_2 = 55 - 55 = 0[V]$

문제 03 기사 95년, 05년, 15년, 20년 출제

배점 : 6점

CT에 대한 다음 각 물음에 답하시오.

(1) Y-Δ로 결선한 주변압기의 보호로 비율 차동 계전기를 사용한다면 CT의 결선은 어떻게 하여야 하는지를 설명하시오.
(2) 통전 중에 있는 변류기의 2차측 기기를 교체하고자 할 때 가장 먼저 취하여야 할 사항을 설명하시오.
(3) 수전전압이 22.9[kV], 수전설비의 부하전류가 40[A]이다. 60/5[A]의 변류기를 통하여 과부하 계전기를 시설하였다. 만일 120[%]의 과부하에서 차단시킨다면 트립 전류값은 몇 [A]로 설정해야 하는지 구하시오.

답안 (1) 주변압기 1차측에 사용되는 변류기는 △결선, 2차측에 사용되는 변류기는 Y결선을 한다.
(변압기 결선과 반대로 결선한다.)

(2) 2차측을 단락시킨다.

(3) 4[A] 설정

해설

(3) 과전류 계전기의 전류 탭(I_ℓ)=부하전류(I)$\times\frac{1}{\text{변류비}}\times$설정값

$$\therefore\ I_\ell = 40\times\frac{5}{60}\times 1.2 = 4[\mathrm{A}]$$

문제 04 기사 91년, 10년, 20년 출제

배점 : 4점

변류비가 200/5인 CT의 1차 전류가 150[A]일 때 CT 2차측 전류는 몇 [A]인가?

답안 3.75[A]

해설

$$I_2 = 150\times\frac{5}{200} = 3.75[\mathrm{A}]$$

문제 05 기사 98년 출제

배점 : 4점

부하용량 500[kW]이고, 전압이 3상 300[V]인 전기설비의 변류기 1차 전류는 몇 [A]용을 시설하는 것이 적절하겠는가?

- 수용가의 인입회로나 전력용 변압기의 1차측에 설치하는 것임
- 실제 사용하는 정도의 1차 전류용량을 산정할 것
- 부하역률은 1로 계산한다.

답안 1,000/5[A]

해설

$$I_1 = \frac{500\times10^3}{\sqrt{3}\times380}\times(1.25\sim1.5) = 949.59\sim1{,}139.51$$ 이므로 1,000/5[A]용이 적당하다.

문제 06 기사 11년 출제

배점 : 3점

사용 중의 변류기 2차측을 개로하면 변류기에는 어떤 현상이 발생하는지 원인과 결과를 쓰시오.

답안 변류기 사용 중 2차측을 개방하면 변류기 1차 부하전류(대전류)가 여자전류로 되어 변류기 2차측에 고전압이 발생되어 절연파괴로 변류기가 소손된다.

문제 07 기사 13년 출제

배점 : 5점

그림과 같이 부하를 운전 중인 상태에서 변류기의 2차측의 전류계를 교체할 때에는 어떠한 순서로 작업을 하여야 하는지 쓰시오. (단, K와 L은 변류기 1차 단자, k와 l은 변류기 2차 단자, a와 b는 전류계 단자이다.)

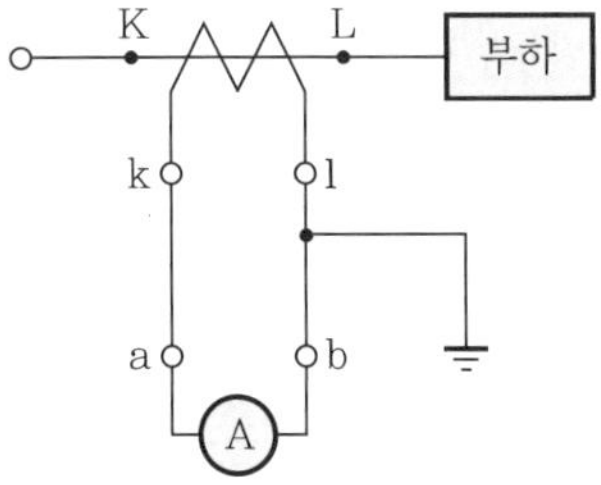

답안 변류기 2차 단자 k와 l을 단락하고, a와 b 단자의 전류계를 교체한 후 변류기 2차 단자 k와 l을 개방한다.

문제 08 기사 12년 출제

배점 : 5점

그림과 같이 $\frac{200}{5}$(CT) 1차측에 150[A]의 3상 평형 전류가 흐를 때 전류계 A_3에 흐르는 전류는 몇 [A]인가?

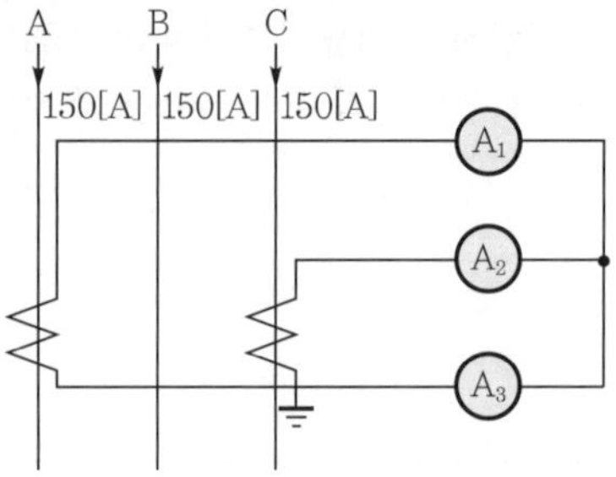

답안 3.75[A]

해설 CT 2차측 전류는 $I_2 = 150 \times \frac{5}{200} = 3.75$[A]이다.

$$A_3 = |A_1 + A_2| = \sqrt{A_1^2 + A_2^2 + 2A_1A_2\cos\theta}$$
$$= \sqrt{3.75^2 + 3.75^2 + 2 \times 3.75 \times 3.75\cos 120}$$
$$= 3.75[A]$$

문제 09 기사 07년 출제

배점 : 5점

변류비 $\frac{160}{5}$인 변류기 2대를 그림과 같이 접속하였을 때, 전류계에 2.5[A]의 전류가 흘렀다. 1차 전류를 구하시오.

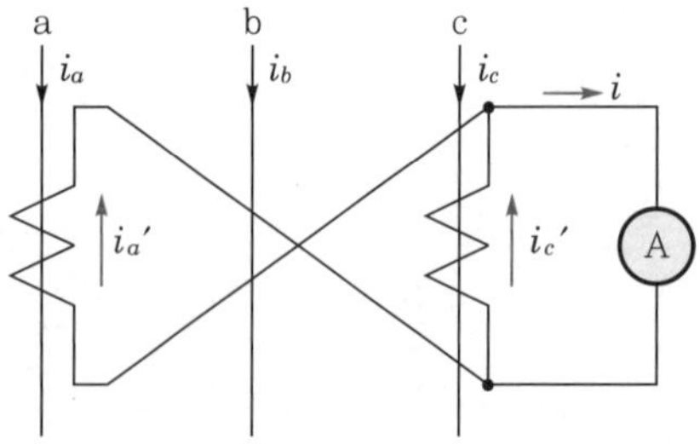

답안 전류계의 지시값 $= \sqrt{3}\, i_a{}' = \sqrt{3}\, i_c{}' = 2.5$[A]이므로

1차 전류 $I_a = \frac{160}{5} \times \frac{2.5}{\sqrt{3}} = 46.19$[A]

문제 10 기사 19년 출제

배점 : 5점

CT의 비오차에 대하여 설명하고 관계식을 쓰시오.

(1) 비오차에 대하여 설명하시오.
(2) 관계식을 쓰시오. (단, ε : 비오차[%], K_n : 공칭 변류비, K : 실제 변류비이다.)

답안 (1) 변류기의 비오차란 변류비의 오차(공칭 변류비 – 실제 변류비)를 실제 변류비로 나눈 값을 말한다.

(2) $\varepsilon = \dfrac{K_n - K}{K} \times 100[\%] = \left(\dfrac{K_n}{K} - 1\right) \times 100[\%]$

문제 11 기사 20년 출제

배점 : 4점

공칭 변류비가 $\dfrac{100}{5}$ 인 변류기(CT)의 1차에 250[A]가 흘렀을 경우 2차 전류가 10[A]였다면, 이때의 비오차[%]를 구하시오.

답안 −20[%]

해설

$$\varepsilon = \left(\frac{\frac{100}{5}}{\frac{250}{10}} - 1\right) \times 100[\%] = -20[\%]$$

문제 12 기사 15년 출제

배점 : 5점

ACB가 설치되어 있는 배전반 전면에 전압계, 전류계, 전력계, CTT, PTT가 설치되어 있다. 수변전 단선도가 없어 CT비를 알 수 없는 상태에서 전류계의 지시는 각 상 모두 240[A]였을 때 CT비(I_1/I_2)를 구하시오. (단, CT 2차측 전류는 5[A]로 한다.)

답안 300/5

해설 $240 \times (1.25 \sim 1.5) = 300 \sim 360[A]$이므로 변류비는 300/5를 적용한다.

문제 **13** 기사 95년, 05년, 15년 출제

배점 : 6점

변류기(CT)에 관한 다음 각 물음에 답하시오.

(1) Y-△로 결선한 주변압기의 보호로 비율 차동 계전기를 사용한다면 CT의 결선은 어떻게 하여야 하는지를 설명하시오.

(2) 통전 중에 있는 변류기 2차측에 접속된 기기를 교체하고자 할 때 가장 먼저 취하여야 할 사항을 설명하시오.

(3) 수전전압 22.9[kV], 수전설비의 부하전류가 65[A]이다. $\frac{100}{5}$[A]의 변류기를 통하여 과전류 계전기를 시설하였다. 120[%]의 과부하에서 차단기를 차단시킨다면 과부하 계전기의 전류값은 몇 [A]로 설정해야 하는지 계산하시오.

답안 (1) 주변압기 1차 결선(Y)과 2차 결선(△)의 전류 위상차가 발생하므로 비율 차동 계전기 동작코일에 흐르는 전류 위상을 동일하게 하기 위해 변류기 결선을 1차측은 △결선, 2차측은 Y결선으로 하여야 한다.

(2) 변류기의 2차측을 단락한 후 변류기 2차측에 접속된 기기를 교체한다.

(3) $I_t = 65 \times \frac{5}{100} \times 1.2 = 3.9 \fallingdotseq 4[A]$

문제 **14** 기사 94년 출제

배점 : 4점

그림과 같은 3상 3선식 고압수전설비의 변류기에 결선되어 있는 A_3 전류계에 흐르는 전류는 몇 [A]인가?

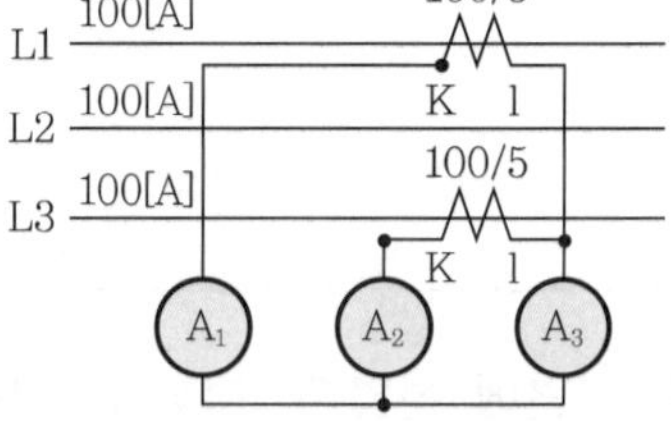

답안 5[A]

해설 CT비

$\frac{I_1}{I_2} = \frac{100}{5}$ 이고, 평형 3상이므로 A_1, A_2, A_3 전류계 지시값은 모두 같다.

따라서, $I_2 = I_1 \times \frac{5}{100} = 100 \times \frac{5}{100} = 5[A]$

문제 15 기사 87년, 90년, 93년 출제

배점 : 4점

그림과 같이 접속된 3상 3선식 고압수전설비의 변류기 2차 전류가 언제나 5[A]이었다. 이때 수전전력은 몇 [kW]인가? (단, 수전전압은 6,600[V], 변류비 $\frac{50}{5}$, 역률 : 100[%]이다.)

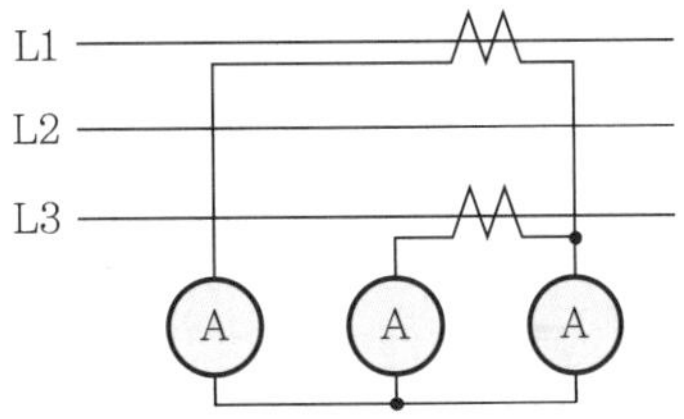

답안 571.58[kW]

해설 CT의 결선이 가동 접속이므로 CT 2차측 전류는, $I_{L1} = I_{L2} = I_{L3} = I_2$가 된다.

즉, 1차측 선로에 흐르는 전류 $I = 5 \times \frac{50}{5} = 50$[A]이다.

수전전력 $P = \sqrt{3}\,VI\cos\theta \times 10^{-3} = \sqrt{3} \times 6{,}600 \times \left(5 \times \frac{50}{5}\right) \times 1 \times 10^{-3} = 571.58$[kW]

문제 16 기사 98년, 00년 출제

배점 : 7점

CT 및 PT에 대한 다음 각 물음에 답하시오.

(1) CT는 운전 중에 개방하여서는 안 된다. 그 이유는?
(2) PT의 2차측 정격전압과 CT의 2차측 정격전류는 일반적으로 얼마로 하는가?
(3) 3상 간선의 전압 및 전류를 측정하기 위하여 PT와 CT를 설치할 때, 다음 그림의 결선도를 답안지에 완성하시오. 접지가 필요한 곳에는 접지 표시를 하시오. (단, 퓨즈는 , PT는 , CT는 로 표현하시오.)

답안 (1) CT 2차측 절연보호

(2) • PT의 2차측 정격전압 : 110[V]

• CT의 2차측 정격전류 : 5[A]

(3)

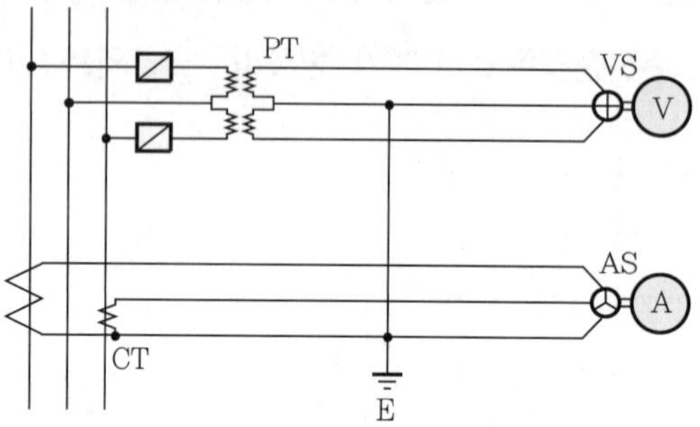

문제 17 기사 20년 출제

배점 : 6점

계기용 변류기(CT)를 선정할 때 열적 과전류강도와 기계적 과전류강도를 고려하여야 한다. 이때 열적 과전류강도와 기계적 과전류강도의 관계식을 쓰시오.

(1) 열적 과전류강도 관계식
(단, S_n : 정격 과전류강도[kA], S : 통전시간 t초에 대한 열적 과전류강도, t : 통전시간[sec])

(2) 기계적 과전류강도 관계식

답안

(1) $S = \frac{S_n}{\sqrt{t}}$ [kA]

(2) 열적 과전류강도의 2.5배

해설

• 열적 과전류강도 : 변류기(CT)에 손상을 주지 않고 1초간 1차측에 흘릴 수 있는 최대의 전류[kA](실효치)를 말한다.

• 기계적 과전류강도 : 변류기(CT)가 전자력에 의해 전기적, 기계적으로 손상이 되지 않은 1차측 전류의 파고치를 말하는 것으로, 그 크기는 열적 과전류강도의 2.5배이다.

열적 과전류강도	기계적 과전류강도
• 과전류에 의한 발열이 모두 도체에 축적된다고 생각하고 1초간 통전한 후의 최종 온도가 A종 절연은 150[℃], B종 절연은 350[℃]를 초과하지 않는 전류 한도를 말한다. • $S = \frac{S_n}{\sqrt{t}}$ 여기서, S : 통전시간(t초에 대한 열적 과전류강도) S_n : 정격 과전류강도 t : 통전시간 • 권선이 과열에 의한 용단에 대한 강도 • 일반적으로 1초(60사이클)의 Steady State Fault Current에 대한 강도	• 직류분을 포함한 최댓값에 의한 강력한 전자력에 대한 내력을 말하고, 1차 전류의 2.5배 최대 순시값에 견딜 수 있도록 요구 • $\frac{1}{2}$ 사이클의 First 사이클 Fault Current(비대칭 포함)에 의한 강한 전자적으로 권선의 변형에 대한 강도 • 기계적 과전류강도는 일반적으로 열적 과전류강도의 2.5배

문제 18 기사 21년 출제

배점 : 5점

3상 단락전류가 8[kA]인 계통에서 차단기 동작시간이 0.2초, 변류기의 변류비를 $\frac{50}{5}$로 사용하는 경우 열적 과전류강도를 선정하시오. (단, 열적 과전류강도는 40배, 75배, 150배, 300배에서 선정한다.)

답안 75배

해설 $S=\frac{S_n}{\sqrt{t}}$[kA]이므로 변류기의 열적 과전류강도(정격 과전류강도)

$S_n = S \cdot \sqrt{t}$

$= \frac{8{,}000}{50} \times \sqrt{0.2}$

$= 71.55$

∴ 75배 선정

- 열적 과전류강도란 변류기(CT)에 손상을 주지 않고 1초간 1차측에 흘릴 수 있는 최대의 전류[kA](실효치)를 말하는 것으로 권선의 온도 상승에 의한 용단은 통하는 과전류에 의해 발생하는 열량에 의해 정해지므로 I^2Rt에 비례하게 된다.
  표준 지속시간은 $t_n=1$초를 기준으로 한다.
- 변류기의 정격 과전류강도
  - 40 : 정격 1차 전류의 40배
  - 75 : 정격 1차 전류의 75배
  - 150 : 정격 1차 전류의 150배
  - 300 : 정격 1차 전류의 300배

문제 19 기사 90년, 00년 출제

배점 : 5점

비접지 선로의 접지전압을 검출하기 위하여 그림과 같은 Y-개방 △결선을 한 GPT가 있다.

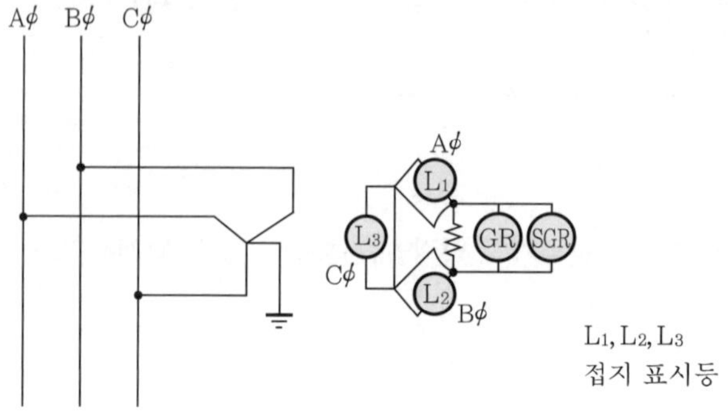

(1) Aϕ 고장 시(완전 지락 시) 2차 접지 표시등 L_1, L_2, L_3 의 점멸 상태와 밝기를 비교하시오.
(2) 1선 지락사고 시 건전상의 대지전위의 변화를 간단히 설명하시오.
(3) GR, SGR의 우리말 명칭을 간단히 쓰시오.

답안 (1) • L_1 : 소등
• L_2와 L_3 : 점등(더욱 밝아짐)
(2) 평상시의 건전상의 대지전위는 110[V]
1선 지락사고 시에는 전위가 $\sqrt{3}$ 배로 증가
그러므로 $110\sqrt{3}$[V]가 된다.
(3) • GR : 지락 계전기
• SGR : 지락 선택 계전기

문제 20 기사 20년 출제 배점 : 4점

계기용 변성기 – 제1부 : 변류기(KS C IEC 60044-1 : 2003)에 따른 옥내용 변류기에 대한 내용이다. 다음 (   )에 들어갈 내용을 답란에 쓰시오.

3. 1. 4 옥내용 변류기의 다른 사용 상태
a) 태양열 복사에너지의 영향은 무시해도 좋다.
b) 주위의 공기는 먼지, 연기, 부식 가스, 증기 및 염분에 의해 심각하게 오염되지 않는다.
c) 습도의 상태는 다음과 같다.
1) 24시간 동안 측정한 상대 습도의 평균값은 (①)[%]를 초과하지 않는다.
2) 24시간 동안 측정한 수증기압의 평균값은 (②)[kPa]를 초과하지 않는다.
3) 1달 동안 측정한 상대 습도의 평균값은 (③)[%]를 초과하지 않는다.
4) 1달 동안 측정한 수증기압의 평균값은 (④)[kPa]를 초과하지 않는다.

답안 ① 95
② 2.2
③ 90
④ 1.8

문제 21 기사 06년 출제 배점 : 3점

고압회로용 진상 콘덴서 설비의 보호장치에 사용되는 계전기를 3가지 쓰시오.

답안
- 과전압 계전기
- 부족 전압 계전기
- 과전류 계전기

해설
- 과전압 계전기(OVR) : 콘덴서 자체 보호, 정격전압의 130[%]로 정정
- 부족 전압 계전기(UVR) : 전압 회복 시 무부하 상태에서 콘덴서만의 투입방지, 정격전압의 70[%]에서 정정
- 과전류 계전기(OCR) : 콘덴서 설비 모선 단락보호, 고압에서는 콘덴서 내부소자 파괴, 층간 절연 파괴 검출 등도 수행한다.
- 접지 또는 접지 과전류 계전기(OCGR) : 접지계의 접지 고장 탐지
- 지락 과전압 계전기(OVGR) : 비접지계 콘덴서의 접지 고장 검출

문제 **22** 기사 88년, 93년 출제

배점 : 8점

변전설비에서는 고장이 발생하였을 때 계전기의 동작에 의하여 경보를 발하고 고장의 종류를 나타내는 기구가 있다. 그림은 이를 위한 시퀀스회로의 한 예이다. 다음 각 물음에 답하시오.

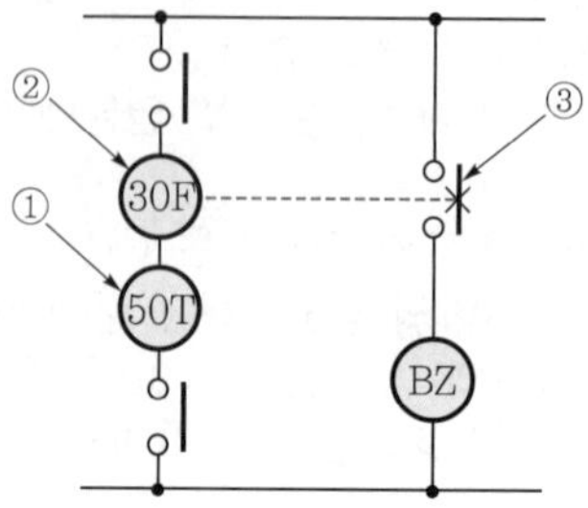

BZ부저(벨)

(1) 번호 ①의 코일의 명칭은?
(2) 번호 ②의 코일의 명칭은?
(3) 번호 ②가 여자되었을 때 번호 ③은 어떠한 동작을 하는가?
(4) 번호 ③은 일단 동작 후에 이를 다시 원상태로 복귀시키자면 어떻게 하여야 하는가?

답안 (1) 단락 선택 계전기
(2) 고장 표시기
(3) 순시동작하여 폐로된다.
(4) 수동으로 복귀(reset)시킨다.

문제 **23** 기사 07년 출제

배점 : 5점

아날로그형 계전기와 비교할 때 디지털형 계전기의 장점 5가지만 쓰시오.

답안
- 고성능, 다기능화 기능이 있다.
- 소형화할 수 있다.
- 신뢰도가 높다.
- 융통성이 높다.
- 변성기의 부담이 작아진다.

문제 24 기사 95년 출제

배점 : 5점

지락 보호계전기의 종류를 용도(기능)별로 구분하여 3가지만 쓰시오.

답안
- 지락 과전류 계전기
- 지락 과전압 계전기
- 지락 방향 계전기

문제 25 기사 17년 출제

배점 : 5점

전력설비 점검 시 보호계전 계통의 오동작 원인 3가지만 쓰시오.

답안
- 보호계전기의 허용범위를 초과한 온도
- 높은 습도에 의한 절연성능 저하 및 부식
- 진동, 충격

해설 **보호계전기의 오동작을 발생시키는 원인**
- 보호계전기의 허용범위를 초과한 온도
- 높은 습도에 의한 절연성능 저하 및 부식
- 진해에 따른 마찰저항 및 접촉저항 증가
- 유해가스에 의한 금속부위 부식
- 진동, 충격
- 허용범위를 초과한 제어전원의 과도한 전압변동
- 전자파, 서지 및 노이즈에 의한 영향

문제 26

기사 95년, 99년, 02년, 04년 출제

배점 : 10점

과전류 계전기의 동작시험을 하기 위한 시험기의 배치도를 보고 다음 각 물음에 답하시오. (단, ○안의 숫자는 단자번호이다.)

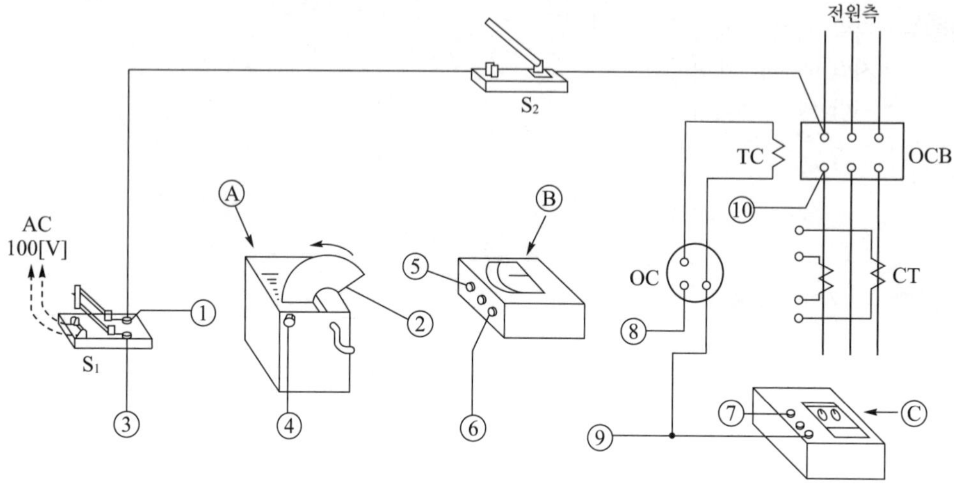

(1) 회로도의 기기를 사용하여 동작시험을 하기 위한 단자 접속을 그 번호에 맞게 기입하시오.

① – ② – ③ –

⑥ – ⑦ –

(2) Ⓐ, Ⓑ 및 Ⓒ에 표시된 기기의 명칭을 기입하시오.

- Ⓐ 기기명 :
- Ⓑ 기기명 :
- Ⓒ 기기명 :

(3) 이 결선도에서 스위치 S_2를 투입(ON)하고 행하는 시험 명칭과 개방(OFF)하고 행하는 시험 명칭은 무엇인가?

- S_2 ON 시의 시험명 :
- S_2 OFF 시의 시험명 :

답안 (1) ① – ④, ② – ⑤, ③ – ⑨, ⑥ – ⑧, ⑦ – ⑩

(2) • Ⓐ 기기명 : 물 저항기

• Ⓑ 기기명 : 전류계

• Ⓒ 기기명 : 사이클 카운터

(3) • S_2 ON 시의 시험명 : 계전기 한시동작특성 시험

• S_2 OFF 시의 시험명 : 계전기 최소동작전류 시험

해설

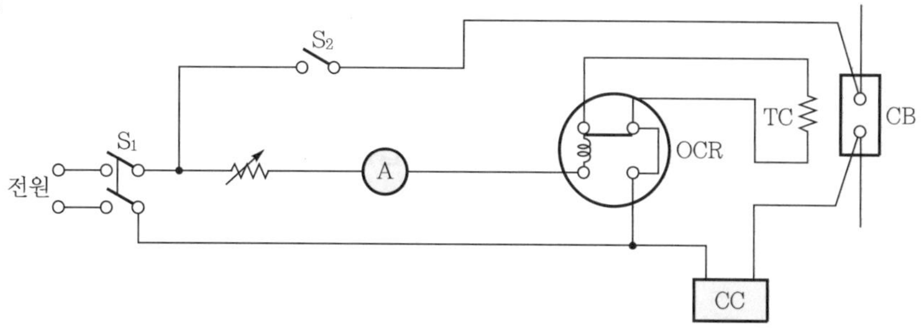

‖ 동작회로도 ‖

문제 27 기사 99년 출제

배점 : 3점

영상변류기를 3상 3선식 수전설비에 시설할 때 항상 짝지어서 차단기를 동작시키는 계전기는 어떤 것인가?

답안 지락 계전기

문제 28 기사 19년 출제

배점 : 5점

계전기의 동작에 필요한 지락 시의 영상전류 검출방법을 3가지만 쓰시오.

답안
- 영상변류기에 의한 방법
- Y결선의 잔류회로를 이용하는 방법
- 3권선 CT를 이용하는 방법
- 중성선 CT를 이용하는 방법
- 콘덴서 접지와 누전차단기의 조합에 의한 방법

문제 **29** 기사 92년 출제 | 배점 : 5점

다음 그림은 고압 인입 케이블에 지락 계전기를 설치하여 지락사고로부터 수전설비를 보호하고자 할 때 케이블의 차폐를 접지하는 방법을 표시하려고 한다. 적당한 개소에 케이블의 접지 표시를 도시하시오.

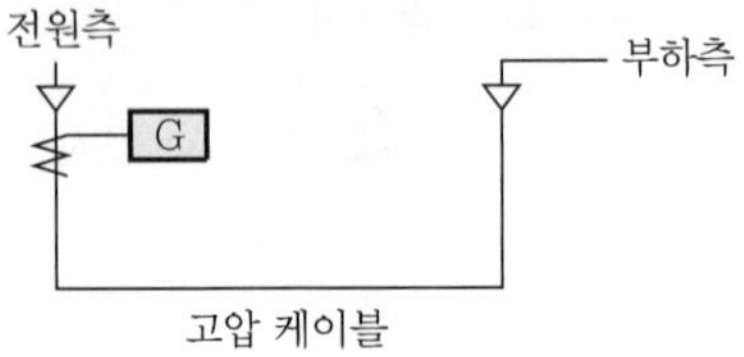

〈그림 1〉

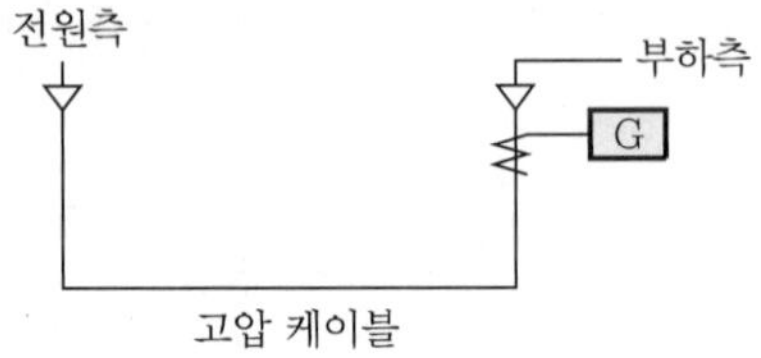

〈그림 2〉

답안

• 접지선이 ZCT를 관통한다.

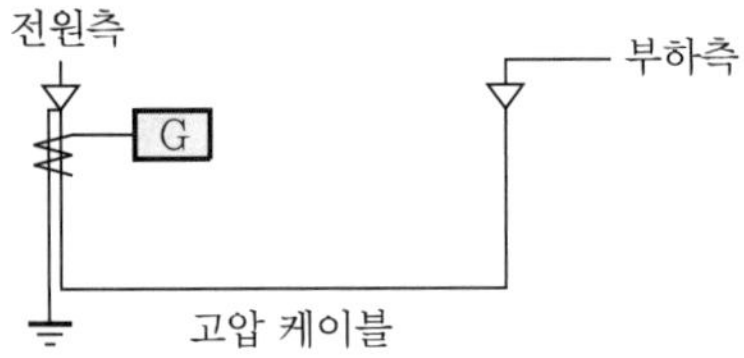

〈그림 1〉

• 접지선이 ZCT를 관통하지 않는다.

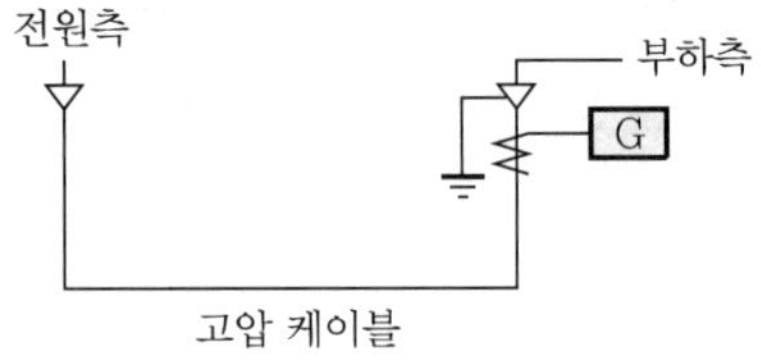

〈그림 2〉

문제 **30** 기사 95년 출제 | 배점 : 5점

그림은 PT의 회로도이다. 1차를 Y, 2차를 open Δ회로로 구성하시오.

답안

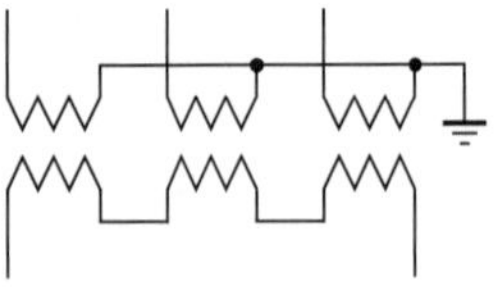

문제 31

기사 19년 출제

배점 : 4점

변압비 $\frac{3,300}{\sqrt{3}}/\frac{110}{\sqrt{3}}$ 인 GPT의 오픈 델타(△) 결선에 나타나는 영상전압은 몇 [V]인지 구하시오.

답안 190[V]

해설

$$V_0 = \frac{110}{\sqrt{3}} \times 3 = 190[\text{V}]$$

문제 32

기사 04년, 08년, 20년 출제

배점 : 5점

고압 선로에서의 접지사고 검출 및 경보장치를 그림과 같이 시설하였다. A선에 누전사고가 발생하였을 때 다음 각 물음에 답하시오. (단, 전원이 인가되고 경보벨의 스위치는 닫혀있는 상태라고 한다.)

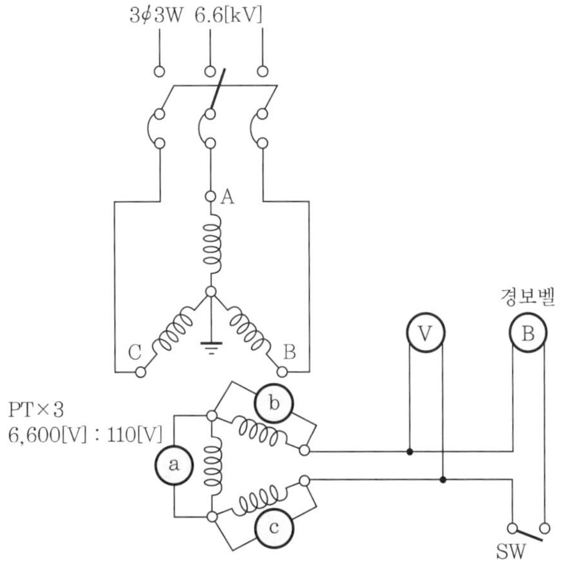

(1) 1차측 A선의 대지전압이 0[V]인 경우 B선 및 C선의 대지전압은 각각 몇 [V]인가?
  ① B선의 대지전압
  ② C선의 대지전압

(2) 2차측 전구 ⓐ의 전압이 0[V]인 경우 ⓑ 및 ⓒ 전구의 전압과 전압계 Ⓥ의 지시전압, 경보벨 Ⓑ에 걸리는 전압은 각각 몇 [V]인가?
  ① ⓑ전구의 전압
  ② ⓒ전구의 전압
  ③ 전압계 Ⓥ의 지시전압
  ④ 경보벨 Ⓑ에 걸리는 전압

답안 (1) ① 6,600[V], ② 6,600[V]

(2) ① 110[V], ② 110[V], ③ 190.53[V], ④ 190.53[V]

해설 (1) ① B선의 대지전압 : $\frac{6,600}{\sqrt{3}} \times \sqrt{3} = 6,600[V]$

② C선의 대지전압 : $\frac{6,600}{\sqrt{3}} \times \sqrt{3} = 6,600[V]$

(2) ① ⓑ전구의 전압 : $6,600 \times \frac{110}{6,600} = 110[V]$

② ⓒ전구의 전압 : $6,600 \times \frac{110}{6,600} = 110[V]$

③ 전압계 Ⓥ의 지시전압 : $110 \times \sqrt{3} = 190.53[V]$

④ 경보벨 Ⓑ에 걸리는 전압 : $110 \times \sqrt{3} = 190.53[V]$

문제 33 기사 00년, 03년, 10년, 12년 출제

배점 : 6점

비접지 선로의 접지전압을 검출하기 위하여 그림과 같은 (Y-Y-개방 △) 결선을 한 GPT가 있다. 다음 물음에 답하시오.

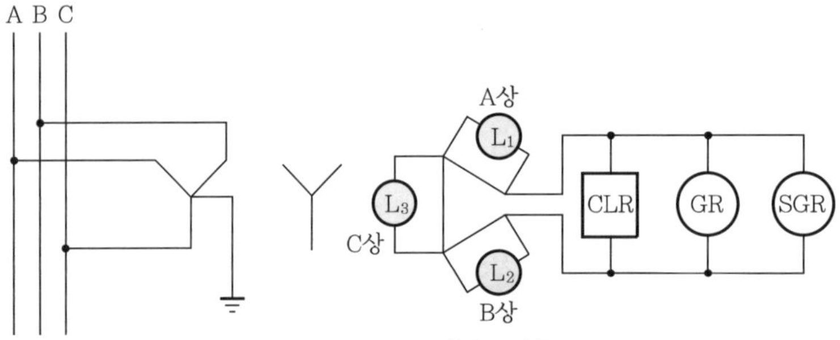

L_1~L_3 : 접지 표시등

(1) A상 고장 시(완전 지락 시) 2차 접지 표시등 L_1, L_2, L_3의 밝기를 비교하시오.

(2) 1선 지락사고 시 건전상(사고가 안 난 상)의 대지전위의 변화를 간단히 설명하시오.

(3) GR과 SGR의 우리말 명칭을 쓰시오.

① GR :

② SGR :

답안 (1) • L_1 : 소등

• L_2, L_3 : 점등(더욱 밝아진다.)

(2) 상시 건전상의 대지전위는 $\frac{100}{\sqrt{3}}$[V]이지만 1선 지락사고 시에는 전위가 $\sqrt{3}$ 배로 증가하여 110[V]가 된다.

(3) ① GR : 지락 계전기

② SGR : 지락 선택 계전기

문제 34 기사 98년, 06년 출제

| 배점 : 10점 |

그림은 1, 2차 전압이 $\frac{66}{22}$[kV]이고, Y-△ 결선된 전력용 변압기이다. 1, 2차에 CT를 이용하여 변압기의 차동 계전기를 동작시키려고 한다. 주어진 도면을 이용하여 다음 각 물음에 답하시오.

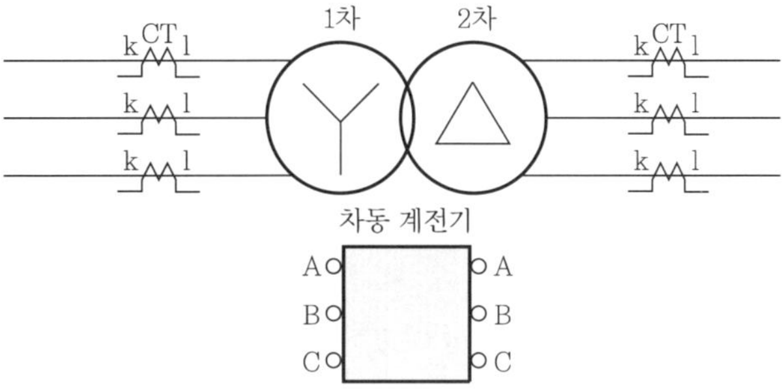

(1) CT와 차동 계전기의 결선을 주어진 도면에 완성하시오.

(2) 1차측 CT의 권수비를 $\frac{200}{5}$로 했을 때 2차측 CT의 권수비는 얼마가 좋은지를 쓰고, 그 이유를 설명하시오.

(3) 변압기를 전력계통에 투입할 때 여자돌입전류에 의한 차동 계전기의 오동작을 방지하기 위하여 이용되는 차동 계전기의 종류(또는 방식)를 한 가지만 쓰시오.

(4) 우리나라에서 사용되는 CT의 극성은 일반적으로 어떤 극성의 것을 사용하는가?

답안 (1)

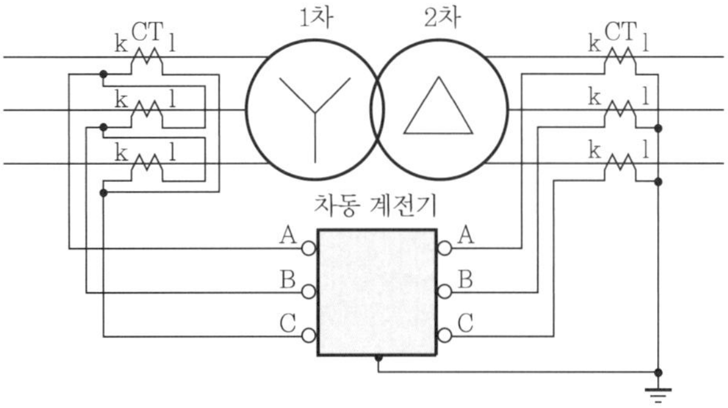

(2) 변압기의 권수비 $= \frac{66}{22} = 3$

따라서, 2차측 CT의 권수비는 1차측 CT의 권수비의 3배이어야 한다.

2차측 CT의 권수비 $= \frac{200}{5} \times 3$(배) $= \frac{600}{5}$

∴ 600/5 선정

(3) 감도저하법, 비대칭파 저지법, 고조파 억제법

(4) 감극성

문제 **35** 기사 12년, 21년 출제

배점 : 5점

Δ-Y 결선방식의 주변압기 보호에 사용되는 비율 차동 계전기의 간략화한 회로도이다. 주변압기 1차 및 2차측 변류기(CT)의 미결선된 2차 회로를 완성하시오. (단, 결선과 함께 접지가 필요한 곳은 접지 그림기호를 표시하시오.)

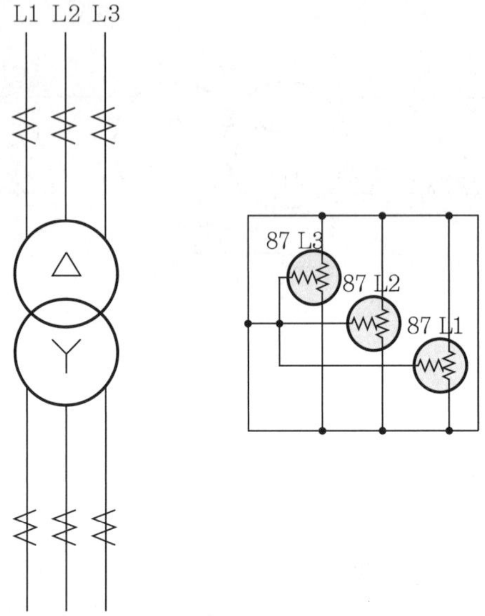

답안

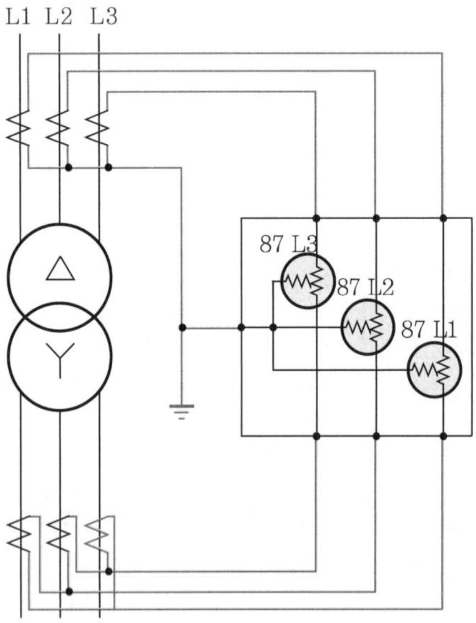

문제 **36** 기사 15년, 20년 출제

| 배점 : 6점 |

그림과 같이 차동 계전기에 의하여 보호되고 있는 3상 △-Y결선 30[MVA], $\frac{33}{11}$[kV] 변압기가 있다. 고장전류가 정격전류의 200[%] 이상에서 동작하는 계전기의 전류(i_r) 정정값을 구하시오. (단, 변압기 1차측 및 2차측 CT의 변류비는 각각 $\frac{500}{5}$[A], $\frac{2,000}{5}$[A]이다.)

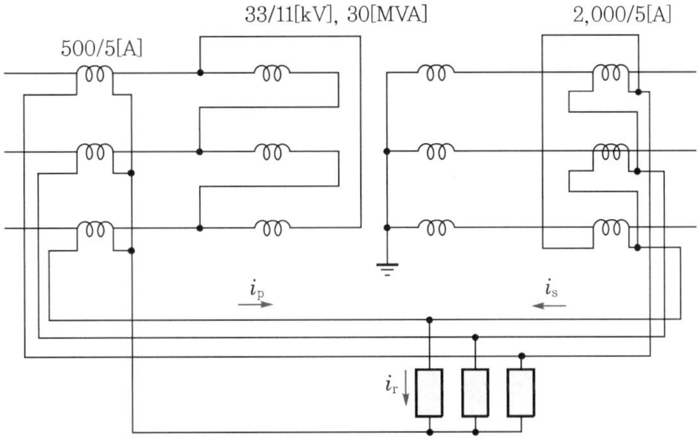

답안 3.14[A]

해설

$$i_p = \frac{30,000}{\sqrt{3}\times 33}\times\frac{5}{500}$$
$$= 5.25[A]$$
$$i_s = \frac{30,000}{\sqrt{3}\times 11}\times\frac{5}{2,000}\times\sqrt{3}$$
$$= 6.82[A]$$
$$i_r = (i_s - i_p)\times 2$$
$$= (6.82 - 5.25)\times 2$$
$$= 3.14[A]$$

문제 37 기사 20년 출제

배점 : 6점

그림은 모선의 단락보호 계전방식을 도면화한 것이다. 이 도면을 보고 다음 각 물음에 답하시오.

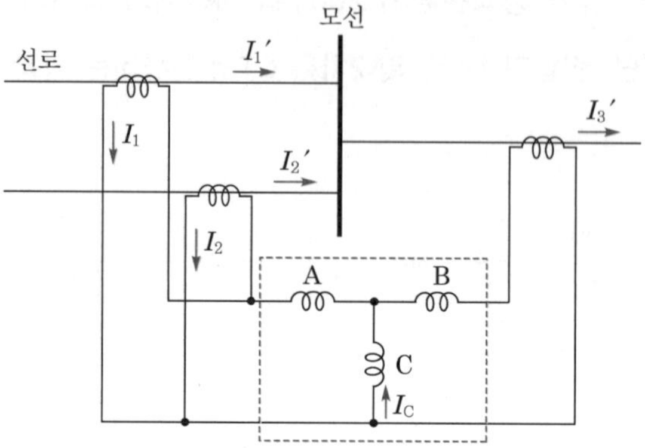

(1) 점선 안의 계전기 명칭을 쓰시오.
(2) 계전기 코일 A, B, C의 명칭을 쓰시오.
(3) 모선에 단락고장이 생길 때 코일 C의 전류 I_C 크기를 구하는 관계식을 쓰시오.

답안 (1) 비율 차동 계전기

(2) • A : 억제코일
• B : 억제코일
• C : 동작코일

(3) $I_C = |(I_1 + I_2) - I_3|$

문제 38 기사 09년, 15년 출제

배점 : 6점

발전소 및 변전소에 사용되는 다음 각 모선보호방식에 대하여 설명하시오.

(1) 전류차동계전방식 :
(2) 전압차동계전방식 :
(3) 위상비교계전방식 :
(4) 방향비교계전방식 :

답안 (1) 각 모선에 설치된 CT의 2차 회로를 차동 접속한 다음 과전류 계전기를 설치한 것으로서, 모선 내 고장에서는 모선에 유입하는 전류의 총계와 유출하는 전류의 총계가 서로 다르다는 것을 이용해서 고장 검출을 하는 방식이다.

(2) 각 모선에 설치된 CT의 2차 회로를 차동 접속한 다음 임피던스가 큰 전압 계전기를 설치한 것으로서, 모선 내 고장에서는 계전기에 큰 전압이 인가되어서 동작하는 방식이다.

(3) 모선에 접속된 각 회선의 전류 위상을 비교함으로써 모선 내 고장인지 외부 고장인지를 판별하는 방식이다.

(4) 모선에 접속된 각 회선에 전력방향 계전기 또는 거리방향 계전기를 설치하여 모선으로부터 유출하는 고장전류가 없는데 어느 회선으로부터 모선 방향으로 고장전류의 유입이 있는지 파악하여 모선 내 고장인지 외부 고장인지를 판별하는 방식이다.

06 CHAPTER 개폐장치

기출개념 01 개폐장치의 종류

1 차단기(CB)

통전 중의 정상적인 부하전류 개폐는 물론이고, 고장 발생으로 인한 전류도 개폐할 수 있는 개폐기를 말한다.

2 단로기(DS)

전류가 흐르지 않은 상태에서 회로를 개폐할 수 있는 장치로, 기기의 점검 수리를 위해서 이를 전원으로부터 분리할 경우라든지 회로의 접속을 변경할 때 사용된다.

3 부하 개폐기(LBS)

통상적인 부하전류 개폐

기출개념 02 차단기 및 전력 퓨즈

1 차단기의 정격과 동작 책무

(1) 정격전압 및 정격전류

① 정격전압 : 공칭전압의 $\frac{1.2}{1.1}$

공칭전압	3.3[kV]	6.6[kV]	22.9[kV]	66[kV]	154[kV]	345[kV]
정격전압	3.6[kV]	7.2[kV]	25.8[kV]	72.5[kV]	170[kV]	362[kV]

② 정격전류 : 정격전압, 주파수에서 연속적으로 흘릴 수 있는 전류의 한도[A]

(2) 정격차단전류

모든 정격 및 규정의 회로 조건하에서 규정된 표준 동작 책무와 동작 상태에 따라서 차단할 수 있는 최대의 차단전류 한도(실효값)

(3) 정격차단용량

차단용량[MVA] = $\sqrt{3}$ × 정격전압[kV] × 정격차단전류[kA]

(4) 정격차단시간

트립 코일 여자부터 소호까지의 시간으로 약 3, 5, 8[Hz]

(5) 표준 동작 책무

① 일반용
  ㉠ 갑호(A) : O – 1분 – CO – 3분 – CO
  ㉡ 을호(B) : O – 15초 – CO
② 고속도 재투입용 : O – θ – CO – 1분 – CO
  여기서 O는 차단, C는 투입, θ는 무전압 시간으로 표준은 0.35초

2 차단기의 종류

(1) 소호 방식

① 자력 소호 : 팽창 차단, 유입차단기
② 타력 소호 : 임펄스 차단, 공기차단기

(2) 소호 매질과 각 차단기 특성

① 유입차단기(Oil Circuit Breaker : OCB)
  ㉠ 절연유를 사용하며 아크에 의해 기름이 분해되어 발생된 가스가 아크를 냉각하며 가스의 압력과 기름이 아크를 불어내는 방식이다.
  ㉡ 보수가 번거롭다.
  ㉢ 소음과 가격이 적다.
  ㉣ 넓은 전압범위를 적용하고, 100[MVA] 정도의 중용량 또는 소용량이다.
  ㉤ 기름이 기화할 때 수소를 발생하여 아크냉각이 빠르다.
  ㉥ 화재의 위험과 중량이 크다.
  ㉦ 기름 대신 물을 이용할 수 있다.
② 진공차단기(Vacuum Circuit Breaker : VCB)
  ㉠ 10^{-4}[mmHg] 정도의 고진공 상태에서 차단하는 방식이다.
  ㉡ 소형 경량, 조작 용이, 화재의 우려가 없고, 소음이 없다.
  ㉢ 소호실 보수가 필요 없다.
  ㉣ 다빈도 개폐에 유리하다.
  ㉤ 10[kV] 정도에 적합하다.
  ㉥ 동작 시 높은 서지전압을 발생시킨다.
③ 공기차단기(Air Blast Circuit Breaker : ABB)
  ㉠ 수십 기압의 압축공기(10~30[kg/cm^2 · g])를 불어 소호하는 방식이다.
  ㉡ 30~70[kV] 정도에 사용한다.
  ㉢ 소음은 크지만 유지보수가 용이하다.

㉣ 화재의 위험이 없고, 차단 능력이 뛰어나다.
㉤ 대용량이고 개폐빈도가 심한 장소에 많이 쓰인다.

④ 자기차단기(Magnetic Blast Circuit Breaker : MBB)

㉠ 아크와 직각으로 자계를 주어 소호실 내에 아크를 밀어 넣고 아크전압을 증대시키며 또한 냉각하여 소호한다.
㉡ 소전류에서는 아크에 의한 자계가 약하여 소호능력이 저하할 수 있으므로 3.3~6.6[kV] 정도의 비교적 낮은 전압에서 사용한다.
㉢ 화재의 우려가 없고, 보수 점검이 간단하다.

⑤ 가스차단기(Gas Circuit Breaker : GCB)

㉠ SF_6(육불화황) 가스를 소호매체로 이용하는 방식이다.
㉡ 초고압 계통에서 사용한다.
㉢ 소음이 적고, 설치면적이 크다.
㉣ 보수점검 횟수가 감소한다.
㉤ 전류 절단에 의한 이상전압이 발생하지 않는다.
㉥ 높은 재기전압을 갖고 있고, 근거리 선로고장을 차단할 수 있다.

개념 문제 01 기사 10년, 19년 출제 | 배점 : 6점 |

가스절연개폐장치(GIS)에 대한 다음 각 물음에 답하시오.

(1) 가스절연개폐장치(GIS)의 장점 4가지를 쓰시오.

(2) 가스절연개폐장치(GIS)에 사용되는 가스는 어떤 가스인가?

답안 (1) • 소형화 할 수 있다.(옥외 철구형 변전소의 1/10~1/15)
• 충전부가 완전히 밀폐되어 안정성이 높다.
• 소음이 적고 환경 조화를 기할 수 있다.
• 대기 중의 오염물의 영향을 받지 않으므로 신뢰도가 높다.

(2) SF_6(육불화황) 가스

개념 문제 02 기사 06년 출제 | 배점 : 5점 |

수전설비에 있어서 계통의 각 점에 사고 시 흐르는 단락전류의 값을 정확하게 파악하는 것이 수전설비의 보호방식을 검토하는 데 아주 중요하다. 단락전류를 계산하는 것은 주로 어떤 요소에 적용하고자 하는 것인지 그 적용요소에 대하여 3가지만 설명하시오.

답안 • 차단기의 차단용량 결정
• 보호계전기의 정정
• 기기에 가해지는 전자력의 추정

개념 문제 03 기사 12년 출제

| 배점 : 4점 |

전동기, 가열장치 또는 전력장치의 배선에는 이것에 공급하는 부하회로의 배선에서 기계기구 또는 장치를 분리할 수 있도록 단로용 기구로 각개에 개폐기 또는 콘센트를 시설하여야 한다. 그렇지 않아도 되는 경우 2가지를 쓰시오.

답안
- 배선 중에 시설하는 현장조작개폐기가 전로의 각 극을 개폐할 수 있을 경우
- 전용분기회로에서 공급될 경우

3 전력 퓨즈(Power fwse)

(1) 전력 퓨즈는 단락보호와 변압기, 전동기, PT 및 배전선로 등 차단기의 대용으로 이용한다.

(2) 동작 원리에 따른 구분

① 한류형 : 전류가 흐르면 퓨즈 소자는 용단하여 아크를 발생하고 주위의 규사를 용해시켜 저항체를 만들어 전류를 제한하고, 전차단시간 후 차단을 완료한다.

② 방출형 : 퓨즈 소자가 용단한 뒤 발생하는 아크에 의해 절연성 물질에서 가스를 분출시켜, 전극 간 절연내력을 높이는 퓨즈이다.

(3) 특징

① 장점

㉠ 소형 경량, 경제적으로 유리하다.

㉡ 동작특성이 양호하다.

㉢ 변성기, 계전기 등 별도의 설비가 불필요하다.

② 단점

㉠ 재투입, 재사용 할 수 없다.

㉡ 여자전류, 기동전류 등 과도전류에 동작될 우려가 있다.

㉢ 각 상을 동시 차단할 수 없으므로 결상되기 쉽다.

㉣ 부하전류 개폐용으로 사용할 수 없다.

㉤ 임의의 특성을 얻을 수 없다.

개념 문제 01 기사 18년 출제

| 배점 : 4점 |

전력 퓨즈의 역할을 쓰시오.

답안 통상의 부하전류는 안전하게 통전시키고, 단락전류는 차단하여 기기 및 전로를 보호한다.

개념 문제 02 기사 00년, 02년, 06년 출제

| 배점 : 8점 |

수변전설비에 설치하고자 하는 전력 퓨즈(Power fuse)에 대해서 다음 각 물음에 답하시오.

(1) 전력 퓨즈의 가장 큰 단점은 무엇인지를 설명하시오.

(2) 전력 퓨즈를 구입하고자 한다. 기능상 고려해야 할 주요 요소 3가지를 쓰시오.

(3) 전력 퓨즈의 성능(특성) 3가지를 쓰시오.

(4) PF-S형 큐비클은 큐비클의 주차단장치로서 어떤 종류의 전력 퓨즈와 무엇을 조합한 것인가?

① 전력 퓨즈의 종류

② 조합하여 설치하는 것

답안 (1) 재투입이 불가능하다.

(2) • 정격전압
• 정격전류
• 정격차단전류

(3) • 용단 특성
• 전차단 특성
• 단시간 허용 특성

(4) ① 한류형 퓨즈
② 고압개폐기

단원 빈출문제

문제 01 기사 90년, 97년, 02년, 03년, 05년 출제

배점 : 10점

2중 모선에서 평상시에 No.1 T/L은 A모선에서, No.2 T/L은 B모선에서 공급하고 모선연락용 CB는 개방되어 있다.

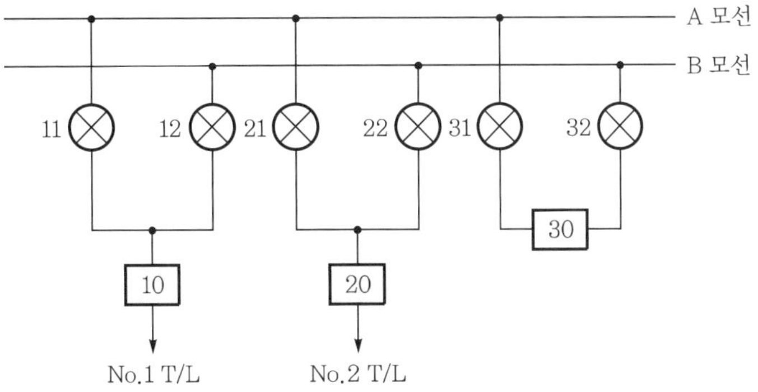

(1) B모선을 점검하기 위하여 절체하는 순서는? (단, 10-OFF, 20-ON 등으로 표시)
(2) B모선을 점검 후 원상 복구하는 조작 순서는? (단, 10-OFF, 20-ON 등으로 표시)
(3) 10, 20, 30으로 표현되어 있는 기기는 어떤 기기인지 그 명칭을 쓰시오.
(4) 11, 21로 표현되어 있는 기기는 어떤 기기인지 그 명칭을 쓰시오.
(5) 2중 모선의 장점에 대하여 설명하시오.

답안 (1) 31-ON, 32-ON, 30-ON, 21-ON, 22-OFF, 30-OFF, 31-OFF, 32-OFF
(2) 31-ON, 32-ON, 30-ON, 22-ON, 21-OFF, 30-OFF, 31-OFF, 32-OFF
(3) 차단기
(4) 단로기
(5) 모선 점검 시에도 부하의 운전을 무정전 상태로 할 수 있어 전원공급의 신뢰도가 높다.

문제 02 기사 98년, 03년 출제

배점 : 6점

간이 수변전설비에서는 1차측 개폐기로 ASS(Auto matic Section Switch)나 인터럽터 스위치를 사용하고 있다. 이 두 스위치의 차이점을 비교 설명하시오.

(1) ASS(Automatic Section Switch)
(2) 인터럽터 스위치(Interrupter switch)

답안 (1) 무전압 시 개방이 가능하고, 과부하 시 자동으로 개폐할 수 있는 고장구분개폐기로써 돌입전류 억제 기능을 가지고 있다.
(2) 수동 조작만 가능하고, 과부하시 자동으로 개폐할 수 없고, 돌입전류 억제 기능을 가지고 있지 않으며, 용량 300[kVA] 이하에서 ASS 대신에 주로 사용하고 있다.

문제 03 기사 03년 출제

배점 : 4점

다음 물음에 답하시오.

(1) 과부하 시 자동으로 개폐할 수 있는 고장 구분 개폐기는?
(2) 과부하 시 개폐할 수 있고 22.9[kV] 이하에 사용하지 않으며 66[kV] 이상에 사용하는 개폐기는?

답안 (1) 자동고장구분개폐기(ASS)
(2) 선로개폐기(LS)

문제 04 기사 17년 출제

배점 : 4점

다음 기기의 명칭을 쓰시오.

(1) 가공 배전선로 사고의 대부분은 조류 및 수목에 의한 접촉과 강풍, 낙뢰 등에 의한 플래시 오버사고로서 이런 사고 발생시 신속하게 고장구간을 차단하고 사고점의 아크를 소멸시킨 후 즉시 재투입이 가능한 개폐장치이다.
(2) 보안상 책임 분계점에서 보수 점검 시 전로를 개폐하기 위하여 시설하는 것으로 반드시 무부하 상태에서 개방하여야 한다. 근래에는 ASS를 사용하며, 66[kV] 이상의 경우에는 이를 사용한다.

답안 (1) 리클로저
(2) 선로개폐기

해설 (1) 가공 배전선로 사고의 대부분은 조류 및 수목에 의한 접촉과 강풍, 낙뢰 등에 의한 플래시오버사고이다. 이러한 사고가 발생하였을 때 신속하게 고장구간을 차단하고 사고점의 아크(arc)를 소멸시킨 후 즉시 재투입을 할 수 있는 개폐장치를 리클로저라고 한다.
(2) 선로개폐기는 보안상 책임 분계점에서 보수 점검 시 전로를 개폐하기 위하여 시설하는 것으로 반드시 무부하 상태에서 개방하여야 하며, 단로기와 비슷한 용도로 사용한다. 근래에는 선로개폐기(LS) 대신 자동고장구분개폐기(ASS)를 사용하며, 22.9[kV-Y]계통에서는 사용하지 않고 66[kV] 이상의 경우에 사용한다(300[kVA] 이하의 경우에는 기중부하개폐기(IS)를 사용).

문제 05 기사 95년 출제

배점 : 4점

고압 이상에 사용되는 차단기의 종류를 3가지만 쓰시오.

답안
- 가스차단기
- 유입차단기
- 진공차단기

문제 06 기사 15년 출제

배점 : 5점

전기기기 및 송변전선로의 고장 시 회로를 자동 차단하는 고압차단기의 종류 3가지와 각각의 소호매체를 답란에 쓰시오.

고압차단기	소호매체

답안

고압차단기	소호매체
유입차단기	절연유
공기차단기	수십 기압의 압축공기
가스차단기	육불화황

문제 07 기사 87년, 97년 출제

배점 : 4점

특고압 수전설비에 설치될 차단기를 선정하고자 한다. 수전설비의 부하에 콘덴서가 많이 설치되어 있어 재점호가 발생하지 않는 차단기를 설치하고자 한다면 어느 종류의 것을 택하여야 하는지 그 종류를 2가지만 쓰시오.

답안
- 가스차단기
- 진공차단기

문제 08 기사 19년 출제

배점 : 4점

진공차단기의 특징을 3가지만 쓰시오.

답안
- 소형, 경량으로 보수 점검이 용이하다.
- 고속도 재투입할 수 있다.
- 우수한 절연회복 특성으로 소전류에서 단락전류까지 짧은 아크시간으로 차단하며 가혹한 이상 지락, 탈조차단에서도 안정된 차단성능을 발휘한다. – 우수한 차단 특성
- 전동스프링 투입조작방식으로 조작전원의 변동에 영향을 받지 않고 일정한 속도로 투입되므로 전기적, 기계적으로 안정되어 있다.
- 개폐서지가 크다(서지흡수기 설치).
- 고진공을 유지하는 데 문제가 있다.

문제 09 기사 95년 출제

배점 : 10점

차단기의 종류를 요약하여 쓰시오.

답안
- 유입차단기(OCB)
- 진공차단기(VCB)
- 자기차단기(MBB)
- 공기차단기(ABB)
- 가스차단기(GCB)

문제 **10** 기사 00, 05년 출제

배점 : 5점

차단기의 트립 방식을 4가지 쓰고 각 방식을 간단히 설명하시오.

답안
- 직류전압 트립 방식 : 별도로 설치된 축전지 등의 제어용 직류전원의 에너지에 의하여 트립되는 방식
- 과전류 트립 방식 : 차단기의 주회로에 접속된 변류기의 2차 전류에 의하여 차단기가 트립되는 방식
- 콘덴서 트립 방식 : 충전된 콘덴서의 에너지에 의하여 트립되는 방식
- 부족 전압 트립 방식 : 부족 전압 트립장치에 인가되어 있는 전압의 저하에 의하여 차단기가 트립되는 방식

문제 **11** 기사 09년 출제

배점 : 5점

차단기의 "동작 책무"란 무엇인지 설명하시오.

답안 차단기에 부과된 1회 또는 2회 이상의 투입, 차단 동작을 일정 시간 간격을 두고 행하는 일련의 동작을 동작 책무라 한다.

문제 **12** 기사 06년 출제

배점 : 9점

가스절연개폐기(GIS)에 대하여 다음 물음에 답하시오.

(1) 가스절연개폐기(GIS)에 사용되는 가스의 종류는?
(2) 가스절연개폐기에 사용하는 가스는 공기에 비하여 절연내력이 몇 배 정도 좋은가?
(3) 가스절연개폐기에 사용되는 가스의 장점을 3가지 쓰시오.

답안 (1) SF_6(육불화황) 가스

(2) 2~3배

(3) • 절연 성능과 안전성이 우수한 불활성기체(SF_6)이다.
- 소호능력이 뛰어나다(공기의 약 100배).
- 절연내력은 공기의 2~3배 정도이다.

문제 13 기사 19년 출제

배점 : 6점

아래의 표는 차단기의 정격전압과 차단시간 cycle에 관한 사항이다. 공칭전압에 알맞은 차단기의 정격전압과 차단시간을 빈 칸에 기입하시오.

구분 \ 공칭전압[kV]	22.9	154	345
정격전압[kV]	(①)	(②)	(③)
정격차단시간(cycles)	(④)	(⑤)	(⑥)

답안 ① 25.8
② 170
③ 362
④ 5
⑤ 3
⑥ 3

해설

계통의 공칭전압[kV]	22.9	154	345	765
정격전압[kV]	25.8	170	362	800
정격차단시간(cycles)	5	3	3	3

문제 14 기사 08년, 19년 출제

배점 : 6점

주어진 조건을 참조하여 다음 각 물음에 답하시오.

[조건]
차단기 명판(name plate)에 BIL 150[kV], 정격차단전류 20[kA], 차단시간 8사이클, 솔레노이드(solenoid)형이라고 기재되어 있다. (단, BIL은 절연계급 20호 이상 비유효접지계에서 계산하는 것으로 한다.)

(1) BIL이란 무엇인가?
(2) 이 차단기의 정격전압은 몇 [kV]인가?
• 계산 : • 답 :
(3) 이 차단기의 정격차단용량은 몇 [MVA]인가?
• 계산 : • 답 :

답안 (1) 기준충격절연강도
(2) • 계산 : BIL = 절연계급 × 5 + 50[kV]

$$\text{절연계급} = \frac{\text{BIL}-50}{5} = \frac{150-50}{5} = 20[\text{kV}]$$

$$절연계급 = \frac{공칭전압}{1.1} \text{ 에서}$$

$$공칭전압 = 절연계급 \times 1.1 = 20 \times 1.1 = 22[kV]$$

$$\therefore \ 정격전압 \ V_n = 공칭전압 \times \frac{1.2}{1.1} = 22 \times \frac{1.2}{1.1} = 24[kV]$$

• 답 : 24[kV]

(3) • 계산 : $P_s = \sqrt{3}\,V_n I_s = \sqrt{3} \times 24 \times 20 = 831.38[MVA]$

• 답 : 831.38[MVA]

해설 BIL

Basic Impulse Level의 약자이며, 뇌임펄스 내전압 시험값으로서 절연레벨의 기준을 정하는 데 적용된다. BIL은 절연계급 20호 이상의 비유효 접지계에 있어서는 다음과 같이 계산된다.

BIL = 절연계급×5+50[kV]

여기서, 절연계급은 전기기기의 절연강도를 표시하는 계급을 말하고, $\frac{공칭전압}{1.1}$ 에 의해 계산된다.

차단기의 정격전압[kV]	사용회로의 공칭전압[kV]	BIL[kV]
0.6	0.1, 0.2, 0.4	–
3.6	3.3	45
7.2	6.6	60
24.0	22.0	150
72.5	66.0	350
170	154.0	750

문제 15 기사 18년, 21년 출제

배점 : 4점

ALTS의 명칭 및 사용용도를 쓰시오.

(1) 명칭
(2) 사용용도

답안 (1) 자동 부하 전환 개폐기

(2) 이중전원을 확보하여 주전원의 정전 또는 기준치 이하로 전압이 떨어질 경우 예비전원으로 자동 전환시킴으로써 수용가에 안정된 전원을 공급하도록 하는 개폐기이다.

문제 16 기사 96년, 99년, 02년, 10년 출제

배점 : 8점

DS 및 CB로 된 선로와 접지용구에 대한 그림을 보고 다음 각 물음에 답하시오.

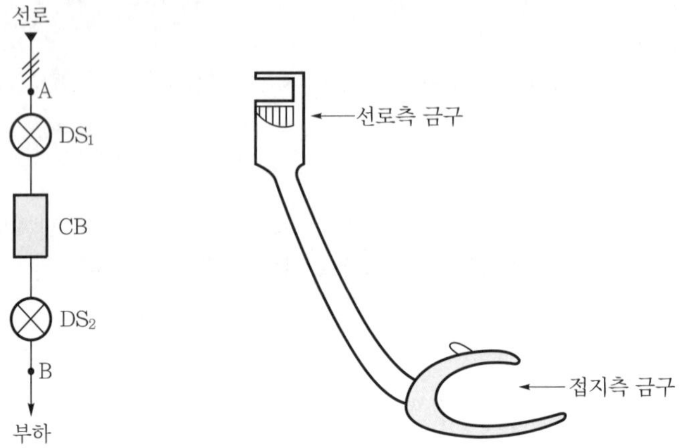

(1) 접지용구를 사용하여 접지를 하고자 할 때 접지 순서 및 접지 개소에 대하여 설명하시오.
(2) 부하측에서 휴전 작업을 할 때의 조작 순서를 설명하시오.
(3) 휴전 작업이 끝난 후 부하측에 전력을 공급하는 조작 순서를 설명하시오. (단, 접지되지 않은 상태에서 작업한다고 가정한다.)
(4) 긴급할 때 DS로 개폐 가능한 전류의 종류를 2가지만 쓰시오.

답안 (1) • 접지 순서 : 대지에 먼저 연결한 후 선로에 연결한다.
• 접지 개소 : 선로측 A와 부하측 B 양측에 접지한다.

(2) CB(OFF) → DS_2(OFF) → DS_1(OFF) 순으로 조작한다.

(3) 접지용구를 이용하여 접지공사를 한 후 DS_2(ON) → DS_1(ON) → CB(ON) 순으로 조작한다.

(4) • 무부하 충전전류
• 변압기 여자전류

문제 17 기사 89년, 97년, 98년, 99년, 02년, 03년, 06년, 16년 출제

배점 : 9점

전력용 퓨즈에서 퓨즈에 대한 역할과 기능에 대해서 다음 각 물음에 답하시오.

(1) 퓨즈의 역할을 크게 2가지로 대별하여 간단하게 설명하시오.
(2) 표와 같은 각종 기구의 능력 비교표에서 관계(동작)되는 해당란에 ○표로 표시하시오.

능력 / 기능	회로 분리		사고 차단	
	무부하시	부하시	과부하시	단락시
퓨즈				
차단기				
개폐기				
단로기				
전자접촉기				

(3) 퓨즈의 성능(특성) 3가지를 쓰시오.

답안 (1) • 단락전류 차단하여 전로와 기기 보호
• 차단기 등의 후비보호로 사용

(2)

능력 / 기능	회로 분리		사고 차단	
	무부하	부하	과부하	단락
퓨즈	○			○
차단기	○	○	○	○
개폐기	○	○	○	
단로기	○			
전자접촉기	○	○	○	

(3) • 용단 특성
• 단시간 허용 특성
• 전차단 특성

문제 18 기사 05년 출제

배점 : 5점

다음의 표와 같은 전력개폐장치의 정상전류와 이상전류 시의 통전, 개 · 폐 등의 가능 유무를 빈칸에 표시하시오. (단, ○ : 가능, △ : 때에 따라 가능, × : 불가능)

기구 명칭	정상전류			이상전류		
	통전	개	폐	통전	투입	차단
차단기						
퓨즈						
단로기						
개폐기						

답안

기구 명칭	정상전류			이상전류		
	통전	개	폐	통전	투입	차단
차단기	○	○	○	○	○	○
퓨즈	○	×	×	×	×	○
단로기	○	△	×	○	×	×
개폐기	○	○	○	○	△	×

문제 19 기사 90년, 94년, 95년, 97년 출제

배점 : 5점

전력 퓨즈의 가장 큰 단점 3가지를 쓰시오.

답안
- 재투입을 할 수 없다.
- 동작시간, 전류 특성을 자유로이 조정할 수 없다.
- 비보호 영역이 있으며, 사용 중 열화하여 결상되기 쉽다.

문제 20 기사 90년, 94년, 95년, 97년 출제

배점 : 7점

전력 퓨즈의 단점 4가지를 쓰시오.

답안
- 재투입을 할 수 없다.
- 과도전류로 동작할 수 있다.
- 동작시간, 전류 특성을 자유로이 조정할 수 없다.(임의의 동작 특성 불가)
- 비보호 영역이 있으며, 사용 중 열화되면 결상될 수 있다.

문제 21 기사 00년, 02년 출제

배점 : 6점

수변전설비에 설치하고자 하는 전력 퓨즈(Power Fuse)에 대해서 다음 각 물음에 답하시오.

(1) 전력 퓨즈(PF)의 가장 큰 단점은 무엇인가?
(2) 전력 퓨즈(PF)를 구입하고자 할 때 고려해야 할 주요 사항을 4가지만 쓰시오.
(3) 전력 퓨즈(PF)의 성능(특성) 3가지를 쓰시오.

답안 (1) 재투입이 불가능하다.

(2) • 정격전압
• 정격전류
• 정격차단전류
• 사용장소

(3) • 용단 특성
• 전차단 특성
• 단시간 허용 특성

MEMO

Ⅱ. 전기설비 유지관리

01 CHAPTER 역률 개선

기출개념 01 역률 개선의 효과 및 원리

1 역률 개선의 효과

(1) 변압기, 배전선의 손실 저감

(2) 설비용량의 여유 증가

(3) 전압강하의 저감

(4) 전기요금의 저감

2 역률 개선의 원리

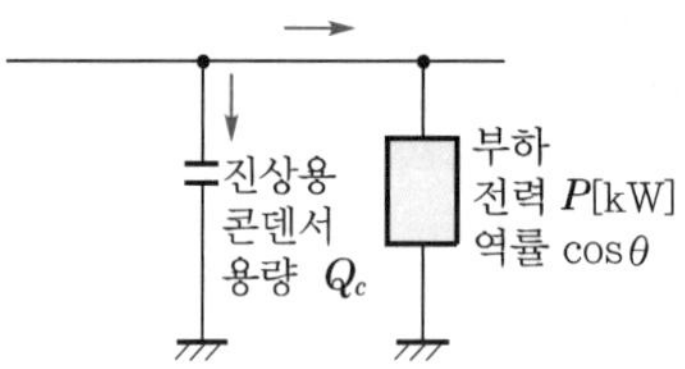

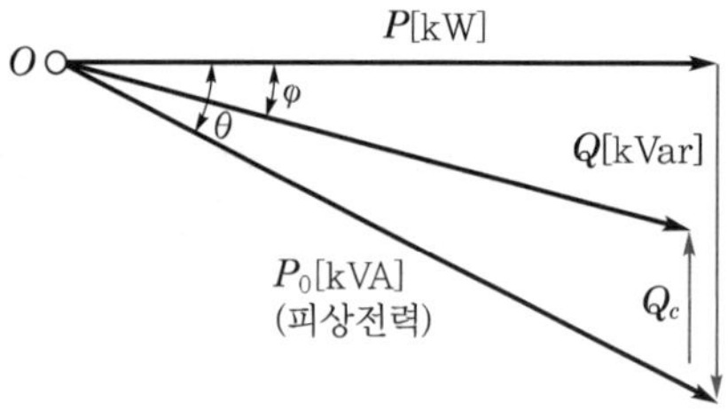

(1) **진상용량**

$$Q_c = P(\tan\theta_1 - \tan\theta_2)[\text{kVA}]$$

(2) **개선 후 피상전력**

$$P_a' = \sqrt{P^2 + (P\tan\theta_1 - Q_c)^2}\ [\text{kVA}]$$

(3) **개선 후 증가전력**

$$P' = P_a(\cos\theta_2 - \cos\theta_1)[\text{kW}]$$

3 콘덴서의 용량

역률 개선용 콘덴서의 단위는 저압용[μF], 고압용[kVA]을 사용한다.

기출개념 02 전력용 콘덴서 부속설비

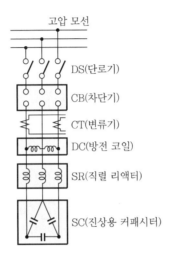

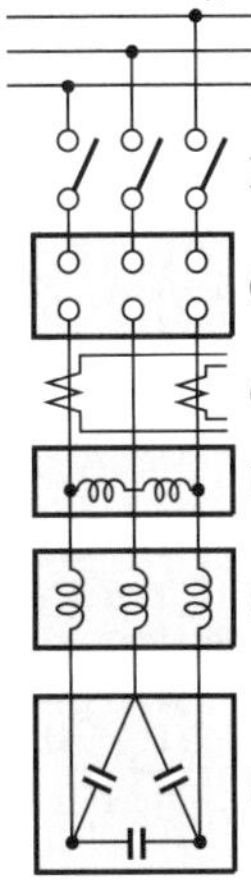

1 직렬 리액터

(1) 제5고조파 제거

(2) 직렬 리액터 용량

$$2\pi(5f)L = \frac{1}{2\pi(5f)C}$$

$$\therefore\ \omega L = \frac{1}{25} \times \frac{1}{\omega C} = 0.04 \times \frac{1}{\omega C}$$

용량 리액턴스의 4[%]이지만 주파수의 변동과 대지정전용량을 고려하여 일반적으로 5~6[%] 정도의 직렬 리액터를 설치한다.

2 방전 코일

전력용 콘덴서와 병렬로 접속한 권선 또는 저항으로 콘덴서를 모선에서 분리하였을 때 콘덴서에 잔류하는 전하를 방전시켜 인축에 대한 감전사고 방지와 재투입 시 모선의 전압이 과상승하는 것을 방지한다.

3 전력용 콘덴서의 △결선 이유

(1) 제3고조파 제거

(2) 정전용량[μF]을 $\frac{1}{3}$로 줄일 수 있다.

개념 문제 01 기사 01년, 02년, 19년 출제

| 배점 : 6점 |

부하의 역률 개선에 대한 다음 각 물음에 답하시오.

(1) 역률을 개선하는 원리를 간단히 설명하시오.

(2) 부하설비의 역률이 저하하는 경우 수용가가 볼 수 있는 손해를 2가지만 쓰시오.

(3) 어느 공장의 3상 부하가 30[kW]이고, 역률이 65[%]이다. 이것의 역률을 90[%]로 개선하려면 전력용 콘덴서 몇 [kVA]가 필요한가?

답안 (1) 유도성 부하를 사용하게 되면 역률이 저하한다. 이것을 개선하기 위하여 부하에 병렬로 콘덴서(용량성)를 설치하여 진상전류를 흘려줌으로서 무효전력을 감소시켜 역률을 개선한다.

(2) • 전력 손실이 커진다.

• 전기요금이 증가한다.

(3) 20.54[kVA]

해설

(3) $Q_c = P(\tan\theta_1 - \tan\theta_2) = 30 \times \left(\frac{\sqrt{1-0.65^2}}{0.65} - \frac{\sqrt{1-0.9^2}}{0.9}\right) = 20.54[\text{kVA}]$

개념 문제 02 기사 10년 출제

| 배점 : 5점 |

어느 수용가가 당초 역률(지상) 80[%]로 150[kW]의 부하를 사용하고 있었는데, 새로 역률(지상) 60[%], 100[kW]의 부하를 증가하여 사용하게 되었다. 이 때 콘덴서로 합성 역률을 90[%]로 개선하는데 필요한 용량은 몇 [kVA]인가?

답안 124.77[kVA]

해설

무효전력 $Q = \frac{150}{0.8} \times 0.6 + \frac{100}{0.6} \times 0.8 = 245.83[\text{kVar}]$

유효전력 $P = 150 + 100 = 250[\text{kW}]$

합성 전력 $\cos\theta = \frac{P}{\sqrt{P^2 + Q^2}} = \frac{250}{\sqrt{250^2 + 245.83^2}} = 0.713$

$\therefore Q_c = P(\tan\theta_1 - \tan\theta_2) = 250\left(\frac{\sqrt{1-0.713^2}}{0.713} - \frac{\sqrt{1-0.9^2}}{0.9}\right) = 124.769[\text{kVA}]$

개념 문제 03 기사 17년 출제 | 배점 : 4점 |

고조파 전류는 각종 선로나 간선에 에너지 절약 기기나 무정전 전원장치 등이 증가되면서 선로에 발생하여 전원의 질을 떨어뜨리고 과열 및 이상 상태를 발생시키는 원인이 되고 있다. 고조파 전류를 방지하기 위한 대책을 3가지만 적으시오.

답안
- 고조파 필터를 사용한다.
- 전력용 커패시터에 직렬 리액터를 설치한다.
- 변압기 결선을 △결선으로 한다.

개념 문제 04 기사 03년, 15년 출제 | 배점 : 4점 |

역률 과보상시 발생하는 현상에 대하여 3가지만 쓰시오.

답안
- 역률 저하 및 손실 증가
- 단자전압 상승
- 계전기 오동작

개념 문제 05 기사 03년, 09년 출제 | 배점 : 8점 |

그림과 같은 계통도에서 (1), (2), (3), (4)의 명칭을 쓰고 그 역할을 간단히 설명하시오.

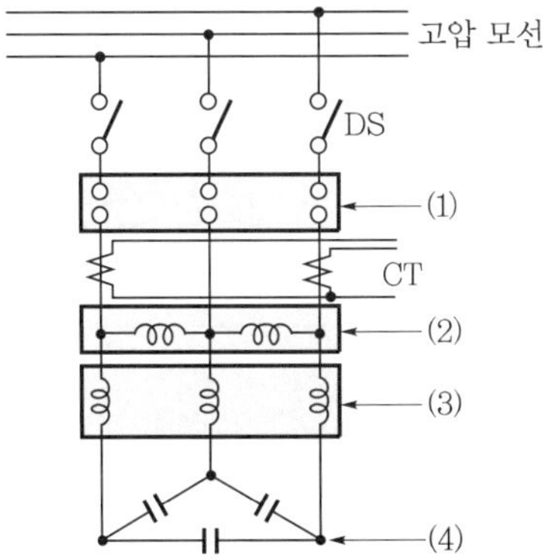

답안 (1) 교류 차단기 : 단락사고 등 사고전류와 부하전류 차단
(2) 방전 코일 : 콘덴서에 축적된 잔류 전하 방전
(3) 직렬 리액터 : 제5고조파를 제거하여 파형을 개선
(4) 전력용 커패시터 : 부하의 역률을 개선

1990년~최근 출제된 기출문제

CHAPTER 01

역률 개선

단원 빈출문제

문제 01 기사 95년 출제

배점 : 4점

부하전력이 3,000[kW], 역률 85[%]인 부하에 전력용 콘덴서 1,200[kVA]를 설치하면 역률은 몇 [%]가 되는가?

답안 97.67[%]

해설

무효전력 $Q=\frac{P}{\cos\theta}\sin\theta=\frac{3{,}000}{0.85}\times\sqrt{1-0.85^2}=1{,}859.2[\text{kVar}]$

콘덴서 설치 후 역률 $\cos\theta=\frac{3{,}000}{\sqrt{3{,}000^2+(1{,}859.2-1{,}200)^2}}\times100=97.67[\%]$

문제 02 기사 08년, 09년 출제

배점 : 5점

어떤 수용가에서 뒤진 역률 80[%]로 60[kW]의 부하를 사용하고 있었으나 새로이 뒤진 역률 60[%], 40[kW]의 부하를 증가하여 사용하게 되었다. 이 때 콘덴서를 이용하여 합성 역률을 90[%]로 개선하려고 한다면 필요한 전력용 콘덴서 용량은 몇 [kVA]가 되겠는가?

답안 49.91[kVA]

해설

전체 무효전력 $Q=\frac{60}{0.8}\times0.6+\frac{40}{0.6}\times0.8=98.33[\text{kVar}]$

전체 유효전력 $P=60+40=100[\text{kW}]$

합성 역률 $\cos\theta=\frac{P}{\sqrt{P^2+Q^2}}=\frac{100}{\sqrt{100^2+98.33^2}}=0.713$

$\therefore\ Q_c=P(\tan\theta_1-\tan\theta_2)=100\left(\frac{\sqrt{1-0.713^2}}{0.713}-\frac{\sqrt{1-0.9^2}}{0.9}\right)=49.907\fallingdotseq49.91[\text{kVA}]$

문제 03 기사 86년, 87년, 92년, 93년, 95년, 06년 출제

배점 : 5점

어느 수용가가 당초 역률(지상) 80[%]로 100[kW]의 부하를 사용하고 있었는데 새로 역률(지상) 60[%], 80[kW]의 부하를 증가하여 사용하게 되었다. 이 때 콘덴서로 합성 역률을 90[%]로 개선하는 데 필요한 용량은 몇 [kVA]인가?

답안 94.51[kVA]

해설

무효전력 $Q = \frac{100}{0.8} \times 0.6 + \frac{80}{0.6} \times 0.8 = 181.67[\text{kVar}]$

유효전력 $P = 100 + 80 = 180[\text{kW}]$

합성 역률 $\cos\theta = \frac{P}{\sqrt{P^2 + Q^2}} = \frac{180}{\sqrt{180^2 + 181.67^2}} = 0.7038$

$\therefore\ Q_c = (\tan\theta_1 - \tan\theta_2) = 180\left(\frac{\sqrt{1-0.7038^2}}{0.7038} - \frac{\sqrt{1-0.9^2}}{0.9}\right) = 94.509[\text{kVA}]$

문제 04 기사 94년, 01년, 11년 출제

배점 : 5점

역률 80[%], 500[kVA]의 부하를 가지는 변압설비에 150[kVA]의 콘덴서를 설치해서 역률을 개선하는 경우 변압기에 걸리는 부하는 몇 [kVA]인지 계산하시오.

답안 427.2[kVA]

해설 개선 전의 유효전력 $P = 500 \times 0.8 = 400[\text{kW}]$

개선 전의 무효전력 $Q_L = 500 \times \sqrt{1-0.8^2} = 300[\text{kVar}]$

$\therefore$ 변압기에 걸리는 부하 $W = \sqrt{400^2 + (300-150)^2} = 427.2[\text{kVA}]$

문제 05 기사 15년 출제

배점 : 4점

역률 80[%], 10,000[kVA]의 부하를 가진 변전소에 2,000[kVA]의 콘덴서를 설치하여 역률을 개선하면 변압기에 걸리는 부하는 몇 [kVA]인지 구하시오.

답안 8,944.27[kVA]

해설 $W = \sqrt{(10{,}000 \times 0.8)^2 + (10{,}000 \times \sqrt{1-0.8^2} - 2{,}000)^2} = 8{,}944.271[\text{kVA}]$

문제 06 기사 07년, 11년 출제

배점 : 5점

3상 380[V], 20[kW], 역률 80[%]인 부하의 역률을 개선하기 위하여 15[kVA]의 진상 콘덴서를 설치하는 경우 전류의 차(역률 개선 전과 역률 개선 후)는 몇 [A]가 되겠는가?

답안 7.59[A]

해설

역률 개선 전 전류 $I_1 = \dfrac{P}{\sqrt{3}\,V\cos\theta_1} = \dfrac{20{,}000}{\sqrt{3}\times 380\times 0.8} = 37.98[\text{A}]$

역률 개선 후 전류 I_2

- 콘덴서 설치 후 무효전력 $Q = \dfrac{P}{\cos\theta_1}\times\sin\theta_1 - Q_c = \dfrac{20}{0.8}\times 0.6 - 15 = 0[\text{kVar}]$
- 콘덴서 설치 후 역률 $\cos\theta_2 = \dfrac{P}{\sqrt{P^2+Q^2}} = \dfrac{20}{\sqrt{20^2+0^2}} = 1$
- 역률 개선 후 전류 $I_2 = \dfrac{P}{\sqrt{3}\,V\cos\theta_2} = \dfrac{20{,}000}{\sqrt{3}\times 380\times 1} = 30.39[\text{A}]$

전류의 차 $I = I_1 - I_2 = 37.98 - 30.39 = 7.59[\text{A}]$

문제 07 기사 90년, 10년 출제

배점 : 5점

전용 배전선에서 800[kW], 역률 0.8의 한 부하에 공급할 경우 배전선 전력 손실은 90[kW]이다. 지금 이 부하와 병렬로 300[kVA]의 콘덴서를 시설할 때 배전선의 전력 손실은 몇 [kW]인가?

답안 65.19[kW]

해설

콘덴서 설치 후의 역률 $\cos\theta_2 = \dfrac{800}{\sqrt{800^2+(600-300)^2}} = 0.94$

전력 손실 $P_l \propto \dfrac{1}{\cos\theta^2}$ 이므로 $P_l' = \left(\dfrac{\cos\theta}{\cos\theta'}\right)^2 \times P_l = \left(\dfrac{0.8}{0.94}\right)^2 \times 90 = 65.19[\text{kW}]$

문제 08 기사 89년, 97년 출제

배점 : 4점

어떤 공장에서 300[kVA]의 변압기에 역률 70[%]의 부하 300[kVA]가 접속되어 있다. 지금 합성 역률을 90[%]로 개선하기 위하여 전력용 콘덴서를 접속하면 부하는 몇 [kW] 증가시킬 수 있는가?

답안 60[kW]

해설 300[kVA] 역률 70[%]의 유효전력

$P_1 = 300 \times 0.7 = 210[\text{kW}]$

역률 90[%]의 유효전력

$P_2 = 300 \times 0.9 = 270[\text{kW}]$

따라서, 증가시킬 수 있는 유효전력

$P = P_2 - P_1 = 270 - 210 = 60[\text{kW}]$

문제 09 기사 22년 출제

배점 : 4점

용량 500[kVA]인 변압기에 역률 60[%](지상), 500[kVA]인 부하가 접속되어 있다. 이 부하와 병렬로 전력용 커패시터를 접속하여 90[%]로 개선했을 때, 이 변압기에 증설할 수 있는 부하용량[kW]을 구하시오. (단, 증설하는 부하의 역률은 90[%](지상)이다.)

답안 150[kW]

해설 개선 후 증가 전력

$$P' = P_a(\cos\theta_2 - \cos\theta_1) = 500(0.9 - 0.6) = 150[\text{kW}]$$

문제 10 기사 07년 출제

배점 : 10점

정격용량 500[kVA]의 변압기에서 배전선의 전력 손실은 40[kW], 부하 L_1, L_2에 전력을 공급하고 있다. 지금 그림과 같이 전력용 콘덴서를 기존 부하와 병렬로 연결하여 합성 역률을 90[%]로 개선하고 새로운 부하를 증설하려고 할 때 다음 물음에 답하시오. (단, 여기서 부하 L_1은 역률 60[%], 180[kW]이고, 부하 L_2의 전력은 120[kW], 160[kVar]이다.)

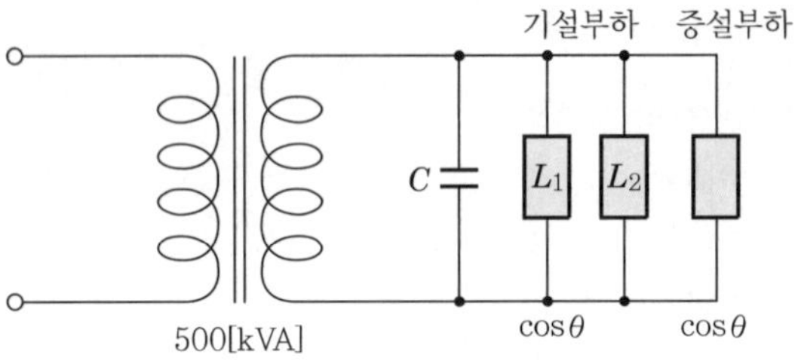

(1) 부하 L_1과 L_1의 합성 용량[kVA]과 합성 역률은?
① 합성 용량
② 합성 역률
(2) 합성 역률을 90[%]로 개선하는 데 필요한 콘덴서 용량(Q_c)는 몇 [kVA]인가?
(3) 역률 개선 시 배전의 전력 손실은 몇 [kW]인가?
(4) 역률 개선 시 변압기 용량의 한도까지 부하설비를 증설하고자 할 때 증설부하 용량은 몇 [kVA]인가? (단, 증설부하의 역률은 기존 부하의 합성 역률과 같은 것으로 한다.)

답안 (1) ① 500[kVA], ② 60[%]
(2) 254.7[kVA]
(3) 17.78[kW]
(4) 150.58[kVA]

해설 (1) ① 유효전력 $P=P_1+P_2=180+120=300[\text{kW}]$

무효전력 $Q=\dfrac{180}{0.6}\times 0.8+160=400[\text{kVar}]$

합성 용량 $P_a=\sqrt{P^2+Q^2}=\sqrt{300^2+400^2}=500[\text{kVA}]$

② 합성 역률 $\cos\theta=\dfrac{P}{P_a}=\dfrac{300}{500}\times 100=60[\%]$

(2) $Q_c=P(\tan\theta_1-\tan\theta_2)=300\left(\dfrac{0.8}{0.6}-\dfrac{\sqrt{1-0.9^2}}{0.9}\right)=254.7[\text{kVA}]$

(3) $P_l\propto\dfrac{1}{\cos^2\theta}$ 이므로 $P_l'=\left(\dfrac{0.6}{0.9}\right)^2\times 40=17.78[\text{kW}]$

(4) 역률 개선 후 변압기에 인가되는 부하

$P_a=\sqrt{(P+P_l)^2+(Q-Q_c)^2}=\sqrt{(300+17.78)^2+(400-254.7)^2}=349.42[\text{kVA}]$

∴ 증설부하 용량 $500-349.42=150.58[\text{kVA}]$

문제 **11** 기사 17년 출제

배점 : 5점

그림과 같은 회로에 병렬로 콘덴서를 접속해서 종합 역률을 1로 하려는 경우 콘덴서의 용량 리액턴스는 몇 [Ω]인지 구하시오. (단, 양단에 AC 30[V]를 가한다.)

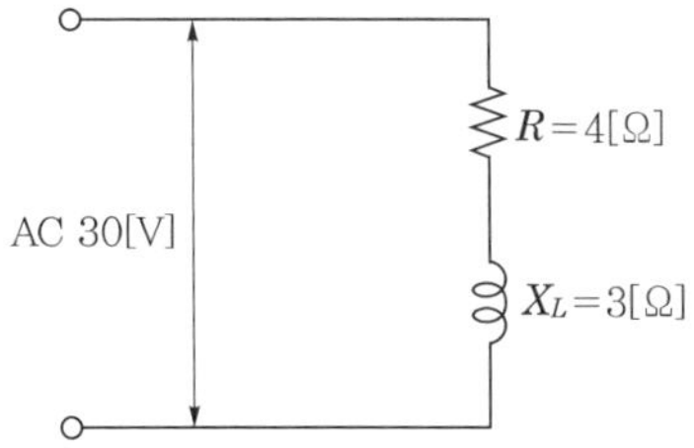

- **계산 :**
- **답 :**

답안 • 계산 : 종합 역률을 1로 만들기 위한 용량성 리액턴스 X_C는 다음과 같다.

$$X_C = \frac{1}{\omega C} = \frac{R^2+(\omega L)^2}{\omega L} = \frac{4^2+3^2}{3} = 8.33[\Omega]$$

• 답 : 8.33[Ω]

해설 (1) **병렬 공진회로**

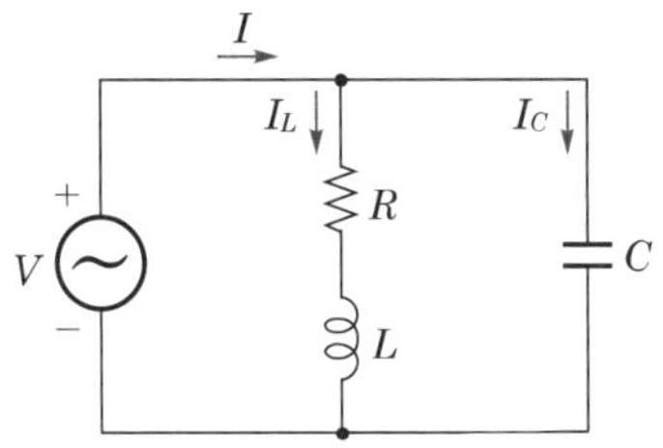

(2) **병렬 공진조건**

합성 어드미턴스 $Y = Y_1 + Y_2 = \frac{1}{R+j\omega L} + j\omega C = \frac{R}{R^2+(\omega L)^2} + j\left(\omega C - \frac{\omega L}{R^2+(\omega L)^2}\right)$

종합 역률이 1이 되려면 저항만의 회로(공진회로)가 되어야 하므로, 합성 어드미턴스의 허수부는 0이다.

즉, $\omega C - \frac{\omega L}{R^2+(\omega L)^2} = 0 \rightarrow \omega C = \frac{\omega L}{R^2+(\omega L)^2}$

따라서, $X_C = \frac{1}{\omega C} = \frac{R^2+(\omega L)^2}{\omega L}$

문제 12 기사 88년, 96년, 01년, 03년, 21년 출제

배점 : 9점

수전단 전압이 3,000[V]인 3상 3선식 배전선로의 수전단에 역률 0.8(지상)되는 520[kW]의 부하가 접속되어 있다. 이 부하에 동일 역률의 부하 80[kW]를 추가하여 600[kW]로 증가시키되 부하와 병렬로 전력용 커패시터를 설치하여 수전단 전압 및 선로 전류를 일정하게 유지하고자 할 때, 다음 각 물음에 답하시오. (단, 전선의 1선당 저항 및 리액턴스는 각각 1.78[Ω] 및 1.17[Ω]이다.)

(1) 이 경우에 필요한 전력용 커패시터의 용량[kVA]을 구하시오.
- 계산 :
- 답 :

(2) 부하 증가 전의 송전단 전압[V]을 구하시오.
- 계산 :
- 답 :

(3) 부하 증가 후의 송전단 전압[V]을 구하시오.
- 계산 :
- 답 :

답안 (1) • 계산 : 부하 증가 후의 역률 $\cos\theta_2$는 선로전류가 불변이므로

$$\frac{P_1}{\sqrt{3}\,V\cos\theta_1} = \frac{P_2}{\sqrt{3}\,V\cos\theta_2} \text{ 에서 } \cos\theta_2 = \frac{P_2}{P_1}\cos\theta_1 = \frac{600}{520}\times 0.8 = 0.92$$

$$\therefore \text{ 커패시터의 용량 } Q_c = P(\tan\theta_1 - \tan\theta_2) = 600\left(\frac{0.6}{0.8} - \frac{\sqrt{1-0.92^2}}{0.92}\right) = 194.4[\text{kVA}]$$

• 답 : 194.4[kVA]

(2) • 계산 : 부하 증가 전의 송전단 전압($\cos\theta_1 = 0.8$)

$$V_s = V_r + \sqrt{3}\,I(R\cos\theta + X\sin\theta)$$

$$= 3{,}000 + \sqrt{3}\times\frac{520\times 10^3}{\sqrt{3}\times 3{,}000\times 0.8}\times(1.78\times 0.8 + 1.17\times 0.6)$$

$$= 3{,}460.63[\text{V}]$$

• 답 : 3,460.63[V]

(3) • 계산 : 부하 증가 후의 송전단 전압($\cos\theta_2 = 0.92$)

$$V_s = 3{,}000 + \sqrt{3}\times\frac{600\times 10^3}{\sqrt{3}\times 3{,}000\times 0.92}\times(1.78\times 0.92 + 1.17\times\sqrt{1-0.92^2})$$

$$= 3{,}455.68[\text{V}]$$

• 답 : 3,455.68[V]

문제 13 기사 98년, 00년 출제

배점 : 6점

역률을 높게 유지하기 위하여 개개의 부하에 고압 및 특고압 진상용 콘덴서를 설치하는 경우에는 현장 조작 개폐기보다도 부하측에 접속하여야 한다. 콘덴서의 용량, 접속 방법 등은 어떻게 시설하는 것을 원칙으로 하는지와 고조파 전류의 증대 등에 대한 다음 각 물음에 답하시오.

(1) 콘덴서 용량 결정의 상한값은 어떤 성분의 전력값보다 크지 않아야 하는가?
(2) 콘덴서를 본선에 접속시키는 방법과 특히 유의할 점 등을 설명하시오.
(3) 고압 및 특고압 진상용 콘덴서를 설치함으로 인하여 공급회로의 고조파 전류가 현저하게 증대하여 유해할 경우에는, 콘덴서회로에 유효한 어떤 것을 설치하여야 하는가?

답안 (1) 부하의 지상 무효분
(2) 콘덴서는 본선에 직접 접속하고, 분기선은 본선의 최소 굵기 이상으로 하고, 전용의 개폐기, 퓨즈, 유입차단기 등을 시설하면 안 된다.
(3) 직렬 리액터

문제 14 기사 12년 출제

배점 : 6점

역률을 높게 유지하기 위하여 개개의 부하에 고압 및 특고압 진상용 콘덴서를 설치하는 경우에는 현장 조작 개폐기보다도 부하측에 접속하여야 한다. 다음의 내용은 콘덴서의 용량, 접속 방법 등은 어떻게 시설하는 것을 원칙으로 하는지와 고조파 전류의 증대 등에 대한 내용이다. (　　)에 들어갈 내용을 답란에 쓰시오.

(1) 콘덴서의 용량은 부하의 (　　)보다 크게 하지 말 것
(2) 콘덴서는 본선에 직접 접속하고 특히 전용의 (　　), (　　), (　　) 등을 설치하지 말 것
(3) 고압 및 특고압 진상용 콘덴서의 설치로 공급회로의 고조파 전류가 현저하게 증대할 경우는 콘덴서회로에 유효한 (　　)를 설치하여야 한다.
(4) 가연성 유봉입(可燃性油封入)의 고압 진상용 콘덴서를 설치하는 경우는 가연성의 벽, 천장 등과 (　　)[m] 이상 이격하는 것이 바람직하다.

답안 (1) 무효분
(2) 개폐기, 퓨즈, 유입차단기
(3) 직렬 리액터
(4) 1

문제 15 기사 99년, 04년, 12년 출제

배점 : 3점

역률을 개선하면 전기요금의 저감과 배전선의 손실 경감, 전압강하 감소, 설비 여력의 증가 등을 기할 수 있으나, 너무 과보상하면 역효과가 나타난다. 즉, 경부하 시에 콘덴서가 과대 삽입되는 경우의 결점을 3가지 쓰시오.

답안
- 앞선 역률에 의한 전력 손실이 생긴다.
- 모선 전압의 과상승
- 설비용량이 감소하여 과부하가 될 수 있다.

해설 (1) **고조파 전류의 발생원인**
- 전기로, 아크로 등
- Converter, Inverter, Chopper 등의 전력 변환 장치
- 전기 용접기 등
- 송전선로의 코로나 등
- 변압기, 전동기 등의 여자전류
- 전력용 콘덴서 등

(2) **대책**
- 전력 변환 장치의 Pulse수를 크게 한다.
- 고조파 필터를 사용하여 제거한다.
- 고조파를 발생하는 기기들을 따로 모아 결선해서 별도의 상위 전원으로부터 공급하고 여타 기기들로부터 분리시킨다.
- 전력용 콘덴서에는 직렬 리액터를 설치한다.
- 선로의 코로나 방지를 위하여 복도체, 다도체를 사용한다.
- 변압기 결선에서 △결선을 채용하여 고조파 순환회로를 구성하여 외부에 고조파가 나타나지 않도록 한다.

문제 16 기사 09년 출제

배점 : 5점

다음은 고압 및 특고압 진상용 콘덴서 관련 방전장치에 관한 사항이다. (①), (②)에 알맞은 내용을 쓰시오.

고압 및 특고압 진상용 콘덴서회로에 설치하는 방전장치는 콘덴서회로에 직접 접속하거나 또는 콘덴서회로를 개방하였을 경우 자동적으로 접속되도록 장치하고 또한 개로 후 (①)초 이내에 콘덴서의 잔류 전하를 (②)[V] 이하로 저하시킬 능력이 있는 것을 설치하는 것을 원칙으로 한다.

답안 ① 5초, ② 50[V]

문제 17 기사 07년, 11년 출제

배점 : 9점

다음 그림은 전력계통의 일부를 나타낸 것이다. 다음 물음에 답하시오.

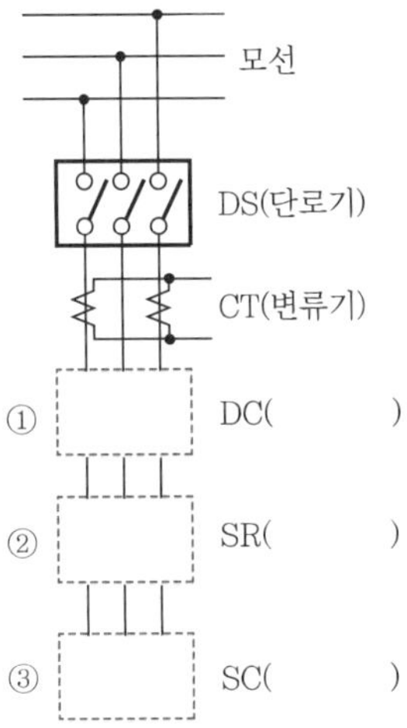

(1) ①, ②, ③의 회로를 완성하시오.
(2) ①, ②, ③의 명칭을 한글로 쓰시오.
(3) ①, ②, ③의 설치 사유를 쓰시오.

답안 (1)

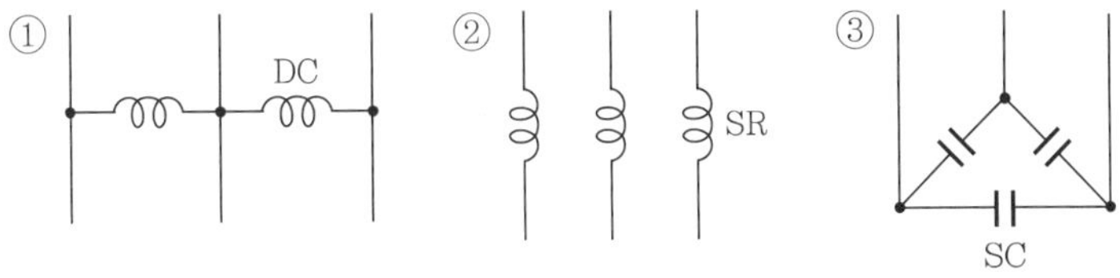

(2) ① 방전 코일, ② 직렬 리액터, ③ 전력용 콘덴서

(3) ① 콘덴서에 축적된 잔류전하 방전
② 제5고조파 제거
③ 역률 개선

문제 18 기사 96년 출제

배점 : 4점

역률 개선용 콘덴서와 직렬로 연결하여 사용하는 직렬 리액터의 사용 목적은 무엇인가?

답안 제5고조파 제거

문제 19 기사 00년 출제

배점 : 5점

전력용 콘덴서에 직렬 리액터를 사용하는 이유와 직렬 리액터의 용량을 정하는 기준 등에 관하여 설명하시오.

(1) 직렬 리액터를 사용하는 이유
(2) 직렬 리액터의 용량을 정하는 기준

답안 (1) 제5고조파 제거

(2) 직렬 리액터의 용량은 제5고조파 공진조건에 의하여 산출한다.

$5\omega L = \frac{1}{5\omega C}$ 에서 $\omega L = \frac{1}{25} \times \frac{1}{\omega C} = 0.04 \times \frac{1}{\omega C}$ 가 된다.

따라서, 직렬 리액터의 용량은 다음과 같다.

- 이론상 : 콘덴서 용량의 4[%]
- 적용 : 주파수 변동 등을 고려하여 콘덴서 용량의 5~6[%]를 적용

문제 20 기사 12년 출제

배점 : 5점

전력용 콘덴서에 설치하는 직렬 리액터의 용량 산정에 대하여 설명하시오.

답안 직렬 리액터(Series Reactor : SR)는 제5고조파를 제거하기 위한 것으로서 사용한다.

$5\omega L > \frac{1}{5\omega C}$ 에서 $\omega L > \frac{1}{5^2\omega C} = \frac{1}{\omega C} \times 0.04$ 가 된다.

따라서, 직렬 리액터의 용량은 콘덴서 용량의 4[%] 이상이면 되는데 주파수 변동 등의 여유를 봐서 실제로는 약 5~6[%]인 것이 사용된다.

문제 **21** 기사 04년, 11년 출제

배점 : 8점

부하전력이 4,000[kW], 역률 80[%]인 부하에 전력용 콘덴서 1,800[kVA]를 설치하였다. 이 때 다음 각 물음에 답하시오.

(1) 역률은 몇 [%]로 개선되었는가?
 • 계산 : • 답 :
(2) 부하설비의 역률이 90[%] 이하일 경우(즉, 낮은 경우) 수용가 측면에서 어떤 손해가 있는지 3가지만 쓰시오.
(3) 전력용 콘덴서와 함께 설치되는 방전 코일과 직렬 리액터의 용도를 간단히 설명하시오.

답안

(1) • 계산 : 무효전력 $Q = \frac{4,000}{0.8} \times 0.6 = 3,000[\text{kVar}]$

$$\cos\phi = \frac{4,000}{\sqrt{4,000^2 + (3,000 - 1,800)^2}} \times 100 = 95.78[\%]$$

 • 답 : 95.78[%]

(2) • 전력 손실이 커진다.
 • 전압강하가 커진다.
 • 전기요금이 증가한다.

(3) • 방전 코일 : 콘덴서에 축적된 잔류 전하 방전
 • 직렬 리액터 : 제5고조파 제거

문제 **22** 기사 17년 출제

배점 : 6점

콘덴서회로에서 고조파를 감소시키기 위한 직렬 리액터회로에 대한 다음 각 질문에 답하시오.

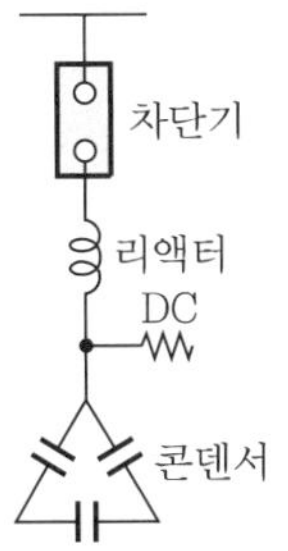

(1) 제5고조파를 감소시키기 위한 리액터의 용량은 콘덴서의 몇 [%] 이상이어야 하는지 적으시오.
(2) 설계 시 주파수 변동이나 경제성을 고려하여 리액터의 용량은 콘덴서의 몇 [%] 정도를 표준으로 하고 있는지 적으시오.
(3) 제3고조파를 감소시키기 위한 리액터의 용량은 콘덴서의 몇 [%] 이상이어야 하는지 적으시오.

답안 (1) 4[%]

(2) 6[%]

(3) 11[%]

해설 (1) 직렬 리액터의 용량은 제5고조파 공진조건에 의하여 산출한다.

$5\omega L = \frac{1}{5\omega C}$ 에서 $\omega L = \frac{1}{25} \times \frac{1}{\omega C} = 0.04 \times \frac{1}{\omega C}$ 가 된다.

따라서, 직렬 리액터의 용량은 콘덴서 용량의 4[%]이다.

(2) 직렬 리액터의 용량은 콘덴서 용량의 4[%] 이상이 되면 되는데 주파수 변동 등의 여유를 봐서 실제로는 6[%]인 것이 사용된다.

(3) $3\omega L = \frac{1}{3\omega C}$ 에서 $\omega L = \frac{1}{9} \times \frac{1}{\omega C} = 0.11 \times \frac{1}{\omega C}$ 가 된다.

따라서, 직렬 리액터의 용량은 콘덴서 용량의 11[%]이다.

문제 23

기사 12년 출제

배점 : 5점

다음 그림은 콘덴서 설비의 단선도이다. 주어진 그림의 ①~⑤번과 각 기기의 우리말 이름을 쓰고, 역할을 쓰시오.

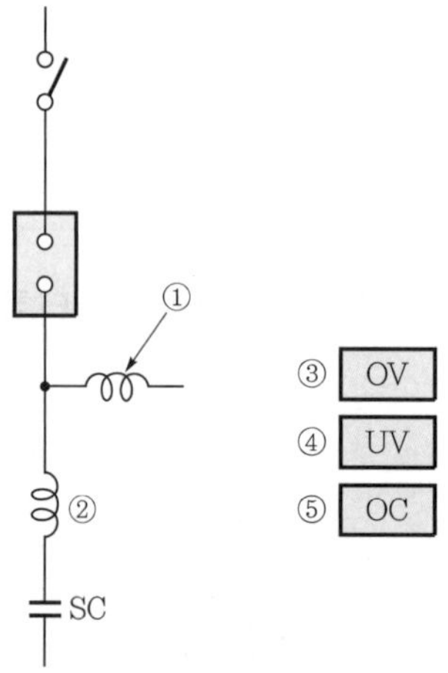

답안 ① 방전 코일 : 콘덴서에 축적된 잔류 전하 방전

② 직렬 리액터 : 제5고조파 제거

③ 과전압 계전기 : 정정(整定)값보다 높은 전압이 인가되면 동작하여 경보를 발하거나 차단기를 동작

④ 부족 전압 계전기 : 인가된 전압이 정정(整定)값보다 낮아지게 되면 동작하여 경보를 발하거나 차단기를 동작

⑤ 과전류 계전기 : 정정(整定)값보다 큰 전류가 흐르면 동작하여 경보를 발하거나 차단기를 동작

문제 24 기사 06년 출제

배점 : 3점

고압회로용 진상 콘덴서 설비의 보호장치에 사용되는 계전기 3가지를 쓰시오.

답안
- 과전압 계전기
- 저전압 계전기
- 과전류 계전기

문제 25 기사 10년 출제

배점 : 5점

콘덴서(condenser)설비의 주요 사고 원인 3가지를 예로 들어 설명하시오.

답안
- 콘덴서설비의 모선 단락 및 지락
- 콘덴서 소체 파괴 및 층간 절연 파괴
- 콘덴서설비 내의 배선 단락

문제 26 기사 12년, 16년 출제

배점 : 3점

전력용 진상 콘덴서의 정기점검(육안검사) 항목 3가지를 쓰시오.

답안
- 누설 유무 점검
- 단자의 이완 및 과열 유무 점검
- 용기의 발청 유무 점검

문제 27 기사 90년, 95년, 07년, 19년 출제

배점 : 5점

제3고조파의 유입으로 인한 사고를 방지하기 위하여 콘덴서회로에 콘덴서 용량의 11[%]인 직렬 리액터를 설치하였다. 이 경우에 콘덴서의 정격전류(정상 시 전류)가 10[A]라면 콘덴서 투입 시의 전류는 몇 [A]가 되겠는가?

답안 40.15[A]

해설

콘덴서 투입 시 돌입전류 $I = I_C\left(1+\sqrt{\dfrac{X_C}{X_L}}\right)$

$I = 10\left(\sqrt{\dfrac{X_C}{0.11X_C}}\right) = 40.15[\text{A}]$

문제 28 기사 90년, 05년, 07년, 16년 출제

| 배점 : 4점 |

콘덴서회로에 제3고조파의 유입으로 인한 사고를 방지하기 위하여 콘덴서 용량의 13[%]인 직렬 리액터를 설치하고자 한다. 이 경우 투입 시의 전류는 콘덴서의 정격전류(정상 시 전류)의 몇 배의 전류가 흐르게 되는가?

답안 3.77배

해설

콘덴서 투입시 돌입전류 $I = I_n\left(1+\sqrt{\dfrac{X_c}{X_L}}\right) = I_n\left(1+\sqrt{\dfrac{X_c}{0.13X_c}}\right) = 3.77I_n$

문제 29 기사 12년 출제

| 배점 : 6점 |

고압 진상용 콘덴서의 내부고장 보호방식으로 NCS 방식과 NVS 방식이 있다. 다음 각 물음에 답하시오.

(1) NCS와 NVS의 기능을 설명하시오.
(2) [그림 1] ①, [그림 2] ②에 누락된 부분을 완성하시오

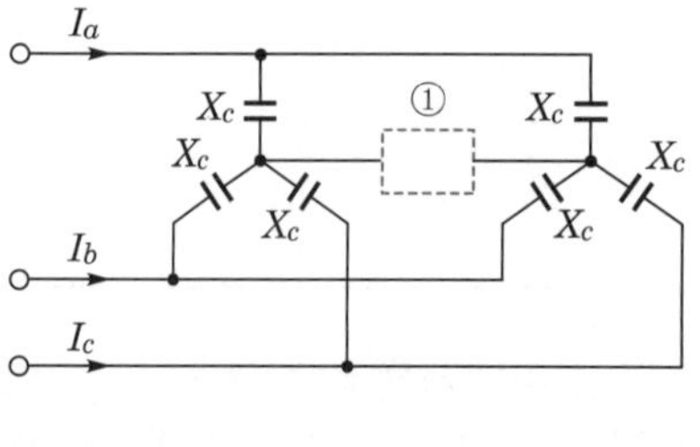

[그림 1]

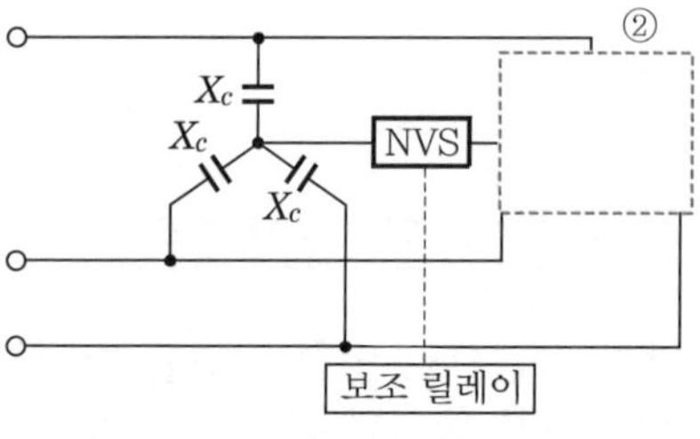

[그림 2]

답안 (1) • NCS : 중성점 전류 검출 방식
• NVS : 중성점 간의 불평형 전압 검출 방식

(2)

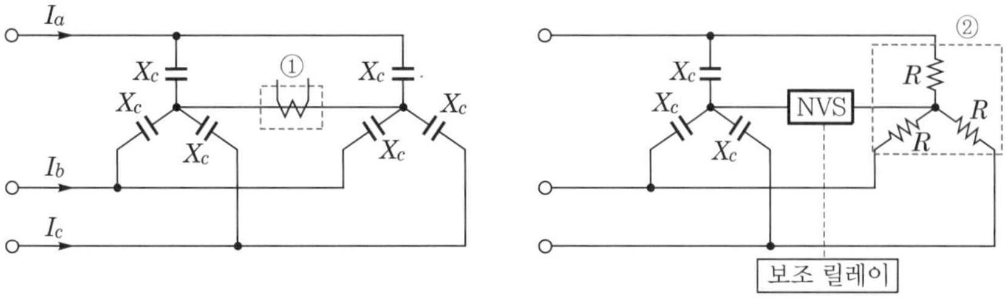

[그림 1] [그림 2]

문제 **30** 기사 98년, 10년 출제

배점 : 5점

전동기 부하를 사용하는 곳의 역률 개선을 위하여 회로에 병렬로 역률 개선용 저압 콘덴서를 설치하여 전동기의 역률을 개선하여 90[%] 이상으로 유지하려고 한다. 주어진 표를 이용하여 다음 물음에 답하시오.

▌표 1 ▌kW 부하에 대한 콘덴서 용량 산출표[%]

		개선 후의 역률														
		1.0	0.99	0.98	0.97	0.96	0.95	0.94	0.93	0.92	0.91	0.9	0.875	0.85	0.825	0.8
개선 전의 역률	0.4	230	216	210	205	201	197	194	190	187	184	182	175	168	161	155
	0.425	213	198	192	188	184	180	176	173	170	167	164	157	151	144	138
	0.45	198	183	177	173	168	165	161	158	155	152	149	143	136	129	123
	0.475	185	171	165	161	156	153	149	146	143	140	137	130	123	116	110
	0.5	173	159	153	148	144	140	137	134	130	128	125	118	111	104	93
	0.525	162	148	142	137	133	129	126	122	119	117	114	107	100	93	87
	0.55	152	138	132	127	123	119	116	112	109	106	104	97	90	83	77
	0.575	142	128	122	117	114	110	106	103	99	96	94	87	80	73	67
	0.6	133	119	113	108	104	101	97	94	91	88	85	78	71	65	58
	0.625	125	111	105	100	94	92	89	85	82	79	77	70	63	56	50
	0.65	116	103	97	92	88	84	81	77	74	71	69	62	55	48	42
	0.675	109	95	89	84	80	76	73	70	66	64	61	54	47	40	34
	0.7	102	88	81	77	73	69	66	62	59	56	54	46	40	33	27
	0.725	95	81	75	70	66	62	59	55	52	49	46	39	33	26	20
	0.75	88	74	67	63	58	55	52	49	45	43	40	33	26	19	13
	0.775	81	67	61	57	52	49	45	42	39	36	33	26	19	12	6.5

		개선 후의 역률														
		1.0	0.99	0.98	0.97	0.96	0.95	0.94	0.93	0.92	0.91	0.9	0.875	0.85	0.825	0.8
개선 전의 역률	0.8	75	61	54	50	46	42	39	35	32	29	27	19	13	6	
	0.825	69	54	48	44	40	36	32	29	26	23	21	14	7		
	0.85	62	48	42	37	33	29	26	22	19	16	14	7			
	0.875	55	41	35	30	26	23	19	16	13	10	7				
	0.9	48	34	28	23	19	16	12	9	6	2.8					

▌표 2▌저압(200[V])용 콘덴서 규격표, 정격주파수 : 60[Hz]

상 수	단상 및 3상								
정격용량[μF]	10	15	20	30	40	50	75	100	150

(1) 정격전압 200[V], 정격출력 7.5[kW], 역률 80[%]인 전동기의 역률을 90[%]로 개선하고자 하는 경우 필요한 3상 콘덴서의 용량[kVA]을 구하시오.

(2) 물음 "(1)"에서 구한 3상 콘덴서의 용량[kVA]을 [μF]로 환산한 용량으로 구하고, "[표 2] 저압(200[V]용) 콘덴서 규격표"를 이용하여 적합한 콘덴서를 선정하시오. (단, 정격주파수는 60[Hz]로 계산하며, 용량은 최소치를 구하도록 한다.)

답안 (1) 2.03[kVA]

(2) 150[μF]

해설 (1) 〈표 1〉에서 계수 $K=27$[%]이므로 콘덴서 용량 $Q_c = KP = 0.27 \times 7.5 = 2.03$[kVA]

(2) $C = \dfrac{Q_c}{2\pi f V^2} = \dfrac{2.03 \times 10^3}{2\pi \times 60 \times 200^2} \times 10^6 = 134.62[\mu\text{F}]$

∴ 〈표 2〉에서 150[μF] 선정

문제 31

기사 85년, 96년 출제

| 배점 : 5점 |

300[kW], 역률 65[%]의 부하를 역률 95[%]로 개선하기 위한 진상 콘덴서의 용량[kVA]은 얼마인가?

[참고자료]

▌부하에 대한 콘덴서 용량 산출표[%]▌

개선 전 역률 \ 개선 후 역률	1.0	0.99	0.98	0.97	0.96	0.95	0.94	0.93	0.92	0.91	0.9	0.875	0.85	0.825	0.8	0.775	0.75	0.725	0.7
0.4	230	216	210	105	201	197	194	190	187	184	181	175	168	161	155	149	142	136	128
0.425	213	198	192	188	184	180	176	173	180	167	164	157	151	144	138	131	124	118	111
0.45	198	183	177	173	168	165	161	158	155	152	149	142	136	129	123	116	110	103	96
0.475	185	171	165	161	156	153	149	146	143	140	137	130	123	116	110	104	98	91	84

개선 후 역률 / 개선 전 역률	1.0	0.99	0.98	0.97	0.96	0.95	0.94	0.93	0.92	0.91	0.9	0.875	0.85	0.825	0.8	0.775	0.75	0.725	0.7
0.5	173	159	153	148	144	140	137	134	130	128	125	118	112	104	98	92	85	87	71
0.525	162	148	142	137	133	129	126	122	119	117	114	107	100	93	87	81	74	67	60
0.55	152	138	132	127	123	119	116	112	109	106	104	97	90	87	77	71	64	57	50
0.575	142	128	122	117	114	110	106	103	99	96	94	87	80	74	67	60	54	47	40
0.6	133	119	113	108	104	101	97	94	91	88	85	78	71	65	58	52	46	39	32
0.625	125	111	105	100	96	92	89	85	82	79	77	70	63	56	50	44	37	30	23
0.65	117	103	97	92	88	84	81	77	74	71	69	62	55	48	42	36	29	22	15
0.675	109	95	89	84	80	76	73	70	66	64	61	54	47	40	34	28	21	14	7
0.7	102	88	81	77	73	69	66	62	59	56	54	46	40	33	27	20	14	7	
0.725	95	81	75	70	66	62	59	55	52	49	46	39	33	26	20	13	7		
0.75	88	74	67	63	58	55	52	49	45	43	40	33	26	19	13	6.5			
0.775	81	75	61	54	50	46	42	39	35	32	29	27	19	13	6				
0.8	75	61	54	50	46	42	39	35	32	29	27	19	13	6					
0.825	69	54	48	44	40	36	33	29	26	23	21	14	7						
0.85	62	48	42	37	33	29	26	22	19	16	14	7							
0.875	55	41	35	30	26	23	19	16	13	10	7								
0.9	48	34	28	23	19	16	12	9	6	2.8									
0.91	45	31	25	21	16	13	9	6	2.8										
0.92	43	28	22	18	13	10	6	3.1											
0.93	40	25	19	15	10	7	3.3												
0.94	36	22	16	11	7	3.6													
0.95	33	18	12	8	3.5														
0.96	29	15	9	4															
0.97	25	11	5																
0.98	20	6																	
0.99	14																		

[용례]

1. 부하 500[kW]
   개선 전의 역률 $\cos\theta = 0.6$을 $\cos\theta = 0.95$로 개선하는 데에는 $k_\theta = 101$[%]
   콘덴서 용량 = 500×1.01 = 505[kVA]
2. [kVA] 부하의 경우
   [kW] = [kVA]×$\cos\theta$로부터 [kW]를 산출하여 [용례] 1.에 따른다.

답안 252[kVA]

해설 〈표〉에서 0.65란의 계수는 84[%]이므로
콘덴서 용량[kVA] = ([kW] 부하) × 표의 값 = 300[kW] × 0.84 = 252[kVA]

02 CHAPTER 전압강하와 전압조정

기출개념 01 배전선로의 특성값

1 전압강하와 전압강하율

(1) 전압강하

$e = E_S - E_R = \sqrt{3}\, I(R\cos\theta + X\sin\theta)$, $I = \dfrac{P}{\sqrt{3}\, V\cos\theta}$ 이므로

$= \dfrac{P}{V}(R + X\tan\theta)[\mathrm{V}]$

(2) 전압강하율

$G = \dfrac{e}{V} \times 100[\%] = \dfrac{1}{V} \cdot \dfrac{P}{V}(R + X\tan\theta)$ 이므로

전압강하 $e \propto \dfrac{1}{V}$, 전압강하율 $\%e \propto \dfrac{1}{V^2}$

2 전력 손실

(1) 단상 2선식

$$P_c = 2I^2R = \frac{{P_r}^2 \cdot R}{V^2\cos^2\theta}$$

(2) 3상

$$P_c = 3I^2R = \frac{{P_r}^2 \cdot R}{V^2\cos^2\theta} = \frac{\rho l \cdot {P_r}^2}{A \cdot V^2 \cdot \cos^2\theta}$$

(3) 손실계수

$$H = \frac{\text{평균 손실전력}}{\text{최대 손실전력}} \times 100[\%]$$

(4) 손실계수(H)와 부하율(F)과의 관계

$$H = \alpha F + (1-\alpha)F^2$$

여기서 α : 부하 모양에 따른 정수(0.1~0.4 정도)

기출개념 02 전압강하와 전선 굵기

전선 굵기의 선정은 허용전류, 전압강하, 전력 손실, 기계적 강도를 고려하여야 한다.

‖ 전압강하 및 그 전선 굵기 ‖

전기방식	전압강하	전선단면적	비고
단선 2선식 및 직류 2선식	$e=\dfrac{35.6LI}{1,000A}$	$A=\dfrac{35.6LI}{1,000e}$	여기서, e : 각 선간의 전압강하[V] e' : 외측선 또는 각 상의 1선과 중성선 사이의 전압강하[V] L : 전선 1본의 길이[m] A : 전선의 단면적[mm²] I : 전류
3상 3선식	$e=\dfrac{30.8LI}{1,000A}$	$A=\dfrac{30.8LI}{1,000e}$	
단상 3선식·직류 3선식 3상 4선식	$e'=\dfrac{17.8LI}{1,000A}$	$A=\dfrac{17.8LI}{1,000e'}$	

기출개념 03 수용가 설비에서의 전압강하

(1) 다른 조건을 고려하지 않는다면 수용가 설비의 인입구로부터 기기까지의 전압강하는 다음 표의 값 이하이어야 한다.

설비의 유형	조명[%]	기타[%]
A - 저압으로 수전하는 경우	3	5
B - 고압 이상으로 수전하는 경우*	6	8

* 가능한 한 최종 회로 내의 전압강하가 A 유형의 값을 넘지 않도록 하는 것이 바람직하다.
사용자의 배선설비가 100[m]를 넘는 부분의 전압강하는 미터당 0.005[%] 증가할 수 있으나 이러한 증가분은 0.5[%]를 넘지 않아야 한다.

(2) 다음의 경우에는 표보다 더 큰 전압강하를 허용할 수 있다.

① 기동시간 중의 전동기
② 돌입전류가 큰 기타 기기

(3) 다음과 같은 일시적인 조건은 고려하지 않는다.

① 과도 과전압
② 비정상적인 사용으로 인한 전압변동

개념 문제 01 기사 17년 / 산업 09년 출제

배점 : 4점

그림과 같은 단상 2선식 회로에서 공급점 A의 전압이 220[V]이고, A-B 사이의 1선마다의 저항이 0.02[Ω], B-C 사이의 1선마다의 저항이 0.04[Ω]이라 하면 40[A]를 소비하는 B점의 전압 V_B와 20[A]를 소비하는 C점의 전압 V_C 를 구하시오 (단, 부하의 역률은 1이다.)

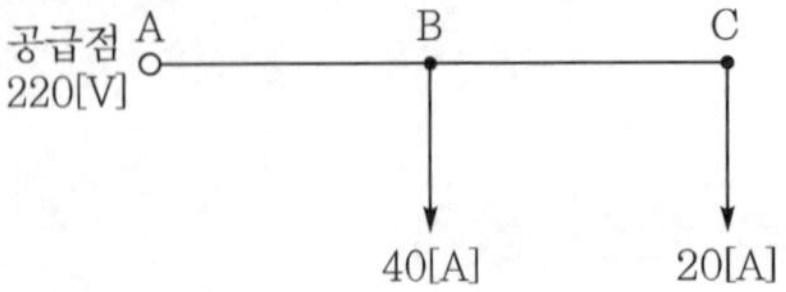

(1) B점의 전압 V_B

(2) C점의 전압 V_C

답안 (1) 217.6[V]

(2) 216[V]

해설 (1) $V_B = 220 - 0.02 \times 2 \times (40 + 20) = 217.6$[V]

(2) $V_C = 217.6 - 0.04 \times 2 \times 20 = 216$[V]

개념 문제 02 기사 97년 출제

배점 : 6점

그림에서 각 지점 간의 저항을 동일하다고 가정하고 간선 AD 사이에 전원을 공급하려고 한다. 전력 손실을 최소로 하려면 간선 AD 사이의 어느 지점에 전원을 공급하는 것이 가장 좋은가?

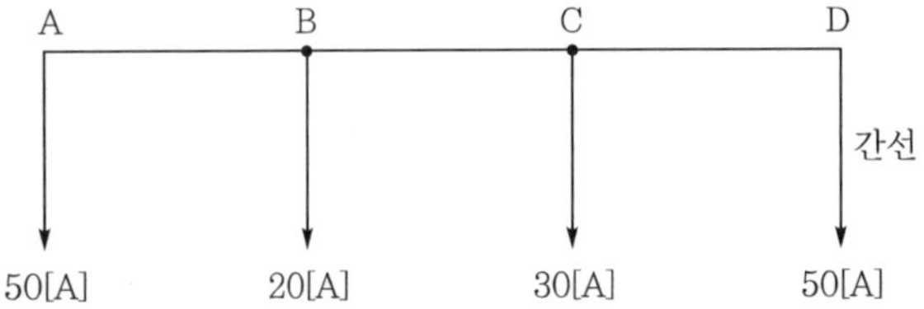

답안 C점에서 전력공급 시 전력 손실이 최소가 된다.

해설 각 구간의 저항을 R이라 하면 전력 손실 $P_L = I^2 R$[W]에서

- A점을 급전점으로 하였을 경우의 전력 손실은
  $P_A = (20+30+50)^2 R + (30+50)^2 R + 50^2 R = 18{,}900R$[W]
- B점을 급전점으로 하였을 경우의 전력 손실은
  $P_B = 50^2 R + (30+50)^2 R + 50^2 R = 11{,}400R$[W]
- C점을 급전점으로 하였을 경우의 전력 손실은
  $P_C = 50^2 R + (20+50)^2 R + 50^2 R = 9{,}900R$[W]
- D점을 급전점으로 하였을 경우의 전력 손실은
  $P_D = (50+20+30)^2 R + (50+20)^2 R + 50^2 R = 17{,}400R$[W]

개념 문제 03 기사 93년, 94년, 97년, 00년, 01년, 03년 출제

| 배점 : 7점 |

다음 물음에 답하시오.

(1) 전선의 굵기를 결정하는 요소 3가지를 기술하시오. (단, 부하가 결정되어 있고, 다른 부하는 없는 것으로 보는 경우이다.)

(2) 분전반에서 30[m]의 거리에 2[kW]의 교류 단상 220[V] 전열용 아우트렛을 설치하여 전압강하를 2[%] 이내가 되도록 하기 위한 전선의 굵기를 산정하시오. (단, 전선은 비닐 절연전선으로 하고 배선 방법은 금속관 공사로 한다.)

답안 (1) 허용전류, 전압강하, 기계적 강도

(2) 2.5[mm²]

해설
- 부하전류 $I = \frac{P}{V}$[A]
- 전압강하 $e = V \cdot \varepsilon$[V]
- 전선의 굵기 $A = \frac{35.6LI}{1{,}000 \cdot e}$[mm²]

(2) $I = \frac{2 \times 10^3}{220} = 9.09$[A], $e = 220 \times 0.02 = 4.4$[V], $A = \frac{35.6 \times 30 \times 9.09}{1{,}000 \times 4.4} = 2.206$[mm²]

개념 문제 04 기사 21년 출제

| 배점 : 6점 |

한국전기설비규정에 따른 수용가 설비에서의 전압강하에 대한 내용이다. 다음 각 물음에 답하시오.

(1) 다른 조건을 고려하지 않는다면 수용가 설비의 인입구로부터 기기까지의 전압강하는 다음 표의 값 이하이어야 한다. 다음 (   )에 들어갈 내용을 쓰시오.

설비의 유형	조명[%]	기타[%]
A – 저압으로 수전하는 경우	(①)	(②)
B – 고압 이상으로 수전하는 경우*	(③)	(④)

* 가능한 한 최종 회로 내의 전압강하가 A 유형의 값을 넘지 않도록 하는 것이 바람직하다.
사용자의 배선설비가 100[m]를 넘는 부분의 전압강하는 미터당 0.005[%] 증가할 수 있으나 이러한 증가분은 0.5[%]를 넘지 않아야 한다.

(2) (1)항의 조건보다 더 큰 전압강하를 허용할 수 있는 경우를 2가지만 쓰시오.

답안 (1) ① 3, ② 5, ③ 6, ④ 8

(2) • 기동시간 중의 전동기
• 돌입전류가 큰 기타 기기

개념 문제 05 기사 07년 출제

| 배점 : 8점 |

송전단 전압이 3,300[V]인 변전소로부터 6[km] 떨어진 곳까지 지중으로 역률 0.9(지상), 600[kW]의 3상 동력부하에 전력을 공급할 때 케이블의 허용전류(또는 안전전류) 범위 내에서 전압강하가 10[%]를 초과하지 않는 케이블을 다음 표에서 선정하시오. (단, 도체(동선)의 고유저항은 $\frac{1}{55}[\Omega \cdot \text{mm}^2/\text{m}]$로 하고 케이블의 정전용량 및 리액턴스 등은 무시한다.)

| 심선의 굵기와 허용전류 |

심선의 굵기[mm^2]	35	50	95	150	185
허용전류[A]	175	230	300	410	465

답안 95[mm^2] 선정

해설 전압강하율 $\varepsilon = \frac{V_s - V_r}{V_r} \times 100 = 10[\%]$이므로 수전단 전압 $V_r = \frac{V_s}{1+\varepsilon} = \frac{3{,}300}{1+0.1} = 3{,}000[\text{V}]$

전압강하 $e = \frac{P}{V_r}(R + X\tan\theta)$에서 리액턴스는 무시하므로

$e = \frac{P}{V_r}R = \frac{P}{V_r} \times \rho\frac{l}{A}$로 되어 전선 굵기 $A = \frac{P}{V_r} \times \rho\frac{l}{e}$가 된다.

$\therefore\ A = \frac{P}{V_r} \times \rho\frac{l}{e} = \frac{600 \times 10^3}{3{,}000} \times \frac{1}{55} \times \frac{6{,}000}{3{,}300 - 3{,}000} = 72.727[\text{mm}^2]$

1990년~최근 출제된 기출문제

CHAPTER 02

전압강하와 전압조정

단원 빈출문제

문제 01 기사 18년 출제

배점 : 5점

건축물의 전기설비 중 간선의 설계 시 고려사항을 5가지만 쓰시오.

답안
- 부하의 파악과 계통분류
- 간선방식
- 배선방식
- 배선규격
- 간선보호

문제 02 기사 19년 출제

배점 : 4점

공급변압기의 2차측 단자(전기사업자로부터 전기의 공급을 받고 있는 경우는 인입선 접속점)에서 최원단의 부하에 이르는 전선의 길이가 60[m]를 초과하는 경우의 전압강하 값을 쓰시오.

공급변압기의 2차측 단자 또는 인입선 접속점에서 최원단의 부하에 이르는 사이의 전선 길이	전기사업자로부터 저압으로 전기를 공급받는 경우	사용장소 안에 시설한 전용 변압기에서 공급하는 경우
120[m] 이하	4[%] 이하	(③)[%] 이하
200[m] 이하	(①)[%] 이하	6[%] 이하
200[m] 초과	(②)[%] 이하	(④)[%] 이하

답안 ① 5, ② 6, ③ 5, ④ 7

문제 03 기사 19년 출제

배점 : 4점

공급변압기의 2차측 단자(전기사업자로부터 전기를 공급을 받고 있는 경우는 인입선 접속점)에서 최원단의 부하에 이르는 전선의 길이가 60[m]인 경우 전압강하값을 쓰시오.

설비의 유형	조명[%]	기타[%]
A – 저압으로 수전하는 경우	(①)	(②)
B – 고압 이상으로 수전하는 경우	(③)	(④)

답안 ① 3, ② 5, ③ 6, ④ 8

해설 수용가 설비에서의 전압강하

- 다른 조건을 고려하지 않는다면 수용가 설비의 인입구로부터 기기까지의 전압강하는 다음 표의 값 이하이어야 한다.

설비의 유형	조명[%]	기타[%]
A – 저압으로 수전하는 경우	3	5
B – 고압 이상으로 수전하는 경우*	6	8

* 가능한 한 최종 회로 내의 전압강하가 A 유형의 값을 넘지 않도록 하는 것이 바람직하다.
사용자의 배선설비가 100[m]를 넘는 부분의 전압강하는 미터당 0.005[%] 증가할 수 있으나 이러한 증가분은 0.5[%]를 넘지 않아야 한다.

- 다음의 경우에는 표보다 더 큰 전압강하를 허용할 수 있다.
  - 기동시간 중의 전동기
  - 돌입전류가 큰 기타 기기
- 다음과 같은 일시적인 조건은 고려하지 않는다.
  - 과도 과전압
  - 비정상적인 사용으로 인한 전압변동

문제 04 기사 18년 출제

배점 : 7점

공칭전압 140[kV]의 3상 송전선로가 있다. 이 송전선의 4단자 정수는 $A=0.9$, $B=j70.7$, $C=j0.52\times10^{-3}$, $D=0.9$이다. 무부하 시에 송전단에 154[kV]를 인가하였을 때 다음을 구하시오.

(1) 수전단 전압[kV] 및 송전단 전류[A]를 구하시오.
 ① 수전단 전압
 ② 송전단 전류

(2) 수전단 전압을 140[kV]로 유지하기 위하여 수전단에서 공급해 주어야 할 무효전력 Q_c[kVar]을 구하시오.

답안 (1) ① 171.11[kV], ② $j51.37$[A]

(2) 55,425.28[kVar]

해설 (1) ① 무부하이므로 수전단 전류 $I_r=0$이다.

$E_s=AE_r+BI_r$에서

$$E_r=\frac{E_s}{A}=\frac{154}{0.9}=171.11[\text{kV}]$$

② $I_s=CE_r+DI_r$에서

$$I_s=CE_r=j0.52\times10^{-3}\times\frac{171.11}{\sqrt{3}}\times10^3=j51.37[\text{A}]$$

(2) $E_s=AE_r+BI_r$에서

$$I_r=\frac{E_s-AE_r}{B}=\frac{\frac{154}{\sqrt{3}}-0.9\times\frac{140}{\sqrt{3}}}{j70.7}\times10^3=-j228.57[\text{A}](\text{지상전류})$$

$$Q_c=\sqrt{3}\times140\times228.57=55{,}425.28[\text{kVar}]$$

문제 05 기사 97년, 03년 출제 | 배점 : 6점 |

그림과 같은 단상 3선식 배전선의 a, b, c 각 선간에 부하가 접속되어 있다. 전선의 저항은 3선이 같고, 각각 0.06[Ω]이라고 한다. ab, bc, ca 간의 전압을 구하시오. (단, 부하의 역률은 변압기의 2차 전압에 대한 것으로 하고, 또 선로의 리액턴스는 무시한다.)

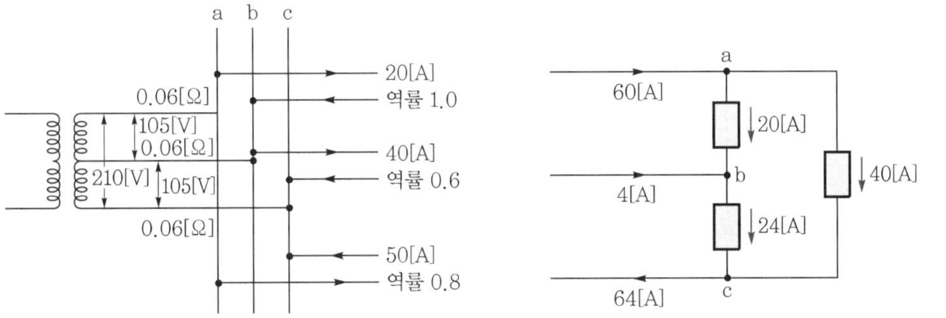

답안 $V_{ab}=105-(60\times0.06-4\times0.06)=101.64[\text{V}]$

$V_{bc}=105-(4\times0.06+64\times0.06)=100.92[\text{V}]$

$V_{ca}=210-(60\times0.06+64\times0.06)=202.56[\text{V}]$

문제 06 기사 18년 출제

배점 : 6점

그림과 같은 단상 3선식 배전선의 a, b, c 각 선간에 부하가 접속되어 있다. 전선의 저항은 세 선이 모두 같고, 각각 0.06[Ω]이라고 한다. ab, bc, ca 간의 전압[V]을 구하시오. (단, 부하의 역률은 변압기의 2차 전압에 대한 것으로 하고, 선로의 리액턴스는 무시한다.)

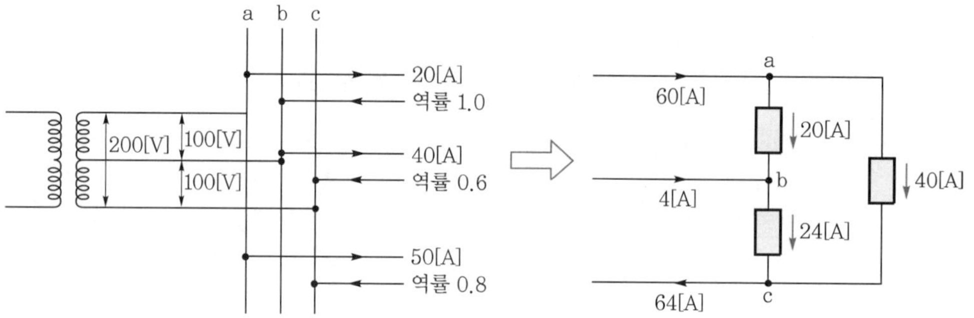

(1) ab간의 전압[V]
(2) bc간의 전압[V]
(3) ca간의 전압[V]

답안 (1) $V_{ab} = 100 - (60 \times 0.06 - 4 \times 0.06) = 96.64$[V]

(2) $V_{bc} = 100 - (4 \times 0.06 + 64 \times 0.06) = 95.92$[V]

(3) $V_{ca} = 200 - (60 \times 0.06 + 64 \times 0.06) = 192.56$[V]

문제 07 기사 17년 출제

배점 : 5점

공급점에서 30[m]의 지점에 80[A], 45[m]의 지점에 50[A], 60[m]의 지점에 30[A]의 부하가 걸려 있을 때, 부하 중심까지의 거리를 구하시오.

답안 $l_0 = \dfrac{\Sigma LI}{\Sigma I} = \dfrac{30 \times 80 + 45 \times 50 + 60 \times 30}{80 + 50 + 30} = 40.3125 = 40.31$[m]

문제 08 기사 22년 출제

배점 : 5점

다음은 어느 제조공장의 부하 목록이다. 부하 중심법 공식을 활용하여 부하의 중심 위치 (X, Y)를 구하시오. (단, X는 X축, Y는 Y축의 좌표값을 의미하며, 주어지지 않은 조건은 무시한다.)

구 분	분 류	소비전력량	위치(X)	위치(Y)
1	물류저장소	120[kWh]	4[m]	4[m]
2	유틸리티	60[kWh]	9[m]	3[m]
3	사무실	20[kWh]	9[m]	9[m]
4	생산라인	320[kWh]	6[m]	12[m]

답안 $X:6[\text{m}],\ \ Y:9[\text{m}]$

해설

$$X_0=\frac{120\times4+60\times9+20\times9+320\times6}{120+60+20+320}=6[\text{m}]$$

$$Y_0=\frac{120\times4+60\times3+20\times9+320\times12}{120+60+20+320}=9[\text{m}]$$

문제 09 기사 18년 출제

배점 : 5점

그림에서 각 지점 간의 저항을 동일하다고 가정하고 간선 AD 사이에 전원을 공급하려고 한다. 전력 손실을 최소로 하려면 간선 AD 사이의 어느 지점에 전원을 공급하는 것이 가장 좋은지 구하시오.

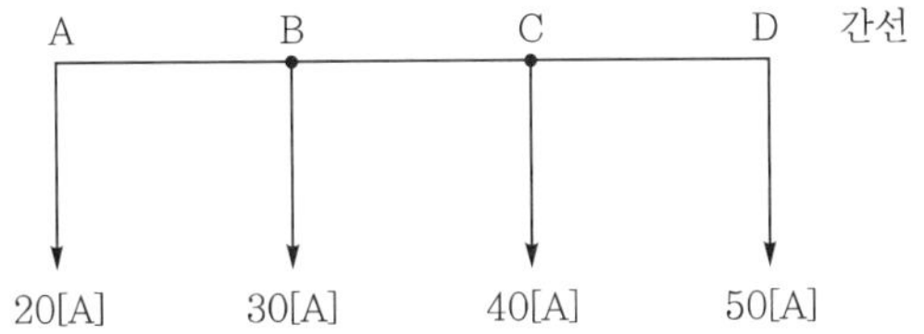

답안 C점을 급전점으로 하였을 경우 $P_L=20^2R+(20+30)^2R+50^2R=5{,}400R$이다. 그러므로 C점에서 전력공급 시 손실이 최소로 된다.

해설
- A점을 급전점으로 하였을 경우의 전력 손실
  $P_L=(30+40+50)^2R+(40+50)^2R+50^2R=25{,}000R$
- B점을 급전점으로 하였을 경우의 전력 손실
  $P_L=20^2R+(40+50)^2R+50^2R=11{,}000R$

- C점을 급전점으로 하였을 경우의 전력 손실
  $P_L = 20^2R + (20+30)^2R + 50^2R = 5{,}400R$
- D점을 급전점으로 하였을 경우의 전력 손실
  $P_L = 20^2R + (20+30)^2R + (20+30+40)^2R = 11{,}000R$

문제 10 기사 05년, 08년 출제

배점 : 5점

3상 3선식 송전선에서 수전단의 선간전압이 30[kV], 부하역률이 0.8인 경우 전압강하율이 10[%]라 하면 이 송전선은 몇 [kW]까지 수전할 수 있는가? (단, 전선 1선의 저항은 15[Ω], 리액턴스는 20[Ω]이라 하고, 기타의 선로정수는 무시하는 것으로 한다.)

답안 3,000[kW]

해설

전압강하율 $\delta = \dfrac{P}{V^2}(R + X\tan\theta)$에서 $P = \dfrac{\delta V^2}{R + X\tan\theta} \times 10^{-3}$[kW]

$$\therefore\ P = \frac{0.1 \times (30 \times 10^3)^2}{\left(15 + 20 \times \dfrac{0.6}{0.8}\right)} \times 10^{-3} = 3{,}000[\text{kW}]$$

문제 11 기사 19년 출제

배점 : 4점

3상 3선식 1회선 배전선로의 말단에 역률 80[%](지상)의 평형 3상 부하가 있다. 변전소 인출구 전압이 6,600[V], 부하의 단자전압이 6,000[V]일 때 부하전력은 몇 [kW]인지 구하시오. (단, 전선 1가닥당 저항은 1.4[Ω], 리액턴스는 1.8[Ω]이라고 하고, 기타의 선로정수는 무시한다.)

답안

전압강하 $e = \dfrac{P}{V}(R + X\tan\theta)$[V]에서

$$\text{부하전력 } P = \frac{eV}{R + X\tan\theta}$$

$$= \frac{(6{,}600 - 6{,}000) \times 6{,}000}{1.4 + 1.8 \times \dfrac{0.6}{0.8}} \times 10^{-3}$$

$$= 1{,}309.09[\text{kW}]$$

문제 **12** 기사 08년, 17년, 21년 출제

배점 : 5점

3상 배전선로의 말단에 늦은 역률 80[%]인 평형 3상의 집중 부하가 있다. 변전소 인출구의 전압이 3,300[V]인 경우 부하의 단자전압을 3,000[V] 이하로 떨어뜨리지 않으려면 부하전력은 얼마인가? (단, 전선 1선의 저항은 2[Ω], 리액턴스 1.8[Ω]으로 하고 그 이외의 선로정수는 무시한다.)

답안 268.66[kW]

해설

$e = \dfrac{P}{V_r}(R + X\tan\theta)$ 에서 $P = \dfrac{e \times V_r}{R + X\tan\theta} \times 10^{-3}$[kW]

$\therefore\ P = \dfrac{300 \times 3{,}000}{2 + 1.8 \times \dfrac{0.6}{0.8}} \times 10^{-3} = 268.66$[kW]

문제 **13** 기사 19년 출제

배점 : 6점

그림과 같은 3상 3선식 배전선로가 있다. 다음 각 물음에 답하시오. (단, 전선 1가닥당의 저항은 0.5[Ω/km]이다.)

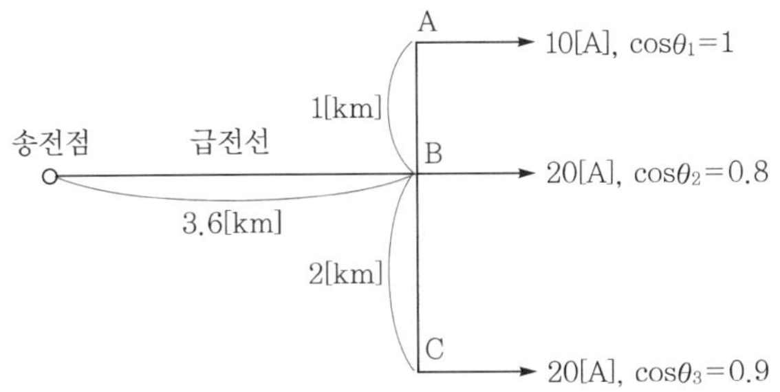

(1) 급전선에 흐르는 전류[A]를 구하시오.
(2) 배전선로의 전체 전력 손실[kW]을 구하시오.

답안 (1) 48.63[A]
(2) 14.12[kW]

해설

(1) $I = 10 + 20(0.8 + j0.6) + 20(0.9 + j\sqrt{1 - 0.9^2}) = 44 + j20.72 = 48.63$[A]

(2) $P_s = 48.63^2 \times 3.6 \times 0.5 \times 3 \times 10^{-3} = 12.77$[kW]

$P_{AB} = 10^2 \times 1 \times 0.5 \times 3 \times 10^{-3} = 0.15$[kW]

$P_{BC} = 20^2 \times 2 \times 0.5 \times 3 \times 10^{-3} = 1.2$[kW]

$\therefore$ 손실 합계 14.12[kW]

문제 14 기사 17년 출제

배점 : 4점

정격전류가 320[A]이고, 역률 0.85인 3상 유도전동기가 있다. 다음 제시한 자료에 의하여 전압강하를 계산하시오.

[참고자료]
- 전선 편도 길이 : 150[m]
- 사용전선의 특징 : $R=0.18$[Ω/km], $\omega L=0.102$[Ω/km], ωC는 무시한다.

답안

$$e = \sqrt{3}\, I(R\cos\theta + X\sin\theta)$$
$$= \sqrt{3}\times 320\times\left\{0.18\times 0.15\times 0.85 + 0.102\times 0.15\times\sqrt{(1-0.85^2)}\right\}$$
$$= 17.187[\mathrm{V}]$$

문제 15 기사 19년 출제

배점 : 5점

선로의 길이가 30[km]인 3상 3선식 2회선 송전선로가 있다. 수전단에 30[kV], 6,000[kW], 역률 0.8의 3상 부하에 공급할 경우 송전손실을 10[%] 이하로 하기 위해서는 전선의 굵기를 얼마로 하여야 하는가? (단, 사용전선의 고유저항은 $\frac{1}{55}$[Ω/mm^2]이고 전선의 굵기는 2.5, 4, 6, 16, 25, 35, 70, 90[mm^2]이다.)

답안 70[mm^2]

해설

$$A = \frac{P_r^2 \cdot \rho \cdot \ell}{P_\ell \cdot V^2 \cdot \cos^2\theta}$$
$$= \frac{6{,}000^2 \times \frac{1}{55}\times 30}{6{,}000\times 0.1\times 30^2\times 0.8^2}$$
$$= 56.82[\mathrm{mm}^2]$$

문제 **16** 기사 15년 출제

배점 : 4점

3상 3선식 배전선로의 1선당 저항이 77.8[Ω], 리액턴스가 11.63[Ω]이고 수전단 전압이 60[kV], 부하전류가 220[A], 역률 0.8(지상)의 3상 평형 부하가 접속되어 있을 경우 다음 각 물음에 답하시오.

(1) 송전단 전압을 구하시오.
 ① 계산 :
 ② 답 :
(2) 전압강하율을 계산하시오.
 ① 계산 :
 ② 답 :

답안 (1) ① 계산 : $V_s = V_r + \sqrt{3}I(R\cos\theta + X\sin\theta)$

$= 60{,}000 + \sqrt{3} \times 200 \times (7.78 \times 0.8 + 11.63 \times 0.6)$

$= 64{,}573.31[V]$

② 답 : 64,573.31[V]

(2) ① 계산 : $\varepsilon = \dfrac{V_s - V_r}{V_r} \times 100$

$= \dfrac{64{,}573.31 - 60{,}000}{60{,}000} \times 100$

$= 7.62[\%]$

② 답 : 7.62[%]

문제 **17** 기사 14년 출제

배점 : 5점

3상 3선식 배전선로에 역률 0.8, 출력 180[kW]인 3상 평형 유도부하가 접속되어 있다. 부하단의 수전전압이 6,000[V], 배전선 1조의 저항이 6[Ω], 리액턴스가 4[Ω]이라고 하면 송전단 전압은 몇 [V]인가?

답안 6,269.99[V]

해설

$P = \sqrt{3}\,VI\cos\theta$에서 $I = \dfrac{180 \times 10^3}{\sqrt{3} \times 6{,}000 \times 0.8} = 21.65[A]$

송전단 전압 $V_s = V_r + \sqrt{3}\,(R\cos\theta + X\sin\theta)$

$= 6{,}000 + \sqrt{3} \times 21.65 \times (6 \times 0.8 + 4 \times 0.6)$

$= 6{,}269.99[V]$

문제 18 기사 91년 출제

배점 : 4점

3상 3선식 송전선로가 있다. 수전단 전압이 60[kV], 역률 80[%], 전력 손실률이 10[%]이고 저항은 0.3[Ω/km], 리액턴스는 0.4[Ω/km], 전선의 길이는 20[km]일 때 이 송전선로의 송전단 전압은 몇 [kV]인가?

답안 67.68[V]

해설 전력 손실 $P_l = 0.1P = 0.1 \times \sqrt{3}\, V_r I \cos\theta$

전력 손실 $P_l = 3I^2R$

따라서, $3I^2R = 0.1 \times \sqrt{3}\, V_r I \cos\theta$

전류 $I = \dfrac{0.1 \times \sqrt{3}\, V_r \cos\theta}{3R} = \dfrac{0.1 \times \sqrt{3} \times 60{,}000 \times 0.8}{3 \times 0.3 \times 20} = 461.88[\mathrm{A}]$

송전단 전압 $V_s = V_r + \sqrt{3}\, I(R\cos\theta + X\sin\theta) \times 10^{-3}[\mathrm{kV}]$에서

$V_s = 60 + \sqrt{3} \times 461.88(0.3 \times 20 \times 0.8 + 0.4 \times 20 \times 0.6) \times 10^{-3} = 67.68[\mathrm{kV}]$

문제 19 기사 94년, 96년, 12년 출제

배점 : 6점

송전단 전압 66[kV], 수전단 전압 61[kV]인 송전선로에서 수전단의 부하를 끊은 경우의 수전단 전압이 63[kV]라 할 때 다음 각 물음에 답하시오.

(1) 전압강하율을 계산하시오.
(2) 전압변동률을 계산하시오.

답안 (1) 8.2[%]
(2) 3.28[%]

해설 (1) 전압강하율 $\varepsilon = \dfrac{V_s - V_r}{V_r} \times 100$

$= \dfrac{66 - 61}{61} \times 100$

$= 8.2[\%]$

(2) 전압변동률 $\delta = \dfrac{V_{r0} - V_{rn}}{V_{rn}} \times 100$

$= \dfrac{63 - 61}{61} \times 100$

$= 3.28[\%]$

문제 **20** 기사 01년 출제

배점 : 5점

전압과 역률이 일정할 때 전력을 몇 [%] 증가시키면 전력 손실이 2배로 되는지 구하시오.

답안

$P_\ell = \dfrac{{P_r}^2 \rho\, l}{A\,V^2 \cos^2\theta}$ 에서 선로의 전력 손실은 부하전력의 제곱에 비례하므로

$2P_\ell = (\sqrt{2}\,P_r)^2$로 되어 $\sqrt{2}$ 배, 즉 전력을 약 41[%] 증가시킨다.

문제 **21** 기사 08년 출제

배점 : 6점

부하전력 및 역률을 일정하게 유지하고 전압을 2배로 승압하면 전압강하, 전압강하율, 선로손실 및 선로손실률은 승압 전에 비교하여 각각 어떻게 되는가?

(1) 전압강하
① 계산 : ② 답 :
(2) 전압강하율
① 계산 : ② 답 :
(3) 선로손실
① 계산 : ② 답 :
(4) 선로손실률
① 계산 : ② 답 :

답안

(1) ① 계산 : $e \propto \dfrac{1}{V}$ 이므로 $e : e' = \dfrac{1}{V} : \dfrac{1}{2V}$

$\therefore$ 전압강하 $e' = \dfrac{V}{2V}e = \dfrac{1}{2}e$

② 답 : $\dfrac{1}{2}$ 배

(2) ① 계산 : $\varepsilon \propto \dfrac{1}{V^2}$ 이므로 $\varepsilon : \varepsilon' = \dfrac{1}{V^2} : \dfrac{1}{(2V)^2}$

$\therefore$ 전압강하율 $\varepsilon' = \left(\dfrac{V}{2V}\right)^2 \varepsilon = \dfrac{1}{4}\varepsilon$

② 답 : $\dfrac{1}{4}$ 배

(3) ① 계산 : $P_l \propto \dfrac{1}{V^2}$ 이므로 $P_l : P_l' = \dfrac{1}{V^2} : \dfrac{1}{(2V)^2}$

$\therefore$ 선로손실 $P_l' = \left(\dfrac{V}{2V}\right)^2 P_l = \dfrac{1}{4}P_l$

② 답 : $\dfrac{1}{4}$ 배

(4) ① 계산 : $k \propto \dfrac{1}{V^2}$ 이므로 $k : k' = \dfrac{1}{V^2} : \dfrac{1}{(2V)^2}$

$\therefore$ 선로손실률 $k' = \left(\dfrac{V}{2V}\right)^2 k = \dfrac{1}{4}k$

② 답 : $\dfrac{1}{4}$ 배

문제 22 기사 98년, 02년, 06년 출제

배점 : 5점

송전단의 전압이 3,300[V]인 변전소로부터 5.8[km] 떨어진 곳에 있는 역률 0.9(지상), 500[kW]의 3상 동력부하에 대하여 지중 송전선을 설치하여 전력을 공급하고자 한다. 케이블의 허용전류(또는 안전전류) 범위 내에서 전압강하가 10[%]를 초과하지 않도록 심선의 굵기를 결정하시오. (단, 케이블의 허용전류는 다음 표와 같으며 도체(동선)의 고유저항은 $\dfrac{1}{55}$[Ω · mm^2/m]로 하고 케이블의 정전용량 및 리액턴스 등은 무시한다.)

▌심선의 굵기와 허용전류▌

심선의 굵기[mm^2]	16	25	35	50	70	95	120	150
허용전류[A]	50	70	90	100	110	140	180	200

답안 70[mm^2] 선정

해설

전압강하율 $\varepsilon = \dfrac{V_s - V_r}{V_r} \times 100 = 10[\%]$이므로

수전단 전압 $V_r = \dfrac{V_s}{1+\varepsilon} = \dfrac{3{,}300}{1+0.1} = 3{,}000[\mathrm{V}]$

전압강하 $e = \dfrac{P}{V_r}(R + X\tan\theta)$에서 리액턴스는 무시하므로

$e = \dfrac{P}{V_r}R = \dfrac{P}{V_r} \times \rho\dfrac{l}{A}$ 로 되어 전선 굵기 $A = \dfrac{P}{V_r} \times \rho\dfrac{l}{e}$ 가 된다.

$$\therefore A = \frac{P}{V_r} \times \rho\frac{l}{e}$$

$$= \frac{500 \times 10^3}{3{,}000} \times \frac{1}{55} \times \frac{5{,}800}{3{,}300 - 3{,}000}$$

$$= 58.585[\mathrm{mm}^2]$$

문제 **23** 기사 21년 출제

배점 : 5점

송전단 전압이 3,300[V]인 3상 선로에서 수전단 전압을 3,150[V]로 유지하고자 한다. 부하전력 1,000[kW], 역률 0.8, 배전선로의 길이 3[km]이며, 선로의 리액턴스를 무시한다면 이에 적당한 경동선의 굵기[mm^2]를 선정하시오. (단, 경동선의 고유저항은 1.818×10^{-2}[Ω · mm^2/m]이며, 굵기는 95[mm^2], 120[mm^2], 150[mm^2], 185[mm^2], 240[mm^2]에서 선정한다.)

답안 120[mm^2] 선정

해설 전압강하 $e = \dfrac{P}{V_r}(R + X\tan\theta)$에서 리액턴스는 무시하므로

$e = \dfrac{P}{V_r}R = \dfrac{P}{V_r} \times \rho\dfrac{l}{A}$로 되어 전선 굵기 $A = \dfrac{P}{V_r} \times \rho\dfrac{l}{e}$가 된다.

$$\therefore\ A = \frac{P}{V_r} \times \rho\frac{l}{e} = \frac{1{,}000 \times 10^3}{3{,}150} \times 1.818 \times 10^{-2} \times \frac{3{,}000}{3{,}300 - 3{,}150} = 115.428[\text{mm}^2]$$

문제 **24** 기사 12년, 19년 출제

배점 : 5점

고압 수전의 수용가에서 3상 4선식 교류 380[V], 50[kVA] 부하가 변전실 배전반에서 270[m] 떨어져 설치되어 있다. 허용전압강하는 몇 [V]이며, 이 경우 배전용 케이블의 최소 굵기는 몇 [mm^2]로 하여야 하는지 선정하시오. [단, 전기사용장소 내 시설한 변압기이며, 케이블은 IEC 규격(6[mm^2], 10[mm^2], 16[mm^2], 25[mm^2], 35[mm^2], 50[mm^2])에 의한다.]

(1) 허용전압강하를 계산하시오.
(2) 케이블의 굵기를 선정하시오.

답안 (1) 거리에 따른 증가분

$(270 - 100) \times 0.005[\%] = 0.85[\%]$ ∴ 0.5[%] 적용

허용전압강하는 $5 + 0.5 = 5.5[\%]$이므로 전압강하 $e = 380 \times 5.5[\%] = 20.9[\text{V}]$

(2) 부하전류 $I = \dfrac{50 \times 10^3}{\sqrt{3} \times 380} = 75.97[\text{A}]$

전선의 굵기 : $A = \dfrac{17.8LI}{1{,}000e} = \dfrac{17.8 \times 270 \times 75.97}{1{,}000 \times 20.9} = 17.47[\text{mm}^2]$

∴ 25[mm^2]

해설 **수용가 설비에서의 전압강하**

다른 조건을 고려하지 않는다면 수용가 설비의 인입구로부터 기기까지의 전압강하는 다음 표의 값 이하이어야 한다.

설비의 유형	조명[%]	기타[%]
A－저압으로 수전하는 경우	3	5
B－고압 이상으로 수전하는 경우*	6	8

* 가능한 한 최종 회로 내의 전압강하가 A 유형의 값을 넘지 않도록 하는 것이 바람직하다.
사용자의 배선설비가 100[m]를 넘는 부분의 전압강하는 미터당 0.005[%] 증가할 수 있으나 이러한 증가분은 0.5[%]를 넘지 않아야 한다.

문제 25 기사 07년, 16년 출제

배점 : 4점

3상 3선식 배전선로의 각 선간의 전압강하의 근사값을 구하고자 하는 경우에 이용할 수 있는 약산식을 다음의 조건을 이용하여 구하시오.

[조건]
- 배전선로의 길이 : L[m], 배전선의 굵기 : A[mm^2], 배전선의 전류 : I[A]
- 표준연동선의 고유저항(20[℃]) : $\frac{1}{58}$[Ω · mm^2/m], 동선의 도전율 : 97[%]
- 선로의 리액턴스를 무시하고 역률은 1로 간주해도 무방한 경우임

- **계산 :**
- **답 :**

답안
- 계산 : 저항 $R=\frac{1}{58}\times\frac{100}{C}\times\frac{L}{A}=\frac{1}{58}\times\frac{100}{97}\times\frac{L}{A}=\frac{1}{56.26}\times\frac{L}{A}$

  전압강하 $e=\sqrt{3}\,IR=\sqrt{3}\,I\times\frac{1}{56.26}\times\frac{L}{A}=\frac{1}{32.48}\times\frac{IL}{A}$

  $=0.030788\times\frac{IL}{A}=\frac{30.8IL}{1{,}000A}$[V]
- 답 : $e=\frac{1}{32.48}\times\frac{IL}{A}$ 또는 $e=\frac{30.8IL}{1{,}000A}$[V]

문제 26 기사 05년 출제

배점 : 4점

3상 3선식 200[V] 회로에서 400[A]의 부하를 전선의 길이 100[m]인 곳에 사용할 경우 전압강하는 몇 [%]인가? (단, 사용전선의 단면적은 300[mm^2]이다.)

답안 2.06[%]

해설 전압강하 $e=\frac{30.8LI}{1{,}000A}=\frac{30.8\times100\times400}{1{,}000\times300}=4.11$[V]

전압강하율 $\varepsilon=\frac{V_s-V_r}{V_r}\times100=\frac{e}{V_r}\times100=\frac{4.11}{200}\times100=2.06$[%]

문제 **27** 기사 02년, 05년, 07년, 08년, 11년 출제

배점 : 9점

그림과 같은 3상 배전선에서 변전소(A점)의 전압은 3,300[V], 중간(B점) 지점의 부하는 50[A], 역률 0.8(지상), 말단(C점)의 부하는 50[A], 역률 0.8이고, A와 B 사이의 길이는 2[km], B와 C 사이의 길이는 4[km]이며, 선로의 [km]당 임피던스는 저항 0.9[Ω], 리액턴스는 0.4[Ω]이라고 할 때 다음 각 물음에 답하시오.

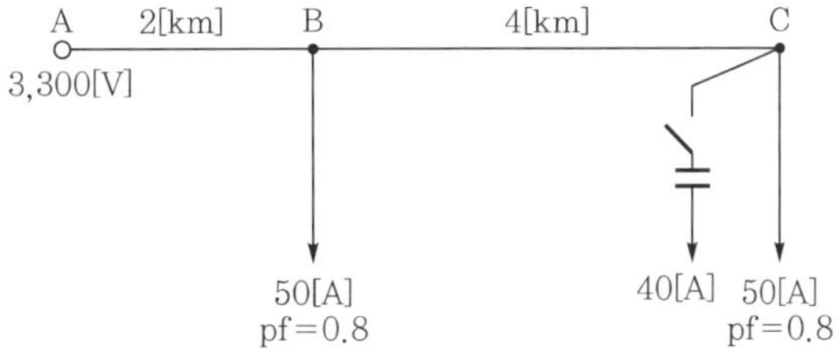

(1) 이 경우의 B점과 C점의 전압은 몇 [V]인가?
① B점의 전압
• 계산 : • 답 :
② C점의 전압
• 계산 : • 답 :

(2) C점에 전력용 콘덴서를 설치하여 진상전류 40[A]를 흘릴 때 B점과 C점의 전압은 각각 몇 [V]인가?
① B점의 전압
• 계산 : • 답 :
② C점의 전압
• 계산 : • 답 :

(3) 전력용 콘덴서를 설치하기 전과 후의 선로의 전력 손실을 구하시오.
① 전력용 콘덴서 설치 전
• 계산 : • 답 :
② 전력용 콘덴서 설치 후
• 계산 : • 답 :

답안 (1) ① B점의 전압

• 계산 : $V_B = V_A - \sqrt{3}\, I_1(R_1\cos\theta - X_1\sin\theta)$

$= 3{,}300 - \sqrt{3} \times 100(0.9 \times 2 \times 0.8 + 0.4 \times 2 \times 0.6) = 2{,}967.45[V]$

• 답 : 2,967.45[V]

② C점의 전압

• 계산 : $V_C = V_B - \sqrt{3}\, I_2(R_2\cos\theta + X_2\sin\theta)$

$= 2{,}967.45 - \sqrt{3} \times 50(0.9 \times 4 \times 0.8 + 0.4 \times 4 \times 0.6) = 2{,}634.9[V]$

• 답 : 2,634.9[V]

(2) ① B점의 전압

• 계산 : $V_B = V_A - \sqrt{3} \times \{I_1\cos\theta \cdot R_1 + (I_1\sin\theta + I_C) \cdot X_1\}$

$= 3{,}300 - \sqrt{3} \times \{100 \times 0.8 \times 1.8 + (100 \times 0.6 - 40) \times 0.8\} = 3{,}022.87[V]$

• 답 : 3,022.87[V]

② C점의 전압

• 계산 : $V_C = V_B - \sqrt{3} \times \{I_2 \cos\theta \cdot R_2 + (I_2 \sin\theta - I_C) \cdot X_2\}$

$= 3{,}022.87 - \sqrt{3} \times \{50 \times 0.8 \times 3.6 + (50 \times 0.6 - 40) \times 1.6\} = 2{,}801.17[V]$

• 답 : 2,801.17[V]

(3) ① 콘덴서 설치 전

• 계산 : $P_{L1} = 3I_1^2 R_1 + 3I_2^2 R_2 = 3 \times 100^2 \times 1.8 + 3 \times 50^2 \times 3.6 = 81{,}000[W] = 81[kW]$

• 답 : 81[kW]

② 콘덴서 설치 후

• 계산 : $I_1 = 100(0.8 - j0.6) + j40 = 80 - j20 = 82.46[A]$

$I_2 = 50(0.8 - j0.6) + j40 = 40 + j10 = 41.23[A]$

$\therefore\ P_{L2} = 3 \times 82.46^2 \times 1.8 + 3 \times 41.23^2 \times 3.6 = 55{,}080[W] = 55.08[kW]$

• 답 : 55.08[kW]

문제 28

기사 09년 출제

배점 : 5점

그림과 같이 환상 직류 배전선로에서 각 구간의 왕복저항은 0.1[Ω], 급전점 A의 전압은 100[V], 부하점 B, D의 부하전류는 각각 25[A], 50[A]라 할 때 부하점 B의 전압은 몇 [V]인가?

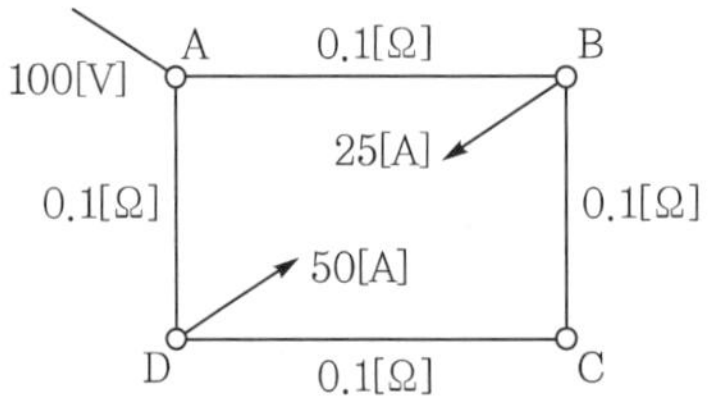

답안

• 계산 : $I_{AB} = \dfrac{0.3}{0.4} \times 25 + \dfrac{0.1}{0.4} \times 50 = 31.25[A]$

B의 전압 $V_B = V_A - I_{AB} R = 100 - 31.25 \times 0.1 = 96.88[V]$

• 답 : 96.88[V]

문제 29

기사 05년, 07년 출제

배점 : 3점

배전선 전압을 조정하는 방법을 3가지만 쓰시오.

답안

• 자동 전압 조정기(SVR, IR)
• 고정 승압기
• 병렬 콘덴서

1990년~최근 출제된 기출 이론 분석 및 유형별 문제

03 CHAPTER 고장계산

기출개념 01 고장계산 중요 공식

1 옴법

$$I_s = \frac{E}{Z} = \frac{E}{\sqrt{R^2 + X^2}}\,[\mathrm{A}]$$

여기서, I_s : 단락전류[A]

Z : 단락점에서 전원측을 본 계통 임피던스[Ω]

E : 단락점의 전압[kV]

2 퍼센트(%Z)법

$$\%Z = \frac{ZI_n}{V} \times 100\,[\%]$$

$$\%Z = \frac{P \cdot Z}{10\,{V_n}^2}\,[\%]$$

여기서, I_n : 정격전류[A]

V : 고장상의 정격전압[V]

P : 정격용량[kVA]

V_n : 정격전압[kV]

3 단위법 Z[pu]

$$Z = \frac{ZI_n}{V_n} = \frac{P \cdot Z}{10\,{V_n}^2} \times 10^{-2}\,[\mathrm{pu}]$$

4 단락전류(차단전류) 계산

$\%Z = \frac{I_n Z}{E_n} \times 100\,[\%]$에서 $Z = \frac{\%ZE_n}{100I_n}$이므로 단락전류 $I_s = \frac{E_n}{\frac{\%ZE_n}{100I_n}} = \frac{100}{\%Z} \times I_n$으로 된다.

5 단락용량(P_s) 계산

(1) 정격용량

$$P_n = \sqrt{3}\ V_n I_n [\text{kVA}]$$

(2) 단락전류

$$I_s = \frac{100}{\%Z} \times I_n = \frac{100}{\%Z} \times \frac{P_n}{\sqrt{3}\ V_n} [\text{A}]$$

(3) 단락용량

$$P_s = \sqrt{3}\ V_n I_s = \sqrt{3}\ V_n \times \frac{100}{\%Z} \times \frac{P_n}{\sqrt{3}\ V_n} = \frac{100}{\%Z} P_n [\text{kVA}]$$

6 차단기의 차단용량 계산

$$P_s [\text{kVA}] = \sqrt{3} \times \text{정격전압}[\text{kV}] \times \text{정격차단전류}[\text{A}]$$

개념 문제 01 기사 16년 출제 | 배점 : 6점 |

어떤 건축물의 변전설비가 22.9[kV-Y], 용량 500[kVA]이다. 변압기 2차측 모선에 연결되어 있는 배선용 차단기(MCCB)에 대하여 다음 각 물음에 답하시오. (단, 변압기의 $\%Z = 5$[%], 2차 전압은 380[V]이고, 선로의 임피던스는 무시한다.)

(1) 변압기 2차측 정격전류[A]
(2) 변압기 2차측 단락전류[A] 및 배선용 차단기의 최소 차단전류[kA]
  ① 변압기 2차측 단락전류[A]
  ② 배선용 차단기의 최소 차단전류[kA]
(3) 차단용량[MVA]

답안 (1) 759.67[A]
(2) ① 15,193.4[A]
  ② 15.2[kA]
(3) 10[MVA]

해설
(1) $I_{2n} = \dfrac{P}{\sqrt{3}\ V} = \dfrac{500 \times 10^3}{\sqrt{3} \times 380} = 759.67[\text{A}]$

(2) ① $I_{2s} = \dfrac{100}{\%Z} I_{2n} = \dfrac{100}{5} \times 759.67 = 15{,}193.4[\text{A}]$

(3) $P_s = \dfrac{100}{\%Z} P_n = \dfrac{100}{5} \times 500 = 10{,}000[\text{kVA}] = 10[\text{MVA}]$

개념 문제 02 기사 08년 출제

| 배점 : 9점 |

그림과 같이 수용가 인입구의 전압이 22.9[kV], 주차단기의 차단용량이 250[MVA]이며, 10[MVA], 22.9/3.3[kV] 변압기의 임피던스가 5.5[%]일 때 다음 각 물음에 답하시오.

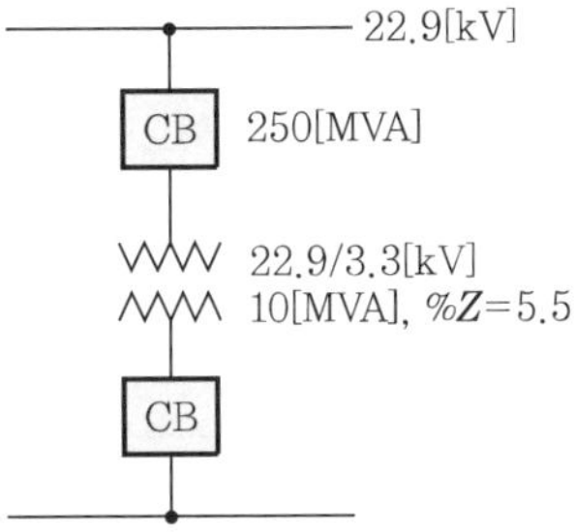

(1) 기준용량은 10[MVA]로 정하고 임피던스 맵(Impedance Map)을 그리시오.

(2) 합성 %임피던스를 구하시오.

(3) 변압기 2차측에 필요한 차단기 용량을 구하여 제시된 표(차단기의 정격차단용량표)를 참조하여 차단기 용량을 선정하시오.

차단기의 정격용량[MVA]										
10	20	30	50	75	100	150	250	300	400	500

답안 (1)

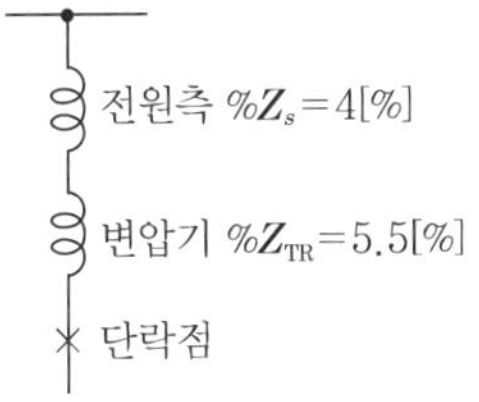

(2) 9.5[%]

(3) 150[MVA]

해설

(1) 전원측 %임피던스 $\%Z_s = \frac{P_n}{P_s} \times 100 = \frac{10}{250} \times 100 = 4[\%]$

(2) 합성 $\%Z = \%Z_s + \%Z_{TR} = 4 + 5.5 = 9.5[\%]$

(3) $P_s = \frac{100}{9.5} \times 10 = 105.26[\text{MVA}]$

∵ 차단용량은 단락용량보다 커야 하므로 표에서 150[MVA] 선정

개념 문제 03 기사 94년, 03년, 05년, 07년, 13년 출제

배점 : 14점

그림과 같은 송전계통 S점에서 3상 단락사고가 발생하였다. 주어진 도면과 조건을 참고하여 다음 각 물음에 답하시오.

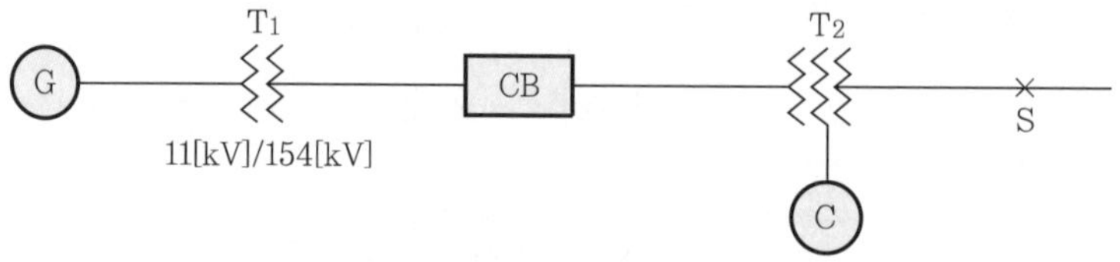

[조건]

번 호	기기명	용 량	전 압	%X
1	발전기(G)	50,000[kVA]	11[kV]	30
2	변압기(T_1)	50,000[kVA]	11/154[kV]	12
3	송전선		154[kV]	10(10,000[kVA] 기준)
4	변압기(T_2)	1차 25,000[kVA]	154[kV]	12(25,000[kVA], 1차~2차)
		2차 30,000[kVA]	77[kV]	15(25,000[kVA], 2차~3차)
		3차 10,000[kVA]	11[kV]	10.8(10,000[kVA], 3차~1차)
5	조상기(C)	10,000[kVA]	11[kV]	20

(1) 발전기, 변압기(T_1), 송전선 및 조상기의 %리액턴스를 기준출력 100[MVA]로 환산하시오.
① 발전기
② 변압기(T_1)
③ 송전선
④ 조상기

(2) 변압기(T_2)의 각각의 %리액턴스를 100[MVA] 출력으로 환산하고, 1차(P), 2차(T), 3차(S)의 %리액턴스를 구하시오.

(3) 고장점과 차단기를 통과하는 각각의 단락전류를 구하시오.
① 고장점의 단락전류
② 차단기의 단락전류

(4) 차단기의 차단용량은 몇 [MVA]인가?

답안 (1) ① 60[%]
② 24[%]
③ 100[%]
④ 200[%]

(2) • 1차~2차간 : 48[%]
• 2차~3차간 : 60[%]
• 3차~1차간 : 108[%]
• 1차 : 48[%]
• 2차 : 0[%]
• 3차 : 60[%]

(3) ① 323.2[A]
② 161.6[A]

(4) 47.58[MVA]

해설

(1) ① 발전기 $\%X_G = \frac{100}{50} \times 30 = 60[\%]$

② 변압기 $\%X_T = \frac{100}{50} \times 12 = 24[\%]$

③ 송전선 $\%X_l = \frac{100}{10} \times 10 = 100[\%]$

④ 조상기 $\%X_C = \frac{100}{10} \times 20 = 200[\%]$

(2) • 1차~2차간 $X_{12} = \frac{100}{25} \times 12 = 48[\%]$

• 2차~3차간 $X_{23} = \frac{100}{25} \times 15 = 60[\%]$

• 3차~1차간 $X_{31} = \frac{100}{10} \times 10.8 = 108[\%]$

• 1차 $X_1 = \frac{48 + 108 - 60}{2} = 48[\%]$

• 2차 $X_2 = \frac{48 + 60 - 108}{2} = 0[\%]$

• 3차 $X_3 = \frac{60 + 108 - 48}{2} = 60[\%]$

(3) 발전기에서 T_2 변압기 1차까지 $\%X_1 = 60 + 24 + 100 + 48 = 232[\%]$

조상기에서 T_2 변압기 3차까지 $\%X_2 = 200 + 60 = 260[\%]$

합성 $\%Z = \frac{\%X_1 \times \%X_2}{\%X_1 + \%X_2} + X_T = \frac{232 \times 260}{232 + 260} + 0 = 122.6[\%]$

• 단락전류 $I_s = \frac{100}{\%Z} \times I_n = \frac{100}{122.6} \times \frac{100{,}000}{\sqrt{3} \times 77} = 611.59[A]$

① 고장점의 단락전류 $I_{s1} = I_s \times \frac{\%X_2}{\%X_1 + \%X_2} = 611.59 \times \frac{260}{232 + 260} = 323.2[A]$

② 차단기의 단락전류 : 고장점의 단락전류를 154[kV]로 환산하면

$I_{s10} = 323.2 \times \frac{77}{154} = 161.6[A]$

(4) $P_s = \sqrt{3}\, V I_{s10} = \sqrt{3} \times 170 \times 161.6 \times 10^{-3} = 47.58[MVA]$

개념 문제 04 기사 18년 출제

| 배점 : 6점 |

상전압이 불평형으로 되어 각각 $\dot{V}_a = 7.3\angle 12.5$, $\dot{V}_b = 0.4\angle -100$, $\dot{V}_c = 4.4\angle 154$로 주어져 있다고 가정할 경우 이들의 대칭 성분 $\dot{V}_0$, $\dot{V}_1$, $\dot{V}_2$를 구하시오.

(1) 대칭 성분 $\dot{V}_0$

(2) 대칭 성분 $\dot{V}_1$

(3) 대칭 성분 $\dot{V}_2$

답안 (1) $1.034 + j1.038$[V]

(2) $3.717 + j1.392$[V]

(3) $2.376 - j0.851$[V]

해설

(1) $\dot{V}_0 = \frac{1}{3}[(7.3\angle 12.5) + (0.4\angle -100) + (4.4\angle 154)]$

$= \frac{1}{3}(7.126 + j1.58 - 0.069 - j0.394 - 3.955 + j1.929)$

$= 1.034 + j1.038$[V]

(2) $\dot{V}_1 = \frac{1}{3}[(7.3\angle 12.5) + (1\angle 120 \times 0.4\angle -100) + (1\angle 240 \times 4.4\angle 154)]$

$= \frac{1}{3}(7.126 + j1.58 + 0.376 + j0.137 + 3.648 + j2.46)$

$= 3.717 + j1.392$[V]

(3) $\dot{V}_2 = \frac{1}{3}[(7.3\angle 12.5) + (1\angle 240 \times 0.4\angle -100) + (1\angle 120 \times 4.4\angle 154)]$

$= \frac{1}{3}(7.126 + j1.58 - 0.306 + j0.257 + 0.307 - j4.389)$

$= 2.376 - j0.851$[V]

1990년~최근 출제된 기출문제

CHAPTER 03

고장계산

단원 빈출문제

문제 01 기사 09년 출제

배점 : 5점

그림과 같은 3상 △결선의 선로에서 선간전압이 220[V], 대지정전용량 $C_s = 2[\mu F]$일 경우 A상 지락 시 지락전류[mA]는 얼마인가?

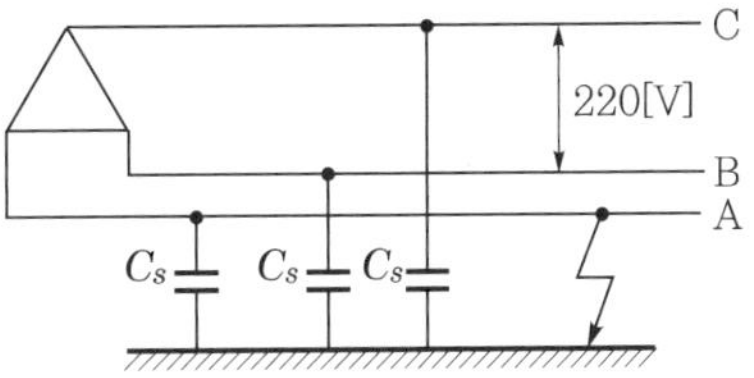

답안 287.31[mA]

해설 $I_c = \sqrt{3} \times 2\pi \times 60 \times 2 \times 10^{-6} \times 220 \times 10^3 = 287.31[mA]$

문제 02 기사 00년, 11년 출제

배점 : 4점

그림과 같은 회로에서 단상전압 100[V] 전동기의 전압측 리드선과 전동기 외함 사이가 완전히 지락되었다. 변압기의 저압측은 중성점 접지로 저항이 20[Ω], 전동기의 저항은 보호접지로 30[Ω]이라 할 때, 변압기 및 선로의 임피던스를 무시한 경우, 접촉한 사람에게 위험을 줄 대지전압은 몇 [V]인지 계산하시오.

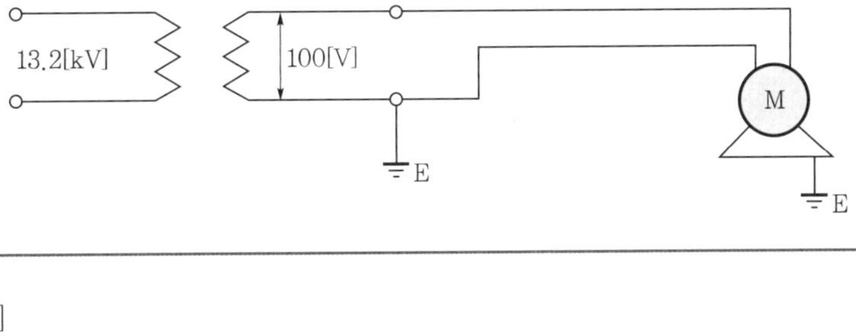

답안 60[V]

해설 $V_e = \dfrac{30}{20+30} \times 100 = 60[V]$

문제 03 기사 10년 출제

배점 : 5점

220[V] 전동기의 철대를 접지해 절연 파괴로 인한 철대와 대지 사이에 위험 전압을 25[V] 이하로 하고자 한다. 공급 변압기의 중성점 접지저항값이 10[Ω], 저압 전로의 임피던스를 무시할 경우, 전동기의 외함 및 철대 접지저항의 최댓값[Ω]을 구하시오.

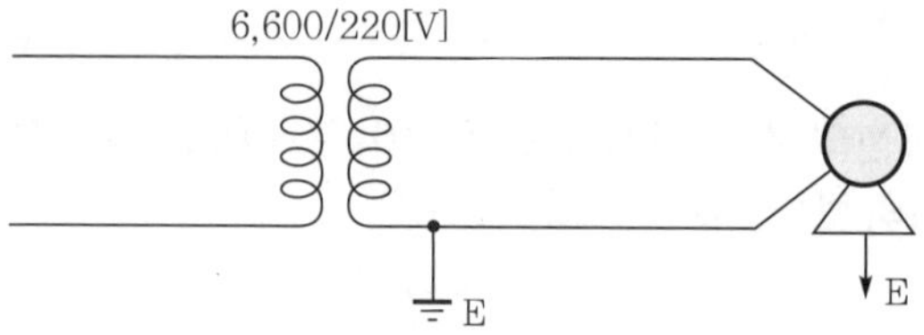

답안 1.28[Ω]

해설 지락전류 $I_g = \frac{E}{R_2 + R_3}$[A]

접촉전압 $E_g = I_g R_3 = \frac{E}{R_2 + R_3} \times R_3$에서 $R_3 = \frac{E_g R_2}{E - E_g} = \frac{25 \times 10}{220 - 25} = 1.28$[Ω]

문제 04 기사 12년 출제

배점 : 10점

다음 그림은 저압 전로에 있어서의 지락고장을 표시한 그림이다. 그림의 전동기(단상 110[V])의 내부와 외함 간에 누전으로 지락사고를 일으킨 경우 변압기 저압측 전로의 1선은 전기설비규정에 의하여 고·저압 혼촉 시의 대지전위 상승을 억제하기 위한 접지공사를 하도록 규정하고 있다. 다음 물음에 답하시오.

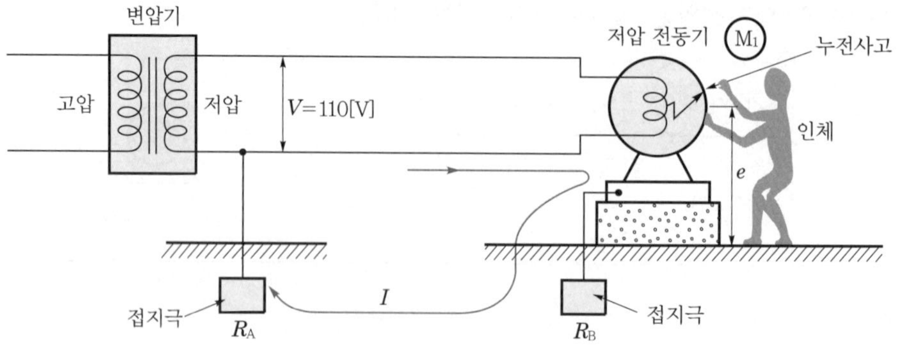

(1) 저압 전동기 M_1의 외함 및 철대는 누전 시 보안상의 이유로 어떤 접지공사를 하여야 하는가?
(2) 변압기 저압측 전로의 1선에 시행하는 접지 시스템은?
(3) 앞의 그림에 대한 등가회로를 그리면 아래와 같다. 물음에 답하시오.

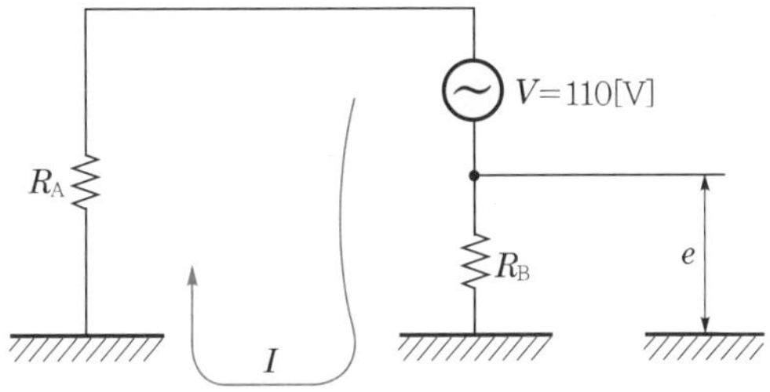

① 등가회로상의 e는 무엇을 의미하는가?
② 등가회로상의 e의 값을 표시하는 수식을 표시하시오.
③ 저압회로의 지락전류 $I=\dfrac{V}{R_A+R_B}$[A]로 표시할 수 있다. 고압측 전로의 중성점이 비접지식인 경우에 고압측 전로의 1선 지락전류가 4[A]라고 하면 변압기의 2차측(저압측)에 대한 접지저항값은 얼마인가? 또, 위에서 구한 접지저항값(R_A)을 기준으로 하였을 때의 R_B의 값을 구하고 위 등가회로상의 I, 즉 저압측 전로의 1선 지락전류를 구하시오. (단, e의 값은 25[V]로 제한하도록 한다.)

(4) 접지극 매설 깊이는 얼마 이하로 하는가?
(5) 변압기 2차측 접지선은 단면적 몇 [mm^2] 이상의 연동선이나 이와 동등 이상의 세기 및 굵기의 것을 사용해야 하는가?

답안 (1) 보호접지
(2) 중성점 접지
(3) ① 접촉전압

② $e=\dfrac{R_B}{R_A+R_B}\times V$

③ $R_B=11.03[\Omega]$, $I=2.27[A]$

(4) 75[cm]
(5) 6[mm^2]

해설
(3) ③ $R_A=\dfrac{150}{I}=\dfrac{150}{4}=37.5[\Omega]$이므로 $25=\dfrac{R_B}{37.5+R_B}\times 110$에서 $R_B=11.03[\Omega]$

$$I=\frac{V}{R_A+R_B}=\frac{110}{37.5+11.03}=2.27[A]$$

문제 05 기사 98년, 02년 출제

배점 : 8점

그림은 고압측 전로가 비접지식인 전로에서 고 · 저압 혼촉사고가 발생된 것을 표시한 것이다. 변압기 TR_1의 내부에서 혼촉사고가 발생되었다고 할 때 다음 각 물음에 답하시오. (단, 대지정전용량 $C=1.16[\mu F]$이고, 지락저항은 무시한다고 하며, I는 고압 전로의 1선 지락전류이다.)

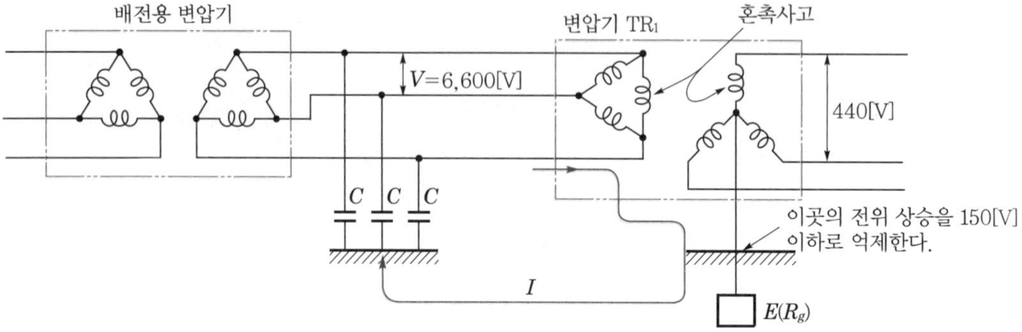

(1) 전로의 대지정전용량에 흐르는 전류(충전전류)는 몇 [A]인가?
(2) 변압기 TR_1의 2차측 중성점 접지저항 R_g는 몇 [Ω] 이하로 하여야 하는가?
(3) 변압기 결선에 대한 결선도(Δ-Δ, Δ-Y)를 작성하시오.

답안
(1) 1.67[A]
(2) 30[Ω]
(3) • △-△ • △-Y

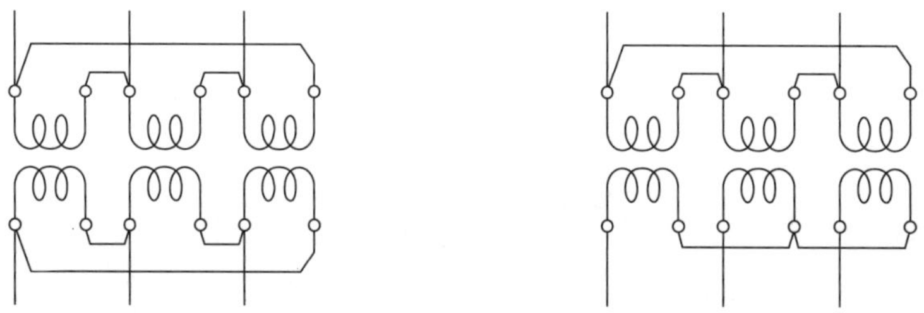

해설
(1) 충전전류 $I_c = 2\pi fC \times \frac{V}{\sqrt{3}} = 2\pi \times 60 \times 1.16 \times 10^{-6} \times \frac{6,600}{\sqrt{3}} \fallingdotseq 1.67[A]$

(2) • $I_g = 3 \times 2\pi \times 60 \times 1.16 \times 10^{-6} \times \frac{6,600}{\sqrt{3}} \fallingdotseq 5[A]$

• 접지저항값 $R_g = \frac{150}{I} = \frac{150}{5} = 30[\Omega]$

문제 06 기사 20년 출제

배점 : 8점

다음 그림은 선로에 변류기 3대를 접속시키고 그 잔류회로에 지락 계전기(DG)를 삽입시킨 것이다. 변압기 2차측의 선로전압은 66[kV]이고, 중성점에 300[Ω]의 저항접지로 하였으며, 변류기의 변류비는 300/5이다. 송전전력은 20,000[kW], 역률은 0.8(지상)이고 a상에 완전 지락사고가 발생하였다고 할 때 다음 각 물음에 답하시오.

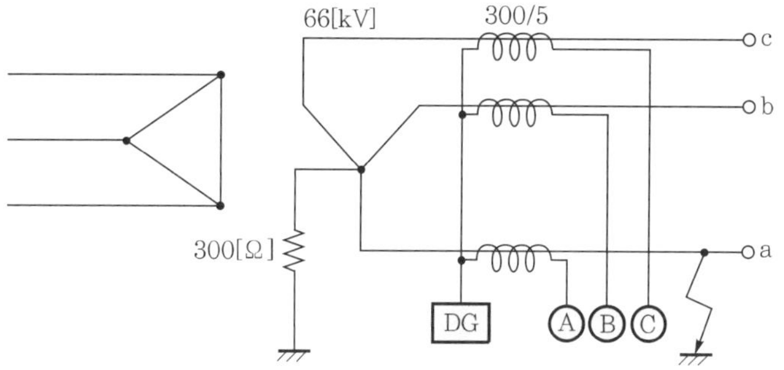

(1) 지락 계전기(DG)에 흐르는 전류는 몇 [A]인지 구하시오.
(2) a상 전류계 Ⓐ에 흐르는 전류는 몇 [A]인지 구하시오.
(3) b상 전류계 Ⓑ에 흐르는 전류는 몇 [A]인지 구하시오.
(4) c상 전류계 Ⓒ에 흐르는 전류는 몇 [A]인지 구하시오.

답안 (1) 2.12[A]
(2) 5.49[A]
(3) 3.64[A]
(4) 3.64[A]

해설 (1) $I_g = \frac{V/\sqrt{3}}{R} = \frac{66{,}000}{\sqrt{3}\times 300} = 127.02[A]$

$\therefore\ I_{DG} = 127.02 \times \frac{5}{300} = 2.12[A]$

(2) 전류계 Ⓐ에는 부하전류와 지락전류의 합이 흐르므로

$I_a = \frac{20{,}000}{\sqrt{3}\times 66 \times 0.8} \times (0.8 - j0.6) + \frac{66\times 10^3/\sqrt{3}}{300} = 329.24[A]$

$\therefore$ Ⓐ $= 329.24 \times \frac{5}{300} = 5.49[A]$

(3) 전류계 Ⓑ에는 부하전류가 흐르므로

$I_b = \frac{20{,}000}{\sqrt{3}\times 66 \times 0.8} = 218.69[A]$

$\therefore$ Ⓑ $= 218.69 \times \frac{5}{300} = 3.64[A]$

(4) 전류계 Ⓒ에도 부하전류가 흐르므로

$\therefore\ A_c = A_b = 3.64[A]$

문제 07 기사 05년 출제

배점 : 5점

전력계통의 발전기, 변압기 등의 증설이나 송전선의 신 · 증설로 인하여 단락 · 지락전류가 증가하여 송변전 기기에의 손상이 증대되고, 부근에 있는 통신선의 유도장해가 증가하는 등의 문제점이 예상된다. 따라서 이러한 문제점을 해결하기 위하여 전력계통의 단락용량의 경감 대책을 세워야 한다. 이 대책을 3가지만 쓰시오.

답안
- 고 임피던스 기기를 채택한다.
- 모선계통을 분리 운용한다.
- 한류 리액터를 설치한다.

문제 08 기사 18년 출제

배점 : 6점

수전전압 6,600[V], 가공전선로의 %임피던스가 58.5[%]일 때, 수전점의 3상 단락전류가 8,000[A]인 경우 기준용량을 구하고, 수전용 차단기의 차단용량을 표에서 선정하시오.

차단기 정격용량[MVA]								
20	30	50	75	100	150	250	300	400

(1) 기준용량
(2) 차단용량

답안 (1) 91.45[MVA]
(2) 100[MVA]

해설
(1) 정격전류 $I_n = \dfrac{\%Z}{100} \times I_s$

$= \dfrac{58.5}{100} \times 8{,}000$

$= 4{,}680[\text{A}]$

$\therefore\ P_n = \sqrt{3} \times 6{,}600 \times 8{,}000 \times 10^{-6}$

$= 91.45[\text{MVA}]$

(2) $P_n = \sqrt{3} \times 7{,}200 \times 8{,}000 \times 10^{-6}$

$= 99.766[\text{MVA}]$

문제 09 기사 11년 출제

배점 : 6점

그림과 같은 송전계통 S점에서 3상 단락사고가 발생하였다. 주어진 도면과 조건을 참고하여 발전기, 변압기(T_1), 송전선 및 조상기의 %리액턴스를 기준출력 100[MVA]로 환산하시오.

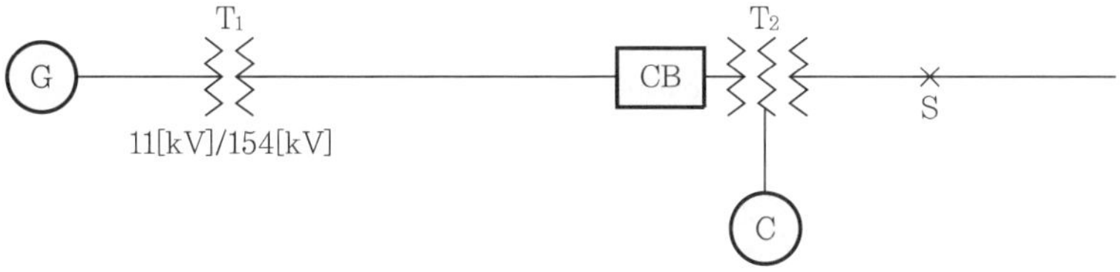

[조건]

번 호	기기명	용 량	전 압	%X
1	G : 발전기	50,000[kVA]	11[kV]	30
2	T_1 : 변압기	50,000[kVA]	11/154[kV]	12
3	송전선	10,000[kVA]	154[kV]	10(10,000[kVA])
4	T_2 : 변압기	1차 25,000[kVA]	154[kV]	12(25,000[kVA], 1차~2차)
		2차 30,000[kVA]	77[kV]	15(25,000[kVA], 2차~3차)
		3차 10,000[kVA]	11[kV]	10.8(10,000[kVA], 3차~1차)
5	C : 조상기	10,000[kVA]	11[kV]	20(10,000[kVA])

답안
- 발전기 : 60[%]
- T_1 변압기 : 24[%]
- 송전선 : 100[%]
- 조상기 : 200[%]

해설

$$\%X = \frac{\text{기준용량[kVA]}}{\text{자기용량[kVA]}} \times \text{자기용량 기준 }\%X$$

- 발전기 $\%X_G = \frac{100}{50} \times 30 = 60[\%]$
- T_1 변압기 $\%X_T = \frac{100}{50} \times 12 = 24[\%]$
- 송전선 $\%X_l = \frac{100}{10} \times 10 = 100[\%]$
- 조상기 $\%X_C = \frac{100}{10} \times 20 = 200[\%]$

문제 **10** 기사 04년, 21년 출제

배점 : 5점

그림에서 차단기 B의 정격차단용량을 100[MVA]로 제한하기 위한 한류 리액터(X_L)의 %리액턴스는 몇 [%]인지 구하시오. (단, 10[MVA]를 기준으로 한다.)

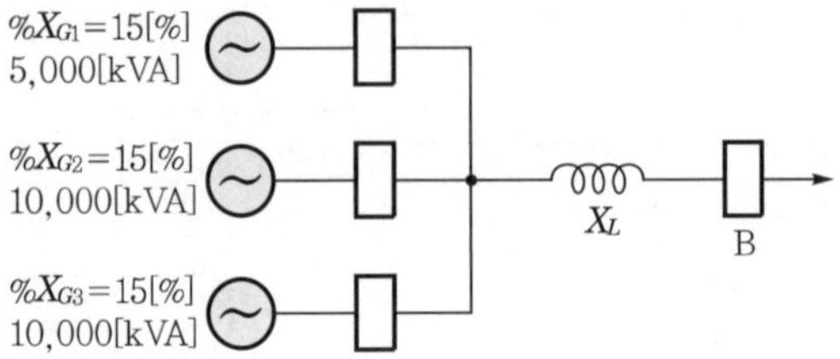

답안 4[%]

해설 • 10[MVA]로 환산한 합성 $\%X_G$는

$$\%X_{G1} = \frac{10}{5} \times 15 = 30[\%],\ \ \%X_{G2} = 15[\%],\ \ \%X_{G3} = 15[\%]$$

$$\therefore\ \%X_G = \frac{1}{\frac{1}{30} + \frac{1}{15} + \frac{1}{15}} = 6[\%]$$

• 단락용량 $P_s = \frac{100}{\%Z} P_n \fallingdotseq \frac{100}{\%X} P_n$에서 $100 = \frac{100}{6 + \%X_L} \times 10$

$$\therefore\ \%X_L = \frac{100}{100} \times 10 - 6 = 4[\%]$$

문제 **11** 기사 18년 출제

배점 : 14점

그림과 같은 송전계통의 한 지점인 S에서 3상 단락사고가 발생하였다. 주어진 조건을 이용하여 다음 각 물음에 답하시오.

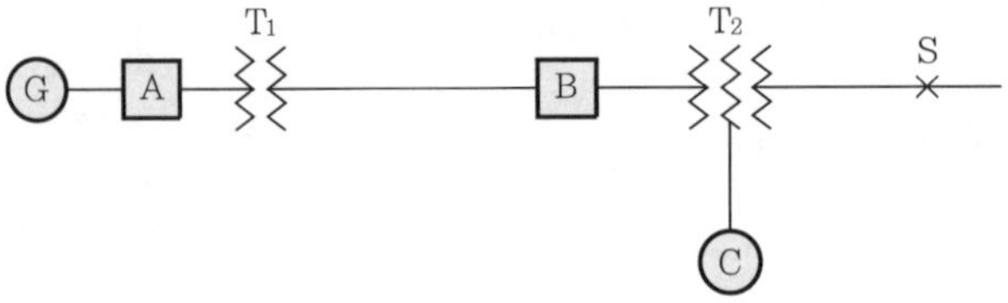

기기명	용 량	전 압	%임피던스
발전기(G)	50,000[kVA]	11[kV]	25
변압기(T_1)	50,000[kVA]	11/154[kV]	10
송전선		154[kV]	8(10,000[kVA] 기준)
변압기(T_2)	1차 25,000[kVA]	154[kV]	12(25,000[kVA] 기준, 1차~2차)
	2차 30,000[kVA]	77[kV]	16(25,000[kVA] 기준, 2차~3차)
	3차 10,000[kVA]	11[kV]	9.5(10,000[kVA] 기준, 3차~1차)
조상기(C)	10,000[kVA]	11[kV]	15

(1) 변압기(T_2)의 %임피던스를 10[MVA] 기준으로 계산하여 각 권선의 %임피던스를 구하시오.
(2) 변압기(T_2)의 1, 2, 3차 %임피던스를 구하시오.
(3) 고장점 S에서 본 전원측 %임피던스는 10[MVA] 기준으로 얼마인지 구하시오.
(4) S점 단락사고 시의 용량은 몇 [MVA]인지 구하시오.
(5) 고장점을 통과하는 단락전류는 몇 [A]인지 구하시오.

답안 (1) 1차 − 2차 : 4.8[%], 2차 − 3차 : 6.4[%], 3차 − 1차 : 9.5[%]
1차 권선 : 3.95[%], 2차 권선 : 0.85[%], 3차 권선 : 5.55[%]

(2) $\%Z_1 = 9.875[\%]$, $\%Z_2 = 2.125[\%]$, $\%Z_3 = 5.55[\%]$

(3) 10.71[%]

(4) 93.37[MVA]

(5) 700.12[A]

해설 (1) • 1차 ~ 2차 $\%Z_{12} = \frac{10}{25} \times 12 = 4.8[\%]$

• 2차 ~ 3차 $\%Z_{23} = \frac{10}{25} \times 16 = 6.4[\%]$

• 3차 ~ 1차 $\%Z_{31} = \frac{10}{10} \times 9.5 = 9.5[\%]$

• 1차 권선 $\%Z_1 = \frac{1}{2}(4.8 + 9.5 - 6.4) = 3.95[\%]$

• 2차 권선 $\%Z_2 = \frac{1}{2}(4.8 + 6.4 - 9.5) = 0.85[\%]$

• 3차 권선 $\%Z_3 = \frac{1}{2}(6.4 + 9.5 - 4.8) = 5.55[\%]$

(2) • $\%Z_1 = \frac{25}{10} \times 3.96 = 9.875[\%]$

• $\%Z_2 = \frac{10}{25} \times 0.85 = 2.125[\%]$

• $\%Z_3 = \frac{10}{10} \times 5.55 = 5.55[\%]$

(3) 발전기에서 T_2 변압기 1차까지 $\%Z_a = \frac{10}{50} \times 25 + \frac{10}{50} \times 10 + 8 + 3.95 = 18.95[\%]$

조상기에서 T_2 변압기 3차까지 $\%Z_b = 15 + 5.55 = 20.55[\%]$

합성 %임피던스 $\%Z = \frac{18.95 \times 20.55}{18.95 + 20.55} + 0.85 = 10.708[\%]$

(4) $P_s = \frac{100}{\%Z} P_n = \frac{100}{10.71} \times 10 = 93.37[\text{MVA}]$

(5) $I_s = \frac{100}{\%Z} I_n = \frac{100}{10.71} \times \frac{10 \times 10^3}{\sqrt{3} \times 77} = 700.119 \fallingdotseq 700.12[\text{A}]$

문제 12 기사 98년, 00년 출제

배점 : 6점

그림과 같은 22.9/3.3[kV] 수전설비에서 3.3[kV]측 F점에서 단락사고가 발생할 경우 단락전류는 몇 [kA]인가? (단, 수전점 단락용량은 900[MVA]라 한다.)

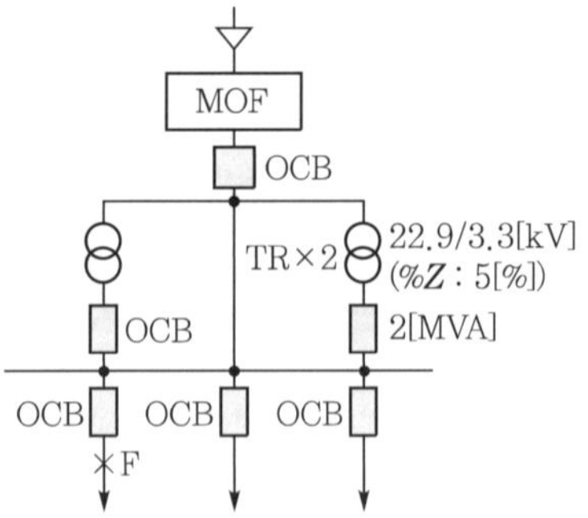

답안 12.86[kA]

해설 기준 용량을 2[MVA]로 하면, 수전점 단락용량이 900[MVA]이므로

- 전원측 %임피던스 $\%Z = \frac{P_n}{P_s} \times 100 = \frac{2}{900} \times 100 = 0.22[\%]$
- 합성 %임피던스 $\%Z = \%Z_S + \%Z_T = 0.22 + \frac{5}{2} = 2.72[\%]$
- OCB의 단락전류 $I_s = \frac{100}{\%Z} I_n = \frac{100}{2.72} \times \frac{2 \times 10^3}{\sqrt{3} \times 3.3} \times 10^{-3} = 12.86[\text{kA}]$

문제 13 기사 92년, 01년, 02년, 07년, 12년 출제

배점 : 9점

주어진 Impedance map과 조건을 보고 다음 각 물음에 답하시오.

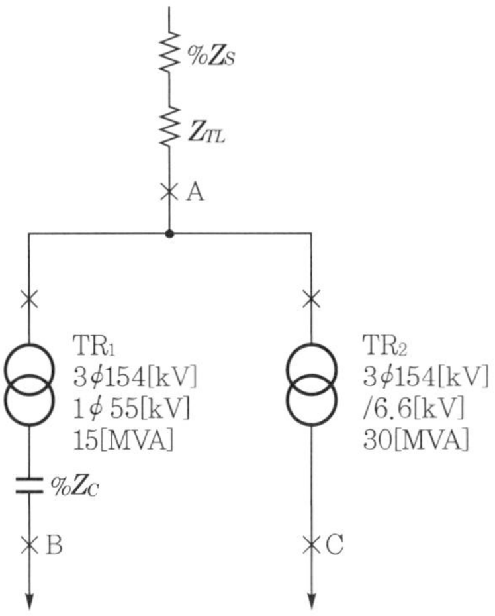

[조건]

$\%Z_S$: 한전 S/S의 154[kV]인출측의 전원측 정상 임피던스 1.2[%](100[MVA] 기준)

Z_{TL} : 154[kV] 송전선로의 임피던스 1.83[Ω]

$\%Z_{\mathrm{TR1}}=10$[%] (15[MVA] 기준)

$\%Z_{\mathrm{TR2}}=10$[%] (30[MVA] 기준)

$\%Z_C=50$[%] (100[MVA] 기준)

(1) $\%Z_{TL}$, $\%Z_{\mathrm{TR1}}$, $\%Z_{\mathrm{TR2}}$에 대하여 100[MVA] 기준 %임피던스를 구하시오.

① $\%Z_{TL}$

② $\%Z_{\mathrm{TR1}}$

③ $\%Z_{\mathrm{TR2}}$

(2) A, B, C 각 점에서의 합성 %임피던스인 $\%Z_A$, $\%Z_B$, $\%Z_C$를 구하시오.

① $\%Z_A$

② $\%Z_B$

③ $\%Z_C$

(3) A, B, C 각 점에서의 차단기의 소요 차단전류 I_A, I_B, I_C는 몇 [kA]가 되겠는가? (단, 비대칭분을 고려한 상승계수는 1.6으로 한다.)

① I_A

② I_B

③ I_C

답안 (1) ① $\%Z_{TL}=0.77[\%]$, ② $\%Z_{\mathrm{TR1}}=66.67[\%]$, ③ $\%Z_{\mathrm{TR2}}=33.33[\%]$

(2) ① $\%Z_A=1.97[\%]$, ② $\%Z_B=18.64[\%]$, ③ $\%Z_C=35.3[\%]$

(3) ① $I_A=30.45[\mathrm{kA}]$, ② $I_B=15.61[\mathrm{kA}]$, ③ $I_C=39.65[\mathrm{kA}]$

해설

(1) ① $\%Z_{TL} = \dfrac{Z \cdot P}{10V^2} = \dfrac{1.83 \times 100 \times 10^3}{10 \times 154^2} = 0.77[\%]$

② $\%Z_{\text{TR1}} = 10[\%] \times \dfrac{100}{15} = 66.67[\%]$

③ $\%Z_{\text{TR2}} = 10[\%] \times \dfrac{100}{30} = 33.33[\%]$

(2) ① $\%Z_A = \%Z_S + \%Z_{TL} = 1.2 + 0.77 = 1.97[\%]$

② $\%Z_B = \%Z_S + \%Z_{TL} + \%Z_{\text{TR1}} - \%Z_C = 1.2 + 0.77 + 66.67 - 50 = 18.64[\%]$

③ $\%Z_C = \%Z_S + \%Z_{TL} + \%Z_{\text{TR2}} = 1.2 + 0.77 + 33.33 = 35.3[\%]$

(3) ① $I_A = \dfrac{100}{\%Z_A} I_n = \dfrac{100}{1.97} \times \dfrac{100 \times 10^3}{\sqrt{3} \times 154} \times 1.6 \times 10^{-3} = 30.45[\text{kA}]$

② $I_B = \dfrac{100}{\%Z_B} I_n = \dfrac{100}{18.64} \times \dfrac{100 \times 10^3}{55} \times 1.6 \times 10^{-3} = 15.61[\text{kA}]$

③ $I_C = \dfrac{100}{\%Z_C} I_n = \dfrac{100}{35.3} \times \dfrac{100 \times 10^3}{\sqrt{3} \times 6.6} \times 1.6 \times 10^{-3} = 39.65[\text{kA}]$

문제 14

기사 92년, 99년, 06년 출제

배점 : 6점

그림과 같은 계통에서 6.6[kV] 모선에서 본 전원측 %리액턴스는 100[MVA] 기준으로 110[%]이고, 각 변압기의 %리액턴스는 자기용량 기준으로 모두 3[%]이다. 지금 6.6[kV] 모선 F_1점, 380[V] 모선 F_2점에 각각 3상 단락고장 및 110[V]의 모선 F_3점에서 단락 고장이 발생하였을 경우 각각의 경우에 대한 고장전력 및 고장전류를 구하시오.

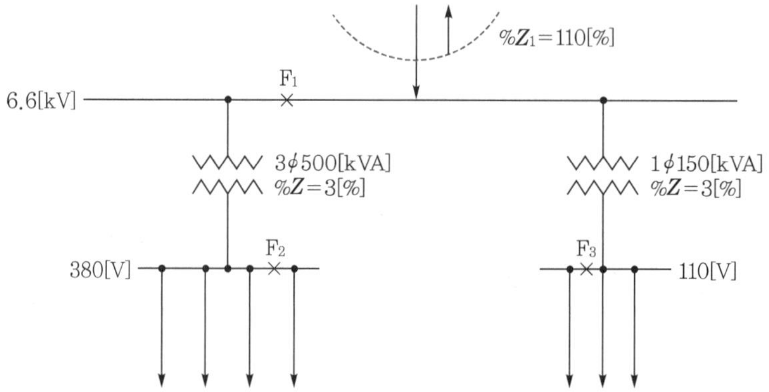

(1) F_1

(2) F_2

(3) F_3

답안 (1) $P_{S1} = 90.91[\text{MVA}]$, $I_{S1} = 7{,}952.48[\text{A}]$

(2) $P_{S2} = 14.08[\text{MVA}]$, $I_{S2} = 21{,}399.19[\text{A}]$

(3) $P_{S3} = 4.74[\text{MVA}]$, $I_{S3} = 43{,}084.88[\text{A}]$

해설 (1) 계통의 기준 용량을 100[MVA]로 적용하면

고장전력 $P_{S1} = \dfrac{100}{\%Z_l}P_n = \dfrac{100}{110} \times 100 = 90.91[\text{MVA}]$

고장전류 $I_{S1} = \dfrac{100}{\%Z_1}I_n = \dfrac{100}{110} \times \dfrac{100 \times 10^3}{\sqrt{3} \times 6.6} = 7{,}952.48[\text{A}]$

(2) 계통의 기준 용량을 100[MVA]로 적용하면

합성 $\%Z_2 = \%Z_1 + \%Z_T = 110 + 600 = 710[\%]$

(여기서, $\%Z_T = 3[\%] \times \dfrac{100 \times 10^3}{500} = 600[\%]$)

$\therefore\ P_{S2} = \dfrac{100}{\%Z_2}I_n = \dfrac{100}{710} \times 100 = 14.08[\text{MVA}]$

$I_{S2} = \dfrac{100}{\%Z_2}I_n = \dfrac{100}{710} \times \dfrac{100 \times 10^6}{\sqrt{3} \times 380} = 21{,}399.19[\text{A}]$

(3) 계통의 기준 용량을 100[MVA]로 적용하면

합성 $\%Z_3 = \%Z_1 + \%Z_T = 110 + 2{,}000 = 2{,}110[\%]$

(여기서, $\%Z_T = 3[\%] \times \dfrac{100 \times 10^3}{150} = 2{,}000[\%]$)

$\therefore\ P_{S3} = \dfrac{100}{\%Z_3}P_n = \dfrac{100}{2{,}110} \times 100 = 4.74[\text{MVA}]$

$I_{S3} = \dfrac{100}{\%Z_2}I_n = \dfrac{100}{2{,}110} \times \dfrac{100 \times 10^6}{110} = 43{,}084.88[\text{A}]$

문제 **15** 기사 89년, 01년 출제

배점 : 11점

다음 그림 중 A점에 단락이 일어났을 경우 단락전류를 구하는 과정이다. 그림을 보고 문제의 빈칸에 답하시오. (단, 소수점 이하는 모두 구하되 소수점 이하가 무한 소수일 경우에는 소수점 6째 자리에서 반올림하여 5째 자리까지 구하시오.)

[조건]

- X_1 : 전력회사의 계통 리액턴스[P.U]
- X_2 : 변압기의 P.U 리액턴스
- X_3 : 변압기의 2차에서 모선을 거쳐 차단기의 전원측 단자에 이르는 전로의 P.U 리액턴스
- X_4 : 차단기의 부하 단자에서 단락점에 이르는 배선의 P.U 리액턴스
- P.U : 퍼센트 유닛
- $X = X_1 + X_2 + X_3 + X_4 + \cdots$
- 단, 배선의 저항은 무시한다.

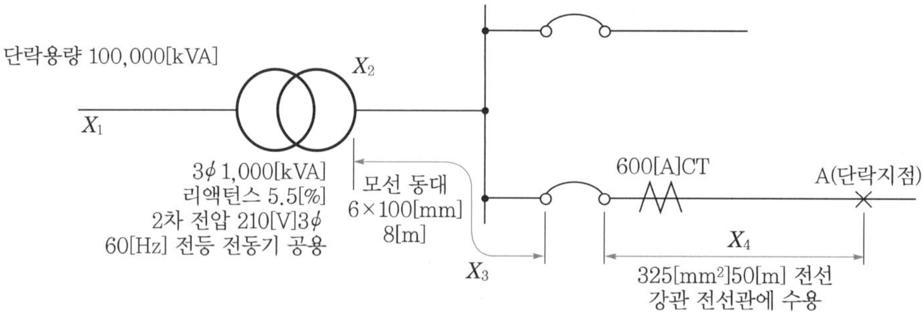

(1) X_1은 1,000[kVA] BASE로 환산하면

P.U 리액턴스 $= \dfrac{1{,}000[\text{kVA}]}{(\ ①\ )[\text{kVA}]} = 0.01[\text{P.U}]$

(2) X_2는 변압기의 P.U 리액턴스로서 정격 [kVA]에 대한 P.U 리액턴스는

$\dfrac{5.5[\%]}{100} = 0.055$이다.

1,000[kVA] BASE로 구한 P.U 리액턴스는

$0.055 \times \dfrac{(\ ②\ )[\text{kVA}]}{(\ ③\ )[\text{kVA}]} = (\ ④\ )[\text{P.U}]$

전동기에 공급하는 변압기로 역률 0.8로 간주하면

$X_2 =$ ④의 값$\times 0.8 = (\ ⑤\ )[\text{P.U}]$

(3) X_3는 변압기 2차 단자에서 모선 동대의 리액턴스로 10[m] 1상당 0.0018[Ω]이다.

그러므로 리액턴스 $= 0.0018[\Omega] \times \dfrac{(\ ⑥\ )}{(\ ⑦\ )} = (\ ⑧\ )[\Omega]$

1,000[kVA] BASE P.U 리액턴스는

$X_3 = \dfrac{(\ ⑧\ )\text{의 값}}{(\ ⑨\ )} = (\ ⑩\ )[\text{P.U}]$

(4) X_4는 강관 전선관에 수용한 325[mm²], 50[m]의 전선 리액턴스는

$(⑪) \times \frac{(⑫)}{(⑬)} = (⑭)[\Omega]$

1,000[kVA] BASE P.U 리액턴스는

$X_4 = \frac{(⑭)\text{의 값}}{(⑮)} = (⑯)[P.U]$

(5) 600[A] CT의 리액턴스는 0.000192[Ω]이다.

1,000[kVA] BASE P.U 리액턴스는

$\frac{0.000192[\Omega]}{(⑰)} = (⑱)[P.U]$

전원에서 A점에 이르는 전 P.U 리액턴스

$X = X_1 + X_2 + X_3 + X_4 + ⑱ = Z$

$= (⑲)[P.U]$

(6) 대칭 단락[kVA]

$[kVA] = \frac{[kVA]\ BASE}{Z} = \frac{1,000}{⑲\text{의 값}} = (⑳)[kVA]$

(7) 대칭 단락전류

$\text{대칭 단락전류} = \frac{\text{대칭 단락}[kVA]\text{용량}}{\sqrt{3} \times \text{전압}[kV]} = (㉑)[A]$

▌표 1▐ 배선의 리액턴스 및 저항(50[Hz])

전선의 굵기	전선 1본의 길이 10[m]당의 리액턴스[Ω]			전선 1본의 길이 10[m] 때의 저항[Ω]
	강제의 관 또는 덕트에 수납하는 절연전선 또는 케이블	강제의 관 또는 덕트에 수납하지 않는 케이블	옥내애자인 배선	
1.6[mm] 2 5.5[mm²] 8	0.0020	0.0012	0.0031	0.087 0.055 0.032 0.023
14 22 30 38	0.0015	0.0010	0.0026	0.013 0.0081 0.0061 0.0048
50 60 80 100 125 150 200 250 325	0.0013	0.0009	0.0033	0.0037 0.0030 0.0023 0.0018 0.0014 0.0012 0.00090 0.00070 0.00055

[주] 60[Hz]로는 리액턴스를 1.2배 한다.

▌표 2▐ 모선용 동대의 리액턴스(50[Hz])

동대		1상의 길이 10[m] 때의 리액턴스[Ω]
6×50 1매 6×100 2매	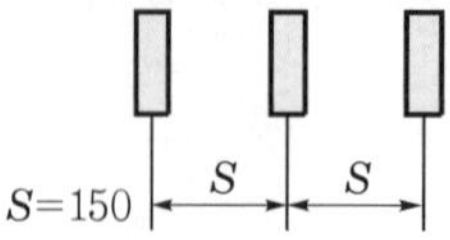	0.0015
6×50 2매 또는 6×100 2매	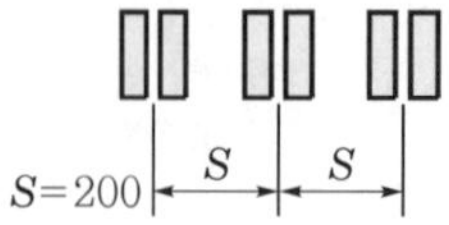	

[주] 60[Hz]로는 리액턴스를 1.2배 한다.

▌표 3▐ CT의 단락전류에 대한 리액턴스(50[Hz])

CT 정격[A]	리액턴스[Ω]	CT 정격[A]	리액턴스[Ω]
100	0.0030	400	0.00027
150	0.0015	500	0.00018
200	0.0008	600	0.00016
250	0.00055	800	0.00010
300	0.00042	1,000~4,000	0.0006

[주] 60[Hz]로는 리액턴스를 1.2배 한다.

답안 (1) ① 100,000

(2) ② 1,000

③ 1,000

④ 0.055

⑤ 0.044

(3) ⑥ 8

⑦ 10

⑧ 0.00144

⑨ 0.21^2

⑩ 0.03265

(4) ⑪ 0.0013×1.2

⑫ 50

⑬ 10

⑭ 0.0078

⑮ 0.21^2

⑯ 0.17687

(5) ⑰ 0.21^2

⑱ 0.00435

⑲ 0.26787

(6) ⑳ 3,733.15414

(7) ㉑ 10,263.51213

문제 16 기사 96년, 99년, 00년, 05년, 22년 출제

배점 : 11점

그림과 같이 누전차단기를 적용한 회로에서 CVCF에 의한 선간전압이 220[V], 주파수가 60[Hz]이고, ELB$_1$의 출력단에서 지락이 발생되었다. 다음 각 물음에 답하시오. (단, CVCF 출력단 커패시터의 정전용량이 $C_o = 5[\mu F]$이고, 부하측 라인필터의 정전용량이 $C_1 = C_2 = 0.1[\mu F]$, 누전차단기 ELB$_1$에서 부하 1까지 케이블의 대지정전용량이 $C_{L1} =$ 0.2, ELB$_2$에서 부하 2까지 케이블의 대지정전용량이 $C_{L2} = 0.2[\mu F]$이고, 기타 선로의 임피던스와 지락저항은 무시한다.)

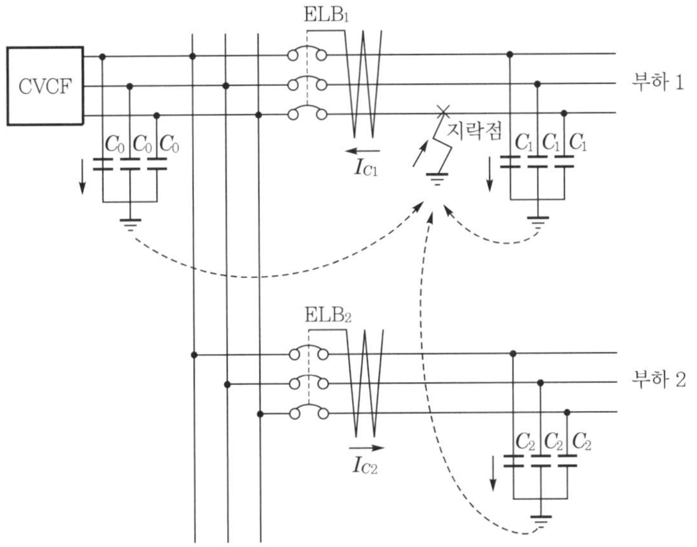

[조건]
- 지락전류는 $I_C = 3\times 2\pi fCE$를 이용하여 계산한다.
- 누전차단기는 지락 시 지락전류의 $\frac{1}{3}$에서 동작이 가능해야 하며, 부동작전류는 건전 피더(Feeder) ELB$_2$에 흐르는 지락전류의 2배 이상의 것으로 한다.
- 누전차단기의 시설 구분에 대한 표시기호는 다음과 같다.
  ○ : 누전차단기를 시설할 것
  △ : 주택에 기계기구를 시설하는 경우에는 누전차단기를 시설할 것
  □ : 주택 구내 또는 도로에 접한 면에 룸에어컨디셔너, 아이스박스, 진열장, 자동판매기 등 전동기를 부품으로 한 기계기구를 시설하는 경우에는 누전차단기를 시설하는 것이 바람직하다.
  ※ 사람이 조작하고자 하는 기계기구를 시설한 장소보다 전기적인 조건이 나쁜 장소에서 접촉할 우려가 있는 경우에는 전기적 조건이 나쁜 장소에 시설된 것으로 취급한다.

(1) 도면에 있는 CVCF의 한글 명칭을 쓰시오.
(2) 건전 피더(Feeder) ELB$_2$에 흐르는 지락전류 I_{C2}는 몇 [mA]인지 구하시오.
(3) 누전차단기가 불필요한 동작을 하지 않기 위한 전류[mA]의 범위를 구하시오.

(4) 누전차단기의 시설 예에 대한 표의 빈칸에 ○, △, □를 사용하여 표를 완성하시오.

기계기구의 시설장소 / 전로의 대지전압	옥 내		옥 측		옥 외	물기가 있는 장소
	건조한 장소	습기가 많은 장소	우선 내	우선 외		
150[V] 이하						
150[V] 초과, 300[V] 이하						

답안 (1) 정전압 정주파수 공급장치

(2) 계산 : 건전 피더 ELB_2에 흐르는 지락전류 $I_{C2} = 3\omega(C_2 + C_{L2}) \times \dfrac{V}{\sqrt{3}}$ [A]

$$I_{C2} = 3 \times 2\pi \times 60 \times (0.1 + 0.2) \times 10^{-6} \times \frac{220}{\sqrt{3}} \times 10^3 = 43.1[\text{mA}]$$

답 : 43.1[mA]

(3) 계산 : 정격감도전류의 범위

① 동작전류 : 지락전류$\times \dfrac{1}{3}$

사고 피더 ELB_1에 흐르는 지락전류

$$I_{C1} = 3\omega(C_0 + C_{L1} + C_{L2} + C_1 + C_2) \times \frac{V}{\sqrt{3}}$$

$$= 3 \times 2\pi \times 60 \times (5 + 0.2 + 0.2 + 0.1 + 0.1) \times 10^{-6} \times \frac{220}{\sqrt{3}} \times 10^3 = 804.46[\text{mA}]$$

$$= 804.46 \times \frac{1}{3} = 268.15[\text{mA}]$$

② 부동작전류 : 건전 피더 지락전류$\times 2$

$\therefore$ $43.1 \times 2 = 86.2[\text{mA}]$

답 : ELB 전류범위 86~268[mA]

(4)

기계기구의 시설장소 / 전로의 대지전압	옥 내		옥 측		옥 외	물기가 있는 장소
	건조한 장소	습기가 많은 장소	우선 내	우선 외		
150[V] 이하	–	–	–	□	□	□
150[V] 초과 300[V] 이하	△	○	–	○	○	○

1990년~최근 출제된 기출 이론 분석 및 유형별 문제

04 CHAPTER 설비의 불평형률

기출개념 01 단상 3선식

(1) 설비 불평형률

$$\frac{\text{중성선과 각 전압측 전선 간에 접속되는 부하설비용량의 차}}{\text{총부하설비용량의 } \frac{1}{2}} \times 100$$

(2) 설비 불평형률은 40[%] 이하를 원칙으로 한다.

기출개념 02 3상 3선식 및 3상 4선식

(1) 설비 불평형률

$$\frac{\text{각 간선에 접속되는 단상 부하 총설비용량의 최대와 최소의 차}}{\text{총부하설비용량의 } \frac{1}{3}} \times 100$$

(2) 3상 3선식 또는 3상 4선식에서 불평형 부하의 한도는 30[%] 이하를 원칙으로 한다. 다만, 다음에는 이 제한을 따르지 아니할 수 있다.

① 저압 수전에서 전용 변압기 등으로 수전하는 경우
② 고압 및 특고압 수전에서 100[kVA]([kW]) 이하의 단상 부하인 경우
③ 고압 및 특고압 수전에서 단상 부하용량의 최대와 최소의 차가 100[kVA]([kW]) 이하인 경우
④ 특고압 수전에서 100[kVA]([kW]) 이하의 단상 변압기 2대로 역 V결선하는 경우

개념 문제 01 기사 01년 출제

배점 : 4점

그림과 같은 단상 3선식 수전인 경우 2차측이 폐로되어 있다고 할 때 설비 불평형률은 몇 [%]인가?

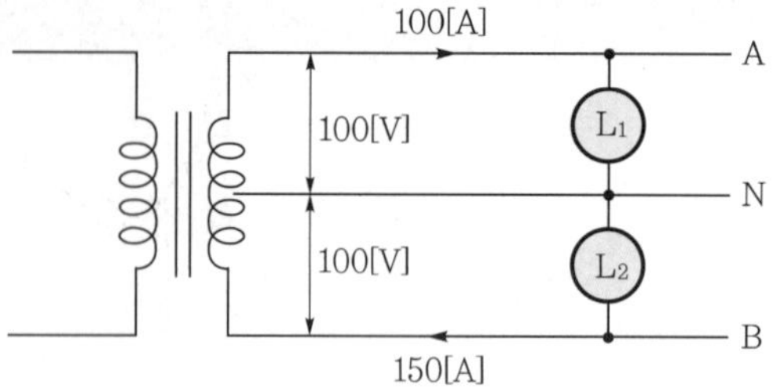

답안 40[%]

해설 $P_A = 100 \times 100 \times 10^{-3} = 10[\text{kVA}]$

$P_B = 100 \times 150 \times 10^{-3} = 15[\text{kVA}]$

$$\text{설비 불평형률} = \frac{15-10}{\frac{1}{2} \times (10+15)} \times 100 = 40[\%]$$

개념 문제 02 기사 98년, 99년, 00년, 04년, 05년 출제

배점 : 7점

불평형 부하의 제한에 관련된 다음 물음에 답하시오.

(1) 저압 수전의 단상 3선식에서 중성선과 각 전압측 전선 간의 부하는 불평형 부하를 제한할 때 몇 [%]의 한도를 초과하지 않아야 하는가?

(2) 저압, 고압 및 특고압 수전 3상 3선식 또는 3상 4선식에서 불평형률의 한도는 단상 접속부하로 계산하여 설비 불평형률을 몇 [%] 이하로 하는 것을 원칙으로 하는가?

(3) 그림과 같은 3상 3선식 380[V] 수전인 경우의 설비 불평형률은 몇 [%]인가? (단, Ⓗ는 전열부하이고, Ⓜ는 동력부하이다.)

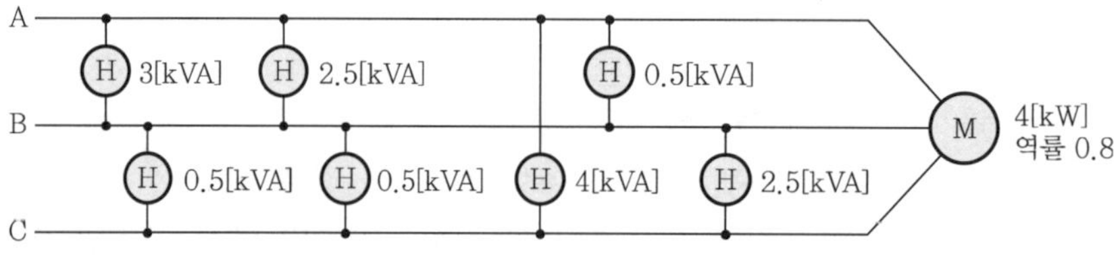

답안 (1) 40[%]

(2) 30[%]

(3) 40.54[%]

해설 (3) $P_{AB} = 3 + 2.5 + 0.5 = 6[\text{kVA}]$

$P_{BC} = 0.5 + 0.5 + 2.5 = 3.5[\text{kVA}]$

$P_{AC} = 4[\text{kVA}]$

$P_{ABC} = \frac{4}{0.8} = 5[\text{kVA}]$

$\text{불평형률} = \frac{6-3.5}{\frac{1}{3}(6+3.5+4+5)} \times 100 = 40.54[\%]$

개념 문제 03 기사 99년 출제 | 배점 : 10점 |

저압, 고압 및 특고압 수전의 3상 3선식 또는 3상 4선식에서 불평형 부하의 한도는 단상 접속부하로 계산하여 설비 불평형률을 30[%] 이하로 하는 것을 원칙으로 한다. 그러나 이 원칙에 따르지 않아도 되는 경우를 설명할 때 ( ) 안에 알맞은 답을 넣으시오.

(1) 저압 수전에서 ( ) 등으로 수전하는 경우이다.
(2) 고압 및 특고압 수전에서 ( )[kVA] 이하의 단상 부하인 경우이다.
(3) 고압 및 특고압 수전에서 단상 부하용량의 최대와 최소의 차가( )[kVA] 이하인 경우이다.
(4) 특고압 수전에서 ( )[kVA] 이하의 단상 변압기 2대로 ( )결선하는 경우이다.

답안 (1) 전용 변압기
(2) 100
(3) 100
(4) 100, 역 V

단원 빈출문제

문제 01

기사 97년, 03년, 04년, 14년 출제

배점 : 5점

그림과 같은 3상 3선식 배전선로에서 불평형률을 구하고, 양호하게 되었는지 여부를 판단하시오.

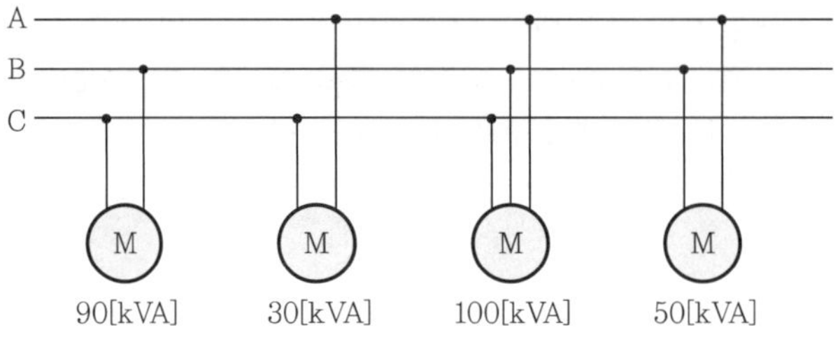

답안 30[%]를 초과하므로 불량하다.

해설

$$\text{설비 불평형률} = \frac{90-30}{(90+30+100+50)\times\frac{1}{3}} \times 100 = 66.67[\%]$$

문제 02

기사 95년 출제

배점 : 4점

그림과 같은 회로에서 중성선이 ×점에서 단선되었다면, 부하 A와 부하 B의 단자전압은 몇 [V]인가? (단, 부하의 역률은 1이다.)

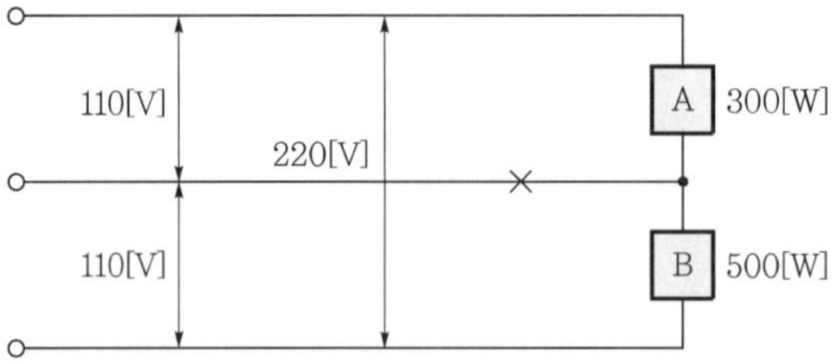

답안 $V_A = 137.5[V]$, $V_B = 82.5[V]$

해설 부하전력과 전압과의 관계는 전력 $P \propto \frac{1}{R}$ 하고, $V \propto R$ 이므로 $V \propto \frac{1}{P}$ 이다.

$$\therefore\ V_A = \frac{500}{300+500} \times 220 = 137.5[V]$$

$$V_B = \frac{300}{300+500} \times 220 = 82.5[V]$$

문제 03 기사 96년, 99년 출제

| 배점 : 10점 |

그림과 같은 100/200[V] 단상 3선식 회로를 보고 다음 각 물음에 답하시오.

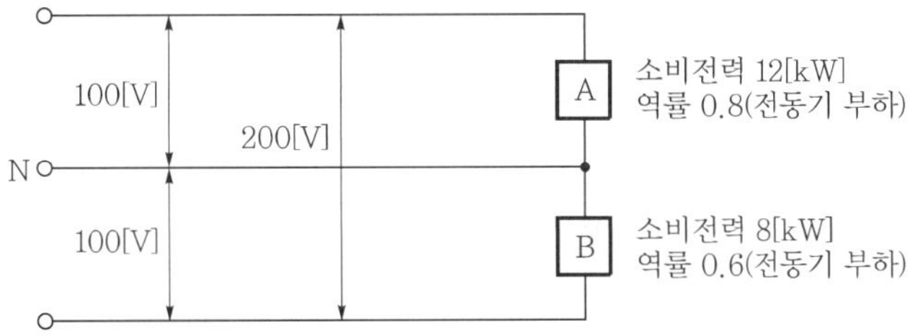

(1) 중성선 N에 흐르는 전류는 몇 [A]인가?
(2) 중성선의 굵기를 결정하는 전류는 몇 [A]인가?
(3) 부하는 저압 전동기이다. 이 전동기는 제 몇 종 절연을 하여야 하는가? (단, 이 전동기의 허용온도는 105[℃]라고 한다.)
(4) A 전동기의 용량으로 양수를 한다면 양정 10[m], 펌프 효율 80[%] 정도에서 매분당 양수량은 몇 [m^3]이 되겠는가? (단, 여유계수는 1.1로 한다.)

답안 (1) 43.33[A]

(2) 150[A]

(3) A종 절연

(4) 5.34[m^3/min]

해설 (1) 중성선에 흐르는 전류는 Vector 합이 된다.

(2) 중성선의 굵기를 결정하는 전류 : I_A와 I_B 중 큰 전류로 한다.

A상의 전류 $I_A = \frac{12 \times 10^3}{100 \times 0.8} = 150[A]$

B상의 전류 $I_B = \frac{8 \times 10^3}{100 \times 0.6} = 133.33[A]$

$I_N = 150(0.8 - j0.6) - 133.33(0.6 - j0.8) = 120 - j90 - 80 + j106.66 = 40 + j16.66$

$= \sqrt{40^2 + 16.66^2} = 43.33[A]$

(3) 절연물의 종류에 따른 최고 허용온도

Y종	A종	E종	B종	F종	H종	C종
90[℃]	105[℃]	120[℃]	130[℃]	155[℃]	180[℃]	180[℃] 초과

(4) 양수 펌프용 전동기의 용량 $P = \frac{HQK}{6.12\eta}$[kW]

$\therefore$ 양수량 $Q = \frac{6.12P\eta}{HK}$

$= \frac{6.12 \times 12 \times 0.8}{10 \times 1.1}$

$= 5.34[\text{m}^3/\text{min}]$

문제 04 기사 95년, 12년 출제

배점 : 5점

그림과 같은 100/200[V] 단상 3선식 회로를 보고 다음 각 물음에 답하시오.

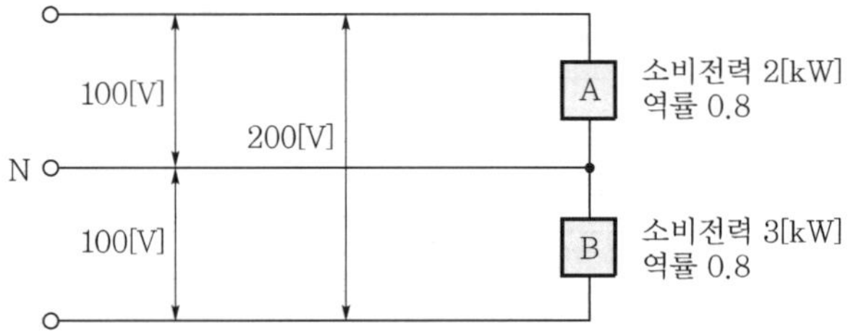

(1) 중성선 N에 흐르는 전류는 몇 [A]인가?
(2) 중성선의 굵기를 결정하는 전류는 몇 [A]인가?

답안 (1) 12.5[A]
(2) 37.5[A]

해설
(1) A상의 전류 $I_A = \frac{2 \times 10^3}{100 \times 0.8} = 25[\text{A}]$

B상의 전류 $I_B = \frac{3 \times 10^3}{100 \times 0.8} = 37.5[\text{A}]$

$I_N = |I_A - I_B|$

$= 37.5 - 25$

$= 12.5[\text{A}]$

문제 05 기사 90년 출제

배점 : 5점

그림과 같은 교류 3상 3선식 선로에 연결된 3상 평형 부하가 있다. 이 때 C상의 X점에서 단선 되었다면 이 부하의 소비전력은 단선 전 소비전력에 비하여 어떻게 되는지 관계식을 이용하여 설명하시오.

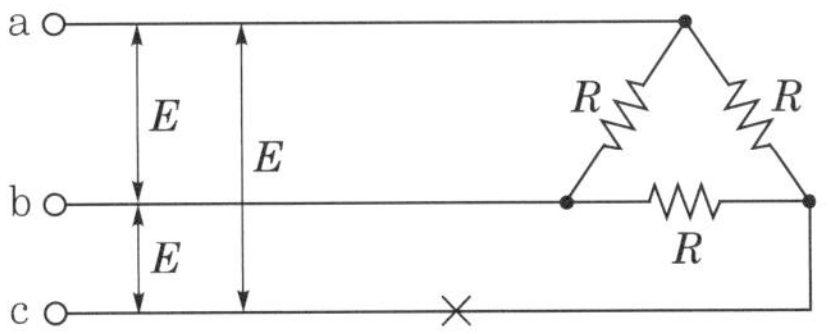

답안 단선 전 전력 $\frac{E^2}{R}\times 3$, 단선 후 전력 $\frac{E^2}{\frac{2R}{3}}=\frac{E^2}{R}\times\frac{3}{2}$

그러므로 단선 후 전력은 단선 전 전력의 $\frac{1}{2}$이다.

문제 06 기사 13년 출제

배점 : 3점

특고압 및 고압 수전에서 대용량의 단상 전기로 등의 사용으로 불평형 부하의 한도에 대한 제한에 따르기 어려운 경우는 전기사업자와 협의하여 다음 각 호에 의하여 시설하는 것을 원칙으로 한다. 빈칸에 들어갈 말을 써 넣으시오.

(1) 단상 부하 1개의 경우는 (　) 접속에 의할 것 (단, 300[KVA] 초과하지 말 것)
(2) 단상 부하 2개의 경우는 (　) 접속에 의할 것
(3) 단상 부하 3개 이상인 경우는 가급적 선로전류가 (　)이 되도록 각 선간에 부하를 접속할 것

답안 (1) 2차 역 V
(2) 스코트
(3) 평형

문제 07 기사 95년, 96년, 97년 출제

배점 : 4점

그림과 같은 3상 3선식 수전인 경우 설비 불평형률을 구하고 그림과 같은 설비가 양호하게 되었는지 여부를 판단하시오. (단, Ⓗ는 전열기 부하이고, Ⓜ은 전동기 부하임)

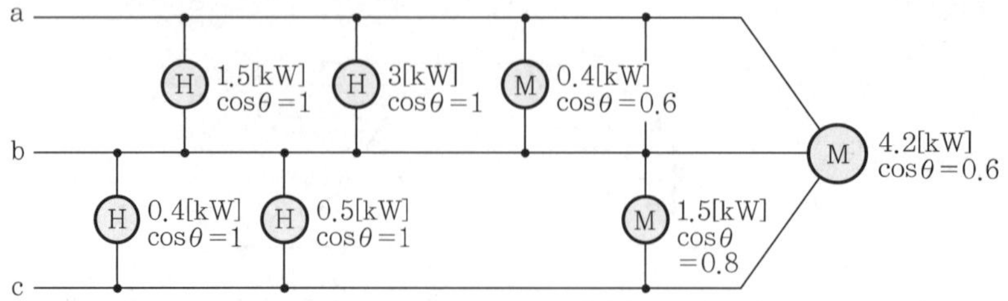

답안 30[%]를 넘었으므로 불량하다.

해설

$$P_{ab} = \frac{1.5}{1} + \frac{3}{1} + \frac{0.4}{0.6} = 5.167[\text{kVA}]$$

$$P_{bc} = \frac{0.4}{1} + \frac{0.5}{1} = 0.9[\text{kVA}]$$

$$P_{ca} = \frac{1.4}{0.8} = 1.875[\text{kVA}]$$

$$P_{abc} = \frac{4.2}{0.6} = 7[\text{kVA}]$$

$$\text{불평형률} = \frac{5.167 - 0.9}{\frac{1}{3}(5.167 + 0.9 + 1.875 + 7)} \times 100 = 85.7[\%]$$

문제 08 기사 95년, 96년, 97년 출제

배점 : 4점

동력용 변압기의 부하분포가 다음과 같을 때 설비 불평형률은 몇 [%]인가?

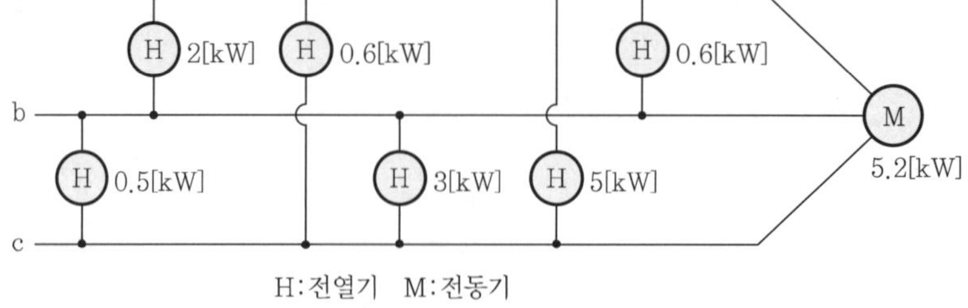

답안 53.25[%]

해설 $$불평형률 = \frac{(5+0.6)-(2+0.6)}{\frac{1}{3}\{(2+0.6)+(0.5+3)+(0.6+5)+5.2\}} \times 100 = 53.25[\%]$$

문제 09 기사 09년 출제

배점 : 8점

불평형 부하의 제한에 관련된 다음 물음에 답하시오.

(1) 저압, 고압 및 특고압 수전 3상 3선식 또는 3상 4선식에서 불평형률의 한도는 단상 접속부하로 계산하여 설비 불평형률을 몇 [%] 이하로 하는 것을 원칙으로 하는가?
(2) (1)항 문제의 제한원칙에 따르지 않아도 되는 경우를 2가지만 쓰시오.
(3) 부하설비가 그림과 같을 때 설비 불평형률은 몇 [%]인가? (단, Ⓗ는 전열기 부하이고, Ⓜ는 전동기 부하이다.)

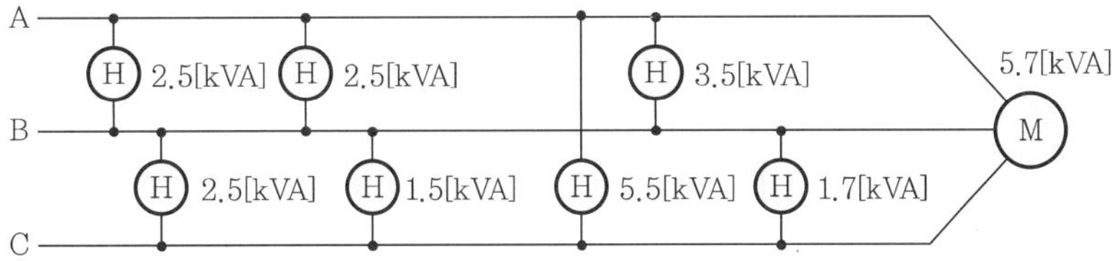

답안 (1) 30[%] 이하

(2) • 저압 수전에서 전용 변압기 등으로 수전하는 경우이다.
• 고압 및 특고압 수전에서 100[kVA] 이하의 단상 부하인 경우이다.
• 고압 및 특고압 수전에서 단상 부하용량의 최대와 최소의 차가 100[kVA] 이하인 경우이다.
• 특고압 수전에서 100[kVA] 이하의 단상 변압기 2대로 역 V결선하는 경우이다.

(3) 39.76[%]

해설 (3) $P_{AB} = 2.5+2.5+3.5 = 8.5[\text{kVA}]$

$P_{BC} = 2+1.5+1.7 = 5.2[\text{kVA}]$

$P_{AC} = 5.5[\text{kVA}]$

$P_{ABC} = 5.7[\text{kVA}]$

$$불평형률 = \frac{8.5-5.2}{\frac{1}{3}(8.5+5.2+5.5+5.7)} \times 100 = 39.76[\%]$$

문제 10

기사 98년, 99년, 00년, 04년, 05년, 11년 출제

배점 : 6점

불평형 부하의 제한에 관련된 다음 물음에 답하시오.

(1) 저압, 고압 및 특고압 수전 3상 3선식 또는 3상 4선식에서 불평형률의 한도는 단상 접속부하로 계산하여 설비 불평형률을 몇 [%] 이하로 하는 것을 원칙으로 하는가?
(2) (1)항 문제의 제한원칙에 따르지 않아도 되는 경우를 2가지만 쓰시오.
(3) 부하설비가 그림과 같을 때 설비 불평형률은 몇 [%]인가? (단, Ⓗ는 전열기 부하이고, Ⓜ은 전동기 부하이다.)

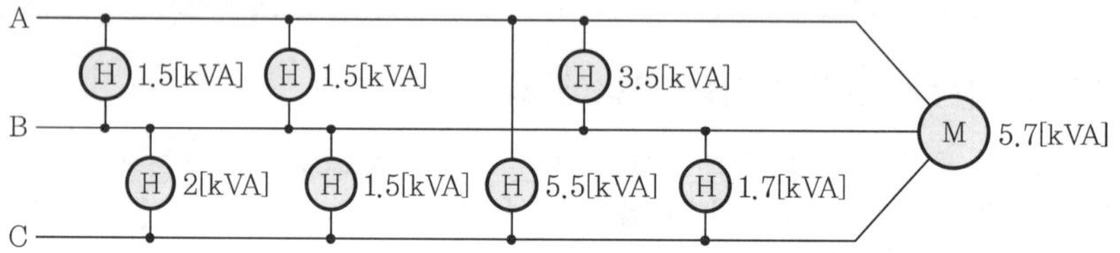

답안 (1) 30[%] 이하

(2) • 저압 수전에서 전용 변압기 등으로 수전하는 경우이다.
• 고압 및 특고압 수전에서 100[kVA] 이하의 단상 부하인 경우이다.
• 고압 및 특고압 수전에서 단상 부하용량의 최대와 최소의 차가 100[kVA] 이하인 경우이다.
• 특고압 수전에서 100[kVA] 이하의 단상 변압기 2대로 역 V결선하는 경우이다.

(3) 17.03[%]

해설 (3) $P_{AB} = 1.5 + 1.5 + 3.5 = 6.5[\text{kVA}]$

$P_{BC} = 2 + 1.5 + 1.7 = 5.2[\text{kVA}]$

$P_{AC} = 5.5[\text{kVA}]$

$P_{ABC} = 5.7[\text{kVA}]$

$$\text{불평형률} = \frac{6.5 - 5.2}{\frac{1}{3}(6.5 + 5.2 + 5.5 + 5.7)} \times 100 = 17.03[\%]$$

문제 11

기사 97년, 03년, 05년, 15년 출제

배점 : 5점

설비 불평형에 대한 다음 각 물음에 답하시오. (단, 전동기의 출력 [kW]를 입력 [kVA]로 환산하면 5.2[kVA]이다.)

(1) 저압, 고압 및 특고압 수전 3상 3선식 또는 3상 4선식에서 불평형률의 한도는 단상 접속부하로 계산하여 설비 불평형률을 몇 [%] 이하로 하는 것을 원칙으로 하는가?
(2) 아래 그림과 같은 3상 3선식 440[V] 수전인 경우 설비 불평형률을 구하시오. (단, Ⓗ는 전열기 부하이고, Ⓜ는 전동기 부하이다.)

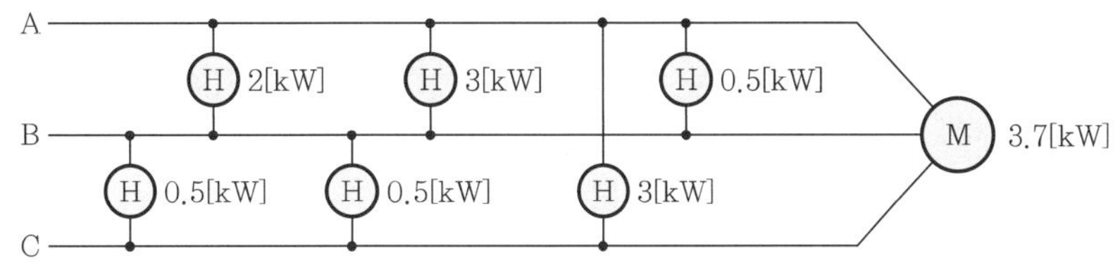

답안 (1) 30[%]

(2) 91.84[%]

해설 (2) 불평형률 $= \dfrac{5.5-1}{\frac{1}{3}(5.5+1+3+5.2)} \times 100 = 91.84[\%]$

문제 12 기사 04년, 10년, 19년 출제

배점 : 6점

그림과 같은 3상 3선식 220[V]의 수전회로가 있다. H는 전열부하이고, M은 역률 0.8의 전동기이다. 그림을 보고 다음 각 물음에 답하시오. (단, 전열부하의 역률은 1로 본다.)

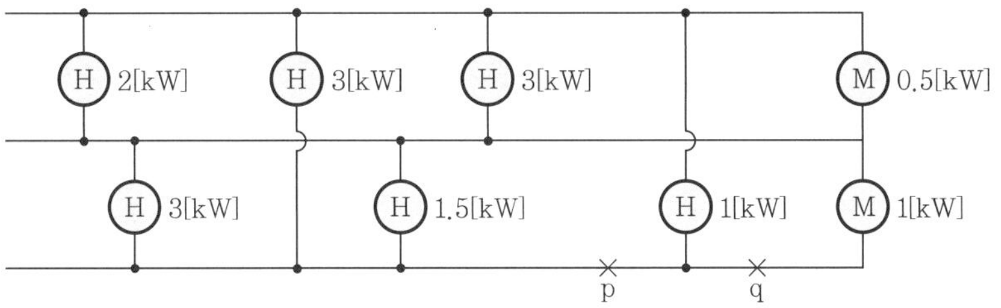

(1) 저압 수전의 3상 3선식 선로인 경우에 불평형 부하의 한도는 단상 접속부하로 계산하여 설비 불평형률은 몇 [%] 이하로 하는 것을 원칙으로 하는지 쓰시오.
(2) 그림에서 설비 불평형률[%]을 구하시오. (단, p점 및 q점은 단선이 아닌 것으로 계산한다)
(3) 그림에서 p점 및 q점은 단선이 되었다면 설비 불평형률은 몇 [%]가 되는지 구하시오.

답안 (1) 30[%]

(2) 34.15[%]

(3) 60[%]

해설 (2) 불평형률 $= \dfrac{5.75-4}{\frac{1}{3}\left\{\left(2+3+\frac{0.5}{0.8}\right)+\left(3+1.5+\frac{1}{0.8}\right)+(3+1)\right\}} \times 100 = 34.15[\%]$

(3) 불형형률 $= \dfrac{5.625-3}{\frac{1}{3}\left\{\left(2+3+\frac{0.5}{0.8}\right)+(3+1.5)+(3)\right\}} \times 100 = 60[\%]$

1990년~최근 출제된 기출 이론 분석 및 유형별 문제

05 CHAPTER 전력의 수용과 공급

기출개념 01 수용률과 부등률, 부하율의 개념

1 수용률

수용가의 최대수요전력[kW]은 부하설비의 정격용량의 합계[kW]보다 작은 것이 보통이다. 이들의 관계는 어디까지나 부하의 종류라든가 지역별, 기간별에 따라 일정하지는 않겠지만 대략 어느 일정한 비율 관계를 나타내고 있다고 본다.

$$\text{수용률} = \frac{\text{최대수용전력[kW]}}{\text{부하설비용량[kW]}} \times 100[\%]$$

2 부등률

수용가 상호 간, 배전 변압기 상호 간, 급전선 상호 간 또는 변전소 상호 간에서 각개의 최대부하는 같은 시각에 일어나는 것이 아니고, 그 발생 시각에 약간씩 시각차가 있기 마련이다. 따라서, 각개의 최대수요의 합계는 그 군의 종합 최대수요(=합성 최대전력)보다도 큰 것이 보통이다. 이 최대전력 발생시각 또는 발생시기의 분산을 나타내는 지표가 부등률이다.

$$\text{부등률} = \frac{\text{각 부하의 최대수용전력의 합[kW]}}{\text{각 부하를 종합하였을 때의 최대수요(합성 최대전력)[kW]}}$$

3 부하율

전력의 사용은 시각 및 계절에 따라 다른데 어느 기간 중의 평균전력과 그 기간 중에서의 최대전력과의 비를 백분율로 나타낸 것을 부하율이라 한다.

$$\text{부하율} = \frac{\text{평균부하전력[kW]}}{\text{최대부하전력[kW]}} \times 100[\%] = \frac{\text{사용전력량/사용시간}}{\text{최대부하}} \times 100[\%]$$

부하율은 기간을 얼마로 잡느냐에 따라 일부하율, 월부하율, 연부하율 등으로 나누어지는데, 기간을 길게 잡을수록 부하율의 값은 작아지는 경향이 있다.

기출개념 02 수용률, 부등률 및 부하율의 관계

1 합성 최대전력과 부하율

(1) 합성 최대전력

$$\frac{\text{최대전력의 합계}}{\text{부등률}} = \frac{\text{설비용량의 합계} \times \text{수용률}}{\text{부등률}}$$

(2) 부하율

$$\frac{\text{평균전력}}{\text{설비용량의 합계}} \times \frac{\text{부등률}}{\text{수용률}}$$

2 변압기와 부하

(1) 변압기의 뱅크 용량

$$\text{합성 최대부하} = \frac{\text{설비용량} \times \text{수용률}}{\text{부등률}}$$

$$P_t = \frac{\sum(\text{설비용량[kW]} \times \text{수용률})}{\text{부등률}} \times \frac{1}{\text{부하역률}} \text{[kVA]}$$

개념 문제 01 기사 06년, 10년, 18년 출제 | 배점 : 5점 |

어느 건물의 부하는 하루에 240[kW]로 5시간, 100[kW]로 8시간, 75[kW]로 나머지 시간을 사용한다. 이의 수전설비를 450[kVA]로 하였을 때에 부하의 평균 역률이 0.8인 경우 다음 물음에 답하시오.

(1) 이 건물의 수용률[%]을 구하시오.
(2) 이 건물의 1일 부하율을 구하시오.

답안 (1) 66.67[%]
(2) 49.05[%]

해설 (1) $\text{수용률} = \frac{240}{450 \times 0.8} \times 100 = 66.67[\%]$

(2) $\text{부하율} = \frac{(240 \times 5 + 100 \times 8 + 75 \times 11) \times \frac{1}{24}}{240} \times 100 = 49.05[\%]$

개념 문제 02 기사 15년 출제

| 배점 : 5점 |

200세대 아파트의 전등, 전열설비 부하가 600[kW], 동력설비 부하가 350[kW]이다. 이 아파트의 변압기 용량을 500[kVA], 1 뱅크로 산정하였다면 전부하에 대한 수용률을 구하시오. (단, 전등, 전열설비 부하의 역률은 1.0, 동력설비 부하의 역률은 0.7이고, 효율은 무시한다.)

답안 45.45[%]

해설 $\text{수용률} = \dfrac{500}{600 + \dfrac{350}{0.7}} = 45.45[\%]$

개념 문제 03 기사 96년, 14년 출제

| 배점 : 6점 |

어떤 공장의 어느 날 부하실적이 1일 사용전력량 192[kWh]이고, 1일의 최대전력이 12[kW]이고, 최대전력일 때의 전류값이 34[A]이었을 경우 다음 각 물음에 답하시오. (단, 220[V], 11[kVA]인 3상 유도전동기를 부하로 사용한다고 한다.)

(1) 1일 부하율은 몇 [%]인가?
(2) 최대공급전력일 때의 역률은 몇 [%]인가?

답안 (1) 66.67[%]
(2) 92.62[%]

해설
(1) $\text{부하율} = \dfrac{192/24}{12} \times 100 = 66.67[\%]$

(2) 역률 $\cos\theta = \dfrac{12 \times 10^3}{\sqrt{3} \times 220 \times 34} \times 100 = 92.62[\%]$

개념 문제 04 기사 97년 출제

| 배점 : 4점 |

어느 수용가의 일부하곡선이 그림과 같을 때 이 수용가의 일부하율은 몇 [%]인가?

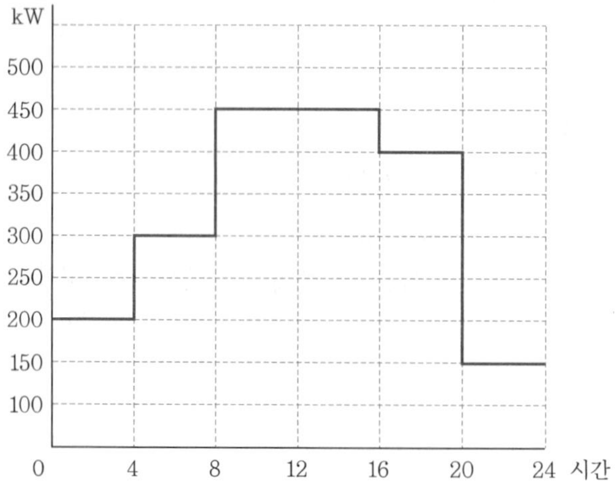

답안 72.2[%]

해설 $부하율 = \frac{(200 \times 4 + 300 \times 4 + 450 \times 8 + 400 \times 4 + 150 \times 4)}{450 \times 24} \times 100 = 72.2[\%]$

개념 문제 05 기사 13년 출제

배점 : 5점

그림과 같이 80[kW], 70[kW], 60[kW]의 부하설비의 수용률이 50[%], 60[%], 80[%]로 되어 있을 경우에 이것에 사용될 변압기의 용량을 계산하여 변압기 표준정격용량을 결정하시오. (단, 부등률은 1.1, 종합부하역률은 85[%]로 하며, 다른 요인은 무시한다.)

변압기 표준정격용량[kVA]							
50	70	100	150	200	300	400	500

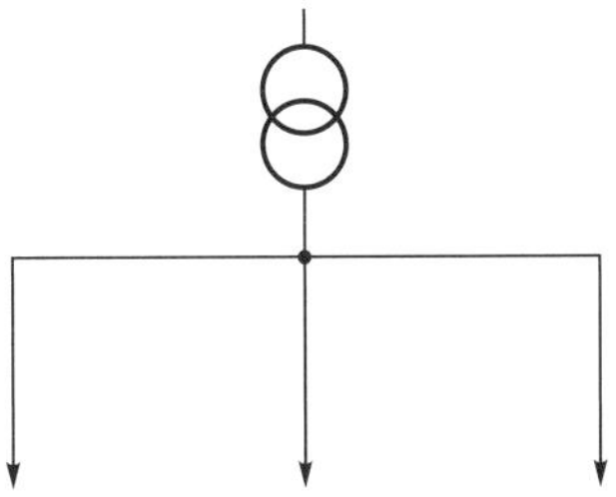

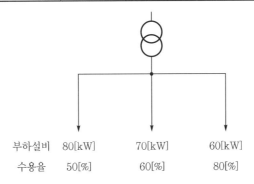

부하설비	80[kW]	70[kW]	60[kW]
수용율	50[%]	60[%]	80[%]

답안 150[kVA]

해설 $P_t = \frac{80 \times 0.5 + 70 \times 0.6 + 60 \times 0.8}{1.1 \times 0.85} = 139.04[\text{kVA}]$

개념 문제 06 기사 96년, 11년 출제

배점 : 5점

어느 수용가의 총 부하설비용량은 전등부하의 합 600[kW], 동력부하의 합 1,000[kW]라고 한다. 각 수용가의 수용률은 50[%]이고, 각 수용가 간의 부등률은 전등부하 1.2, 동력부하 1.5, 전등과 동력 상호 간은 1.2라고 하면 여기에 공급되는 변전시설용량[kVA]을 계산하시오. (단, 부하전력 손실은 5[%]로 하며 역률은 1로 계산한다.)

답안 510.42[kVA]

해설

$$P_m = \frac{\frac{600 \times 0.5}{1.2} + \frac{1,000 \times 0.5}{1.5}}{1.2} \times (1 + 0.05) = 510.42[\text{kVA}]$$

1990년~최근 출제된 기출문제

CHAPTER 05
전력의 수용과 공급

단원 빈출문제

문제 01 기사 95년, 03년, 11년 출제

배점 : 5점

"부하율"에 대하여 설명하고 부하율이 적다는 것은 무엇을 의미하는지를 2가지 쓰시오.

답안
- 어느 기간 중의 평균전력과 그 기간 중에서의 최대전력과의 비를 백분율로 나타낸 것을 부하율이라 한다.
- 부하율이 적다는 것은 전력변동이 심하고, 공급설비의 이용률이 떨어진다는 것을 의미한다.

문제 02 기사 96년 출제

배점 : 9점

한 계통 내의 각개의 단위부하 즉, 한 배전 변압기에 접속되는 각 수용가의 부하는 각각의 특성에 따라 변동하므로 최대수용전력이 생기는 시각이 다른 것이 보통이다. 이 시각이 다른 정도를 나타내는 목적으로 사용되는 값으로서 일반적으로 다음과 같이 표현되며, 그 값은 보통 1보다 크다. 이것을 무엇이라 하는가? 또한 이 값이 클수록 설비의 이용도는 어떠한가?

$$(\quad\quad) = \frac{\text{개개의 최대수용전력의 총합[kW]}}{\text{합성(종합) 최대수용전력[kW]}}$$

답안
(1) 부등률
(2) 부등률이 클수록 부하율이 크게 되므로 설비의 이용률이 증가하고, 경제적으로 유리하다.

문제 03 기사 07년 출제

배점 : 5점

그림 A, B 공장에 대한 일부하의 분포도이다. 다음 각 물음에 답하시오.

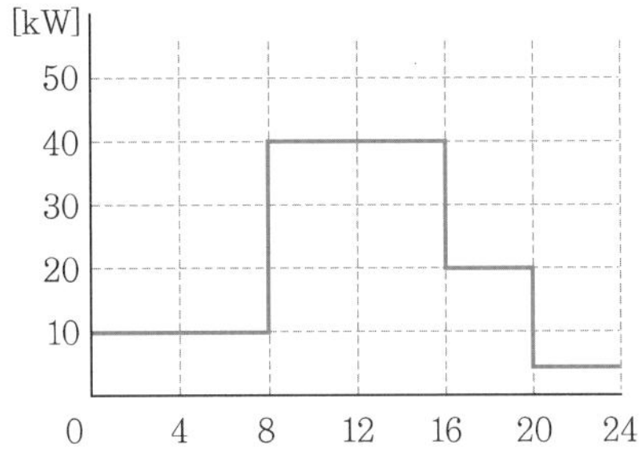

(A 공장)

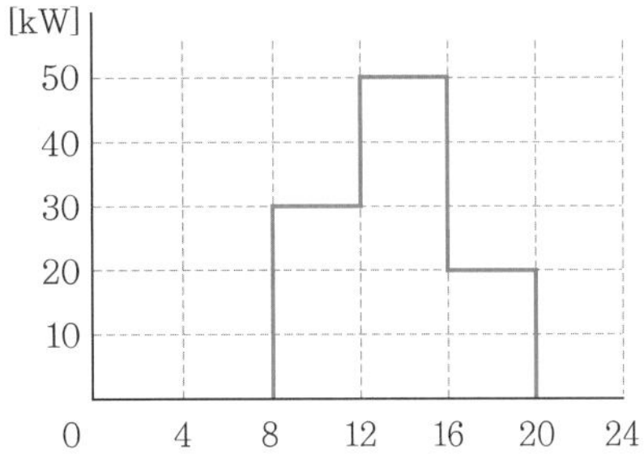

(B 공장)

(1) A공장의 일부하율은 얼마인가?
(2) 변압기 1대로 A, B 공장에 전력을 공급할 경우의 종합 부하율과 변압기 용량을 구하시오.
① 종합 부하율
② 변압기 용량

답안 (1) 52.08[%]
(2) ① 41.67[%]
② 90[kW]

해설
(1) 부하율 $= \dfrac{10\times8+40\times8+20\times4+5\times4}{40\times24}\times100 = 52.08[\%]$

(2) ① A 공장의 평균전력 : $\dfrac{10\times8+40\times8+20\times4+5\times4}{24} = 20.83[\text{kW}]$

B 공장의 평균전력 : $\dfrac{30\times4+50\times4+20\times4}{24} = 16.67[\text{kW}]$

종합 부하율 : $\dfrac{20.83+16.67}{40+50}\times100 = 41.67[\%]$

② 변압기 용량 : $40+50 = 90[\text{kW}]$

문제 04 기사 98년, 02년, 05년 출제

배점 : 6점

그림은 제1공장과 제2공장에 대한 어느 날의 일부하곡선이다. 이 그림을 이용하여 다음 각 물음에 답하시오.

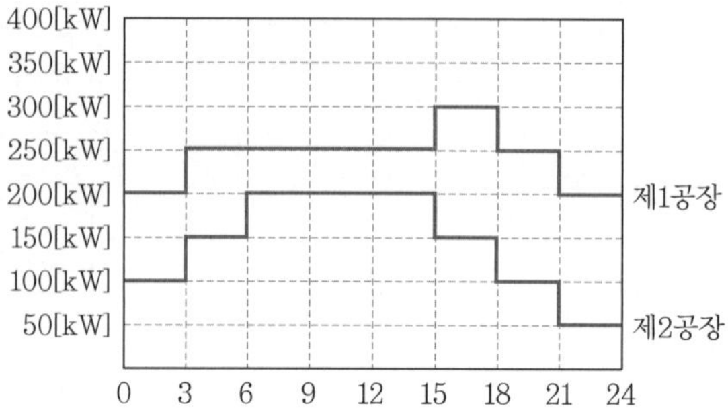

(1) 제1공장의 일부하율은 몇 [%]인가?
(2) 제1공장과 제2공장 상호 간의 부등률은 얼마인가?

답안 (1) 81.25[%]
(2) 1.11

해설
(1) 부하율 $= \dfrac{200\times 6+250\times 15+300\times 3}{300\times 24}\times 100 = 81.25[\%]$

(2) 부등률 $= \dfrac{200+300}{450} = 1.11$

문제 05 기사 02년, 13년 출제

배점 : 6점

다음 수용가들의 일부하곡선을 보고 물음에 답하시오. (단, 실선은 A 수용가, 파선은 B 수용가이다.)

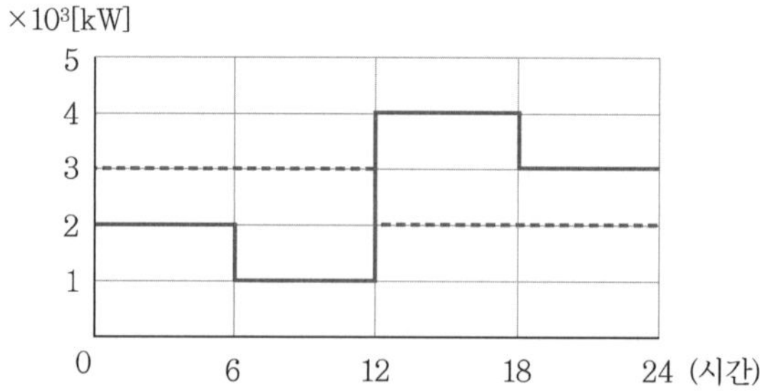

(1) A, B 각 수용가의 수용률을 계산하시오. (단, 설비용량은 수용가 모두 10×10^3[kW]이다.)
(2) A, B 각 수용가의 부하율을 계산하시오.
(3) 수용가의 부등률을 계산하고 부등률의 정의를 간단히 쓰시오.

답안

(1) • A 수용가 : $\frac{4\times10^3}{10\times10^3}\times100=40[\%]$

• B 수용가 : $\frac{3\times10^3}{10\times10^3}\times100=30[\%]$

(2) • A 수용가 : $\frac{2\times6+1\times6+4\times6+3\times6}{24\times4}\times100=62.5[\%]$

• B 수용가 : $\frac{3\times12+2\times12}{24\times3}\times100=83.33[\%]$

(3) • 부등률 : $\frac{4+3}{6}=1.166 ≒ 1.17$

• 정의 : 각각의 수용가군이나 변압기 등의 최대전력 발생시기 및 시간의 분산율을 나타낸다.

문제 06 기사 02년, 05년, 13년, 17년 출제

배점 : 6점

입력 설비용량 20[kW] 2대, 30[kW] 2대의 3상 380[V] 유도전동기 군이 있다. 그 부하곡선이 아래 그림과 같을 경우 최대수용전력[kW], 수용률[%], 일부하율[%]을 각각 구하시오.

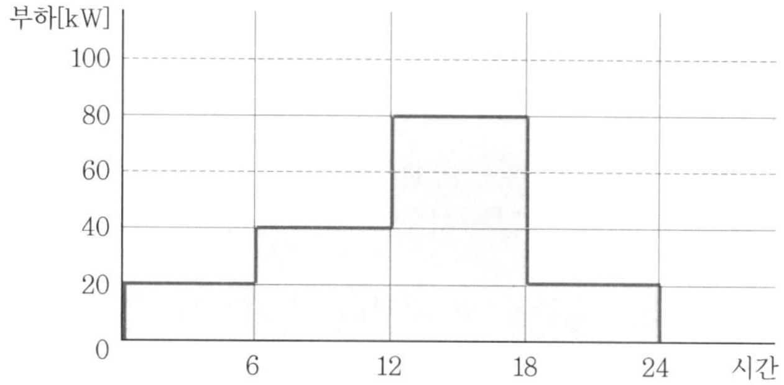

(1) 최대수용전력
(2) 수용률
(3) 일부하율

답안 (1) 80[kW]
(2) 80[%]
(3) 50[%]

해설

(2) 수용률 = $\frac{\text{최대수용전력}}{\text{설비용량}}\times100=\frac{80}{20\times2+30\times2}\times100=80[\%]$

(3) 일부하율 = $\frac{\text{평균전력}}{\text{최대수용전력}}\times100=\frac{(20+40+80+20)\times6}{80\times24}\times100=50[\%]$

문제 07 기사 16년 출제

배점 : 10점

어느 변전소에서 그림과 같은 일부하곡선을 가진 3개의 부하 A, B, C의 수용가에 있을 때, 다음 각 물음에 대하여 답하시오. (단, 부하 A, B, C의 평균전력은 각각 4,500[kW], 2,400[kW] 및 900[kW]라 하고 역률은 각각 100[%], 80[%], 60[%]라 한다.)

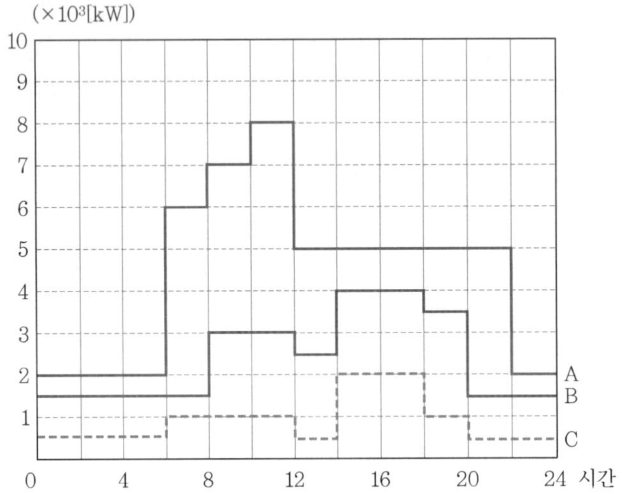

(1) 합성 최대전력[kW]을 구하시오.
(2) 종합 부하율[%]을 구하시오.
(3) 부등률을 구하시오.
(4) 최대부하 시의 종합 역률[%]을 구하시오.
(5) A수용가에 관한 다음 물음에 답하시오.
   ① 첨두부하는 몇 [kW]인가?
   ② 첨두부하가 지속되는 시간은 몇 시부터 몇 시까지인가?
   ③ 하루 공급된 전력량은 몇 [MWh]인가?

답안 (1) 12,000[kW]
(2) 65[%]
(3) 1.17
(4) 95.82[%]
(5) ① 8×10^3[kW]
② 10~12시
③ 108[MWh]

해설 (1) 합성 최대전력은 도면에서 10~12시에 나타내며

$$P = (8+3+1) \times 10^3 = 12 \times 10^3 = 12{,}000[\text{kW}]$$

(2) $$\text{종합 부하율} = \frac{\text{평균전력}}{\text{합성 최대전력}} \times 100 = \frac{\text{A, B, C 각 평균전력의 합계}}{\text{합성 최대전력}} \times 100$$

$$= \frac{4{,}500+2{,}400+900}{12{,}000} \times 100 = 65[\%]$$

(3) 부등률 $= \dfrac{\text{A, B, C 최대전력의 합계}}{\text{합성 최대전력}} = \dfrac{(8+4+2)\times 10^3}{12\times 10^3} = 1.17$

(4) 먼저 최대부하 시 무효전력 Q를 구해보면

$$Q = \frac{8\times 10^3}{1}\times 0 + \frac{3\times 10^3}{0.8}\times 0.6 + \frac{1\times 10^3}{0.6}\times 0.8 = 3{,}583.33[\text{kVar}]$$

$$\cos\theta = \frac{P}{\sqrt{P^2+Q^2}} = \frac{12{,}000}{\sqrt{12{,}000^2+3{,}583.33^2}}\times 100 = 95.82[\%]$$

(5) ③ $(2\times 6+6\times 2+7\times 2+8\times 2+5\times 10+2\times 2)\times 10^3 = 108\times 10^3[\text{kWh}] = 108[\text{MWh}]$

문제 08 기사 20년 출제

배점 : 10점

어느 변전소에서 그림과 같은 일부하곡선을 가진 3개의 부하 A, B, C의 수용가에 있을 때, 다음 각 물음에 대하여 답하시오. (단, 부하 A, B, C의 역률은 100[%], 80[%], 60[%]라 한다.)

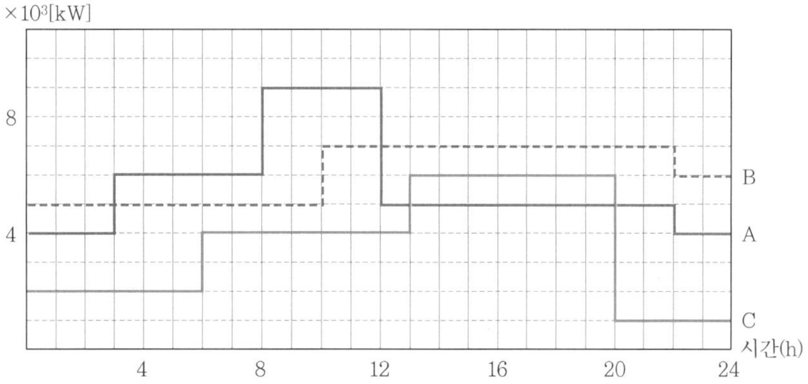

(1) 합성 최대전력[kW]을 구하시오.
(2) 종합 부하율[%]을 구하시오.
(3) 부등률을 구하시오.
(4) 최대부하 시의 종합 역률[%]을 구하시오.
(5) A수용가에 관한 다음 물음에 답하시오.
  ① 첨두부하는 몇 [kW]인가?
  ② 첨두부하가 지속되는 시간은 몇 시부터 몇 시까지인가?
  ③ 하루 공급된 전력량은 몇 [MWh]인가?

답안 (1) 20,000[kW]
(2) 76.65[%]
(3) 1.1
(4) 88.39[%]

(5) ① 9×10^3[kW]

② 8~12시

③ 136[MWh]

해설 (1) 합성 최대전력은 도면에서 10~12시에 나타내며

$P=(9+7+4)\times10^3=20\times10^3=20{,}000[\text{kW}]$

(2) • A부하의 평균전력

$$P_A=\frac{\{(4\times3)+(6\times5)+(9\times4)+(5\times10)+(4\times2)\}\times10^3}{24}=5.67\times10^3[\text{kW}]$$

• B부하의 평균전력

$$P_B=\frac{\{(5\times10)+(7\times12)+(6\times2)\}\times10^3}{24}=6.08\times10^3[\text{kW}]$$

• C부하의 평균전력

$$P_C=\frac{\{(2\times6)+(4\times7)+(6\times7)+(1\times4)\}\times10^3}{24}=3.58\times10^3[\text{kW}]$$

따라서, $\text{종합 부하율}=\dfrac{\text{평균전력}}{\text{합성 최대전력}}\times100$

$$=\frac{\text{A, B, C 각 평균전력의 합계}}{\text{합성 최대전력}}\times100$$

$$=\frac{(5.67+6.08+3.58)\times10^3}{20\times10^3}\times100=76.65[\%]$$

(3) $\text{부등률}=\dfrac{\text{A, B, C 최대전력의 합계}}{\text{합성 최대전력}}=\dfrac{(9+7+6)\times10^3}{20\times10^3}=1.1$

(4) 먼저 최대부하 시 무효전력 Q를 구해보면

$$Q=\frac{9\times10^3}{1}\times0+\frac{7\times10^3}{0.8}\times0.6+\frac{4\times10^3}{0.6}\times0.8=10{,}853.33[\text{kVar}]$$

$$\cos\theta=\frac{P}{\sqrt{P^2+Q^2}}=\frac{20{,}000}{\sqrt{20{,}000^2+10{,}583.33^2}}\times100=88.39[\%]$$

(5) ③ $W=\{(4\times3)+(6\times5)+(9\times4)+(5\times10)+(4\times2)\}\times10^3$

$=136\times10^3[\text{kWh}]=136[\text{MWh}]$

문제 09 기사 99년, 03년, 09년 출제

배점 : 5점

고압간선에 다음과 같은 A, B 수용가가 있다. A, B 각 수용가의 개별 부등률은 1.0이고, A, B 간 합성 부등률은 1.2라고 할 때 고압간선에 걸리는 최대부하용량은 몇 [kVA]인가?

회 선	부하설비[kW]	수용률[%]	역률[%]
A	250	60	80
B	150	80	80

답안 281.25[kVA]

해설

- A 수용가 최대전력 $P = \frac{250 \times 0.6}{1.0} = 150[\text{kW}]$
- B 수용가 최대전력 $P = \frac{150 \times 0.8}{1.0} = 120[\text{kW}]$
- 최대부하 $P_m = \frac{150+120}{1.2} \times \frac{1}{0.8} = 281.25[\text{kVA}]$

문제 10

기사 98년, 00년, 03년, 04년 출제

배점 : 6점

표와 같은 수용가 A B, C에 공급하는 배전선로의 최대전력이 450[kW]라고 할 때 다음 각 물음에 답하시오.

수용가	설비용량[kW]	수용률[%]
A	250	65
B	300	70
C	350	75

(1) 수용가의 부등률은 얼마인가?
(2) 부등률이 크다는 것은 어떤 의미를 갖는가?
(3) 수용률의 의미를 간단히 설명하시오.

답안 (1) 1.41

(2) 최대전력을 소비하는 기기의 사용시간대가 다르다는 것

(3) 전기설비의 설비용량[kW]에 대한 최대수용전력[kW]의 비를 말한다.

해설 (1) 부등률 $= \frac{250 \times 0.65 + 300 \times 0.7 + 350 \times 0.75}{450} = 1.41$

문제 11

기사 04년 출제

배점 : 3점

어떤 수용가 A, B, C에 공급하는 배전선로의 최대전력이 700[kW]이다. 이 경우 수용가의 부등률은 얼마인가?

수용가	설비용량[kW]	수용률[%]
A	400	60
B	500	70
C	500	75

답안 1.38

해설 $부등률 = \frac{400 \times 0.6 + 500 \times 0.7 + 500 \times 0.75}{700} = 1.38$

문제 12

기사 05년, 17년 출제

배점 : 4점

다음 표에 나타낸 어느 수용가들 사이의 부등률을 1.1로 한다면, 이들의 합성 최대전력은 몇 [kW]인가?

수용가	설비용량[kW]	수용률[%]
A	300	80
B	200	60
C	100	80

답안 400[kW]

해설 $P_m = \frac{300 \times 0.8 + 200 \times 0.6 + 100 \times 0.8}{1.1} = 400[\mathrm{kW}]$

문제 13

기사 14년 출제

배점 : 4점

다음 표에 나타낸 어느 수용가들 사이의 부등률을 1.1로 한다면, 이들의 합성 최대전력은 몇 [kW]인가?

수용가	설비용량[kW]	수용률[%]
A	100	85
B	200	75
C	300	65

답안 390.91[kW]

해설 $P_m = \frac{100 \times 0.85 + 200 \times 0.75 + 300 \times 0.65}{1.1} = 390.91[\mathrm{kW}]$

문제 **14** 기사 13년 출제

배점 : 4점

다음 표와 같은 어느 수용가 A, B, C, D에 공급하는 배전선로의 최대전력이 800[kW]일 때 각 물음에 답하시오.

수용가	설비용량 [kW]	수용률
A	250	0.6
B	300	0.7
C	350	0.8
D	400	0.8

(1) 수용가의 부등률은 얼마인가?
(2) 부등률은 수용률과 더불어 배전간선과 어디에 주로 활용할 목적으로 사용되는가?

답안 (1) 1.2
(2) 변압기 용량 산정

해설 (1) $\dfrac{250\times0.6+300\times0.7+350\times0.8+400\times0.8}{800}=1.2$

문제 **15** 기사 13년 출제

배점 : 5점

그림과 같은 부하를 갖는 변압기의 최대수용전력은 몇 [kVA]인지 계산하시오. (단, ① 부하 간 부등률은 1.2이다. ② 부하의 역률은 모두 85[%]이다. ③ 부하에 대한 수용률은 다음 표와 같다.)

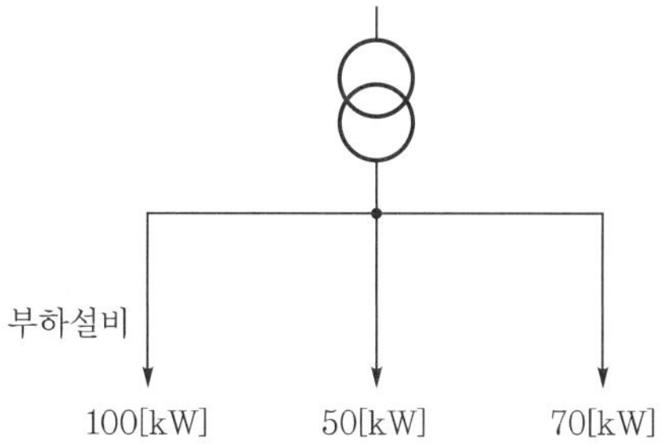

부 하	수용률
10[kW] 이상~50[kW] 미만	70[%]
50[kW] 이상~100[kW] 미만	60[%]
100[kW] 이상~150[kW] 미만	50[%]
150[kW] 이상	45[%]

답안 119.61[kVA]

해설 $P_T = \dfrac{100 \times 0.5 + 50 \times 0.6 + 70 \times 0.6}{1.2 \times 0.85} = 119.607 = 119.61[\text{kVA}]$

문제 16 기사 99년, 03년 출제 | 배점 : 6점

그림과 같이 전등만의 2군 수용가가 각각 1대씩의 변압기를 통해서 전력을 공급받고 있다. 각 군 수용가의 총 설비용량은 각각 30[kW] 및 40[kW]라고 한다. 각 군 수용가에 사용할 변압기의 용량을 산정하시오. 또한 고압간선에 걸리는 최대부하는 얼마로 되겠는가?

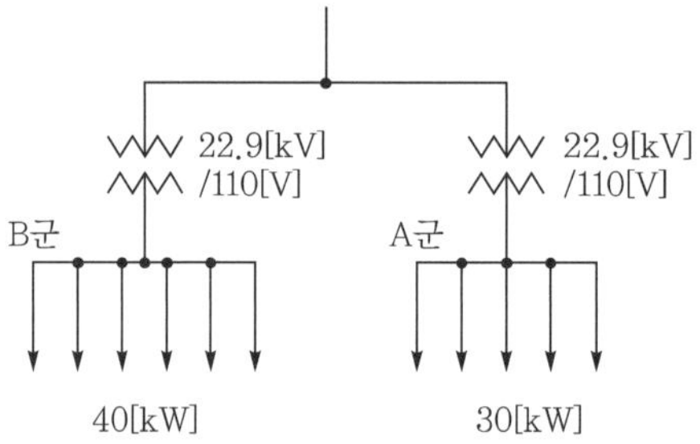

[조건]
- 각 수용가의 수용률 : 0.5
- 수용가 상호 간의 부등률 : 1.2
- 변압기 상호 간의 부등률 : 1.3

변압기 표준용량[kVA]								
5	10	15	20	25	30	50	75	100

(1) 각 군 수용가에 사용할 변압기의 용량을 산정하시오.
(2) 고압간선에 걸리는 최대부하는 몇 [kW]인가?

답안 (1) 15[kVA], 20[kVA]
(2) 22.44[kW]

해설 (1) $T_A = \dfrac{30 \times 0.5}{1.2 \times 1} = 12.5[\text{kVA}]$

$T_B = \dfrac{40 \times 0.5}{1.2 \times 1} = 16.67[\text{kVA}]$

(2) $P_m = \dfrac{12.5 + 16.67}{1.3} = 22.44[\text{kW}]$

문제 17 기사 16년 출제

배점 : 7점

어느 전등 수용가의 총 부하는 120[kW]이고, 각 수용가의 수용률은 어느 곳이나 0.5라고 한다. 이 수용가군을 설비용량 50[kW], 40[kW] 및 30[kW]의 3군으로 나누어 그림처럼 변압기 T_1, T_2 및 T_3로 공급할 때 다음 각 물음에 답하시오.

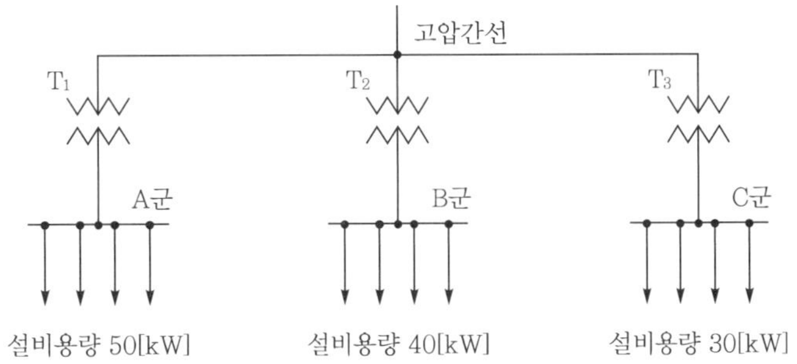

[조건]
- 각 변압기마다의 수용가의 상호 간의 부등률은 T_1 : 1.2, T_2 : 1.1, T_3 : 1.2
- 각 변압기마다의 종합 부하율은 T_1 : 0.6, T_2 : 0.5, T_3 : 0.4
- 각 변압기 부하 상호 간의 부등률은 1.3 이라 하고, 전력 손실은 무시하는 것으로 한다.

(1) 각 군(A군, B군, C군)의 종합 최대수용전력[kW]를 구하시오.
(2) 고압간선에 걸리는 최대부하[kW]를 구하시오.
(3) 각 변압기의 평균수용전력[kW]를 구하시오.
(4) 고압간선의 종합 부하율[%]을 구하시오.

답안 (1) A군 : 20.83[kW], B군 : 18.18[kW], C군 : 12.5[kW]
(2) 39.62[kW]
(3) A군 : 12.5[kW], B군 : 9.09[kW], C군 : 5[kW]
(4) 67.11[%]

해설 (1) • A군 : $T_A = \dfrac{50 \times 0.5}{1.2} = 20.83[kW]$

• B군 : $T_B = \dfrac{40 \times 0.5}{1.1} = 18.18[kW]$

• C군 : $T_C = \dfrac{30 \times 0.5}{1.2} = 12.5[kW]$

(2) $P_m = \dfrac{20.83 + 18.18 + 12.5}{1.3} = 39.62[kW]$

(3) • A군 : $T_A = 20.83 \times 0.6 = 12.498 = 12.5[kW]$

• B군 : $T_B = 18.18 \times 0.5 = 9.09[kW]$

• C군 : $T_C = 12.5 \times 0.4 = 5[kW]$

(4) $\dfrac{12.5 + 9.09 + 5}{39.62} \times 100 = 67.11[\%]$

문제 18 기사 07년 출제

배점 : 6점

부하의 종류가 전등뿐인 수용가에서 그림과 같이 변압기가 설치되어 있다. 도면과 조건을 이용하여 다음 각 물음에 답하시오.

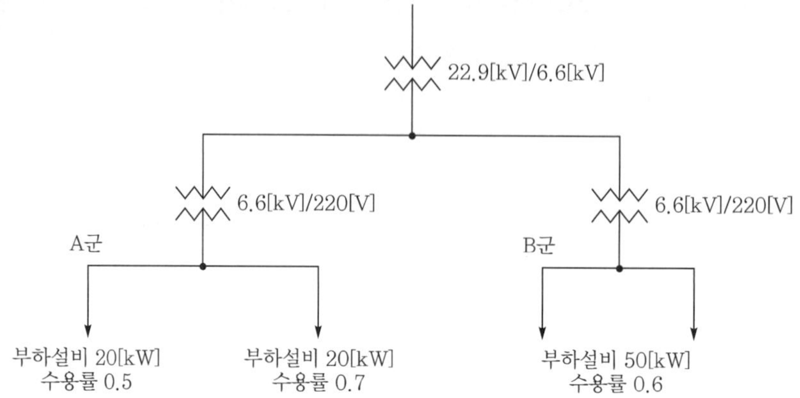

[조건]
- 수용가의 수용률
  - A군 : 20[kW], 0.5, 20[kW], 0.7
  - B군 : 50[kW], 0.6
- 수용가 상호 간의 부등률 : 1.2
- 변압기 상호 간의 부등률 : 1.2
- 변압기 표준용량

변압기 표준용량[kVA]								
5	10	15	20	25	30	50	75	100

(1) A군에 필요한 변압기 표준용량을 구하시오.
(2) B군에 필요한 변압기 표준용량을 구하시오.
(3) 고압간선에 필요한 변압기 표준용량을 구하시오.

답안 (1) 20[kVA] 산정
(2) 25[kVA] 산정
(3) 50[kVA] 산정

해설

(1) $P_t = \dfrac{20 \times 0.5 + 20 \times 0.7}{1.2} = 20[\text{kVA}]$

(2) $P_t = \dfrac{50 \times 0.6}{1.2} = 25[\text{kVA}]$

(3) $P_t = \dfrac{20 + 25}{1.2} = 37.5[\text{kVA}]$

문제 19 기사 99년, 03년, 09년 출제

배점 : 5점

전등만의 수용가를 두 군으로 나누어 각 군에 변압기 1대씩을 설치하여 각 군의 수용가의 총 설비용량은 각각 30[kW] 및 40[kW]라고 한다. 각 수용가의 수용률을 0.6, 수용가간의 부등률을 1.2, 변압기군의 부등률을 1.4라 하면 고압간선에 대한 최대부하[kW]는?

답안 25[kW]

해설

$$P_m = \frac{\frac{30\times0.6}{1.2}+\frac{40\times0.6}{1.2}}{1.4} = 25[\mathrm{kW}]$$

문제 20 기사 13년 출제

배점 : 5점

어느 수용가의 부하설비용량이 950[kW], 수용률이 65[%], 부하역률이 76[%]일 때 변압기 용량은 몇 [kVA]가 적정한지 산정하시오.

답안 812.5[kVA]

해설 $P_t = \frac{950\times0.65}{0.76} = 812.5[\mathrm{kVA}]$

문제 21 기사 04년, 11년 출제

배점 : 5점

그림과 같이 부하가 A, B, C에 시설될 경우, 이것에 공급할 변압기 TR의 용량을 계산하여 표준용량을 선정하시오. (단, 부등률은 1.1, 부하역률은 80[%]로 한다.)

변압기 표준용량[kVA]						
50	100	150	200	250	300	350

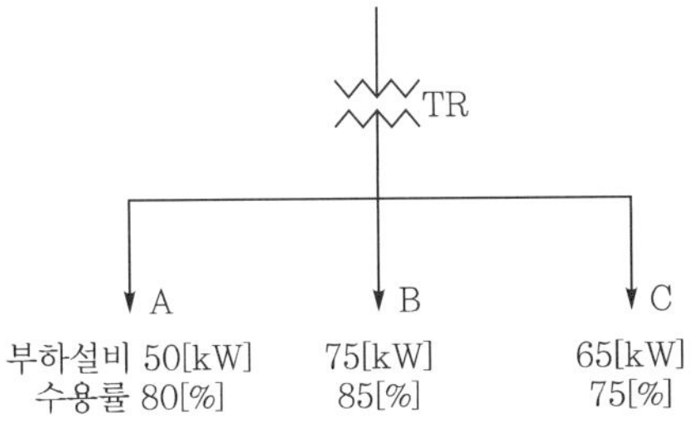

답안 200[kVA]

해설

$$P_t = \frac{50 \times 0.8 + 75 \times 0.85 + 65 \times 0.75}{1.1 \times 0.8}$$

$$= 173.3[\text{kVA}]$$

문제 22 기사 03년, 12년 출제

배점 : 5점

부하설비 및 수용률이 그림과 같은 경우 이곳에 공급할 변압기 TR의 용량을 계산하여 표준용량을 선정하시오. (단, 부등률은 1.1, 종합 역률은 80[%] 이하로 한다.)

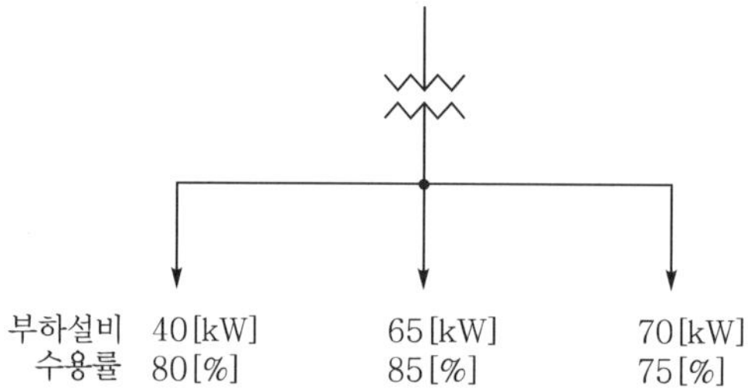

변압기 표준용량[kVA]						
50	100	150	200	250	300	350

답안 200[kVA]

해설

$$P_t = \frac{40 \times 0.8 + 65 \times 0.85 + 70 \times 0.75}{1.1 \times 0.8}$$

$$= 158.81[\text{kVA}]$$

PART 1

문제 23 기사 95년, 19년 출제

배점 : 5점

그림과 같이 50[kW], 30[kW], 15[kW], 25[kW] 부하설비에 수용률을 각각 50[%], 65[%], 75[%], 60[%]로 할 경우 변압기 용량은 몇 [kVA]가 필요한지 선정하시오. (단, 부등률은 1.2, 종합 역률은 80[%]로 한다.)

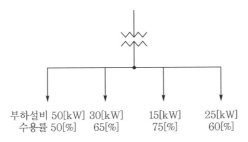

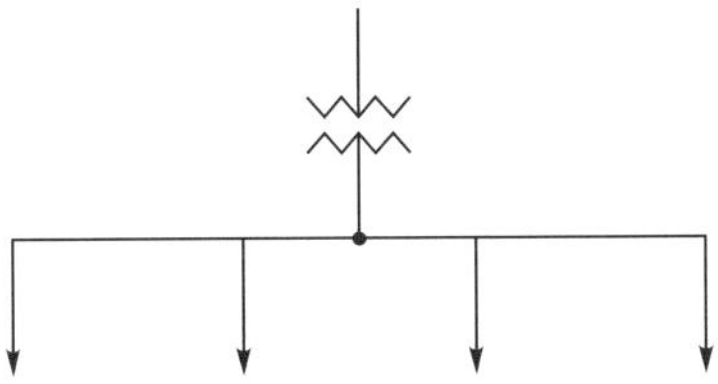

변압기 표준용량[kVA]						
25	30	50	75	100	150	200

답안 표에서 75[kVA] 선정

해설 변압기 용량 $= \dfrac{50 \times 0.5 + 30 \times 0.65 + 15 \times 0.75 + 25 \times 0.6}{1.2 \times 0.8}$

$= 73.7[\text{kVA}]$

문제 24 기사 05년, 13년 출제

배점 : 4점

부하설비가 각각 A-10[kW], B-20[kW], C-20[kW], D-30[kW]되는 수용가가 있다. 이 수용장소의 수용률이 A와 B는 각각 80[%], C와 D는 각각 60[%]이고 이 수용장소의 부등률은 1.3이다. 이 수용장소의 종합 최대전력은 몇 [kW]인가?

답안 41.54[kW]

해설 종합 최대전력 $= \dfrac{(10+20) \times 0.8 + (20+30) \times 0.6}{1.3}$

$= 41.54[\text{kW}]$

문제 25 기사 18년 출제

배점 : 6점

최대전력 억제방법을 3가지만 쓰시오.

답안
- 피크 컷(peak-cut) 제어방식
- 피크 쉬프트(peak-shift) 제어방식
- 설비부하의 프로그램 제어방식
- 자가용 발전설비의 가동에 의한 피크 제어방식

해설
- 피크 컷 제어방식 : 어느 시간대에 집중하는 부하가동을 다른 시간대로 옮기는 것이 생산공정상 곤란한 경우, 목표전력을 초과하지 않도록 일시적으로 차단할 수 있는 일부 부하를 차단하는 방식
- 피크 쉬프트 제어방식 : 최대수요전력을 구성하고 있는 부하 중 피크 시간대에서 다른 시간대로 옮길 수 있는 부하를 검토하여 피크 부하를 다른 시간대로 이행시키는 방법
- 설비부하의 프로그램 제어방식 : 디멘드 컨트롤러가 이용되고 있으며, 디멘드 제어에 의한 피크 전력을 억제하기 위하여 마이크로 프로세서를 내장시킨 고도의 감시제어 기능을 가진 최대수요전력감시 제어장치
- 자가용 발전설비의 가동에 의한 피크 제어방식 : 목표전력을 초과하는 최대수요전력에 해당하는 부하를 자가용 발전설비로 분담하게 하는 방식

1990년~최근 출제된 기출 이론 분석 및 유형별 문제

CHAPTER 06 이상전압 방호설비

기출개념 01 피뢰기

1 피뢰기의 기능 및 구성

(1) 피뢰기의 역할

뇌 및 회로의 개폐 등으로 생기는 충격 과전압의 파고값에 수반하는 전류를 제한하여, 전기시설의 절연을 보호하고, 또한 속류를 단시간에 차단해서 계통의 정상 상태를 벗어나는 일이 없도록 자동 복귀하는 기능을 가진 장치이다.

(2) 피뢰기의 구성

① 직렬 갭(series gap) : 방습 애관 내에 밀봉된 평면 또는 구면 전극을 계통전압에 따라 다수 직렬로 접속한 다극 구조이고, 계통전압에 의한 속류(follow current)를 차단하고 소호의 역할을 함과 동시에 충격파에 대하여는 방전시키도록 한다.

② 특성 요소(characteristic element) : 탄화규소(SiC), 산화아연 등을 주성분으로 한 소송물의 저항판을 여러 개로 합친 구조이며, 직렬 갭과 더불어 자기 애관에 밀봉시킨다. 비직선 전압, 전류 특성에 따라 방전할 때는 대전류를 통과시키고 단자전압을 제한하며, 방전 후에는 속류를 실질적으로 저지 또는 직렬 갭으로 차단할 수 있는 정도로 제한하는 구성성분을 말한다.

2 피뢰기의 종류

(1) 명칭별 종류

① 갭 저항형 피뢰기 : 각형, 자기 취소형, 다극형, 벤디맨
② 밸브형 피뢰기 : 알루미늄 셀, 산화 필름, 팰릿, 자동 밸브
③ 밸브 저항형 피뢰기 : 저항 밸브, 건식 밸브, 자동 밸브
④ 갭 레스형 피뢰기

(2) 성능별 종류

밸브형, 밸브 저항형, 방출형, 자기 소호형, 전류 제한형

(3) 사용장소

선로용, 직렬기기용, 발・변전소용, 전철용, 정류기용, 저압용, 케이블 보호용

(4) 정격전류

2,500[A], 5,000[A], 10,000[A]

3 피뢰기의 사용전압 및 구비조건

(1) 피뢰기의 정격전압과 제한전압

① 충격방전 개시전압

㉠ 피뢰기의 단자 간에 충격전압을 인가하였을 경우 방전을 개시하는 전압(impulse spark over voltage)

$$충격비 = \frac{충격방전\ 개시전압}{상용주파방전\ 개시전압의\ 파고값}$$

㉡ 진행파가 피뢰기의 설치점에 도달하여 충격방전 개시전압을 받으면 직렬 갭이 먼저 방전하게 되는데, 이 결과 피뢰기의 특성 요소가 선로에 이어져서 뇌전류를 방류하여 원래의 전압을 제한전압까지 내린다.

② 정격전압

㉠ 속류를 끊을 수 있는 최고의 교류 실효값 전압으로, 계통 최고전압에 유도계수와 접지계수를 적용하여 결정한다.

㉡ 직접 접지(유효접지)계통 : 계통 최고 상전압에 접지계수와 상용주파 이상전압 배수를 한 값. 즉 선로 공칭전압의 0.8배~1.0배

예 345[kV] 계통의 피뢰기 정격전압 : $\frac{362}{\sqrt{3}} \times 1.2 \times 1.15 = 288[kV]$

154[kV] 계통의 피뢰기 정격전압 : $\frac{169}{\sqrt{3}} \times 1.3 \times 1.15 = 144[kV]$

피뢰기의 정격전압은 6으로 나누어지는 값으로 한다.

㉢ 저항 혹은 소호 리액터 접지계통 : 선로 공칭전압의 1.4배~1.6배

예 66[kV] 계통의 피뢰기 정격전압 : $\frac{72}{\sqrt{3}} \times 1.73 \times 1.15 = 84[kV]$

③ 제한전압 : 방전으로 저하되어 피뢰기의 단자 간에 나타나게 되는 충격전압, 피뢰기가 동작 중일 때 단자 간의 전압(residual voltage)이라 할 수 있다.

(2) 피뢰기의 구비조건

① 충격방전 개시전압이 낮을 것
② 상용주파 방전 개시전압이 높을 것
③ 방전 내량이 크면서 제한전압은 낮을 것
④ 속류 차단 능력이 충분할 것

개념 문제 01 기사 16년 출제

| 배점 : 3점 |

피뢰기에 대한 다음 각 물음에 답하시오.

(1) 현재 사용되고 있는 교류용 피뢰기의 구조는 무엇과 무엇을 구성되어 있는지 쓰시오.
(2) 피뢰기의 정격전압은 어떤 전압인지 설명하시오.
(3) 피뢰기의 제한전압은 어떤 전압인지 설명하시오.

답안 (1) 직렬 갭과 특성 요소
(2) 속류를 차단하는 최대의 전압
(3) 피뢰기가 방전을 개시하여 동작 중 피뢰기 단자에 허용하는 전압의 파고치

개념 문제 02 기사 14년 출제

| 배점 : 6점 |

피뢰기에 대한 다음 각 물음에 답하시오.

(1) 피뢰기의 구비조건 4가지만 쓰시오.

(2) 피뢰기의 설치 장소 4개소를 쓰시오.

답안 (1) • 충격방전 개시전압이 낮을 것
• 상용주파 방전 개시전압이 높을 것
• 방전 내량이 크면서 제한전압이 낮을 것
• 속류 차단 능력이 클 것

(2) • 발·변전소 혹은 이것에 준하는 장소의 가공전선의 인입구 및 인출구
• 가공전선로에 접속하는 배전용 변압기의 고압측 및 특고압측
• 고압 및 특고압 가공전선로에서 공급을 받는 수용장소의 인입구
• 가공전선로와 지중전선로가 접속되는 곳

개념 문제 03 기사 09년, 17년, 22년 출제

| 배점 : 5점 |

154[kV] 중성점 직접 접지계통의 피뢰기 정격전압은 어떤 것을 선택해야 하는가? (단, 접지계수는 0.75이고, 유도계수는 1.1이다.)

피뢰기의 정격전압(표준값[kV])					
126	144	154	168	182	196

답안 144[kV]

해설 $V_n = V_m \cdot \alpha \cdot \beta = 170 \times 0.75 \times 1.1 = 140.25[\text{kV}]$

개념 문제 04 기사 03년 출제

| 배점 : 3점 |

피뢰기와 같은 구조로 되어 있으나 적용 전압 범위만을 조정하여 적용시키는 일종의 옥내 피뢰기로서 선로에서 발생할 수 있는 개폐서지, 순간 과도전압 등의 이상전압이 2차 기기에 악영향을 주는 것을 막기 위해 설치하는 것으로 대부분 큐비클에 내장 설치되어 건식류의 변압기나 기기 계통을 보호하는 것은 어떤 것인가?

답안 서지흡수기

개념 문제 05 기사 98년, 00년 출제 | 배점 : 4점 |

동일 개소에 2종류 이상의 접지공사를 할 때 접지저항이 적은 것을 공용으로 할 수 있다. 다만, 피뢰기, 피뢰침 접지는 타 접지와 공용이 안 된다. 그 이유를 설명하시오.

답안 낙뢰에 의한 이상전압 침입 시 피뢰기의 접지선을 통해 다른 기기 및 기구에 침입하여 계통의 사고가 확대되는 것을 방지한다.

기출개념 02 가공지선, 절연협조

1 가공지선에 의한 뇌 차폐

(1) 유도뢰에 대한 차폐

유도되는 전하는 50[%] 정도 이하로 줄어든다.

(2) 직격뢰에 대한 차폐각(shielding angle)

① 단독 가공지선 보호각(차폐각) : 35~40°
② 2중 가공지선 보호각(차폐각) : 10° 이하
③ 가공지선의 이도는 전선 이도보다 크면 안 된다.

(3) 역섬락

뇌전류가 철탑으로부터 대지로 흐를 경우, 철탑 전위의 파고값이 전선을 절연하고 있는 애자련이 절연 파괴전압 이상으로 될 경우 철탑으로부터 전선을 향해서 거꾸로 철탑측으로부터 도체를 향해서 일어나게 되는데, 이것을 역섬락(reverse flashover phenomenon)이라 하고 이것을 방지하기 위해서 될 수 있는 대로 탑각 접지저항을 작게 해줄 필요가 있다. 보통 이를 위해서 아연도금의 절연선을 지면 약 30[cm] 밑에 30~50[m]의 길이의 것을 방사상으로 몇 가닥 매설하는 데 이것을 매설지선(counter poise)이라 한다.

2 절연협조

(1) 정의

① 계통 내의 각 기계기구 및 애자 등의 상호 간에 적정한 절연강도를 지니게 함으로써 계통 설계를 합리적, 경제적으로 할 수 있게 한 것을 말한다.
② 계통기기 채용상 경제성을 유지하고 운용에 지장이 없도록 기준충격절연강도(Basic-impulse Insulation Level, BIL)를 만들어 기기 절연을 표준화하고 통일된 절연체계를 구성할 목적으로 절연계급을 설정한 것이다.

(2) 절연계급체계

선로애자 – 변성기, 차단기 등 – 변압기 – 피뢰기

(3) 피뢰기의 제1보호대상

변압기

(4) 변압기 절연강도 ≥ 피뢰기의 제한전압 + 피뢰기의 접지저항 전압강하

(5) 절연계급 = 공칭전압 ÷ 1.1

(6) 피뢰기 설치

발전소, 변전소에 침입하는 이상전압에 대해서는 피뢰기를 설치하여 이상전압을 제한전압까지 저하시키며, 피뢰기는 보호대상(변압기) 가까운 곳에 설치한다.

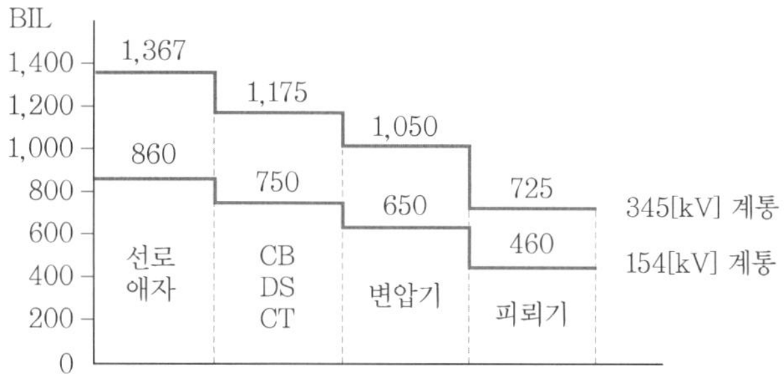

개념 문제 기사 99년, 03년, 07년 출제

| 배점 : 5점 |

전력계통의 절연협조에 대하여 그 의미를 상세히 설명하고 관련 기기에 대한 기준충격절연강도를 비교하여 절연협조가 어떻게 되어야 하는지를 설명하시오. (단, 관련 기기는 선로애자, 결합 콘덴서, 피뢰기, 변압기에 대하여 비교하도록 한다.)

(1) 절연협조의 의미

(2) 절연강도 비교

답안 (1) 계통 내의 각 기기, 기구 및 애자 등의 상호 간에 적정한 절연강도를 지니게 함으로써 계통 설계를 합리적, 경제적으로 할 수 있게 한 것을 말한다.

(2) 선로애자 > 결합 콘덴서 > 변압기 > 피뢰기

1990년~최근 출제된 기출문제

CHAPTER 06

이상전압 방호설비

단원 빈출문제

문제 01 기사 04년 출제

배점 : 6점

피뢰기에 대한 다음 각 물음에 답하시오.

(1) 현재 사용되고 있는 교류용 피뢰기의 구조는 무엇과 무엇으로 구성되어 있는가?
(2) 피뢰기의 정격전압은 어떤 전압을 말하는가?
(3) 피뢰기의 제한전압은 어떤 전압을 말하는가?

답안 (1) 직렬 갭과 특성 요소
(2) 속류를 차단할 수 있는 최대전압
(3) 피뢰기 동작 중 단자 간에 걸리는 충격전압

문제 02 기사 20년 출제

배점 : 5점

고압 및 특고압 가공전선로에는 피뢰기 또는 가공지선 등의 피뢰장치를 시설하여야 한다. 전기설비기술기준의 판단기준에서 정의하는 피뢰기를 시설하여야 하는 장소를 3개소만 쓰시오.

답안
- 발·변전소 혹은 이것에 준하는 장소의 가공전선의 인입구 및 인출구
- 가공전선로에 접속하는 배전용 변압기의 고압측 및 특고압측
- 고압 및 특고압 가공전선로에서 공급을 받는 수용장소의 인입구
- 가공전선로와 지중전선로가 접속되는 곳

문제 03 기사 16년 출제 | 배점 : 7점 |

다음 그림에서 피뢰기 시설이 의무화되어 있는 장소에 ⊗로 표시하고, 피뢰기 설치장소 4개소를 쓰시오.

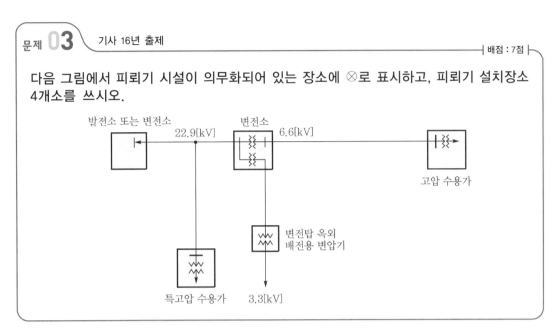

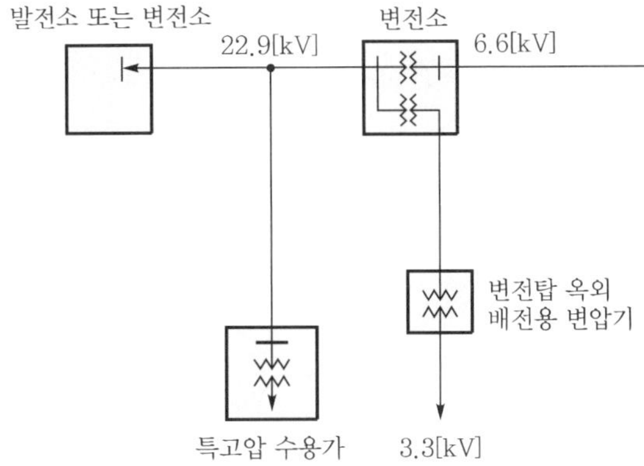

답안 (1)

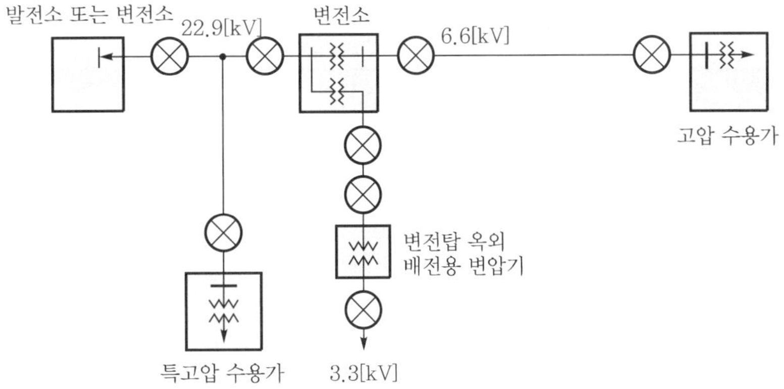

(2) **피뢰기 설치장소**

- 발전소, 변전소 또는 이에 준하는 장소의 가공전선 인입구 및 인출구
- 가공전선로에 접속하는 배전용 변압기의 고압측 및 특고압측
- 고압 및 특고압 가공전선로로부터 공급을 받는 수용장소의 인입구
- 가공전선로와 지중전선로가 접속되는 곳

문제 04 기사 99년 출제

배점 : 6점

갭 레스(Gap Less)형 피뢰기의 주요 특성을 3가지만 쓰시오.

답안
- 직렬 갭이 없으므로 소형화, 경량화 할 수 있다.
- 속류가 없어 빈번한 작동에도 잘 견딘다.
- 속류에 따른 특성 요소의 변화가 적다.

문제 05 기사 07년, 11년, 19년 출제

배점 : 3점

피뢰기에 흐르는 정격방전전류는 변전소의 차폐유무와 그 지방의 연간 뇌우발생일수에 관계되나 모든 요소를 고려한 경우 일반적인 시설장소별 적용할 피뢰기의 공칭방전전류를 쓰시오.

▌피뢰기 공칭방전전류▐

공칭방전전류	설치장소	적용조건
(①)	변전소	• 154[kV] 이상의 계통 • 66[kV] 및 그 이하에서 bank 용량이 3,000[kVA]를 초과하거나 중요한 곳 • 장거리 송전선(배전선로 인출용 단거리 케이블 제외), 케이블 및 정전 축전기 bank를 개폐하는 곳 • 배전선로 인출측(배전간선 인출용 장거리 케이블 제외)
(②)	변전소	66[kV] 및 그 이하에서 bank 용량이 3,000[kVA] 이하
(③)	선로	배전선로

답안
① 10,000[A]
② 5,000[A]
③ 2,500[A]

문제 06 기사 11년 출제

| 배점 : 4점 |

수전전압 22.9[kV-Y]에 진공차단기와 몰드변압기를 사용하는 경우 개폐 시 이상전압으로부터 변압기 등 기기보호 목적으로 사용되는 것으로 LA와 같은 구조와 특성을 가진 것을 쓰시오.

답안 서지흡수기

문제 07 기사 13년, 19년 출제

| 배점 : 5점 |

서지흡수기는 구내선로에서 발생하는 개폐서지나 순간과도전압 등으로부터 2차 기기에 악영향을 주는 것을 막기 위해 시설하는 것이 바람직하다. 다음의 진공차단기(VCB)와 2차 보호기기를 조합하여 사용할 시 반드시 서지흡수기를 설치하여야 하는 경우는 "적용", 설치하지 않아도 되는 경우는 "불필요"로 구분하여 빈칸에 쓰시오.

▌서지흡수기의 적용▐

구 분	차단기 종류	전압등급	2차 보호기기				
			전동기	변압기			콘덴서
				유입식	몰드식	건식	
적용여부	VCB	6[kV]					

답안

구 분	차단기 종류	전압등급	2차 보호기기				
			전동기	변압기			콘덴서
				유입식	몰드식	건식	
적용여부	VCB	6[kV]	적용	불필요	적용	적용	불필요

해설 서지흡수기의 적용

차단기 종류 / 전압등급 / 2차 보호기기		VCB				
		3[kV]	6[kV]	10[kV]	20[kV]	30[kV]
전동기		적용	적용	적용	–	–
변압기	유입식	불필요	불필요	불필요	불필요	불필요
	몰드식	적용	적용	적용	적용	적용
	건식	적용	적용	적용	적용	적용
콘덴서		불필요	불필요	불필요	불필요	불필요
변압기와 유도기기와의 혼용 사용시		적용	적용		–	–

[주] 상기 표에서와 같이 VCB를 사용 시 반드시 서지흡수기를 설치하여야 하나 VCB와 유입변압기를 사용 시는 설치하지 않아도 된다.

문제 08 기사 21년 출제

배점 : 6점

피뢰시스템 - 제3부 : 구조물의 물리적 손상 및 인명위험(KS C IEC 62305-3 : 2012)에 따른 피뢰시스템의 등급에 대한 내용이다. 다음 데이터 중 피뢰시스템의 등급과 관계가 있는 데이터와 없는 데이터를 구분하여 기호로 모두 쓰시오.

[데이터]
① 회전구체의 반지름, 메시의 크기 및 보호각
② 인하도선 사이 및 환상도체 사이의 전형적인 최적거리
③ 수뢰부시스템으로 사용되는 금속판과 금속관의 최소두께
④ 피뢰시스템의 재료 및 사용조건
⑤ 접지극의 최소길이
⑥ 접속도체의 최소치수
⑦ 위험한 불꽃방전에 대비한 이격거리

(1) 피뢰시스템의 등급과 관계가 있는 데이터
(2) 피뢰시스템의 등급과 관계가 없는 데이터

답안 (1) ①, ②, ⑤, ⑦
(2) ③, ④, ⑥

해설 (1) **피뢰시스템의 등급과 관계가 있는 데이터**
- 뇌파라미터
- 회전구체의 반지름, 메시의 크기 및 보호각
- 인하도선 사이 및 환상도체 사이의 전형적인 최적거리
- 위험한 불꽃방전에 대비한 이격거리
- 접지극의 최소길이

(2) **피뢰시스템의 등급과 관계가 없는 데이터**
- 피뢰등전위 본딩
- 수뢰부시스템으로 사용되는 금속판과 금속관의 최소두께
- 피뢰시스템의 재료 및 사용조건
- 수뢰부시스템, 인하도선, 접지극의 재료, 형상 및 최소치수
- 접속도체의 최소치수

문제 09 기사 18년 출제

배점 : 6점

송전계통에서 가공전선로의 이상전압 방지대책을 3가지만 쓰시오.

답안
- 가공지선 시설
- 절연협조와 피뢰기 설치
- 중성점 접지

문제 10 기사 96년, 08년 출제

배점 : 5점

송전계통에는 변압기, 차단기, 계기용 변성기, 애자 등 많은 기기와 기구 등이 사용되고 있는데 이들의 절연강도는 서로 균형을 이루어야 한다. 만약, 대충 정해져 있다면 그다지 중요하지 않은 개소의 절연을 강화하였기 때문에, 중요한 기기의 절연이 파괴될 수도 있게 된다. 그러므로, 절연 설계에 있어서 발생하는 이상전압, 기기 등의 절연강도, 피뢰장치로 저감된 전압 쪽 보호 레벨(level)의 3자 사이의 관련을 합리적으로 해야 하는데, 이것을 절연협조(insulation coordination)라 한다. 그림은 이와 같이 하여 정한 절연협조의 보기를 든 것이다. 각 개소에 해당되는 것을 다음 [보기]에서 골라 쓰시오.

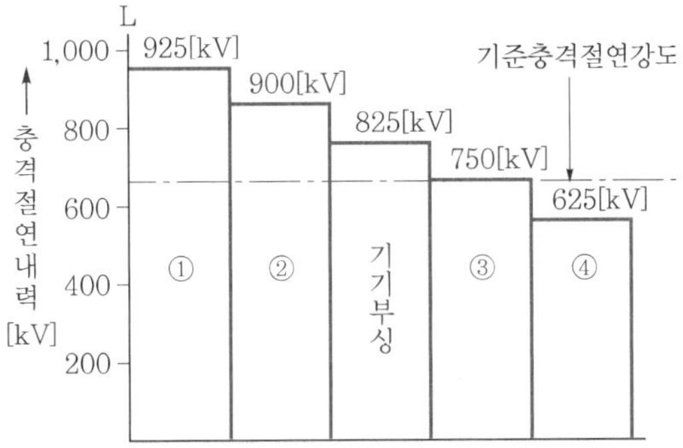

154[kV] 송전계통의 절연협조

[보기]
변압기, 피뢰기, 결합 콘덴서, 선로애자

답안
① 선로애자
② 결합 콘덴서
③ 변압기
④ 피뢰기

1990년~최근 출제된 기출 이론 분석 및 유형별 문제

07 CHAPTER 감리

기출개념 01 전력시설물 공사감리업무 수행지침

1 용어 정의

(1) 공사감리

발주자의 위탁을 받은 감리업자가 설계도서, 그 밖의 관계 서류의 내용대로 시공되는지 여부를 확인하고, 품질관리 · 공사관리 및 안전관리 등에 대한 기술지도를 하며, 관계 법령에 따라 발주자의 권한을 대행하는 것을 말한다.

(2) 감리원

감리업체에 종사하면서 감리업무를 수행하는 사람으로서 상주감리원과 비상주감리원을 말한다.

(3) 책임감리원

감리업자를 대표하여 현장에 상주하면서 해당 공사 전반에 관하여 책임감리 등의 업무를 총괄하는 사람을 말한다.

(4) 보조감리원

책임감리원을 보좌하는 사람으로서 담당 감리업무를 책임감리원과 연대하여 책임지는 사람을 말한다.

(5) 상주감리원

현장에 상주하면서 감리업무를 수행하는 사람으로서 책임감리원와 보조감리원을 말한다.

(6) 비상주감리원

감리업체에 근무하면서 상주감리원의 업무를 기술적 · 행정적으로 지원하는 사람을 말한다.

(7) 감리용역 계약문서

계약서, 기술용역입찰유의서, 기술용역계약 일반조건, 감리용역계약 특수조건, 과업지시서, 감리비 산출내역서 등으로 구성되며 상호 보완의 효력을 가진 문서를 말한다.

(8) 검토확인

공사의 품질을 확보하기 위하여 기술적인 검토 뿐만 아니라 그 실행결과를 확인하는 일련의 과정을 말하며 검토확인이라는 검토확인사항에 대하여 책임을 진다.

2 감리원의 근무수칙

(1) 감리원은 감리업무를 수행함에 있어 발주자와의 계약에 따라 발주자의 권한을 대행한다.

(2) 발주자와 감리업자 간에 체결된 감리용역 계약의 내용에 따라 감리원은 해당 공사가 설계도서 및 그 밖에 관계 서류의 내용대로 시공되는지 여부를 확인하고 품질관리, 공사관리 및 안전관리 등에 대한 기술지도를 하며, 전력기술관리법령에 따라 감리업자를 대표하고 발주자의 감독 권한을 대행한다.

(3) 감리업무를 수행하는 감리원은 그 업무를 성실히 수행하고 공사의 품질 확보와 향상에 노력하며, 다음의 사항을 실천하여 감리원으로서의 품위를 유지하여야 한다.

① 감리원은 공사의 품질확보 및 질적 향상을 위하여 기술지도와 지원 및 기술개발·보급에 노력하여야 한다.

② 감리원은 감리업무를 수행함에 있어 발주자의 감독 권한을 대행하는 사람으로서 공정하고, 청렴결백하게 업무를 수행하여야 한다.

③ 감리원은 감리업무를 수행함에 있어 해당 공사의 공사계약문서, 감리과업지시서, 그 밖에 관련 법령 등의 내용을 숙지하고 해당 공사의 특수성을 파악한 후 감리업무를 수행하여야 한다.

④ 감리원은 해당 공사가 공사계약문서, 예정공정표, 발주자의 지시사항, 그 밖에 관련 법령의 내용대로 시공되는가를 공사 시행시 수시로 확인하여 품질관리에 임하여야 하고, 공사업자에게 품질·시공·안전·공정관리 등에 대한 기술지도와 지원을 하여야 한다.

⑤ 감리원은 공사업자의 의무와 책임을 면제시킬 수 없으며, 임의로 설계를 변경하거나, 기일연장 등 공사계약조건과 다른 지시나 조치 또는 결정을 하여서는 아니 된다.

⑥ 감리원은 공사현장에서 문제점이 발생되거나 시공에 관련한 중요한 변경 및 예산과 관련되는 사항에 대하여는 수시로 발주자(지원업무담당자)에게 보고하고 지시를 받아 업무를 수행하여야 한다. 다만, 인명손실이나 시설물의 안전에 위험이 예상되는 사태가 발생할 때에는 우선 적절한 조치를 취한 후 즉시 발주자에게 보고하여야 한다.

(4) 상주감리원은 다음에 따라 현장 근무를 하여야 한다.

① 상주감리원은 공사현장(공사와 관련한 외부 현장점검, 확인 등 포함)에서 운영요령에 따라 배치된 일수를 상주하여야 하며, 다른 업무 또는 부득이한 사유로 1일 이상 현장을 이탈하는 경우에는 반드시 감리업무일지에 기록하고, 발주자(지원업무담당자)의 승인(부재시 유선보고)을 받아야 한다.

② 상주감리원은 감리사무실 출입구 부근에 부착한 근무상황판에 현장 근무위치 및 업무내용 등을 기록하여야 한다.

③ 상주감리원은 발주자의 요청이 있는 경우에는 초과근무를 하여야 하며, 공사업자의 요청이 있을 경우에는 발주자의 승인을 받아 초과근무를 하여야 한다.

(5) 비상주감리원은 다음에 따라 업무를 수행하여야 한다.
① 설계도서 등의 검토
② 상주감리원이 수행하지 못하는 현장 조사분석 및 시공상의 문제점에 대한 기술검토와 민원사항에 대한 현지조사 및 해결방안 검토
③ 중요한 설계변경에 대한 기술검토
④ 설계변경 및 계약금액 조정의 심사
⑤ 기성 및 준공검사
⑥ 정기적(분기 또는 월별)으로 현장 시공상태를 종합적으로 점검·확인·평가하고 기술지도
⑦ 공사와 관련하여 발주자(지원업무수행자 포함)가 요구한 기술적 사항 등에 대한 검토
⑧ 그 밖에 감리업무 추진에 필요한 기술자원 업무

기출개념 02 공사착공 단계 감리업무

1 설계도서 등의 검토

(1) 감리원은 설계도면, 설계설명서, 공사비 산출내역서, 기술계산서, 공사계약서의 계약내용과 해당 공사의 조사 설계보고서 등의 내용을 완전히 숙지하여 새로운 방향의 공법개선 및 예산절감을 도모하도록 노력하여야 한다.

(2) 감리원은 설계도서 등에 대하여 공사계약문서 상호 간의 모순되는 사항, 현장 실정과의 부합여부 등 현장 시공을 주안으로 하여 해당 공사 시작 전에 검토하여야 하며 검토내용에는 다음의 사항 등이 포함되어야 한다.
① 현장조건에 부합 여부
② 시공의 실제가능 여부
③ 다른 사업 또는 다른 공정과의 상호부합 여부
④ 설계도면, 설계설명서, 기술계산서, 산출내역서 등의 내용에 대한 상호일치 여부
⑤ 설계도서의 누락, 오류 등 불명확한 부분의 존재 여부
⑥ 발주자가 제공한 물량내역서와 공사업자가 제출한 산출내역서의 수량일치 여부
⑦ 시공상의 예상 문제점 및 대책 등

(3) 감리원은 검토결과 불합리한 부분, 착오, 불명확하거나 의문사항이 있을 때는 그 내용과 의견을 발주자에게 보고하여야 한다.

2 착공신고서 검토 및 보고

(1) 감리원은 공사가 시작된 경우에는 공사업자로부터 다음의 서류가 포함된 착공신고서를 제출받아 적정성 여부를 검토하여 7일 이내에 발주자에게 보고하여야 한다.

① 시공관리책임자 지정통지서(현장관리조직, 안전관리자)
② 공사 예정공정표
③ 품질관리계획서
④ 공사도급 계약서 사본 및 산출내역서
⑤ 공사 시작 전 사진
⑥ 현장기술자 경력사항 확인서 및 자격증 사본
⑦ 안전관리계획서
⑧ 작업인원 및 장비투입 계획서
⑨ 그 밖에 발주자가 지정한 사항

(2) 감리원은 다음을 참고하여 착공신고서의 적정여부를 검토하여야 한다.

① 계약내용의 확인
㉠ 공사기간(착공~준공)
㉡ 공사비 지급조건 및 방법(선급금, 기성부분 지급, 준공금 등)
㉢ 그 밖에 공사계약문서에 정한 사항

② 현장기술자의 적격여부
㉠ 시공관리책임자 :「전기공사법」 제17조
㉡ 안전관리자 :「산업안전보건법」 제15조

③ 공사 예정공정표
작업 간 선행·동시 및 완료 등 공사 전·후의 연관성이 명시되어 작성되고 예정공정률이 적정하게 작성되었는지 확인

④ 품질관리계획
공사 예정공정표에 따라 공사용 자재의 투입시기와 시험방법, 빈도 등이 적정하게 반영되었는지 확인

⑤ 공사 시작 전 사진
전경이 잘 나타나도록 촬영되었는지 확인

⑥ 안전관리계획
산업안전보건법령에 따른 해당 규정 반영여부

⑦ 작업인원 및 장비투입 계획
공사의 규모 및 성격, 특성에 맞는 장비형식이나 수량의 적정여부 등

개념 문제 01 기사 17년, 19년 출제

| 배점 : 5점 |

전력시설물 공사감리업무 수행지침에 의해 감리원은 설계도서 등에 대하여 공사계약문서 상호 간의 모순되는 사항, 현장 실정과의 부합여부 등 현장 시공을 주안으로 하여 해당 공사 시작 전에 검토하여야 한다. 이때 검토내용에 포함되어야 하는 사항을 3가지만 쓰시오.

답안
- 현장조건에 부합 여부
- 시공의 실제가능 여부
- 다른 사업 또는 다른 공정과의 상호부합 여부

해설 감리원은 설계도서 등에 대하여 공사계약문서 상호 간의 모순되는 사항, 현장 실정과의 부합여부 등 현장시공을 주안으로 하여 해당 공사 시작 전에 검토하여야 하며 검토내용에는 다음의 사항 등이 포함되어야 한다.
- 현장조건에 부합 여부
- 시공의 실제가능 여부
- 다른 사업 또는 다른 공정과의 상호부합 여부
- 설계도면, 설계설명서, 기술계산서, 산출내역서 등의 내용에 대한 상호일치 여부
- 설계도서의 누락, 오류 등 불명확한 부분의 존재 여부
- 발주자가 제공한 물량내역서와 공사업자가 제출한 산출내역서의 수량일치 여부
- 시공상의 예상 문제점 및 대책 등

개념 문제 02 산업 16년 출제

| 배점 : 5점 |

감리원은 공사시작 전에 설계도서의 적정여부를 검토하여야 한다. 설계도서 검토 시 포함하여야 하는 주요 검토내용을 5가지만 쓰시오.

답안
- 현장조건에 부합 여부
- 시공의 실제가능 여부
- 다른 사업 또는 다른 공정과의 상호부합 여부
- 설계도서의 누락, 오류 등 불명확한 부분의 존재 여부
- 시공상의 예상 문제점 및 대책 등

해설 감리원은 설계도서 등에 대하여 공사계약문서 상호 간의 모순되는 사항, 현장 실정과의 부합여부 등 현장시공을 주안으로 하여 해당 공사 시작 전에 검토하여야 하며 검토내용에는 다음의 사항 등이 포함되어야 한다.
- 현장조건에 부합 여부
- 시공의 실제가능 여부
- 다른 사업 또는 다른 공정과의 상호부합 여부
- 설계도면, 설계설명서, 기술계산서, 산출내역서 등의 내용에 대한 상호일치 여부
- 설계도서의 누락, 오류 등 불명확한 부분의 존재 여부
- 발주자가 제공한 물량내역서와 공사업자가 제출한 산출내역서의 수량일치 여부
- 시공상의 예상 문제점 및 대책 등

기출개념 03 공사시행 단계 감리업무

1 일반 행정업무

(1) 감리원은 감리업무 착수 후 빠른 시일 내에 해당 공사의 내용, 규모, 감리원 배치인원수 등을 감안하여 각종 행정업무 중에서 최소한의 필요한 행정업무 사항을 발주자와 협의하여 결정하고, 이를 공사업자에게 통보하여야 한다.

(2) 감리원은 다음의 서식 중 해당 감리현장에서 감리업무 수행상 필요한 서식을 비치하고 기록·보관하여야 한다.

① 감리업무일지
② 근무상황판
③ 지원업무수행 기록부
④ 착수 신고서
⑤ 회의 및 협의내용 관리대장
⑥ 문서접수대장
⑦ 문서발송대장
⑧ 교육실적 기록부
⑨ 민원처리부
⑩ 지시부
⑪ 발주자 지시사항 처리부
⑫ 품질관리·확인대장
⑬ 설계변경 현황
⑭ 검사 요청서
⑮ 검사 체크리스트
⑯ 시공기술자 실명부
⑰ 검사결과 통보서
⑱ 기술검토 의견서
⑲ 주요기자재 검수 및 수불부
⑳ 기성부분 감리조서
㉑ 발생품(잉여자재) 정리부
㉒ 기성부분 검사조서
㉓ 기성부분 검사원
㉔ 준공 검사원
㉕ 기성공정 내역서
㉖ 기성부분 내역서
㉗ 준공검사조서
㉘ 준공감리조서
㉙ 안전관리 점검표
㉚ 사고 보고서
㉛ 재해발생 관리부
㉜ 사후환경영향조사 결과보고서

(3) 감리원은 다음에 따른 문서의 기록관리 및 문서수발에 관한 업무를 하여야 한다.

① 감리업무일지는 감리원별 분담업무에 따라 항목별(품질관리, 시공관리, 안전관리, 공정관리, 행정 및 민원 등)로 수행업무의 내용을 육하원칙에 따라 기록하며 공사업자가 작성한 공사일지를 매일 제출받아 확인한 후 보관한다.
② 주요한 현장은 공사 시작 전, 시공 중, 준공 등 공사과정을 알 수 있도록 동일 장소에서 사진을 촬영하여 보관한다.

2 감리보고 등

(1) 책임감리원은 다음의 사항이 포함된 분기보고서를 작성하여 발주자에게 제출하여야 한다. 보고서는 매 분기말 다음 달 7일 이내로 제출한다.

① 공사추진 현황(공사계획의 개요와 공사추진계획 및 실적, 공정현황, 감리용역현황, 감리조직, 감리원 조치내역 등)
② 감리원 업무일지
③ 품질검사 및 관리현황
④ 검사요청 및 결과통보내용
⑤ 주요기자재 검사 및 수불내용(주요기자재 검사 및 입・출고가 명시된 수불현황)
⑥ 설계변경 현황
⑦ 그 밖에 책임감리원이 감리에 관하여 중요하다고 인정하는 사항

(2) 책임감리원은 다음의 사항이 포함된 최종감리보고서를 감리기간 종료 후 14일 이내에 발주자에게 제출하여야 한다.

① 공사 및 감리용역 개요 등(사업목적, 공사개요, 감리용역 개요, 설계용역 개요)
② 공사추진 실적현황(기성 및 준공검사 현황, 공종별 추진실적, 설계변경 현황, 공사현장 실정보고 및 처리현황, 지시사항 처리, 주요인력 및 장비투입현황, 하도급현황, 감리원투입현황)
③ 품질관리 실적(검사요청 및 결과통보현황, 각종 측정기록 및 조사표, 시험장비 사용현황, 품질관리 및 측정자 현황, 기술검토실적 현황 등)
④ 주요기자재 사용실적(기자재 공급원 승인현황, 주요기자재 투입현황, 사용자재 투입현황)
⑤ 안전관리실적(안전관리조직, 교육실적, 안전점검실적, 안전관리비 사용실적)
⑥ 환경관리실적(폐기물발생 및 처리실적)
⑦ 종합분석

(3) 분기 및 최종감리보고서는 전산프로그램(CD-ROM)으로 제출할 수 있다.

3 현장 정기교육

감리원은 공사업자에게 현장에 종사하는 시공기술자의 양질시공 의식고취를 위한 다음과 같은 내용의 현장 정기교육을 해당 현장의 특성에 적합하게 실시하도록 하게 하고, 그 내용을 교육실적 기록부에 기록・비치하여야 한다.

(1) 관련 법령・전기설비기준, 지침 등의 내용과 공사현황 숙지에 관한 사항

(2) 감리원과 현장에 종사하는 기술자들의 화합과 협조 및 양질시공을 위한 의식교육

(3) 시공결과・분석 및 평가

(4) 작업시 유의사항 등

4 감리원의 의견제시 등

감리원은 해당 공사와 관련하여 공사업자의 공법 변경요구 등 중요한 기술적인 사항에 대하여 요구한 날로부터 7일 이내에 이를 검토하고 의견서를 첨부하여 발주자에게 보고하여야 하며, 전문성이 요구되는 경우에는 요구가 있는 날부터 14일 이내에 비상주감리의 검토의견서를 첨부하여 발주자에 보고하여야 한다. 이 경우 발주자는 그가 필요하다고 인정하는 때에는 제3자에게 자문을 의뢰할 수 있다.

5 시공기술자 등의 교체

감리원은 공사업자의 시공기술자 등이 해당 공사현장에 적합하지 않다고 인정되는 경우에는 공사업자 및 시공기술자에게 문서로 시정을 요구하고, 이에 불응하는 때에는 발주자에게 그 실정을 보고하여야 한다.

개념 문제 산업 18년 출제

배점 : 6점

책임감리원은 감리업무 수행 중 긴급하게 발생되는 사항 또는 불특정하게 발생하는 중요사항에 대하여 발주자에게 수시로 보고하여야 하며, 감리기간 종료 후 최종감리보고서를 발주자에게 제출하여야 한다. 최종감리보고서에 포함될 서류 중 안전관리 실적 3가지를 쓰시오.

답안 안전관리조직, 교육실적, 안전점검실적

해설 책임감리원은 다음의 사항이 포함된 최종감리보고서를 감리기간 종료 후 14일 이내에 발주자에게 제출하여야 한다.

- 공사 및 감리용역 개요 등(사업목적, 공사개요, 감리용역 개요, 설계용역 개요)
- 공사추진 실적현황(기성 및 준공검사 현황, 공종별 추진실적, 설계변경 현황, 공사현장 실정보고 및 처리현황, 지시사항 처리, 주요인력 및 장비투입현황, 하도급 현황, 감리원 투입현황)
- 품질관리 실적(검사요청 및 결과통보현황, 각종 측정기록 및 조사표, 시험장비 사용현황, 품질관리 및 측정자 현황, 기술검토실적 현황 등)
- 주요기자재 사용실적(기자재 공급원 승인현황, 주요기자재 투입현황, 사용자재 투입현황)
- 안전관리실적(안전관리조직, 교육실적, 안전점검실적, 안전관리비 사용실적)
- 환경관리실적
- 종합분석

기출개념 04 감리 배치

(1) 공사감리 배치

감리자별 / 공사별		전기안전관리 담당자	감리업체	비 고
자가용 수용설비 설치공사		×	○	신규 설치공사
전기수용 설비 변경	총공사비 5천만 원 미만	○	○	용량증설·감소, 수전전압 변경, 이설공사, 변압기·차단기·전선로 변경공사, 일반용에서 자가용으로 변경
	총공사비 5천만 원 이상	×	○	
비상용 발전설비 설치 또는 변경	총공사비 1억 원 미만	○	○	
	총공사비 1억 원 이상	×	○	

(2) 공사감리 제외 대상

감리업의 등록을 한 자에게 공사감리를 발주하지 않아도 되는 대상

① 전기사업법에 의한 일반용 전기설비의 전력시설물 공사

② 임시 전력을 공급받기 위한 전력시설물 공사

③ 보안을 요구하는 군 특수 전력시설물 공사

④ 소방시설공사업법에 의한 비상전원·비상조명등 및 비상콘센트 공사

⑤ 전기사업용 전기설비 중 인입선 및 저압배전설비 공사

⑥ 다음의 기관 및 단체가 시행하는 전기공사로서 그 소속직원 중 감리원 수첩을 교부받은 자로 하여금 감리원 인원 배치기준에 따라 감리업무를 수행하는 전기공사
: 국가 및 지방자치단체, 정부투자기관, 공기업·공사, 전기사업자

⑦ 전력시설물 중 토목·건축 및 기계 부문의 설비 공사

⑧ 총 공사비가 5천만 원 미만인 전력시설물 공사

㉠ 자가용 전기설비 : 전기안전관리자 자체 감리

㉡ 사업용 전기설비 : 소속 전기기술인으로 하여금 감리업무를 수행하게 하는 공사

기출개념 05 설계 시공 관리

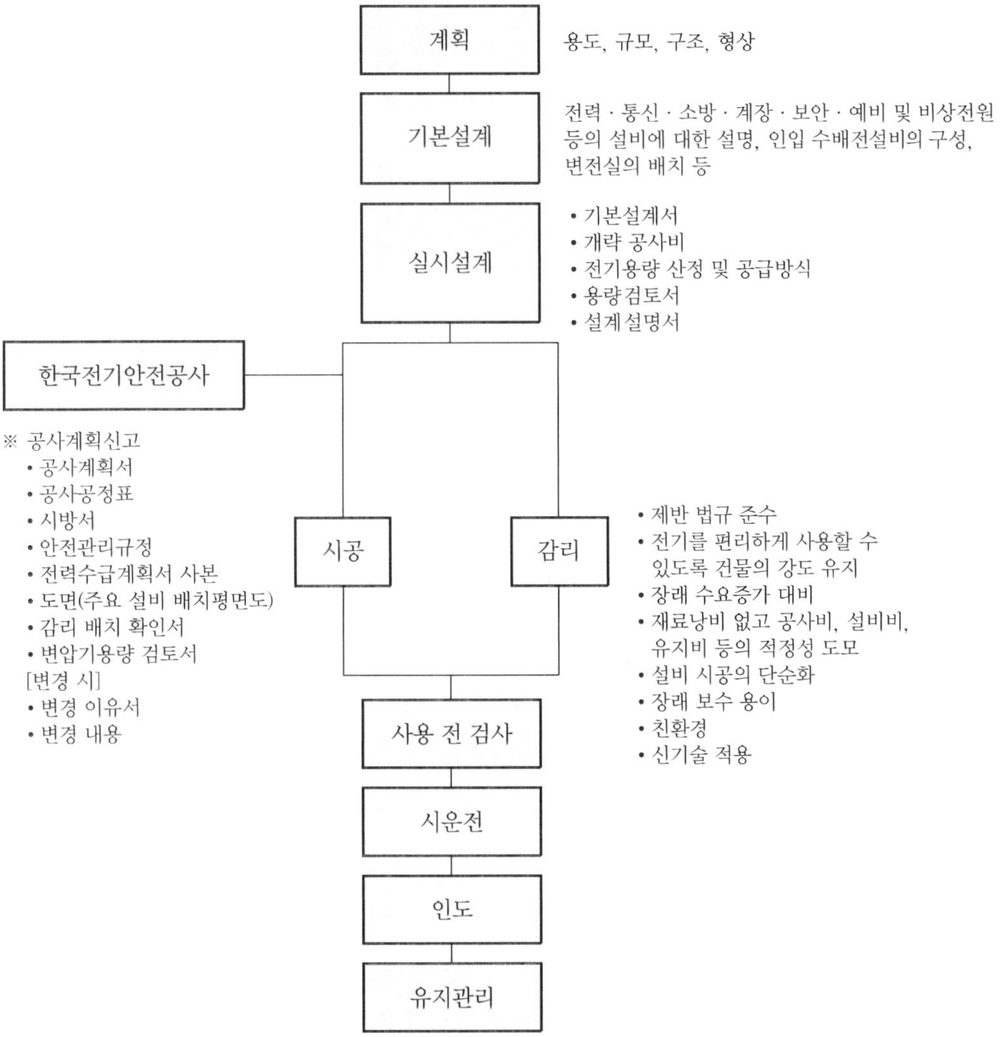
계획
용도, 규모, 구조, 형상
기본설계
전력 · 통신 · 소방 · 계장 · 보안 · 예비 및 비상전원 등의 설비에 대한 설명, 인입 수배전설비의 구성, 변전실의 배치 등
실시설계
• 기본설계서
• 개략 공사비
• 전기용량 산정 및 공급방식
• 용량검토서
• 설계설명서
한국전기안전공사
※ 공사계획신고
• 공사계획서
• 공사공정표
• 시방서
• 안전관리규정
• 전력수급계획서 사본
• 도면(주요 설비 배치평면도)
• 감리 배치 확인서
• 변압기용량 검토서
[변경 시]
• 변경 이유서
• 변경 내용
시공
감리
• 제반 법규 준수
• 전기를 편리하게 사용할 수 있도록 건물의 강도 유지
• 장래 수요증가 대비
• 재료낭비 없고 공사비, 설비비, 유지비 등의 적정성 도모
• 설비 시공의 단순화
• 장래 보수 용이
• 친환경
• 신기술 적용
사용 전 검사
시운전
인도
유지관리

기출개념 06 설계변경 및 계약금액의 조정 관련 감리업무

1 설계변경 및 계약금액 조정

(1) 감리원은 설계변경 및 계약금액의 조정업무 흐름을 참조하여 감리업무를 수행하여야 한다.

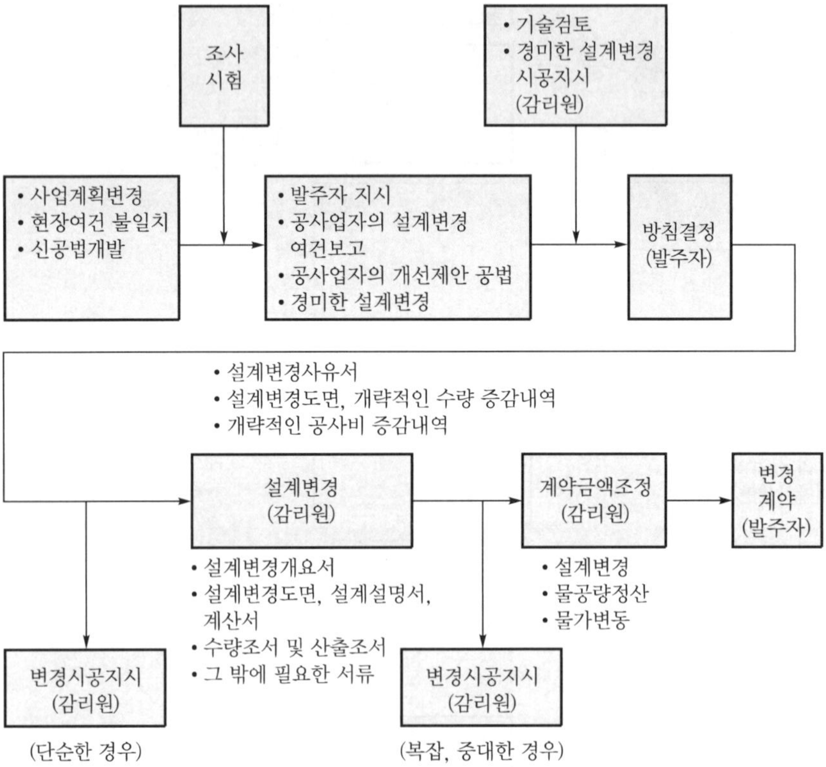

▌업무흐름도▐

(2) 감리원은 시공과정에서 당초 설계의 기본적인 사항인 전압, 변압기 용량, 공급방식, 접지방식, 계통보호, 간선규격, 시설물의 구조, 평면 및 공법 등의 변경없이 현지 여건에 따른 위치변경과 연장증감 등으로 인한 수량증감이나 단순 시설물의 추가 또는 삭제 등의 경미한 설계변경 사항이 발생한 경우에는 설계변경도면, 수량증감 및 증감공사 내역을 공사업자로부터 제출받아 검토·확인하고 우선 변경 시공하도록 지시할 수 있으며 사후에 발주자에게 서면으로 보고하여야 한다. 이 경우 경미한 설계변경의 구체적 범위는 발주자가 정한다.

(3) 발주자는 외부적 사업환경의 변동, 사업추진 기본계획의 조정, 민원에 따른 노선변경, 공법변경, 그 밖의 시설물 추가 등으로 설계변경이 필요한 경우에는 다음의 서류를 첨부하여 반드시 서면으로 책임감리원에게 설계변경을 하도록 지시하여야 한다. 다만, 발주자가 설계변경 도서를 작성할 수 없을 경우에는 설계변경개요서만 첨부하여 설계변경 지시를 할 수 있다.

① 설계변경개요서
② 설계변경도면, 설계설명서, 계산서 등
③ 수량산출조서
④ 그 밖에 필요한 서류

(4) 감리원은 공사업자가 현지여건과 설계도서가 부합되지 않거나 공사비의 절감 및 공사의 품질향상을 위한 개선사항 등 설계변경이 필요하다고 설계변경사유서, 설계변경도면, 개략적인 수량증감내역 및 공사비 증감내역 등의 서류를 첨부하여 제출하면 이를 검토·확인하고 필요시 기술검토 의견서를 첨부하여 발주자에게 실정을 보고하고, 발주자의 방침을 받은 후 시공하도록 조치하여야 한다. 감리원은 공사업자로부터 현장실정보고를 접수 후 기술검토 등을 요하지 않는 단순한 사항은 7일 이내, 그 외의 사항은 14일 이내에 검토처리하여야 하며, 만일 기일 내 처리가 곤란하거나 기술적 검토가 미비한 경우에는 그 사유와 처리계획을 발주자에게 보고하고 공사업자에게도 통보하여야 한다.

(5) 감리원은 설계변경 등으로 인한 계약금액 조정 업무처리를 지체함으로써 공사업자가 지급자재 수급 및 기성부분을 인정받지 못하여 공사추진에 지장을 초래하지 않도록 적기에 계약변경이 이루어질 수 있도록 조치하여야 한다. 최종 계약금액의 조정은 예비 준공검사기간 등을 고려하여 늦어도 준공예정일 45일 전까지 발주자에 제출되어야 한다.

2 물가변동으로 인한 계약금액의 조정

(1) 감리원은 공사업자로부터 물가변동에 따른 계약금액 조정요청을 받은 경우에는 다음의 서류를 작성·제출하도록 하고 공사업자는 이에 응하여야 한다.
① 물가변동조정 요청서
② 계약금액조정 요청서
③ 품목조정율 또는 지수조정율의 산출근거
④ 계약금액 조정 산출근거
⑤ 그 밖에 설계변경에 필요한 서류

(2) 감리원은 제출된 서류를 검토·확인하여 조정요청을 받은 날로부터 14일 이내에 검토의견을 첨부하여 발주자에게 보고하여야 한다.

개념 문제 산업 16년 출제 | 배점 : 4점 |

설계감리업무 수행지침의 용어 정의 중 전력시설물의 현장적용 적합성 및 생애주기비용 등을 검토하는 것을 무엇이라 하는지 쓰시오.

답안 설계의 경제성 검토

기출개념 07 기성 및 준공검사 관련 감리업무

1 기성 및 준공검사

(1) 검사자는 해당 공사 검사시에 상주감리원 및 공사업자 또는 시공관리책임자 등을 입회하게 하여 계약서, 설계설명서, 설계도서, 그 밖의 관계 서류에 따라 다음의 사항을 검사하여야 한다. 다만, 「국가를 당사자로 하는 계약에 관한 법률 시행령」에 따른 약식 기성검사의 경우에는 책임감리원의 감리조사와 기성부분 내역서에 대한 확인으로 갈음할 수 있다.

① 기성검사
- ㉠ 기성부분 내역이 설계도서대로 시공되었는지 여부
- ㉡ 사용된 기자재의 규격 및 품질에 대한 실험의 실시여부
- ㉢ 시험기구의 비치와 그 활용도의 판단
- ㉣ 지급기자재의 수불 실태
- ㉤ 주요 시공과정을 촬영한 사진의 확인
- ㉥ 감리원의 기성검사원에 대한 사전검토 의견서
- ㉦ 품질시험·검사성과 총괄표 내용
- ㉧ 그 밖에 검사자가 필요하다고 인정하는 사항

② 준공검사
- ㉠ 완공된 시설물이 설계도서대로 시공되었는지의 여부
- ㉡ 시공시 현장 상주감리원이 작성 비치한 제 기록에 대한 검토
- ㉢ 폐품 또는 발생물의 유무 및 처리의 적정여부
- ㉣ 지급 기자재의 사용적부와 잉여자재의 유무 및 그 처리의 적정여부
- ㉤ 제반 가설시설물의 제거와 원상복구 정리 상황
- ㉥ 감리원의 준공 검사원에 대한 검토의견서
- ㉦ 그 밖에 검사자가 필요하다고 인정하는 사항

(2) 검사자는 시공된 부분이 수중 또는 지하에 매몰되어 사후검사가 곤란한 부분과 주요 시설물에 중대한 영향을 주거나 대량의 파손 및 재시공 행위를 요하는 검사는 검사조서와 사전검사 등을 근거로 하여 검사를 시행할 수 있다.

2 준공검사 등의 절차

(1) 감리원은 해당 공사 완료 후 준공검사 전에 사전 시운전 등이 필요한 부분에 대하여는 공사업자에게 다음의 사항이 포함된 시운전을 위한 계획을 수립하여 시운전 30일 이내에 제출하도록 하고, 이를 검토하여 발주자에게 제출하여야 한다.

① 시운전 일정

② 시운전 항목 및 종류

③ 시운전 절차
④ 시험장비 확보 및 보정
⑤ 기계·기구 사용계획
⑥ 운전요원 및 검사요원 선임계획

(2) 감리원은 공사업자로부터 시운전 계획서를 제출받아 검토, 확정하여 시운전 20일 이내에 발주자 및 공사업자에게 통보하여야 한다.

(3) 감리원은 공사업자에게 다음과 같이 시운전 절차를 준비하도록 하여야 하며 시운전에 입회하여야 한다.
① 기기점검
② 예비운전
③ 시운전
④ 성능보장운전
⑤ 검수
⑥ 운전인도

(4) 감리원은 시운전 완료 후에 다음의 성과품을 공사업자로부터 제출받아 검토 후 발주자에게 인계하여야 한다.
① 운전개시, 가동절차 및 방법
② 점검항목 점검표
③ 운전지침
④ 기기류 단독 시운전 방법 검토 및 계획서
⑤ 실가동 Diagram
⑥ 시험구분, 방법, 사용매체 검토 및 계획서
⑦ 시험성적서
⑧ 성능시험 성적서(성능시험 보고서)

개념 문제 01 기사 20년 출제 | 배점 : 5점 |

전력시설물 공사감리업무 수행지침에서 정하는 감리원은 해당 공사 완료 후 준공검사 전에 사전 시운전 등이 필요한 부분에 대하여는 공사업자에게 시운전을 위한 계획을 수립하여 시운전 30일 이내에 제출하도록 하고, 이를 검토하여 발주자에게 제출하여야 한다. 시운전을 위한 계획 수립 시 포함되어야 하는 사항을 3가지만 쓰시오. (단, 반드시 전력시설물 공사감리업무 수행지침에 표현된 문구를 활용하여 쓰시오.)

답안
- 시운전 일정
- 시운전 항목 및 종류
- 시운전 절차

해설 그 외에
- 시험장비 확보 및 보정
- 기계·기구 사용계획
- 운전요원 및 검사요원 선임계획

개념 문제 02 기사 16년 출제

배점 : 5점

감리원은 해당 공사 완료 후 준공검사 전에 공사업자로부터 시운전 절차를 준비하도록 하여 시운전에 입회할 수 있다. 이에 따른 시운전 완료 후 성과품을 공사업자로부터 제출받아 검토한 후 발주자에게 인계하여야 할 사항(서류 등)을 5가지만 쓰시오.

답안
- 운전개시, 가동절차 및 방법
- 점검항목 점검표
- 운전지침
- 시험성적서
- 성능시험 성적서(성능시험 보고서)

해설 감리원은 시운전 완료 후에 다음의 성과품을 공사업자로부터 제출받아 검토 후 발주자에게 인계하여야 한다.
- 운전개시, 가동절차 및 방법
- 점검항목 점검표
- 운전지침
- 기기류 단독 시운전 방법 검토 및 계획서
- 실가동 Diagram
- 시험구분, 방법, 사용매체 검토 및 계획서
- 시험성적서
- 성능시험 성적서(성능시험 보고서)

기출개념 08 시설물의 인수·인계 관련 감리업무

1 시설물 인수·인계

(1) 감리원은 공사업자에게 해당 공사의 예비준공검사(부분 준공, 발주자의 필요에 따른 기성부분 포함) 완료 후 30일 이내에 다음의 사항이 포함된 시설물의 인수·인계를 위한 계획을 수립하도록 하고 이를 검토하여야 한다.

① 일반사항(공사개요 등)

② 운영지침서(필요한 경우)

㉠ 시설물의 규격 및 기능점검 항목

㉡ 기능점검 절차
㉢ Test 장비 확보 및 보정
㉣ 기자재 운전지침서
㉤ 제작도면 · 절차서 등 관련 자료

③ 시운전 결과 보고서(시운전 실적이 있는 경우)
④ 예비 준공검사결과
⑤ 특기사항

(2) 감리원은 공사업자로부터 시설물 인수 · 인계 계획서를 베출받아 7일 이내에 검토, 확정하여 발주자 및 공사업자에게 통보하여 인수 · 인계에 차질이 없도록 하여야 한다.

(3) 감리원은 발주자와 공사업자 간 시설물 인수 · 인계의 입회자가 된다.

(4) 감리원은 시설물 인수 · 인계에 대한 발주자 등 이견이 있는 경우, 이에 대한 현상파악 및 필요대책 등의 의견을 제시하여 공사업자가 이를 수행하도록 조치한다.

(5) 인수 · 인계서는 준공검사 결과를 포함하는 내용으로 한다.

(6) 시설물의 인수 · 인계는 준공검사시 지적사항에 대한 시정완료일로부터 14일 이내에 실시하여야 한다.

2 현장문서 인수 · 인계

(1) 감리원은 해당 공사와 관련한 감리기록서류 중 다음의 서류를 포함하여 발주자에게 인계할 문서의 목록을 발주자와 협의하여 작성하여야 한다.

① 준공사진첩
② 준공도면
③ 품질시험 및 검사성과 총괄표
④ 기자재 구매서류
⑤ 시설물 인수 · 인계서
⑥ 그 밖에 발주자가 필요하다고 인정하는 서류

(2) 감리업자는 해당 감리용역이 완료된 때에는 30일 이내에 공사감리 완료보고서를 협회에 제출하여야 한다.

3 유지관리 및 하자보수

감리원은 발주자(설계자) 또는 공사업자(주요설비 납품자) 등이 제출한 시설물의 유지관리 지침 자료를 검토하여 다음의 내용이 포함된 유지관리지침서를 작성, 공사 준공 후 14일 이내에 발주자에게 제출하여야 한다.

(1) 시설물의 규격 및 기능설명서

(2) 시설물 유지관리기구에 대한 의견서

(3) 시설물 유지관리방법

(4) 특기사항

개념 문제 01 기사 20년 / 산업 17년 출제

배점 : 5점

설계감리업무 수행지침에 따른 설계감리의 기성 및 준공에 대한 내용이다. 다음 (　　)에 들어갈 내용을 답란에 쓰시오. (단, 순서에 관계없이 ①~⑤를 작성하되, 동 지침에서 표현하는 단어로 쓰시오.)

> 책임 설계감리원이 설계감리의 기성 및 준공을 처리한 때에는 다음 각 호의 준공서류를 구비하여 발주자에게 제출하여야 한다.
> 1. 설계용역 기상부분 검사원 또는 설계용역 준공검사원
> 2. 설계용역 기성부분 내역서
> 3. 설계감리 결과보고서
> 4. 감리기록서류
>   가. (①)　　나. (②)
>   다. (③)　　라. (④)
>   마. (⑤)
> 5. 그 밖에 발주자가 과업지시서상에서 요구한 사항

답안 ① 설계감리 일지
② 설계감리 지시부
③ 설계감리 기록부
④ 설계감리 요청서
⑤ 설계자와 협의사항 기록부

개념 문제 02 기사 16년 출제

배점 : 5점

감리원은 매 분기마다 공사업자로부터 안전관리 결과보고서를 제출받아 이를 검토하고 미비한 사항이 있을 때에는 시정조치하여야 한다. 안전관리 결과보고서에 포함되어야 하는 서류 5가지를 쓰시오.

답안
- 안전관리 조직표
- 안전보건 관리체계
- 재해발생 현황
- 산재요양신청서 사본
- 안전교육 실적표

기출개념 09 전기사업법에 의한 전기설비

1 전기사업용 전기설비

전기사업자가 전기사업에 사용하는 전기설비(발·변전소, 송·배전선로 등)를 말한다.

2 자가용 전기설비

(1) 고압 및 특고압 수전

(2) 저압 수전(1[kV] 이하)

① 75[kW] 이상

② 20[kW] 이상으로 다음의 장소

㉠ 소방기본법에 의한 위험물 제조소

㉡ 총포, 도검, 화약류 등의 안전관리에 관한 법에서 규정하는 화약류를 제조하는 사업장

㉢ 광산안전법에 의한 갑종탄광

㉣ 전기안전관리법에 의한 위험물의 제조, 저장장소에 설치하는 전기설비

㉤ 불특정 다수가 모이는 장소

- 극장, 영화관, 관람장 및 공연장, 집회장, 공공회의장
- 카바레, 나이트 클럽, 댄스 홀, 헬스클럽, 체육관 등
- 시장, 대규모 소매점, 도매센터, 상점가, 예식장, 병원 호텔 등 숙박업소

(3) 특징

① 전력회사 사이에 책임 분계점을 둔다.

② 책임 분계점 이후에는 전기설비 수용가 자신이 전기안전관리사를 선임하여야 한다.

③ 공사 또는 변경 시 감리 배치를 해야 한다.

3 일반용 전기설비

사업용 및 자가용을 제외한 전기설비

(1) 제조업, 심야전력을 이용하는 전기설비

용량 100[kW] 미만

(2) 용량 10[kW] 이하 발전설비

1990년~최근 출제된 기출문제

CHAPTER 07

감리

단원 빈출문제

문제 01 기사 10년, 16년 출제

배점 : 5점

감리원은 해당 공사완료 후 준공검사 전에 공사업자로부터 시운전 절차를 준비토록 하여 시운전에 입회할 수 있다. 이에 따른 시운전 완료 후 성과품을 공사업자로부터 제출받아 검토한 후 발주자에게 인계하여야 할 사항(서류 등)을 5가지만 쓰시오.

답안
- 준공사진첩
- 준공도면
- 준공내역서
- 시방서
- 시공도
- 시험성적서
- 기자재 구매서류
- 공사 관련 기록부
- 시설물 인수·인계서
- 준공검사조서
- 공사감리일지
- 유지관리지침서

문제 02 기사 17년 출제

배점 : 5점

전력시설물 공사감리업무 수행지침에서 정하는 발주자는 외부적 사업환경의 변동, 사업추진 기본계획의 조정, 민원에 따른 노선변경, 공법변경, 그 밖의 시설물 추가 등으로 설계변경이 필요한 경우에는 서류를 첨부하여 반드시 서면으로 책임감리원에게 설계변경을 하도록 지시하여야 한다. 이 경우 첨부하여야 하는 서류 5가지를 쓰시오. (단, 그 밖에 필요한 서류는 제외한다.)

답안
- 설계변경 개요서
- 설계변경 도면
- 설계설명서
- 계산서
- 수량산출 조서

문제 03 기사 16년 출제

배점 : 5점

다음은 전력시설물 공사감리업무 수행지침 중 감리원의 공사 중지명령과 관련된 사항이다. ①~⑤의 알맞은 내용을 답란에 쓰시오.

감리원은 시공된 공사가 품질확보 미흡 또는 중대한 위해를 발생시킬 우려가 있다고 판단되거나, 안전상 중대한 위험이 발견된 경우에는 공사중지를 지시할 수 있으며 공사중지는 부분중지와 전면중지로 구분한다. 부분중지 명령의 경우는 다음 각 호와 같다.

1. (①)이(가) 이행되지 않는 상태에서는 다음 단계의 공정이 진행되므로써 (②)이(가) 될 수 있다고 판단될 때
2. 안전시공상 (③)이(가) 예상되어 물적, 인적 중대한 피해가 예견될 때
3. 동일 공정에 있어 3회 이상 (④)이(가) 이행되지 않을 때
4. 동일 공정에 있어 2회 이상 (⑤)이(가) 있었음에도 이행되지 않을 때

답안 ① 재시공 지시
② 하자발생
③ 중대한 위험
④ 시정지시
⑤ 경고

문제 04 기사 20년 출제

배점 : 5점

전력시설물 공사감리업무 수행지침에 따른 착공신고서 검토 및 보고에 대한 내용이다. 다음 (   )에 들어갈 내용을 답란에 쓰시오. (단, 반드시 전력시설물 공사감리업무 수행지침에 표현된 문구를 활용하여 쓰시오.)

감리원은 공사가 시작된 경우에는 공사업자로부터 디음의 서류가 포함된 착공신고서를 제출받아 적정성 여부를 검토하여 7일 이내에 발주자에게 보고하여야 한다.

1. 시공관리책임자 지정통지서(현장관리조직, 안전관리자)
2. (①)
3. (②)
4. 공사도급 계약서 사본 및 산출내역서
5. 공사 시작 전 사진
6. 현장기술자 경력사항 확인서 및 자격증 사본
7. (③)
8. 작업인원 및 장비투입 계획서
9. 그 밖에 발주자가 지정한 사항

답안 ① 공사예정 공정표
② 품질관리 계획서
③ 안전관리 계획서

문제 05 기사 21년 출제

배점 : 5점

설계감리업무 수행지침에 따라 설계감리원은 설계용역 착수 및 수행단계에서 필요한 경우 문서를 비치하고, 그 세부양식은 발주자의 승인을 받아 설계감리과정을 기록하여야 하며, 설계감리 완료와 동시에 발주자에게 제출하여야 한다. 다음 [보기]에서 설계감리원이 필요한 경우 비치하는 문서가 아닌 항목을 답란에 쓰시오.

[보기]
- 근무상황부
- 공사예정공정표
- 해당 용역 관련 수·발신 공문서 및 서류
- 설계자와 협의사항 기록부
- 공사 기성신청서
- 설계감리 검토의견 및 조치 결과서
- 설계감리 주요 검토결과
- 설계도서 검토의견서
- 설계도서(내역서, 수량산출 및 도면 등)를 검토한 근거서류
- 설계수행계획서

답안 공사예정공정표, 공사 기성신청서, 설계수행계획서

해설 **설계용역의 관리**

① 설계감리원은 설계업자로부터 착수신고서를 제출받아 다음의 사항에 대한 적정성 여부를 검토하여 보고하여야 한다.
- 예정공정표
- 과업수행계획 등 그 밖에 필요한 사항

② 설계감리원은 필요한 경우 다음의 문서를 비치하고, 그 세부양식은 발주자의 승인을 받아 설계감리과정을 기록하여야 하며, 설계감리 완료와 동시에 발주자에게 제출하여야 하며, 필요한 경우 전자매체(CD-ROM)로 제출할 수 있다.
- 근무상황부
- 설계감리일지
- 설계감리지시부
- 설계감리기록부
- 설계자와 협의사항 기록부
- 설계감리 추진현황
- 설계감리 검토의견 및 조치 결과서

- 설계감리 주요 검토결과
- 설계도서 검토의견서
- 설계도서(내역서, 수량산출 및 도면 등)를 검토한 근거서류
- 해당 용역 관련 수·발신 공문서 및 서류
- 그 밖에 발주자가 요구하는 서류

③ 설계감리원은 발주된 설계용역의 특성에 맞게 지침에 따른 설계감리원 세부업무 내용을 정하고 다음의 사항을 포함한 설계감리업무 수행계획서를 작성하여 발주자에게 제출하여야 한다.

- 대상 : 용역명, 설계감리규모 및 설계감리기간 등
- 세부시행계획 : 세부공정계획 및 업무흐름도 등
- 보안 대책 및 보안각서
- 그 밖에 발주자가 정한 사항

문제 06 기사 17년 출제 배점 : 5점

다음은 전력시설물 공사감리업무 수행지침과 관련된 사항이다. ( ) 안에 알맞은 내용을 답란에 쓰시오.

> 감리원은 설계도서 등에 대하여 공사계약문서 상호 간의 모순되는 사항, 현장 실정과의 부합여부 등 현장 시공을 주안으로 하여 해당 공사 시작 전에 검토하여야 하며 검토내용에는 다음의 사항 등이 포함되어야 한다.
> 1. 현장조건에 부합 여부
> 2. 시공의 (①) 여부
> 3. 다른 사업 또는 다른 공정과의 상호부합 여부
> 4. (②), 설계설명서, 기술계산서, (③) 등의 내용에 대한 상호일치 여능
> 5. (④), 오류 등 불명확한 부분의 존재여부
> 6. 발주자가 제공한 (⑤)와 공사업자가 제출한 산출내역서의 수량일치 여부
> 7. 시공상의 예상 문제점 및 대책 등

답안 ① 실제가능
② 설계도면
③ 산출내역서
④ 설계도서의 누락
⑤ 물량내역서

문제 07 기사 21년 출제

배점 : 5점

전기안전관리자의 직무에 관한 고시에 따른 계측장비의 권장 교정주기(년)에 대한 표이다. 다음 표의 빈칸을 채워 완성하시오.

구 분		권장 교정주기(년)
계측장비교정	계전기 시험기	
	적외선 열화상 카메라	
	회로시험기	
	절연저항 측정기(500[V], 100[MΩ])	
	클램프미터	

답안

구 분		권장 교정주기(년)
계측장비교정	계전기 시험기	1
	적외선 열화상 카메라	1
	회로시험기	1
	절연저항 측정기(500[V], 100[MΩ])	1
	클램프미터	1

해설 **계측장비 교정 등(전기안전관리자의 직무에 관한 고시 제9조)**

계측장비 등 권장 교정 및 시험주기

구 분		권장 교정주기(년)
계측장비교정	계전기 시험기	1
	절연내력 시험기	1
	절연유 내압 시험기	1
	적외선 열화상 카메라	1
	전원품질분석기	1
	절연저항 측정기(1,000[V], 2,000[MΩ])	1
	절연저항 측정기(500[V], 100[MΩ])	1
	회로시험기	1
	접지저항 측정기	1
	클램프미터	1
안전장구시험	특고압 COS 조작봉	1
	저압검전기	1
	고압·특고압 검전기	1
	고압절연장갑	1
	절연장화	1
	절연안전모	1

문제 08 기사 22년 출제

배점 : 5점

건축물의 설계도서 작성기준에 따라 설계도서 · 법령해석 · 감리자의 지시 등이 서로 일치하지 아니하는 경우에 있어 계약으로 그 적용의 우선순위를 정하지 아니한 때에 설계도서 해석의 우선순위를 [보기]에서 선택하여 높은 순위에서 낮은 순위 순서로 쓰시오. (단, 답은 기호로 표시한다.)

[보기]
㉠ 설계도면 ㉡ 공사시방서 ㉢ 산출내역서
㉣ 전문시방서 ㉤ 표준시방서 ㉥ 감리자의 지시사항

답안 ㉡ → ㉠ → ㉣ → ㉤ → ㉢ → ㉥

해설 **설계도서 작성기준(설계도서 해석의 우선순위)**

건축물의 설계도서 작성기준에 따라 설계도서 · 법령해석 · 감리자의 지시 등이 서로 일치하지 아니하는 경우에 있어 계약으로 그 적용의 우선순위를 정하지 아니한 때에 다음의 순서를 원칙으로 한다.

(1) 공사시방서
(2) 설계도면
(3) 전문시방서
(4) 표준시방서
(5) 산출내역서
(6) 승인된 상세시공도면
(7) 관계 법령의 유권해석
(8) 감리자의 지시사항

문제 09 산업 20년 출제

배점 : 5점

전력기술관리법에 따른 종합설계업의 기술인력 등록 기준을 3가지 쓰시오.

답안 전기 분야 기술사 2명, 설계사 2명, 설계보조자 2명

문제 **10** 기사 17년 출제

배점 : 5점

전력시설물 공사감리업무 수행지침에 따른 검사절차에 대한 내용이다. 다음 ( )에 들어갈 내용을 답란에 쓰시오. (단, 반드시 전력시설물 공사감리업무 수행지침에 표현된 문구를 활용하여 쓰시오.)

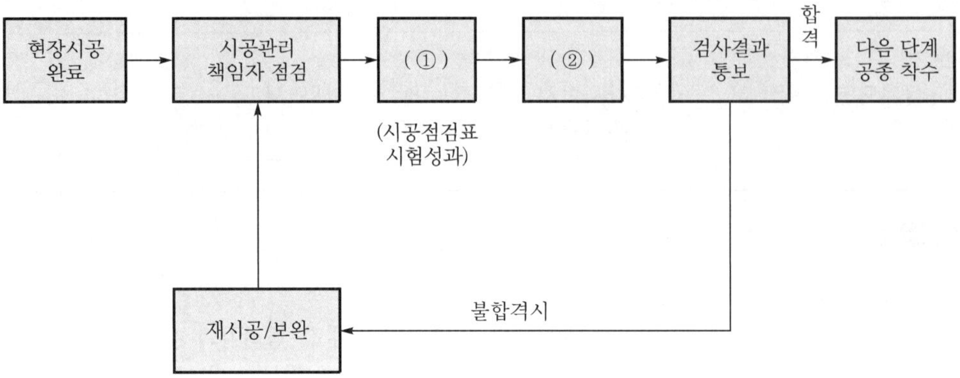

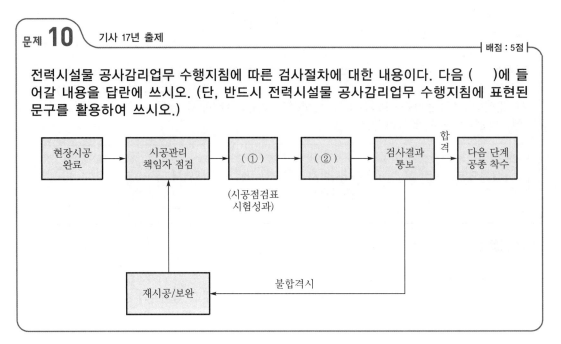

답안 ① 검사 요청서 제출
② 감리원 현장 검사

Ⅲ 전기설비 시설관리

1990년~최근 출제된 기출 이론 분석 및 유형별 문제

01 CHAPTER 예비전원설비

기출개념 01 축전지 설비

1 축전지의 종류와 특성

(1) 연축전지

① 형식명과 부동 충전 전압

㉠ CS형(크래드식) : 완방전형 → 2.15[V]

㉡ HS형(페이스트식) : 급방전형 → 2.18[V]

② 공칭전압 : 2.0[V/cell]

③ 공칭용량 : 10시간율[Ah]

④ 화학반응식

$$\underset{\text{양극}}{PbO_2} + \underset{\text{전해액}}{2H_2SO_4} + \underset{\text{음극}}{Pb} \underset{\text{충전}}{\overset{\text{방전}}{\rightleftarrows}} \underset{\text{양극}}{PbSO_4} + \underset{\text{전해액}}{2H_2O} + \underset{\text{음극}}{PbSO_4}$$

(2) 알칼리 축전지

① 형식명

㉠ 포켓식 : AL형(완방전형)

㉡ 소결식 : AH-S형(초급방전형)

② 공칭전압 : 1.2[V/cell]

③ 공칭용량 : 5시간율[Ah]

④ 화학반응식

$$2Ni(OH)_2 + Cd(OH)_2 \underset{\text{충전}}{\overset{\text{방전}}{\rightleftarrows}} 2NiOOH + 2H_2O + Cd$$

⑤ 알칼리 축전지의 특성

㉠ 장점

- 수명이 길다.
- 충·방전 특성이 양호하다.
- 기계적 충격에 강하다.
- 방전 시 전압변동이 작다.

㉡ 단점

- 공칭전압이 낮다.
- 가격이 비싸다.

2 축전지 용량의 산출

(1) 허용 최저 전압 : V_b

$$V_b = \frac{V_L + e}{n} [\text{V/cell}]$$

여기서, V_L : 부하의 허용 최저 전압[V]
e : 축전지와 부하 사이의 전압강하[V]
n : 축전지 셀[cell] 수

※ 축전지 셀 수 : n

$$n = \frac{V_L + e}{V_b} \left(= \frac{\text{부하 정격전압}}{\text{공칭전압}} \right) [\text{cell}]$$

(2) 축전지 용량 : C

$$C = \frac{1}{L} \left[K_1 I_1 + K_2 (I_2 - I_1) + K_3 (I_3 - I_2) + K_4 (I_4 - I_3) \right] [\text{Ah}]$$

여기서, L : 보수율
(사용연수경과 또는 사용조건의 변동 등에 의한 용량 변화의 보정값)
K : 용량환산시간[h]
I : 방전전류[A]

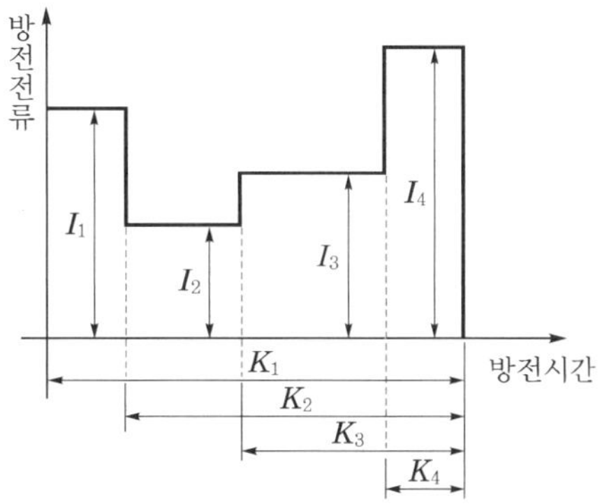

❙방전전류 – 시간 특성 곡선❙

3 충전방식

(1) 초기충전

축전지에 전해액을 주입하고 처음으로 시행하는 충전

(2) 사용 중 충전

① 보통충전 : 필요할 때마다 표준 시간율로 소정의 충전을 하는 방식

② **부동충전** : 축전지의 자기 방전을 보충함과 동시에 상용부하에 대한 전력공급은 충전기가 부담하고 충전기가 부담하기 어려운 일시적인 대전류 부하는 축전지로 하여금 부담하게 하는 충전방식

③ **균등충전** : 부동충전방식 등의 사용 시 각 전해조에서 발생하는 전위차의 보정을 위해 1~3개월마다 1회씩 정전압으로 10~12시간 충전하여 각 전해조의 용량을 균일화하기 위한 충전방식

④ **급속충전** : 단시간에 보통 충전전류의 2~3배의 전류로 충전하는 방식

⑤ **세류충전(트리클충전)** : 자기 방전량만을 항상 충전하는 방식으로 부동충전방식의 일종이다.

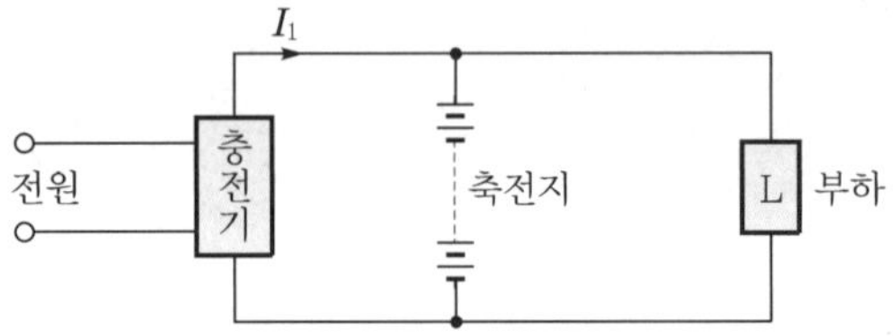

▌부동충전방식 회로▌

※ 충전기 2차 전류 : I_o

$$I_o = \frac{\text{축전지 정격용량[Ah]}}{\text{정격방전율[h]}} + \frac{\text{상시 부하용량[W]}}{\text{정격전압[V]}} \text{[A]}$$

기출개념 02 무정전 전원설비(UPS)

UPS는 상시 전원의 정전 및 이상전압이 발생하는 경우 무정전 상태에서 정전압, 정주파수(CVCF)의 전원을 정상적으로 부하에 공급하는 설비이며 정류장치, 역변환장치, 축전설비로 구성되어 있다.

1 UPS의 기본 회로

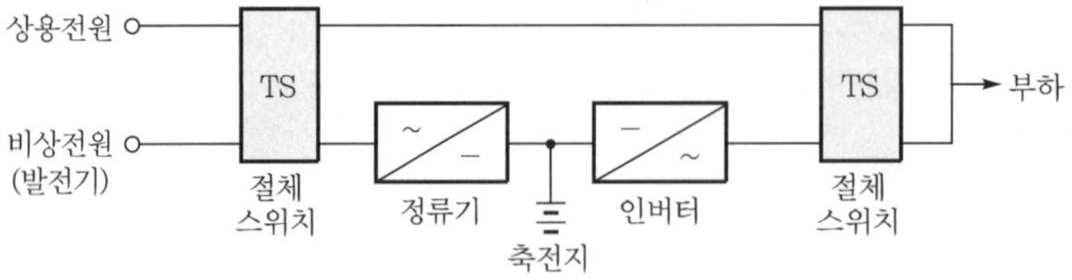

(1) 절체 스위치

상시 전원 정전 및 이상 시 예비전원으로 절체하는 스위치

(2) **정류기(converter)**

교류전원을 직류전원으로 정류하는 장치

(3) **축전지**

정전 시 인버터에 직류전원을 공급하는 설비

(4) **역변환기(inverter)**

직류전원을 교류전원으로 역변환하는 장치

2 CVCF(Constant Voltage Constant Frequency)의 기본 회로

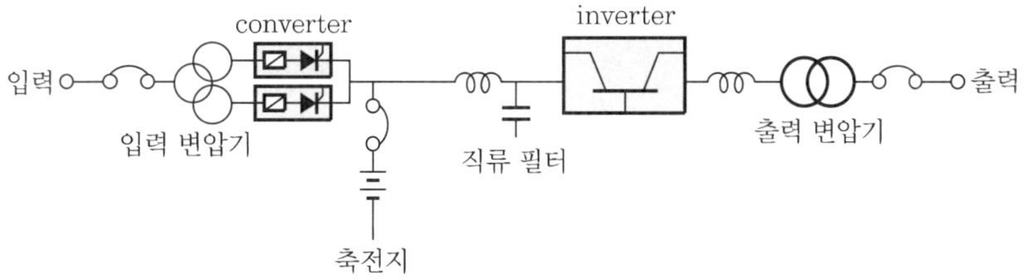

3 UPS의 블록 다이어그램

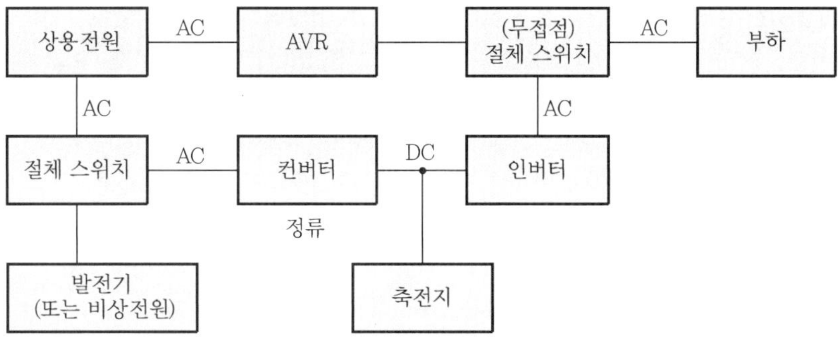

기출개념 03 발전설비

1 자가용 발전설비

(1) 자가용 발전설비의 경우 상용전원이 정전되었을 때 10[sec] 이내에 정격전압을 확립하여 30[분] 이상 안정적으로 전원공급을 할 수 있어야 한다.

(2) 자가 발전기의 용량

① 시동용량에 의한 출력

$$P_G = \left(\frac{1}{\Delta E} - 1\right) \cdot X' \cdot Q_S[\text{kVA}]$$

여기서, ΔE : 허용전압강하

X' : 발전기의 과도리액턴스

Q_S : 전동기의 시동용량[kVA]

※ 전동기의 시동용량 : Q_S[kVA]

$Q_S = \sqrt{3} \times \text{정격전압} \times \text{시동전류} \times 10^{-3}$[kVA]

② 부하용량에 의한 출력

$$P_G = \frac{\Sigma P_L \times L}{\eta \times \cos\theta} \times k[\text{kVA}]$$

여기서, ΣP_L : 부하의 출력 합계[kW]

L : 수용률

η : 부하의 효율

$\cos\theta$: 부하의 역률

k : 여유계수

③ 원동기의 출력 : P

$$P = \frac{P_G \times \cos\theta}{\eta_G \times 0.736}[\text{P.S}]$$

여기서, P_G : 발전기의 출력[kVA]

$\cos\theta$: 정격역률

η_G : 발전기의 효율

2 발전기실 위치 선정 시 고려사항

(1) 엔진기초는 건물기초와 관계없는 장소로 할 것

(2) 발전기의 보수 · 점검 등이 용이하도록 충분한 면적 및 층고를 확보할 것

(3) 급 · 배기(환기)가 잘 되는 장소일 것

(4) 급 · 배수가 용이할 것

(5) 엔진 및 배기관의 소음, 진동이 주위에 영향을 미치지 않는 장소일 것

(6) 부하의 중심이 되며 전기실에 가까울 것

(7) 고온 및 습도가 높은 곳은 피할 것

(8) 기기의 반입 및 반출, 운전 · 보수가 편리할 것

(9) 연료의 보급이 간단할 것

(10) 건축물의 옥상은 피할 것

3 풍차의 풍력 에너지

$$P = \frac{1}{2}\rho A V^3 \times 10^{-3} [\text{kW}]$$

여기서, ρ : 공기밀도[kg/m^3]
A : 날개의 회전 면적[m^2]
V : 풍속[m/s]

4 태양전지 모듈

(1) 태양전지 모듈 표준 시험조건(STC : Standard Test Conditions)

① 모듈 표면온도 : 25[℃]
② 대기질량지수 : 1.5
③ 일사강도(방사조도) : 1,000[W/m^2]

(2) 태양전지 모듈의 변환 효율

$$\eta = \frac{P_{Mpp}}{A \times S} \times 100[\%] = \frac{V_{Mpp} \times I_{Mpp}}{A \times S} \times 100[\%]$$

여기서, P_{Mpp} : 최대출력[W]
V_{Mpp} : 최대출력 동작전압[V]
I_{Mpp} : 최대출력 동작전류[A]
A : 설치면적[m^2](모듈 크기×모듈 수)
S : 일사강도(1,000[W/m^2])

개념 문제 01 기사 09년 출제 | 배점 : 5점 |

다음과 같은 충전방식에 대해 간단히 설명하시오.

(1) 보통충전
(2) 세류충전
(3) 균등충전
(4) 부동충전
(5) 급속충전

답안 (1) 보통충전 : 필요한 때마다 표준 시간율로 소정의 충전을 하는 방식
(2) 세류충전 : 축전지의 자기 방전을 보충하기 위하여 부하를 off한 상태에서 미소전류로 항상 충전하는 방식
(3) 균등충전 : 축전지의 각 전해조에서 일어나는 전위차를 보정하기 위하여 1~3개월마다, 정전압 충전을 하여 각 전해조의 용량을 균일화하기 위한 충전
(4) 부동충전 : 축전지의 자기 방전으로 보충함과 동시에 상용부하에 대한 전력공급은 충전기가 부담하도록 하고, 충전기가 부담하기 어려운 일시적인 대전류 부하는 축전지가 부담하도록 하는 방식
(5) 급속충전 : 짧은 시간에 보통 충전전류의 2~3배의 전류로 충전하는 방식

개념 문제 02 산업 93년 출제 | 배점 : 4점 |

다음의 연축전지 화학변화를 완성하시오.

$$\underset{\text{양극}}{PbO_2} + \underset{\text{전해액}}{2H_2SO_4} + \underset{\text{음극}}{Pb} \underset{\text{충전}}{\overset{\text{방전}}{\rightleftarrows}} \underset{\text{양극}}{(\ ①\ )} + \underset{\text{전해액}}{(\ ②\ )} + \underset{\text{음극}}{(\ ③\ )}$$

답안 ① $PbSO_4$
② $2H_2O$
③ $PbSO_4$

해설 방전 시 화학반응식 : $PbSO_4 + 2H_2O + PbSO_4$

개념 문제 03 기사 97년, 99년, 14년 / 산업 03년 출제 | 배점 : 8점 |

축전지 설비에 대한 다음 각 물음에 답하시오.

(1) 연축전지 설비의 초기에 단전지 전압의 비중이 저하되고, 전압계가 역전하였다. 어떤 원인으로 추정할 수 있는가?
(2) 충전장치의 고장, 과충전, 액면 저하로 인한 극판 노출, 교류분 전류의 유입 과대 등의 원인에 의하여 발생될 수 있는 현상은?
(3) 축전지와 부하를 충전기에 병렬로 접속하여 사용하는 충전방식은 어떤 충전방식인가?
(4) 축전지 용량은 $C = \frac{1}{L}KI$[Ah]로 계산한다. 공식에서 문자 L, K, I는 무엇을 의미하는지 쓰시오.

답안 (1) 초기 고장으로 축전지의 역 접속
(2) 사용 중 고장으로 축전지의 현저한 온도상승 또는 소손
(3) 부동충전방식
(4) L : 보수율
K : 용량환산시간
I : 방전전류

개념 문제 04 기사 96년, 98년 / 산업 95년, 01년 출제 | 배점 : 10점 |

변전소에 200[Ah]의 연축전지가 55개 설치되어 있다. 다음 각 물음에 답하시오.

(1) 묽은 황산의 농도는 표준이고, 액면이 저하하여 극판이 노출되어 있다. 어떤 조치를 하여야 하는가?
(2) 부동충전 시에 알맞은 전압은?
(3) 충전 시에 발생하는 가스의 종류는?
(4) 가스 발생 시의 주의사항을 쓰시오.
(5) 충전이 부족할 때 극판에 발생하는 현상을 무엇이라고 하는가?

답안 (1) 증류수를 보충한다.
(2) 부동충전전압은 2.15[V]이므로 $V=2.15\times55=118.25$[V]이다.
(3) 수소
(4) 환기에 주의하고 화기에 조심할 것
(5) 설페이션(Sulfation) 현상

개념 문제 05 기사 11년 / 산업 98년, 00년, 03년 출제 | 배점 : 5점 |

그림과 같은 부하 특성일 때 소결식 알칼리 축전지 용량 저하율 $L=0.8$, 최저 축전지 온도 5[℃], 허용 최저 전압 1.06[V/cell]일 때 축전지의 용량[Ah]을 계산하시오. (단, 여기서 용량환산시간 $k_1=1.45$, $k_2=0.69$, $k_3=0.25$이다.)

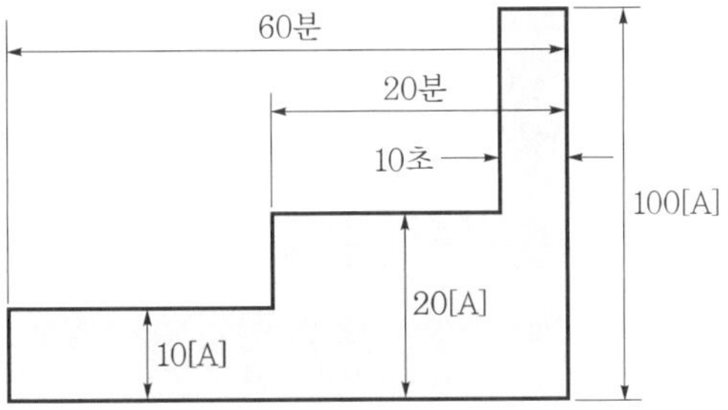

답안
$$C=\frac{1}{L}[k_1I_1+k_2(I_2-I_1)+k_3(I_3-I_2)]$$
$$=\frac{1}{0.8}[1.45\times10+0.69(20-10)+0.25(100-20)]=51.75[\text{Ah}]$$

개념 문제 06 기사 93년, 13년, 16년 / 산업 92년, 93년, 96년 출제

| 배점 : 5점 |

부하가 유도전동기이며, 기동용량이 1,000[kVA]이고, 기동 시 전압강하는 20[%]까지 허용되며, 발전기의 과도 리액턴스가 25[%]이다. 이 전동기를 운전할 수 있는 자가 발전기의 최소 용량은 몇 [kVA]인지 계산하시오.

답안

$$P_g = \left(\frac{1}{e} - 1\right) \times x_d \times \text{기동용량} = \left(\frac{1}{0.2} - 1\right) \times 0.25 \times 1{,}000 = 1{,}000[\text{kVA}]$$

개념 문제 07 기사 96년, 00년, 04년, 05년, 15년 출제

| 배점 : 7점 |

교류발전기에 대한 다음 각 물음에 답하시오.

(1) 정격전압 6,000[V], 정격출력 5,000[kVA]인 3상 교류발전기에서 계자전류가 300[A], 그 무부하 단자전압이 6,000[V]이고, 이 계자전류에 있어서의 3상 단락전류가 700[A]라고 한다. 이 발전기의 단락비를 구하시오.

(2) 단락비는 수차 발전기와 터빈 발전기 중 일반적으로 어느 쪽이 더 큰가?

(3) "단락비가 큰 교류발전기는 일반적으로 기계의 치수가 (①), 가격이 (②), 풍손, 마찰손, 철손이 (③), 효율은 (④), 전압변동률은 (⑤), 안정도는 (⑥)"에서 (   ) 안의 알맞은 말을 쓰되, (   ) 안의 내용은 크다(고), 적다(고), 높다(고), 낮다(고) 등으로 표현한다.

답안

(1) $I_n = \dfrac{P_n}{\sqrt{3}\,V_n} = \dfrac{5{,}000 \times 10^3}{\sqrt{3} \times 6{,}000} = 481.13[\text{A}]$

$\therefore$ 단락비$(K_s) = \dfrac{I_s}{I_n} = \dfrac{700}{481.13} = 1.45$

(2) 수차 발전기

(3) ① 크고, ② 높고, ③ 크고, ④ 낮고, ⑤ 적고, ⑥ 높다.

1990년~최근 출제된 기출문제

CHAPTER 01

예비전원설비

단원 빈출문제

문제 01 기사 03년, 15년 출제

배점 : 4점

다음 축전지에 관한 물음에 답하시오.

(1) 정류기가 축전지의 충전에만 사용되지 않고 평상시 다른 직류부하의 전원으로 병행하여 사용되는 충전방식을 쓰시오.
(2) 축전지의 각 전해조에서 일어나는 전위차를 보정하기 위하여 1~3개월마다 1회씩 정전압으로 10~12시간 충전하는 방식은 무엇인가?

답안 (1) 부동충전방식
(2) 균등충전방식

문제 02 기사 95년, 98년 출제

배점 : 4점

축전지 부동충전에 대해서 간단히 설명하시오.

답안 축전지의 자기 방전을 보충함과 동시에 상용부하에 대한 전력공급은 충전기가 부담하되 충전기가 부담하기 어려운 일시적 대전류 부하는 축전지로 부담하게 하는 충전방식이다.

문제 03 기사 95년, 98년 출제

배점 : 4점

축전지에 대한 다음 각 물음에 답하시오.

(1) 축전지의 과방전 및 방치상태, 가벼운 설페이션(sulfation) 현상 등이 생겼을 때 기능회복을 위하여 실시하는 충전방식은 무엇인가?
(2) 연축전지와 알칼리 축전지의 공칭전압은 각각 몇 [V]인가?

답안 (1) 회복충전
(2) • 연축전지 : 2[V]
• 알칼리 축전지 : 1.2[V]

문제 04 기사 19년 출제

배점 : 7점

축전지에 대한 다음 각 물음에 답하시오.

(1) 축전지의 과방전 및 방치상태 또는 가벼운 설페이션 현상 등이 발생했을 때 기능 회복을 위하여 실시하는 충전방식을 쓰시오.
(2) 알칼리 축전지의 경우 셀(cell)당 공칭전압은 몇 [V]인지를 쓰시오.
(3) 부하의 최저 전압이 직류 115[V]이고, 축전지와 부하 사이의 전압강하가 5[V]일 때 직렬로 접속된 축전지의 수가 55개라면 축전지 한 조(cell)당 최저 전압은 몇 [V]인지 구하시오.
(4) 변전소의 축전지실에 연축전지가 사용되고, 이 연축전지가 다음의 상태에 있다면 어떠한 조치를 취하여야 하는지 쓰시오.

[상태] 묽은 황산의 농도는 표준이고, 액면이 저하하여 극판이 노출됨

답안 (1) 회복충전

(2) 1.2[V]

(3) $V = \dfrac{115+5}{55}$

$= 2.18[V]$

(4) 증류수를 보충한다.

문제 05 기사 97년 출제

배점 : 4점

부하의 허용 최저 전압이 92[V], 축전지와 부하 간 접속선의 전압강하가 3[V]일 때, 직렬로 접속한 축전지의 개수가 50개라면 축전지 한 개의 허용 최저 전압은 몇 [V/cell]인가?

답안 1.9[V/cell]

해설

$$V = \frac{V_a + V_e}{n}$$

$$= \frac{92+3}{50}$$

$$= 1.9[V/cell]$$

문제 06 기사 12년, 18년 출제

배점 : 4점

다음은 상용전원과 예비전원 운전 시 유의하여야 할 사항이다. (   ) 안에 알맞은 내용을 쓰시오.

상용전원과 예비전원 사이에는 병렬운전을 하지 않는 것이 원칙이므로 수전용 차단기와 발전용 차단기 사이에는 전기적 또는 기계적 (①)을 시설해야 하며 (②)를 사용해야 한다.

답안 ① 인터록
② 자동 전환 개폐기(ATS)

문제 07 기사 98년 출제

배점 : 4점

연축전지의 고장에 따른 현상이 다음과 같을 때 그 추정되는 원인은 무엇이겠는가?

(1) 초기 고장
(2) 우발 고장

답안 (1) 사용개시할 때 충전보충 부족, 균등충전의 부족
(2) 충전전압이 높거나 실온이 높음

해설 (1) 초기 고장 : 전(全) 셀의 전압 불균형이 크고 비중이 낮다.
(2) 우발 고장 : 전해액의 감소가 빠르다.

문제 08 기사 96년 출제

배점 : 4점

축전지가 다음과 같은 현상일 때 그 추정 원인을 쓰시오.

• 극판이 백색으로 되거나 백색반점이 생긴다. • 비중이 저하하고 충전용량이 감소한다. • 충전시 전압상승이 빠르고 다량으로 가스가 발생한다.

답안 설페이션 현상으로 그 원인은 다음과 같다.
- 방전 상태에서 장시간 방치하는 경우
- 방전전류가 대단히 큰 경우
- 불충분한 충전을 반복하는 경우

문제 09 기사 00년, 06년 출제

배점 : 6점

연축전지의 고장 현상의 추정 원인에 대해 다음 물음에 답하시오.

(1) 전 셀의 전압 불균일이 크고 비중이 낮다.
(2) 전 셀의 비중이 높다.
(3) 전해액이 변색, 충전하지 않고 다량으로 가스가 발생한다.

답안 (1) 충전 부족으로 장시간 방치
(2) 증류수가 부족한 경우 액면 저하로 극판이 노출
(3) 전해액에 불순물 혼입

문제 10 기사 12년 출제

배점 : 4점

알칼리 축전지의 정격용량은 100[Ah], 상시 부하 6[kW]이며, 표준전압이 100[V]인 부동충전방식의 충전기 2차 전류는 몇 [A]인지 계산하시오. (단, 알칼리 축전지의 방전율은 5시간율로 한다.)

답안

$$I = \frac{100}{5} + \frac{6 \times 10^3}{100} = 80[\text{A}]$$

문제 11 기사 00년, 04년, 13년 출제

배점 : 4점

연축전지의 정격용량이 100[Ah], 정상부하의 용량이 5[kW]인 경우 표준 전원전압 100[V]에서 부동충전방식의 정류기 2차측 전류는 몇 [A]인지 계산하시오.

답안

$$I = \frac{100}{10} + \frac{5 \times 10^3}{100} = 60[\text{A}]$$

PART 1

문제 12

기사 00년, 04년, 17년 출제

배점 : 6점

알칼리 축전지의 정격용량이 100[Ah]이고, 상시 부하가 5[kW], 표준전압이 100[V]인 부동충전방식이 있다. 이 부동충전방식에서 다음 각 질문에 답하시오.

(1) 부동충전방식의 충전기 2차 전류는 몇 [A]인지 계산하시오.
(2) 부동충전방식의 회로도를 전원, 축전지, 부하, 충전기(정류기) 등을 이용하여 간단하게 그리시오. (단, 심벌은 일반적인 심벌로 표현하되 심벌 부근에 그에 따른 명칭을 적도록 하시오.)

답안

(1) $I=\frac{100}{5}+\frac{5\times 10^3}{100}=70[\text{A}]$

(2)

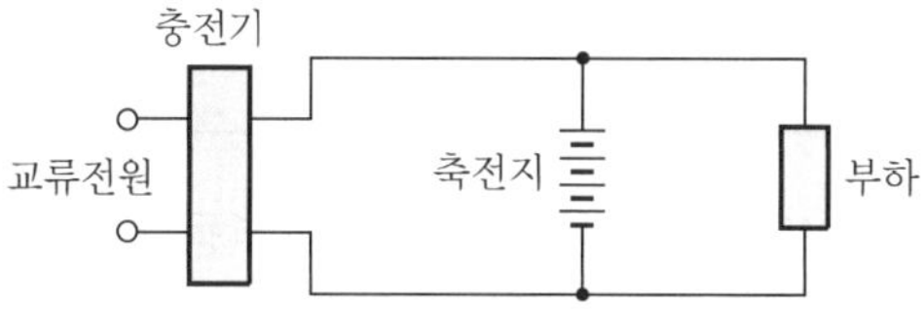

문제 13

기사 98년, 02년 출제

배점 : 7점

예비전원설비를 축전지로 하고자 할 때, 다음 각 물음에 답하시오.

(1) 축전지의 충전방식으로 가장 많이 사용되는 부동충전방식에 대하여 설명하고, 부동충전방식의 설비에 대한 개략적인 회로도를 그리시오.
(2) 연축전지와 알칼리 축전지를 비교할 때, 알칼리 축전지의 장점 2가지와 단점 1가지를 쓰시오. (단, 수명, 가격은 제외할 것)

답안

(1) • 축전지의 자기 방전량을 보충하는 동시에 상용부하에 대한 전력공급은 충전기가 부담하고, 충전기가 부담하기 어려운 일시적 대전류 부하는 축전지로 하여금 부담하게 하는 충전방식이다.

• 회로도

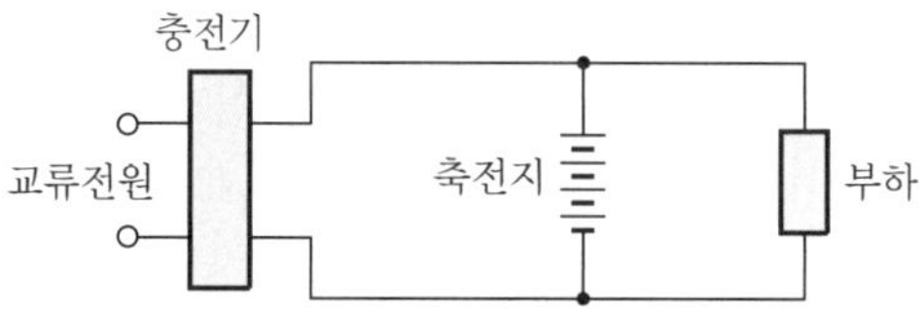

(2) ① 장점
- 충방전 특성이 양호하다.
- 방전 시 전압변동이 적고, 기계적으로 견고하다.

② 단점 : 공칭전압이 낮다.

문제 **14** 기사 16년 출제

배점 : 5점

비상용 조명부하 110[V]용 100[W] 77등, 60[W] 55등이 있다. 방전시간 30분, 축전지 HS형 54[cell], 허용 최저전압 100[V], 최저 축전지온도 5[℃]일 때 축전지 용량은 몇 [Ah]인지 계산하시오. (단, 경년용량 저하율 0.8, 용량환산시간 K=1.2이다.)

답안 $C=\frac{1}{L}KI=\frac{1}{0.8}\times 1.2\times\frac{100\times 77+60\times 55}{110}=150[\text{Ah}]$

문제 **15** 기사 20년 출제

배점 : 4점

축전지용량이 200[Ah], 상시부하 10[kW], 표준전압 100[V]인 부등충전방식의 충전기 2차 충전전류[A]를 연축전지와 알칼리 축전지에 대하여 각각 구하시오. (단, 축전지용량이 재충전되는 시간은 연축전지는 10시간, 알칼리 축전지는 5시간이다.)

(1) 연축전지
① 계산 :
② 답 :
(2) 알칼리 축전지
① 계산 :
② 답 :

답안
(1) ① 계산 : 연축전지 2차 충전전류 $I_2=\frac{200}{10}+\frac{10\times 10^3}{100}=120[\text{A}]$
② 답 : 120[A]
(2) ① 계산 : 2차 충전전류 $I_2=\frac{200}{5}+\frac{10\times 10^3}{100}=140[\text{A}]$
② 답 : 140[A]

해설
- 충전전류$=\frac{\text{축전지 정격용량}}{\text{정격방전율}}+\frac{\text{상시 부하}}{\text{표준전압}}$
- 정격방전율
  - 연축전지 : 10[Ah]
  - 알칼리 축전지 : 5[Ah]

문제 16 기사 03년, 15년, 20년 출제

배점 : 6점

그림과 같은 방전특성을 갖는 부하에 필요한 축전지 용량은 몇 [Ah]인가?

- 방전전류[A] : $I_1=200$, $I_2=300$, $I_3=150$, $I_4=100$
- 방전시간[분] : $T_1=130$, $T_2=120$, $T_3=40$, $T_4=5$
- 용량환산시간 : $K_1=2.45$, $K_2=2.45$, $K_3=1.46$, $K_4=0.45$
- 보수율은 0.7로 적용한다.

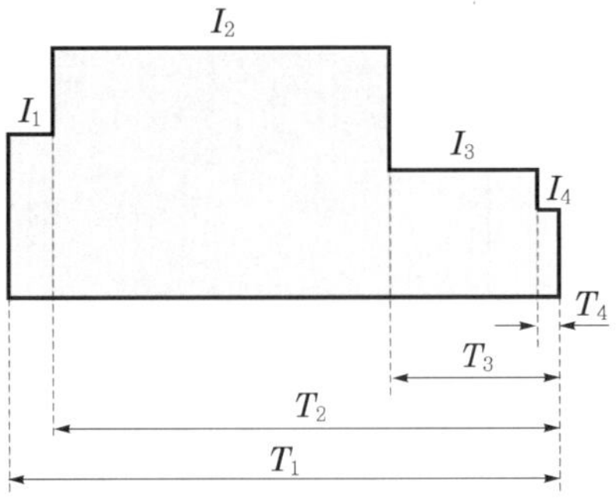

답안

$$C=\frac{1}{L}[K_1I_1+K_2(I_2-I_1)+K_3(I_3-I_2)+K_4(I_4-I_3)]$$

$$=\frac{1}{0.7}[2.45\times200+2.45(300-200)+1.46(150-300)+0.45(100-150)]$$

$$=705[\text{Ah}]$$

해설 부하가 감소하는 경우는 각 구간별로 구분 계산 후 그 중 최대의 값을 선정하여야 하나 문제에서 K값은 각 구간별로 주어지지 않아 전 구간에 걸쳐 일괄계산 한다. 즉, 축전지 용량은 방전특성 곡선의 면적을 구하는 것과 같다.

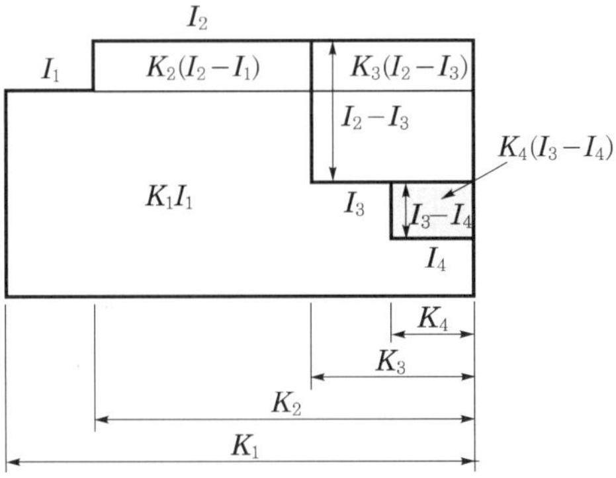

면적 K_1I_1에 면적 $K_2(I_2-I_1)$을 합한 후 면적 $K_3(I_2-I_3)$와 면적 $K_4(I_3-I_4)$를 빼면 된다.
즉, $K_1I_1+K_2(I_2-I_1)-K_3(I_2-I_3)-K_4(I_3-I_4)=K_1I_1+K_2(I_2-I_1)+K_3(I_3-I_2)+K_4(I_4-I_3)$ 가 된다.

문제 17 기사 06년, 07년, 11년 출제

배점 : 8점

예비전원으로 이용되는 축전지에 대한 다음 각 물음에 답하시오.

(1) 그림과 같은 부하 특성을 갖는 축전지를 사용할 때 보수율은 0.8, 최저 축전지 온도 5[℃], 허용 최저 전압 90[V]일 때 몇 [Ah] 이상인 축전지를 산정하여 하는가? (단, $I_1=50$[A], $I_2=40$[A], $K_1=1.17$, $K_2=0.93$이고 셀(cell)당 전압은 1.06[V/cell]이다.)

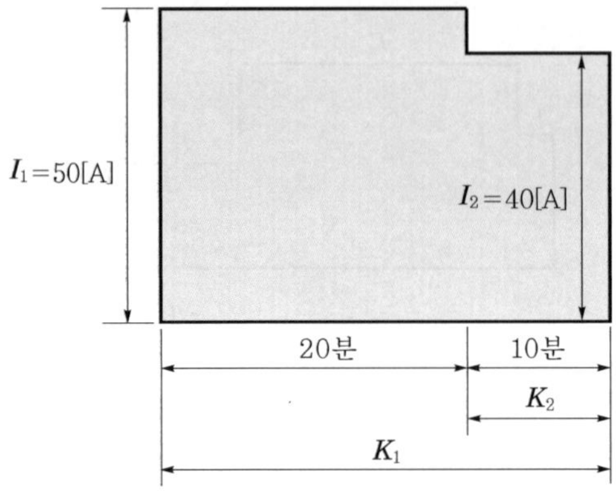

(2) 축전지의 과방전 및 방치상태, 가벼운 설페이션(Sulfation) 현상 등이 생겼을 때 기능 회복을 위하여 실시하는 충전방식은 무엇인가?

(3) 연축전지와 알칼리 축전지의 공칭전압은 각각 몇 [V]인가?

(4) 축전지 설비를 하려고 한다. 그 구성은 크게 4가지로 구분하시오.

답안

(1) $C=\frac{1}{L}[K_1I_1+K_2(I_2-I_1)]$

$=\frac{1}{0.8}[1.17\times 50+0.93(40-50)]$

$=61.5$[Ah]

(2) 회복충전

(3) ① 연축전지 : 2[V]

② 알칼리 축전지 : 1.2[V]

(4) 축전지, 충전장치, 보안장치, 제어장치

문제 18 기사 95년, 98년, 00년, 05년 출제

배점 : 8점

그림과 같은 방전특성을 갖는 부하에 대한 각 물음에 답하시오.

- 방전전류[A] : $I_1=500$, $I_2=300$, $I_3=80$, $I_4=100$
- 방전시간[분] : $T_1=120$, $T_2=119$, $T_3=50$, $T_4=1$
- 용량환산시간 : $K_1=2.49$, $K_2=2.49$, $K_3=1.46$, $K_4=0.57$
- 보수율은 0.8로 적용한다.

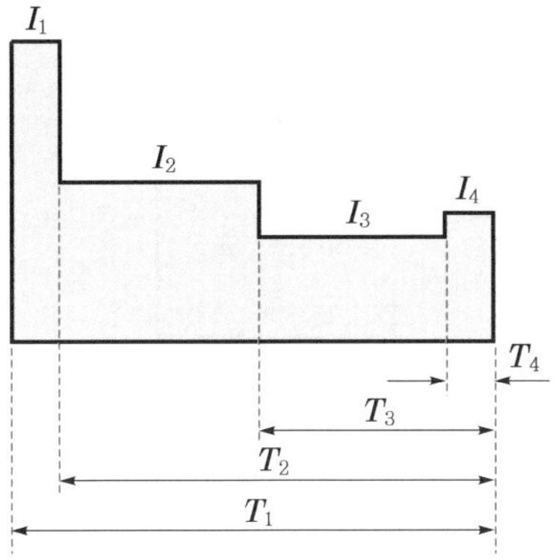

(1) 이와 같은 방전특성을 갖는 축전지 용량은 몇 [Ah]인가?
(2) 납 축전지의 정격방전율은 몇 시간으로 하는가?
(3) 축전지의 전압은 납 축전지에서는 1단위당 몇 [V]인가?
(4) 예비전원으로 시설되는 축전지로부터 부하에 이르는 전로에는 개폐기와 또 무엇을 설치하는가?

답안 (1) 546.5[Ah]
(2) 10시간율
(3) 2[V/cell]
(4) 과전류 차단기

해설
(1) $C=\frac{1}{L}[K_1I_1+K_2(I_2-I_1)+K_3(I_3-I_2)+K_4(I_4-I_3)]$

$=\frac{1}{0.8}[2.49\times500+2.49(300-500)+1.46(80-300)+0.57(100-80)]$

$=546.5[\text{Ah}]$

문제 19 기사 96년, 99년 출제

배점 : 5점

그림과 같은 부하 특성일 때 소결식 알칼리 축전지 용량저하율 $L=0.8$, 최저 축전지 온도 5[℃], 허용 최저 전압 1.06[V/cell]일 때 축전지의 용량[Ah]을 계산하시오. (단, 여기서 용량환산시간 $K_1=1.38$, $K_2=0.67$, $K_3=0.24$이다.)

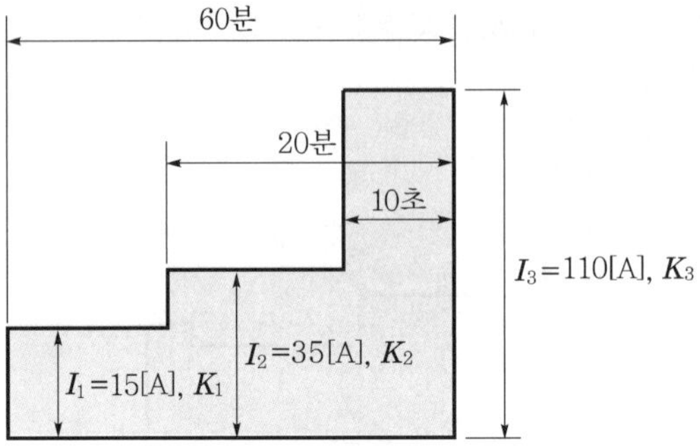

답안

$$C=\frac{1}{L}[K_1I_1+K_2(I_2-I_1)+K_3(I_3-I_2)]$$

$$=\frac{1}{0.8}[1.38\times 15+0.67(35-15)+0.24(110-35)]=65.125=65.13[\text{Ah}]$$

문제 20 기사 99년, 01년, 04년, 05년, 09년, 18년 출제

배점 : 6점

인텔리젠트 빌딩(Intelligent building)은 빌딩, 자동화 시스템, 사무자동화 시스템, 정보시스템을 총 망라한 건설과 유지관리의 경제성을 추구하는 빌딩이라 할 수 있다. 이러한 빌딩의 건설시스템을 유지하기 위하여 비상전원으로 사용되고 있는 UPS에 대하여 다음 각 물음에 답하시오.

(1) UPS를 우리말로 하면 어떤 것을 뜻하는가?

(2) UPS에서 AC → DC부와, DC → AC부로 변환하는 부분의 명칭을 각각 무엇이라 부르는가?

① AC → DC 변환부 :

② DC → AC 변환부 :

(3) UPS가 동작되면 전력공급을 위한 축전지가 필요한 데 그 때의 축전지 용량을 구하는 공식을 쓰시오. (단, 사용기호에 대한 의미도 설명하도록 하시오.)

답안 (1) 무정전 전원공급장치

(2) ① AC → DC 변환부 : 컨버터

② DC → AC 변환부 : 인버터

(3) $C = \frac{1}{L}KI$[Ah]

여기서, C : 축전지의 용량

L : 보수율(경년용량 저하율)

K : 용량환산시간

I : 방전전류

문제 21 기사 97년, 02년, 08년 출제

배점 : 5점

비상전원으로 사용되는 UPS의 원리에 대해서 개략의 블록 다이어그램을 그리고 설명하시오.

(1) 블록 다이어그램
(2) 설명

답안 (1) UPS의 블록 다이어그램

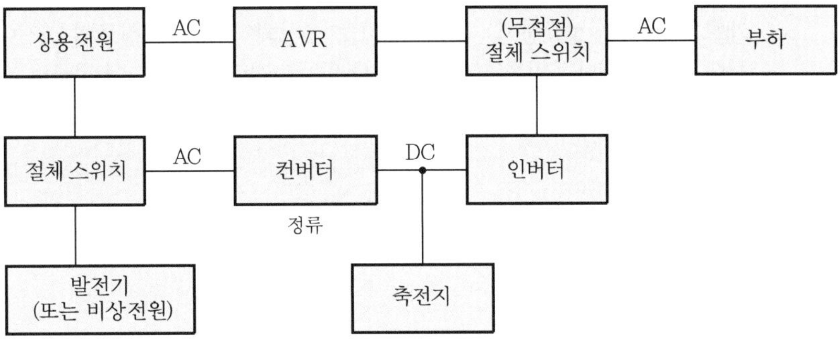

(2) 설명

평상시에는 상용전원에 의해 부하에 전력을 공급하고, 상용전원 정전 시에는 축전지에 저장된 직류를 인버터로써 교류로 변환시켜 부하에 전력을 공급하는 방식이다.

문제 22 기사 98년, 06년, 13년 출제

배점 : 6점

그림과 같은 UPS 장치시스템 중심부분을 구성하는 CVCF의 기본 회로도를 보고 다음 각 물음에 답하시오.

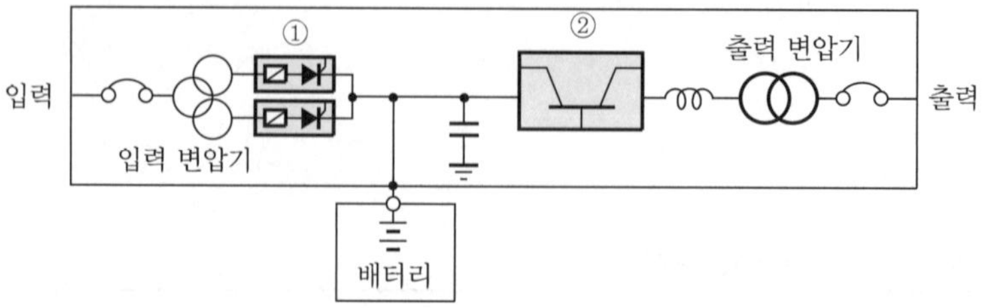

(1) UPS 장치는 어떤 장치인지 명칭과 개요를 설명하시오.
  ① 명칭 :
  ② 개요 :
(2) CVCF는 무엇을 뜻하는가?
(3) 도면의 ①, ②에 해당되는 것은 무엇인가?

답안 (1) ① 명칭 : 무정전 전원장치
  ② 개요 : 축전지, 정류장치, 역변환장치로 구성되어 있으며 선로의 정전이나 입력전원에 이상 상태가 발생하였을 경우에도 정상적으로 전력을 부하측에 공급하는 설비를 말한다.
(2) 정전압 정주파수
(3) ① 정류장치(컨버터)
  ② 역변환장치(인버터)

문제 23 기사 05년 출제

배점 : 9점

컴퓨터나 마이크로프로세서에 사용하기 위하여 전원장치로 UPS를 구성하려고 한다. 주어진 그림을 보고 다음 각 물음에 답하시오.

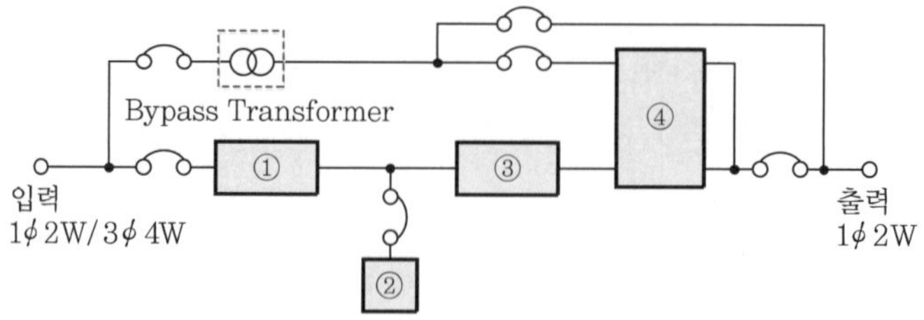

(1) 그림의 ①~④에 들어갈 기기 또는 명칭을 쓰고 그 역할에 대하여 간단히 설명하시오.
(2) Bypass Transformer를 설치하여 회로를 구성하는 이유를 설명하시오.
(3) 전원장치인 UPS, CVCF, VVVF 장치에 대한 비교표를 다음과 같이 구성할 때 빈칸을 채우시오. (단, 출력전압에 대하여 가능은 O, 불가능은 ×로 표시하시오.)

구분 \ 장치		UPS	CVCF	VVVF
우리말 명칭				
주회로 방식				
스위칭 방식	컨버터			
	인버터			
주회로 디바이스	컨버터			
	인버터			
출력 전압	무정전			
	정전압 정주파수			
	가변전압 가변주파수			

답안 (1)

번 호	명 칭	역 할
①	컨버터	교류를 직류로 변환
②	축전지	충전장치에 의해 변환된 직류전력을 저장
③	인버터	직류를 상용 주파수의 교류전압으로 변환
④	절체 스위치	상용전원 정전 시 인버터회로로 절체되어 부하에 무정전으로 전력을 공급하기 위한 장치

(2) • 회로의 절연
• UPS나 축전지의 점검 및 고장 시에도 부하에 연속적으로 전력을 공급하기 위함

(3)

구분 \ 장치		UPS	CVCF	VVVF
우리말 명칭		무정전 전원공급장치	정전압 정주파수장치	가변전압 가변주파수장치
주회로 방식		전압형 인버터	전압형 인버터	전류형 인버터
스위칭 방식	컨버터	PWM제어 또는 위상제어	PWM제어	PWM제어 또는 위상제어
	인버터	PWM제어	PWM제어	PWM제어
주회로 디바이스	컨버터	IGBT	IGBT	IGBT
	인버터	IGBT	IGBT	IGBT
출력 전압	무정전	○	×	×
	정전압 정주파수	○	○	×
	가변전압 가변주파수	×	×	○

문제 24 기사 99년, 06년 출제

| 배점 : 10점 |

그림은 어느 인텔리전트 빌딩에 사용되는 컴퓨터 정보설비 등 중요부하에 대한 무정전 전원공급을 하기 위한 블록 다이어그램이다. 이 블록 다이어그램을 보고 다음 각 물음에 답하시오.

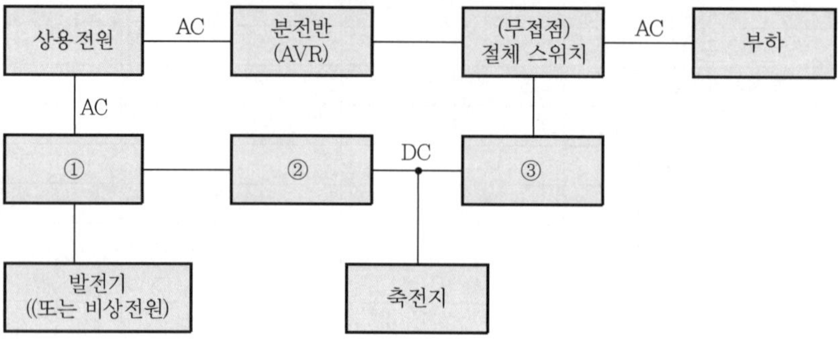

(1) ①~③에 알맞은 전기시설물의 명칭을 쓰시오.
(2) ②, ③에 시설되는 것의 전력 변환방식을 각각 1가지씩만 쓰시오.
(3) 무정전 전원은 정전 시 사용하지만 평상 운전 시에는 예비전원으로 200[Ah]의 연축전지 100개가 설치되었다. 충전 시에 발생되는 가스와 충전이 부족할 경우 극판에 발생되는 현상 등에 대하여 설명하시오.
  ① 발생가스 :
  ② 현상 :
(4) 발전기(비상전원)에서 발생된 전압을 공급하기 위하여 부하에 이르는 전로에는 발전기 가까운 곳에 쉽게 개폐 및 점검을 할 수 있는 기기 및 기구들을 설치하여야 한다. 설치해야 할 것들을 4가지를 쓰시오.

답안 (1) ① 절체 스위치
  ② 컨버터(정류기)
  ③ 인버터
(2) ② AC를 DC로 변환
  ③ DC를 AC로 변환
(3) ① 발생가스 : 수소
  ② 현상 : 설페이션
(4) 개폐기, 과전류 차단기, 전압계, 전류계

문제 25 기사 15년 출제

배점 : 5점

사용 중인 UPS의 2차측에 단락사고 등이 발생했을 경우 UPS와 고장 회로를 분리하는 방식 3가지를 쓰시오.

답안
- 배선용 차단기에 의한 방식
- 퓨즈에 의한 방식
- 전력 반도체 차단기에 의한 방식

문제 26 기사 04년 출제

배점 : 6점

세계적인 고속전철 회사인 일본 신간센, 프랑스 TGV, 독일 ICE 등 유수한 회사들이 고속전철 전동기 구동을 위해서 각각 직류기, 유도기, 동기기를 이용하고 있다. 이 주 전동기를 구동하기 위하여 현재 건설 중인 우리나라 고속전철에 인버터가 사용되는 것으로 되어 있는 바 이 인버터에 대하여 다음 각 물음에 답하시오.

(1) 전류형 인버터와 전압형 인버터의 회로상의 차이점을 2가지씩 쓰시오.

전류형 인버터	전압형 인버터

(2) 전류형 인버터와 전압형 인버터의 출력 파형상의 차이점을 설명하시오.

답안 (1)

전류형 인버터	전압형 인버터
• DC Link 양단에 평활용 커패시터 대신에 리액터 사용 • 인버터부에 SCR 사용	• 출력의 맥동을 줄이기 위해 LC 필터 사용 • 컨버터부에 3상 다이오드 모듈 사용

(2) ① 전류형 인버터
- 전압 : 정현파
- 전류 : 구형파

② 전압형 인버터
- 전압 : PWM 구형파
- 전류 : 정현파(전동기 부하인 경우)

문제 27 기사 11년 출제

배점 : 5점

그림과 같은 단상 전파 정류회로에 있어서 교류측 공급전압 $v = 628\sin 314t$[V], 직류 부하저항이 20[Ω]일 때 다음 물음에 답하시오.

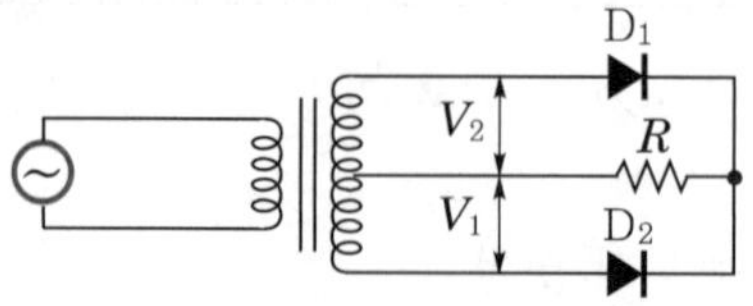

(1) 직류측 전압의 평균값은 얼마인가?
(2) 직류측 전류의 평균값은 얼마인가?
(3) 교류 양극 전류의 실효값은 얼마인가?

답안 (1) 400[V]
(2) 20[A]
(3) 22.2[A]

해설
(1) $E_d = \dfrac{2E_m}{\pi} = \dfrac{2 \times 628}{\pi} = 400$[V]

(2) $I_d = \dfrac{E_d}{R} = \dfrac{400}{20} = 20$[A]

(3) $I = \dfrac{V}{R} = \dfrac{\frac{628}{\sqrt{2}}}{20} = 22.2$[A]

문제 28 기사 18년 출제

배점 : 4점

ALTS의 명칭과 용도를 쓰시오.

답안
- 명칭 : 자동 부하 전환 개폐기(Automatic Load Transfer Switch)
- 용도 : 특고압측의 수용가 인입구에서 사용되며, 변전소로부터 이중 전원을 확보하여 주전원 정전 시 예비전원으로 자동 전환하는 장치이다.

문제 29 기사 97년, 98년 출제

배점 : 4점

발전기를 병렬운전하려고 한다. 병렬운전이 가능한 조건 4가지를 쓰시오.

답안
- 기전력의 크기가 같을 것
- 기전력의 위상이 같을 것
- 기전력의 주파수가 같을 것
- 기전력의 파형이 같을 것

문제 30 기사 97년, 98년, 03년 출제

배점 : 4점

예비전원으로 시설하는 고압 발전기에서 부하에 이르는 전로에는 발전기의 가까운 곳에 반드시 시설되어야 할 것들이 4가지가 있다. 이것들을 모두 쓰고 이것들의 시설방법을 설명하시오.

답안
- 개폐기, 과전류 차단기, 전압계, 전류계
- 시설방법
  - 각 극에 개폐기 및 과전류 차단기를 설치한다.
  - 전압계는 각 상의 전압을 읽을 수 있도록 시설한다.
  - 전류계는 각 선의 전류를 읽을 수 있도록 시설한다.

문제 31 기사 08년 출제

배점 : 5점

발전기실의 위치를 선정할 때 고려하여야 할 사항을 4가지만 쓰시오.

답안
- 엔진기초는 건물기초와 관계없는 장소로 할 것
- 발전기의 보수 점검 등이 용이하도록 충분한 면적 및 층고를 확보할 것
- 급·배기가 잘 되는 장소일 것
- 엔진 및 배기관의 소음, 진동이 주위에 영향을 미치지 않는 장소일 것

문제 32 기사 03년 출제

| 배점 : 8점 |

다음 물음에 답하시오.

(1) 단순부하인 경우 부하 입력이 500[kW], 역률 90[%]일 때 비상용일 경우 발전기 출력은?
(2) 발전기실 건물의 높이를 결정하는 데 반드시 고려해야 할 사항은?
(3) 발전기 병렬운전조건을 쓰시오.
(4) 발전기와 부하 사이에 설치하는 기기는?

답안

(1) $P=\dfrac{\Sigma W_L \times L}{\cos\theta}=\dfrac{500\times 1.0}{0.9}=555.56[\text{kVA}]$

(2) • 발전기의 유지보수가 용이할 것
• 발전기 부속설비(소음기, 환기설비)의 높이 및 설치 위치

(3) • 전력의 크기가 같을 것
• 기전력의 위상이 같을 것
• 기전력의 주파수가 같을 것
• 기전력의 파형이 같을 것

(4) 과전류 차단기, 개폐기, 전류계, 전압계

문제 33 기사 14년 출제

| 배점 : 10점 |

비상발전기에 대한 다음 물음에 답하시오.

(1) 단순부하 입력이 600[kW], 역률 80[%], 종합효율 85[%]일 때, 비상용 발전기 출력을 계산하시오.
(2) 발전기실 위치 선정 시 반드시 고려해야 할 사항 3가지 쓰시오.
(3) 2대 이상의 교류발전기 병렬운전조건을 4가지 쓰시오.

답안

(1) $P=\dfrac{600}{0.8\times 0.85}=882.35[\text{kVA}]$

(2) • 발전기의 보수 점검 등이 용이하도록 충분한 면적 및 층고를 확보할 것
• 급·배기(환기)가 잘 되고, 급, 배수가 용이할 것
• 엔진 및 배기관의 소음, 진동이 주위에 영향을 미치지 않는 장소일 것

(3) • 기전력의 크기가 같을 것
• 기전력의 위상이 같을 것
• 기전력의 주파수가 같을 것
• 기전력의 파형이 같을 것

문제 34 기사 14년 출제

배점 : 5점

정격이 5[kW], 50[V]인 타여자 직류 발전기가 있다. 무부하로 하였을 경우 단자전압이 55[V]가 된다면, 발전기의 전기자 회로의 등가저항은 얼마인가?

답안 0.05[Ω]

해설 $I = I_a = \frac{P}{V} = \frac{5,000}{50} = 100[A]$

"무부하 시 단자전압 = 유기기전력"이므로 타여자 발전기의 유기기전력 $E = V + R_a I_a [V]$에서

$\therefore\ R_a = \frac{E - V}{I_a} = \frac{55 - 50}{100} = 0.05[\Omega]$

문제 35 기사 12년 출제

배점 : 6점

부하가 유도전동기이며 기동용량이 1,826[kVA]이고, 기동 시 전압강하는 21[%]이며, 발전기의 과도 리액턴스가 26[%]이다. 자가 발전기의 정격용량은 몇 [kVA] 이상이어야 하는지 계산하시오.

답안 $P_g = \left(\frac{1}{\Delta E} - 1\right) \times x_d \times \text{기동용량} = \left(\frac{1}{0.21} - 1\right) \times 0.26 \times 1,826 = 1,786[kVA]$

문제 36 기사 00년, 02년 출제

배점 : 6점

3상 380[V]를 사용하는 건물에 예비자가 발전설비를 하려고 한다. 부하는 3상 유도전동기로 정격전류는 각각 250[A] 1대, 100[A] 1대, 50[A] 4대, 모든 유도전동기의 기동전류는 정격전류의 3배이다. 기동 시 전압강하를 20[%], 발전기의 과도 리액턴스를 26[%]로 하면 발전기의 정격용량은 몇 [kVA] 이상이어야 하는가? (단, 소수점 이하는 반올림한다.)

답안 1,129[kVA]

해설 기동용량 $Q_S = \sqrt{3} \times V \times I_s \times 10^{-3}$

$= \sqrt{3} \times 380 \times (250 + 100 + 50 \times 4) \times 3 \times 10^{-3} = 1,085.99[kVA]$

발전기 용량 $P_G = \left(\frac{1}{\Delta E} - 1\right) \cdot X \cdot Q_S = \left(\frac{1}{0.2} - 1\right) \times 0.26 \times 1,085.99 = 1,129.42[kVA]$

문제 37 기사 15년 출제

배점 : 5점

출력 100[kW]의 디젤 발전기를 8시간 운전하여 발열량 10,000[kcal/kg]의 연료를 215[kg] 소비할 때 발전기 종합효율은 몇 [%]인지 구하시오.

답안 $\eta = \dfrac{860PT}{BH} \times 100 = \dfrac{860 \times 100 \times 8}{215 \times 10{,}000} \times 100 = 32[\%]$

문제 38 기사 90년, 10년, 15년 출제

배점 : 6점

디젤 발전기를 5시간 전부하로 운전할 때 중유의 소비량이 287[kg]이였다. 이 발전기의 정격출력[kVA]을 구하시오. (단, 중유의 열량은 10^4[kcal/kg], 기관효율 36.3[%], 발전기효율 82.7[%], 전부하 시 발전기 역률 85[%]이다.)

답안 $P = \dfrac{BH\eta_t\eta_g}{860\,T\cos\theta} = \dfrac{287 \times 10^4 \times 0.363 \times 0.827}{860 \times 5 \times 0.85} = 235.726[\text{kVA}]$

문제 39 기사 10년 출제

배점 : 5점

용량 1,000[kVA]인 발전기를 역률 80[%]로 운전할 때 시간당 연료소비량[L/h]을 구하시오. (단, 발전기의 효율은 0.93, 엔진의 연료소비율은 190[g/PS · h], 연료의 비중은 0.92이다.)

답안 241.7[L/h]

해설 발전기 입력(엔진출력) $= \dfrac{1{,}000 \times 0.8}{0.93}[\text{kW}] \times \dfrac{1}{0.735} \fallingdotseq 1{,}170.36[\text{PS}]$

연료소비량 $= 1{,}170.36[\text{PS}] \times 190[\text{g/PS} \cdot \text{h}] \times 10^{-3} = 222.368[\text{kg/h}]$

∴ 비중을 적용하면 $222.368[\text{kg/h}] \times \dfrac{1}{0.92} = 241.7[\text{L/h}]$

문제 40 기사 00년, 02년, 06년 출제

배점 : 6점

자가용 전기설비에 대한 다음 각 물음에 답하시오.

(1) 자가용 전기설비의 중요 검사(시험) 사항을 3가지만 쓰시오.
(2) 예비용 자가 발전설비를 시설하고자 한다. 다음 [조건]에서 발전기의 정격용량은 최소 몇 [kVA]를 초과하여야 하는가?

[조건]
- 부하 : 유도전동기 부하로서 기동용량은 1,500[kVA]
- 기동시의 전압강하 : 25[%]
- 발전기의 과도 리액턴스 : 30[%]

답안 (1) 절연저항시험, 접지저항시험, 계전기 동작시험
(2) 1,350[kVA]

해설 (2) 발전기 용량[kVA] $\geq \left(\dfrac{1}{\text{허용전압강하}} - 1\right) \times$ 기동용량[kVA] $\times$ 과도 리액턴스

$$P \geq \left(\frac{1}{0.25} - 1\right) \times 1{,}500 \times 0.3 = 1{,}350[\text{kVA}]$$

문제 41 기사 22년 출제

배점 : 5점

표의 부하를 운전하는 경우 발전기의 최소 용량[kVA]을 산정하시오. (단, 발전기 용량 산정은 다음의 산정식을 이용하고, 전동기의 [kW]당 입력용량계수(a)는 1.45이고, 전동기의 기동계수(c)는 2이고, 발전기의 허용전압강하계수(k)는 1.45이다.)

[발전기 용량 산정식]

$$GP \geq [\Sigma P + (\Sigma Pm - PL) \times a + (PL + a + c)] \times k$$

여기서, GP : 발전기 용량[kVA]
ΣP : 전동기 이외 부하의 입력용량 합계[kVA]
ΣPm : 전동기 부하용량 합계[kW]
PL : 전동기 부하 중 기동용량이 가장 큰 전동기 부하용량[kW]
a : 전동기의 [kW]당 입력용량계수
c : 전동기의 기동계수
k : 발전기의 허용전압강하계수

No.	부하 종류	용 량
1	유도전동기의 부하용량	37[kW]×1대
2	유도전동기의 부하용량	10[kW]×5대
3	전동기 이외 부하의 입력용량 합계	30[kVA]

(1) 계산
(2) 답

답안 (1) $GP \geq [\Sigma P + (\Sigma Pm - PL) \times a + (PL + a + c)] \times k$

$\geq [30 + (37 \times 1 + 10 \times 5 - 37) \times 1.45 + (37 + 1.45 + 2)] \times 1.45$

$= 207.277[\text{kVA}]$

(2) 207.28[kVA]

문제 42

기사 18년 출제

배점 : 5점

정격출력 500[kW]의 디젤엔진 발전기를 발열량 10,000[kcal/L]인 중유 250[L]을 사용하여 $\frac{1}{2}$부하에서 운전하는 경우 몇 시간동안 운전이 가능한지 구하시오. (단, 발전기의 열효율을 34.4[%]로 한다.)

답안 $\eta = \frac{860PT}{mH} \times 100[\%]$에서 $T = \frac{250 \times 10{,}000 \times 0.344}{860 \times 500 \times \frac{1}{2}} = 4[\text{h}]$

문제 43

기사 15년 출제

배점 : 5점

유효낙차 100[m], 최대사용수량 10[m^3/sec]의 수력 발전소에 발전기 1대를 설치하는 경우 적당한 발전기의 용량[kVA]을 구하시오. (단, 수차와 발전기의 종합효율 및 부하역률은 각각 85[%]로 한다.)

답안 수력 발전소 출력 $P = 9.8HQ\eta[\text{kW}]$이므로

발전기 용량 $P_g = 9.8 \times 100 \times 10 \times 0.85[\text{kW}] \times \frac{1}{0.85} = 9{,}800[\text{kVA}]$

문제 44 기사 12년 출제

배점 : 4점

지름이 31[m]인 프로펠러형 풍차의 풍속이 16.5[m/s]일 때 풍력 에너지[kW]를 계산하시오. (단, 공기의 밀도는 1.225[kg/m^3]이다.)

답안 $P = \frac{1}{2}\rho A V^3 \times 10^{-3} = \frac{1}{2} \times 1.225 \times \frac{\pi}{4} \times 31^2 \times 16.5^3 \times 10^{-3} = 2{,}076.69[\text{kW}]$

문제 45 기사 11년, 19년 출제

배점 : 6점

태양광발전에 대한 다음 각 물음에 답하시오.

(1) 태양광발전의 장점을 4가지만 쓰시오.
(2) 태양광발전의 단점을 2가지만 쓰시오.

답안 (1) • 공해가 없다.
- 고갈되지 않는 무한자원으로 영구적이다.
- 기후 온난화 영향이 없다.
- 관리비, 유지비 등 비용부담이 적고, 유지관리가 편하다.
- PC 및 핸드폰 등 통신기기로 상시 자체 모니터링이 가능하다.

(2) • 기후의 영향을 많이 받는다(흐림, 눈, 비, 안개 등).
- 큰 설치면적과 계통연계, 지목, 허가 등 신중해야 한다.
- 초기 비용이 많이 든다.
- 에너지밀도가 낮고, 효율이 낮다.

문제 46 기사 21년 출제

배점 : 5점

태양광발전 모듈의 [조건]이 다음과 같을 때 최대출력동작점에서의 최대출력(P_{MPP})은 몇 [W]인지 구하시오. [단, STC(Standard Test Conditions)에 따른다.]

[조건]
- 태양광발전 모듈 직렬 구성수 : 5개
- 태양광발전 모듈 병렬 구성수 : 2개
- 태양광발전 모듈 개방전압(V_{OC}) : 22[V]
- 태양광발전 모듈 단락전류(I_{SC}) : 5[A]
- 태양광발전 모듈 효율(η) : 15[%]
- 태양광발전 모듈크기 : (L)1,200[mm]×(W)500[mm]

답안

모듈의 효율 $\eta = \frac{P_{MPP}}{A \times S} \times 100[\%]$이므로

최대출력 $P_{MPP} = A \times S \times \eta = 1.2 \times 0.5 \times 5 \times 2 \times 1,000 \times 0.15 = 900[W]$

여기서, P_{MPP} : 최대출력[W]

A : 설치면적[m^2](모듈 크기×모듈 수)

S : 일사강도(1,000[W/m^2])

1990년~최근 출제된 기출 이론 분석 및 유형별 문제

02 CHAPTER 전동기설비

기출개념 01 전동기 및 전열기의 용량

1 펌프용 전동기

$$P = \frac{QHK}{6.12\eta}[\text{kW}]$$

여기서, P : 전동기의 용량[kW]
Q : 양수량[m^3/min]
H : 양정(낙차)[m]
K : 여유계수
η : 펌프의 효율

2 권상용 전동기

$$P = \frac{WV}{6.12\eta}[\text{kW}]$$

여기서, W : 권상하중[ton]
V : 권상속도[m/min]
η : 권상기효율

3 전열기 용량 산정

$$P = \frac{m \cdot C \cdot T}{860 \cdot \eta \cdot t}[\text{kW}]$$

여기서, m : 질량[kg]
C : 비열[kcal/kg · ℃]
T : 온도차[℃]
η : 전열기효율[%]
t : 시간[hour]

4 유도전동기의 기동법

기동전류를 제한(기동 시 정격전류의 5~7배 정도 증가)하여 기동하는 방법

(1) 권선형 유도전동기

① 2차 저항 기동법 : 기동전류는 감소하고, 기동토크는 증가한다.

② 게르게스 기동법

(2) 농형 유도전동기

① 직입 기동법(전전압 기동) : 출력 $P=5$[HP] 이하(소형)

② Y-△ 기동법 : 출력 $P=5\sim15$[kW](중형)

㉠ 기동전류 $\frac{1}{3}$로 감소

㉡ 기동토크 $\frac{1}{3}$로 감소

③ 리액터 기동법 : 리액터에 의해 전압강하를 일으켜 기동전류를 제한하여 기동하는 방법

④ 기동 보상기법

㉠ 출력 $P=20$[kW] 이상(대형)

㉡ 강압용 단권 변압기에 의해 인가전압을 감소시켜 공급하므로 기동전류를 제한하여 기동하는 방법

⑤ 콘도르퍼(Korndorfer) 기동법 : 기동 보상기법과 리액터 기동을 병행(대형)

5 단상 유도전동기

| 기동방법에 따른 분류(기동토크가 큰 순서로 나열) |

① 반발기동형(반발유도형)

② 콘덴서기동형(콘덴서형)

③ 분상기동형

④ 세이딩(Shading) 코일형

개념 문제 01 기사 10년 출제 | 배점 : 5점 |

전동기에는 소손을 방지하기 위하여 전동기용 과부하 보호장치를 설치하여야 하나 설치하지 아니하여도 되는 경우가 있다. 설치하지 아니하여도 되는 경우의 예를 5가지만 쓰시오.

답안
- 전동기 자체에 유효한 과부하 소손방지장치가 있는 경우
- 전동기의 출력이 0.2[kW] 이하인 경우
- 부하의 성질상 전동기가 과부하될 우려가 없을 경우
- 공작기계용 전동기 또는 호이스트 등과 같이 취급자가 상주하여 운전할 경우
- 단상 전동기로 16[A] 분기회로(배선차단기는 20[A])에서 사용할 경우

개념 문제 02 기사 17년 출제 | 배점 : 4점 |

3상 농형 유도전동기의 기동방식 중 리액터 기동방식에 대하여 설명하시오.

답안 전동기와 직렬로 연결된 리액터에 의해 전압강하를 일으켜 기동전류를 제한하여 기동하는 방법

개념 문제 03 기사 00년, 02년, 04년 출제 | 배점 : 7점 |

단상 유도전동기에 대한 다음 각 물음에 답하시오.

(1) 기동방식 4가지만 쓰시오.
(2) 분상 기동형 단상 유도전동기의 회전 방향을 바꾸려면 어떻게 하면 되는가?
(3) 단상 유도전동기의 절연을 E종 절연물로 하였을 경우 허용 최고 온도는 몇 [℃]인가?

답안 (1) • 반발기동형
• 세이딩 코일형
• 콘덴서기동형
• 분상기동형

(2) 기동 권선의 접속을 반대로 바꾸어 준다.

(3) 120[℃]

개념 문제 04 기사 15년 출제 | 배점 : 5점 |

어느 공장에서 기중기의 권상하중 50[t], 12[m] 높이를 4분에 권상하려고 한다. 이것에 필요한 전동기의 출력을 구하여라. (단, 권상기의 효율은 75[%]이다.)

답안 32.68[kW]

해설

$$P=\frac{M\cdot V}{6.12\eta}$$

$$=\frac{50\times\frac{12}{4}}{6.12\times0.75}$$

$$=32.68[\mathrm{kW}]$$

개념 문제 05 기사 94년, 08년, 10년, 12년 출제 | 배점 : 5점 |

매분 12[m^3]의 물을 높이 15[m]인 탱크에 양수하는 데 필요한 전력을 V결선한 변압기로 공급하는 경우 여기에 필요한 단상 변압기 1대의 용량[kVA]을 구하시오. (단, 펌프와 전동기의 합성효율은 65[%]이고, 전동기의 전부하 역률은 80[%]이며, 펌프의 축동력은 15[%]의 여유를 둔다.)

답안 37.55[kVA]

해설

$$P=\frac{9.8HQK}{\eta}=\frac{9.8\times15\times\frac{1}{60}\times12\times1.15}{0.65}=52.02[\mathrm{kW}]$$

[kVA]로 환산하면 $\frac{52.02}{0.8}=65.03[\mathrm{kVA}]$

V결선 시 용량 $P_V=\sqrt{3}P_1$에서

단상 변압기 1대의 용량 $P_1=\frac{P_V}{\sqrt{3}}=\frac{65.03}{\sqrt{3}}=37.55[\mathrm{kVA}]$

개념 문제 06 기사 09년 출제 | 배점 : 5점 |

에스컬레이터용 전동기의 용량[kW]을 계산하시오. (단, 에스컬레이터 속도 : 30[m/s], 경사각 : 30°, 에스컬레이터 적재하중 : 1,200[kgf], 에스컬레이터 총 효율 : 0.6, 승객 승입률 : 0.85이다.)

답안 250[kW]

해설

$$P=\frac{G\times V\times\sin\theta\times\beta}{6{,}120\times\eta}$$

$$=\frac{1{,}200\times30\times60\times0.5\times0.85}{6{,}120\times0.6}$$

$$=250[\mathrm{kW}]$$

단원 빈출문제

문제 01 기사 97년 출제

배점 : 8점

공급전원에는 전압강하 등 기타 아무 이상이 없는데도 농형 3상 유도전동기가 전혀 기동되지 않고 있을 때 그 원인이 될 수 있는 사항을 5가지만 열거하시오.

답안
- 3선 중 1선이 단선된 경우
- 큰 전압강하로 인한 기동토크의 부족
- 기동기의 고장
- 결선의 오접속
- 공극의 불균등

문제 02 기사 07년, 11년 출제

배점 : 5점

3상 유도전동기는 농형과 권선형으로 구분되는 데 각 형식별 기동법을 다음 빈칸에 쓰시오.

전동기 형식	기동법	기동법의 특징
농형	(①)	전동기에 직접 전원을 접속하여 기동하는 방식으로 5[kW] 이하의 소용량에 사용
	(②)	1차 권선을 Y접속으로 하여 전동기를 기동 시 상전압을 감압하여 기동하고 속도가 상승되어 운전속도에 가깝게 도달하였을 때 △접속으로 바꿔 큰 기동전류를 흘리지 않고 기동하는 방식으로 보통 5.5~37[kW] 정도의 용량에 사용
	(③)	기동전압을 떨어뜨려서 기동전류를 제한하는 기동방식으로 고전압 농형 유도전동기를 기동할 때 사용
권선형	(④)	유도전동기의 비례 추이 특성을 이용하여 기동하는 방법으로 회전자회로에 슬립링을 통하여 가변저항을 접속하고 그의 저항을 속도의 상승과 더불어 순차적으로 바꾸어 적게 하면서 기동하는 방법
	(⑤)	회전자회로에 고정저항과 리액터를 병렬접속한 것을 삽입하여 기동하는 방법

답안 ① 직입 기동법
② Y-△ 기동법
③ 기동 보상기법
④ 2차 저항 기동법
⑤ 게르게스 기동법(2차 임피던스 기동법)

문제 03 기사 09년, 10년 출제

배점 : 4점

전동기에는 소손을 방지하기 위하여 전동기용 과부하 보호장치를 시설하여 자동적으로 회로를 차단하거나 과부하시에 경보를 내는 장치를 하여야 한다. 전동기 소손방지를 위한 과부하 보호장치의 종류를 4가지만 쓰시오.

답안
- 전동기용 퓨즈
- 열동계전기
- 전동기 보호용 배선용 차단기
- 정지형 계전기(전자식 계전기, 디지털식 계전기 등)

문제 04 기사 00년, 02년, 04년 출제

배점 : 5점

단상 유도전동기에 대한 다음 각 물음에 답하시오.

(1) 분상 기동형 단상 유도전동기의 회전 방향을 바꾸려면 어떻게 하면 되는가?
(2) 기동방식에 따른 단상 유도전동기의 종류를 분상 기동형을 제외하고 3가지만 쓰시오.
(3) 단상 유도전동기의 절연을 E종 절연물로 하였을 경우 허용 최고 온도는 몇 [℃]인가?

답안 (1) 기동 권선의 접속을 반대로 바꾸어 준다.
(2) 반발기동형, 세이딩 코일형, 콘덴서기동형
(3) 120[℃]

문제 05 기사 16년 출제

배점 : 4점

단상 유도전동기는 반드시 기동장치가 필요하다. 다음 물음에 답하시오.

(1) 기동장치가 필요한 이유를 설명하시오.
(2) 단상 유도전동기의 기동방식에 따라 분류할 때 그 종류를 4가지 쓰시오.

답안 (1) 단상 유도전동기는 회전자계가 생기지 않아 자기 기동을 하지 못하므로, 보조권선의 수단에 의해 회전자계를 발생시켜 기동하게 하기 위함이다.

(2) • 반발기동형
• 콘덴서기동형
• 분상기동형
• 세이딩 코일형

문제 06 기사 13년 출제

배점 : 5점

전동기에 개별로 콘덴서를 설치할 경우 발생할 수 있는 자기여자현상의 발생 이유와 현상을 설명하시오

답안 • 이유 : 전동기에 개별로 콘덴서를 직결하여 차단기로 전원을 차단하여도 콘덴서와 전동기는 접속한 상태이므로 단시간이기는 하지만, 전동기는 관성에 의해 계속 회전을 하게 되고 이 때 잔류자기에 의해 전압이 유기된다.
• 현상 : 잔류자기에 의해 유기된 전압으로 콘덴서에 전류가 흘러 부하에 대해 유도발전기로 작용하게 되어 전동기의 단자전압이 상승한다.

문제 07 기사 17년 출제

배점 : 6점

전동기의 진동과 소음이 발생되는 원인에 대하여 다음 각 물음에 답하시오.

(1) 진동이 발생하는 원인을 5가지만 쓰시오.
(2) 전동기 소음을 크게 3가지로 분류하고 각각에 대하여 설명하시오.

답안 (1) • 기계적 언밸런스
• 베어링의 불량
• 전동기의 설치불량
• 부하기계와의 직결불량
• 부하기계로부터 오는 영향

(2) • 기계적 소음 : 진동, 브러쉬의 습동, 베어링 등에 기인하는 소음
• 전자적 소음 : 철심의 여러 부분의 주기적인 자력, 전자력에 의해 진동하며 발생되는 소음
• 통풍 소음 : 팬, 회전자의 에어덕트 등 팬 작용으로 발생되는 소음

문제 08 기사 06년 출제

배점 : 6점

극수 변환식 3상 농형 유도전동기가 있다. 고속측은 4극이고 정격출력은 30[kW]이다. 저속측은 고속측의 $\frac{1}{3}$ 속도라면 저속측의 극수와 정격출력은 얼마인가? (단, 슬립 및 정격토크는 저속측과 고속측이 같다고 본다.)

(1) 극수
(2) 출력

답안 (1) 12극
(2) 10[kW]

해설 (1) $P \propto \frac{1}{N}$이므로

$$\frac{저속}{고속} = \frac{P}{4} = \frac{\frac{1}{\frac{1}{3}N}}{\frac{1}{N}} = 3$$

$\therefore$ 극수 $P = 12$극

(2) $W = 2\pi NT$에서 $W \propto N$이므로

$$\frac{저속}{고속} = \frac{W}{30} = \frac{\frac{1}{3}N}{N}$$

$\therefore$ 출력 $W = 10[\text{kW}]$

문제 09 기사 15년 출제

배점 : 6점

그림과 같이 정격전압 440[V], 정격 전기자 전류 540[A], 정격 회전속도 900[rpm]인 직류 분권전동기가 있다. 브러시 접촉저항을 포함한 전기자 회로의 저항은 0.041[Ω], 자속은 항시 일정할 때, 다음 각 물음에 답하시오.

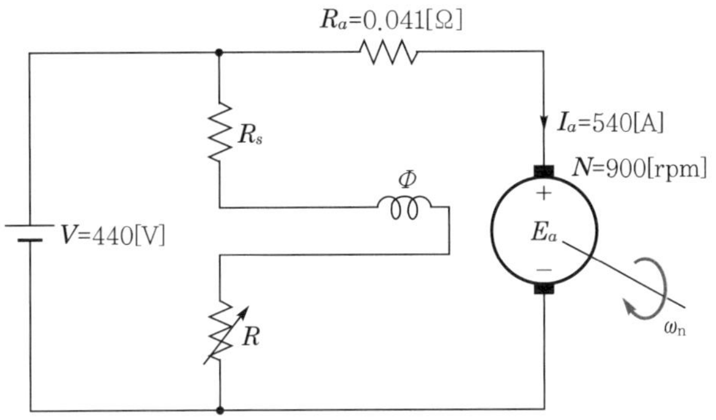

(1) 전기자 유기전압 E_a는 몇 [V]인지 구하시오.
(2) 이 전동기의 정격부하 시 회전자에서 발생하는 토크 τ[N · m]을 구하시오.
(3) 이 전동기는 75[%] 부하일 때 효율은 최대이다. 이때 고정손(철손+기계손)을 계산하시오.

답안 (1) 417.86[V]
(2) 2,394.16[Nm]
(3) 6.73[kW]

해설 (1) $E_a = V - I_a R_a$
$= 440 - 540 \times 0.041 = 417.86[V]$

(2) $\tau = \dfrac{P}{2\pi \dfrac{N}{60}} = \dfrac{E_a I_a}{2\pi \dfrac{N}{60}}$
$= \dfrac{417.86 \times 540}{2\pi \dfrac{900}{60}} = 2{,}394.16[Nm]$

(3) 동손 $P_c = I_a^2 R_a$
$= 540^2 \times 0.041 \times 10^{-3} = 11.96[kW]$

최대 효율조건 $P_i = \left(\dfrac{1}{m}\right)^2 P_c$
$= 0.75^2 \times 11.96 = 6.727 ≒ 6.73[kW]$

문제 10

기사 97년 출제

배점 : 5점

어느 철강회사에서 천장 크레인의 권상용 전동기에 의하여 하중 80[t]을 권상속도 2.0[m/min]로 권상하려 한다. 권상용 전동기의 소요출력[kW]을 구하여라. (단, 권상기의 기계효율은 70[%]이고, 소수점 이하는 반올림 할 것)

답안 37.35[kW]

해설 $P=\dfrac{W\cdot V}{6.12\eta}=\dfrac{80\times 2}{6.12\times 0.7}=37.35[\text{kW}]$

문제 11

기사 13년 출제

배점 : 5점

중량 2,000[kg]의 물체를 매분 40[m]의 속도로 권상하는 것에 필요한 권상기용 전동기의 정격출력[kW]을 계산하시오. (단, 권상기의 효율은 80[%], 여유는 30[%]로 한다.)

답안 21.24[kW]

해설 $P=\dfrac{2{,}000\times 10^{-3}\times 40}{6.12\times 0.8}\times 1.3=21.24[\text{kW}]$

문제 12

기사 04년, 09년 출제

배점 : 6점

권상기용 전동기의 출력이 50[kW]이고, 분당 회전속도가 950[rpm]일 때 그림을 참고하여 물음에 답하시오. (단, 기중기의 기계효율은 100[%]이다.)

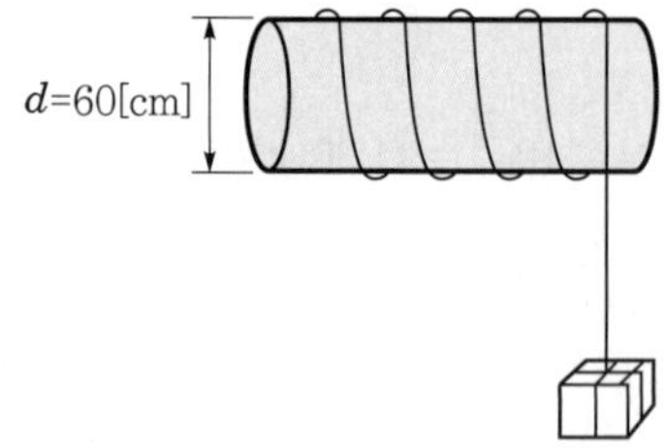

(1) 권상속도는 몇 [m/min]인가?
(2) 권상기의 권상중량은 몇 [kgf]인가?

답안 (1) 1,790.71[m/min]

(2) 170.88[kgf]

해설 (1) $v=\pi DN=\pi\times0.6\times950=1,790.71$[m/min]

(2) $P=\dfrac{Mv}{6.12\eta}$

그러므로 $M=\dfrac{6.12P\eta}{v}=\dfrac{6.12\times50\times1}{1,790.71}\times1,000=170.88$[kgf]

문제 13 기사 09년, 20년 출제 | 배점 : 6점

그림과 같은 2 : 1 로핑의 기어레스 엘리베이터에서 적재하중은 1,000[kg], 속도는 140[m/min]이다. 구동 로프 바퀴의 직경은 760[mm]이며, 기체의 무게는 1,500[kg]인 경우 다음 물음에 답하시오. (단, 평형율은 0.6, 엘리베이터의 효율은 기어레스에서 1 : 1 로핑인 경우는 85[%], 2 : 1 로핑인 경우는 80[%]이다.)

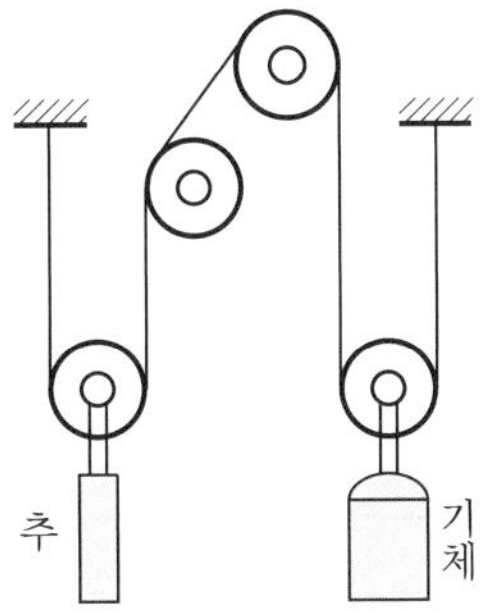

▌2 : 1 로핑▐

(1) 권상소요동력은 몇 [kW]인지 계산하시오.
(2) 전동기의 회전수는 몇 [rpm]인지 계산하시오.

답안 (1) 17.16[kW]

(2) 117.27[rpm]

해설 (1) $P=\dfrac{KWV}{6,120\eta}=\dfrac{0.6\times1,000\times140}{6,120\times0.8}=17.16$[kW]

(2) $N=\dfrac{V}{D\pi}=\dfrac{280}{0.76\times\pi}=117.27$[rpm]

로핑 2 : 1이므로 로프(rope)의 속도 $V=2\cdot V'=280$[m/min]

문제 14 기사 12년 출제

배점 : 5점

양수량 0.2[m^3/s], 총 양정 15[m]인 펌프용 전동기를 이용하여 옥상 물탱크에 양수하려고 한다. 다음 각 물음에 답하시오. (단, 펌프와 전동기의 합성효율은 65[%], 전동기의 전부하 역률은 80[%], 펌프의 여유계수는 1.15이다.)

(1) 옥상 물탱크에 양수하는 데 필요한 피상전력[kVA]을 구하시오.
(2) (1)에서 구한 전력을 V결선한 변압기로 공급하는 경우 단상 변압기 1대의 용량[kVA]을 구하시오.

답안 (1) 65.02[kVA]
(2) 37.54[kVA]

해설 (1) $P_a = \dfrac{9.8HQ}{\eta \cdot \cos\theta} \cdot k = \dfrac{9.8 \times 15 \times 0.2}{0.65 \times 0.8} \times 1.15 = 65.019 = 65.02[\text{kVA}]$

(2) $P_a = \dfrac{65.019}{\sqrt{3}} = 37.539 = 37.54[\text{kVA}]$

문제 15 기사 17년 출제

배점 : 4점

양수량 15[m^3/min], 양정 20[m]의 양수 펌프용 전동기의 소요전력[kW]을 구하시오. (단, $K = 1.1$, 펌프 효율은 80[%]로 한다.)

답안 67.40[kW]

해설 $P = \dfrac{QHK}{6.12\eta} = \dfrac{15 \times 20 \times 1.1}{6.12 \times 0.8} = 67.40[\text{kW}]$

문제 16 기사 11년 출제

배점 : 5점

양수량 18[m^3/min], 전양정 25[m]의 양수 펌프용 전동기의 소요출력은 몇 [kW]인지 구하시오.

답안 73.53[kW]

해설 $P = \dfrac{QH}{6.12} = \dfrac{18 \times 25}{6.12} = 73.529[\text{kW}]$

문제 **17** 기사 11년, 14년 출제

배점 : 5점

양수량 50[m^3/min], 총 양정 15[m]의 양수 펌프용 전동기의 소요출력[kW]은 얼마인지 계산하시오. (단, 펌프의 효율은 70[%], 여유계수는 1.1로 한다.)

답안 192.58[kW]

해설

$$P=\frac{QHK}{6.12\eta}$$
$$=\frac{50\times15\times1.1}{6.12\times0.7}$$
$$=192.58[\text{kW}]$$

문제 **18** 기사 08년, 11년 출제

배점 : 6점

지표면상 10[m] 높이에 수조가 있다. 이 수조에 초당 1[m^3]의 물을 양수하는 데 사용되는 펌프용 전동기에 3상 전력을 공급하기 위하여 단상 변압기 2대를 V결선하였다. 펌프 효율이 70[%]이고, 펌프 축동력에 20[%]의 여유를 두는 경우 다음 각 물음에 답하시오. (단, 펌프용 3상 농형 유도전동기의 역률은 100[%]로 가정한다.)

(1) 펌프용 전동기의 소요동력은 몇 [kW]인가?
(2) 변압기 1대의 용량은 몇 [kVA]인가?

답안 (1) 168[kW]
(2) 96.99[kVA]

해설

(1) $P=\frac{9.8\times10\times1}{0.7}\times1.2$
$=168[\text{kW}]$

(2) $168\times\frac{1}{\sqrt{3}}=96.99[\text{kVA}]$

문제 19

기사 16년 출제

배점 : 5점

지표면상 15[m] 높이에 수조가 있다. 이 수조에 초당 0.2[m^3]의 물을 양수하려고 한다. 여기에 사용되는 펌프용 전동기에 3상 전력을 공급하기 위하여 단상 변압기 2대를 사용하였다. 펌프 효율이 55[%]이면, 변압기 1대의 용량은 몇 [kVA]이며, 이때의 변압기 결선방법을 쓰시오. (단, 펌프용 3상 농형 유도전동기의 역률은 90[%]이며, 여유계수는 1.1로 한다.)

(1) 변압기 1대의 용량
(2) 변압기 결선방법

답안 (1) 37.72[kVA]
(2) V결선

해설
(1) • 펌프용 전동기 용량 $P = \dfrac{9.8qHQ}{\eta\cos\theta} = \dfrac{9.8 \times 0.2 \times 15 \times 1.1}{0.55 \times 0.9} = 65.33[\text{kVA}]$

• 단상 변압기 2대를 V결선했을 경우의 출력 $P_V = \sqrt{3}P_1[\text{kVA}]$이므로

∴ 변압기 1대 정격용량 $P_1 = \dfrac{65.33}{\sqrt{3}} = 37.72[\text{kVA}]$

문제 20

기사 94년, 08년 출제

배점 : 4점

매분 10[m^3]의 물을 높이 15[m]인 탱크에 양수하는 데 필요한 전력을 V결선한 변압기로 공급한다면 여기에 필요한 단상 변압기 1대의 용량은 몇 [kVA]인가? (단, 펌프와 전동기의 합성효율은 65[%]이고 전동기의 전부하 역률은 90[%]이며, 펌프의 축동력은 15[%]의 여유를 본다고 한다.)

답안 27.81[kVA]

해설

$$P = \frac{9.8HQK}{\eta} = \frac{9.8 \times 15 \times \frac{1}{60} \times 10 \times 1.15}{0.65} = 43.35[\text{kW}]$$

[kVA]로 환산하면 $\dfrac{43.35}{0.9} = 48.17[\text{kVA}]$

$$P_1 = \frac{P_V}{\sqrt{3}} = \frac{48.17}{\sqrt{3}} = 27.81[\text{kVA}]$$

문제 21 기사 13년 출제

배점 : 4점

지표면상 40[m] 높이의 수조가 있다. 이 수조에 분당 2[m^3]의 물을 양수하는 데 필요한 펌프용 전동기의 소요동력은 몇 [kW]인가? (단, 펌프 효율은 80[%]이고, 펌프 축동력에 30[%] 여유를 준다.)

답안 21.23[kW]

해설

$$P=\frac{9.8QHK}{\eta}[\text{kW}]\text{에서}$$

$$P=\frac{9.8\times\frac{2}{60}\times 40\times 1.3}{0.8}=21.23[\text{kW}]$$

문제 22 기사 11년 출제

배점 : 5점

지표면상 18[m] 높이의 수조가 있다. 이 수조에 25[m^3/min] 물을 양수하는 데 필요한 펌프용 전동기의 소요동력은 몇 [kW]인가? (단, 펌프의 효율은 82[%], 여유계수는 1.1로 한다.)

답안 98.64[kW]

해설

$$P=\frac{QHK}{6.12\eta}=\frac{25\times 18\times 1.1}{6.12\times 0.82}=98.64[\text{kW}]$$

문제 23 기사 10년 출제

배점 : 5점

1시간에 18[m^3]로 솟아 나오는 지하수를 15[m]의 높이에 배수하고자 한다. 이 때 5[kW]의 전동기를 사용한다면 매 시간당 몇 분씩 운전하면 되는지 구하시오. (단, 펌프의 효율은 75[%]로 하고, 관로의 손실계수는 1.1로 한다.)

답안 12.94[min]

해설

$$P=\frac{QHK}{6.12\eta}=\frac{\frac{V}{t}HK}{6.12\eta}\text{에서}$$

$$t=\frac{VHK}{P\times 6.12\eta}=\frac{18\times 15\times 1.1}{5\times 6.12\times 0.75}=12.94[\text{min}]$$

1990년~최근 출제된 기출 이론 분석 및 유형별 문제

03 CHAPTER 변압기설비

기출개념 01 수용률(demand factor)

수용설비가 동시에 사용되는 정도를 나타내며 변압기 등의 적정 공급 설비용량을 파악하기 위해서 사용한다.

$$\text{수용률} = \frac{\text{최대수용전력[kW]}}{\text{총 부하설비용량[kW]}} \times 100[\%]$$

기출개념 02 부등률(diversity factor)

수용가에서 개개의 최대전력의 합과 합성 최대전력의 비를 나타내며 항상 1보다 크다.

$$\text{부등률} = \frac{\text{개개의 최대수용전력의 합계[kW]}}{\text{합성 최대수용전력[kW]}} > 1$$

기출개념 03 부하율(load factor)

부하설비가 어느 정도 유효하게 사용되는가를 나타내는 것이다.

$$\text{부하율} = \frac{\text{평균수용전력[kW]}}{\text{최대수용전력[kW]}} \times 100[\%]$$

기출개념 04 변압기의 결선법

1 Δ−Δ결선(delta-delta connection)

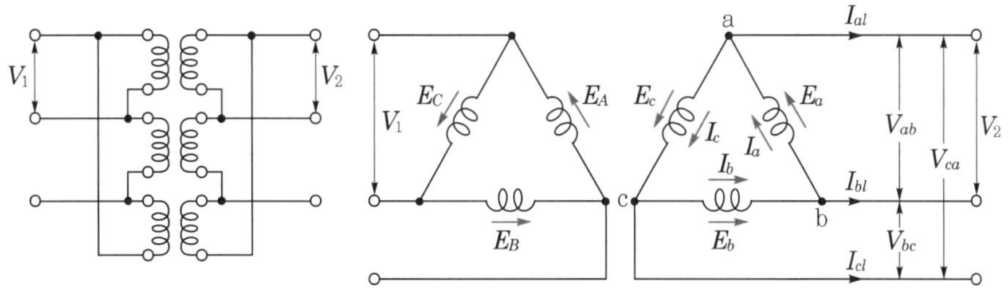

(1) 선간전압(V_l) = 상전압(E_p)

(2) 선전류(I_l) = $\sqrt{3}$ ×상전류(I_p) $\angle -30°$

(3) 3상 출력 : P_3[W]

$$P_1 = E_p I_p \cos\theta$$

$$P_3 = 3P_1 = 3E_p I_p \cos\theta = 3 \cdot V_l \cdot \frac{I_l}{\sqrt{3}} \cdot \cos\theta = \sqrt{3} \cdot V_l I_l \cdot \cos\theta \text{ [W]}$$

(4) Δ−Δ결선의 특성

① 운전 중 1대 고장 시 V−V결선으로 송전을 계속할 수 있다.

② 상에는 제3고조파 전류를 순환하여 정현파 기전력을 유도하고, 외부에는 나타나지 않아 통신장해가 없다.

③ 중성점 비접지방식이다.

④ 30[kV] 이하의 배전선로에 유효하다.

2 Y−Y결선(Star-Star connection)

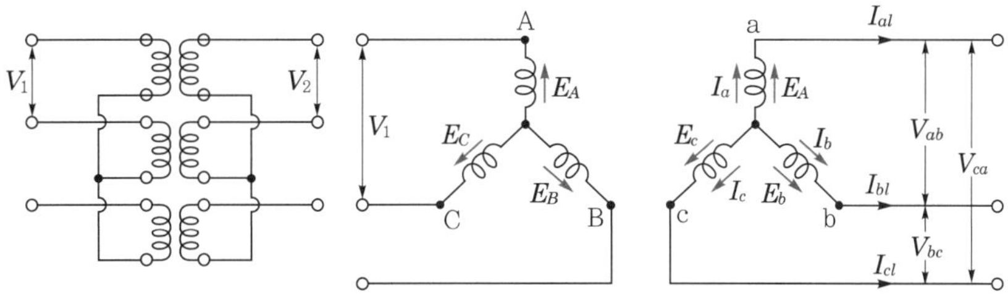

(1) 선간전압(V_l) = $\sqrt{3}$ × 상전압(E_p) $\angle 30°$

(2) 선전류(I_l) = 상전류(I_p)

(3) 출력 : P_3

$$P_1 = E_p I_p \cos\theta$$

$$P_3 = 3P_1 = 3E_p I_p \cos\theta = 3 \cdot \frac{V_l}{\sqrt{3}} \cdot I_l \cdot \cos\theta = \sqrt{3} \cdot V_l I_l \cdot \cos\theta \text{[W]}$$

(4) Y－Y결선의 특성

① 고전압 계통의 송전선로에 유효하다.

② 중성점을 접지할 수 있어 계전기 동작이 확실하고, 이상전압 발생이 없다.

③ 상전류에 고조파(제3고조파)가 순환할 수 없어 기전력이 왜형파로 된다.

④ 고조파 순환전류가 대지로 흘러 통신유도장해를 발생시키므로 3권선 변압기로 하여 Y－Y－△결선하여 사용한다.

3 △－Y, Y－△결선

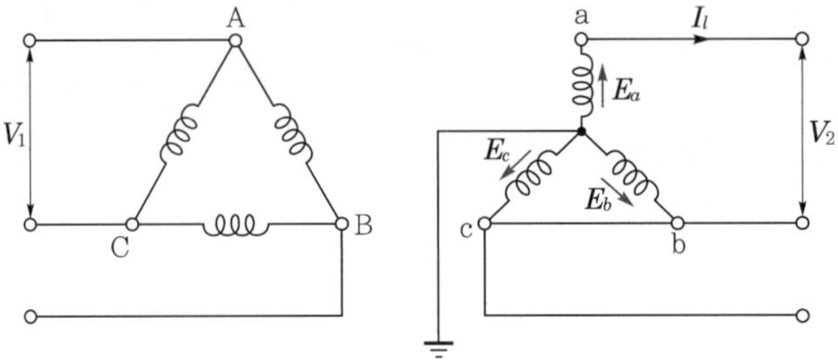

▌△－Y 결선▐

(1) 1차, 2차 전압, 전류에 30°의 위상차가 발생된다.

(2) △－Y결선은 2차 중성점을 접지할 수 있고, 선간전압이 상전압보다 $\sqrt{3}$ 배 증가하므로 승압용 변압기 결선에 유효하다.

(3) Y－△결선은 2차측 상전류에 고조파를 순환할 수 있어 기전력 정현파로 되며, 강압용 변압기 결선에 유효하다.

4 V－V결선

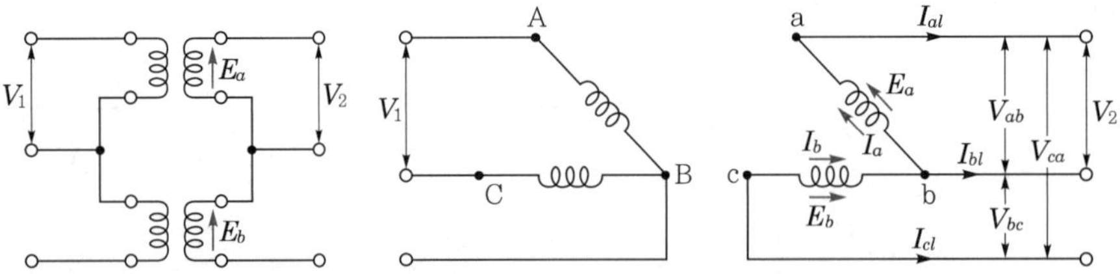

▌V－V 결선▐

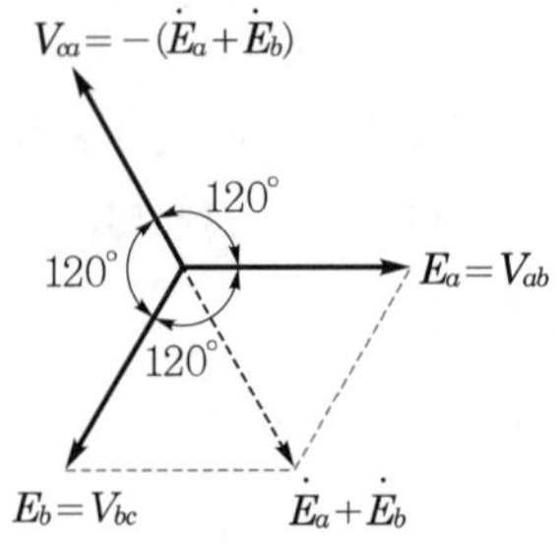

(1) 선간전압(V_l) = 상전압(V_p)

(2) 선전류(I_l) = 상전류(I_p)

(3) 출력 : P_V

$P_1 = E_p I_p \cos\theta$ 에서

$P_V = \sqrt{3}\, V_l I_l \cos\theta = \sqrt{3}\, E_p\, I_p \cos\theta = \sqrt{3}\, P_1$ [W]

(4) V-V결선의 특성

① 2대 단상 변압기로 3상 부하에 전원공급이 가능하다.

② 부하 증설 예정 시, △-△결선 운전 중 1대 고장 시 사용한다.

③ 이용률 : $\dfrac{\sqrt{3}\,P_1}{2P_1} = \dfrac{\sqrt{3}}{2} = 0.866 \rightarrow 86.6[\%]$

④ 출력비 : $\dfrac{P_V}{P_\triangle} = \dfrac{\sqrt{3}\,P_1}{3P_1} = \dfrac{1}{\sqrt{3}} = 0.577 \rightarrow 57.7[\%]$

개념 문제 01 기사 92년, 94년, 00년, 17년 출제 | 배점 : 4점 |

22.9[kV]/380-220[V] 변압기 결선은 보통 Δ-Y결선방식을 사용하고 있다. 이 결선방식에 대한 장점과 단점을 각각 2가지씩 쓰시오.

(1) 장점

(2) 단점

답안 (1) • 한 쪽 Y결선의 중성점을 접지할 수 있다

• Y결선의 상전압은 선간전압의 $\dfrac{1}{\sqrt{3}}$ 이므로 절연이 용이하다.

(2) • 1상에 고장이 생기면 전원공급이 불가능해진다.

• 중성점 접지로 인한 유도장해를 초래한다.

해설 변압기 결선은 보통 Δ-Y결선방식 장·단점

(1) 장점

• 한 쪽 Y결선의 중성점을 접지할 수 있다

• Y결선의 상전압은 선간전압의 $\dfrac{1}{\sqrt{3}}$ 이므로 절연이 용이하다.

• 1, 2차 중에 △결선이 있어 제3고조파의 장해가 적고, 기전력의 파형이 왜곡되지 않는다.

• Y-△결선은 강압용으로 △-Y결선은 승압용으로 사용할 수 있어서 송전계통에 융통성있게 사용된다.

(2) 단점

• 1, 2차 선간전압 사이에 30°의 위상차가 있다.

• 1상에 고장이 생기면 전원공급이 불가능해진다.

• 중성점 접지로 인한 유도장해를 초래한다.

개념 문제 02 기사 14년 출제 | 배점 : 6점 |

정격전압 1차 6,600[V], 2차 210[V], 10[kVA]의 단상 변압기 2대를 승압기로 V결선하여 6,300[V]의 3상 전원에 접속하였다. 다음 물음에 답하시오.

(1) 승압된 전압은 몇 [V]인지 계산하시오.

(2) 3상 V결선 승압기의 결선도를 완성하시오.

답안 (1) 6,500.45[V]

(2)

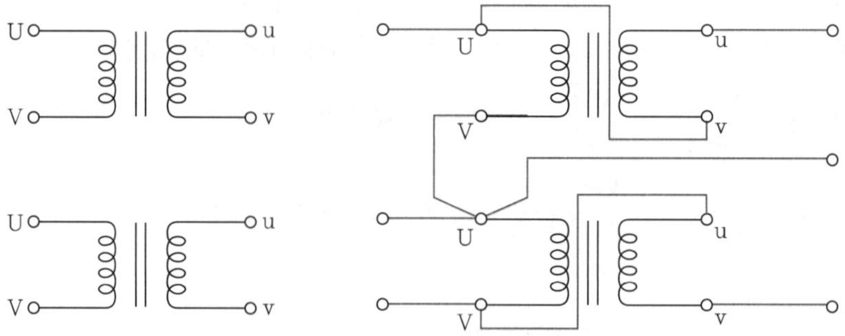

해설 (1) $V = 6{,}300 \times \left(1 + \dfrac{210}{6{,}600}\right) = 6{,}500.454 = 6{,}500.45[\text{V}]$

개념 문제 03 기사 14년 출제 | 배점 : 6점 |

22.9[kV-Y] 중성선 다중 접지 전선로에 정격전압 13.2[kV], 정격용량 250[kVA]의 단상 변압기 2부싱 변압기 3대를 이용하여 아래 그림과 같이 Y-△결선하고자 한다. 다음 물음에 답하시오.

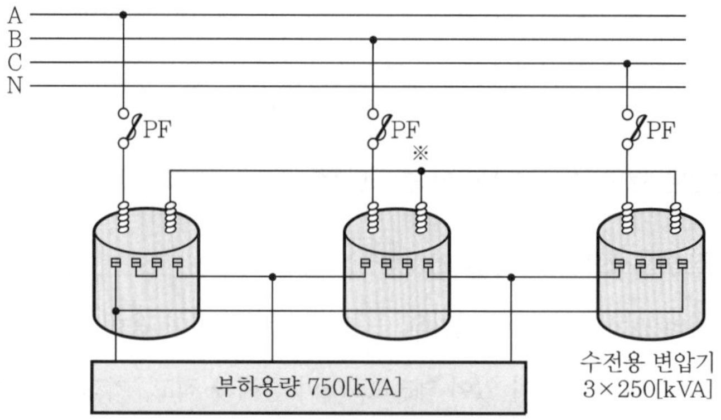

(1) 변압기 1차측 Y결선의 중성점(※표 부분)을 전선로 N선에 연결하여야 하는지. 연결하여서는 안 되는지를 결정하시오.
(2) 연결하여야 하면 연결하여야 하는 이유, 연결하여서는 안 되면 안 되는 이유를 설명하시오.
(3) PF에 끼워 넣을 퓨즈 링크는 몇 [A]의 것을 선정하는 것이 좋은지, 계산과정을 쓰고 아래 예시에서 퓨즈 용량을 선정하시오.
(예시 : 10, 15, 20, 25, 30, 40, 50, 65, 80, 100, 125[A])

답안 (1) 연결하여서는 안 된다.
(2) 연결하여 운전 중 1상이 결상되면 역 V결선으로 되어 변압기 소손의 위험이 있다.
(3) 30[A]

해설 (3) $I_f = \dfrac{250 \times 3}{\sqrt{3} \times 22.9} \times 1.5 = 28.36[\text{A}]$

PF의 퓨즈 링크 전류는 정격전류 1.5배의 상위값을 선정한다.

개념 문제 04 기사 04년, 09년 출제

| 배점 : 5점 |

500[kVA]의 단상 변압기 상용 3대로 △-△결선의 1뱅크로 하여 사용하고 있는 변전소가 있다. 지금 부하의 증가로 1대의 단상 변압기를 증가하여 2뱅크로 하였을 때 최대 몇 [kVA]의 3상 부하에 대응할 수 있겠는가?

답안 1,732.05[kVA]

해설 $P=2P_1=2\times\sqrt{3}\times 500=1{,}732.05[\text{kVA}]$

개념 문제 05 기사 18년 출제

| 배점 : 4점 |

단상 변압기 200[kVA] 두 대를 V결선해서 3상 전원으로 사용할 경우 공급규정상의 계약수전전력에 의한 계약최대전력[kVA]을 구하시오. (단, 소수점 첫째자리에서 반올림하시오.)

답안 346[kVA]

해설 $P_m=200\times\sqrt{3}=346.41[\text{kVA}]$

개념 문제 06 기사 18년 출제

| 배점 : 6점 |

고압 자가용 수용가가 있다. 이 수용가의 부하는 역률 1.0의 부하 50[kW]와 역률 0.8(지상)의 부하 100[kW]이다. 이 부하에 공급하는 변압기에 대해서 다음 물음에 답하시오.

(1) △결선하였을 경우 1대당 최저 용량[kVA]을 구하시오.
(2) 1대 고장으로 V결선하였을 경우 과부하율[%]을 구하시오.
(3) △결선 시의 변압기 동손($W_\triangle$)과 V결선 시의 변압기 동손(W_V)의 비율$\left(\dfrac{W_\triangle}{W_V}\right)$을 구하시오. (단, 변압기는 단상 변압기를 사용하고 평상시는 과부하시키지 않는 것으로 한다.)

답안 (1) 75[kVA]
(2) 129.1[%]
(3) 0.5

해설

(1) $P_m=\sqrt{(50+100)^2+\left(100\times\dfrac{0.6}{0.8}\right)^2}=167.705[\text{kVA}]$

$P_1=\dfrac{167.705}{3}=55.9[\text{kVA}]$

(2) 과부하율 : $\dfrac{167.705}{\sqrt{3}\times 75}\times 100=129.099=129.10[\%]$

(3) $\dfrac{W_\triangle}{W_V}=\dfrac{\left(\dfrac{I}{\sqrt{3}}\right)^2\cdot r\times 3}{I^2\cdot r\times 2}=\dfrac{I^2r}{2I^2r}=0.5$

기출개념 05 변압기의 병렬운전

1 병렬운전조건

① 극성이 같을 것
② 1차, 2차 정격전압 및 권수비가 같을 것
③ 퍼센트 임피던스 강하가 같을 것
④ 변압기의 저항과 리액턴스비가 같을 것
⑤ 상회전 방향 및 각 변위가 같을 것(3상)

2 부하 분담비

$$\frac{P_a}{P_b} = \frac{\%Z_b}{\%Z_a} \cdot \frac{P_A}{P_B}$$

여기서, P_a, P_b : 부하 분담용량
$\%Z_b$, $\%Z_a$: 퍼센트 임피던스 강하
P_A, P_B : 변압기 정격용량

부하 분담비는 누설 임피던스에 역비례하고, 정격용량에 비례한다.

3 상(相, Phase) 수 변환

(1) 3상 → 2상 변환

대용량 단상 부하 전원공급 시

(2) 결선법의 종류

① 스코트(Scott) 결선(T결선)
② 메이어(Meyer) 결선
③ 우드 브리지(Wood bridge) 결선

(3) T좌 변압기 권수비

$$a_T = \frac{\sqrt{3}}{2} a_{주} \text{(주좌 변압기 권수비)}$$

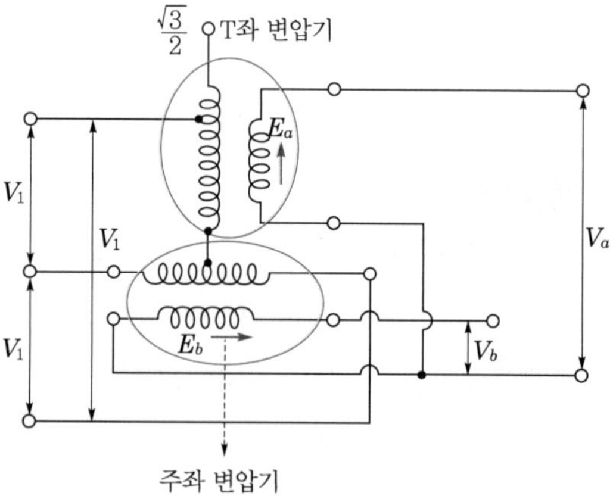

▌스코트 결선▐

개념 문제 01 기사 14년 출제 | 배점 : 5점 |

3,150/210[V]인 변압기의 용량이 각각 250[kVA], 200[kVA]이고 %임피던스 강하가 각각 2.5[%]와 3[%]일 때 그 병렬 합성 용량[kVA]은 얼마인가?

답안 416.67[kVA]

해설 $m = \dfrac{250}{200}$, $P_s \propto \dfrac{1}{\%Z}$ 이므로

$$\frac{P_a}{P_b} = m \times \frac{\%I_b Z_b}{\%I_a Z_a} = \frac{250}{200} \times \frac{3}{2.5} = \frac{3}{2}$$

$$\therefore \; P_b = P_a \times \frac{2}{3} = 250 \times \frac{2}{3} = 166.67[\text{kVA}]$$

따라서 합성 용량은 $250 + 166.67 = 416.67[\text{kVA}]$

개념 문제 02 기사 14년 출제 | 배점 : 5점 |

두 대의 변압기를 병렬운전하고 있다. 다른 정격은 모두 같고 1차 환산 누설 임피던스만이 $2+j3[\Omega]$과 $3+j2[\Omega]$이다. 이 경우 변압기에 흐르는 부하전류가 50[A]이면 순환전류는 몇 [A]인지 계산하시오.

답안 5[A]

해설 $V_{ab} = V_a - V_b = 25\{(2+j3)-(3+j2)\} = 25(-1+j)$

$Z_{ab} = Z_a + Z_b = 5 + j5 = 5(1+j)$

$$I = \frac{V_{ab}}{Z_{ab}} = \frac{25(-1+j)}{5(1+j)} = 5j = 5[\text{A}]$$

개념 문제 03 기사 95년 출제 | 배점 : 6점 |

변압기의 병렬운전조건을 3가지만 쓰시오.

답안
- 변압기의 극성이 같을 것
- 각 변압기의 1차, 2차 정격전압 및 권수비가 같을 것
- 각 변압기의 %임피던스 강하가 같을 것

기출개념 06 변압기의 특성

1 전압변동률 : ε

$$\varepsilon = \frac{V_{2o} - V_{2n}}{V_{2n}} \times 100\ [\%]$$

여기서, V_{2o} : 2차 무부하 전압
V_{2n} : 2차 전부하 전압

(1) 백분율 강하의 전압변동률

$$\varepsilon = p\cos\theta \pm q\sin\theta\ [\%]\ (+ : \text{지역률},\ - : \text{진역률})$$

① 퍼센트 저항 강하

$$p = \frac{I \cdot r}{V} \times 100[\%]$$

② 퍼센트 리액턴스 강하

$$q = \frac{I \cdot x}{V} \times 100[\%]$$

③ 퍼센트 임피던스 강하

$$\%Z = \frac{I \cdot Z}{V} \times 100 = \frac{I_n}{I_s} \times 100 = \frac{V_s}{V_n} \times 100 = \sqrt{p^2 + q^2}\ [\%]$$

(2) 최대 전압변동률과 조건

$$\varepsilon = p\cos\theta + q\sin\theta = \sqrt{p^2 + q^2}\cos(\alpha - \theta)$$

① $\alpha = \theta$일 때 전압변동률은 최대가 된다.

② $\varepsilon_{max} = \sqrt{p^2 + q^2}\ [\%]$

(3) 임피던스 전압과 임피던스 와트

① 임피던스 전압 V_s[V] : 단락전류가 정격전류와 같은 값을 가질 때 1차 인가 전압 즉, 정격전류에 의한 변압기 내 전압강하

$$V_s = I_n \cdot Z[\text{V}]$$

② 임피던스 와트 W_s[W] : 임피던스 전압 인가 시 입력

$$W_s = I^2 \cdot r = P_c \text{(임피던트 와트=동손)}$$

2 손실과 효율

(1) 손실(loss) : P_ℓ [W]

① 무부하손(고정손) : 철손 $P_i = P_h + P_e$

② 히스테리시스손 : $P_h = \sigma_h \cdot f \cdot {B_m}^{1.6}$ [W/m³]

③ 와류손 : $P_e = \sigma_e k(tfB_m)^2$ [W/m³]

④ 부하손(가변손)

㉠ 동손 $P_c = I^2 \cdot r$ [W]

㉡ 표유부하손(stray load loss)

(2) 효율(efficiency)

$$\eta = \frac{\text{출력}}{\text{입력}} \times 100 = \frac{\text{출력}}{\text{출력}+\text{손실}} \times 100\ [\%]$$

① 전부하 효율

$$\eta = \frac{VI \cdot \cos\theta}{VI\cos\theta + P_i + P_c(I^2 r)} \times 100[\%]$$

※ 최대 효율 조건 : $P_i = P_c(I^2 r)$

② $\frac{1}{m}$ 부하 시 효율

$$\eta_{\frac{1}{m}} = \frac{\frac{1}{m} \cdot VI \cdot \cos\theta}{\frac{1}{m} \cdot VI \cdot \cos\theta + P_i + \left(\frac{1}{m}\right)^2 \cdot P_c} \times 100[\%]$$

※ 최대 효율 조건 : $P_i = \left(\frac{1}{m}\right)^2 \cdot P_c$

③ 전일 효율 : η_d(1일 동안 효율)

$$\eta_d = \frac{\sum h \cdot VI \cdot \cos\theta}{\sum h \cdot VI \cdot \cos\theta + 24 \cdot P_i + \sum h \cdot I^2 \cdot r} \times 100[\%]$$

여기서, $\sum h$: 1일 동안 총 부하시간

※ 최대 효율 조건 : $24P_i = \sum h \cdot I^2 r$

개념 문제 01 기사 08년 출제

| 배점 : 5점 |

50,000[kVA]의 변압기가 있다. 이 변압기의 손실은 80[%] 부하율일 때 53.4[kW]이고, 60[%] 부하율일 때 36.6[kW]이다. 다음 각 물음에 답하시오.

(1) 이 변압기가 40[%] 부하율일 때 손실을 구하시오.
(2) 최고 효율은 몇 [%] 부하율일 때인가?

답안 (1) 24.6[kW]
(2) 50[%]

해설 (1) $P_{80} = P_i + 0.8^2 P_c = 53.4[\text{kW}]$

$P_{60} = P_i + 0.6^2 P_c = 36.6[\text{kW}]$

$\therefore$ $53.4 - 0.8^2 P_c = 36.6 - 0.6^2 P_c$에서 $P_c = \dfrac{53.4 - 36.6}{0.8^2 - 0.6^2} = 60[\text{kW}]$

$\therefore$ 철손 $P_i = 53.4 - 0.8^2 \times 60 = 15[\text{kW}]$

$\therefore$ $P_{40} = 15 + 0.4^2 \times 60 = 24.6[\text{kW}]$

(2) $m = \sqrt{\dfrac{P_i}{P_c}} \times 100 = \sqrt{\dfrac{15}{60}} \times 100 = 50[\%]$

개념 문제 02 기사 08년 출제

| 배점 : 5점 |

20[kVA] 단상 변압기가 있다. 역률이 1일 때 전부하 효율은 97[%]이고, 75[%] 부하에서 최고 효율이 되었다. 전부하 시에 철손은 몇 [W]인가?

답안 222.68[kW]

해설

$\eta = \dfrac{P_a \cos\theta}{P_a \cos\theta + P_i + P_c}$에서

전체 손실 $P_\ell = P_i + P_c = \dfrac{P_a \cos\theta}{\eta} - P_a \cos\theta = \dfrac{20{,}000 \times 1}{0.97} - 20{,}000 \times 1 = 618.56[\text{W}]$

$\therefore$ $P_c = 618.56 - P_i$

최대효율은 동손=철손일 때 발생하므로 $m^2 P_c = P_i$이다.

$\therefore$ $0.75^2 (618.56 - P_i) = P_i$에서 $P_i = 222.68[\text{W}]$

개념 문제 03 기사 18년 출제

| 배점 : 6점 |

권수비 30인 변압기의 1차에 6.6[kV]를 가할 때 다음 각 물음에 답하시오. (단, 변압기의 손실은 무시한다.)

(1) 2차 전압[V]을 구하시오.
(2) 2차에 50[kW], 뒤진 역률 80[%]의 부하를 걸었을 때 2차 및 1차 전류[A]를 구하시오.
(3) 1차 입력[kVA]이 얼마인지 구하시오.

답안 (1) 220[V]

(2) • 1차 전류 : 9.47[A]

• 2차 전류 : 284.09[A]

(3) 62.5[kVA]

해설

(1) $V_2 = \frac{6.6 \times 10^3}{30} = 220[\text{V}]$

(2) 1차 전류 $I_1 = \frac{50 \times 10^3}{6{,}600 \times 0.8} = 9.469[\text{A}]$

2차 전류 $I_2 = \frac{50 \times 10^3}{220 \times 0.8} = 284.091[\text{A}]$

(3) $P = 6{,}600 \times 9.47 \times 10^{-3} = 62.502[\text{kVA}]$

개념 문제 04 기사 95년 출제

| 배점 : 4점 |

용량 100[kVA], 3,300/115[V]인 3상 변압기의 철손은 1[kW], 전부하 동손은 1.25[kW]이다. 매일 무부하로 18시간, 역률 100[%]의 1/2부하로 4시간, 역률 80[%]의 전부하로 2시간 운전할 때 전일효율은 몇 [%]가 되는가?

답안 92.84[%]

해설

전력량 $P = \left(100 \times 1 \times \frac{1}{2} \times 4\right) + (100 \times 0.8 \times 2) = 360[\text{kWh}]$

동손량 $P_c = 1.25 \times \left\{\left(\frac{1}{2}\right)^2 \times 4 + 2\right\} = 3.75[\text{kWh}]$

철손량 $P_i = 1 \times 24 = 24[\text{kWh}]$

$\therefore \ \eta = \frac{360}{360 + 3.75 + 24} \times 100 = 92.84[\%]$

1990년~최근 출제된 기출문제

CHAPTER 03

변압기설비

단원 빈출문제

문제 01

기사 97년, 04년, 07년 출제

배점 : 6점

단상 변압기 3대 Δ-Δ 결선방식의 장점과 단점을 3가지씩 쓰시오.

(1) 장점
(2) 단점

답안 (1) • 제3고조파 전류가 △결선 내를 순환하므로 기전력의 파형이 왜곡되지 않는다.
• 운전 중 1대 고장 시 V결선하여 사용할 수 있다.
• 각 변압기의 상전류가 선전류의 $\frac{1}{\sqrt{3}}$이 되어 대전류에 적합하다.

(2) • 중성점을 접지할 수 없으므로 지락사고의 검출이 곤란하다.
• 권수비가 다른 변압기를 결선하면 순환전류가 흐른다.
• 각 상의 임피던스가 다를 경우 3상 부하가 평형이 되어도 변압기의 부하전류는 불평형이 된다.

문제 02

기사 94년, 00년 출제

배점 : 9점

단상 변압기 3대를 이용하여 1차측 Δ결선, 2차측 Y결선을 답안지에 그리고, 이 결선의 장, 단점을 2가지씩 쓰도록 하시오.

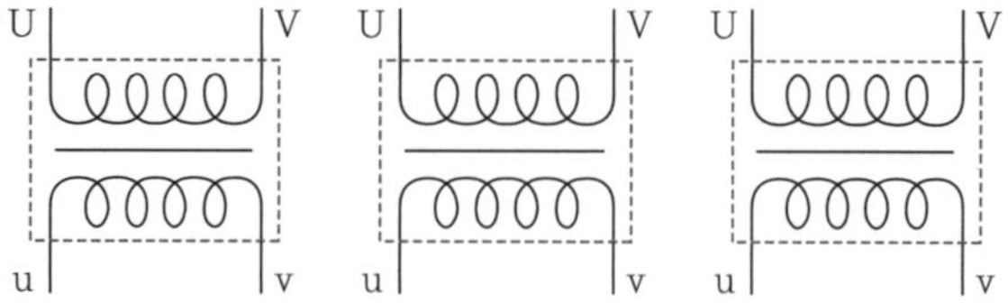

(1) 결선
(2) 장점
(3) 단점

답안 (1)

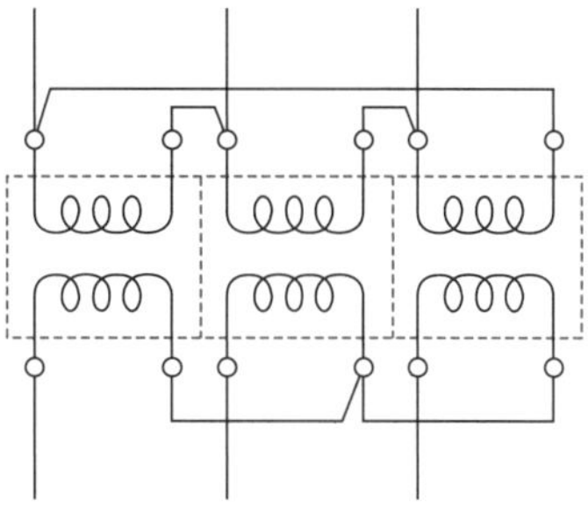

(2) • 2차 권선의 상전압은 선간전압의 $\frac{1}{\sqrt{3}}$ 이므로 절연이 유리하다.

• 1차가 △결선으로 여자전류의 통로가 있으므로 제3고조파의 장해가 적고 기전력의 파형이 왜곡되지 않는다.

(3) • 1차와 2차 선간전압 사이에 30°의 위상차가 있다.

• 1상에 고장이 생기면 전원공급이 불가능하다.

문제 03 기사 97년, 20년 출제 | 배점 : 4점 |

500[kVA]의 단상 변압기 3대로 Δ-Δ결선되어 있고, 예비변압기로서 단상 500[kVA] 1대를 갖고 있는 변전소가 있다. 갑작스러운 부하의 증가에 대응하기 위해 예비변압기까지 사용하여 최대 몇 [kVA] 부하까지 공급할 수 있는지 구하시오. (단, 불평형을 고려하여 최적의 결선법으로 변경하여 사용하는 조건이다.)

답안 1,732.05[kVA]

해설 $P = 2P_V = 2 \times \sqrt{3} \times 500 = 1{,}732.05[\text{kVA}]$

문제 04 기사 19년 출제 | 배점 : 4점 |

단상 변압기 2대를 V결선하고 정격출력 11[kW], 역률 0.8, 효율 0.85의 3상 유도전동기를 운전하려는 경우 변압기 1대의 용량은 몇 [kVA] 이상의 것을 선택하여야 하는지 구하시오. (단, 변압기 표준용량[kVA]은 3, 5, 7.5, 10, 15, 20이다.)

답안 10[kVA]

해설 $P_1 = P_V \times \frac{1}{\sqrt{3}} = \frac{11}{0.8 \times 0.85} \times \frac{1}{\sqrt{3}} = 9.339[\text{kVA}] ≒ 10[\text{kVA}]$

문제 05 기사 99년, 12년 출제

배점 : 5점

그림은 3상 4선식 배전선로에 단상 변압기 2대가 있는 미완성 회로이다. 이것을 역 V결선하여 2차에 3상 전원방식으로 결선하시오.

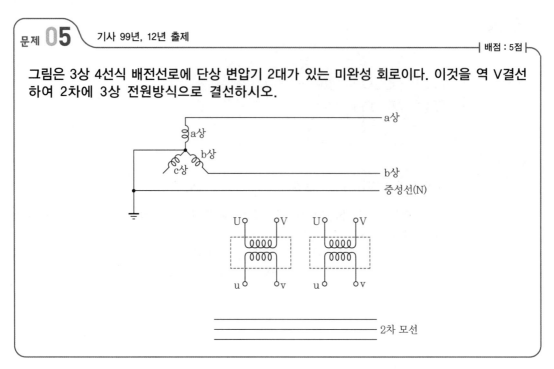

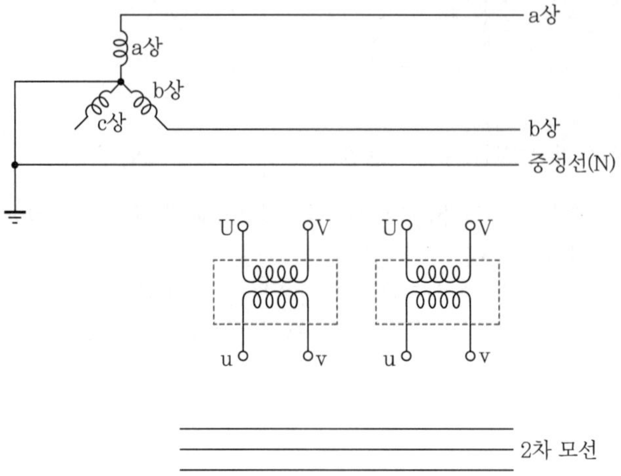

답안

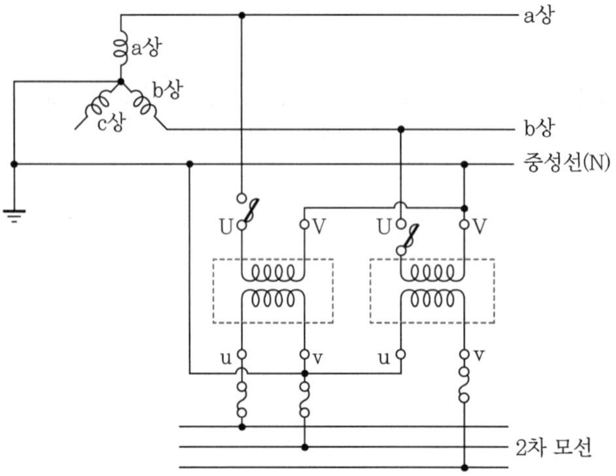

문제 06 기사 96년 출제

배점 : 5점

주상변압기의 고압측의 사용 탭이 6,600[V]인 때에 저압측의 전압이 95[V]였다. 저압측의 저압을 약 100[V]로 유지하기 위해서는 고압측의 사용 탭은 얼마로 하여야 하는가? (단, 변압기의 정격전압은 6,600/105[V]이다.)

답안 6,300[V]

해설

$$V_t = 6{,}600 \times \frac{95}{100} = 6{,}270\,[\mathrm{V}]$$

문제 07 기사 11년 출제

배점 : 4점

전등용 변압기의 1차측 사용 탭이 6,600[V]일 때 저압측이 97[V]이었다. 저압측 전압을 약 100[V]로 유지하기 위해서는 고압측의 사용 탭을 몇 [V]로 하여야 하는지 계산하시오. (단, 변압기의 정격전압은 6,600/105[V]이며, 변압기 1차측 탭은 6,300, 6,450, 6,600, 6,750, 6,900[V]로 구성되어 있다.)

답안 6,450[V]

해설

$$V_t = 6{,}600 \times \frac{97}{100} = 6{,}402\,[\mathrm{V}]$$

문제 08 기사 22년 출제

배점 : 5점

단상 변압기가 있다. 전부하에서 2차 전압은 115[V]이고, 전압변동률은 2[%]이다. 1차 단자전압을 구하시오. (단, 변압기의 권수비는 20으로 한다.)

답안 2,346[V]

해설

$$\varepsilon = \frac{V_{20} - V_{2n}}{V_{2n}} \times 100\,[\%],\quad \varepsilon' = \frac{V_{20} - V_{2n}}{V_{2n}} \times 100\,[\%]$$

$$V_{20} = V_{2n}(1+\varepsilon')$$

권수비 $a = \dfrac{V_1}{V_{20}}$ 에서

$$V_1 = a V_{20} = a(1+\varepsilon')V_{2n} = 20 \times (1+0.02) \times 115 = 2{,}346\,[\mathrm{V}]$$

문제 09 기사 16년 출제

배점 : 6점

변압기 손실과 효율에 대하여 다음 각 물음에 답하시오.

(1) 변압기의 손실에 대하여 설명하시오.
① 무부하손
② 부하손

(2) 변압기의 효율을 구하는 공식을 쓰시오.

(3) 최고 효율 조건을 쓰시오.

답안 (1) ① 부하의 유무에 관계없이 발생하는 손실로서 히스테리시스손과 와류손 등이 있다.
② 부하전류에 의한 저항손을 말하며 동손과 표유부하손 등으로 구분한다.

(2) 변압기 효율 $\eta = \frac{\text{출력}}{\text{출력} + \text{손실}} \times 100[\%]$

(3) 최고 효율 조건은 철손과 동손이 같을 때이다.

문제 10 기사 14년 출제

배점 : 5점

용량 10[kVA], 철손 120[W], 전부하 동손 200[W]인 단상 변압기 2대를 V결선하여 부하를 걸었을 때, 전 부하 효율은 몇 [%]인지 계산하시오. (단, 부하 역률은 $\frac{\sqrt{3}}{2}$ 이라 한다.)

답안 95.91[%]

해설

$$\eta = \frac{\sqrt{3} \times 10 \times \frac{\sqrt{3}}{2}}{\sqrt{3} \times 10 \times \frac{\sqrt{3}}{2} + 0.12 \times 2 + 0.2 \times 2} \times 100$$

$$= 95.907[\%]$$

문제 **11** 기사 13년, 22년 출제

배점 : 6점

어느 변압기의 2차 정격전압은 2,300[V], 2차 정격전류는 43.5[A], 2차측으로부터 본 합성저항이 0.66[Ω], 무부하손이 1,000[W]이다. 전부하, 반부하의 각각에 대해서 역률이 100[%] 및 80[%]일 때의 효율을 구하시오.

(1) 전부하 시 효율을 구하시오.
  ① 역률 100[%]인 경우
  ② 역률 80[%]인 경우
(2) 반부하 시 효율을 구하시오.
  ① 역률 100[%]인 경우
  ② 역률 80[%]인 경우

답안 (1) ① 97.8[%]
  ② 97.27[%]
(2) ① 97.44[%]
  ② 96.83[%]

해설 (1) ① 역률 100[%]인 경우

$$\eta = \frac{2,300 \times 43.5}{2,300 \times 43.5 + 1,000 + 43.5^2 \times 0.66} \times 100$$
$$= 97.8[\%]$$

② 역률 80[%]인 경우

$$\eta = \frac{2,300 \times 43.5 \times 0.8}{2,300 \times 43.5 \times 0.8 + 1,000 + 43.5^2 \times 0.66} \times 100$$
$$= 97.27[\%]$$

(2) ① 역률 100[%]인 경우

$$\eta = \frac{\frac{1}{2} \times 2,300 \times 43.5}{\frac{1}{2} \times 2,300 \times 43.5 + 1,000 + \frac{1}{4} \times 43.5^2 \times 0.66} \times 100$$
$$= 97.44[\%]$$

② 역률 80[%]인 경우

$$\eta = \frac{\frac{1}{2} \times 2,300 \times 43.5 \times 0.8}{\frac{1}{2} \times 2,300 \times 43.5 \times 0.8 + 1,000 + \frac{1}{4} \times 43.5^2 \times 0.66} \times 100$$
$$= 96.83[\%]$$

문제 12 기사 96년, 00년, 02년, 17년 출제

배점 : 6점

변압기의 1일 부하곡선이 그림과 같은 분포일 때 다음 물음에 답하시오. (단, 변압기의 전부하 동손은 130[W], 철손은 100[W]이다.)

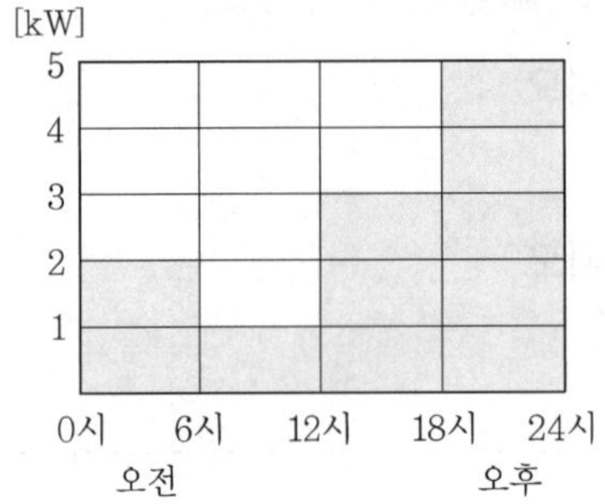

(1) 1일 중의 사용전력량은 몇 [kWh]인가?
(2) 1일 중의 전손실 전력량은 몇 [kWh]인가?
(3) 1일 중 전일효율은 몇 [%]인가?

답안 (1) 66[kWh]
(2) 3.62[kWh]
(3) 94.8[%]

해설 (1) $W = 2\times6+1\times6+3\times6+5\times6$
$= 66[\text{kWh}]$

(2) 동손 $P_c = \left\{\left(\frac{2}{5}\right)^2+\left(\frac{1}{5}\right)^2+\left(\frac{3}{5}\right)^2+\left(\frac{5}{5}\right)^2\right\}\times6\times0.13$
$= 1.22[\text{kWh}]$

철손 $P_i = 0.1\times24$
$= 2.4[\text{kWh}]$

∴ 전손실 $P_L = 2.4+1.22$
$= 3.62[\text{kWh}]$

(3) 효율 $\eta = \frac{66}{66+3.62}\times100$
$= 94.8[\%]$

문제 13 기사 04년, 12년 출제

배점 : 5점

50[kVA]의 변압기가 그림과 같은 부하로 운전되고 있다. 오전에는 역률 85[%]로, 오후에는 100[%]로 운전된다고 하면 전일효율은 몇 [%]가 되겠는가? (단, 이 변압기의 철손은 6[kW], 전부하 시 동손은 10[kW]라 한다.)

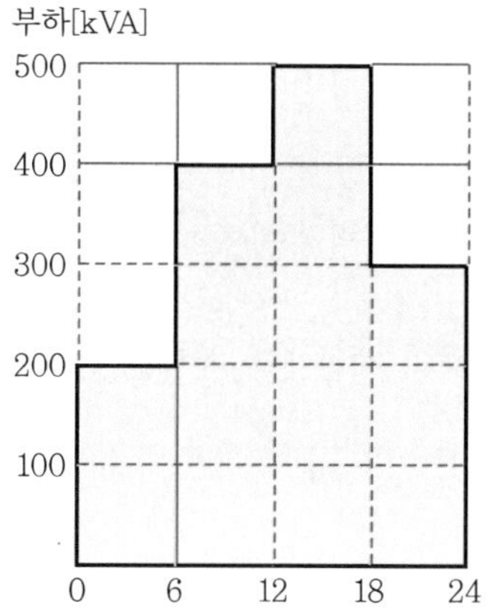

답안

• 전력량 $W=(200+400)\times 0.85\times 6+(500+300)\times 1.0\times 6$

$=7{,}860[\text{kWh}]$

• 철손량 $W_i=6\times 24$

$=144[\text{kWh}]$

• 동손량 $W_c=\dfrac{200^2+400^2+500^2+300^2}{500^2}\times 10\times 6$

$=129.6[\text{kWh}]$

$$W_c=\left(\frac{1}{m}\right)^2 P_c\cdot h[\text{kWh}]$$

• 전일효율 $\eta=\dfrac{7{,}860}{7{,}860+144+129.6}\times 100$

$=96.64[\%]$

문제 14 기사 15년 출제

배점 : 5점

철손이 1.2[kW], 전부하 시의 동손이 2.4[kW]인 변압기가 하루 중 7시간 무부하 운전, 11시간 1/2 운전, 그리고 나머지 전부하 운전할 때 하루의 총 손실은 얼마인지 계산하시오.

답안

$$손실 = 철손 + 동손 = 24P_i + \Sigma\left(\frac{1}{m}\right)^2 P_c = 24\times1.2 + 11\times\left(\frac{1}{2}\right)^2\times2.4 + 6\times2.4 = 49.8\,[\text{kWh}]$$

해설

① 철손(P_i) : 무부하손

1일은 24[h]이므로, 철손 전력량 $= P_i \times 24 = 1.2\times24 = 28.8\,[\text{kWh}]$

② 동손(P_c) : 부하손

동손은 I^2R이므로 부하의 제곱에 비례하는 관계에 있으므로,

$$동손\ 전력량 = P_c\left(\frac{1}{m}\right)^2\cdot t_1 + \left(\frac{1}{m}\right)^2\cdot t_2 + \cdots = 2.4\times\left[\left(\frac{1}{2}\right)^2\times11 + 1^2\times6\right] = 21\,[\text{kWh}]$$

문제 15 기사 06년 출제

배점 : 12점

변압비가 6,600/220[V]이고, 정격용량이 50[kVA]인 변압기 3대를 그림과 같이 Δ결선하여 100[kVA]인 3상 평형 부하에 전력을 공급하고 있을 때, 변압기 1대가 소손되어 V결선하여 운전하려고 한다. 이 때 다음 각 물음에 답하시오. (단, 변압기 1대당 정격부하 시의 동손은 500[W], 철손은 150[W]이며, 각 변압기는 120[%]까지 과부하 운전할 수 있다고 한다.)

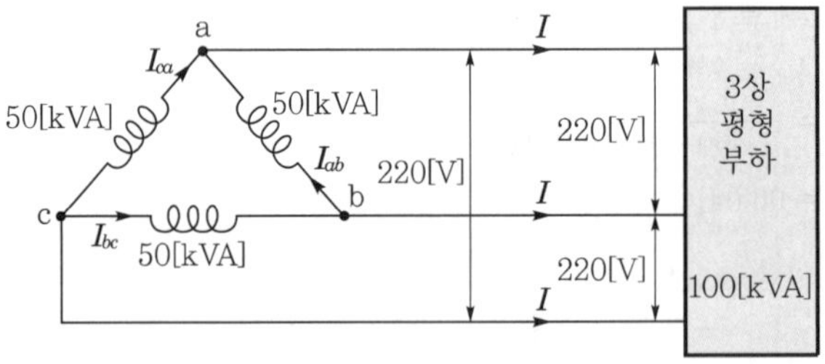

(1) 소손이 되기 전의 부하전류와 변압기의 상전류는 몇 [A]인가?
(2) Δ결선할 때 전체 변압기의 동손과 철손은 각각 몇 [W]인가?
(3) 소손 후의 부하전류와 변압기의 상전류는 각각 몇 [W]인가?
(4) 변압기의 V결선 운전이 가능한지의 여부를 그 근거를 밝혀서 설명하시오.
(5) V결선할 때 전체 변압기의 동손과 철손은 각각 몇 [W]인가?

답안 (1) • 부하전류 : 262.43[A]

• 상전류 : 151.51[A]

(2) • 동손 : 666.67[W]

• 철손 : 450[W]

(3) • 부하전류 : 262.43[A]

• 상전류 : 262.43[A]

(4) V결선으로 120[%] 과부하 시 출력 $P_V = \sqrt{3} \times 50 \times 1.2 = 103.92$[kVA]이므로 100[kVA] 부하에 전력을 공급할 수 있으므로 운전이 가능하다.

(5) • 동손 : 1,333.56[W]

• 철손 : 300[W]

해설

(1) 부하전류 $I_L = \dfrac{100 \times 10^3}{\sqrt{3} \times 220}$

$= 262.43$[A]

상전류 $I_p = 262.43 \times \dfrac{1}{\sqrt{3}}$

$= 151.51$[A]

(2) 동손 $P_c = \left(\dfrac{100}{150}\right)^2 \times 500 \times 3$

$= 666.67$[W]

철손 $P_i = 150 \times 3$

$= 450$[W]

(3) 부하전류 $I_L = \dfrac{100 \times 10^3}{\sqrt{3} \times 220}$

$= 262.43$[A]

상전류 $I_p = 262.43$[A]

(5) V결선일 때 변압기 1대에 인가되는 부하는 $\dfrac{100}{\sqrt{3}} = 57.74$[kVA]이므로,

동손 $P_c = \left(\dfrac{57.74}{50}\right)^2 \times 500 \times 2$

$= 1,333.56$[W]

철손 $P_i = 150 \times 2$

$= 300$[W]

문제 16 기사 91년, 05년, 17년 출제

배점 : 6점

특고압 수전설비에 대한 다음 각 물음에 답하시오.

(1) 동력용 변압기에 연결된 동력부하 설비용량이 350[kW], 부하역률은 85[%], 효율 85[%], 수용률은 60[%]라고 할 때 동력용 3상 변압기의 용량은 몇 [kVA]인지를 산정하시오. (단, 변압기의 표준정격용량은 다음 표에서 선정한다.)

동력용 3상 변압기 표준용량[kVA]					
200	250	300	400	500	600

(2) 3상 농형 유도전동기에 전용 차단기를 설치할 때 전용 차단기의 정격전류[A]를 구하시오. (단, 전동기는 160[kW]이고, 정격전압은 3,300[V], 역률은 85[%], 효율은 85[%]이며, 차단기의 정격전류는 전동기 정격전류의 3배로 계산한다.)

답안 (1) 300[kVA]

(2) 116.22[A]

해설 (1) 변압기 용량 $T_r = \dfrac{\text{설비용량} \times \text{수용률}}{\text{역률} \times \text{효율}} = \dfrac{350 \times 0.6}{0.85 \times 0.85} = 290.66[\text{kVA}]$

(2) 유도전동기의 전류 $I = \dfrac{P}{\sqrt{3}\,V\cos\theta \cdot \eta} = \dfrac{160 \times 10^3}{\sqrt{3} \times 3{,}300 \times 0.85 \times 0.85} = 38.74[\text{A}]$

차단기 정격전류는 전동기 정격전류의 3배를 적용하므로

$\therefore\ I_n = 38.74 \times 3 = 116.22[\text{A}]$

문제 17 기사 08년, 12년 출제

배점 : 5점

단자전압 3,000[V]인 선로에 전압비가 3,300/220[V]인 승압기를 접속하여 60[kW], 역률 0.85의 부하에 공급할 때 몇 [kVA]의 승압기를 사용하여야 하는가?

답안 5[kVA]

해설

$V_2 = 3{,}000 + \dfrac{220}{3{,}300} \times 3{,}000 = 3{,}200[\text{V}]$

$I_2 = \dfrac{60 \times 10^3}{3{,}200 \times 0.85} = 22.06[\text{A}]$

$P = 220 \times 22.06 \times 10^{-3} = 4.85[\text{kVA}]$

문제 **18** 기사 12년 출제

배점 : 5점

단권 변압기 3대를 사용한 3상 △결선 승압기에 의해 45[kVA]인 3상 평형 부하의 전압을 3,000[V]에서 3,300[V]로 승압하는 데 필요한 변압기의 총용량은 얼마인지 계산하시오.

답안 5[kVA]

해설 $\dfrac{\text{단권 변압기 용량}}{\text{부하용량}} = \dfrac{V_2^2 - V_1^2}{\sqrt{3}\, V_1 V_2}$

단권 변압기 용량 $P = \dfrac{3{,}300^2 - 3{,}000^2}{\sqrt{3} \times 3{,}300 \times 3{,}000} \times 45$

$= 4.96[\text{kVA}]$

문제 **19** 기사 97년 출제

배점 : 4점

단상 교류회로에서 a, b간의 전압이 3,000[V]이다. 지금 전압을 승압시키려고 3,300/220[V]의 변압기를 접속하고 50[kW]의 전력을 전등 부하에 공급할 때 용량 몇 [kVA]의 변압기를 사용해야 하는가? (단, 역률은 1로 계산한다.)

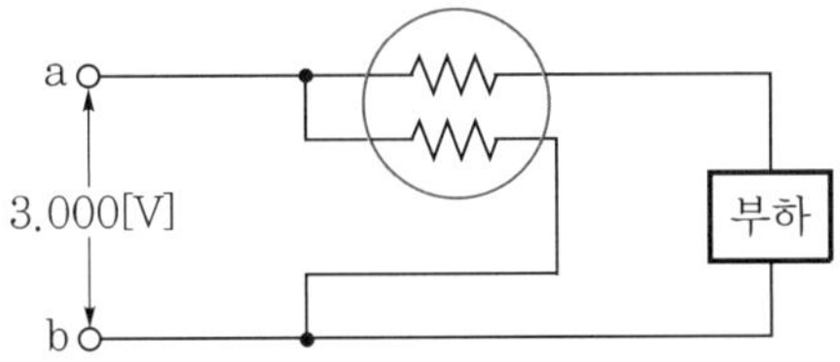

답안 3.44[kVA]

해설 승압 전압 $V_2 = 3{,}000 \times \left(1 + \dfrac{220}{3{,}300}\right)$

$= 3{,}200[\text{V}]$

변압기 용량 $P = E_2 I_2 \times 10^{-3}$

$= 220 \times \dfrac{50 \times 10^3}{3{,}200} \times 10^{-3} = 3.44[\text{kVA}]$

문제 20 기사 13년 출제

배점 : 5점

3상 전원에 단상 전열기 2대를 연결하여 사용할 경우 3상 평형전류가 흐르는 변압기의 결선방법이 있다. 3상을 2상으로 변환하는 이 결선방법의 명칭과 결선도를 그리시오. (단, 단상 변압기의 2대를 사용한다.)

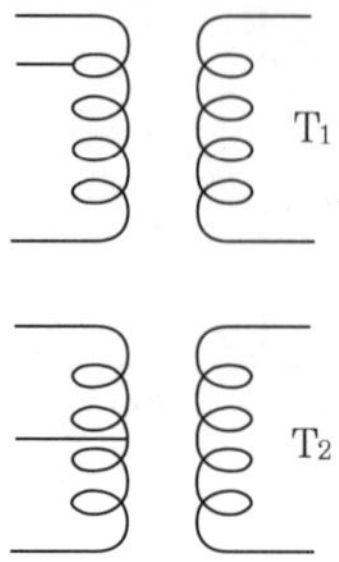

(1) 명칭
(2) 결선도

답안 (1) 스코트(Scott) 결선

(2)

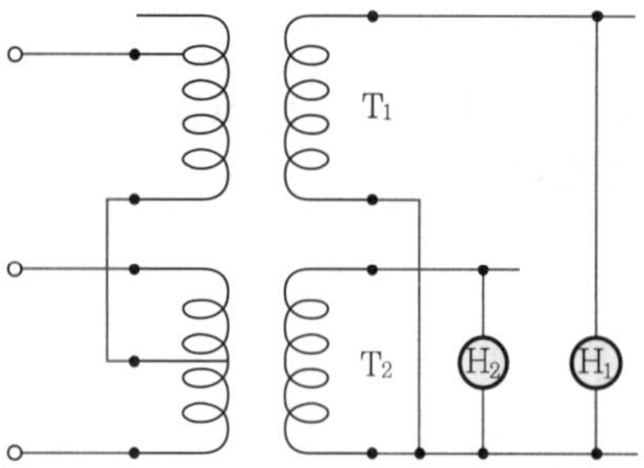

문제 **21** 기사 16년 출제

배점 : 5점

3상 3선식 3,000[V], 200[kVA]의 배전선로 전압을 3,100[V]로 승압하기 위하여 단상 변압기 3대를 그림과 같이 접속하였다. 이 변압기의 1, 2차 전압과 용량을 구하시오.

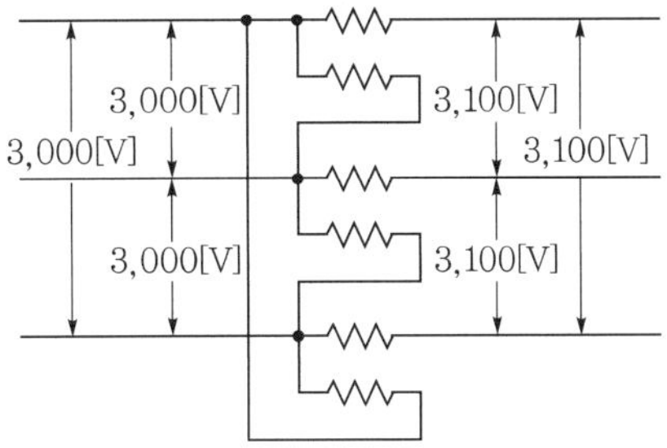

(1) 변압기 1, 2차 전압[V]
(2) 변압기 용량[kVA]

답안 (1) • 1차 전압 : $e_1 = 3{,}000[\mathrm{V}]$

• 2차 전압 : $e_2 = 66.67[\mathrm{V}]$

(2) 7.5[kVA]

해설 (1) • 1차 전압 : $e_1 = 3{,}000[\mathrm{V}]$

• 2차 전압 : $3{,}100 = 3{,}000 \times \left(1 + \dfrac{\frac{3}{2}e_2}{3{,}000}\right)$에서

$e_2 = 66.67[\mathrm{V}]$

(2) $w = 3 \times \dfrac{200}{\sqrt{3} \times 3{,}100} \times 66.67$

$= 7.45$

$\fallingdotseq 7.5[\mathrm{kVA}]$

문제 22 기사 01년, 06년 출제

배점 : 6점

10[kW], 역률 $\frac{\sqrt{3}}{2}$(지상)인 3상 부하와 210[V], 5[kW], 역률 1.0인 단상 부하가 있다. 그림과 같이 단상 변압기 2대로 V-V결선하여 이들 부하에 전력을 공급하고자 한다. 다음 물음에 답하시오.

변압기의 표준용량[kVA]								
5	7.5	10	15	20	25	50	75	100

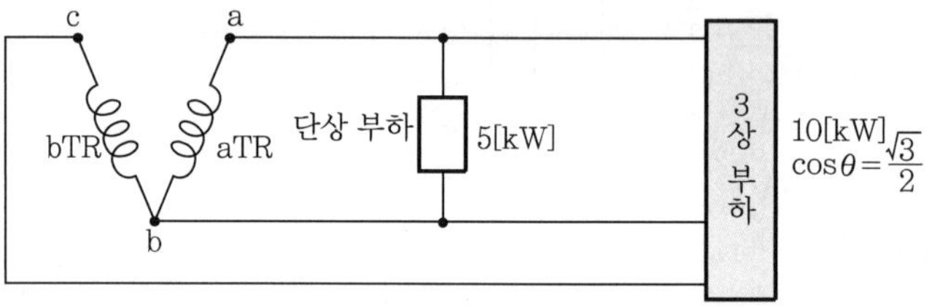

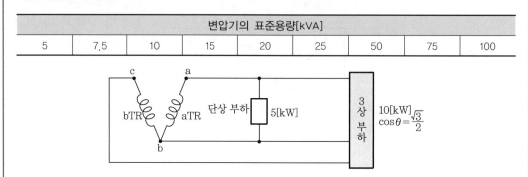

(1) 공용상과 전용상을 동일한 용량의 것으로 하는 경우에 변압기의 용량을 선택하시오.
(2) 공용상과 전용상을 각각 다른 용량의 것으로 하는 경우에 변압기의 용량을 선택하시오.

답안 (1) 15[kVA]

(2) • 공용상 : 15[kVA]

• 전용상 : 7.5[kVA]

해설 (1) • 전용상 변압기 부하 $P_1 = \frac{P_V}{\sqrt{3}}$

$$= \frac{10}{\frac{\sqrt{3}}{2}} \times \frac{1}{\sqrt{3}}$$

$$= 6.67[\text{kVA}]$$

• 공용상 변압기 부하는 단상 부하와 3상 부하 중 공용 변압기에서 공급하는 전력의 합이다.

$$P = \sqrt{\left(5 + 6.67 \times \frac{\sqrt{3}}{2}\right)^2 + \left(6.67 \times \frac{1}{2}\right)^2}$$

$$= 11.28[\text{kVA}]$$

문제 23 기사 10년 출제

배점 : 5점

다음 결선도와 같이 6,300/210[V]인 단상 변압기 3대를 △-△결선하여 수전단이 6,000[V]인 배전선로에 접속하였다. 이 중 2대의 변압기는 감극성이고, L1-L3상에 연결된 변압기 1대가 가극성이었다고 한다. 그림과 같이 접속된 전압계 ⓥ의 지시값을 구하시오.

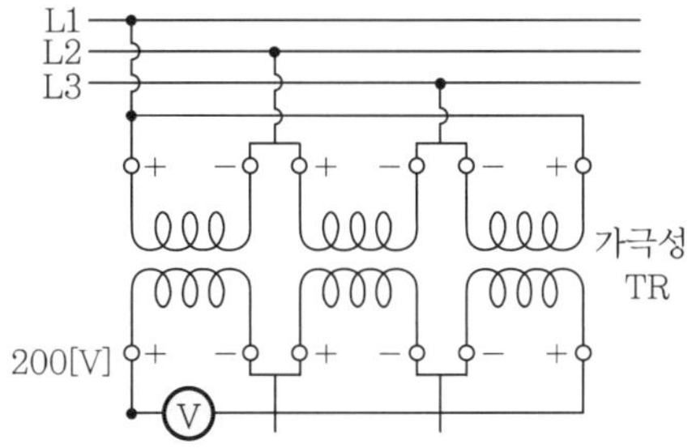

답안 400[V]

해설 변압기 2차측 전압 $V = 6{,}000 \times \dfrac{210}{6{,}300} = 200[\text{V}]$

$$ⓥ = V_{\text{L1L2}} + V_{\text{L2L3}} + V_{\text{L3L1}} = 200\underline{/0} + 200\underline{/(-120)} - 200\underline{/120}$$

$$= 200 + 200\left(-\frac{1}{2} - j\frac{\sqrt{3}}{2}\right) - 200\left(-\frac{1}{2} + j\frac{\sqrt{3}}{2}\right)$$

$$= 200 - j200\sqrt{3} = 400[\text{V}]$$

문제 24 기사 08년, 12년, 13년 출제

배점 : 8점

단상 변압기 병렬운전조건 4가지를 기술하고, 그 병렬운전조건이 만족되지 않았을 경우 발생되는 현상에 대하여 설명하시오.

병렬운전조건	병렬운전조건이 만족되지 않을 경우 발생하는 현상

답안

병렬운전조건	병렬운전조건이 만족되지 않을 경우 발생하는 현상
각 변압기 극성이 같을 것	큰 순환전류가 흘러 변압기 소손
1, 2차 정격전압과 권수비가 같을 것	순환전류가 흘러 과열 및 소손
각 변압기의 백분율 임피던스 강하가 같을 것	부하분담용량이 감소
각 변압기의 저항과 리액턴스 비가 같을 것	순환전류가 흘러 저항손이 증가

문제 25 기사 15년 출제

배점 : 5점

배전용 변압기의 고압측(1차측)에 여러 개의 탭을 설치하는 이유를 설명하시오.

답안 변압기 저압측 전압을 조정하기 위함이다.
즉, 전원전압의 변동이나 부하에 의해 변압기 2차측에 전압변동이 발생하므로 이러한 전압변동을 보상하기 위해 변압기의 권수비를 바꾸어야 하기 때문에 1차측에 약 5개의 탭을 설치한다.

문제 26 기사 96년, 99년, 16년 출제

배점 : 6점

단권 변압기는 1차, 2차 양 회로에 공통된 권선부분을 가진 변압기로 보통 변압기와 비교하면 장점도 있고, 단점도 있다. 장점 3가지와 단점 2가지를 쓰고 사용용도를 2가지만 쓰시오.

(1) 장점
(2) 단점
(3) 사용용도

답안 (1) • 1권선 변압기이므로 동량을 줄일 수 있고 매우 경제적이다.
• 동손이 감소한다.
• 효율이 좋아진다.
• 누설 리액턴스가 작고, 전압변동률이 작다.
• 열 발산이 작아 냉각효과가 유효하다.

(2) • 1차측에 이상전압이 발생하였을 경우 2차측에도 고전압이 걸려 위험하다.
• 누설 리액턴스가 적어 단락사고 시 단락전류가 크다.

(3) • 승압 및 강압용 변압기
• 초고압 전력용 변압기

문제 27 기사 10년, 16년 출제

배점 : 6점

변압기 특성에 관련된 다음 각 물음에 답하시오.

(1) 변압기 호흡작용이란 무엇인지 쓰시오.
(2) 호흡작용으로 인하여 발생되는 현상 및 방지대책을 쓰시오.

답안 (1) 변압기 외부 온도와 내부에서 발생하는 열에 의해 변압기 내부에 있는 절연유의 부피가 수축 팽창하게 되고 이로 인하여 외부의 공기가 변압기 내부로 출입하게 되는 데 이를 변압기 호흡작용이라 한다.

(2) • 현상 : 호흡작용으로 인하여 변압기 내부에 수분 및 불순물이 혼입되어 절연유의 절연내력을 저하시키고 침전물을 생성시킨다.
• 대책 : 호흡기(콘서베이터) 설치

문제 28 기사 10년 출제

배점 : 8점

대용량 변압기의 구매사양에 관련되는 다음 사항에 대하여 설명하시오.

(1) 유입풍냉식은 어떤 냉각방식인지를 쓰시오.
(2) 무부하 탭 절환장치는 어떠한 장치인지를 쓰시오.
(3) 비율 차동 계전기는 어떤 목적으로 이용되는지 쓰시오.
(4) 무부하손은 어떤 손실을 말하는지 쓰시오.

답안 (1) 유입변압기에 방열기를 부착시키고 송풍기에 의해 강제 통풍시켜 절연유의 냉각효과를 증대시키는 방식이다.

(2) 무전압 상태에서 변압기의 권수비를 조정하여 변압기 2차측 전압을 조정하는 장치이다.

(3) 변압기 내부고장 발생 시 이를 검출하여 변압기를 보호한다.

(4) 부하에 관계없이 전원만 공급하면 발생하는 손실로 히스테리시스손, 와류손 및 유전체손이 있다.

문제 29 기사 09년 출제

배점 : 5점

변압기 본체 탱크 내에 발생한 가스 또는 이에 따른 유류를 검출하여 변압기 내부고장을 검출하는 데 사용되는 계전기로서 본체와 콘서베이터 사이에 설치하는 계전기는?

답안 부호홀츠(Buchholz) 계전기

문제 **30** 기사 09년 출제 배점 : 5점

다음 변압기 냉각방식의 명칭은 무엇인가?

[예] AA(AN) : 건식자냉식

(1) OA(ONAN)
(2) FA(ONAF)
(3) OW(ONWF)
(4) FOA(OFAF)
(5) FOW(OFWF)

답안 (1) 유입자냉식
(2) 유입풍냉식
(3) 유입수냉식
(4) 송유자냉식
(5) 송유수냉식

해설
- O : Oil
- A : Air
- N : Natural
- F : Forced
- W : Water

문제 **31** 기사 99년, 03년, 05년 출제 배점 : 4점

H종 건식 변압기를 사용하려고 한다. 같은 용량의 유입변압기를 사용할 때와 비교하여 그 이점을 4가지만 쓰시오. (단, 변압기의 가격, 설치 시의 비용 등 금전에 관한 사항은 제외한다.)

답안
- 소형, 경량화 할 수 있다.
- 절연에 대한 신뢰성이 높다.
- 난연성, 자기 소화성으로 화재의 발생이나 연소의 우려가 적으므로 안정성이 높다.
- 절연유를 사용하지 않으므로 유지 보수가 용이하다.

문제 32 기사 95년, 11년 출제

배점 : 5점

대용량 전력용 유입변압기의 운전 중 내부고장이나 이상 등을 확인 또는 검출할 수 있는 변압기 보호장치 5가지만 쓰시오.

답안
- 과전류 계전기(변압기 정격전류의 150[%] 정도에 정정)
- 비율 차동 계전기
- 충격 압력 계전기
- 방충 안전장치(방압장치)
- 부흐홀츠(Buchholz) 계전기
- 유온계

문제 33 기사 12년 출제

배점 : 3점

대용량 전력용 유입변압기의 운전 중 내부고장이 생겼을 경우 보호하는 장치를 설치하여야 한다. 특고압 유입변압기의 기계적인 보호장치 3가지를 쓰시오.

답안
- 충격 압력 계전기
- 부흐홀츠 계전기
- 충격 가스압 계전기

문제 34 기사 13년 출제

배점 : 5점

옥외용 변전소 내의 변압기 사고라고 생각할 수 있는 사고의 종류 5가지만 쓰시오.

답안
- 권선의 상간 단락 및 층간 단락사고
- 권선과 철심 간의 절연파괴에 의한 지락사고
- 고저압 권선의 혼촉사고
- 권선의 단락사고
- 부싱, 리드의 절연파괴 등

문제 35 기사 07년 출제 배점 : 6점

유입변압기에 비하여 몰드변압기의 장점 및 단점을 각각 3가지씩 쓰시오.

(1) 장점
(2) 단점

답안 (1) • 난연성이 우수하다.
• 내습, 내진성이 양호하다.
• 소형, 경량화 할 수 있다.
• 전력 손실이 적다.
• 절연유를 사용하지 않으므로 유지보수가 용이하다.
• 단시간 과부하 내량이 높다.

(2) • 가격이 비싸다.
• 충격파 내전압이 낮다.
• 수지층에 차폐물이 없으므로 운전 중 코일 표면과 접촉하면 위험하다.

문제 36 기사 18년 출제 배점 : 5점

변압기의 모선방식을 3가지만 쓰시오.

답안 • 단모선 방식
• 복모선 방식(2중 모선, 절환 모선, 1.5차단방식)
• 환상모선 방식

문제 37 기사 13년 출제 배점 : 5점

아몰퍼스 변압기의 기능적인 측면에서의 장점 3가지와 단점 2가지만 쓰시오.

(1) 장점
(2) 단점

답안 (1) • 비정질(amorphous) 자성재료 채택으로 손실 절감
- 고진공 주형권선에 의한 방재성 및 신뢰성 확보
- 손실 경감에 의한 변압기 수명 연장 및 전력요금 절감
- 비정질 구조 및 초박판 철심 소재에 의한 무부하손 약 80[%] 절약
- 손실 절감에 의한 변압기의 운전보수비 절감 및 변압기의 수명 연장
- 전력 절감 효과로 화력발전소 증설이 억제되어 환경 오염 방지에 기여
- 에너지원의 비용 상승 추세에 따른 손익분기점 단축 및 전력 손실 절감액 증가
- 고주파 및 고조파 대역에서 우수한 자기적 특성에 의한 고효율 및 콤팩트화

(2) • 아몰퍼스 메탈 소재의 높은 경도 및 나쁜 취성으로 인한 제작상의 어려움
- 낮은 자속밀도 및 점적률에 의한 원가 상승
- 철심의 두께가 얇고 깨지기 쉬워 철심 보호 대책 필요
- 철심의 자왜현상이 커서 소음이 있다.

해설 (1) 장점
- 철손과 여자전류가 매우 적다.
- 전기저항이 높다.
- 결정 자기이방성이 없다.
- 판 두께가 매우 얇다.
- 자벽 이동을 방지하는 구조상의 결함이 없다.

(2) 단점
- 포화 자속밀도가 낮다.
- 점적률이 나쁘다.
- 압축응력이 가해지면 특성이 저하된다.
- 자장 풀림이 필요하다.

문제 38 기사 14년 출제

배점 : 5점

3,150/210[V]인 변압기의 용량이 각각 250[kVA], 200[kVA]이고, %임피던스 강하가 각각 2.5[%]와 3[%]일 때 그 병렬 합성 용량[kVA]은 얼마인가?

답안 416.67[kVA]

해설

$$m=\frac{250}{200},\ P_s\propto\frac{1}{\%Z}\text{ 이므로 }\frac{P_a}{P_b}=m\times\frac{\%I_bZ_b}{\%I_aZ_a}=\frac{250}{200}\times\frac{3}{2.5}=\frac{3}{2}$$

$$\therefore\ P_b=P_a\times\frac{2}{3}=250\times\frac{2}{3}=166.67[\text{kVA}]$$

따라서 합성 용량은 $250+166.67=416.67[\text{kVA}]$

문제 39 기사 12년 출제

배점 : 5점

최대수용전력이 7,000[kW], 부하역률이 92[%], 네트워크 수전 회선수는 3회선이다. 변압기의 과부하율이 130[%]인 네트워크 변압기 용량은 몇 [kVA] 이상이어야 하는가?

답안 2,926.42[kVA]

해설 네트워크 변압기 용량 $P_T = \dfrac{\text{최대수요전력[kVA]}}{\text{공급피더수}-1} \times \dfrac{100}{\text{과부하율[\%]}}$

$$P_T = \frac{\frac{7,000}{0.92}}{3-1} \times \frac{100}{130} = 2,926.42[\text{kVA}]$$

문제 40 기사 07년 출제

배점 : 11점

변압기가 있는 회로에서 전류 I_1, I_2를 단위법(pu)으로 구하는 과정이다. 다음 조건을 이용하여 풀이 과정의 ( ) 안에 알맞은 내용을 쓰시오.

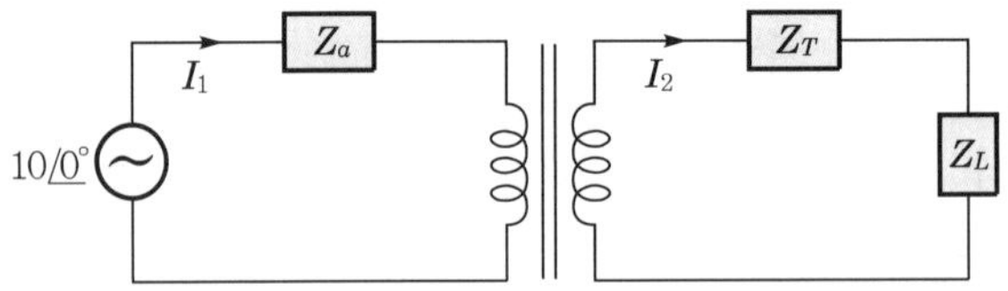

[조건]

- 단상 발전기의 정격전압과 용량은 각각 $10\angle 0°$[kV], 100[kVA]이고, pu 임피던스 $Z = j0.8$[pu]이다.
- 변압기의 변압비는 5 : 1이고, 정격용량 100[kVA] 기준으로 %임피던스는 $j12$[%]이고, 부하 임피던스 $Z_L = j120[\Omega]$이다.

(1) 변압기 1차측의 전압 및 용량의 기준값을 10[kV], 100[kVA]로 하면 2차측의 전압 기준값은 ( )[kV]로 된다.
(2) 그러므로 변압기 1, 2차측의 전압 pu값은 각각 $V_{1\text{pu}}$ =( )[pu], $V_{2\text{pu}}$ =( )[pu]이다.
(3) 변압기 1, 2차측의 전류의 기준값은 각각 I_{1b} =( )[A], I_{2b} =( )[A]이다.
(4) 변압기 2차측의 회로의 임피던스 기준값 Z_{2b} =( )[Ω]이므로
부하의 임피던스 단위값 $Z_{L\text{pu}}$ =( )[pu]로 됨으로
회로 전체의 임피던스 단위값 $Z_{\text{pu}} = Z_{G\text{pu}} + Z_{T\text{pu}} + Z_{L\text{pu}}$ =( )[pu]이다.
(5) 전류의 단위값은 $I_{1\text{pu}} = I_{2\text{pu}}$ =( )[pu]가 된다.
(6) 회로의 실제 전류 I_1 =( )[A], I_2 =( )[A]이다.

답안 (1) 2[kV]

(2) 1[pu], 1[pu]

(3) 10[A], 50[A]

(4) 40[Ω], 3[pu], 3.92[pu]

(5) 0.26[pu]

(6) 2.6[A], 13[A]

해설

(1) $E_2 = \dfrac{n_2}{n_1} \times E_1 = \dfrac{1}{5} \times 10 = 2[\text{kV}]$

(2) $V_{1\text{pu}} = \dfrac{V_1}{V_{1n}} = \dfrac{10}{10} = 1[\text{pu}]$

$V_{2\text{pu}} = \dfrac{V_2}{V_{2n}} = \dfrac{2}{2} = 1[\text{pu}]$

(3) $I_{1b} = \dfrac{P_n}{V_{1n}} = \dfrac{100}{10} = 10[\text{A}]$

$I_{2b} = \dfrac{P_n}{V_{2n}} = \dfrac{100}{2} = 50[\text{A}]$

(4) $Z_{2\text{pu}} = \dfrac{I_{2n} \times Z_{2b}}{V_{2n}}$ 에서

$Z_{2b} = \dfrac{V_{2n} \times Z_{2pu}}{I_{2n}} = \dfrac{2{,}000 \times 1}{50} = 40[\Omega]$

$Z_{\text{Lpu}} = \dfrac{Z_2}{Z_{2b}} = \dfrac{120}{40} = 3[\text{pu}]$

$Z_{\text{pu}} = 0.8 + \dfrac{12}{100} + 3 = 3.92[\text{pu}]$

(5) $I_{1\text{pu}} = I_{2\text{pu}} = \dfrac{1}{3.92} = 0.26[\text{pu}]$

(6) $I_1 = I_{1\text{pu}} \times I_{1\text{b}} = 0.26 \times 10 = 2.6[\text{A}]$

$I_2 = I_{2\text{pu}} \times I_{2b} = 0.26 \times 50 = 13[\text{A}]$

문제 41 기사 98년, 01년 출제

배점 : 14점

변압기 시험용 기자재가 그림과 같이 있을 때 다음 각 물음에 답하시오.

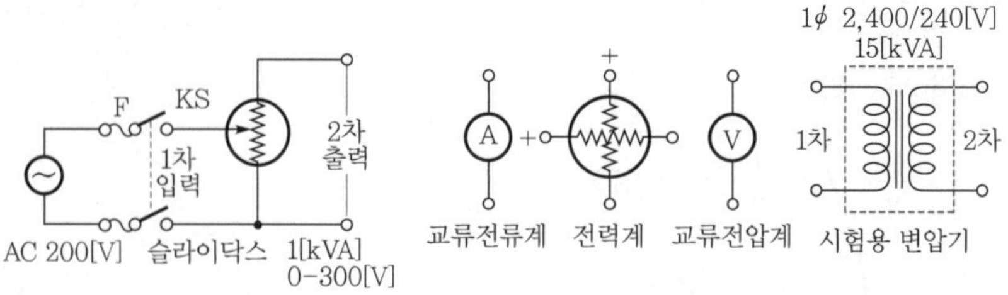

(1) 단락시험 회로를 구성하시오.
(2) 단락시험을 했다고 가정하고 임피던스 전압, %임피던스, 동손을 구하는 방법을 설명하시오.
(3) 무부하시험(개방시험) 회로를 변압기 시험 기자재로 구성하시오.
(4) 무부하시험으로 철손을 구하는 방법을 설명하시오.
(5) 단락시험, 무부하시험으로 변압기 효율을 구하는 방법을 간단히 설명하시오.
(6) %임피던스와 변압기 고장 시 단락고장전류, 변압기 전압변동률과의 관계를 간단히 설명하시오.

※ 회로 구성 시에 주어진 기자재 이외에 필요한 것이 더 있으면 추가하고, 불필요한 것이 있으면 빼내고 회로를 구성하도록 한다.

답안 (1)

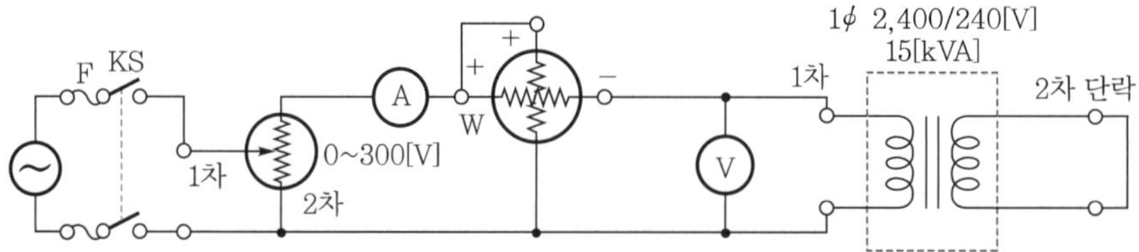

(2) • 임피던스 전압 : 시험용 변압기의 2차측을 단락한 상태에서 슬라이닥스를 조정하여 1차측 단락전류가 1차 정격전류와 같게 흐를 때(전류계의 지시값이 정격전류값이 되었을 때) 1차측 단자전압을 말한다.

• %임피던스 : $\%Z = \dfrac{\text{임피던스 전압}}{\text{1차 정격전압}} \times 100[\%]$

• 동손 : 교류전력계의 지시값을 기준온도 75[℃]로 환산한 값이 된다.(임피던스[W])

(3)

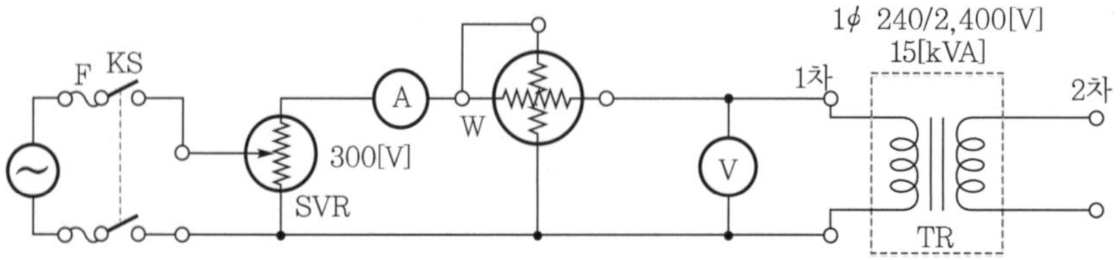

(4) 시험용 변압기의 고압측을 개방한 상태에서 슬라이닥스를 조정하여 교류전압계의 지시값이 저압측의 정격전압값일 때의 전력계의 지시값[W]이다.

(5) 단락시험에서의 동손 P_c값과 무부하 시험에서의 철손 P_i값 그리고, 시험용 변압기의 정격출력[kVA]으로써 변압기의 효율을 구할 수 있다.

$$\text{변압기의 효율 } \eta = \frac{\text{정격출력}}{\text{정격출력} + \text{철손} + \text{동손}} \times 100[\%]$$

(6) %임피던스가 크면 전압변동이 커진다.
%임피던스가 작으면 단락전류는 커진다.

문제 42 기사 19년 출제 배점 : 8점

그림과 같이 변압기 2차측을 단락시키고 1차측에 정격주파수의 전압을 가하여 단락시험을 하고자 한다. 슬라이닥스로 전압을 조정하여 임피던스 전압과 임피던스 와트를 측정하고자 할 때 다음 물음에 알맞은 답을 하시오.

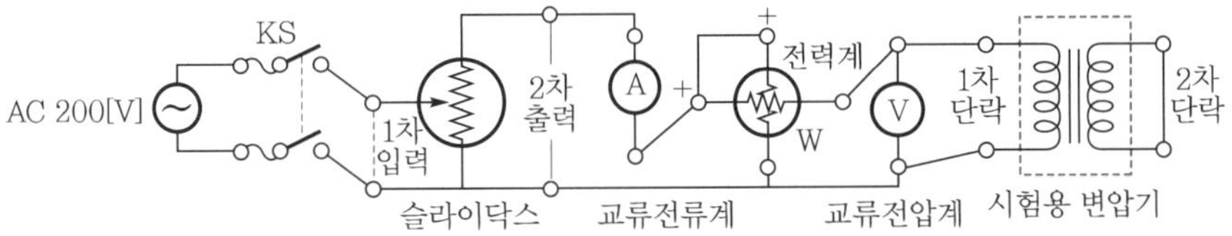

(1) KS 개방 전 슬라이닥스의 위치는 어디에 두어야 하는가?
(2) 임피던스 전압을 공급한 상태에서 전류계 지시값은 무엇을 의미하는가?
(3) 임피던스 전압을 공급한 상태에서 전력계 지시값은 무엇을 의미하는가?
(4) %임피던스는 $\%Z = \frac{\text{교류전압계 지시값}}{(\quad)} \times 100[\%]$ 식에서 ( ) 안에 알맞은 말은 무엇인가?

답안
(1) 0[V]
(2) 1차 정격전류
(3) 임피던스 와트
(4) 1차 정격전압

문제 43 기사 97년, 02년, 08년, 12년 출제

배점 : 10점

그림과 같은 단상 변압기 3대가 있다. 다음 각 물음에 답하시오.

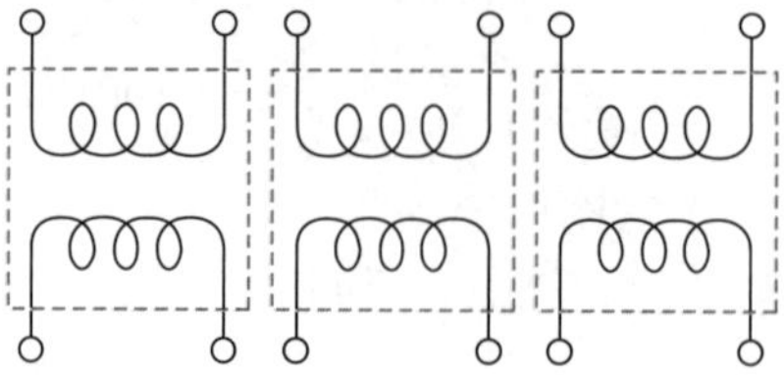

(1) 이 변압기를 주어진 그림에 Δ-Δ결선을 하시오.

(2) Δ-Δ결선으로 운전하던 중 S상 변압기에 고장이 생겨 이것을 분리하고 나머지 2대로 3상 전력을 공급하고자 한다. 이때의 결선도를 그리고, 이 결선의 명칭을 쓰시오.
- 결선도
- 명칭

(3) (2)문항에서 변압기 1대의 이용률은 몇 [%]인가?

(4) (2)문항에서와 같이 결선한 변압기 2대의 3상 출력은 Δ-Δ결선 시의 변압기 3대의 3상 출력과 비교할 때 몇 [%] 정도 되는가?

(5) Δ-Δ결선 시의 장점 2가지만 쓰시오.

답안 (1)

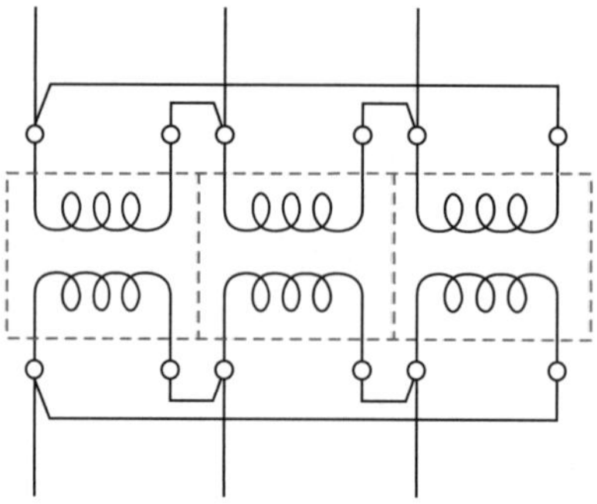

(2) • 결선도 :

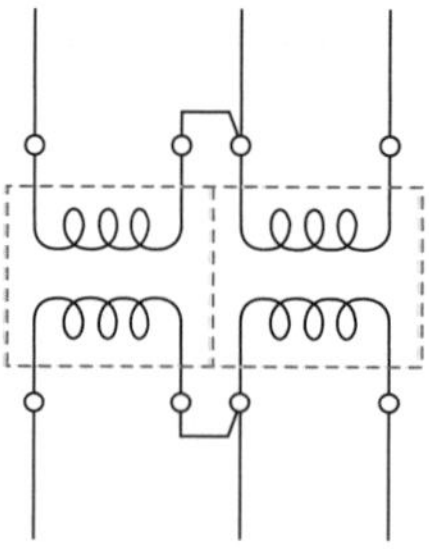

• 명칭 : V결선

(3) 이용률 $= \dfrac{\sqrt{3}\,P_1}{2P_1} \times 100 = 86.6[\%]$

(4) 출력비 $= \dfrac{\sqrt{3}\,P_1}{3P_1} \times 100 = 57.7[\%]$

(5) • 제3고조파 전류가 △결선 내를 순환하므로 정현파 교류전압을 유기하여 기전력의 파형이 왜곡되지 않는다.
- 1대가 고장이 나더라도 나머지 2대로 V결선하여 사용할 수 있다.
- 각 변압기의 상전류가 선전류의 $\frac{1}{\sqrt{3}}$이 되어 대전류에 적합하다.

문제 44 기사 09년 출제 | 배점 : 5점

그림과 같이 V결선과 Y결선된 변압기 한 상의 중심 O에서 110[V]를 인출하여 사용하고자 한다.

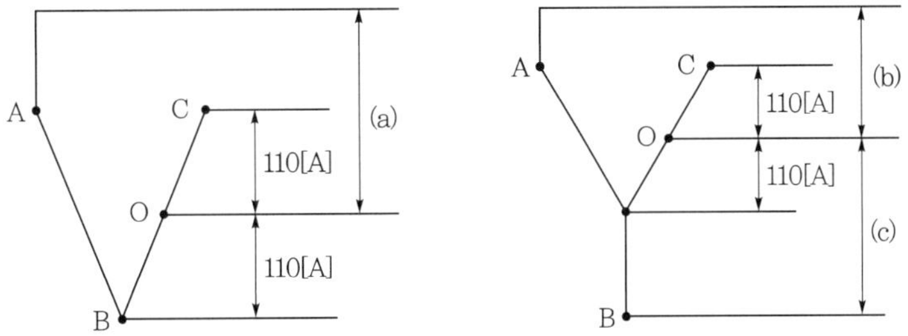

(1) 그림에서 (a)의 전압을 구하시오.
(2) 그림에서 (b)의 전압을 구하시오.
(3) 그림에서 (c)의 전압을 구하시오.

답안 (1) 190.53[V]
(2) 291.03[V]
(3) 291.03[V]

해설 (1) $V_{AO} = 220\underline{/0°} + 110\underline{/-120°}$

$= 220(\cos 0° + j\sin 0°) + 110\left\{\cos\left(1 - \frac{2\pi}{3}\right) + j\sin\left(-\frac{2\pi}{3}\right)\right\}$

$= 220 + (-55 - j55\sqrt{3}) = 190.53[V]$

(2) $V_{AO} = 110\underline{/120°} - 220\underline{/0°}$

$= 110(\cos 120° + j\sin 120°) - 220(\cos\underline{/0°} + j\sin\underline{/0°})$

$= 110\left(-\frac{1}{2} + j\frac{\sqrt{3}}{2}\right) - 220 = 291.03[V]$

(3) $V_{BO} = 110\underline{/120°} - 220\underline{/-120°}$

$= 110(\cos 120° + j\sin 120°) - 220(\cos\underline{/-120°} + j\sin\underline{/-120°})$

$= 110\left(-\frac{1}{2} + j\frac{\sqrt{3}}{2}\right) - 220\left(-\frac{1}{2} - j\frac{\sqrt{3}}{2}\right)$

$= 55 + j165\sqrt{3} = 291.03[V]$

문제 45 기사 14년 출제

배점 : 6점

용량 30[kVA]인 주상 변압기가 있다. 이 변압기의 어느 날 부하가 30[kW]로 4시간, 24[kW]로 8시간 및 8[kW]로 10시간이었다고 할 경우, 이 변압기의 일부하율 및 전일효율을 계산하시오. (단, 부하의 역률은 1이며, 변압기의 전부하 동손은 500[W], 철손은 200[W]이다.)

(1) 일부하율
(2) 효율

답안 (1) 54.44[%]
(2) 97.58[%]

해설 (1) $\dfrac{(30\times4+24\times8+8\times10)/24}{30}\times100=54.44[\%]$

(2) • 출력량 $P=30\times4+24\times8+8\times10=392[\text{kWh}]$

• 철손량 $P_i=0.2\times24=4.8[\text{kWh}]$

• 동손량 $P_c=\left\{\left(\dfrac{30}{30}\right)^2\times4+\left(\dfrac{24}{30}\right)^2\times8+\left(\dfrac{8}{30}\right)^2\times10\right\}\times0.5=4.92[\text{kWh}]$

$\therefore\ \eta=\dfrac{392}{392+4.8+4.92}\times100=97.58[\%]$

문제 46 기사 02년, 07년 출제

배점 : 6점

어떤 인텔리전트 빌딩에 대한 등급별 추정 전원 용량에 대한 다음 표를 이용하여 각 물음에 답하시오.

▌등급별 추전원 용량[VA/m^2]▌

내용 \ 등급별	0등급	1등급	2등급	3등급
조명	32	22	22	29
콘센트	–	13	5	5
사무자동화(OA) 기기	–	–	34	36
일반동력	38	45	45	45
냉방동력	40	43	43	43
사무자동화(OA)동력	–	2	8	8
합계	110	125	157	166

(1) 연면적 10,000[m^2]인 인텔리전트 2등급인 사무실 빌딩의 전력 설비 부하의 용량을 상기 "등급별 추정 전원 용량[VA/m^2]"을 이용하여 빈칸에 계산과정과 답을 쓰시오.

부하 내용	면적을 적용한 부하용량[kVA]
조명	
콘센트	
OA 기기	
일반동력	
냉방동력	
OA동력	
합계	

(2) 물음 (1)에 조명, 콘센트, 사무자동화 기기의 적정 수용률은 0.7, 일반동력 및 사무자동화동력의 적정 수용률은 0.5, 냉방동력의 적정 수용률은 0.8이고, 주변압기 부등률은 1.2로 적용한다. 이때 전압방식을 2단 강압 방식으로 채택할 경우 변압기의 용량에 따른 변전설비의 용량을 산출하시오. (단, 조명, 콘센트, 사무자동화 기기를 3상 변압기 1대로, 일반동력 및 사무자동화동력을 3상 변압기 1대로, 냉방동력을 3상 변압기 1대로 구성하고, 상기 부하에 대한 주변압기 1대를 사용하도록 하며, 변압기 용량은 일반 규격 용량으로 정하도록 한다.)

① 조명, 콘센트, 사무자동화 기기에 필요한 변압기 용량 산정
- 계산과정 :
- 답 :

② 일반동력 및 사무자동화동력에 필요한 변압기 용량 산정
- 계산과정 :
- 답 :

③ 냉방동력에 필요한 변압기 용량 산정
- 계산과정 :
- 답 :

④ 주변압기 용량 산정
- 계산과정 :
- 답 :

(3) 주변압기에서부터 각 부하에 이르는 변전설비의 단선 계통도를 간단하게 그리시오.

답안 (1)

부하 내용	면적을 적용한 부하용량[kVA]
조명	$22 \times 10,000 \times 10^{-3} = 220$[kVA]
콘센트	$5 \times 10,000 \times 10^{-3} = 50$[kVA]
OA 기기	$34 \times 10,000 \times 10^{-3} = 340$[kVA]
일반동력	$45 \times 10,000 \times 10^{-3} = 450$[kVA]
냉방동력	$43 \times 10,000 \times 10^{-3} = 430$[kVA]
OA동력	$8 \times 10,000 \times 10^{-3} = 80$[kVA]
합 계	$157 \times 10,000 \times 10^{-3} = 1,570$[kVA]

(2) ① • 계산과정 : $TR_1 = (220 + 50 + 340) \times 0.7 = 427$[kVA]
• 답 : 500[kVA]

② • 계산과정 : $TR_2 = (450+80) \times 0.5 = 265[kVA]$
• 답 : 300[kVA]

③ • 계산과정 : $TR_3 = 430 \times 0.8 = 344[kVA]$
• 답 : 500[kVA]

④ • 계산과정 : $STR = \dfrac{427+265+344}{1.2} = 863.33[kVA]$
• 답 : 1,000[kVA]

(3)

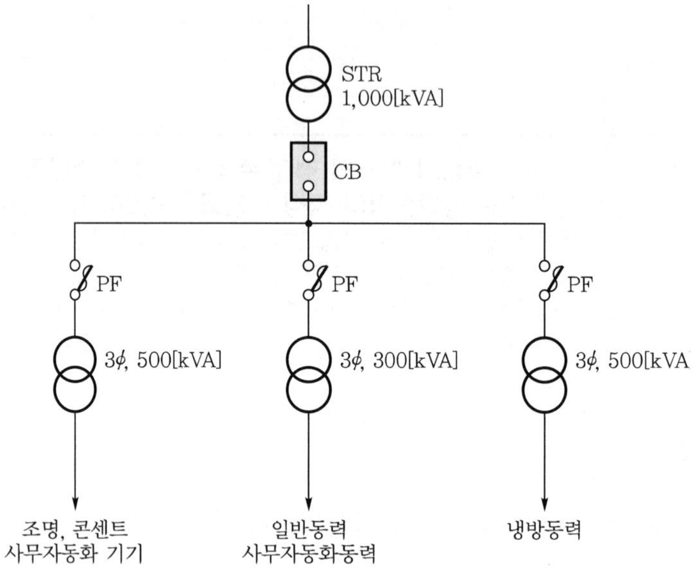

04 CHAPTER 조명설비

기출개념 01 조명의 기초

(1) 복사

전자파로서 공간에 전파되는 현상 또는 그 에너지를 복사라 하며, 단위시간당 복사되는 에너지를 복사속이라 한다.

(2) 시감도

전자파가 빛으로 느껴지는 정도를 시감도라 하며, 파장의 범위는 380~760[nm]이고 최대 시감도는 680[lm/W], 파장은 555[nm](5,550[Å])이다.

기출개념 02 측광량의 정의

(1) 광속 : F[lm](lumen)

복사에너지를 시감도에 따라 측정한 값, 즉 광원으로부터 발산되는 빛의 양이다.

(2) 광도 : I[cd](candela)

광원에서 어떤 방향에 대한 단위입체각당 발산 광속이다.

$$I = \frac{dF}{d\omega}\,[\text{cd}]$$

여기서, ω : 입체각(sterad)

(3) 조도 : E[lx](lux)

어떤 면의 단위면적에 대한 입사광속, 즉 피조면의 밝기를 말한다.

$$E = \frac{dF}{dA}\,[\text{lx}]$$

(4) 휘도 : B[nt, sb](nit, stilb)

광원의 임의의 방향에서 바라본 단위투영면적당의 광도, 즉 눈부심의 정도이다.

$$B = \frac{dI}{dA\cos\theta}[\mathrm{cd/m^2 = nt}]$$

※ 보조단위는 $[\mathrm{cd/cm^2 = sb}]$

(5) 광속발산도 : R[rlx](radlux)

발광면의 단위면적당 발산광속이다.

$$R = \frac{dF}{dA}[\mathrm{rlx}]$$

(6) 전등효율 : η[lm/W]

전등의 소비전력에 대한 발산광속의 비를 전등의 효율이라 한다.

$$\eta = \frac{F}{P}[\mathrm{lm/W}]$$

기출개념 03 조도와 광도

1 거리 역제곱의 법칙

조도는 광도에 비례하고, 거리의 제곱에 반비례한다.

$$E = \frac{I}{l^2}[\mathrm{lx}]$$

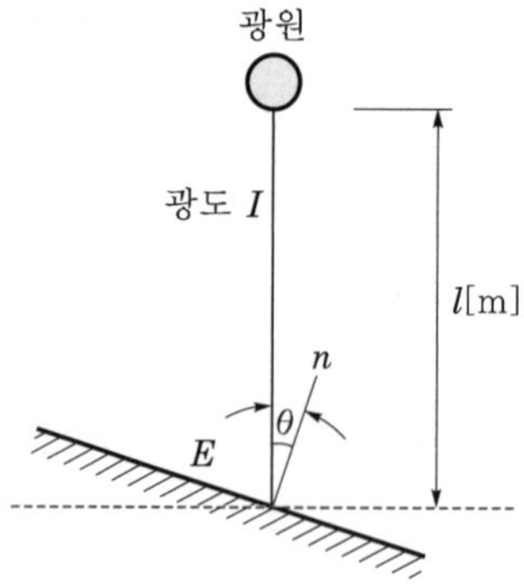

2 입사각 코사인(cosin)의 법칙

$$E = \frac{I}{l^2}\cos\theta\,[\mathrm{lx}]$$

3 조도의 분류

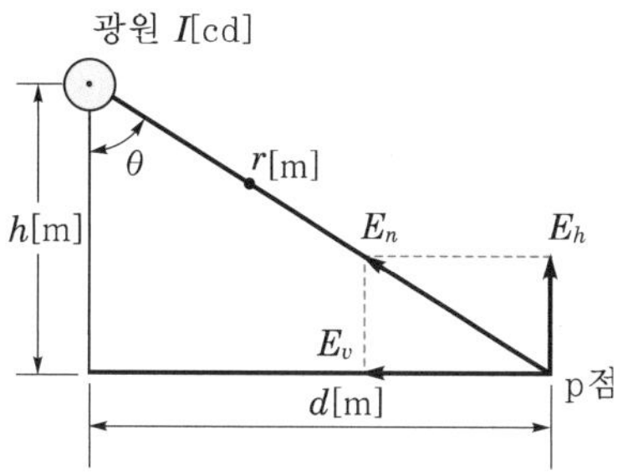

(1) 법선 조도 : E_n

$$E_n = \frac{I}{r^2}\,[\mathrm{lx}]$$

(2) 수평면 조도 : E_h

$$E_h = E_n\cos\theta = \frac{I}{r^2}\cos\theta = \frac{I}{h^2+d^2}\cos\theta\,[\mathrm{lx}]$$

(3) 수직면 조도 : E_v

$$E_v = E_n\sin\theta = \frac{I}{r^2}\sin\theta = \frac{I}{h^2+d^2}\sin\theta\,[\mathrm{lx}]$$

4 광도와 광속

(1) 구 광원 : $F = 4\pi I\,[\mathrm{lm}]$

(2) 원통 광원 : $F = \pi^2 I\,[\mathrm{lm}]$

(3) 면 광원 : $F = \pi I\,[\mathrm{lm}]$

5 휘도와 광속발산도

완전 확산면에서 휘도 $B\,[\mathrm{cd/m^2}]$와 광속발산도 $R\,[\mathrm{rlx}]$ 사이에는 다음의 관계식이 성립한다.

$$R = \pi B\,[\mathrm{rlx}]$$

6 조명률 : U

광원에서 발산되는 총 광속에 대한 작업면의 입사광속의 비로써 실지수와 천장, 벽, 바닥의 반사율에 의해 결정된다.

$$U = \frac{F}{F_o} \times 100\ [\%]$$

여기서, F : 작업면의 입사광속[lm]
F_o : 광원의 총광속[lm]

7 감광보상률 : D

① 조명시설의 사용연수경과에 따른 광속 및 반사율의 감소에 여유를 준 값이며, 감광보상률의 역수를 보수율(M) 또는 유지율이라 한다.
② 감광보상률은 전등기구의 보수상태에 따라 1.3~1.8 정도이다.

8 총소요광속 : F_o

$$F_o = NF = \frac{EAD}{U}\ [\text{lm}]$$

9 광원의 크기 : P

광원 1등당 소요광속을 구하고 등기구의 특성(표)에서 광원의 크기를 정한다.

$$F = \frac{F_o}{N} = \frac{EAD}{NU} = \frac{EA}{NUM}\ [\text{lm}]$$

여기서, F_o : 총광속
F : 등당 광속
N : 광원(등)의 수
E : 수평면의 평균 조도
A : 방의 면적
U : 조명률
D : 감광보상률
M : 보수율(유지율)

10 도로조명설계

도로의 번화한 정도(상업, 교통량, 주택가)에 따라 조도를 정하여 광원의 종별 및 조명기구의 배치방법을 결정한다.

(1) 조명기구의 배치방법

① 도로 양쪽의 대칭배열

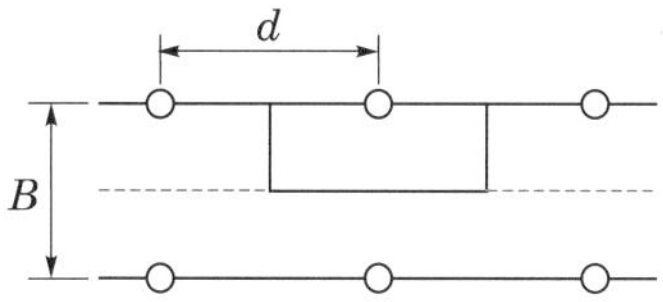

② 지그재그배열

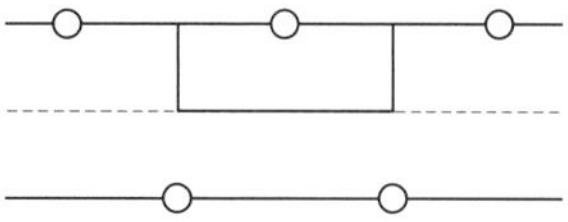

③ 도로 중앙배열

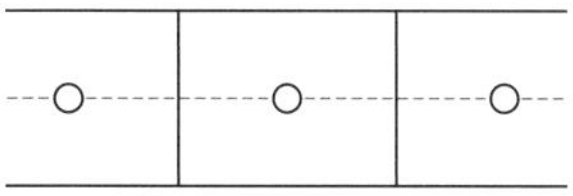

④ 도로 편측배열

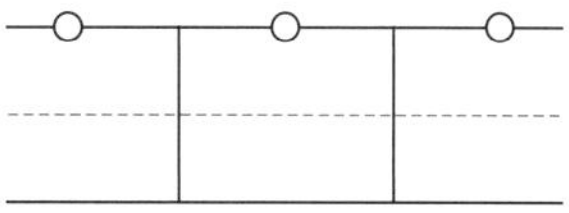

(2) 등당 조사면적 : A

① 대칭배열과 지그재그배열

$$A = \frac{B}{2} \cdot d \, [\mathrm{m}^2]$$

② 중앙배열과 편측배열

$$A = B \cdot d \, [\mathrm{m}^2]$$

여기서, B : 도로의 폭[m], d : 등의 간격[m]

(3) 광속의 결정 : F

$$F = \frac{EAD}{U} \, [\mathrm{lm}]$$

개념 문제 01 기사 15년, 21년 출제 | 배점 : 4점 |

다음 조명에 대한 각 물음에 답하시오.

(1) 어느 광원의 광색이 어느 온도의 흑체의 광색과 같을 때 그 흑체의 온도를 이 광원의 무엇이라 하는지 쓰시오.

(2) 빛의 분광 특성이 색의 보임에 미치는 효과를 말하며, 동일한 색을 가진 것이라도 조명하는 빛에 따라 다르게 보이는 특성을 무엇이라 하는지 쓰시오.

답안 (1) 색온도

(2) 연색성

개념 문제 02 기사 93년, 11년 출제 | 배점 : 5점 |

1,000[lm]을 복사하는 전등 10개를 100[m^2]의 사무실에 설치하고 있다. 그 조명률을 0.5라고 하고, 감광보상률을 1.5라 하면 그 사무실의 평균 조도는 몇 [lx]인가?

답안 $E=\dfrac{FUN}{AD}=\dfrac{1,000\times0.5\times10}{100\times1.5}=33.33[\text{lx}]$

개념 문제 03 기사 94년, 03년, 06년 출제 | 배점 : 6점 |

HID Lamp에 대한 다음 각 물음에 답하시오.

(1) 이 램프는 어떠한 램프를 말하는가? (우리말 명칭 또는 이 램프의 의미에 대한 설명을 쓸 것)
(2) HID Lamp로서 가장 많이 사용되는 등기구의 종류를 3가지만 쓰시오.

답안 (1) 고휘도 방전램프
(2) 고압 수은등, 고압 나트륨등, 메탈할라이드등

개념 문제 04 기사 98년 출제 | 배점 : 4점 |

그림과 같이 완전 확산형의 조명기구가 설치되어 있다. A점에서의 수평면 조도를 계산하시오. (단, 조명기구의 전광속은 15,000[lm]이다.)

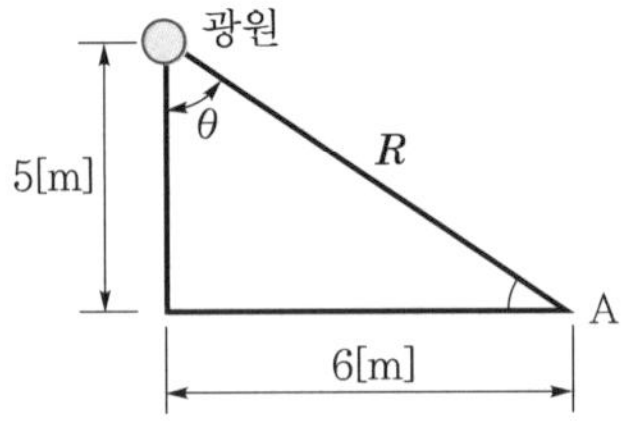

답안 12.53[lx]

해설 광원의 광도 : $I=\dfrac{F}{\omega}=\dfrac{F}{4\pi}=\dfrac{15,000}{4\pi}=1,193.7[\text{cd}]$

∴ 수평면 조도 : $E_h=\dfrac{I}{R^2}\cos\theta=\dfrac{1,193.7}{5^2+6^2}\times\dfrac{5}{\sqrt{5^2+6^2}}=12.53[\text{lx}]$

개념 문제 05 기사 97년, 00년, 02년 출제 | 배점 : 5점 |

면적 204[m^2]인 방에 평균 조도 200[lx]를 얻기 위해 300[W] 백열전등(전광속 5,500[lm], 램프전류 1.5[A] 또는 40[W]), 형광등(전광속 2,300[lm], 램프전류 0.435[A])을 시용할 경우, 각각의 소요전력은 몇 [VA]인가? (단, 조명률 55[%], 감광보상률 1.3, 공급전압은 220[V], 단상 2선식이다.)

(1) 백열전등인 경우
(2) 형광등인 경우

답안 (1) $N = \frac{EAD}{FU} = \frac{200 \times 204 \times 1.3}{5{,}500 \times 0.55} = 17.53$[등]

전등의 수는 18[등] 선정

소요전력 $P = VIN = 220 \times 1.5 \times 18 = 5{,}940$[VA]

(2) $N = \frac{EAD}{FU} = \frac{200 \times 204 \times 1.3}{2{,}300 \times 0.55} = 41.93$[등]

전등의 수는 42[등] 선정

소요전력 $P = VIN = 220 \times 0.435 \times 42 = 4{,}019.4$[VA]

개념 문제 06 기사 91년, 98년, 10년 출제

| 배점 : 5점 |

조명설비의 전력을 절약하는 효율적인 방법을 8가지만 쓰시오.

답안
- 고효율 등기구 사용
- 고역률 등기구 사용
- 적절한 조광제어장치 시설
- 재실감지기 및 카드키 사용
- 창측 조명기구 개별 점등
- 고조도 저휘도 반사갓 채택
- 슬림라인 형광등 및 안정기 내장형 램프 채택
- 전반조명과 국부조명(TAL 조명)을 적절히 병용하여 이용

개념 문제 07 기사 03년, 05년 출제

| 배점 : 6점 |

도로조명 설계에 관한 다음 각 물음에 답하시오.

(1) 도로조명 설계에 있어서 성능상 고려하여야 할 중요한 사항을 6가지만 설명하시오.

(2) 도로의 너비가 40[m]인 곳에 양쪽에 30[m]의 간격으로 지그재그식으로 등주를 배치하여 도로 위의 평균 조도를 5[lx]가 되도록 하고자 한다. 도로면의 광속이용률은 30[%], 유지율은 75[%]로 한다고 할 때 각 등주에 사용되는 수은등은 몇 [W]의 것을 사용하여야 하는가?

크기[W]	램프전류[A]	전광속[lm]
100	1.0	3,200 ~ 4,000
200	1.9	7,700 ~ 8,500
250	2.1	10,000 ~ 11,000
300	2.5	13,000 ~ 14,000
400	3.7	18,000 ~ 20,000

답안 (1)
- 노면 전체에 가능한 한 높은 평균 휘도로 조명할 수 있을 것
- 조명기구 등의 눈부심이 적을 것
- 조명의 광색, 연색성이 적절할 것
- 도로 양측의 보도, 건축물의 전면등이 높은 조도로 충분히 밝게 조명할 수 있을 것
- 휘도 차이에 따른 균제도(최소, 최대) 확보
- 주간에 도로의 풍경을 손상하지 않을 것

(2) $F = \dfrac{EBS}{UM} = \dfrac{5 \times \dfrac{40}{2} \times 30}{0.3 \times 0.75} = 13{,}333.33[\mathrm{lm}]$

표에서 300[W] 선정

개념 문제 08 기사 96년, 98년 출제 | 배점 : 6점 |

지름 30[cm]인 완전확산성 반구형 전구를 사용하여 평균 휘도가 0.3[cd/cm^2]인 천장등을 가설하려고 한다. 기구효율을 0.75라 하면, 이 전구의 광속은 몇 [lm] 정도이어야 하는가? (단, 광속발산도는 0.94[lm/cm^2]라 한다.)

답안 1,771.85[lm]

해설

광속 $F = R \cdot S = R \times \dfrac{\pi D^2}{2} = 0.94 \times \dfrac{\pi \times 30^2}{2} = 1{,}328.89[\mathrm{lm}]$

기구효율을 적용하면 $F_o = \dfrac{F}{\eta} = \dfrac{1328.89}{0.75} = 1{,}771.85[\mathrm{lm}]$

개념 문제 09 기사 99년, 05년, 13년 출제 | 배점 : 9점 |

다음 그림과 같은 어떤 사무실이 있다. 이 사무실의 평균 조도를 200[lx]로 하고자 할 때 주어진 [조건]을 이용하여 다음 각 물음에 답하시오.

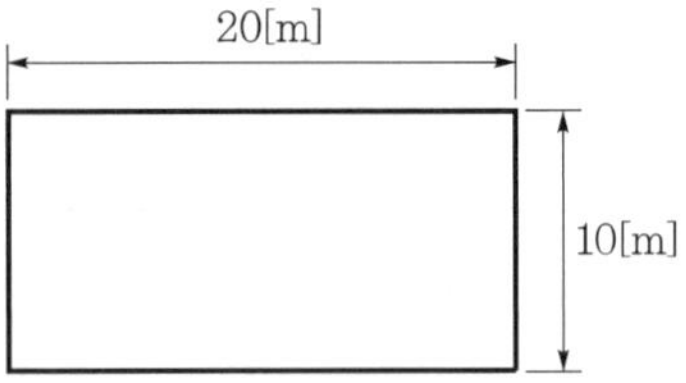

[조건]
- 형광등은 40[W]를 사용하며, 이 형광등의 광속은 2,500[lm]이다.
- 조명률은 0.6, 감광보상률은 1.2로 한다.
- 간격은 등기구 센터를 기준으로 한다.
- 등기구는 ○으로 표현하도록 한다.

(1) 이 사무실에 필요한 형광등의 수를 구하시오.

(2) 주어진 평면도에 등기구를 배치하시오.

(3) 등간의 간격과 최외각에 설치된 등기구와 사무실 벽간의 간격(아래 그림에서 A, B, C, D)은 각각 몇 [m]인가?

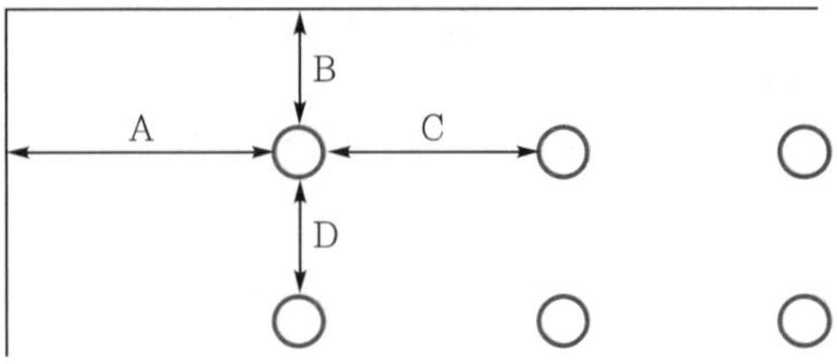

(4) 만일 주파수 60[Hz]에서 사용하는 형광방전등을 50[Hz]에서 사용한다면 광속과 점등시간은 어떻게 변화되는지를 설명하시오.

(5) 양호한 전반조명이라면 등 간격은 등 높이의 몇 배 이하로 해야 하는가?

답안

(1) $N = \dfrac{EAD}{FU} = \dfrac{200 \times 20 \times 10 \times 1.2}{2{,}500 \times 0.6} = 32$[등]

(2)

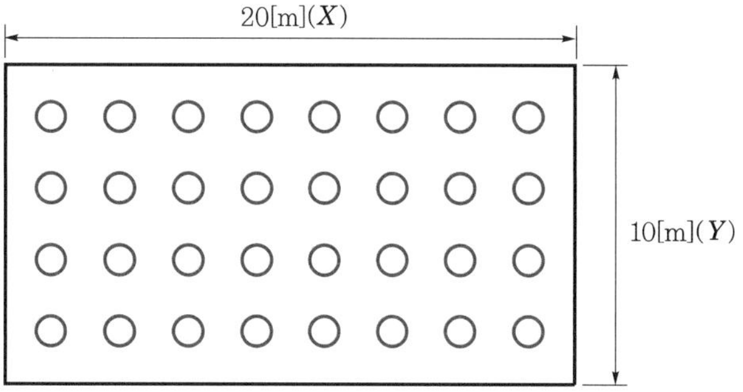

(3) A : 1.25, B : 1.25, C : 2.5, D : 2.5

(4) 광속은 증가하고, 점등시간은 늦어진다.

(5) 1.5배

단원 빈출문제

문제 01 기사 15년 출제

배점 : 5점

조명에서 사용되는 용어의 정의를 설명하고, 그 단위를 쓰시오.

(1) 광속
(2) 광도
(3) 조도
(4) 휘도
(5) 광속발산도

답안 (1) ① 정의 : 방사속(단위시간당 방사되는 에너지의 양) 중 빛으로 느끼는 부분
② 단위 : [lm]
(2) ① 정의 : 광원에서 어떤 방향에 대한 단위입체각으로 발산되는 광속
② 단위 : [cd]
(3) ① 정의 : 어떤 면의 단위면적당의 입사 광속
② 단위 : [lx]
(4) ① 정의 : 광원의 임의의 방향에서 바라본 단위투영면적당의 광도
② 단위 : [sb], [nt]
(5) ① 정의 : 광원의 단위면적으로부터 발산하는 광속
② 단위 : [rlx]

문제 02 기사 15년 출제

배점 : 5점

조명설계 시 사용되는 용어 중 감광보상률이란 무엇을 의미하는지 설명하시오.

답안 조명시설의 사용년수경과에 따른 광속 및 반사율의 감소에 여유를 준 값

문제 03 기사 20년 출제

배점 : 5점

조명에 사용되는 광원의 발광원리를 3가지만 쓰시오.

답안
- 온도복사(백열등)
- 루미네슨스(방전등)
- 유도방사(레이저)

해설 **발광원리에 따른 광원의 분류**

발광원리	광 원	
주광		
온도복사에 의한 백열발광	백열전구, 특수전구, 할로겐전구	
온도복사(화학반응)에 의한 연소발광	섬광전구	
루미네슨스에 의한 방전발광	아크방전	순탄소 아크등, 발염 아크등, 고휘도 아크등
	저압 방전등	네온관등, 네온전구, 형광등(저압 수은등), 저압 나트륨등
	고압 방전등	고압 수은등(수은등, 형광수은등, 메탈할라이드등), 고압 나트륨등
	초고압 방전등	크세논등, 초고압 수은등
일렉트로 루미네슨스에 의한 전계발광	EL등, 발광다이오드	
유도방사에 의한 레이저 발광	레이저	

문제 04 기사 96년, 98년 출제

배점 : 4점

지름 40[cm]인 완전확산성 반구형 전구를 사용하여 평균 휘도가 1[cm²]에 대하여 0.4[cd]인 천장등을 가설하려고 한다. 기구효율을 0.85라 하면, 이 전구의 광속은 몇 [lm]이겠는가?

답안 광속발산도 $R=\pi B=0.4\pi[\mathrm{cd/cm^2}]$

광속 $F=R\cdot S=R\times\dfrac{\pi D^2}{2}$

$$=0.4\pi\times\frac{\pi\times 40^2}{2}=3{,}158.27[\mathrm{lm}]$$

기구효율을 적용하면

$$\therefore\ F_o=\frac{F}{\eta}=\frac{3{,}158.27}{0.85}=3{,}715.61[\mathrm{lm}]$$

문제 05 기사 12년 출제

배점 : 4점

지름 30[cm]인 완전확산성 반구형 전구를 사용하여 평균 휘도가 0.3[cd/cm^2]인 천장등을 가설하려고 한다. 기구효율을 0.75라 하면, 이 전구의 광속은 몇 [lm] 정도이어야 하는가? (단, 광속발산도는 0.95[lm/cm^2]라 한다.)

답안

광속 $F = R \cdot S = R \times \dfrac{\pi D^2}{2} = 0.95 \times \dfrac{\pi \times 30^2}{2} = 1,343.03\,[\mathrm{lm}]$

기구효율을 적용하면

$\therefore\ F_o = \dfrac{F}{\eta} = \dfrac{1,343.03}{0.75} = 1,790.71\,[\mathrm{lm}]$

문제 06 기사 21년 출제

배점 : 5점

지름 20[cm]의 구형 외구의 광속발산도가 2,000[rlx]라고 한다. 이 외구의 중심에 있는 균등 점광원의 광도[cd]를 구하시오. (단, 외구의 투과율은 90[%]라 한다.)

답안

투과면의 광속발산도 $R = \tau E = \tau \cdot \dfrac{I}{r^2}$ 이므로

광도 $I = \dfrac{Rr^2}{\tau} = \dfrac{2,000 \times \left(\dfrac{20 \times 10^{-2}}{2}\right)^2}{0.9} = 22.22\,[\mathrm{cd}]$

문제 07 기사 19년 출제

배점 : 6점

그림과 같이 완전확산형의 조명기구가 설치되어 있다. (단, 조명기구의 전광속은 18,500[lm]이다.)

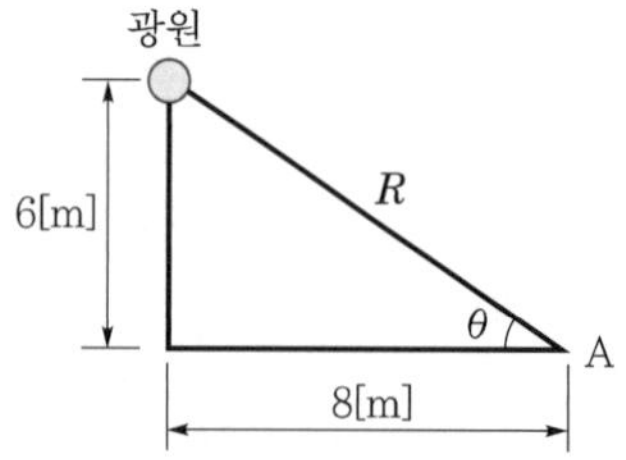

(1) 광원의 광도[cd]를 구하시오.
(2) A점에서의 수평면 조도[lx]를 구하시오.

답안 (1) $I = \frac{F}{4\pi} = \frac{18,500}{4\pi} = 1,472.18[\text{cd}]$

(2) $E_h = E_n \cos\theta = \frac{1,472.18}{6^2+8^2} \times \frac{6}{\sqrt{6^2+8^2}} = 8.83[\text{lx}]$

문제 08 기사 21년 출제

배점 : 5점

냉각탑 플랫폼 위 일직선상 양쪽에 자립형 등기구가 하나씩 설치되어 있다. 냉각탑 모터 중앙의 수평면 조도[lx]를 구하시오.

[조건]
- 광원의 높이 : 2.5[m]
- 냉각탑 플랫폼 크기 : 가로 8[m], 세로 3[m]
- 광원에서 중앙 방향으로의 광도 : 270[cd]

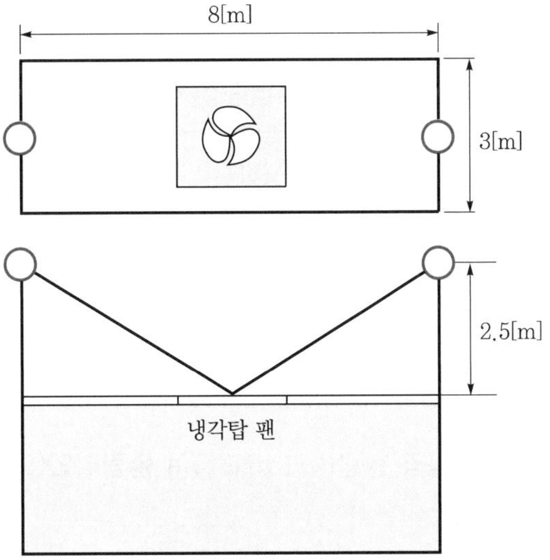

답안 수평면 조도 $E_h = \frac{I}{R^2}\cos\theta[\text{lx}]$에서 양쪽에 등기구가 있으므로,

냉각탑 팬의 수평면 조도 $E_{h(PAN)}$는

$$E_{h(PAN)} = 2E_h = 2\frac{1}{R^2}\cos\theta = 2\times\frac{270}{4^2+2.5^2}\times\frac{2.5}{\sqrt{4^2+2.5^2}} = 12.86[\text{lx}]$$

문제 09 기사 11년 출제

배점 : 5점

각 방향에 900[cd]의 광도를 갖는 광원을 높이 3[m]에 취부한 경우 직하로부터 30° 방향의 수평면 조도[lx]를 구하시오.

답안 수평면 조도 $E=\dfrac{I}{r^2}\cos\theta\,[\mathrm{lx}]$에서 $\cos 30° = \dfrac{3}{r}$

$\therefore\ r=\dfrac{3}{\cos 30°}=\dfrac{3}{\dfrac{\sqrt{3}}{2}}=2\sqrt{3}\,[\mathrm{m}]$

수평면 조도 $E=\dfrac{900}{(2\sqrt{3})^2}\times\dfrac{3}{2\sqrt{3}}=64.95\,[\mathrm{lx}]$

문제 10 기사 95년, 03년, 06년 출제

배점 : 6점

대형 방전램프(HID Lamp)의 종류 5가지를 쓰시오.

답안 고압 수은등, 고압 나트륨등, 초고압 수은등, 고압 크세논 방전등, 메탈할라이드등

문제 11 기사 98년, 04년 출제

배점 : 5점

일반적으로 사용되고 있는 열음극 형광등과 비교하여 슬림라인(Slim line) 형광등의 장점 5가지와 단점 3가지를 쓰시오.

(1) 장점
(2) 단점

답안 (1)
- 필라멘트를 예열할 필요가 없어 점등관 등 기동장치가 불필요하다.
- 순시기동으로 점등에 시간이 걸리지 않는다.
- 점등불량으로 인한 고장이 없다.
- 관이 길어 양광주가 길고 효율이 좋다.
- 전압변동에 의한 수명의 단축이 없다.

(2)
- 점등장치가 비싸다.
- 전압이 높아 기동 시에 음극이 손상되기 쉽다.
- 전압이 높아 위험하다.

문제 12 기사 14년 출제

배점 : 5점

기존 형광램프는 관경이 32[mm], 28[mm], 25.5[mm]로 작아져 왔는데, T-5 램프는 관경이 15.5[mm]로 더욱 작아진 세관형 램프를 말한다. 기존 형광램프에 비하여 T-5 램프의 특징을 5가지만 쓰시오.

답안
- 램프와 기구가 얇아서 좁은 공간에도 부착이 가능하다.
- 연색성이 우수하고, 전력소모가 적고, 고효율 반사갓 등기구 사용으로 에너지가 절감된다.
- 효율이 높고(104[lm/W]), 광속유지율(92[%])과 수명이 길다(16,000~20,000시간).
- 극소량의 수은 봉입으로 환경친화적이다.
- 고주파 전자식 안정기와 등기구를 함께 공급하여 형광램프와 안정기의 완벽한 호환성이 가능하다.

문제 13 기사 92년 출제

배점 : 4점

다음에서 설명하는 것은 무엇인가?

반도체의 P-N 접합구조를 이용하여 소수캐리어(전자 및 정공)를 만들어내고, 이들의 재결합에 의하여 발광시키는 원리를 이용한 광원(램프)으로 발광파장은 반도체에 첨가되는 불순물의 종류에 따라 다르다. 종래의 광원에 비해 소형이고 수명은 길며 전기에너지가 빛에너지로 직접 변환되기 때문에 전력소모가 적은 에너지 절감형 광원이다.

답안 LED 램프

문제 14 기사 98년, 08년 출제

배점 : 5점

조명설비의 전력을 절약하는 효율적인 방법을 5가지만 쓰시오.

답안
- 고효율 등기구 채택
- 고조도 저휘도 반사갓 채택
- 적절한 조광제어 실시
- 고역률 등기구 채택
- 등기구의 적절한 보수 및 유지 관리

문제 15 기사 11년 출제

배점 : 5점

시야 내의 휘도로 인하여 불쾌, 고통, 눈의 피로 등을 유발시키는 현상이 눈부심이다. 눈부심이 있는 경우 작업능률의 저하, 재해 발생, 시력의 감퇴 등이 발생하므로 조명설계 시 이 눈부심을 적극 피할 수 있도록 고려해야 한다. 눈부심을 일으키는 원인 5가지만 쓰시오.

답안
- 고휘도의 광원
- 반사 및 투과면
- 순응의 결핍
- 눈에 입사하는 광속의 과다
- 시선 부근에 노출된 광원
- 물체와 그 주위 사이의 고휘도 대비
- 눈부심을 주는 광원을 오래 주시할 때

문제 16 기사 05년 출제

배점 : 5점

다음의 경우 조명설비의 깜박임 현상을 줄일 수 있도록 어떻게 조치하여야 하는가?

(1) 백열등의 경우 (   )를 사용하여 점등한다.
(2) 3상 전원인 경우 (   )을 바꾸어 준다.
(3) 전구가 2개씩인 방전등 기구 하나는 (   )에 접속하여 지상 역률로 하고, 또 하나는 (   )에 접속하여 진상 역률로 한다.

답안 (1) 직류

(2) 전체 램프를 $\frac{1}{3}$씩 3군으로 120° 위상

(3) 지상용 안정기(코일), 진상용 안정기(커패시터)

문제 17 기사 04년, 14년 출제

배점 : 6점

TV나 형광등과 같은 전기제품에서의 깜박거림 현상을 플리커 현상이라 하는데 이 플리커 현상을 경감시키기 위한 전원측과 수용가측에서의 대책을 각각 3가지씩 쓰시오.

(1) 전원측
(2) 수용가측

답안 (1) • 전용계통으로 공급한다.
• 공급전압을 승압한다.
• 단락용량이 큰 계통에서 공급한다.

(2) • 직렬 콘덴서를 설치한다.
• 부스터를 설치한다.
• 직렬 리액터를 설치한다.

문제 18 기사 07년 출제

배점 : 5점

적외선 전구에 대한 각 물음에 답하시오.

(1) 주로 어떤 용도에 사용되는가?
(2) 주로 몇 [W] 정도의 크기로 사용되는가?
(3) 효율은 몇 [%] 정도 되는가?
(4) 필라멘트의 온도는 절대온도로 몇 [K] 정도 되는가?
(5) 분광방사 발산도의 파장은 최대 몇 [μm] 정도 되는가?

답안 (1) 적외선에 의한 가열 및 건조(표면가열)
(2) 250[W]
(3) 75[%]
(4) 2,500[K]
(5) 1~3[μm]

문제 19 기사 99년, 01년, 04년 출제

| 배점 : 6점 |

조명설비에 대한 각 물음에 답하시오.

(1) 배선도면에 ○$_{H400}$으로 표현되어 있다. 이것의 의미를 쓰시오.
(2) 비상용 조명을 건축기준법에 따른 형광등으로 하고자 할 때 이것을 일반적인 경우의 그림 기호로 표현하시오.
(3) 평면이 15[m]×10[m]인 사무실에 40[W], 전광속 2.500[lm]인 형광등을 사용하여 평균조도를 300[lx]로 유지하도록 설계하고자 한다. 이 사무실에 필요한 형광등 수를 산정하시오. (단, 조명율은 0.6이고, 감광보상률은 1.3이다.)

답안 (1) 400[W] 수은등

(2) 

(3) 39[등]

해설 (3) $N = \frac{EAD}{FU} = \frac{300 \times 15 \times 10 \times 1.3}{2,500 \times 0.6} = 39[\text{등}]$

문제 20 기사 99년, 01년 출제

| 배점 : 5점 |

조명설비에 관한 다음 각 물음에 답하시오.

(1) 바닥면적이 12[m^2]인 방에 40[W] 형광등 2등(1등당의 전광속은 3,000[lm])을 점등하였을 때 바닥면에서의 광속의 이용도(조명률)를 60[%]라 하면 바닥면의 평균 조도는 몇 [lx]인가? (단, 감광보상률이 없는 경우 $D=1$로 계산한다.)
(2) 일반용 조명으로 HID등(수은등으로서 용량 400[W])의 그림을 그리시오.

답안 (1) $E = \frac{FUN}{AD} = \frac{3,000 \times 0.6 \times 2}{12 \times 1} = 300[\text{lx}]$

(2) ○$_{H400}$

문제 21 기사 94년, 00년, 01년, 06년, 12년 출제

배점 : 5점

가로 10[m], 세로 16[m], 천장 높이 3.85[m], 작업면 높이 0.85[m]인 사무실에 천장 직부 형광등 F40×2를 설치하려고 한다. 다음 각 물음에 답하시오.

(1) F40×2의 그림 기호를 그리시오.
(2) 이 사무실의 실지수는 얼마인가?
(3) 이 사무실의 작업면 조도를 300[lx], 천장 반사율 70[%], 벽 반사율 50[%], 바닥 반사율 10[%], 형광등 1등의 광속은 3,150[lm], 보수율 70[%], 조명율 61[%]로 한다면 이 사무실에 필요한 소요 등기구수는 몇 등인가?

답안 (1) 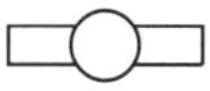

F40×2

(2) 실지수(R.I) $= \dfrac{XY}{H(X+Y)}$

$= \dfrac{10 \times 16}{(3.85-0.85)\times(10+16)} = 2.05$

(3) $N = \dfrac{EAD}{FU}$

$= \dfrac{300 \times (10 \times 16)}{(3{,}150 \times 2) \times 0.61 \times 0.7} = 17.84 = 18$[등]

문제 22 기사 14년 출제

배점 : 4점

조명설비에 대한 다음 각 물음에 답하시오.

(1) $\bigcirc_{H400}$으로 표현되어 있다. 이것의 의미를 쓰시오.
(2) 평면이 15×10[m]인 사무실에 전광속 3,100[lm]인 형광등을 사용하여 평균 조도를 300[lx]로 유지하도록 설계하고자 한다. 이 사무실에 필요한 형광등수를 산정하시오. (단, 조명률은 0.6이고, 감광보상률은 1.3이다.)

답안 (1) 400[W] 수은등

(2) $N = \dfrac{EAD}{FU}$

$= \dfrac{300 \times 15 \times 10 \times 1.3}{3{,}100 \times 0.6} = 31.45 = 32$[등]

문제 23 기사 94년, 00년, 01년, 06년, 20년 출제

배점 : 8점

가로 10[m], 세로 14[m], 천장 높이 2.75[m], 작업면 높이 0.75[m]인 사무실에 천장 직부 형광등 F32×2를 설치하려고 한다. 다음 각 물음에 답하시오.

(1) 이 사무실의 실지수는 얼마인가?
① 계산 :
② 답 :
(2) F32×2의 그림 기호를 그리시오.
(3) 이 사무실의 작업면 조도를 250[lx], 천장 반사율 70[%], 벽 반사율 50[%], 바닥 반사율 10[%], 32[W] 형광등 1등의 광속 3,200[lm], 보수율 70[%], 조명율 50[%]로 한다면 이 사무실에 필요한 형광등 기구의 수를 구하시오.

답안 (1) ① 계산 : 실지수$=\dfrac{X\cdot Y}{H(X+Y)}=\dfrac{10\times 14}{(2.75-0.75)(10+14)}=2.92$

② 답 : 2.92

(2) 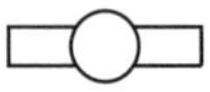

F32×2

(3) $N=\dfrac{AED}{FU}=\dfrac{(10\times 14)\times 250\times \dfrac{1}{0.7}}{(3{,}200\times 2)\times 0.5}=15.63=16[\text{등}]$

문제 24 기사 99년, 01년, 04년, 12년 출제

배점 : 4점

조명설비에 대한 다음 각 물음에 답하시오.

(1) 배선 도면에 ○$_{H250}$으로 표현되어 있다. 이것의 의미를 쓰시오.

그림 기호	그림 기호의 의미
○$_{H250}$	

(2) 평면이 30×15[m]인 사무실에 32[W], 전광속 3,000[lm]인 형광등을 사용하여 평균 조도를 450[lx]로 유지하도록 설계하고자 한다. 이 사무실에 필요한 형광등수를 산정하시오. (단, 조명률은 0.6이고, 감광보상률은 1.3이다.)

답안 (1) 250[W] 수은등

(2) $N=\dfrac{EAD}{FU}=\dfrac{450\times 30\times 15\times 1.3}{3{,}000\times 0.6}=146.25=147[\text{등}]$

문제 **25** 기사 95년 출제

배점 : 4점

폭 20[m], 길이 30[m], 천장 높이 5[m]의 실내에 있는 작업면의 평균 조도를 200[lx]로 한 초기 소요 전등수를 구하시오. (단, 조명률 50[%], 유지율은 70[%], 전구 광속은 8,000[lm]이다.)

답안

$$N=\frac{EAD}{FU}$$

$$=\frac{200\times 20\times 30\times \dfrac{1}{0.7}}{8{,}000\times 0.5}=42.85=43[\text{등}]$$

문제 **26** 기사 95년, 13년 출제

배점 : 5점

길이 30[m], 폭 50[m]인 방에 평균 조도는 200[lx]를 얻기 위해 전광속 2,500[lm]의 40[W] 형광등을 사용했을 때 필요한 등수를 구하시오. (단, 조명률 0.6, 감광보상률 1.2이고, 기타 요인은 무시한다.)

답안

$$N=\frac{EAD}{FU}$$

$$=\frac{200\times 30\times 50\times 1.2}{2{,}500\times 0.6}=240[\text{등}]$$

문제 **27** 기사 10년 출제

배점 : 5점

2,000[lm]을 복사하는 전등 30개를 100[m^2]의 사무실에 설치하려고 한다. 조명률 0.5, 감광보상률 1.5(보수율 0.667)인 경우 이 사무실의 평균 조도[lx]를 구하시오.

답안

평균 조도 $E=\dfrac{FUN}{AD}$

$$=\frac{2{,}000\times 0.5\times 30}{100\times 1.5}=200[\text{lx}]$$

문제 28 기사 20년 출제

배점 : 4점

실의 크기가 가로 8[m], 세로 10[m], 높이가 4.8[m]인 경우 천장 직부형으로 조명기구를 설치하려 한다. 실지수를 구하시오. (단, 작업면은 바닥에서 0.8[m]로 한다.)

답안 $\text{실지수} = \dfrac{X \cdot Y}{H(X+Y)} = \dfrac{8 \times 10}{(4.8-0.8)(8+10)} = 1.11$

문제 29 기사 15년 출제

배점 : 5점

폭 20[m], 길이 30[m], 천장 높이 4.85[m]인 실내의 작업면 평균 조도를 300[lx]로 하려고 한다. 다음 각 물음에 답하시오. (단, 조명율은 50[%], 유지율은 70[%], 32[W] 형광등의 전광속은 2,890[lm]이며, 작업면 높이는 0.85[m]이다.)

(1) 실지수를 구하시오.
(2) 32[W] 2등용 등기구 수량을 구하시오.

답안 (1) $\text{실지수} = \dfrac{XY}{H(X+Y)} = \dfrac{20 \times 30}{(4.85-0.85)(20+30)} = 3$

(2) $N = \dfrac{EAD}{FU} = \dfrac{300 \times 20 \times 30 \times \dfrac{1}{0.7}}{2{,}890 \times 0.5} = 177.95 = 178[\text{등}]$

문제 30 기사 98년, 02년 출제

배점 : 8점

조명시설을 하기 위한 공간의 폭이 12[m], 길이 18[m], 천장 높이 3.85[m]인 사무실에 책상면 위에 평균 조도를 200[lx]로 하려고 한다. 이 때 다음 각 물음에 답하시오. (단, 사용되는 형광등 기구 40[W] 2등용의 광속은 5,600[lm]이며, 바닥에서 책상면까지의 높이는 0.85[m]이고, 조명율은 50[%], 보수율은 80[%]라고 한다.)

(1) 형광등 기구(40[W] 2등용)의 수는 몇 개가 필요한가?
(2) 이 조명시설공간의 실지수는 얼마인가?

답안

(1) $N = \frac{EAD}{FU} = \frac{200 \times 12 \times 18 \times \frac{1}{0.8}}{5,600 \times 0.5} = 19.29 = 20[등]$

(2) 실지수(R.I) $= \frac{XY}{H(X+Y)} = \frac{12 \times 18}{(3.85-0.85)(12+18)} = 2.4$

문제 31

기사 11년 출제

배점 : 5점

평균 조도 500[lx]의 전반조명을 한 40[m²] 크기의 방이 있다. 사용된 조명기구 1가구당 광속은 500[lm], 조명률 0.5, 보수율 0.8로 되어 있을 때, 조명기구당 소비전력을 70[W]로 할 경우 이 방 전체를 24시간 연속 점등하였다면 총 전력량은 얼마인지 계산하시오.

답안

등수 $N = \frac{EAD}{FU} = \frac{500 \times 40 \times \frac{1}{0.8}}{500 \times 0.5} = 100[등]$

전력량 $W = PT = 70 \times 100 \times 24 \times 10^{-3} = 168[kWh]$

문제 32

기사 99년, 03년 출제

배점 : 4점

길이 20[m], 폭 10[m], 천장 높이 3.8[m], 조명률 50[%]인 사무실의 평균 조도를 200[lx]로 1일 12시간 유지하려고 한다. 전광속 5,500[lm]의 300[W] 백열전등을 사용할 경우 1일 사용 전력량[kWh]은 얼마인가? (단, 감광보상률을 1.3으로 계산하며 1일 12시간 이외에는 전등을 1등도 켜지 않는 것으로 한다.)

답안

$N = \frac{EAD}{FU} = \frac{200 \times 20 \times 10 \times 1.3}{5,500 \times 0.5} = 18.9 = 19[등]$

$W = 19 \times 300 \times 12 \times 10^{-3} = 68.4[kWh]$

문제 33 기사 11년, 12년 출제

배점 : 5점

평균 조도 600[lx]인 전반조명을 시설한 50[m^2]의 방이 있다. 이 방에 조명기구 1대당 광속 6,000[lm], 조명률 80[%], 유지율 62.5[%]인 등기구를 설치하려고 한다. 이 때 조명기구 1대의 소비전력이 80[W]라면 이 방에서 24시간 연속 점등한 경우 하루의 소비전력량은 몇 [kWh]인가?

답안

전등수 $N = \dfrac{EAD}{FU} = \dfrac{600 \times 50 \times \dfrac{1}{0.625}}{6{,}000 \times 0.8} = 10[\text{등}]$

소비전력량 $W = Pt = 80 \times 10 \times 24 \times 10^{-3} = 19.2[\text{kWh}]$

문제 34 기사 05년 출제

배점 : 6점

폭 16[m], 길이 22[m], 천장 높이 3.2[m]인 사무실이 있다. 주어진 조건을 이용하여 이 사무실의 조명설계를 하고자 할 때 다음 각 물음에 답하시오.

[조건]
- 천장은 백색 텍스로, 벽면은 옅은 크림색으로 마감한다.
- 이 사무실 평균 조도는 550[lx]로 한다.
- 램프는 40[W] 2등용(H형) 펜던트를 사용하되, 노출형을 기준으로 하여 설계한다.
- 펜던트의 길이는 0.5[m], 책상면의 높이는 0.85[m]로 한다.
- 램프의 광속은 3,500[lm]으로 한다.
- 보수율은 중(中)으로서 0.75를 사용한다.
- 조명율은 반사율 천장 50[%], 벽 30[%], 바닥 10[%]를 기준으로 하여 0.64로 한다.
- 기구 간격의 최대 한도는 1.4H를 적용한다. (여기서, H[m]는 피조면에서 조명기구까지의 높이)
- 경제성과 실제 설계에 반영할 사항을 가장 최적의 상태로 적용하여 설계하도록 한다.

(1) 이 사무실의 실지수를 구하시오.
(2) 이 사무실에 시설되어야 할 조명기구의 수를 계산하고 실제로 몇 열, 몇 행으로 하여 몇 조를 시설하는 것이 합리적인지를 쓰시오.

답안

(1) 실지수(R.I) $= \dfrac{XY}{H(X+Y)} = \dfrac{16 \times 22}{(3.2 - 0.5 - 0.85) \times (16 + 22)} = 5.01$

(2) ① 조도기준상 필요한 등수

$$N = \frac{EA}{FUM}$$

$$= \frac{550 \times (16 \times 22)}{3{,}500 \times 2 \times 0.64 \times 0.75} = 57.62 \rightarrow 58[\text{등}]$$

② 등기구 배치조건상 필요한 등수

조건에서 등간격 $\leq 1.4H = 1.4 \times 1.85 = 2.59$[m]

$\frac{16}{2.59} = 6.17 \rightarrow 7$열

$\frac{22}{2.59} = 8.49 \rightarrow 9$행

전체 등수는 $7 \times 9 = 63$조

∴ 7열 9행 63조

문제 35 기사 96년 출제

배점 : 14점

다음 그림과 같은 사무실이 있다. 이 사무실에 [조건]에 따라 조명설비를 할 경우 다음 각 물음에 답하시오.

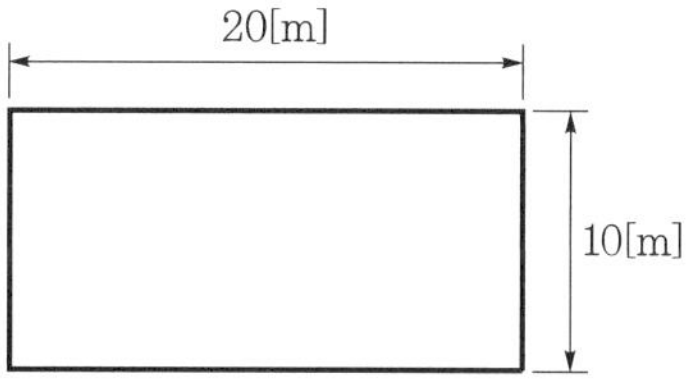

[조건]
- 조도는 100[lx]로 한다.
- 광속은 형광등은 40[W]를 사용할 때 2,500[lm]로 한다.
- 조명률은 0.6, 감광보상률은 1.2로 한다.
- 건물의 천장 높이는 3.85[m]로 한다.
- 등기구는 O으로 표현하도록 한다.
- 경제적으로 설계해야 한다.

(1) 이 사무실에 필요한 형광등의 수를 구하시오.
(2) 주어진 평면도에 등기구를 배치하시오.
(3) 등기구와 건물벽 간의 간격(아래 그림에서 A, B, C, D)은 각각 몇 [m]인가?

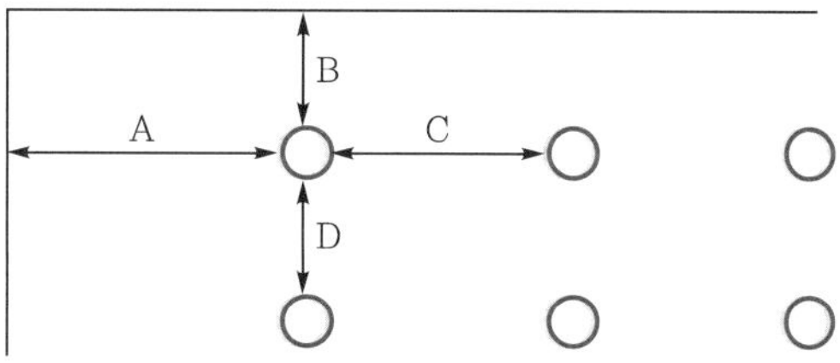

(4) 60[Hz] 형광등을 50[Hz]에서 사용한다면 광속과 점등시간은 어떻게 변화되는지를 설명하시오. (단, 감소, 증가, 빠름, 늦음으로 표현한다.)
(5) 등 간격은 등 높이의 몇 배 이하로 해야 하는가?

답안

(1) 등수 $N=\dfrac{EAD}{FU}=\dfrac{100\times(20\times10)\times1.2}{2{,}500\times0.6}=16[\text{등}]$

(2)

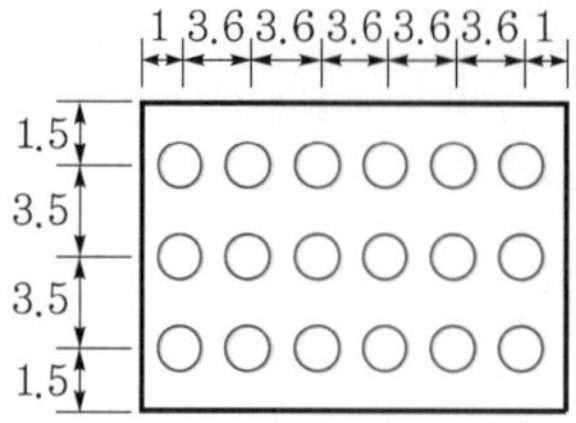

(3) 등의 배치 간격

① $S\leq 1.5H=1.5\times3=4.5[\text{m}]$

여기서, $H=3.85-0.85=3[\text{m}]$

② $S_0\leq\dfrac{1}{2}H=\dfrac{1}{2}\times3=1.5[\text{m}]$

A : 1[m], B : 1.5[m], C : 3.6[m], D : 3.5[m]

(4) • 광속 : 증가

• 점등시간 : 늦음

(5) 1.5배

문제 36 기사 14년, 20년 출제 배점 : 5점

폭 15[m]인 도로의 양쪽에 간격 20[m]를 두고 대칭배열로 가로등이 점등되어 있다. 한 등의 전광속은 3,000[lm], 조명률은 45[%]일 때, 도로의 평균 조도를 계산하시오.

답안

$$E=\frac{FU}{A}=\frac{3{,}000\times0.45}{\dfrac{15\times20}{2}}=9[\text{lx}]$$

문제 37 기사 94년, 00년 출제 배점 : 4점

폭 20[m], 등 간격 30[m]에 200[W] 수은등을 설치할 때 도로면의 조도는 몇 [lx]가 되겠는가? (단, 등 배열은 한쪽(편면)으로만 함. 조명률은 0.5, 감광보상률은 1.5, 200[W] 수은등의 광속은 8,500[lm]이다.)

답안

$$E=\frac{FU}{AD}=\frac{8{,}500\times0.5}{20\times30\times1.5}=4.72[\text{lx}]$$

문제 38 기사 19년 출제 | 배점 : 6점

차도 폭이 20[m]인 도로에 250[W] 메탈할라이드램프와 10[m] 등주(폴)를 양측에 대칭배열로 설치하여 조도를 22.5[lx]로 유지하고자 한다. 다음 각 물음에 답하시오. (단, 조명률 0.5, 감광보상률은 1.5, 250[W] 메탈할라이드램프의 광속을 20,000[lm]으로 적용한다.)

(1) 등주 간격을 구하시오.
(2) 차량의 눈부심 방지를 위하여 등기구를 컷-오프형으로 선정할 경우 이 도로의 최소 등주 간격을 구하시오.
(3) 보수율을 구하시오.

답안

(1) $FUN = AED = \frac{1}{2}BSED$

$$\therefore\ S = \frac{FUN}{\frac{1}{2}BED} = \frac{20{,}000\times 0.5\times 1}{\frac{1}{2}\times 20\times 22.5\times 1.5} = 29.63[\text{m}]$$

(2) 컷오프형(마주보기 배열)인 경우 등주의 간격(S)은 $3H$이므로

$\therefore\ S = 3H = 3\times 10 = 30[\text{m}]$

(3) $$\text{보수율} = \frac{1}{\text{감광보상률}} = \frac{1}{1.5} = 0.67$$

해설

(1) **컷오프형(cut off)형** : 주행하는 차량의 운전자에 대하여 눈부심을 주지 않도록 눈부심을 제한한 배광 형식

(2) **등기구별 차도 폭(W)에 따른 높이(H) 및 간격(S) 기준**

배열구분	컷오프형		세미오프형		논컷오프형	
	H	S	H	S	H	S
한쪽	1.0 W 이상	$3H$ 이하	1.2 W 이상	3.5H 이하	1.4 W 이상	$4H$ 이하
지그재그	0.7 W 이상	$3H$ 이하	0.8 W 이상	3.5H 이하	0.9 W 이상	$4H$ 이하
마주보기	0.5 W 이상	$3H$ 이하	0.6 W 이상	3.5H 이하	0.7 W 이상	$4H$ 이하
중앙	0.5 W 이상	$3H$ 이하	0.6 W 이상	3.5H 이하	0.7 W 이상	$4H$ 이하

문제 39 기사 94년, 00년, 20년 출제

배점 : 4점

도로의 너비가 30[m]인 곳에 양쪽에 30[m]의 간격으로 지그재그식으로 등주를 배치하여 도로 위의 평균 조도를 6[lx]가 되도록 하려면 각 등주에 사용되는 수은등은 몇 [W]의 것을 사용하면 되는지를 주어진 표를 참조하여 답하시오. (단, 노면의 광속이용률은 32[%], 유지율은 80[%]로 한다.)

수은등의 광속

용량[W]	전광속[lm]
100	3,200 ~ 3,500
200	7,700 ~ 8,500
300	10,000 ~ 11,000
400	13,000 ~ 14,000
500	18,000 ~ 20,000

답안

$$F = \frac{EBSD}{U} = \frac{6 \times \frac{30}{2} \times 30 \times \frac{1}{0.8}}{0.32} = 10{,}546.88\,[\mathrm{lm}]$$

표에서 광속이 10,000~11,000[lm]인 300[W] 선정

문제 40 기사 09년 출제

배점 : 6점

도로조명설계에 관한 다음 각 물음에 답하시오.

(1) 도로조명설계에 있어서 성능상 고려하여야 할 중요한 사항을 5가지만 쓰시오.
(2) 도로의 너비가 40[m]인 곳에 양쪽에 35[m]의 간격으로 지그재그식으로 등주를 배치하여 도로 위의 평균 조도를 6[lx]가 되도록 하고자 한다. 도로면의 광속이용률은 30[%], 유지율은 75[%]로 한다고 할 때 각 등주에 사용되는 수은등의 규격은 몇 [W]의 것을 사용하여야 하는지, 전광속을 계산하고, 주어진 수은등 규격표에서 찾아 쓰시오.

크기[W]	램프전류[A]	전광속[lm]
100	1.0	3,200 ~ 4,000
200	1.9	7,700 ~ 8,500
250	2.1	10,000 ~ 11,000
300	2.5	13,000 ~ 14,000
400	3.7	18,000 ~ 20,000

답안 (1) • 노면 전체에 가능한 한 높은 평균 휘도로 조명할 수 있을 것
• 조명기구 등의 눈부심이 적을 것
• 도로 양측의 보도, 건축물의 전면등이 높은 조도로 충분히 밝게 조명할 수 있을 것
• 조명의 광색, 연색성이 적절할 것
• 휘도 차이에 따른 균제도(최소, 최대) 확보
• 주간에 도로의 풍경을 손상하지 않는 디자인으로 할 것

(2) $F=\dfrac{EBS}{2UM}=\dfrac{6\times 40\times 35}{2\times 0.75\times 0.3}=18{,}666.67[\mathrm{lm}]$

∴ 표에서 400[W] 선정

MEMO

P·A·R·T

02 수변전설비

1990년~최근 출제된 기출 이론 분석 및 유형별 문제

01 CHAPTER 수변전설비의 시설

기출개념 01 수변전설비의 개요

수변전설비란 전력회사로부터 고전압을 수전하여 전력 부하설비의 운전에 알맞은 저전압으로 변환하여 전기를 공급하기 위해 사용되는 전기설비의 총합체를 말하며, 고전압을 수전하여 저압으로 변환하는 설비를 고압 수전설비라 하고, 특고압을 수전하여 고압이나 저압으로 변환하는 설비를 특고압 수전설비라 한다.

현재 우리나라의 일반 배전 전압은 22.9[kV-Y]의 특고압 수전설비이다.

1 수변전설비의 구비조건

수변전설비는 수용가의 전기 에너지 수용방법, 업종, 시설규모 등 여러 가지 형태에 따라 다음과 같은 조건을 만족할 수 있어야 한다.

① 전력 부하설비에 대한 충분한 공급능력이 있을 것
② 신뢰성, 안전성, 경제성이 있을 것
③ 운전조작 취급 및 점검이 용이하고 간단할 것
④ 부하설비의 증설 또는 확장에 대처할 수 있을 것
⑤ 방재 대처 및 환경 보존 능력이 있을 것
⑥ 전압 변동이 적고 운전 유지 경비가 저렴할 것

2 수변전설비의 기본 설계

수변전설비 기본 설계 시 검토해야 할 주요 사항은 다음과 같다.

① 필요한 전력설비 용량 추정
② 수전전압 및 수전 방식
③ 주 회로의 결선 방식
④ 감시 및 제어 방식
⑤ 변전설비의 형식

기출 개념 02 수변전설비용 기기의 명칭 및 역할

명 칭	약 호	심벌(단선도)	용도 및 역할
케이블 헤드	CH		케이블 종단과 가공전선 접속 처리재
단로기	DS		무부하 전류 개폐, 회로의 접속 변경, 기기를 전로로부터 개방
피뢰기	LA		이상전압 내습 시 대지로 방전하고 속류차단하여 기기 보호
전력 퓨즈	PF		단락전류 차단하여 전로 및 기기 보호
전력 수급용 계기용 변성기	MOF		전력량을 적산하기 위하여 고전압과 대전류를 저전압, 소전류로 변성
영상 변류기	ZCT	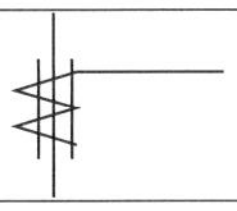	지락전류의 검출
접지 계전기	GR		영상전류에 의해 동작하여, 차단기 트립 코일 여자
계기용 변압기	PT	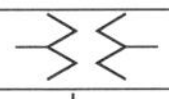	고전압을 저전압으로 변성
컷 아웃 스위치	COS		고장전류 차단하여 기기 보호
교류 차단기	CB	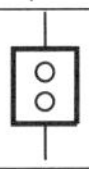	부하전류 개폐 및 고장전류 차단
유입 개폐기	OS		부하전류 개폐
트립 코일	TC		보호계전기 신호에 의해 여자하여 차단기 트립(개방)
계기용 변류기	CT		대전류를 소전류로 변성
과전류 계전기	OCR		과전류에 의해 동작하며, 차단기 트립 코일 여자
전력용 콘덴서	SC	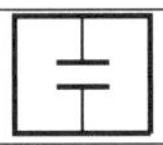	부하의 역률 개선
방전 코일	DC	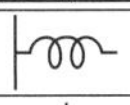	잔류 전하 방전
직렬 리액터	SR		제5고조파 제거
전압계용 전환 개폐기	VS		1대 전압계로 3상 전압을 측정하기 위하여 사용하는 전환 개폐기
전류계용 전환 개폐기	AS		1대 전류계로 3상 전류을 측정하기 위하여 사용하는 전환 개폐기
전압계	V		전압 측정
전류계	A		전류 측정

개념 문제 01 산업 93년, 99년 출제 | 배점 : 20점 |

도면은 고압 수전설비의 단선 결선도이다. 도면을 보고 다음 각 물음에 알맞은 답을 작성하시오. (단, 인입선은 케이블이다.)

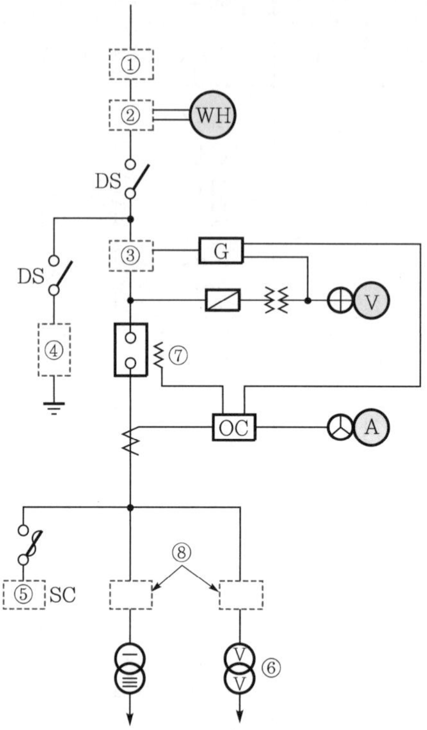

(1) ①~③까지의 도기호를 단선도로 그리고 그 도기호에 대한 우리말 명칭을 쓰시오.
(2) ④~⑥까지의 도기호를 복선도로 그리고 그 도기호에 대한 우리말 명칭을 쓰시오.
(3) 장치 ⑦의 약호와 이것을 설치하는 목적을 쓰시오.
(4) ⑧에 사용되는 보호장치로 가장 적당한 것은?

답안 (1) ① 케이블 헤드 ② 계기용 변압 변류기 ③ 영상 변류기

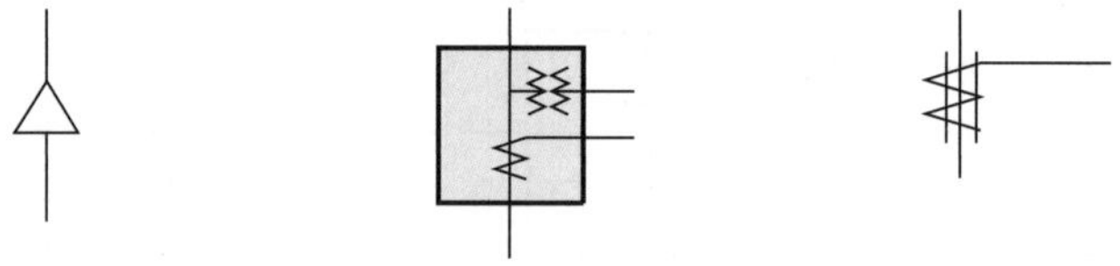

(2) ④ 피뢰기 ⑤ 전력용 콘덴서 ⑥ V결선 변압기

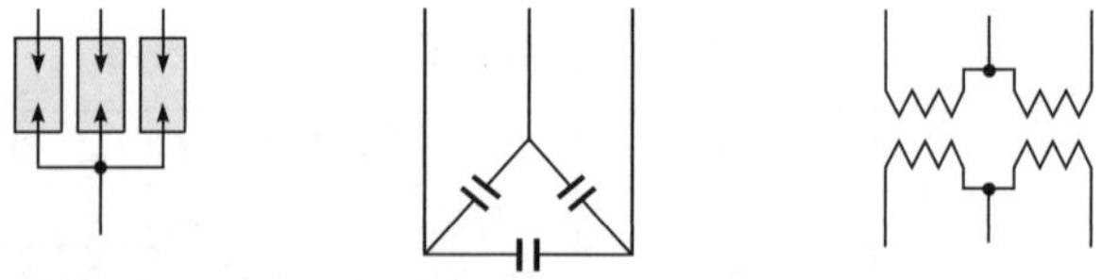

(3) • 약호 : TC
• 목적 : 과전류 및 지락사고 시 계전기의 신호에 의해 여자하여 차단기를 개방시킨다.

(4) COS(컷 아웃 스위치)

개념 문제 02 기사 94년 출제

| 배점 : 20점 |

3ϕ 4W 22.9[kV] 수전설비 단선 결선도이다. ①~⑩번까지 표준 심벌을 사용하여 도면을 완성하고 ①~⑩번까지의 기능을 설명하시오.

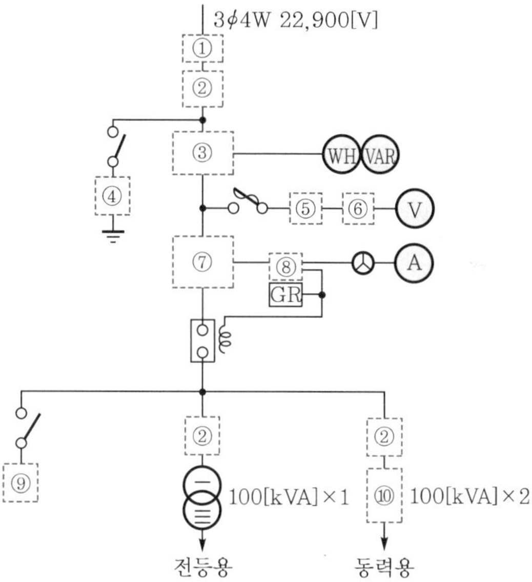

답안 (1) 표준 결선도

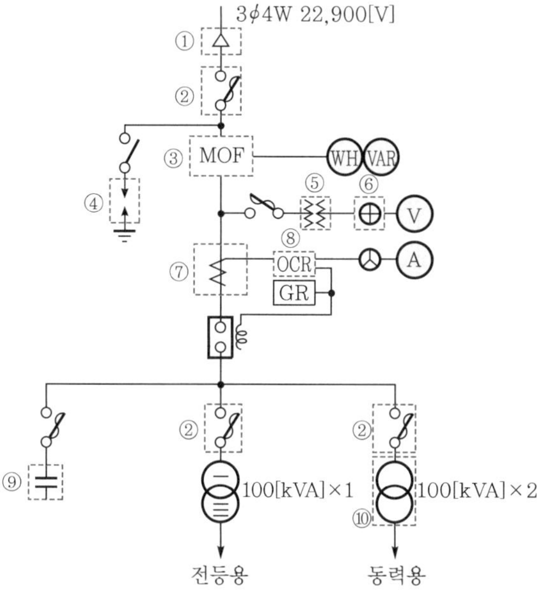

(2) 기능 설명

번호	약호	명칭	용도
①	CH	케이블 헤드(cable head)	케이블 종단과 가공전선 접속 처리재
②	PF	전력 퓨즈	단락사고 시 회로 차단하여 선로 및 기기 보호
③	MOF	전력 수급용 계기용 변성기	전력량을 적산하기 위하여 고전압과 대전류를 저전압 소전류로 변성
④	LA	피뢰기	이상전압을 대지로 방전시키고 그 속류를 차단
⑤	PT	계기용 변압기	고전압을 저전압으로 변성
⑥	VS	전압계용 전환 개폐기	3상 회로에서 각 상의 전압을 1개의 전압계로 측정하기 위하여 사용하는 전환 개폐기
⑦	CT	계기용 변류기	대전류를 안전하게 측정하기 위하여 소전류로 변환
⑧	OCR	과전류 계전기	과부하 및 단락사고 시 차단기 트립 코일에 전류를 공급하여 차단기를 개방시키는 계전기
⑨	SC	전력용 콘덴서	부하의 역률 개선
⑩	TR	변압기	고압 및 특고압으로부터 부하에 적합한 전압으로 변압시킴

개념 문제 03 기사 96년, 99년, 01년 출제 | 배점 : 14점 |

어느 공장에 예비 전원을 얻기 위한 전기 시동 방식 수동 제어 장치의 디젤 엔진 3상 교류 발전기를 시설하게 되었다. 발전기는 다이리스터식 정지 자여자 방식을 채택하고 전압은 자동과 수동으로 조정 가능하게 하였을 경우, 다음 각 물음에 답하시오.

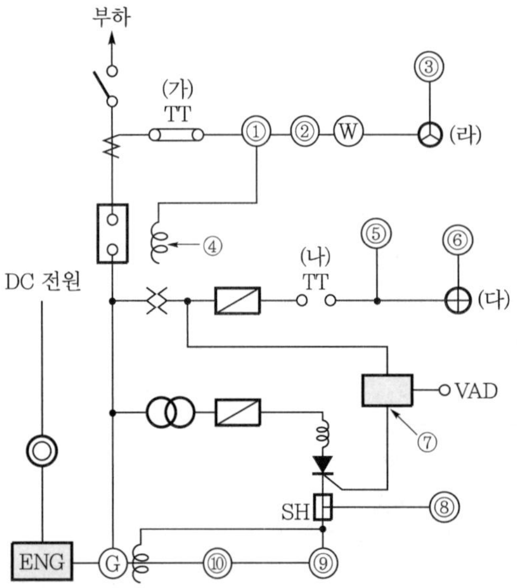

[약호]
ENG : 전기 기동식 디젤 엔진
G : 정지 여자식 교류 발전기
TG : 타코 제너레이터
AVR : 자동 전압 조정기
VAD : 다이리스터 조정기
VA : 교류 전압계
AA : 교류 전류계
CT : 변류기
PT : 계기용 변압기
WH : 지시 전력량계
Fuse : 퓨즈
F : 주파수계
TrE : 여자용 변압기
RPM : 회전수계
CB : 차단기
DA : 직류 전류계
TC : 트립 코일
OC : 과전류 계전기
DS : 단로기
※ ◎ 엔진 기동용 푸시버튼

(1) 도면에서 ①~⑩에 해당되는 부분의 명칭을 주어진 약호로 답하시오.
(2) 도면에서 (가)와 (나)는 무엇을 의미하는가?
(3) 도면에서 (다)와 (라)는 무엇을 의미하는가?

답안 (1) ① OC, ② WH, ③ AA, ④ TC, ⑤ F, ⑥ VA, ⑦ AVR, ⑧ DA, ⑨ RPM, ⑩ TG
(2) (가) 전류 시험 단자
(나) 전압 시험 단자
(3) (다) 전압계용 전환 개폐기
(라) 전류계용 전환 개폐기

기출개념 03 수변전설비 기기의 정격 및 특성

명 칭	정격전압 [kV]	정격전류 [A]	개요 및 특성	설치 장소	비 고
라인 스위치(LS) (Line Switch)	24 36 72	200~4,000 400~4,000 400~2,000	• 정격전압에서 전로의 충전전류 개폐 가능 • 3상을 동시 개폐 (원방 수동 및 동력 조작) • 부하전류를 개폐할 수 없다.	66[kV] 이상 수전실 구내 인입구	• 특고압에서 사용 • 국가 또는 제작자마다 명칭이 서로 다르게 사용하기도 한다. – Line Switch – Air Switch – Disconnecting Switch – Isolator • 종류는 단극단투와 3극단투가 있다. – 단극단투형 : 옥내용 – 3극단투형 : 옥내, 옥외용
단로기(DS) (Disconnector Switch)	〃	〃	• 차단기와 조합하여 사용하며 전류가 통하고 있지 않은 상태에서 개폐 가능 • 각 상별로 개폐 가능 • 부하전류를 개폐할 수 없다.	• 수전실 구내 인입구 • 수전실 내 LA 1차측	
전력 퓨즈(PF) (Power Fuse)	25.8 72.5	100~200 200	• 차단기 대용으로 사용 • 전로의 단락 보호용으로 사용 • 3상 회로에서 1선 용단 시 결상 운전	• 수전실 구내 인입구 • C.O.S 대용으로 각 기기 1차측	
컷 아웃 스위치 (COS) (Cut Out Switch)	25.8	30, 50, 100, 200	변압기 및 주요기 1차측에 시설하여 단락 보호용으로 사용	변압기 등 기기 1차측	
		100	단상 분기선에 사용하여 과전류 보호	부하 적은 단상 분기선	
피뢰기(L.A) (Lightning Arresters) • Gap Type • Gapless Type	75(72) 24, 21 18	5,000 2,500	• 뇌 또는 회로의 개폐로 인한 과전압을 제한하여 전기설비의 절연을 보호하고 속류를 차단하는 보호장치로 사용 • 비 직선형 저항과 직렬 간극으로 구성된 Gap 타입과 산화아연(ZnO) 소자를 적용하여 직렬 간극을 사용하지 않는 Gapless 타입이 있다. • 80년 중반 이후부터 Gapless 타입이 확대 사용되고 있는 추세이다.	• 수전실 구내 인입구 • Cable 인입의 경우 전기 사업자측 공급 선로 분기점	• 자기제 18[kV] 2,500[A] • 폴리머 18[kV] 5,000[A]

명 칭	정격전압 [kV]	정격전류 [A]	개요 및 특성	설치 장소	비 고
부하 개폐기 (LBS) (Load Break Switch)			• 부하전류는 개폐할 수 있으나 고장전류는 차단할 수 없다. • LBS(PF부)는 단로기(또는 개폐기) 기능과 차단기로의 PF성능을 만족시키는 국가공인기관의 시험 성적이 있는 경우에 한하여 사용 가능	수전실 구내 인입구	기능은 기중 부하 개폐기와 동일하다.
기중 부하 개폐기 (IS) (Interrupter Switch)	25.8	600	• 수동 조작 또는 전동 조작으로 부하전류는 개폐할 수 있으나 고장전류는 차단할 수 없다. • 염진해, 인화성, 폭발성, 부식성 가스와 진동이 심한 장소에 설치하여서는 안 된다.	• 수전실 구내 인입구 • 부하전류만의 개폐를 필요로 하는 장소(구내 선로 간선 및 분기선)	• 기능은 부하 개폐기와 동일하다. • 고장이 쉽게 발생하므로 잘 사용이 안 되고 있다.
고장 구간 자동 개폐기 (A.S.S) (Automatic Section Switch)	25.8	200	• 22.9[kV-Y] 전기사업자 배전계통에서 부하 용량 4,000[kVA](특수 부하 2,000[kVA] 이하의 분기점 또는 7,000[kVA] 이하의 수전실 인입구에 설치하여 과부하 또는 고장전류 발생 시 전기사업자측 공급 선로의 타보호 기기(Recloser, CB 등)와 협조하여 고장 구간을 자동 개방하여 파급사고 방지 • 전 부하 상태에서 자동 또는 수동 투입 및 개방 가능 • 과부하 보호 기능 • 제작 회사마다 명칭과 특성이 조금씩 다름	• 전기사업자측 공급 선로 분기점 • 수전실 구내 인입구 • 자가용 선로	고장 구간 자동 개폐기는 제작회사 및 특성에 따라 명칭이 서로 다르게 사용되고 있으며 아래와 같다. • A.S.S (Automatic Section Switch) • A.S.B.S (Automatic Section Breaking Switch) • A.S.B.R.S (Automatic Sectionalizing Breaking Reclosing Switch) • A.S.F.S (Automatic Sectionalizing Fault Switch) • G.A.S.S (Gas Auto Section Switch)
	25.8	400	• 22.9[kV-Y] 전기사업자 배전계통에서 부하 용량 8,000[kVA](특수 부하 4,000[kVA] 이하의 분기점 또는 7,000[kVA] 이하의 수전실 인입구에 설치하여 과부하 또는 고장전류 발생 시 전기사업자측 공급 선로의 타보호 기기(Recloser, CB 등)와 협조하여 고장 구간을 자동 개방하여 파급사고 방지 • 전 부하 상태에서 자동 또는 수동 투입 및 개방 가능 • 과부하 보호 기능 • 낙뢰가 빈번한 지역, 공단 선로, 수용 가선로 등에 사용이 가능		

명 칭	정격전압 [kV]	정격전류 [A]	개요 및 특성	설치 장소	비 고
자동 부하 전환 개폐기 (A.L.T.S) (Automatic Load Transfer Switch)	25.8	600	• 이중 전원을 확보하여 주 전원 정전 시 또는 전압이 기준값 이하로 떨어질 경우 예비 전원으로 자동 절환되어 수용가가 계속 일정한 전원 공급을 받을 수 있다. • 자동 또는 수동 전환이 가능하여 배전반 내에서 원방 조작 가능 • 3상 일괄 조작 방식으로 옥내의 설치 가능	중요 국가기관, 공공기관, 병원, 빌딩, 공장, 군사시설 등 정전 시 큰 피해를 입을 우려가 있는 장소의 선로 또는 수전실 구내	

개념 문제 01 기사 01년, 05년 출제

| 배점 : 8점 |

그림과 같은 간이 수전설비에 대한 결선도를 보고 다음 각 물음에 답하시오.

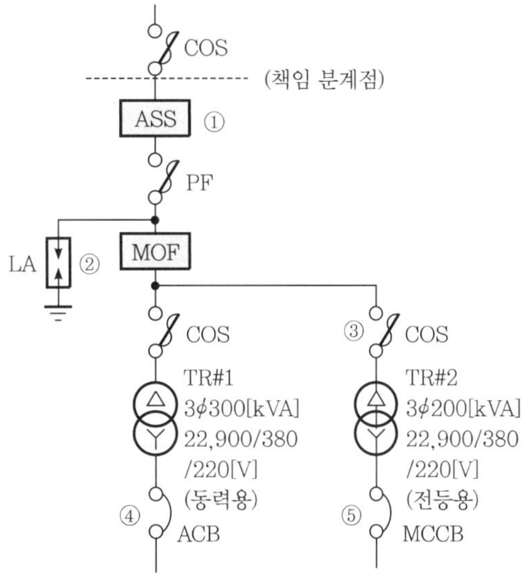

(1) 수전실의 형태를 Cubicle Type으로 할 경우 고압반(HV : High Voltage)과 저압반(LV : Low Voltage)은 몇 개의 면으로 구성되는지 구분하고, 수용되는 기기의 명칭을 쓰시오.
(2) ①, ②, ③ 기기의 정격을 쓰시오.
(3) ④, ⑤ 차단기의 용량(AF, AT)은 어느 것을 선정하면 되겠는가? (단, 역률은 100[%]로 계산한다.)

답안 (1) 고압반 : 4면(PF와 LA, MOF, COS와 TR#1, COS와 TR#2)
저압반 : 2면(ACB, MCCB)

(2) ① 자동 고장 구분 개폐기 : 25.8[kV], 200[A]
② 피뢰기 : 18[kV], 2,500[A]
③ COS : 25.8[kV], 100[A]

(3) ④ AF : 630[A], AT : 600[A]
⑤ AF : 400[A], AT : 350[A]

해설

(3) ④ $I = \dfrac{300 \times 10^3}{\sqrt{3} \times 380} = 455.82[A]$

⑤ $I = \dfrac{200 \times 10^3}{\sqrt{3} \times 380} = 303.88[A]$

개념 문제 02 기사 88년, 95년, 03년 출제 | 배점 : 18점 |

아래 도면은 어느 수전설비의 단선 결선도이다. 물음에 답하시오.

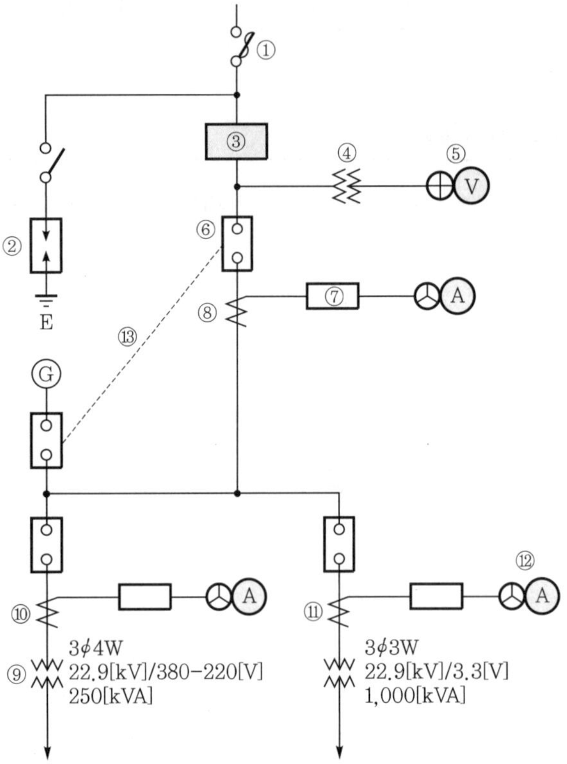

(1) ①~②, ③~⑧, ⑫에 해당되는 부분의 명칭과 용도를 쓰시오.
(2) ④의 1차, 2차 전압은?
(3) ⑨의 2차측 결선 방법은?
(4) ⑩, ⑪의 1차, 2차 전류는? (단, CT 정격전류는 부하 정격전류의 1.5배로 한다.)
(5) ⑬의 장치는 무엇이며, 설치 목적을 설명하시오.

답안 (1)

번 호	명 칭	용 도
①	전력 퓨즈	단락사고로부터 회로를 보호하기 위해 사용하는 과전류 차단기
②	피뢰기	전로에 충격파 내습 시 대지로 방전하고, 속류는 차단하여 기기 보호
③	전력 수급용 계기용 변성기	고전압 대전류를 저전압 소전류로 변성하여 전력량을 측정할 목적으로 사용
④	계기용 변압기	고전압을 저전압으로 변성하여 전압을 측정하거나 계전기의 전원에 사용하는 계기용 변성기
⑤	전압계용 전환 개폐기	1대의 전압계로 3상 회로에서 전압을 측정하기 위하여 사용하는 전환 개폐기
⑥	교류 차단기	부하전류 개폐 및 고장전류 차단
⑦	과전류 계전기	과부하 및 단락사고 시에 과전류로부터 차단기 트립 코일을 여자시켜 차단기를 동작시키기 위한 장치
⑧	변류기	계통의 대전류를 소전류로 변성하는 계기용 변성기
⑫	전류계용 전환 개폐기	1대의 전류계로 3상 회로에서 각 선의 전류를 측정하기 위하여 사용하는 전환 개폐기

(2) 1차 전압 : $\frac{22{,}900}{\sqrt{3}}$[V]

2차 전압 : $\frac{190}{\sqrt{3}}$[V] 또는 110[V]

(3) Y결선

(4) ⑩ • 1차 전류 : 6.3[A]

• 2차 전류 : 3.15[A]

⑪ • 1차 전류 : 25.21[A]

• 2차 전류 : 3.15[A]

(5) • 장치 : 인터록 장치

• 설치 목적 : 상용 전원과 예비 전원 동시 투입 방지

해설

(4) ⑩ • 1차 전류 : $I_1 = \frac{250}{\sqrt{3} \times 22.9} = 6.3$[A]

• 변류비 : $6.3 \times 1.5 = 9.45$[A]

∴ CT비 10/5 적용

• 2차 전류 : $I_2 = 6.3 \times \frac{5}{10} = 3.15$[A]

⑪ • 1차 전류 : $I_1 = \frac{1{,}000}{\sqrt{3} \times 22.9} = 25.21$[A]

• 변류비 : $25.21 \times 1.5 = 37.815$[A]

∴ CT비 40/5 적용

• 2차 전류 : $I_2 = 25.21 \times \frac{5}{40} = 3.15$[A]

▌변류기 규격표 ▌

항 목	변류기
정격 1차 전류[A]	5, 10, 15, 20, 30, 40, 50, 75, 100, 150, 200, 300, 400, 500, 600, 750, 1,000, 1,500, 2,000, 2,500
정격 2차 전류[A]	5

기출개념 04 고압 수전설비의 시설

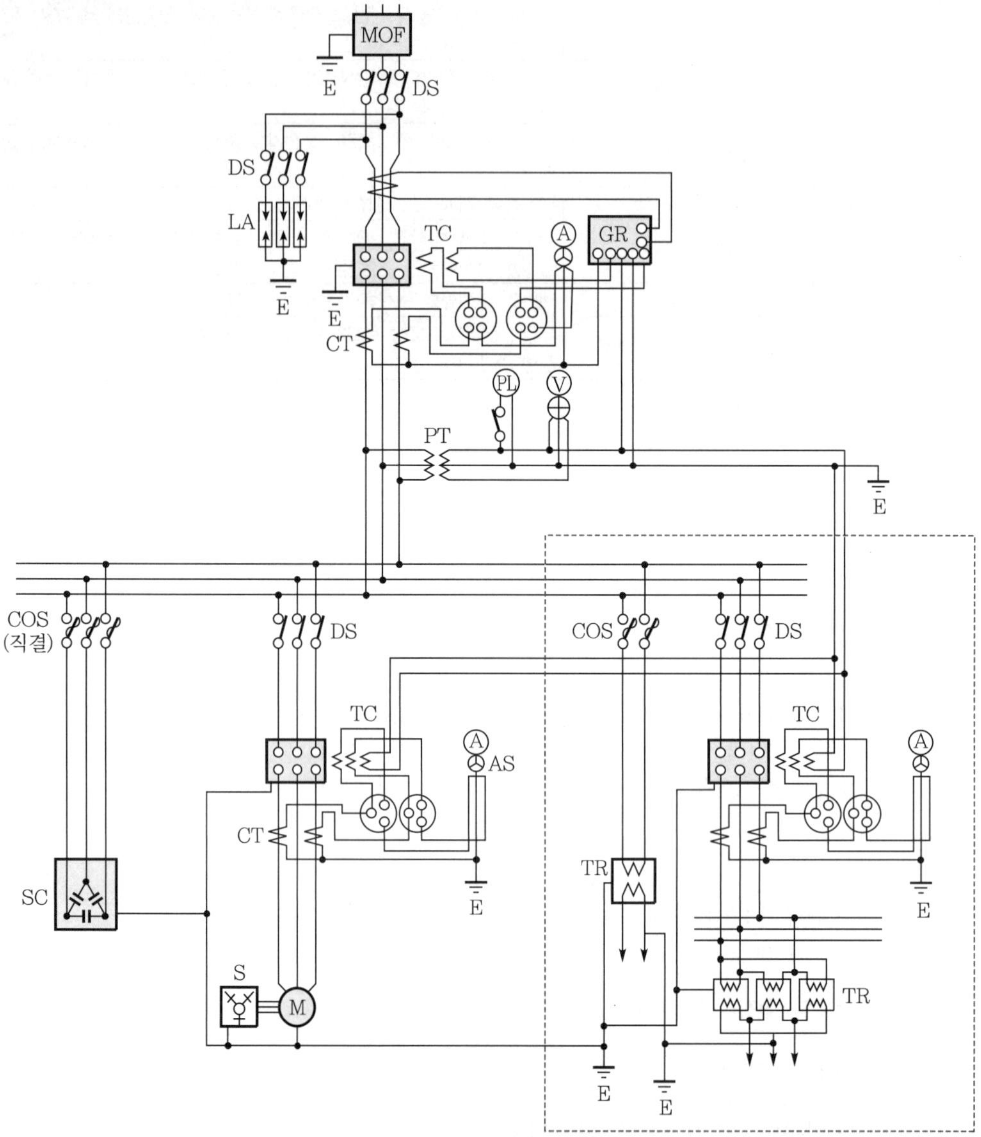

[주] 1. 고압 전동기의 조작용 배전반에는 과부족 전압 계전기 및 결상 계전기(퓨즈를 사용한 것)를 장치하는 것이 바람직하다.

2. 2회선으로부터 절체 수전하는 경우는 전기사업자와 수전 방식을 협의한다.
3. 계기용 변성기의 1차측에는 퓨즈를 넣지 않는 것을 원칙으로 한다. 다만, 보호장치를 필요로 하는 경우에는 전력 퓨즈를 사용하는 것이 바람직하다.
4. 계기용 변성기는 몰드형의 것이 바람직하다.
5. 계전기용 변류기는 보호 범위를 넓히기 위하여 차단기의 전원측에 설치하는 것이 바람직하다.
6. 차단기의 트립 방식은 DC 또는 CTD 방식도 가능하다.

7. 계기용 변압기는 주 차단기의 부하측에 시설함을 표준으로 하고 지락 보호계전기용 변성기, 주 차단장치 개폐 상태 표시용 변성기, 주 차단장치 조작용 변성기, 전력 수요 계기용 변성기의 경우에는 전원측에 시설할 수 있다.
8. LA용 DS는 생략할 수 있다.

개념 문제 01 기사 89년, 94년, 95년, 03년 출제 | 배점 : 10점 |

그림은 어떤 자가용 전기설비에 대한 고압 수전설비의 결선도이다. 이 결선도를 보고 다음 각 물음에 답하시오.

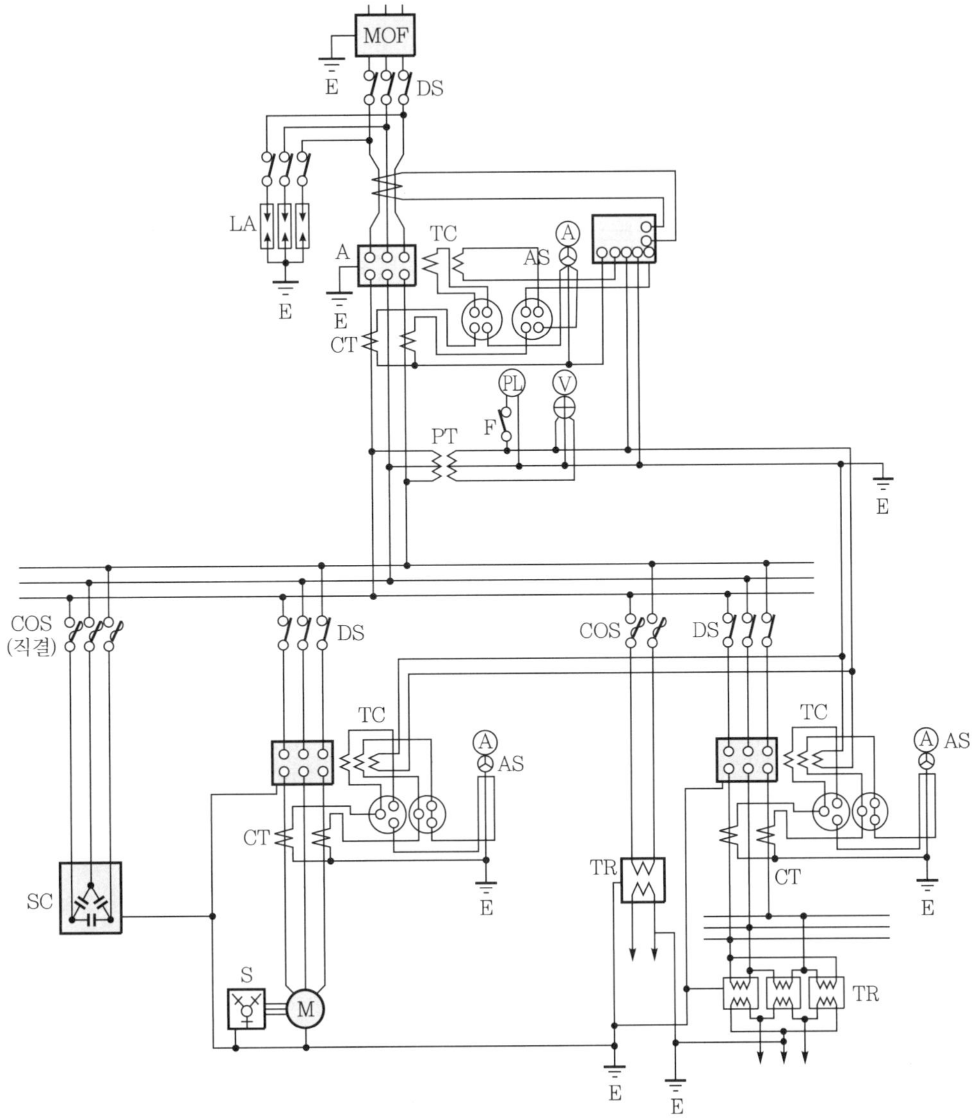

(1) 고압 전동기의 조작용 배전반에는 어떤 계전기를 장치하는 것이 바람직한가? (2가지를 쓰시오.)
(2) 계기용 변성기는 어떤 형의 것을 사용하는 것이 바람직한가?
(3) 본 도면에서 생략할 수 있는 부분은?
(4) 계전기용 변류기는 차단기의 전원측에 설치하는 것이 바람직하다. 무슨 이유인가?
(5) 진상용 콘덴서에 연결하는 방전 코일은 어떤 목적으로 설치되는가?

답안 (1) 과부족 전압 계전기 및 결상 계전기
(2) 몰드형
(3) LA용 DS
(4) 보호 범위를 넓히기 위해
(5) 진상용 콘덴서에 충전된 잔류 전하를 방전시켜 감전 사고를 방지하고 재투입 시 이상전압 발생을 방지한다.

해설 **고압 수전설비의 결선**

- 고압 전동기의 조작용 배전반에는 과부족 전압 계전기 및 결상 계전기(퓨즈를 사용한 것)를 장치하는 것이 바람직하다.
- 2회선으로부터 절체 수전하는 경우는 전기사업자와 수전 방식을 협의한다.
- 계기용 변성기의 1차측에는 퓨즈를 넣지 않는 것을 원칙으로 한다. 다만 보호장치를 필요로 하는 경우에는 전력 퓨즈를 사용하는 것이 바람직하다.
- 계기용 변성기는 몰드형의 것이 바람직하다.
- 계전기용 변류기는 보호 범위를 넓히기 위하여 차단기의 전원측에 설치하는 것이 바람직하다.
- 차단기의 트립 방식은 DC 또는 CTD 방식도 가능하다.
- 계기용 변압기는 주 차단기의 부하측에 시설함을 표준으로 하고 지락 보호계전기용 변성기, 주 차단장치 개폐 상태 표시용 변성기, 주 차단장치 조작용 변성기, 전력 수요 계기용 변성기의 경우에는 전원측에 시설할 수 있다.
- LA용 DS는 생략할 수 있다.

개념 문제 02 기사 93년 출제 | 배점 : 10점 |

그림과 같은 고압 수전설비의 단선 결선도에서 ①에서 ⑩까지의 심벌의 약호와 명칭을 번호별로 작성하시오.

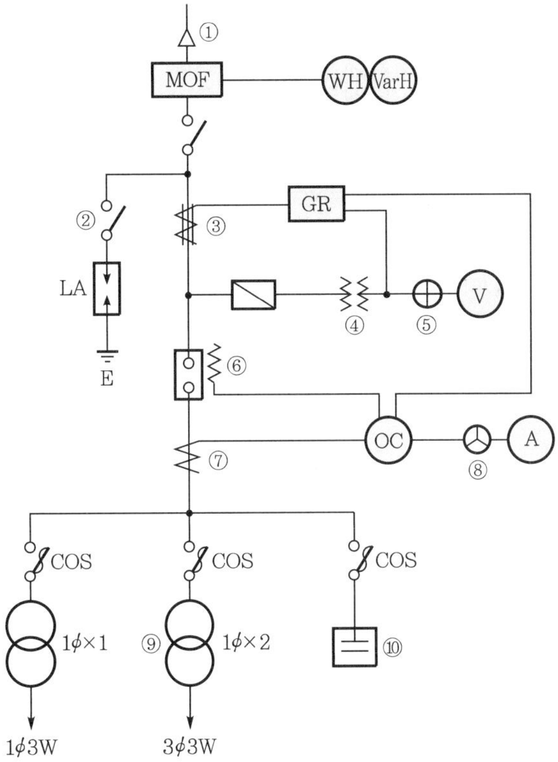

답안
① CH : 케이블 헤드
② DS : 단로기
③ ZCT : 영상 변류기
④ PT : 계기용 변압기
⑤ VS : 전압계용 전환 개폐기
⑥ TC : 트립 코일
⑦ CT : 변류기
⑧ AS : 전류계용 전환 개폐기
⑨ TR : 전력용 변압기
⑩ SC : 전력용 콘덴서

개념 문제 03 기사 93년, 99년, 03년 출제

| 배점 : 12점 |

다음 그림은 수전 용량의 크기가 큰 보통의 수변전소의 배치도를 나타낸 것이다. 이 그림을 보고 다음 각 물음에 답하시오.

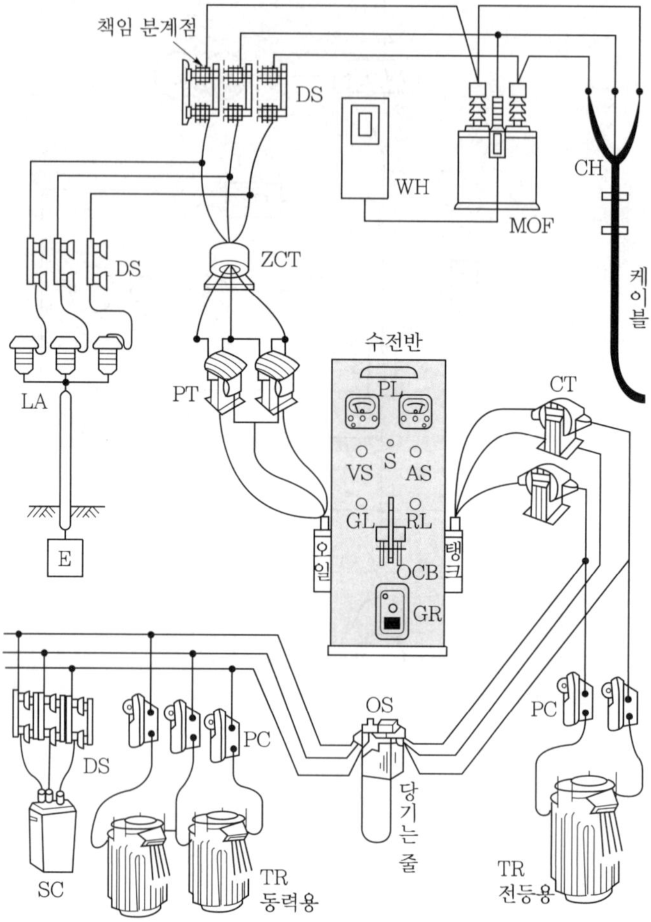

(1) 동력용 변압기는 단상 변압기 2대를 사용하였다. 어떤 결선 방법으로 사용하는 것이 가장 적합한가?

(2) 여기에 사용된 다음 기기의 우리말 명칭을 쓰시오.
   ① MOF
   ② DS
   ③ PT
   ④ LA
   ⑤ ZCT
   ⑥ CH
   ⑦ OS
   ⑧ SC
   ⑨ OCB

(3) 이 그림을 단선 계통도로 그리시오.

답안 (1) V결선

(2) ① 계기용 변성기함 또는 계기용 변압 변류기
② 단로기
③ 계기용 변압기
④ 피뢰기
⑤ 영상 변류기
⑥ 케이블 헤드
⑦ 유입 개폐기
⑧ 전력용 콘덴서
⑨ 유입 차단기

(3)

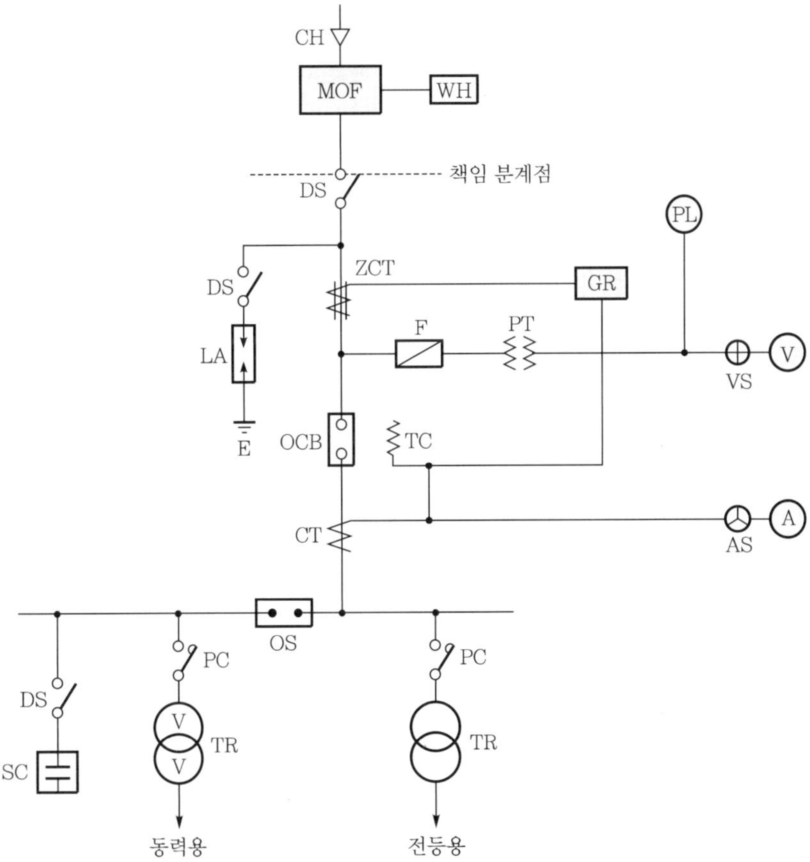

해설 (1) 동력용 변압기는 단상 변압기 2대로 3상 전력을 공급하여야 하므로 V결선으로 하여야 한다.

단원 빈출문제

문제 01 기사 94년, 97년, 17년, 19년 출제

배점 : 13점

그림은 고압 전동기 100[HP] 미만을 사용하는 고압 수전설비 결선도이다. 이 그림을 보고 다음 각 물음에 답하시오.

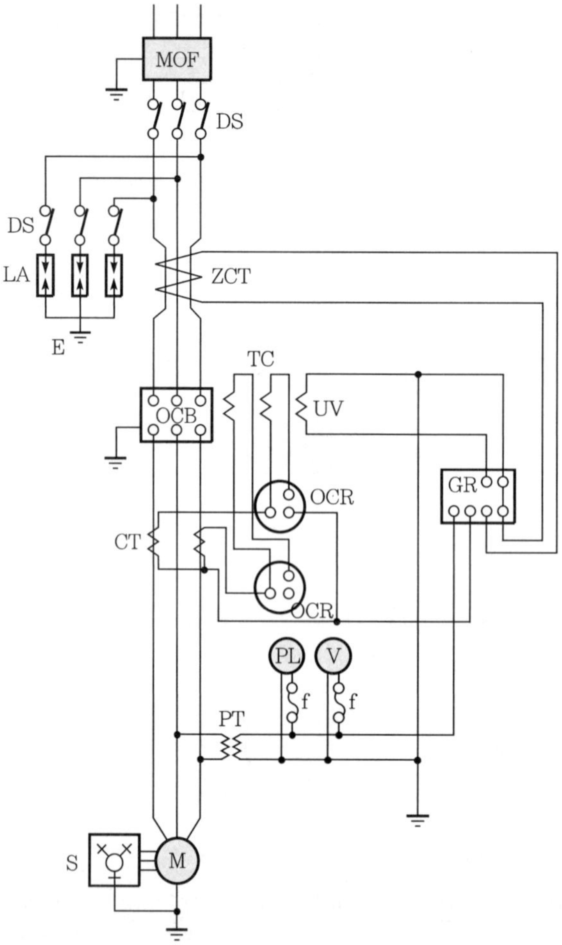

(1) 계전기용 변류기는 차단기의 전원측에 설치하는 것이 바람직하다. 무슨 이유에서인가?
(2) 본 도면에서 생략할 수 있는 부분은?
(3) 진상 콘덴서에 연결하는 방전 코일의 목적은?
(4) 도면에서 다음의 명칭은?
- ZCT :
- TC :

답안 (1) 보호 범위를 넓히기 위해서
(2) LA용 DS
(3) 콘덴서의 잔류 전하 방전하여 감전 사고 및 재투입 시 과전압 발생 방지
(4) • ZCT : 영상 변류기
• TC : 트립 코일

문제 02 산업 96년, 00년 출제 | 배점 : 10점

다음 그림은 어느 사업장의 고압 수전설비의 평면도(기기 배치도)이다. 그림을 보고 다음 각 물음에 답하시오. (단, T_1과 T_2는 V결선되었다고 한다.)

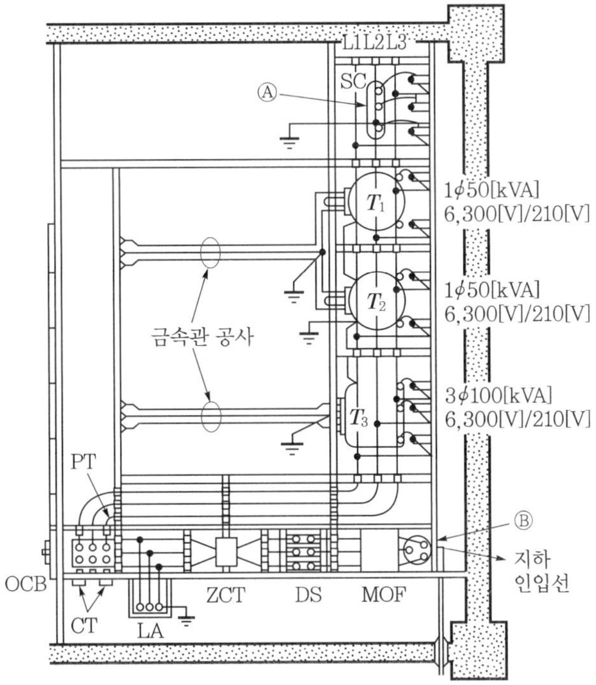

(1) ZCT의 설치목적은 무엇인가?
(2) T_1과 T_2로 공급하는 3상 최대 출력은 몇 [kVA]가 되는가?
(3) Ⓐ번 기기의 접지는?
(4) Ⓑ번 부분에 사용되는 시설물의 명칭은?
(5) CT의 변류비로는 250/5, 200/5, 150/5, 100/5, 75/5, 50/5, 30/5 중 어느 것이 적당한가?
(6) T_1 변압기 전원측 고압 COS 퓨즈 링크의 정격전류는 몇 [A]가 적당한가?
(7) 본 평면도에는 결선이 잘못된 부분이 있다. 어느 곳인지를 지적하시오.

답안 (1) 지락 전류 검출
(2) 86.6[kVA]
(3) 공통 접지
(4) 케이블 헤드(CH)
(5) 30/5[A]
(6) 12[A]
(7) T_1, T_2 변압기가 역 V결선되었다.

해설 (2) $P_V = \sqrt{3} \times 50 = 86.6[\text{kVA}]$

(5) $I = \dfrac{(86.6+100) \times 10^3}{\sqrt{3} \times 6{,}300} = 17.1[\text{A}]$

125~150[%]를 적용하면 21.38~25.65[A]이므로 30/5[A]의 변류가 선정

(6) 50[kVA] 단상 변압기 2대로 V결선 시의 선전류 $I = \dfrac{86.6 \times 10^3}{\sqrt{3} \times 6{,}300} = 7.94[\text{A}]$

과전류 차단기로서 시설할 퓨즈의 용량은 변압기 전부하 전류의 1.5배를 적용하면 $7.94 \times 1.5 = 11.91[\text{A}]$이므로 12[A] 선정

문제 03

기사 06년 출제

배점 : 13점

그림과 같은 결선도를 보고 다음 각 물음에 답하시오.

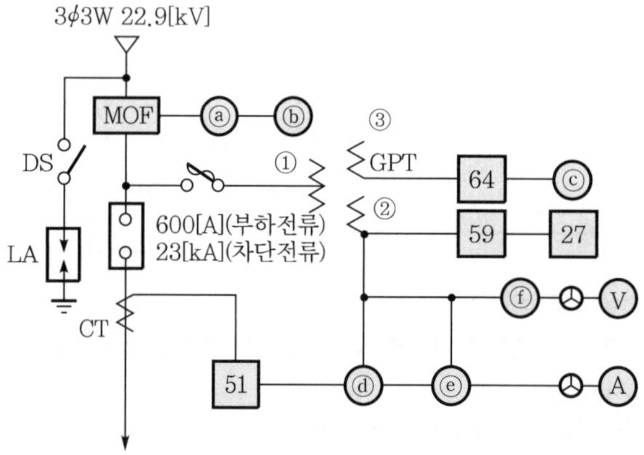

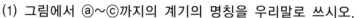

(1) 그림에서 ⓐ~ⓒ까지의 계기의 명칭을 우리말로 쓰시오.
(2) VCB의 정격전압과 차단용량을 산정하시오.
① 정격전압 :
② 차단용량 :
(3) MOF의 우리말 명칭과 그 용도를 쓰시오.
① 명칭 :
② 용도 :
(4) 그림에서 □ 속에 표시되어 있는 제어 기구 번호에 대한 우리말 명칭을 쓰시오.
(5) 그림에서 ⓓ~ⓕ까지에 대한 계기의 약호를 쓰시오.

답안 (1) ⓐ 최대 수요 전력계 또는 전력량계
ⓑ 무효 전력량계
ⓒ 영상 전압계
(2) ① 25.8[kV]
② 1,027.8[MVA]
(3) ① 전력 수급용 계기용 변성기
② 고전압, 대전류를 저전압, 소전류로 변성하여 전력량을 계측한다.
(4) • 51 : 과전류 계전기
• 59 : 과전압 계전기
• 27 : 부족 전압 계전기
• 64 : 과전압 지락 계전기
(5) ⓓ kW, ⓔ PF, ⓕ F

해설 (2) ① $22.9 \times \frac{1.2}{1.1} = 24.98 = 25.8$[kV]
(22.9[kV] 계통에서 차단기의 정격전압 : 25.8[kV])
② $P_s = \sqrt{3} \times 25.8 \times 23 = 1{,}027.8$[MVA]

문제 04 기사 99년, 00년 / 산업 90년, 94년, 98년 출제

배점 : 15점

도면을 보고 다음 각 물음에 답하시오.

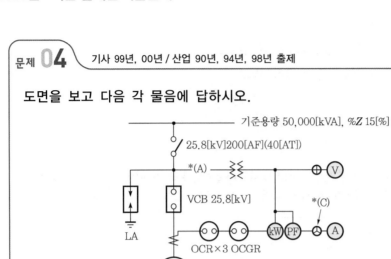

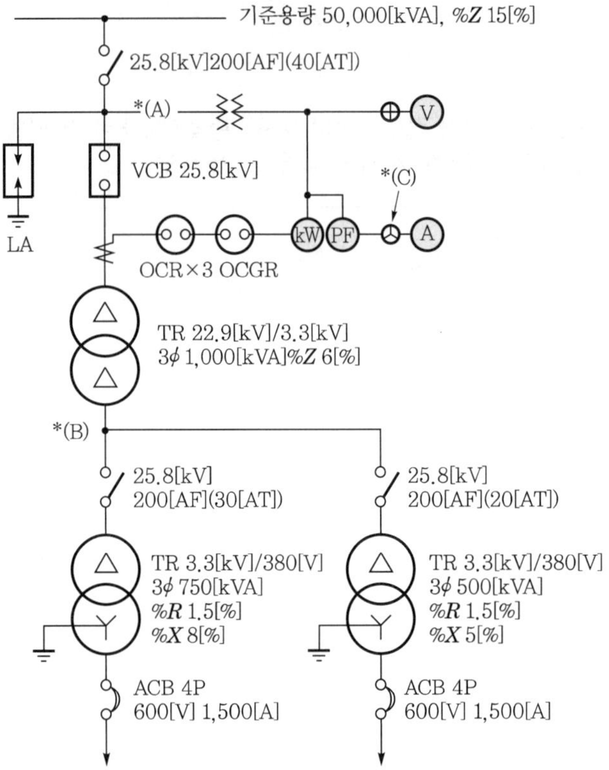

(1) (A)에 사용될 기기를 약호로 답하시오.
(2) (C)의 명칭을 약호로 답하시오.
(3) B점에서 단락되었을 경우 단락전류는 몇 [A]인가? (단, 선로 임피던스는 무시한다.)
(4) VCB의 최소 차단용량은 몇 [MVA]인가?
(5) ACB의 우리말 명칭은 무엇인가?
(6) 단상 변압기 3대를 이용한 △-△ 결선도 및 △-Y결선도를 그리시오.

답안 (1) PF 또는 COS
(2) AS
(3) 2,777.06[A]
(4) 333.33[MVA]
(5) 기중 차단기

(6) ① △－△결선도 ② △－Y결선도

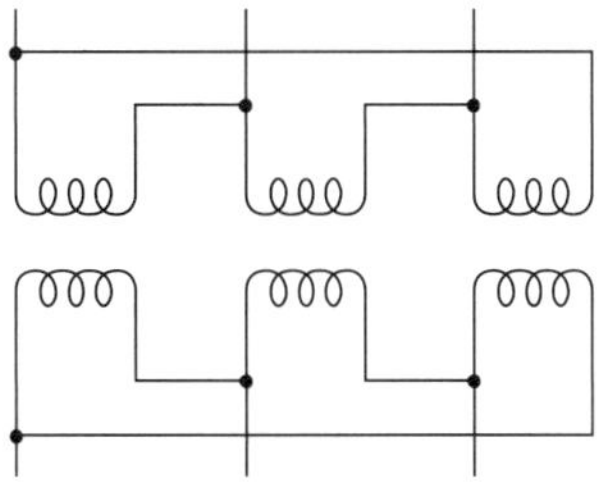

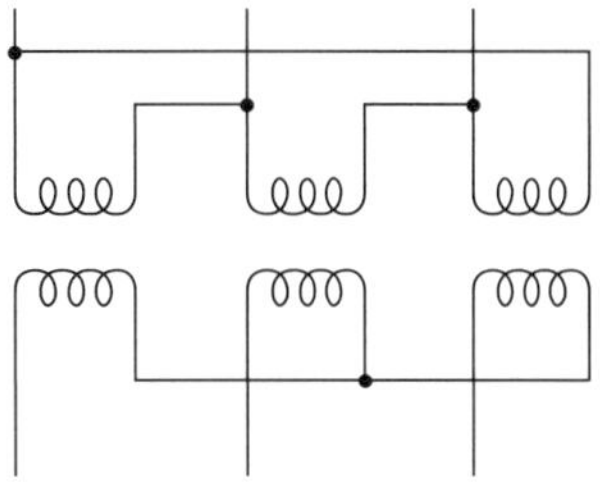

해설

(3) 퍼센트 임피던스 강하 $\%Z = \dfrac{I \cdot Z}{V} \times 100$

$$= \dfrac{I}{\dfrac{V}{Z}} \times 100$$

$$= \dfrac{I_n}{I_s} \times 100[\%]$$

$I_s = \dfrac{100}{\%Z} \cdot I_n[\text{A}]$

($\%Z$: 동일 기준 용량일 때 전원에서 고장점까지 합성 $\%Z$, I_n : 기준 용량에 대한 정격 전류)

- 변압기 용량 1,000[kAV]로 기준으로 설정하면

  전원측 모선의 $\%Z_b = \dfrac{1,000}{50,000} \times 15 = 0.3[\%]$

- 전원측에서 B점까지 합성 $\%Z_o = \%Z_b + \%Z_T$

  $= 0.3 + 6 = 6.3[\%]$

- 단락전류 $I_s = \dfrac{100}{\%Z} \cdot I_n$

  $= \dfrac{100}{6.3} \times \dfrac{1,000}{\sqrt{3} \times 3.3}$

  $= 2,777.06[\text{A}]$

(4) 차단용량 $P_s = \dfrac{100}{\%Z} \cdot P_n$

$= \dfrac{100}{15} \times 50,000 \times 10^{-3}$

$= 333.33[\text{MVA}]$

문제 05 기사 93년, 00년, 02년, 12년 출제

배점 : 11점

그림은 통상적인 단락, 지락 보호에 쓰이는 방식으로서 주 보호와 후비 보호의 기능을 지니고 있다. 도면을 보고 다음 각 물음에 답하시오.

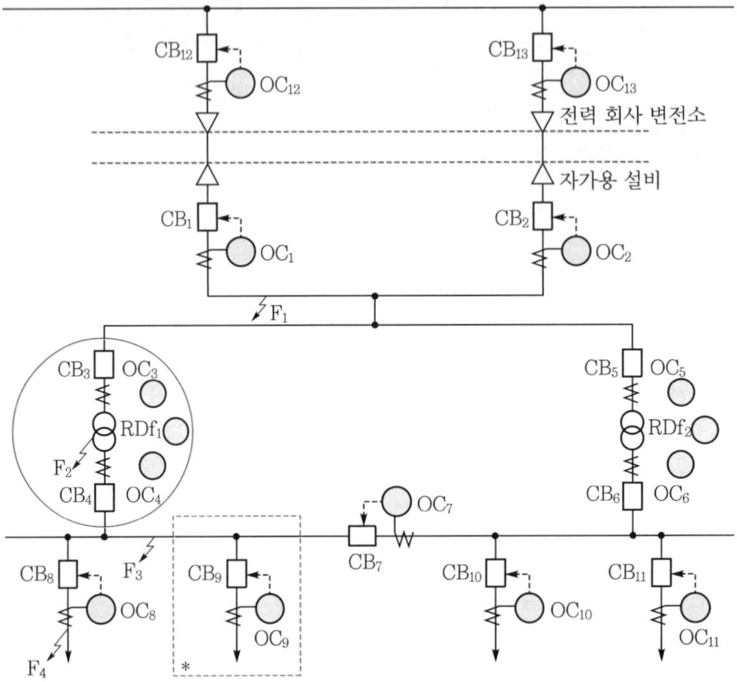

(1) 사고점이 F_1, F_2, F_3, F_4라고 할 때 주 보호와 후비 보호에 대한 다음 표의 ( ) 안을 채우시오.

사고점	주 보호	후비 보호
F_1	$OC_1 + CB_1$ And $OC_2 + CB_2$	(①)
F_2	(②)	$OC_1 + CB_1$ And $OC_2 + CB_2$
F_3	$OC_4 + CB_4$ And $OC_7 + CB_7$	$OC_3 + CB_3$ And $OC_6 + CB_6$
F_4	$OC_8 + CB_8$	$OC_4 + CB_4$ And $OC_7 + CB_7$

(2) 그림은 도면의 *표 부분을 좀더 상세하게 나타낸 도면이다. 각 부분 ①~④에 대한 명칭을 쓰고, 보호 기능 구성상 ⑤~⑦의 부분을 검출부, 판정부, 동작부로 나누어 표현하시오.

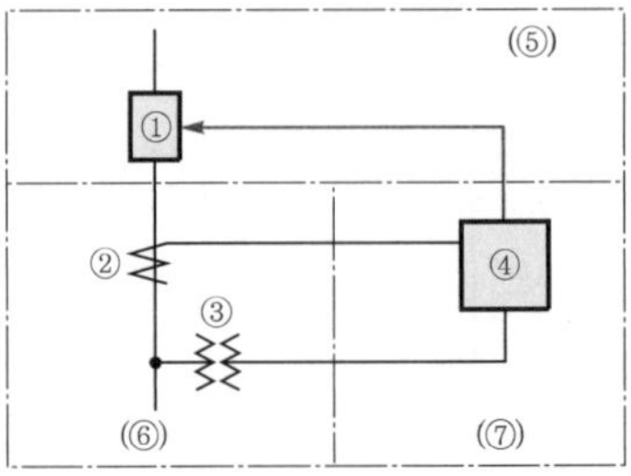

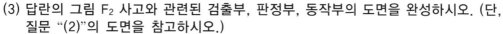

(3) 답란의 그림 F_2 사고와 관련된 검출부, 판정부, 동작부의 도면을 완성하시오. (단, 질문 "(2)"의 도면을 참고하시오.)
(4) 자가용 전기설비에 발전시설이 구비되어 있을 경우 자가용 수용가에 설치되어야 할 계전기는 어떤 계전기인가?

답안 (1) ① $OC_{12} + CB_{12}$ And $OC_{13} + CB_{13}$
② $RDf_1 + OC_4 + CB_4$ And $OC_3 + CB_3$
(2) ① 차단기, ② 변류기, ③ 계기용 변압기, ④ 과전류 계전기
⑤ 동작부, ⑥ 검출부, ⑦ 판정부
(3)

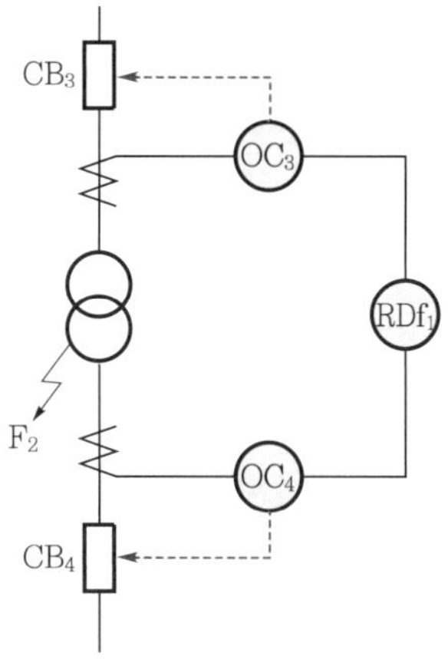

(4) • 과전류 계전기
• 부족 전압 계전기
• 과전압 계전기
• 비율 차동 계전기
• 주파수 계전기

1990년~최근 출제된 기출 이론 분석 및 유형별 문제

02 CHAPTER 특고압 수전설비의 시설

기출개념 01 특고압 수전설비 결선도

1 CB 1차측에 CT를, CB 2차측에 PT를 시설하는 경우

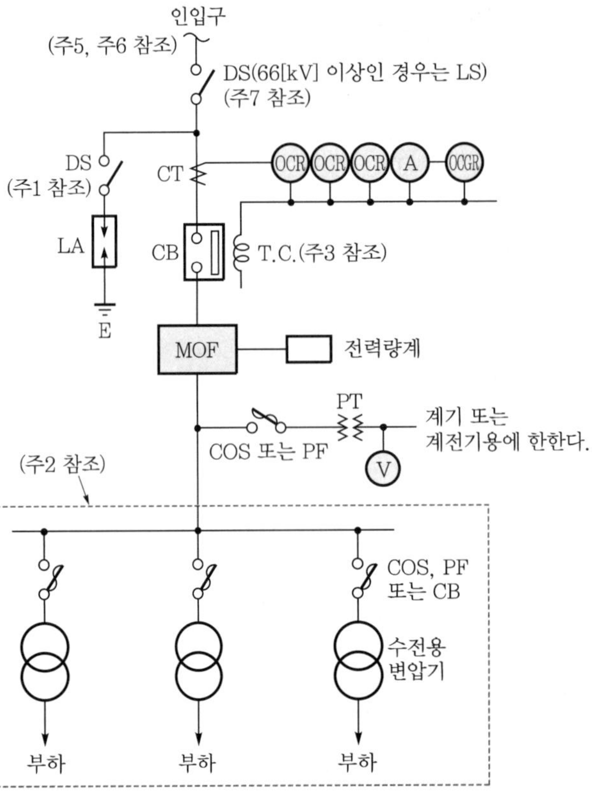

[주] 1. 22.9[kV-Y] 1,000[kVA] 이하인 경우에는 간이 수전 결선도에 의할 수 있다.
2. 결선도 중 점선 내의 부분은 참고용 예시이다.
3. 차단기의 트립 전원은 직류(DC) 또는 콘덴서 방식(CTD)이 바람직하며 66[kV] 이상의 수전설비에는 직류(DC)이어야 한다.
4. LA용 DS는 생략할 수 있으며 22.9[kV-Y]용의 LA는 disconnector(또는 isolator) 붙임형을 사용하여야 한다
5. 인입선을 지중선으로 시설하는 경우에 공동주택 등 사고 시 정전 피해가 큰 경우에는 예비 지중선 포함하여 2회선으로 시설하는 것이 바람직하다.

6. 지중 인입선의 경우에 22.9[kV-Y] 계통은 CNCV-W(수밀형) 케이블 또는 TR CNCV-W(트리억제형) 케이블을 사용하여야 한다. 다만 전력구·공동구·덕트·건물 구내 등 화재의 우려가 있는 장소에는 FR CNCO-W(난연) 케이블을 사용하는 것이 바람직하다.
7. DS 대신 자동 고장 구분 개폐기(7,000[kVA] 초과 시에는 sectionalizer)를 사용할 수 있으며 66[kV] 이상의 경우에는 LS를 사용하여야 한다.

개념 문제 기사 95년 출제

| 배점 : 10점 |

[보기]와 같은 특고압 기기류를 참고하여 다음 각 물음에 답하시오.

[보기]

명 칭	약 호	심 벌	단 위	수 량	비 고
단로기	①		조	1	
변류기	②	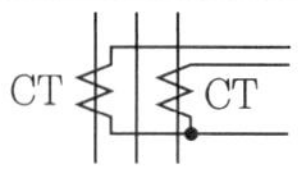	대	3	
피뢰기	③		조	1	
과전류 계전기	OCR	OCR	대	3	
지락 과전류 계전기	OCGR	OCGR	대	1	
트립 코일	④		개소	1	
차단기	CB	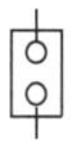	대	1	
계기용 변압 변류기	MOF	MOF	대	1	
수전 변압기	TR		대	1	
접지공사	E		개소	3	
계기용 변압기	⑤	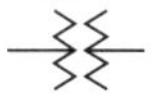	대	1	
컷 아웃 스위치	⑥		조	1	

(1) ①~⑥까지의 약호는?
(2) 심벌을 이용하여 22.9[kV-Y] 수전설비 단선 결선도를 완성하시오.
(3) 상기 결선의 변압기에 80[kW], 50[kW], 100[kW]의 부하가 접속되어 있다. 부하 간의 부등률은 1.2, 부하 역률은 90[%], 수용률은 80[kW], 50[kW] 부하에서는 60[%], 100[%]에서는 55[%]라면 변압기의 최대수용전력은 몇 [kVA]인가?
(4) 계기용 변압기 및 변류기의 2차측 정격전압 및 정격전류의 값은 얼마인가?

답안 (1) ① DS
② CT
③ LA
④ TC
⑤ PT
⑥ COS

(2)

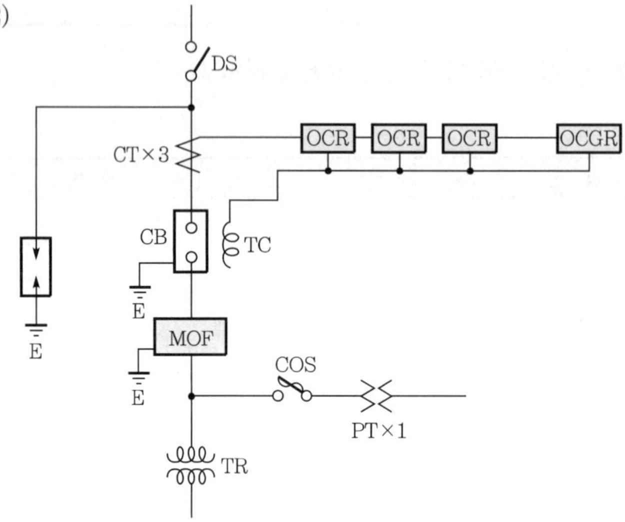

(3) 123.15[kVA]

(4) • 계기용 변압기의 2차측 정격전압 : 110[V]
• 계기용 변류기의 2차측 정격전류 : 5[A]

해설 (3) 최대수용전력 $= \dfrac{(80+50)\times 0.6+100\times 0.55}{1.2\times 0.9}$

$= 123.15[\text{kVA}]$

2 CB 1차측에 CT와 PT를 시설하는 경우

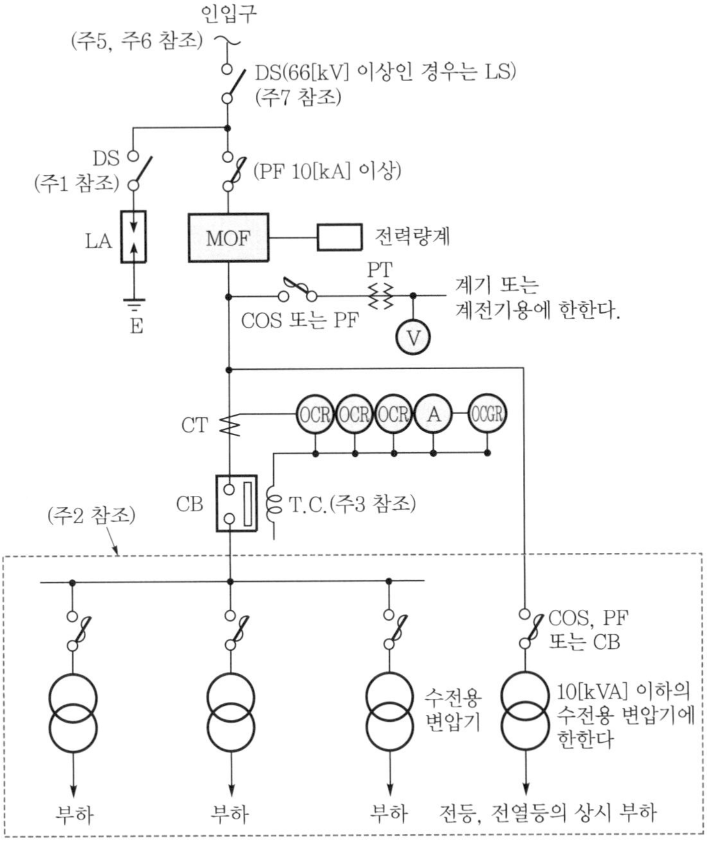

[주] 1. 22.9[kV-Y] 1,000[kVA] 이하인 경우에는 간이 수전 결선도에 의할 수 있다.
2. 결선도 중 점선 내의 부분은 참고용 예시이다.
3. 차단기의 트립 전원은 직류(DC) 또는 콘덴서 방식(CTD)이 바람직하며 66[kV] 이상의 수전설비에는 직류(DC)이어야 한다.
4. LA용 DS는 생략할 수 있으며 22.9[kV-Y]용의 LA는 disconnector(또는 isolator) 붙임형을 사용하여야 한다.
5. 인입선을 지중선으로 시설하는 경우에 공동주택 등 사고 시 정전 피해가 큰 경우에는 예비 지중선 포함하여 2회선으로 시설하는 것이 바람직하다.
6. 지중 인입선의 경우에 22.9[kV-Y] 계통은 CNCV-W(수밀형) 케이블 또는 TR CNCV-W(트리억제형) 케이블을 사용하여야 한다. 다만 전력구·공동구·덕트·건물 구내 등 화재의 우려가 있는 장소에는 FR CNCO-W(난연) 케이블을 사용하는 것이 바람직하다.
7. DS 대신 자동 고장 구분 개폐기(7,000[kVA] 초과 시에는 sectionalizer)를 사용할 수 있으며 66[kV] 이상의 경우에는 LS를 사용하여야 한다.

개념 문제 01 기사 85년, 91년 출제

배점 : 10점

그림은 특고압 수전설비에 대한 결선도이다. 이 결선도를 보고 다음 물음 (1)~(2)에 답하시오.

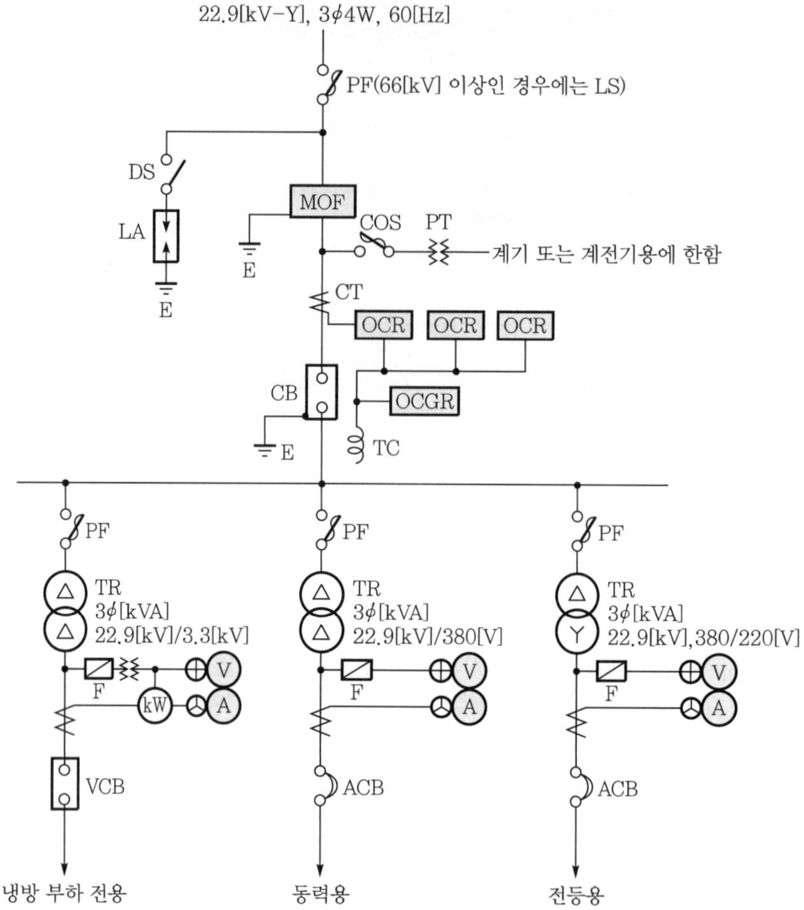

(1) 동력용 변압기에 연결된 동력부하 설비용량이 300[kW], 부하 역률은 80[%], 효율 85[%], 수용률은 50[%]라고 할 때, 동력용 3상 변압기의 용량[kVA]을 계산하고 변압기 표준 정격 용량표에서 변압기 용량을 선정하시오.

전력용 3상 변압기 표준용량[kVA]						
100	150	200	250	300	400	500

(2) 냉방 부하용 터보 냉동기 1대를 설치하고자 한다. 냉방 부하 전용 차단기로 VCB를 설치할 때 VCB 2차측 정격전류는 몇 [A]인가? (단, 전동기는 150[kW], 정격전압 3,300[V], 3상 농형 유도전동기로서 역률 80[%], 효율 85[%]이다.)

답안 (1) 250[kVA], (2) 38.6[A]

해설 (1) 변압기 용량$=\dfrac{300}{0.8\times0.85}\times0.5=220.59[\text{kVA}]$

따라서, 표준용량 250[kVA]를 선정한다.

(2) 부하전류 $I=\dfrac{150\times10^3}{\sqrt{3}\times3{,}300\times0.8\times0.85}=38.6[\text{A}]$

개념 문제 02 기사 99년 출제 | 배점 : 11점 |

특고압 가공전선로(22.9[kV-Y])로부터 수전하는 어느 수용가의 특고압 수전설비의 단선 결선도이다. 다음 각 물음에 답하시오.

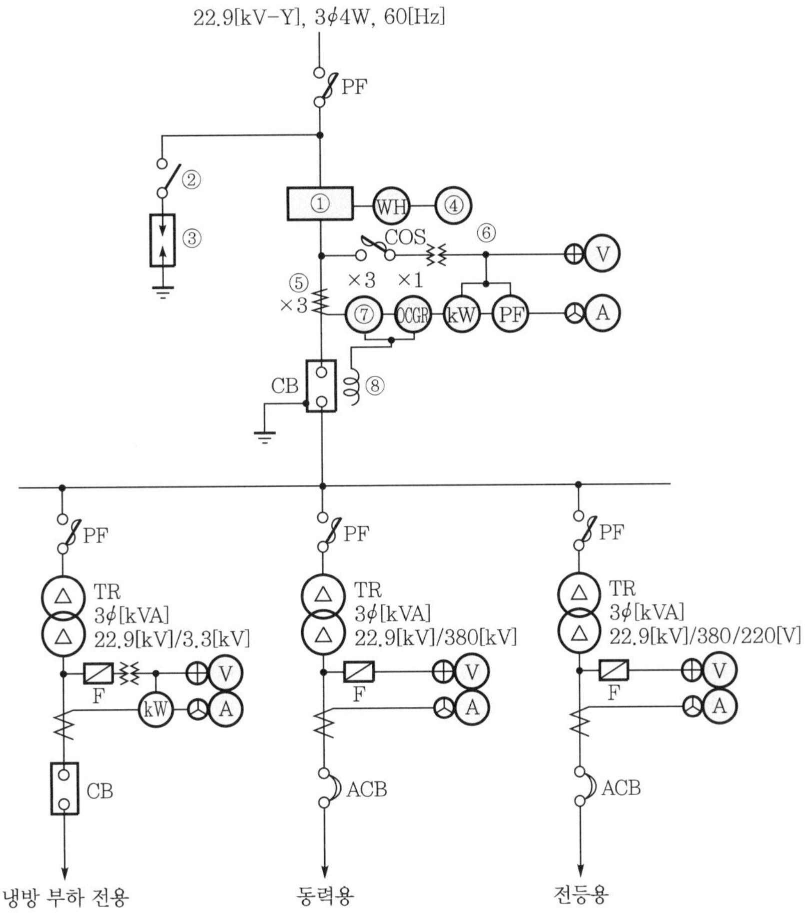

(1) ①~③, ⑦, ⑧에 해당되는 것의 명칭과 영문 약호를 쓰시오.
(2) ⑤에 해당되는 것의 명칭을 쓰고 2차 전류는 일반적인 경우 몇 [A]로 하는지를 쓰시오.
(3) ⑥에 해당되는 것의 명칭을 쓰고 2차 전압은 일반적인 경우 몇 [V]로 하는지를 쓰시오.
(4) ④에 해당되는 것은 무엇인가?

답안 (1)

번 호	명 칭	약 호	번 호	명 칭	약 호
①	계기용 변압 변류기	MOF	②	단로기	DS
③	피뢰기	LA	⑦	과전류 계전기	OCR
⑧	트립 코일	TC			

(2) • 명칭 : 변류기
• 2차 전류 : 5[A]

(3) • 명칭 : 계기용 변압기
• 2차 전압 : 110[V]

(4) 무효 전력량계

3 CB 1차측에 PT를, CB 2차측에 CT를 시설하는 경우

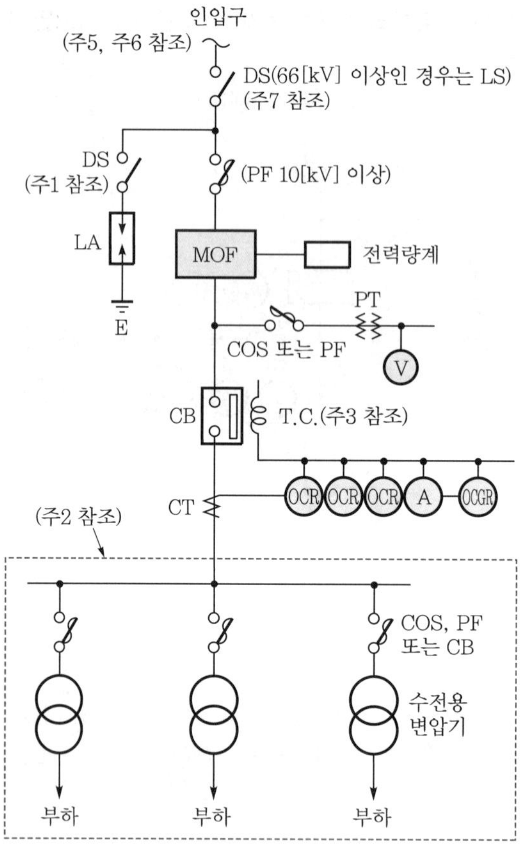

[주] 1. 22.9[kV-Y] 1,000[kVA] 이하인 경우에는 간이 수전 결선도에 의할 수 있다.
2. 결선도 중 점선 내의 부분은 참고용 예시이다.
3. 차단기의 트립 전원은 직류(DC) 또는 콘덴서 방식(CTD)이 바람직하며, 66[kV] 이상의 수전설비에는 직류(DC)이어야 한다.
4. LA용 DS는 생략할 수 있으며 22.9[kV-Y]용의 LA는 disconnector(또는 isolator) 붙임형을 사용하여야 한다.
5. 인입선을 지중선으로 시설하는 경우에 공동주택 등 사고 시 정전 피해가 큰 경우에는 예비 지중선 포함하여 2회선으로 시설하는 것이 바람직하다.
6. 지중 인입선의 경우에 22.9[kV-Y] 계통은 CNCV-W(수밀형) 케이블 또는 TR CNCV-W(트리억제형) 케이블을 사용하여야 한다. 다만 전력구·공동구·덕트·건물 구내 등 화재의 우려가 있는 장소에는 FR CNCO-W(난연) 케이블을 사용하는 것이 바람직하다.
7. DS 대신 자동 고장 구분 개폐기(7,000[kVA] 초과 시에는 sectionalizer)를 사용할 수 있으며 66[kV] 이상의 경우에는 LS를 사용하여야 한다.

개념 문제 01 기사 95년, 04년 출제 | 배점 : 10점 |

3ϕ 4W 22.9[kV] 수변전실 단선 결선도이다. 그림에서 표시된 ①~⑩까지의 명칭을 쓰시오.

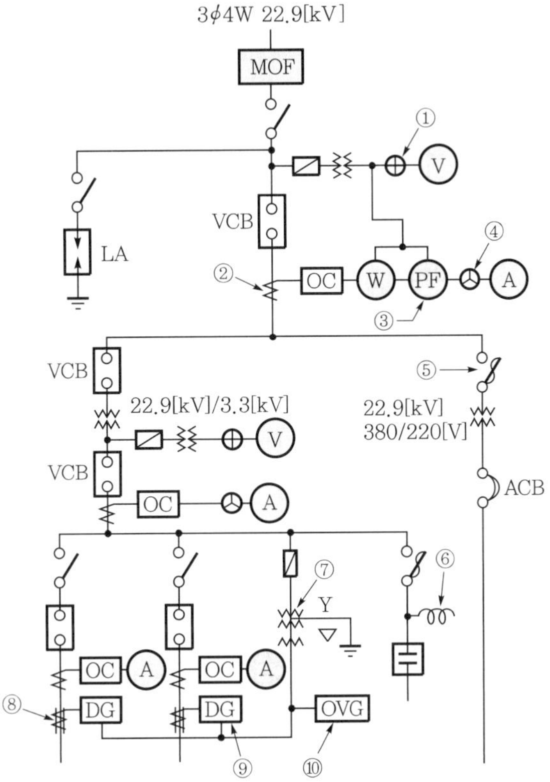

답안
① 전압계용 전환 개폐기
② 계기용 변류기
③ 역률계
④ 전류계용 전환 개폐기
⑤ 전력 퓨즈
⑥ 방전 코일
⑦ 접지형 계기용 변압기
⑧ 영상 변류기
⑨ 지락 방향 계전기
⑩ 지락 과전압 계전기

개념 문제 02 기사 15년, 16년, 18년, 21년 출제

| 배점 : 12점 |

다음은 3ϕ 4W 22.9[kV] 수전설비 단선 결선도이다. 다음 각 물음에 답하시오.

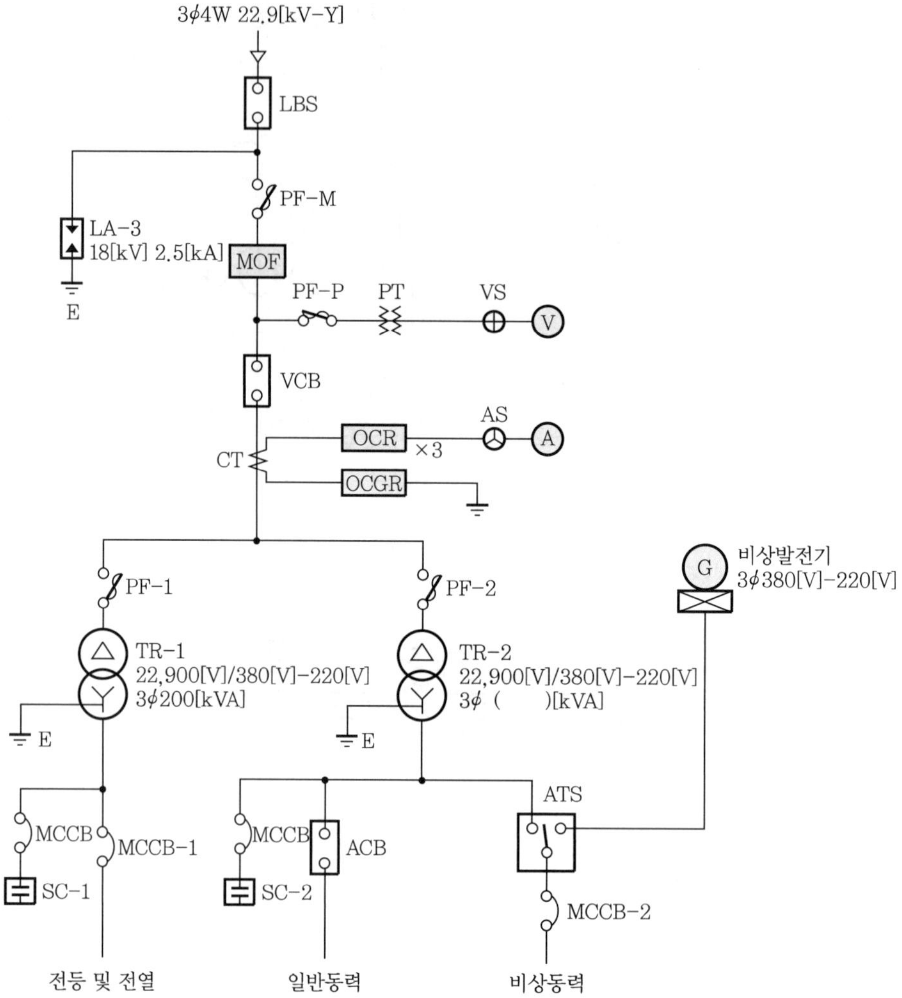

(1) 단선 결선도에서 LA에 대한 다음 물음에 답하시오.

① 우리말 명칭을 쓰시오.

② 기능과 역할에 대해 설명하시오.

③ 성능조건 4가지를 쓰시오.

(2) 수전설비 단선 결선도의 부하집계 및 입력환산표를 완성하시오. (단, 입력환산[kVA]의 계산값은 소수 둘째자리에서 반올림한다.)

구 분	전등 및 전열	일반동력	비상동력
설비용량 및 효율	합계 350[kW] 100[%]	합계 635[kW] 85[%]	유도전동기1 7.5[kW] 2대 85[%] 유도전동기2 11[kW] 1대 85[%] 유도전동기3 15[kW] 1대 85[%] 비상조명 8,000[W] 100[%]
평균(종합)역률	80[%]	90[%]	90[%]
수용률	60[%]	45[%]	100[%]

• **부하집계 및 입력환산표**

구 분		설비용량[kW]	효율[%]	역률[%]	입력환산[kVA]
전등 및 전열		350			
일반동력		635			
비상동력	유도전동기1	7.5×2			
	유도전동기2				
	유도전동기3	15			
	비상조명				
	소계	–	–	–	

(3) TR-2의 적정용량은 몇 [kVA]인지 단선 결선도와 "(2)"항의 부하집계표를 참고하여 구하시오.

[참고사항]
- 일반 동력군과 비상 동력군 간의 부등률은 1.3이다.
- 변압기 용량은 15[%] 정도의 여유를 갖는다.
- 변압기의 표준규격[kVA]은 200, 300, 400, 500, 600이다.

(4) 단선 결선도에서 TR-2의 2차측 중성점 접지공사의 접지도체의 굵기[mm^2]를 구하시오.

[참고사항]
- 접지도체는 GV전선을 사용하고 표준굵기[mm^2]는 6, 10, 16, 25, 35, 50, 70 중에서 선정한다.
- GV전선의 표준굵기[mm^2]의 선정은 전기기기의 선정 및 설치-접지설비 및 보호도체(KS C IEC 60364-5-54)에 따른다.
- 과전류 차단기를 통해 흐를 수 있는 예상 고장전류는 변압기 2차 정격전류의 20배로 본다.
- 도체, 절연물, 그 밖의 부분의 재질 및 초기 온도와 최종 온도에 따라 정해지는 계수는 143(구리 도체)으로 한다.
- 변압기 2차의 과전류 차단기는 고장전류에서 0.1초에 차단되는 것이다.

답안 (1) ① 피뢰기

② 이상전압 내습 시 대지로 방전하고 속류 차단하므로 기기를 보호한다.

③ • 상용 주파 방전 개시 전압이 계통의 지속성 이상전압보다 높을 것
- 충격 방전 개시 전압이 기기의 절연레벨보다 낮을 것
- 방전내량이 크고, 제한 전압이 낮을 것
- 속류 차단 능력이 클 것

(2) $\text{입력환산} = \dfrac{\text{설비용량[kW]}}{\text{역률} \times \text{효율}} [\text{kVA}]$

구 분		설비용량[kW]	효율[%]	역률[%]	입력환산[kVA]
전등 및 전열		350	100	80	437.5
일반동력		635	85	90	830.1
비상동력	유도전동기1	7.5×2	85	90	19.6
	유도전동기2	11	85	90	14.4
	유도전동기3	15	85	90	19.6
	비상조명	8	100	90	8.9
	소계	–	–	–	62.5

(3) 400[kVA]

(4) 35[mm^2]로 선정

해설 (3) TR-2 변압기는 일반동력과 비상동력설비를 수용하므로

$$\text{TR-2} = \frac{830.1 \times 0.45 + 62.5 \times 1}{1.3} \times (1 + 0.15) = 385.73\,[\text{kVA}]$$

(4) • TR-2의 2차측 정격전류

$$I_2 = \frac{P}{\sqrt{3}\,V} = \frac{400 \times 10^3}{\sqrt{3} \times 380} = 607.74\,[\text{A}]$$

• 예상 고장전류(I)는 변압기 2차 정격전류의 20배로 본다고 하였으므로

$$I = 20 I_2 = 20 \times 607.74 = 12{,}154.8\,[\text{A}]$$

$$\therefore\ A = \frac{\sqrt{I^2 t}}{k} = \frac{\sqrt{12{,}154.8^2 \times 0.1}}{143} = 26.88\,[\text{mm}^2]$$

※ **접지도체(보호도체)(KEC 142.3.2)**

보호도체의 단면적은 다음의 계산값 이상이어야 한다. (단, 차단시간 5초 이하인 경우)

$$A = \frac{\sqrt{I^2 t}}{k}\,[\text{mm}^2]$$

여기서, A : 단면적[mm²]

I : 보호장치를 통해 흐를 수 있는 예상 고장전류의 실효값[A]

t : 자동 차단을 위한 보호장치의 동작시간[s]

k : 보호도체, 절연, 기타 부위의 재질 및 초기 온도와 최종 온도에 따라 정해지는 상수

기출개념 02 특고압 간이 수전설비의 시설

1 22.9[kV-Y] 1,000[kVA] 이하를 시설하는 경우

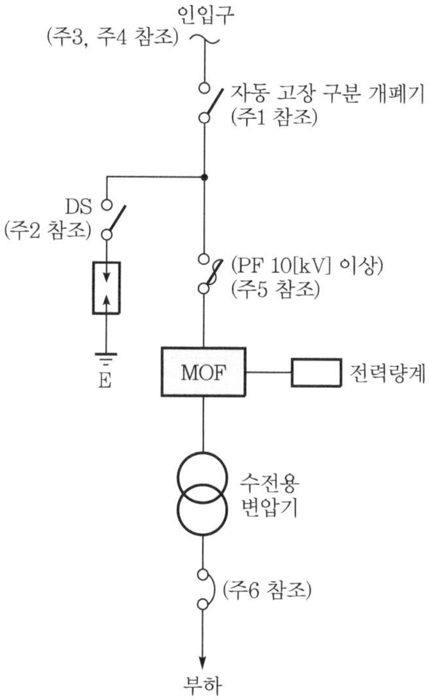

[주] 1. 300[kVA] 이하의 경우에는 자동 고장 구분 개폐기 대신 INT.Sw를 사용할 수 있다.

2. LA용 DS는 생략할 수 있으며 22.9[kV-Y]용의 LA는 disconnector(또는 isolator) 붙임형을 사용하여야 한다.
3. 인입선을 지중선으로 시설하는 경우에 공동주택 등 사고 시 정전 피해가 큰 경우에는 예비 지중선 포함하여 2회선으로 시설하는 것이 바람직하다.
4. 지중 인입선의 경우에 22.9[kV-Y] 계통은 CNCV-W(수밀형) 케이블 또는 TR CNCV-W(트리억제형) 케이블을 사용하여야 한다 다만 전력구·공동구·덕트·건물 구내 등 화재의 우려가 있는 장소에는 FR CNCO-W(난연) 케이블을 사용하는 것이 바람직하다.
5. 300[kVA] 이하인 경우 PF대신 COS(비대칭 차단전류 10[kA] 이상의 것)을 사용할 수 있다.
6. 특고압 간이 수전설비는 PF의 용단 등의 결상 사고에 대한 대책이 없으므로 변압기 2차측에 설치되는 주 차단기에는 결상 계전기 등을 설치하여 결상 사고에 대한 보호 능력이 있도록 함이 바람직하다.

개념 문제 01 산업 02년, 08년 출제

| 배점 : 10점 |

옥외의 간이 수변전설비에 대한 단선 결선도이다. 이 그림을 보고 다음 각 물음에 답하시오.

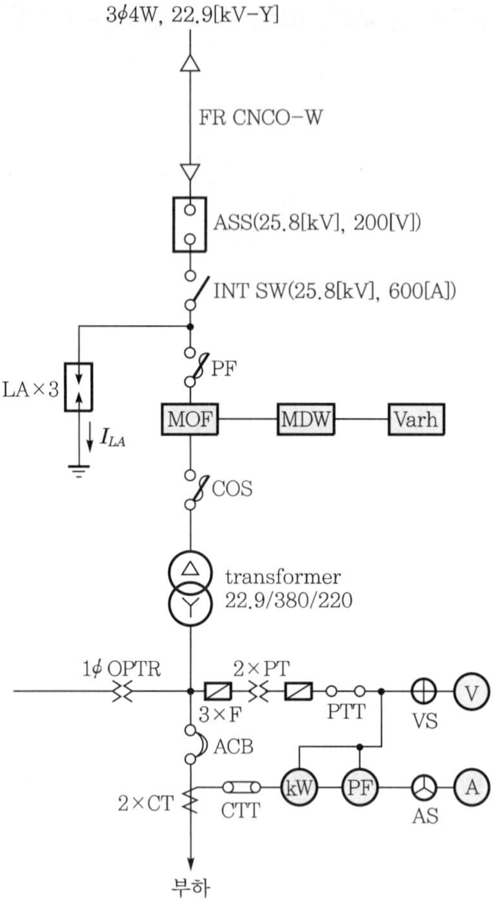

(1) 도면상의 ASS는 무엇인지 그 명칭을 쓰시오. (우리말 또는 영문 원어로 답하시오.)
(2) 도면상의 MDW의 명칭은 무엇인가? (우리말 또는 영문 원어로 답하시오.)
(3) 도면상의 전선 약호 FR CNCO-W의 정확한 명칭을 쓰시오.
(4) 22.9[kV-Y] 간이 수변전설비는 수전 용량 몇 [kVA] 이하에 적용하는가?
(5) LA의 공칭방전전류는 몇 [A]를 적용하는가?
(6) 도면에서 PTT는 무엇인가? (우리말 또는 영문 원어로 답하시오.)
(7) 도면에서 CTT는 무엇인가? (우리말 또는 영문 원어로 답하시오.)
(8) 2차측 주 개폐기로 380[V]/220[V]를 사용하는 경우 중성선측 개폐기의 표시는 어떤 색깔로 하여야 하는가?
(9) 도면상의 ⊕은 무엇인지 우리말로 답하시오.
(10) 도면상의 ⊗은 무엇인지 우리말로 답하시오.

답안 (1) 자동 고장 구분 개폐기(Automatic Section Switch)
(2) 최대 수요 전력량계(Maximum Demand Wattmeter)
(3) 동심 중성선 수밀형 저독성 난연 전력 케이블
(4) 1,000[kVA] 이하

(5) 2,500[A]
(6) 전압 시험 단자
(7) 전류 시험 단자
(8) 청색
(9) ⊕ : 전압계용 전환 개폐기
(10) ⊗ : 전류계용 전환 개폐기

개념 문제 02 기사 96년, 05년 출제

| 배점 : 11점 |

그림은 특고압 수전설비 표준 결선도의 미완성 도면이다. 이 도면에 대한 다음 각 물음에 답하시오.

(1) 미완성 부분(점선 내 부분)에 대한 결선도를 완성하시오. (단, 미완성 부분만 작성하도록 하되, 미완성 부분에는 CB, OCGR, OCR×3, MOF, CT, PF, COS, TC 등을 사용하도록 한다.)

(2) 사용전압이 22.9[kV]라고 할 때 차단기의 트립 전원은 어떤 방식이 바람직한지 2가지를 쓰시오.

(3) 수전전압이 66[kV] 이상인 경우에는 DS 대신 어떤 것을 사용하여야 하는가?

(4) 22.9[kV-Y] 1,000[kVA] 이하인 경우에는 간이 수전 결선도에 의할 수 있다. 본 결선도에 대한 간이 수전 결선도를 그리시오.

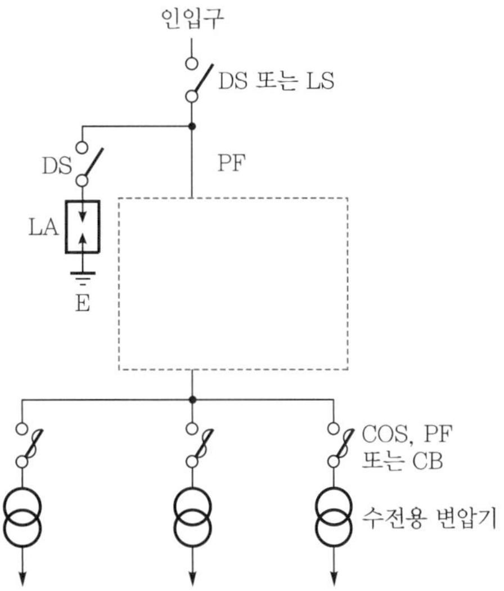

답안 (1)

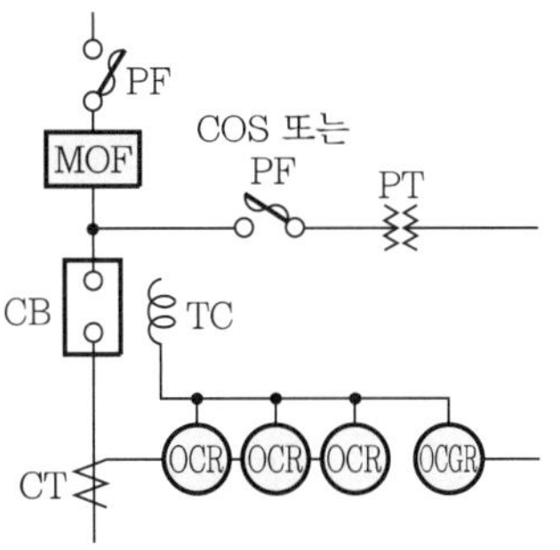

(2) • DC 방식
• CTD 방식

(3) LS

(4)

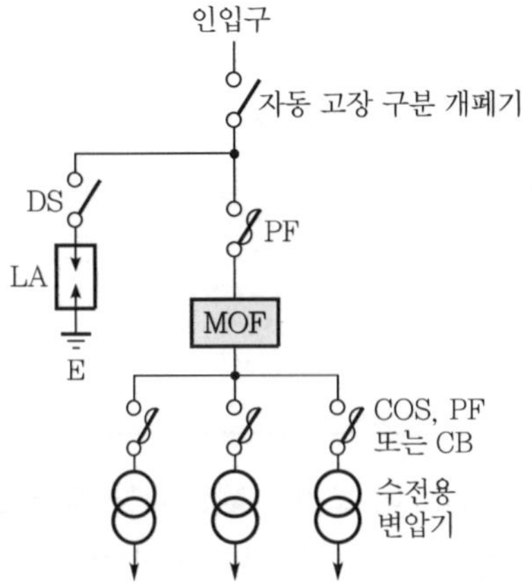

개념 문제 03 기사 16년, 20년 출제

| 배점 : 16점 |

다음 그림은 어느 수용가의 수전설비 계통도이다. 다음 각 물음에 답하시오.

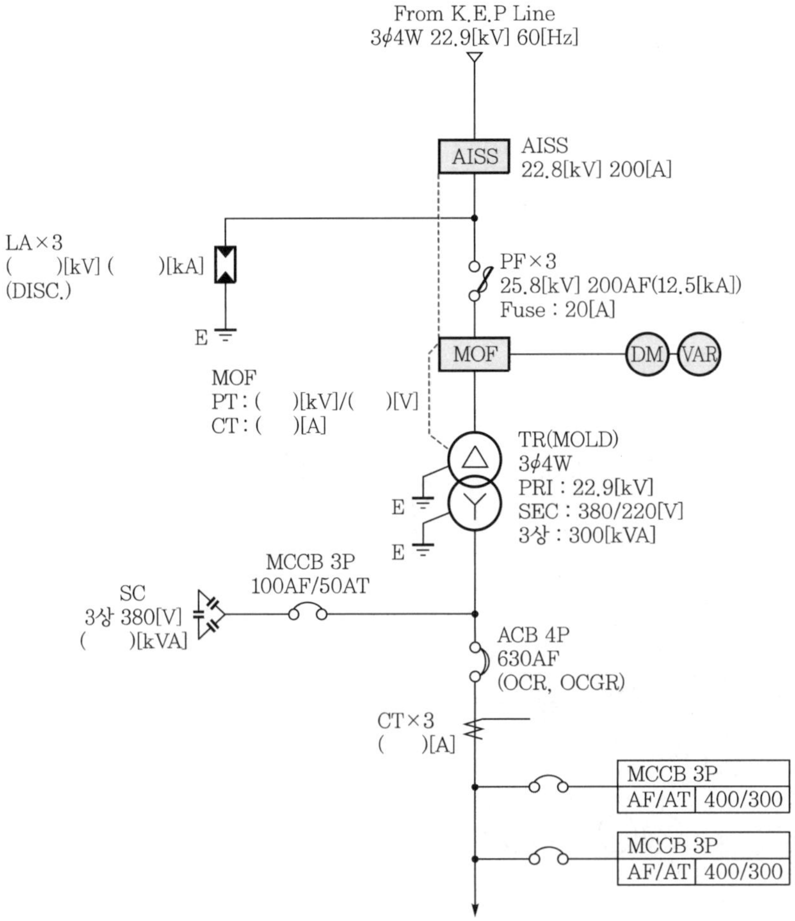

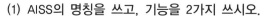

(1) AISS의 명칭을 쓰고, 기능을 2가지 쓰시오.
① 명칭 :
② 기능 :
(2) 피뢰기의 정격전압 및 공칭방전전류를 쓰고 그림에서의 DISC. 기능을 간단히 설명하시오.
① 정격전압 :
② 공칭방전전류 :
③ DISC(Disconnector)의 기능 :
(3) MOF의 정격을 구하시오.
(4) MOLD TR의 장점 및 단점을 각각 2가지만 쓰시오.
(5) ACB의 명칭을 쓰시오.
(6) CT의 정격(변류비)를 구하시오.
• 계산과정 :
• 답 :

답안 (1) ① 기중형 고장 구간 자동 개폐기
② • 고장 구간을 자동으로 개방하여 사고 확대를 방지
• 전부하 상태에서 자동(또는 수동)으로 개방하여 과부하 보호
(2) ① 18[kV]
② 2.4[kA]
③ 피뢰기 고장 시 개방되어 피뢰기를 대지로부터 분리
(3) 변류비 $\frac{10}{5}$
(4) ① 장점
• 난연성과 내습성이 우수하다.
• 전력 손실이 적다.
② 단점
• 충격파 내전압이 낮다.
• 수지층에 차폐물이 없으므로 운전 중 코일 표면과 접촉하면 위험하다.
(5) 기중 차단기
(6) • 계산과정 : $I_1 = \frac{300 \times 10^3}{\sqrt{3} \times 380} \times 1.25 = 569.753[A]$
• 답 : $\frac{600}{5}$

해설 (1) AISS(Air-Insulated Auto-Sectionalizing Switches) : 기중 절연 자동 고장 구분 개폐기로 22.9[kV-Y] 배전선로에서 부하용량 4,000[kVA] 이하인 수용가의 수전 인입점에 설치한다.
(2) DISC(disconnector) 기능
피뢰기의 고장 발생 시 DISC.가 개방됨으로써 대지로부터 피뢰기를 분리시키는 기능
(3) ① PT비 $\frac{22{,}900}{\sqrt{3}}[kV] / \frac{190}{\sqrt{3}}[V]$
② CT비 $I_1 = \frac{300 \times 10^3}{\sqrt{3} \times 22.9 \times 10^3} = 7.56[A]$

(4) 몰드 변압기의 장·단점

① 장점

- 난연성이 우수하다.
- 전력 손실이 적다.
- 내습, 내진성이 우수하다.
- 소형 경량화 할 수 있다.
- 유지 보수가 용이하다
- 단시간 과부하 내량이 높다.

② 단점

- 가격이 고가이다.
- 충격파 내전압이 낮다.
- 수지층에 차폐물이 없으므로 운전 중 코일 표면과 접촉하면 위험하다.

단원 빈출문제

문제 01 기사 02년 출제

배점 : 8점

그림은 22.9[kV-Y]로 수전하는 수전설비 용량 600[kVA]인 어떤 자가용 전기 수용가의 수변전설비의 단선 결선도이다. 이 결선도를 보고 다음 각 물음에 답하시오. (단, 도면 중 PF×3, COS×3, DS×3 등은 개별적으로 투입, 개방할 수 있는 개폐기이다.)

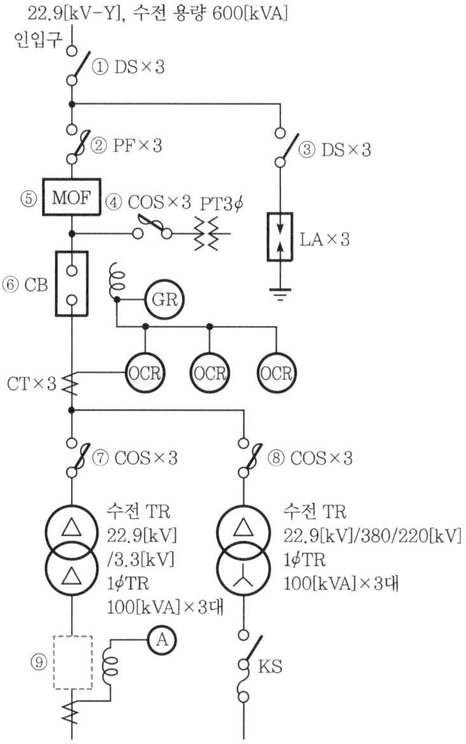

(1) 수변전 기기의 점검을 위하여 모든 차단기와 개폐기를 개방해 놓고 점검을 마친 후 구내에 송전하고자 한다. ①~⑧ 중 마지막 투입해야 하는 것은 어느 것인지 그 번호를 쓰시오.
(2) ① DS 대신으로 사용할 수 있는 개폐기는 어떤 개폐기인가?
(3) ①~⑧ 중 생략할 수 있는 것은 어느 것인가 그 번호를 쓰시오.
(4) ⑨로 표시된 부분에는 어떤 기기를 설치하여야 하는가?
(5) ②, ⑥, ⑦, ⑧ 중에서 부하측에 부하전류가 흐르고 있을 때, 개방해서는 안 되는 것을 모두 쓰시오.

답안 (1) ⑥
(2) 자동 고장 구분 개폐기
(3) ③
(4) 교류 차단기
(5) ②, ⑦, ⑧

문제 02 기사 06년 출제 | 배점 : 10점 |

도면은 수전설비의 단선 결선도를 나타내고 있다. 이 도면을 보고 다음 각 물음에 답하시오.

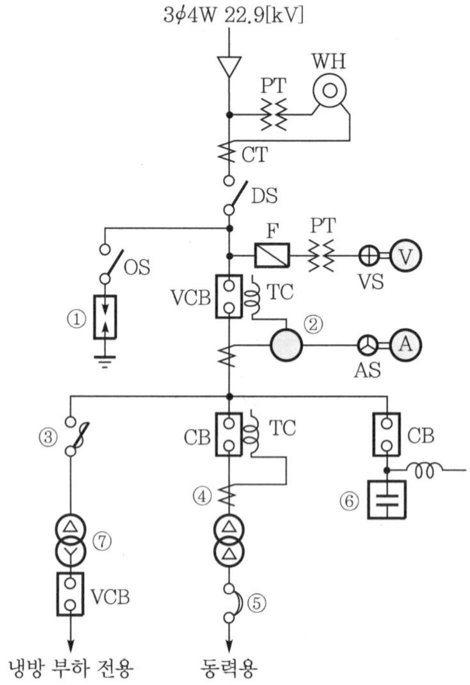

(1) 동력용 변압기에 연결된 동력부하 설비용량이 400[kW], 부하 역률 85[%], 수용률 65[%]라고 할 때, 변압기 용량은 몇 [kVA]를 사용하여야 하는가?

변압기 표준용량[kVA]						
100	150	200	250	300	400	500

(2) ①~⑤로 표시된 곳의 명칭을 쓰시오.
(3) 냉방용 냉동기 1대를 설치하고자 할 때, 냉방 부하 전용 차단기로 VCB를 설치한다면 VCB 2차측 정격전류는 몇 [A]인가? (단, 냉방용 냉동기의 전동기는 100[kW], 정격전압 3,300[V]인 3상 유도전동기로서 역률 85[%], 효율은 90[%]이고, 차단기 2차측 정격전류는 전동기 정격전류의 3배로 한다고 한다.)
(4) 도면에 표시된 ⑥번 기기에 코일을 연결한 이유를 설명하시오.
(5) 도면에 표시된 ⑦번 부분의 복선 결선도를 그리시오.

답안 (1) 400[kVA]

(2) ① 피뢰기(LA)
② 과전류 차단기(OCR)
③ 컷 아웃 스위치(COS)
④ 변류기(CT)
⑤ 기중 차단기(ACB)

(3) 400[A]

(4) 콘덴서에 축적된 잔류 전하의 방전

(5)

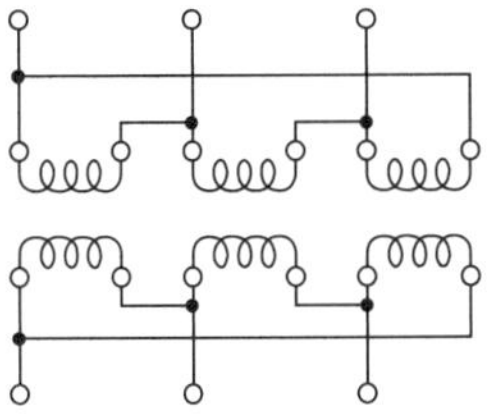

해설 (1) 변압기 용량 $= \dfrac{\text{설비용량[kW]} \times \text{수용률}}{\text{부등률} \times \text{역률}}$[kVA]

$$= \frac{400}{0.85} \times 0.65$$

$$= 305.88\text{[kVA]}$$

(3) 부하전류 $I = \dfrac{100 \times 10^3}{\sqrt{3} \times 3{,}300 \times 0.85 \times 0.9}$

$$= 22.87\text{[A]}$$

2차측 정격전류는 전동기 전류의 3배이므로

$22.87 \times 3 = 68.61$[A]

문제 03 기사 89년, 00년 출제

배점 : 10점

다음 도면은 어느 수변전설비의 미완성 단선 계통도이다. 도면을 읽고 물음에 답하시오.

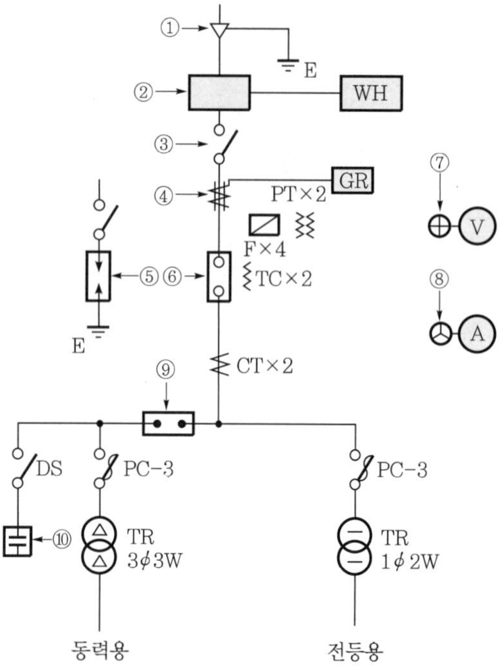

(1) 도면의 미완성된 부분을 완성하시오.
(2) 도면에 표시한 ①~⑩번까지의 약호와 명칭을 쓰시오.
(3) ⑩번을 직렬 리액터와 방전 코일이 부착된 상태로 복선도를 그리시오.
(4) 동력용 변압기의 복선도를 그리시오.
(5) 동력부하로 3상 유도전동기 20[kW], 역률 60[%] (지상) 부하가 연결되어 있다. 이 부하의 역률을 80[%]로 개선하는 데 필요한 전력용 콘덴서의 용량은 몇 [kVA]인가?

답안 (1)

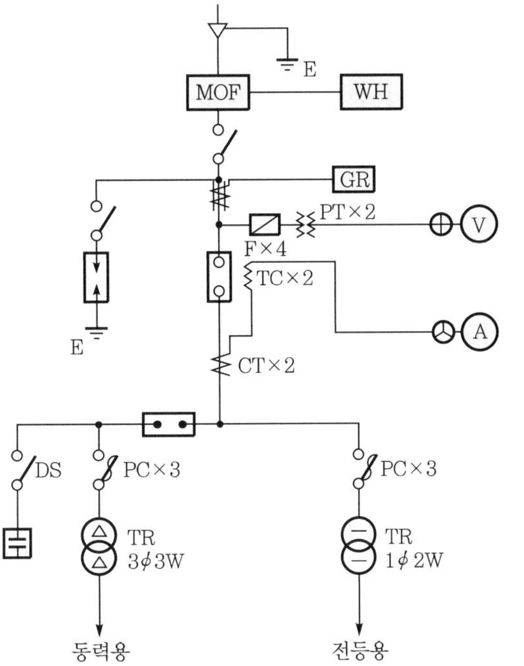

(2)

번 호	약 호	명 칭	번 호	약 호	명 칭
①	CH	케이블 헤드	⑥	CB	교류 차단기
②	MOF	계기용 변압 변류기	⑦	VS	전압계용 전환 개폐기
③	DS	단로기	⑧	AS	전류계용 전환 개폐기
④	ZCT	영상 변류기	⑨	OS	유입 개폐기
⑤	LA	피뢰기	⑩	SC	전력용 콘덴서

(3)

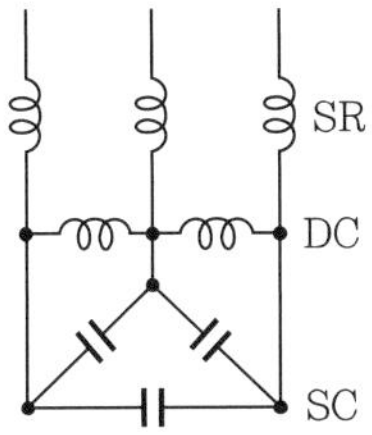

(4)

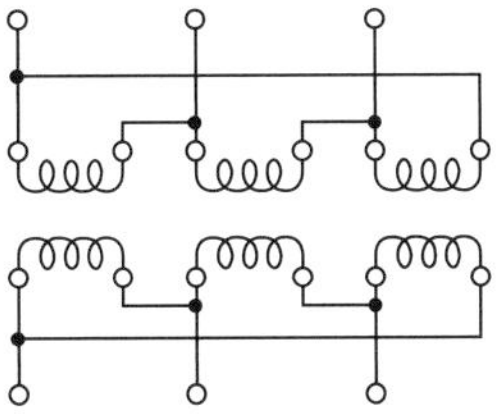

(5) 11.67[kVA]

해설

(5) $Q_C = 20\left(\dfrac{\sqrt{1-0.6^2}}{0.6} - \dfrac{\sqrt{1-0.8^2}}{0.8}\right) = 11.67[\text{kVA}]$

문제 04 기사 96년, 98년, 01년 출제

배점 : 15점

그림은 특고압 수전설비의 표준 결선도이다. 이 결선도를 보고 다음 각 물음에 답하시오.

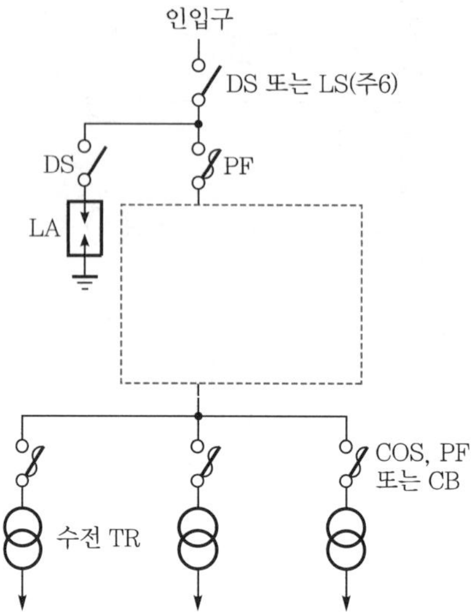

(1) 점선으로 표시된 미완성 부분의 결선도를 완성하시오. (참고 : MOF, CB, OC, GR, PT, CT, OCR, OCGR, A, V, COS 또는 PF 등을 이용할 것)
(2) 인입구 직하 DS 또는 LS에서 인입구 전압이 몇 [kV] 이상인 경우에 LS를 사용하는가?
(3) 차단기의 트립 전원 방식은 어떤 방식을 이용하는 것이 바람직한가? (2가지를 쓰시오)
(4) 인입선을 지중선으로 시설하는 경우로서 공동주택 등 사고 시 정전 피해가 큰 수전설비 인입선은 몇 회선으로 시설하는 것이 바람직한가?
(5) "(4)"항의 문제에서 22.9[kV-Y] 계통에서는 어떤 종류의 케이블을 사용하여야 하는가?

답안 (1)

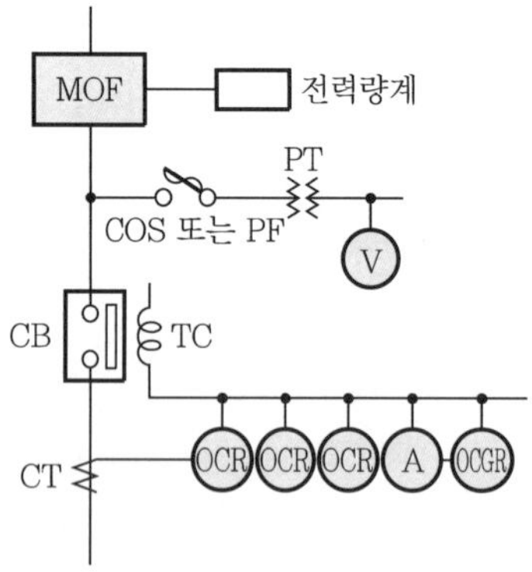

(2) 66[kV]

(3) 직류(DC) 방식 또는 콘덴서 방식(CTD)

(4) 2회선

(5) CNCV-W(수밀형) 케이블

해설 특고압 수전설비 결선도(CB 1차측에 PT를, 2차측에 CT를 시설하는 경우)

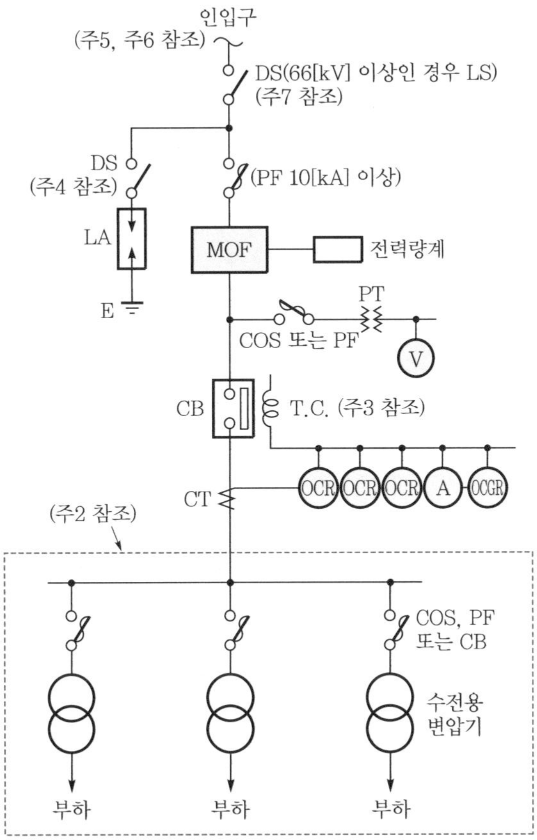

[주] 1. 22.9[kV-Y] 1,000[kVA] 이하인 경우에는 간이 수전 결선도에 의할 수 있다.

2. 결선도 중 점선 내의 부분은 참고용 예시이다.
3. 차단기의 트립 전원은 직류(DC) 또는 콘덴서 방식(CTD)이 바람직하며, 66[kV] 이상의 수전설비에는 직류(DC)이어야 한다
4. LA용 DS는 생략할 수 있으며 22.9[kV-Y]용의 LA는 disconnector(또는 isolator) 붙임형을 사용하여야 한다.
5. 인입선을 지중선으로 시설하는 경우에 공동주택 등 사고 시 정전 피해가 큰 경우에는 예비 지중선 포함하여 2회선으로 시설하는 것이 바람직하다.
6. 지중 인입선의 경우에 22.9[kV-Y] 계통은 CNCV-W(수밀형) 케이블 또는 TR CNCV-W(트리억제형) 케이블을 사용하여야 한다. 다만, 전력구・공동구・덕트・건물 구내 등 화재의 우려가 있는 장소에서는 FR CNCO-W(난연) 케이블을 사용하는 것이 바람직하다.
7. 대신 자동 고장 구분 개폐기(7,000[kVA] 초과 시에는 sectionalizer)를 사용할 수 있으며 66[kV] 이상의 경우에는 LS를 사용하여야 한다.

문제 05 기사 98년, 04년 출제

배점 : 10점

그림은 22.9[kV-Y] 1,000[kVA] 이하에 적용 가능한 특고압 간이 수전설비 표준 결선도이다. 이 결선도를 보고 다음 각 물음에 답하시오.

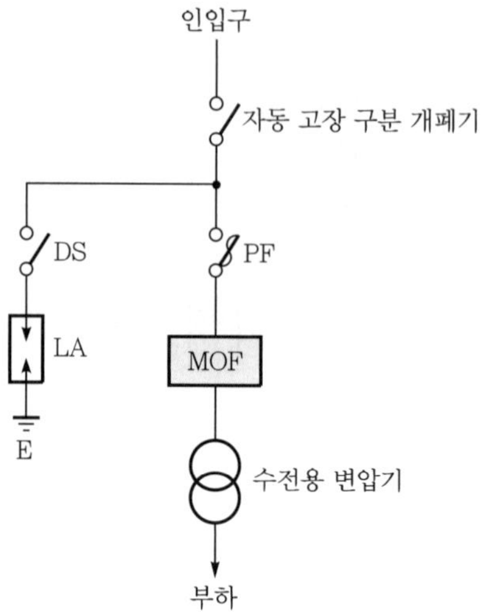

(1) 300[kVA] 이하의 경우에 자동 고장 구분 개폐기 대신에 사용할 수 있는 것은?
(2) 본 도면에서 생략할 수 있는 것은?
(3) 22.9[kV-Y]용의 LA는 (   ) 붙임형을 사용하여야 한다. (   ) 안에 알맞은 것은?
(4) 인입선을 지중선으로 시설하는 경우로서 공동주택 등 사고 시 정전 피해가 큰 수전설비 인입선은 예비선을 포함하여 몇 회선으로 시설하는 것이 바람직한가?
(5) 22.9[kV-Y] 계통에서는 어떤 케이블을 사용하여야 하는가?
(6) 22[kV-△] 계통에서는 어떤 케이블을 사용하여야 하는가?
(7) 300[kVA] 이하인 경우 PF 대신 COS를 사용하였다. 이것의 비대칭 차단전류 용량은 몇 [kA] 이상의 것을 사용하여야 하는가?

답안 (1) 인터럽터 스위치(Interrupter switch)
(2) LA용 단로기(DS)
(3) disconnector 또는 isolator
(4) 2회선
(5) CN CV-W(수밀형) 또는 TR-CNCV-W(트리억제형)
(6) CV 또는 FW-CV
(7) 10[kA]

문제 06 기사 20년 출제

배점 : 14점

다음 수전설비 단선도를 보고 각 물음에 답하시오.

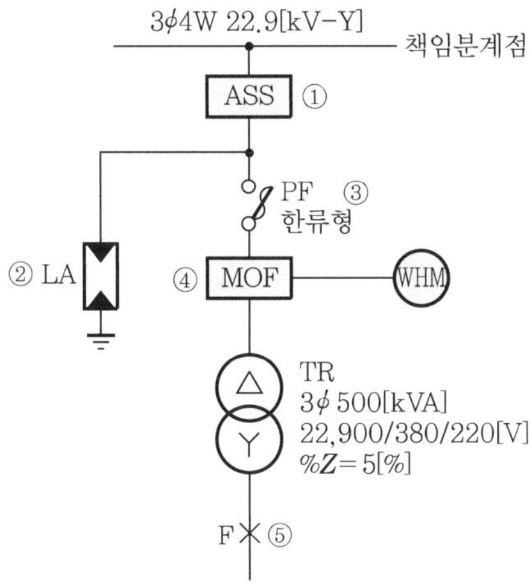

(1) 단선도에 표시된 ① ASS의 최대 과전류 Lock 전류값과 과전류 Lock 기능을 설명하시오.
  ① 최대 과전류 Lock 전류[A] :
  ② 과전류 Lock 기능이란 :

(2) 단선도에 표시된 ② 피뢰기의 정격전압[kV]과 제1보호 대상을 쓰시오.
  ① 정격전압[kV] :
  ② 제1보호 대상 :

(3) 단선도에 표시된 ③ 한류형 PF의 단점을 2가지만 쓰시오.

(4) 단선도에 표시된 ④ MOF에 대한 과전류강도 적용기준으로 다음의 ( )에 들어갈 내용을 답란에 쓰시오.

> MOF의 과전류강도는 기기 설치점에서 단락전류에 의하여 계산 적용하되, 22.9[kV]급으로서 60[A] 이하의 MOF 최고 과전류강도는 전기사업자 규격에 의한 (①)배로 하고, 계산한 값이 75배 이상인 경우에는 (②)배를 적용하며, 60[A] 초과 시 MOF의 과전류강도는 (③)배로 적용한다.

(5) 단선도에 표시된 ⑤ 변압기 2차 F점에서의 3상 단락전류와 선간(2상) 단락전류를 각각 구하시오. (단, 변압기 임피던스만 고려하고 기타 정수는 무시한다.)
  ① 3상 단락전류
  ② 선간(2상) 단락전류

답안 (1) ① 880[A]

② 고장전류가 정격 Lock 전류 이상 발생 시 개폐기(ASS)는 Lock되어 차단되지 않고, 후비보호장치에 의해 고장전류 제거 후 개폐기(ASS)가 개방되어 고장구간을 자동 분리하는 기능

(2) ① 18[kV]

② 전력용 변압기

(3) • 재투입이 불가능하다.
• 과전류에서 용단될 수 있다.

(4) ① 75
② 150
③ 40

(5) ① 15,193.43[A]
② 13,157.90[A]

해설 (1) 자동 고장 구분 개폐기(ASS) 정격

정격전압	25.8[kV]
정격전류	200[A]
정격차단전류	900[A]
과전류 Lock 전류	800[A]±10[%]

(5) ① 3상 단락전류 I_{3s}

$$\%Z = \frac{I_n}{I_{3s}} \times 100$$

$$I_{3s} = \frac{100}{\%Z} I_n \left(I_{3s} = \frac{E}{Z} = \frac{\frac{V}{\sqrt{3}}}{Z} \right)$$

$$I_{3s} = \frac{100}{\%Z} \times I_n = \frac{100}{5} \times \frac{500 \times 10^3}{\sqrt{3} \times 380} = 15,193.43[A]$$

② 선간(2상) 단락전류 I_{2s}

$$I_{2s} = \frac{V}{2Z} = \frac{\sqrt{3}E}{2Z} = \frac{\sqrt{3}}{2} I_{3s}$$

$$= \frac{\sqrt{3}}{2} \times 15,193.43 = 13,157.90[A]$$

문제 07 기사 96년, 02년 출제

배점 : 10점

도면은 154[kV]를 수전하는 어느 공장의 수전설비에 대한 단선도이다. 이 단선도를 보고 다음 각 물음에 답하시오.

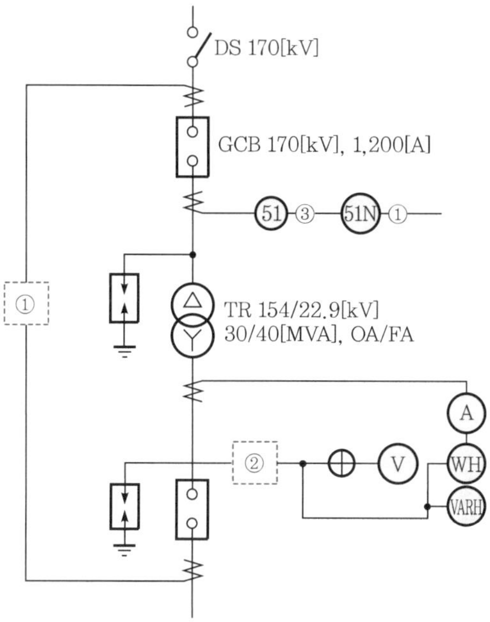

(1) ①에 설치되어야 할 기기의 심벌을 그리고, 그 명칭을 쓰시오.
(2) ②에 설치되어야 할 기기의 심벌을 그리고, 그 명칭을 쓰시오.
(3) 변압기에 표시되어 있는 OA/FA의 의미를 쓰시오.
(4) 22.9[kV] 계통에서의 CT의 변류비는 얼마인가?
(5) CT와 51, 51N 계전기의 복선도를 완성하시오.

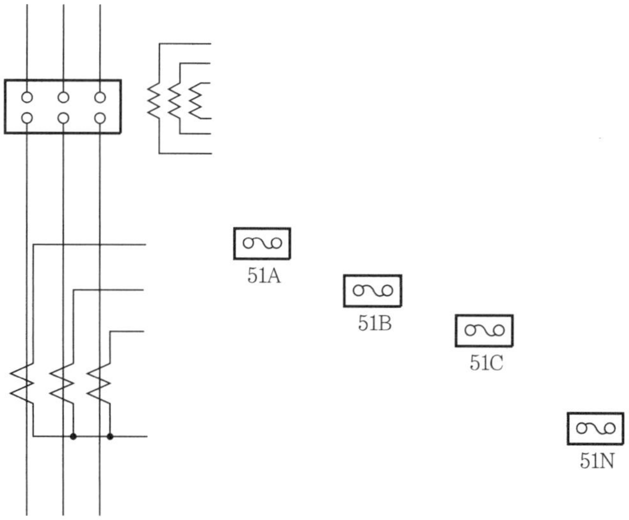

(6) 154/22.9[kV]로 표시되어 있는 주 변압기 복선도를 그리시오.

답안

(1) • 심벌 : 

• 명칭 : 변압기 보호용 비율 차동 계전기

(2) • 심벌 : 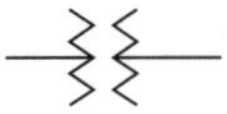

• 명칭 : 계기용 변압기

(3) OA : 유입자냉식

FA : 유입풍냉식

(4) 1,500/5 선정(변압기 40[MVA] 선정)

(5)

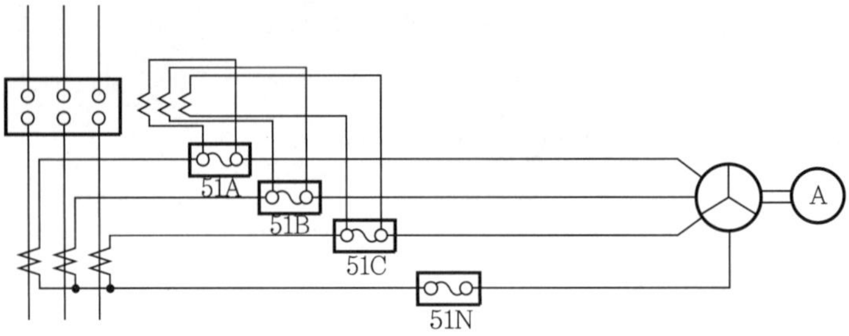

(6)

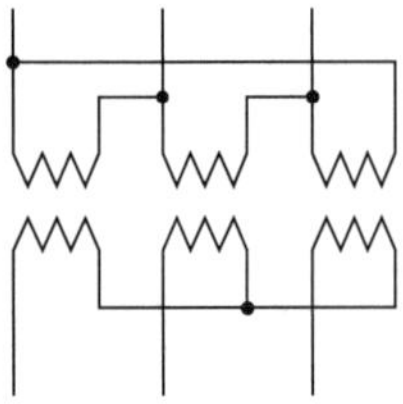

해설

(4) $I_{ct} = \dfrac{40 \times 10^3}{\sqrt{3} \times 22.9} \times 1.25$

$= 1,260.590$[A]

문제 08 기사 12년, 21년 출제

배점 : 5점

△-Y결선 방식의 주 변압기 보호에 사용되는 비율 차동 계전기의 간략화한 회로도이다. 주 변압기 1차 및 2차측 변류기(CT)의 미결선 2차 회로를 완성하시오. (단, 결선과 함께 접지가 필요한 곳은 접지 그림기호를 표시하시오.)

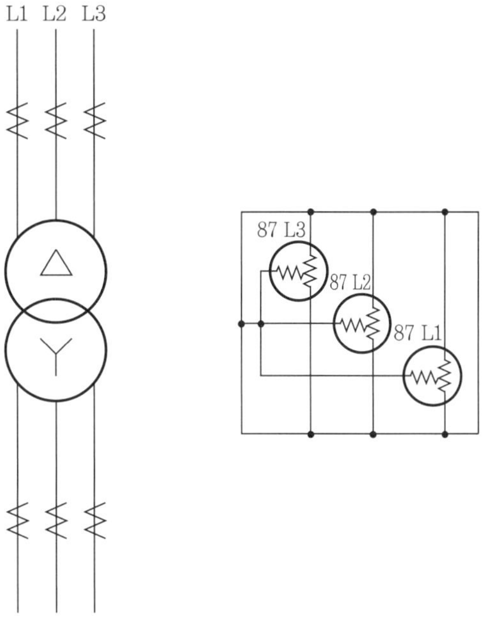

답안

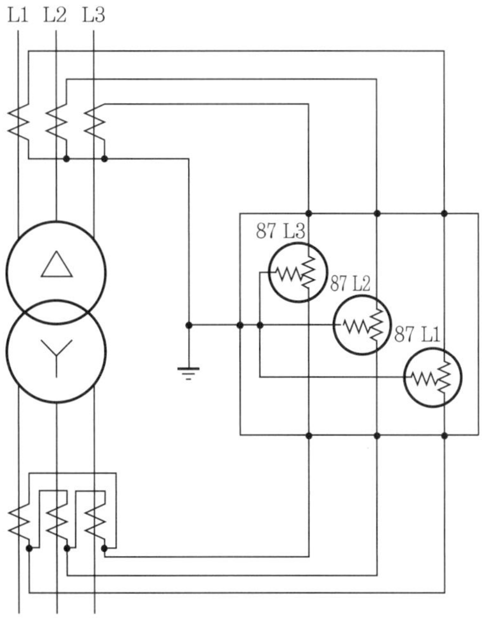

문제 09 기사 96년 출제

배점 : 16점

도면은 특고압 수전설비의 표준 결선도이다. 이 결선도를 보고 다음 각 물음에 답하시오.

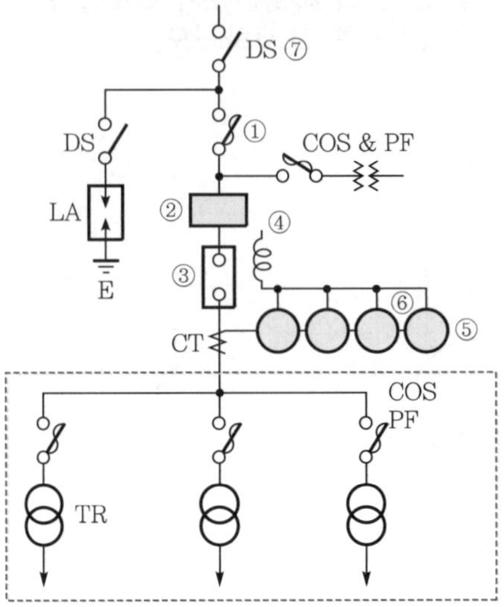

(1) ①~⑥에 해당되는 심벌의 명칭은?
(2) ⑦ DS 대신 사용할 수 있는 것은 무엇이며, 66[kV] 이상인 경우 DS 대신 무엇을 사용하여야 하는가?
(3) 차단기의 트립 전원은 어떤 방식이 바람직한지 2가지를 쓰시오.
(4) 22.9[kV-Y]용 LA는 어떤 것이 붙어 있는 것(~붙임형)을 사용하여야 하는가?
(5) 22.9[kV-Y] 계통에서는 수전설비 인입선으로 어떤 케이블을 사용하여야 하는가?

답안 (1) ① 전력 퓨즈
② 계기용 변압 변류기
③ 교류 차단기
④ 트립 코일
⑤ 지락 과전류 계전기
⑥ 지락 과전류 계전기

(2) • DS 대신 사용할 수 있는 것 : 자동 고장 구분 개폐기
• 66[kV] 이상인 경우 DS 대신 사용할 수 있는 것 : LS

(3) 직류(DC) 또는 콘덴서 방식(CTD)

(4) disconnector(또는 isolator)

(5) CNCV-W(수밀형)

문제 10 기사 96년, 00년 출제

| 배점 : 16점 |

도면은 어떤 배전용 변전소의 단선 결선도이다. 이 도면과 주어진 조건을 이용하여 다음 각 물음에 답하시오.

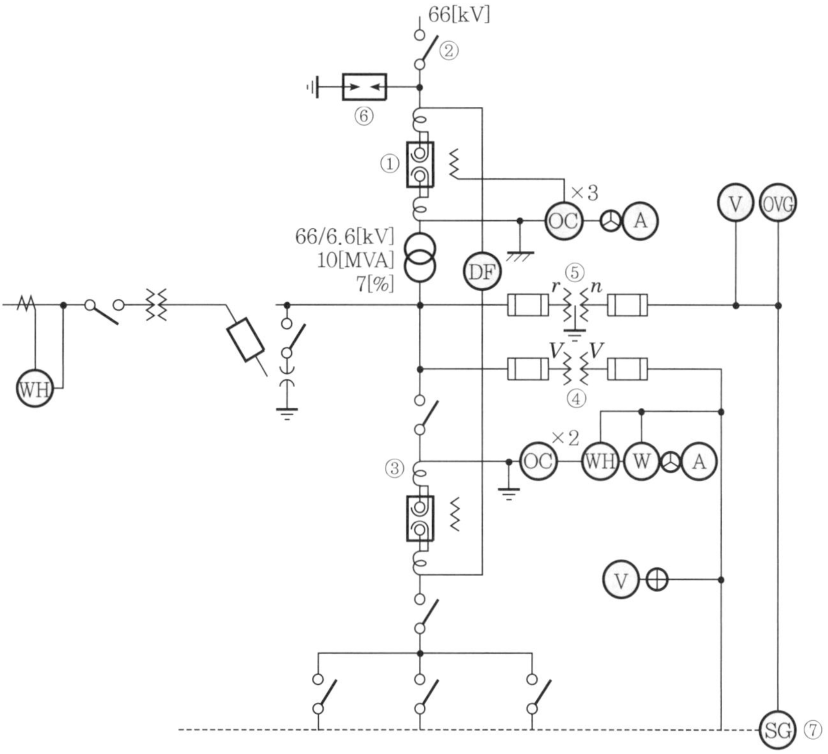

① 주 변압기의 정격은 1차 정격전압 66[kV], 2차 정격전압 6.6[kV], 정격용량은 3상 10[MVA]라고 한다.
② 주 변압기의 1차측(즉, 1차 모선)에서 본 전원측 등가 임피던스는 100[MVA] 기준으로 16[%]이고, 변압기의 내부 임피던스는 자기용량 기준으로 7[%]라고 한다.
③ 또한 각 Feeder에 연결된 부하는 거의 동일하다고 한다.
④ 차단기의 정격차단용량, 정격전류, 단로기의 정격전류, 변류기의 1차 정격전류표준은 다음과 같다.

정격전압 [kV]	공칭전압 [kV]	정격차단용량 [MVA]	정격전류 [A]	정격차단시간 [Hz]
7.2	6.6	25	200	5
		50	400, 600	5
		100	400, 600, 800, 1,200	5
		150	400, 600, 800, 1,200	5
		200	600, 800, 1,200	5
		250	600, 800, 1,200, 2,000	5
72	66	1,000	600, 800	3
		1,500	600, 800, 1,200	3
		2,500	600, 800, 1,200	3
		3,500	800, 1,200	3

• 단로기(또는 선로 개폐기 정격전류의 표준규격)
72[kV] : 600[A], 1,200[A]
7.2[kV] 이하 : 400[A], 600[A], 1,200[A], 2,000[A]
• CT 1차 정격전류 표준규격(단위 : [A])
50, 75, 100, 150, 200, 300, 400, 600, 800, 1,200, 1,500, 2,000
• CT 2차 정격전류는 5[A], PT의 2차 정격전압은 110[V]이다.

(1) 차단기 ①에 대한 정격차단용량과 정격전류를 산정하시오.
(2) 선로 개폐기 ②에 대한 정격전류를 산정하시오.
(3) 변류기 ③에 대한 1차 정격전류를 산정하시오.
(4) PT ④에 대한 1차 정격전압은 얼마인가?
(5) ⑤로 표시된 기기의 명칭은 무엇인가?
(6) 피뢰기 ⑥에 대한 정격전압은 얼마인가?
(7) ⑦의 역할을 간단히 설명하시오.

답안 (1) • 차단용량 : 1,000[MVA]
• 정격전류 : 600[A]
(2) 600[A]
(3) 1,200[A]
(4) 6,600[V]
(5) 접지형 계기용 변압기
(6) 75[kV]
(7) 다회선 선로에서 지락사고 시 지락 회선을 선택 차단하는 선택 접지 계전기

해설 (1) $P_s = \frac{100}{\%Z} P_n = \frac{100}{16} \times 100 = 625[\text{MVA}]$

∴ 1,000[MVA] 선정

$$I_n = \frac{P}{\sqrt{3} \cdot V} = \frac{10 \times 10^3}{\sqrt{3} \times 66} = 87.48[\text{A}]$$

∴ 600[A] 선정

(2) 단로기에 흐르는 전류

$$I_n = \frac{P}{\sqrt{3} \cdot V} = \frac{10 \times 10^3}{\sqrt{3} \times 66} = 87.48[\text{A}]$$

∴ 600[A] 선정

(3) 변류기 1차 정격전류

$$I_c = \frac{10 \times 10^3}{\sqrt{3} \times 6.6} \times 1.25 = 1{,}093.466[\text{A}]$$

따라서, 변류기 1차 정격전류는 표에서 1,200[A] 선정

문제 11 기사 03년 출제

배점 : 17점

그림은 어떤 변전소의 도면이다. 변압기 상호 부등률이 1.3이고, 부하의 역률 90[%]이다. STr의 내부 임피던스가 4.6[%] TR_1, TR_2, TR_3의 내부 임피던스가 10[%], 154[kV] BUS의 내부 임피던스가 0.4[%]이다. 다음 물음에 답하시오.

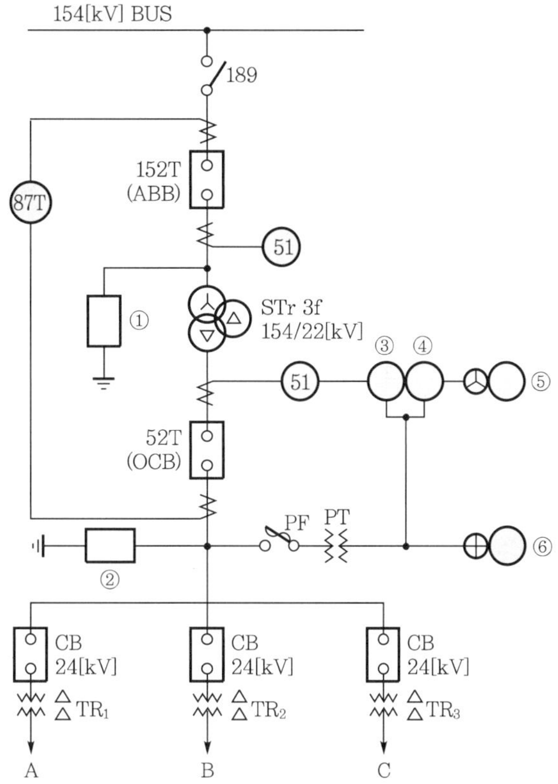

부 하	용 량	수용률	부등률
A	4,000[kW]	80[%]	1.2
B	3,000[kW]	84[%]	1.2
C	6,000[kW]	92[%]	1.2

• 154[kV] ABB 용량[MVA]

2,000	3,000	4,000	5,000	6,000	7,000

• 22[kV] OCB 용량[MVA]

200	300	400	500	600	700

• 22[kV] 변압기 용량[kVA]

2,000	3,000	4,000	5,000	6,000	7,000

• 154[kV] 변압기 용량[kVA]

10,000	15,000	20,000	30,000	40,000	50,000

(1) TR_1, TR_2, TR_3 변압기 용량[kVA]은?
(2) STr의 변압기 용량[kVA]은?
(3) 차단기 152T의 용량[MVA]은?
(4) 차단기 52T의 용량[MVA]은?
(5) 87T의 명칭은?
(6) 51의 명칭은?
(7) ①~⑥에 알맞은 심벌을 기입하시오.

답안 (1) TR_1 : 3,000[kVA], TR_2 : 3,000[kVA], TR_3 : 6,000[kVA]
(2) 10,000[kVA]
(3) 3,000[MVA]
(4) 200[MVA]
(5) 주 변압기 비율 차동 계전기
(6) 과전류 계전기
(7) ① 

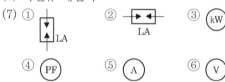

② 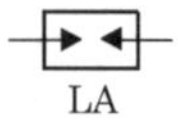

③ (kW)
④ (PF) ⑤ (A) ⑥ (V)

해설

(1) $TR_1 = \dfrac{4,000 \times 0.8}{1.2 \times 0.9} = 2,962.96[\text{kVA}]$

∴ 22[kV] 변압기 용량표에서 3,000[kVA] 선정

$TR_2 = \dfrac{3,000 \times 0.84}{1.2 \times 0.9} = 2,333.33[\text{kVA}]$

∴ 22[kV] 변압기 용량표에서 3,000[kVA] 선정

$TR_3 = \dfrac{6,000 \times 0.92}{1.2 \times 0.9} = 5,111.11[\text{kVA}]$

∴ 22[kV] 변압기 용량 표에서 6,000[kVA] 선정

(2) $STr = \dfrac{2,962.96 + 2,333.33 + 5,111.11}{1.3} = 8,005.69[\text{kVA}]$

∴ 154[kV] 변압기 용량 표에서 10,000[kVA] 선정

(3) $P_S = \dfrac{100}{0.4} \times 10,000 \times 10^{-3} = 2,500[\text{MVA}]$

∴ 154[kV] ABB 용량 표에서 3,000[MVA] 선정

(4) $P_S = \dfrac{100}{0.4 + 4.6} \times 10,000 \times 10^{-3} = 200[\text{MVA}]$

∴ 22[kV] OCB 용량 표에서 200[MVA] 선정

문제 12 기사 90년, 99년, 00년, 05년 출제

배점 : 13점

도면은 어느 154[kV] 수용가의 수전설비 단선 결선도의 일부분이다. 주어진 표와 도면을 이용하여 다음 각 물음에 답하시오.

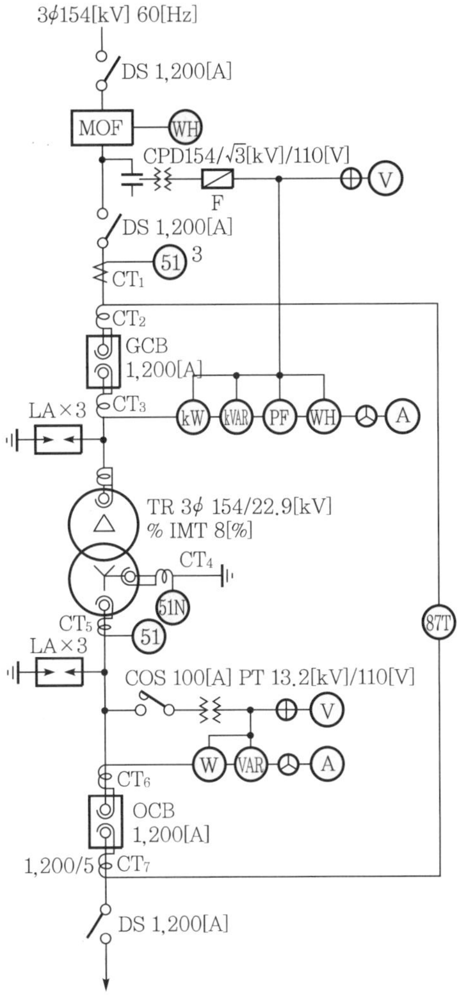

• CT의 정격

1차 정격전류[A]	200	400	600	800	1,200
2차 정격전류[A]	5				

(1) 변압기 2차 부하 설비용량이 51[MW], 수용률이 70[%], 부하 역률이 90[%]일 때 도면의 변압기 용량은 몇 [MVA]가 되는가?
(2) 변압기 1차측 DS의 정격전압은 몇 [kV]인가?
(3) CT_1의 비는 얼마인지를 계산하고 표에서 선정하시오.
(4) GCB의 정격전압은 몇 [kV]인가?
(5) 변압기의 명판에 표시되어 있는 OA/FA의 뜻을 설명하시오.

(6) GCB 내에 사용되는 가스는 주로 어떤 가스가 사용되는지 그 가스의 명칭을 쓰시오.
(7) 154[kV]측 LA의 정격전압은 몇 [kV]인가?
(8) ULTC의 구조상의 종류 2가지를 쓰시오.
(9) CT_5의 비는 얼마인지를 계산하고 표에서 선정하시오.
(10) OCB의 정격차단전류가 23[kA]일 때, 이 차단기의 차단용량은 몇 [MVA]인가?
(11) 변압기 2차측 DS의 정격전압은 몇 [kV]인가?
(12) 과전류 계전기의 정격부담이 9[VA]일 때 이 계전기의 임피던스는 몇 [Ω]인가?
(13) CT_7 1차 전류가 600[A]일 때 CT_7의 2차에서 비율 차동 계전기의 단자에 흐르는 전류는 몇 [A]인가?

답안
(1) 39.67[MVA]
(2) 170[kV]
(3) 200/5
(4) 170[kV]
(5) OA : 유입자냉식, FA : 유입풍냉식
(6) SF_6(육불화 유황)가스
(7) 144[kV]
(8) ① 병렬 구분식, ② 단일 회로식
(9) 1,200/5
(10) 1,027.8[MAV]
(11) 25.8[kV]
(12) 0.36[Ω]
(13) 4.33[A]

해설
(1) 변압기 용량 $P_t = \dfrac{\sum(\text{설비용량} \times \text{수용률})}{\text{부등률} \times \text{부하 역률}}$

$$= \frac{51 \times 0.7}{0.9} = 39.67[\text{MVA}]$$

(2) 단로기, 차단기 등의 정격전압은 공칭전압$\times \dfrac{1.2}{1.1}$로 계산하고, 결정된 값은 154[kV] 계통에서는 170[kV], 22.9[kV] 계통에서는 25.8[kV]를 사용한다.

(3) $I_{CT1} = \dfrac{39.67 \times 10^3}{\sqrt{3} \times 154} \times (1.25 \sim 1.5) = 185.9 \sim 223.08[\text{A}]$

∴ 표에서 200/5 선정

계기용 변류기 선정은 변류기 1차 전류에 1.25~1.5배 여유를 준다.

(4) $154 \times \dfrac{1.2}{1.1} = 168[\text{kV}]$ ∴ 170[kV]

단로기, 차단기 등의 정격전압은 공칭전압$\times \dfrac{1.2}{1.1}$로 계산하고, 결정된 값은 154[kV] 계통에서는 170[kV], 22.9[kV] 계통에서는 25.8[kV]를 사용한다.

(5) • OA(ONAN) : 유입자냉식
• FA(ONAF) : 유입풍냉식
• OW(ONWF) : 유입수냉식
• FOA(OFAF) : 송유풍냉식
• FOW(OFWF) : 송유수냉식
(O : Oil, A : Air, N : Natural, F : Forced, W : Water)

(9) $I_{\text{CT5}} = \dfrac{39.67 \times 10^3}{\sqrt{3} \times 22.9} \times 1.25 = 1{,}250.19[\text{A}]$

∴ 표에서 1,200[A]가 최대이므로 1,200/5 선정
계기용 변류기 선정은 변류기 1차 전류에 1.25~1.5배 여유를 준다.

(10) 차단용량 $P_s = \sqrt{3} \times$ 정격전압$(V_n) \times$ 정격차단전류(I_s)

$= \sqrt{3} \times 25.8 \times 23 = 1{,}027.8[\text{MVA}]$

(11) 단로기, 차단기 등의 정격전압은 공칭전압$\times \dfrac{1.2}{1.1}$로 계산하고, 결정된 값은 154[kV] 계통에서는 170[kV], 22.9[kV] 계통에서는 25.8[kV]를 사용한다.

(12) 계전기 변성기 부담 $P = I^2 Z = \dfrac{V^2}{Z}[\text{VA}]$

$Z = \dfrac{9}{5^2} = 0.36[\Omega]$

(13) $I_{\text{CT7}} = 600 \times \dfrac{5}{1{,}200} \times \sqrt{3} = 4.33[\text{A}]$

변압기 결선이 △-Y이므로 비율 차동 계전기용 계기용 변류기(CT)는 Y-△ 결선한다. 그러므로 CT_7은 △ 결선이므로 CT_7에서 비율 차동 계전기로 흐르는 선전류는 CT_7 상전류의 $\sqrt{3}$ 배가 된다.

문제 13 기사 22년 출제

배점 : 13점

다음은 어느 수용가의 수변전설비에 대한 도면이다. 도면을 이해하고 다음 물음에 답하시오.

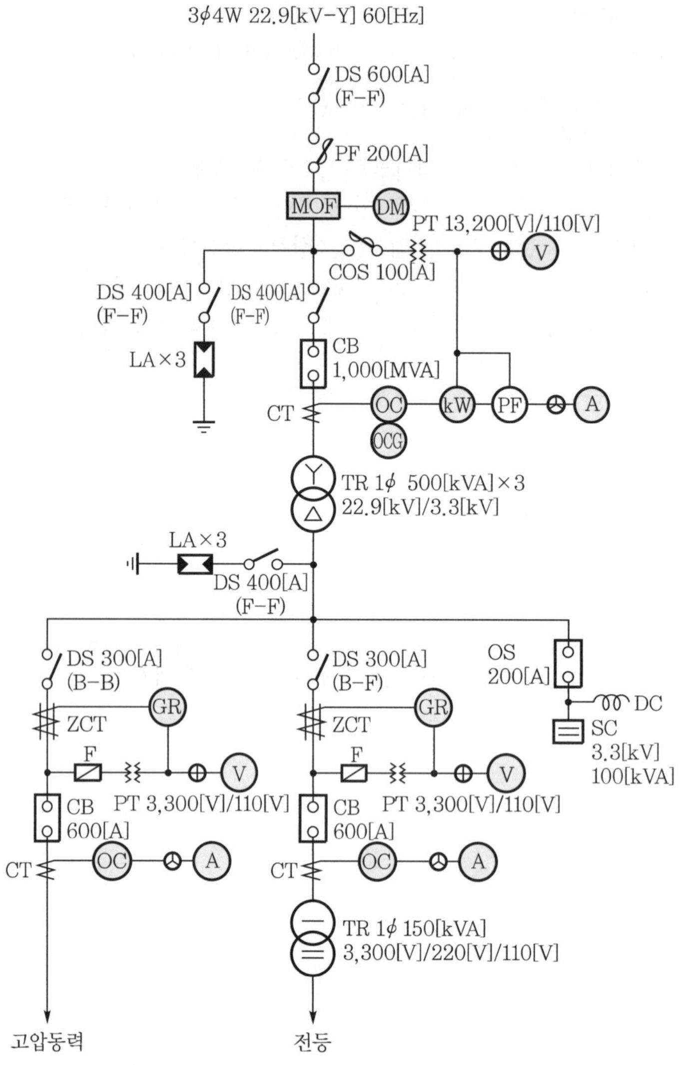

(1) 22.9[kV]측의 DS의 정격전압을 쓰시오. (단, 정격전압은 계산 과정을 생략하고 답만 적으시오.)
(2) MOF의 역할을 쓰시오.
(3) PF의 역할을 쓰시오.
(4) 22.9[kV] LA의 정격전압을 쓰시오.
(5) MOF에 연결된 DM의 명칭을 쓰시오.
(6) 3상의 전압 중 하나를 선택하여 하나의 전압계로 연결해주는 스위치의 명칭(약호)을 적으시오.
(7) 3상의 전류 중 하나를 선택하여 하나의 전류계로 연결해주는 스위치의 명칭(약호)을 적으시오.

(8) CB의 역할을 쓰시오.
(9) 3.3[kV]측의 ZCT의 역할을 쓰시오.
(10) ZCT에 연결된 GR의 역할을 쓰시오.
(11) SC의 역할을 쓰시오.
(12) 3.3[kV]측의 CB에서 600[A]는 무엇을 의미하는지 쓰시오.
(13) OS의 명칭을 쓰시오.

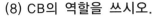

답안 (1) 25.8[kV]
(2) 전력량을 계량하기 위해 고전압, 대전류를 저전압, 소전류로 변환하여 전력량계에 공급
(3) 단락사고 시 회로 차단하여 선로 및 기기 보호
(4) 18[kV]
(5) 전력량계에 내장된 최대 수요 전력계
(6) VS
(7) AS
(8) 부하전류 개폐 및 고장전류 차단
(9) 지락사고 시 지락전류 검출하여 지락 계전기 동작
(10) 지락사고 시 동작하여 차단기 트립 코일 여자
(11) 부하의 역률 개선
(12) 정격전류
(13) 유입 개폐기

MEMO

P·A·R·T

03

시퀀스제어

1990년~최근 출제된 기출 이론 분석 및 유형별 문제

01 CHAPTER 접점의 종류 및 제어용 기구

일반적으로 자동제어는 피드백제어와 시퀀스제어로 나누며, 피드백제어는 원하는 시스템의 출력과 실제의 출력과의 차이에 의하여 시스템을 구동함으로써 자동적으로 원하는 바에 가까운 출력을 얻는 것이다.

시퀀스제어는 미리 정해놓은 순서에 따라 제어의 각 단계를 차례차례 행하는 제어를 말한다. 시퀀스제어(Sequence Control)의 제어명령은 "ON", "OFF", "H"(High Level), "L"(Low Level), "1", "0" 등 2진수로 이루어지는 정상적인 제어이다.

(1) 릴레이 시퀀스(Relay Sequence)

기계적인 접점을 가진 유접점 릴레이로 구성되는 시퀀스제어회로이다.

(2) 로직 시퀀스(Logic Sequence)

제어계에 사용되는 논리소자로서 반도체 소위칭소자를 사용하여 구성되는 무접점회로이다.

(3) PLC(Programmable Logic Controller) 시퀀스

제어반의 제어부를 마이컴 컴퓨터로 대체시키고 릴레이 시퀀스, 논리소자를 프로그램화하여 기억시킨 것으로, 무접점 시퀀스제어 기기의 일종이다.

기출개념 01 접점의 종류

접점의 종류에는 a접점, b접점, c접점이 있다.

1 a접점

a접점이란 상시 상태에서 개로된 접점을 말하며 Arbeit Contact란 첫 문자 A를 딴 것이며 반드시 소문자 "a"로 표시한다.

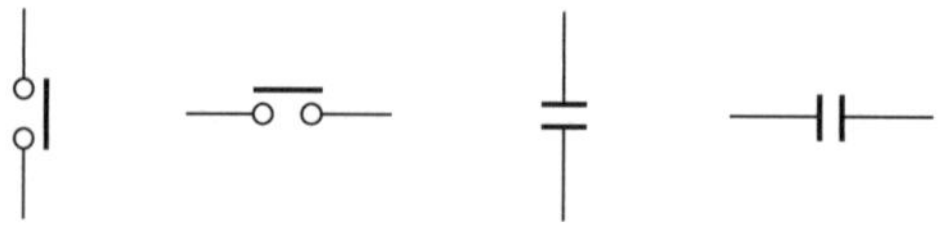

▮상시에는 개로, 동작 시 폐로되는 접점▮

2 b접점

상시 상태에서 폐로된 접점을 말하며, Break Contact란 첫 문자 B를 딴 것이며 반드시 소문자 "b"로 표시한다.

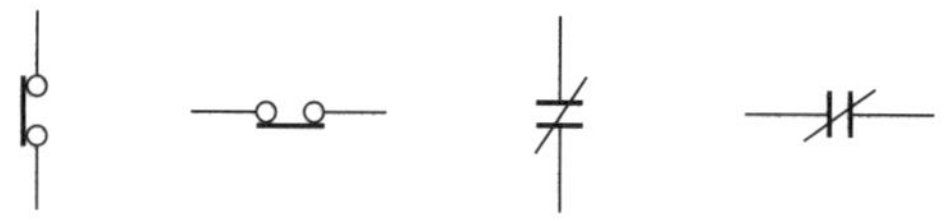

▌상시에는 폐로, 동작 시 개로되는 접점▐

3 c접점

a접점과 b접점이 동시에 동작(가동 접점부 공유)하는 것이며, 이것을 절체 접점(Change over Contact)이라고 한다. 첫 문자 C를 딴 것이며 소문자 "c"로 표시한다.

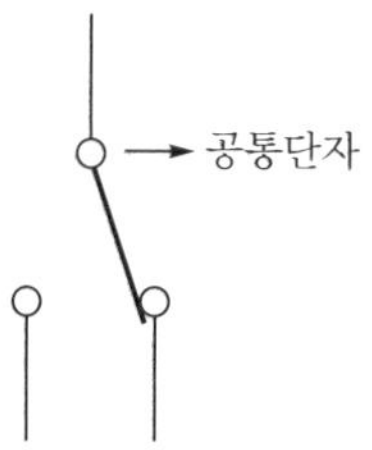

a접점과 b접점을 결합하여 3개의 단자로 a접점과 b접점을 사용할 수 있게 만든 접점이다.

기출개념 02 제어용 기구

1 조작용 스위치

(1) 복귀형 수동 스위치

조작하고 있는 동안에만 접점이 ON, OFF하고, 손을 떼면 조작 부분과 접점은 원래의 상태로 되돌아가는 것으로 푸시버튼 스위치(Push Button Switch)가 있다.

(2) 푸시버튼 스위치(Push Button Switch : PB 또는 PBS)

시퀀스제어에서 가장 기본적인 입력요소이다.

① 버튼을 누르면 접점이 열리거나 닫히는 동작을 한다(수동 조작).
② 손을 떼면 스프링의 힘에 의해 자동으로 복귀한다(자동 복귀).
③ 일반적으로 기동은 녹색, 정지는 적색을 사용한다.
④ 여러 개를 사용할 경우 숫자를 붙여서 사용한다(PB_0, PB_1, PB_2 …).

(3) 푸시버튼 스위치 a접점의 구조

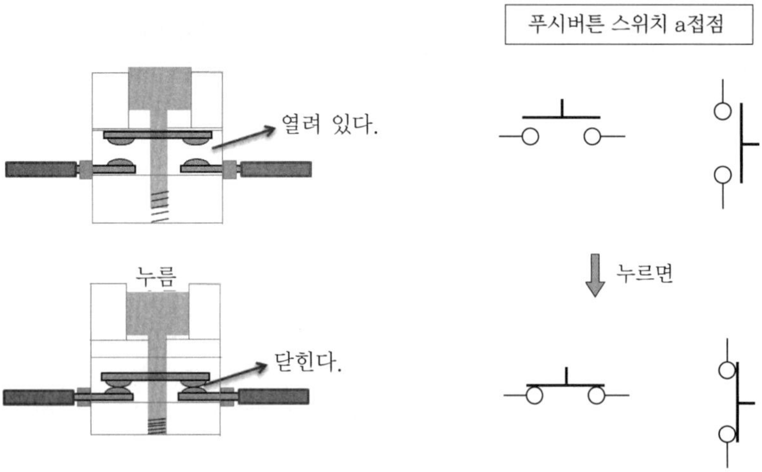

스위치를 조작하기 전에는 접점이 열려 있다가 스위치를 누르면 닫히는 접점이다.

(4) 푸시버튼 스위치 b접점의 구조

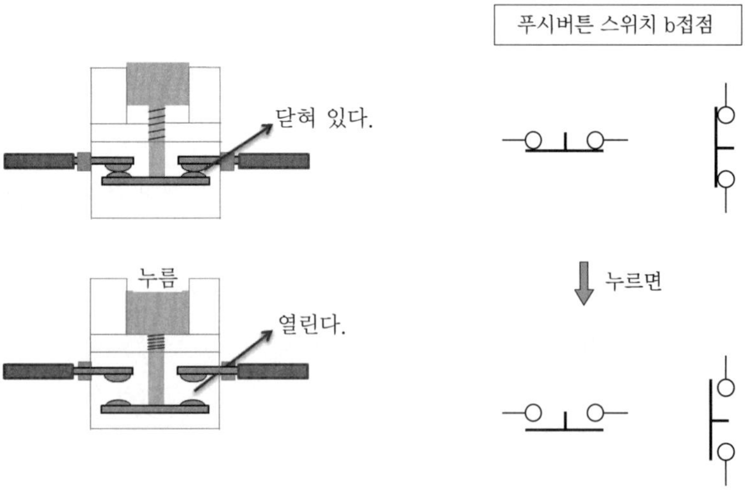

스위치를 조작하기 전에는 접점이 닫혀 있다가 스위치를 누르면 열리는 접점이다.

(5) 유지형 수동 스위치

조작 후 손을 떼어도 접점은 그대로의 상태를 계속 유지하나 조작 부분은 원래의 상태로 되돌아가는 접점이다.

(a) 외관도

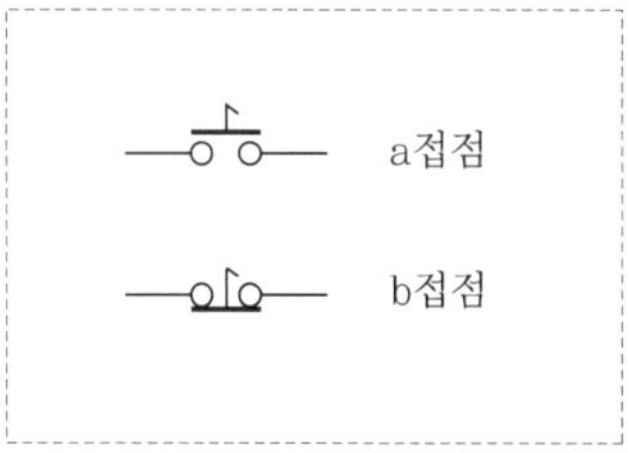

(b) 접점

기·출·개·념 접근

전자계전기(Electro-magnetic Relay)

철심에 코일을 감고 전류를 흘리면 철심은 전자석이 되어 가동 철심을 흡인하는 전자력이 생기며, 이 전자력에 의하여 접점을 ON, OFF하는 것을 전자계전기 또는 Relay(유접점)라 한다.

이 전자계전기, 즉 전자석을 이용한 것으로는 보조 릴레이, 전자개폐기(MS : Magnetic Switch), 전자접촉기(MC : Magnetic Contact), 타이머 릴레이(Timer Relay), 솔레노이드(SOL : Solenoid) 등이 있다.

2 전자계전기(Relay : 릴레이)

(1) 릴레이의 개념

전자석의 힘을 이용하여 접점을 개폐하는 기능을 갖는 계전기이다.

① 여자 : 전자 코일에 전류를 흘려주어 전자석이 철편을 끌어당긴 상태이다.

② 소자 : 전자 코일에 전류가 끊겨 원래대로 되돌아간 상태이다.

(2) 8핀 릴레이

① 전원단자 2개, c접점 2개 등 모두 8개의 핀에 번호를 붙여 구성되어 있으며, 릴레이의 내부접속도는 여러 가지 방법으로 표시할 수 있지만 접점 해석은 모두 같다.

② AC 220[V]의 2-7번 단자는 전원단자이다.

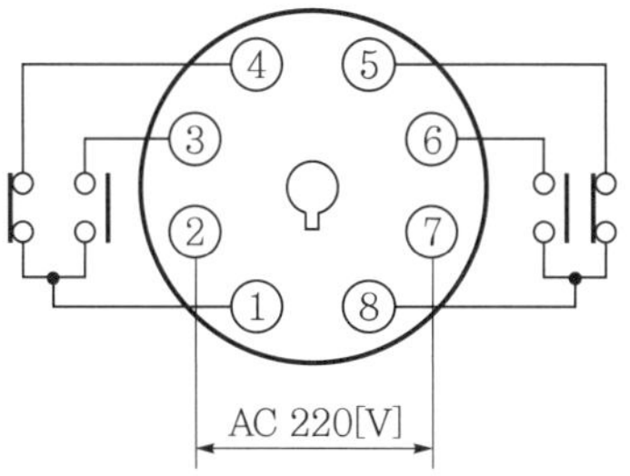

(a) 접점이 외부에 그려진 경우

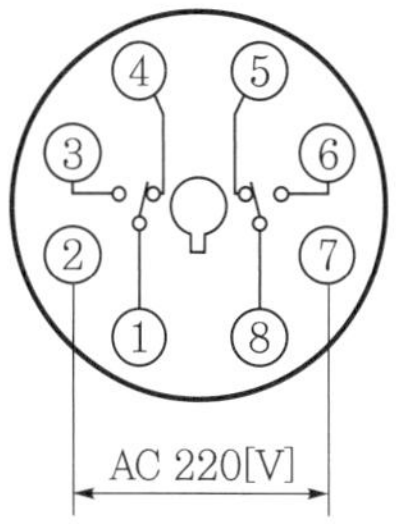

(b) 핀 번호가 시계방향

(3) 8핀 릴레이의 전원단자와 접점

8핀 릴레이는 c접점이 2세트 내장되어 있다.

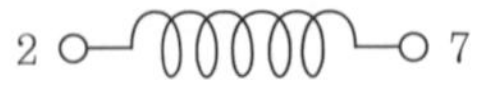

(a) 전원단자(코일)

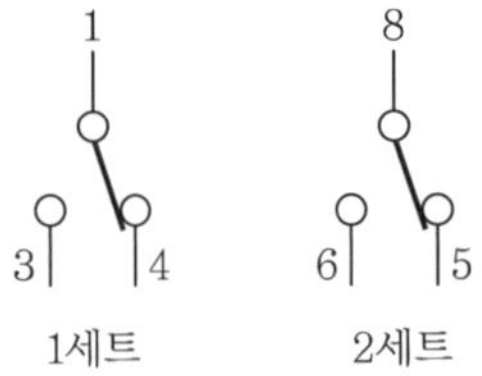

(b) 세트

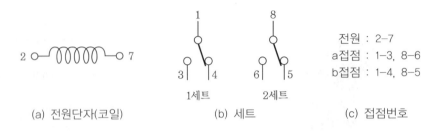

전원 : 2-7
a접점 : 1-3, 8-6
b접점 : 1-4, 8-5

(c) 접점번호

3 전자개폐기(Magnetic Switch)

전자개폐기는 전자접촉기(MC : Magnetic Contact)에 열동계전기(THR : Thermal Relay)를 접속시킨 것이며, 주회로의 개폐용으로 큰 접점용량이나 내압을 가진 릴레이이다.

그림에서 단자 b, c에 교류전압을 인가하면 MC 코일이 여자되어 주접점과 보조접점이 동시에 동작한다. 이와 같이 주회로는 각 선로에 전자접촉기의 접점을 넣어서 모든 선로를 개폐하며, 부하의 이상에 의한 과부하전류가 흐르면 이 전류로 열동계전기(THR)가 가열되어 바이메탈 접점이 전환되어 전자접촉기 MC는 소자되며 스프링(Spring)의 힘으로 복구되어 주회로는 차단된다.

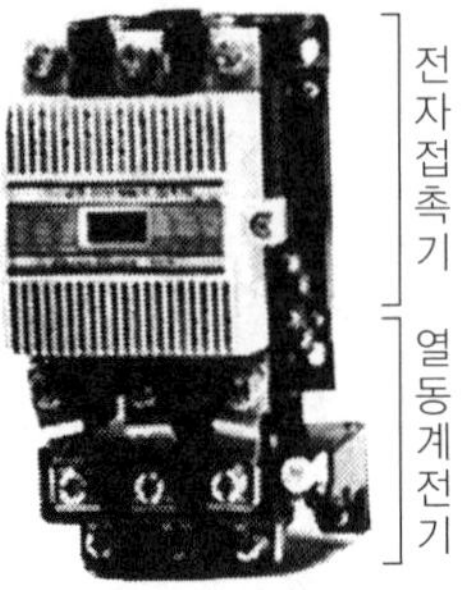

전자개폐기

전자접촉기

(a) 외관도

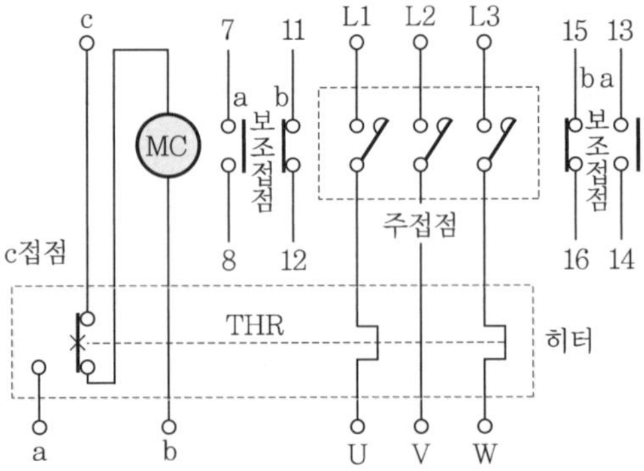

(b) 접점기호

4 전자접촉기(Magnetic Contactor)

(1) 전자접촉기의 개념

전자석의 흡인력을 이용하여 접점을 개폐하는 기능을 하는 계전기이다.

전자 코일에 전류가 흐를 때만 동작하고 전류를 끊으면 스프링의 힘에 의해 원래의 상태로 되돌아간다.

(2) 전자접촉기의 외형

(a) 외형

(b) 케이스 내부의 전자접촉기

(3) 전자접촉기의 기호와 접점

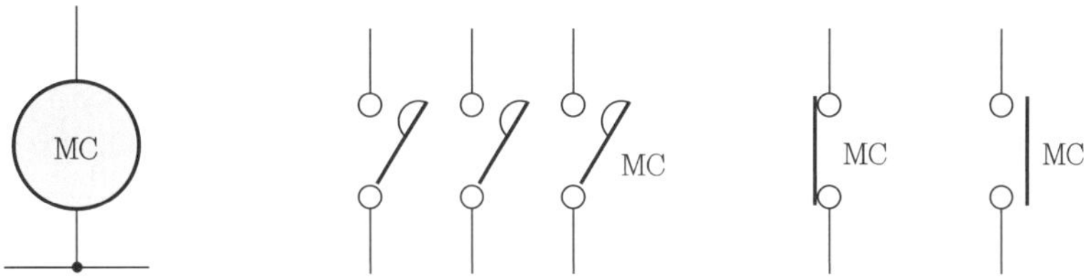

(a) 전원단자(코일)　　(b) 주접점　　(c) 보조접점

① 전자접촉기의 기호는 MC(Magnetic Contactor) 또는 PR(Power Relay)을 사용한다.
② 주접점은 전동기 등 큰 전류를 필요로 하는 주회로에 사용한다.
③ 보조접점은 작은 전류용량의 접점으로, 제어회로에 사용한다.

5 전자식 과전류 계전기(EOCR)

(1) 전자식 과전류 계전기의 개념

① 회로에 과전류가 흘렀을 때 접점을 동작시켜 회로를 보호하는 역할을 한다.
② 모터를 보호하기 위한 장치이며, 12핀 소켓에 꽂아 사용한다.

(a) 외형

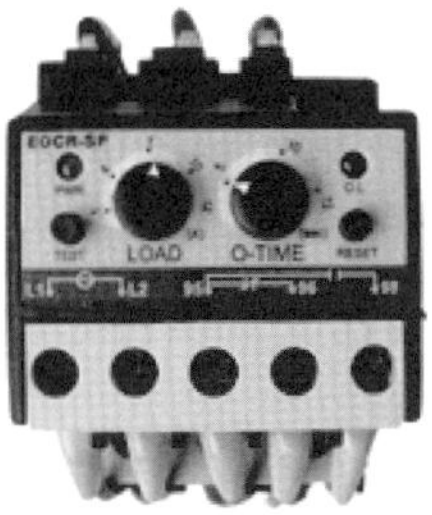

(b) 케이스 내부의 과전류 계전기

(2) EOCR의 기호와 접점

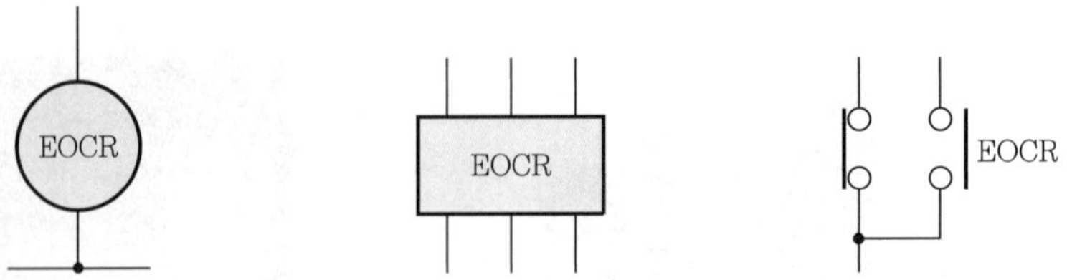

(a) 전원 (b) 주회로 부분 (c) 접점

6 기계적 접점

(1) 리밋 스위치(Limit Switch)

물체의 힘에 의하여 동작부(Actuator)가 눌려서 접점이 ON, OFF한다.

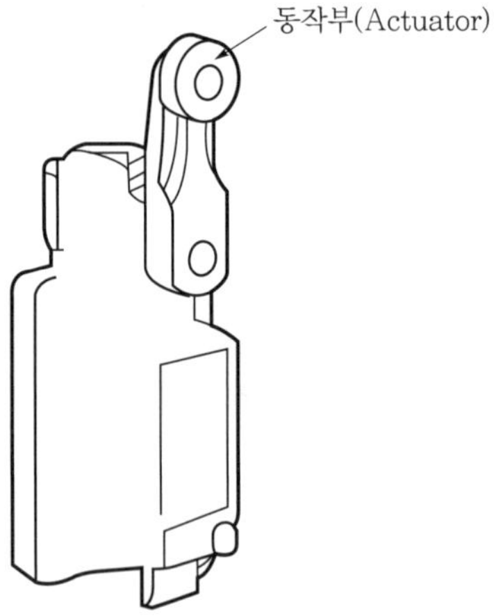

(a) 외관도

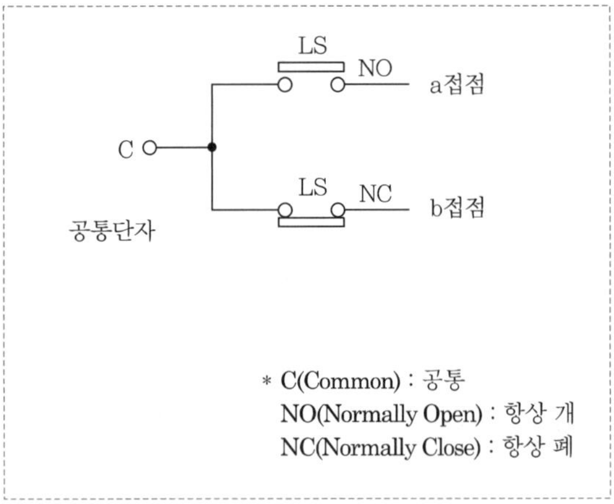

(b) 접점

▌리밋(Limit) 스위치▐

(2) 광전 스위치(PHS : Photoelectric Switch)

빛을 방사하는 투광기와 광량의 변화를 전기신호로 변환하는 수광기 등으로 구성되며 물체가 광로를 차단하는 것에 의하여 접점이 ON, OFF하며 물체에 접촉하지 않고 검지한다.

이 밖에도 압력 스위치(PRS : Pressure Switch), 온도 스위치(THS : Thermal Switch) 등이 있다.

이들 스위치는 a, b접점을 갖고 있으며 기계적인 동작에 의하여 a접점은 닫히며 b접점은 열리고 기계적인 동작에 의해 원상 복귀하는 스위치로 검출용 스위치이기 때문에 자동화 설비의 필수적인 스위치이다.

7 타이머(한시 계전기)

시간제어 기구인 타이머는 어떠한 시간차를 만들어서 접점이 개폐 동작을 할 수 있는 것으로 시한 소자(Time Limit Element)를 가진 계전기이다. 요즘에는 전자회로에 CR의 시정수를 이용하여 동작시간을 조정하는 전자식 타이머와 IC 타이머가 사용되고 있다.

타이머에는 동작 형식의 차이에서 동작시간이 늦은 한시동작 타이머(ON Delay Timer), 복귀시간이 늦은 한시복귀 타이머(OFF Delay Timer), 동작과 복귀가 모두 늦은 순한시 타이머(ON OFF Delay Timer) 등이 있다.

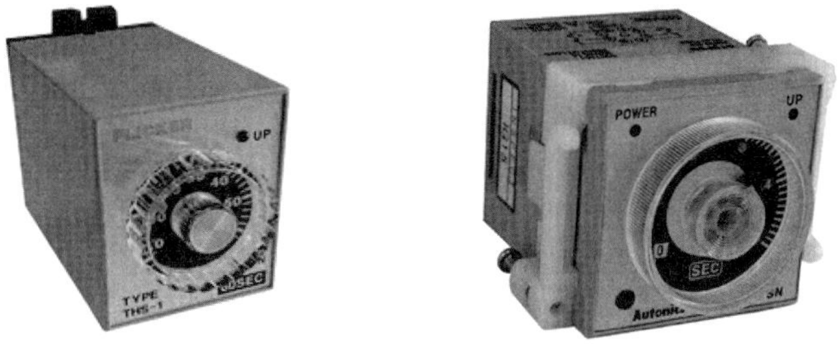

❙ 타이머의 외형 ❙

(1) 한시동작 타이머

전압을 인가하면 일정 시간이 경과하여 접점이 닫히고(또는 열리고), 전압이 제거되면 순시에 접점이 열리는(또는 닫히는) 것으로 온 딜레이 타이머(ON Delay Timer)이다.

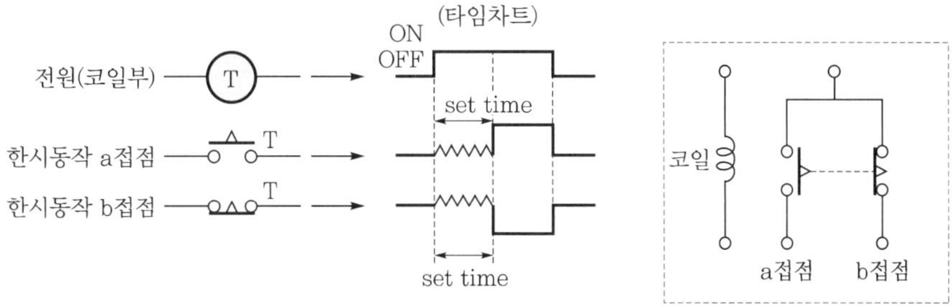

(2) 한시복귀 타이머

전압을 인가하면 순시에 접점이 닫히고(또는 열리고), 전압이 제거된 후 일정 시간이 경과하여 접점이 열리는(또는 닫히는) 것으로 오프 딜레이 타이머(OFF Delay Timer)이다.

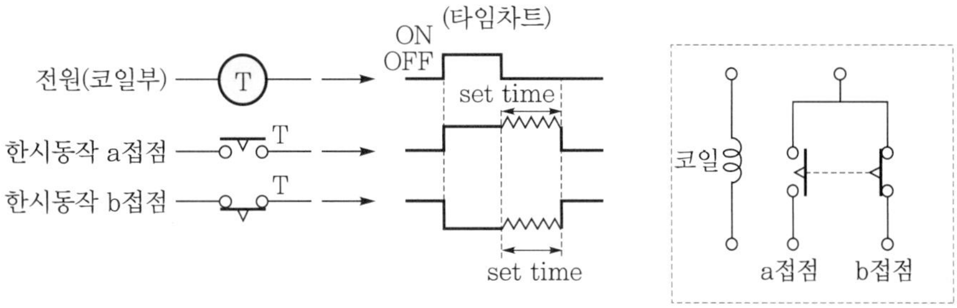

(3) 순한시 타이머(뒤진 회로)

전압을 인가하면 일정 시간이 경과하여 접점이 닫히고(또는 열리고), 전압이 제거되면 일정 시간이 경과하여 접점이 열리는(또는 닫히는) 것으로 온·오프 딜레이 타이머, 즉 뒤진 회로라 한다.

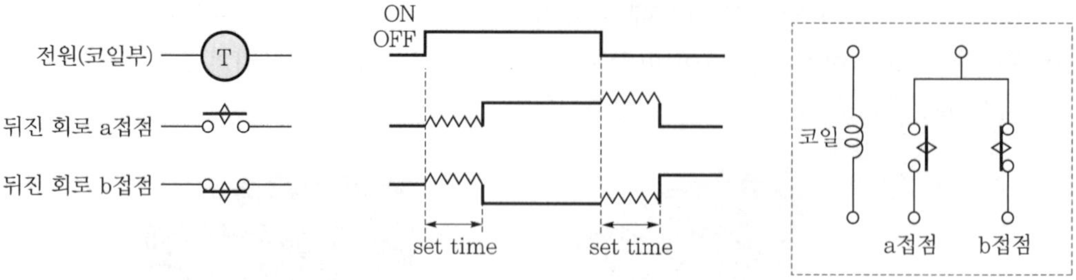

개념 문제 기사 00년, 07년 출제 | 배점 : 3점 |

그림은 타이머 내부 결선도이다. * 표의 점선 부분에 대한 접점의 동작 설명을 하시오.

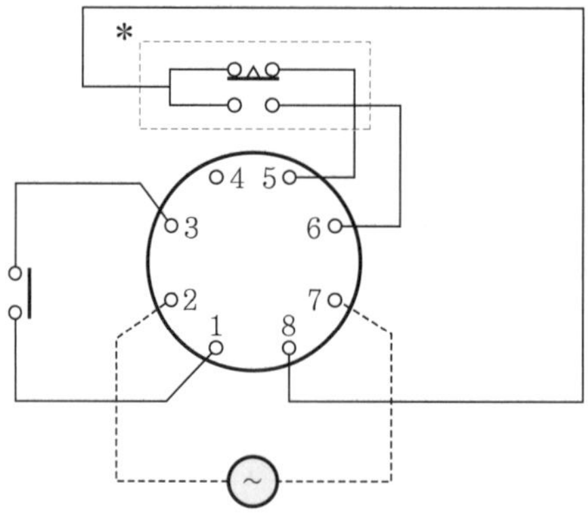

답안 한시동작 순시복귀 a, b접점으로 타이머가 여자되고 설정시간 후 a접점은 폐로, b접점은 개로되며 타이머가 소자되면 즉시 복귀된다.

8 플리커 릴레이(Flicker Relay : 점멸기)

(1) 플리커 릴레이의 용도

① 경보 및 신호용으로 사용한다.
② 전원 투입과 동시에 일정한 시간간격으로 점멸된다.
③ 점멸되는 시간을 조절할 수 있다.

(2) 플리커 릴레이의 외형 및 접점

(a) 외형

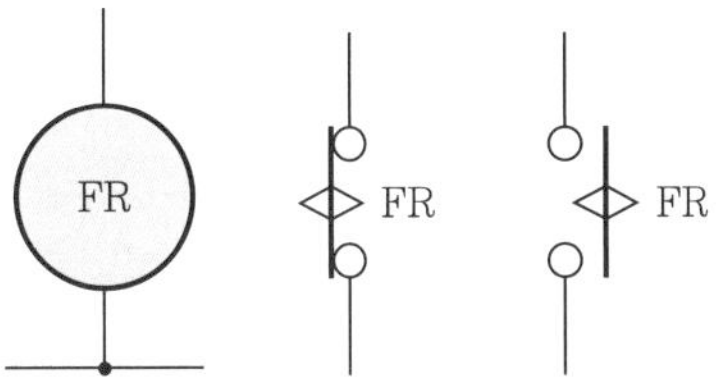

(b) 전원 및 접점 표시

9 파일럿 램프(Pilot Lamp : 표시등)

(1) 시퀀스제어에서 동작상태 및 고장 등을 구별하기 위해 사용한다.

(2) 표시등의 색상별 사용

① 전원표시등(WL : White Lamp – 백색) : 제어반 최상부의 중앙에 설치한다.

② 운전표시등(RL : Red Lamp – 적색) : 운전상태를 표시한다.

③ 정지표시등(GL : Green Lamp – 녹색) : 정지상태를 표시한다.

④ 경보표시등(OL : Orange Lamp – 오렌지색) : 경보를 표시하는 데 사용한다.

⑤ 고장표시등(YL : Yellow Lamp – 황색) : 시스템이 고장임을 나타낸다.

10 플로트레스 스위치(Floatless Switch)

급수나 배수 등 액면제어에 사용하는 계전기이다.

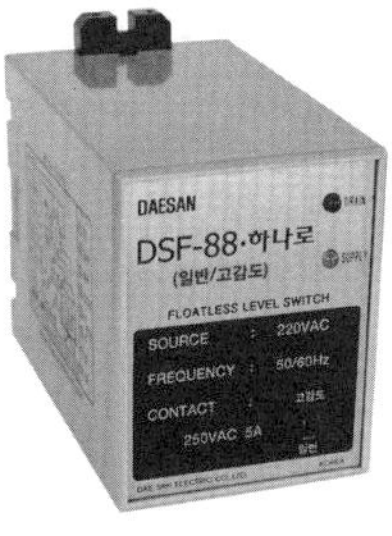

(a) 외형

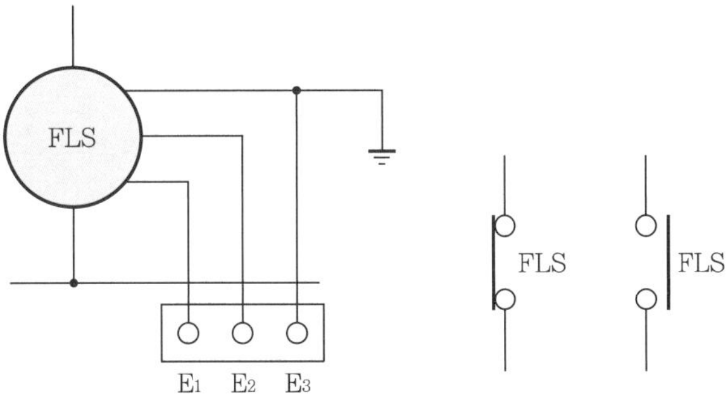

(b) 전원 및 접점 표시

① 수위를 감지하는 E_1은 수위의 상한선을 감지하고, E_2는 수위의 하한선을 감지하며, E_3는 물탱크의 맨 아래에 오도록 설치한다.
② E_3 단자는 반드시 접지를 해야 한다.
③ b접점은 급수에 사용하고, a접점은 배수에 사용한다.

11 버저(Buzzer)

(1) 회로에 이상이 발생했을 때 경보를 울리도록 설치하는 기구이다.

(2) 버저의 단자

(a) 버저의 외관

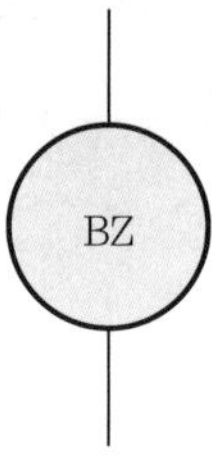

(b) 도면의 표시법

1990년~최근 출제된 기출문제

CHAPTER 01
접점의 종류 및 제어용 기구

단원 빈출문제

문제 01 기사 10년 출제 | 배점 : 7점 |

다음 릴레이 접점에 관한 다음 각 물음에 답하시오.

(1) 한시동작 순시복귀 a접점기호를 그리시오.
(2) 한시동작 순시복귀 a접점의 타임차트를 완성하시오.

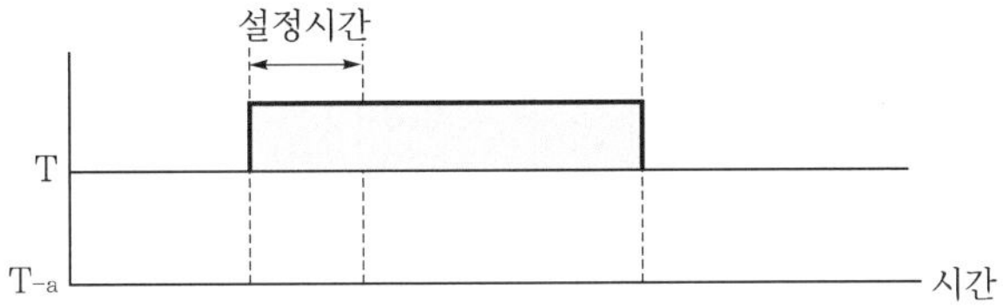

(3) 한시동작 순시복귀 a접점의 동작상황을 설명하시오.

답안 (1)

(2)

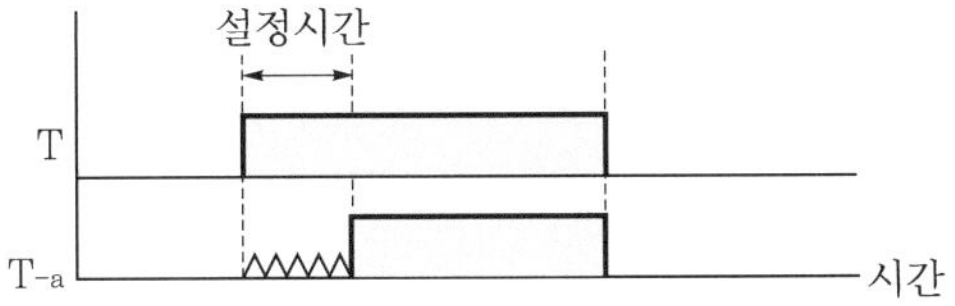

(3) 타이머가 여자되고 설정시간 후에 폐로되며 타이머가 소자되면 즉시 복귀된다.

1990년~최근 출제된 기출 이론 분석 및 유형별 문제

02 CHAPTER 유접점 기본 회로

기출개념 01 자기유지회로

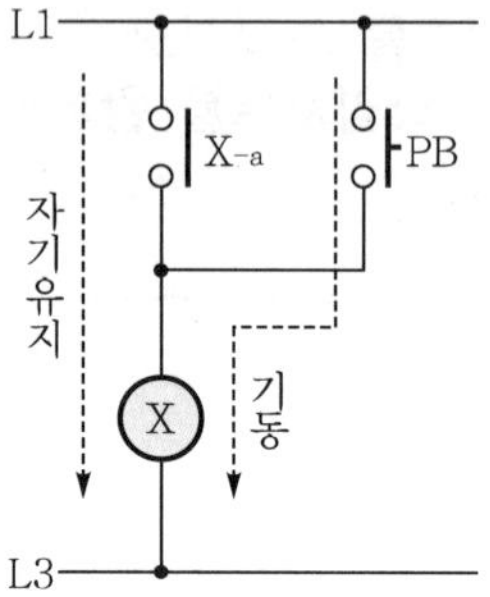

전원이 투입된 상태에서 PB를 누르면 릴레이 X가 여자되고 X_{-a}접점이 닫혀 PB에서 손을 떼어도 X의 여자 상태가 유지된다.

기출개념 02 정지우선회로

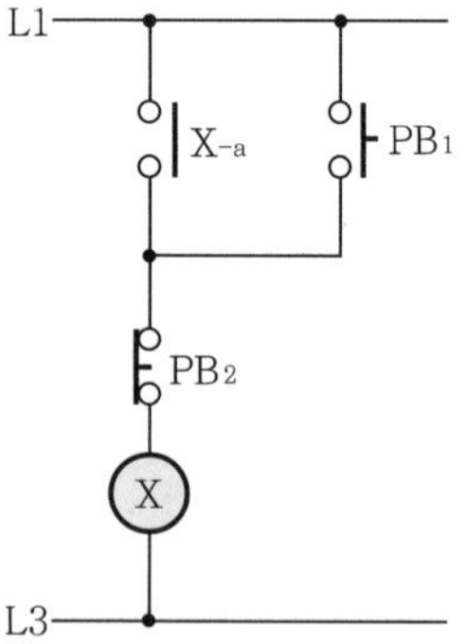

PB_1을 ON하면 릴레이 X가 여자되어 X의 a접점에 의해 자기유지된다.

PB_2를 누르면 X가 소자되어 자기유지접점 X_{-a}가 개로되어 X가 소자된다.

PB_1, PB_2를 동시에 누르면 릴레이 X는 여자될 수 없는 회로로 정지우선회로라 한다.

개념 문제 | 산업 90년, 94년 출제 | 배점 : 5점

다음에 제시하는 [조건]에 해당하는 제어회로의 Sequence를 그리시오.

[조건]
누름버튼 스위치 PB_2를 누르면 Lamp Ⓛ이 점등되고 손을 떼어도 점등이 계속된다. 그 다음에 PB_1을 누르면 Ⓛ이 소등되며 손을 떼어도 소등 상태는 지속된다.

[사용기구]
누름버튼 스위치×2개, 보조 계전기×1개(보조접점 : a접점 2개), 램프×1개

답안

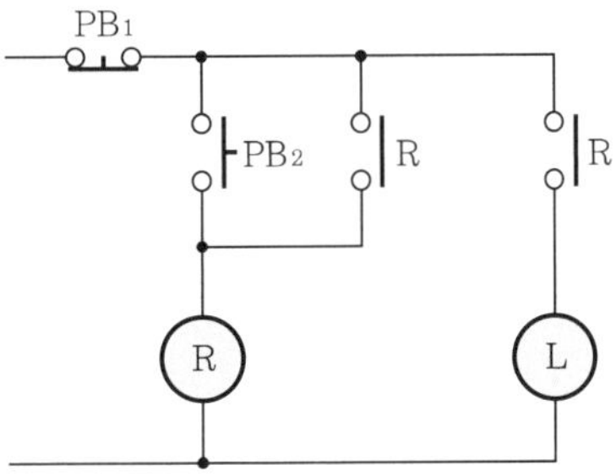

해설 자기유지회로 및 사용기구가 보조 계전기 R의 a접점 2개를 사용해서 회로를 완성해야 함에 주의하여야 한다.

기출개념 03 기동우선회로

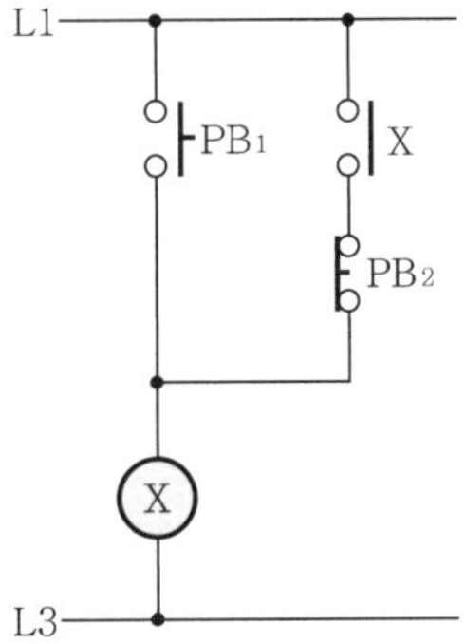

PB_1을 ON하면 릴레이 X가 여자되어 X의 a접점에 의해 자기유지된다.
PB_2를 누르면 X가 소자되어 자기유지접점 X_{-a}가 개로되어 X가 소자된다.
PB_1, PB_2를 동시에 누르면 릴레이 X는 여자되는 회로로 기동우선회로라 한다.

기출개념 04 인터록회로(병렬우선회로)

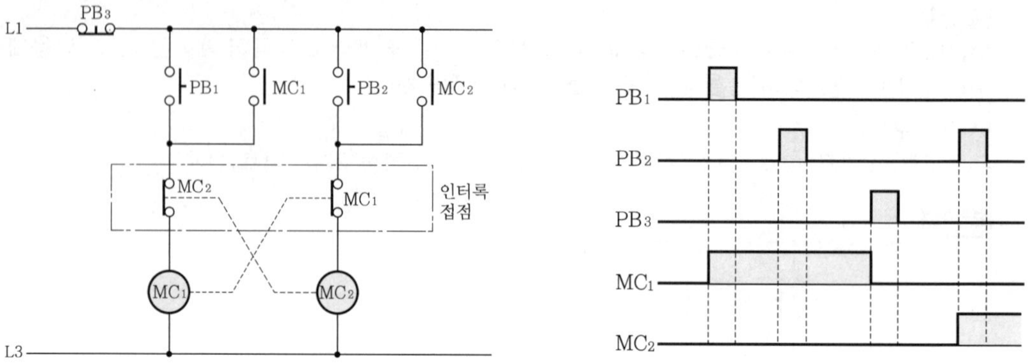

‖ 인터록회로 ‖

PB_1과 PB_2의 입력 중 PB_1을 먼저 ON하면 MC_1이 여자된다.

MC_1이 여자된 상태에서 PB_2를 ON하여도 MC_{1-b} 접점이 개로되어 있기 때문에 MC_2는 여자되지 않은 상태가 되며 또한 PB_2를 먼저 ON하면 MC_2가 여자된다. 이때 PB_1을 ON하여도 MC_{2-b} 접점이 개로되어 있기 때문에 MC_1은 여자되지 않는 회로를 인터록회로라 한다. 즉, 상대동작금지회로이다.

개념 문제 01 산업 88년, 06년 출제

| 배점 : 5점 |

다음 그림의 회로를 어느 것인가 먼저 ON 조작된 측의 램프만 점등하는 병렬우선회로(PB_1 ON 시 L_1이 점등된 상태에서 L_2가 점등되지 않고, PB_2 ON 시 L_2가 점등된 상태에서 L_1이 점등되지 않는 회로)로 변경하여 그리시오. (단, 계전기 R_1, R_2의 보조접점을 사용하되 최소 수를 사용하여 그리도록 한다.)

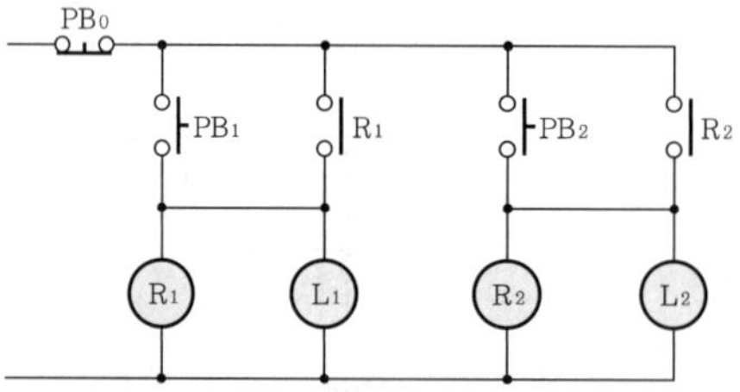

답안

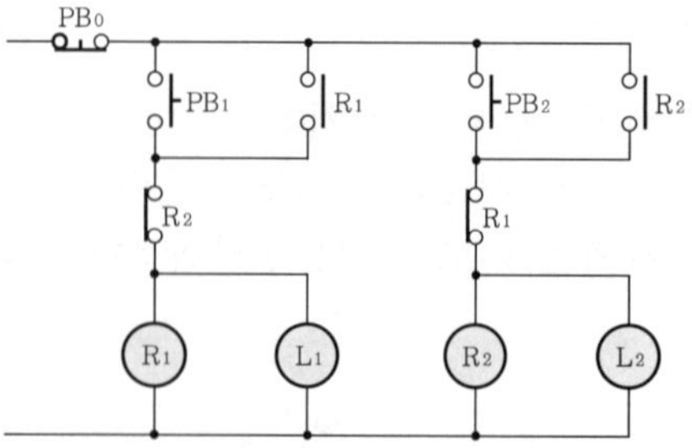

해설 인터록 접점의 기능은 동시 투입 방지로 먼저 ON 조작된 쪽이 먼저 동작하게 된다.

개념 문제 02 기사 92년, 98년, 02년, 17년 출제

배점 : 7점

그림의 회로는 푸시버튼 스위치 PB_1, PB_2, PB_3를 ON 조작하여 기계 A, B, C를 운전한다. 이 회로를 타임차트의 요구대로 병렬우선순위회로로 고쳐서 그리시오.

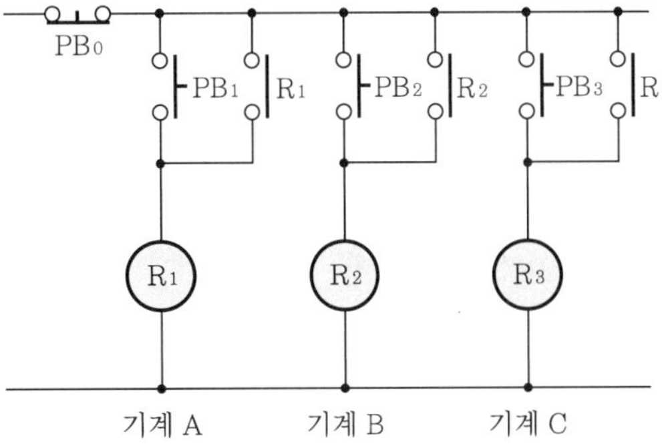

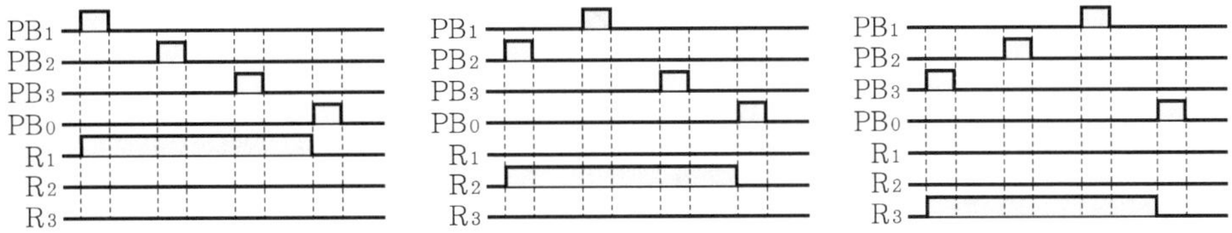

R_1, R_2, R_3는 계전기이며 이 계전기의 보조 a접점 또는 b접점을 추가 또는 삭제하여 작성하되 불필요한 접점을 사용하지 않도록 할 것이며 보조접점에는 접점의 명칭을 기입하도록 할 것

[예시]

답안

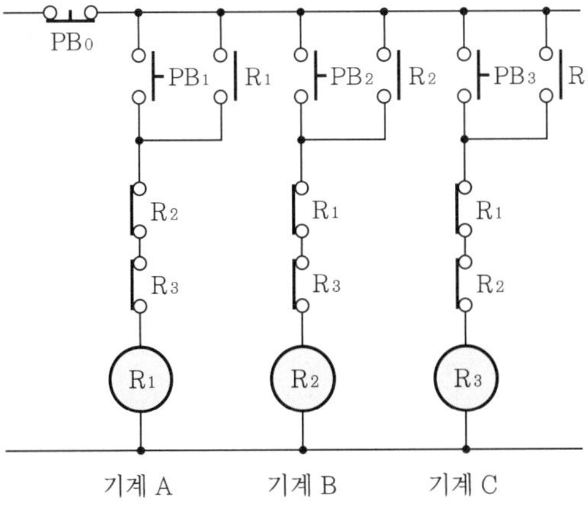

해설 먼저 ON 조작된 쪽이 먼저 동작되는 3입력 인터록회로를 구성하면 된다.

기출개념 05 신(新)입력우선회로(선택동작회로)

항상 뒤에 주어진 입력(새로운 입력)이 우선되는 회로를 신입력우선회로라 한다.

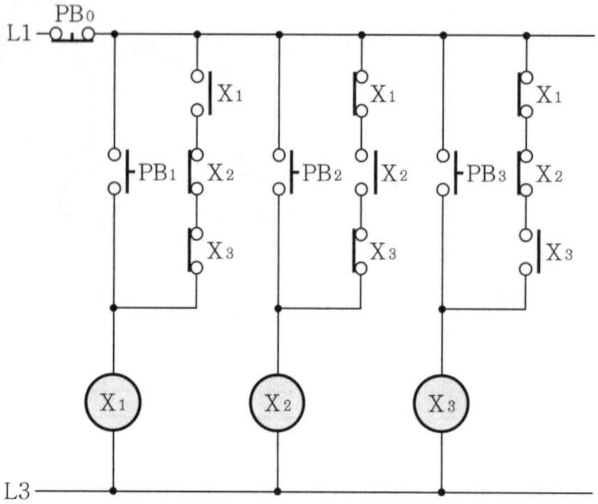

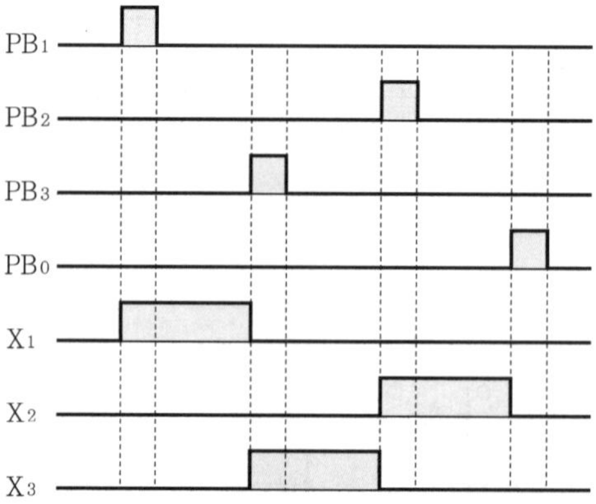

▌신입력우선회로▌

PB_1을 ON하면 X_1이 여자된 상태에서 PB_3를 ON하면 X_1이 소자되고 X_3가 여자되며, X_3가 여자된 상태에서 PB_2를 ON하면 X_3가 소자되고 X_2가 여자되는 최후의 입력이 항상 우선이 되는 회로이다.

개념 문제 기사 97년 출제

| 배점 : 7점 |

주어진 조건을 이용하여 선택동작회로의 시퀀스를 구성하시오.

[선택동작회로]

최종으로 수신한 신호회로만을 동작시키고 먼저 동작하고 있던 회로는 취소시켜 상태 변환된 것을 우선시키는 회로 구성이다. 즉, 동일하게 다음에 폐로하는 입력신호 접점이 발생하면 그때까지 동작하고 있던 회로를 복구시켜 새로운 신호회로가 동작하게 되어 항상 최신의 신호회로가 선택되게 하는 회로를 말한다.

[조건]

- 푸시버튼 스위치(신호 접점) 4개(PBS_1, PBS_2, PBS_3, PBS_4)
- 보조 릴레이 4개(X_1, X_2, X_3, X_4)와 각각 a접점 1개, b접점 3개
- X_1이 동작하던 중 PBS_4에 의하여 X_4가 여자되면 X_1이 복구되고, 계속하여 PBS_2에 의하여 X_2가 여자되면 X_4가 복구, PBS_3에 의하여 X_3가 여자되면 X_2가 복구, …와 같이 동작되도록 회로를 구성하되 각 기구에는 반드시 기호를 붙일 것(PBS_1, PBS_2, …, X_1, X_2)

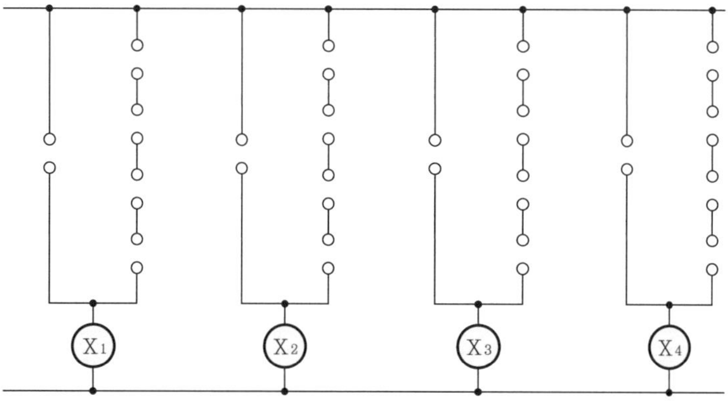

답안

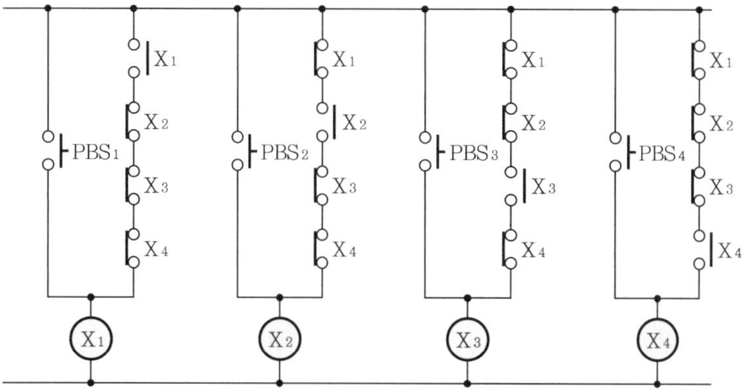

해설 선택동작회로는 새로운 입력이 우선되는 신입력우선회로를 말한다.

기출개념 06 순차동작회로(직렬우선회로)

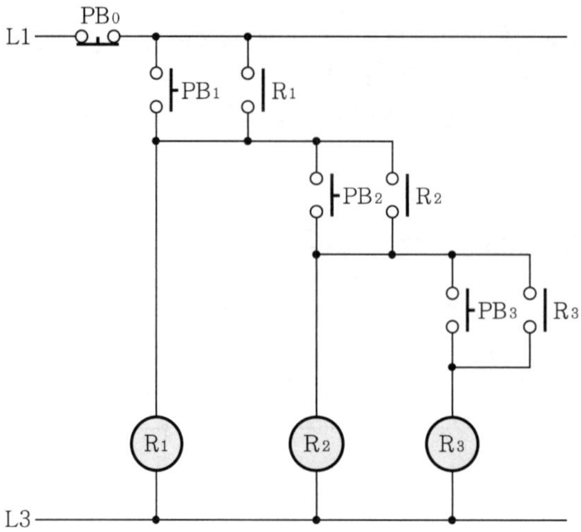

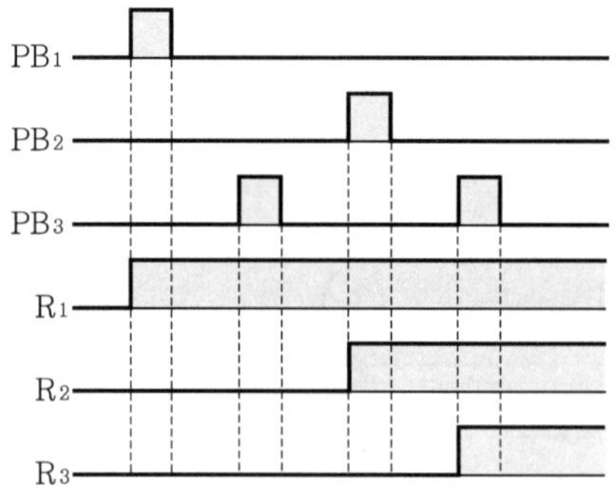

▌직렬우선회로▐

전원 측에 가장 가까운 회로가 우선순위가 가장 높고 전원 측의 스위치에서 순차 조작을 하지 않으면 동작을 하지 않는 회로이다.

우선적으로 PB_1을 ON하면 R_1이 여자된 상태에서 PB_2를 ON하면 R_2가 여자되고 R_1과 R_2가 여자된 상태에서 PB_3를 ON하면 R_3가 여자된다. 이 회로에서 R_1이 소자된 상태에서 PB_2와 PB_3를 ON하여도 R_2와 R_3는 여자되지 않는다.

개념 문제 산업 89년, 96년 출제

| 배점 : 12점 |

시퀀스도를 보고 다음 각 물음에 답하시오.

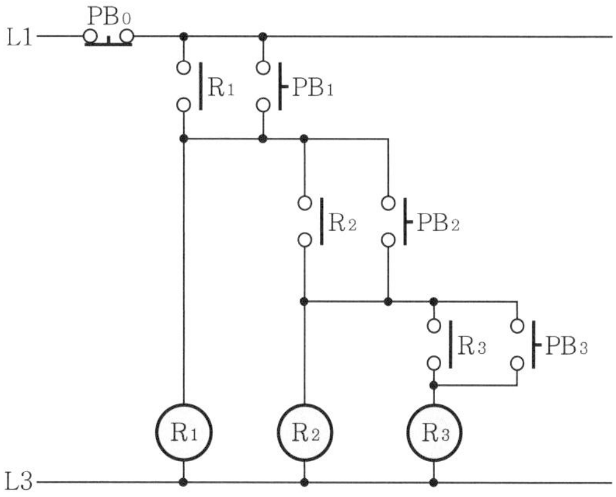

(1) 전원 측에 가장 가까운 푸시버튼 PB_1으로부터 PB_3, PB_0까지 "ON" 조작할 경우의 동작사항을 간단히 설명하시오.

(2) 최초에 PB_2를 "ON" 조작한 경우에는 어떻게 되는가?

(3) 타임차트를 푸시버튼 PB_1, PB_2, PB_3, PB_0와 같이 타이밍으로 "ON" 조작하였을 때의 타임차트의 R_1, R_2, R_3를 완성하시오.

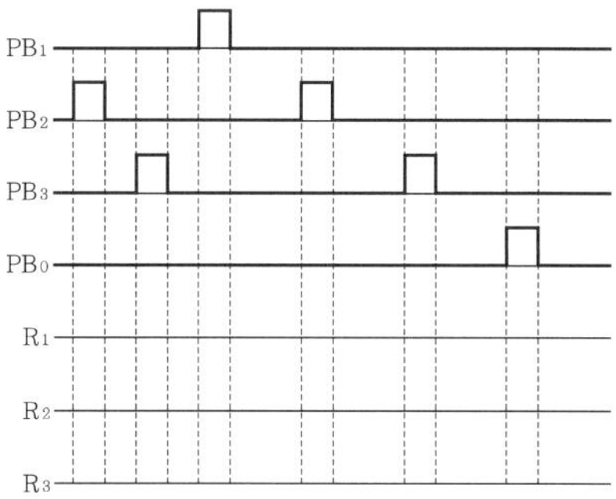

답안 (1) PB_1을 누르면 R_1이 여자되고 R_1 여자 상태에서 PB_2를 누르면 R_2가 여자되며 R_1, R_2가 여자 상태에서 PB_3를 누르면 R_3가 여자된다. 또한 PB_0를 누르면 R_1, R_2, R_3가 동시에 소자된다.

(2) R_2는 여자되지 않는다.(R_2 무여 상태 유지)

(3)

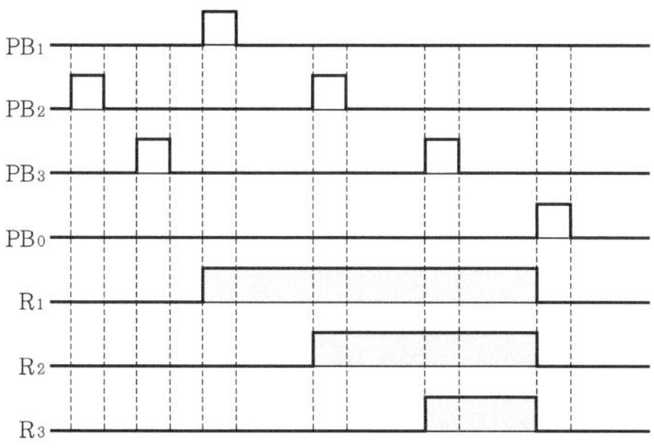

해설 순차동작회로(전원 측 우선회로)로 전원 측에 가까운 전자 릴레이부터 순차적으로 동작되어 나아가는 회로이다.

기출개념 07 한시동작회로

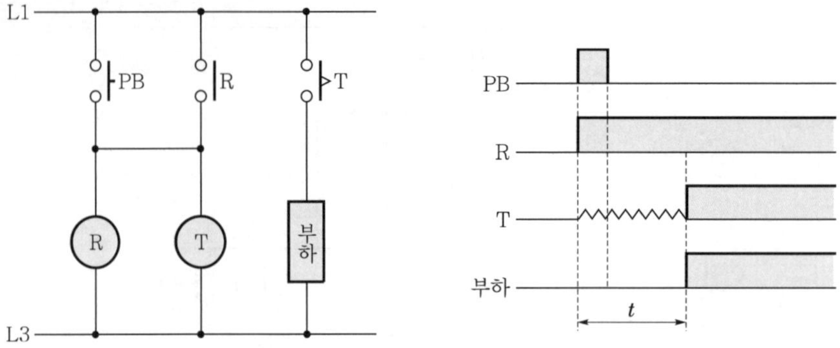

PB을 ON하면 릴레이 R이 여자되고, 시한 타이머 T에 전류가 흐르며 R_{-a} 접점에 의해 자기유지되며 타이머의 설정시간(t)이 경과되면 시한 동작 a접점이 ON되어 출력이 나온다.

개념 문제 산업 95년, 97년, 20년 출제 | 배점 : 5점

그림의 시퀀스회로에서 A접점이 닫혀서 폐회로가 될 때 신호등 PL은 어떻게 동작하는가? 한 줄 이내로 답하시오.

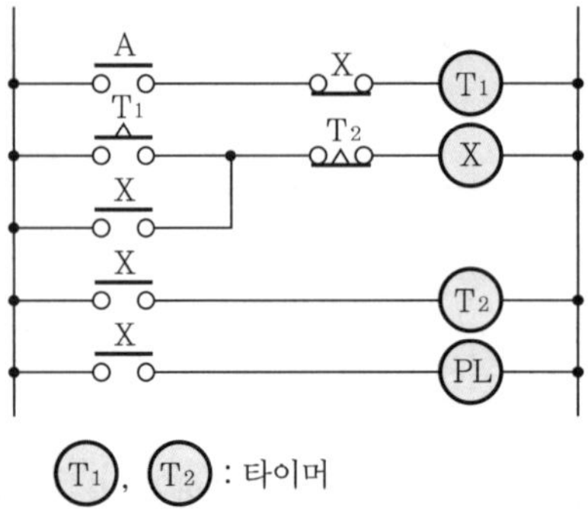

답안 PL은 T_1 설정시간 동안 소등하고 T_2 설정시간 동안 점등함을 A접점이 개로될 때까지 반복한다.

해설 A접점이 폐로
타이머 T_1이 통전되고 설정시간 후 T_1의 a접점이 닫혀 보조 릴레이 X가 여자되며 타이머 T_2 통전, 신호등 PL이 점등된다.
타이머 T_2는 설정시간이 지나면 T_2의 b접점이 열려 X소자, 신호등 PL은 소등되며 접점 A가 계속 닫혀 있으면 반복 동작을 한다.

CHAPTER 02
유접점 기본 회로

단원 빈출문제

문제 01 기사 93년, 00년 출제

배점 : 9점

그림과 같은 타임차트로 표시되는 회로의 시퀀스도를 완성하시오. (단, Ⓡ은 계전기, Ⓛ은 램프이다.)

(1)

(2)

(3)

답안

(1)

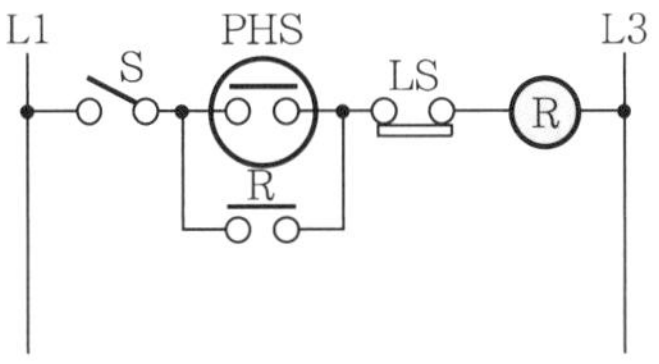

(2)

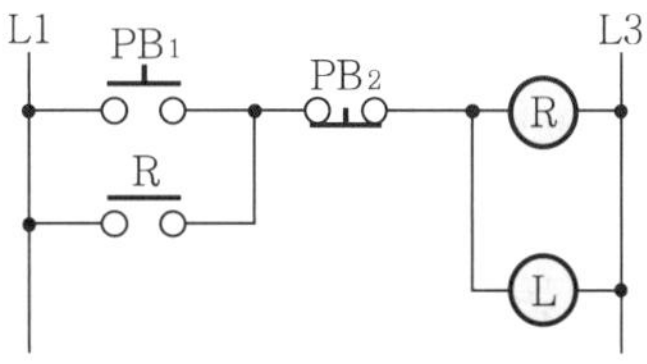

(3)

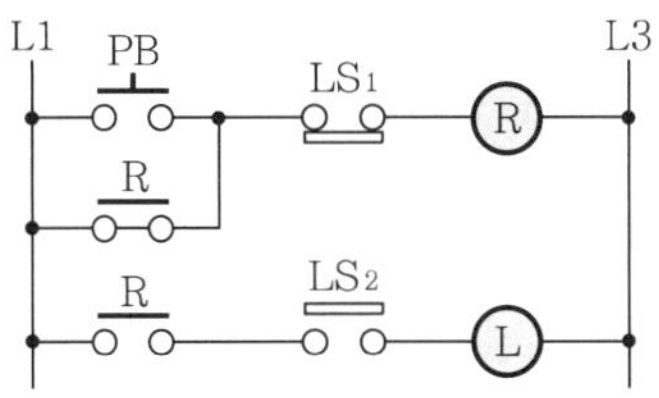

1990년~최근 출제된 기출 이론 분석 및 유형별 문제

03 CHAPTER 전동기 운전회로

기출개념 01 3상 유도전동기 1개소 기동 제어회로

1 제어회로

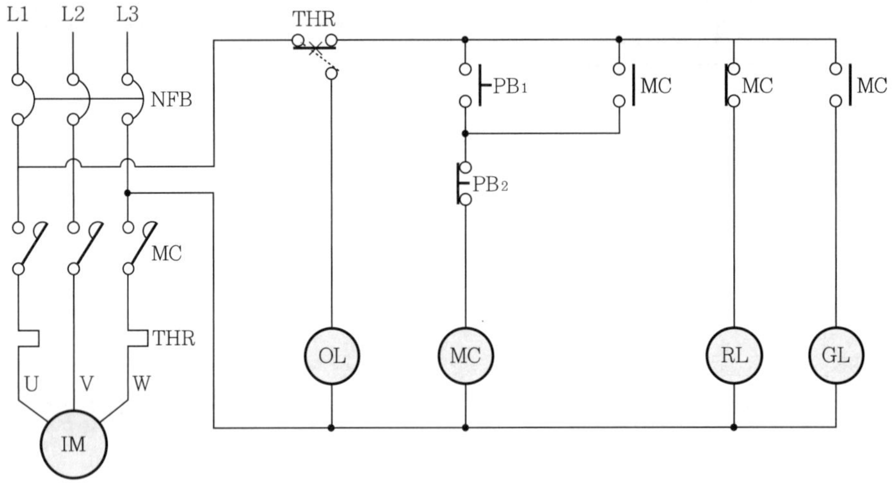

2 동작 설명

(1) 전원을 투입하면 MC_{-b}접점이 붙어 있으므로 정지표시등 RL이 점등된다.

(2) 누름버튼 스위치 PB_1을 누르면 전자접촉기 MC가 여자됨과 동시에

① 전자접촉기의 주접점 MC가 붙어 전동기는 기동되고 MC_{-a}접점이 폐로되어 GL은 점등되고 MC_{-b}접점은 개로되어 RL은 소등된다.

② 전자접촉기 MC_{-a}접점이 붙어 자기유지되어 계속 전동기는 운전된다.

(3) 누름버튼 스위치 PB_2를 누르면 회로가 차단되어 전동기가 정지되고, 운전표시등 GL이 소등되며 정지표시등 RL이 점등된다.

(4) 만약 운전 중에 과부하가 걸리면 과부하 계전기 THR의 b접점이 떨어져 전원이 차단되어 전동기가 정지되고 과부하 표시등 OL이 점등된다.

(5) 과부하 계전기 THR의 접점은 반드시 수동으로 복귀시켜야만 원상태로 돌아오게 된다.

개념 문제 01 기사 90년, 00년, 04년, 06년, 10년 출제

| 배점 : 7점 |

그림은 전자개폐기 MC에 의한 시퀀스회로를 개략적으로 그린 것이다. 이 그림을 보고 다음 각 물음에 답하시오.

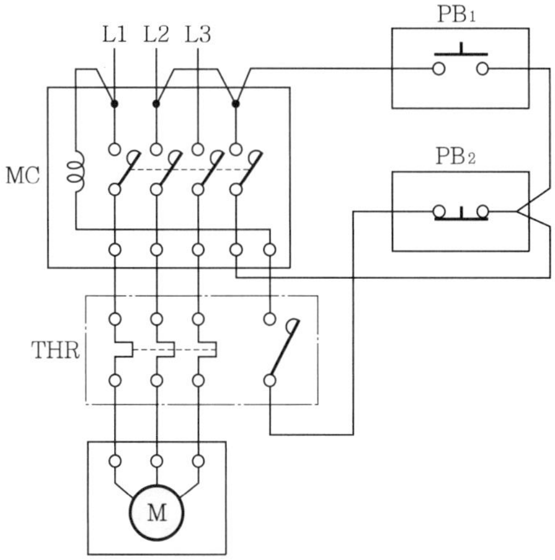

(1) 그림과 같은 회로용 전자개폐기 MC의 보조접점을 사용하여 자기유지가 될 수 있는 일반적인 시퀀스회로로 다시 작성하여 그리시오.

(2) 시간 t_3에 열동계전기가 작동하고, 시간 t_4에서 수동으로 복귀하였다. 이때의 동작을 타임차트로 표시하시오.

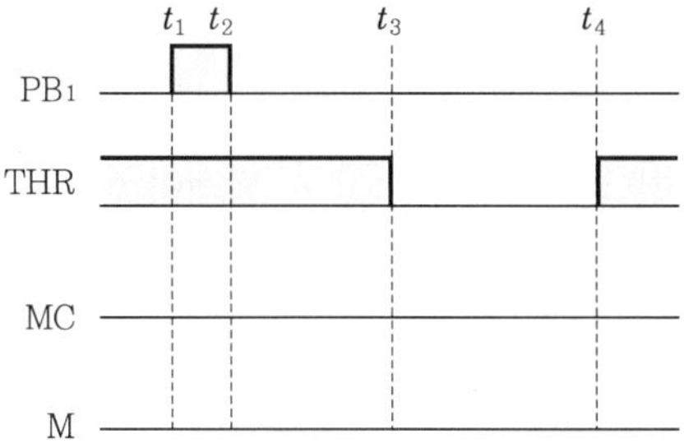

답안 (1)

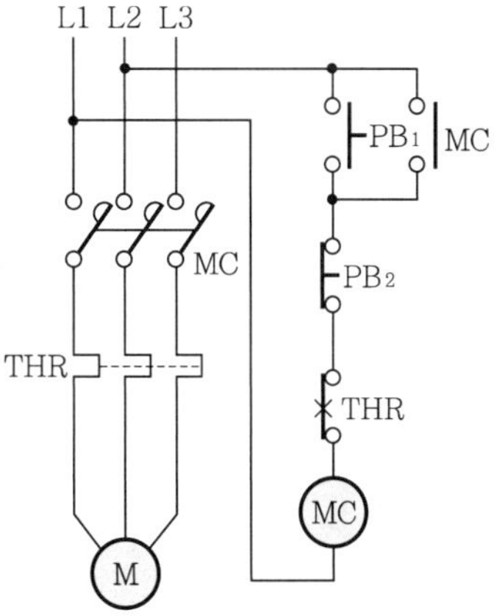

(2)

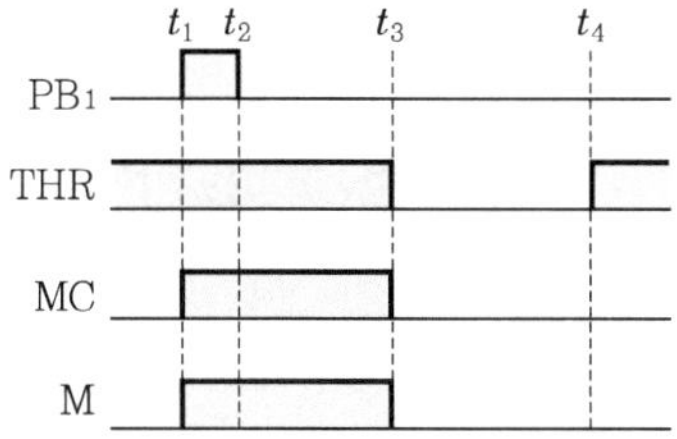

개념 문제 02 기사 15년 출제

배점 : 7점

다음 미완성 시퀀스도는 누름버튼 스위치 하나로 전동기를 기동, 정지를 제어하는 회로이다. 동작사항과 회로를 보고 각 물음에 답하시오. (단, X_1, X_2 : 8핀 릴레이, MC : 5a 2b 전자접촉기, PB : 누름버튼 스위치, RL : 적색램프이다.)

[동작사항]

① 누름버튼 스위치(PB)를 한 번 누르면 X_1에 의하여 MC 동작(전동기 운전), RL램프 점등
② 누름버튼 스위치(PB)를 한 번 더 누르면 X_2에 의하여 MC소자(전동기 정지), RL램프 소등
③ 누름버튼 스위치(PB)를 반복하여 누르면 전동기가 기동과 정지를 반복하여 동작

[회로도]

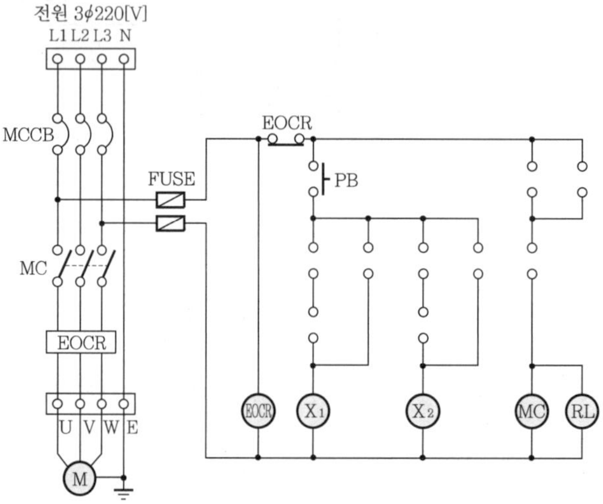

(1) 동작사항에 맞도록 미완성 시퀀스도를 완성하시오. (단, 회로도의 접점의 그림기호를 직접 그리고, 접점의 명칭을 정확히 표시하시오.) 예 X_1 릴레이 a접점인 경우 :

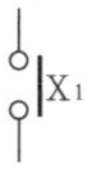

(2) MCCB의 명칭을 쓰시오.
(3) EOCR의 명칭 및 용도를 쓰시오.

답안 (1)

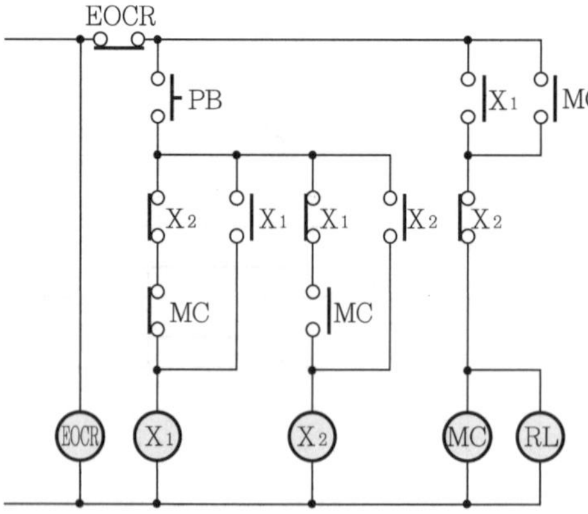

(2) 배선용 차단기
(3) • 명칭 : 전자식 과부하 계전기
• 용도 : 전동기 과부하나 단락 등으로 인한 과전류 발생 시 MC를 소자시켜 전동기를 보호한다.

기출개념 02 3상 유도전동기 2개소 기동 제어회로

1 제어회로

제어하고자 하는 전동기가 있는 기관실 현장과 제어반이 집결되어 있는 기관통제실인 제어실 두 곳에서 전동기를 제어하고자 하는 제어시스템이다.

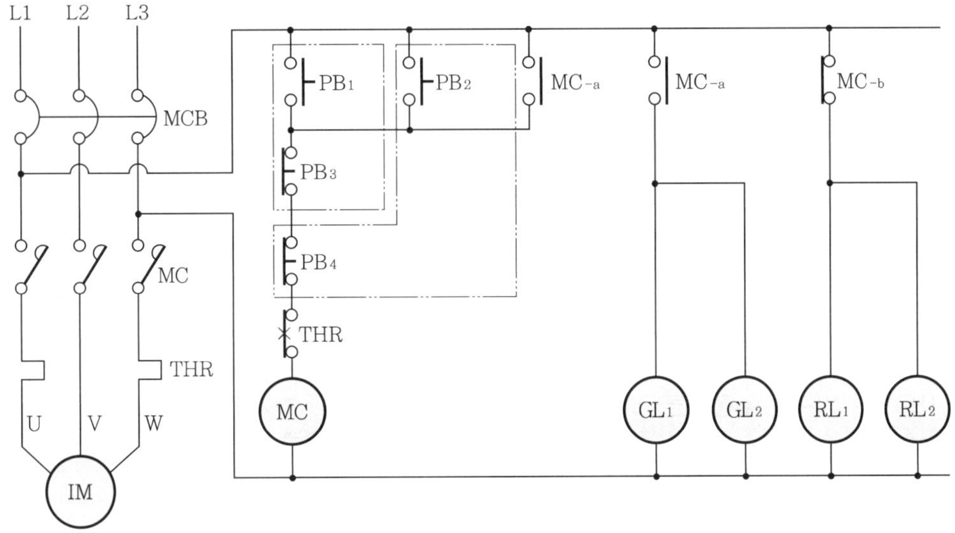

2 동작 설명

(1) 전원을 투입하면 전자개폐기 b접점이 붙어 있으므로 정지표시등 RL이 점등된다.

(2) 기관실 현장 제어반의 누름버튼 스위치 PB_2를 누르면 전자개폐기의 코일 MC가 여자됨과 동시에 다음과 같은 상태가 된다.

① 전자접촉기 주접점 MC가 붙어 전동기가 기동되고 MC_{-a}접점이 폐로되어 GL이 점등되고 MC_{-b}접점은 개로되어 RL은 소등된다.

② 전자접촉기 MC_{-a}접점이 폐로되어 자기유지되어 계속 전동기는 운전된다.

(3) 기관실 현장 제어반의 누름버튼 스위치 PB_4를 누르면 회로가 차단되어 전동기가 정지되고, 운전표시등 GL이 소등되며 정지표시등 RL이 점등된다.

(4) 제어실 제어반에서도 위와 똑같은 동작이 가능하게 된다.

(5) 또한 기관실 현장에서 기동을 시킨 후 제어실에서 정지가 가능하며, 이와 반대로 가능하게 된다.

(6) 회로 결선 시 정지 명령(PB_3, PB_4)은 직렬 연결, 기동 명령(PB_1, PB_2)은 병렬 연결임을 주의한다.

개념 문제 01 기사 96년 / 산업 93년, 94년, 95년 출제

| 배점 : 6점 |

그림과 같이 송풍기용 유도전동기의 운전을 현장인 전동기 옆에서도 할 수 있고, 멀리 떨어져 있는 제어실에서도 할 수 있는 시퀀스(Sequence) 제어회로도를 완성하시오.

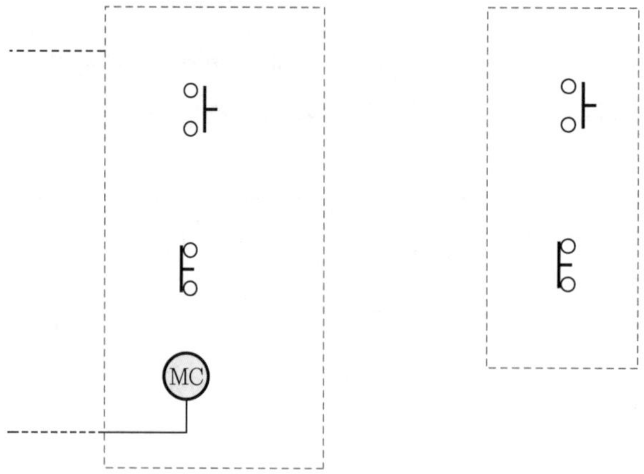

[조건]

- 그림에 있는 전자개폐기에는 주접점 외에 자기유지접점이 부착되어 있다.
- 도면에 사용되는 심벌에는 심벌의 약호를 반드시 기록하여야 한다. (예 PBS-ON, MC-a, PBS-OFF)
- 사용되는 기구는 누름버튼 스위치 2개, 전자 코일 MC 1개, 자기유지접점(MC-a) 1개이다.
- 누름버튼 스위치는 기동용 접점과 정지용 접점이 있는 것으로 한다.

답안

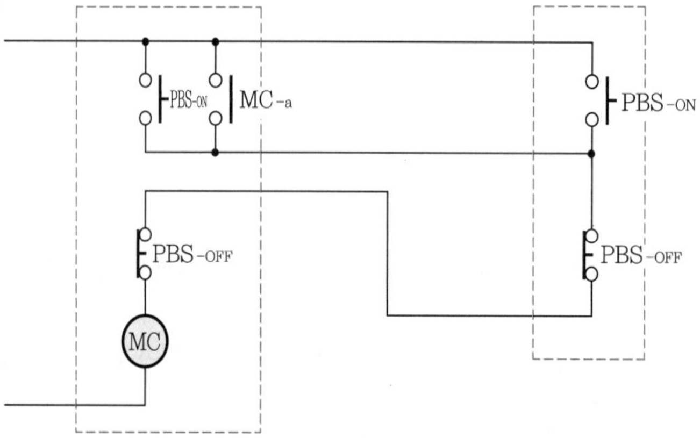

해설 기동 명령 PBS-ON은 병렬 연결, 정지 명령 PBS-OFF는 직렬 연결임에 주의한다.

개념 문제 02 기사 03년, 05년 출제 | 배점 : 8점 |

다음은 수중 펌프용 전동기의 MCC(Moter Control Center)반 미완성 회로도이다. 다음 각 물음에 답하시오.

(1) 펌프를 현장과 중앙감시반에서 조작하고자 한다. 다음 조건을 이용하여 미완성 회로도를 완성하시오.

[조건]
① 절체스위치에 의하여 자동, 수동 운전이 가능하도록 작성
② 리밋 스위치 또는 플로트 스위치에 의하여 자동운전이 가능하도록 작성
③ 표시등은 현장과 중앙감시반에서 동시에 확인이 가능하도록 설치
④ 운전등은 Ⓡ등, 정지등은 Ⓖ등, 열동계전기 동작에 의한 등은 Ⓨ등으로 작성

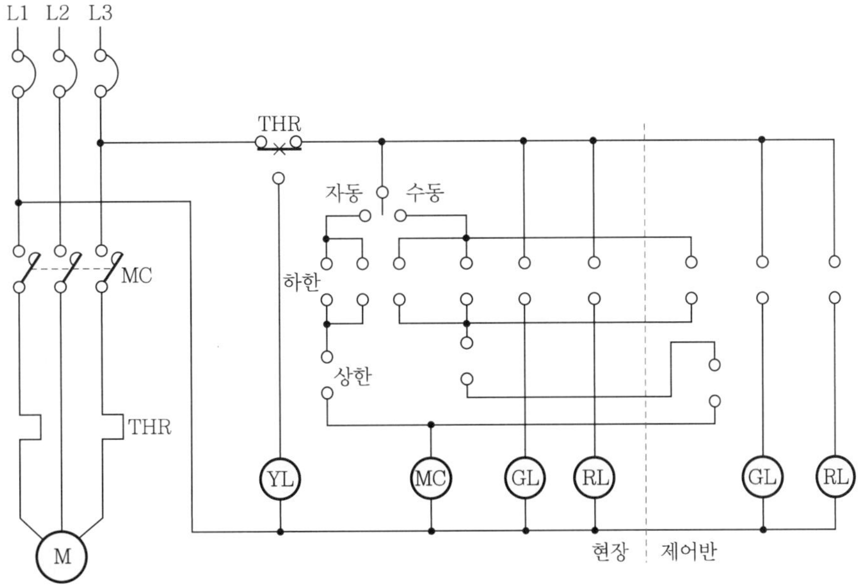

(2) 현장조작반에서 MCC반까지 전선은 어떤 종류의 케이블을 사용하는 것이 적합한지 그 케이블의 종류를 쓰시오.
(3) 차단기는 어떤 종류의 차단기를 사용하는 것이 가장 좋은지 그 차단기의 종류를 쓰시오.

답안 (1)

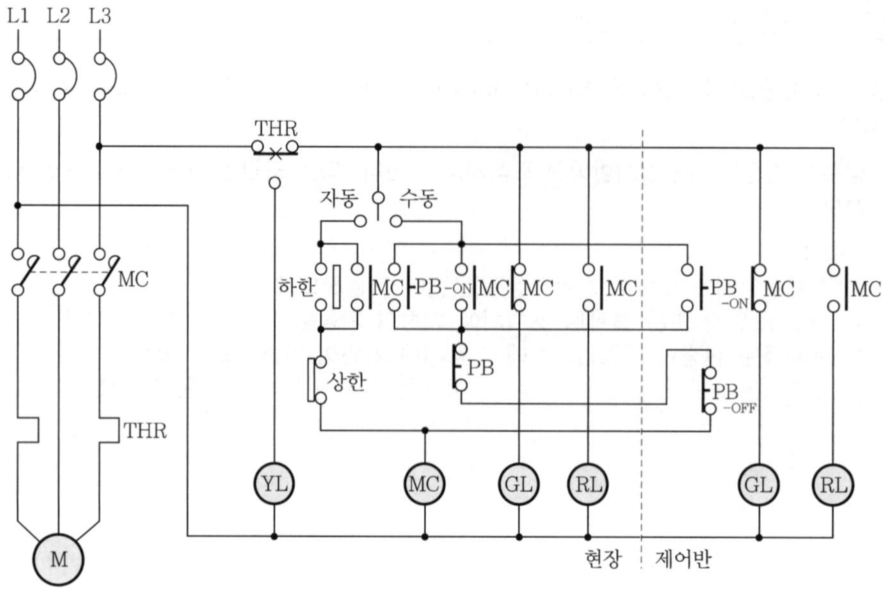

(2) CCV(0.6/1[kV] 제어용 가교폴리에틸렌 절연 비닐 시스 케이블)

(3) 과전류소자붙이 누전차단기

기출개념 03 3상 유도전동기 촌동 운전 제어회로

1 제어회로

(1) 촌동(inching) 운전

기계의 짧은 시간 내에 미소운전을 하는 것을 말하며, 조작하고 있을 때만 전동기를 회전시키는 운전방법이다.

(2) 촌동 운전은 공작기계의 세부조정, 선반 등의 위치 맞추기, 전동기의 회전 방향 확인 등 정상운전에 앞서 기계를 조정할 때 이용된다.

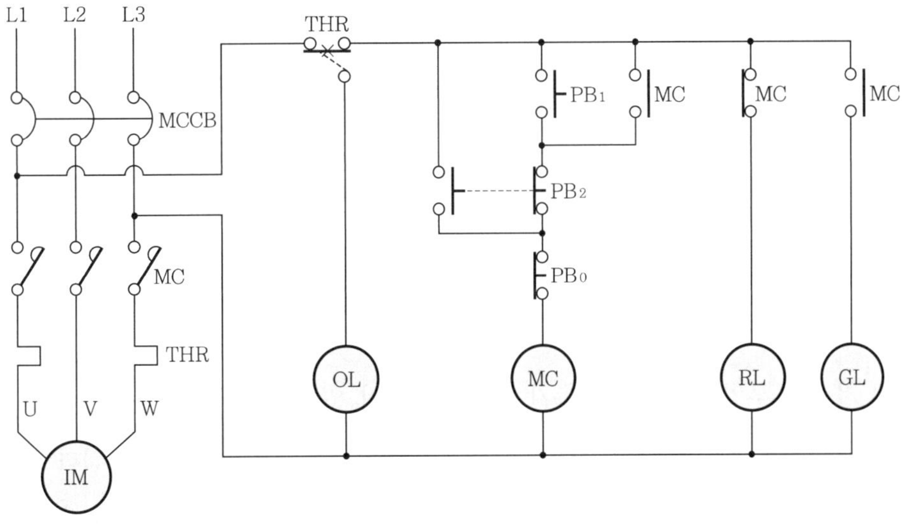

2 동작 설명

(1) 전원을 투입하면 전자개폐기 b접점이 붙어 있으므로 정지표시등 RL이 점등된다.

(2) 누름버튼 스위치 PB_1을 누르면 전자개폐기의 코일 MC가 여자됨과 동시에 전자접촉기 주접점 MC가 붙어 전동기가 기동되고 MC_{-a}접점이 폐로되어 운전표시등 GL이 점등되고 MC_{-b}접점은 개로되어 정지표시등 RL은 소등되며 자기유지된다.

(3) 누름버튼 스위치 PB_0를 누르면 회로가 차단되어 전동기가 정지되고, 운전표시등 GL이 소등되며 정지표시등 RL이 점등된다.

(4) 촌동용 누름버튼 스위치 PB_2를 누르면 PB_2의 a접점부를 통하여 전기가 유입되어 전자개폐기의 코일 MC가 여자됨과 동시에 주접점 MC가 붙어 전동기가 기동되고 GL은 점등, RL은 소등된다.
PB_2를 놓으면 접점이 모두 원위치되고 전동기는 정지한다.

기출개념 04 3상 유도전동기 한시 운전 제어회로

1 제어회로

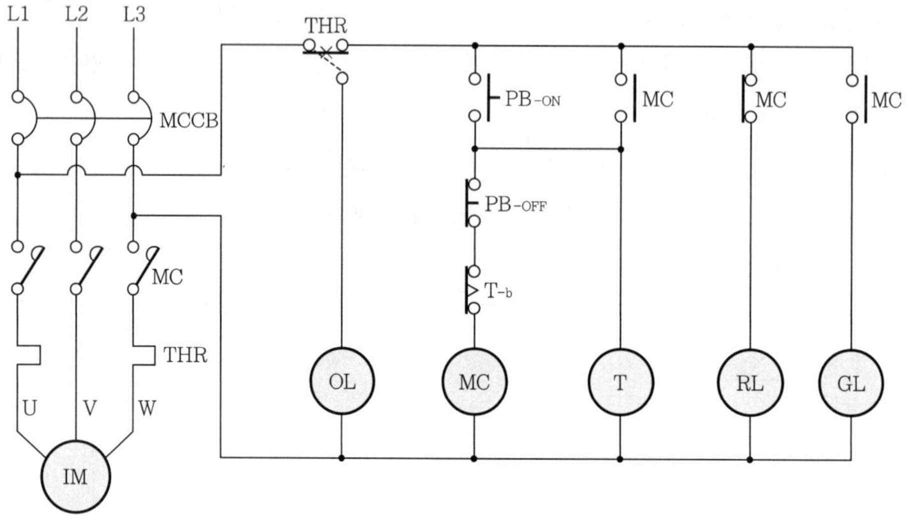

2 동작 설명

(1) 전원을 투입하면 전자접촉기 b접점이 붙어 있으므로 정지표시등 RL이 점등된다.

(2) 누름버튼 스위치 PB_{-ON}을 누르면 전자접촉기의 코일 MC가 여자됨과 동시에 주접점 MC가 붙어 전동기가 기동되고 운전표시등 GL이 점등되고, RL은 소등되며 MC_{-a}접점에 의해 자기유지되어 계속 전동기는 운전된다.

(3) 타이머 T의 동작코일이 여자되어 설정시간(Setting Time) t초 후에 T_{-b}가 떨어져 회로가 차단되어 전동기는 자동적으로 정지되고, 운전표시등 GL이 소등되며 정지표시등 RL이 점등된다.

(4) 운전 중에 누름버튼 스위치 OFF(정지 명령)를 누르면 타이머의 설정시간 이전에도 회로가 차단되어 전동기가 정지하게 된다.

(5) 만약, 운전 중에 과부하가 걸리면 과부하 계전기 THR의 b접점이 떨어져 전원이 차단되어 전동기가 정지하고 과부하 표시등 OL이 점등된다. 과부하 계전기 속의 접점은 반드시 수동으로 복귀시켜야만 원상태로 돌아오게 된다.

개념 문제 01 기사 98년, 09년 / 산업 96년 출제 | 배점 : 7점 |

다음의 [요구사항]에 의하여 동작이 되도록 회로의 미완성 부분에 접점을 완성하시오.

[요구사항]

- 전원 스위치 KS를 넣으면 GL이 점등하도록 한다.
- 누름버튼 스위치(PB$_{-ON}$ 스위치)를 누르면 MC에 전류가 흐름과 동시에 MC의 보조접점에 의하여 GL이 소등되고 RL이 점등되도록 한다. 이때 전동기는 운전된다.
- 누름버튼 스위치(PB$_{-ON}$ 스위치) ON에서 손을 떼어도 MC는 계속 동작하여 전동기의 운전은 계속된다.
- 타이머 T에 설정된 일정 시간이 지나면 MC에 전류가 끊기고 전동기는 정지, RL은 소등, GL은 점등된다.
- T에 설정된 시간 전에도 누름버튼 스위치(PB$_{-OFF}$ 스위치)를 누르면 전동기는 정지되며, RL은 소등, GL은 점등된다.
- 전동기 운전 중 사고로 과전류가 흘러 열동계전기가 동작되면 모든 제어회로의 전원이 차단된다.

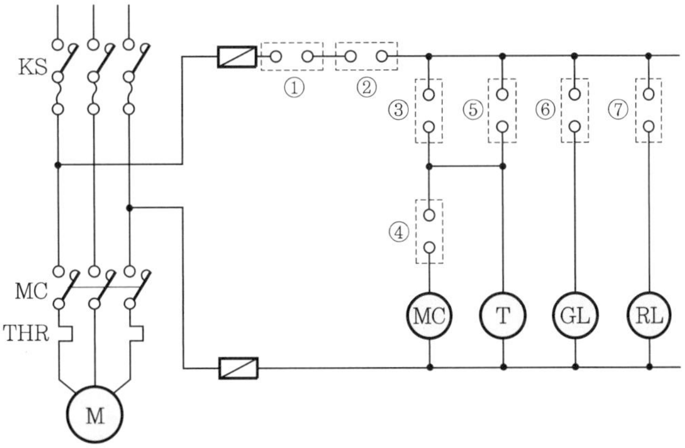

답안

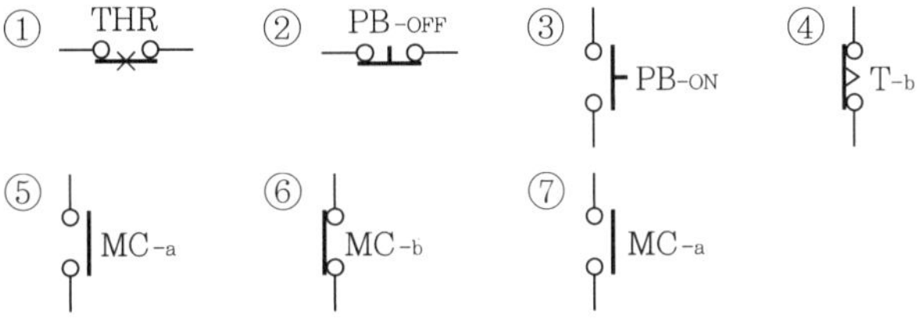

개념 문제 02 기사 91년, 98년, 09년, 12년, 18년 / 산업 94년 출제

| 배점 : 7점 |

그림은 PB-ON 스위치를 ON한 후 일정 시간이 지난 다음에 MC가 동작하여 전동기 M이 운전되는 회로이다. 여기에 사용한 타이머 Ⓣ는 입력신호를 소멸했을 때 열려서 이탈되는 형식인데 전동기가 회전하면 릴레이 Ⓧ가 복구되어 타이머에 입력신호가 소멸되고 전동기는 계속 회전할 수 있도록 할 때 이 회로는 어떻게 고쳐야 하는가? (단, 전자접촉기 MC의 보조 a, b접점 각각 1개씩만을 추가한다.)

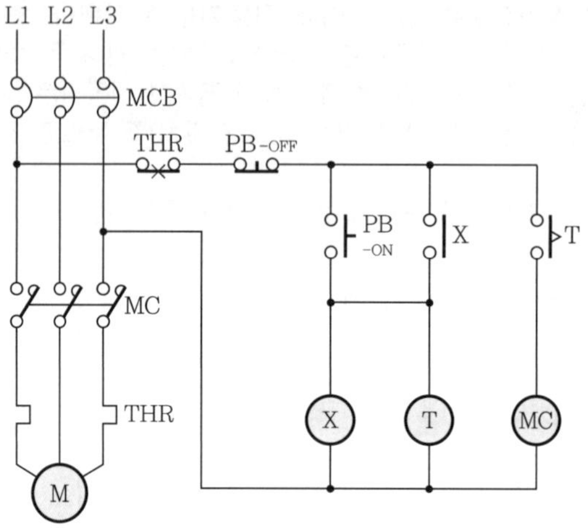

답안

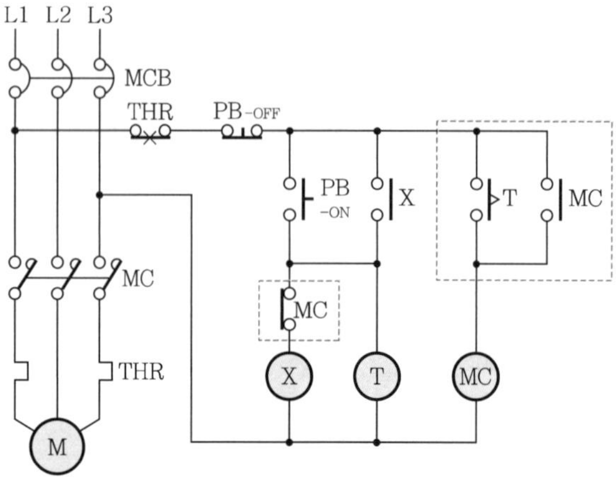

기출개념 05 3상 유도전동기 정·역전 운전 제어회로

3상 유도전동기 정·역전 운전 제어회로는 전동기의 회전 방향을 정방향 또는 역방향으로 운전하는 제어회로를 말한다.

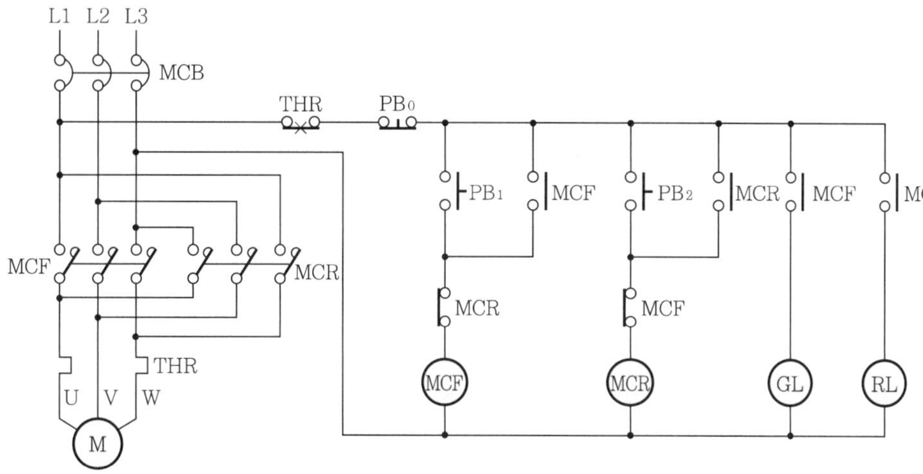

1 결선

전동기의 회전 방향을 정방향 또는 역방향으로 운전하는 제어회로로 3상 유도전동기 회전 방향을 바꾸려면 회전자계의 방향을 바꾸는 것으로 가능하므로 전자개폐기 2개를 사용 전원측 L1, L2, L3 3선 중 임의의 2선을 서로 바꾸게 되면 회전 방향이 반대가 된다.

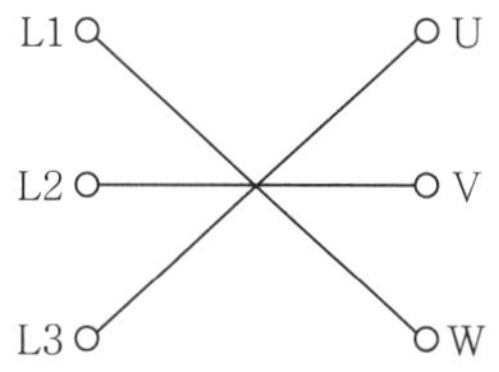

▌정·역 운전 주회로 결선▐

2 회로 구성 시 주의해야 할 점

전자개폐기 2개가 동시에 여자될 경우 전원회로에 단락사고가 일어나기 때문에 전자개폐기 MCF, MCR은 반드시 인터록회로로 구성되어야 한다.

3 동작 설명

(1) 정회전 방향용 누름버튼 스위치 PB_1을 누르면 전자접촉기 코일 MCF가 여자됨과 동시에 주접점 MCF가 붙어 전동기가 정회전으로 기동되고 MCF의 보조 a접점 MCF_{-a}가 붙어 운전표시등 GL이 점등되며 MCF의 b접점 MCF_{-b}가 떨어져 역회전 방향용 누름버튼 스위치 PB_2를 눌러도 전자접촉기 코일 MCR은 동작하지 않는다.

(2) 정회전 방향용 누름버튼 스위치 PB_0를 누르면 전자접촉기 코일 MCF가 소자되어 전동기가 정지된다.

(3) 역회전 방향용 누름버튼 스위치 PB_2를 누르면 전자접촉기 코일 MCR이 여자됨과 동시에 주접점 MCR이 붙어 전동기가 역회전으로 기동되고, MCR의 보조 a접점 MCR_{-a}가 붙어 운전표시등 RL이 점등되며 MCR의 b접점 MCR_{-b}가 떨어져 정회전 방향용 누름버튼 스위치 PB_1을 눌러도 전자접촉기 코일 MCF는 동작하지 않는다.

(4) 만약 운전 중에 과부하가 걸리면 과부하 계전기 속의 b접점이 떨어져 전원이 차단되어 전동기가 정지하고 과부하 표시등 OL이 점등된다. 과부하 계전기 속의 접점은 반드시 수동으로 복귀시켜야만 원상 복귀된다.

개념 문제 기사 04년, 05년, 08년 / 산업 98년, 01년, 05년 출제 | 배점 : 7점 |

아래의 그림은 전동기의 정·역 운전 회로도의 일부분이다. [동작 설명]과 미완성 도면을 이용하여 다음 각 물음에 답하시오.

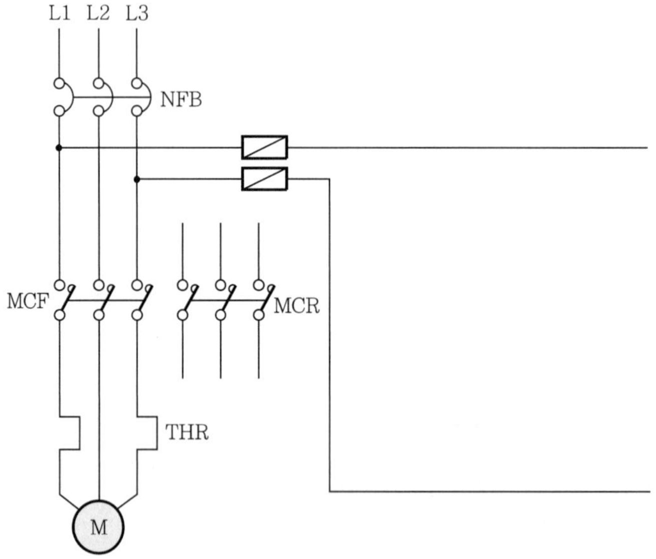

[동작 설명]
- NFB를 투입하여 전원을 인가하면 Ⓖ등이 점등되도록 한다.
- 누름버튼 스위치 PB_1(정)을 ON하면 MCF가 여자되며, 이때 Ⓖ등은 소등되고 Ⓡ등은 점등되도록 하며, 또한 정회전한다.
- 누름버튼 스위치 PB_0를 OFF하면 전동기는 정지한다.
- 누름버튼 스위치 PB_2(역)를 ON하면 MCR이 여자되며, 이때 Ⓨ등이 점등되게 된다.
- 과부하 시에는 열동계전기 THR이 동작되어 THR의 b접점이 개방되어 전동기는 정지된다.

  ※ 위와 같은 사항으로 동작되며, 특이한 사항은 MCF나 MCR 어느 하나가 여자되면 나머지 전동기는 정지 후 동작시켜야 동작이 가능하다.
  MCF, MCR의 보조접점으로는 각각 a접점 1개, b접점 2개를 사용한다.

(1) 다음 주회로 부분을 완성하시오.
(2) 다음 보조회로 부분을 완성하시오.

답안 (1)

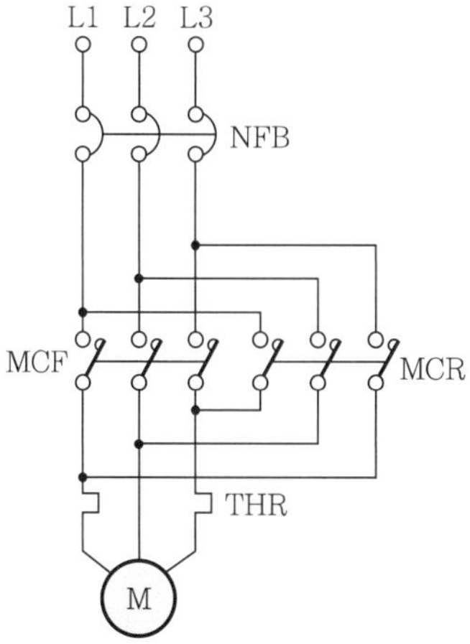

(2)

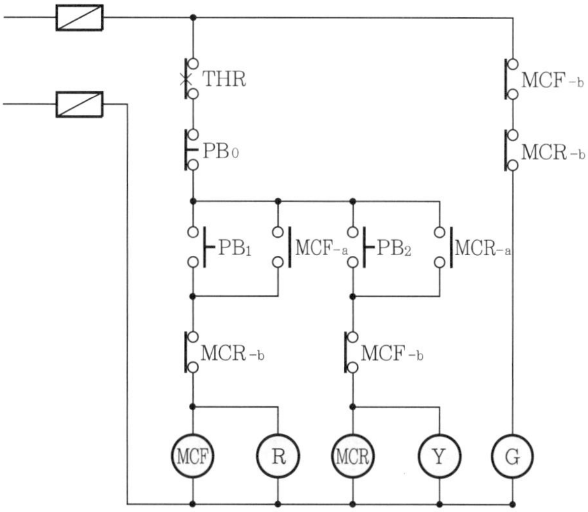

해설 3상 유도전동기 정·역회전 운전 제어회로는 정·역회전 동시 투입에 의한 단락사고 방지를 위해 인터록회로를 반드시 사용한다.

기출개념 06 역상제동 제어회로

1 제어회로

3상 유도전동기의 전동기 권선 3선 중 2선을 바꾸어 접속하면 역방향으로 회전한다. 따라서 정방향으로 회전하고 있는 전동기를 정지시키려면 정방향 운전 중의 전동기 스위치를 끊고 곧 역방향 스위치를 넣게 되면 역방향으로 회전하려는 토크를 발생시켜 전동기를 정지시킬 수 있는데 이를 역상제동(Plugging) 또는 역회전제동이라고 한다.

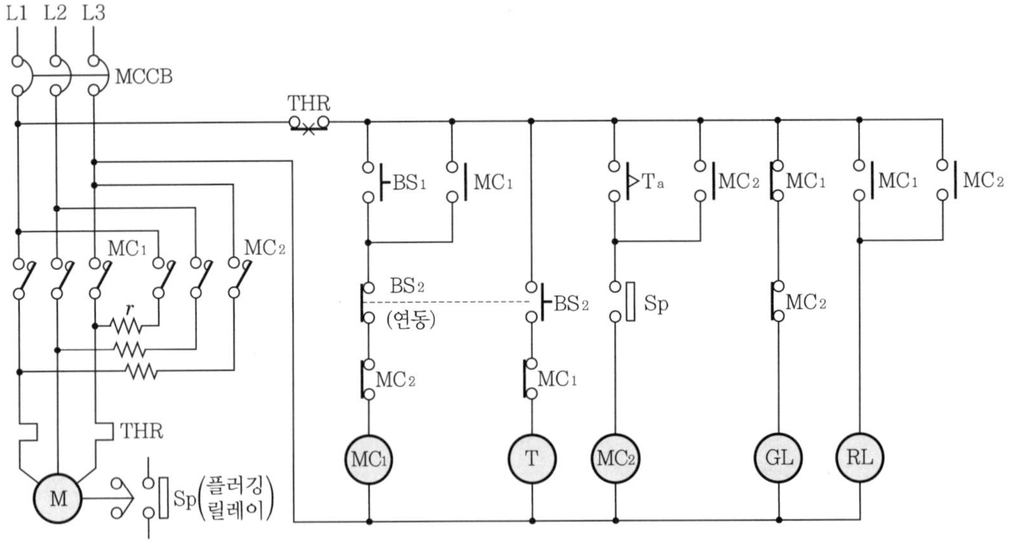

2 동작 설명

(1) 전원을 투입하면 정지표시등 GL이 점등된다.

(2) 누름버튼 스위치 BS_1을 누르면 전자접촉기 MC_1이 여자되어 주접점 MC가 붙어 전동기가 기동되고 MC_{1-a}접점이 폐로되어 운전표시등 RL은 점등되고 정지표시등 GL은 소등되며 전동기의 회전속도가 상승하면 플러깅 릴레이(Sp)는 화살표와 같이 접점이 닫힌다.

(3) 역상제동을 위하여 BS_2를 누르면 MC_1은 소자되고 타이머 T가 여자되며 시간 지연 후 T_{-a}가 폐로되고 MC_2가 여자되어 전동기는 역상제동용 전자접촉기 MC_2가 동작하여 역회전하므로 제동된다.

(4) 타이머 T는 한시동작하므로 전자접촉기 MC_1과 MC_2가 동시에 동작을 방지하고 제동 순간의 과전류를 방지하는 시간적 여유를 준다. 또한 저항 r은 전전압에 제동력이 클 경우 저항의 전압강하로 전압을 줄이고 제동력을 제한하는 역할을 한다. 여기서 플러깅 릴레이(Sp)는 전동기가 회전하면 접점이 닫히고 속도가 0에 가까워지면 열리도록 되어 있다.

개념 문제 01 기사 17년 /산업 01년 출제 | 배점 : 8점 |

그림은 3상 유도전동기의 역상제동 시퀀스회로이다. 물음에 답하시오. (단, 플러깅 릴레이 Sp는 전동기가 회전하면 접점이 닫히고, 속도가 0에 가까우면 열리도록 되어 있다.)

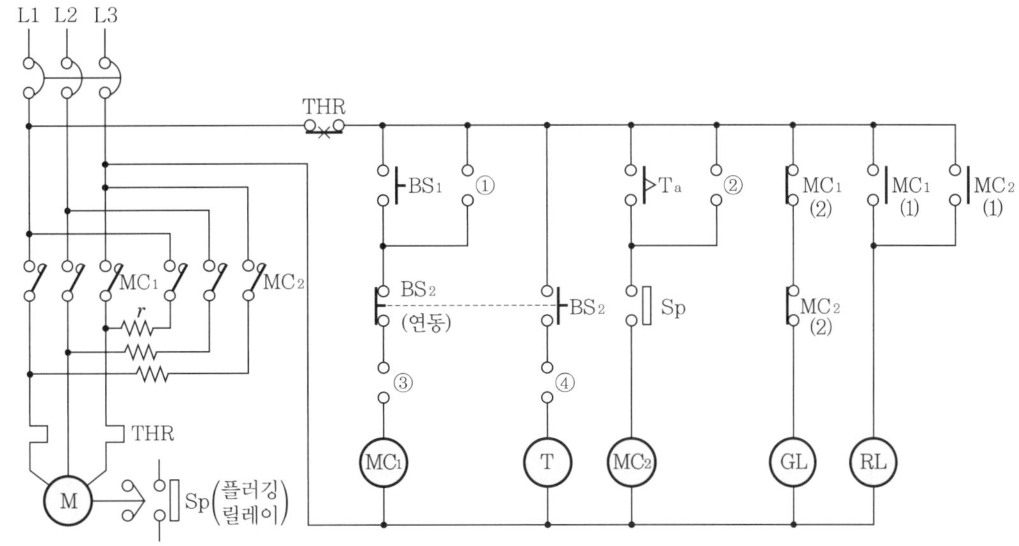

(1) 회로에서 ①~④에 접점과 기호를 넣고 MC_1, MC_2의 동작 과정을 간단히 설명하시오.
(2) 보조 릴레이 T와 저항 r에 대하여 그 용도 및 역할에 대하여 간단히 설명하시오.

답안 (1)

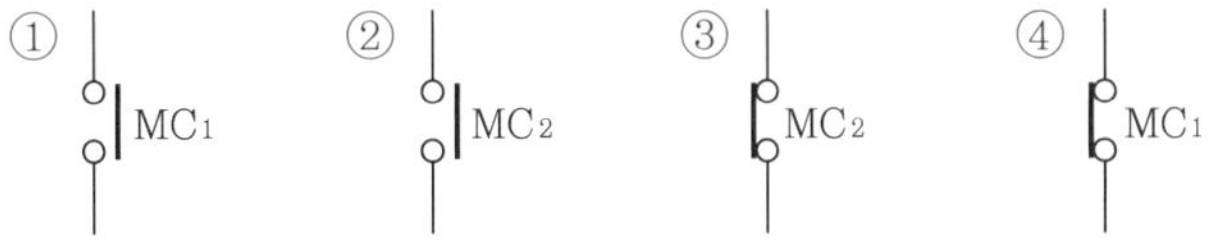

- 기동운전 : BS_1을 ON하면 MC_1이 여자되고 전동기는 정회전된다.
- 역상제동 : BS_2을 ON하면 MC_1이 소자되고, T가 여자되며 시간 지연 후 MC_2가 여자되어 전동기는 역상제동된다. 전동기 속도가 0에 가까우면 Sp가 개로되어 MC_2가 소자되고 전동기는 급정지한다.

(2) • T : 시한 동작으로 제동 시 과전류에 의한 기계적 손상방지를 위한 시간적 여유를 주기 위한 역할
• r : 역상제동 시 저항의 전압강하로 전압을 낮추어 제동력을 제한하기 위한 역할

해설 플러깅회로
전동기의 2선의 접속을 바꾸어 회전 방향을 반대로 하여 반대의 토크를 생기게 하여 전동기를 급제동시키는 방법이다.

개념 문제 02 기사 20년 출제

배점 : 5점

다음 요구사항을 만족하는 주회로 및 제어회로의 미완성 결선도를 직접 그려 완성하시오. (단, 접점기호와 명칭 등을 정확히 나타내시오.)

[요구사항]

- 전원스위치 MCCB를 투입하면 주회로 및 제어회로에 전원이 공급된다.
- 누름버튼 스위치(PB_1)를 누르면 MC_1이 여자되고 MC_1의 보조접점에 의하여 RL이 점등되며, 전동기는 정회전한다.
- 누름버튼 스위치(PB_1)를 누른 후 손을 떼어도 MC_1은 자기유지되어 전동기는 계속 정회전한다.
- 전동기 운전 중 누름버튼 스위치(PB_2)를 누르면 연동에 의하여 MC_1이 소자되어 전동기가 정지되고, RL은 소등된다. 이때 MC_2는 자기유지되어 전동기는 역회전(역상제동을 함)하고 타이머가 여자되며, GL이 점등된다.
- 타이머 설정시간 후 역회전 중인 전동기는 정지하고, GL도 소등된다. 또한 MC_1과 MC_2의 보조접점에 의하여 상호 인터록이 되어 동시에 동작되지 않는다.
- 전동기 운전 중 과전류가 감지되어 EOCR이 동작되면, 모든 제어회로의 전원은 차단되고 OL만 점등된다.
- EOCR을 리셋하면 초기 상태로 복귀한다.

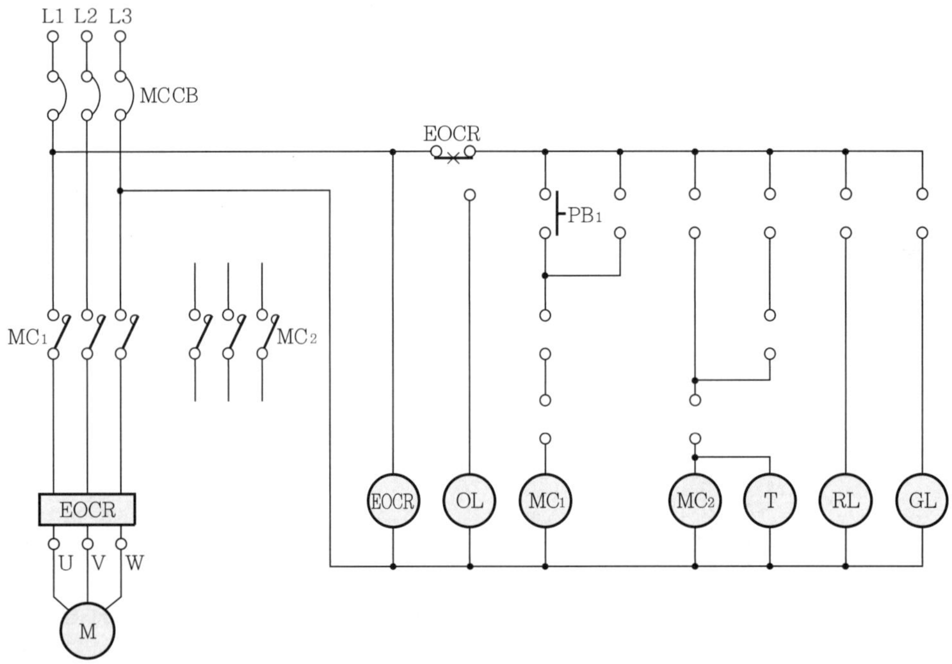

답안

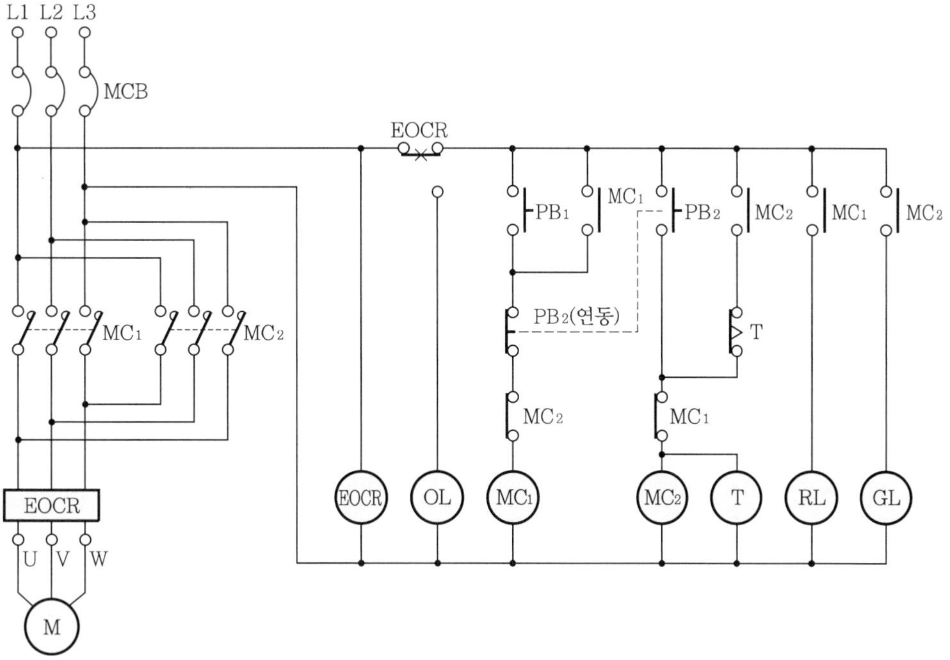
L1 L2 L3
MCB
EOCR
PB1
MC1
PB2
MC2
MC1
MC2
MC1
MC2
PB2(연동)
T
MC2
MC1
EOCR
U V W
M
EOCR
OL
MC1
MC2
T
RL
GL

1990년~최근 출제된 기출문제

CHAPTER 03
전동기 운전회로

단원 빈출문제

문제 01 기사 97년, 02년 출제

배점 : 7점

그림은 3상 유도전동기의 운전에 필요한 미완성 회로 도면이다. 이 회로를 이용하여 다음 각 물음에 답하시오.

(1) 전원표시가 가능하도록 전원표시용 파일럿 램프 1개를 도면에 설치하시오.
(2) 운전 중에는 RL 램프가 점등되고, 정지 시에는 GL 램프가 점등되도록 회로를 구성하시오.

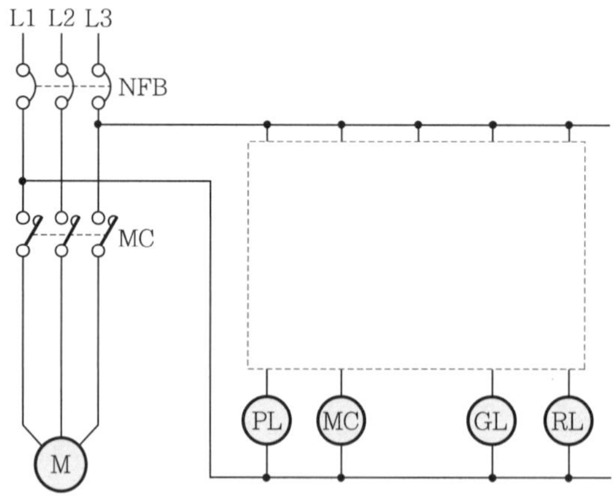

답안

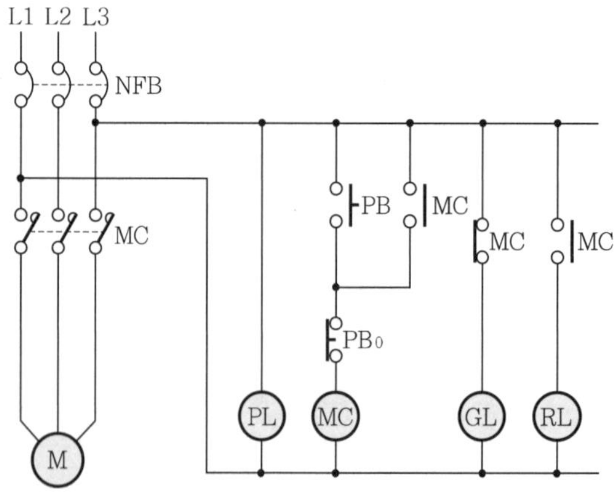

문제 02 기사 07년 출제

배점 : 7점

다음은 펌프용 유도전동기의 수동 및 자동절환 운전회로도이다. 그림에서 ①~⑦의 기기의 명칭을 쓰시오.

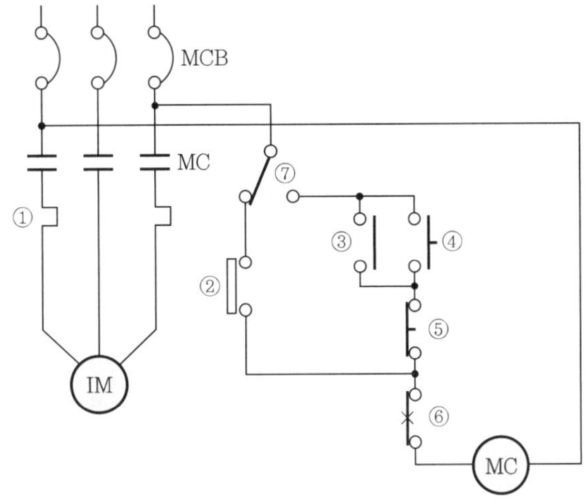

답안 ① 열동계전기
② 플로트 스위치
③ 전자접촉기 보조 a접점
④ 푸시버튼 스위치(ON)
⑤ 푸시버튼 스위치(OFF)
⑥ 순시동작 수동복귀 b접점
⑦ 셀렉터(절체) 스위치(수동 및 자동 전환 스위치)

문제 03 기사 16년 출제

배점 : 5점

다음 조건과 같은 동작이 되도록 제어회로의 배선과 감시반회로 배선단자를 상호 연결하시오.

- 배선용 차단기(MCCB)를 투입(ON)하면 GL_1과 GL_2가 점등된다.
- 선택스위치(SS)를 "L" 위치에 놓고 PB_2를 누른 후 놓으면 전자접촉기(MC)에 의하여 전동기가 운전되고, RL_1과 RL_2는 점등, GL_1과 GL_2는 소등된다.
- 전동기 운전 중 PB_1을 누르면 전동기는 정지하고, RL_1과 RL_2는 소등, GL_1과 GL_2는 점등된다.
- 선택스위치(SS)를 "R" 위치에 놓고 PB_3를 누른 후 놓으면 전자접촉기(MC)에 의하여 전동기가 운전되고, RL_1과 RL_2는 점등, GL_1과 GL_2는 소등된다.
- 전동기 운전 중 PB_4를 누르면 전동기는 정지하고, RL_1과 RL_2는 소등, GL_1과 GL_2는 점등된다.
- 전동기 운전 중 과부하에 의하여 EOCR이 작동되면 전동기는 정지하고 모든 램프는 소등되며, EOCR을 RESET하면 초기상태로 된다.

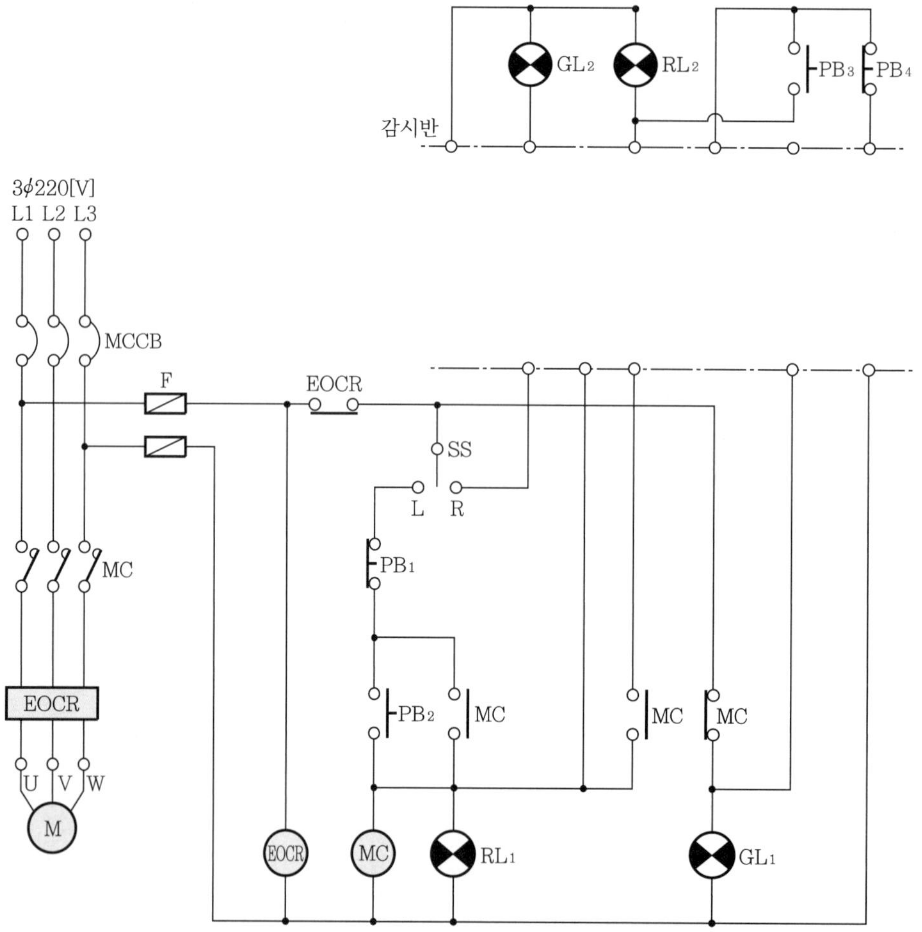

답안

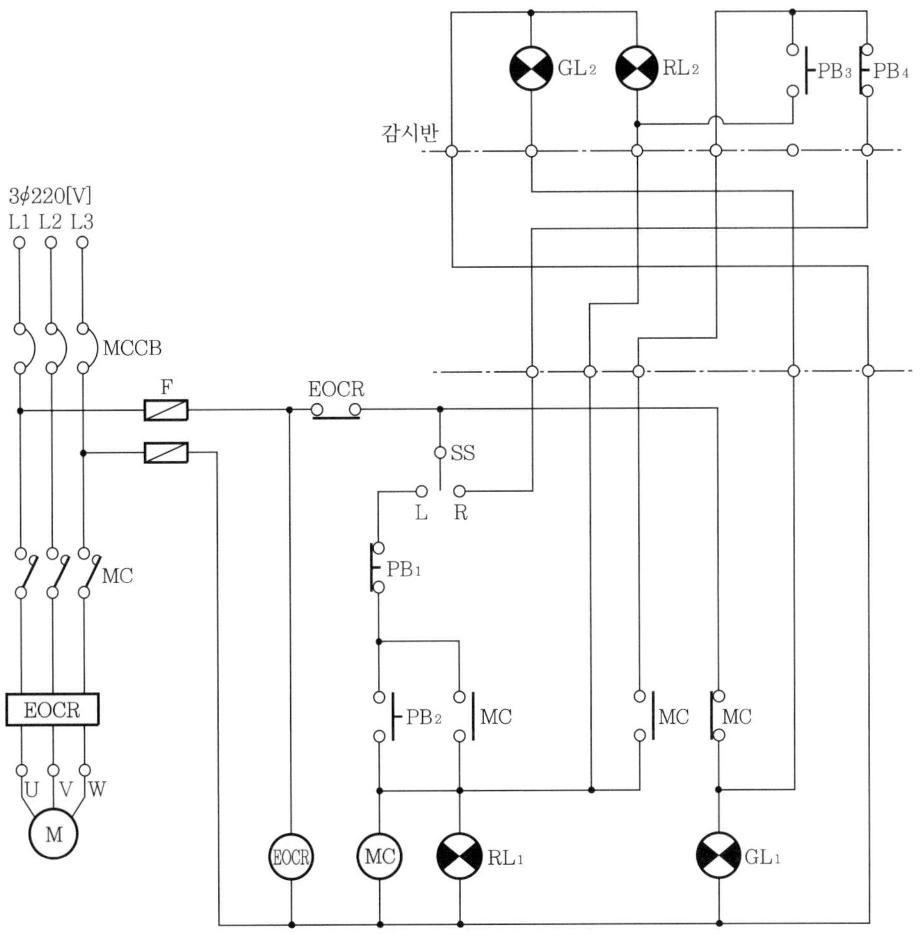
GL2
RL2
PB3
PB4
감시반
3ϕ220[V]
L1 L2 L3
MCCB
F
EOCR
SS
L R
PB1
MC
PB2
MC
MC
MC
EOCR
U V W
M
EOCR
MC
RL1
GL1

문제 04 기사 09년 출제

배점 : 6점

그림은 기동 입력 BS_1을 준 후 일정 시간이 지난 후에 전동기 M이 기동 운전되는 회로의 일부이다. 여기서 전동기 M이 기동하면 릴레이 X와 타이머 T가 복구되고 램프 RL이 점등되며 램프 GL은 소등되고, THR이 트립되면 램프 OL이 점등하도록 회로의 점선 부분을 아래의 수정된 회로에 완성하시오. [단, MC의 보조접점(2a, 2b)을 모두 사용한다.]

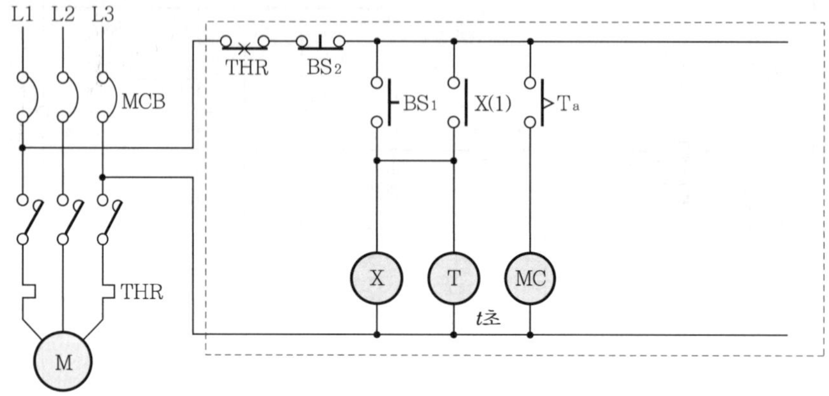

[수정된 회로]

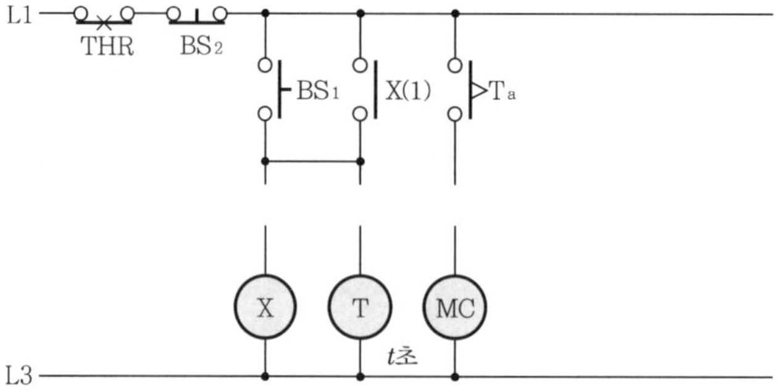

답안

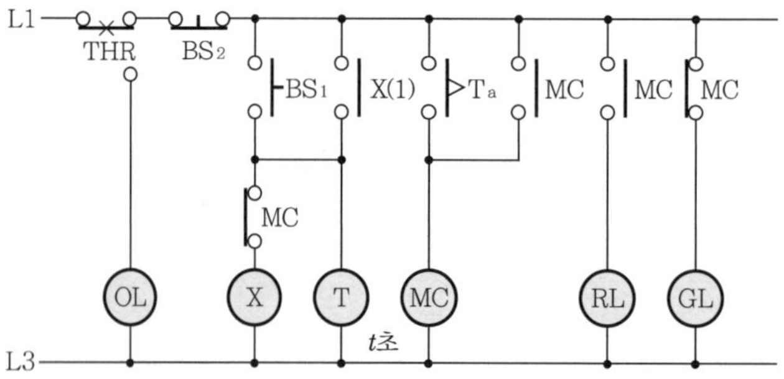

문제 05 기사 93년 출제

배점 : 5점

그림에서 MCF(or MCR)가 ON일 때 실수로 BSR(or BSF)을 ON 하여도 MCR(또는 MCF)을 ON 되지 않도록 하려면 어떤 접점을 ①, ②에 삽입하여야 하는가? (단, 접점의 심벌과 그 기호를 쓰시오.)

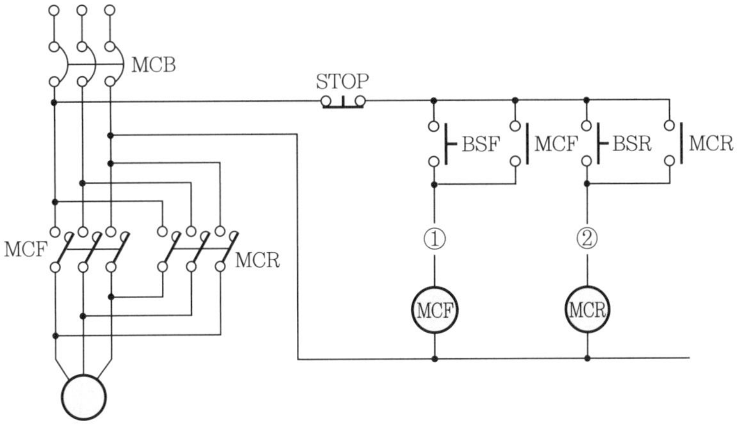

답안 ① MCR ② MCF

문제 06 기사 04년, 05년, 08년 출제

배점 : 6점

유도전동기 IM을 정 · 역 운전하기 위한 시퀀스 도면을 그리려고 한다. 주어진 조건을 이용하여 유도전동기의 정 · 역 운전 시퀀스회로를 그리시오.

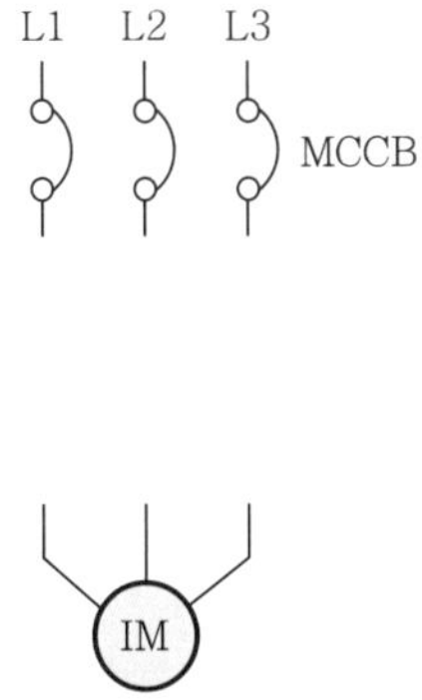

• 기구는 누름버튼 스위치 PBS ON용 2개, OFF용 1개, 정전용 전자접촉기 MCF 1개, 역전용 전자접촉기 MCR 1개, 열동계전기 THR 1개를 사용한다.
• 접점의 최소 수를 사용하여야 하며, 접점에는 반드시 접점의 명칭을 쓰도록 한다.
• 과전류가 발생할 경우 열동계전기가 동작하여 전동기가 정지하도록 한다.
• 정회전과 역회전의 방향은 고려하지 않는다.

답안

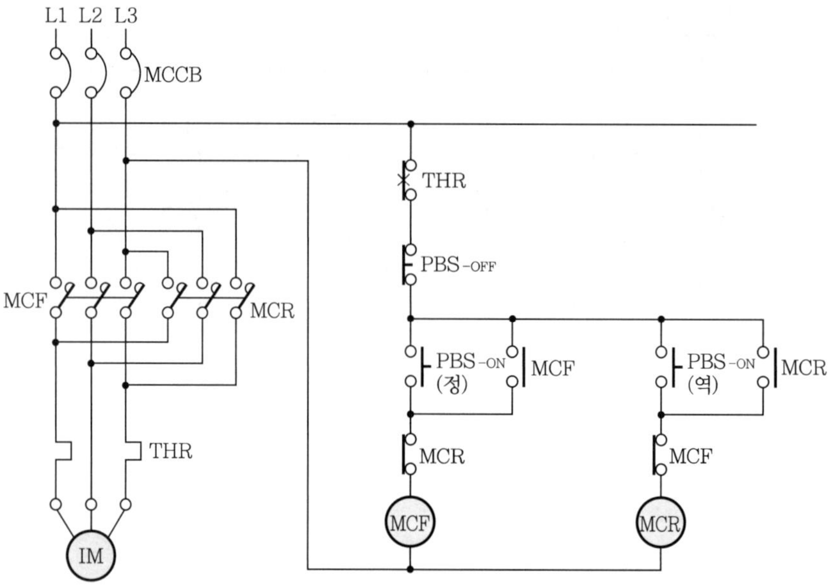

문제 07 기사 91년, 97년, 04년, 09년, 13년 출제

배점 : 10점

도면은 유도전동기 IM의 정회전 및 역회전용 운전의 단선 결선도이다. 이 도면을 이용하여 다음 각 물음에 답하시오. (단, 52F는 정회전용 전자접촉기이고, 52R은 역회전용 전자접촉기이다.)

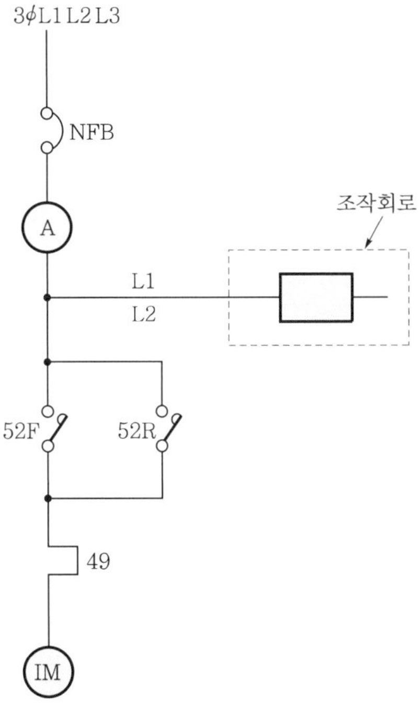

(1) 단선도를 이용하여 3선 결선도를 그리시오. (단, 점선 내의 조작회로는 제외하도록 한다.)
(2) 주어진 단선 결선도를 이용하여 정 · 역회전을 할 수 있도록 조작회로를 그리시오. (단, 누름버튼 스위치 OFF 버튼 3개, ON 버튼 2개 및 정회전 표시램프 RL, 역회전 표시램프 GL을 사용하도록 한다.)

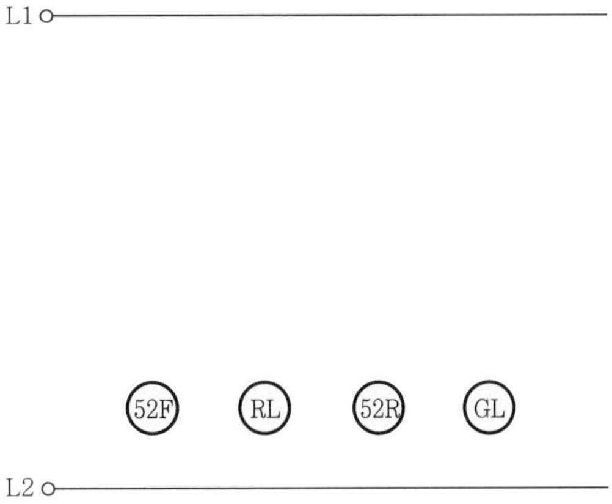

답안 (1)

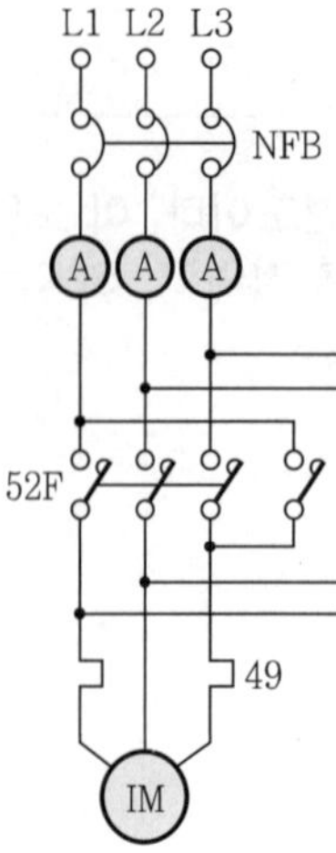

(2)

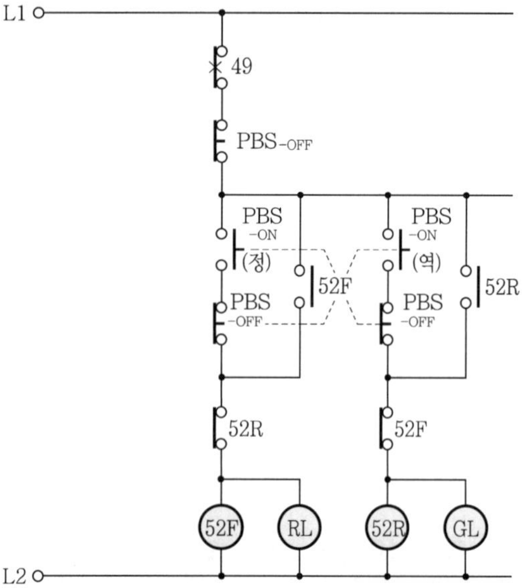

해설 (2) • 정 · 역 운전 주회로 결선

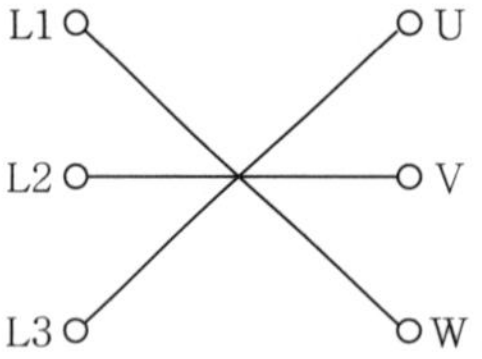

• 인터록회로 : 정 · 역회전 동시 투입에 의한 단락사고 방지

문제 08 기사 05년, 08년, 19년 출제

배점 : 8점

도면은 유도전동기 IM의 정회전 및 역회전용 운전의 단선 결선도이다. 이 도면을 이용하여 다음 각 물음에 답하시오. (단, 52F는 정회전용 전자접촉기이고, 52R은 역회전용 전자접촉기이다.)

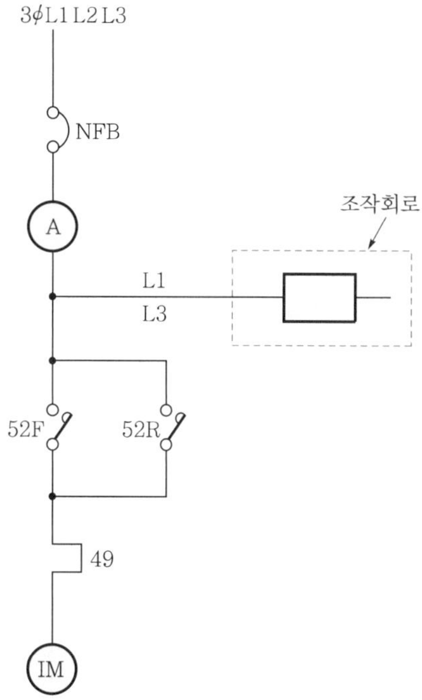

(1) 단선도를 이용하여 3선 결선도를 그리시오. (단, 점선 내의 조작회로는 제외하도록 한다.)

(2) 주어진 단선 결선도를 이용하여 정 · 역회전을 할 수 있도록 조작회로를 그리시오. (단, 누름버튼 스위치 OFF 버튼 2개, ON 버튼 2개 및 정회전 표시램프 RL, 역회전 표시램프 GL도 사용하도록 한다.)

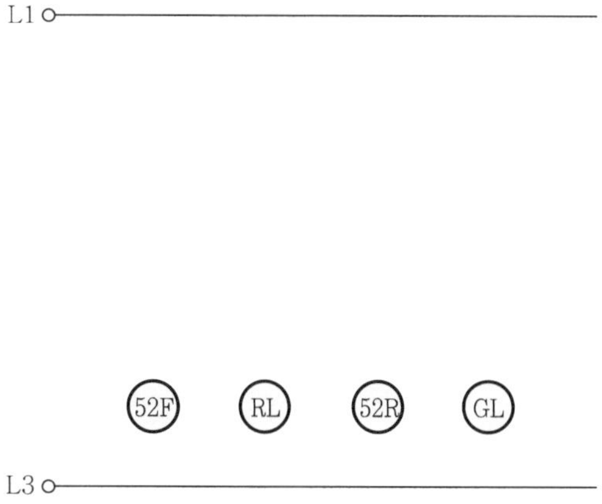

답안 (1)

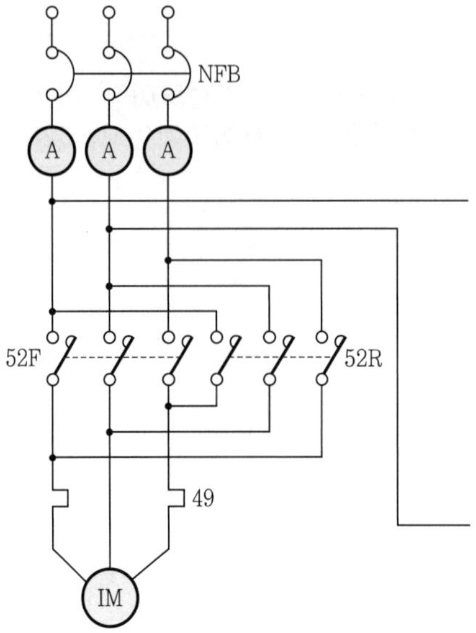
L1
L2
L3
NFB
A
A
A
52F
52R
49
IM

(2)

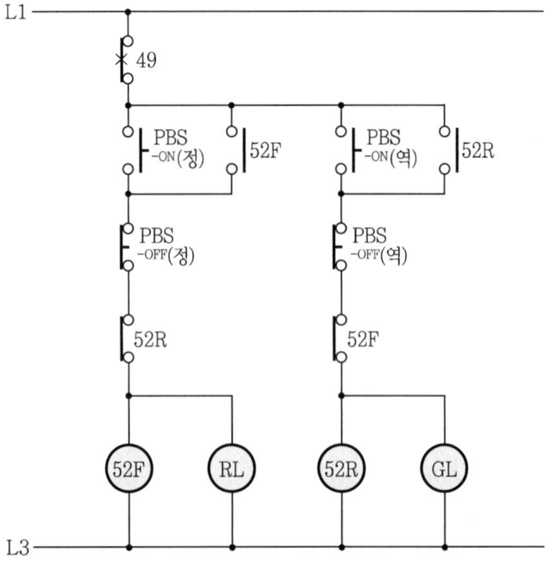
L1
49
PBS
-ON(정)
52F
PBS
-ON(역)
52R
PBS
-OFF(정)
PBS
-OFF(역)
52R
52F
52F
RL
52R
GL
L3

문제 09 기사 96년 출제

배점 : 10점

3상 유도전동기의 정역 회로도이다. 주회로 및 보조회로의 미완성 부분(①~④)에 누름버튼 스위치 a, b접점 미완성 회로 결선을 완성하시오. (단, 마그넷 스위치 a, b접점으로 구분하여 기호를 표시할 것)

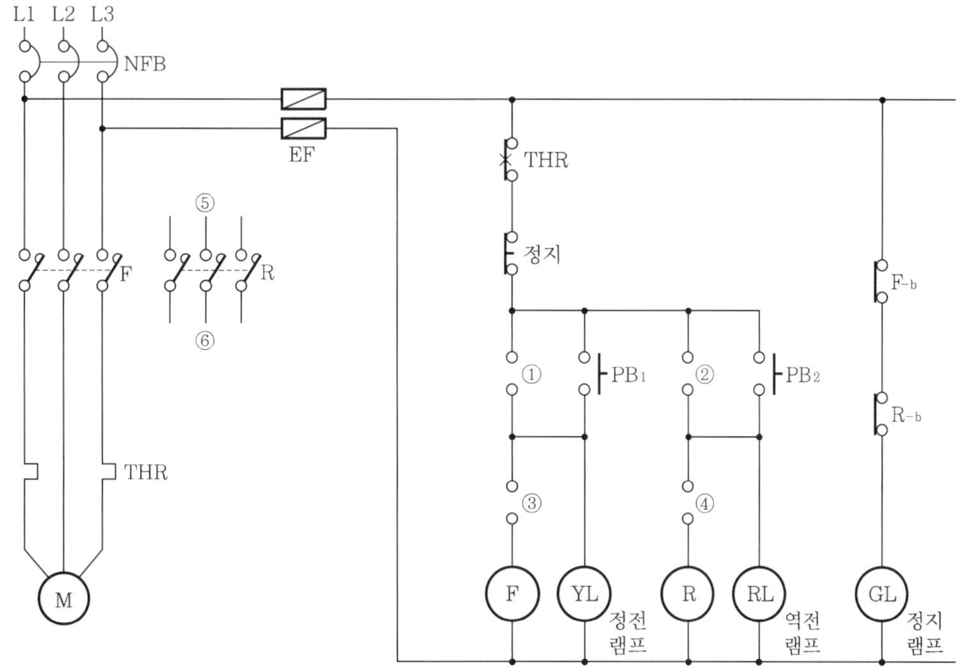

답안

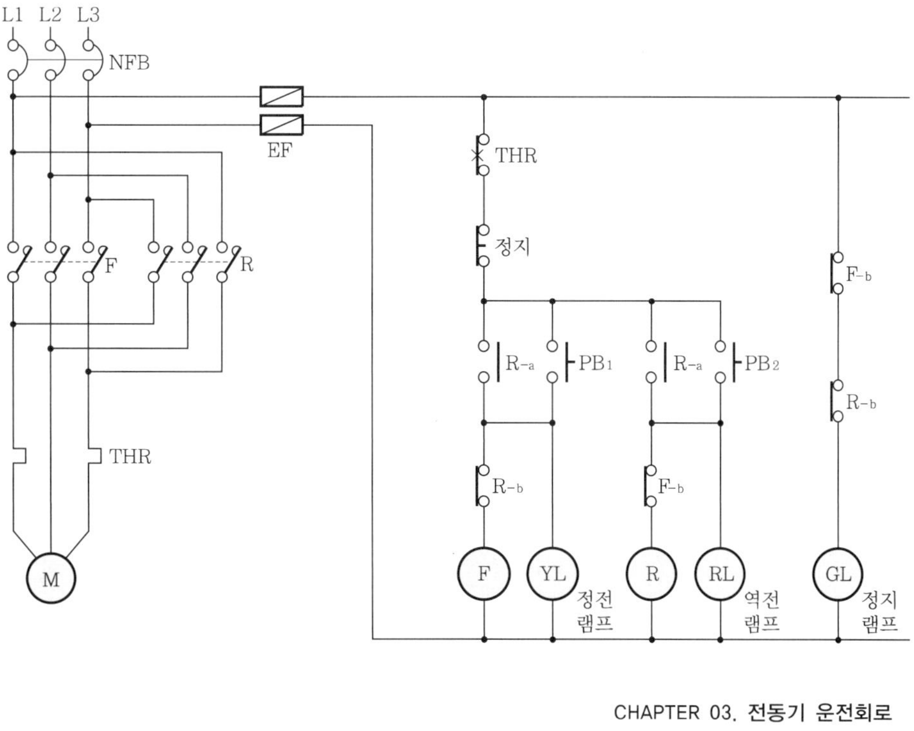

문제 10 기사 10년 / 산업 94년, 98년, 06년 출제 | 배점 : 7점

그림은 유도전동기의 정·역 운전의 미완성 회로이다. 주어진 조건을 이용하여 주회로 및 보조회로의 미완성 부분을 완성하시오. (단, 전자접촉기의 보조 a, b접점에는 전자접촉기의 기호도 함께 표시하도록 한다.)

[조건]

- Ⓕ는 정회전용, Ⓡ는 역회전용 전자접촉기이다.
- 정회전을 하다가 역회전을 하려면 전동기를 정지시킨 후, 역회전시키도록 한다.
- 역회전을 하다가 정회전을 하려면 전동기를 정지시킨 후, 정회전시키도록 한다.
- 정회전 시의 정회전용 램프 Ⓦ가 점등되고, 역회전 시 역회전용 램프 Ⓨ가 점등되며, 정지 시에는 정지용 램프 Ⓖ가 점등되도록 한다.
- 과부하 시에는 전동기가 정지되고 정회전용 램프와 역회전용 램프는 소등되며, 정지 시의 램프만 점등되도록 한다.
- 스위치는 누름버튼 스위치 ON용 2개를 사용하고, 전자접촉기의 보조 a접점은 F-a 1개, R-a 1개, b접점은 F-b 2개, R-b 2개를 사용하도록 한다.

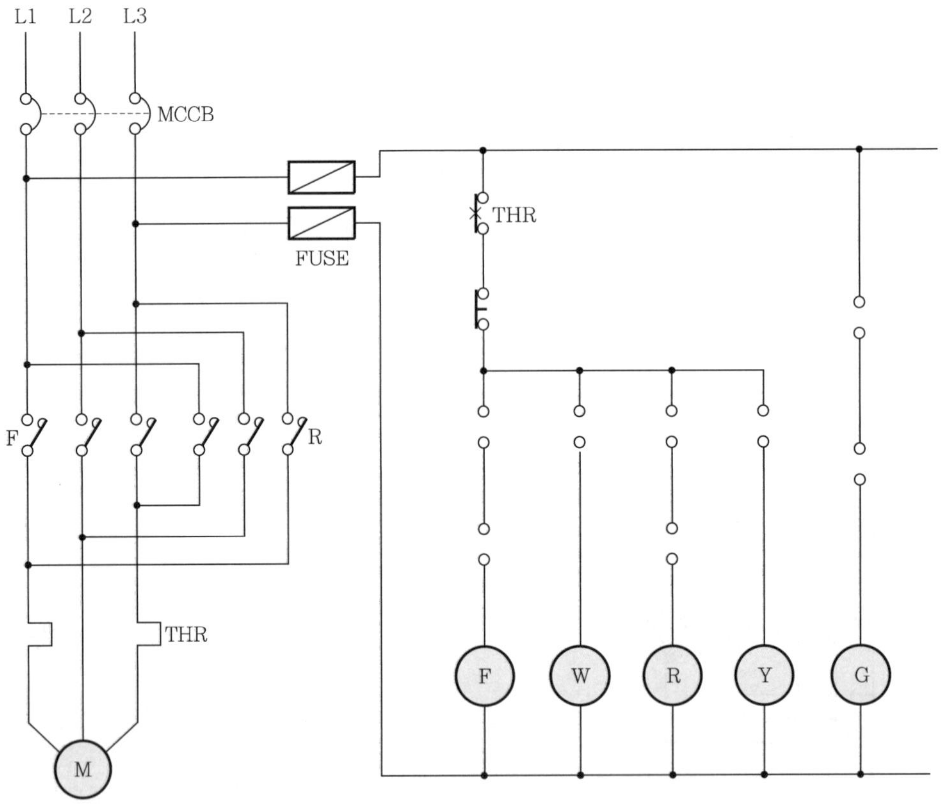

답안

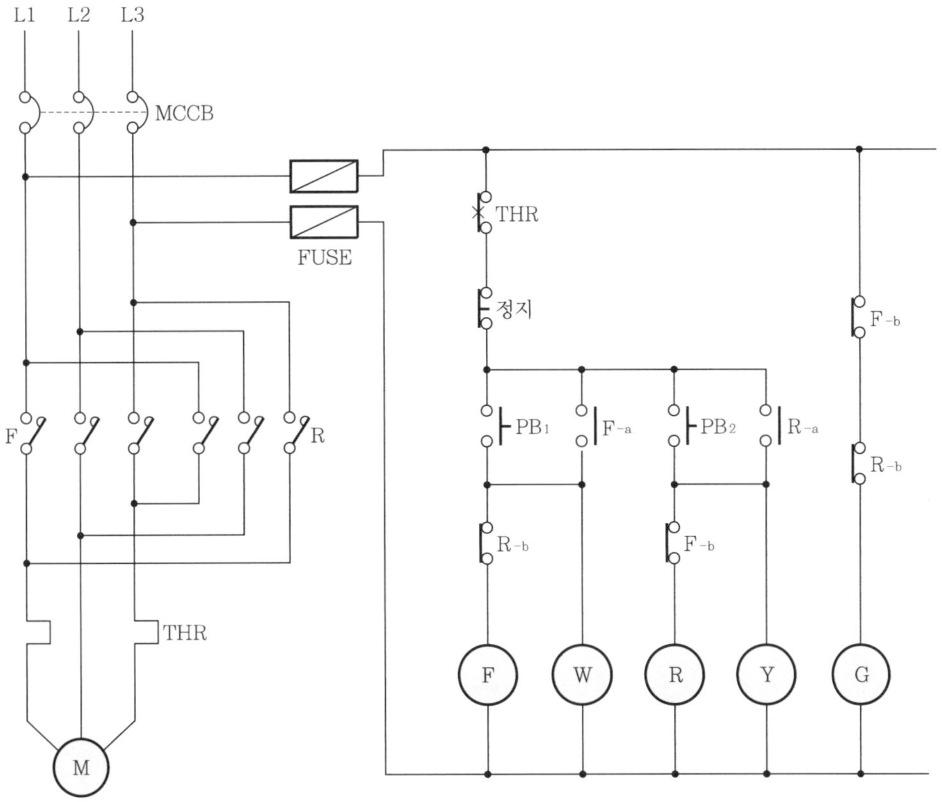

문제 11 기사 16년 출제

배점 : 6점

다음은 콘덴서 기동형 단상 유도전동기의 정 · 역회전 회로도이다. 다음 각 물음에 답하시오. (단, 푸시버튼 $start_1$을 누르면 전동기는 정회전, $start_2$를 누르면 역회전한다.)

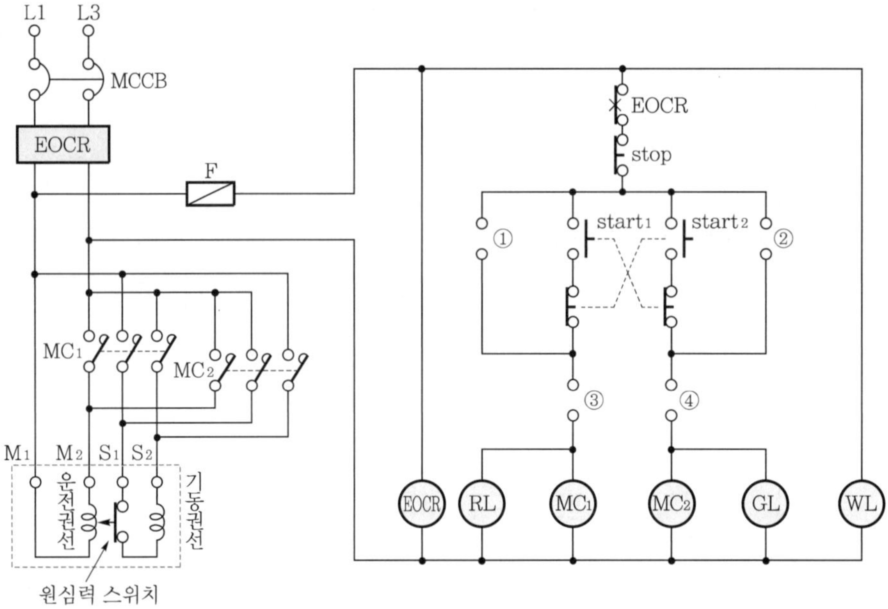

(1) 미완성 결선도를 완성하시오. (단, 접점기호와 명칭을 기입하여야 한다.)

(2) 콘덴서 기동형 단상 유도전동기의 기동원리를 쓰시오.

(3) (WL), (GL), (RL)은 무엇을 표시하는 표시등인지 쓰시오.

답안 (1)

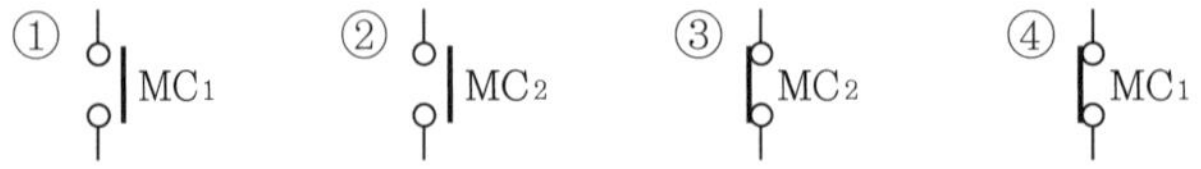

(2) 기동권선에 콘덴서를 접속, 주권선(운전권선)과 기동권선의 전류 위상차를 90° 생기게 하여 회전자계를 발생시켜 기동토크를 얻는 기동 방식

(3) (WL) : 전원표시등

(GL) : 역회전 운전표시등

(RL) : 정회전 운전표시등

문제 12 기사 90년, 95년 출제

배점 : 9점

그림과 같은 전동기 역상제동(플러깅) 제어회로의 미완성 도면을 보고 다음 물음에 답하시오.

(1) 미완성 회로를 완성하여 그리시오. (단, 그림이 잘못된 부분이 있으면 수정하여 그리도록 한다.)
(2) (1)의 미완성 회로 중 A, B, C, D의 접점 명칭을 기입하시오.
(예 F−MC-a, F−MC-b, RX-a, …)

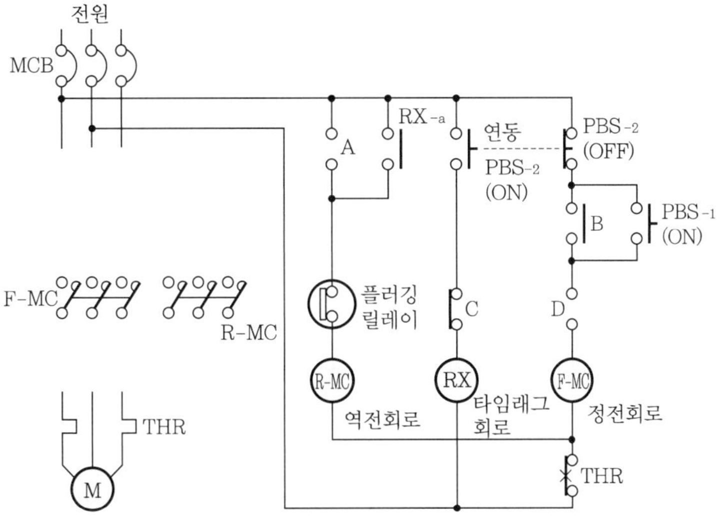

- MCB : 배선용 차단기
- F−MC : 정전용 전자접촉기
- R−MC : 역전용 전자접촉기
- RX : 타임래그 릴레이
- THR : 열동과전류 계전기
- PBS_{-2} : 제동역상버튼 스위치(연동)
- PBS_{-1} : 기동버튼 스위치

답안 (1)

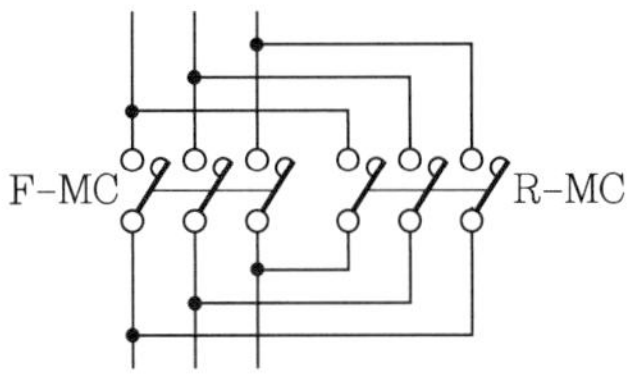

(2) A : R−MC-a
B : F−MC-a
C : F−MC-b
D : R−MC-b

04 CHAPTER 전동기 기동회로

기출개념 01 농형 유도전동기 기동법

구조상 2차 권선에 저항기를 연결해서 기동전류를 제한하기가 불가능하므로 기동전류를 줄이기 위해서 전동기의 1차 전압을 줄인다.

1 전전압 기동법

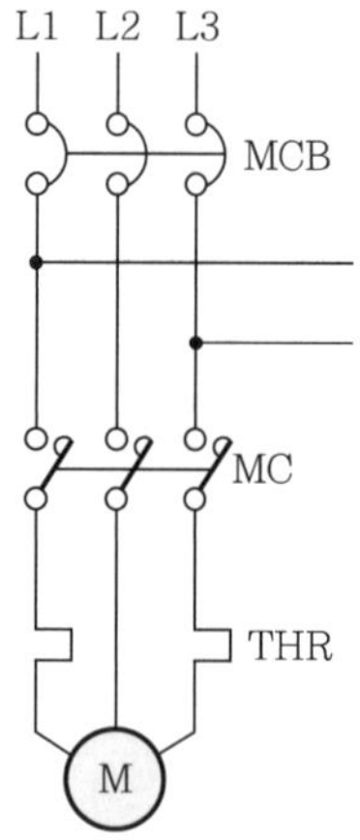

전동기에 정격전압을 직접 인가하여 기동시키는 방법으로 전동기를 기동시키는 데 일반적으로 사용되지만 기동전류가 정격전류의 5~7배 정도가 흘러 기동시간이 길어지면 코일이 과열되기 때문에 주의해야 한다. 따라서 이 방식은 5[kW] 이하의 소용량 전동기에 사용한다.

개념 문제 산업 95년 출제

| 배점 : 7점 |

다음 그림은 농형 유도전동기의 직입 기동회로이다. 그 중 미완성 부분인 ①~⑤까지를 완성하시오.

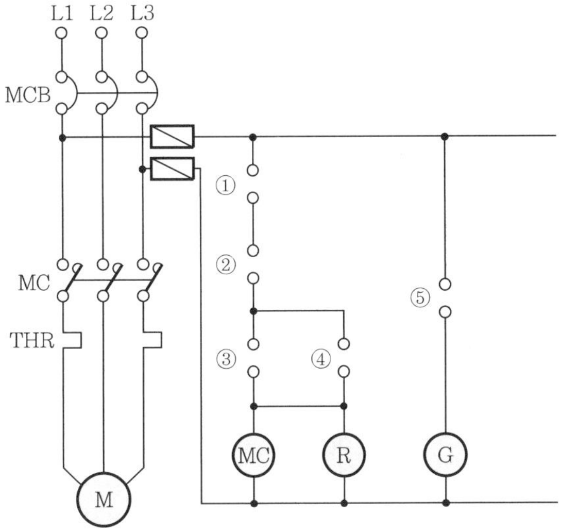

답안

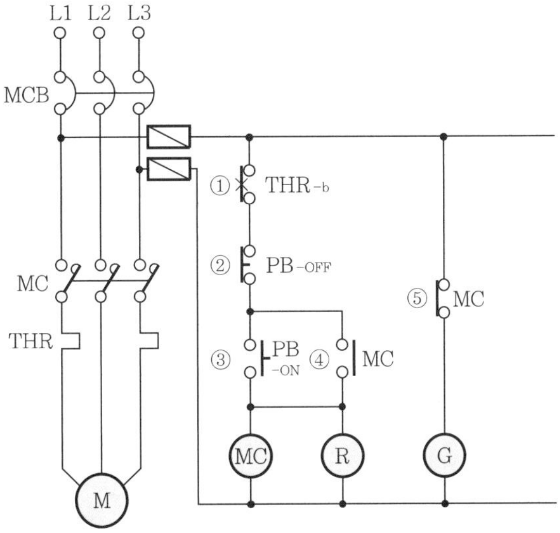

해설 열동계전기(THR)가 동작하면 모든 제어회로의 전원이 차단되므로 열동계전기(THR)가 정지용 버튼 스위치(OFF) 전원 측에 위치한다.

2 Y-△ 기동법

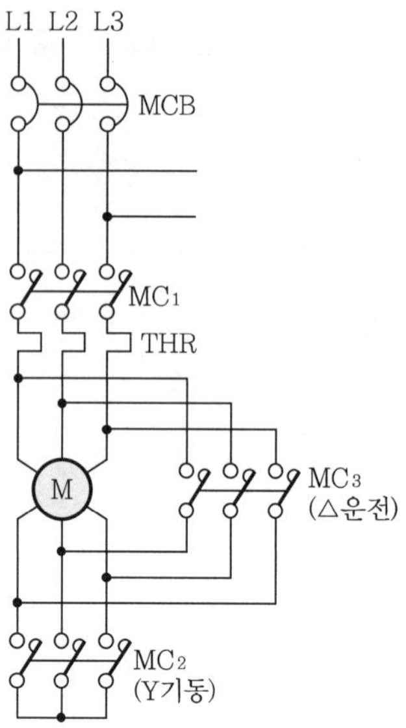

기동전류를 적게 하기 위하여 전동기 권선을 Y결선으로 하여 기동하고 수초 후에 △결선으로 변화하여 운전한다. 여기에는 전환 스위치를 사용하는 수동 기동법과 타이머 등의 시한 회로를 사용하는 자동 기동법이 있으며 이 방식은 5.5~15[kW] 정도의 전동기에 사용한다.

각 상에 흐르는 전류의 크기를 비교해 보면 Y결선일 때 임피던스가 △결선일 때의 $\frac{1}{3}$배이므로 각 상에 흐르는 기동전류도 $\frac{1}{3}$밖에 흐르지 않기 때문에 과전류에 의한 위험을 줄일 수 있게 되는 것이다.

또한 전동기의 회전력은 전압의 제곱에 비례하기 때문에 정상적인 속도에 진입하게 되면 △결선으로 전환하게 된다.

(1) 임피던스와 전류 비교

$$Z_{\triangle} = \frac{Z_Y}{3} \rightarrow I_Y = \frac{I_{\triangle}}{3}$$

(2) 회전력과 전압의 관계

$$T \propto V^2$$

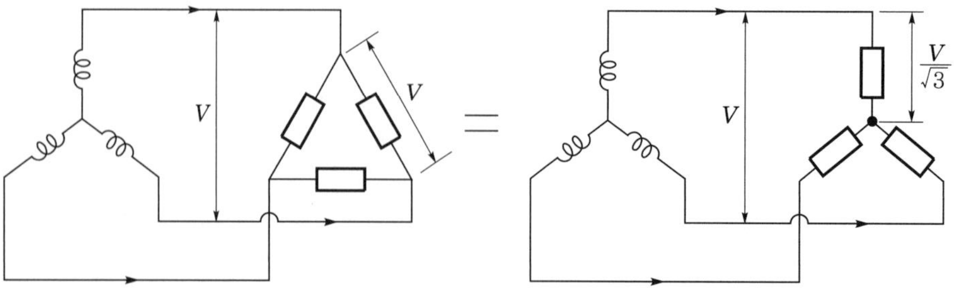

개념 문제 01 기사 96년, 04년, 06년, 15년, 17년 출제

배점 : 9점

그림의 회로는 Y-△ 기동 방식의 주회로 부분이다. 도면을 보고 다음 각 물음에 답하시오.

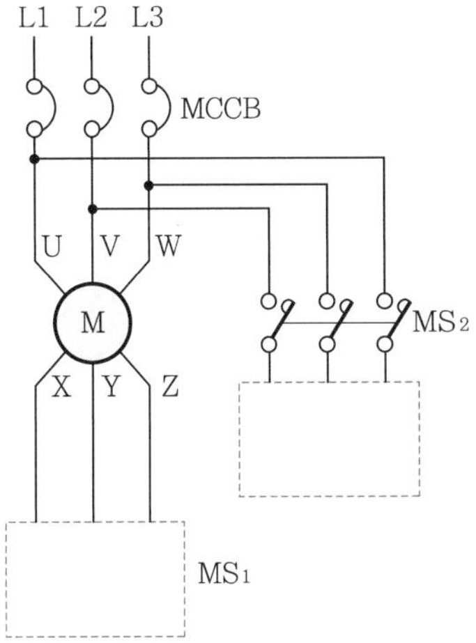

(1) 주회로 부분의 미완성 회로에 대한 결선을 완성하시오.
(2) Y-△ 기동 시와 전전압 기동 시의 기동전류를 비교 설명하시오.
(3) 전동기를 운전할 때 Y-△ 기동에 대한 기동 및 운전에 대한 조작 요령을 설명하시오.

답안 (1)

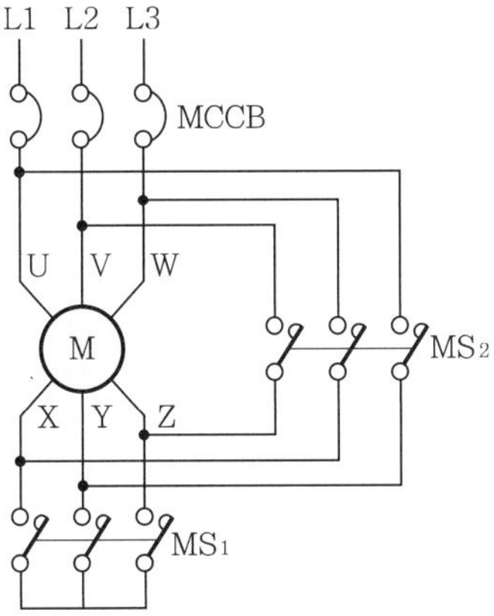

(2) Y-△ 기동 시 기동전류는 전전압 기동 시 기동전류의 $\frac{1}{3}$배이다.

(3) MS_1을 여자시켜 Y결선으로 기동하고 정격속도에 가까워지면 MS_2을 여자시켜 △결선으로 운전하게 한다. 이때 MS_1, MS_2가 동시 투입이 되어서는 안 된다.

해설 기동 시 기동전류를 적게 하기 위해 Y결선으로 기동하고 수초 후 △결선으로 변환하여 운전한다.

개념 문제 02 기사 94년, 01년 출제

| 배점 : 8점 |

그림은 3상 유도전동기의 Y-△ 기동장치를 자동적으로 하기 위한 시퀀스의 미완성 도면이다. 이 도면을 이용하여 다음 각 물음에 답하시오.

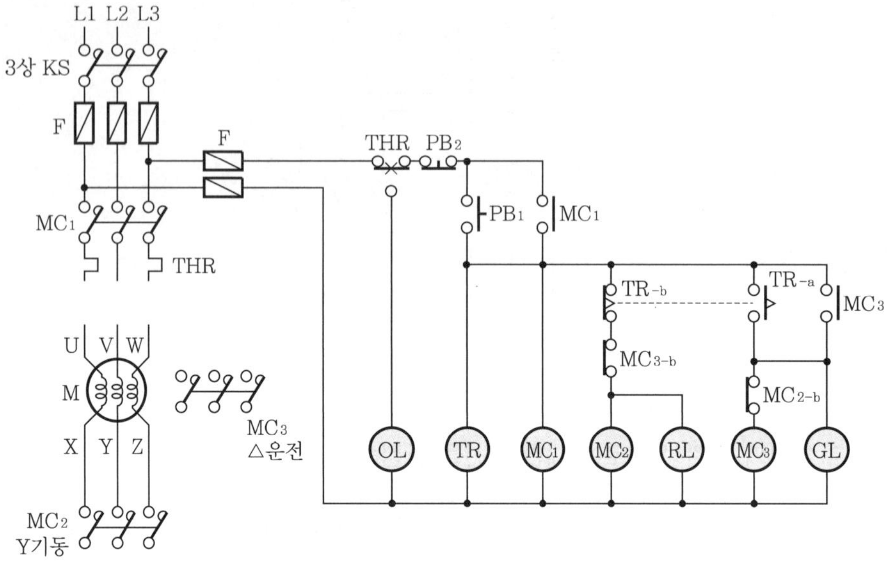

(1) 미완성 부분의 회로도를 완성하시오.

(2) 타이머의 설정시간을 t초로 할 경우 타임차트를 완성하시오.

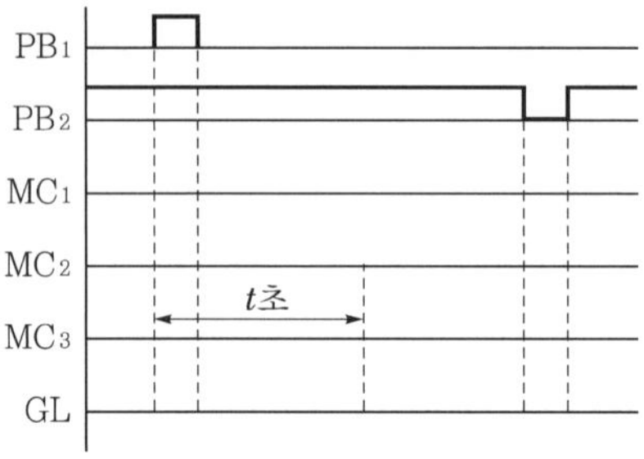

(3) Y-△ 기동에 대하여 설명하시오.

(4) PB_1을 ON하였을 경우 동작 과정을 각 기구와 접점을 이용하여 상세히 설명하시오.

① MC_1이 여자되므로 :

② 타이머가 여자되므로 :

답안 (1)

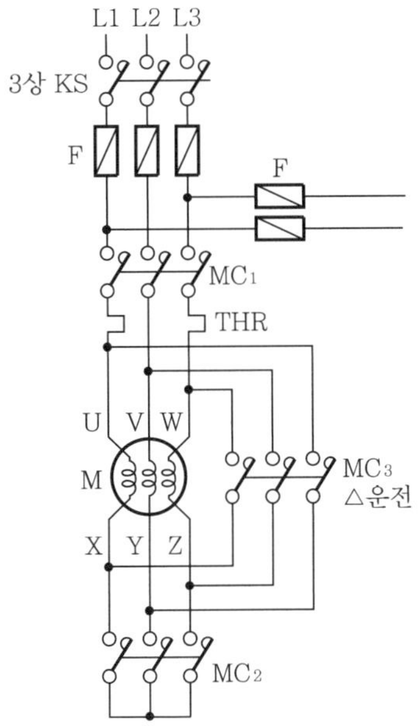

(2)

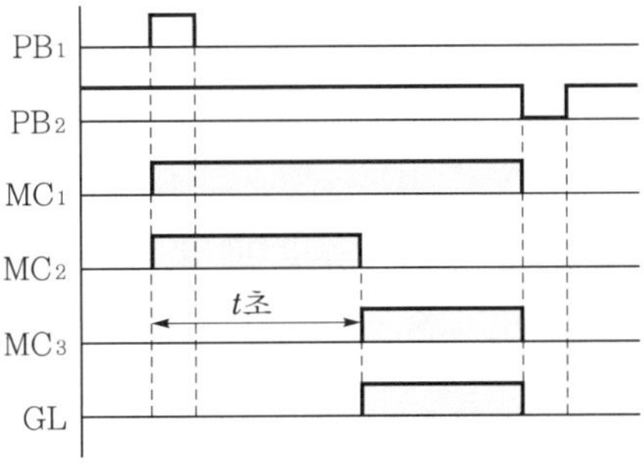

(3) 전전압 기동에 비해 기동 시 기동전류를 $\frac{1}{3}$로 감소시키는 기동법

(4) ① • TR이 여자되고 자기유지된다.

• MC_2가 여자되어 전동기는 Y기동되며 RL이 점등된다.

② • 타이머 설정시간 후 MC_2가 소자된다.

• MC_3가 여자되어 △운전되며 GL이 소등된다.

3 리액터 기동법

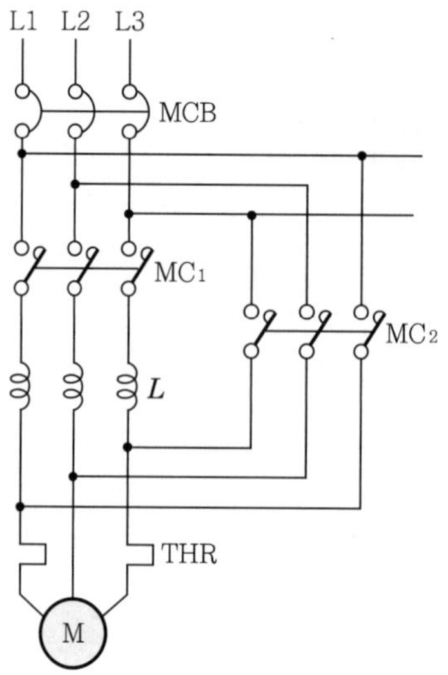

전동기 1차 측에 직렬로 기동용 리액터를 접속하여 그 전압강하로 저전압으로 기동하고 운전 시에는 리액터를 단락 혹은 개방시키는 기동 방식으로 기동보상기와 함께 광범위하게 농형 유도전동기의 기동에 사용되고 있다.

펌프, 팬 등 Y-△ 기동으로 가속이 곤란한 경우나 기동할 때의 충격을 방지할 필요가 있을 때에 적합하다.

개념 문제 기사 13년, 19년 출제

| 배점 : 12점 |

다음 그림은 리액터 기동 정지 조작회로의 미완성 도면이다. 이 도면에 대하여 다음 물음에 답하시오.

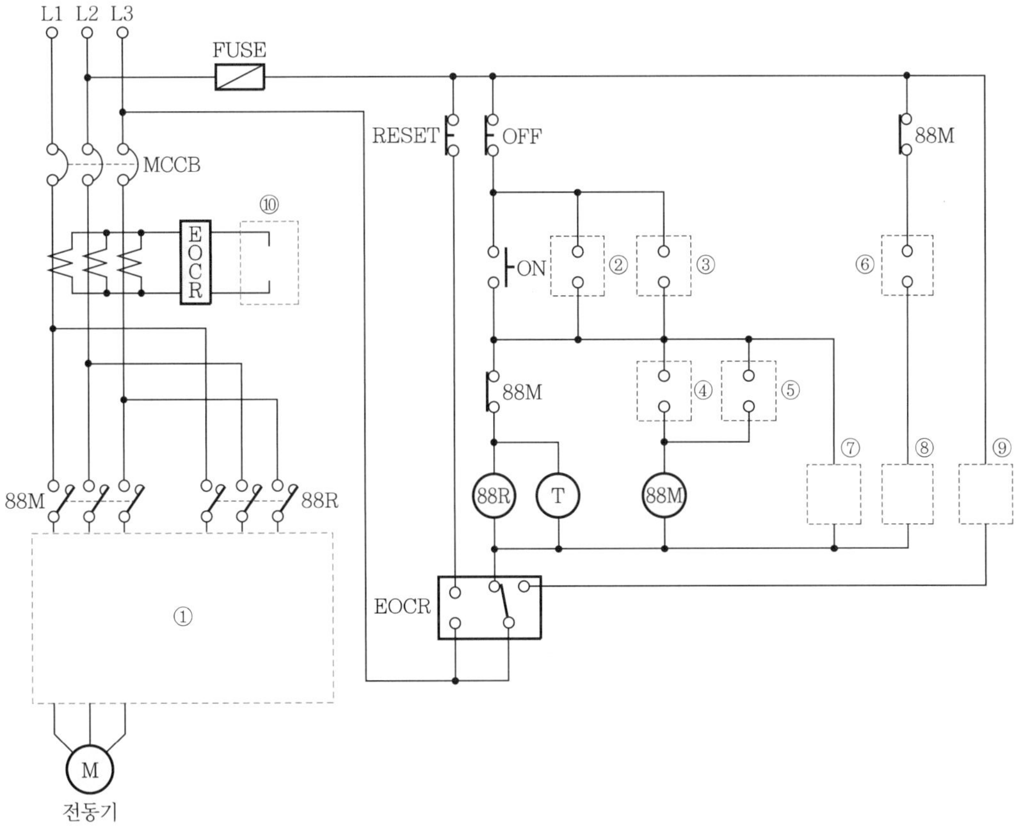

(1) ① 부분의 미완성 주회로를 회로도에 직접 그리시오.

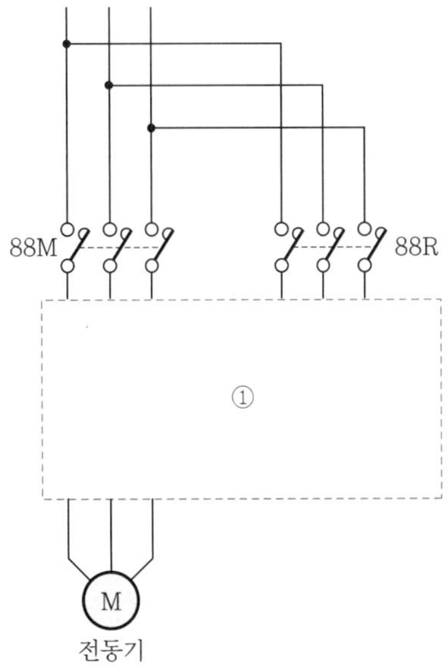

(2) 제어회로에서 ②, ③, ④, ⑤, ⑥부분의 접점을 완성하고 그 기호를 쓰시오.

구 분	②	③	④	⑤	⑥
접점 및 기호					

(3) ⑦, ⑧, ⑨, ⑩ 부분에 들어갈 LAMP와 계기의 그림기호를 그리시오.
(예 G 정지, R 기동 및 운전, Y 과부하로 인한 정지)

구 분	⑦	⑧	⑨	⑩
그림기호				

(4) 직입기동 시 시동전류가 정격전류의 6배가 되는 전동기를 65[%] 탭에서 리액터 시동한 경우 시동전류는 약 몇 배 정도가 되는지 계산하시오.

(5) 직입기동 시 시동토크가 정격토크의 2배였다고 하면 65[%] 탭에서 리액터 시동한 경우 시동토크는 어떻게 되는지 설명하시오.

답안 (1)

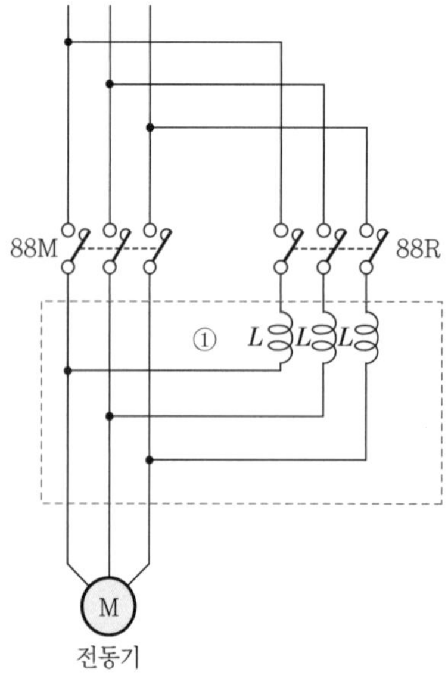

(2)

구 분	②	③	④	⑤	⑥
접점 및 기호	88R	88M	T-a	88M	88R

(3)

구 분	⑦	⑧	⑨	⑩
그림기호	R	G	Y	A

(4) 계산 : 시동전류(I_s)$= 6I \times 0.65 = 3.9I$ 답 : 3.9배

(5) 계산 : 시동토크(T_s)$= 2T \times 0.65^2 = 0.845T \fallingdotseq 0.85T$ 답 : 약 0.85배

해설 시동전류(I_s)는 전압에 비례하고 시동토크(T_s)는 전압제곱에 비례한다.

4 기동보상기 기동법

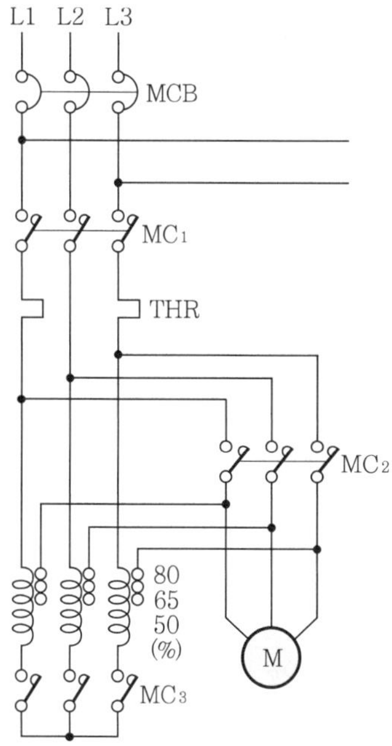

전원 측에 3상 단권변압기를 시설하여 전압을 낮추고 가속 후에 전원전압을 인가해 주는 방식으로, 동일 기동입력에 대하여 기동 시의 손실이 적고 전압을 가감할 수 있는 이점을 갖는다.

기동보상기에 사용되는 탭 전압은 50, 65, 80[%]를 표준으로 하고 있다. 기동보상기의 1, 2차 전압비를 $\frac{1}{m}$ 이라 하면 기동전류와 기동토크는 $\frac{1}{m^2}$ 이 되며, 이 방식은 15[kW]를 초과하는 전동기에 주로 사용한다.

개념 문제 기사 03년, 14년 출제

배점 : 12점

도면과 같은 시퀀스도는 기동보상기에 의한 전동기의 기동제어회로의 미완성 도면이다. 이 도면을 보고 다음 각 물음에 답하시오.

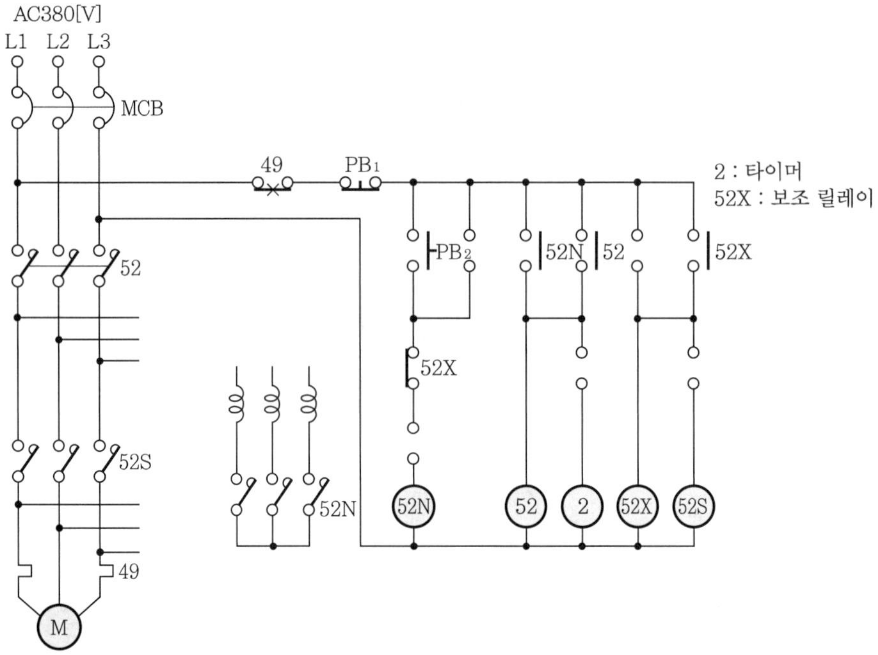

(1) 전동기의 기동보상기 기동제어는 어떤 기동 방법인지 그 방법을 상세히 설명하시오.
(2) 주회로에 대한 미완성 부분을 완성하시오.
(3) 보조회로의 미완성 접점을 그리고 그 접점 명칭을 표기하시오.

답안 (1) 기동 시 52N을 여자시켜 단권변압기를 이용, 감압전압으로 기동하고 정격속도에 가까워지면 52S을 여자시켜 전전압으로 운전하는 기동 방식이다.

(2), (3)

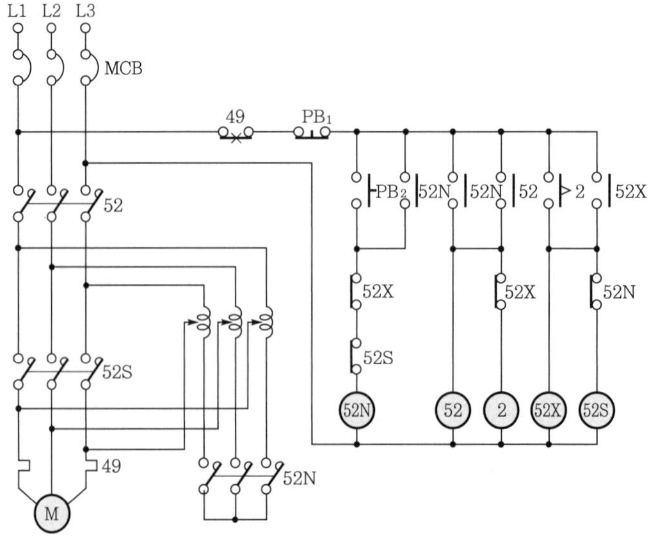

기출개념 02 권선형 유도전동기 2차 저항 기동법

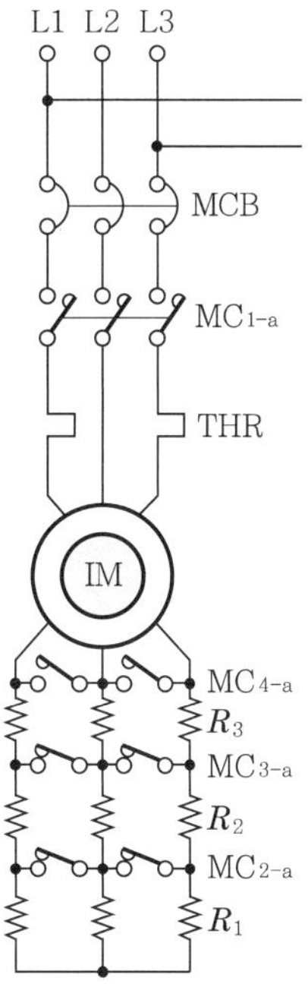

권선형 유도전동기의 2차 측에 저항을 넣고 비례추이를 이용하여 기동, 혹은 속도제어를 행하는 방법이 있다.

개념 문제 산업 98년, 00년 출제

| 배점 : 14점 |

도면은 권선형 유도전동기 기동회로를 설명한 것이다. 도면에 ①~⑦번까지 b접점을 구분하여 회로를 완성할 수 있도록 접점을 그리시오.

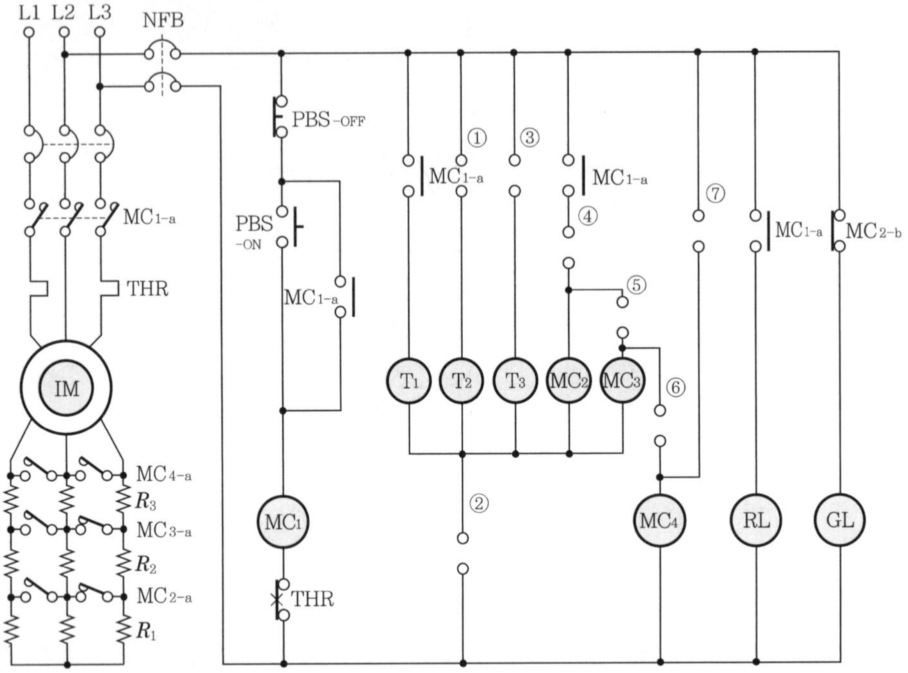

(1) 전원개폐기 NFB를 투입하면 표시등 GL이 점등된다.
(2) PBS-ON 누르면 MC_1 여자하고 1차 전원개폐기 MC_{1-a} 주접점이 투입되어 시동기 저항 R_1, R_2, R_3 전부 접속한 상태에서 기동하고 T_1, MC_{1-a} 접점이 ON되고 GL은 OFF, RL은 ON된다.
(3) T_1 Timer가 동작하면 MC_2가 ON되고 2차 저항은 MC_{2-a} 접점이 ON되어 저항 R_2, R_3만 접속되며 T_2에 전원이 투입된다.
(4) T_2 Timer가 동작하면 MC_3가 ON되고 2차 저항은 MC_{3-a} 접점이 ON되어 저항 R_3만 접속되어 운전되고 T_3에 전원이 투입된다.
(5) T_3 Timer가 동작되면 MC_4가 ON되고 2차 저항은 단락상태로 운전되고 운전에 불필요한 T_1, T_2, T_3, MC_2, MC_3를 OFF하고 MC_4의 자기유지회로를 만든다.
(6) PBS-OFF 누르면 운전이 정지되고 RL은 소등, GL은 점등된다.

답안

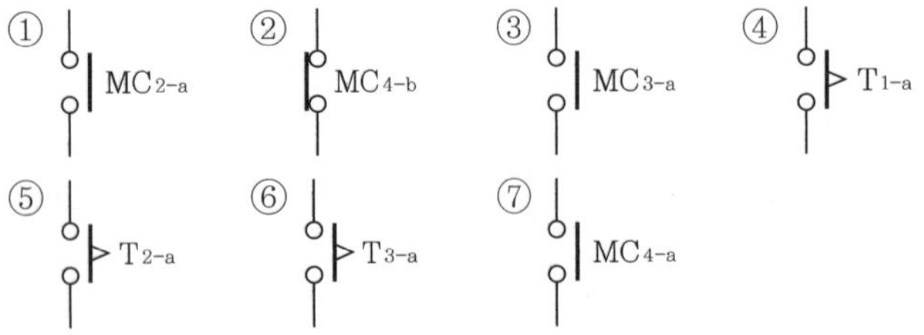

단원 빈출문제

문제 01 기사 97년 출제

배점 : 8점

도면은 Y-△ 기동회로의 미완성 결선도이다. 결선 누락 부분 및 타이머 Ⓣ의 접점, 전자 접촉기 MC_{-Y}, $MC_{-\triangle}$의 접점, 누름버튼 스위치 PB_{-ON}, PB_{-OFF}, 열동계전기 접점 등을 이용하여 도면을 완성하시오. (단, 접점 등에는 해당되는 약호를 반드시 명기할 것)

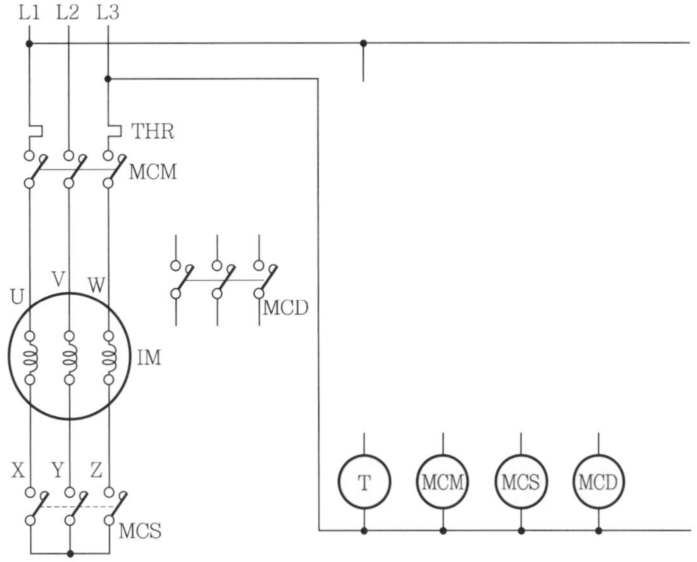

답안

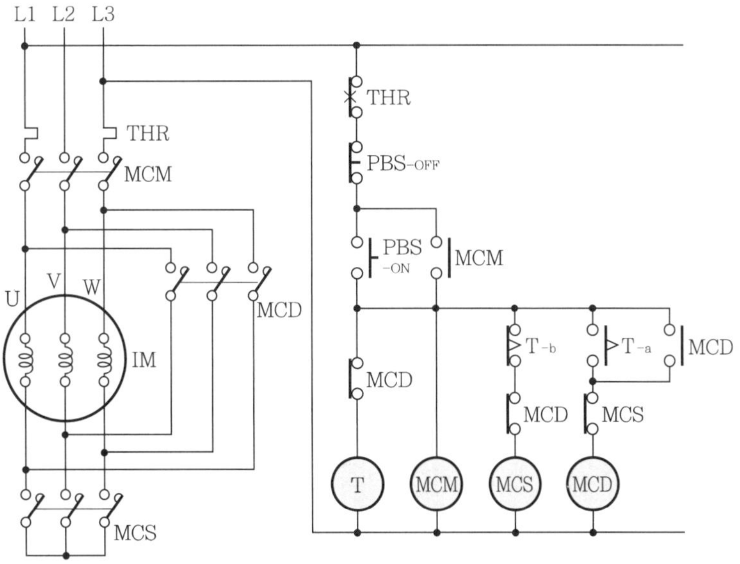

문제 02 기사 96년, 97년, 99년 출제

| 배점 : 7점 |

도면은 Y-△ 기동회로의 미완성 결선도이다. 결선 누락 부분 및 타이머 Ⓣ의 접점, 전자접촉기 MC_{-Y}, $MC_{-△}$ 의 접점, 누름버튼 스위치 PB_{-ON}, PB_{-OFF}, 열동계전기 접점 등을 이용하여 도면을 완성하시오. (단, 접점 등에는 해당되는 약호를 반드시 명기할 것)

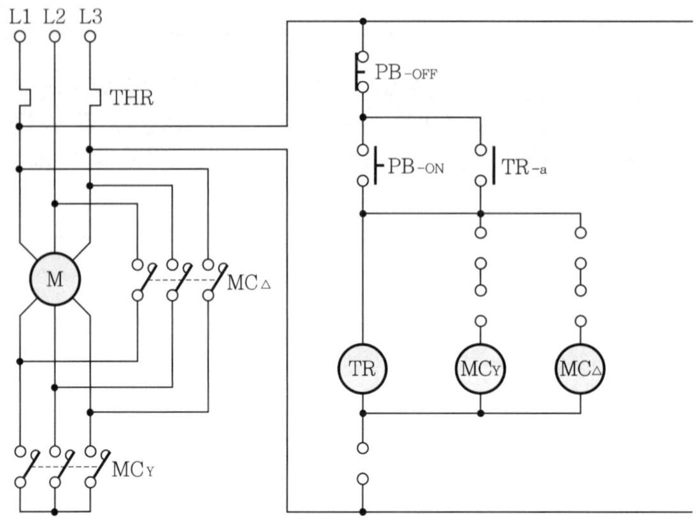

답안

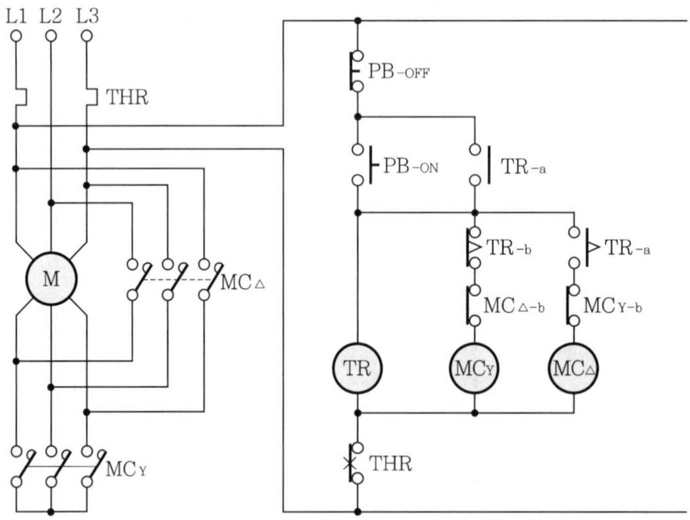

문제 03 기사 96년, 18년 출제

배점 : 10점

다음 도면은 3상 농형 유도전동기 IM의 Y-△ 기동 운전제어의 미완성 회로도이다. 이 회로도를 보고 다음 각 물음에 답하시오.

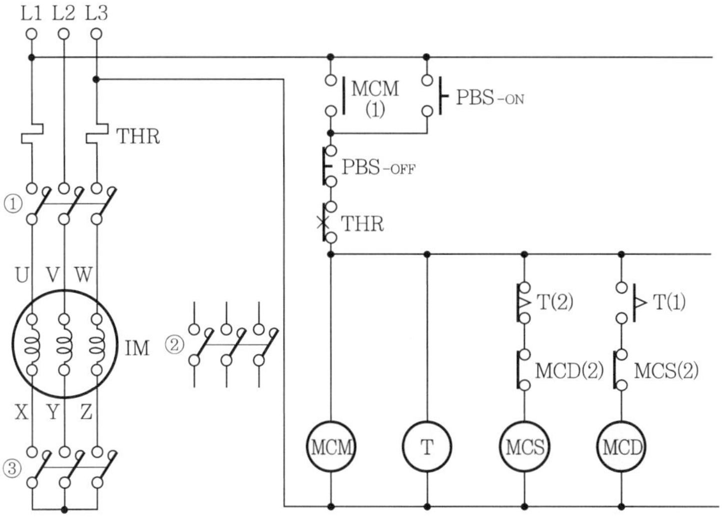

(1) ①~③에 해당되는 전자접촉기 접점의 약호는 무엇인가?
(2) 전자접촉기 MCS는 운전 중에는 어떤 상태로 있겠는가?
(3) 미완성 회로도의 주회로 부분에 Y-△ 기동 운전 결선도를 작성하시오.

답안 (1) ① MCM, ② MCD, ③ MCS

(2) 소자 상태(무여자 상태)

(3)

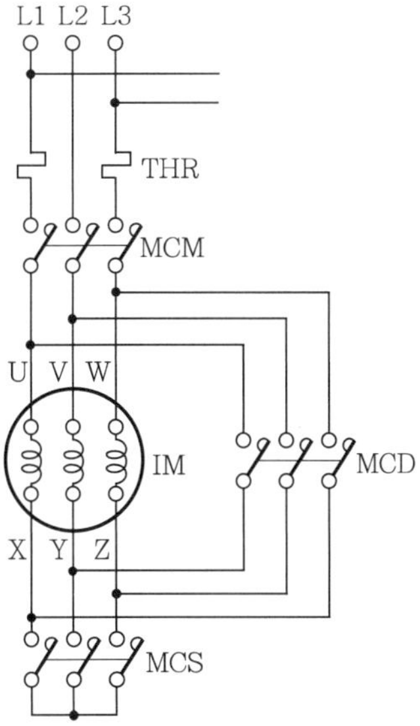

문제 04 기사 98년, 00년 출제

배점 : 6점

다음 그림은 농형 유도전동기에 대한 Y-△ 기동, 정지의 미완성 제어회로이다. 이 그림을 이용하여 다음 각 물음에 답하시오. (단, MCS는 기동용 전자개폐기이고, MCD는 운전용 전자개폐기이다.)

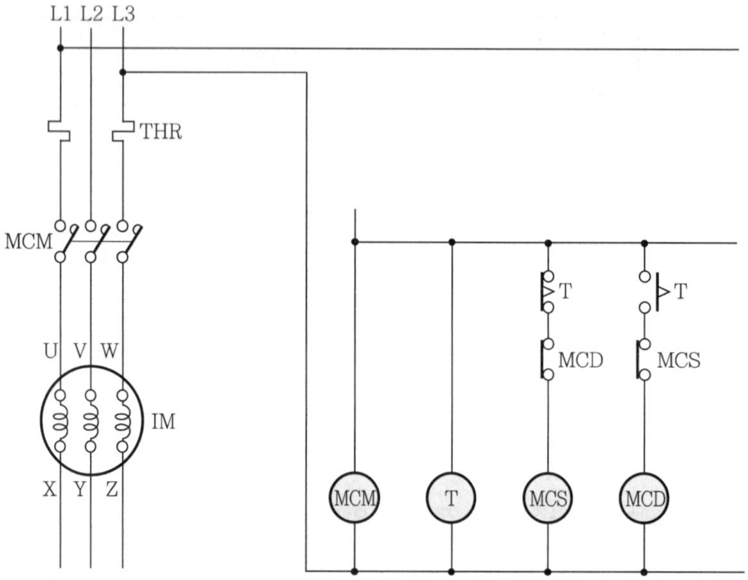

(1) 주회로 부분을 완성하시오.
(2) 누름버튼 스위치와 THR 접점, 자기유지접점들을 이용하여 제어회로(보조회로) 부분을 완성하시오. (단, 스위치 및 접점에는 약호를 표시하도록 한다.)

답안 (1), (2)

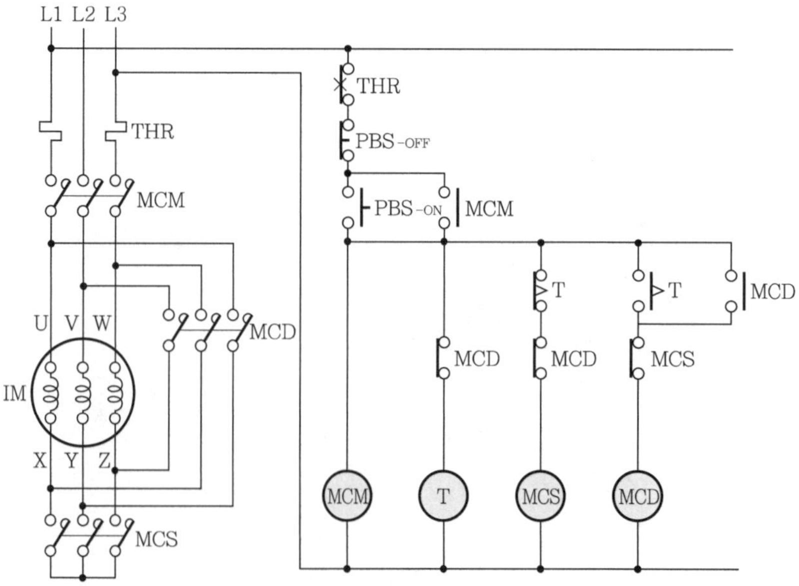

문제 05 기사 20년 출제

배점 : 5점

다음 도면은 전동기의 Y-△ 기동회로에 관한 유접점 시퀀스회로이다. 다음 [보기]와 그림을 보고 주회로를 완성하고 틀린 것을 바르게 고치시오.

[보기]
PBS(ON)을 누르면 MCM과 MCS로 Y결선 기동하고, 설정시간 t초 후 MCS와 T가 소자하여 MCD로 △결선 운전된다. PBS(OFF)를 누르면 전동기는 정지한다.

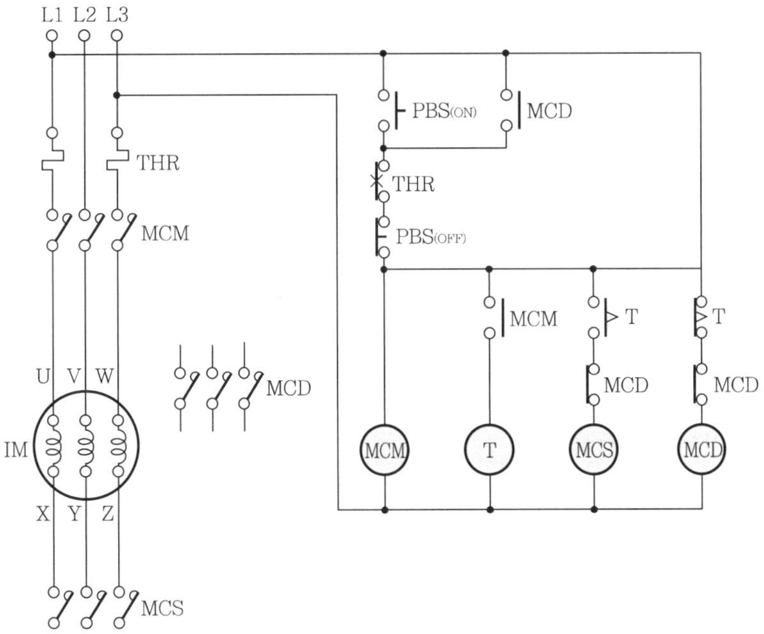

(1) 주회로를 완성하시오.
(2) 틀린 부분을 고쳐 올바르게 그리시오.

답안 (1), (2)

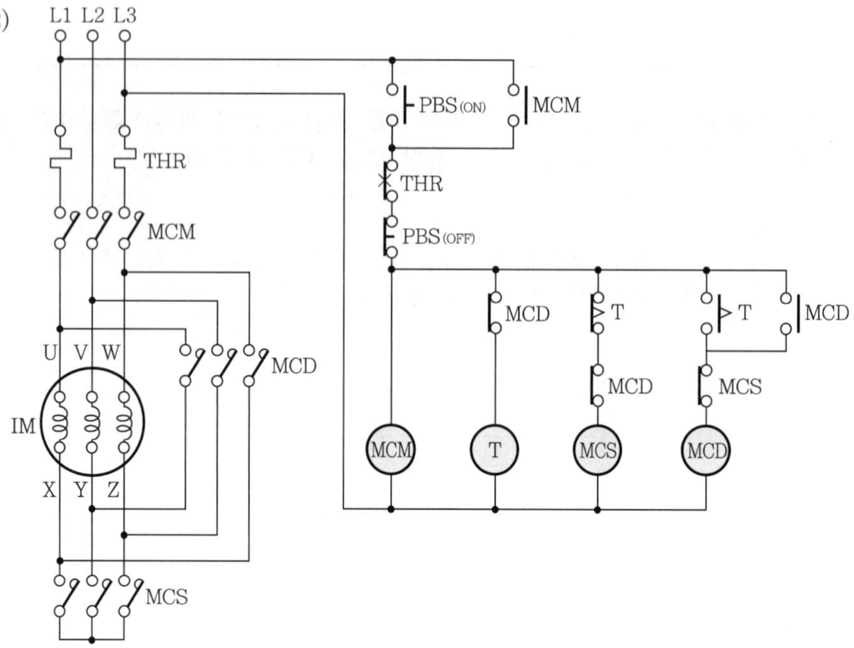

문제 06 기사 97년, 05년 출제

배점 : 6점

다음 그림은 농형 유도전동기의 Y-△ 기동회로도이다. 이 중 미완성 부분을 완성하시오. (단, 접점 등에는 접점기호를 반드시 쓰도록 하며, $MC_{\triangle}$, MC_{Y}, MC_{L}은 전자접촉기, Ⓞ, Ⓡ, Ⓖ는 각 경우의 표시등이다.)

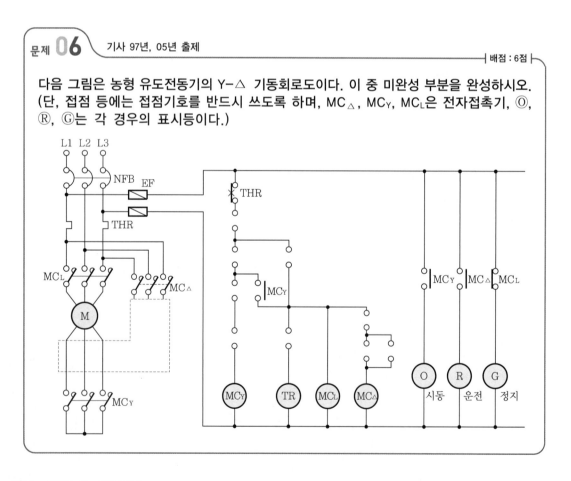

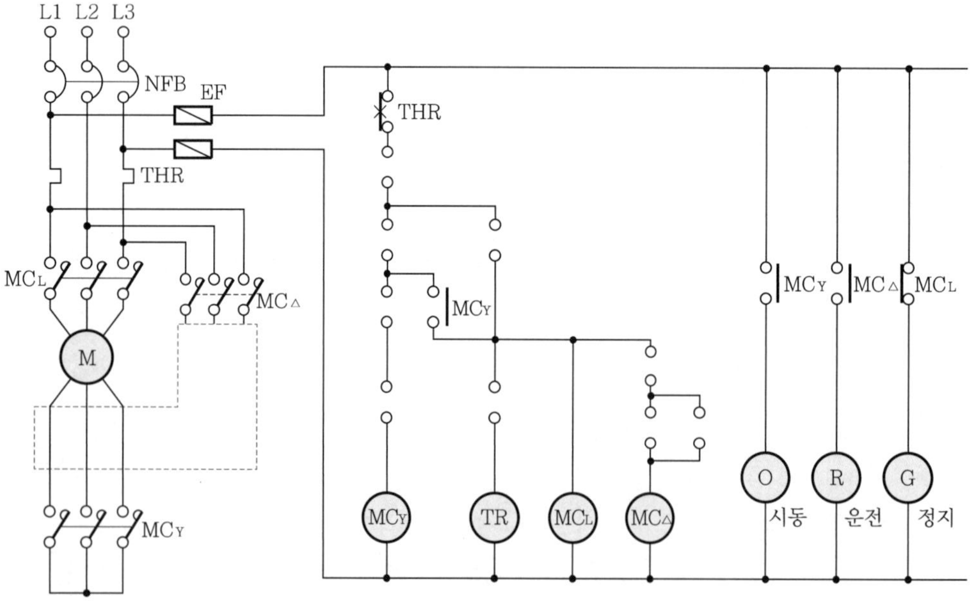

답안

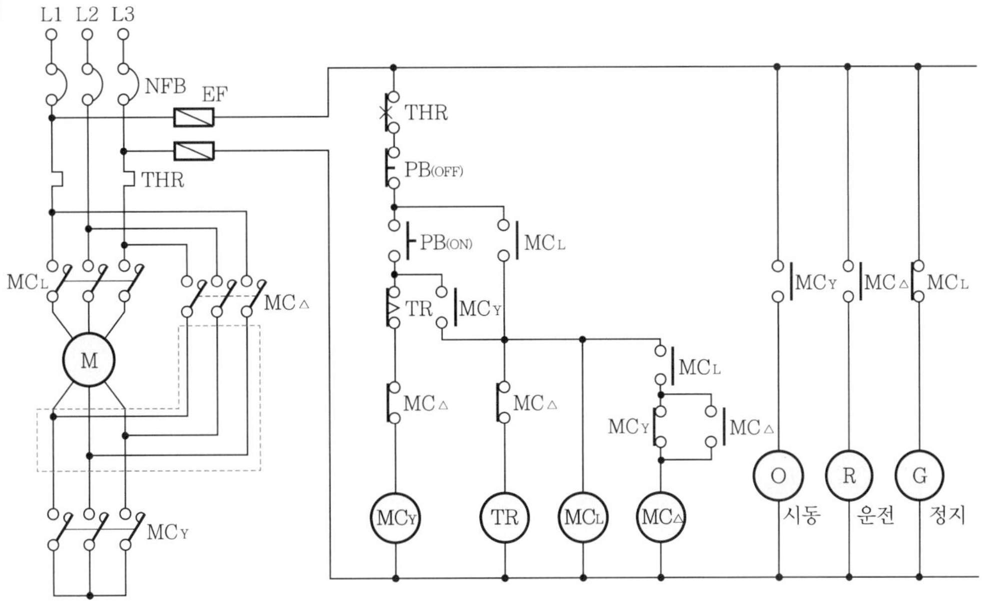

문제 07 기사 99년 출제

배점 : 6점

다음 도면은 유도전동기 IM의 Y-△ 기동회로이다. 주어진 운전 조건에 맞도록 점선 안에 접점을 그리고 해당되는 접점의 약호를 접점 옆에 쓰도록 하시오.

① KS를 ON하고 누름버튼 스위치를 ON하면 유도전동기 IM은 Y결선되어 기동된다.
② 다음으로 타이머에 설정되어 있는 일정 시간이 지나면 유도전동기 IM은 △결선되어 계속 운전된다.
③ 이때 타이머의 전원은 OFF된다.
④ 유도전동기 IM이 운전 중 과전류로 인하여 열동계전기가 동작하면 모든 전원과 유도전동기의 전원은 차단된다.
⑤ 정상 운전 중일 때에도 누름버튼 스위치를 OFF하면 전동기는 정지된다.
⑥ 표시등 GL은 전원 스위치 KS를 투입하면 점등되고 Y나 △결선 운전 중에는 소등된다.
⑦ 표시등 WL은 Y결선 운전 시, RL은 △결선 운전 시 점등된다.
⑧ MC_Y와 $MC_\triangle$는 서로 인터록(Interlock) 상태이다.
※ Ⓣ는 타이머, Ⓡ은 릴레이, MC_Y는 기동용 전자접촉기, $MC_\triangle$는 운전용 전자접촉기이다.

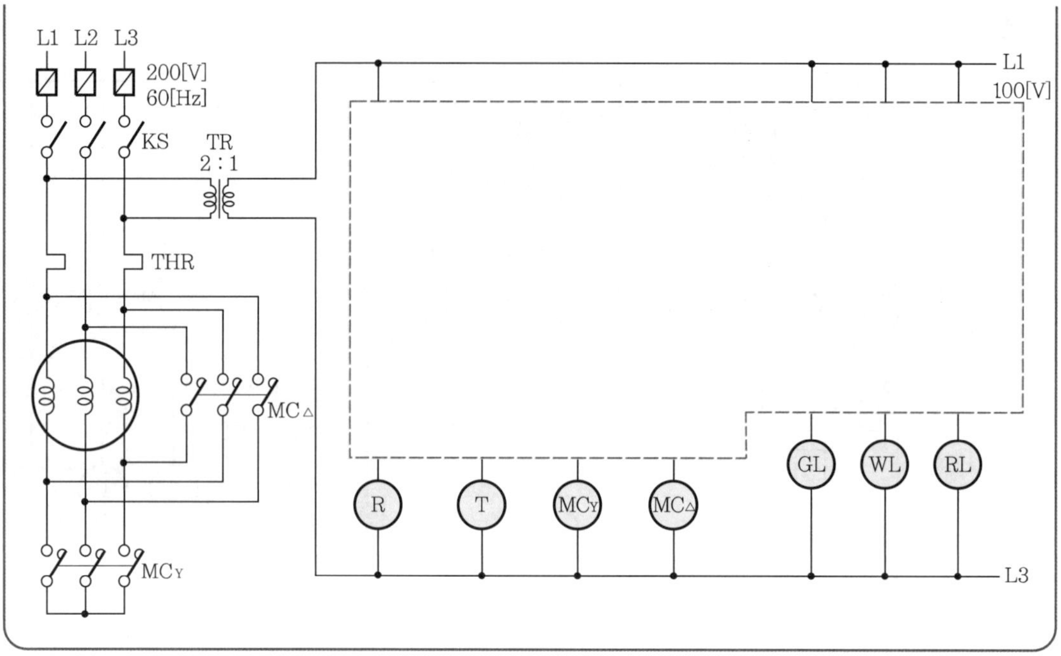
L1 L2 L3
200[V]
60[Hz]
KS
TR
2 : 1
THR
MC△
MCY
L1
100[V]
L3
GL
WL
RL
R
T
MCY
MC△

답안

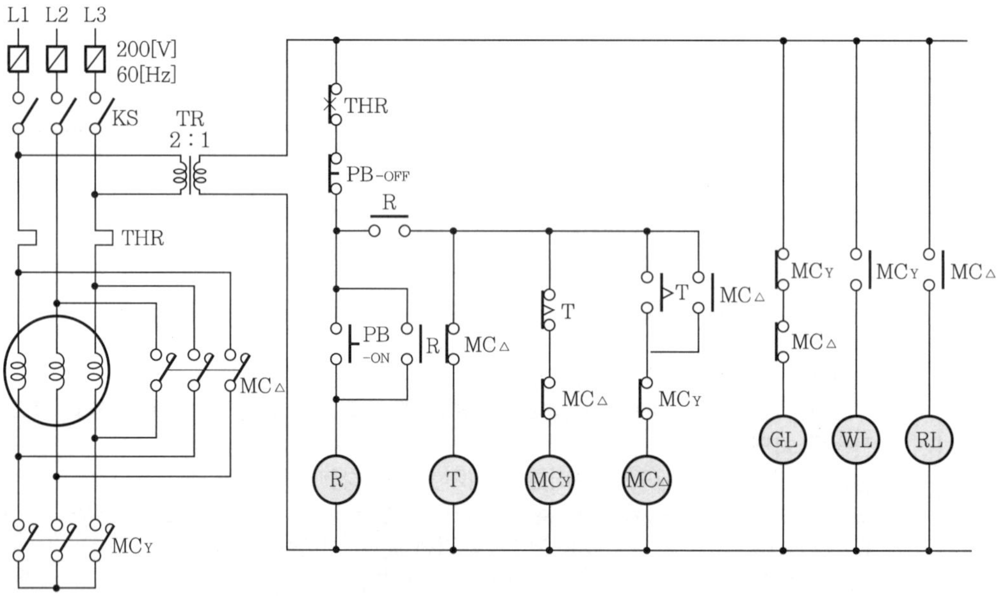
L1 L2 L3
200[V]
60[Hz]
KS
TR
2 : 1
THR
MC△
MCY
THR
PB-OFF
R
PB
-ON
R
MC△
T
T
MC△
MC△
MCY
MCY
MC△
MCY
MCY
MC△
GL
WL
RL
R
T
MCY
MC△

문제 08 기사 94년 출제 | 배점 : 10점

그림은 3상 유도전동기의 Y-△ 기동 접점식 시퀀스 다이어그램이다. 다음 물음에 답하시오.

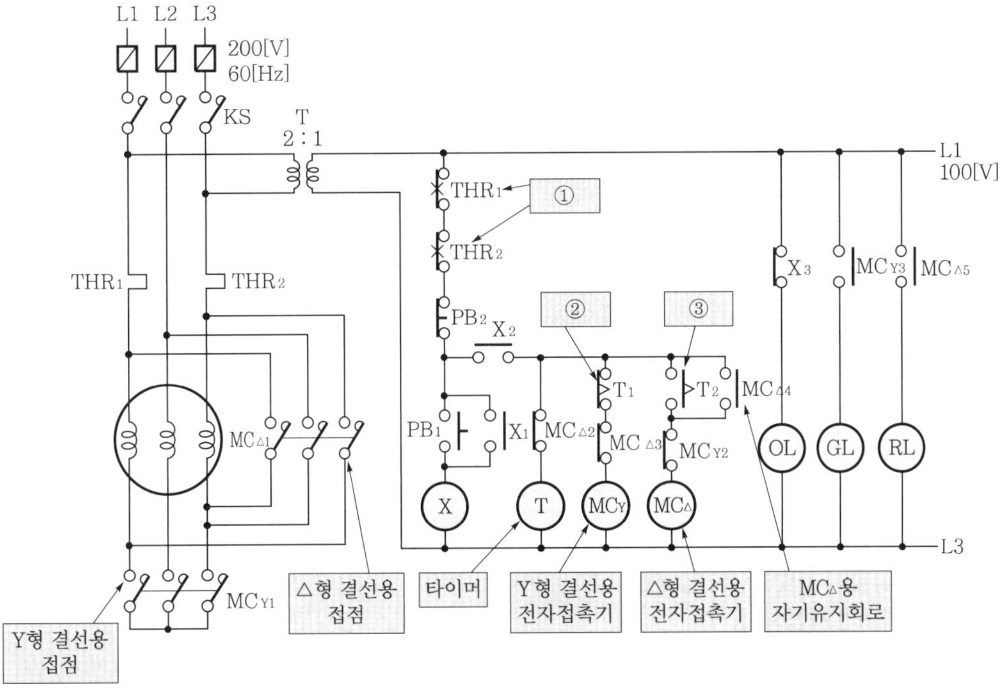

(1) ①의 접점의 명칭을 적고 그 기능을 설명하시오.
(2) ②의 접점의 명칭을 적고 그 기능을 설명하시오.
(3) ③의 접점의 명칭을 적고 그 기능을 설명하시오.
(4) KS를 투입하고 PB_1을 ON하였을 때 각종 기구와 접점, 램프, 전동기의 동작 과정을 상세히 설명하시오.

답안 (1) • 명칭 : 순시동작 수동복귀 b접점
- 기능 : 과전류가 흐르면 동작하여 모든 제어회로 전원을 차단시켜 전동기를 정지시킨다.

(2) • 명칭 : 한시동작 순시복귀 b접점
- 기능 : 타이머 설정시간 후 개로되어 MC_Y를 소자시킨다.

(3) • 명칭 : 한시동작 순시복귀 a접점
- 기능 : 타이머 설정시간 후 폐로되어 $MC_\triangle$를 여자시킨다.

(4) X, T, MC_Y가 여자되어 전동기는 Y기동하며 OL이 소등, GL이 점등되며 타이머 설정시간 후 MC_Y가 소자, $MC_\triangle$가 여자되어 전동기는 △운전되며 GL이 소등, RL이 점등된다. 운전 중 열동계전기가 동작되면 모든 제어회로 전원이 차단되어 전동기는 정지된다.

문제 09 기사 94년 출제

배점 : 10점

그림은 전동기 기동 방식의 하나인 Y−△ 기동회로의 미완성 회로도이다. 다음 물음에 답하시오.

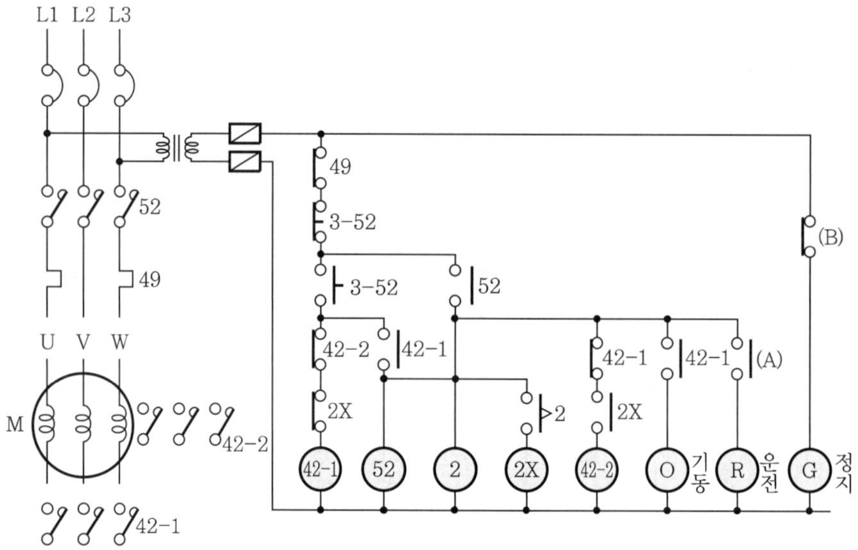

- 3−52 : 수동 조작 스위치
- 52 : 전자접촉기
- 42−1, 42−2 : 기동용 조작접촉기(Y, △접속)
- 2, 2X : 시한 계전기 및 동보조 계전기
- 49 : 과부하 계전기

(1) 미완성 회로 부분을 완성하시오(주회로 부분).
(2) 기동 완료 시 열려있는(open) 접촉기는 무엇인가?
(3) 기동 완료 시 닫혀있는(close) 접촉기는 무엇인가?
(4) (A), (B)에 적당한 계전기 번호를 쓰시오.

답안 (1)

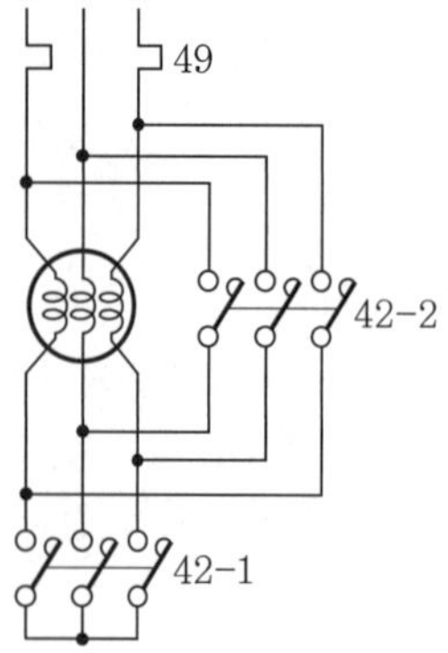

(2) 42−1
(3) 42−2, 52
(4) (A) : 42−2, (B) : 52

해설 Y결선으로 기동하고 수초 후 △결선으로 변환하여 운전되게 한다.

문제 10 기사 84년, 89년, 94년 출제

배점 : 9점

그림은 Y-△ 기동회로이다. 다음 각 물음에 답하시오.

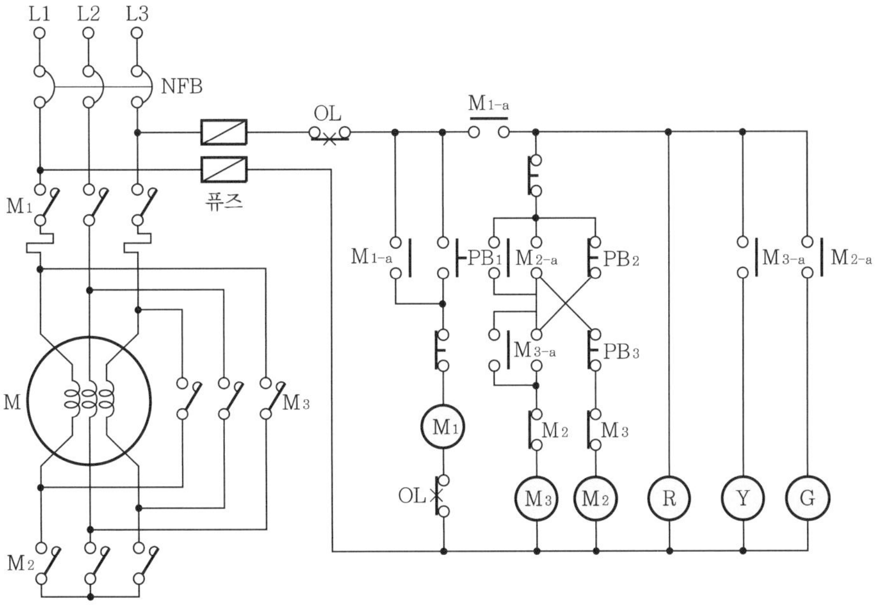

(1) PB_1을 누르면 어느 램프가 점등되는가?
(2) M_1이 동작되고 있는 상태에서 PB_2를 눌렀을 때 어느 램프가 점등되는가?
(3) M_1이 동작되고 있는 상태에서 PB_3을 눌렀을 때 어느 램프가 점등되는가?
(4) 전동기가 △운전하기 위해서는 어떤 버튼을 누르면 되는가?
(5) 전동기가 Y운전하기 위해서는 어떤 버튼을 누르면 되는가?
(6) OL은 무엇을 나타내는가?

답안 (1) R
(2) G
(3) Y
(4) $PB_1 \rightarrow PB_2 \rightarrow PB_3$
(5) $PB_1 \rightarrow PB_2$
(6) 과부하 계전기

해설 ① Y결선으로 기동하고 수초 후 △결선으로 변환하여 운전되게 한다.
② M_2 : Y 기동용 전자접촉기, M_3 : △운전용 전자접촉기

문제 11 기사 07년 출제

배점 : 9점

그림과 같은 시퀀스도는 3상 농형 유도전동기의 정 · 역 및 Y-△ 기동회로이다. 이 시퀀스도를 보고 다음 각 물음에 답하시오. (단, $MC_{1\sim4}$: 전자접촉기, PB_0 : 누름버튼 스위치, PB_1과 PB_2 : 1a와 1b 접점을 가지고 있는 누름버튼 스위치, $PL_{1\sim3}$: 표시등, T : 한시동작 순시복귀 타이머이다.)

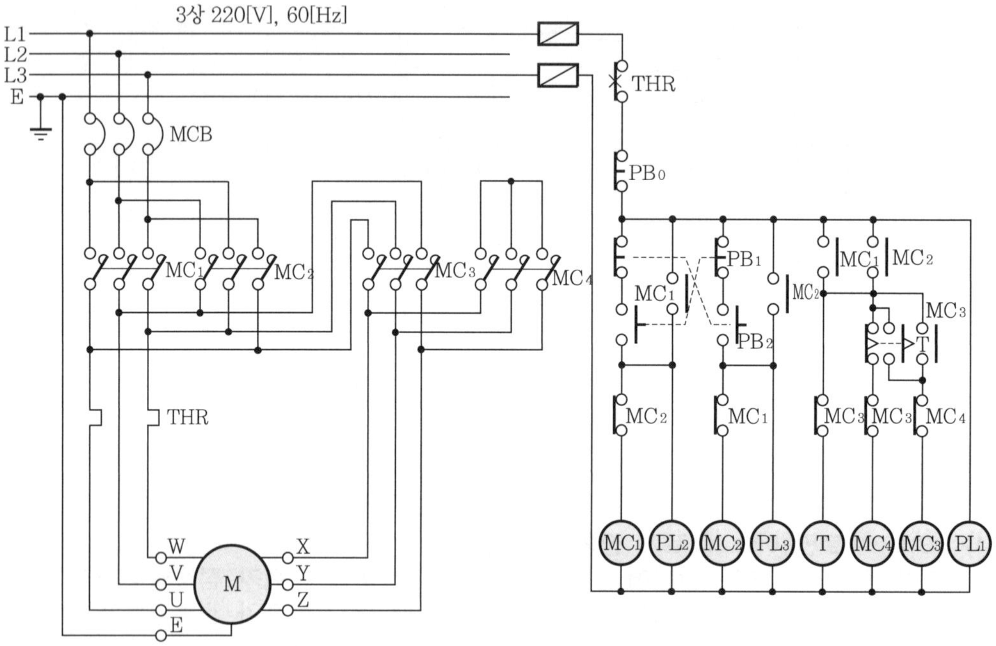

(1) MC_1을 정회전용 전자접촉기라고 가정하면 역회전용 전자접촉기는 어느 것인가?
(2) 유도전동기를 Y결선과 △결선을 시키는 전자접촉기는 어느 것인가?
(3) 유도전동기를 정 · 역 운전할 때, 정회전 전자접촉기와 역회전 전자접촉기가 동시에 작동하지 못하도록 보조회로에서 전기적으로 안전하게 구성하는 것을 무엇이라 하는가?
(4) 유도전동기를 Y-△로 기동하는 이유에 대하여 설명하시오.
(5) 유도전동기가 Y결선에서 △결선으로 되는 것은 어느 기계기구의 어떤 접점에 의한 입력신호를 받아서 △결선 전자접촉기가 작동하여 운전되는가? (단, 접점 명칭은 작동원리에 따른 우리말 용어로 답하도록 하시오.)
(6) MC_1을 정회전 전자접촉기로 가정할 경우, 유도전동기가 역회전 Y-△로 운전할 때 작동(여자)되는 전자접촉기를 모두 쓰시오.
(7) MC_1을 정회전 전자접촉기로 가정할 경우, 유도전동기가 역회전할 경우만 점등되는 표시램프는 어떤 것인가?
(8) 주회로에서 THR은 무엇인가?

답안 (1) MC_2
(2) Y결선 : MC_4, △결선 : MC_3
(3) 인터록
(4) 전전압 기동에 비해 기동 시 기동전류를 $\frac{1}{3}$로 감소시키기 위해
(5) 한시동작 순시복귀 a접점
(6) MC_2, MC_3, MC_4
(7) PL_3
(8) 열동계전기

문제 12 기사 11년 출제

배점 : 8점

다음 결선도는 수동 및 자동(하루 중 설정시간 동안 운전) Y－△ 배기팬 MOTOR 결선도 및 조작회로이다. 다음 각 물음에 답하시오.

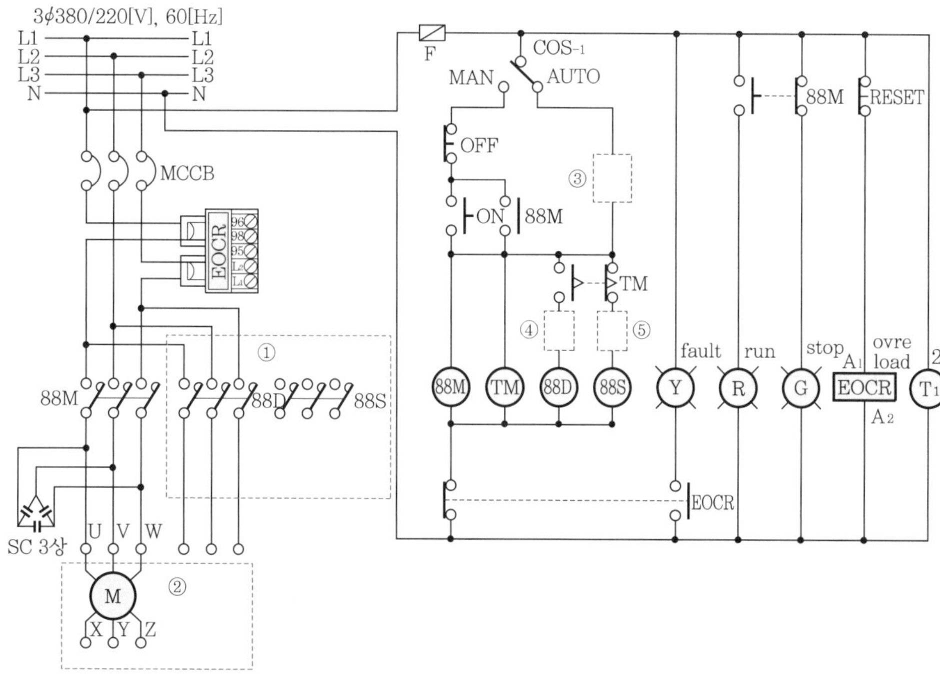

(1) ①, ② 부분의 누락된 회로를 완성하시오.
(2) ③, ④, ⑤의 미완성 부분의 접점을 그리고 그 접점기호를 표기하시오.
(3) ─o△o─의 접점 명칭을 쓰시오.
(4) Time chart를 완성하시오.

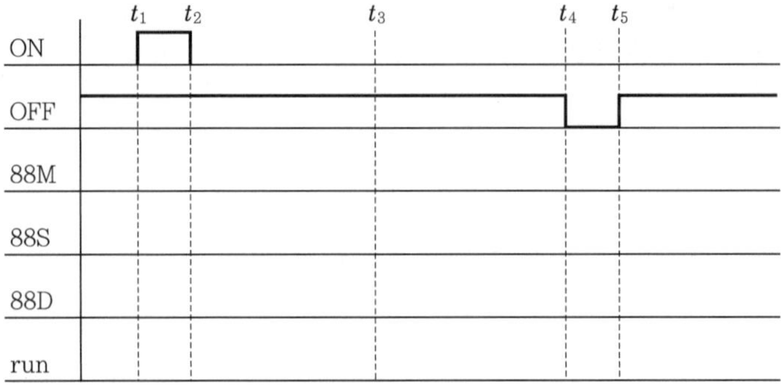

답안 (1)

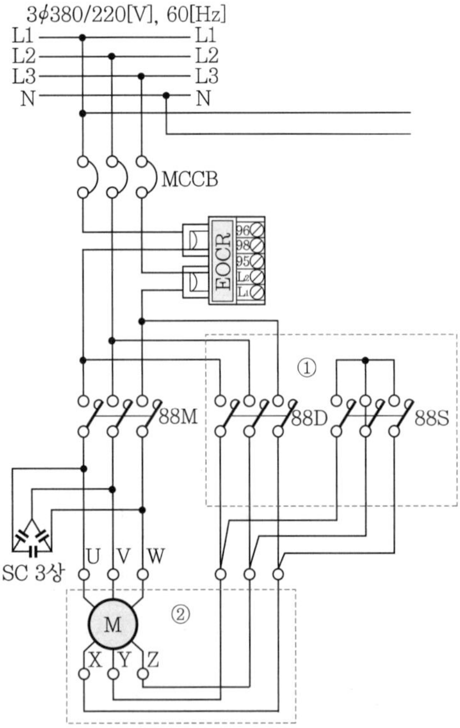

(2) ③ 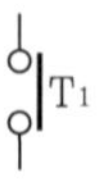

④ 

⑤ 

(3) 한시동작 순시복귀 a접점

(4)

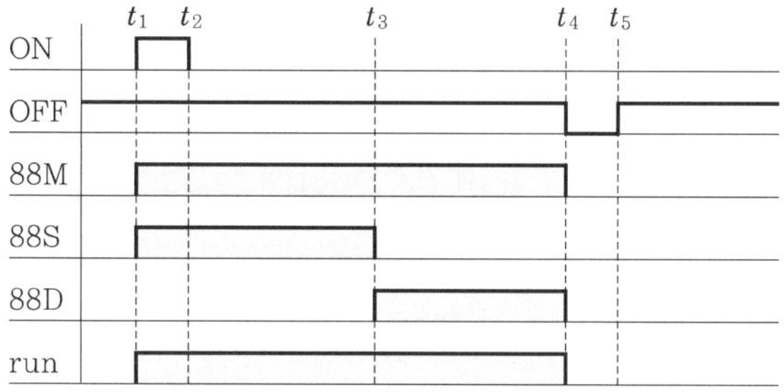

문제 **13** 기사 98년, 07년 출제

배점 : 10점

답안지의 그림은 리액터 시동, 정지 시퀀스제어의 미완성 회로 도면이다. 이 도면을 이용하여 다음 각 물음에 답하시오.

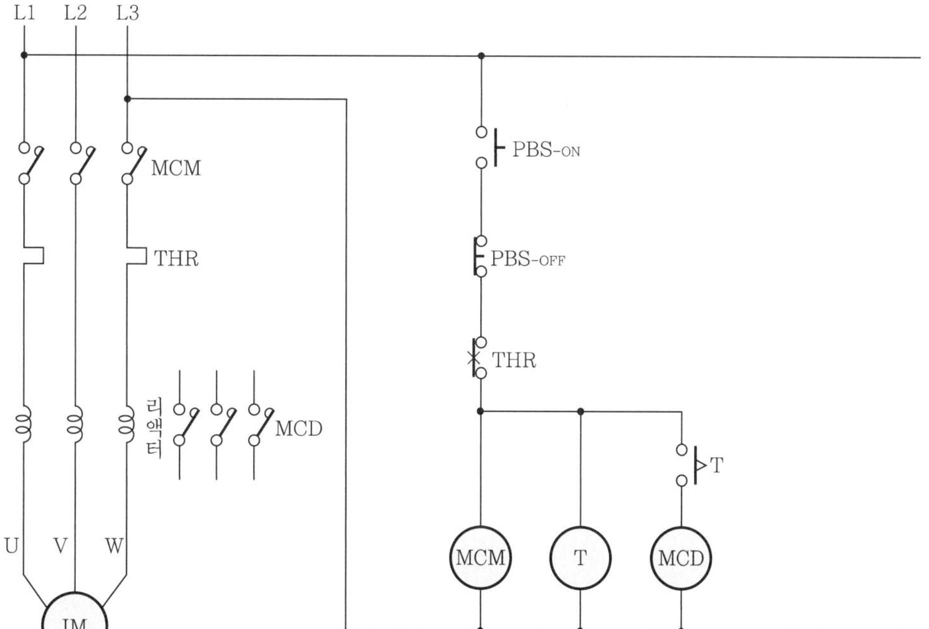

(1) 미완성 부분의 다음 회로를 완성하시오.
 ① 리액터 단락용 전자접촉기 MCD와 주회로를 완성하시오.
 ② PBS-ON 스위치를 투입하였을 때 자기유지가 될 수 있는 회로를 구성하시오.
 ③ 전동기 운전용 램프 RL과 정지용 GL 회로를 구성하시오.

(2) 직입시동 시의 시동전류가 정격전류의 6배가 흐르는 전동기를 80[%] 탭에서 리액터 시동한 경우의 시동전류는 약 몇 배 정도가 되는가?

(3) 직입시동 시의 시동토크가 정격토크의 2배였다고 하면 80[%] 탭에서 리액터 시동한 경우의 시동토크는 약 몇 배 정도가 되는가?

답안 (1)

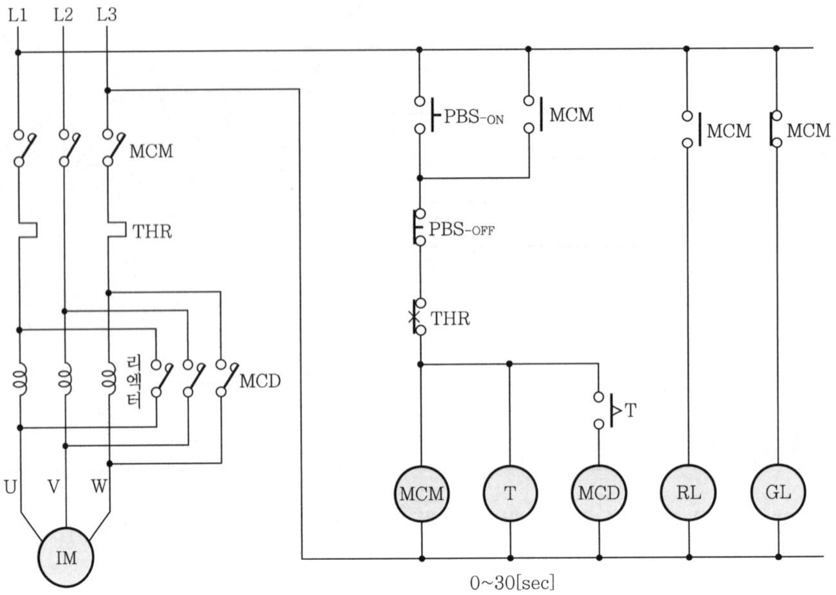

(2) 계산 : 시동전류$(I_s) = 6I \times 0.8 = 4.8I$

답 : 4.8배

(3) 계산 : 시동토크$(T_s) = 2T \times 0.8^2 = 1.28I$

답 : 1.28배

해설 시동전류(I_s)는 전압에 비례하고 시동토크(T_s)는 전압의 제곱에 비례한다.

문제 14 기사 03년, 14년 출제

배점 : 7점

다음 그림은 3상 유도전동기의 기동보상기에 의한 기동 제어회로 미완성 도면이다. 이 도면을 보고 다음 각 물음에 답하시오. (단, MCCB는 배선용 차단기, M_1~M_3 : 전자접촉기, THR : 과부하(열동)계전기, T : 타이머, X : 릴레이, PB_1~PB_2 : 누름버튼 스위치이다.)

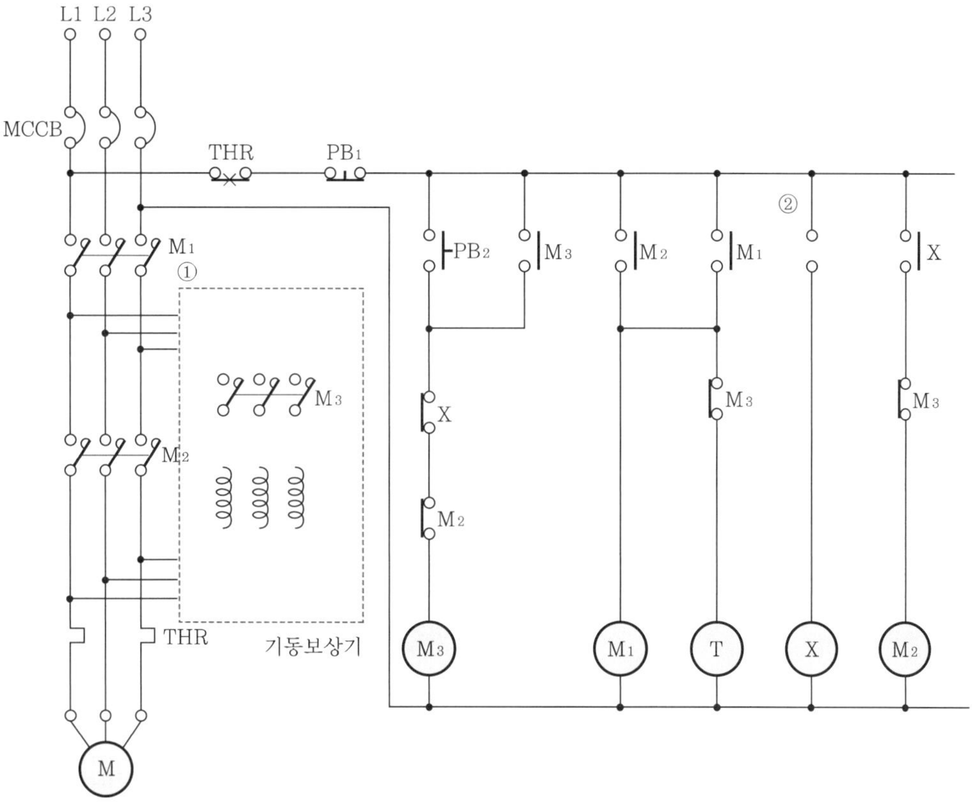

(1) ① 부분에 들어갈 기동보상기와 M_3 주회로 배선을 회로도에 직접 그리시오.
(2) ② 부분에 들어갈 적당한 접점의 기호와 명칭을 회로도에 직접 그리시오.
(3) 제어회로에서 잘못된 부분이 있으면 모두 예시처럼 표시하고 올바르게 나타내시오.
[예시]

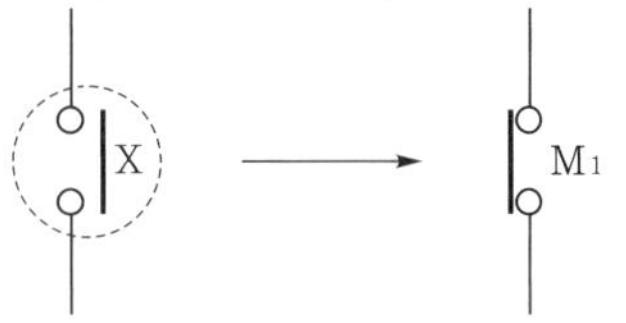

(4) 기동보상기에 의한 유도전동기 기동법을 간단히 설명하시오.

답안 (1), (2), (3)

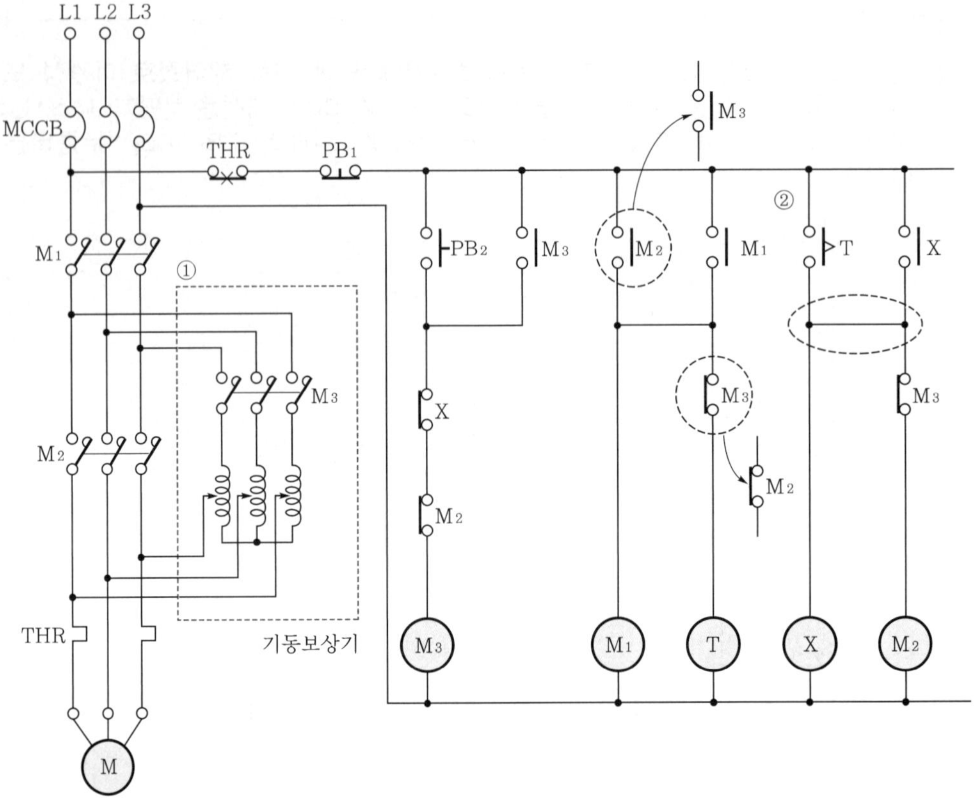

(4) 단권변압기를 이용 감압전압으로 기동전류를 제한하여 기동한 후 전전압으로 운전하는 기동 방식

05 CHAPTER 산업용 기기 시퀀스제어회로

기출개념 01 환기팬 자동운전회로

개념 문제 기사 87년, 93년, 10년 / 산업 12년 출제

배점 : 10점

다음 회로는 환기팬의 자동운전회로이다. 이 회로와 [동작 개요]를 보고 다음 각 물음에 답하시오.

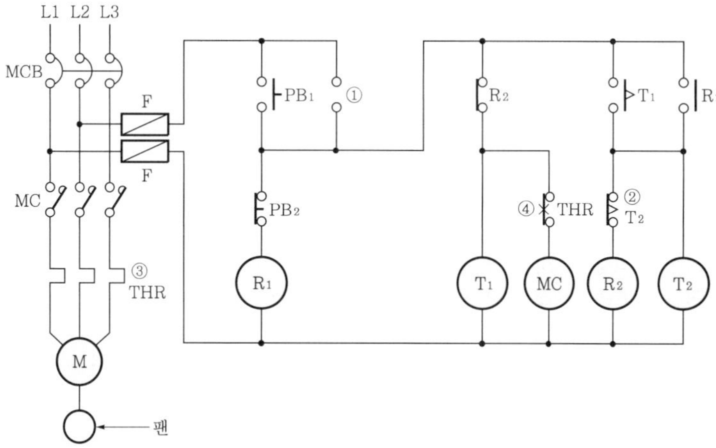

[동작 개요]

① 연속 운전을 할 필요가 없는 환기용 팬 등의 운전회로에서 기동버튼에 의하여 운전을 개시하면 그 다음에는 자동적으로 운전 정지를 반복하는 회로이다.

② 기동버튼 PB_1을 "ON" 조작하면 타이머 (T_1)의 설정시간만 환기팬이 운전하고 자동적으로 정지한다. 그리고 타이머 (T_2)의 설정시간에만 정지하고 재차 자동적으로 운전을 개시한다.

③ 운전 도중에 환기팬을 정지시키려고 할 경우에는 버튼 스위치 PB_2를 "ON" 조작하여 행한다.

(1) 위 시퀀스도에서 릴레이 (R_1)에 의하여 자기유지될 수 있도록 ①로 표시된 곳에 접점기호를 그려 넣으시오.

(2) ②로 표시된 접점기호의 명칭과 동작을 간단히 설명하시오.

(3) THR로 표시된 ③, ④의 명칭과 동작을 간단히 설명하시오.

답안 (1)

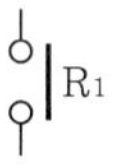

(2) • 명칭 : 한시동작 순시복귀 b접점
• 동작 : 타이머 T_2가 여자되면 일정 시간 후 개로되어 R_2를 소자시킨다.

(3) • 명칭 : ③ 열동계전기, ④ 순시동작 수동복귀 b접점
• 동작 : 전동기에 과전류가 흐르면 ③ 열동계전기가 동작하여 ④ 접점이 개로되어 전동기를 정지시키며 접점 복귀는 수동 조작에 의해 원상 복귀된다.

기출개념 02 차고문 자동개폐기 제어회로

개념 문제 기사 01년 / 산업 87년, 91년, 97년, 00년 출제

| 배점 : 9점 |

그림은 자동차 차고의 셔터회로이다. 셔터를 열 때 셔터에 빛이 비치면 PHS에 의해 자동으로 열리고, 또한 PB_1를 조작해도 열린다. 셔터를 닫을 때는 PB_2를 조작하면 된다. 리밋 스위치 LS_1은 셔터의 상한용이고, LS_2는 셔터의 하한용이다. 물음에 답하시오.

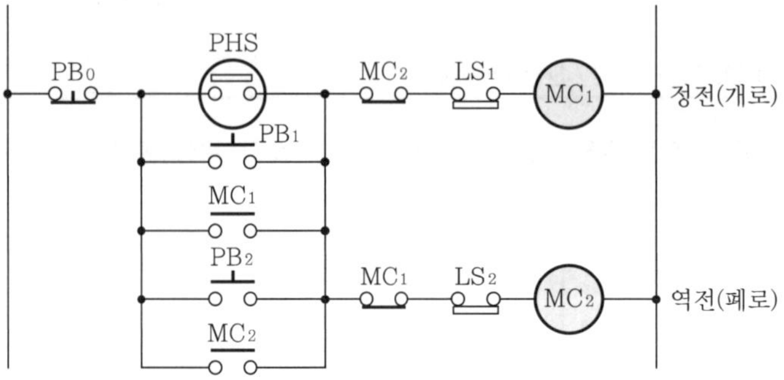

(1) MC_1, MC_2의 a접점은 어떤 역할을 하는 접점인가?
(2) MC_1, MC_2의 b접점은 어떤 역할을 하는가?
(3) LS_1, LS_2는 어떤 역할을 하는가?
(4) PHS(또는 PB_1)와 PB_2를 답지의 타임차트와 같이 ON 조작하였을 때의 타임차트를 완성하시오.

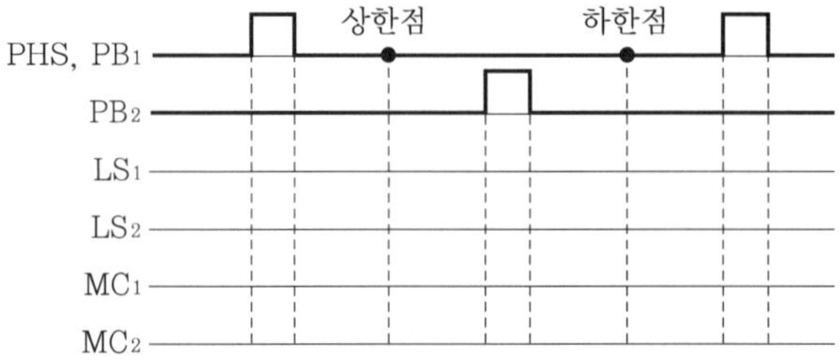

답안 (1) 자기유지
(2) 인터록회로로 동시 투입에 의한 단락사고 방지
(3) LS_1은 셔터의 상한을 검지하여 MC_1을 복구시켜 전동기 정회전을 정지시킨다.
LS_2는 셔터의 하한을 검지하여 MC_2를 복구시켜 전동기 역회전을 정지시킨다.
(4)

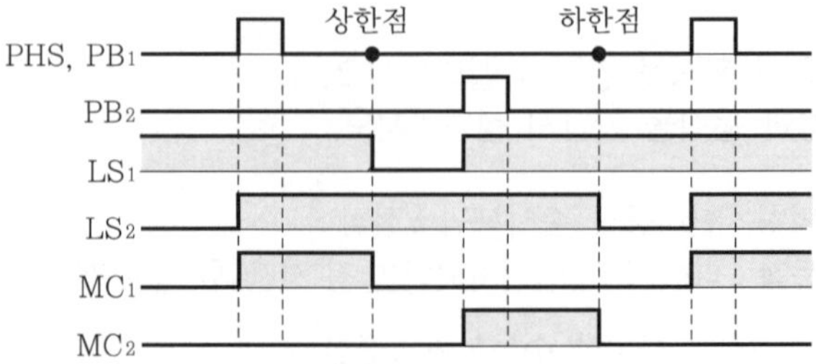

해설 셔터의 개폐는 전동기 정·역회전 응용회로이며 셔터의 상한점은 LS_1이, 셔터의 하한점은 LS_2가 검지하여 전동기를 정지시킨다.

기출개념 03 직류 제동 제어회로

개념 문제 기사 94년, 01년 / 산업 95년, 99년, 02년, 16년 출제 | 배점 : 8점 |

도면은 농형 유도전동기의 직류 여자 방식 제어기기의 접속도이다. 그림 및 [동작 설명]을 참고하여 다음 물음에 답하시오.

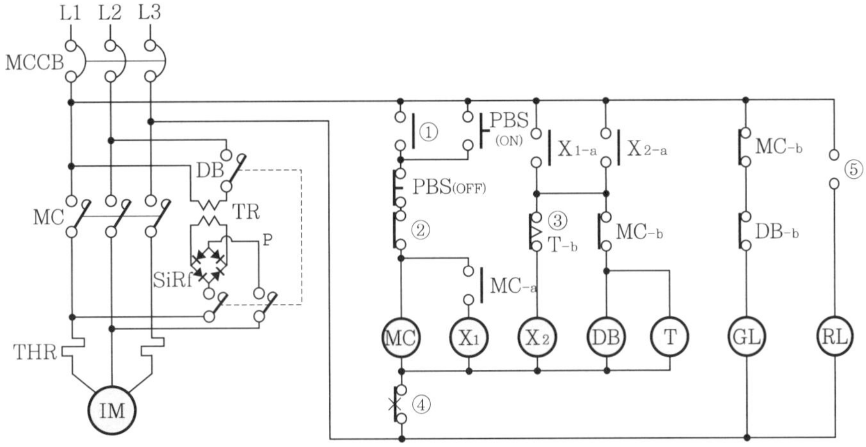

[범례]

- MCCB : 배선용 차단기
- THR : 열동형 과전류 계전기
- MC : 전자접촉기
- TR : 정류전원 변압기
- SiRf : 실리콘 정류기
- X_1, X_2 : 보조 계전기
- T : 타이머
- DB : 제동용 전자접촉기
- $PBS_{(ON)}$: 운전용 푸시버튼
- $PBS_{(OFF)}$: 정지용 푸시버튼
- GL : 정지램프
- RL : 운전램프

[동작 설명]

운전용 푸시버튼 스위치 $PBS_{(ON)}$을 눌렀다 놓으면 각 접점이 동작하여 전자접촉기 MC가 투입되어 전동기는 기동하기 시작하며 운전을 계속한다. 운전을 마치기 위하여 정지용 푸시버튼 스위치 $PBS_{(OFF)}$를 누르면 각 접점이 동작하여 전자접촉기 MC에 전류가 끊어지고 직류 제동용 전자접촉기 DB가 투입되어 전동기에는 전류가 흐른다. 타이머 T에 세트한 시간만큼 직류 제동전류가 흐르고 직류가 차단되며, 각 접점은 운전 전의 상태로 복귀되고 전동기는 정지하게 된다.

(1) ①, ②, ④에 해당되는 접점의 기호를 쓰시오.

(2) ③에 대한 접점의 심벌 명칭은 무엇인가?

(3) 정지용 푸시버튼 $PBS_{(OFF)}$를 누르면 타이머 T에 통전하여 설정(set)한 시간만큼 타이머 T가 동작하여 직류 제어용 직류전원을 차단하게 된다. 타이머 T에 의해 조작받는 계전기나 전자접촉기는 어느 것인가? 조작받는 순서대로 2가지를 기호로 쓰시오.

(4) (RL)은 운전 중 점등되는 램프이다. 어느 보조 계전기를 사용하는지 ⑤에 대한 접점의 심벌을 그리고 그 기호를 쓰시오.

답안 (1) ① MC_{-a}, ② DB_{-b}, ④ THR_{-b}

(2) 한시동작 순시복귀 b접점

(3)

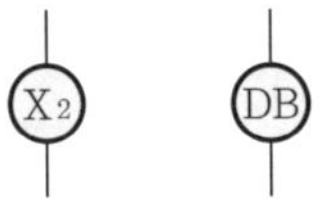

(4)

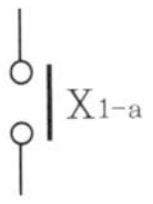

기출개념 04 전동기 순서 제어회로

개념 문제 기사 98년, 00년, 02년, 03년, 08년 출제

| 배점 : 8점 |

도면은 전동기 A, B, C 3대를 기동시키는 제어회로이다. 이 회로를 보고 다음 각 물음에 답하시오. (단, MA : 전동기 A의 기동정지 개폐기, MB : 전동기 B의 기동정지 개폐기, MC : 전동기 C의 기동정지 개폐기이다.)

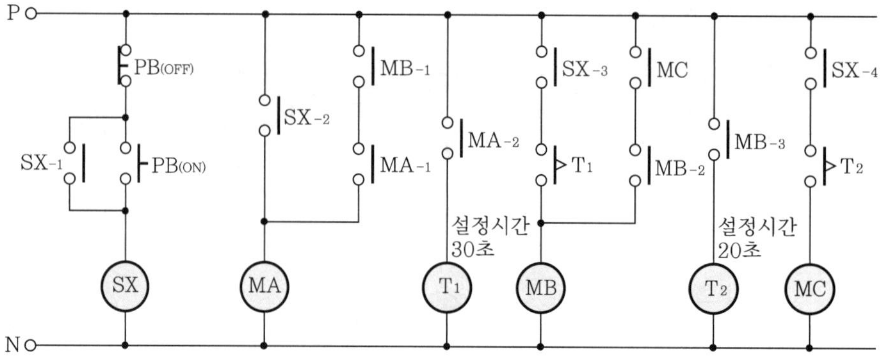

(1) 전동기를 기동시키기 위하여 $PB_{(ON)}$을 누르면 전동기는 어떻게 기동되는지 그 기동 과정을 상세히 설명하시오.

(2) SX_{-1}의 역할에 대한 접점 명칭은 무엇인가?

(3) 전동기를 정지시키고자 $PB_{(OFF)}$를 눌렀을 때, 전동기가 정지되는 순서는 어떻게 되는가?

답안 (1) SX가 여자되어 자기유지되며 SX_{-2} 접점이 폐로되어 MA가 여자되고 T_1이 여자되어 전동기 A가 기동하며, T_1 설정시간 30초 후 MB가 여자되고 T_2가 여자되어 전동기 B가 기동된다. T_2 설정시간 20초 후 MC가 여자되어 전동기 C가 기동하게 된다.

(2) 자기유지

(3) C 전동기 → B 전동기 → A 전동기 순으로 정지한다.

기출개념 05 플로트리스 액면 릴레이를 사용하는 급수제어회로

개념 문제 기사 02년 / 산업 13년 출제 | 배점 : 7점 |

그림은 플로트리스(플로트 스위치 없는) 액면 릴레이를 사용한 급수제어의 시퀀스도이다. 다음 각 물음에 답하시오.

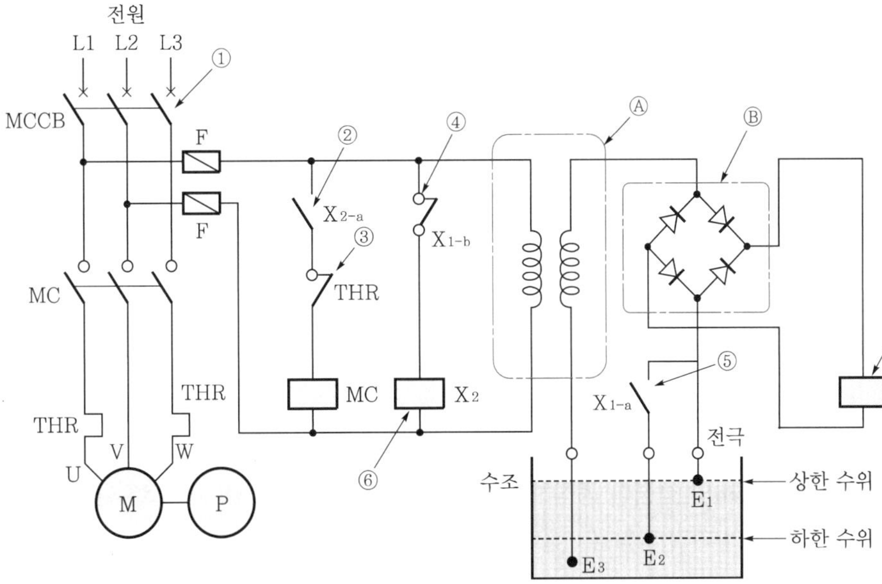

(1) 도면에서 기기 Ⓑ의 명칭을 쓰고 그 기능을 설명하시오.
(2) 전동 펌프가 과전류가 되었을 때 최초에 동작하는 계전기의 접점을 도면에 표시되어 있는 번호로 지적하고 그 명칭은 무엇인지를 구체적으로(동작에 관련된 명칭)으로 쓰도록 하시오.
(3) 수조의 수위가 전극 E_1보다 올라갔을 때 전동 펌프는 어떤 상태로 되는가?
(4) 수조의 수위가 전극 E_1보다 내려갔을 때 전동 펌프는 어떤 상태로 되는가?
(5) 수조의 수위가 전극 E_2보다 내려갔을 때 전동 펌프는 어떤 상태로 되는가?

답안 (1) • 명칭 : 브리지 전파 정류회로
• 기능 : 릴레이 X_1에 교류를 직류로 변환하여 공급
(2) ③ 순시동작 수동복귀 b접점
(3) 정지 상태
(4) 정지 상태
(5) 운전 상태

기출개념 06 직류식 전자방식 차단기 제어동작회로

개념 문제 산업 94년, 01년, 11년 출제

| 배점 : 16점 |

그림은 직류 전자식 차단기의 제어회로를 나타내고 있다. 문제의 시퀀스도를 잘 숙지하고 각 물음의 (　) 안의 알맞은 말을 쓰시오.

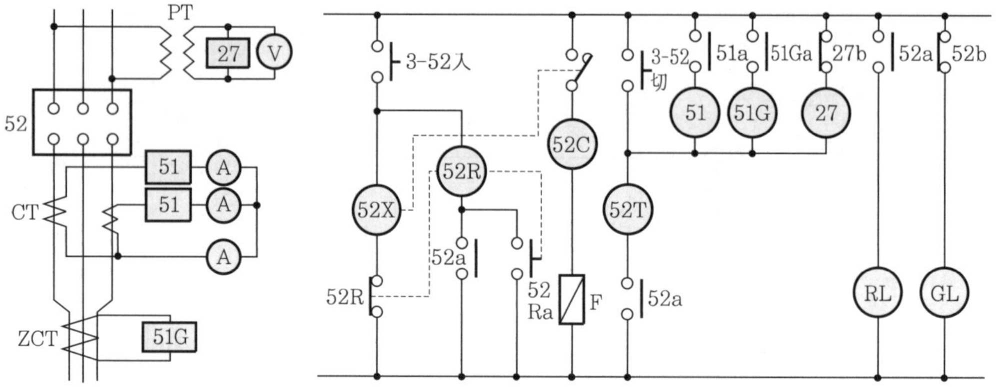

(1) 그림의 도면에서 알 수 있듯이 3-52入인 스위치를 ON시키면 (①)이(가) 동작하여 52X의 접점이 CLOSE되고 (②)의 투입 코일에 전류가 통전되어 52의 차단기를 투입시키게 된다. 차단기 투입과 동시에 52a의 접점이 동작하여 52R이 통전(ON)되고 (③)의 코일을 개방시키게 된다.

(2) 회로도에서 (27)의 기기 명칭을 (④), (51)의 기기 명칭은 (⑤), (51G)의 기기 명칭을 (⑥)라고 한다.

(3) 차단기의 개방 조작 및 트립 조작은 (⑦)의 코일이 통전됨으로써 가능하다.

(4) 지금 차단기가 개방되었다면 개방상태표시를 나타내는 표시램프는 (⑧)이다.

답안 (1) ① 52X, ② 52C, ③ 52X
(2) ④ 교류 부족 전압 계전기
⑤ 교류 과전류 계전기
⑥ 교류 지락 과전류 계전기
(3) ⑦ 52T
(4) ⑧ GL

해설 3-52入(on)하면 52X(투입용 보조 릴레이)가 여자되어 $52X_{-a}$가 폐로되어 52C에 여자차단기 52가 투입된다. 차단기가 투입되면 52a가 폐로되어 52R이 여자되어 52X가 소자, 52C가 소자되어 투입이 완료된다.

1990년~최근 출제된 기출 이론 분석 및 유형별 문제

06 CHAPTER 논리회로

기출개념 01 기본 논리회로

1 AND회로(논리적 회로)

입력 A, B가 모두 ON(H)되어야 출력이 ON(H)되고, 그 중 어느 한 단자라고 OFF(L)되면 출력이 OFF(L)되는 회로이다.

논리식 : X = A · B

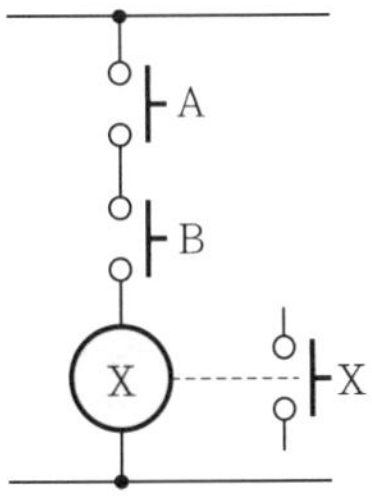

(a) 유접점회로

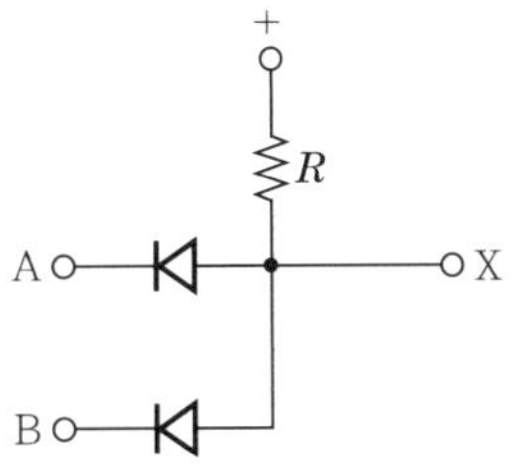

(b) 무접점회로

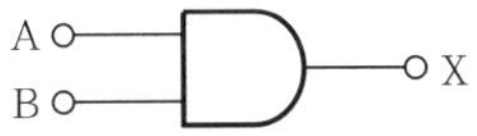

(c) Logic회로

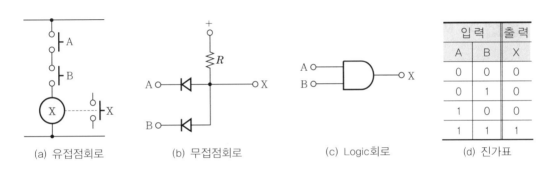

입력		출력
A	B	X
0	0	0
0	1	0
1	0	0
1	1	1

(d) 진가표

2 OR회로(논리화 회로)

입력단자 A, B 중 어느 하나라도 ON(H)되면 출력이 ON(H)되고, A, B 모든 단자가 OFF(L) 되어야 출력이 OFF(L)되는 회로이다.

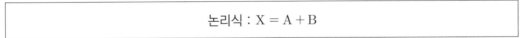

논리식 : X = A + B

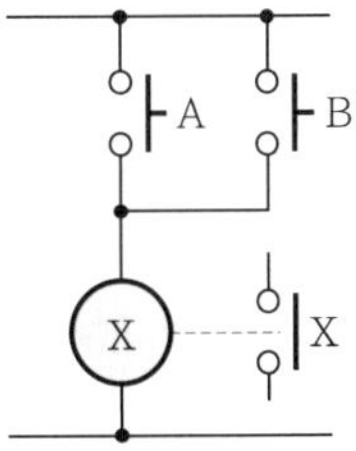

(a) 유접점회로

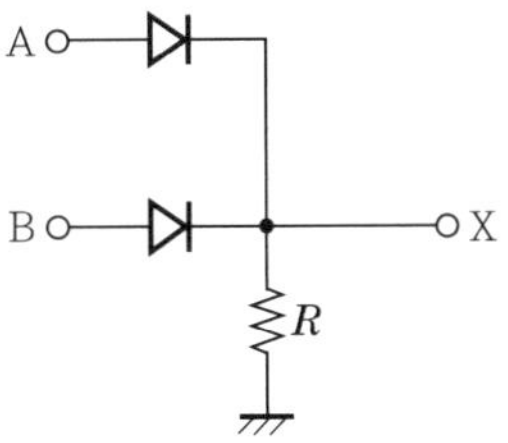

(b) 무접점회로

(c) Logic회로

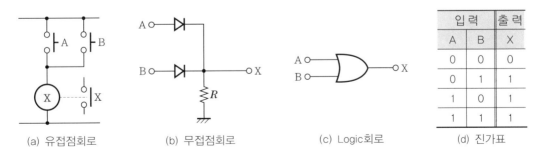

입력		출력
A	B	X
0	0	0
0	1	1
1	0	1
1	1	1

(d) 진가표

3 NOT회로(부정회로)

입력이 ON되면 출력이 OFF되고, 입력이 OFF되면 출력이 ON되는 회로이다.

논리식 : $X = \overline{A}$

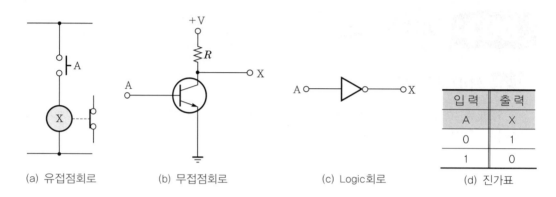

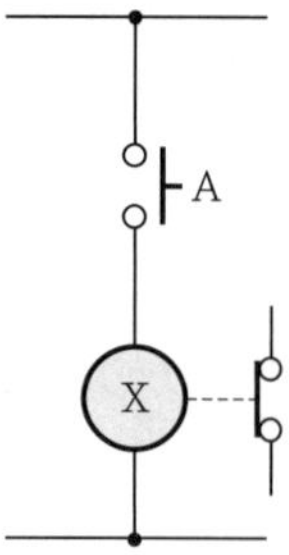

(a) 유접점회로

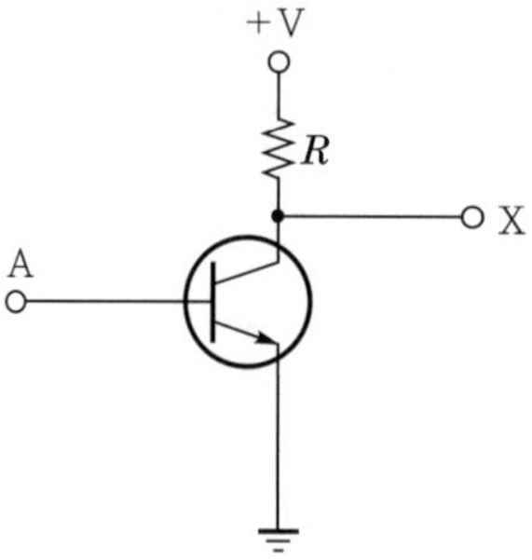

(b) 무접점회로

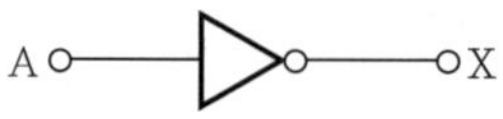

(c) Logic회로

입력	출력
A	X
0	1
1	0

(d) 진가표

4 De Morgan의 법칙

- $\overline{A+B} = \overline{A} \cdot \overline{B}$
- $\overline{A \cdot B} = \overline{A} + \overline{B}$
- $A+B = \overline{\overline{A} \cdot \overline{B}}$
- $A \cdot B = \overline{\overline{A} + \overline{B}}$
- $\overline{\overline{A}} = A$

개념 문제 01 기사 96년 출제

배점 : 6점

그림 (a)와 같은 논리기호의 PB_1, PB_2 타임차트가 그림 (b)와 같을 때 PL 램프의 타임차트를 그리시오. (단, H는 High로서 ON 상태이며, L은 Low로서 OFF 상태이다.)

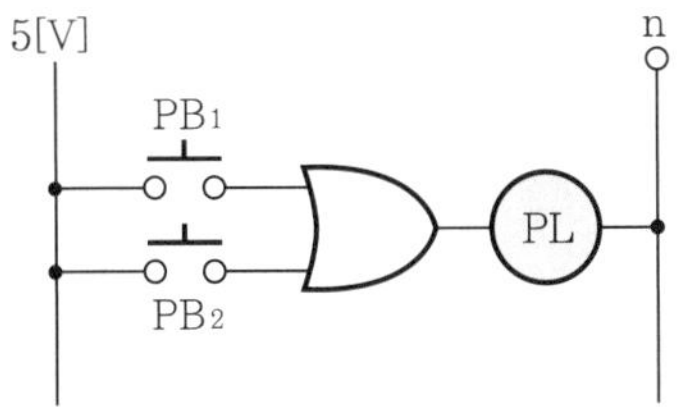

(a) 유접점회로

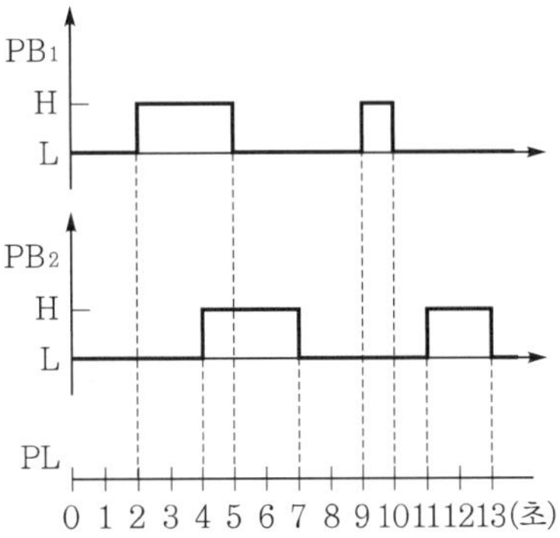

(b) 타임차트

답안

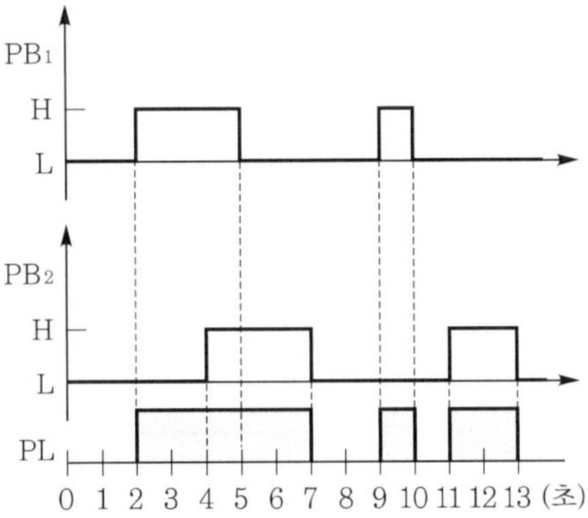

개념 문제 02 기사 05년, 14년 출제

배점 : 3점

다음 그림과 같은 무접점 논리회로에 대응하는 유접점 시퀀스를 그리고 논리식으로 표현하시오.

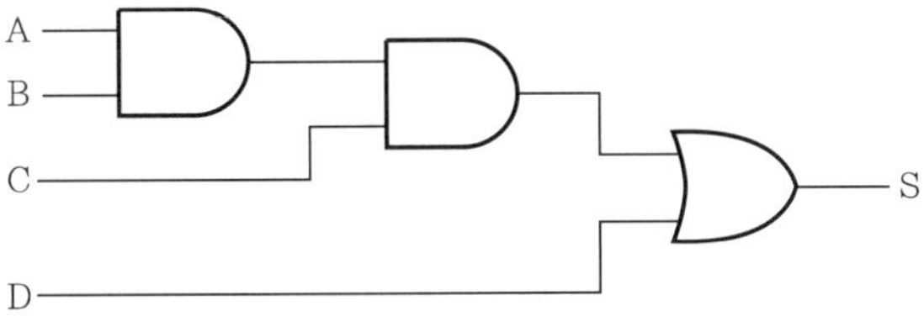

(1) 유접점 시퀀스
(2) 논리식

답안 (1)

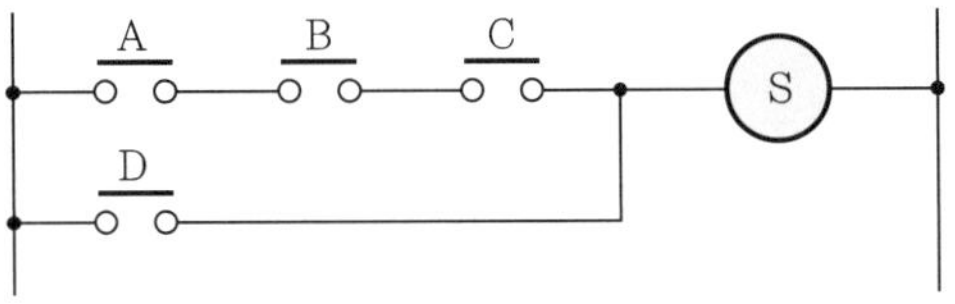

(2) $S = ABC + D$

개념 문제 03 기사 04년, 07년 출제

배점 : 6점

보조 릴레이 A, B, C의 계전기로 출력(H레벨)이 생기는 유접점회로와 무접점회로를 그리시오. (단, 보조 릴레이의 접점은 모두 a접점만을 사용하도록 한다.)

(1) A와 B를 같이 ON하거나 C를 ON할 때 X_1 출력
① 유접점회로
② 무접점회로

(2) A를 ON하고 B 또는 C를 ON할 때 X_2 출력
① 유접점회로
② 무접점회로

답안 (1) ① 유접점회로

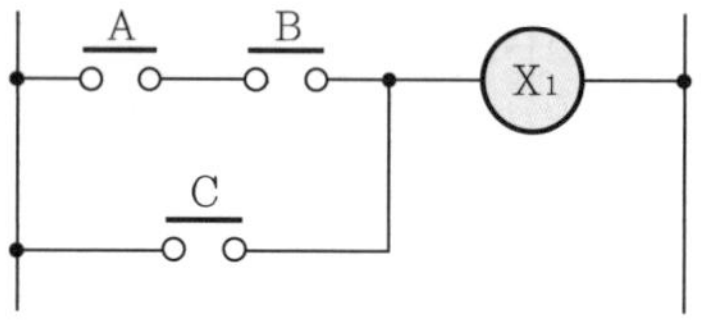

② 무접점회로

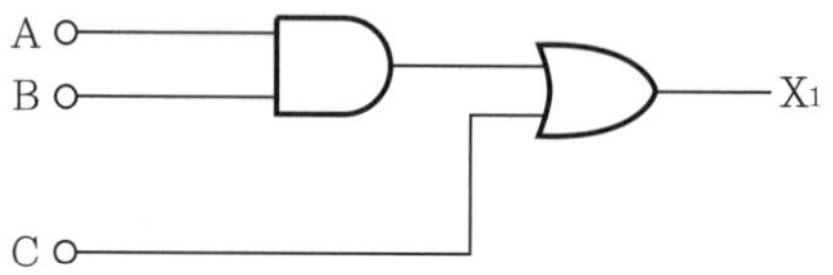

(2) ① 유접점회로

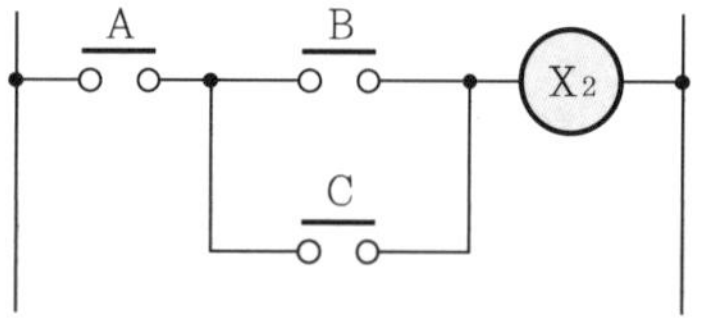

② 무접점회로

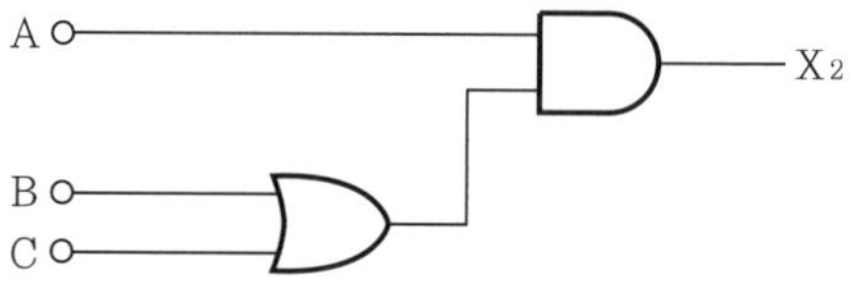

개념 문제 04 기사 13년 출제

배점 : 5점

다음 논리식을 유접점회로와 무접점회로로 나타내시오.

논리식 : $X = A \cdot \overline{B} + (\overline{A} + B) \cdot \overline{C}$

(1) 유접점회로
(2) 무접점회로

답안 (1)

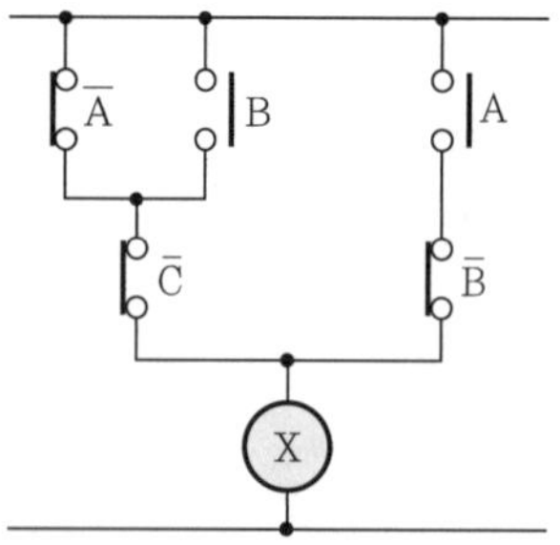

(2)

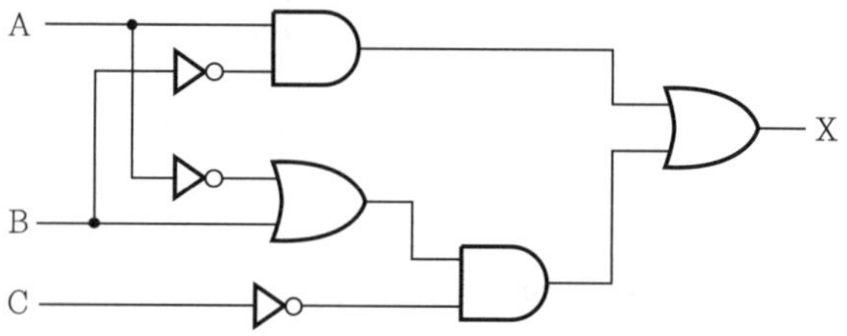

개념 문제 05 기사 12년 출제

| 배점 : 5점 |

다음의 진리표를 보고 논리식, 무접점회로와 유접점회로를 각각 나타내시오.

입 력			출 력
A	B	C	X
0	0	0	0
0	0	1	0
0	1	0	0
0	1	1	0
1	0	0	1
1	0	1	0
1	1	0	0
1	1	1	1

(1) 논리식을 간략화하여 나타내시오.
(2) 무접점회로
(3) 유접점회로

답안 (1) $X = A\overline{B}\,\overline{C} + ABC = A(\overline{B}\,\overline{C} + BC)$

(2)
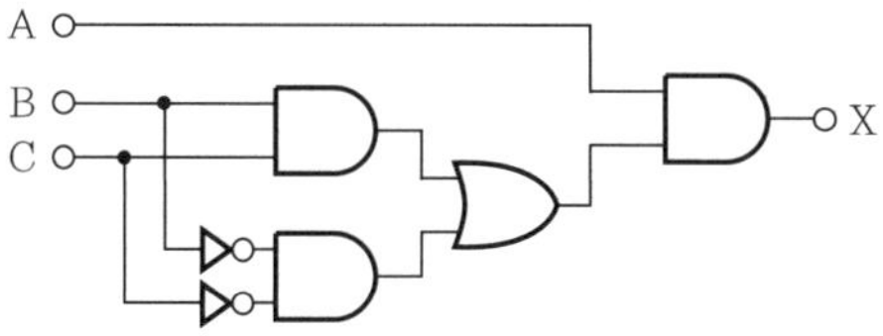

(3)
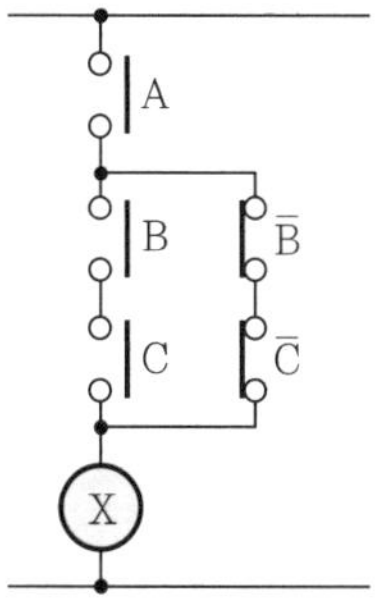

개념 문제 06 기사 06년, 17년 출제

| 배점 : 6점 |

그림과 같은 논리회로를 이용하여 다음 각 물음에 답하시오.

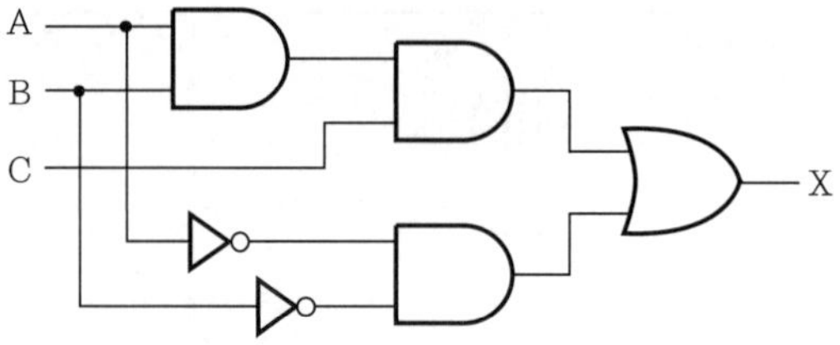

(1) 주어진 논리회로를 논리식으로 표현하시오.

(2) 논리회로의 동작 상태를 다음의 타임차트에 나타내시오.

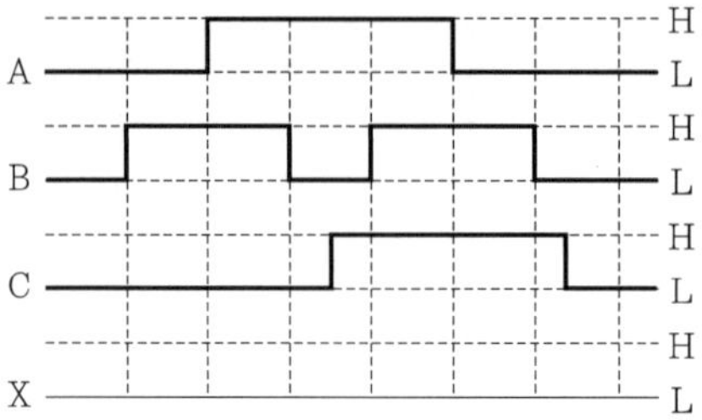

(3) 다음과 같은 진리표를 완성하시오. (단, L은 Low이고, H는 High이다.)

A	L	L	L	L	H	H	H	H
B	L	L	H	H	L	L	H	H
C	L	H	L	H	L	H	L	H
X								

답안 (1) $X = A \cdot B \cdot C + \overline{A} \cdot \overline{B}$

(2)

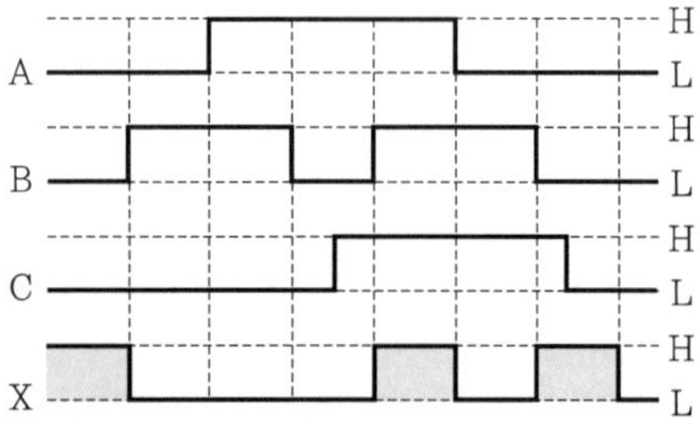

(3)

A	L	L	L	L	H	H	H	H
B	L	L	H	H	L	L	H	H
C	L	H	L	H	L	H	L	H
X	H	H	L	L	L	L	L	H

기출개념 02 조합 논리회로

1 NAND회로(논리적인 부정회로)

입력단자 A, B 중 어느 하나라도 OFF되면 출력이 ON되고, 입력단자 A, B 모두가 ON되어야 출력이 OFF되는 회로이다.

논리식 : $X = \overline{A \cdot B}$

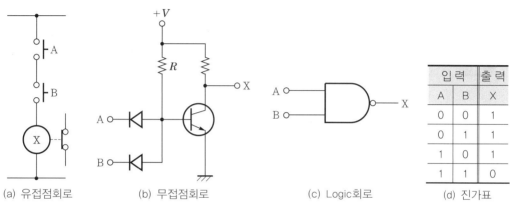

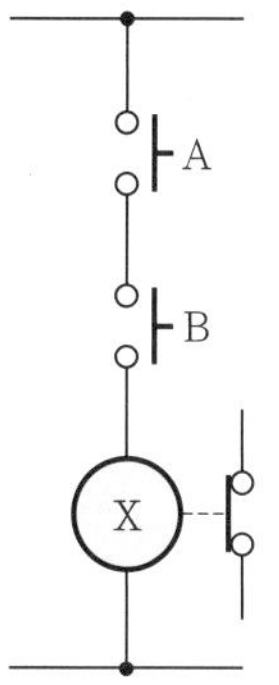

(a) 유접점회로

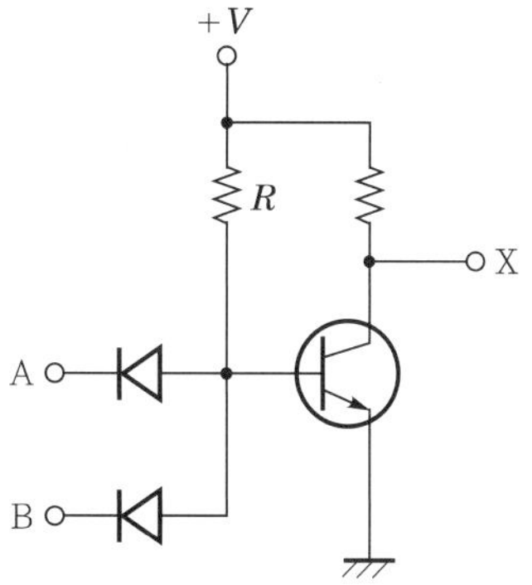

(b) 무접점회로

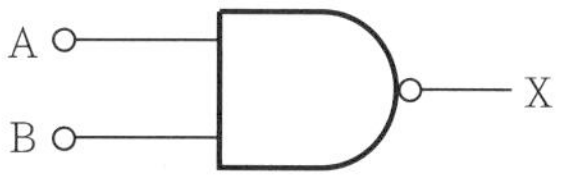

(c) Logic회로

입력		출력
A	B	X
0	0	1
0	1	1
1	0	1
1	1	0

(d) 진가표

2 NOR회로(논리화 부정회로)

입력 A, B 중 모두 OFF되어야 출력이 ON되고 그 중 어느 입력단자 하나라도 ON되면 출력이 OFF되는 회로이다.

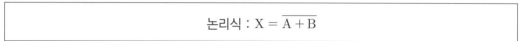

논리식 : $X = \overline{A + B}$

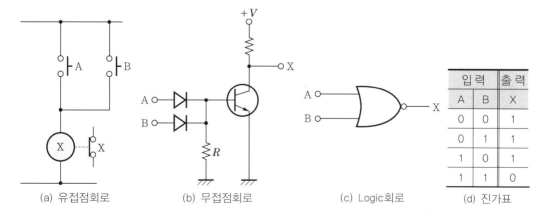

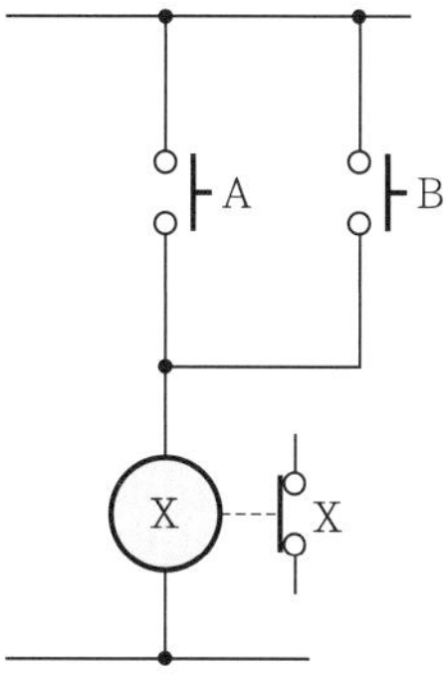

(a) 유접점회로

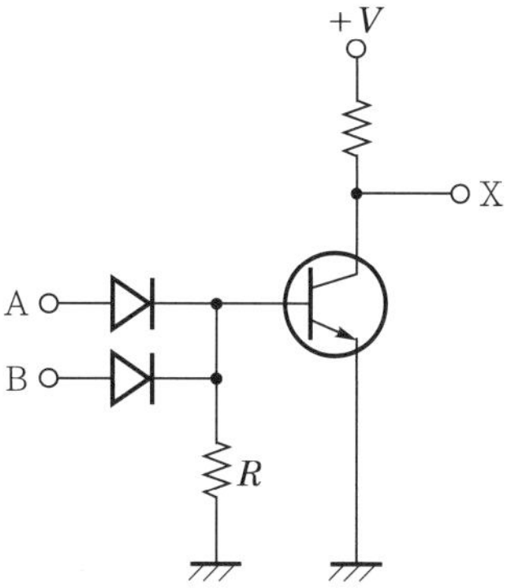

(b) 무접점회로

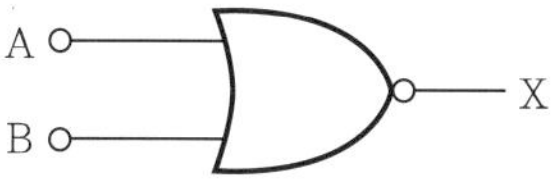

(c) Logic회로

입력		출력
A	B	X
0	0	1
0	1	1
1	0	1
1	1	0

(d) 진가표

개념 문제 01 기사 03년, 05년, 11년, 19년 출제 | 배점 : 5점 |

주어진 논리회로의 출력을 입력변수로 나타내고, 이 식을 AND, OR, NOT 소자만의 논리회로로 변환하여 논리식과 논리회로를 그리시오.

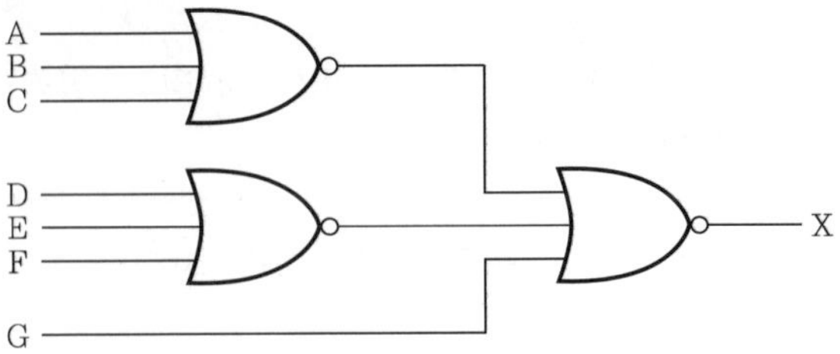

(1) 논리식

(2) 등가회로

답안

(1) $X = \overline{\overline{(A+B+C)} + \overline{(D+E+F)} + G}$

$= \overline{\overline{(A+B+C)}} \cdot \overline{\overline{(D+E+F)}} \cdot \overline{G}$

$= (A+B+C) \cdot (D+E+F) \cdot \overline{G}$

(2)

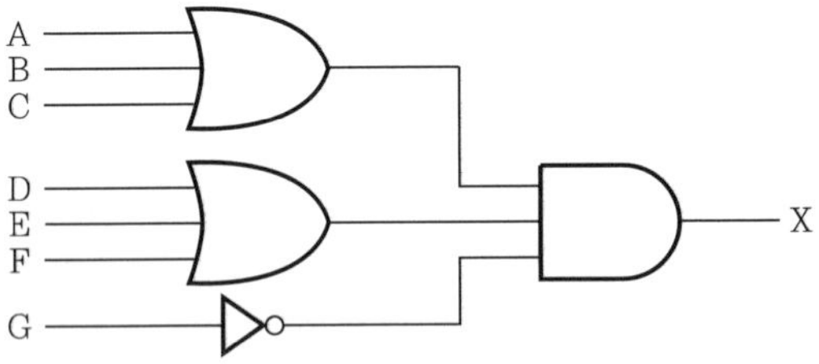

개념 문제 02 기사 03년, 09년, 10년, 11년, 15년 출제 | 배점 : 4점 |

그림과 같은 유접점회로를 무접점회로로 바꾸고, 이 논리회로를 NAND만의 회로로 변환하시오.

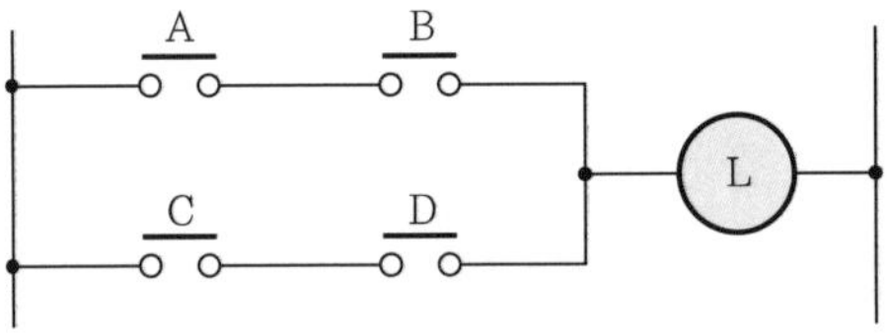

구 분	논리식	회로도
무접점회로		
NAND만의 회로		

답안

구 분	논리식	회로도
무접점회로	L = AB + CD	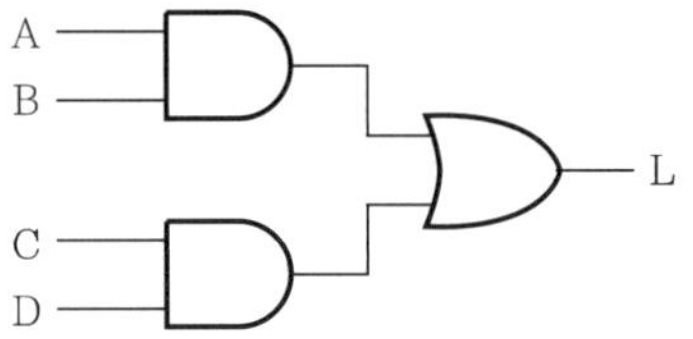
NAND만의 회로	$L = \overline{\overline{AB} \cdot \overline{CD}}$	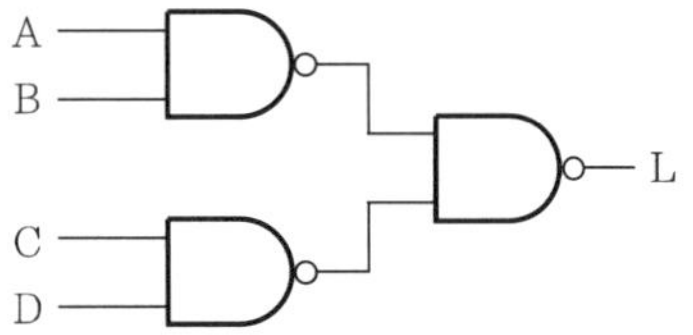

개념 문제 03 기사 11년 출제 | 배점 : 5점 |

다음 논리회로에 대한 물음에 답하시오.

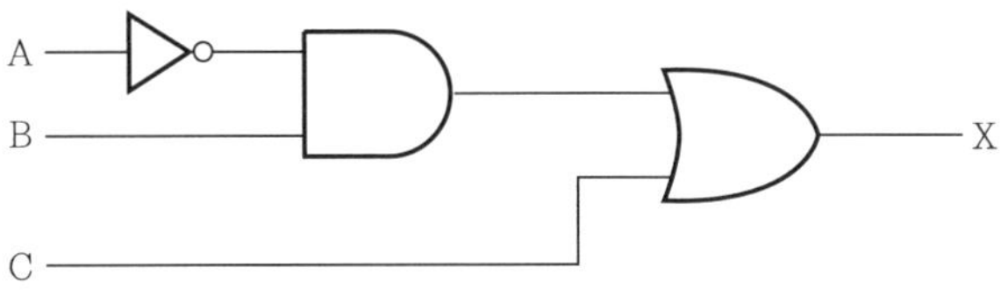

(1) NOR만의 회로를 그리시오.
(2) NAND만의 회로를 그리시오.

답안 (1)

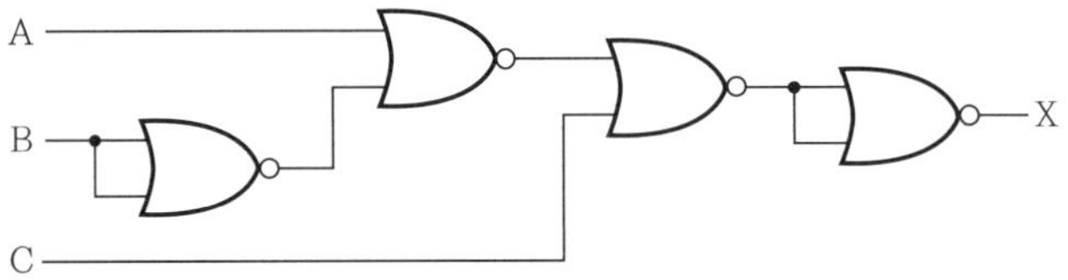

(2)

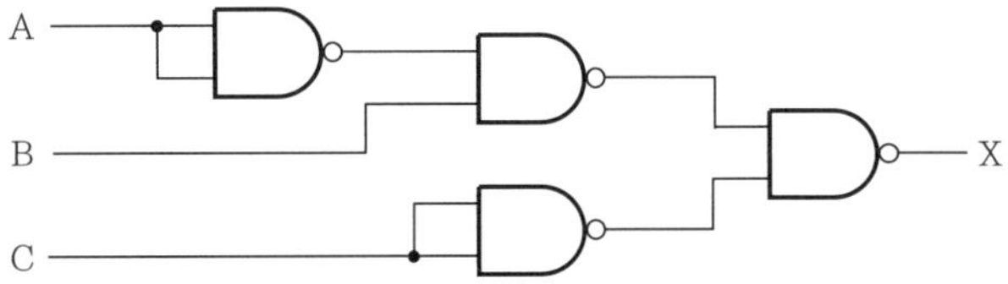

해설 논리식 : $X = \overline{A} \cdot B + C$

$= \overline{\overline{\overline{A} \cdot B + C}}$

$= \overline{\overline{\overline{A} \cdot B} \cdot \overline{C}}$ → NAND회로 논리식

$= \overline{A + \overline{B} \cdot \overline{C}}$

$= \overline{A + \overline{B}} + C$

$= \overline{\overline{\overline{A + \overline{B}} + C}}$ → NOR회로 논리식

개념 문제 04 기사 03년, 09년 출제

| 배점 : 7점 |

다음은 어느 계전기 회로의 논리식이다. 이 논리식을 이용하여 다음 각 물음에 답하시오. (단, 여기에서 A, B, C는 입력이고, X는 출력이다.)

논리식 : $X=(A+B)\cdot\overline{C}$

(1) 이 논리식을 로직을 이용한 시퀀스도(논리회로)로 나타내시오.
(2) (1)에서 로직 시퀀스도로 표현된 것을 2입력 NAND gate만으로 등가 변환하시오.
(3) (1)에서 로직 시퀀스도로 표현된 것을 2입력 NOR gate만으로 등가 변환하시오.

답안 (1)

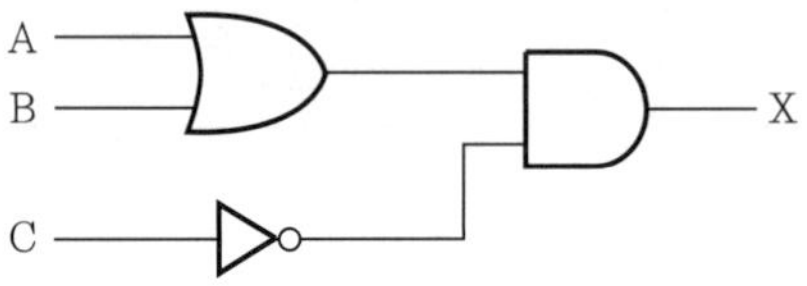

(2)

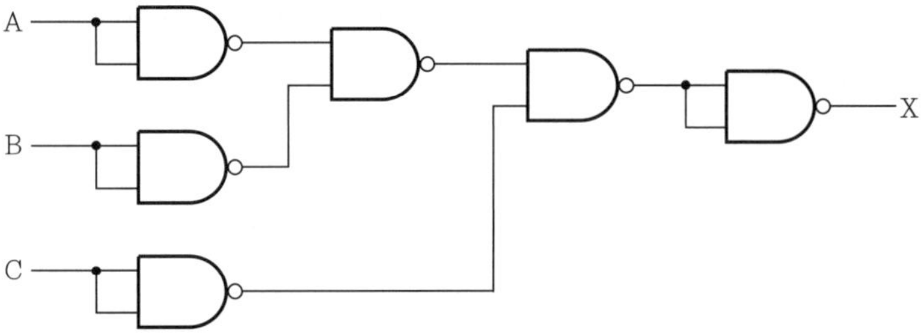

(3)

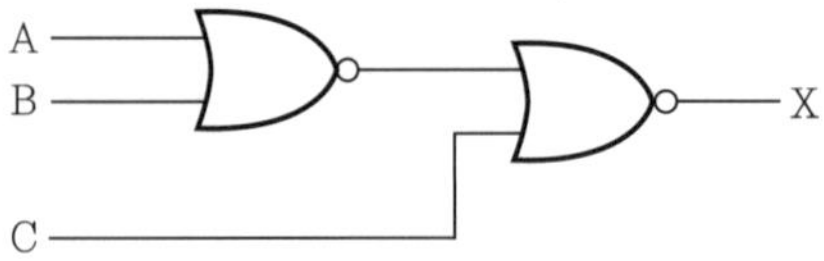

해설 (2) 논리식 : $X=(A+B)\cdot\overline{C}$

$=\overline{\overline{(A+B)\cdot\overline{C}}}$

$=\overline{\overline{A+B}+C}$

$=\overline{\overline{A}\cdot\overline{B}}\cdot\overline{C}$

$=\overline{\overline{\overline{\overline{A}\cdot\overline{B}}\cdot\overline{C}}}$

(3) 논리식 : $X=(A+B)\cdot\overline{C}$

$=\overline{\overline{(A+B)\cdot\overline{C}}}$

$=\overline{\overline{A+B}+C}$

3 Exclusive OR회로(배타 OR회로, 반일치회로)

A, B 두 개의 입력 중 어느 하나만 입력할 때 출력이 ON 상태가 나오는 회로를 Exclusive OR회로라 한다.

논리식 : $X = \overline{A}B + A\overline{B}$
$= \overline{AB}(A+B)$

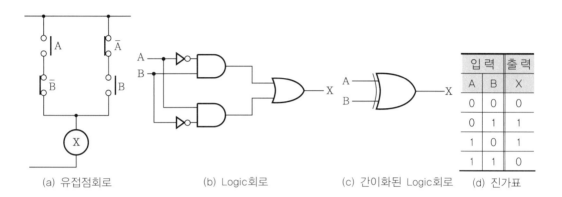

간이화된 논리식 : $X = A \oplus B$

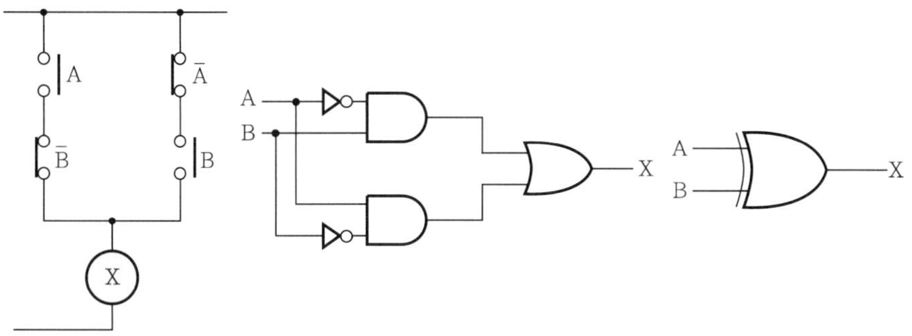

(a) 유접점회로 (b) Logic회로 (c) 간이화된 Logic회로

입력		출력
A	B	X
0	0	0
0	1	1
1	0	1
1	1	0

(d) 진가표

4 Exclusive NOR회로(배타 NOR회로, 일치회로)

입력 접점 A, B가 모두 ON되거나 모두 OFF될 때 출력이 ON 상태가 되는 회로

논리식 : $X = \overline{A}\,\overline{B} + AB$

간이화된 논리식 : $X = A \odot B$

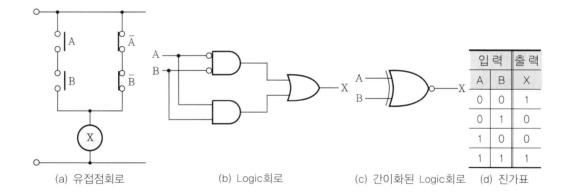

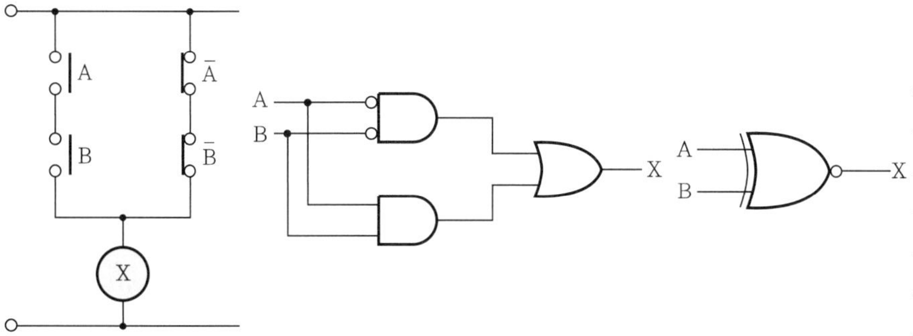

(a) 유접점회로 (b) Logic회로 (c) 간이화된 Logic회로

입력		출력
A	B	X
0	0	1
0	1	0
1	0	0
1	1	1

(d) 진가표

개념 문제 01 기사 02년, 04년, 13년, 14년, 15년 출제

| 배점 : 5점 |

다음 회로를 이용하여 각 물음에 답하시오.

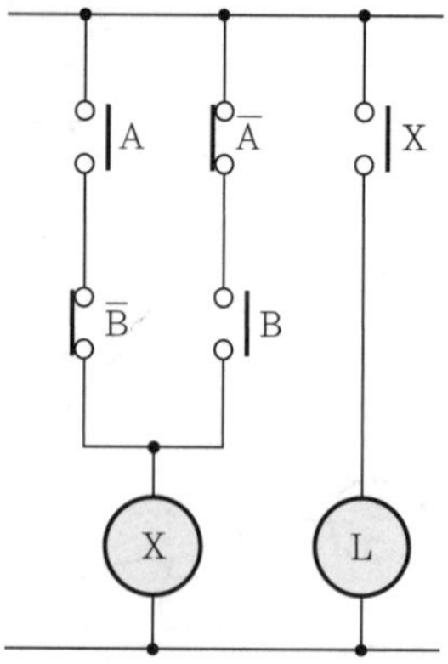

(1) 그림과 같은 회로의 명칭을 쓰시오.
(2) 논리식을 쓰시오.
(3) 무접점 논리회로를 그리시오.

답안 (1) Exclusive OR(반일치회로)

(2) $X = A\overline{B} + \overline{A}B$

$L = X$

(3)

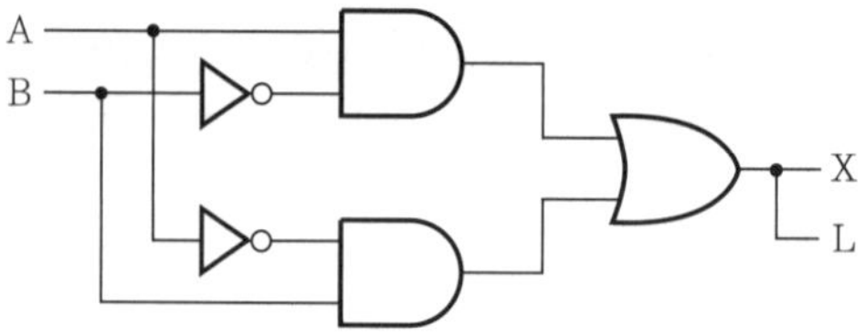

개념 문제 02 기사 04년, 07년, 08년 출제

| 배점 : 7점 |

그림과 같은 릴레이 시퀀스도를 이용하여 다음 각 물음에 답하시오.

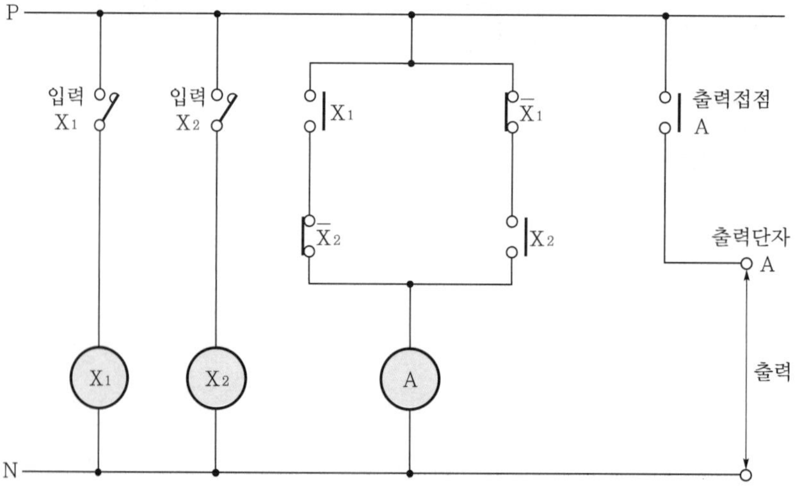

(1) AND, OR, NOT 등의 논리 심벌을 이용하여 주어진 릴레이 시퀀스도를 논리회로로 바꾸어 그리시오.
(2) (1)에서 작성된 회로에 대한 논리식을 쓰시오.
(3) 논리식에 대한 진가표를 완성하시오.

X_1	X_2	A
0	0	
0	1	
1	0	
1	1	

(4) 진가표를 만족할 수 있는 논리회로(logic circuit)를 간소화하여 그리시오.
(5) 주어진 타임차트를 완성하시오.

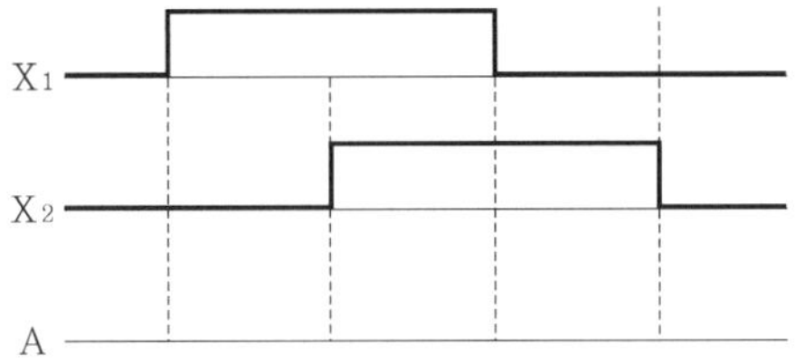

답안 (1)

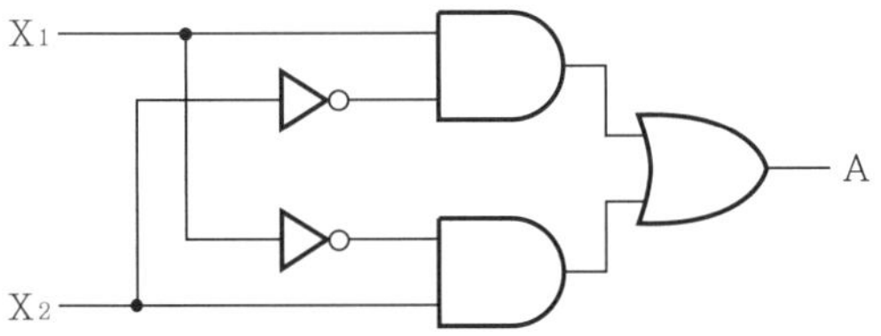

(2) $A = X_1\overline{X_2} + \overline{X_1}X_2$

(3)

X_1	X_2	A
0	0	0
0	1	1
1	0	1
1	1	0

(4)

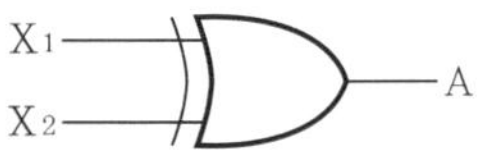

(5)

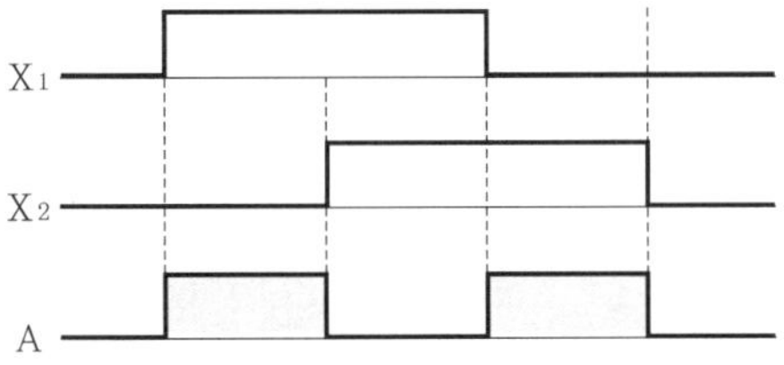

개념 문제 03 기사 20년 출제

| 배점 : 5점 |

그림과 같은 논리회로를 보고 다음 물음에 답하시오.

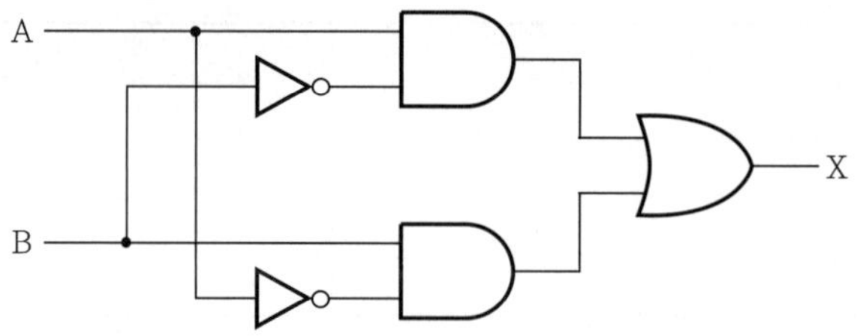

(1) 명칭을 쓰시오.
(2) 출력식을 쓰시오.
(3) 진리표를 완성하시오.

A	B	X
0	0	
0	1	
1	0	
1	1	

답안 (1) Exclusive OR(반일치회로)

(2) $X = A\overline{B} + \overline{A}B$

(3) 진리표

A	B	X
0	0	0
0	1	1
1	0	1
1	1	0

기출개념 03 여러 가지 논리회로

1 정지우선회로

① SET버튼 스위치를 누르면 릴레이 ㅁ가 여자되어 기억접점 X와 출력접점 X가 ON된다.
② SET버튼이 복귀되어도 기억접점 X로 릴레이 ㅁ를 계속 여자시키므로 출력이 나온다.
③ RESET버튼 스위치를 누르면 ㅁ가 소자되어 출력이 끊긴다.
④ 만일 SET와 RESET버튼 스위치를 동시에 누를 경우 이 기억회로는 출력이 나오지 않는다. 따라서 이것을 정지우선회로 또는 RESET우선회로라고 한다.

논리식 : $X = (SET + X)\overline{RESET}$

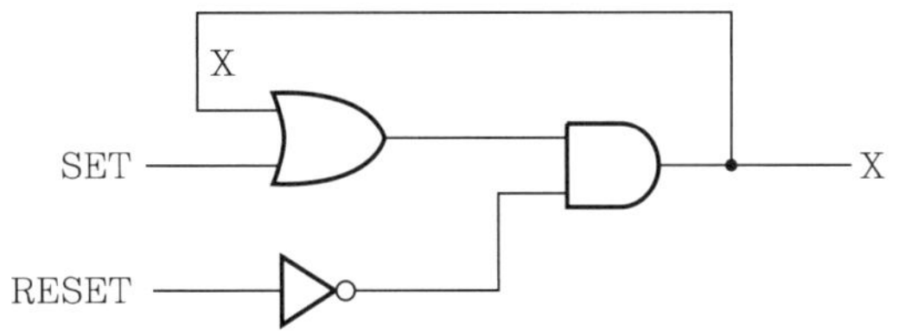

(a) Logic회로

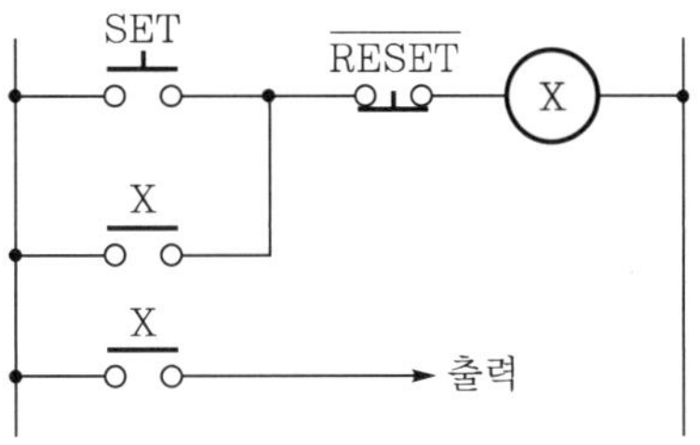

(b) 유접점회로

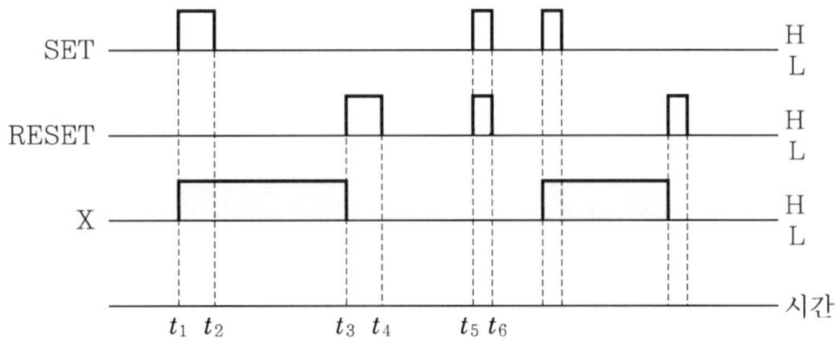

(c) Time Chart

2 기동우선회로

이 회로는 SET와 RESET버튼을 동시에 누르면 출력이 끊기지 않고 계속 나오는 기동우선 즉 SET우선이 된다. 이와 같은 회로는 정보회로에 사용된다.

논리식 : $X = SET + (X \cdot \overline{RESET})$

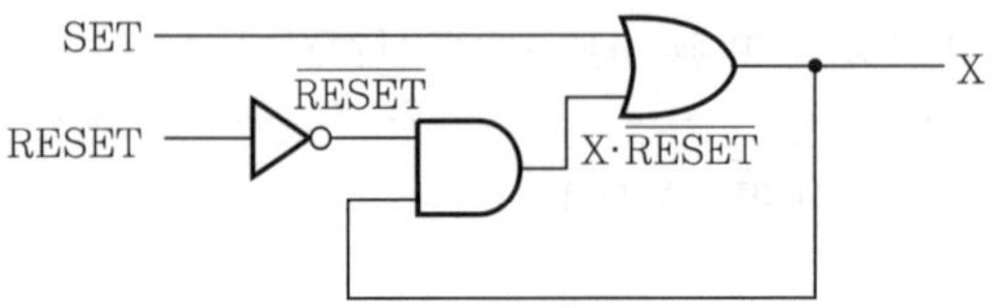

(a) Logic회로

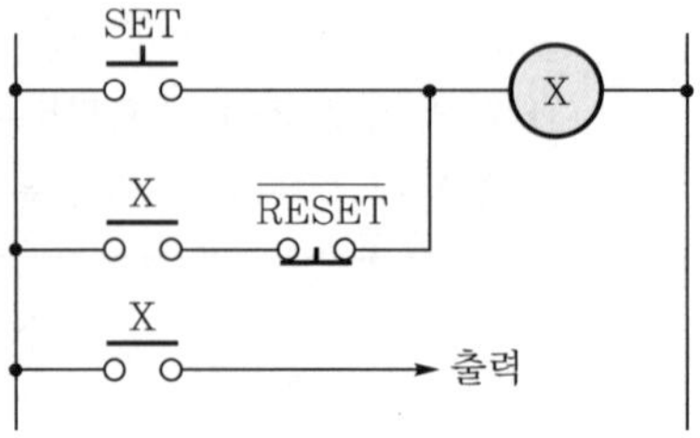

(b) 유접점회로

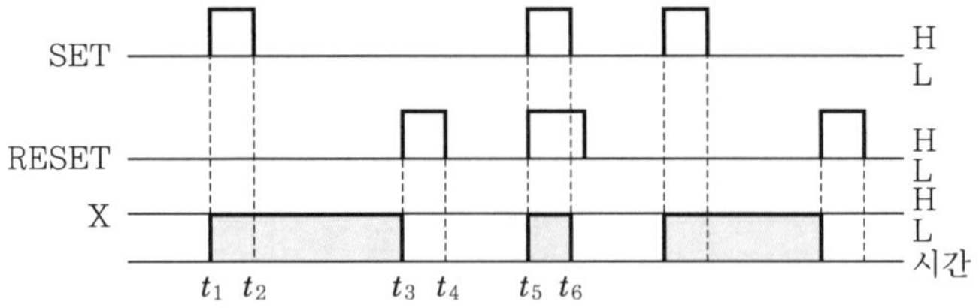

(c) Time Chart

개념 문제 01 기사 94년 출제 | 배점 : 10점 |

다음 그림을 보고 각 물음에 답하시오.

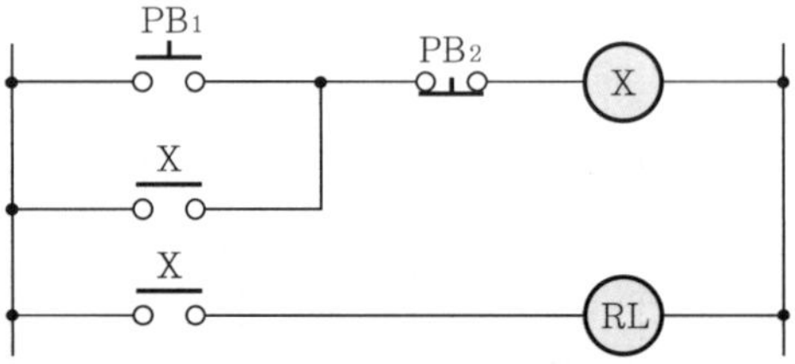

(1) 그림과 같은 회로를 무슨 회로라 하는가?

(2) 그림을 논리식으로 나타내고 또 타임차트를 완성하시오.

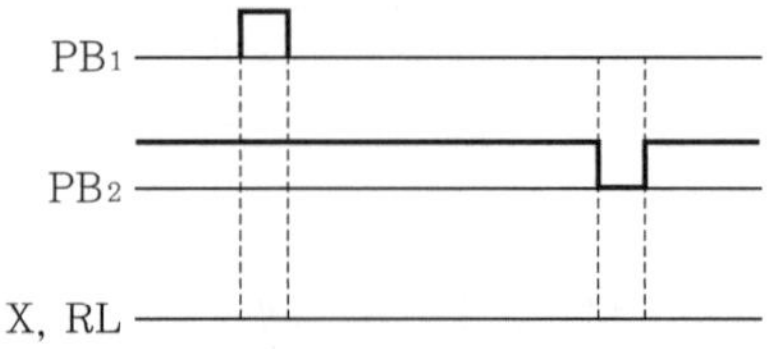

(3) AND, OR, NOT의 기본 논리회로를 이용하여 무접점 논리회로로 그리시오.

답안 (1) 정지우선회로

(2) $X = (PB_1 + X)\overline{PB_2}$, $RL = X$

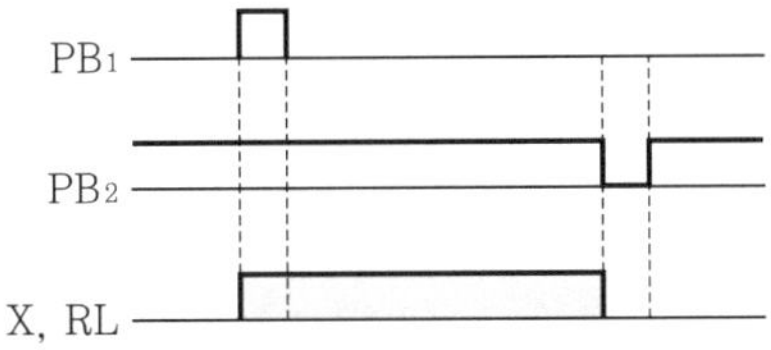

(3)

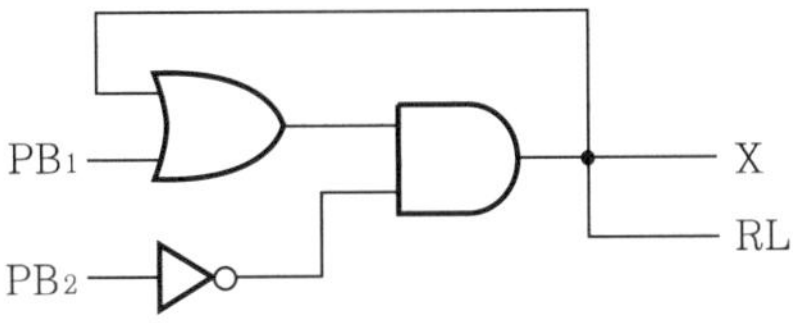

개념 문제 02 기사 19년 출제 | 배점 : 6점 |

아래 논리회로도를 보고 물음에 답하시오.

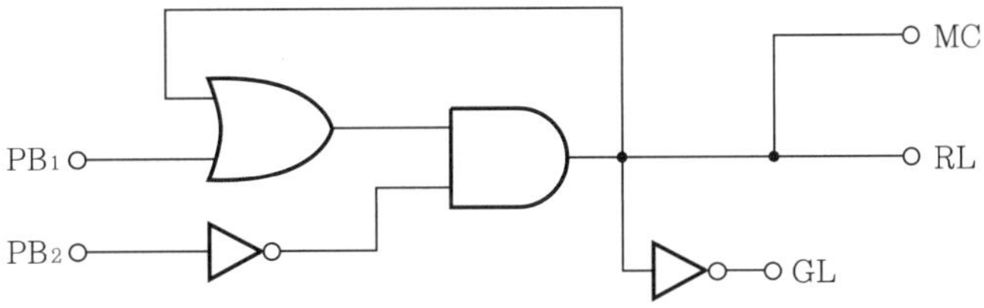

(1) 다음 시퀀스회로도를 완성하시오.

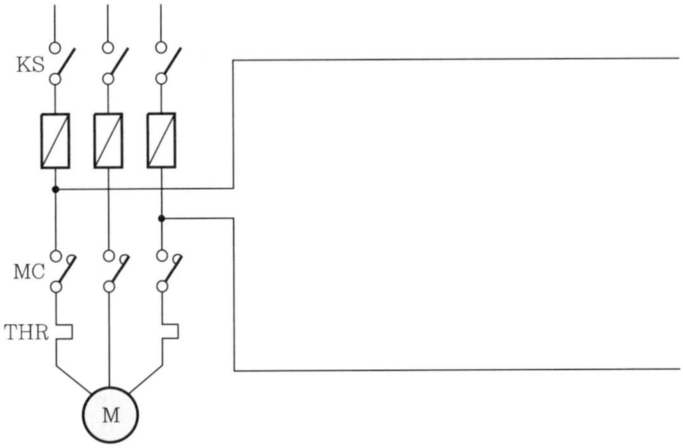

(2) 다음 논리식을 쓰시오.

- MC :
- RL :
- GL :

답안 (1)

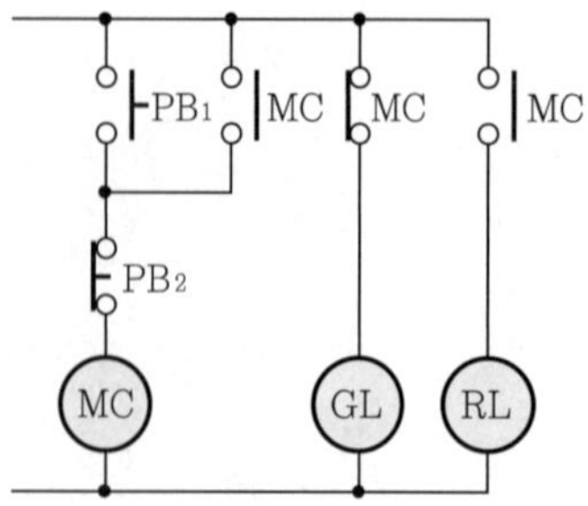

(2) • $MC = (PB_1 + MC)\overline{PB_2}$

• $RL = MC$

• $GL = \overline{MC}$

3 선입력우선회로(인터록회로)

이 회로는 먼저 들어간 것이 우선 동작하는 회로이다. 상대 측의 NOT회로를 통하여 AND 입력에 접속된 것이며 주로 전동기의 정역운전회로에 잘 이용된다. 그림은 2입력 인터록회로를 나타낸 것으로 그 논리식은 다음과 같다.

논리식 : $\begin{cases} X_A = A\overline{X_B} \\ X_B = B\overline{X_A} \end{cases}$

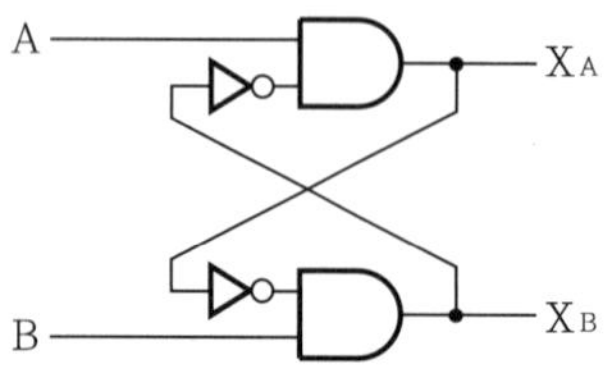

(a) Logic회로

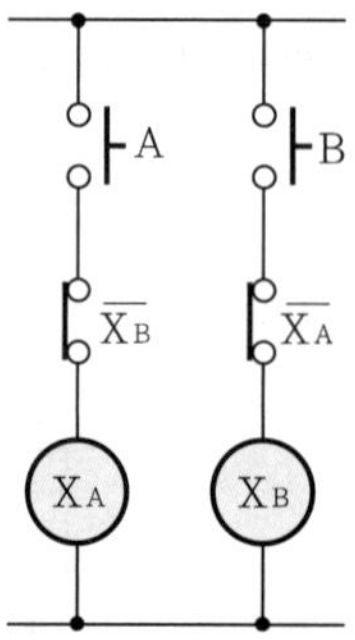

(b) 유접점회로

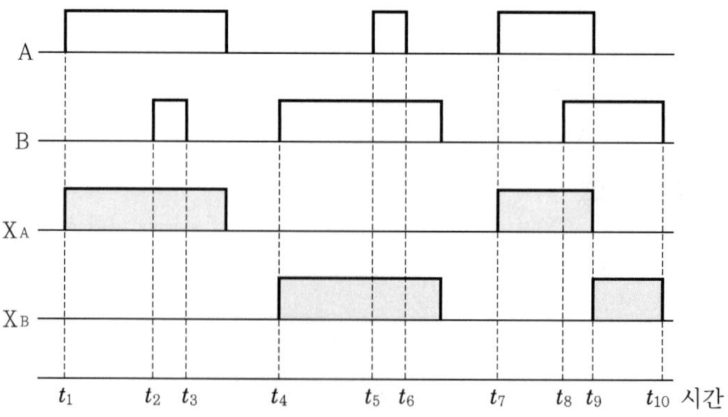

(c) Time Chart

개념 문제 기사 17년 출제

| 배점 : 6점 |

그림은 릴레이 인터록회로이다. 이 그림을 보고 다음 각 물음에 답하시오.

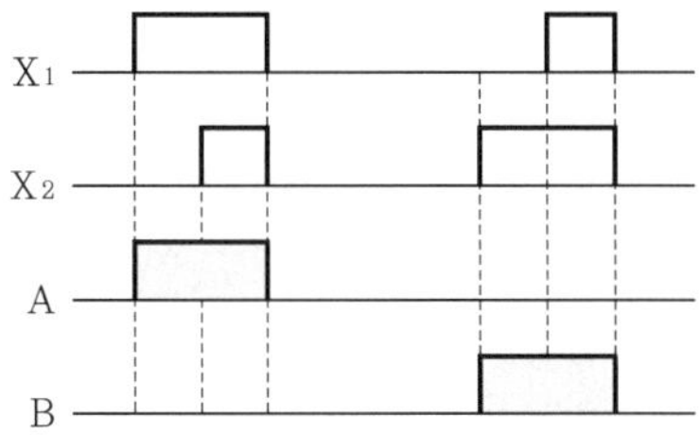

(1) 이 회로를 논리회로로 고쳐서 완성하시오.

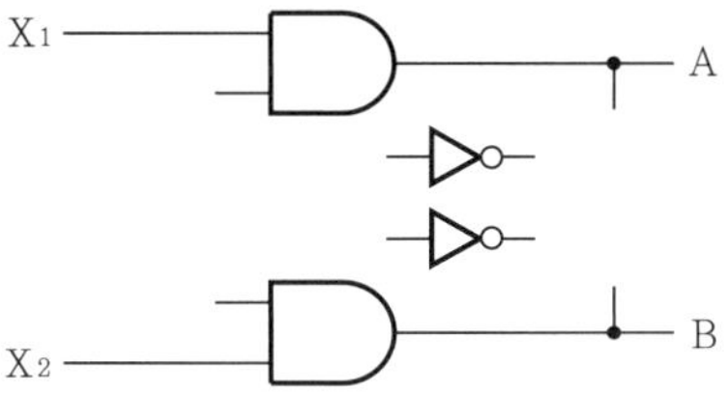

(2) 논리식을 쓰고 진리표를 완성하시오.

X_1	X_2	A	B
0	0		
0	1		
1	0		

답안 (1)

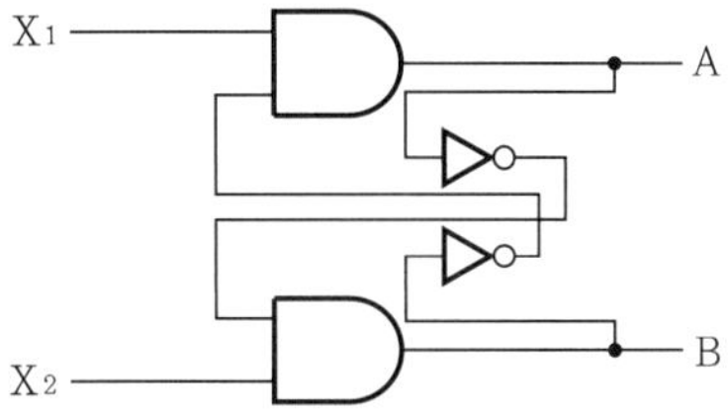

(2) • 논리식 : $A = X_1 \overline{B}$

$B = X_2 \overline{A}$

• 진리표

X_1	X_2	A	B
0	0	0	0
0	1	0	1
1	0	1	0

4 순차동작회로

순차동작회로란 기억회로를 포함하여 전원 측으로부터 입력이 순차적으로 들어가야 순차적으로 출력이 나오게 되는 제어회로를 말한다.

논리식 : $X_A = \overline{STP} \cdot (A + X_A)$

$X_B = \overline{STP} \cdot (A + X_A) \cdot (B + X_B) = X_A \cdot (B + X_B)$

$X_C = \overline{STP} \cdot (A + X_A) \cdot (B + X_B) \cdot (C + X_C) = X_B \cdot (C + X_C)$

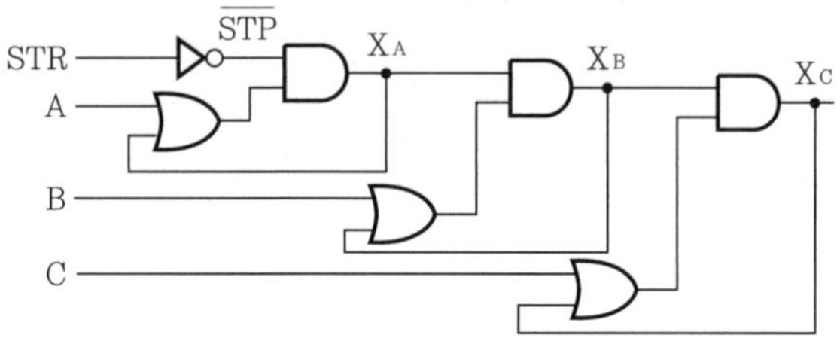

(a) Logic 순차동작회로

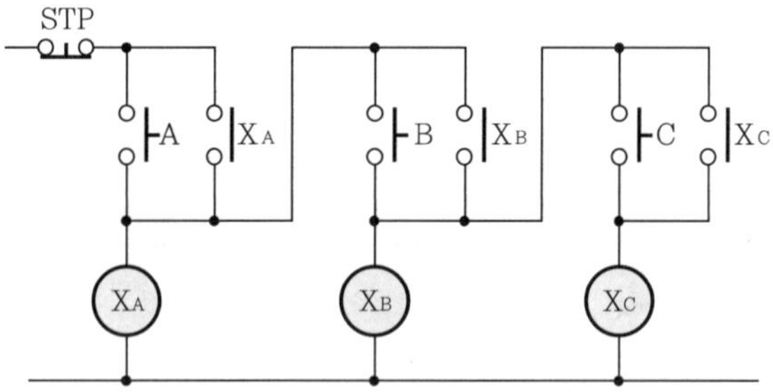

(b) 유접점 순차동작회로

개념 문제 산업 15년 출제 | 배점 : 5점 |

무접점 제어회로의 출력 Z에 대한 논리식을 입력요소가 모두 나타나도록 전개하시오. (단, A, B, C, D는 푸시버튼 스위치 입력이다.)

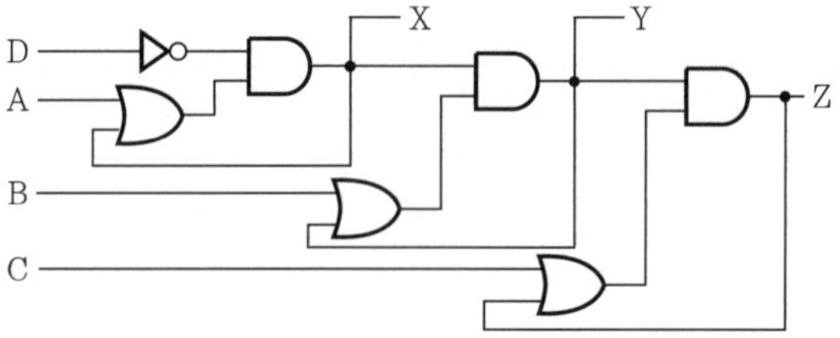

답안 $Z = \overline{D}(A + X)(B + Y)(C + Z)$

5 타이머 논리(logic)회로

입력신호의 변화시간보다 정해진 시간만큼 뒤져서 출력신호의 변화가 나타나는 회로를 한시회로라 하며 접점이 일정한 시간만큼 늦게 개폐되는데 여기서는 아래 표처럼 논리 심벌과 동작에 관하여 정리해 보았다.

(1) 한시동작 타이머

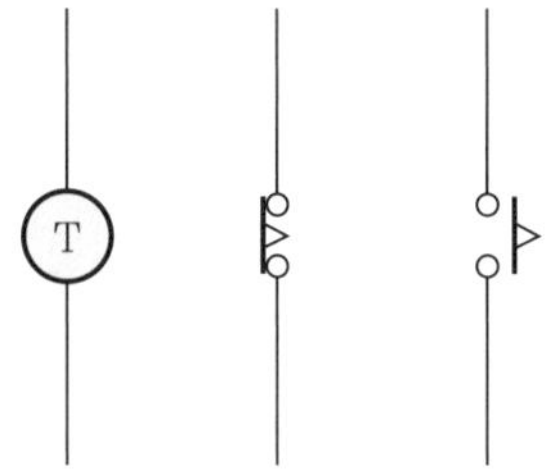

b접점 a접점

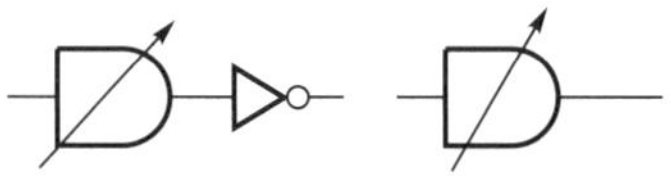

b접점 a접점

(2) 한시복귀 타이머

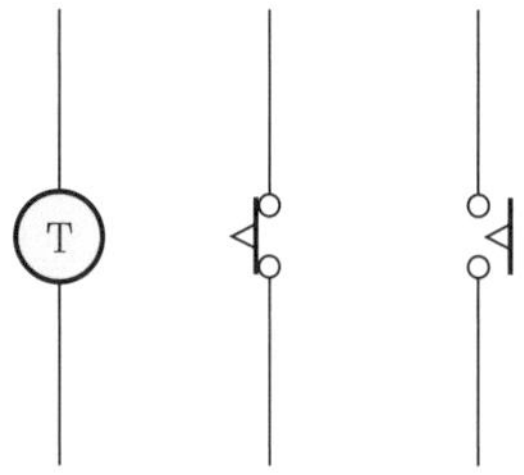

b접점 a접점

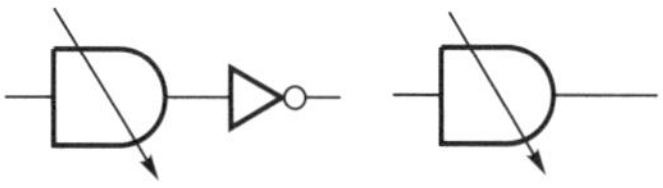

b접점 a접점

신 호			접점 심벌	논리 심벌	동 작
입력신호(코일)			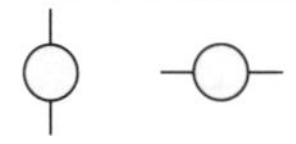		
출력신호	보통 릴레이 순시동작 순시복귀	a접점	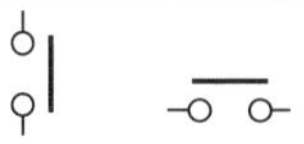		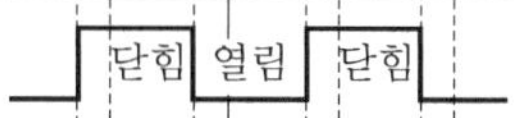
		b접점	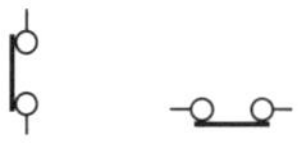		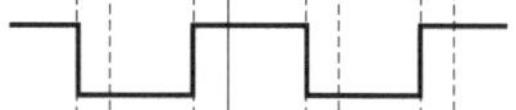
	한시동작회로	a접점	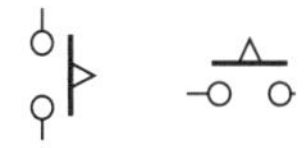	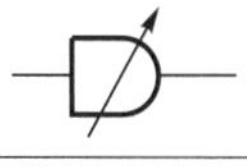	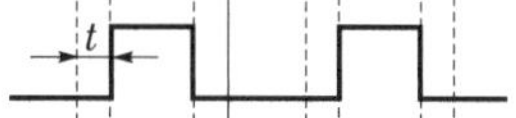
		b접점	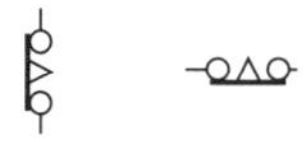	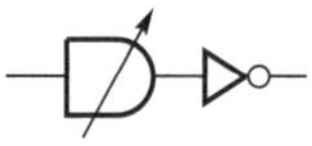	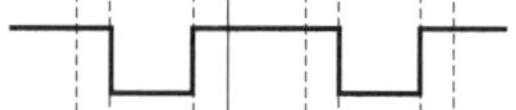
	한시복귀회로	a접점	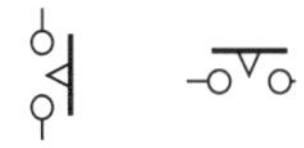	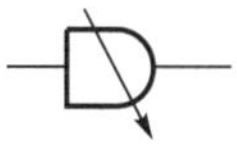	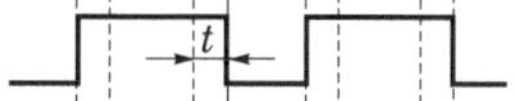
		b접점	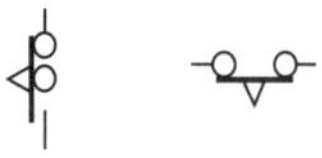	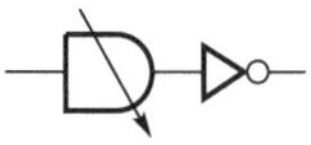	
	뒤진 회로	a접점	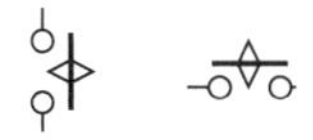	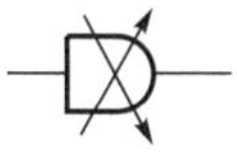	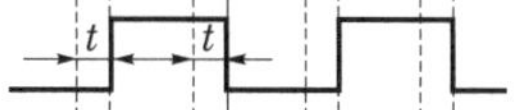
		b접점	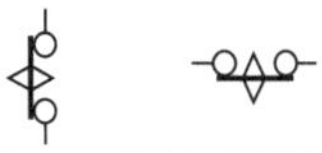	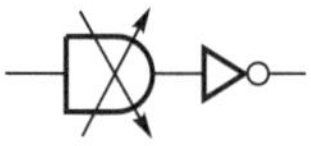	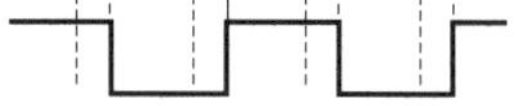

개념 문제 공사기사 97년, 03년 출제

| 배점 : 10점 |

그림은 신호회로를 조합한 시퀀스회로이다. 누름버튼 스위치(PB)는 20초 동안 누르고, 접점 F는 전원 투입 3초 후 동작하여 10초 동안 유지하며, 설정시간은 T_1은 7초, T_2은 5초이고, 기타의 시간 늦음은 없다. 다음 물음에 답하시오.

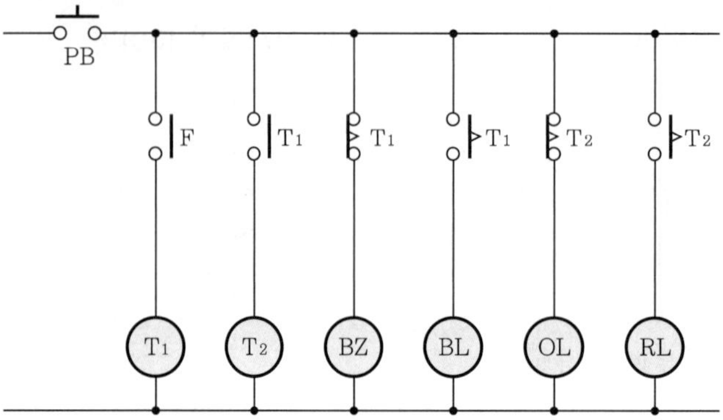

(1) 타임차트를 그리시오.

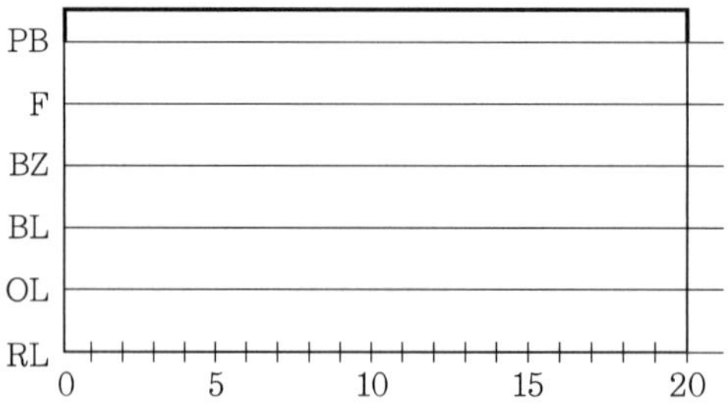

(2) Logic회로를 완성하시오.

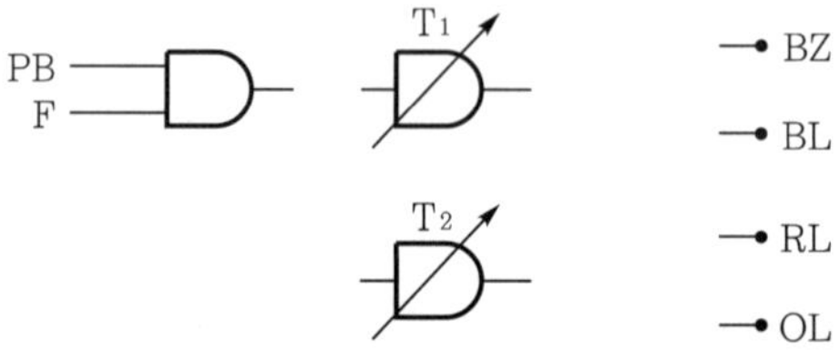

답안

(1)

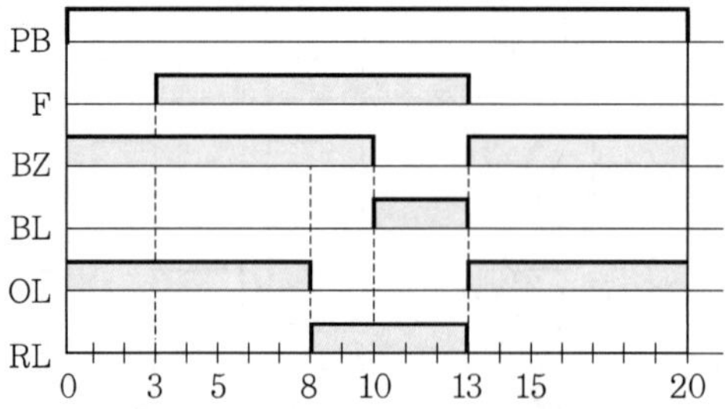

(2)

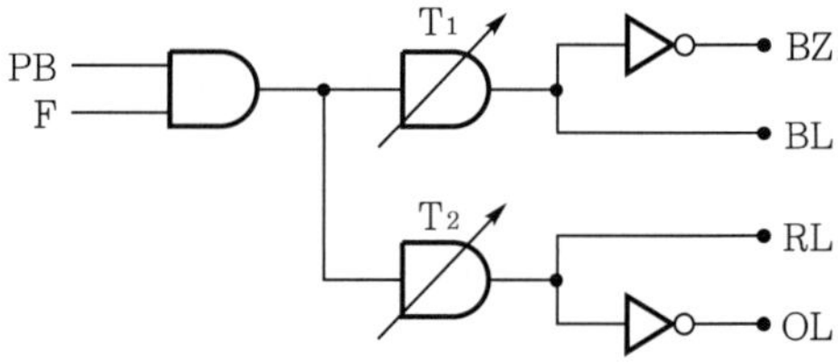

1990년~최근 출제된 기출문제

단원 빈출문제

문제 01 기사 96년, 10년 출제

배점 : 4점

다음의 유접점 시퀀스회로를 무접점 논리회로로 전환하여 그리시오.

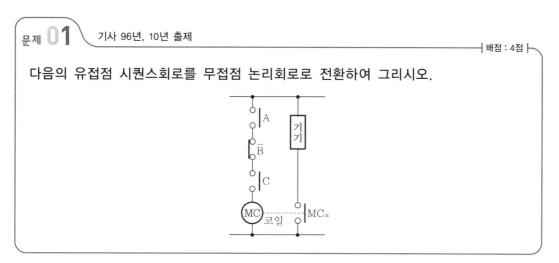

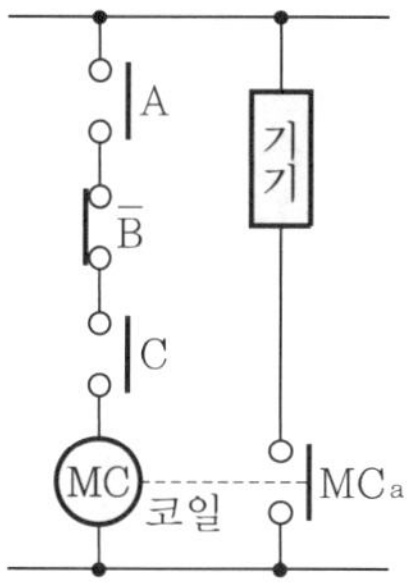

답안

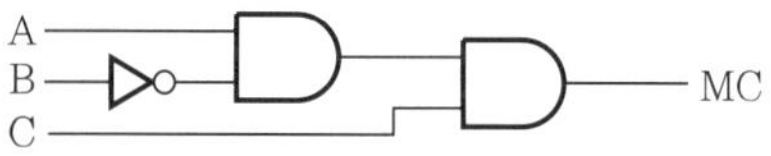

해설 $MC = A\overline{B}C$

문제 02 기사 93년, 17년 출제

배점 : 5점

다음 로직회로를 유접점 시퀀스회로로 변환하여 그리시오.

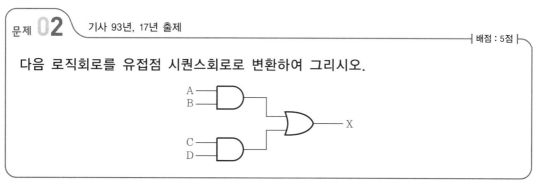

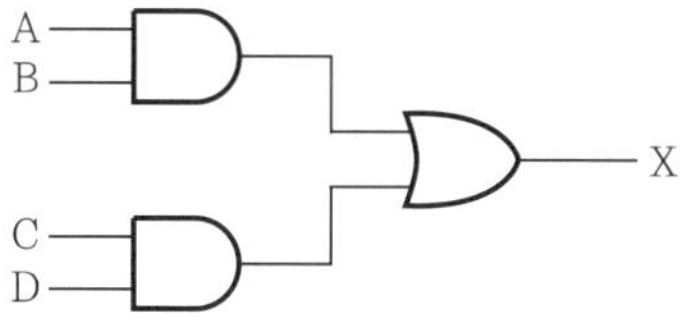

답안

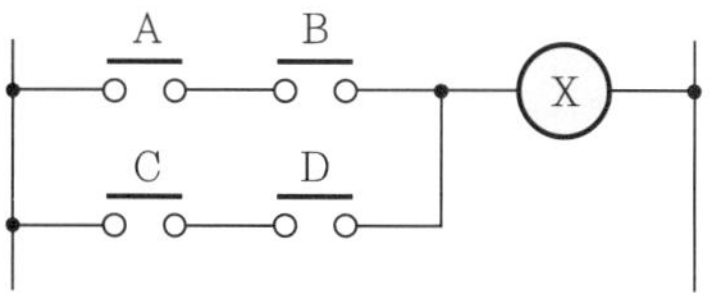

해설 $X = AB + CD$

문제 03 기사 92년, 97년, 16년, 18년 출제

배점 : 5점

다음 그림과 같은 유접점 시퀀스회로를 무접점 시퀀스회로로 바꾸어 그리시오.

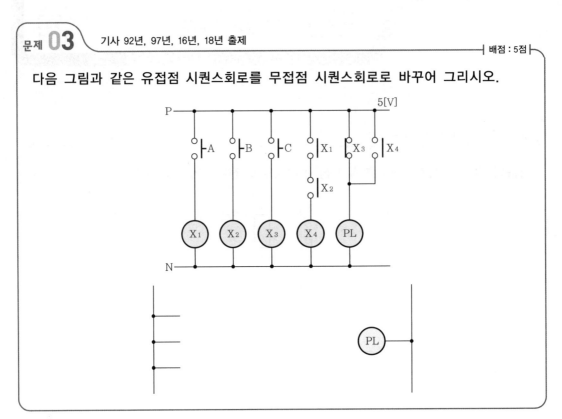

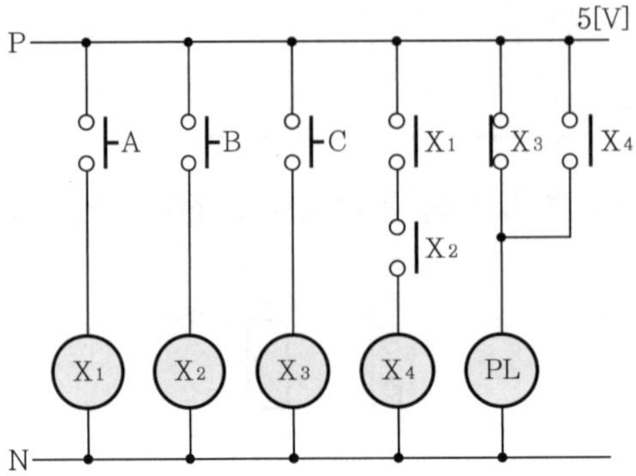

답안

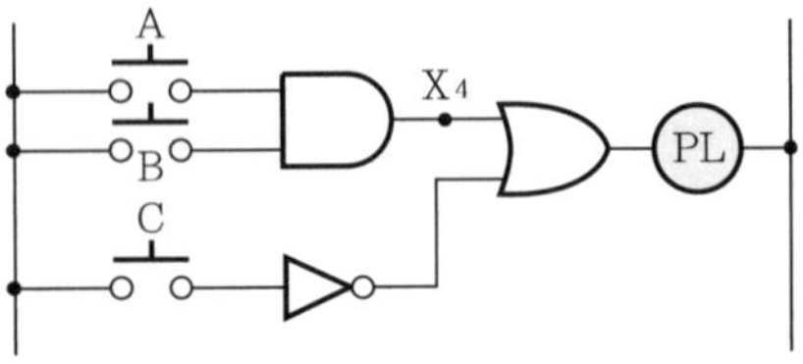

해설 $X_4 = X_1X_2$

$PL = \overline{X}_3 + X_4$

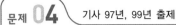

문제 04 기사 97년, 99년 출제 | 배점 : 5점 |

릴레이회로가 그림과 같을 때 이것을 무접점 논리회로로 그리시오.

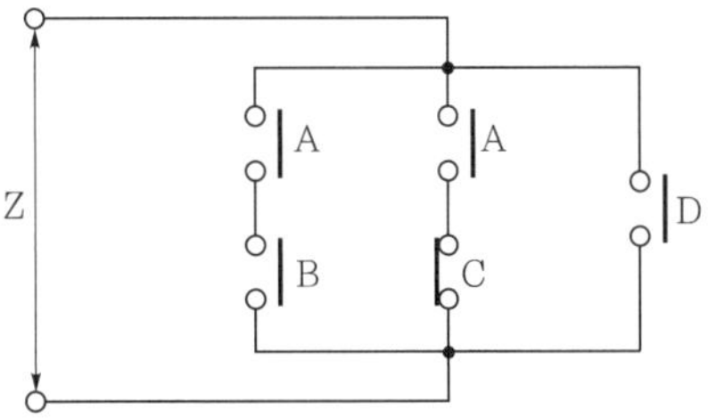

답안

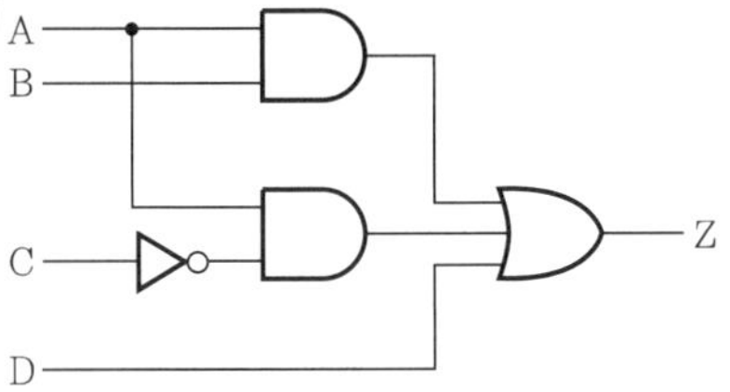

해설 $Z = AB + A\overline{C} + D$

문제 05 기사 95년, 05년 출제 | 배점 : 4점 |

그림과 같은 무접점의 논리회로도를 보고 다음 각 물음에 답하시오.

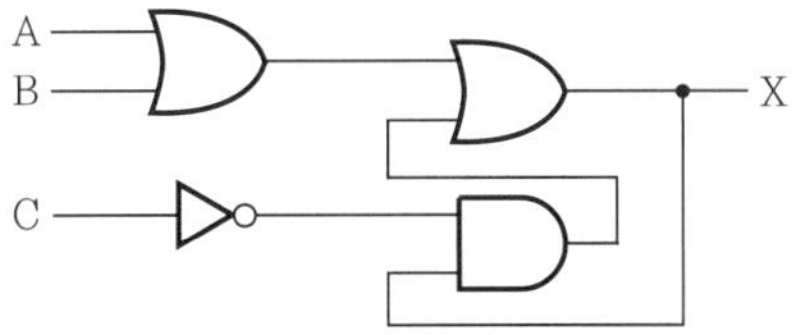

(1) 출력식을 나타내시오.
(2) 주어진 무접점 논리회로를 유접점 논리회로로 바꾸어 그리시오.

답안 (1) $X = (A + B) + \overline{C}X$

(2)

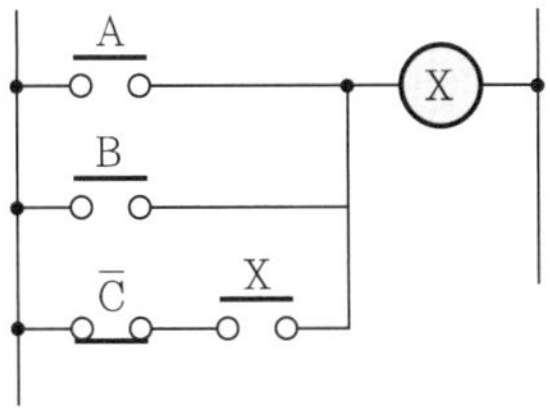

문제 06 기사 95년, 00년, 06년, 08년 출제 배점 : 8점

스위치 S_1, S_2, S_3에 의하여 직접 제어되는 계전기 X, Y, Z가 있다. 전등 L_1, L_2, L_3, L_4가 동작표와 같이 점등된다고 할 때 다음 각 물음에 답하시오.

• 동작표

X	Y	Z	L_1	L_2	L_3	L_4
0	0	0	0	0	0	1
0	0	1	0	0	1	0
0	1	0	0	0	1	0
0	1	1	0	1	0	0
1	0	0	0	0	1	0
1	0	1	0	1	0	0
1	1	0	0	1	0	0
1	1	1	1	0	0	0

• 출력 램프 L_1에 대한 논리식 $L_1 = X \cdot Y \cdot Z$

• 출력 램프 L_2에 대한 논리식 $L_2 = \overline{X} \cdot Y \cdot Z + X \cdot \overline{Y} \cdot Z + X \cdot Y \cdot \overline{Z}$
$= \overline{X} \cdot Y \cdot Z + X \cdot (\overline{Y} \cdot Z + Y \cdot \overline{Z})$

• 출력 램프 L_3에 대한 논리식 $L_3 = \overline{X} \cdot \overline{Y} \cdot Z + \overline{X} \cdot Y \cdot \overline{Z} + X \cdot \overline{Y} \cdot \overline{Z}$
$= X \cdot \overline{Y} \cdot \overline{Z} + \overline{X} \cdot (Y \cdot \overline{Z} + \overline{Y} \cdot Z)$

• 출력 램프 L_4에 대한 논리식 $L_4 = \overline{X} \cdot \overline{Y} \cdot \overline{Z}$

(1) 다음 유접점회로에 대한 미완성 부분을 최소 접점 수로 도면을 완성하시오.

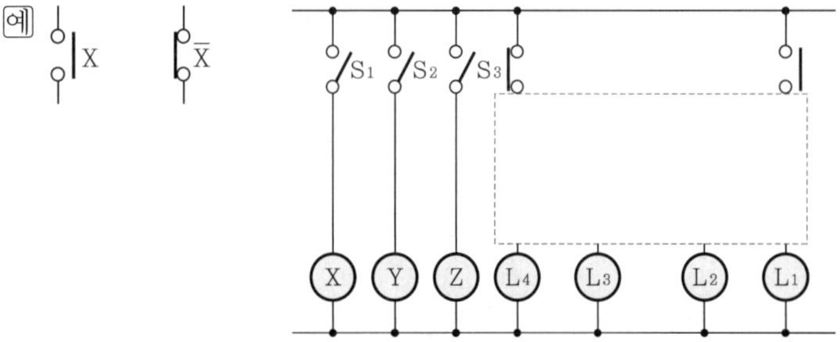

(2) 다음 무접점회로에 대한 미완성 부분을 완성하고 출력을 표시하시오.
(예 출력 L_1, L_2, L_3, L_4)

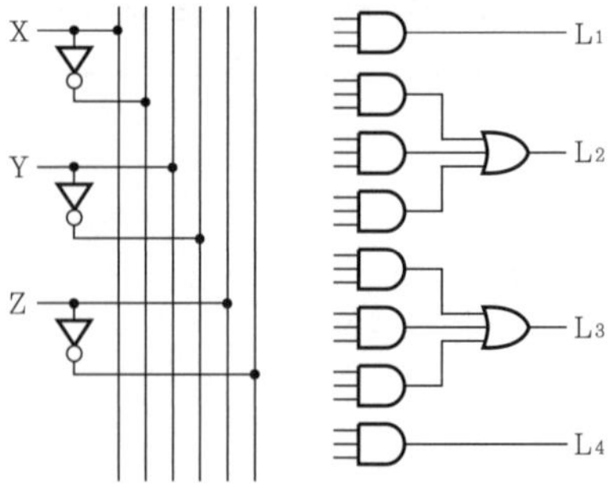

답안 (1)

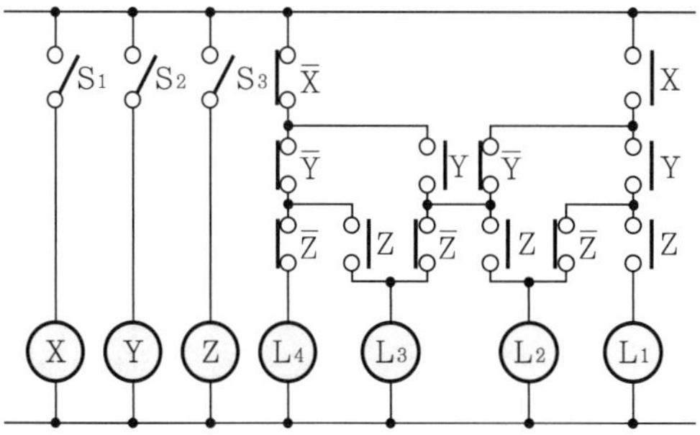

(2)

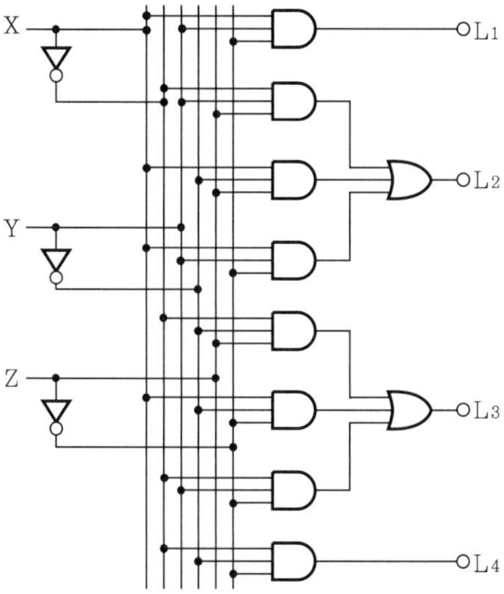

문제 07 기사 88년, 93년 출제

배점 : 4점

논리회로 (a)를 보고 진리표 (b)를 완성하시오.

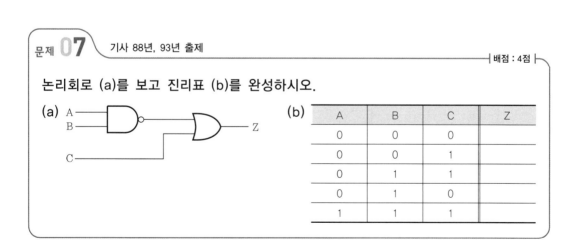

(a)

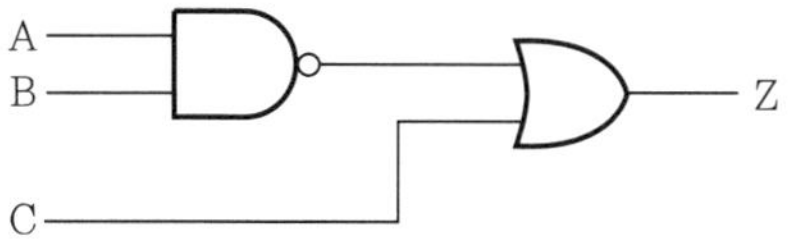

(b)

A	B	C	Z
0	0	0	
0	0	1	
0	1	1	
0	1	0	
1	1	1	

답안 (a) 유접점회로

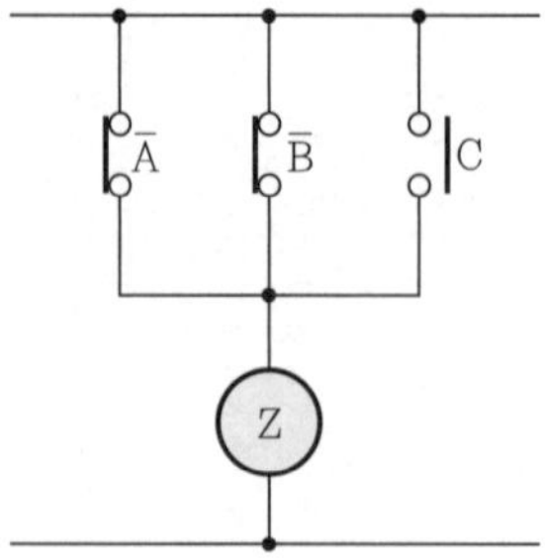

(b) 진리표

A	B	C	Z
0	0	0	1
0	0	1	1
0	1	1	1
0	1	0	1
1	1	1	1

해설 논리식 : $Z = \overline{AB} + C = \overline{A} + \overline{B} + C$

문제 08 기사 03년, 10년 출제

배점 : 6점

다음 논리식에 대한 물음에 답하시오. (단, A, B, C는 입력이고 X는 출력이다.)

$$X = A + B\overline{C}$$

(1) 논리식을 로직 시퀀스로 나타내시오.
(2) 2입력 NAND GATE를 최소로 사용하여 동일한 출력이 되도록 회로를 변환하시오.
(3) 2입력 NOR GATE를 최소로 사용하여 동일한 출력이 되도록 회로를 변환하시오.

답안 (1)

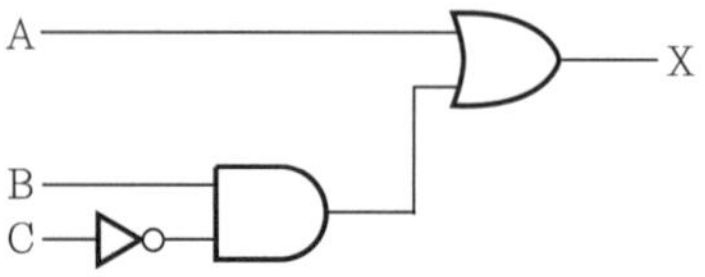

(2)

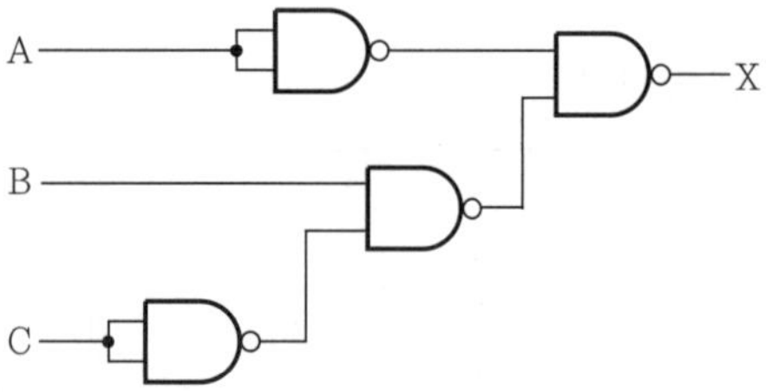

(3)

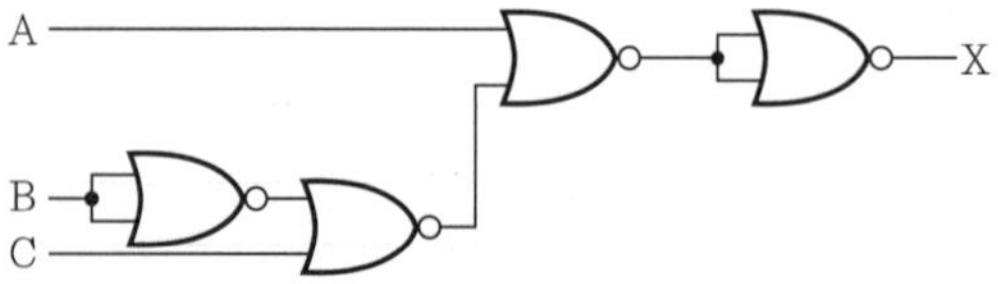

해설

(2) $X = A + B\overline{C} = \overline{\overline{A + B\overline{C}}} = \overline{\overline{A}\ \overline{B\overline{C}}}$

(3) $X = A + B\overline{C} = \overline{\overline{A + B\overline{C}}} = \overline{\overline{A}\ \overline{B\overline{C}}}$

$= A + \overline{(\overline{B} + C)} = \overline{\overline{A + \overline{(\overline{B} + C)}}}$

문제 09 기사 02년 출제

배점 : 8점

그림과 같은 유접점회로를 배타 논리합회로(Exclusive OR gate)라 한다. 이 회로를 이용하여 다음 각 물음에 답하시오.

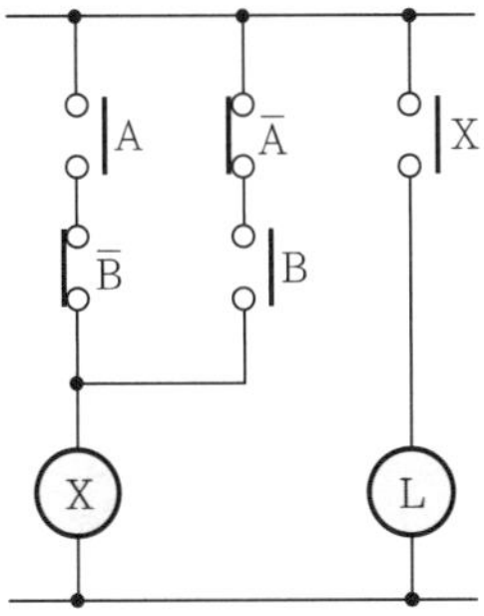

(1) 논리회로를 그리시오.
(2) 논리식을 쓰시오.
(3) 다음과 같은 진리표를 작성하시오.

A	B	X

(4) 타임차트를 그리시오.

답안 (1)

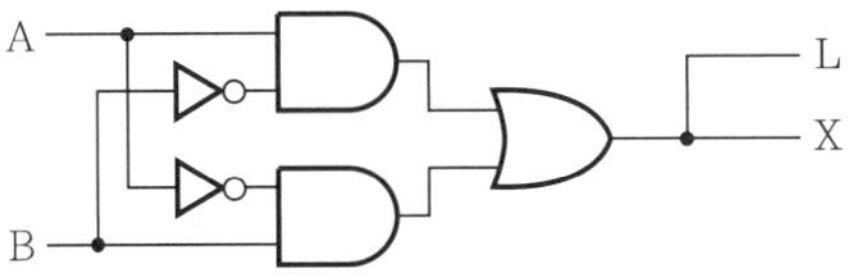

(2) $X = A\overline{B} + \overline{A}B$, $L = X$

(3)

A	B	X
0	0	0
0	1	1
1	0	1
1	1	0

(4)

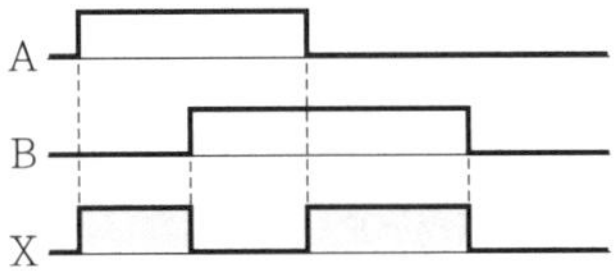

문제 10

기사 89년, 91년, 94년, 96년, 12년 출제

배점 : 6점

그림과 같은 시퀀스제어회로를 AND, OR, NOT의 기본 논리회로(logic symbol)를 이용하여 무접점회로로 나타내시오.

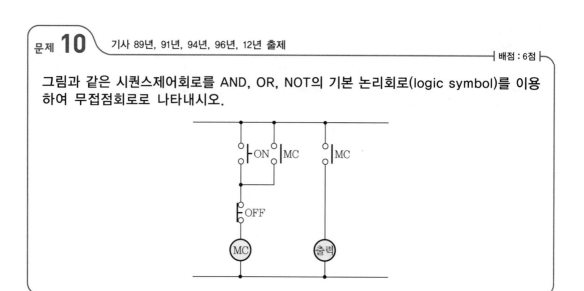

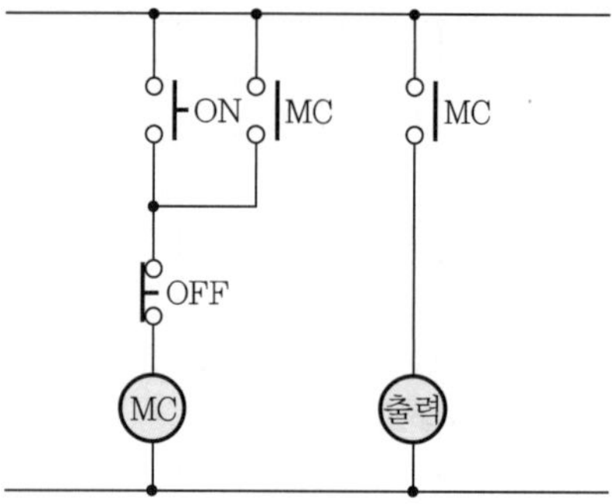

답안

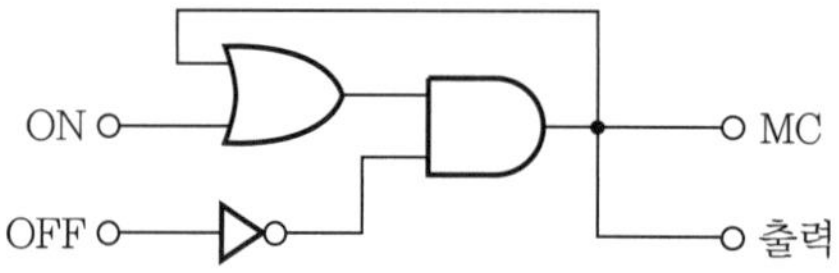

해설

- 논리식 : $MC = (ON + MC)\overline{OFF}$
- 출력 $=$ MC

문제 11

기사 07년 출제

배점 : 6점

그림과 같은 무접점 논리회로에 대응하는 유접점 릴레이(시퀀스)회로를 그리시오.

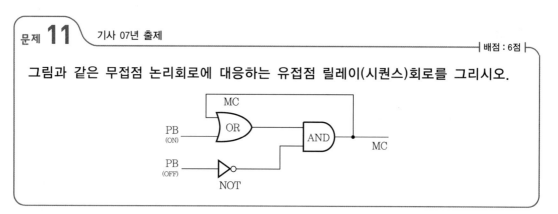

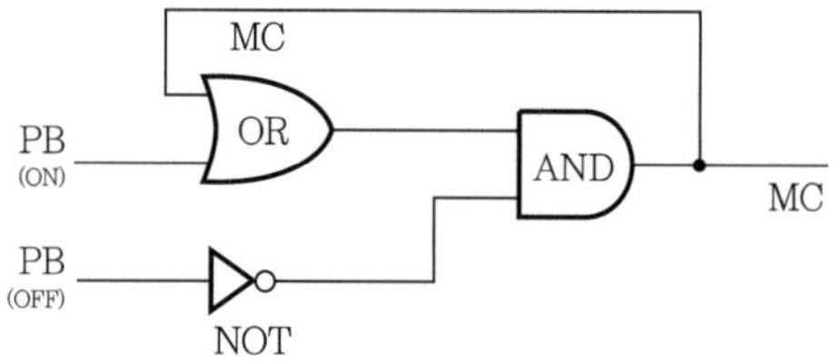

답안

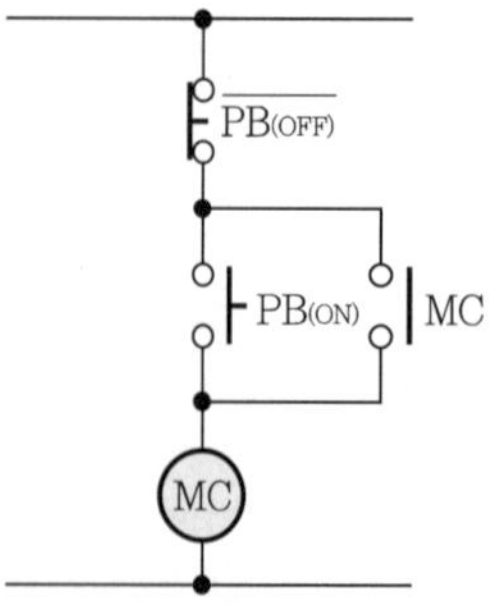

해설 논리식 : $MC = [PB_{(ON)} + MC] \cdot \overline{PB_{(OFF)}}$

문제 12 기사 05년 출제

배점 : 9점

그림과 같은 로직 시퀀스회로를 보고 다음 각 물음에 답하시오.

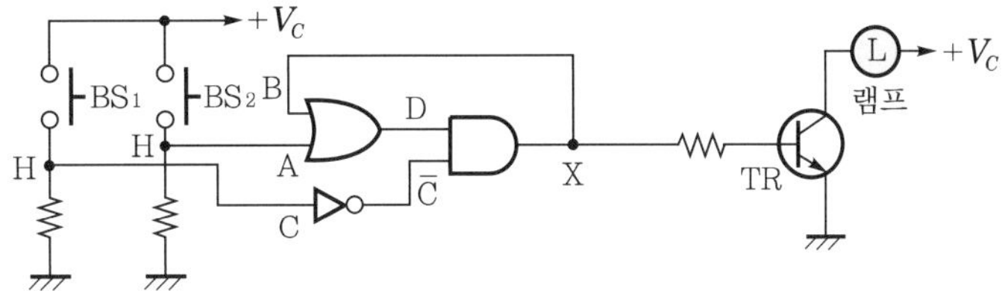

(1) 주어진 도면을 점선으로 구획하여 3단계로 구분하여 표시하되, 입력회로 부분, 제어회로 부분, 출력회로 부분으로 구획하고 그 구획단 하단에 회로의 명칭을 쓰시오.
(2) 로직 시퀀스회로에 대한 논리식을 쓰시오.
(3) 주어진 미완성 타임차트와 같이 버튼 스위치 BS_1과 BS_2를 ON하였을 때의 출력에 대한 타임차트를 완성하시오.

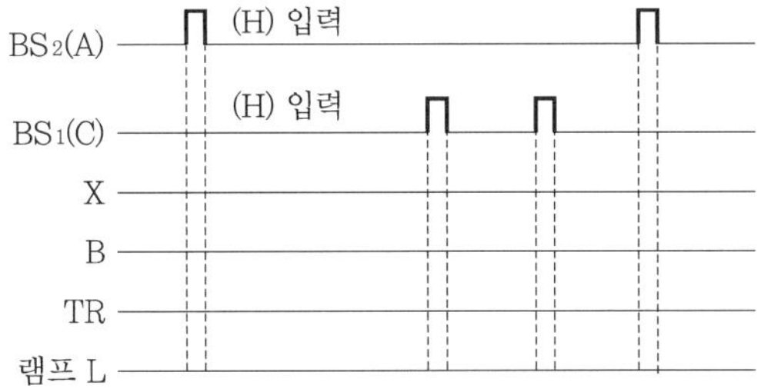

답안 (1)

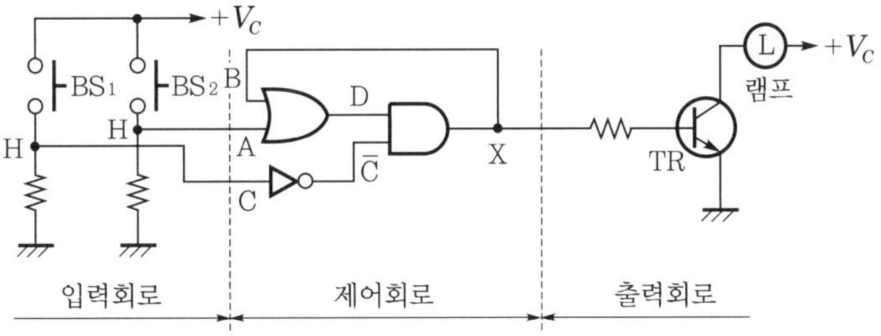

(2) $X = (BS_2 + X) \cdot \overline{BS_1}$

(3)

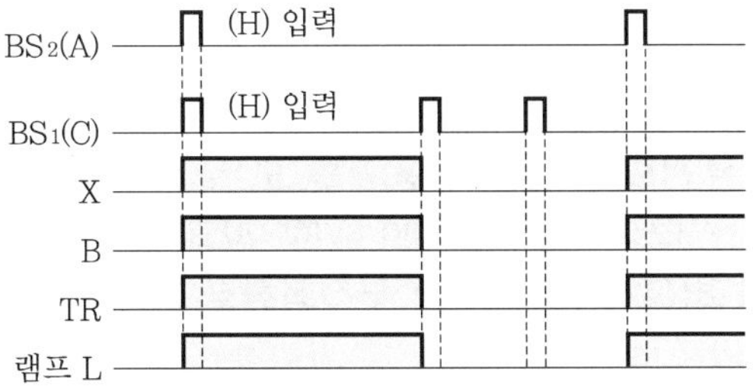

문제 13 기사 94년, 01년 출제 | 배점 : 11점

회로는 3상 유도전동기 3대의 순차운전회로도로서, 그림 (a)는 주회로도이고 그림 (b)는 조작회로도이다. 다음 물음에 답하시오.

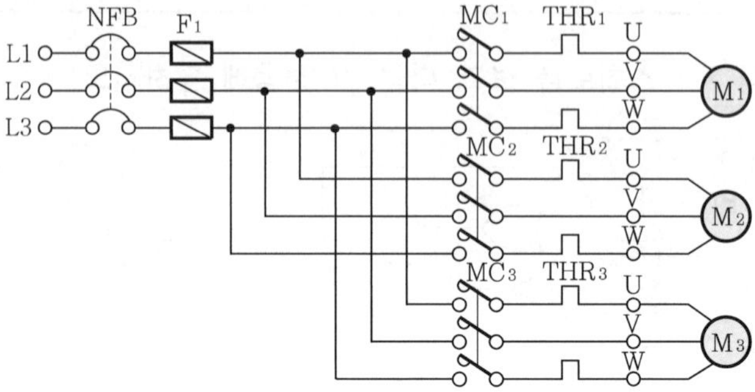

(a) 주회로도

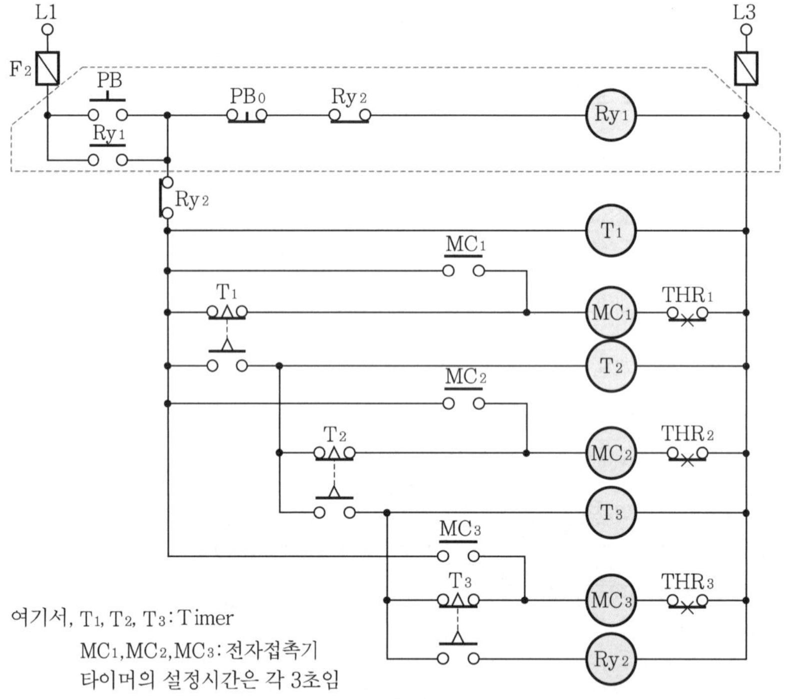

(b) 조작회로도

(1) 타임차트와 같이 스위치를 조작하였을 때 타임차트를 완성하시오.
(2) THR_1이 작동되어(접점이 떨어짐) 있을 때 PB를 누르면 어떻게 작동되는가를 회로도의 기호를 이용하여 간단히 설명하시오.
(3) 타이머 T_2의 설정 시간 후에 운전되고 있는 전동기를 모두 쓰시오.
(4) 점선 부분을 AND, OR, NOT의 기본 논리회로(logic symbol)를 이용하여 무접점회로도를 그리시오. [단, (Ry1)이 출력(동작)되기 위한 무접점회로도를 그리도록 한다.]

답안 (1)

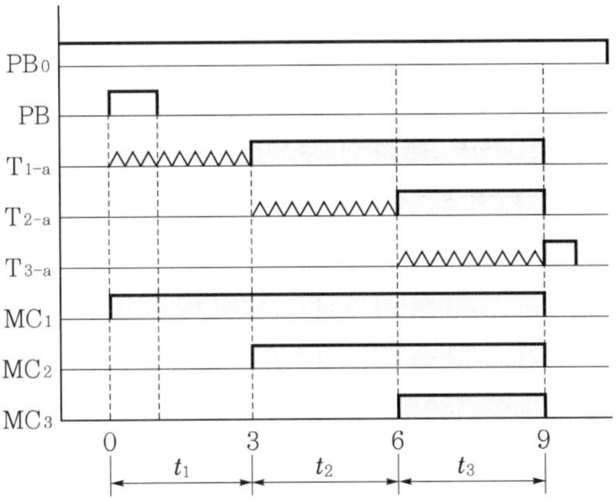

(2) Ry_1 여자 · T_1 여자 t_1 설정시간 3초 후 MC_2가 여자되어 M_2 전동기가 운전되고, t_2 설정시간 3초 후 MC_3가 여자되어 M_3 전동기가 순차적으로 운전되고 t_3 설정시간 3초 후 Ry_2가 여자되어 모두 복귀한다.

(3) M_1, M_2, M_3

(4)

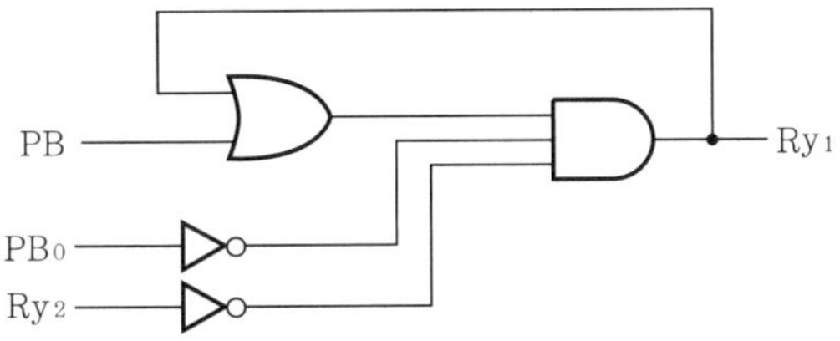

해설 (4) $Ry_1 = (PB + Ry_1)\overline{PB_0} \cdot \overline{Ry_2}$

문제 14 기사 95년 출제 배점 : 18점

그림과 같은 인터록(interlock)회로를 보고 물음에 답하시오.

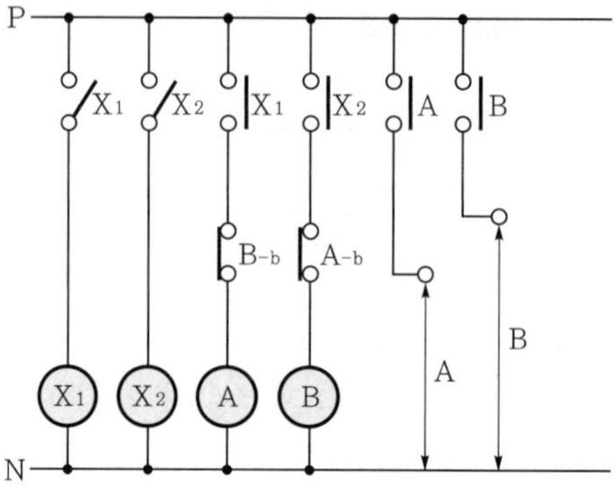

(1) 논리회로로 바꾸어 그리시오.
(2) 논리회로의 타임차트를 그리고 또 논리식을 쓰시오.
(3) 논리회로의 동작 진리표를 작성하시오.
(4) 논리회로의 동작 순서를 출력 A, B에 대하여 상세히 설명하시오.
(5) 인터록(interlock)회로란 무슨 뜻인지 간단히 설명하시오.

답안 (1)

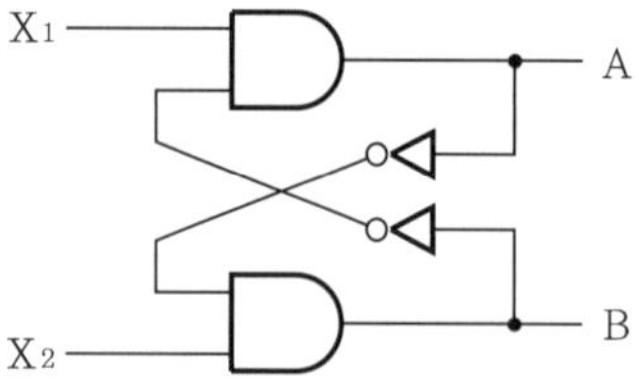

(2)

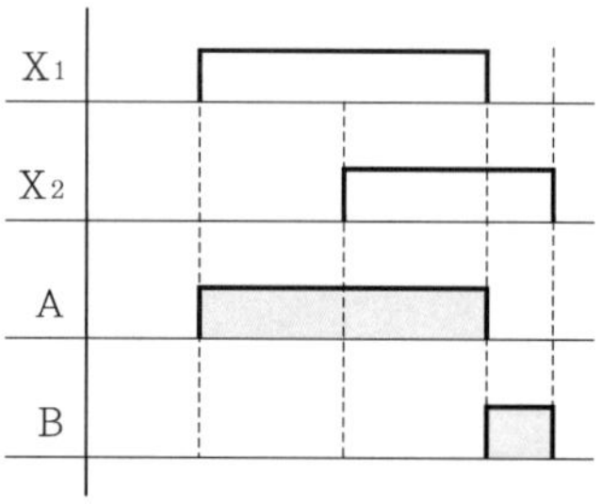

논리식 : $A = X_1\overline{B}$, $B = X_2 \cdot \overline{A}$

(3)

X_1	X_2	A	B
0	0	0	0
0	1	0	1
1	0	1	0
1	1	0	0

(4) 출력 A가 먼저 여자되면 출력 B는 여자될 수 없고, 출력 B가 먼저 여자되면 출력 A가 여자될 수 없다.

(5) 기기 보호와 조작자의 안전을 목적으로 동시 동작을 금지시키는 회로

문제 **15** 공사기사 97년 출제

배점 : 6점

신호, 접점 심벌을 보고 논리 심벌 동작사항(타임차트)를 그리시오.

신 호			접점 심벌	논리 심벌	동 작
입력신호(코일)			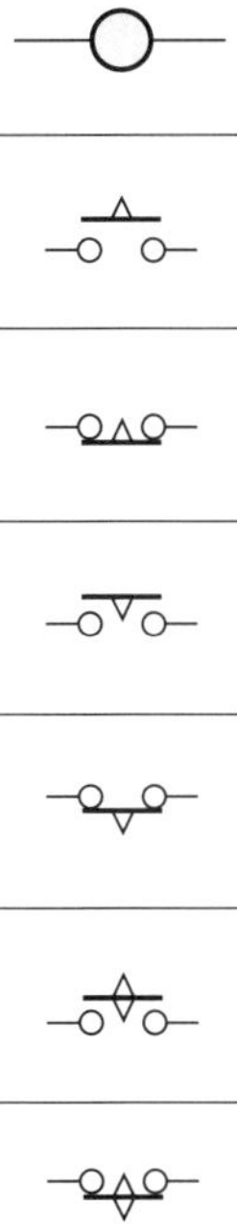		
출력 신호	한시동작 회로	a접점			
		b접점			
	한시복귀 회로	a접점			
		b접점			
	뒤진 회로	a접점			
		b접점			

답안

신 호			접점 심벌	논리 심벌	동 작
입력신호(코일)			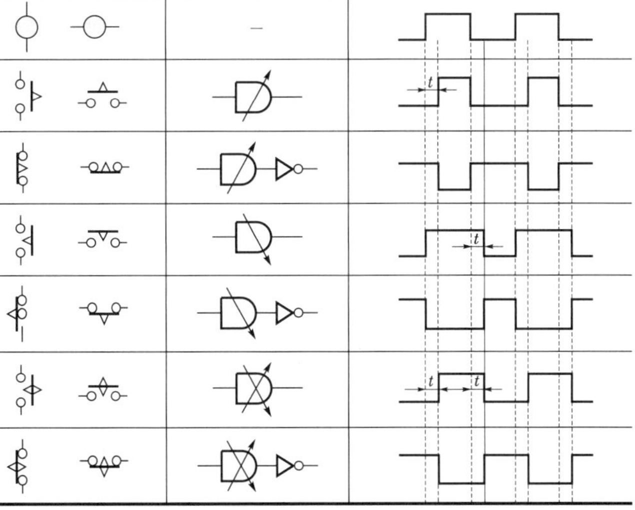	–	
출력 신호	한시동작회로	a접점			
		b접점			
	한시복귀회로	a접점			
		b접점			
	뒤진 회로	a접점			
		b접점			

문제 16 기사 98년, 00년, 04년 출제

배점 : 8점

그림과 같은 전자 릴레이회로를 미완성 다이오드 매트릭스회로에 다이오드를 추가시켜 다이오드 매트릭스로 바꾸어 그리시오.

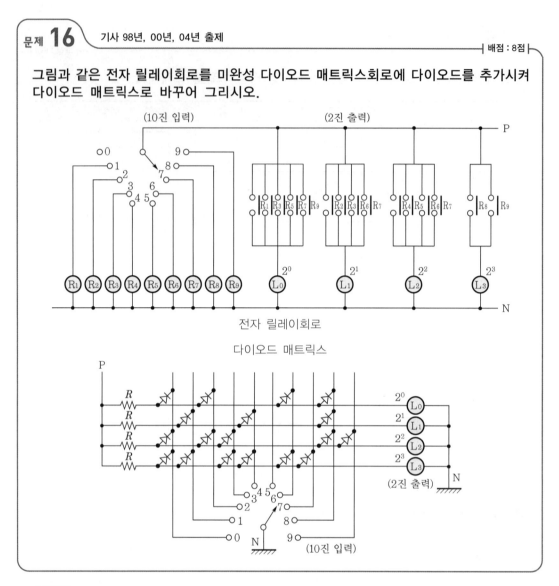

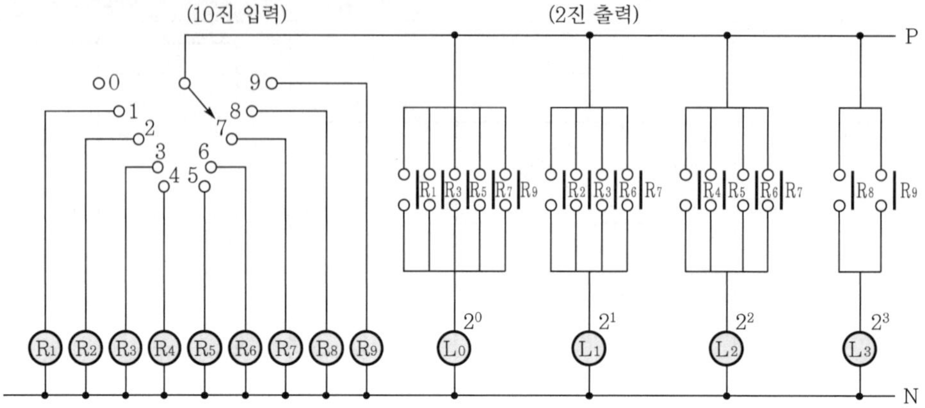

전자 릴레이회로

다이오드 매트릭스

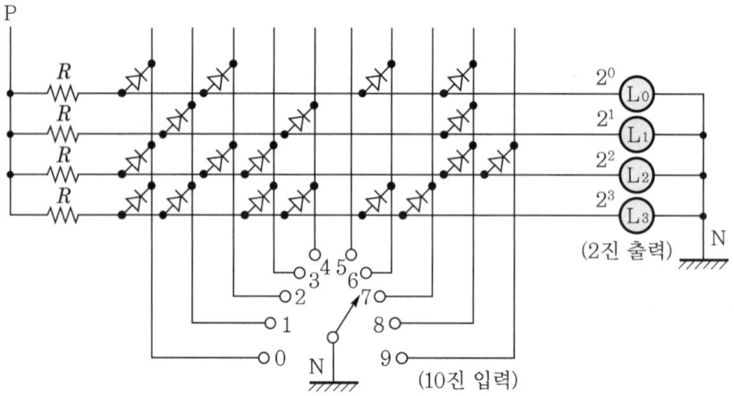

답안 다이오드 매트릭스

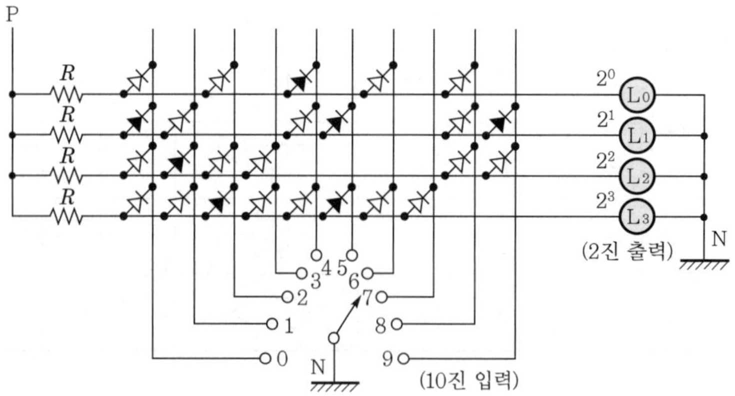

해설 릴레이회로의 논리식

- $L_0 = R_1 + R_3 + R_5 + R_7 + R_9$
- $L_1 = R_2 + R_3 + R_6 + R_7$
- $L_2 = R_4 + R_5 + R_6 + R_7$
- $L_3 = R_8 + R_9$

문제 17 기사 06년 출제

배점 : 4점

그림에서 고장표시 접점 F가 닫혀 있을 때는 부저 BZ가 울리나 표시등 L은 켜지지 않으며, 스위치 24에 의하여 벨이 멈추는 동시에 표시등 L이 켜지도록 SCR의 게이트와 스위치 등을 접속하여 회로를 완성하시오. 또한 회로 작성에 필요한 저항이 있으면 그것도 삽입하여 도면을 완성하도록 하시오. (단, 트랜지스터는 NPN 트랜지스터이며, SCR은 P 게이트형을 사용한다.)

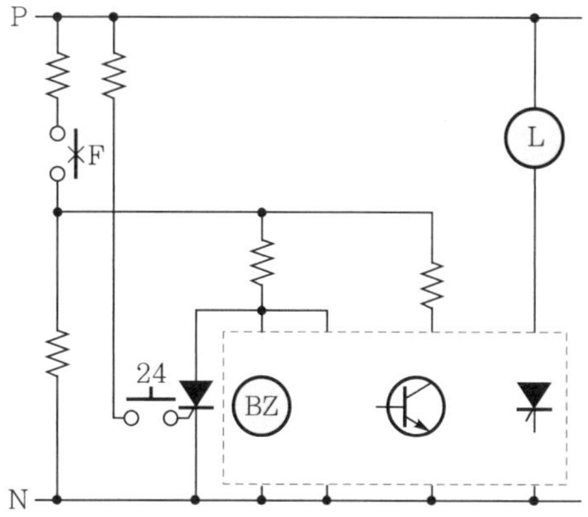

답안

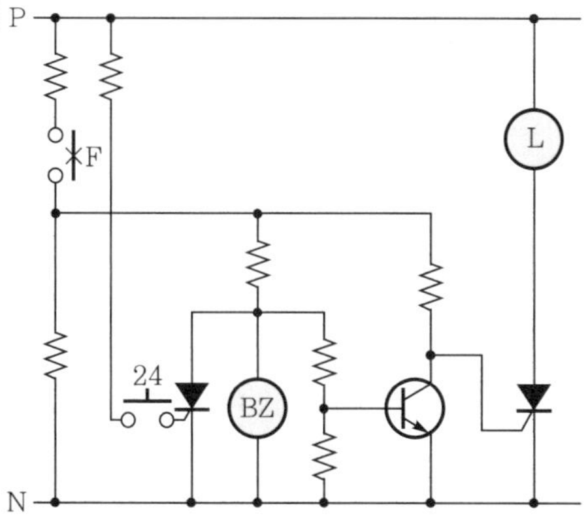

문제 18 기사 11년 출제

배점 : 5점

다음 그림은 3개의 접점 A, B, C 가운데 둘 이상이 ON되었을 때, RL이 동작하는 회로이다. 다음 물음에 답하시오.

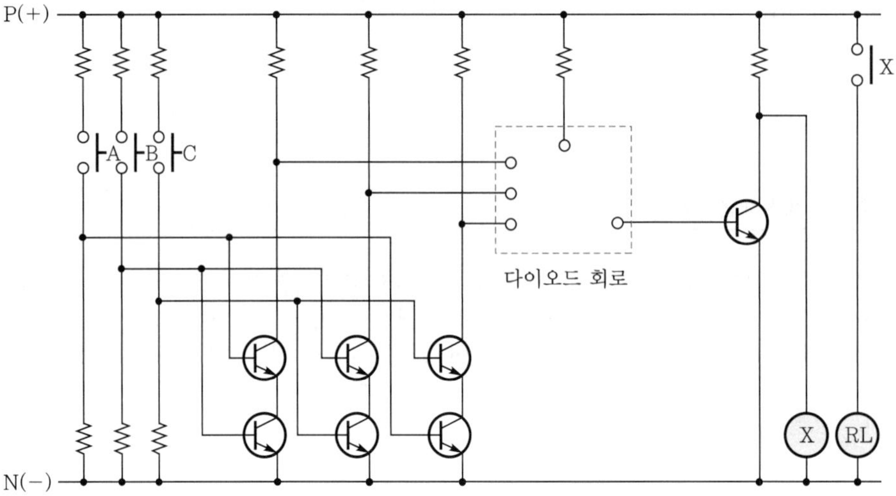

(1) 회로에서 점선 안의 내부회로를 다이오드 소자(─▶├─)를 이용하여 올바르게 연결하시오.

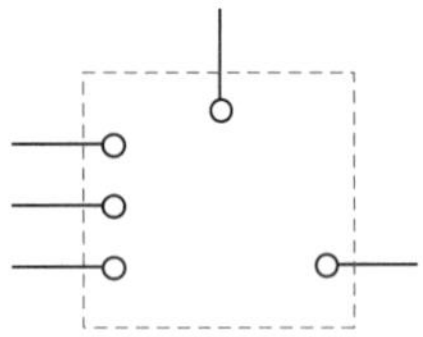

(2) 진리표를 완성하시오.

입 력			출 력
A	B	C	X

(3) 논리식을 간략화하시오.

답안 (1)

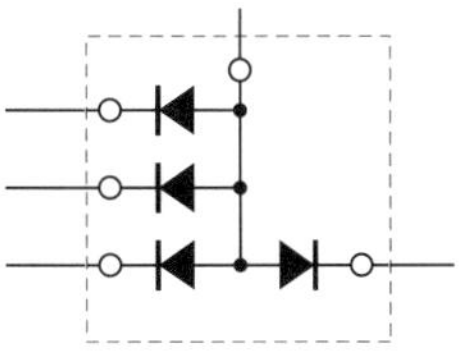

(2)

입 력			출 력
A	B	C	X
0	0	0	0
0	0	1	0
0	1	0	0
0	1	1	1
1	0	0	0
1	0	1	1
1	1	0	1
1	1	1	1

(3) 논리식 : $X = \overline{A}BC + A\overline{B}C + AB\overline{C} + ABC$

$= \overline{A}BC + A\overline{B}C + AB\overline{C} + ABC + ABC + ABC$

$= (\overline{A} + A)BC + (\overline{B} + B)AC + (\overline{C} + C)AB$

$= AB + BC + AC$

해설 $ABC + ABC + ABC = ABC$

$\overline{A} + A = 1,\ \overline{B} + B = 1,\ \overline{C} + C = 1$

1990년~최근 출제된 기출 이론 분석 및 유형별 문제

07 CHAPTER 논리연산

기출개념 01 불대수의 가설과 정리

(1) $A + A = A$

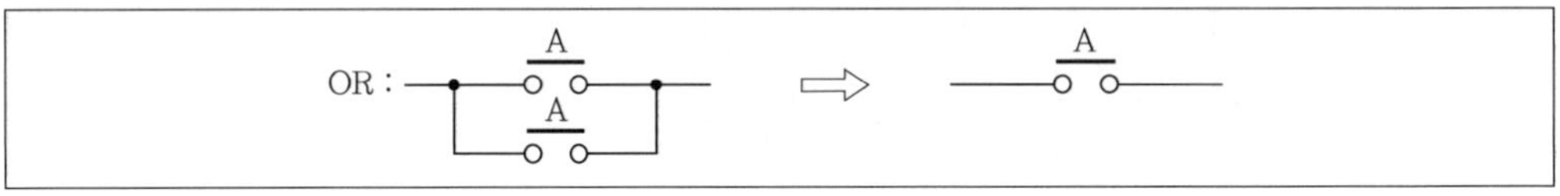

$A \cdot A = A$

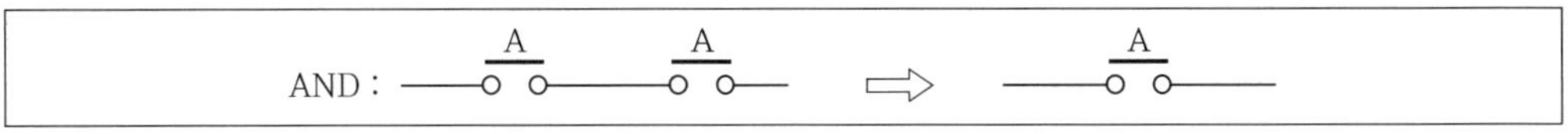

(2) $A + 1 = 1$

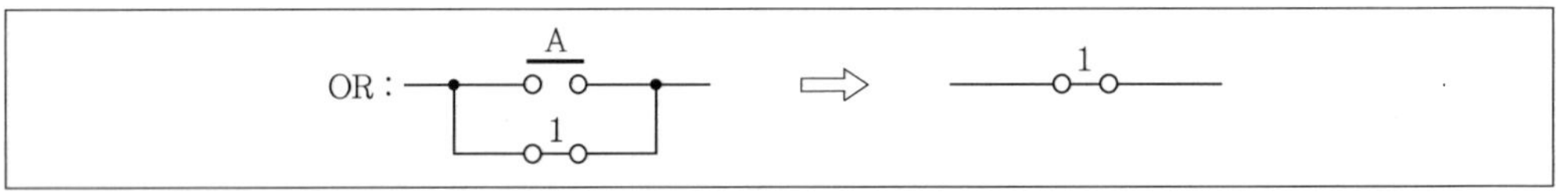

$A \cdot 1 = A$

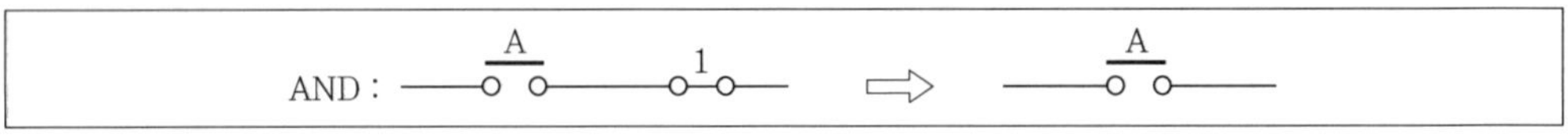

(3) $A + 0 = A$

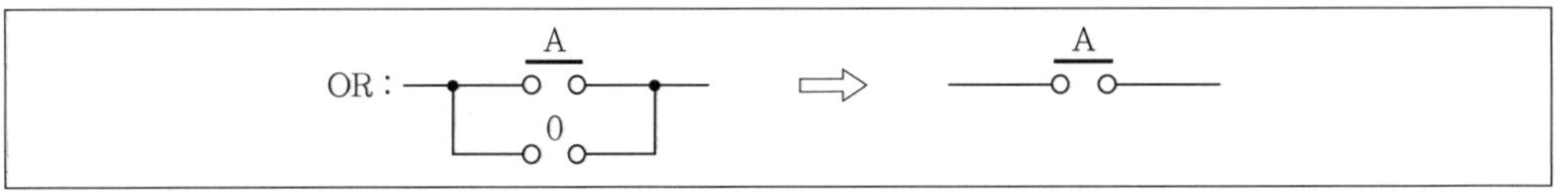

$A \cdot 0 = 0$

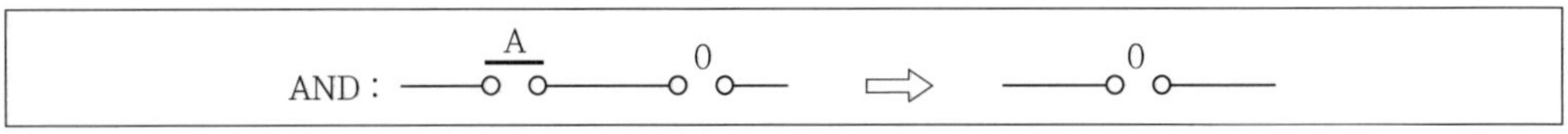

(4) $A + \overline{A} = 1$

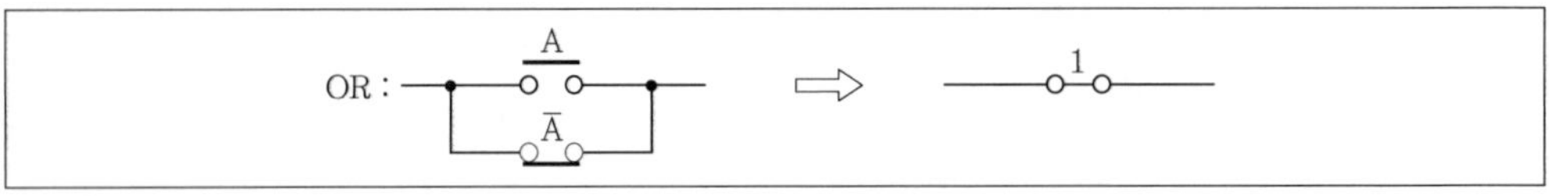

$A \cdot \overline{A} = 0$

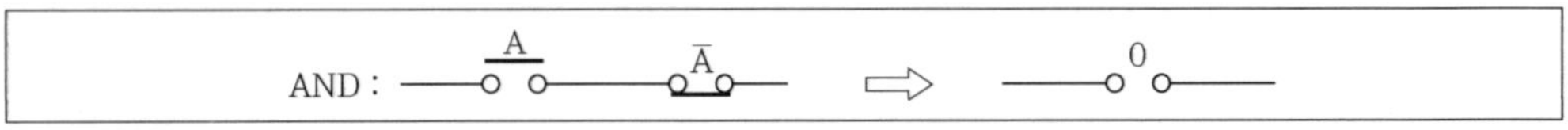

(5) 2중 NOT는 긍정이다.

- $\overline{\overline{A}} = A$
- $\overline{\overline{A \cdot B}} = A \cdot B$
- $\overline{\overline{A + B}} = A + B$
- $\overline{\overline{\overline{A} \cdot B}} = \overline{A} \cdot B$

기출개념 02 교환, 결합, 분배법칙

1 교환법칙

(1) $A + B = B + A$

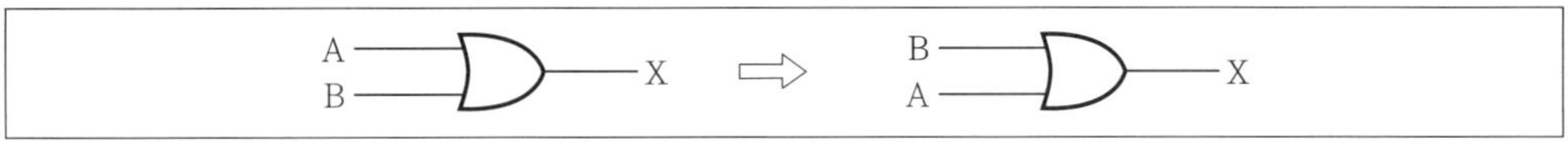

(2) $A \cdot B = B \cdot A$

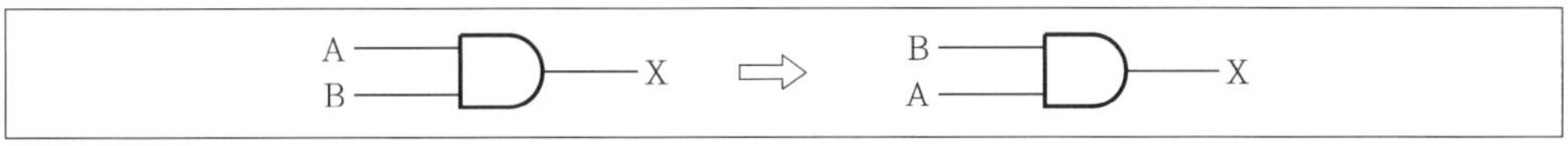

2 결합법칙

(1) $(A + B) + C = A + (B + C)$

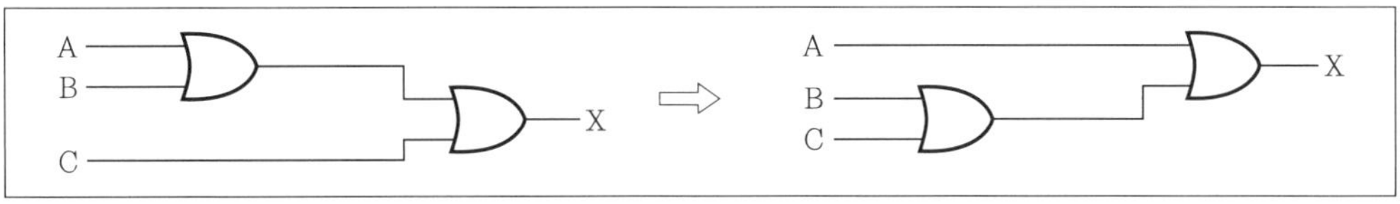

(2) $(A \cdot B) \cdot C = A \cdot (B \cdot C)$

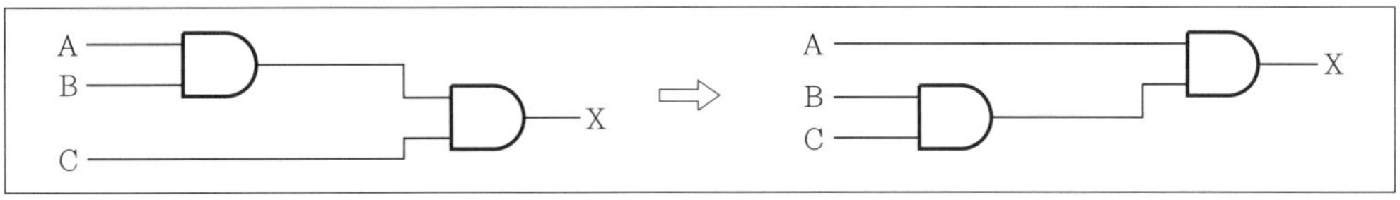

3 분배법칙

$A \cdot (B + C) = AB + AC$

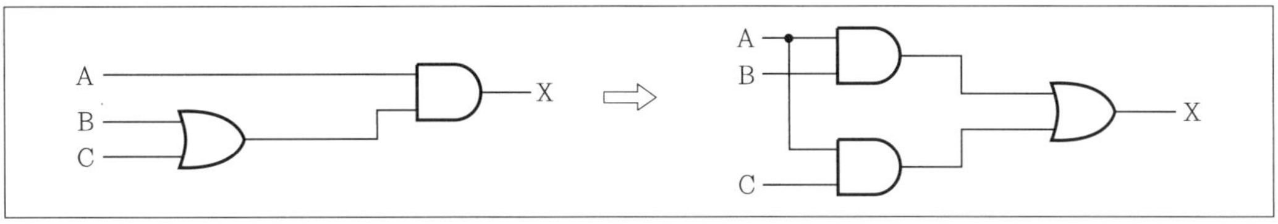

개념 문제 01 기사 94년, 14년, 18년 출제

| 배점 : 4점 |

다음 논리식을 간단히 하시오.

(1) $Z=(A+B+C)A$

(2) $Z=\overline{A}C+BC+AB+\overline{B}C$

답안 (1) $Z=AA+AB+AC$

$=A(1+B+C)$

$=A$

(2) $Z=\overline{A}C+AB+C(B+\overline{B})$

$=\overline{A}C+AB+C$

$=C(\overline{A}+1)+AB$

$=AB+C$

개념 문제 02 기사 96년, 99년, 01년 출제

| 배점 : 10점 |

논리식 $Z=(A+B+\overline{C})\cdot(A\overline{B}C+AB\overline{C})$를 가장 간단한 식으로 변형하고, 그 식에 따른 논리회로를 구성하시오.

답안 $Z=(A+B+\overline{C})\cdot(A\overline{B}C+AB\overline{C})$

$=AA\overline{B}C+AAB\overline{C}+AB\overline{B}C+ABB\overline{C}+A\overline{B}C\overline{C}+AB\overline{C}\,\overline{C}$

($B\overline{B}=0$, $C\overline{C}=0$이므로)

$=A\overline{B}C+AB\overline{C}+0+AB\overline{C}+0+AB\overline{C}$

$=A\overline{B}C+AB\overline{C}$

$\therefore\ Z=A(\overline{B}C+B\overline{C})$

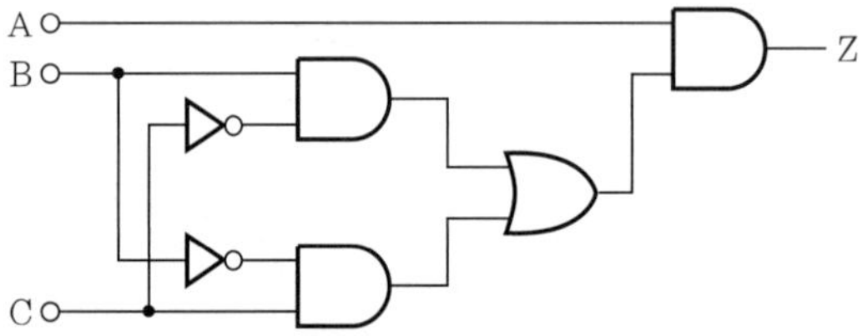

기출개념 03 카르노 맵(Karnaugh Map)

1 2변수 카르노맵 작성

변수가 2개일 경우, 즉 임의의 2변수 A, B가 있다고 하면 $2^2 = 4$가지의 상태가 되고 카르노 맵의 작성방법은 다음과 같다.

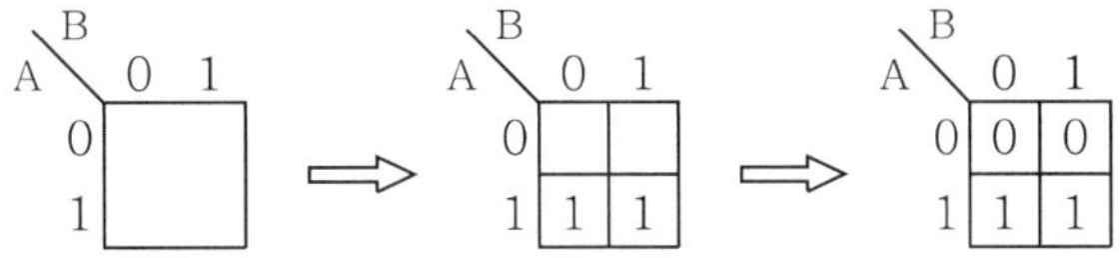

▍출력 $Y = A\overline{B} + AB$의 카르노맵 ▍

- 각 변수를 배열하며 A와 B의 위치는 바뀌어도 무관하다.
- A, B의 변수의 값을 써넣는다.
- 나머지 빈칸은 0으로 써넣는다.

2 3변수 카르노맵 작성

변수가 3개일 경우, 즉 임의의 3변수 A, B, C가 있다고 하면 $2^3 = 8$가지의 상태가 되고 카르노맵의 작성방법은 다음과 같다.

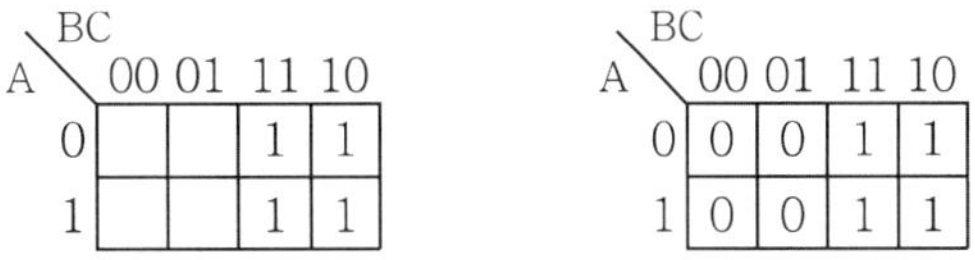

▍출력 $Y = \overline{A}B\overline{C} + \overline{A}BC + AB\overline{C} + ABC$의 카르노맵 ▍

- 출력 Y가 1이 되는 곳을 찾아 써넣는다.
- 나머지 빈칸은 모두 0으로 써넣는다.

3 4변수 카르노맵 작성

변수가 4개일 경우, 즉 임의의 4변수 A, B, C, D가 있다고 하면 $2^4 = 16$가지의 상태가 되고 카르노맵의 작성방법은 다음과 같다.

AB \ CD	00	01	11 (C)	10 (C)	
00	$\bar{A}\bar{B}\bar{C}\bar{D}$	$\bar{A}\bar{B}\bar{C}D$	$\bar{A}\bar{B}CD$	$\bar{A}\bar{B}C\bar{D}$	$\bar{A}$
01	$\bar{A}B\bar{C}\bar{D}$	$\bar{A}B\bar{C}D$	$\bar{A}BCD$	$\bar{A}BC\bar{D}$	$\bar{A}$
11 (A)	$AB\bar{C}\bar{D}$	$AB\bar{C}D$	$ABCD$	$ABC\bar{D}$	
10 (A)	$A\bar{B}\bar{C}\bar{D}$	$A\bar{B}\bar{C}D$	$A\bar{B}CD$	$A\bar{B}C\bar{D}$	
		D	D		

4 카르노맵의 간이화

(1) 진리표의 변수의 개수에 따라 2변수, 3변수, 4변수의 카르노맵을 작성한다.

(2) 카르노맵에서 가능하면 옥텟 → 쿼드 → 페어의 순으로 큰 루프로 묶는다.

(3) 맵에서 1은 필요에 따라서 여러 번 사용해도 된다.

(4) 만약에 어떤 그룹의 1이 다른 그룹에도 해당될 때에는 그 그룹은 생략해도 된다.

(5) 각 그룹을 AND로, 전체를 OR로 결합하여 논리곱의 합 형식의 논리함수로 만든다. 단, 어떤 페어, 쿼드, 옥텟에도 해당되지 않는 1이 있을 때는 그 자신을 하나의 그룹으로 한다.

＊ 페어(pair), 쿼드(quad), 옥텟(octet)

① 페어

페어라 함은 1이 수직이나 수평으로 한 쌍으로 근접되어 있는 경우를 말한다. 이때 보수로 바뀌어지는 변수는 생략된다.

② 쿼드

쿼드라 함은 1이 수직이나 수평으로 4개가 근접되어 하나의 그룹을 이루고 있는 경우를 말한다.

③ 옥텟

옥텟이라 함은 1이 수직이나 수평으로 8개가 근접하여 하나의 그룹을 이루고 있는 경우를 말한다.

예 1. 다음 불함수를 간단히 하여라.

$$X = \overline{A}BC + \overline{A}B\overline{C} + A\overline{B}\,\overline{C} + A\overline{B}C$$

〈풀이〉

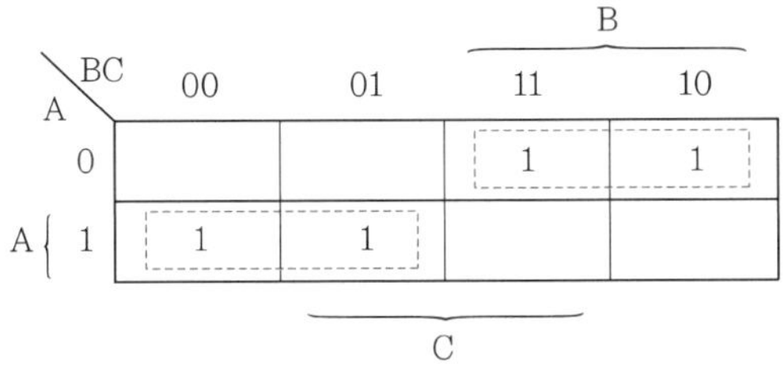

∴ 논리식 $X = \overline{A}B + A\overline{B}$

2.

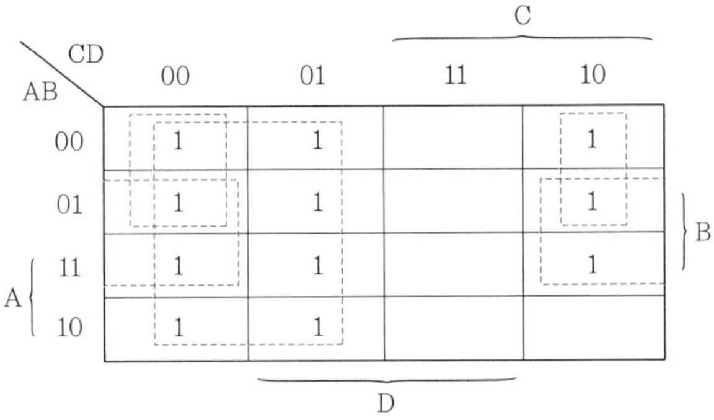

∴ 논리식 $X = \overline{C} + \overline{A}\,\overline{D} + B\overline{D}$

개념 문제 기사 12년 출제 배점 : 4점

카르노 도표에 나타낸 것과 같이 논리식과 무접점 논리회로를 나타내시오. (단, "0" : L(Low Level), "1" : H(High Level)이며, 입력은 A, B, C 출력은 X이다.)

A \ BC	0 0	0 1	1 1	1 0
0		1		1
1		1		1

(1) 논리식으로 나타낸 후 간략화 하시오.

(2) 무접점 논리회로

답안 (1) $X = \overline{A}\,\overline{B}C + \overline{A}B\overline{C} + A\overline{B}C + AB\overline{C}$

$= \overline{B}C(\overline{A} + A) + B\overline{C}(\overline{A} + A)$

$= \overline{B}C + B\overline{C}$

(2)

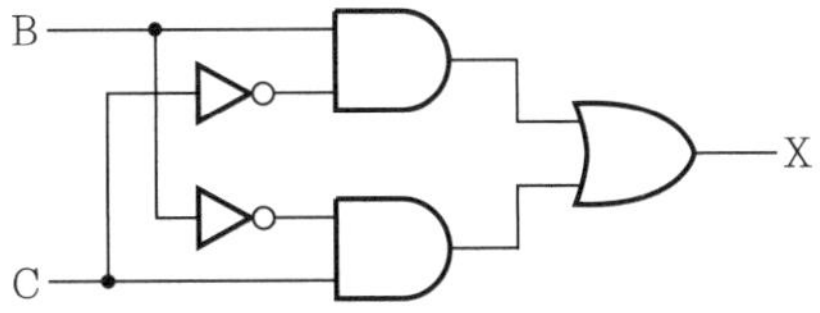

단원 빈출문제

문제 01 기사 06년 출제

| 배점 : 6점 |

그림과 같은 논리회로를 보고 다음 각 물음에 답하시오.

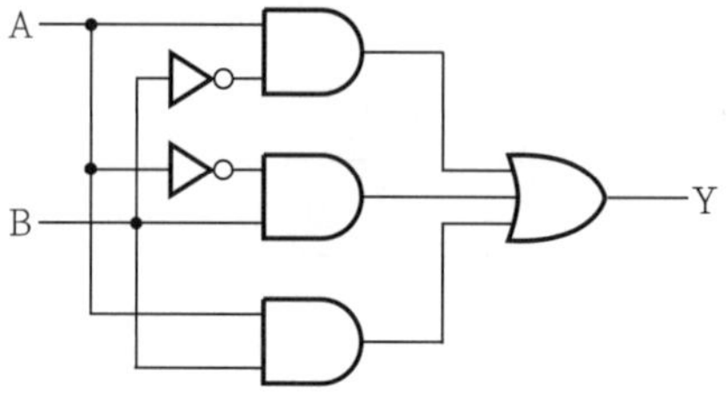

(1) 각 논리소자를 모두 사용할 때 불대수의 초기식을 쓰고 이 식을 가장 간단하게 정리하여 표현하시오.
   ① 초기식 :
   ② 정리식 :

(2) 주어진 논리회로에 대한 불대수의 초기식[(1)번 문제의 초기식]을 유접점회로(계전기 접점회로)로 바꾸어 그리시오.

(3) 입력 A, B와 출력 Y에 대한 진리표를 만드시오.

입 력		출 력
A	B	Y
0	0	
0	1	
1	0	
1	1	

답안 (1) ① 초기식

$$Y = A\overline{B} + \overline{A}B + AB$$

② 정리식

$$\begin{aligned} Y &= A\overline{B} + \overline{A}B + AB \\ &= A(B + \overline{B}) + \overline{A}B \\ &= A + \overline{A}B \\ &= A(B + 1) + \overline{A}B \\ &= A + AB + \overline{A}B \\ &= A + B \end{aligned}$$

(2)

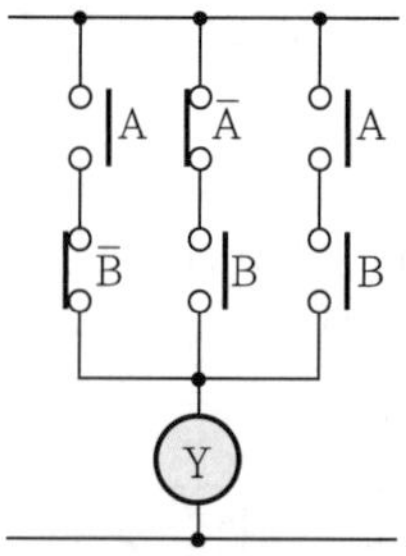

(3)

입 력		출 력
A	B	Y
0	0	0
0	1	1
1	0	1
1	1	1

문제 02 기사 95년, 99년 출제

| 배점 : 9점 |

어느 회사의 한 부지 내에 A, B, C, D 네 개의 공장을 세워 4대의 급수펌프 P_1(소형), P_2(중형), P_3(대형), P_4(특대형)로 다음과 같이 급수계획을 세웠을 때 다음 물음에 답하시오.

(1) 급수계획에 대한 논리회로의 진가표를 작성하시오. (단, 공장 휴무 시 0, 가동 시 1로 기록하고 펌프란에는 해당 펌프에만 1표를 한다.)

A	B	C	D	P_1	P_2	P_3	P_4
0	0	1	1		1		

(2) ①~⑥에 해당되는 심벌 및 문자 기호는?
(답안 작성 예시 : A(a접점) $\overline{A}$(b접점))

(3) 회로도에서 펌프 P_1, P_2, P_3, P_4의 출력값을 접점 A, B, C, D, $\overline{A}$, $\overline{B}$, $\overline{C}$, $\overline{D}$를 이용하여 표현하시오.

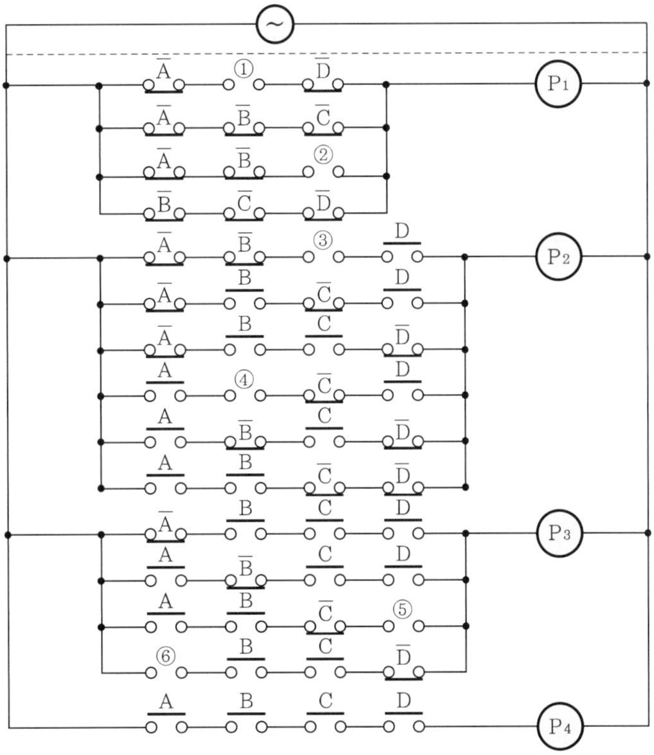

① 모든 공장 A, B, C, D가 휴무이거나 또는 그 중 한 공장만 가동할 때는 펌프 P_1만 가동시킨다.
② 모든 공장 A, B, C, D 중 어느 것이나 두 공장만 가동할 때에는 펌프 P_2만 가동시킨다.
③ 모든 공장 A, B, C, D 중 어느 것이나 세 공장만 가동할 때에는 P_3만 가동시킨다.
④ 모든 공장 A, B, C, D를 모두 가동할 때에는 P_4만 가동시킨다.

답안 (1) 진가표

A	B	C	D	P_1	P_2	P_3	P_4
0	0	0	0	1			
0	0	0	1	1			
0	0	1	0	1			
0	1	0	0	1			
1	0	0	0	1			
0	0	1	1		1		
0	1	0	1		1		
0	1	1	0		1		
1	0	1	0		1		
1	1	0	0		1		
1	0	0	1		1		
0	1	1	1			1	
1	0	1	1			1	
1	1	0	1			1	
1	1	1	0			1	
1	1	1	1				1

(2)

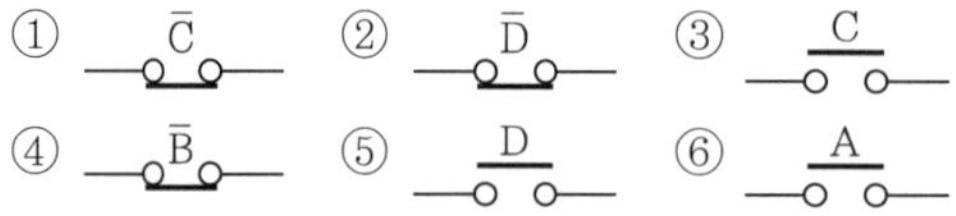

(3) $P_1 = \overline{A}\,\overline{B}\,\overline{C}\,\overline{D} + \overline{A}\,\overline{B}\,\overline{C}\,D + \overline{A}\,\overline{B}\,C\,\overline{D} + \overline{A}\,B\,\overline{C}\,\overline{D} + A\,\overline{B}\,\overline{C}\,\overline{D}$

$= \overline{A}\,\overline{B}\,\overline{C} + \overline{A}\,\overline{B}\,\overline{D} + \overline{A}\,\overline{C}\,\overline{D} + \overline{B}\,\overline{C}\,\overline{D}$

$P_2 = \overline{A}\,\overline{B}\,C\,D + \overline{A}\,B\,\overline{C}\,D + \overline{A}\,B\,C\,\overline{D} + A\,B\,\overline{C}\,\overline{D} + A\,\overline{B}\,\overline{C}\,D$

$P_3 = \overline{A}\,B\,C\,D + A\,\overline{B}\,C\,D + A\,B\,\overline{C}\,D + A\,B\,C\,\overline{D}$

$P_4 = A\,B\,C\,D$

08 CHAPTER PLC (Programmable Logic Controller)

기출개념 01 프로그래머

프로그래머에는 기본어 4가지(R, A, O, W) 외에 기종에 따라 응용 몇 가지가 있으며, 어떤 시퀀스라도 프로그램화할 수 있다. 표는 프로그래머의 기능을 나타낸 것이다.

내 용	명령어	부 호	번지 설정
시작 입력	① R(read), ② LOAD, ③ STR	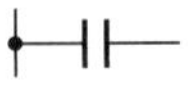	입력기구 ① 0.0~2.7 ② P000~P0007 ③ 0~17 출력기구 ① 3.0~4.7 ② P010~P017 ③ 20~37 보조기구(내부 출력) ① 8.0~ ② M000~ ③ 170~ 타이머 ① T40~(40.7~) ② T000~ ③ T600 카운터 ① C400~ ② C000 ③ C600~ 설정시간 ① DS ② 〈DATA〉
	RN, LOAD NOT, STR NOT		
직렬	A, AND	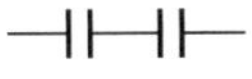	
	AN, AND NOT	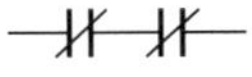	
병렬	O, OR	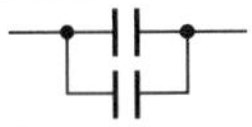	
	ON, OR NOT	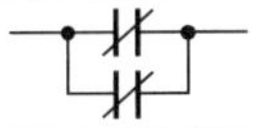	
출력	W(write), OUT	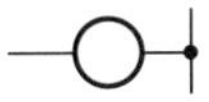	
직렬 묶음	A MRG, AND LOAD, AND STR	―――	
병렬 묶음	O MRG, OR LOAD, OR STR	―――	
공통 묶음	W(WN), NRG, MCS(MCR)	―――	
타이머	T(DS), TMR〈DATA〉, TIM	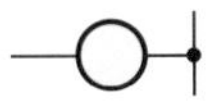	
카운터	CNT	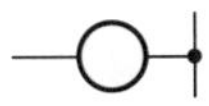	

기출개념 02 기본 프로그램 예

① 입출력

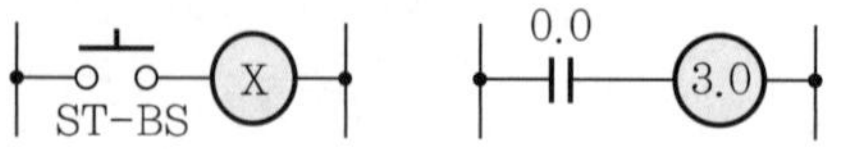

step	op	add
0	R	0.0
1	W	3.0

② 부정

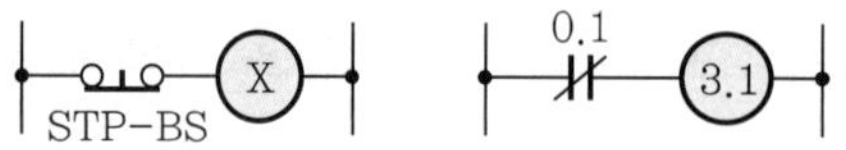

step	op	add
0	RN	0.1
1	W	3.1

RN : Read NOT(b접점)

③ 직렬

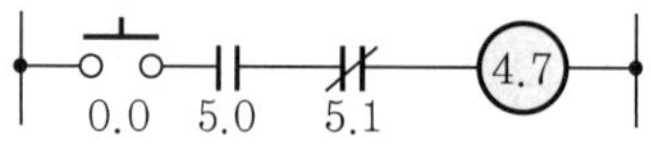

step	op	add
0	R	0.0
1	A	5.0
2	AN	5.1
3	W	4.7

AN : AND NOT(b접점)

④ 병렬

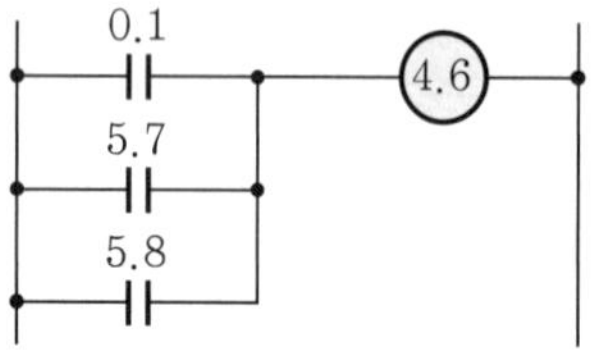

step	op	add
0	R	0.1
1	O	5.7
2	O	5.8
3	W	4.6

⑤ 직병렬(1)

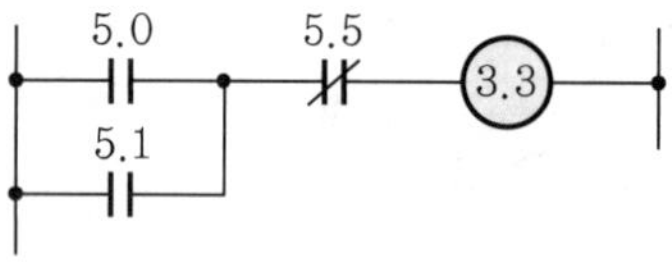

(a)

step	op	add
0	R	5.0
1	O	5.1
2	AN	5.5
3	W	3.3

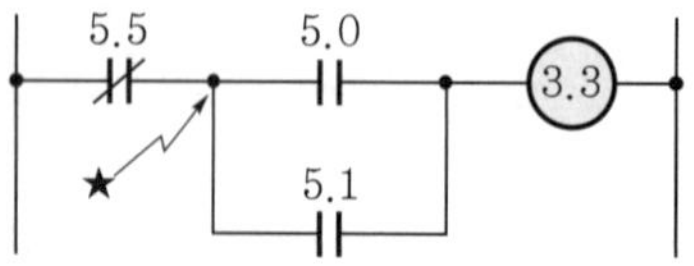

(b)

step	op	add
0	RN	5.5
1	R	5.0
2	O	5.1
3	A MRG	–
4	W	3.3

그림 (b)는 분기점 처리(MRG)를 해야 직병렬이 확실히 구분된다. 따라서 (a)보다 step 수가 증가한다. 보통 (a)로 바꾸어서 프로그램한다.

⑥ 직병렬(2)

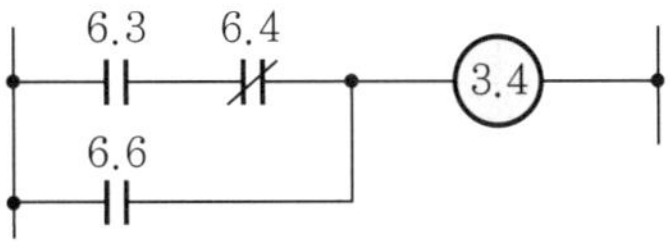

step	op	add
0	R	6.3
1	AN	6.4
2	O	6.6
3	W	3.4

step	op	add
0	R	6.6
1	R	6.3
2	AN	6.4
3	O MRG	–
4	W	3.4

⑦ 직병렬(3)

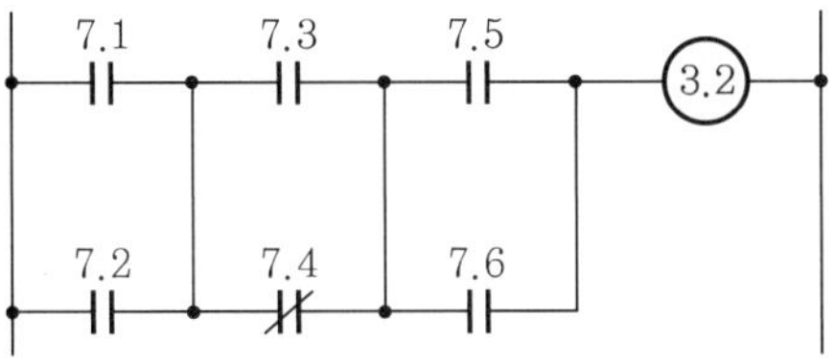

step	op	add
0	R	7.1
1	O	7.2
2	R	7.3
3	ON	7.4
4	A MRG	–
5	R	7.5
6	O	7.6
7	A MRG	–
8	W	3.4

⑧ 직병렬(4)

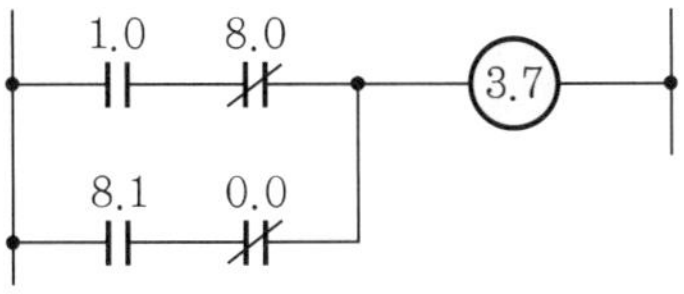

step	op	add
0	R	1.0
1	A	8.0
2	R	8.1
3	AN	0.0
4	O MRG	–
5	W	3.7

⑨ 타이머

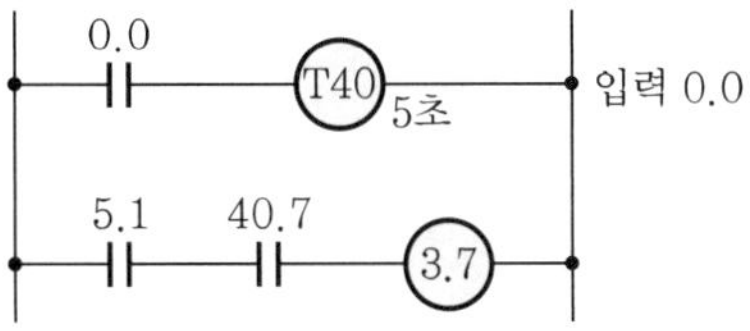

step	op	add
0	R	0.0
1	DS	50*
2	W	T40
3	R	5.0
4	A	40.7
5	W	3.7

* DS : 0.1초 단위

설정시간(DS), 번지(T40)의 순서가 역순인 기종도 있고 set, reset 2 입력인 경우도 있다.

개념 문제 01 기사 01년, 02년, 09년 출제

| 배점 : 6점 |

PLC 래더 다이어그램이 그림과 같을 때 표에 ①~⑥의 프로그램을 완성하시오. [단, 회로 시작(STR), 출력(OUT), AND, OR, NOT 등의 명령어를 사용한다.]

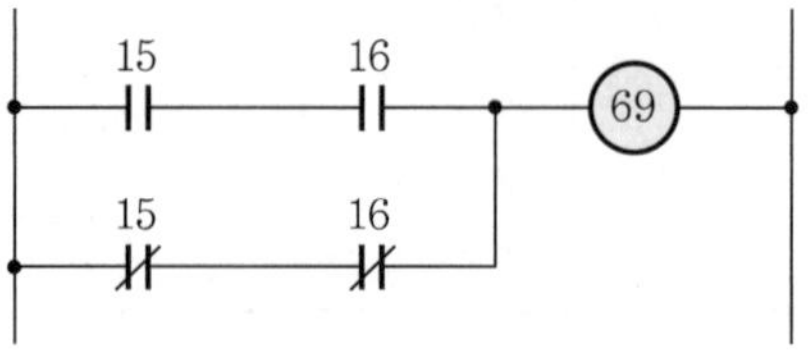

차 례	명 령	번 지
0	(①)	15
1	AND	16
2	(②)	(③)
3	(④)	16
4	OR STR	–
5	(⑤)	(⑥)

답안 ① STR
② STR NOT
③ 15
④ AND NOT
⑤ OUT
⑥ 69

개념 문제 02 기사 12년 출제

| 배점 : 6점 |

표의 빈칸 ①~⑧에 알맞은 내용을 써서 그림 PLC 시퀀스의 프로그램을 완성하시오. [단, 사용 명령어는 회로 시작(R), 출력(W), AND(A), OR(O), NOT(N), 시간지연(DS)이고, 0.1초 단위이며, 부분점수는 없다.]

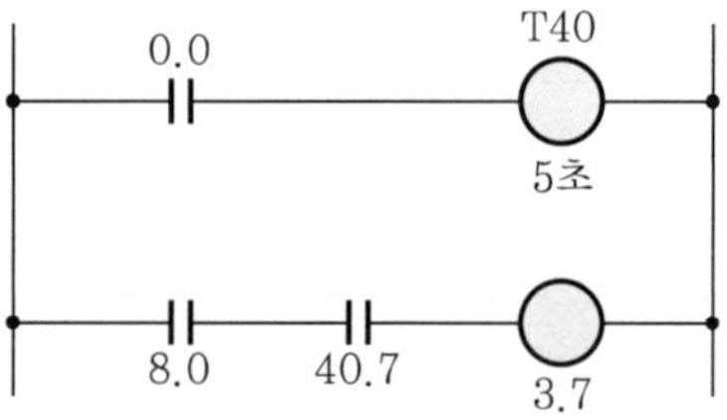

차 례	명 령	번 지
0	R	(①)
1	DS	(②)
2	W	(③)
3	(④)	8.0
4	(⑤)	(⑥)
5	(⑦)	(⑧)

답안 ① 0.0
② 50
③ T40
④ R
⑤ A
⑥ 40.7
⑦ W
⑧ 3.7

개념 문제 03 기사 19년 출제

| 배점 : 6점 |

다음 PLC의 표를 보고 물음에 답하시오.

step	명령어	번 지
0	LOAD	P000
1	OR	P010
2	AND NOT	P001
3	AND NOT	P002
4	OUT	P010

(1) 래더 다이어그램을 그리시오.

(2) 논리회로를 그리시오.

답안 (1)

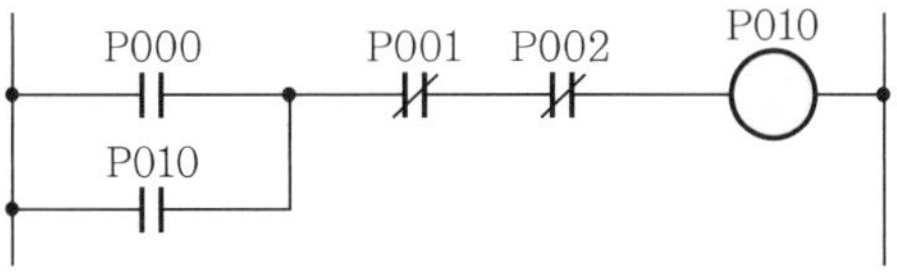

(2)

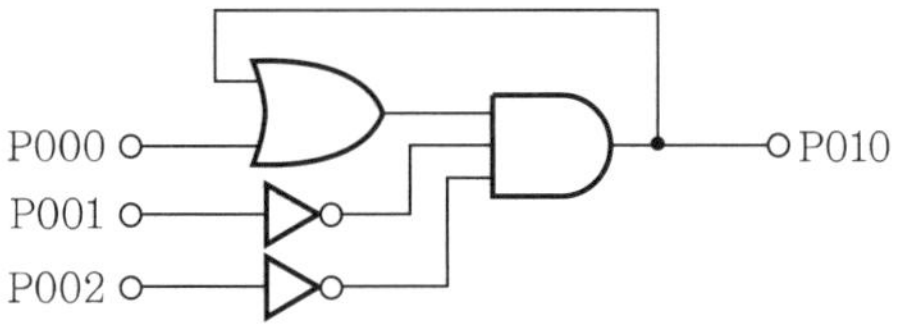

개념 문제 04 기사 09년, 16년 출제

| 배점 : 9점 |

다음 그림과 같은 유접점회로에 대한 주어진 미완성 PLC 래더 다이어그램을 완성하고, 표의 빈칸 ①~⑥에 해당하는 프로그램을 완성하시오. (단, 회로 시작 LOAD, 출격 OUT, 직렬 AND, 병렬 OR, b접점 NOT, 그룹간 묶음 AND LOAD이다.)

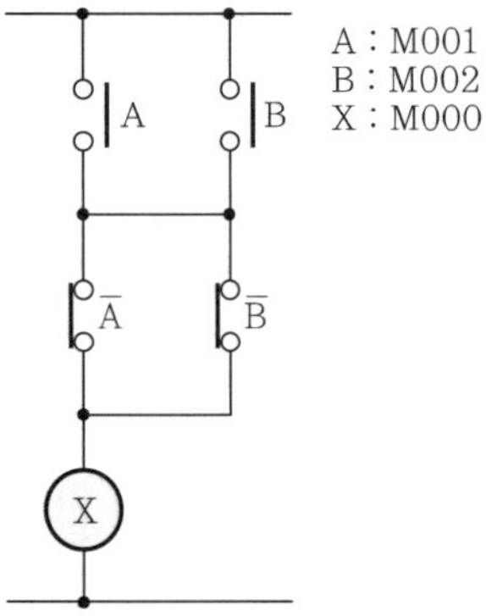

• 프로그램

차 례	명 령	번 지
0	LOAD	M001
1	(①)	M002
2	(②)	(③)
3	(④)	(⑤)
4	(⑥)	–
5	OUT	M000

• 래더 다이어그램

답안 • 프로그램

① OR, ② LOAD NOT, ③ M001, ④ OR NOT, ⑤ M002, ⑥ AND LOAD

• 래더 다이어그램

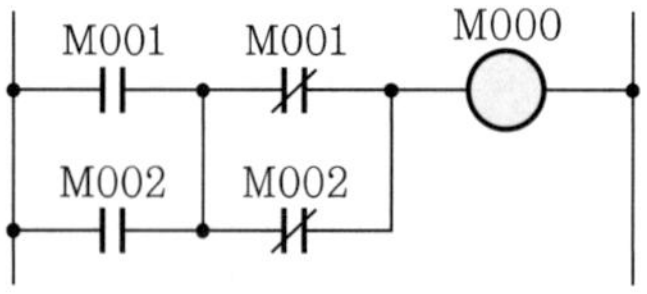

개념 문제 05 기사 10년 출제

| 배점 : 5점 |

그림과 같은 PLC 시퀀스의 프로그램을 표의 차례 1~9에 알맞은 명령어를 각각 쓰시오. (단, 시작(회로) 입력 STR, 출력 OUT, 직렬 AND, 병렬 OR, 부정 NOT, 그룹 직렬 AND STR, 그룹 병렬 OR STR의 명령을 사용한다.)

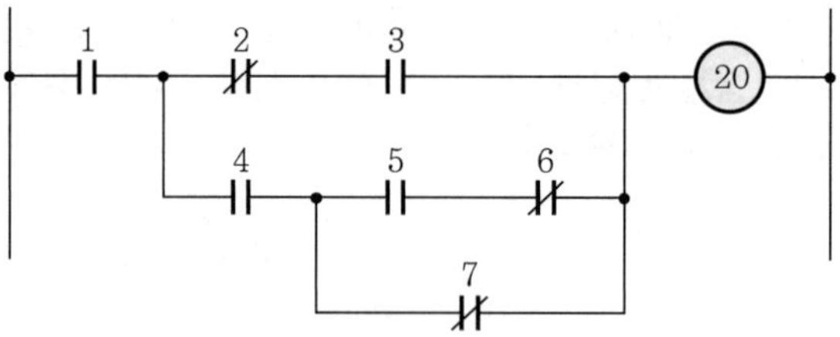

차 례	명 령	번 지
0	STR	1
1		2
2		3
3		4
4		5
5		6
6		7
7		–
8		–
9		–
10	OUT	20

답안

차 례	명 령	번 지
0	STR	1
1	STR NOT	2
2	AND	3
3	STR	4
4	STR	5
5	AND NOT	6
6	OR NOT	7
7	AND STR	–
8	OR STR	–
9	AND STR	–
10	OUT	20

CHAPTER 08

PLC

단원 빈출문제

문제 01 기사 18년 출제 배점 : 6점

다음 명령어를 참고하여 다음 물음에 답하시오.

OP	ADD
S	P000
AN	M000
ON	M001
W	P011

(1) PLC의 로직회로를 그리시오.
(2) 논리식을 쓰시오.
[단, S : 시작, A(AND), O(OR), N(NOT), AB(직렬 묶음), OB(병렬 묶음), W(출력)이다.]

답안 (1)

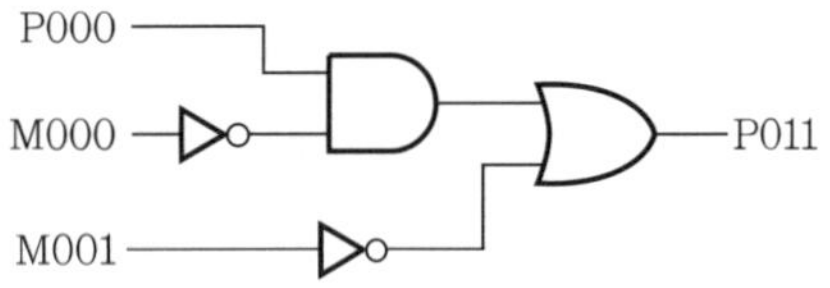

(2) $P011 = P000 \cdot \overline{M000} + \overline{M001}$

문제 02 기사 99년 출제 배점 : 14점

표 (a)와 같은 진리표를 이용하여 다음 각 물음에 답하시오.

A	B	$\overline{A}$	$\overline{B}$	X
0	0	1	1	1
0	1	1	0	0
1	0	0	1	0
1	1	0	0	1

(a)

차 례	명 령	번 지
0	(①)	15
1	AND	16
2	(②)	(③)
3	(④)	16
4	OR STR	–
5	(⑤)	(⑥)

(b)

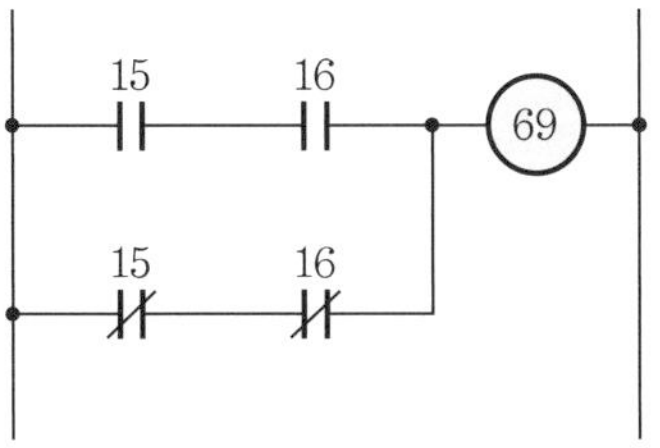

(1) X의 타임차트를 완성하고, 논리식 X를 쓰시오.
(2) 릴레이 접점회로를 그리시오.
(3) AND, OR, NOT 등의 논리소자를 이용하여 로직회로를 그리시오.
(4) 표 (b)와 같은 프로그램에 PLC 래더 다이어그램이 그림과 같을 때 표 (b)에 ①~⑥의 프로그램을 완성하시오. [단, 회로 시작(STR), 출력(OUT), AND, OR, NOT 등의 명령어를 사용한다.]

답안 (1)

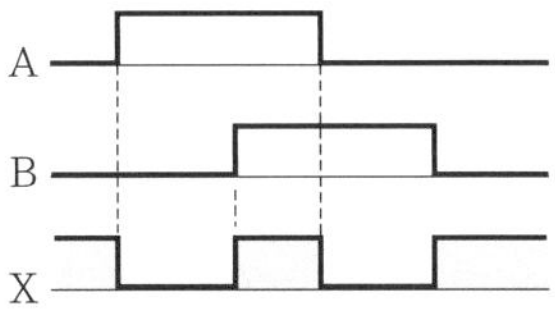

논리식 : $X = AB + \overline{A} \cdot \overline{B}$

(2)

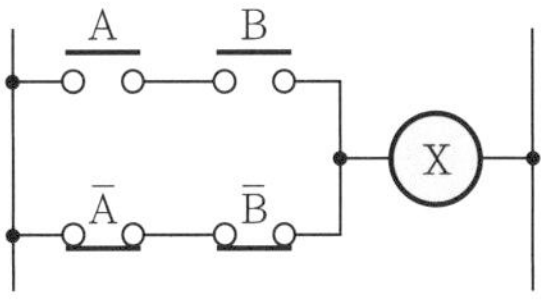

(3)

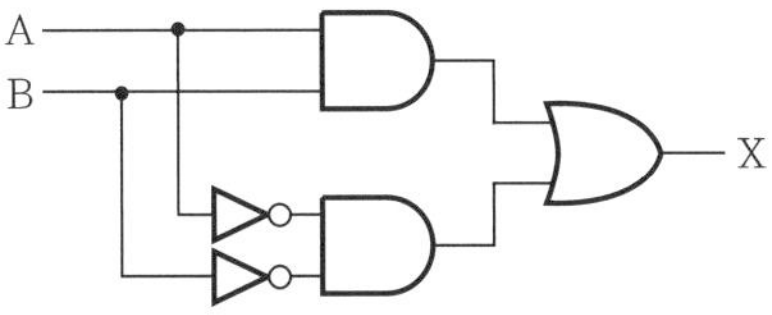

(4) ① STR
② STR NOT
③ 15
④ AND NOT
⑤ OUT
⑥ 69

문제 03 기사 10년 출제

배점 : 5점

다음 명령어를 참고하여 미완성 PLC 래더 다이어그램을 완성하시오.

STEP	명령어	번 지
0	LOAD	P000
1	LOAD	P001
2	OR	P010
3	AND LOAD	–
4	AND NOT	P003
5	OUT	P010

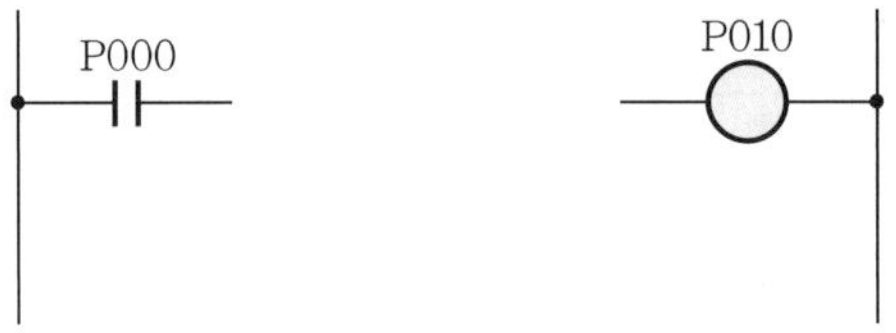

답안

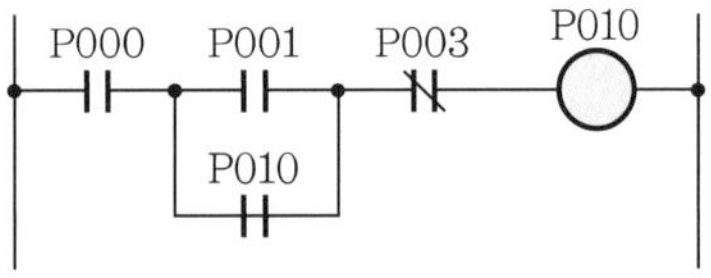

문제 04 기사 16년 출제

배점 : 4점

다음 그림과 같은 유접점회로에 대한 주어진 미완성 PLC 래더 다이어그램을 완성하고, 표의 빈칸 ①~⑥에 해당하는 프로그램을 완성하시오. (단, 회로 시작 LOAD, 출력 OUT, 직렬 AND, 병렬 OR, b접점 NOT, 그룹간 묶음 AND LOAD이다.)

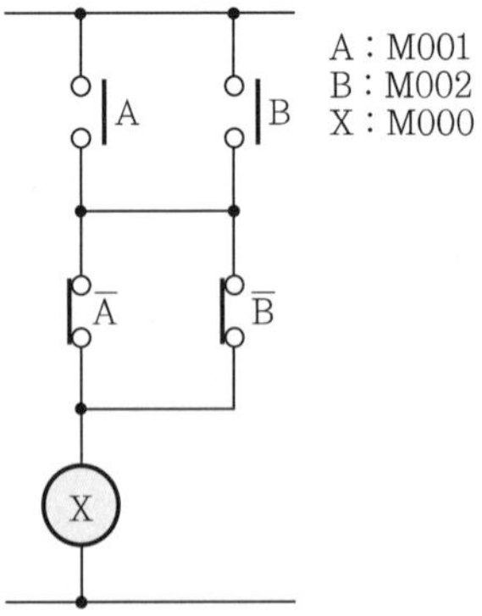

• 프로그램

차 례	명 령	번 지
0	LOAD	M001
1	①	M002
2	②	③
3	④	⑤
4	⑥	–
5	OUT	M000

• 래더 다이어그램

답안

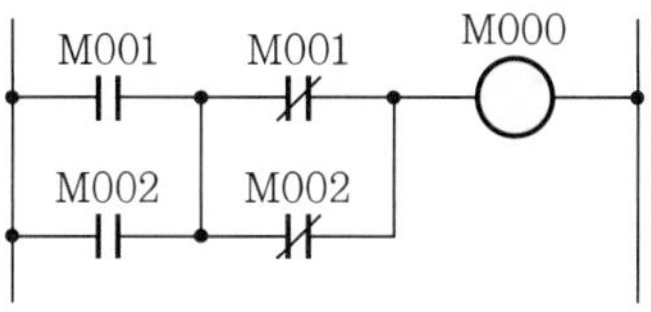

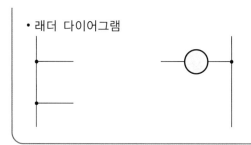

① OR
② LOAD NOT
③ M001
④ OR NOT
⑤ M002
⑥ AND LOAD

문제 05 기사 14년 출제

배점 : 5점

다음의 PLC 프로그램을 보고, 래더 다이어그램을 완성하시오.

차 례	명령어	번 지
1	STR	P00
2	OR	P01
3	STR NOT	P02
4	OR	P03
5	AND STR	–
6	AND NOT	P04
7	OUT	P10

답안

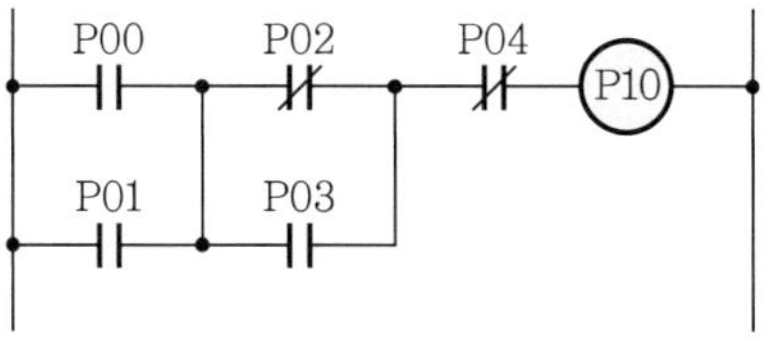

문제 06 기사 20년 출제

배점 : 4점

다음과 같은 래더 다이어그램을 보고 PLC 프로그램을 완성하시오. (단, 타이머 설정시간 t는 0.1초 단위이다.)

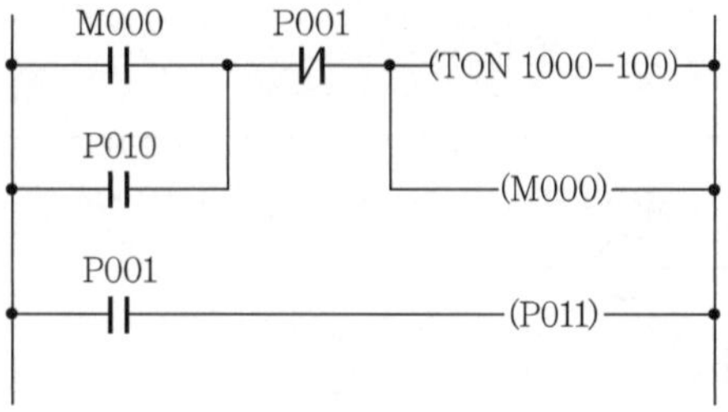

ADD	OP	DATA
0	LOAD	M000
1		
2		
3	TON	1000
4	DATA	100
5		
6		
7	OUT	P011
8	END	

답안

ADD	OP	DATA
0	LOAD	M000
1	OR	P010
2	AND NOT	P001
3	TON	1000
4	DATA	100
5	OUT	M000
6	LOAD	P001
7	OUT	P011
8	END	

문제 07 기사 12년, 13년, 14년, 15년 출제

배점 : 5점

다음은 PLC 래더 다이어그램에 의한 프로그램이다. 아래의 [명령어]를 활용하여 각 스텝에 알맞은 내용으로 프로그램하시오.

[명령어]
- 입력 a접점 : LD
- 직렬 a접점 : AND
- 병렬 a접점 : OR
- 블록 간 병렬접속 : OB
- 입력 b접점 : LDI
- 직렬 b접점 : ANI
- 병렬 b접점 : ORI
- 블록 간 직렬접속 : ANB

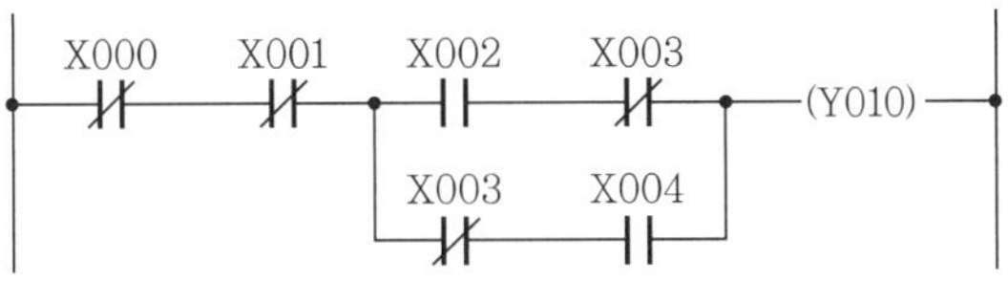

step	명령어	번 지
1		
2		
3		
4		
5		
6		
7		
8		
9	OUT	Y010

답안

step	명령어	번 지
1	LDI	X000
2	ANI	X001
3	LD	X002
4	ANI	X003
5	LDI	X003
6	AND	X004
7	OB	–
8	ANB	–
9	OUT	Y010

문제 08 기사 10년 출제

배점 : 5점

다음은 PLC 래더 다이어그램을 주어진 표의 빈칸 "①~⑧"에 명령어를 채워 프로그램을 완성하시오.

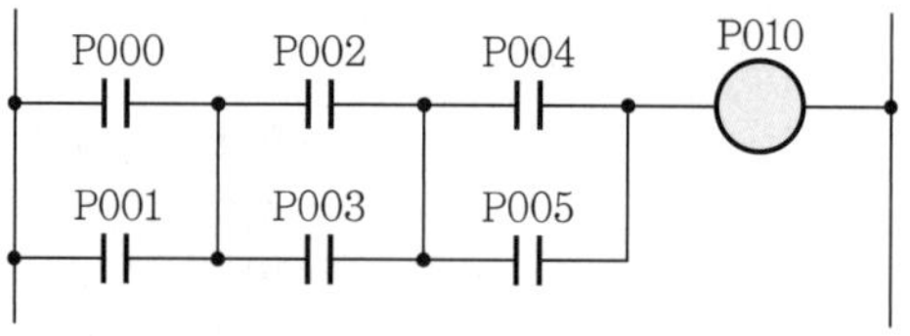

- 입력 : LOAD
- 병렬 : OR
- 블록 간 직렬결합 : AND LOAD
- 출력 : AND
- 블록 간 병렬결합 : OR AND

STEP	명령어	번 지
0	LOAD	P000
1	(①)	P001
2	(②)	(⑥)
3	(③)	(⑦)
4	AND LOAD	–
5	(④)	(⑧)
6	(⑤)	P005
7	AND LOAD	–
8	OUT	P010

답안 ① OR, ② LOAD, ③ OR, ④ LOAD
⑤ OR, ⑥ P002, ⑦ P003, ⑧ P004

문제 09 기사 13년, 18년 출제

배점 : 7점

그림과 같은 PLC 시퀀스(래더 다이어그램)가 있다. 물음에 답하시오.

(1) PLC 프로그램에서의 신호 흐름은 단방향이므로 시퀀스를 수정해야 한다. 문제의 도면을 바르게 작성하시오.

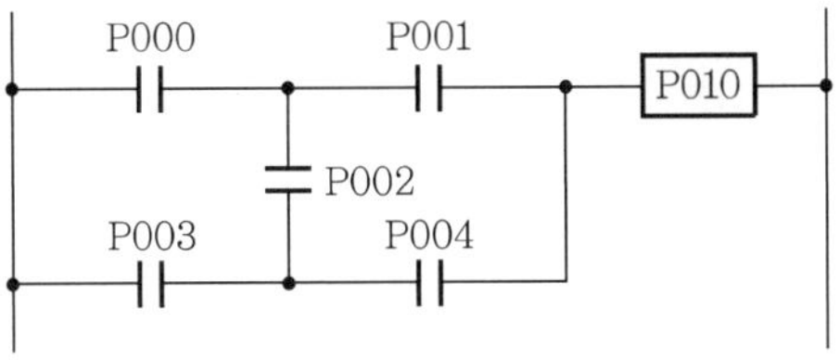

(2) PLC 프로그램을 보고 표의 ①~⑧을 완성하시오. (단, 명령어는 LOAD, AND, OR, NOT, OUT를 사용한다.)

차 례	명령어	번 지
0	LOAD	P000
1	AND	P001
2	(①)	(②)
3	AND	P002
4	AND	P004
5	OR LOAD	
6	(③)	(④)
7	AND	P002
8	(⑤)	(⑥)
9	OR LOAD	
10	(⑦)	(⑧)
11	AND	P004
12	OR LOAD	
13	OUT	P010

답안 (1)

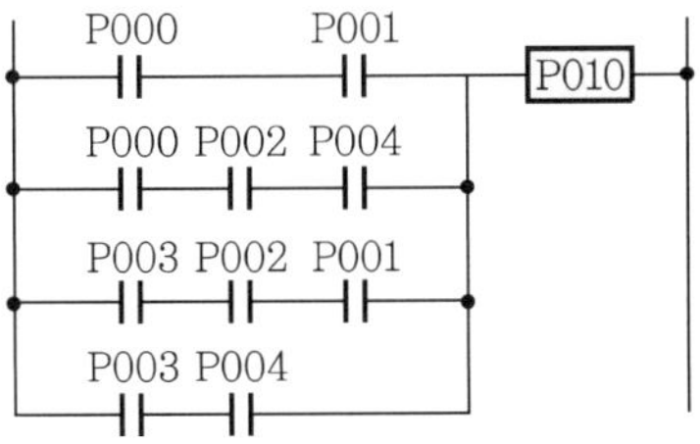

(2) ① LOAD, ② P000, ③ LOAD, ④ P003
⑤ AND, ⑥ P001, ⑦ LOAD, ⑧ P003

1990년~최근 출제된 기출 이론 분석 및 유형별 문제

09 CHAPTER 옥내 배선회로

기출개념 01 3로 스위치(●3)를 이용한 회로

(1) 전등 2개를 스위치 2개로 별도로 1개소에서 점멸시키는 회로

[실제 배선도]

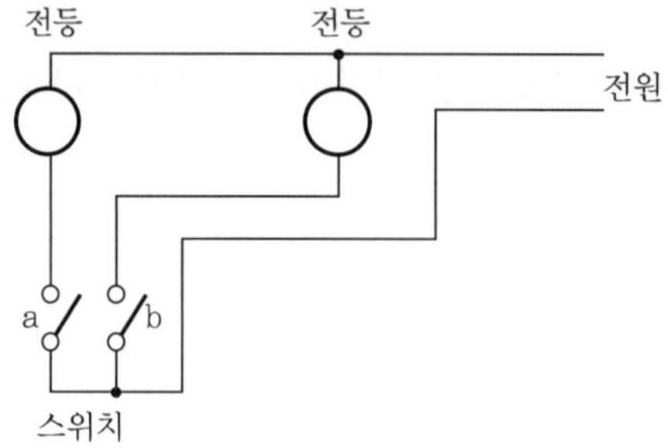

[단선도]

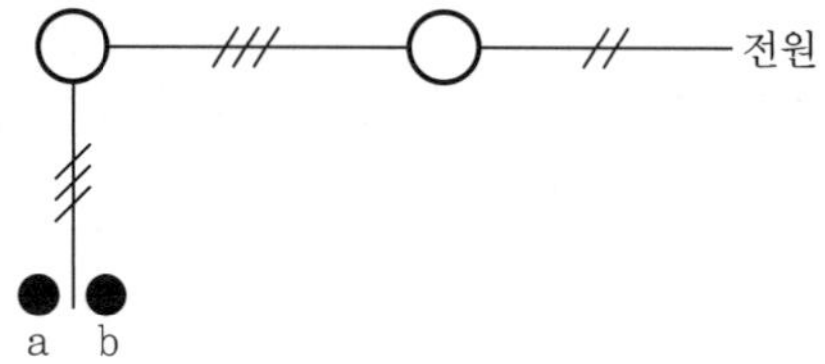

(2) 전등 1개를 스위치 2개로 2개소에서 점멸시키는 회로

[실제 배선도]

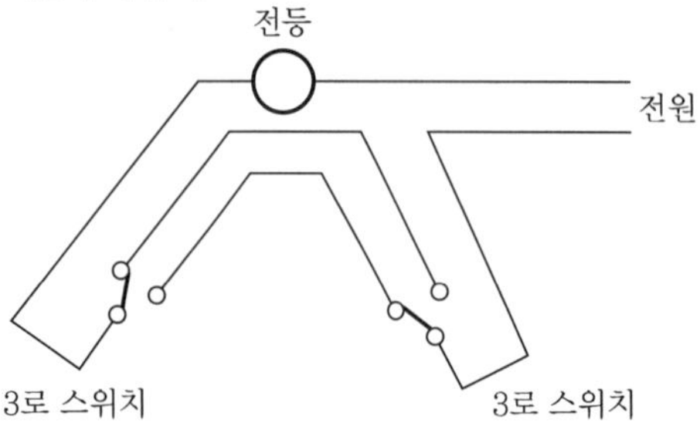

[단선도]

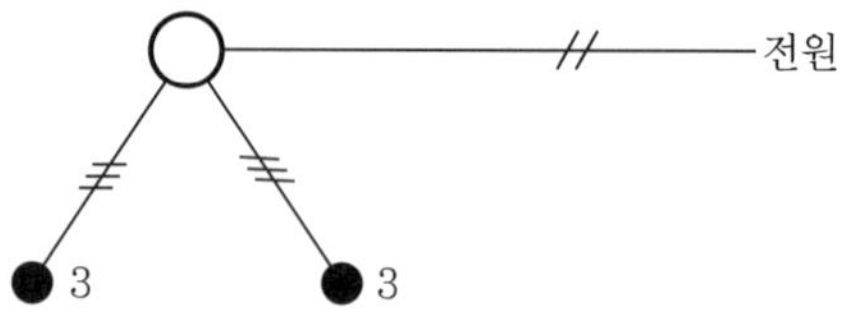

(3) 전등 2개를 동시에 2개소에서 점멸시키는 회로

[실제 배선도]

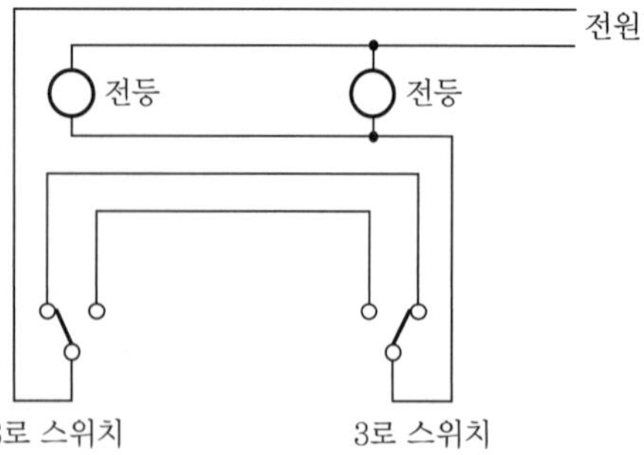

[단선도]

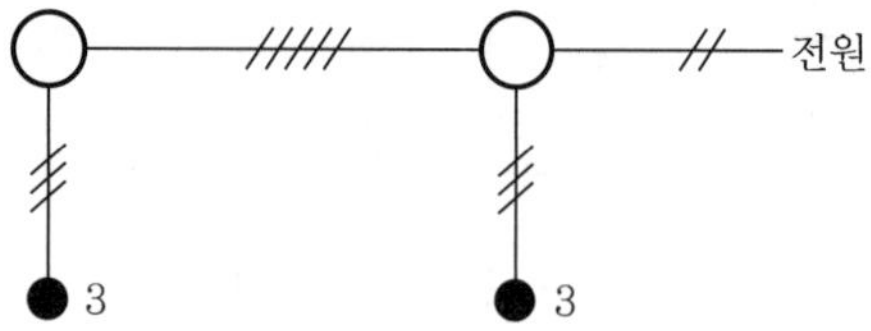

단원 빈출문제

문제 01 기사 97년, 18년 출제

배점 : 5점

다음 그림은 옥내 배선도의 일부를 표시한 것이다. ㉠, ㉡ 전등은 A 스위치로 ㉢, ㉣ 전등은 B 스위치로 점멸되도록 설계하고자 한다. 각 배선에 필요한 최소 전선 가닥수를 표시하시오.

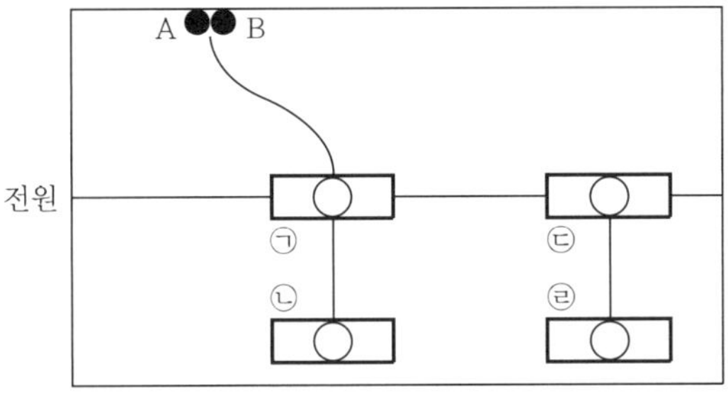

답안

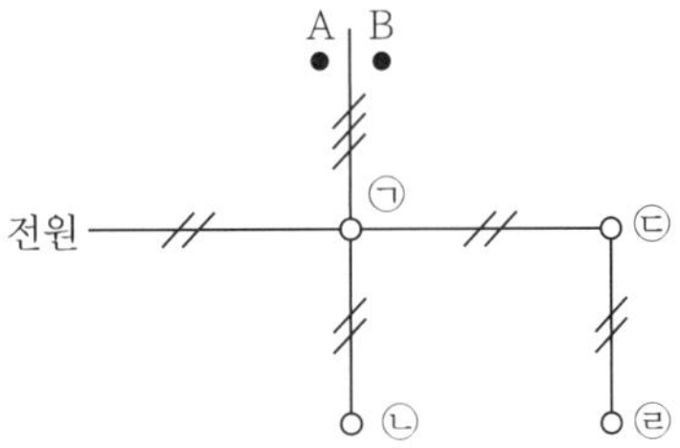

문제 02 기사 13년 출제

배점 : 5점

다음 동작 설명과 같이 동작이 될 수 있는 시퀀스제어도를 그리시오.

[동작 설명]

1. 3로 스위치 S_{3-1}을 ON, S_{3-2}를 ON했을 시 R_1, R_2가 직렬 점등되고 S_{3-1}을 OFF, S_{3-2}를 OFF했을 시 R_1, R_2가 병렬 점등한다.
2. 푸시버튼 스위치 PB를 누르면 R_3와 B가 병렬로 동작한다.

답안

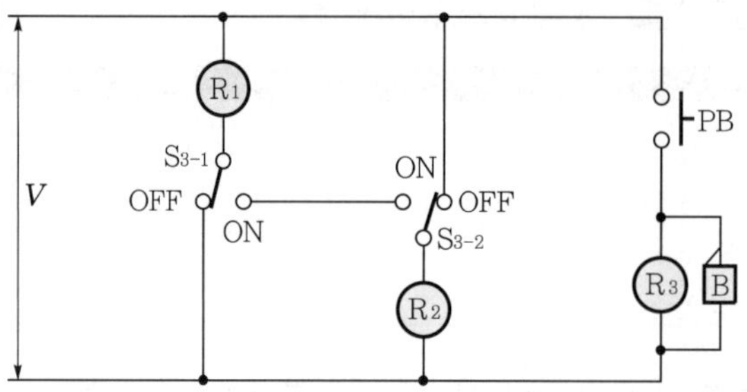

문제 03 기사 97년, 10년 출제

배점 : 5점

다음 그림에서 (가), (나) 부분의 전선수는?

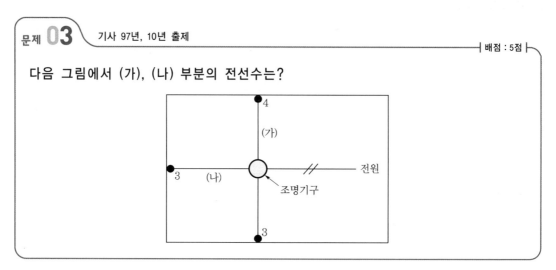

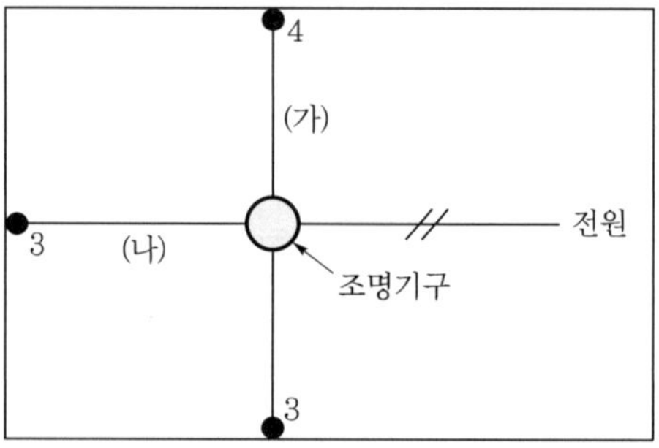

답안 (가) 4본
(나) 3본

문제 04 기사 20년 출제

배점 : 5점

전등을 한 계통의 3개소에서 점멸하기 위하여 3로 스위치 2개와 4로 스위치 1개로 조합하는 경우 이들의 계통도(배선도)를 그리시오

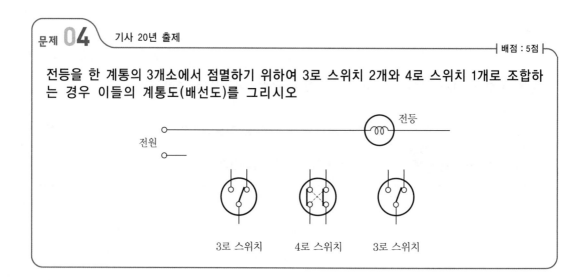

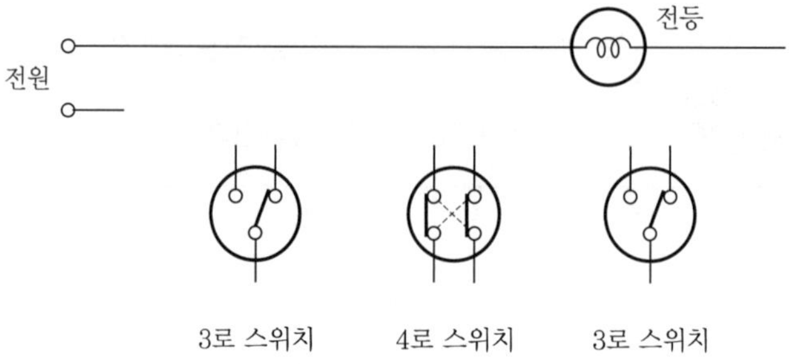

답안

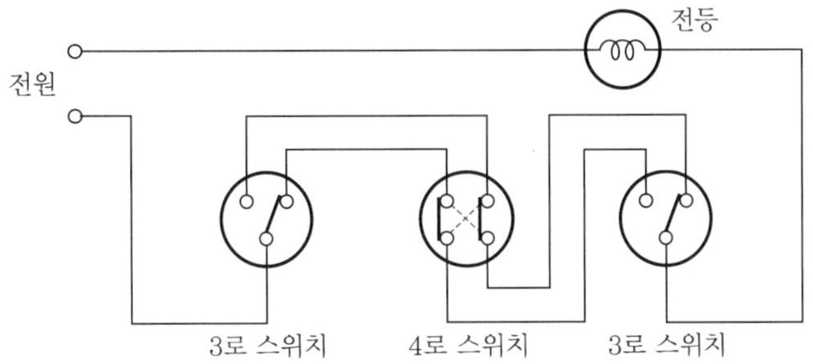

문제 05 기사 08년 출제

배점 : 5점

다음 동작사항을 읽고 미완성 시퀀스도를 완성하시오.

[동작사항]

① 3로 스위치 S_3가 OFF 상태에서 푸시버튼 스위치 PB_1을 누르면 부저 B_1이 PB_2를 누르면 B_2가 울린다.

② 3로 스위치 S_3가 ON 상태에서 푸시버튼 스위치 PB_1을 누르면 R_1이 PB_2를 누르면 R_2가 점등된다.

③ 콘센트에는 항상 전압이 걸린다.

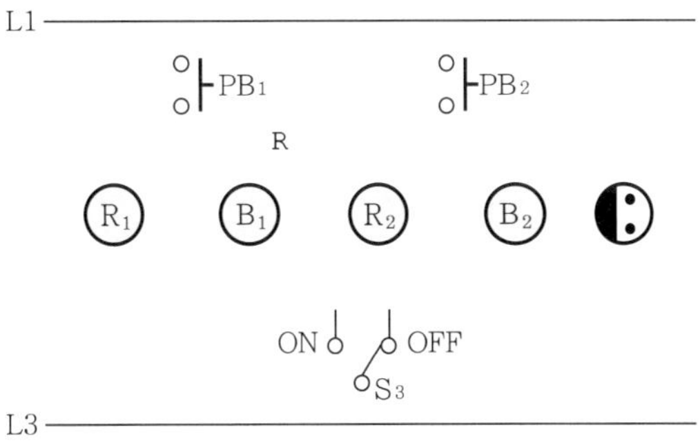

답안

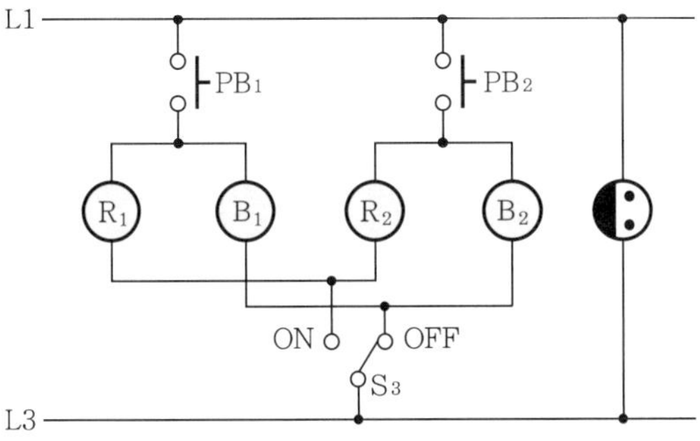

MEMO

P·A·R·T

04 전기설비설계

01 상정 부하용량 및 분기회로

CHAPTER

기출개념 01 건축물의 종류에 따른 표준 부하

▌표준 부하▐

건축물의 종류	표준 부하[VA/m²]
공장, 공회당, 사원, 교회, 극장, 영화관, 연회장 등	10
기숙사, 여관, 호텔, 병원, 학교, 음식점, 다방, 대중목욕탕	20
사무실, 은행, 상점, 이발소, 미장원	30
주택, 아파트	40

기출개념 02 건축물 중 별도 계산할 부분의 표준 부하(주택, 아파트는 제외)

▌부분적인 표준 부하▐

건축물의 부분	표준 부하[VA/m²]
복도, 계단, 세면장, 창고, 다락	5
강당, 관람석	10

기출개념 03 표준 부하에 따라 산출한 수치에 가산하여야 할 부하용량[VA]

(1) 주택, 아파트(1세대 마다)에 대하여는 500~1,000[VA]

(2) 상점의 진열장에 대하여는 진열장 폭 1[m]에 대하여 300[VA]

(3) 옥외의 광고등, 전광사인, 네온사인 등의 [VA]수

기출개념 04 상정 부하용량

$$\text{부하설비용량} = PA + QB + C$$

여기서, P : 건축물의 바닥면적[m^2](Q부분 면적 제외)

A : P부분의 표준 부하[VA/m^2]

Q : 별도 계산할 부분의 바닥면적[m^2]

B : Q부분의 표준 부하[VA/m^2]

C : 가산해야 할 부하[VA]

기출개념 05 분기회로수

$$\text{분기회로수} = \frac{\text{표준 부하밀도[VA/m}^2\text{]} \times \text{바닥면적[m}^2\text{]}}{\text{전압[V]} \times \text{분기회로의 전류[A]}}$$

[주] 1. 계산결과에 소수가 발생하면 절상한다.
2. 대형 전기기계기구에 대하여는 별도로 전용 분기회로로 만들 것

개념문제 01 기사 84년, 92년, 96년, 00년, 10년 출제 | 배점 : 6점 |

점포가 붙어 있는 주택이 그림과 같을 때 주어진 참고자료를 이용하여 예상되는 설비부하용량을 상정하고, 분기회로수는 원칙적으로 몇 회로로 하여야 하는지를 산정하시오. (단, 사용전압은 220[V]라고 한다.)

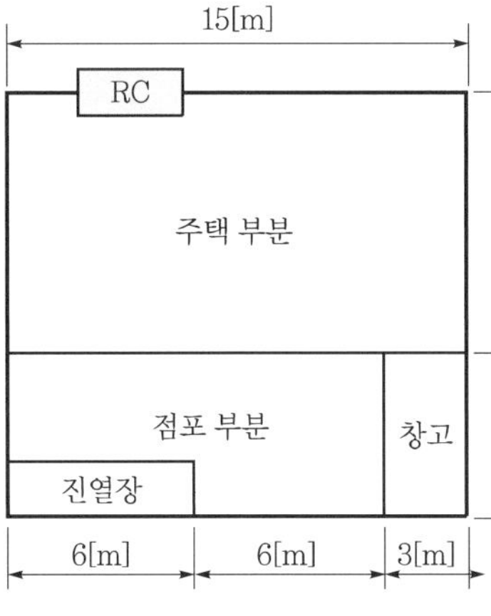

- RC는 룸 에어컨디셔너 1.1[kW]
- 주어진 참고자료의 수치 적용은 최댓값을 적용하도록 한다.

[참고자료]

(1) 설비부하용량은 다만 "(1)" 및 "(2)"에 표시하는 종류 및 그 부분에 해당하는 표준 부하에 바닥 면적을 곱한 값에 "(3)"에 표시하는 건물 등에 대응하는 표준 부하[VA]를 가한 값으로 할 것

표준 부하

건축물의 종류	표준 부하[VA/m^2]
공장, 공회당, 사원, 교회, 극장, 영화관, 연회장 등	10
기숙사, 여관, 호텔, 병원, 학교, 음식점, 다방, 대중목욕탕	20
사무실, 은행, 상점, 이발소, 미장원	30
주택, 아파트	40

[비고] 1. 건물이 음식점과 주택 부분의 2종류로 될 때에는 각각 그에 따른 표준 부하를 사용한다.
2. 학교와 같이 건물의 일부분이 사용되는 경우에는 그 부분만을 적용한다.

(2) 건물(주택, 아파트 제외) 중 별도 계산할 부분의 표준 부하

부분적인 표준 부하

건축물의 부분	표준 부하[VA/m^2]
복도, 계단, 세면장, 창고, 다락	5
강당, 관람석	10

(3) 표준 부하에 따라 산출한 수치에 가산하여야 할 [VA]수

① 주택, 아파트(1세대마다)에 대하여는 1,000~500[VA]
② 상점의 진열장에 대하여는 진열장 폭 1[m]에 대하여 300[VA]
③ 옥외의 광고등, 전광사인 등의 [VA]수
④ 극장, 댄스홀 등의 무대 조명, 영화관 등의 특수 전등 부하의 [VA]수

답안
- 계산과정

상정 부하용량 $= 15\times12\times40+12\times10\times30+3\times10\times5+6\times300+1{,}000+1{,}100$
$= 14{,}850[\text{VA}]$

$$\text{분기회로수} = \frac{\text{상정 부하용량[VA]}}{\text{사용전압[V]} \times \text{분기회로 전류[A]}}$$

$$= \frac{14{,}850}{220\times16} = 4.218[\text{회로}]$$

- 답 : 5[회로]

해설
- 단독(전용) 분기회로
  사용전압 220[V], 소비전력 3[kW] 이상인 냉방기기, 취사용 기기
  (사용전압 110[V], 소비전력 1.5[kW] 이상)
- 룸 에어컨디셔너 1.1[kW]이므로 일반 분기회로에 포함한다.
  주택의 가산 부하는 최댓값인 1,000[VA]를 적용하였다.

개념 문제 02 산업 99년, 01년 출제 | 배점 : 5점 |

평면도와 같은 건물에 대한 전기배선을 설계하기 위하여, 전등 및 소형 전기기계기구의 부하용량을 상정하여 분기회로수를 결정하고자 한다. 주어진 평면도와 표준 부하를 이용하여 최대부하용량을 상정하고 최소분기회로수를 결정하시오. (단, 분기회로는 16[A] 분기회로이며, 배전전압은 220[V]를 기준하고, 적용 가능한 부하는 최댓값으로 상정할 것)

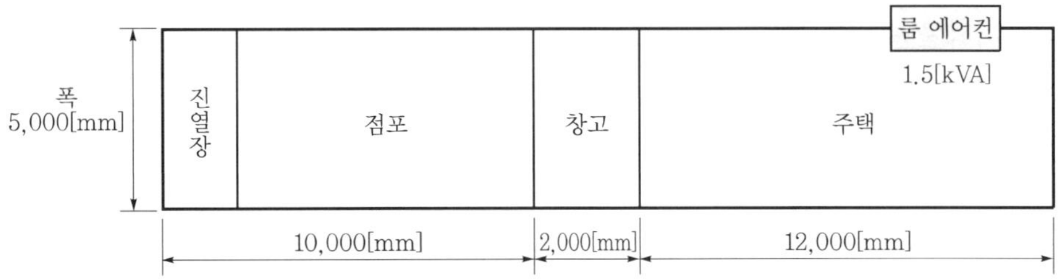

- 설비 부하용량은 (1) 및 (2)에 표시하는 건물의 종류 및 그 부분에 해당하는 표준 부하에 바닥면적을 곱한 값과 (3)에 표시하는 건물 등에 대응하는 표준 부하[VA]를 합한 값으로 할 것

(1) 건물의 종류에 대응한 표준 부하

▌표준 부하▐

건축물의 종류	표준 부하[VA/m²]
공장, 공회당, 사원, 교회, 극장, 영화관, 연회장 등	10
기숙사, 여관, 호텔, 병원, 학교, 음식점, 다방, 대중목욕탕	20
사무실, 은행, 상점, 이발소, 미장원	30
주택, 아파트	40

[비고] 1. 건물이 음식점과 주택 부분의 2종류로 될 때에는 각각 그에 따른 표준 부하를 사용한다.
2. 학교와 같이 건물의 일부분이 사용되는 경우에는 그 부분만을 적용한다.

(2) 건물(주택, 아파트를 제외) 중 별도 계산할 부분의 표준 부하

▌부분적인 표준 부하▐

건축물의 부분	표준 부하[VA/m²]
복도, 계단, 세면장, 창고, 다락	5
강당, 관람석	10

(3) 표준 부하에 따라 산출한 수치에 가산하여야 할 [VA]수
- 주택, 아파트(1세대마다)에 대하여는 1,000~500[VA]
- 상점의 진열장에 대하여는 진열장 폭 1[m]에 대하여 300[VA]
- 옥외의 광고등, 전광사인, 네온사인 등의 [VA]수
- 극장, 댄스홀 등의 무대조명, 영화관 등의 특수 전등 부하의 [VA]수

(4) 예상이 곤란한 콘센트, 틀어 끼우는 접속기, 소켓 등이 있을 경우에라도 이를 상정하지 않는다.

답안 • 계산과정

(1) 건물의 종류에 대응한 표준 부하

– 점포 : $10 \times 5 \times 30 = 1{,}500$[VA]

– 주택 : $12 \times 5 \times 40 = 2{,}400$[VA]

(2) 건물 중 별도 계산할 부분의 부하용량

– 창고 : $2 \times 5 \times 5 = 50$[VA]

(3) 표준 부하에 따라 산출한 수치에 가산하여야 할 [VA]수

– 주택 1세대 : 1,000[VA](적용 가능한 최대부하로 상정)

– 진열창 : $5 \times 300 = 1{,}500$[VA]

– 룸 에어컨 : 1,500[VA]

∴ 최대부하용량 $p = 1{,}500 + 2{,}400 + 50 + 1{,}000 + 1{,}500 + 1{,}500 = 7{,}950$[VA]

16[A] 분기회로수 $N = \dfrac{7{,}950}{16 \times 220} = 2.26$

• 답 : 최대부하용량 7,950[VA], 분기회로수 : 16[A] 분기 3[회로]

해설 **분기회로수**

220[V]에서 정격소비전력 3[kW](110[V] 때는 1.5[kW]) 이상인 냉방기기, 취사용 기기는 전용 분기회로로 하여야 한다. 그러나 룸 에어컨은 1.5[kVA]이므로 단독 분기회로로 할 필요 없음

단원 빈출문제

문제 01 기사 11년 출제

배점 : 6점

그림에 제시된 건물의 표준 부하표를 보고 건물단면도의 분기회로수를 산출하시오. (단, ① 사용전압은 220[V]로 하고 룸 에어컨은 별도 회로로 한다. ② 가산해야 할 [VA]수는 표에 제시된 값 범위 내에서 큰 값을 적용한다. ③ 부하의 상정은 표준 부하법에 의해 설비 부하용량을 산출한다.)

▌건물의 표준 부하표▐

건물의 종류		표준 부하[VA/m^2]
P	공장, 공회당, 사원, 교회, 극장, 연회장 등	10
	기숙사, 여관, 호텔, 병원, 학교, 음식점, 다방, 대중목욕탕 등	20
	사무실, 은행, 상점, 이용소, 미장원	30
	주택, 아파트	40
Q	복도, 계단, 세면장, 창고, 다락	5
	강당, 관람석	10
C	주택, 아파트(1세대마다)에 대하여	500~1,000[VA]
	상점의 진열장은 폭 1[m]에 대하여	300[VA]
	옥외의 광고등, 전광사인, 네온사인 등	실[VA]수
	극장, 댄스홀 등의 무대조명, 영화관의 특수 전등 부하	실[VA]수

(단, P : 주 건축물의 바닥면적[m^2], Q : 건축물의 부분의 바닥면적[m^2], C : 가산해야 할 [VA]수임)

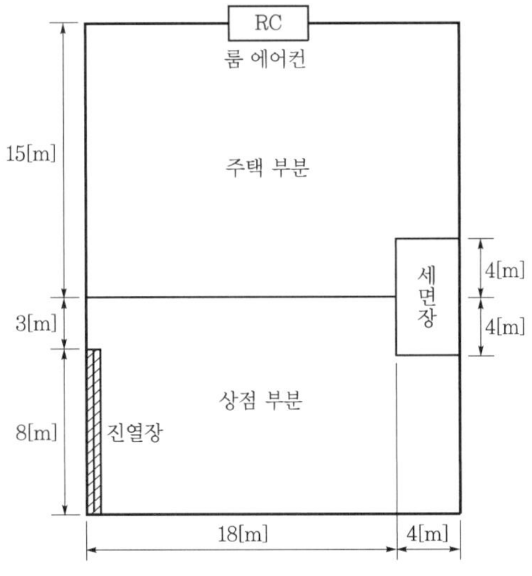

• 계산과정 :

• 답 :

답안 • 계산과정

상정 부하용량 $=(22\times15-4\times4)\times40+(22\times11-4\times4)\times30+4\times8\times5+8\times300+1{,}000$
$=22{,}900[VA]$

– 일반 분기회로(16[A]) $=\dfrac{22{,}900}{220\times16}=6.50$[회로] $=7$[회로]

– 전용 분기회로(룸 에어컨) $=1$[회로]

– 총 분기회로수 $=7+1=8$[회로]

• 답 : 8[회로]

해설 룸 에어컨은 별도 회로(전용회로)로 한다고 제시되어 있다.

문제 02 기사 86년, 95년, 04년, 05년 출제

배점 : 10점

다음과 같은 아파트 단지를 계획하고 있다. 주어진 [규모] 및 [조건]을 이용하여 다음 각 물음에 답하시오.

[규모]

① 아파트 동수 및 세대수 : 2동, 300세대

② 세대당 면적과 세대수

• 1동

세대당 면적 [m^2]	상정 부하 [VA/m^2]	가산 부하 [VA]	세대수	상정 부하 [VA]
50	30	750	50	
70	30	750	40	
90	30	1,000	30	
110	30	1,000	30	
합계				

• 2동

세대당 면적 [m^2]	상정 부하 [VA/m^2]	가산 부하 [VA]	세대수	상정 부하 [VA]
50	30	750	60	
70	30	750	20	
90	30	1,000	40	
110	30	1,000	30	
합계				

③ 가산[VA] : 80[m^2] 이하 750[VA]
150[m^2] 이하 1,000[VA]

④ 계단, 복도, 지하실 등의 공용면적 1동 : 1,700[m^2], 2동 : 1,700[m^2]

⑤ [m^2]당 상정 부하
아파트 : 30[VA/m^2], 공용부분 : 7[VA/m^2]
⑥ 수용률 : • 70세대 이하 65[%]
• 100세대 이하 60[%]
• 150세대 이하 55[%]
• 200세대 이하 50[%]

[조건]
① 모든 계산은 피상전력을 기준으로 한다.
② 역률은 100[%]로 보고 계산한다.
③ 주변전실로부터 1동까지는 150[m]이며 동 내의 전압강하는 무시한다.
④ 각 세대의 공급방식은 110/220[V]의 단상 3선식으로 한다.
⑤ 변전실의 변압기는 단상 변압기 3대로 구성한다.
⑥ 동간 부등률은 1.4로 본다.
⑦ 공용부분의 수용률은 100[%]로 한다.
⑧ 주변전실에서 각 동까지의 전압강하는 3[%]로 한다.
⑨ 간선은 후강전선관 배관으로 NR 전선을 사용하며 간선의 굵기는 300[mm^2] 이하를 사용하여야 한다.
⑩ 이 아파트 단지의 수전은 13,200/22,900[V]의 Y 3상 4선식의 계통에서 수전한다.

(1) 1동의 상정 부하는 몇 [VA]인가?
(2) 2동의 수용 부하는 몇 [VA]인가?
(3) 1, 2동의 변압기 용량을 계산하기 위한 부하는 몇 [VA]인가?
(4) 이 단지의 변압기는 단상 몇 [kVA]짜리 3대를 설치하여야 하는가? (단, 변압기의 용량은 10[%]의 여유율을 보며 단상 변압기의 표준용량은 75, 100, 150, 200, 300[kVA] 등이다.)
(5) 1동까지의 간선을 1회선으로 공급한다면 간선 규격은 최소 몇 [mm^2] 전선 몇 가닥으로 설치하여야 하는가?
(6) 1동까지의 실제 전압강하는 몇 [%]인가?
(7) 이 아파트용 수전설비의 피뢰기의 정격전압은 몇 [kV]이어야 하는가?
(8) 이 아파트용 수전설비에 설치하는 전력계의 최대 눈금(scale)은 얼마로 하여야 하는가? (단, CT의 1차 정격전류는 5[A], 10[A], 15[A], 20[A], 25[A], 30[A] 등이 있으며 CT의 2차 정격전류는 5[A]로 본다. 또한 PT의 2차 전압은 110[A]로 본다.)

답안 (1) 478,400[VA]
(2) 269,850[VA]
(3) 384,518[VA]
(4) 150[kVA]
(5) 1상당 전선 300[mm^2]×4가닥 설치
(6) 2.47[%]
(7) 18[kV]
(8) 500[kW]로 산정

해설 (1) 상정 부하=(바닥면적×[m^2]당 상정 부하) + 가산 부하에서

세대당 면적 [m^2]	상정 부하 [VA/m^2]	가산 부하 [VA]	세대수	상정 부하 [VA]
50	30	750	50	[(50×30)+750]×50=112,500
70	30	750	40	[(70×30)+750]×40=114,000
90	30	1,000	30	[(90×30)+1,000]×30=111,000
110	30	1,000	30	[(110×30)+1,000]×30=129,000
합 계	466,500[VA]			

∴ 공용면적까지 고려한 상정 부하 $=466{,}500+1{,}700\times7=478{,}400$ [VA]

(2)

세대당 면적 [m^2]	상정 부하 [VA/m^2]	가산 부하 [VA]	세대수	상정 부하 [VA]
50	30	750	60	[(50×30)+750]×60=135,000
70	30	750	20	[(70×30)+750]×20=57,000
90	30	1,000	40	[(90×30)+1,000]×40=148,000
110	30	1,000	30	[(110×30)+1,000]×30=129,000
합 계	469,000[VA]			

∴ 공용면적까지 고려한 수용 부하 $=469{,}000\times0.55+1{,}700\times7=269{,}850$[VA]

(3) 합성 최대전력 $=\dfrac{\text{최대전력}}{\text{부등률}}=\dfrac{\text{설비용량}\times\text{수용률}}{\text{부등률}}$

$$=\frac{466{,}500\times0.55+1{,}700\times7+469{,}000\times0.55+1{,}700\times7}{1.4}=384{,}518[\text{VA}]$$

(4) 변압기 용량 $=\dfrac{384{,}518}{3}\times1.1\times10^{-3}=140.99[\text{kVA}]$

따라서, 표준용량 150[kVA]를 산정한다.

(5) 간선의 굵기 선정

$I=\dfrac{P}{V}=\dfrac{268{,}475}{220}=1{,}220.34[\text{A}]$

$e'=110\times0.03=3.3[\text{V}]$

$\therefore\ A=\dfrac{17.8LI}{1{,}000e'}=\dfrac{17.8\times150\times1{,}220.34}{1{,}000\times3.3}=987.37[\text{mm}^2]$

∴ 300[mm^2]를 사용할 경우 전선의 가닥수는 $987.37\div300=3.29$ → 4(가닥)

(6) $e'=\dfrac{17.8\times150\times1{,}220.34}{1{,}000\times300\times4}=2.72[\text{V}]$

전압강하율 $=\dfrac{V_s-V_r}{V_r}\times100=\dfrac{2.72}{110}\times100=2.47[\%]$

(8) 최대수용전력이 384.52[kVA]이므로 전력계의 최대 눈금은 120~150[%]의 여유를 두면 461.4~576.78[kVA]가 된다.

1990년~최근 출제된 기출 이론 분석 및 유형별 문제

02 CHAPTER 조명설계

기출개념 01 옥내조명설계

1 전등의 설치 높이와 간격

(1) 등간격

$$S \leqq 1.5H$$

(2) 등과 벽의 간격

$$S_o \leqq \frac{1}{2}H \text{(벽을 사용하지 않을 경우)}$$

$$S_o \leqq \frac{1}{3}H \text{(벽을 사용하는 경우)}$$

여기서, H는 피조면으로부터 천장까지의 높이

2 실지수(room index) : G

방의 크기와 모양에 따른 광속의 이용척도

$$G = \frac{XY}{H(X+Y)}$$

여기서, X : 방의 가로길이, Y : 방의 세로길이
H : 작업면으로부터 광원의 높이

기출개념 02 조도 : E

$$E = \frac{FUN}{DA} \text{[lx]}$$

여기서, F : 등당 광속[lm], U : 조명률[%]
N : 등수[등], D : 감광보상률
A : 방의 면적[m²]

기출 개념 03 조도의 분류

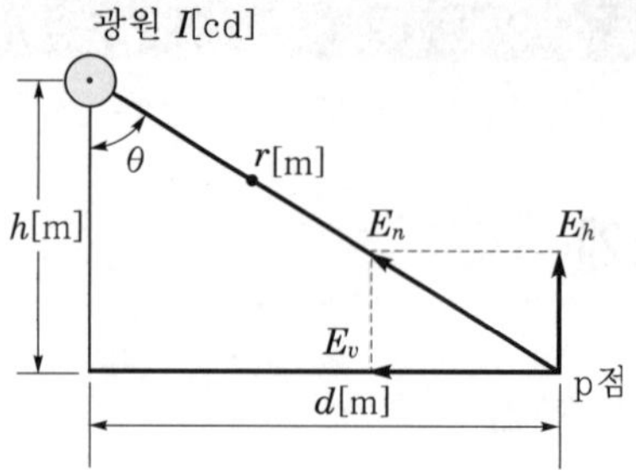

(1) 법선 조도

$$E_n = \frac{I}{r^2}\ [\text{lx}]$$

(2) 수평면 조도

$$E_h = E_n \cos\theta = \frac{I}{r^2}\cos\theta = \frac{I}{h^2+d^2}\cos\theta\ [\text{lx}]$$

(3) 수직면 조도

$$E_v = E_n \sin\theta = \frac{I}{r^2}\sin\theta = \frac{I}{h^2+d^2}\sin\theta\ [\text{lx}]$$

개념 문제 기사 96년, 10년 출제 배점 : 6점

그림과 같이 높이 5[m]의 점에 있는 백열전등에서 광도 12,500[cd]의 빛이 수평거리 7.5[m]의 점 P에 주어지고 있다. 이때 주어진 표를 이용하여 다음 각 물음에 답하시오.

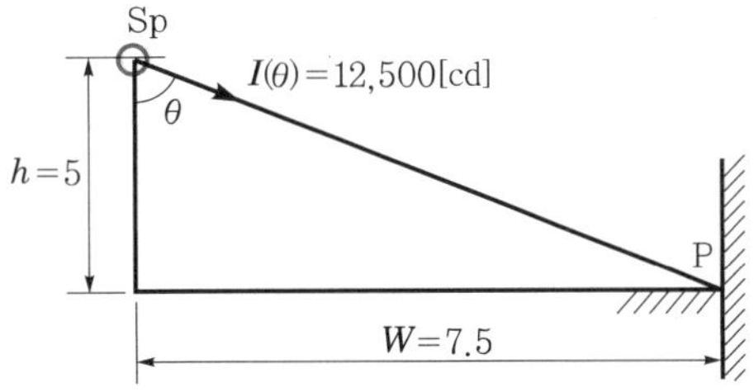

▌ W/h에서 구한 $\cos^2\theta \times \sin\theta$의 값 ▌

W	$0.1h$	$0.2h$	$0.3h$	$0.4h$	$0.5h$	$0.6h$	$0.7h$	$0.8h$
$\cos^2\theta \times \sin\theta$	0.099	0.189	0.264	0.320	0.358	0.378	0.385	0.381
W	$0.9h$	$1.0h$	$1.5h$	$2.0h$	$3.0h$	$4.0h$	$5.0h$	–
$\cos^2\theta \times \sin\theta$	0.370	0.354	0.256	0.179	0.095	0.057	0.038	–

▌ W/h에서 구한 $\cos^3\theta$의 값 ▌

W	$0.1h$	$0.2h$	$0.3h$	$0.4h$	$0.5h$	$0.6h$	$0.7h$	$0.8h$
$\cos^3\theta$	0.985	0.945	0.879	0.800	0.716	0.631	0.550	0.476
W	$0.9h$	$1.0h$	$1.5h$	$2.0h$	$3.0h$	$4.0h$	$5.0h$	–
$\cos^3\theta$	0.411	0.354	0.171	0.089	0.032	0.014	0.008	–

(1) P점의 수평면 조도를 구하시오.
(2) P점의 수직면 조도를 구하시오.

답안 (1) 수평면 조도

그림에서 $\frac{W}{h} = \frac{7.5}{5} = 1.5$이므로 $W = 1.5h$이다.

두 번째 표에서 $1.5h$는 0.171이므로

$$E_h = \frac{I}{r^2}\cos\theta = \frac{I}{h^2}\cos^3\theta = \frac{12{,}500}{5^2} \times 0.171 = 85.5[\text{lx}]$$

(2) 수직면 조도

그림에서 $\frac{W}{h} = \frac{7.5}{5} = 1.5$이므로 $W = 1.5h$이다.

첫 번째 표에서 $1.5h$는 0.256이므로

$$E_v = \frac{I}{r^2}\sin\theta = \frac{I}{h^2}\cos^2\theta \cdot \sin\theta = \frac{12{,}500}{5^2} \times 0.256 = 128[\text{lx}]$$

단원 빈출문제

문제 01 기사 91년, 07년, 13년 출제

배점 : 6점

그림과 같은 배광곡선을 갖는 반사갓형 수은등 400[W](22,000[lm])을 사용할 경우 기구 직하 7[m] 점으로부터 수평으로 5[m] 떨어진 점의 수평면 조도를 구하시오. (단, $\cos^{-1}0.814 = 35.5°$, $\cos^{-1}0.707 = 45°$, $\cos^{-1}0.583 = 54.3°$)

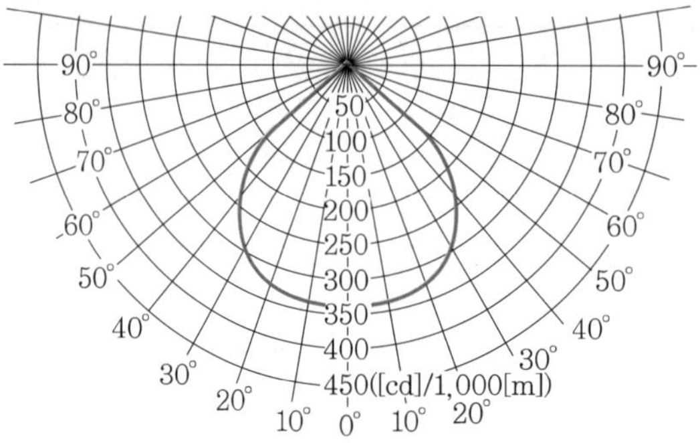

답안

$$\cos\theta = \frac{h}{\sqrt{h^2+a^2}} = \frac{7}{\sqrt{7^2+5^2}} = 0.814$$

$\therefore\ \theta = \cos^{-1}0.814 = 35.5°$

표에서 각도 35.5°에서의 광도값은 약 280[cd/1,000lm]이므로

수은등의 광도 $I = \dfrac{280}{1,000} \times 22,000 = 6,160$[cd]이다.

$\therefore$ 수평면 조도 $E_h = \dfrac{I}{r^2}\cos\theta Z$

$$= \frac{6,160}{7^2+5^2} \times 0.814$$

$$= 67.76[\text{lx}]$$

문제 02 기사 04년 출제 | 배점 : 6점

가로 8[m], 세로 18[m], 천장 높이 3[m], 작업면 높이 0.75[m]인 사무실에 천장 직부 형광등(40[W]×2)을 설치하고자 할 때 다음 물음에 답하시오.

[조건]
- 작업면 소요조도 : 1,000[lx]
- 천장 반사율 : 70[%]
- 벽 반사율 : 50[%]
- 바닥 반사율 : 10[%]
- 보수율 : 70[%]
- 40[W]×2 형광등 1등의 광속 : 8,800[lm]

[참고자료]

반사율	천장	80[%]				70[%]				50[%]				30[%]				0[%]
	벽	70	50	30	10	70	50	30	10	70	50	30	10	70	50	30	10	0[%]
	바닥	10[%]				10[%]				10[%]				10[%]				0[%]
실지수		조명률(×0.01)																
0.6		44	33	26	21	42	32	25	20	30	29	23	19	34	27	21	18	14
0.8		52	41	34	28	50	40	33	27	45	36	30	26	40	33	28	24	20
1.0		58	47	40	34	55	45	38	33	50	42	36	31	45	38	33	29	25
1.25		63	53	46	40	60	51	44	39	54	47	41	36	49	43	38	34	29
1.5		67	58	50	45	64	55	49	43	58	51	45	41	52	46	42	38	33
2.0		72	64	57	52	69	51	55	50	62	56	51	47	57	52	48	44	38
2.5		75	68	62	57	72	66	60	55	65	60	56	52	60	55	52	48	42
3.0		78	71	66	61	74	69	64	59	68	63	59	55	62	58	55	52	45
4.0		81	76	71	67	77	73	69	65	71	67	64	61	65	62	59	56	50
5.0		83	78	75	71	79	75	72	69	73	70	67	64	67	64	62	60	52
7.0		85	82	79	76	82	79	76	73	75	73	71	68	79	67	65	64	56
10.0		87	85	82	80	84	82	79	77	78	76	75	72	71	70	68	67	59

(1) 실지수를 구하시오.
(2) 조명률을 구하시오.
(3) 등기구를 효율적으로 배치하기 위한 소요등수는 몇 조인가?

답안 (1) $H = 3 - 0.75 = 2.25$[m]

$$\therefore \text{실지수 (R.I)} = \frac{XY}{H(X+Y)} = \frac{8 \times 18}{2.25 \times (8+18)} = 2.46 = 2.5[\text{m}]$$

(2) 조명률은 참고자료 표에서 66[%]

(3) 소요등수 $N = \dfrac{EA}{FUM} = \dfrac{1{,}000 \times 8 \times 18}{8{,}800 \times 0.66 \times 0.7} = 35.42 = 36$[등]

문제 03 기사 21년 출제

배점 : 15점

다음과 같은 실내체육관에 조명설계를 계획하고 있다. 주어진 [조건]을 참고하여 다음 각 물음에 답하시오. (단, 기타 주어지지 않은 조건은 무시한다.)

[조건]
- 체육관 면적 : 가로 32[m]×세로 20[m]
- 작업면에서 광원까지의 높이 : 6[m]
- 실내 필요조도 : 500[lx]
- 반사율 : 천장 75[%], 벽 50[%], 바닥 10[%]
- 광원 : 직접 조명기구로 고천장 LED 형광등 기구 160[W], 광효율 123[lm/W], 상태 양호
- 벽을 이용하지 않는 경우 등과 벽 사이의 간격(S_0) ≤ $0.5H$

[참고자료 1] 실지수 분류기호

기 호	A	B	C	D	E	F	G	H	I	J
실지수	5.0	4.0	3.0	2.5	2.0	1.5	1.25	1.0	0.8	0.6
범 위	4.5 이상	4.5 ~3.5	3.5 ~2.75	2.75 ~2.25	2.25 ~1.7	1.75 ~1.38	1.38 ~1.12	1.12 ~0.9	0.9 ~0.7	0.7 이하

[참고자료 2] 실지수 도표

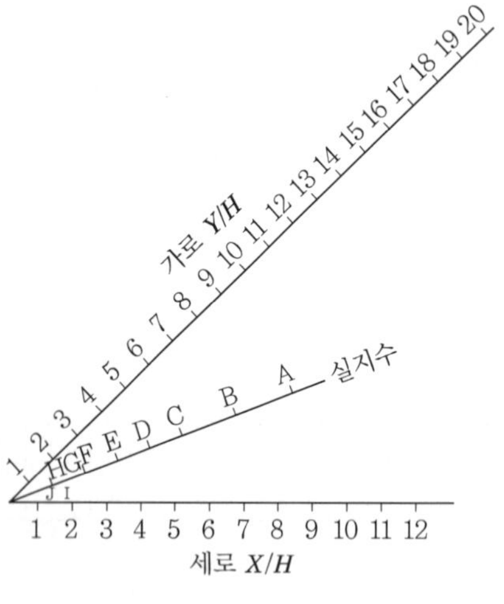

[참고자료 3] 조명률 표

배 광	조명 기구	감광보상률(D)			반사율 ρ 천장	0.75			0.50			0.30	
		보수상태			벽	0.5	0.3	0.1	0.5	0.3	0.1	0.3	0.1
설치간격		양	중	부	실지수	조명율 U[%]							
반직접		전구			J0.6	26	22	19	24	21	18	19	17
					I0.8	33	28	26	30	26	24	25	23
0.25	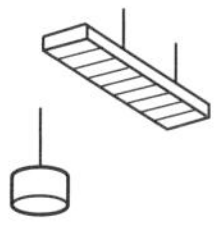	1.3	1.4	1.5	H1.0	36	32	30	33	30	28	28	26
					G1.25	40	36	33	36	33	30	30	29
0.55					F1.5	43	39	35	39	35	33	33	31
		형광등			E2.0	47	44	40	43	39	36	36	34
					D2.5	51	47	43	46	42	40	39	37
$S \leq H$		1.4	1.7	1.8	C3.0	54	49	45	48	44	42	42	38
					B4.0	57	53	50	51	47	45	43	41
					A5.0	59	55	52	53	49	47	47	43
직접		전구			J0.6	34	29	26	32	29	27	29	27
					I0.8	43	38	35	39	36	35	36	34
0		1.3	1.4	1.5	H1.0	47	43	40	41	40	38	40	38
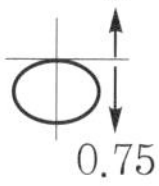					G1.25	50	47	44	44	43	41	42	41
0.75					F1.5	52	50	47	46	44	43	44	43
		형광등			E2.0	58	55	52	49	48	46	47	46
					D2.5	62	58	56	52	51	49	50	49
$S \leq 1.3H$		1.4	1.7	2.0	C3.0	64	61	58	54	52	51	51	50
					B4.0	67	64	62	55	53	52	52	52
					A5.0	68	66	64	56	54	53	54	52

(1) 분류기호 표를 이용한 실지수 기호를 구하시오.
- 계산 :
- 실지수 기호 :

(2) 실지수 도표를 이용한 실지수 기호를 구하시오.
- 계산 :
- 실지수 기호 :

(3) 조명률을 구하시오.

(4) 소요등수를 구하시오.
- 계산 :
- 답 :

(5) 실내체육관 LED 형광등 기구의 최소 분기회로수를 구하시오. (단, LED 형광등 기구의 사용전압은 단상 220[V]이며, 16[A] 분기회로로 한다.)
- 계산 :
- 답 :

(6) 광원과 광원 사이의 최대 간격과 벽과 광원 사이의 최대 간격(벽을 이용하지 않는 경우)을 구하시오.

① 광원과 광원 사이의 최대 간격(S)은 몇 [m]로 하여야 하는지 구하시오.
- 계산 :
- 답 :

② 벽과 광원 사이의 최대 간격(S_0)은 몇 [m]로 하여야 하는지 구하시오.
- 계산 :
- 답 :

(7) 그림과 같은 그림 기호의 명칭을 쓰시오.

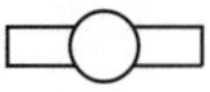

답안

(1) • 계산 : 실지수$= \dfrac{X \cdot Y}{H(X+Y)} = \dfrac{32 \times 20}{6 \times (32+20)} = 2.05$

• 실지수 기호 : [참고자료 1]에서 1.75~2.25 범위에 있으므로, 실지수 기호는 E이다.

(2) • 계산 : 가로 $Y/H = \dfrac{32}{6} = 5.33$

세로 $X/H = \dfrac{20}{6} = 3.33$

• 실지수 기호 : 실지수 도표에서 '가로 Y/H' 5.33과 '세로 X/H' 3.33을 직선으로 연결하면, 실지수 기호는 E이다.

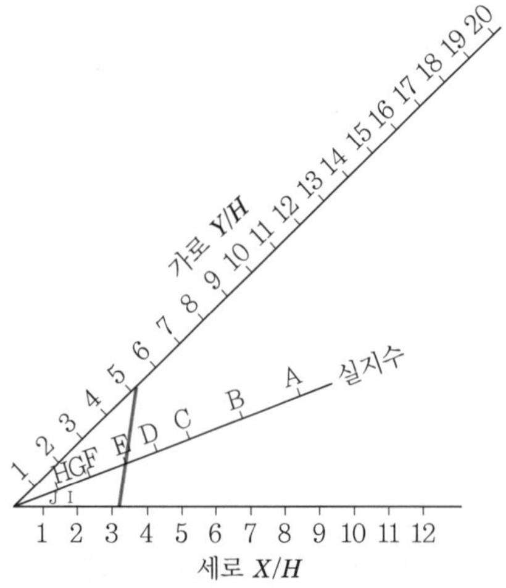

(3), (4) [참고자료 3] 조명률 표

배 광	조명 기구	감광보상률(D)			반사율 ρ 천장	0.75			0.50			0.30	
		보수상태			벽	0.5	0.3	0.1	0.5	0.3	0.1	0.3	0.1
설치간격		양	중	부	실지수	조명율 U[%]							
직접		전구			J0.6	34	29	26	32	29	27	29	27
					I0.8	43	38	35	39	36	35	36	34
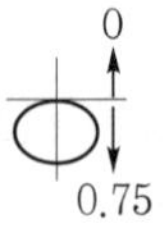					H1.0	47	43	40	41	40	38	40	38
		1.3	1.4	1.5	G1.25	50	47	44	44	43	41	42	41
					F1.5	52	50	47	46	44	43	44	43
		형광등			E2.0	58	55	52	49	48	46	47	46
					D2.5	62	58	56	52	51	49	50	49
					C3.0	64	61	58	54	52	51	51	50
$S \leq 1.3H$		1.4	1.7	2.0	B4.0	67	64	62	55	53	52	52	52
					A5.0	68	66	64	56	54	53	54	52

(3) [참고자료 3]에서 반사율 0.75, 벽 반사율 0.5, 실지수 E칸에 조명률 $U = 58$[%]이다.

(4) [참고자료 3]에서 감광보상률은 1.4이므로

소요등수 $N = \frac{AED}{FU} = \frac{32 \times 20 \times 500 \times 1.4}{160 \times 123 \times 0.58} = 39.25 = 40$[등]

(5) • 계산 : 분기회로 $n = \frac{\text{총 부하용량}}{\text{1회로용량}} = \frac{160 \times 40}{220 \times 16} = 1.82$

• 답 : 16[A] 분기 2회로

(6) ① 광원과 광원 사이의 최대 간격

• 계산 : $S \leq 1.5H = 1.5 \times 6 = 9$[m]

• 답 : 9[m]

② 벽과 광원 사이의 최대 간격

• 계산 : $S_0 \leq 0.5H = 0.5 \times 6 = 3$[m]

• 답 : 3[m]

(7) 형광등

1990년~최근 출제된 기출 이론 분석 및 유형별 문제

CHAPTER 03 자가발전기 용량 산정

기출개념 01 자가발전설비 용량 산출

1 전동기 기동에 필요한 용량

자가발전기의 용량

$$P=\left(\frac{1}{\Delta E}-1\right)\cdot X_d \cdot Q_S[\text{kVA}]$$

여기서, ΔE : 허용전압강하[%]

X_d : 발전기의 과도 리액턴스[%]

Q_S : 기동용량[kVA]

2 자가발전설비의 출력 결정

단순 부하의 경우(전부하 정상운전 시의 소요 입력에 의한 용량)

$$\text{발전기의 출력 } P=\frac{\Sigma W_L \times L}{\cos\theta}[\text{kVA}]$$

여기서, ΣW_L : 부하 입력 총계

L : 부하 수용률(비상용일 경우 1.0)

$\cos\theta$: 발전기의 역률(통상 0.8)

기출개념 02 교류발전기의 병렬운전조건

(1) 기전력의 크기가 같을 것

(2) 기전력의 위상이 같을 것

(3) 기전력의 주파수가 같을 것

(4) 기전력의 파형이 같을 것

(5) 기전력의 상회전 방향이 같을 것

개념 문제 01 기사 00년, 02년, 06년 출제

| 배점 : 6점 |

자가용 전기설비에 대한 다음 각 물음에 답하시오.

(1) 자가용 전기설비의 중요 검사(시험) 사항을 3가지만 쓰시오.

(2) 예비용 자가발전설비를 시설하고자 한다. 다음 [조건]에서 발전기의 정격용량은 최소 몇 [kVA]를 초과하여야 하는가?

[조건]

- 부하 : 유도전동기 부하로서 기동용량은 1,500[kVA]
- 기동 시의 전압강하 : 25[%]
- 발전기의 과도 리액턴스 : 30[%]

답안 (1) 절연저항시험, 접지저항시험, 계전기 동작시험

(2) 1,350[kVA]

해설 (2) 발전기 용량[kVA] $\geq \left(\dfrac{1}{\text{허용전압강하}} - 1\right) \times$ 과도 리액턴스 $\times$ 기동용량[kVA]

$$P \geq \left(\frac{1}{0.25} - 1\right) \times 0.3 \times 1{,}500 = 1{,}350[\text{kVA}]$$

개념 문제 02 기사 04년, 06년, 16년 출제

| 배점 : 4점 |

비상용 자가발전기를 구입하고자 한다. 부하는 단일 부하로서 유도전동기이며, 기동용량이 1,800[kVA]이고, 기동 시 전압강하는 20[%]까지 허용하며, 발전기의 과도 리액턴스가 26[%]로 본다면 자가발전기의 용량은 이론(계산)상 몇 [kVA] 이상의 것을 선정하여야 하는가?

답안 1,872[kVA]

해설

$$P_g = \left(\frac{1}{e} - 1\right) \times x_d \times \text{기동용량}$$

$$= \left(\frac{1}{0.2} - 1\right) \times 0.26 \times 1{,}800$$

$$= 1{,}872[\text{kVA}]$$

개념 문제 03 기사 05년, 10년 출제

| 배점 : 6점 |

어떤 공장에 예비전원설비로 발전기를 설계하고자 한다. 이 공장의 [조건]을 이용하여 다음 각 물음에 답하시오.

[조건]

- 부하는 전동기 부하 150[kW] 2대, 100[kW] 3대, 50[kW] 2대이며, 전등 부하는 40[kW]이다.
- 전동기 부하의 역률은 모두 0.9이고, 전등 부하의 역률은 1이다.
- 동력부하의 수용률은 용량이 최대인 전동기 1대는 100[%], 나머지 전동기는 그 용량의 합계로 80[%]로 계산하며, 전등 부하는 100[%]로 계산한다.
- 발전기 용량의 여유율은 10[%]를 주도록 한다.
- 발전기의 과도 리액턴스는 25[%]를 적용한다.
- 허용전압강하는 20[%]를 적용한다.
- 시동용량은 750[kVA]를 적용한다.
- 기타 주어지지 않은 조건은 무시하고 계산하도록 한다.

(1) 발전기에 걸리는 부하의 합계로부터 발전기 용량을 구하시오.

(2) 부하 중 가장 큰 전동기 시동 시의 용량으로부터 발전기의 용량을 구하시오.

(3) 물음 (1)와 (2)에서 계산된 값 중 어느 쪽 값을 기준하여 발전기 용량을 정하는지 그 값을 쓰고 실제 필요한 발전기 용량을 정하시오.

답안 (1) 765.11[kVA]

(2) 825[kVA]

(3) 발전기 용량은 825[kVA]를 기준으로 정하며 표준용량 1,000[kVA]를 적용한다.

해설 (1) 발전기의 출력 $P = \dfrac{\sum W_L \times L}{\cos\theta}$[kVA]

$$P = \left(\frac{150 + (150 + 100 \times 3 + 50 \times 2) \times 0.8}{0.9} + \frac{40}{1}\right) \times 1.1 = 765.11[\text{kVA}]$$

(2) 발전기 용량[kVA] $\geq \left(\dfrac{1}{\text{허용전압강하}} - 1\right) \times$ 과도 리액턴스 $\times$ 기동용량[kVA]

$$P \geq \left(\frac{1}{0.2} - 1\right) \times 0.25 \times 750 \times 1.1 = 825[\text{kVA}]$$

단원 빈출문제

문제 01 기사 91년, 14년 출제

배점 : 6점

주어진 표는 어떤 부하 데이터의 예이다. 이 부하 데이터를 수용할 수 있는 발전기 용량을 선정하시오. (단, 발전기 표준 역률은 0.8, 허용전압강하 25[%], 발전기 리액턴스 20[%], 원동기 기관 과부하 내량 1.2이다.)

예	부하의 종류	출력 [kW]	전부하 특성				기동 특성		기동 순서	비 고
			역률 [%]	효율 [%]	입력 [kVA]	입력 [kW]	역률 [%]	입력 [kVA]		
200[V] 60[Hz]	조명	10	100	–	10	10	–	–	1	
	스프링클러	55	86	90	71.1	61.1	40	142.2	2	Y-Δ 기동
	소화전 펌프	15	83	87	21.0	17.2	40	42	3	Y-Δ 기동
	양수 펌프	7.5	83	86	10.5	8.7	40	63	3	직입 기동

(1) 전부하 정상운전 시의 입력에 의한 것

(2) 전동기 기동에 필요한 용량

[참고] $P[\text{kVA}] = \dfrac{(1-e)}{e} \cdot x_d \cdot Q_L[\text{kVA}]$

(3) 순시 최대부하에 의한 용량

[참고] $P[\text{kVA}] = \dfrac{\Sigma W_o[\text{kW}] + \{Q_{L\max}[\text{kVA}] \times \cos\theta_{QL}\}}{K \times \cos\theta_Q}$

답안 (1) 121.25[kVA]

(2) 85.32[kVA]

(3) 117.81[kVA]

해설 (1) $P = \dfrac{(10+61.1+17.2+8.7)}{0.8} = 121.25[\text{kVA}]$

(2) $P = \dfrac{(1-0.25)}{0.25} \times 0.2 \times 142.2 = 85.32[\text{kVA}]$

(3) 순시 최대부하에 의한 용량

$$P = \frac{(\text{기운전 중인 부하의 합계}) + (\text{기동 돌입 부하} \times \text{기동 시 역률})}{(\text{원동기 기관 과부하 내량}) \times (\text{발전기 표준 역률})}$$

$$= \frac{(10+61.1)+(42+63)\times 0.4}{(1.2\times 0.8)} = 117.81[\text{kVA}]$$

문제 02 기사 11년 출제

배점 : 5점

디젤 발전기를 5시간 전부하로 운전할 때 중유의 소비량이 300[kg]이었다. 이 발전기의 정격출력은 몇 [kVA]인가? (단, 중유의 열량은 10,000[kcal/kg], 기관효율 40[%], 발전기 효율 85[%], 전부하 시 발전기 역률 80[%]이다.)

답안 296.51[kVA]

해설

$$P = \frac{BH\eta_t\eta_g}{860\,T\cos\theta} = \frac{300 \times 10{,}000 \times 0.4 \times 0.85}{860 \times 5 \times 0.8} = 296.51\,[\text{kVA}]$$

문제 03 산업 04년, 06년 출제

배점 : 6점

어느 건물의 수용가가 자가용 디젤 발전기 설비를 설계하려고 한다. 발전기 용량을 산출하기 위하여 필요한 부하의 종류와 여러 가지 특성이 다음의 [부하 및 특성표]와 같을 때 전부하를 운전하는 데 필요한 수치값들을 주어진 표를 활용하여 수치표의 빈칸에 기록하면서 발전기의 [kVA] 용량을 산정하시오. (단, 전동기 기동 시에 필요한 용량은 무시하고, 수용률의 적용은 최대 입력 전동기 한 대에 대하여 100[%], 기타의 전동기는 80[%]로 한다. 또한 전등 및 기타의 효율 및 역률은 100[%]로 한다.)

▌부하 및 특성표▌

부하의 종류	출력[kW]	극수[극]	대수[대]	적용 부하	기동방법
전동기	30	8	1	소화전 펌프	리액터 기동
	11	6	3	배풍기	Y-△ 기동
전등 및 기타	60			비상조명	

▌표 1▌전동기

정격 출력 [kW]	극 수	동기 속도 [rpm]	전부하 특성		기동전류 I_{st} 각 상의 평균값 [A]	비 고		
			효율 η [%]	역률 pf [%]		무부하 전류 I_0 각 상의 전류값 [A]	전부하 전류 I 각 상의 평균값 [A]	전부하 슬립 S[%]
5.5	4	1,800	82.5 이상	79.5 이상	150 이하	12	23	5.5
7.5			83.5 이상	80.5 이상	190 이하	15	31	5.5
11			84.5 이상	81.5 이상	280 이하	22	44	5.5
15			85.5 이상	82.0 이상	370 이하	28	59	5.0
(19)			86.0 이상	82.5 이상	455 이하	33	76	5.0
22			86.5 이상	83.0 이상	540 이하	38	84	5.0
30			87.0 이상	83.5 이상	710 이하	49	113	5.0
37			87.5 이상	84.0 이상	875 이하	59	138	5.0

정격 출력 [kW]	극 수	동기 속도 [rpm]	전부하 특성		기동전류 I_{st} 각 상의 평균값 [A]	비 고		
			효율 η [%]	역률 pf [%]		무부하 전류 I_0 각 상의 전류값 [A]	전부하 전류 I 각 상의 평균값 [A]	전부하 슬립 S[%]
5.5	6	1,200	82.0 이상	74.5 이상	150 이하	15	25	5.5
7.5			83.0 이상	75.5 이상	185 이하	19	33	5.5
11			84.0 이상	77.0 이상	290 이하	25	47	5.5
15			85.5 이상	78.0 이상	380 이하	32	62	5.5
(19)			85.5 이상	78.5 이상	470 이하	37	78	5.0
22			86.0 이상	79.0 이상	555 이하	43	89	5.0
30			86.5 이상	80.0 이상	730 이하	54	119	5.0
37			87.0 이상	80.0 이상	900 이하	65	145	5.0
5.5	8	900	81.0 이상	72.0 이상	160 이하	16	26	6.0
7.5			82.0 이상	74.0 이상	210 이하	20	34	5.5
11			83.5 이상	75.5 이상	300 이하	26	48	5.5
15			84.0 이상	76.5 이상	405 이하	33	64	5.5
(19)			85.0 이상	77.0 이상	485 이하	39	80	5.5
22			85.5 이상	77.5 이상	575 이하	49	91	5.0
30			86.0 이상	78.5 이상	760 이하	56	121	5.0
37			87.5 이상	79.0 이상	940 이하	68	148	5.0

▌표 2▌자가용 디젤 발전기의 표준 출력

50	100	150	200	300	400

▌수치표▌

부 하	출력[kW]	효율[%]	역률[%]	입력[kVA]	수용률[%]	수용률 적용값[kVA]
전동기						
전등 및 기타						
계						
필요한 발전기 용량[kVA]						

※ 수치표의 빈칸을 채울 때, 계산이 필요한 것은 계산식을 반드시 기록하고 그 결과값을 표시하도록 한다.

답안

부 하	출력[kW]	효율[%]	역률[%]	입력[kVA]	수용률[%]	수용률 적용값[kVA]
전동기	30×1	86	78.5	$\frac{30}{0.86\times0.785}=44.44$	100	44.44
	11×3	84	77	$\frac{11\times3}{0.84\times0.77}=51.02$	80	40.82
전등 및 기타	60	100	100	60	100	60
계						145.26
필요한 발전기 용량[kVA]						150

문제 04 기사 96년, 00년, 15년, 21년 출제

배점 : 6점

어느 빌딩 수용가가 자가용 디젤 발전기 설비를 계획하고 있다. 발전기 용량 산출에 필요한 부하의 종류 및 특성이 다음과 같을 때 주어진 [조건]과 참고자료를 이용하여 전부하를 운전하는 데 필요한 발전기 용량[kVA]을 답안지의 빈칸을 채우면서 선정하시오.

[조건]

① 전동기 기동 시에 필요한 용량은 무시한다.

② 수용률 적용(동력) : 최대 입력 전동기 1대에 대하여 100[%], 2대는 80[%], 전등, 기타는 100[%]를 적용한다.

③ 전등, 기타의 역률은 100[%]를 적용한다.

부하의 종류	출력[kW]	극수[극]	대수[대]	적용 부하	기동방법
전동기	37	8	1	소화전 펌프	리액터 기동
	22	6	2	급수 펌프	리액터 기동
	11	6	2	배풍기	Y-Δ 기동
	5.5	4	1	배수 펌프	직입 기동
전등 및 기타	50	–	–	비상 조명	–

▌표 1▌저압 특수 농형 2종 전동기(KSC 4202)(개방형 · 반밀폐형)

정격 출력 [kW]	극 수	동기 속도 [rpm]	전부하 특성		기동전류 I_{st} 각 상의 평균값 [A]	비 고		
			효율 η [%]	역률 pf [%]		무부하 전류 I_0 각 상의 전류값 [A]	전부하 전류 I 각 상의 평균값 [A]	전부하 슬립 s[%]
5.5	4	1,800	82.5 이상	79.5 이상	150 이하	12	23	5.5
7.5			83.5 이상	80.5 이상	190 이하	15	31	5.5
11			84.5 이상	81.5 이상	280 이하	22	44	5.5
15			85.5 이상	82.0 이상	370 이하	28	59	5.0
(19)			86.0 이상	82.5 이상	455 이하	33	74	5.0
22			86.5 이상	83.0 이상	540 이하	38	84	5.0
30			87.0 이상	83.5 이상	710 이하	49	113	5.0
37			87.5 이상	84.0 이상	875 이하	59	138	5.0
5.5	6	1,200	82.0 이상	74.5 이상	150 이하	15	25	5.5
7.5			83.0 이상	75.5 이상	185 이하	19	33	5.5
11			84.0 이상	77.0 이상	290 이하	25	47	5.5
15			85.0 이상	78.0 이상	380 이하	32	62	5.5
(19)			85.5 이상	78.5 이상	470 이하	37	78	5.0
22			86.0 이상	79.0 이상	555 이하	43	89	5.0
30			86.5 이상	80.0 이상	730 이하	54	119	5.0
37			87.0 이상	80.0 이상	900 이하	65	145	5.0

정격 출력 [kW]	극 수	동기 속도 [rpm]	전부하 특성		기동전류 I_{st} 각 상의 평균값 [A]	비 고		
			효율 η [%]	역률 pf [%]		무부하 전류 I_0 각 상의 전류값 [A]	전부하 전류 I 각 상의 평균값 [A]	전부하 슬립 s[%]
5.5	8	900	81.0 이상	74.5 이상	160 이하	16	26	6.0
7.5			82.0 이상	75.5 이상	210 이하	20	34	5.5
11			83.5 이상	77.0 이상	300 이하	26	48	5.5
15			84.0 이상	78.0 이상	405 이하	33	64	5.5
(19)			85.5 이상	78.5 이상	485 이하	39	80	5.5
22			85.0 이상	79.0 이상	575 이하	47	91	5.0
30			86.5 이상	80.0 이상	760 이하	56	121	5.0
37			87.0 이상	80.0 이상	940 이하	68	148	5.0

▌표 2▐ 자가용 디젤 표준 출력[kVA]

50	100	150	200	300	400

	효율[%]	역률[%]	입력[kVA]	수용률[%]	수용률 적용값[kVA]
37×1					
22×2					
11×2					
5.5×1					
50					
계					

발전기 용량 : [kVA]

답안

	효율[%]	역률[%]	입력[kVA]	수용률[%]	수용률 적용값[kVA]
37×1	87	80	$\frac{37}{0.87\times0.8}=53.16$	100	53.16
22×2	86	79	$\frac{22\times2}{0.86\times0.79}=64.76$	80	51.81
11×2	84	77	$\frac{11\times2}{0.84\times0.77}=34.01$	80	27.21
5.5×1	82.5	79.5	$\frac{5.5}{0.825\times0.795}=8.39$	80	6.71
50	100	100	50	100	50
계	–	–	211[kVA]	–	188.89[kVA]

발전기 용량 : 200[kVA]

해설 • [표 1]에서 전동기 용량과 극 수에 맞는 효율과 역률을 찾아 표에 기입한다.

• 입력[kVA]= $\frac{\text{정격출력[kW]}}{\text{효율} \times \text{역률}}$ 로 계산한다.

• 수용률 적용값[kVA]=입력[kVA]×수용률로 계산하여 합계 용량을 산출한다.

• 수용률 적용한 합성 용량이 P_a=188.89[kVA]이므로 발전기 용량은 [표 2]에서 200[kVA]를 선정한다.

문제 05 기사 09년, 15년 출제

배점 : 6점

동기발전기를 병렬로 접속하여 운전하는 경우에 생기는 횡류 3가지를 쓰고, 각각의 작용에 대하여 설명하시오.

답안

종 류	작 용
무효순환전류	두 발전기의 역률을 변화시킨다.
동기화전류	두 발전기의 유효전력 분담을 변화시킨다.
고조파 무효순환전류	전기자 권선의 저항손이 증가하여 과열의 원인이 된다.

문제 06 기사 09년 출제

배점 : 5점

풍력발전 시스템의 특징을 4가지만 쓰시오.

답안 • 무공해 청정에너지이다.
• 운전 및 유지비용이 절감된다.
• 풍력발전소 부지를 효율적으로 이용할 수 있다.
• 화석연료를 대신하여 에너지원의 고갈에 대비할 수 있다.

1990년~최근 출제된 기출 이론 분석 및 유형별 문제

04 CHAPTER 전동기 보호장치 및 전선의 굵기

기출 개념 01 전압강하 및 전선 단면적

전기 방식	전압강하		전선 단면적
단상 3선식, 3상 4선식	$e_1 = IR$	$e_1 = \dfrac{17.8LI}{1,000A}$	$A = \dfrac{17.8LI}{1,000e_1}$
단상 2선식 및 직류 2선식	$e_2 = 2IR = 2e_1$	$e_2 = \dfrac{35.6LI}{1,000A}$	$A = \dfrac{35.6LI}{1,000e_2}$
3상 3선식	$e_3 = \sqrt{3}\,IR = \sqrt{3}\,e_1$	$e_3 = \dfrac{30.8LI}{1,000A}$	$A = \dfrac{30.8LI}{1,000e_3}$

여기서, A : 전선의 단면적[mm^2]

e_1 : 외축선 또는 각 상의 1선과 중성선 사이의 전압강하[V]

e_2, e_3 : 각 선간의 전압강하[V]

L : 전선 1본의 길이[m]

기출 개념 02 전선의 규격

‖ KS C IEC 전선규격[mm^2] ‖

1.5	2.5	4
6	10	16
25	35	50
70	95	120
150	185	240
300	400	500

개념 문제 01 기사 12년 출제

| 배점 : 16점 |

3층 사무실용 건물에 3상 3선식의 6,000[V]를 200[V]로 강압하여 수전하는 설비이다. 각종 부하설비가 표와 같을 때 [참고자료]를 이용하여 다음 물음에 답하시오.

▌표 1▌전선 최대 길이(3상 3선식 380[V]·전압강하 3.8[V])

동력부하설비					
사용 목적	용량 [kW]	대 수	상용동력 [kW]	하계동력 [kW]	동계동력 [kW]
난방 관계					
• 보일러 펌프	6.0	1			6.0
• 오일 기어 펌프	0.4	1			0.4
• 온수 순환 펌프	3.0	1			3.0
공기 조화 관계					
• 1, 2, 3층 패키지 콤프레셔	7.5	6		45.0	
• 콤프레셔 팬	5.5	3	16.5		
• 냉각수 펌프	5.5	1		5.5	
• 쿨링 타워	1.5	1		1.5	
급수·배수 관계					
• 양수 펌프	3.0	1	3.0		
기타					
• 소화 펌프	5.5	1	5.5		
• 셔터	0.4	2	0.8		
합계			25.8	52.0	9.4

▌표 2▌

조명 및 콘센트 부하설비					
사용 목적	와트수 [W]	설치 수량	환산용량 [VA]	총 용량 [VA]	비 고
전등관계					
• 수은등 A	200	4	260	1,040	200[V] 고역률
• 수은등 B	100	8	140	1,120	200[V] 고역률
• 형광등	40	820	55	45,100	200[V] 고역률
• 백열전등	60	10	60	600	
콘센트 관계					
• 일반 콘센트		80	150	12,000	
• 환기팬용 콘센트		8	55	440	
• 히터용 콘센트	1,500	2		3,000	2P 15[A]
• 복사기용 콘센트		4		3,600	
• 텔레타이프용 콘센트		2		2,400	
• 룸 쿨러용 콘센트		6		7,200	
기타					
• 전화 교환용 정류기		1		800	
계				77,300	

[참고자료 1] 변압기 보호용 전력 퓨즈의 정격전류

상 수	단 상				3 상			
공칭전압	3.3[kV]		6.6[kV]		3.3[kV]		6.6[kV]	
변압기 용량 [kVA]	변압기 정격전류 [A]	정격전류 [A]	변압기 정격전류 [A]	정격전류 [A]	변압기 정격전류 [A]	정격전류 [A]	변압기 정격전류 [A]	정격전류 [A]
5	1.52	3	0.76	1.5	0.88	1.5	–	–
10	3.03	7.5	1.52	3	1.75	3	0.88	1.5
15	4.55	7.5	2.28	3	2.63	3	1.3	1.5
20	6.06	7.5	3.03	7.5	–	–	–	–
30	9.10	15	4.56	7.5	5.26	7.5	2.63	3
50	15.2	20	7.60	15	8.45	15	4.38	7.5
75	22.7	30	11.4	15	13.1	15	6.55	7.5
100	30.3	50	15.2	20	17.5	20	8.75	15
150	45.5	50	22.7	30	26.3	30	13.1	15
200	60.7	75	30.3	50	35.0	50	17.5	20
300	91.0	100	45.5	50	52.0	75	26.3	30
400	121.4	150	60.7	75	70.0	75	35.0	50
500	152.0	200	75.8	100	87.5	100	43.8	50

[참고자료 2] 배전용 변압기의 정격

<table>
<tr><th colspan="3" rowspan="2">항 목</th><th colspan="9">소형 6[kV] 유입 변압기</th><th colspan="5">중형 6[kV] 유입 변압기</th></tr>
<tr><th>3</th><th>5</th><th>7.5</th><th>10</th><th>15</th><th>20</th><th>30</th><th>50</th><th>75</th><th>100</th><th>150</th><th>200</th><th>300</th><th>500</th></tr>
<tr><td rowspan="3">정격 2차 전류 [A]</td><td rowspan="2">단상</td><td>105[V]</td><td>28.6</td><td>47.6</td><td>71.4</td><td>95.2</td><td>143</td><td>190</td><td>286</td><td>476</td><td>714</td><td>852</td><td>1,430</td><td>1,904</td><td>2,857</td><td>4,762</td></tr>
<tr><td>210[V]</td><td>14.3</td><td>23.8</td><td>35.7</td><td>47.6</td><td>71.4</td><td>95.2</td><td>143</td><td>238</td><td>357</td><td>476</td><td>714</td><td>952</td><td>1,429</td><td>2,381</td></tr>
<tr><td>3상</td><td>210[V]</td><td>8</td><td>13.7</td><td>20.6</td><td>27.5</td><td>41.2</td><td>55</td><td>82.5</td><td>137</td><td>206</td><td>275</td><td>412</td><td>550</td><td>825</td><td>1,376</td></tr>
<tr><td rowspan="3">정격 전압</td><td colspan="2">정격 2차 전압</td><td colspan="9">6,300[V]
6/3[kV] 공용 : 6,300[V]/3,150[V]</td><td colspan="5">6,300[V]
6/3[kV] 공용 : 6,300[V]/3,150[V]</td></tr>
<tr><td rowspan="2">정격 2차 전압</td><td>단상</td><td colspan="9">210[V] 및 105[V]</td><td colspan="5">200[kVA] 이하의 것 : 210[V] 및 105[V]
200[kVA] 이하의 것 : 210[V]</td></tr>
<tr><td>3상</td><td colspan="9">210[V]</td><td colspan="5">210[V]</td></tr>
<tr><td rowspan="4">탭 전압</td><td rowspan="2">전용량 탭전압</td><td>단상</td><td colspan="9">6,900[V], 6,600[V]
6/3[kV] 공용 : 6,300[V]/3,150[V],
6,600[V]/3,300[V]</td><td colspan="5">6,900[V], 6,600[V]</td></tr>
<tr><td>3상</td><td colspan="9">6,600[V]
6/3[kV] 공용 : 6,600[V]/3,300[V]</td><td colspan="5">6/3[kV] 공용 : 6,300[V]/3,150[V],
6,600[V]/3,300[V]</td></tr>
<tr><td rowspan="2">저감용량 탭전압</td><td>단상</td><td colspan="9">6,000[V], 5,700[V]
6/3[kV] 공용 : 6,000[V]/3,000[V],
5,700[V]/2,850[V]</td><td colspan="5">6,000[V], 5,700[V]</td></tr>
<tr><td>3상</td><td colspan="9">6,600[V]
6/3[kV] 공용 : 6,000[V]/3,300[V]</td><td colspan="5">6/3[kV] 공용 : 6,000[V]/3,000[V],
5,700[V]/2,850[V]</td></tr>
<tr><td colspan="2" rowspan="2">변압기의 결선</td><td>단상</td><td colspan="9">2차 권선 : 분할 결선</td><td rowspan="2">3상</td><td colspan="4" rowspan="2">1차 권선 : 성형 권선
2차 권선 : 삼각 권선</td></tr>
<tr><td>3상</td><td colspan="9">1차 권선 : 성형 권선
2차 권선 : 성형 권선</td></tr>
</table>

[참고자료 3] 역률개선용 콘덴서의 용량 계산표[%]

구 분		개선 후의 역률																	
		1.00	0.99	0.98	0.97	0.96	0.95	0.94	0.93	0.92	0.91	0.90	0.89	0.88	0.87	0.86	0.85	0.83	0.80
개선 전의 역률	0.50	173	159	153	148	144	140	137	134	131	128	125	122	119	117	114	111	106	98
	0.55	152	138	132	127	123	119	116	112	108	106	103	101	98	95	92	90	85	77
	0.60	133	119	113	108	104	100	97	94	91	88	85	82	79	77	74	71	66	58
	0.62	127	112	106	102	97	94	90	87	84	81	78	75	73	70	67	65	59	52
	0.64	120	106	100	95	91	87	84	81	78	75	72	69	66	63	61	58	53	45
	0.66	114	100	94	89	85	81	78	74	71	68	65	63	60	57	55	52	47	39
	0.68	108	94	88	83	79	75	72	68	65	62	59	57	54	51	49	46	41	33
	0.70	102	88	82	77	73	69	66	63	59	56	54	51	48	45	43	40	35	27
	0.72	96	82	76	71	67	64	60	57	54	51	48	45	42	40	37	34	29	21
	0.74	91	77	71	68	62	58	55	51	48	45	43	40	37	34	32	29	24	16
	0.76	86	71	65	60	58	53	49	46	43	40	37	34	32	29	26	24	18	11
	0.78	80	66	60	55	51	47	44	41	38	35	32	29	26	24	21	18	13	5
	0.79	78	63	57	53	48	45	41	38	35	32	29	26	24	21	18	16	10	2.6
	0.80	75	61	55	50	46	42	39	36	32	29	27	24	21	18	16	13	8	
	0.81	72	58	52	47	43	40	36	33	30	27	24	21	18	16	13	10	5	
	0.82	70	56	50	45	41	37	34	30	27	24	21	18	16	13	10	8	2.6	
	0.83	67	53	47	42	38	34	31	28	25	22	19	16	13	11	8	5		
	0.84	65	50	44	40	35	32	28	25	22	19	16	13	11	8	5	2.6		
	0.85	62	48	42	37	33	29	25	23	19	16	14	11	8	5	2.7			
	0.86	59	45	39	34	30	28	23	20	17	14	11	8	5	2.6				
	0.87	57	42	36	32	28	24	20	17	14	11	8	6	2.7					
	0.88	54	40	34	29	25	21	18	15	11	8	6	2.8						
	0.89	51	37	31	26	22	18	15	12	9	6	2.8							
	0.90	48	34	28	23	19	16	12	9	6	2.8								
	0.91	46	31	25	21	16	13	9	8	3									
	0.92	43	28	22	18	13	10	8	3.1										
	0.93	40	24	19	14	10	7	3.2											
	0.94	36	22	16	11	7	3.4												
	0.95	33	19	13	8	3.7													
	0.96	29	15	9	4.1														
	0.97	25	11	4.8															
	0.98	20	8																
	0.99	14																	

(1) 동계 난방 때 온수 순환 펌프는 상시 운전하고, 보일러용과 오일 기어 펌프의 수용률이 60[%]일 때 난방동력 수용부하는 몇 [kW]인가?
- 계산과정 :
- 답 :

(2) 동력부하의 역률이 전부 80[%]라고 한다면 피상전력은 각각 몇 [kVA]인가? (단, 상용동력, 하계동력, 동계동력별로 각각 계산하시오.)

구 분	계산과정	답
상용동력		
하계동력		
동계동력		

(3) 총 전기설비용량은 몇 [kVA]를 기준으로 하여야 하는가?
- 계산과정 :
- 답 :

(4) 전등의 수용률은 70[%], 콘센트 설비의 수용률은 50[%]라고 한다면 몇 [kVA]의 단상 변압기에 연결하여야 하는가? (단, 전화 교환용 정류기는 100[%] 수용률로서 계산한 결과에 포함시키며 변압기 예비율은 무시한다.)
- 계산과정 :
- 답 :

(5) 동력설비 부하의 수용률이 모두 60[%]라면 동력부하용 3상 변압기의 용량은 몇 [kVA]인가? (단, 동력부하의 역률은 80[%]로 하며 변압기의 예비율은 무시한다.)
- 계산과정 :
- 답 :

(6) 상기 건물에 시설된 변압기 총 용량은 몇 [kVA]인가?
- 계산과정 :
- 답 :

(7) 단상 변압기와 3상 변압기의 1차측의 전력 퓨즈의 정격전류는 각각 몇 [A]의 것을 선택하여야 하는가?
- 단상 변압기 :
- 3상 변압기 :

(8) 선정된 동력용 변압기 용량에서 역률을 95[%]로 개선하려면 콘덴서 용량은 몇 [kVA]인가?
- 계산과정 :
- 답 :

답안 (1) • 계산과정 : 수용부하 $= 3.0 + (6.0 + 0.4) \times 0.6 = 6.84$[kW]
• 답 : 6.84[kW]

(2)

구 분	계산과정	답
상용동력	$\frac{25.8}{0.8} = 32.25$	32.25[kVA]
하계동력	$\frac{52.0}{0.8} = 65$	65[kVA]
동계동력	$\frac{9.4}{0.8} = 11.75$	11.75[kVA]

(3) • 계산과정 : $32.25 + 65 + 77.3 = 174.55$[kVA]
• 답 : 174.55[kVA]

(4) • 계산과정

- 전등 관계 : $(1,040+1,120+45,100+600)\times 0.7\times 10^{-3}=33.5$[kVA]
- 콘센트 관계 : $(12,000+440+3,000+3,600+2,400+7,200)\times 0.5\times 10^{-3}=14.32$[kVA]
- 기타 : $800\times 1\times 10^{-3}=0.8$[kVA]

따라서, $33.5+14.32+0.8=48.62$[kVA]이므로 3상 변압기 용량은 50[kVA]가 된다.

• 답 : 50[kVA]

(5) • 계산과정 : 동계동력과 하계동력 중 큰 부하를 기준하고 상용동력과 합산하여 계산하면

$\frac{(25.8+52.0)}{0.8}\times 0.6=58.35$[kVA]이므로 3상 변압기 용량은 75[kVA]가 된다.

• 답 : 75[kVA]

(6) • 계산과정 : 단상 변압기 용량 + 3상 변압기 용량 $=50+75=125$[kVA]

• 답 : 125[kVA]

(7) • 단상 변압기 : 15[A]

• 3상 변압기 : 7.5[A]

(8) • 계산과정 : [참고자료 3]에서 역률 80[%]를 95[%]로 개선하기 위한

콘덴서 용량 $k_\theta=0.42$이므로

콘덴서 소요용량[kVA] = [kW] 부하 $\times k_\theta=75\times 0.8\times 0.42=25.2$[kVA]

• 답 : 25.2[kVA]

개념 문제 02 기사 97년 출제 | 배점 : 5점 |

6[mm²] 전선 3본과 16[mm²] 전선 2본을 동일 전선관 내에 넣는 경우로 설계할 때 주어진 표를 이용하여 이것을 후강전선관에 넣을 경우와 박강전선관에 넣을 경우로 구분하여 관의 최소 굵기를 구하시오.

‖ 표 1 ‖ 전선(피복 절연물을 포함)의 단면적

도체 단면적[mm²]	절연체 두께[mm]	평균 완성 바깥지름[mm]	전선의 단면적[mm²]
1.5	0.7	3.3	9
2.5	0.8	4.0	13
4	0.8	4.6	17
6	0.8	5.2	21
10	1.0	6.7	35
16	1.0	7.8	48
25	1.2	9.7	74
35	1.2	10.9	93
50	1.4	12.8	128
70	1.4	14.6	167
95	1.6	17.1	230
120	1.6	18.8	277
150	1.8	20.9	343
185	2.0	23.3	426
240	2.2	26.6	555
300	2.4	29.6	688
400	2.6	33.2	865

[비고] 1. 전선의 단면적은 평균 완성 바깥지름의 상한값을 환산한 값이다.

2. KS C IEC 60227-3의 450/750[V] 일반용 단심 비닐 절연전선(연선)을 기준한 것이다.

▌표 2▌절연전선을 금속관 내에 넣을 경우의 보정계수

도체 단면적[mm^2]	보정계수
2.5, 4	2.0
6, 10	1.2
16 이상	1.0

▌표 3▌후강전선관의 내 단면적의 32[%] 및 48[%]

관의 호칭	내 단면적의 32[%] [mm^2]	내 단면적의 48[%] [mm^2]
16	67	101
22	120	180
28	201	301
36	342	513
42	460	690
54	732	1,098
70	1,216	1,825
82	1,701	2,552
92	2,205	3,308
100	2,843	4,265

▌표 4▌박강전선관의 내 단면적의 32[%] 및 48[%]

관의 호칭	내 단면적의 32[%] [mm^2]	내 단면적의 48[%] [mm^2]
19	63	95
25	123	185
31	205	308
39	305	458
51	569	853
63	889	1,333
75	1,309	1,964

답안 보정계수를 고려한 전선의 단면적의 합계 : $A = 21 \times 3 \times 1.2 + 48 \times 2 \times 1.0 = 171.6[mm^2]$

∴ 후강전선관의 굵기는 [표 3] 내단면적 32[%], 201[mm^2]에 해당하므로 28[호]

박강전선관의 굵기는 [표 4] 내단면적 32[%], 205[mm^2]에 해당하므로 31[호]

개념 문제 03 기사 15년 출제 | 배점 : 5점 |

3상 농형 유도전동기 부하가 다음 표와 같을 때 간선의 굵기를 구하려고 한다. 주어진 참고표의 해당 부분을 적용시켜 간선의 최소 전선 굵기를 구하시오. (단, 전선은 PVC 절연전선을 사용하며, 공사방법은 B1에 의하여 시공한다.)

| 부하내역 |

상 수	전 압	용 량	대 수	기동방법
3상	200[V]	22[kW]	1대	기동기 사용
		7.5[kW]	1대	직입 기동
		5.5[kW]	1대	직입 기동
		1.5[kW]	1대	직입 기동
		0.75[kW]	1대	직입 기동

| 200[V] 3상 유도전동기의 간선의 굵기 및 기구의 용량 |

(B종 퓨즈의 경우) (동선)

전동기 [kW] 수의 총계 [kW] 이하	최대 사용 전류 [A] 이하	배선종류에 의한 간선의 최소 굵기[mm^2]						직입 기동 전동기 중 최대 용량의 것											
		공사방법 A1		공사방법 B1		공사방법 C		0.75 이하	1.5	2.2	3.7	5.5	7.5	11	15	18.5	22	30	37~55
								기동기 사용 전동기 중 최대 용량의 것											
		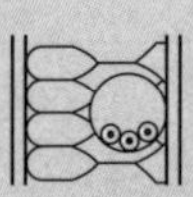 3개선		 3개선		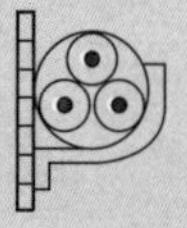 3개선		-	-	-	5.5	7.5	11 15	18.5 22	-	30 37	-	45	55
		PVC	XLPE, EPR	PVC	XLPE, EPR	PVC	XLPE, EPR	과전기 차단기[A]………(칸 위 숫자) ③ 개폐기 용량[A]………(칸 아래 숫자) ④											
3	15	2.5	2.5	2.5	2.5	2.5	2.5	15 30	20 30	30 30	-	-	-	-	-	-	-	-	-
4.5	20	4	2.5	2.5	2.5	2.5	2.5	20 30	20 30	30 30	50 60	-	-	-	-	-	-	-	-
6.3	30	6	4	6	4	4	2.5	30 30	30 30	50 60	50 60	75 100	-	-	-	-	-	-	-
8.2	40	10	6	10	6	6	4	50 60	50 60	50 60	75 100	75 100	100 100	-	-	-	-	-	-
12	50	16	10	10	10	10	6	50 60	50 60	50 60	75 100	75 100	100 100	150 200	-	-	-	-	-
15.7	75	35	25	25	16	16	16	75 100	75 100	75 100	75 100	100 100	100 100	150 200	150 200	-	-	-	-
19.5	90	50	25	35	25	25	16	100 100	100 100	100 100	100 100	100 100	150 200	150 200	200 200	200 200	-	-	-

전동기 [kW] 수의 총계 [kW] 이하	최대 사용 전류 [A] 이하	배선종류에 의한 간선의 최소 굵기[mm²]						직입 기동 전동기 중 최대 용량의 것											
		공사방법 A1		공사방법 B1		공사방법 C		0.75 이하	1.5	2.2	3.7	5.5	7.5	11	15	18.5	22	30	37~55
		 3개선		 3개선		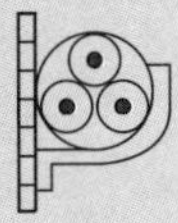 3개선		기동기 사용 전동기 중 최대 용량의 것											
								–	–	–	5.5	7.5	11 15	18.5 22	–	30 37	–	45	55
		PVC	XLPE, EPR	PVC	XLPE, EPR	PVC	XLPE, EPR	과전기 차단기[A]·········(칸 위 숫자) ③ 개폐기 용량[A]·········(칸 아래 숫자) ④											
23.2	100	50	35	35	25	35	25	100 100	100 100	100 100	100 100	100 100	150 200	150 200	200 200	200 200	200 200	–	–
30	125	70	50	50	35	50	35	150 200	150 200	150 200	150 200	150 200	150 200	150 200	200 200	200 200	200 200	–	–
37.5	150	95	70	70	50	70	50	150 200	150 200	150 200	150 200	150 200	150 200	150 200	200 200	300 300	300 300	300 300	–
45	175	120	70	95	50	70	50	200 200	200 200	200 200	200 200	200 200	200 200	200 200	200 200	300 300	300 300	300 300	300 300
52.5	200	150	95	95	70	95	70	200 200	200 200	200 200	200 200	200 200	200 200	200 200	200 200	300 300	300 300	400 400	400 400
63.7	250	240	150	–	95	120	95	300 300	300 300	300 300	300 300	300 300	300 300	300 300	300 300	300 300	400 400	400 400	500 600
75	300	300	185	–	120	185	120	300 300	300 300	300 300	300 300	300 300	300 300	300 300	300 300	300 300	400 400	400 400	500 600
86.2	350	–	240	–	–	240	150	400 400	400 400	400 400	400 400	400 400	400 400	400 400	400 400	400 400	400 400	400 400	600 600

- **계산과정 :**
- **답 :**

답안
- 계산과정 : 전동기 [kW]수의 총계 $\Sigma P = 22 + 7.5 + 5.5 + 1.5 + 0.75 = 37.25$[kW]
  표에서 37.5[kW] B_1공사법 PVC란에서 70[mm²]
- 답 : $A = 70$[mm²]

단원 빈출문제

문제 01

기사 98년, 00년 출제

┨ 배점 : 5점 ┠

3상 유도전동기 회로의 간선의 굵기와 기구의 용량을 주어진 표에 의하여 간이로 설계하고자 한다. [조건]이 다음과 같을 때 간선의 최소 굵기와 과전류 차단기의 용량을 구하시오.

[조건]
설계는 전선관에 3본 이하의 전선을 넣을 경우로 하며 공사방법 B1, PVC 절연전선을 사용하는 것으로 한다. 전동기 부하는 다음과 같다.

- 0.75[kW] …… 직입 기동(사용전류 2.53[A])
- 1.5[kW] …… 직입 기동(사용전류 4.16[A])
- 3.7[kW] …… 직입 기동(사용전류 9.22[A])
- 7.5[kW] …… 기동기 사용(사용전류 17.69[A])

▍표 ▍ 전동기 공사에서 간선의 전선 굵기 · 개폐기 용량 및 적정 퓨즈(200[V], B종 퓨즈)

전동기 [kW] 수의 총계 ① [kW] 이하	최대 사용 전류 ①' [A] 이하	배선종류에 의한 간선의 최소 굵기[mm²]②						직입 기동 전동기 중 최대 용량의 것											
		공사방법 A1		공사방법 B1		공사방법 C		0.75 이하	1.5	2.2	3.7	5.5	7.5	11	15	18.5	22	30	30~55
		 3개선		 3개선		 3개선		기동기 사용 전동기 중 최대 용량의 것											
								-	-	-	5.5	7.5	11 15	18.5 22	-	30 37	-	45	55
		PVC	XLPE, EPR	PVC	XLPE, EPR	PVC	XLPE, EPR	과전기 차단기[A]………(칸 위 숫자) ③ 개폐기 용량[A]………(칸 아래 숫자) ④											
3	15	2.5	2.5	2.5	2.5	2.5	2.5	15 30	20 30	30 30	-	-	-	-	-	-	-	-	-
4.5	20	4	2.5	2.5	2.5	2.5	2.5	20 30	20 30	30 30	50 60	-	-	-	-	-	-	-	-
6.3	30	6	4	6	4	4	2.5	30 30	30 30	50 60	50 60	75 100	-	-	-	-	-	-	-
8.2	40	10	6	10	6	6	4	50 60	50 60	50 60	75 100	75 100	100 100	-	-	-	-	-	-
12	50	16	10	10	10	10	6	50 60	50 60	50 60	75 100	75 100	100 100	150 200	-	-	-	-	-
15.7	75	35	25	25	16	16	16	75 100	75 100	75 100	75 100	100 100	100 100	150 200	150 200	-	-	-	-
19.5	90	50	25	35	25	25	16	100 100	100 100	100 100	100 100	100 100	150 200	150 200	200 200	200 200	-	-	-

전동기 [kW] 수의 총계 ① [kW] 이하	최대 사용 전류 ①' [A] 이하	배선종류에 의한 간선의 최소 굵기[mm^2]②						직입 기동 전동기 중 최대 용량의 것											
		공사방법 A1		공사방법 B1		공사방법 C		0.75 이하	1.5	2.2	3.7	5.5	7.5	11	15	18.5	22	30	30~55
		 3개선		 3개선		 3개선		기동기 사용 전동기 중 최대 용량의 것											
								–	–	–	5.5	7.5	11 15	18.5 22	–	30 37	–	45	55
		PVC	XLPE, EPR	PVC	XLPE, EPR	PVC	XLPE, EPR	과전기 차단기[A]……(칸 위 숫자) ③ 개폐기 용량[A]……(칸 아래 숫자) ④											
23.2	100	50	35	35	25	35	25	100 100	100 100	100 100	100 100	100 100	150 200	150 200	200 200	200 200	200 200	–	–
30	125	70	50	50	35	50	35	150 200	150 200	150 200	150 200	150 200	150 200	150 200	200 200	200 200	200 200	–	–
37.5	150	95	70	70	50	70	50	150 200	150 200	150 200	150 200	150 200	150 200	150 200	200 200	300 300	300 300	300 300	–
45	175	120	70	95	50	70	50	200 200	200 200	200 200	200 200	200 200	200 200	200 200	200 200	300 300	300 300	300 300	300 300
52.5	200	150	95	95	70	95	70	200 200	200 200	200 200	200 200	200 200	200 200	200 200	200 200	300 300	300 300	400 400	400 400
63.7	250	240	150	–	95	120	95	300 300	300 300	300 300	300 300	300 300	300 300	300 300	300 300	300 300	400 400	400 400	500 600
75	300	300	185	–	120	185	120	300 300	300 300	300 300	300 300	300 300	300 300	300 300	300 300	300 300	400 400	400 400	500 600
86.2	350	–	240	–	–	240	150	400 400	400 400	400 400	400 400	400 400	400 400	400 400	400 400	400 400	400 400	400 400	600 600

[비고] 1. 최소 전선 굵기는 1회선에 대한 것이며, 2회선 이상일 경우는 복수회로 보정계수를 적용하여야 한다.
2. 공사방법 A1은 벽 내의 전선관에 공사한 절연전선 또는 단심케이블, B1은 벽면의 전선관에 공사한 절연전선 또는 단심케이블, 공사방법 C는 벽면에 공사한 단심 또는 다심케이블을 시설하는 경우의 전선 굵기를 표시하였다.
3. 「전동기 중 최대의 것」에는 동시 기동하는 경우를 포함함
4. 과전류 차단기의 용량은 해당 조항에 규정되어 있는 범위에서 실용상 거의 최댓값을 표시함
5. 과전류 차단기의 선정은 최대 용량의 정격전류의 3배에 다른 전동기의 정격전류의 합계를 가산한 값 이하를 표시함
6. 고리퓨즈는 300[A] 이하에서 사용하여야 한다.

답안 ① 최대 사용전류 $= 2.53 + 4.16 + 9.22 \times 2 + 17.69 = 42.82$[A]

② 전동기 용량의 총화 $= 0.75 + 1.5 + 3.7 \times 2 + 7.5 = 17.15$[kW]

③ 표에서 전동기 총화 19.5[kW]란의 최대 전류가 90[A]로 42.82[A]보다 크므로 표 19.5[kW], 기동기 사용 7.5[kW]란에서

- 간선의 굵기 : 35[mm^2] 선정
- 과전류 차단기 : 100[A] 선정

문제 02 기사 99년, 00년 출제

배점 : 5점

사용전압 200[V]인 3상 직입 기동 전동기(1.5[kW] 1대, 3.7[kW] 2대)와 3상 15[kW] 기동 보상기 사용 전동기 및 전열기 3[kW]를 간선에 연결하였다. 이때 간선의 굵기는 공사방법 B1, PVC 절연전선을 사용하는 경우 얼마이면 되는지와 간선 과전류 차단기의 용량과 간선 개폐기의 용량을 주어진 표를 이용하여 구하시오.

[참고자료]

표 1 3상 유도전동기의 규약 전류값

출 력		전류[A]		출 력		전류[A]	
[kW]	환산[HP]	200[V]용	400[V]용	[kW]	환산[HP]	200[V]용	400[V]용
0.2	1/4	1.8	0.9	18.5	25	79	39
0.4	1/2	3.2	1.6	22	30	93	46
0.75	1	4.8	4.0	30	40	124	62
1.5	2	8.0	4.0	37	50	151	75
2.2	3	11.1	5.5	45	60	180	90
3.7	5	17.4	8.7	55	75	225	112
5.5	7.5	26	13	75	100	300	150
7.5	10	34	17	110	150	435	220
11	15	48	24	150	200	570	285
15	20	65	32				

[주] 사용하는 회로의 표준전압이 220[V]나 440[V]이면 200[V] 또는 400[V]일 때의 각각 0.9배로 한다.

표 2 전동기 공사에서 간선의 전선 굵기 · 개폐기 용량 및 적정 퓨즈(200[V], B종 퓨즈)

전동기 [kW] 수의 총계 ① [kW] 이하	최대 사용 전류 ①' [A] 이하	배선종류에 의한 간선의 최소 굵기[mm^2]②						직입 기동 전동기 중 최대 용량의 것											
		공사방법 A1 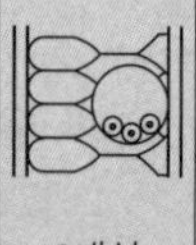 3개선		공사방법 B1  3개선		공사방법 C 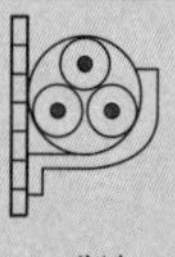 3개선		0.75 이하	1.5	2.2	3.7	5.5	7.5	11	15	18.5	22	30	37~55
								기동기 사용 전동기 중 최대 용량의 것											
								–	–	–	5.5	7.5	11 15	18.5 22	–	30 37	–	45	55
		PVC	XLPE, EPR	PVC	XLPE, EPR	PVC	XLPE, EPR	과전기 차단기[A]·········(칸 위 숫자) ③ 개폐기 용량[A]·········(칸 아래 숫자) ④											
3	15	2.5	2.5	2.5	2.5	2.5	2.5	15 30	20 30	30 30	–	–	–	–	–	–	–	–	–
4.5	20	4	2.5	2.5	2.5	2.5	2.5	20 30	20 30	30 30	50 60	–	–	–	–	–	–	–	–
6.3	30	6	4	6	4	4	2.5	30 30	30 30	50 60	50 60	75 100	–	–	–	–	–	–	–
8.2	40	10	6	10	6	6	4	50 60	50 60	50 60	75 100	75 100	100 100	–	–	–	–	–	–

전동기 [kW] 수의 총계 ① [kW] 이하	최대 사용 전류 ①' [A] 이하	배선종류에 의한 간선의 최소 굵기[mm²]②						직입 기동 전동기 중 최대 용량의 것											
		공사방법 A1		공사방법 B1		공사방법 C		0.75 이하	1.5	2.2	3.7	5.5	7.5	11	15	18.5	22	30	37~55
								기동기 사용 전동기 중 최대 용량의 것											
		 3개선		 3개선		 3개선		–	–	–	5.5	7.5	11 15	18.5 22	–	30 37	–	45	55
		PVC	XLPE, EPR	PVC	XLPE, EPR	PVC	XLPE, EPR	과전기 차단기[A]……(칸 위 숫자) ③ 개폐기 용량[A]……(칸 아래 숫자) ④											
12	50	16	10	10	10	10	6	50 60	50 60	50 60	75 100	75 100	100 100	150 200	–	–	–	–	–
15.7	75	35	25	25	16	16	16	75 100	75 100	75 100	75 100	100 100	100 100	150 200	150 200	–	–	–	–
19.5	90	50	25	35	25	25	16	100 100	100 100	100 100	100 100	100 100	150 200	150 200	200 200	200 200	–	–	–
23.2	100	50	35	35	25	35	25	100 100	100 100	100 100	100 100	100 100	150 200	150 200	200 200	200 200	200 200	–	–
30	125	70	50	50	35	50	35	150 200	150 200	150 200	150 200	150 200	150 200	150 200	200 200	200 200	200 200	–	–
37.5	150	95	70	70	50	70	50	150 200	150 200	150 200	150 200	150 200	150 200	150 200	200 200	300 300	300 300	300 300	–
45	175	120	70	95	50	70	50	200 200	200 200	200 200	200 200	200 200	200 200	200 200	200 200	300 300	300 300	300 300	300 300
52.5	200	150	95	95	70	95	70	200 200	200 200	200 200	200 200	200 200	200 200	200 200	200 200	300 300	300 300	400 400	400 400
63.7	250	240	150	–	95	120	95	300 300	300 300	300 300	300 300	300 300	300 300	300 300	300 300	300 300	400 400	400 400	500 600
75	300	300	185	–	120	185	120	300 300	300 300	300 300	300 300	300 300	300 300	300 300	300 300	300 300	400 400	400 400	500 600
86.2	350	–	240	–	–	240	150	400 400	400 400	400 400	400 400	400 400	400 400	400 400	400 400	400 400	400 400	400 400	600 600

[비고] 1. 최소 전선 굵기는 1회선에 대한 것이며, 2회선 이상일 경우는 복수회로 보정계수를 적용하여야 한다.
2. 공사방법 A1은 벽 내의 전선관에 공사한 절연전선 또는 단심케이블, B1은 벽면의 전선관에 공사한 절연전선 또는 단심케이블, 공사방법 C는 벽면에 공사한 단심 또는 다심케이블을 시설하는 경우의 전선 굵기를 표시하였다.
3. 「전동기 중 최대의 것」에는 동시 기동하는 경우를 포함함
4. 과전류 차단기의 용량은 해당 조항에 규정되어 있는 범위에서 실용상 거의 최댓값을 표시함
5. 과전류 차단기의 선정은 최대 용량의 정격전류의 3배에 다른 전동기의 정격전류의 합계를 가산한 값 이하를 표시함
6. 고리퓨즈는 300[A] 이하에서 사용하여야 한다.

답안 전동기 [kW]수의 총계 $=1.5+3.7\times2+15+3=26.9$[kW]
[표 2] 전동기 [kW]수의 총계 30[kW], B1 PVC 절연전선에서
간선의 굵기 : 50[mm^2], 차단기 용량 : 150[A], 개폐기 용량 : 200[A]

문제 03

기사 91년, 94년, 95년, 01년, 14년, 20년 출제

배점 : 7점

3.7[kW]와 7.5[kW]의 직입 기동 농형 전동기 및 22[kW]의 기동기 사용 권선형 전동기 등 3대를 그림과 같이 접속하였다. 이때 다음 각 물음에 답하시오. (단, 공사방법 B1으로 XPLE 절연전선을 사용하였으며, 정격전압은 200[V]이고 간선 및 분기회로에 사용되는 전선도체의 재질 및 종류는 같다.)

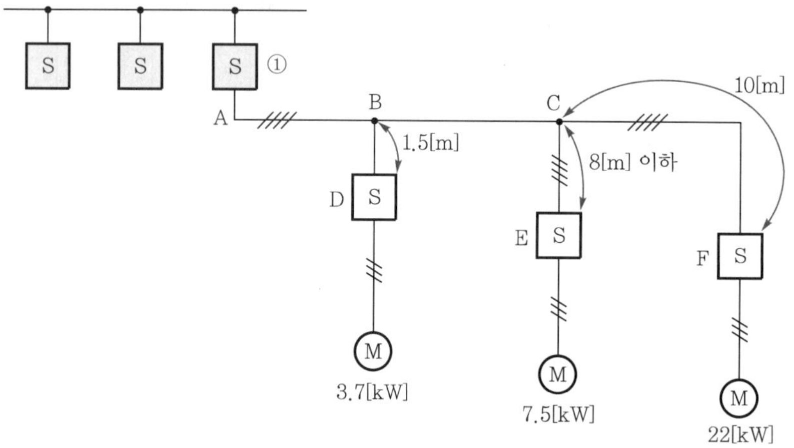

(1) 간선에 사용되는 과전류 차단기의 개폐기(①)의 최소 용량은 몇 [A]인가?
- 선정과정 :
- 과전류 차단기 용량 :
- 개폐기 용량 :

(2) 간선의 최소 굵기는 몇 [mm^2]인가?

표 1 전동기 공사에서 간선의 전선 굵기 · 개폐기 용량 및 적정 퓨즈(200[V], B종 퓨즈)

전동기 [kW] 수의 총계 ① [kW] 이하	최대 사용 전류 ①' [A] 이하	배선종류에 의한 간선의 최소 굵기[mm^2]②						직입 기동 전동기 중 최대 용량의 것											
		공사방법 A1		공사방법 B1		공사방법 C		0.75 이하	1.5	2.2	3.7	5.5	7.5	11	15	18.5	22	30	37~55
		 3개선		 3개선		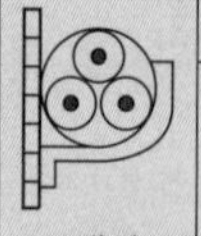 3개선		기동기 사용 전동기 중 최대 용량의 것											
								-	-	-	5.5	7.5	11 15	18.5 22	-	30 37	-	45	55
		PVC	XLPE, EPR	PVC	XLPE, EPR	PVC	XLPE, EPR	과전기 차단기[A]………(칸 위 숫자) ③ 개폐기 용량[A]………(칸 아래 숫자) ④											
3	15	2.5	2.5	2.5	2.5	2.5	2.5	15 30	20 30	30 30	-	-	-	-	-	-	-	-	-

전동기 [kW] 수의 총계 ① [kW] 이하	최대 사용 전류 ①' [A] 이하	배선종류에 의한 간선의 최소 굵기[mm^2]②						직입 기동 전동기 중 최대 용량의 것											
		공사방법 A1		공사방법 B1		공사방법 C		0.75 이하	1.5	2.2	3.7	5.5	7.5	11	15	18.5	22	30	37~55
		 3개선		 3개선		 3개선		기동기 사용 전동기 중 최대 용량의 것											
								–	–	–	5.5	7.5	11 15	18.5 22	–	30 37	–	45	55
		PVC	XLPE, EPR	PVC	XLPE, EPR	PVC	XLPE, EPR	과전기 차단기[A]………(칸 위 숫자) ③ 개폐기 용량[A]………(칸 아래 숫자) ④											
4.5	20	4	2.5	2.5	2.5	2.5	2.5	20 30	20 30	30 30	50 60	–	–	–	–	–	–	–	–
6.3	30	6	4	6	4	4	2.5	30 30	30 30	50 60	50 60	75 100	–	–	–	–	–	–	–
8.2	40	10	6	10	6	6	4	50 60	50 60	50 60	75 100	75 100	100 100	–	–	–	–	–	–
12	50	16	10	10	10	10	6	50 60	50 60	50 60	75 100	75 100	100 100	150 200	–	–	–	–	–
15.7	75	35	25	25	16	16	16	75 100	75 100	75 100	75 100	100 100	100 100	150 200	150 200	–	–	–	–
19.5	90	50	25	35	25	25	16	100 100	100 100	100 100	100 100	100 100	150 200	150 200	200 200	200 200	–	–	–
23.2	100	50	35	35	25	35	25	100 100	100 100	100 100	100 100	100 100	150 200	150 200	200 200	200 200	200 200	–	–
30	125	70	50	50	35	50	35	150 200	150 200	150 200	150 200	150 200	150 200	150 200	200 200	200 200	200 200	–	–
37.5	150	95	70	70	50	70	50	150 200	150 200	150 200	150 200	150 200	150 200	150 200	200 200	300 300	300 300	300 300	–
45	175	120	70	95	50	70	50	200 200	200 200	200 200	200 200	200 200	200 200	200 200	200 200	300 300	300 300	300 300	300 300
52.5	200	150	95	95	70	95	70	200 200	200 200	200 200	200 200	200 200	200 200	200 200	200 200	300 300	300 300	400 400	400 400
63.7	250	240	150	–	95	120	95	300 300	300 300	300 300	300 300	300 300	300 300	300 300	300 300	300 300	400 400	400 400	500 600
75	300	300	185	–	120	185	120	300 300	300 300	300 300	300 300	300 300	300 300	300 300	300 300	300 300	400 400	400 400	500 600
86.2	350	–	240	–	–	240	150	400 400	400 400	400 400	400 400	400 400	400 400	400 400	400 400	400 400	400 400	400 400	600 600

[비고] 1. 최소 전선 굵기는 1회선에 대한 것이며, 2회선 이상일 경우는 복수회로 보정계수를 적용하여야 한다.
2. 공사방법 A1은 벽 내의 전선관에 공사한 절연전선 또는 단심케이블, B1은 벽면의 전선관에 공사한 절연전선 또는 단심케이블, 공사방법 C는 벽면에 공사한 단심 또는 다심케이블을 시설하는 경우의 전선 굵기를 표시하였다.
3. 「전동기 중 최대의 것」에는 동시 기동하는 경우를 포함함
4. 과전류 차단기의 용량은 해당 조항에 규정되어 있는 범위에서 실용상 거의 최댓값을 표시함
5. 과전류 차단기의 선정은 최대 용량의 정격전류의 3배에 다른 전동기의 정격전류의 합계를 가산한 값 이하를 표시함
6. 고리퓨즈는 300[A] 이하에서 사용하여야 한다.

▎표 2 ▎200[V] 3상 유도전동기 1대인 경우의 분기회로 (B종 퓨즈의 경우)

정격 출력 [kW]	전부하 전류 [A]	배선종류에 의한 간선의 최소 굵기[mm^2]					
		공사방법 A1		공사방법 B1		공사방법 C	
		 3개선		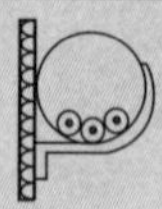 3개선		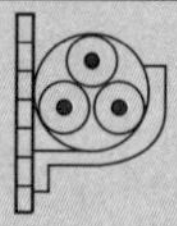 3개선	
		PVC	XLPE, EPR	PVC	XLPE, EPR	PVC	XLPE, EPR
0.2	1.8	2.5	2.5	2.5	2.5	2.5	2.5
0.4	3.2	2.5	2.5	2.5	2.5	2.5	2.5
0.75	4.8	2.5	2.5	2.5	2.5	2.5	2.5
1.5	8	2.5	2.5	2.5	2.5	2.5	2.5
2.2	11.1	2.5	2.5	2.5	2.5	2.5	2.5
3.7	17.4	2.5	2.5	2.5	2.5	2.5	2.5
5.5	26	6	4	4	2.5	4	2.5
7.5	34	10	6	6	4	6	4
11	48	16	10	10	6	10	6
15	65	25	16	16	10	16	10
18.5	79	35	25	25	16	25	16
22	93	50	25	35	25	25	16
30	124	70	50	50	35	50	35
37	152	95	70	70	50	70	50

정격 출력 [kW]	전부하 전류 [A]	개폐기 용량[A]				과전류 차단기 (B종 퓨즈) [A]				전동기용 초과눈금 전류계의 정격전류 [A]	접지선의 최소 굵기 [mm^2]
		직입 기동		기동기 사용		직입 기동		기동기 사용			
		현장 조작	분기	현장 조작	분기	현장 조작	분기	현장 조작	분기		
0.2	1.8	15	15			15	15			3	2.5
0.4	3.2	15	15			15	15			5	2.5
0.75	4.8	15	15			15	15			5	2.5
1.5	8	15	30			15	20			10	4
2.2	11.1	30	30			20	30			15	4
3.7	17.4	30	60			30	50			20	6
5.5	26	60	60	30	60	50	60	30	50	30	6
7.5	34	100	100	60	100	75	100	50	75	30	10
11	48	100	200	100	100	100	150	75	100	60	16
15	65	100	200	100	100	100	150	100	100	60	16
18.5	79	200	200	100	200	150	200	100	150	100	16
22	93	200	200	100	200	150	200	100	150	100	16
30	124	200	400	200	200	200	300	150	200	150	25
37	152	200	400	200	200	200	300	150	200	200	25

[비고] 1. 최소 전선 굵기는 1회선에 대한 것이며, 2회선 이상일 경우는 복수회로 보정계수를 적용하여야 한다.
2. 공사방법 A1은 벽 내의 전선관에 공사한 절연전선 또는 단심케이블, B1은 벽면의 전선관에 공사한 절연전선 또는 단심케이블, 공사방법 C는 벽면에 공사한 단심 또는 다심케이블을 시설하는 경우의 전선 굵기를 표시하였다.
3. 전동기 2대 이상을 동일 회로로 할 경우는 간선의 표를 적용할 것

답안 (1) • 과전류 차단기 용량 : 150[A]

• 개폐기 용량 : 200[A]

(2) 50[mm^2]

해설 (1) 전동기 [kW]수의 총계 = 3.7 + 7.5 + 22 = 33.2[kW]이므로 [표 1]의 37.5[kW]란과 기동기 사용 22[kW]란에서 과전류 차단기 150[A]와 개폐기 200[A] 선정

(2) 전동기 [kW]수의 총계 = 3.7 + 7.5 + 22 = 33.2[kW]이므로 [표 1]의 37.5[kW]란에서 전선 50[mm^2] 선정

문제 04

기사 93년, 03년 출제

배점 : 6점

그림과 같은 3상 3선식 회로의 전선 굵기를 구하시오. (단, 배선 설계의 길이는 50[m], 부하의 최대 사용전류는 300[A], 배선 설계의 전압강하는 4[V]이며, 전선도체는 구리이다.)

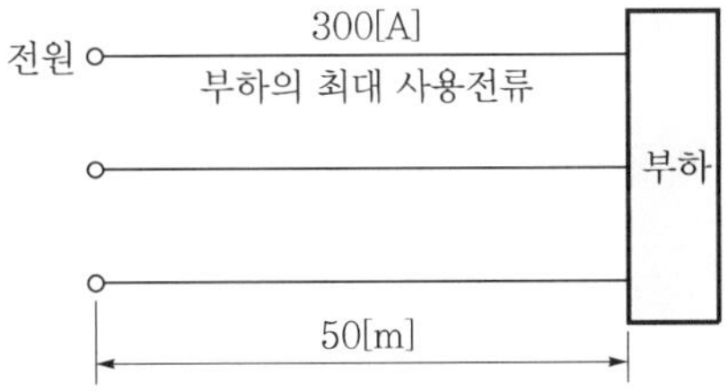

[참고자료]

┃표 1┃전선 최대 길이(3상 3선식 380[V] · 전압강하 3.8[V])

전류 [A]	전선의 굵기[mm^2]												
	2.5	4	6	10	16	25	35	50	95	150	185	240	300
	전선 최대 길이[m]												
1	534	854	1,281	2,135	3,416	5,337	7,472	10,674	20,281	32,022	39,494	51,236	64,065
2	267	427	640	1,067	1,708	2,669	3,736	5,337	10,140	16,011	19,747	25,618	32,022
3	178	285	427	712	1,139	1,779	2,491	3,558	6,760	10,674	13,165	17,079	21,348
4	133	213	320	534	854	1,334	1,868	2,669	5,070	8,006	9,874	12,809	16,011
5	107	171	256	427	683	1,067	1,494	2,135	4,056	4,604	7,899	10,247	12,809
6	89	142	213	356	569	890	1,245	1,779	3,380	5,337	6,582	8,539	10,674
7	76	122	183	305	488	762	1,067	1,525	2,897	4,575	5,642	7,319	9,149
8	67	107	160	267	427	667	934	1,334	2,535	4,003	4,937	6,404	8,006
9	59	95	142	237	380	593	830	1,186	2,253	3,558	4,388	5,693	7,116
12	44	71	107	178	285	445	623	890	1,690	2,669	3,291	4,270	5,337
14	38	61	91	152	244	381	534	762	1,449	2,287	2,821	3,660	4,575
15	36	57	85	142	228	356	498	712	1,352	2,135	2,633	3,416	4,270
16	33	53	80	133	213	334	467	667	1,268	2,001	2,468	3,202	4,003
18	30	47	71	119	190	297	415	593	1,127	1,779	2,194	2,846	3,558
25	21	34	51	85	137	213	299	427	811	1,281	1,580	2,049	2,562

전류 [A]	전선의 굵기[mm²]												
	2.5	4	6	10	16	25	35	50	95	150	185	240	300
	전선 최대 길이[m]												
35	15	24	37	61	98	152	213	305	579	915	1,128	1,464	1,830
45	12	19	28	47	76	119	166	237	451	712	878	1,139	1,423

[비고] 1. 전압강하가 2[%] 또는 3[%]의 경우, 전선길이는 각각 이 표의 2배 또는 3배가 된다. 다른 경우에도 이 예에 따른다.
2. 전류가 20[A] 또는 200[A] 경우의 전선길이는 각각 이 표 전류 2[A] 경우의 1/10 또는 1/100이 된다.
3. 이 표는 평형부하의 경우에 대한 것이다.
4. 이 표는 역률 1로 하여 계산한 것이다.

답안 95[mm²]

해설

$$\text{전선 최대 길이}=\frac{\text{배선 설계 길이}\times\dfrac{\text{부하의 최대 사용전류[A]}}{\text{표의 전류[A]}}}{\dfrac{\text{배선 설계의 전압강하[V]}}{\text{표의 전압강하[V]}}}=\frac{50\times\dfrac{300}{3}}{\dfrac{4}{3.8}}=4{,}750[\text{m}]$$

따라서, 표의 3[A]란에서 전선 최대 길이가 4,750[m]를 넘는 6,760[m]인 전선의 굵기 95[mm²] 선정

문제 05 기사 97년 출제 | 배점 : 5점 |

3상 380[V]의 전동기 부하가 분전반으로부터 300[m]되는 지점에(전선 한 가닥의 길이로 본다) 설치되어 있다. 전동기는 1대로 입력이 78.98[kVA]라고 하며, 허용 전압강하를 6[V]로 하여 분기회로의 전선을 정하고자 할 때에 전선의 최소 규격과 전선관 규격을 구하시오. (단, 전선은 450/750[V] 일반용 단심 비닐절연전선으로 하고 전선관을 후강 전선관으로 하며 부하는 평형되었다.)

(1) 최소 규격
(2) 전선관 규격

▮표 1▮ 전선 최대 길이(3상 3선식 380[V] · 전압강하 3.8[V])

전류 [A]	전선의 굵기[mm²]												
	2.5	4	6	10	16	25	35	50	95	150	185	240	300
	전선 최대 길이[m]												
1	534	854	1,281	2,135	3,416	5,337	7,472	10,674	20,281	32,022	39,494	51,236	64,065
2	267	427	640	1,067	1,708	2,669	3,736	5,337	10,140	16,011	19,747	25,618	32,022
3	178	285	427	712	1,139	1,779	2,491	3,558	6,760	10,674	13,165	17,079	21,348
4	133	213	320	534	854	1,334	1,868	2,669	5,070	8,006	9,874	12,809	16,011
5	107	171	256	427	683	1,067	1,494	2,135	4,056	4,604	7,899	10,247	12,809

전류[A]	전선의 굵기[mm²]												
	2.5	4	6	10	16	25	35	50	95	150	185	240	300
	전선 최대 길이[m]												
6	89	142	213	356	569	890	1,245	1,779	3,380	5,337	6,582	8,539	10,674
7	76	122	183	305	488	762	1,067	1,525	2,897	4,575	5,642	7,319	9,149
8	67	107	160	267	427	667	934	1,334	2,535	4,003	4,937	6,404	8,006
9	59	95	142	237	380	593	830	1,186	2,253	3,558	4,388	5,693	7,116
12	44	71	107	178	285	445	623	890	1,690	2,669	3,291	4,270	5,337
14	38	61	91	152	244	381	534	762	1,449	2,287	2,821	3,660	4,575
15	36	57	85	142	228	356	498	712	1,352	2,135	2,633	3,416	4,270
16	33	53	80	133	213	334	467	667	1,268	2,001	2,468	3,202	4,003
18	30	47	71	119	190	297	415	593	1,127	1,779	2,194	2,846	3,558
25	21	34	51	85	137	213	299	427	811	1,281	1,580	2,049	2,562
35	15	24	37	61	98	152	213	305	579	915	1,128	1,464	1,830
45	12	19	28	47	76	119	166	237	451	712	878	1,139	1,423

[비고] 1. 전압강하가 2[%] 또는 3[%]의 경우, 전선길이는 각각 이 표의 2배 또는 3배가 된다. 다른 경우에도 이 예에 따른다.
2. 전류가 20[A] 또는 200[A] 경우의 전선길이는 각각 이 표 전류 2[A] 경우의 1/10 또는 1/100이 된다.
3. 이 표는 평형부하의 경우에 대한 것이다.
4. 이 표는 역률 1로 하여 계산한 것이다.

▌표 2▌후강전선관 굵기의 선정

도체 단면적 [mm²]	전선 본수									
	1	2	3	4	5	6	7	8	9	10
	전선관의 최소 굵기[호]									
2.5	16	16	16	16	22	22	22	28	28	28
4	16	16	16	22	22	22	28	28	28	28
6	16	16	22	22	22	28	28	28	36	36
10	16	22	22	28	28	36	36	36	36	36
16	16	22	28	28	36	36	36	42	42	42
25	22	28	28	36	36	42	54	54	54	54
35	22	28	36	42	54	54	54	70	70	70
50	22	36	54	54	70	70	70	82	82	82
70	28	42	54	54	70	70	70	82	82	82
95	28	54	54	70	70	82	82	92	92	104
120	36	54	54	70	70	82	82	92		
150	36	70	70	82	92	92	104	104		
185	36	70	70	82	92	104				
240	42	82	82	92	104					

[비고] 1. 전선 1본에 대한 숫자는 접지선 및 직류회로의 전선에도 적용한다.
2. 이 표는 실험결과와 경험을 기초로 하여 결정한 것이다.
3. 이 표는 KS C IEC 60227-3의 450/750[V] 일반용 단심 비닐 절연전선으로 기준한 것이다.

답안 (1) 최소 규격 : 150[mm^2]
(2) 전선관 굵기 : 70호 선정

해설 (1) 부하 전류 $I = \frac{P}{\sqrt{3}\,V} = \frac{78,980}{\sqrt{3} \times 380} = 120[\text{A}]$

전선 최대 길이 $L = \dfrac{\frac{300 \times 120}{12}}{\frac{6}{3.8}} = 1,900[\text{m}]$

[표 1] 전류 12[A]란에서 전선 최대 길이가 1,900[m]를 초과하는 2,669[m]란의 전선 150[mm^2] 선정

(2) [표 2]에서 150[mm^2] 3본을 넣을 수 있는 전선관 70호 선정

문제 06 산업 98년, 00년 출제

배점 : 5점

다음 그림은 3ϕ 3W 60[Hz], 200[V], 7.5[kW](10[HP]) 직입 기동 3상 유도전동기 1대에 대한 배선 설계도이다. [참고자료]를 이용하여 다음 각 물음에 답하시오. (단, 후강 금속관 공사로 하며, 전선은 PVC 절연전선으로서 공사방법은 B1으로 한다.)

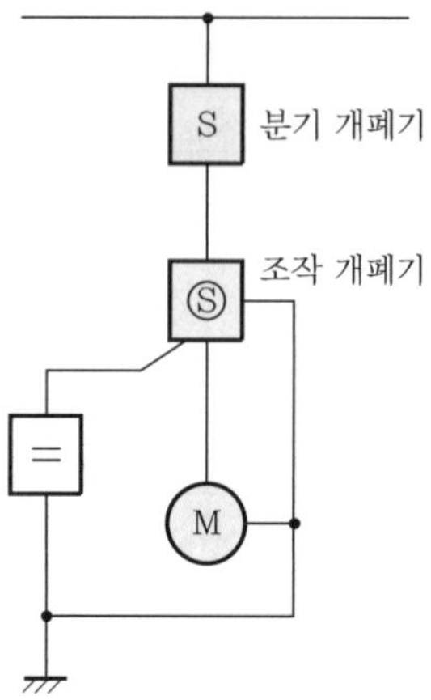

(1) 분기선 최소 굵기[mm^2] 및 금속관의 최소 굵기[mm]는?
- 분기선의 최소 굵기 :
- 금속관의 최소 굵기 :

(2) 분기선 개폐기 용량[A] 및 과전류 보호기 용량[A]은?
- 개폐기 용량 :
- 과전류 보호기 용량 :

(3) 조작 개폐기 용량[A] 및 과전류 보호기 용량[A]은?
- 조작 개폐기 용량 :
- 과전류 보호기 용량 :

(4) 접지선의 굵기[mm^2] 및 금속관의 최소 굵기[mm]는?
- 접지선의 굵기 :
- 금속관의 굵기 :

(5) 콘덴서의 [kVA]용량 및 [μF]용량은?
- [kVA] :
- [μF] :

(6) 초과 눈금 전류계[A] 눈금은?

[참고자료]

▌표 1▌전동기 분기회로의 전선 굵기 · 개폐기 용량 및 적정 퓨즈(200[V] 3상 유도전동기 1대의 경우)

정격출력 [kW]	전부하전류 [A]	배선종류에 의한 간선의 최소 굵기[mm^2]					
		공사방법 A1		공사방법 B1		공사방법 C	
		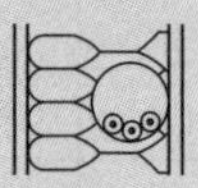 3개선		 3개선		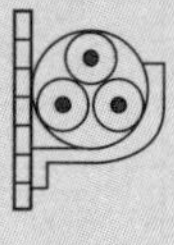 3개선	
		PVC	XLPE, EPR	PVC	XLPE, EPR	PVC	XLPE, EPR
0.2	1.8	2.5	2.5	2.5	2.5	2.5	2.5
0.4	3.2	2.5	2.5	2.5	2.5	2.5	2.5
0.75	4.8	2.5	2.5	2.5	2.5	2.5	2.5
1.5	8	2.5	2.5	2.5	2.5	2.5	2.5
2.2	11.1	2.5	2.5	2.5	2.5	2.5	2.5
3.7	17.4	2.5	2.5	2.5	2.5	2.5	2.5
5.5	26	6	4	4	2.5	4	2.5
7.5	34	10	6	6	4	6	4
11	48	16	10	10	6	10	6
15	65	25	16	16	10	16	10
18.5	79	35	25	25	16	25	16
22	93	50	25	35	25	25	16
30	124	70	50	50	35	50	35
37	152	95	70	70	50	70	50

정격출력 [kW]	전부하전류 [A]	개폐기 용량[A]				과전류 차단기 (B종 퓨즈) [A]				전동기용 초과눈금 전류계의 정격전류 [A]	접지선의 최소 굵기 [mm^2]
		직입 기동		기동기 사용		직입 기동		기동기 사용			
		현장조작	분기	현장조작	분기	현장조작	분기	현장조작	분기		
0.2	1.8	15	15			15	15			3	2.5
0.4	3.2	15	15			15	15			5	2.5
0.75	4.8	15	15			15	15			5	2.5
1.5	8	15	30			15	20			10	4
2.2	11.1	30	30			20	30			15	4
3.7	17.4	30	60			30	50			20	6
5.5	26	60	60	30	60	50	60	30	50	30	6
7.5	34	100	100	60	100	75	100	50	75	30	10
11	48	100	200	100	100	100	150	75	100	60	16
15	65	100	200	100	100	100	150	100	100	60	16
18.5	79	200	200	100	200	150	200	100	150	100	16
22	93	200	200	100	200	150	200	100	150	100	16
30	124	200	400	200	200	200	300	150	200	150	25
37	152	200	400	200	200	200	300	150	200	200	25

▌표 2▌후강전선관 굵기의 선정

도체 단면적 [mm^2]	전선 본수									
	1	2	3	4	5	6	7	8	9	10
	전선관의 최소 굵기[호]									
2.5	16	16	16	16	22	22	22	28	28	28
4	16	16	16	22	22	22	28	28	28	28
6	16	16	22	22	22	28	28	28	36	36
10	16	22	22	28	28	36	36	36	36	36
16	16	22	28	28	36	36	36	42	42	42
25	22	28	28	36	36	42	54	54	54	54
35	22	28	36	42	54	54	54	70	70	70
50	22	36	54	54	70	70	70	82	82	82
70	28	42	54	54	70	70	70	82	82	82
95	28	54	54	70	70	82	82	92	92	104
120	36	54	54	70	70	82	82	92		
150	36	70	70	82	92	92	104	104		
185	36	70	70	82	92	104				

▌표 3▌역률 개선용 콘덴서(200[V] 3상 유도전동기의 경우)

출력 [kW]	설비용량 기준[μF]				출력 [kW]	설비용량 기준[μF]			
	50[Hz]		60[Hz]			50[Hz]		60[Hz]	
	[μF]	[kVA]	[μF]	[kVA]		[μF]	[kVA]	[μF]	[kVA]
0.2 이하	15	0.19	10	0.15	11	200	2.51	150	2.26
0.4	20	0.25	15	0.23	15	250	3.14	200	3.02
0.75	30	0.38	20	0.30	19	300	3.77	250	3.77
1	30	0.38	20	0.30	20	400	3.77	250	3.77
1.1	30	0.38	20	0.30	22	400	5.03	300	4.52
1.5	40	0.58	30	0.45	25	400	5.03	300	4.52
2	50	0.68	40	0.60	30	500	5.28	400	6.03
2.2	50	0.68	40	0.60	37	600	7.54	500	7.54
3	50	0.68	40	0.60	40	600	7.54	500	7.54
3.7	75	0.98	50	0.75	45	750	9.42	600	9.04
4	75	0.91	50	0.75	50	900	11.30	750	11.30
5	100	1.26	75	1.13	55	900	11.30	750	11.30
5.5	100	1.26	75	1.13					
7.5	150	1.28	100	1.51					
10	200	2.51	150	2.26					

답안 (1) • 분기선의 최소 굵기 : 6[mm^2]
• 금속관의 최소 굵기 : 22[호]

(2) • 개폐기 용량 : 100[A]
• 과전류 보호기 용량 : 100[A]

(3) • 조작 개폐기 용량 : 100[A]
• 과전류 보호기 용량 : 75[A]

(4) • 접지선의 굵기 : 10[mm^2]

• 금속관의 굵기 : 16[호]

(5) • [kVA] : 1.51[kVA]

• [μF] : 100[μF]

(6) 30[A]

문제 07 기사 14년 / 산업 10년 출제

배점 : 5점

정격출력 1,500[kVA], 역률 65[%]인 전동기 회로에 역률 개선용 콘덴서를 설치하여 역률 96[%]로 개선하기 위하여 다음 표를 이용하여 콘덴서 용량을 구하시오.

• 계산과정 :

• 답 :

구 분		개선 후의 역률														
		1.0	0.99	0.98	0.97	0.96	0.95	0.94	0.93	0.92	0.91	0.9	0.875	0.85	0.825	0.8
개선 전의 역률	0.4	230	216	210	205	201	197	194	190	187	184	182	175	168	161	155
	0.425	213	198	192	188	184	180	176	173	170	167	164	157	151	144	138
	0.45	198	183	177	173	168	165	161	158	155	152	149	143	136	129	123
	0.475	185	171	165	161	156	153	149	146	143	140	137	130	123	116	110
	0.5	173	159	153	148	144	140	137	134	130	128	125	118	111	104	93
	0.525	162	148	142	137	133	129	126	122	119	117	114	107	100	93	87
	0.55	152	138	132	127	123	119	116	112	109	106	104	97	90	83	77
	0.575	142	128	122	117	114	110	106	103	99	96	94	87	80	73	67
	0.6	133	119	113	108	104	101	97	94	91	88	85	78	71	65	58
	0.625	125	111	105	100	96	92	89	85	82	79	77	70	63	56	50
	0.65	116	103	97	92	88	84	81	77	74	71	69	62	55	48	42
	0.675	109	95	89	84	80	76	73	70	66	64	61	54	47	40	34
	0.7	102	88	81	77	73	69	66	62	59	56	54	46	40	33	27
	0.725	95	81	75	70	66	62	59	55	52	49	46	39	33	26	20
	0.75	88	74	67	63	58	55	52	49	45	43	40	33	26	19	13
	0.775	81	67	61	57	52	49	45	42	39	36	33	26	19	12	6.5
	0.8	75	61	54	50	46	42	39	35	32	29	27	19	13	6	
	0.825	69	54	48	44	40	36	32	29	26	23	21	14	7		
	0.85	62	48	42	37	33	29	26	22	19	16	14	7			
	0.875	55	41	35	30	26	23	19	16	13	10	7				
	0.9	48	34	28	23	19	16	12	9	6	2.8					

답안 • 계산과정 : 표에서 개선 전의 역률 0.65와 개선 후의 역률 0.96이 교차하는 곳의 K는 0.88 이므로 콘덴서 용량 $Q_c = KP\cos\theta = 0.88 \times 1{,}500 \times 0.65 = 858$[kVA]

• 답 : 858[kVA]

문제 08 기사 98년 출제

배점 : 6점

전동기 부하를 사용하는 곳의 역률 개선을 위하여 제시된 각 전동기 회로에 병렬로 역률 개선용 저압 콘덴서를 설치하여 각 전동기의 역률을 90[%] 이상으로 유지하려고 한다. 필요한 3상 콘덴서의 [kVA] 용량을 구하고, 이를 다시 [μF]으로 환산한 용량으로 구한 다음 적합한 표준 규격의 콘덴서를 선정하시오. (단, 정격주파수는 60[Hz]로 계산하며, 용량은 최소치를 구하도록 한다.)

전동기	번 호	정격전압[V]	정격출력[kW]	역률[%]	기동 방법
3상 농형 유도전동기	(1)	200	7.5	80	직입 기동
	(2)	200	15	85	기동기 사용
	(3)	200	3.7	75	직입 기동

▌표 1▌ 콘덴서 용량 계산표

구 분		개선 후의 역률																
		1.0	0.99	0.98	0.97	0.96	0.95	0.94	0.93	0.92	0.91	0.9	0.875	0.85	0.825	0.8	0.775	0.75	0.725
개선 전의 역률	0.4	203	216	210	205	201	197	194	190	187	184	182	175	168	161	155	149	142	135
	0.425	213	198	192	188	184	180	176	173	170	167	164	157	151	144	138	131	124	118
	0.45	198	183	177	173	168	165	161	158	155	152	149	142	136	129	123	116	110	103
	0.475	185	171	165	161	156	153	149	146	143	140	137	130	123	116	110	104	98	91
	0.5	173	159	153	148	144	140	137	134	130	128	125	118	111	104	93	92	85	78
	0.525	162	148	142	137	133	129	126	122	119	117	114	107	100	93	87	81	74	67
	0.55	152	138	132	127	123	119	116	112	109	106	104	97	90	87	77	71	64	57
	0.575	142	128	122	117	114	110	106	103	99	96	94	87	80	74	67	60	54	47
	0.6	133	117	113	108	104	101	97	94	91	88	85	78	71	65	58	52	46	39
	0.625	125	111	105	100	96	92	87	85	82	79	77	70	63	56	50	44	37	30
	0.65	117	103	97	92	88	84	81	77	74	71	69	62	55	48	42	36	29	22
	0.675	109	95	89	84	80	76	73	70	66	64	61	54	47	40	34	28	21	14
	0.7	102	88	81	77	73	69	66	62	59	56	54	46	40	33	27	20	14	7
	0.725	95	81	75	70	66	62	59	55	52	49	46	36	33	26	20	13	7	
	0.75	88	74	67	63	58	55	52	40	45	43	40	33	26	29	13	6.5		
	0.775	81	67	61	57	52	49	45	42	39	36	33	26	19	12	6.5			
	0.8	75	61	54	54	46	42	39	35	32	29	27	19	13	6				
	0.825	69	54	48	48	40	36	33	29	26	23	21	14	7					
	0.85	62	48	42	42	33	29	26	22	19	16	14	7						
	0.875	55	41	36	36	26	23	19	16	13	10	7							
	0.9	48	34	28	28	19	16	12	9	6	2.3								

▌표 2▌ 저압 200[V]용 콘덴서 규격표

정격주파수 : 60[Hz]

상 수	단상 및 3상								
정격용량[μF]	10	15	20	30	40	50	75	100	150

답안 (1) [표 1]에서 계수 $K=27[\%]$이므로

콘덴서 용량 $Q_c = 7.5 \times 0.27 = 2.03[\text{kVA}]$

$$C = \frac{Q}{2\pi f V^2} \times 10^3 = \frac{2.03}{2\pi \times 60 \times 200^2} \times 10^3 = 134.62 \times 10^{-6}[\text{F}] = 134.62[\mu\text{F}]$$

∴ [표 2]에서 150[μF]

(2) [표 1]에서 계수 $K=14[\%]$이므로

콘덴서 용량 $Q_c = 15 \times 0.14 = 2.1[\text{kVA}]$

$$C = \frac{Q}{2\pi f V^2} \times 10^3 = \frac{2.1}{2\pi \times 60 \times 200^2} \times 10^3 = 139.26 \times 10^{-6}[\text{F}] = 139.26[\mu\text{F}]$$

∴ [표 2]에서 150[μF]

(3) [표 1]에서 계수 $K=40[\%]$이므로

콘덴서 용량 $Q_c = 3.7 \times 0.4 = 1.48[\text{kVA}]$

$$C = \frac{Q}{2\pi f V^2} \times 10^3 = \frac{1.48}{2\pi \times 60 \times 200^2} \times 10^3 = 98.15 \times 10^{-6}[\text{F}] = 98.15[\mu\text{F}]$$

∴ [표 2]에서 100[μF]

문제 09 기사 86년, 95년, 14년 출제

배점 : 8점

다음 그림은 농형 유도전동기를 공사방법 B1, XLPE 절연전선을 사용하여 시설한 것이다. 도면을 충분히 이해한 다음 [참고자료]를 이용하여 다음 각 물음에 답하시오. (단, 전동기 4대의 용량은 다음과 같다.)

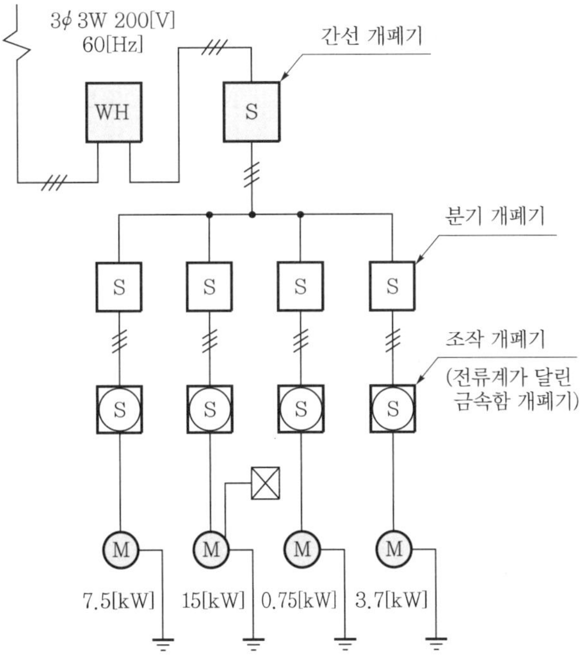

(1) 간선의 최소 굵기[mm^2] 및 간선 금속관의 최소 굵기는?
(2) 간선의 과전류 차단기 용량[A] 및 간선의 개폐기 용량[A]은?
(3) 7.5[kW] 전동기의 분기회로에 대한 다음을 구하시오.
  ① 개폐기 용량
    • 분기[A] :
    • 조작[A] :
  ② 과전류 차단기 용량
    • 분기[A] :
    • 조작[A] :
  ③ 접지선 굵기[mm^2]
  ④ 초과 눈금 전류계[A]
  ⑤ 금속관의 최소 굵기[호]

[참고자료]
• 3상 200[V] 7.5[kW] – 직접 기동
• 3상 200[V] 15[kW] – 기동기 사용
• 3상 200[V] 0.75[kW] – 직접 기동
• 3상 200[V] 3.7[kW] – 직접 기동

▌표 1▐ 200[V] 3상 유도전동기 1대인 경우의 분기회로(B종 퓨즈의 경우)

정격 출력 [kW]	전부하 전류 [A]	배선 종류에 의한 동 전선의 최소 굵기[mm^2]					
		공사방법 A1		공사방법 B1		공사방법 C	
		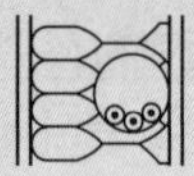 3개선		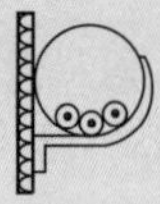 3개선		 3개선	
		PVC	XLPE, EPR	PVC	XLPE, EPR	PVC	XLPE, EPR
0.2	1.8	2.5	2.5	2.5	2.5	2.5	2.5
0.4	3.2	2.5	2.5	2.5	2.5	2.5	2.5
0.75	4.8	2.5	2.5	2.5	2.5	2.5	2.5
1.5	8	2.5	2.5	2.5	2.5	2.5	2.5
2.2	11.1	2.5	2.5	2.5	2.5	2.5	2.5
3.7	17.4	2.5	2.5	2.5	2.5	2.5	2.5
5.5	26	6	4	4	2.5	4	2.5
7.5	34	10	6	6	4	6	4
11	48	16	10	10	6	10	6
15	65	25	16	16	10	16	10
18.5	79	35	25	25	16	25	16
22	93	50	25	35	25	25	16
30	124	70	50	50	35	50	35
37	152	95	70	70	50	70	50

정격 출력 [kW]	전부하 전류 [A]	개폐기 용량[A]				과전류 차단기(B종 퓨즈)[A]				전동기용 초과눈금 정격전류 [A]	접지선의 최소 굵기 [mm^2]
		직입 기동		기동기 사용		직입 기동		기동기 사용			
		현장 조작	분기	현장 조작	분기	현장 조작	분기	현장 조작	분기		
0.2	1.8	15	15			15	15			3	2.5
0.4	3.2	15	15			15	15			5	2.5
0.75	4.8	15	15			15	15			5	2.5
1.5	8	15	30			15	20			10	4
2.2	11.1	30	30			20	30			15	4
3.7	17.4	30	60			30	50			20	6
5.5	26	60	60	30	60	50	60	30	50	30	6
7.5	34	100	100	60	100	75	100	50	75	30	10
11	48	100	200	100	100	100	150	75	100	60	16
15	65	100	200	100	100	100	150	100	100	60	16
18.5	79	200	200	100	200	150	200	100	150	100	16
22	93	200	200	100	200	150	200	100	150	100	16
30	124	200	400	200	200	200	300	150	200	150	25
37	152	200	400	200	200	200	300	150	200	200	25

▌표 2▌전동기 공사에서 간선의 전선 굵기 · 개폐기 용량 및 적정 퓨즈(200[V], B종 퓨즈)

전동기 [kW] 수의 총계 ① [kW] 이하	최대 사용 전류 ①′ [A] 이하	배선종류에 의한 간선의 최소 굵기[mm^2]②						직입 기동 전동기 중 최대 용량의 것											
		공사방법 A1		공사방법 B1		공사방법 C		0.75 이하	1.5	2.2	3.7	5.5	7.5	11	15	18.5	22	30	37~55
		 3개선		 3개선		 3개선		기동기 사용 전동기 중 최대 용량의 것											
								–	–	–	5.5	7.5	11 15	18.5 22	–	30 37	–	45	55
		PVC	XLPE, EPR	PVC	XLPE, EPR	PVC	XLPE, EPR	과전기 차단기[A]………(칸 위 숫자) ③ 개폐기 용량[A]………(칸 아래 숫자) ④											
3	15	2.5	2.5	2.5	2.5	2.5	2.5	15 30	20 30	30 30	–	–	–	–	–	–	–	–	–
4.5	20	4	2.5	2.5	2.5	2.5	2.5	20 30	20 30	30 30	50 60	–	–	–	–	–	–	–	–
6.3	30	6	4	6	4	4	2.5	30 30	30 30	50 60	50 60	75 100	–	–	–	–	–	–	–
8.2	40	10	6	10	6	6	4	50 60	50 60	50 60	75 100	75 100	100 100	–	–	–	–	–	–
12	50	16	10	10	10	10	6	50 60	50 60	50 60	75 100	75 100	100 100	150 200	–	–	–	–	–
15.7	75	35	25	25	16	16	16	75 100	75 100	75 100	75 100	100 100	100 100	150 200	150 200	–	–	–	–

전동기 [kW] 수의 총계 ① [kW] 이하	최대 사용 전류 ①' [A] 이하	배선종류에 의한 간선의 최소 굵기[mm²]②						직입 기동 전동기 중 최대 용량의 것											
		공사방법 A1		공사방법 B1		공사방법 C		0.75 이하	1.5	2.2	3.7	5.5	7.5	11	15	18.5	22	30	37~55
		 3개선		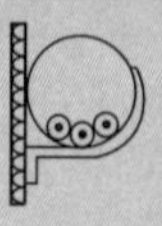 3개선		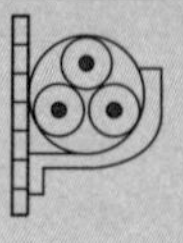 3개선		기동기 사용 전동기 중 최대 용량의 것											
								–	–	–	5.5	7.5	11 15	18.5 22	–	30 37	–	45	55
		PVC	XLPE, EPR	PVC	XLPE, EPR	PVC	XLPE, EPR	과전기 차단기[A]………(칸 위 숫자) ③ 개폐기 용량[A]………(칸 아래 숫자) ④											
19.5	90	50	25	35	25	25	16	100 100	100 100	100 100	100 100	100 100	150 200	150 200	200 200	200 200	–	–	–
23.2	100	50	35	35	25	35	25	100 100	100 100	100 100	100 100	100 100	150 200	150 200	200 200	200 200	200 200	–	–
30	125	70	50	50	35	50	35	150 200	150 200	150 200	150 200	150 200	150 200	150 200	200 200	200 200	200 200	–	–
37.5	150	95	70	70	50	70	50	150 200	150 200	150 200	150 200	150 200	150 200	150 200	200 200	300 300	300 300	300 300	–
45	175	120	70	95	50	70	50	200 200	200 200	200 200	200 200	200 200	200 200	200 200	200 200	300 300	300 300	300 300	300 300
52.5	200	150	95	95	70	95	70	200 200	200 200	200 200	200 200	200 200	200 200	200 200	200 200	300 300	300 300	400 400	400 400
63.7	250	240	150	–	95	120	95	300 300	300 300	300 300	300 300	300 300	300 300	300 300	300 300	300 300	400 400	400 400	500 600
75	300	300	185	–	120	185	120	300 300	300 300	300 300	300 300	300 300	300 300	300 300	300 300	300 300	400 400	400 400	500 600
86.2	350	–	240	–	–	240	150	400 400	400 400	400 400	400 400	400 400	400 400	400 400	400 400	400 400	400 400	400 400	600 600

[비고] 1. 최소 전선 굵기는 1회선에 대한 것이며, 2회선 이상일 경우는 복수회로 보정계수를 적용하여야 한다.
2. 공사방법 A1은 벽 내의 전선관에 공사한 절연전선 또는 단심케이블, B1은 벽면의 전선관에 공사한 절연전선 또는 단심케이블, 공사방법 C는 벽면에 공사한 단심 또는 다심케이블을 시설하는 경우의 전선 굵기를 표시하였다.
3. 「전동기 중 최대의 것」에는 동시 기동하는 경우를 포함함
4. 과전류 차단기의 용량은 해당 조항에 규정되어 있는 범위에서 실용상 거의 최댓값을 표시함
5. 과전류 차단기의 선정은 최대 용량의 정격전류의 3배에 다른 전동기의 정격전류의 합계를 가산한 값 이하를 표시함
6. 고리퓨즈는 300[A] 이하에서 사용하여야 한다.

▌표 3▐ 후강전선관 굵기의 선정

도체 단면적 [mm^2]	전선 본수									
	1	2	3	4	5	6	7	8	9	10
	전선관의 최소 굵기[호]									
2.5	16	16	16	16	22	22	22	28	28	28
4	16	16	16	22	22	22	28	28	28	28
6	16	16	22	22	22	28	28	28	36	36
10	16	22	22	28	28	36	36	36	36	36
16	16	22	28	28	36	36	36	42	42	42
25	22	28	28	36	36	42	54	54	54	54
35	22	28	36	42	54	54	54	70	70	70
50	22	36	54	54	70	70	70	82	82	82
70	28	42	54	54	70	70	70	82	82	82
95	28	54	54	70	70	82	82	92	92	104
120	36	54	54	70	70	82	82	92		
150	36	70	70	82	92	92	104	104		
185	36	70	70	82	92	104				
240	42	82	82	92	104					

답안 (1) 전동기 [kW]수의 총계 = 7.5 + 15 + 0.75 + 3.7 = 26.95[kW]

[표 2] 30[kW], 공사방법 B1, XLPE 전선에서

간선의 최소 굵기 : 35[mm^2], 간선 금속관의 최소 굵기 : 36[호]

(2) [표 2] 30[kW] 기동기 사용 전동기 15[kW]에서

간선의 과전류 차단기 용량 : 150[A], 간선의 개폐기 용량 : 200[A]

(3) [표 1] 7.5[kW]에서

① 개폐기 용량
- 분기 : 100[A]
- 조작 : 100[A]

② 과전류 차단기 용량
- 분기 : 100[A]
- 조작 : 75[A]

③ 접지선 굵기 : 10[mm^2]

④ 초과 눈금 전류계 : 30[A]

⑤ [표 1]에서 분기선 굵기 : 4[mm^2]

[표 3]에서 4[mm^2] 전선 3본을 넣을 수 있는 금속관의 최소 굵기 : 16[호]

문제 10 기사 97년, 00년, 04년 / 산업 13년 출제

배점 : 11점

도면은 어느 건물의 구내 간선 계통도이다. 주어진 [조건]과 [참고자료]를 이용하여 다음 각 물음에 답하시오.

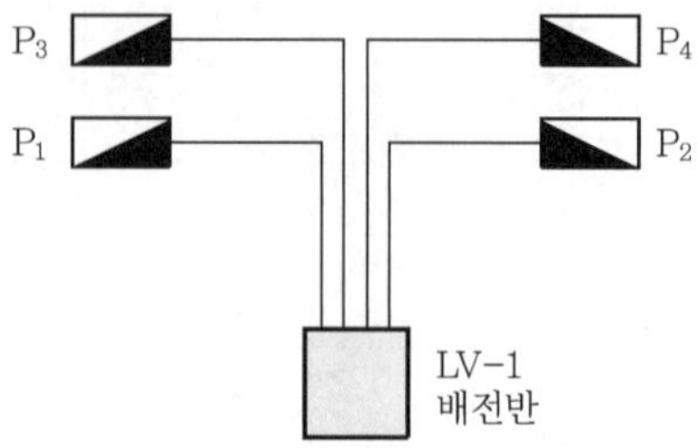

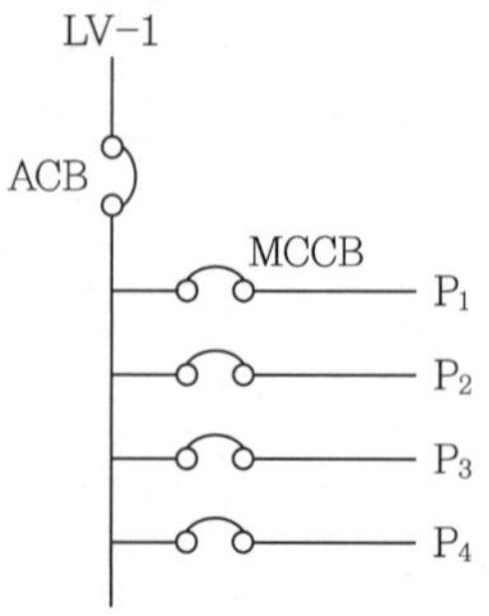

(1) P_1의 전부하 시 전류를 구하고, 여기에 사용될 배선용 차단기(MCCB)의 규격을 선정하시오.
- 전부하 시의 전류 :
- 배선용 차단기(MCCB) :

(2) P_1에 사용될 케이블의 굵기는 몇 [mm^2]인가?

(3) 배전반에 설치된 ACB의 최소 규격을 선정하시오.

(4) 0.6/1[kV] 가교 폴리에틸렌 절연 비닐 시스 케이블의 영문 약호는?

[조건]
- 전압은 380[V]/220[V]이며, 3ϕ4W이다.
- CABLE은 TRAY 배선으로 한다. (공중, 암거 포설)
- 전선은 가교 폴리에틸렌 절연비닐 외장케이블이다.
- 허용전압강하는 2[%]이다.
- 분전반 간 부등률은 1.1이다.
- 차단기의 규격은 극수, 전압, AF/AT 등을 모두 쓰도록 한다.
- 주어진 조건이나 참고자료의 범위 내에서 가장 적절한 부분을 적용시키도록 한다.
- CABLE 배선 거리 및 부하 용량은 표와 같다.

분전반	거리[m]	연결 부하[kVA]	수용률[%]
P_1	50	240	65
P_2	80	320	65
P_3	210	180	70
P_4	150	60	70

[참고자료]

▌표 1▐ 배선용 차단기(MCCB)

Frame	100			225			400		
기본 형식	A11	A12	A13	A21	A22	A23	A31	A32	A33
극수	2	3	4	2	3	4	2	3	4
정격전류[A]	60, 75, 100			125, 150, 175, 200, 225			250, 300, 350, 400		

▌표 2▐ 기중 차단기(ACB)

TYPE	G1	G2	G3	G4
정격전류[A]	600	800	1,000	1,250
정격절연전압[V]	1,000	1,000	1,000	1,000
정격사용전압[V]	660	660	660	660
극수	3, 4	3, 4	3, 4	3, 4
과전류 Trip 장치의 정격전류	200, 400, 630	400, 630, 800	630, 800, 1,000	800, 1,000, 1,250

▌표 3▐ 전선 최대 길이(3상 3선식 380[V], 전압강하 3.8[V])

전류[A]	전선의 굵기[mm^2]												
	2.5	4	6	10	16	25	35	50	95	150	185	240	300
	전선 최대 길이[m]												
1	534	854	1,281	2,135	3,416	5,337	7,472	10,674	20,281	32,022	39,494	51,236	64,065
2	267	427	640	1,067	1,708	2,669	3,736	5,337	10,140	16,011	19,747	25,618	32,022
3	178	285	427	712	1,139	1,779	2,491	3,558	6,760	10,674	13,165	17,079	21,348
4	133	213	320	534	854	1,334	1,868	2,669	5,070	8,006	9,874	12,809	16,011
5	107	171	256	427	683	1,067	1,494	2,135	4,056	4,604	7,899	10,247	12,809
6	89	142	213	356	569	890	1,245	1,779	3,380	5,337	6,582	8,539	10,674
7	76	122	183	305	488	762	1,067	1,525	2,897	4,575	5,642	7,319	9,149
8	67	107	160	267	427	667	934	1,334	2,535	4,003	4,937	6,404	8,006
9	59	95	142	237	380	593	830	1,186	2,253	3,558	4,388	5,693	7,116
12	44	71	107	178	285	445	623	890	1,690	2,669	3,291	4,270	5,337
14	38	61	91	152	244	381	534	762	1,449	2,287	2,821	3,660	4,575
15	36	57	85	142	228	356	498	712	1,352	2,135	2,633	3,416	4,270
16	33	53	80	133	213	334	467	667	1,268	2,001	2,468	3,202	4,003
18	30	47	71	119	190	297	415	593	1,127	1,779	2,194	2,846	3,558
25	21	34	51	85	137	213	299	427	811	1,281	1,580	2,049	2,562
35	15	24	37	61	98	152	213	305	579	915	1,128	1,464	1,830
45	12	19	28	47	76	119	166	237	451	712	878	1,139	1,423

[비고] 1. 전압강하가 2[%] 또는 3[%]의 경우, 전선길이는 각각 이 표의 2배 또는 3배가 된다. 다른 경우에도 이 예에 따른다.
2. 전류가 20[A] 또는 200[A] 경우의 전선길이는 각각 이 표 전류 2[A] 경우의 1/10 또는 1/100이 된다. 다른 경우에도 이 예에 따른다.
3. 이 표는 평형부하의 경우에 대한 것이다.
4. 이 표는 역률 1로 하여 계산한 것이다.

답안 (1) • 전부하 시의 전류 : 237.02[A]

• 배선용 차단기(MCCB)

– 극수 : 3극

– AF/AT : 400/250[A]

(2) 35[mm^2]

(3) ① 극수 : 4극

② 전압 : 660[V]

③ G2 type 800[A]

(4) CVI

해설

(1) • 전부하 시의 전류 $= \dfrac{\text{설비용량} \times \text{수용률}}{\sqrt{3} \times \text{전압}} = \dfrac{(240 \times 10^3) \times 0.65}{\sqrt{3} \times 380} = 237.02[\text{A}]$

• 배선용 차단기 규격

– [표 1]에서 정격용량 : 250[A]

– 개폐(Frame)용량 : 400[A]

– 배선용 차단기(MCCB)

극수 : 3극, AF/AT : 400/250[A]

(2) 배전선 긍장 $= \dfrac{50 \times \dfrac{237.02}{25}}{\dfrac{380 \times 0.02}{3.8}} = 237.02[\text{m}]$

[표 3] 전류 25[A]란에서 전선 최대 길이가 237.02[m]를 초과하는 299[m]란의 전선 35[mm^2] 선정

(3) $I = \dfrac{240 \times 0.65 + 320 \times 0.65 + 180 \times 0.7 + 60 \times 0.7}{\sqrt{3} \times 380 \times 1.1} \times 10^3 = 734.81[\text{A}]$이므로 [표 2]에서 기중 차단기(ACB) G2 type의 정격전류 800[A]를 선정한다.

문제 11

기사 85년, 96년, 99년, 00년 출제

배점 : 5점

그림과 같은 분기회로 전선의 단면적을 산출하여 적당한 굵기를 선정하시오. (단, ① 배전방식은 단상 2선식 교류 100[V]로 한다. ② 사용전선은 450/750[V] 일반용 단심 비닐 절연전선이다. ③ 사용전선관은 후강전선관으로 하며, 전압강하는 최원단에서 2[%]로 보고 계산한다.)

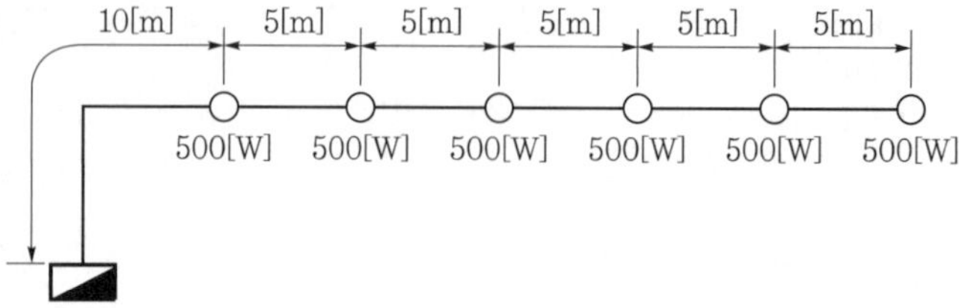

▌표▌전선 최대 긍장(단상 2선식 전압강하 2.2[V])

전류 [A]	전선의 굵기[mm^2]												
	2.5	4	6	10	16	25	35	50	95	150	185	240	300
	전선 최대 길이[m]												
1	154	247	371	618	989	1,545	2,163	3,090	5,871	9,270	11,433	14,831	18,539
2	77	124	185	309	494	772	1,081	1,545	2,935	4,635	5,716	7,416	9,270
3	51	82	124	206	330	515	721	1,030	1,957	3,090	3,811	1,944	6,180
4	39	62	93	154	247	386	541	772	1,468	2,317	2,858	3,708	4,635
5	31	49	74	124	198	309	433	618	1,174	1,854	2,287	2,966	3,708
6	26	41	62	103	165	257	360	515	978	1,545	1,905	2,472	3,090
7	22	35	53	88	141	221	309	441	839	1,324	1,633	2,119	2,648
8	19	31	46	77	124	193	270	386	734	1,159	1,429	1,854	2,317
9	17	27	41	69	110	172	240	343	652	030	1,270	1,648	2,060
12	13	21	31	51	82	129	180	257	489	772	953	1,236	1,545
14	11	18	26	44	71	110	154	221	419	662	817	1,059	1,324
15	10	16	25	41	66	103	144	206	391	618	762	989	1,236
16	9.7	15	23	39	62	97	135	193	367	579	715	927	1,159
18	8.6	14	21	34	55	86	120	172	326	515	635	824	1,030
25	6.2	10	15	25	40	62	87	124	235	371	457	593	742
35	4.4	7.1	11	18	28	44	62	88	168	265	327	424	530
45	3.4	5.5	8.2	14	22	34	48	69	130	187	254	330	412

[비고] 1. 전압강하가 2[%] 또는 3[%]의 경우, 전선 길이는 각각 이 표의 2배 또는 3배가 된다. 다른 경우에도 이 예에 따른다.

2. 전류가 20[A] 또는 200[A] 경우의 전선 길이는 각각 이 표의 전류 2[A] 경우의 1/10 또는 1/100이 된다. 다른 경우에도 이 예에 따른다.

3. 이 표는 역률 1로 하여 계산한다.

답안 ① 부하 중심의 길이

$$i=\frac{P}{V}=\frac{500}{100}=5[\text{A}]$$

$$L=\frac{i_1l_1+i_2l_2+i_3l_3+\cdots+i_nl_n}{i_1+i_2+i_3+\cdots+i_n}=\frac{5\times10+5\times15+5\times20+5\times25+5\times30+5\times35}{5+5+5+5+5+5}$$

$$=22.5[\text{m}]$$

② 부하 전류 $I=\frac{nP}{V}=\frac{6\times500}{100}=30[\text{A}]$

③ 전선의 최대 길이 $L=\dfrac{22.5\times\frac{30}{3}}{\frac{2}{2.2}}=247.5[\text{m}]$이므로 [표 1]의 3[A]란에서 전선의 최대 긍장이 247.5[m]를 초과하는 330[m]에 해당하므로 전선의 굵기는 16[mm^2] 선정

$\therefore$ 16[mm^2]

문제 12 기사 00년, 04년 출제

배점 : 14점

단상 3선식 110/220[V]를 채용하고 있는 어떤 건물이 있다. 변압기가 설치된 수전실로부터 60[m]되는 곳에 부하 집계표와 같은 분전반을 시설하고자 할 때 다음 [조건]과 전선의 허용전류표를 이용하여 다음 각 물음에 답하시오.

(1) 간선의 공칭단면적[mm^2]을 선정하시오.
- 계산과정 :
- 답 :

(2) 후강전선관의 굵기[mm]를 선정하시오.
- 계산과정 :
- 답 :

(3) 간선보호용 과전류 차단기의 용량(AF, AT)을 선정하시오.
- 계산과정 :
- 답 :

(4) 분전반의 복선 결선도를 완성하시오.

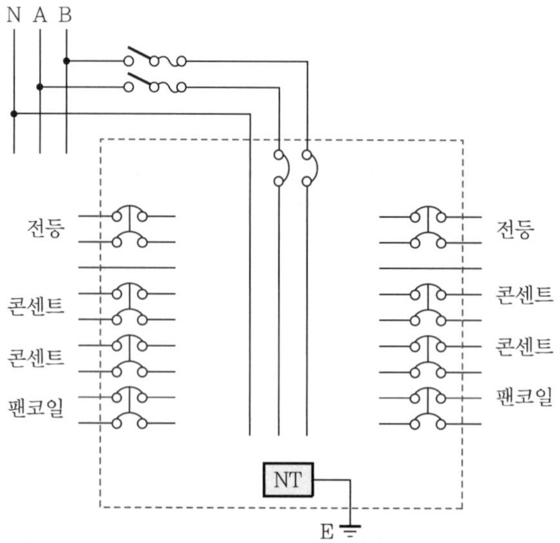

(5) 설비불평형률은 몇 [%]인지 구하시오.
- 계산과정 :
- 답 :

[조건]

- 전압변동률은 2[%] 이하가 되도록 한다.
- 전압강하율은 2[%] 이하가 되도록 한다.
- 후강전선관 공사로 한다.
- 3선 모두 같은 선으로 한다.
- 부하의 수용률은 100[%]로 적용한다.
- 후강전선관 내 전선의 점유율은 48[%] 이내를 유지한다.

▌전선의 허용전류표▐

단면적[mm^2]	허용전류[A]	전선관 3본 이하 수용시[A]	피복 포함 단면적[mm^2]
6	54	48	32
10	75	66	43
16	100	88	58
25	133	117	88
35	164	144	104
50	198	175	163

▌부하 집계표▐

회로 번호	부하 명칭	부하[VA]	부하 분담[VA]		NFB 크기			비 고
			A	B	극수	AF	AT	
1	전등	2,400	1,200	1,200	2	50	15	
2	전등	1,400	700	700	2	50	15	
3	콘센트	1,000	1,000	–	1	50	20	
4	콘센트	1,400	1,400	–	1	50	20	
5	콘센트	600	–	600	1	50	20	
6	콘센트	1,000	–	1,000	1	50	20	
7	팬코일	700	700	–	1	30	15	
8	팬코일	700	–	700		30	15	
합계		9,200	5,000	4,200				

답안

(1) • 계산과정 : A선의 전류 $I_A = \dfrac{5,000}{110} = 45.45[A]$

B선의 전류 $I_B = \dfrac{4,200}{110} = 38.18[A]$

I_A, I_B 중 큰 값인 45.45[A]를 기준으로 함

$\therefore\ A = \dfrac{17.8LI}{1,000e} = \dfrac{17.8 \times 50 \times 45.45}{1,000 \times 110 \times 0.02} = 18,387[mm^2]$

• 답 : 25[mm^2]

(2) • 계산과정 : [전선의 허용전류표]에서 25[mm^2] 전선의 피복 포함 단면적이 88[mm^2]이므로

전선의 총 단면적 $A = 88 \times 3 = 264[\text{mm}^2]$

문제의 조건에서 후강전선관 내 단면적의 48[%] 이내를 유지해야 하므로

$$A = \frac{1}{4}\pi d^2 \times 0.48 \geq 264$$

$$\therefore\ d = \sqrt{\frac{264 \times 4}{0.48 \times \pi}} \geq 26.462[\text{mm}]$$

• 답 : 28[mm] 후강전선관 선정

(3) • 계산과정 : 설계전류 $I_B = 45.45[\text{A}]$이고 공칭단면적 25[mm^2] 전선의 허용전류 $I_Z = 117[\text{A}]$이므로 $I_B \leq I_n \leq I_Z$의 조건을 만족하는 정격전류 $I_n = 100[\text{A}]$의 과전류 차단기를 선정

• 답 : AF : 100[A], AT : 100[A]

(4)

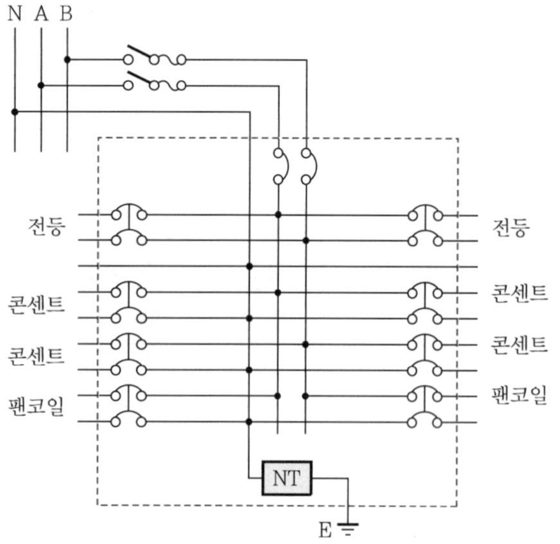

(5) • 계산과정 : $설비불평형률 = \dfrac{3,100 - 2,300}{\frac{1}{2} \times (5,000 + 4,200)} \times 100 = 17.39[\%]$

• 답 : 17.39[%]

해설 (1) **KS C IEC 전선규격**

전선의 공칭단면적[mm^2]		
1.5	2.5	4
6	10	16
25	35	50
70	95	120
150	185	240
300	400	500
630		

(2) **도체와 과부하 보호장치 사이의 협조(KEC 212.4.1)**

과부하에 대해 케이블(전선)을 보호하는 장치의 동작특성은 다음의 조건을 충족해야 한다.

$$I_B \le I_n \le I_Z,\ I_2 \le 1.45 \le I_Z$$

여기서, I_B : 회로의 설계전류(선도체를 흐르는 설계전류 또는 함유율이 높은 영상분 고조파, 특히 제3고조파가 지속적으로 흐르는 경우 중성선에 흐르는 전류이다.)

I_Z : 케이블의 허용전류

I_n : 보호장치의 정격전류(사용현장에 적합하게 조정된 전류의 설정값)

I_2 : 보호장치가 규약시간 이내에 유효하게 동작하는 것을 보장하는 전류

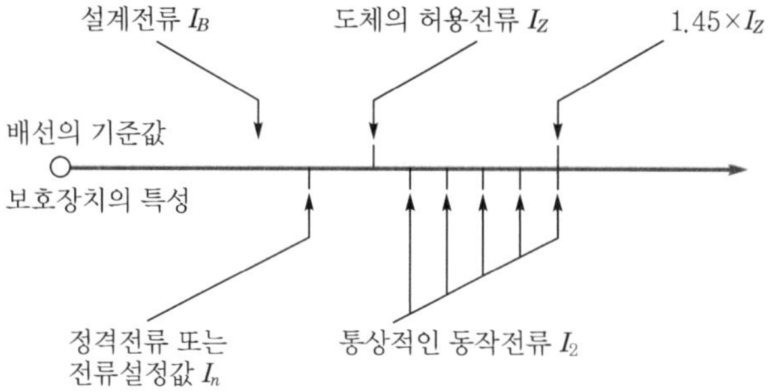

‖ 과부하 보호설계 조건도 ‖

(5) ① 단상 3선식의 설비불평형률

$$설비불평형률 = \frac{중성선과\ 각\ 전압측\ 전선\ 간에\ 접속되는\ 부하설비용량의\ 차}{\frac{1}{2} \times (총\ 부하설비용량)} \times 100[\%]$$

여기서, 불평형률은 40[%] 이하이어야 한다.

② • A 부하설비용량 = 1,000 + 1,400 + 700 = 3,100[VA]

• B 부하설비용량 = 600 + 1,000 + 700 = 2,300[VA]

MEMO

부 록

최근 과년도 출제문제

"할 수 있다고 믿는 사람은 그렇게 되고,
할 수 없다고 믿는 사람 역시 그렇게 된다."

– 샤를 드골 –

2020년도 기사 제1회 필답형 실기시험

종 목	시험시간	배 점	문제수	형 별
전 기 기 사	2시간 30분	100	16	A

문제 01

배점 : 5점

건물의 보수공사를 하는데 32[W]×2 매입 하면(下面) 개방형 형광등 30등을 32[W]×3 매입 루버형 형광등으로 교체하고, 20[W]×2 펜던트 하면(下面) 개방형 형광등 20등을 20[W]×2 직부 하면(下面) 개방형 형광등으로 교체하였다. 철거되는 20[W]×2 펜던트 하면(下面) 개방형 형광등은 재사용할 것이다. 천장 구멍 뚫기 및 취부테 설치와 등기구 보강 작업은 계상하지 않으며, 공구손료 등을 제외한 직접노무비만 구하시오. (단, 인공 계산은 소수점 셋째 자리까지 구하고, 내선전공의 노임은 225,408원으로 한다.)

형광등기구 설치

(단위 : 등, 적용직종 : 내선전공)

종 별	직부형	펜던트형	매입 및 반매입형
10[W] 이하×1	0.123	0.150	0.182
20[W] 이하×1	0.141	0.168	0.214
20[W] 이하×2	0.177	0.215	0.273
20[W] 이하×3	0.223	–	0.335
20[W] 이하×4	0.323	–	0.489
30[W] 이하×1	0.150	0.177	0.227
30[W] 이하×2	0.189	–	0.310
40[W] 이하×1	0.223	0.268	0.340
40[W] 이하×2	0.277	0.332	0.415
40[W] 이하×3	0.359	0.432	0.545
40[W] 이하×4	0.468	–	0.710
110[W] 이하×1	0.414	0.495	0.627
110[W] 이하×2	0.505	0.601	0.764

[해설]
- 하면(下面) 개방형 기준임. 루버 또는 아크릴 커버 형일 경우 해당 등기구 설치 품의 110[%]
- 등기구 조립·설치, 결선, 지지금구류 설치, 장내 소운반 및 잔재정리 포함
- 매입 또는 반매입 등기구의 천장 구멍 뚫기 및 취부테 설치 별도 가산
- 매입 및 반매입 등기구에 등기구보강대를 별도로 설치할 경우 이품의 20[%] 별도 계상
- 광천장 방식은 직부형 품 적용
- 방폭형 200[%]
- 높이 1.5[m] 이하의 Pole형 등기구는 직부형 품의 150[%] 적용(기초대 설치 별도)
- 형광등 안정기 교환은 해당 등기구 신설품의 110[%], 다만, 펜던트형은 90[%]
- 아크릴간판의 형광등 안정기 교환은 매입형 등기구 설치 품의 120[%]
- 공동주택 및 교실 등과 같이 동일 반복공정으로 비교적 쉬운 공사의 경우는 90[%]

- 형광램프만 교체 시 해당 등기구 1등용 설치 품의 10[%]
- T–5(28[W]) 및 FPL(36[W], 55[W])은 FL 40[W] 기준품 적용
- 펜던트형은 파이프 펜던트형 기준, 체인 펜던트는 90[%]
- 등의 증가 시 매 증가 1등에 대하여 직부형은 0.005인, 매입 및 반매입형은 0.008인 가산
- 고조도반사판 청소 시 형별 관계없이 내선전공 20[W] 이하 0.03, 40[W] 이하 0.05를 가산
- 철거 30[%], 재사용 철거 50[%]

- **계산과정 :**
- **답 :**

답안 • 계산과정

(1) 철거공량

– $32[\mathrm{W}] \times 2 : 0.415 \times 0.3 \times 30 = 3.735$(인)

– $20[\mathrm{W}] \times 2 : 0.215 \times 0.5 \times 20 = 2.15$(인)

(2) 신설공량

– $32[\mathrm{W}] \times 3 : 0.545 \times 1.1 \times 30 = 17.985$(인)

– $20[\mathrm{W}] \times 2 : 0.177 \times 20 = 3.54$(인)

(3) 직접노무비

$(3.735 + 2.15 + 17.985 + 3.54) \times 225,408 = 6,178,433$(원)

• 답 : 6,178,443(원)

문제 02

배점 : 5점

전등을 한 계통의 3개소에서 점멸하기 위하여 3로 스위치 2개와 4로 스위치 1개로 조합하는 경우 이들의 계통도(배선도)를 그리시오.

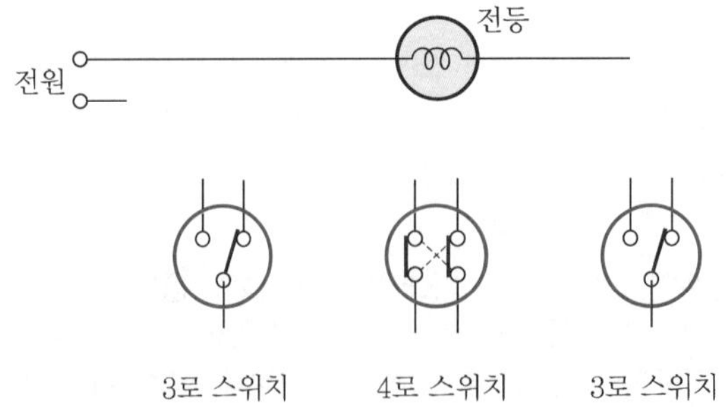

답안

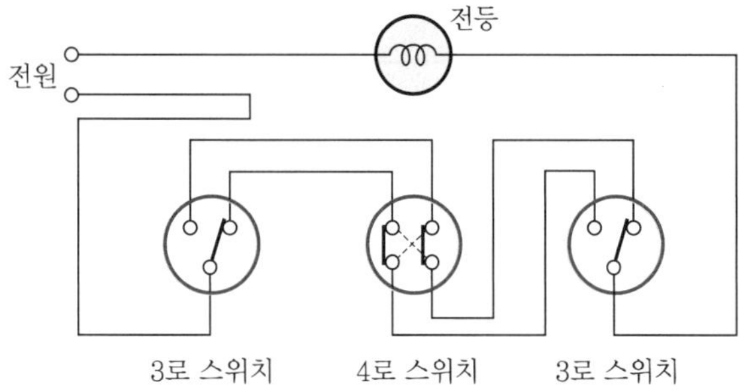

문제 03

배점 : 9점

그림과 같은 평형 3상 회로로 운전하는 유도전동기가 있다. 이 회로에 그림과 같이 2개의 전력계 W_1, W_2, 전압계 Ⓥ, 전류계 Ⓐ를 접속하였더니 전력계 W_1은 2.9[kW], 전력계 W_2는 6[kW], 전압계 Ⓥ는 200[V], 전류계 Ⓐ는 30[A]를 지시하였다. 이때 다음 각 물음에 답하시오.

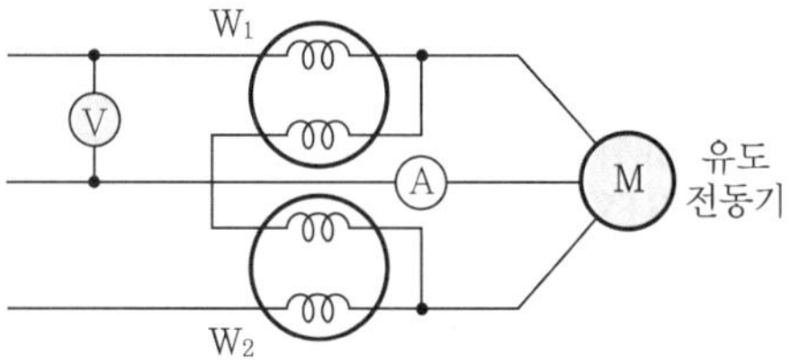

(1) 이 유도전동기의 역률은 몇 [%]인지 구하시오.
- 계산과정 :
- 답 :

(2) 역률을 90[%]로 개선시키려면 전력용 커패시터는 몇 [kVA]가 필요한지 구하시오.
- 계산과정 :
- 답 :

(3) 이 유도전동기로 매분 20[m]의 속도로 물체를 권상한다면 몇 [ton]까지 권상이 가능한지 구하시오. (단, 종합효율은 80[%]로 한다.)
- 계산과정 :
- 답 :

답안

(1) • 계산과정 : $\cos\theta = \dfrac{2.9+6}{\sqrt{3}\times 200\times 30\times 10^{-3}}\times 100 = 85.66[\%]$

• 답 : 85.66[%]

(2) • 계산과정 : $Q_c = (2.9+6)\times(\tan\cos^{-1}0.8566 - \tan\cos^{-1}0.9) = 1.05[\text{kVA}]$

• 답 : 1.05[kVA]

(3) • 계산과정 : $P = \dfrac{W\cdot V}{6.12\eta}$ 에서 권상하중 $W = \dfrac{6.12\times 0.8\times(2.9+6)}{20} = 2.18[\text{ton}]$

• 답 : 2.18[ton]

문제 04

배점 : 5점

소선의 직경이 3.2[mm]인 37가닥 연선의 외경은 몇 [mm]인지 구하시오.

• 계산과정 :
• 답 :

답안 • 계산과정 : 외경 $D=(2n+1)d=(2\times3+1)\times3.2=22.4[\mathrm{mm}]$
• 답 : 22.4[mm]

해설 연선의 구성은 1본의 중심선 위에 6의 층수 배수이므로 총 소선수[$N=3n(n+1)+1$]는 37이므로 중심선을 뺀 층수 $n=3$층이다.

문제 05

배점 : 4점

500[kVA]의 단상 변압기 3대로 Δ-Δ 결선되어 있고, 예비변압기로서 단상 500[kVA] 1대를 갖고 있는 변전소가 있다. 갑작스러운 부하의 증가에 대응하기 위해 예비변압기까지 사용하여 최대 몇 [kVA] 부하까지 공급할 수 있는지 구하시오. (단, 불평형을 고려하여 최적의 결선법으로 변경하여 사용하는 조건이다.)

• 계산과정 :
• 답 :

답안 • 계산과정 : $P_m=2P_{\mathrm{V}}=2\times\sqrt{3}\,P_1=2\times\sqrt{3}\times500=1,732.05[\mathrm{kVA}]$
• 답 : 1,732.05[kVA]

해설 변압기 4개를 V결선 2뱅크로 한다.

문제 06

배점 : 3점

설계자가 크기, 형상 등 전체적인 조화를 생각하여 형광등기구를 벽면 상방모서리에 숨겨서 설치하는 방식으로서 기구로부터의 빛이 직접 벽면을 조명하는 건축화 조명의 명칭을 쓰시오.

답안 코오니스 조명

문제 07

배점 : 14점

다음 수전설비 단선도를 보고 각 물음에 답하시오.

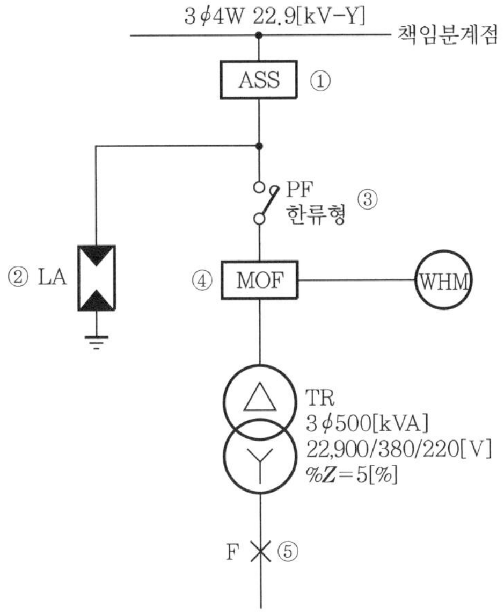

(1) 단선도에 표시된 ① ASS의 최대과전류 Lock 전류값과 과전류 Lock 기능을 설명하시오.
- 최대 과전류 Lock 전류[A] :
- 과전류 Lock 기능이란 :

(2) 단선도에 표시된 ② 피뢰기의 정격전압[kV]과 제1보호 대상을 쓰시오.
- 정격전압[kV] :
- 제1보호 대상 :

(3) 단선도에 표시된 ③ 한류형 PF의 단점을 2가지만 쓰시오.

(4) 단선도에 표시된 ④ MOF에 대한 과전류강도 적용기준으로 다음의 (　)에 들어갈 내용을 답란에 쓰시오.

> MOF의 과전류강도는 기기 설치점에서 단락전류에 의하여 계산 적용하되, 22.9[kV]급으로서 60[A] 이하의 MOF 최소 과전류강도는 전기사업자 규격에 의한 (①)배로 하고, 계산한 값이 75배 이상인 경우에는 (②)배를 적용하며, 60[A] 초과 시 MOF의 과전류강도는 (③)배로 적용한다.

- 답란

①		②		③	

(5) 단선도에 표시된 ⑤ 변압기 2차 F점에서의 3상 단락전류와 선간(2상) 단락전류를 각각 구하시오. (단, 변압기 임피던스만 고려하고 기타 정수는 무시한다.)

① 3상 단락전류
- 계산과정 :
- 답 :

② 선간(2상) 단락전류
- 계산과정 :
- 답 :

답안 (1) • 최대 과전류 Lock 전류 : 880[A]

• 과전류 Lock 기능 : 정격 Lock 전류 이상 발생 시 개폐기(ASS)는 Lock되어 차단되지 않고, 후비보호장치에 의해서 고장전류 제거 후에 개폐기(ASS)가 개방되어 고장구간을 분리하는 기능이다.

(2) • 정격전압 : 18[kV]

• 제1보호 대상 : 전력용 변압기

(3) • 재투입 불가

• 차단할 때 과전압 발생

(4)

①	75	②	150	③	40

(5) ① • 계산과정 : $I_s = \frac{100}{\%Z} \cdot I_m = \frac{100}{5} \times \frac{500 \times 10^3}{\sqrt{3} \times 380} = 15,193.43[A]$

• 답 : 15,193.43[A]

② • 계산과정 : $15,193.43 \times \frac{\sqrt{3}}{3} = 13,157.9[A]$

• 답 : 13,157.9[A]

문제 08

배점 : 4점

실의 크기가 가로 8[m], 세로 10[m], 높이가 4.8[m]인 경우 천장 직부형으로 조명기구를 설치하려 한다. 실지수를 구하시오. (단, 작업면은 바닥에서 0.8[m]로 한다.)

• 계산과정 :

• 답 :

답안

• 계산과정 : 실지수$= \frac{X \cdot Y}{H(X+Y)} = \frac{8 \times 10}{(4.8-0.8)(8+10)} = 1.11$

• 답 : 1.11

문제 09

배점 : 12점

3층 사무실용 건물에 3상 3선식의 6,000[V]를 200[V]로 강압하여 수전하는 설비이다. 각종 부하설비가 표와 같을 때 [참고자료]를 이용하여 다음 물음에 답하시오.

▌표 1▌전선 최대 길이(3상 3선식 380[V] · 전압강하 3.8[V])

동력부하설비					
사용 목적	용량 [kW]	대 수	상용동력 [kW]	하계동력 [kW]	동계동력 [kW]
난방 관계					
• 보일러 펌프	6.0	1			6.0
• 오일 기어 펌프	0.4	1			0.4
• 온수 순환 펌프	3.0	1			3.0
공기 조화 관계					
• 1, 2, 3층 패키지 콤프레셔	7.5	6		45.0	
• 콤프레셔 팬	5.5	3	16.5		
• 냉각수 펌프	5.5	1		5.5	
• 쿨링 타워	1.5	1		1.5	
급수 · 배수 관계					
• 양수 펌프	3.0	1	3.0		
기타					
• 소화 펌프	5.5	1	5.5		
• 셔터	0.4	2	0.8		
합계			25.8	52.0	9.4

▌표 2▌

조명 및 콘센트 부하설비					
사용 목적	와트수 [W]	설치 수량	환산용량 [VA]	총 용량 [VA]	비 고
전등관계					
• 수은등 A	200	4	260	1,040	200[V] 고역률
• 수은등 B	100	8	140	1,120	200[V] 고역률
• 형광등	40	820	55	45,100	200[V] 고역률
• 백열전등	60	10	60	600	
콘센트 관계					
• 일반 콘센트		80	150	12,000	
• 환기팬용 콘센트		8	55	440	
• 히터용 콘센트	1,500	2		3,000	2P 15[A]
• 복사기용 콘센트		4		3,600	
• 텔레타이프용 콘센트		2		2,400	
• 룸 쿨러용 콘센트		6		7,200	
기타					
• 전화 교환용 정류기		1		800	
계				77,300	

[참고자료 1] 변압기 보호용 전력 퓨즈의 정격전류

상 수	단 상				3 상			
공칭전압	3.3[kV]		6.6[kV]		3.3[kV]		6.6[kV]	
변압기 용량 [kVA]	변압기 정격전류 [A]	정격전류 [A]	변압기 정격전류 [A]	정격전류 [A]	변압기 정격전류 [A]	정격전류 [A]	변압기 정격전류 [A]	정격전류 [A]
5	1.52	3	0.76	1.5	0.88	1.5	–	–
10	3.03	7.5	1.52	3	1.75	3	0.88	1.5
15	4.55	7.5	2.28	3	2.63	3	1.3	1.5
20	6.06	7.5	3.03	7.5	–	–	–	–
30	9.10	15	4.56	7.5	5.26	7.5	2.63	3
50	15.2	20	7.60	15	8.45	15	4.38	7.5
75	22.7	30	11.4	15	13.1	15	6.55	7.5
100	30.3	50	15.2	20	17.5	20	8.75	15
150	45.5	50	22.7	30	26.3	30	13.1	15
200	60.7	75	30.3	50	35.0	50	17.5	20
300	91.0	100	45.5	50	52.0	75	26.3	30
400	121.4	150	60.7	75	70.0	75	35.0	50
500	152.0	200	75.8	100	87.5	100	43.8	50

[참고자료 2] 배전용 변압기의 정격

<table>
<tr><td colspan="3" rowspan="2">항 목</td><td colspan="8">소형 6[kV] 유입 변압기</td><td colspan="6">중형 6[kV] 유입 변압기</td></tr>
<tr><td>3</td><td>5</td><td>7.5</td><td>10</td><td>15</td><td>20</td><td>30</td><td>50</td><td>75</td><td>100</td><td>150</td><td>200</td><td>300</td><td>500</td></tr>
<tr><td rowspan="3">정격 2차 전류 [A]</td><td rowspan="2">단상</td><td>105[V]</td><td>28.6</td><td>47.6</td><td>71.4</td><td>95.2</td><td>143</td><td>190</td><td>286</td><td>476</td><td>714</td><td>852</td><td>1,430</td><td>1,904</td><td>2,857</td><td>4,762</td></tr>
<tr><td>210[V]</td><td>14.3</td><td>23.8</td><td>35.7</td><td>47.6</td><td>71.4</td><td>95.2</td><td>143</td><td>238</td><td>357</td><td>476</td><td>714</td><td>952</td><td>1,429</td><td>2,381</td></tr>
<tr><td>3상</td><td>210[V]</td><td>8</td><td>13.7</td><td>20.6</td><td>27.5</td><td>41.2</td><td>55</td><td>82.5</td><td>137</td><td>206</td><td>275</td><td>412</td><td>550</td><td>825</td><td>1,376</td></tr>
<tr><td rowspan="3">정격 전압</td><td colspan="2">정격 2차 전압</td><td colspan="8">6,300[V]
6/3[kV] 공용 : 6,300[V]/3,150[V]</td><td colspan="6">6,300[V]
6/3[kV] 공용 : 6,300[V]/3,150[V]</td></tr>
<tr><td rowspan="2">정격 2차 전압</td><td>단상</td><td colspan="8">210[V] 및 105[V]</td><td colspan="6">200[kVA] 이하의 것 : 210[V] 및 105[V]
200[kVA] 이하의 것 : 210[V]</td></tr>
<tr><td>3상</td><td colspan="8">210[V]</td><td colspan="6">210[V]</td></tr>
<tr><td rowspan="4">탭 전압</td><td rowspan="2">전용량 탭전압</td><td>단상</td><td colspan="8">6,900[V], 6,600[V]
6/3[kV] 공용 : 6,300[V]/3,150[V],
6,600[V]/3,300[V]</td><td colspan="6">6,900[V], 6,600[V]</td></tr>
<tr><td>3상</td><td colspan="8">6,600[V]
6/3[kV] 공용 : 6,600[V]/3,300[V]</td><td colspan="6">6/3[kV] 공용 : 6,300[V]/3,150[V],
6,600[V]/3,300[V]</td></tr>
<tr><td rowspan="2">저감 용량 탭전압</td><td>단상</td><td colspan="8">6,000[V], 5,700[V]
6/3[kV] 공용 : 6,000[V]/3,000[V],
5,700[V]/2,850[V]</td><td colspan="6">6,000[V], 5,700[V]</td></tr>
<tr><td>3상</td><td colspan="8">6,600[V]
6/3[kV] 공용 : 6,000[V]/3,300[V]</td><td colspan="6">6/3[kV] 공용 : 6,000[V]/3,000[V],
5,700[V]/2,850[V]</td></tr>
<tr><td colspan="2" rowspan="2">변압기의 결선</td><td>단상</td><td colspan="8">2차 권선 : 분할 결선</td><td rowspan="2">3상</td><td colspan="5" rowspan="2">1차 권선 : 성형 권선
2차 권선 : 삼각 권선</td></tr>
<tr><td>3상</td><td colspan="8">1차 권선 : 성형 권선
2차 권선 : 성형 권선</td></tr>
</table>

[참고자료 3] 역률개선용 콘덴서의 용량 계산표[%]

구 분		개선 후의 역률																	
		1.00	0.99	0.98	0.97	0.96	0.95	0.94	0.93	0.92	0.91	0.90	0.89	0.88	0.87	0.86	0.85	0.83	0.80
개선 전의 역률	0.50	173	159	153	148	144	140	137	134	131	128	125	122	119	117	114	111	106	98
	0.55	152	138	132	127	123	119	116	112	108	106	103	101	98	95	92	90	85	77
	0.60	133	119	113	108	104	100	97	94	91	88	85	82	79	77	74	71	66	58
	0.62	127	112	106	102	97	94	90	87	84	81	78	75	73	70	67	65	59	52
	0.64	120	106	100	95	91	87	84	81	78	75	72	69	66	63	61	58	53	45
	0.66	114	100	94	89	85	81	78	74	71	68	65	63	60	57	55	52	47	39
	0.68	108	94	88	83	79	75	72	68	65	62	59	57	54	51	49	46	41	33
	0.70	102	88	82	77	73	69	66	63	59	56	54	51	48	45	43	40	35	27
	0.72	96	82	76	71	67	64	60	57	54	51	48	45	42	40	37	34	29	21
	0.74	91	77	71	68	62	58	55	51	48	45	43	40	37	34	32	29	24	16
	0.76	86	71	65	60	58	53	49	46	43	40	37	34	32	29	26	24	18	11
	0.78	80	66	60	55	51	47	44	41	38	35	32	29	26	24	21	18	13	5
	0.79	78	63	57	53	48	45	41	38	35	32	29	26	24	21	18	16	10	2.6
	0.80	75	61	55	50	46	42	39	36	32	29	27	24	21	18	16	13	8	
	0.81	72	58	52	47	43	40	36	33	30	27	24	21	18	16	13	10	5	
	0.82	70	56	50	45	41	37	34	30	27	24	21	18	16	13	10	8	2.6	
	0.83	67	53	47	42	38	34	31	28	25	22	19	16	13	11	8	5		
	0.84	65	50	44	40	35	32	28	25	22	19	16	13	11	8	5	2.6		
	0.85	62	48	42	37	33	29	25	23	19	16	14	11	8	5	2.7			
	0.86	59	45	39	34	30	28	23	20	17	14	11	8	5	2.6				
	0.87	57	42	36	32	28	24	20	17	14	11	8	6	2.7					
	0.88	54	40	34	29	25	21	18	15	11	8	6	2.8						
	0.89	51	37	31	26	22	18	15	12	9	6	2.8							
	0.90	48	34	28	23	19	16	12	9	6	2.8								
	0.91	46	31	25	21	16	13	9	8	3									
	0.92	43	28	22	18	13	10	8	3.1										
	0.93	40	24	19	14	10	7	3.2											
	0.94	36	22	16	11	7	3.4												
	0.95	33	19	13	8	3.7													
	0.96	29	15	9	4.1														
	0.97	25	11	4.8															
	0.98	20	8																
	0.99	14																	

(1) 동계 난방 때 온수 순환 펌프는 상시 운전하고, 보일러용과 오일 기어 펌프의 수용률이 60[%]일 때 난방동력 수용부하는 몇 [kW]인가?
- 계산과정 :
- 답 :

(2) 동력부하의 역률이 전부 80[%]라고 한다면 피상전력은 각각 몇 [kVA]인가? (단, 상용동력, 하계동력, 동계동력별로 각각 계산하시오.)

구 분	계산과정	답
① 상용동력		
② 하계동력		
③ 동계동력		

(3) 총 전기설비용량은 몇 [kVA]를 기준으로 하여야 하는가?
- 계산과정 :
- 답 :

(4) 전등의 수용률은 70[%], 콘센트 설비의 수용률은 50[%]라고 한다면 몇 [kVA]의 단상 변압기에 연결하여야 하는가? (단, 전화 교환용 정류기는 100[%] 수용률로서 계산한 결과에 포함시키며 변압기 예비율은 무시한다.)
- 계산과정 :
- 답 :

(5) 동력설비 부하의 수용률이 모두 60[%]라면 동력부하용 3상 변압기의 용량은 몇 [kVA]인가? (단, 동력부하의 역률은 80[%]로 하며 변압기의 예비율은 무시한다.)
- 계산과정 :
- 답 :

(6) 상기 건물에 시설된 변압기 총 용량은 몇 [kVA]인가?
- 계산과정 :
- 답 :

(7) 단상 변압기와 3상 변압기의 1차측의 전력 퓨즈의 정격전류는 각각 몇 [A]의 것을 선택하여야 하는가?
- 단상 변압기 :
- 3상 변압기 :

(8) 선정된 동력용 변압기 용량에서 역률을 95[%]로 개선하려면 콘덴서 용량은 몇 [kVA]인가?
- 계산과정 :
- 답 :

답안 (1) • 계산과정 : $3.0 \times 1 + (6.0 + 0.4) \times 0.6 = 6.84$[kW]
• 답 : 6.84[kW]

(2) ① • 계산과정 : $\dfrac{25.8}{0.8} = 32.25$[kVA]
• 답 : 32.25[kVA]

② • 계산과정 : $\dfrac{52.0}{0.8} = 65$[kVA]
• 답 : 65[kVA]

③ • 계산과정 : $\frac{9.4}{0.8} = 11.75$[kVA]

• 답 : 11.75[kVA]

(3) • 계산과정 : $32.25 + 65 + 77.3 = 174.55$[kVA]

• 답 : 174.55[kVA]

(4) • 계산과정

– 전등 : $(1{,}040 + 1{,}120 + 45{,}100 + 600) \times 0.7 \times 10^{-3} = 33.5$[kVA]

– 콘센트 : $(1{,}200 + 440 + 3{,}000 + 2{,}400 + 7{,}200) \times 0.5 \times 10^{-3} = 14.32$[kVA]

– 기타 : $800 \times 10^{-3} = 0.8$[kVA]

∴ $33.5 + 14.32 + 0.8 = 48.62$[kVA]이므로 변압기 용량은 50[kVA]이다.

• 답 : 50[kVA]

(5) • 계산과정 : 상용동력에 동계동력과 하계동력 중 큰 부하 합이므로

$(25.8 + 52.0) \times \frac{0.6}{0.8} = 58.35$[kVA]

∴ 3상 변압기 용량은 75[kVA]로 한다.

• 답 : 75[kVA]

(6) • 계산과정 : $50 + 75 = 125$[kVA]

• 답 : 125[kVA]

(7) • 단상 변압기 : 15[A] → [참고자료 1]의 50[kVA]와 단상 6.6[kV]

• 3상 변압기 : 7.5[A] → [참고자료 1]의 75[kVA]와 3상 6.6[kV]

(8) • 계산과정 : 역률 80[%]를 95[%]로 개선 $k_\theta = 0.42$ 적용

∴ 콘덴서 소요용량 $= P[\text{kW}] \times k_\theta = 75 \times 0.8 \times 0.42 = 25.2$[kVA]

• 답 : 25.2[kVA]

문제 10

배점 : 6점

계기용 변류기(CT)를 선정할 때 열적 과전류강도와 기계적 과전류강도를 고려하여야 한다. 이때 열적 과전류강도와 기계적 과전류강도의 관계식을 쓰시오.

(1) 열적 과전류강도 관계식 (단, S_n : 정격 과전류강도[kA], S : 통전시간 t초에 대한 열적 과전류강도, t : 통전시간[sec])

(2) 기계적 과전류강도 관계식

답안

(1) $S = \frac{S_n}{\sqrt{t}}$

(2) 열적 과전류강도×2.5배

문제 **11**

배점 : 6점

그림과 같은 방전특성을 갖는 부하에 필요한 축전지 용량은 몇 [Ah]인지 구하시오. (단, 방전전류 : $I_1=200$[A], $I_2=300$[A], $I_3=150$[A], $I_4=100$[A], 방전시간 : $T_1=130$분, $T_2=120$분, $T_3=40$분, $T_4=5$분, 용량환산시간 : $K_1=2.45$, $K_2=2.45$, $K_3=1.46$, $K_4=0.45$, 보수율은 0.7을 적용한다.)

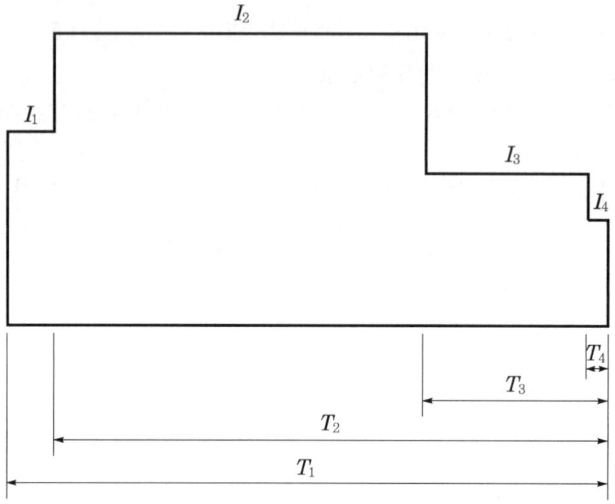

- 계산과정 :
- 답 :

답안 • 계산과정

$$C=\frac{1}{L}\{K_1I_1+K_2(I_2-I_1)+K_3(I_3-I_2)+K_4(I_4-I_3)\}$$

$$=\frac{1}{0.7}\{2.45\times200+2.45\times(300-200)+1.46\times(150-300)+0.45\times(100-150)\}$$

$$=705[\text{Ah}]$$

• 답 : 705[Ah]

문제 12

배점 : 6점

그림과 같이 차동 계전기에 의하여 보호되고 있는 3상 △-Y결선 30[MVA], 33/11$\frac{33}{11}$ [kV] 변압기가 있다. 고장전류가 정격전류의 200[%] 이상에서 동작하는 계전기의 전류(i_r) 정정값을 구하시오. (단, 변압기 1차측 및 2차측 CT의 변류비는 각각 500/5[A], 2,000/5[A]이다.)

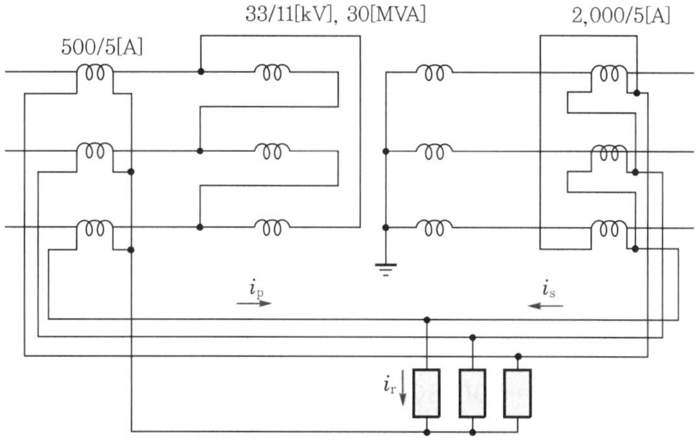

• 계산과정 :
• 답 :

답안 • 계산과정

$$i_r = (i_s - i_p) \times 2 = \left(\frac{30 \times 10^3}{\sqrt{3} \times 11} \times \frac{5}{2{,}000} \times \sqrt{3} - \frac{30 \times 10^3}{\sqrt{3} \times 33} \times \frac{5}{500} \right) \times 2$$

$$= 3.14[A]$$

• 답 : 3.14[A]

문제 13

배점 : 4점

가공선로의 ACSR에 Damper를 설치하는 목적을 쓰시오.

답안 가공전선의 진동 방지

문제 14

배점 : 5점

고압 및 특고압 가공전선로에는 피뢰기 또는 가공지선 등의 피뢰장치를 시설하여야 한다. 전기설비기술기준의 판단기준에서 정의하는 피뢰기를 시설하여야 하는 장소를 3개소만 쓰시오.

답안
- 발·변전소 또는 이에 준하는 장소의 가공전선 인입구 및 인출구
- 특고압 가공전선로에 접속하는 배전용 변압기의 고압측 및 특고압측
- 고압 및 특고압 가공전선로로부터 공급을 받는 수용장소의 인입구
- 가공전선로와 지중전선로가 접속되는 곳

문제 15

배점 : 8점

다음 그림은 선로에 변류기 3대를 접속시키고 그 잔류회로에 지락계전기(DG)를 삽입시킨 것이다. 변압기 2차측의 선로전압은 66[kV]이고, 중성점에 300[Ω]의 저항접지로 하였으며, 변류기의 변류비는 300/5이다. 송전전력은 20,000[kW], 역률은 0.8(지상)이고 a상에 완전 지락사고가 발생하였다고 할 때 다음 각 물음에 답하시오.

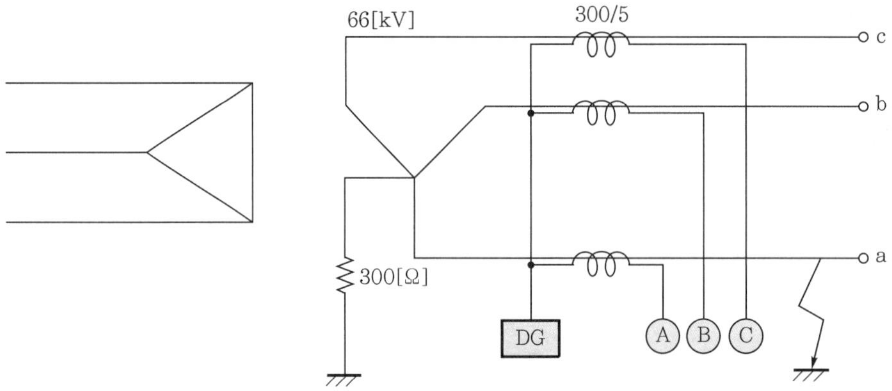

(1) 지락계전기(DG)에 흐르는 전류는 몇 [A]인지 구하시오.
- 계산과정 :
- 답 :

(2) a상 전류계 Ⓐ에 흐르는 전류는 몇 [A]인지 구하시오.
- 계산과정 :
- 답 :

(3) b상 전류계 Ⓑ에 흐르는 전류는 몇 [A]인지 구하시오.
- 계산과정 :
- 답 :

(4) c상 전류계 Ⓒ에 흐르는 전류는 몇 [A]인지 구하시오.
- 계산과정 :
- 답 :

답안 (1) • 계산과정

$$I_{DG} = I_g \times \frac{5}{300} = \frac{\frac{66 \times 10^3}{\sqrt{3}}}{300} \times \frac{5}{300} = 2.12[\text{A}]$$

• 답 : 2.12[A]

(2) • 계산과정

지락전류 + 부하전류이므로

$$I_A = \left\{ \frac{\frac{66 \times 10^3}{\sqrt{3}}}{300} + \frac{20,000}{\sqrt{3} \times 66 \times 0.8}(0.8 - j0.6) \right\} \times \frac{5}{300} = 5.49[\text{A}]$$

• 답 : 5.49[A]

(3) • 계산과정

부하전류이므로 $I_B = \frac{20,000}{\sqrt{3} \times 66 \times 0.8} \times \frac{5}{300} = 3.64[\text{A}]$

• 답 : 3.64[A]

(4) • 계산과정

부하전류이므로 $I_C = \frac{20,000}{\sqrt{3} \times 66 \times 0.8} \times \frac{5}{300} = 3.64[\text{A}]$

• 답 : 3.64[A]

문제 16

배점 : 4점

공칭 변류비가 $\frac{100}{5}$인 변류기(CT)의 1차에 250[A]가 흘렀을 경우 2차 전류가 10[A]였다면, 이때의 비오차[%]를 구하시오.

• 계산과정 :
• 답 :

답안 • 계산과정

$$\text{비오차} = \frac{\text{공칭 변류비} - \text{측정 변류비}}{\text{측정 변류비}} \text{이므로} \quad \frac{\frac{100}{5} - \frac{250}{10}}{\frac{250}{10}} \times 100 = -20[\%]$$

• 답 : −20[%]

2020년도 기사 제2회 필답형 실기시험

종　목	시험시간	배 점	문제수	형 별
전 기 기 사	2시간 30분	100	16	A

문제 01

배점 : 12점

3.7[kW]와 7.5[kW]의 직입 기동 3상 농형 전동기 및 22[kW]의 3상 권선형 유도전동기 등 3대를 그림과 같이 접속하였다. 이때 다음 각 물음에 답하시오. (단, 공사방법 B1으로 XLPE 절연전선을 사용하였으며, 정격전압은 200[V]이고, 간선 및 분기회로에 사용되는 전선도체의 재질 및 종류는 같다.)

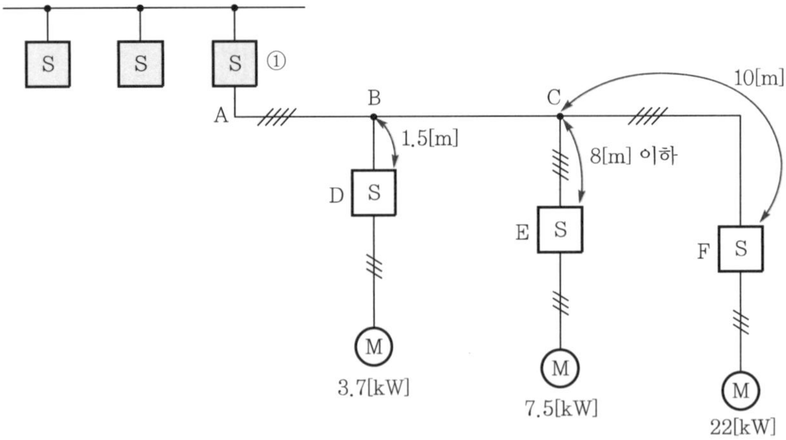

(1) 간선에 사용되는 과전류 차단기의 개폐기(①)의 최소 용량은 몇 [A]인지 선정하시오.
- 선정과정 :
- 과전류 차단기 용량 :
- 개폐기 용량 :

(2) 간선의 최소 굵기는 몇 $[mm^2]$인지 쓰시오.

(3) C와 E 사이의 분기회로에 사용되는 전선의 최소 굵기는 몇 $[mm^2]$인지 선정하시오.
- 선정과정 :
- 전선의 굵기 :

(4) C와 F 사이의 분기회로에 사용되는 전선의 최소 굵기는 몇 $[mm^2]$인지 선정하시오.
- 선정과정 :
- 전선의 굵기 :

▌표 1▐ 전동기 공사에서 간선의 전선 굵기·개폐기 용량 및 적정 퓨즈(200[V], B종 퓨즈)

전동기 [kW] 수의 총계 ① [kW] 이하	최대 사용 전류 ①′ [A] 이하	배선종류에 의한 간선의 최소 굵기[mm²]②						직입 기동 전동기 중 최대 용량의 것											
		공사방법 A1		공사방법 B1		공사방법 C		0.75 이하	1.5	2.2	3.7	5.5	7.5	11	15	18.5	22	30	37~55
		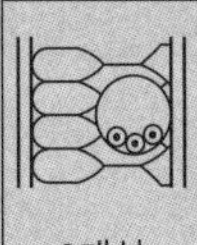 3개선		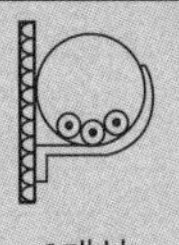 3개선		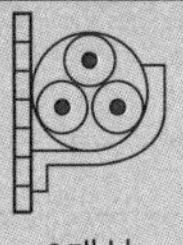 3개선		기동기 사용 전동기 중 최대 용량의 것											
								–	–	–	5.5	7.5	11 15	18.5 22	–	30 37	–	45	55
		PVC	XLPE, EPR	PVC	XLPE, EPR	PVC	XLPE, EPR	과전기 차단기[A]·········(칸 위 숫자) ③ 개폐기 용량[A]·········(칸 아래 숫자) ④											
3	15	2.5	2.5	2.5	2.5	2.5	2.5	15 30	20 30	30 30	–	–	–	–	–	–	–	–	–
4.5	20	4	2.5	2.5	2.5	2.5	2.5	20 30	20 30	30 30	50 60	–	–	–	–	–	–	–	–
6.3	30	6	4	6	4	4	2.5	30 30	30 30	50 60	50 60	75 100	–	–	–	–	–	–	–
8.2	40	10	6	10	6	6	4	50 60	50 60	50 60	75 100	75 100	100 100	–	–	–	–	–	–
12	50	16	10	10	10	10	6	50 60	50 60	50 60	75 100	75 100	100 100	150 200	–	–	–	–	–
15.7	75	35	25	25	16	16	16	75 100	75 100	75 100	75 100	100 100	100 100	150 200	150 200	–	–	–	–
19.5	90	50	25	35	25	25	16	100 100	100 100	100 100	100 100	100 100	150 200	150 200	200 200	200 200	–	–	–
23.2	100	50	35	35	25	35	25	100 100	100 100	100 100	100 100	100 100	150 200	150 200	200 200	200 200	200 200	–	–
30	125	70	50	50	35	50	35	150 200	150 200	150 200	150 200	150 200	150 200	150 200	200 200	200 200	200 200	–	–
37.5	150	95	70	70	50	70	50	150 200	150 200	150 200	150 200	150 200	150 200	150 200	200 200	300 300	300 300	300 300	–
45	175	120	70	95	50	70	50	200 200	200 200	200 200	200 200	200 200	200 200	200 200	200 200	300 300	300 300	300 300	300 300
52.5	200	150	95	95	70	95	70	200 200	200 200	200 200	200 200	200 200	200 200	200 200	200 200	300 300	300 300	400 400	400 400
63.7	250	240	150	–	95	120	95	300 300	300 300	300 300	300 300	300 300	300 300	300 300	300 300	300 300	400 400	400 400	500 600
75	300	300	185	–	120	185	120	300 300	300 300	300 300	300 300	300 300	300 300	300 300	300 300	300 300	400 400	400 400	500 600
86.2	350	–	240	–	–	240	150	400 400	400 400	400 400	400 400	400 400	400 400	400 400	400 400	400 400	400 400	400 400	600 600

[비고] 1. 최소 전선 굵기는 1회선에 대한 것이며, 2회선 이상일 경우는 복수회로 보정계수를 적용하여야 한다.
2. 공사방법 A1은 벽 내의 전선관에 공사한 절연전선 또는 단심케이블, B1은 벽면의 전선관에 공사한 절연전선 또는 단심케이블, 공사방법 C는 벽면에 공사한 단심 또는 다심케이블을 시설하는 경우의 전선 굵기를 표시하였다.
3. 「전동기 중 최대의 것」에는 동시 기동하는 경우를 포함함
4. 과전류 차단기의 용량은 해당 조항에 규정되어 있는 범위에서 실용상 거의 최댓값을 표시함
5. 과전류 차단기의 선정은 최대 용량의 정격전류의 3배에 다른 전동기의 정격전류의 합계를 가산한 값 이하를 표시함
6. 고리퓨즈는 300[A] 이하에서 사용하여야 한다.

▍표 2▍200[V] 3상 유도전동기 1대인 경우의 분기회로 (B종 퓨즈의 경우)

정격출력 [kW]	전부하전류 [A]	배선종류에 의한 간선의 최소 굵기[mm²]					
		공사방법 A1		공사방법 B1		공사방법 C	
		 3개선		 3개선		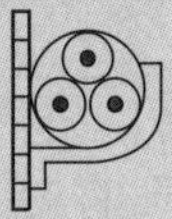 3개선	
		PVC	XLPE, EPR	PVC	XLPE, EPR	PVC	XLPE, EPR
0.2	1.8	2.5	2.5	2.5	2.5	2.5	2.5
0.4	3.2	2.5	2.5	2.5	2.5	2.5	2.5
0.75	4.8	2.5	2.5	2.5	2.5	2.5	2.5
1.5	8	2.5	2.5	2.5	2.5	2.5	2.5
2.2	11.1	2.5	2.5	2.5	2.5	2.5	2.5
3.7	17.4	2.5	2.5	2.5	2.5	2.5	2.5
5.5	26	6	4	4	2.5	4	2.5
7.5	34	10	6	6	4	6	4
11	48	16	10	10	6	10	6
15	65	25	16	16	10	16	10
18.5	79	35	25	25	16	25	16
22	93	50	25	35	25	25	16
30	124	70	50	50	35	50	35
37	152	95	70	70	50	70	50

정격출력 [kW]	전부하전류 [A]	개폐기 용량[A]				과전류 차단기 (B종 퓨즈) [A]				전동기용 초과눈금 전류계의 정격전류 [A]	접지선의 최소 굵기 [mm²]
		직입 기동		기동기 사용		직입 기동		기동기 사용			
		현장 조작	분기	현장 조작	분기	현장 조작	분기	현장 조작	분기		
0.2	1.8	15	15			15	15			3	2.5
0.4	3.2	15	15			15	15			5	2.5
0.75	4.8	15	15			15	15			5	2.5
1.5	8	15	30			15	20			10	4
2.2	11.1	30	30			20	30			15	4
3.7	17.4	30	60			30	50			20	6
5.5	26	60	60	30	60	50	60	30	50	30	6
7.5	34	100	100	60	100	75	100	50	75	30	10
11	48	100	200	100	100	100	150	75	100	60	16
15	65	100	200	100	100	100	150	100	100	60	16
18.5	79	200	200	100	200	150	200	100	150	100	16
22	93	200	200	100	200	150	200	100	150	100	16
30	124	200	400	200	200	200	300	150	200	150	25
37	152	200	400	200	200	200	300	150	200	200	25

[비고] 1. 최소 전선 굵기는 1회선에 대한 것이며, 2회선 이상일 경우는 복수회로 보정계수를 적용하여야 한다.
2. 공사방법 A1은 벽 내의 전선관에 공사한 절연전선 또는 단심케이블, B1은 벽면의 전선관에 공사한 절연전선 또는 단심케이블, 공사방법 C는 벽면에 공사한 단심 또는 다심케이블을 시설하는 경우의 전선 굵기를 표시하였다.
3. 전동기 2대 이상을 동일 회로로 할 경우는 간선의 표를 적용할 것

답안 (1) • 선정과정 : 전동기 [kW]수의 총계 = 3.7 + 7.5 + 22 = 33.2[kW]이므로 [표 1]의 37.5[kW]란과 기동기 사용 22[kW]란에서 과전류 차단기 150[A]와 개폐기 200[A] 선정
• 과전류 차단기 용량 : 150[A]
• 개폐기 용량 : 200[A]

(2) 전동기 [kW]수의 총계 = 3.7 + 7.5 + 22 = 33.2[kW]이므로 [표 1]의 37.5[kW]란에서 전선 50[mm^2] 선정

(3) • 선정과정 : [표 2]의 7.5[kW]와 B1, XLPE에서 4[mm^2] 선정
• 전선의 굵기 : 4[mm^2]

(4) • 선정과정 : [표 2]의 22[kW]와 B1, XLPE에서 25[mm^2] 선정
• 전선의 굵기 : 25[mm^2]

문제 02

배점 : 10점

어느 변전소에서 그림과 같은 일부하 곡선을 가진 3개의 부하 A, B, C의 수용가에 있을 때, 다음 각 물음에 대하여 답하시오. (단, 부하 A, B, C의 역률은 각각 100[%], 80[%], 60[%]라 한다.)

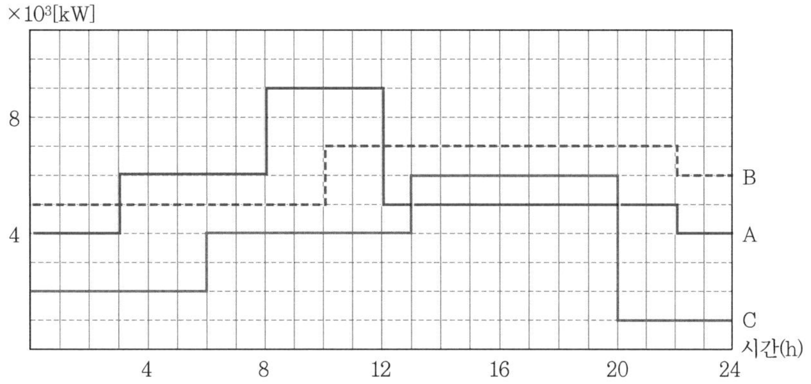

(1) 합성 최대전력[kW]을 구하시오.
• 계산과정 :
• 답 :

(2) 종합 부하율[%]을 구하시오.
• 계산과정 :
• 답 :

(3) 부등률을 구하시오.
• 계산과정 :
• 답 :

(4) 최대 부하 시의 종합 역률[%]을 구하시오.
• 계산과정 :
• 답 :

(5) A 수용가에 대한 다음 물음에 답하시오.
① 첨두부하는 몇 [kW]인지 쓰시오.
② 첨두부하가 지속되는 시간은 몇 시부터 몇 시까지인지 쓰시오.

답안 (1) • 계산과정 : $(9+7+4)\times 10^3 = 20\times 10^3 = 20{,}000[\text{kW}]$
• 답 : 20,000[kW]
(2) • 계산과정
부하평균전력

$$P_A = (4\times 3 + 6\times 5 + 9\times 4 + 5\times 10 + 4\times 2)\times 10^3 \times \frac{1}{24} = 5.67\times 10^3[\text{kW}]$$

$$P_B = (5\times 10 + 7\times 12 + 6\times 2)\times 10^3 \times \frac{1}{24} = 6.08\times 10^3[\text{kW}]$$

$$P_C = (2\times 6 + 4\times 7 + 6\times 7 + 1\times 4)\times 10^3 \times \frac{1}{24} = 3.58\times 10^3[\text{kW}]$$

$$\therefore \text{ 부하율} = \frac{(5.67+6.08+3.58)\times 10^3}{20\times 10^3}\times 100 = 76.65[\%]$$

• 답 : 76.65[%]
(3) • 계산과정 : $\dfrac{(9+7+6)\times 10^3}{20\times 10^3} = 1.1$
• 답 : 1.1
(4) • 계산과정
최대 부하 시 무효전력

$$Q = \left(9\times\frac{0}{1} + 7\times\frac{0.6}{0.8} + 4\times\frac{0.8}{0.6}\right)\times 10^3 = 10{,}583.33[\text{kVar}]$$

$$\therefore \text{ 역률 } \cos\theta = \frac{20{,}000}{\sqrt{20{,}000^2 + 10{,}583.33^2}}\times 100 = 88.39[\%]$$

• 답 : 88.39[%]
(5) ① 9,000[kW]
② 8시~12시까지

문제 03

배점 : 5점

고압 선로에서의 접지사고 검출 및 경보장치를 그림과 같이 시설하였다. A선에 누전사고가 발생하였을 때 다음 각 물음에 답하시오. (단, 전원이 인가되고 경보벨의 스위치는 닫혀있는 상태라고 한다.)

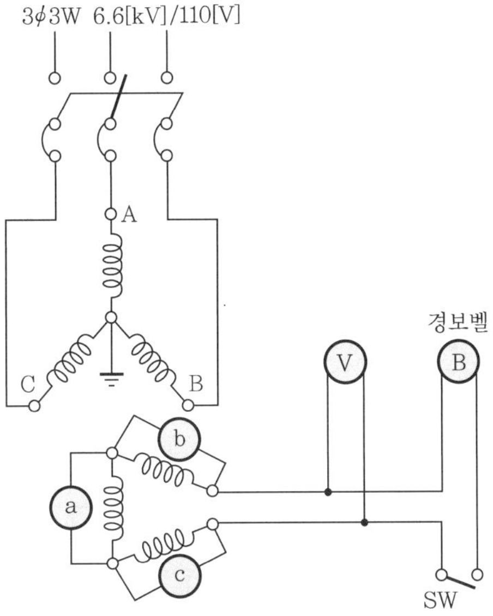

(1) 1차측 A선의 대지전압이 0[V]인 경우 B선 및 C선의 대지전압은 각각 몇 [V]인가?
① B선의 대지전압
② C선의 대지전압

(2) 2차측 전구 ⓐ의 전압이 0[V]인 경우 ⓑ 및 ⓒ 전구의 전압과 전압계 Ⓥ의 지시전압, 경보벨 Ⓑ에 걸리는 전압은 각각 몇 [V]인가?
① ⓑ전구의 전압
② ⓒ전구의 전압
③ 전압계 Ⓥ의 지시전압
④ 경보벨 Ⓑ에 걸리는 전압

답안

(1) ① • 계산과정 : $\frac{6,600}{\sqrt{3}} \times \sqrt{3} = 6,600[V]$

• 답 : 6,600[V]

② • 계산과정 : $\frac{6,600}{\sqrt{3}} \times \sqrt{3} = 6,600[V]$

• 답 : 6,600[V]

(2) ① • 계산과정 : $6,600 \times \frac{110}{6,600} = 110[V]$

• 답 : 110[V]

② • 계산과정 : $6,600 \times \frac{110}{6,600} = 110[V]$

• 답 : 110[V]

③ • 계산과정 : $110 \times \sqrt{3} = 190.53$[V]
• 답 : 190.53[V]

④ • 계산과정 : $110 \times \sqrt{3} = 190.53$[V]
• 답 : 190.53[V]

문제 04

배점 : 6점

옥내배선의 시설에 있어서 인입구 부근에 전기저항 값이 3[Ω] 이하의 값을 유지하는 수도관 또는 철골이 있는 경우에는 이것을 접지극으로 사용하여 이를 제2종 접지공사한 저압전로의 중성선 또는 접지측 전선에 추가 접지할 수 있다. 이 추가 접지의 목적은 저압전로에 침입하는 뇌격이나 고·저압혼촉으로 인한 이상전압에 의한 옥내배선의 전위 상승을 억제하는 역할을 한다. 또 지락사고 시에 단락전류를 증가시킴으로써 과전류차단기의 동작을 확실하게 하는 것이다. 그림에 있어서 (나)점에서 지락이 발생한 경우 추가접지가 없는 경우의 지락전류와 추가접지가 있는 경우의 지락전류값을 구하시오.

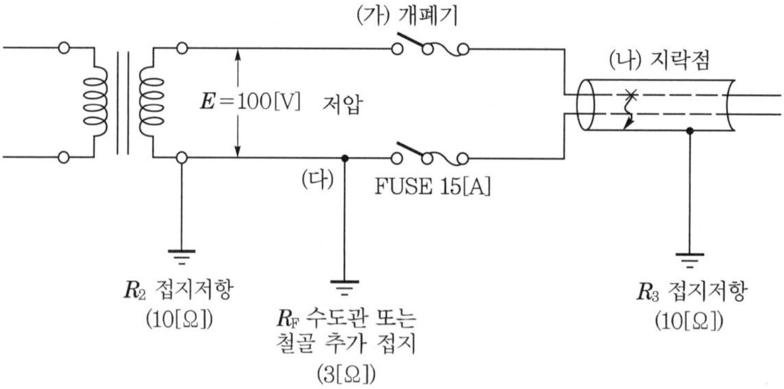

(1) 추가접지가 없는 경우 지락전류[A]
- **계산과정 :**
- **답 :**

(2) 추가접지가 있는 경우 지락전류[A]
- **계산과정 :**
- **답 :**

답안

(1) • 계산과정 : $I_g = \dfrac{E}{R_2 + R_3} = \dfrac{100}{10+10} = 5$[A]

• 답 : 5[A]

(2) • 계산과정 : $I_g = \dfrac{100}{\dfrac{10 \times 3}{10+3} + 10} = 8.13$[A]

• 답 : 8.13[A]

문제 05

배점 : 5점

그림과 같은 송전계통 S점에서 3상 단락사고가 발생하였다. 주어진 도면과 조건을 참고하여 변압기(T_2)의 %리액턴스를 100[MVA] 기준으로 환산하고 1차(P), 2차(S), 3차(T) 각각의 100[MVA] 기준 %리액턴스를 구하시오.

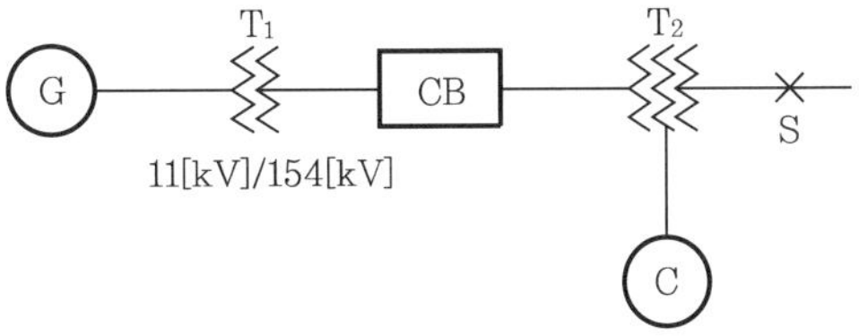

[조건]

번 호	기기명	용 량	전 압	%X
①	G : 발전기	50,000[kVA]	11[kV]	30
②	T_1 : 변압기	50,000[kVA]	11/154[kV]	12
③	송전선		154[kV]	10(10,000[kVA])
④	T_2 : 3권선 변압기	1차 : 25,000[kVA]	154[kV](1차-2차)	12(25,000[kVA])
		2차 : 30,000[kVA]	77[kV](2차-3차)	15(25,000[kVA])
		3차 : 10,000[kVA]	11[kV](3차-1차)	10.8(10,000[kVA])
⑤	C : 조상기	10,000[kVA]	11[kV]	20

• 계산과정 :
• 1차(P) : • 2차(S) : • 3차(T) :

답안 • 계산과정

$$\%X_{12} = \frac{100}{25} \times 12 = 48[\%]$$

$$\%X_{23} = \frac{100}{25} \times 15 = 60[\%]$$

$$\%X_{13} = \frac{100}{10} \times 10.8 = 108[\%]$$

$$\therefore \ \%X_1 = \frac{1}{2}(48 + 108 - 60) = 48[\%]$$

$$\%X_2 = \frac{1}{2}(48 + 60 - 108) = 0[\%]$$

$$\%X_3 = \frac{1}{2}(60 + 108 - 48) = 60[\%]$$

• 1차(P) : 48[%]
• 2차(S) : 0[%]
• 3차(T) : 60[%]

문제 06

배점 : 5점

도로의 너비가 30[m]인 곳에 양쪽으로 30[m] 간격으로 지그재그식으로 등주를 배치하여 도로 위의 평균조도를 6[lx]가 되도록 하고자 한다. 각 등주에 사용되는 수은등의 용량[W]을 주어진 표 "수은등의 광속"을 이용하여 선정하시오. (단, 노면의 광속이용률은 32[%], 유지율은 80[%]로 한다.)

수은등의 광속

용량[W]	전광속[lm]
100	3,200~3,500
200	7,700~8,500
300	10,000~11,000
400	13,000~14,000
500	18,000~20,000

- 계산과정 :
- 답 :

답안 • 계산과정

1등당 조도 $E = \dfrac{FU}{SD}$

$\therefore\ F = \dfrac{SDE}{U} = \dfrac{30 \times 30 \times \dfrac{1}{2} \times \dfrac{1}{0.8} \times 6}{0.32} = 10{,}546.88\,[\mathrm{lm}]$이므로

수은등의 용량은 300[W]를 선정한다.

• 답 : 300[W]

문제 07

배점 : 5점

최대전류가 흐를 때 손실전력이 100[kW]인 배전선이 있다. 이 배전선의 부하율이 60[%]인 경우 손실계수를 이용하여 평균손실전력은 몇 [kW]인지 구하시오. (단, 손실계수를 구하는데 사용되는 $\alpha = 0.2$이다.)

- 계산과정 :
- 답 :

답안 • 계산과정

손실계수 $H = \alpha F + (1-\alpha)F^2 = 0.2 \times 0.6 + (1-0.2) \times 0.6^2 = 0.41$

$\therefore$ 평균손실 = 최대손실 × 손실계수 $= 100 \times 0.41 = 41\,[\mathrm{kW}]$

• 답 : 41[kW]

문제 08 배점 : 8점

아래의 표에서 금속관 부품의 특징에 해당하는 부품명을 쓰시오.

부품명	특 징
①	관과 박스를 접속할 경우 파이프 나사를 죄어 고정시키는데 사용되며 6각형과 기어형이 있다.
②	전선 관단에 끼우고 전선을 넣거나 빼는 데 있어서 전선의 피복을 보호하여 전선이 손상되지 않게 하는 것으로 금속제와 합성수지제의 2종류가 있다.
③	금속관 상호 접속 또는 관과 노멀 밴드와의 접속에 사용되며 내면에 나사가 나 있으며 관의 양측을 돌리어 사용할 수 없는 경우 유니온 커플링을 사용한다.
④	노출 배관에서 금속관을 조영재에 고정시키는데 사용되며 합성수지 전선관, 가요 전선관, 케이블 공사에도 사용된다.
⑤	배관의 직각 굴곡에 사용하며 양단에 나사가 나 있어 관과의 접속에는 커플링을 사용한다.
⑥	금속관을 아웃렛 박스의 노크아웃에 취부할 때 노크아웃의 구멍이 관의 구멍보다 클 때 사용된다.
⑦	매입형의 스위치나 콘센트를 고정하는데 사용되며 1개용, 2개용, 3개용 등이 있다.
⑧	전선관 공사에 있어 전등기구나 점멸기 또는 콘센트의 고정, 접속함으로 사용되며 4각 및 8각이 있다.

답안 ① 로크 너트
② 부싱
③ 커플링
④ 새들
⑤ 노멀 밴드
⑥ 링 리듀셔
⑦ 스위치 박스
⑧ 아웃렛 박스

문제 09

배점 : 12점

다음 계통도를 보고 각 물음에 답하시오. (단, 기준 Base를 100[MVA]로 지정하며, 소수점 5째 자리에서 반올림한다.)

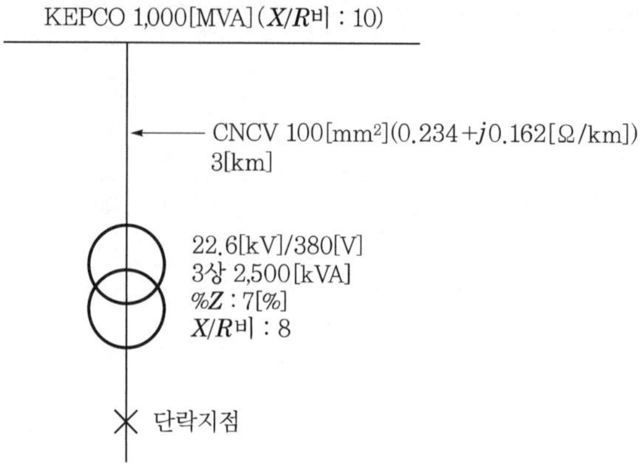

(1) 전원측 임피던스(%Z, %R, %X)를 구하시오.
- 계산과정 :
- %Z : • %R : • %X :

(2) 케이블 임피던스(%Z_L)를 구하시오.
- 계산과정 :
- 답 :

(3) 변압기 임피던스(%R, %X)를 구하고, 기준 Base로 환산한 %Z_T를 구하시오.
- 계산과정 :
- %Z_T : • %R : • %X :

(4) 합성 임피던스를 구하시오.
- 계산과정 :
- 답 :

(5) 단락전류를 구하시오.
- 계산과정 :
- 답 :

답안 (1) • 계산과정

$$\%Z = \frac{100}{1,000} \times 100 = 10[\%]$$

X/R비 10이므로 $\%X = 10\%R$

$\%Z = \sqrt{\%R^2 + \%X^2}$ 에서

$$10 = \sqrt{\%R^2 + (10\%R)^2} \fallingdotseq 10 \cdot \%R$$

$$\therefore \ \%R = \frac{10}{10} = 1[\%]$$

$$\%X = 10 \cdot \%R = 10 \times 1 = 10[\%]$$

• $\%Z_T$: 10[%] • $\%R$: 1[%] • $\%X$:10[%]

(2) • 계산과정

$$\%R = \frac{P \cdot R}{10\,V^2} = \frac{1{,}000 \times 10^3 \times 0.234 \times 3}{10 \times 22.9^2} = 13.3865[\%]$$

$$\%X = \frac{P \cdot X}{10\,V^2} = \frac{1{,}000 \times 10^3 \times 0.162 \times 3}{10 \times 22.9^2} = 9.2676[\%]$$

$$\therefore\ \%Z = \sqrt{13.3865^2 + 9.2676^2} = 16.2815[\%]$$

• 답 : 16.2815[%]

(3) • 계산과정

$$X/R = 8 \qquad \therefore\ X = 8R$$

$$-\ \%Z = \sqrt{\%R^2 + (8 \cdot \%R)^2} = \sqrt{65} \cdot \%R$$

$$\therefore\ \%R = \frac{\%Z}{\sqrt{65}} = \frac{7}{\sqrt{65}} = 0.8682[\%]$$

$$\%X = 8 \times 0.8682 = 6.9456[\%]$$

– 100[MVA]로 환산

$$\%Z_T = \frac{100}{2.5} \times 7 = 280[\%]$$

• $\%Z_T$: 280[%] • $\%R$: 0.8682[%] • $\%X$: 6.9456[%]

(4) • 계산과정

$$\%Z = \sqrt{\left(1 + 13.3865 + \frac{100}{2.5} \times 0.8682\right)^2 + \left(10 + 9.2676 + \frac{100}{2.5} \times 6.9456\right)^2}$$

$$= 301.1240[\%]$$

• 답 : 301.1240[%]

(5) • 계산과정

$$I_s = \frac{100}{301.124} \times \frac{100 \times 10^3}{\sqrt{3} \times 0.38} = 50{,}455.7197[A]$$

• 답 : 50,455.7197[A]

문제 10

배점 : 6점

그림은 3상 유도전동기의 Y-△ 기동에 대한 시퀀스 도면이다. 회로 변경, 접점 추가, 접점 제거 및 변경 등을 통하여 다음 조건에 맞게 동작하도록 주어진 도면에서 잘못된 부분을 고쳐서 그리시오. (단, 전자접촉기, 접점 등의 명칭을 시퀀스 도면 수정 시 정확히 표현하시오.)

[조건]

• 푸시버튼스위치 PBS(ON)을 누르면 전자접촉기 MCM과 전자접촉기 MCS, 타이머 T가 동작하며, 전동기 IM이 Y결선으로 기동하고, 푸시버튼스위치 PBS(ON)을 놓아도 자기유지에 의해 동작이 유지된다.
• 타이머 설정시간 t초 후 전자접촉기 MCS와 타이머 T가 소자되고, 전자접촉기 MCD가 동작하며, 전동기 IM이 △결선으로 운전한다.

- 전자접촉기 MCS와 전자접촉기 MCD는 서로 동시에 투입되지 않도록 한다.
- 푸시버튼스위치 PBS(OFF)를 누르면 모든 동작이 정지한다.
- 전동기 운전 중 전동기 IM이 과부하로 과전류가 흐르면 열동계전기 THR에 의해 모든 동작이 정지한다.

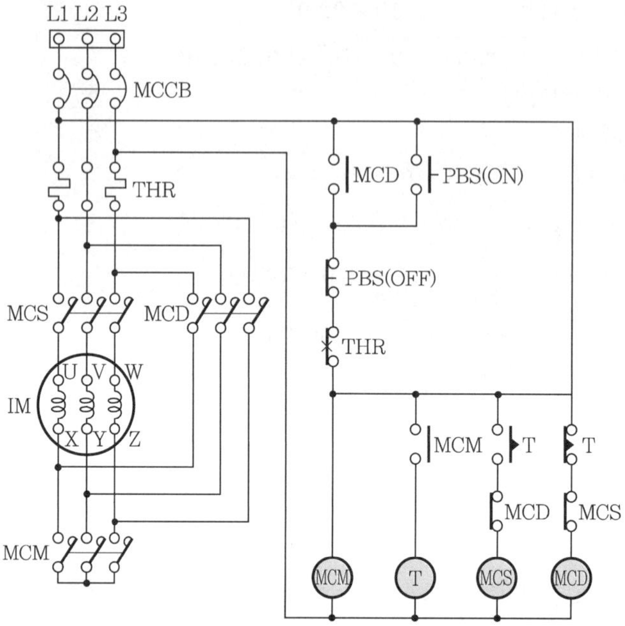

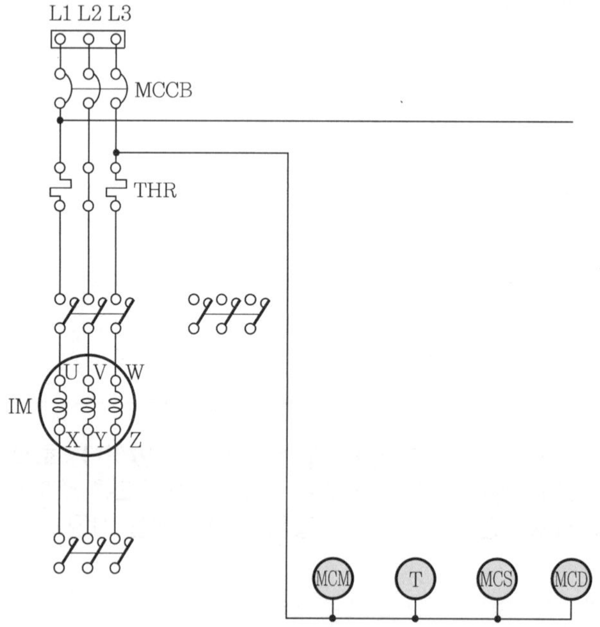

답안

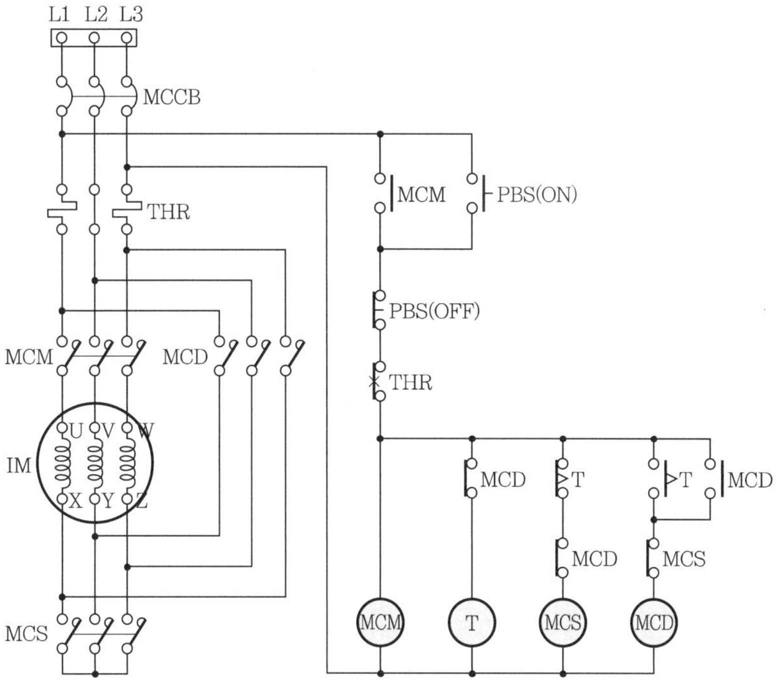

문제 11 ┤배점 : 5점├

각 단상 유도전동기의 역회전 방법을 [보기]에서 찾아 그 번호를 쓰시오.

> [보기]
> ① 역회전 불가
> ② 2개의 브러시 위치를 반대로 한다.
> ③ 전원에 대하여 주권선이나 기동권선 중 어느 한 권선만 접속을 반대로 한다.

(1) 분상 기동형
(2) 반발 기동형
(3) 셰이딩 코일형

답안 (1) ③
(2) ②
(3) ①

문제 12

| 배점 : 6점 |

수전전압 6,600[V], 가공전선로의 %임피던스가 60.5[%]일 때, 수전점의 3상 단락전류가 7,000[A]인 경우 기준용량[MVA]을 구하고, 수전용 차단기의 차단용량[MVA]을 선정하시오.

차단기의 정격용량[MVA]										
10	20	30	50	75	100	150	250	300	400	500

(1) 기준용량[MVA]을 구하시오.
- **계산과정 :**
- **답 :**

(2) (1)의 기준용량을 사용하여 차단기의 차단용량[MVA]을 선정하시오.
- **계산과정 :**
- **답 :**

답안 (1) • 계산과정

단락전류 $I_s = \frac{100}{\%Z} \cdot I_n$ 에서

정격전류 $I_m = \frac{\%Z}{100} \cdot I_s = \frac{60.5}{100} \times 7,000 = 4,235[\mathrm{A}]$

$\therefore$ 기준용량 $P_m = \sqrt{3}\, V_n I_n = \sqrt{3} \times 6,600 \times 4,235 \times 10^{-6} = 48.41[\mathrm{MVA}]$

• 답 : 48.41[MVA]

(2) • 계산과정

$P_n = \sqrt{3}\, V_n I_n = \sqrt{3} \times 6,600 \times \frac{1.2}{1.1} \times 7,000 \times 10^{-6} = 87.3[\mathrm{MVA}]$

$\therefore$ 100[MVA] 선정

• 답 : 100[MVA]

문제 **13**

배점 : 4점

축전지용량이 200[Ah], 상시부하 10[kW], 표준전압 100[V]인 부동충전방식의 충전기 2차 충전전류[A]를 연축전지와 알칼리 축전지에 대하여 각각 구하시오. (단, 축전지용량이 재충전되는 시간은 연축전지는 10시간, 알칼리 축전지는 5시간이다.)

(1) 연축전지
- 계산과정 :
- 답 :

(2) 알칼리 축전지
- 계산과정 :
- 답 :

답안 (1) • 계산과정

$$충전전류 = \frac{200}{10} + \frac{10 \times 10^3}{100} = 120[A]$$

• 답 : 120[A]

(2) • 계산과정

$$충전전류 = \frac{200}{5} + \frac{10 \times 10^3}{100} = 140$$

• 답 : 140[A]

문제 **14**

배점 : 5점

전력시설물 공사감리업무 수행지침에 따른 착공신고서 검토 및 보고에 대한 내용이다. 다음 (　)에 들어갈 내용을 답란에 쓰시오. (단, 반드시 전력시설물 공사감리업무 수행지침에 표현된 문구를 활용하여 쓰시오.)

감리원은 공사가 시작된 경우에는 공사업자로부터 다음의 서류가 포함된 착공신고서를 제출받아 적정성 여부를 검토하여 7일 이내에 발주자에게 보고하여야 한다. • 시공관리책임자 지정통지서(현장관리조직, 안전관리자) • (①) • (②) • 공사도급 계약서 사본 및 산출내역서 • 공사 시작 전 사진 • 현장기술자 경력사항 확인서 및 자격증 사본 • (③) • 작업인원 및 장비투입 계획서 • 그 밖에 발주자가 지정한 사항

• 답란

①	②	③

답안

①	②	③
공사예정 공정표	품질관리 계획서	안전관리 계획서

문제 **15**

배점 : *점

퓨즈 정격에 대하여 다음 ( )에 들어갈 내용을 답란에 쓰시오.

계통전압[kV]	퓨즈 정격	
	퓨즈 정격전압[kV]	최대 설계전압[kV]
6.6	(①)	– 8.25
13.2	15.0	(②)
22 또는 22.9	(③)	25.8
66	69.0	(④)
154	(⑤)	169.0

• 답란

①		②		③	
④		⑤			

답안

①	7.5	②	15.5	③	23
④	72.5	⑤	161		

문제 16

배점 : 6점

현재 적용되고 있는 차단기 약호와 차단기 약호에 대한 한글 명칭을 각 물음에 맞게 3가지만 쓰시오.

(1) 특고압용 차단기

차단기 약호	한글 명칭

(2) 저압용 차단기

차단기 약호	한글 명칭

답안 (1)

차단기 약호	한글 명칭
VCB	진공 차단기
OCB	유입 차단기
GCB	가스 차단기

(2)

차단기 약호	한글 명칭
ACB	기중 차단기
MCCB(MCB)	배선용 차단기
ELB	누전 차단기

2020년도 기사 제3회 필답형 실기시험

종 목	시험시간	배 점	문제수	형 별
전 기 기 사	2시간 30분	100	17	A

문제 01

배점 : 6점

그림과 같은 2 : 1 로핑의 기어레스 엘리베이터에서 적재하중은 1,000[kg], 속도는 140[m/min]이다. 구동 로프 바퀴의 직경은 760[mm]이며, 기체의 무게는 1,500[kg]인 경우 다음 물음에 답하시오. (단, 평형률은 0.6, 엘리베이터의 효율은 기어레스에서 1 : 1 로핑인 경우는 85[%], 2 : 1 로핑인 경우는 80[%]이다.)

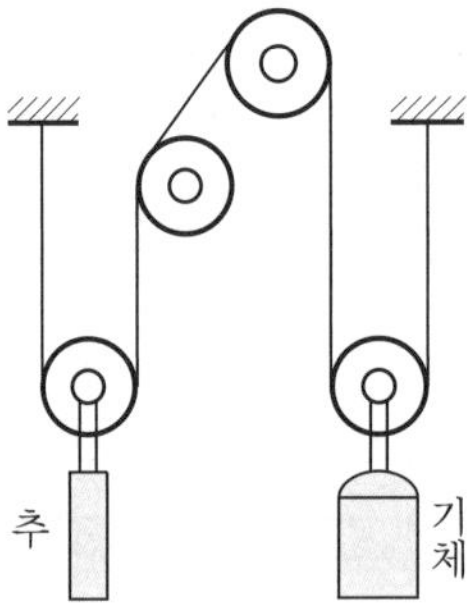

▌2 : 1 로핑▐

(1) 권상소요동력은 몇 [kW]인지 계산하시오.
- 계산과정 :
- 답 :

(2) 전동기의 회전수는 몇 [rpm]인지 계산하시오.
- 계산과정 :
- 답 :

답안

(1) • 계산과정 : $P=\frac{KWV}{6,120\eta}=\frac{0.6\times 1,000\times 140}{6,120\times 0.8}=17.16[\text{kW}]$

• 답 : 17.16[kW]

(2) • 계산과정 : $N=\frac{V}{D\pi}=\frac{280}{0.76\times\pi}=117.27[\text{rpm}]$

로핑 2 : 1이므로 로프(rope)의 속도 $V=2\cdot V'=280[\text{m/min}]$

• 답 : 117.27[rpm]

문제 02

배점 : 5점

154[kV] 2회선 송전선이 있다. 1회선만이 운전 중일 때 휴전회선에 대한 정전유도전압[V]을 구하시오. (단, 송전 중의 회선과 휴전 중의 전선과의 상호 정전용량은 $C_a = 0.001$[μF/km], $C_b = 0.0006$[μF/km], $C_c = 0.0004$[μF/km]이고 휴전회선의 1선 대지 정전용량은 $C_S = 0.0052$[μF/km]이다.)

- **계산과정 :**
- **답 :**

답안
- 계산과정

$$E_s = \frac{\sqrt{C_a \cdot (C_a - C_b) + C_b \cdot (C_b - C_c) + C_c \cdot (C_c - C_a)}}{C_a + C_b + C_c + C_S} \times \frac{V}{\sqrt{3}}$$

$$= \frac{\sqrt{0.001(0.001 - 0.0006) + 0.0006(0.0006 - 0.0004) + 0.0004(0.0004 - 0.001)}}{0.001 + 0.0006 + 0.0004 + 0.0052}$$

$$\times \frac{154 \times 10^3}{\sqrt{3}} = 6,534.41[\mathrm{V}]$$

- 답 : 6,534.41[V]

문제 03

배점 : 4점

계기용 변성기-제1부 : 변류기(KS C IEC 60044-1 : 2003)에 따른 옥내용 변류기에 대한 내용이다. 다음 (　　)에 들어갈 내용을 답란에 쓰시오.

3. 1. 4 옥내용 변류기의 다른 사용 상태
 a) 태양열 복사에너지의 영향은 무시해도 좋다.
 b) 주위의 공기는 먼지, 연기, 부식가스, 증기 및 염분에 의해 심각하게 오염되지 않는다.
 c) 습도의 상태는 다음과 같다.
  1) 24시간 동안 측정한 상대습도의 평균값은 (①)[%]를 초과하지 않는다.
  2) 24시간 동안 측정한 수증기압의 평균값은 (②)[kPa]를 초과하지 않는다.
  3) 1달 동안 측정한 상대습도의 평균값은 (③)[%]를 초과하지 않는다.
  4) 1달 동안 측정한 수증기압의 평균값은 (④)[kPa]를 초과하지 않는다.

- **답란**

①	②	③	④

답안

①	②	③	④
95	2.2	90	1.8

문제 04

배점 : 5점

전동기에 개별로 콘덴서를 설치할 경우 발생할 수 있는 자기여자현상의 발생 원인과 현상을 설명하시오.

• 원인 :

• 현상 :

답안

• 원인 : 전동기에 개별로 콘덴서를 직결하여 차단기로 전원을 차단하여도 콘덴서와 전동기는 접속한 상태이므로 단시간이기는 하지만, 전동기는 관성에 의해 계속 회전을 하게 되고 이 때 잔류자기에 의해 전압이 유기된다.

• 현상 : 잔류자기에 의해 유기된 전압으로 콘덴서에 전류가 흘러 부하에 대해 유도발전기로 작용하게 되어 전동기의 단자전압이 상승한다.

문제 05

배점 : 11점

단상 3선식 110/220[V]를 채용하고 있는 어떤 건물이 있다. 변압기가 설치된 수전실로부터 60[m]되는 곳에 부하집계표와 같은 분전반을 시설하고자 할 때 다음 조건과 전선의 허용전류표를 이용하여 다음 각 물음에 답하시오.

[조건]

• 전압변동률은 2[%] 이하가 되도록 한다.
• 전압강하율은 2[%] 이하가 되도록 한다.
• 후강전선관공사로 한다.
• 3선 모두 같은 선으로 한다.
• 부하의 수용률은 100[%]로 적용한다.
• 후강전선관내 전선의 점유율은 48[%] 이내를 유지한다.

▎전선의 허용전류표 ▎

단면적[mm^2]	허용전류[A]	전선관 3본 이하 수용 시[A]	피복 포함 단면적[mm^2]
6	54	48	32
10	75	66	43
16	100	88	58
25	133	117	88
35	164	144	104
50	198	175	163

▌부하집계표▐

회로 번호	부하 명칭	부하 [VA]	부하 분담[VA]		MCCB 크기			비 고
			A	B	극수	AF	AT	
1	전등	2,400	1,200	1,200	2	50	15	
2	전등	1,400	700	700	2	50	15	
3	콘센트	1,000	1,000	–	1	50	20	
4	콘센트	1,400	1,400	–	1	50	20	
5	콘센트	600	–	600	1	50	20	
6	콘센트	1,000	–	1,000	1	50	20	
7	팬코일	700	700	–	1	30	15	
8	팬코일	700	–	700	1	30	15	
합계		9,200	5,000	4,200				

(1) 간선의 공칭단면적[mm^2]을 선정하시오.
- 계산과정 :
- 답 :

(2) 후강전선관의 굵기[mm]를 선정하시오. (단, 굵기[mm]는 16, 22, 28, 36, 42, 54, 70, 82에서 선택하여 선정한다.)
- 계산과정 :
- 답 :

(3) 간선보호용 과전류 차단기의 용량(AF, AT)을 선정하시오. (단, AF는 30, 50, 100, AT는 10, 20, 32, 40, 50, 63, 80, 100에서 선택하여 선정한다.)

(4) 분전반의 복선결선도를 완성하시오.

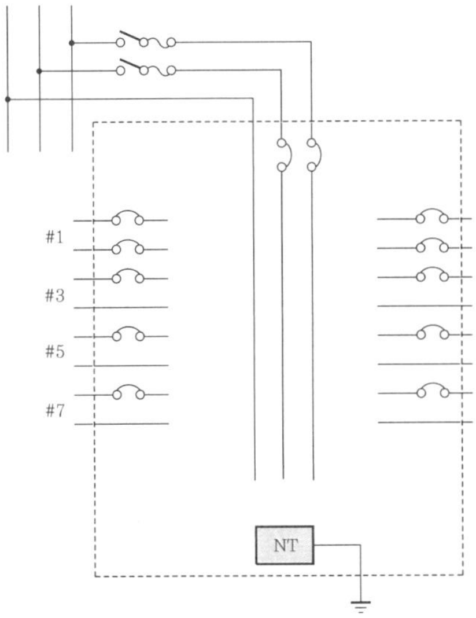

(5) 설비불평형률은 몇 [%]인지 구하시오.
- 계산과정 :
- 답 :

답안

(1) • 계산과정 : A선의 전류 $I_A = \dfrac{5,000}{110} = 45.45[A]$

B선의 전류 $I_B = \dfrac{4,200}{110} = 38.18[A]$

I_A, I_B 중 큰 값인 45.45[A]를 기준으로 함

$\therefore\ A = \dfrac{17.8LI}{1,000e} = \dfrac{17.8 \times 50 \times 45.45}{1,000 \times 110 \times 0.02} = 18,386[mm^2]$

• 답 : 25[mm^2]

(2) • 계산과정 : [전선의 허용전류표]에서 25[mm^2] 전선의 피복 포함 단면적이 88[mm^2] 이므로 전선의 총 단면적 $A = 88 \times 3 = 264[mm^2]$

문제의 조건에서 후강전선관 내 단면적의 48[%] 이내를 유지해야 하므로

$A = \dfrac{1}{4}\pi d^2 \times 0.48 \geq 264$

$\therefore\ d = \sqrt{\dfrac{264 \times 4}{0.48 \times \pi}} \geq 26.462[mm]$

• 답 : 28[mm] 후강전선관 선정

(3) • 계산과정 : 설계전류 $I_B = 45.45[A]$이고 공칭단면적 25[mm^2] 전선의 허용전류 $I_Z = 117[A]$이므로 $I_B \leq I_n \leq I_Z$의 조건을 만족하는 정격전류 $I_n = 100$ [A]의 과전류 차단기를 선정

• 답 : AF : 100[A], AT : 100[A]

(4)

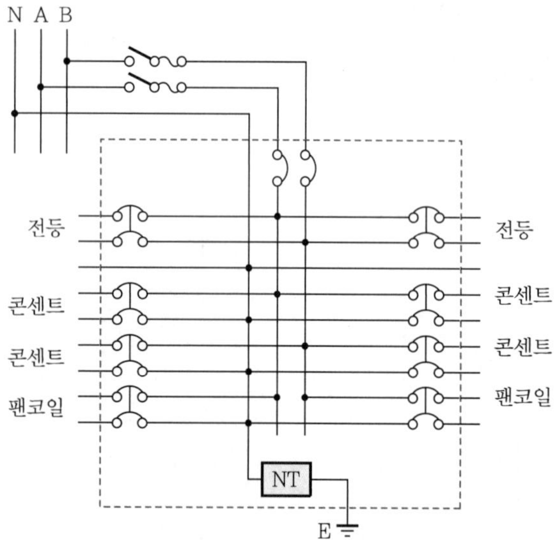

(5) • 계산과정 : 설비불평형률 $= \dfrac{3,100 - 2,300}{\dfrac{1}{2} \times (5,000 + 4,200)} \times 100 = 17.39[\%]$

• 답 : 17.39[%]

해설 (1) KS C IEC 전선규격

전선의 공칭단면적[mm²]		
1.5	2.5	4
6	10	16
25	35	50
70	95	120
150	185	240
300	400	500
30		

(2) **도체와 과부하 보호장치 사이의 협조(KEC 212.4.1)**

과부하에 대해 케이블(전선)을 보호하는 장치의 동작특성은 다음의 조건을 충족해야 한다.

$$I_B \le I_n \le I_Z, \ I_2 \le 1.45 \le I_Z$$

여기서, I_B : 회로의 설계전류(선도체를 흐르는 설계전류 또는 함유율이 높은 영상분 고조파, 특히 제3고조파가 지속적으로 흐르는 경우 중성선에 흐르는 전류이다.)

I_Z : 케이블의 허용전류

I_n : 보호장치의 정격전류(사용현장에 적합하게 조정된 전류의 설정값)

I_2 : 보호장치가 규약시간 이내에 유효하게 동작하는 것을 보장하는 전류

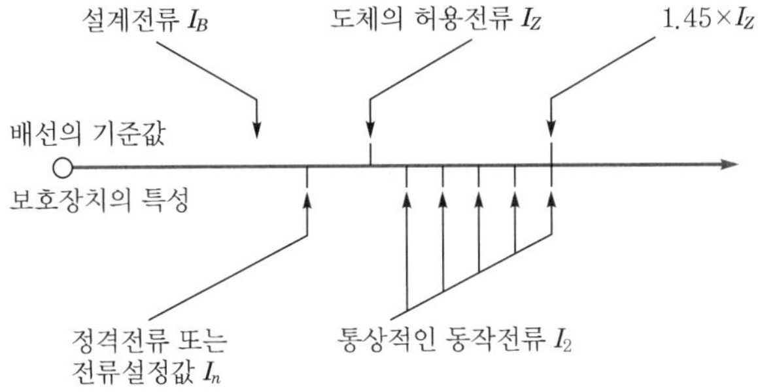

▌과부하 보호설계 조건도▐

(5) ① 단상 3선식의 설비불평형률

$$\text{설비불평형률} = \frac{\text{중성선과 각 전압측 전선 간에 접속되는 부하설비용량의 차}}{\frac{1}{2} \times (\text{총 부하설비용량})} \times 100[\%]$$

여기서, 불평형률은 40[%] 이하이어야 한다.

② • A 부하설비용량 = 1,000 + 1,400 + 700 = 3,100[VA]

• B 부하설비용량 = 600 + 1,000 + 700 = 2,300[VA]

문제 06

배점 : 6점

그림은 모선의 단락보호 계전방식을 도면화한 것이다. 이 도면을 보고 다음 각 물음에 답하시오.

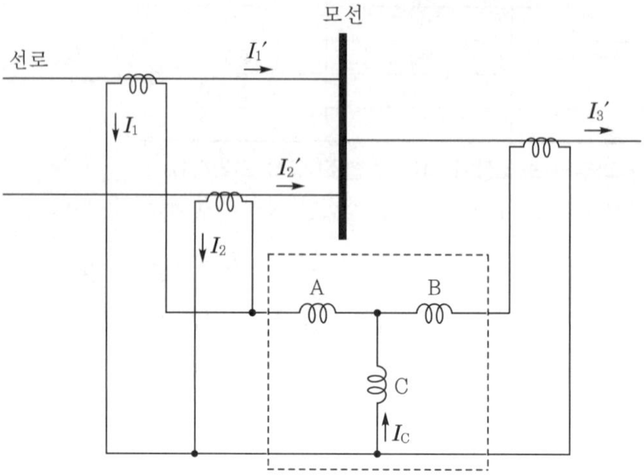

(1) 점선 안의 계전기 명칭을 쓰시오.

(2) 계전기 코일 A, B, C의 명칭을 쓰시오.

• A :　　　　　　　　• B :　　　　　　　　• C

(3) 모선에 단락고장이 생길 때 코일 C의 전류 I_C 크기를 구하는 관계식을 쓰시오.

• $I_C =$

답안 (1) 비율 차동 계전기

(2) • A : 억제 코일

• B : 억제 코일

• C : 동작 코일

(3) $I_C = |(I_1 + I_2) - I_3|$

문제 07

배점 : 10점

다음 전동기의 결선도를 보고 다음 각 물음에 답하시오. (단, 수용률은 0.65, 역률은 0.9, 효율은 0.8이다.)

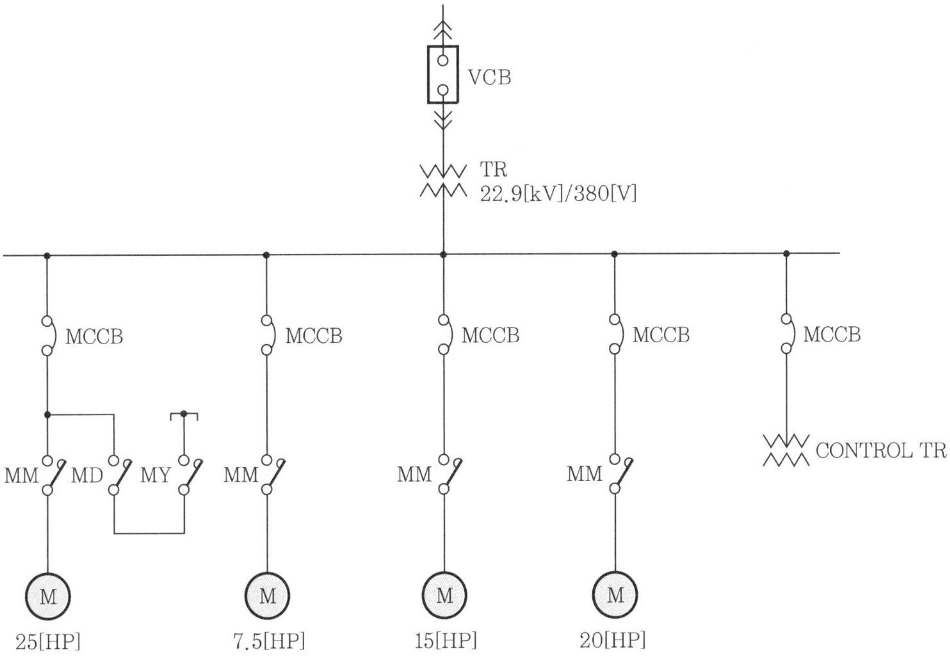

3상 변압기 표준용량[kVA]				
50	75	100	150	200

(1) 3상 유도전동기 20[HP] 전동기의 분기회로의 케이블 선정 시 허용전류[A]를 구하시오.
- 계산과정 :
- 답 :

(2) 상기 결선도의 3상 유도전동기의 변압기 표준용량을 구하여 선정하시오.
- 계산과정 :
- 답 :

(3) 25[HP] 3상 유도전동기의 결선도를 완성하시오. (단, MM은 Main MC, MD는 델타결선 MC, MY는 와이결선 MC이다.)

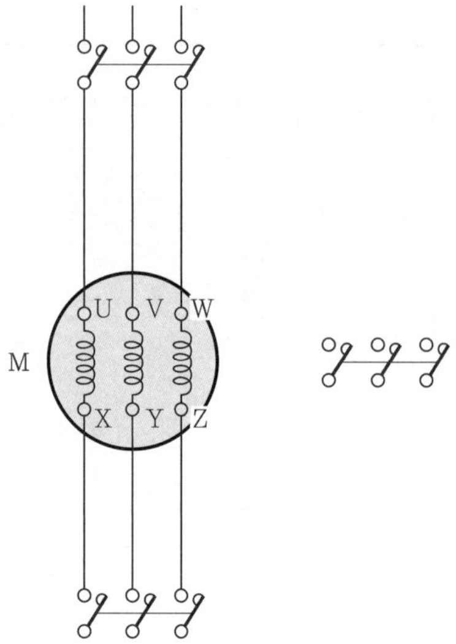

(4) CONTROL TR(제어용 변압기)의 사용목적을 쓰시오.

답안

(1) • 계산과정 : 설계전류 $I_B = \dfrac{P}{\sqrt{3}\,V} = \dfrac{0.746 \times 20 \times \dfrac{1}{0.9 \times 0.8}}{\sqrt{3} \times 0.38} = 31.48[\mathrm{A}]$

전선허용전류 I_Z는 $I_B \leq I_n \leq I_Z$이므로 31.48[A] 이상으로 한다.

• 답 : 31.48[A]

(2) • 계산과정 : $P_t = (7.5 + 15 + 20 + 25) \times 0.746 \times 0.65 \times \dfrac{1}{0.9 \times 0.8} = 45.46[\mathrm{kVA}]$

∴ 50[kVA] 선정

• 답 : 50[kVA]

(3)

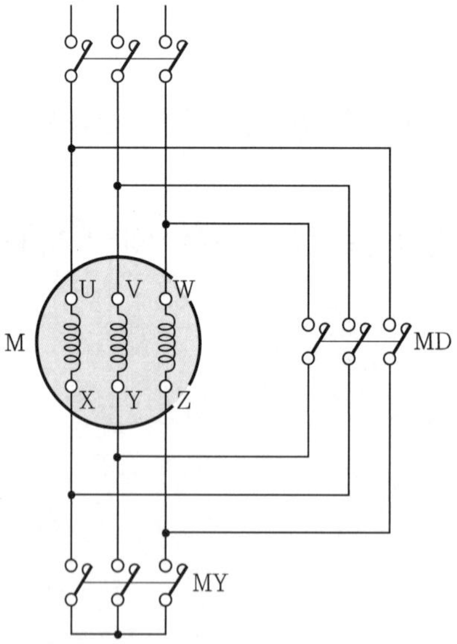

(4) 제어기기에 적합한 저전압으로 변성하여 제어기기에 조작전원 공급

문제 08

배점 : 5점

3상 3선식 380[V] 전원에 그림과 같이 전동기 용량이 3.75[kW], 2.2[kW], 7.5[kW]의 전동기 3대와 정격전류가 20[A]인 전열기 1대가 접속되어 있다. 이 회로의 동력 간선 A점에는 몇 [A] 이상의 허용전류를 갖는 전선을 사용해야 하는지 구하시오. (단, 전동기 역률은 3.75[kW]는 88[%], 2.2[kW]는 85[%], 7.5[kW]는 90[%]이다.)

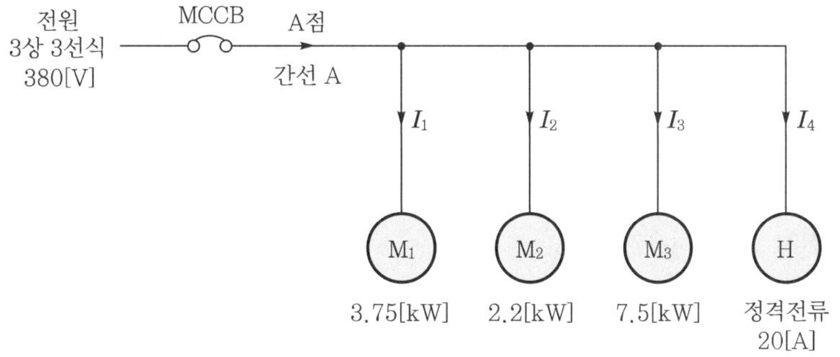

• 계산과정 :
• 답 :

답안 • 계산과정

– 전동기 정격전류

$$I_1 = \frac{3.75 \times 10^3}{\sqrt{3} \times 380 \times 0.88} = 6.47[\text{A}]$$

$$I_2 = \frac{2.2 \times 10^3}{\sqrt{3} \times 380 \times 0.85} = 3.93[\text{A}]$$

$$I_3 = \frac{7.5 \times 10^3}{\sqrt{3} \times 380 \times 0.9} = 12.66[\text{A}]$$

– 유효전류 합계

$$6.47 \times 0.88 + 3.93 \times 0.85 + 12.66 \times 0.9 + 20 = 40.42[\text{A}]$$

무효전류 합계

$$6.47\sqrt{1-0.88^2} + 3.93\sqrt{1-0.85^2} + 12.66\sqrt{1-0.9^2} = 10.66[\text{A}]$$

– 설계전류 $I_B = \sqrt{40.42^2 + 10.66^2} = 41.8[\text{A}]$

∴ 전선허용전류 41.8[A] 이상

• 답 : 41.8[A]

문제 09

배점 : 5점

면적 100[m^2]의 강당에 분전반을 설치하려고 한다. 단위 면적당 부하가 10[VA/m^2]이고, 공사 시공법에 의한 전류 감소율이 0.7이라면 간선의 최소 허용전류는 몇 [A]인지 구하시오. (단, 배전전압은 220[V]이다.)

- **계산과정 :**
- **답 :**

답안
- 계산과정

  설계전류 $I_B = \dfrac{100 \times 10}{220} \times \dfrac{1}{0.7} = 6.49[\text{A}]$

  $\therefore$ 전선 최소 허용전류 $I_Z = 6.49[\text{A}]$
- 답 : 6.49[A]

문제 10

배점 : 5점

다음 요구사항을 만족하는 주회로 및 제어회로의 미완성 결선도를 직접 그려 완성하시오. (단, 접점기호와 명칭 등은 정확히 표시하시오.)

[요구사항]
- 전원스위치 MCCB를 투입하면 주회로 및 제어회로에 전원이 공급된다.
- 누름버튼 스위치(PB_1)를 누르면 MC_1이 여자되고 MC_1의 보조접점에 의하여 RL이 점등되며, 전동기는 정회전한다.
- 누름버튼 스위치(PB_1)를 누른 후 손을 떼어도 MC_1은 자기유지되어 전동기는 계속 정회전한다.
- 전동기 운전 중 누름버튼 스위치(PB_2)를 누르면 MC_1이 소자되어 전동기가 정지되고, 램프 RL은 소등되며, 이때 MC_2가 여자되고 자기유지되어 전동기는 역회전(역상제동을 함)하며 타이머가 여자되고, MC_2의 보조접점에 의하여 램프 GL이 점등된다.
- 타이머 설정시간 후 역회전 중인 전동기는 정지하고, 램프 GL도 소등된다.
- MC_1과 MC_2의 보조접점에 의하여 상호 인터록이 되어 동시에 동작되지 않는다.
- 전동기 운전 중 과전류가 감지되어 EOCR이 동작되면, 모든 제어회로의 전원은 차단되고 램프 OL만 점등된다.
- EOCR을 리셋(RESET)하면 초기 상태로 복귀된다.

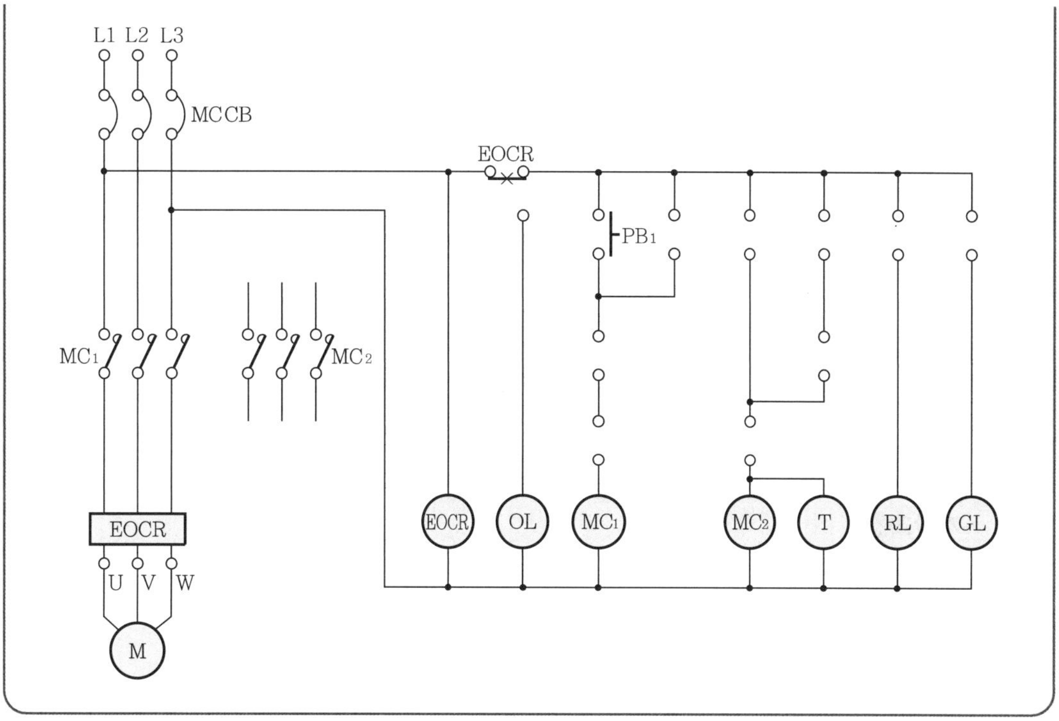
L1 L2 L3
MCCB
EOCR
PB1
MC1
MC2
EOCR
U V W
M
EOCR
OL
MC1
MC2
T
RL
GL

답안

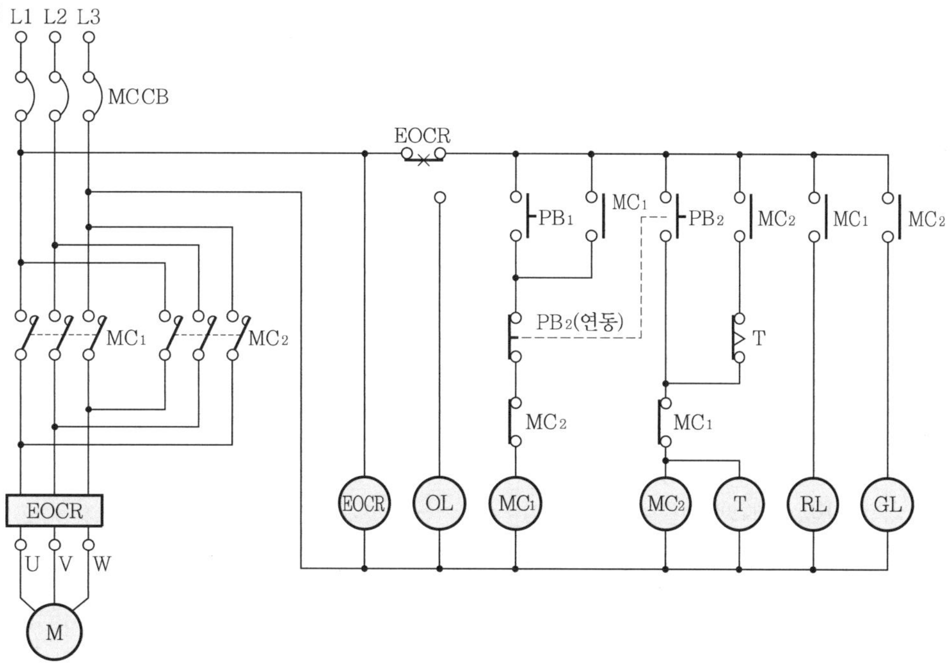
L1 L2 L3
MCCB
EOCR
PB1
MC1
PB2
MC2
MC1
MC2
MC1
MC2
PB2(연동)
T
MC2
MC1
EOCR
U V W
M
EOCR
OL
MC1
MC2
T
RL
GL

문제 **11** 배점 : 7점

변압기 용량이 1,000[kVA]인 변전소에서 현재 200[kW], 500[kvar]의 부하와 역률 0.8(지상), 400[kW]의 부하에 전력을 공급하고 있다. 여기에 350[kvar]의 커패시터를 설치할 경우 다음 각 물음에 답하시오.

(1) 커패시터 설치 전 부하의 합성역률을 구하시오.
- **계산과정 :**
- **답 :**

(2) 커패시터 설치 후 변압기를 과부하로 하지 않으면서 200[kW]의 전동기 부하를 새로 추가할 때 전동기의 역률은 얼마 이상되어야 하는지 구하시오.
- **계산과정 :**
- **답 :**

(3) 새로운 부하 추가 후의 종합 역률을 구하시오.
- **계산과정 :**
- **답 :**

답안 (1) • 계산과정

– 합성유효전력

$200 + 400 = 600[\text{kW}]$

– 합성무효전력

$$500 + 400 \times \frac{0.6}{0.8} = 800[\text{kVar}]$$

$$\therefore \text{ 합성역률 } \cos\theta = \frac{600}{\sqrt{600^2 + 800^2}} \times 100 = 60[\%]$$

• 답 : 60[%]

(2) • 계산과정

$1,000^2 = (600 + 200)^2 + (800 - 350 + Q_c)^2$ 에서

전동기 무효전력 $Q_c = 150[\text{kVar}]$

$$\therefore \text{ 전동기 역률 } \cos\theta = \frac{200}{\sqrt{200^2 + 150^2}} \times 100 = 80[\%]$$

• 답 : 80[%]

(3) • 계산과정

$$\cos\theta = \frac{600 + 200}{1,000} \times 100 = 80[\%]$$

• 답 : 80[%]

문제 12

배점 : 5점

그림과 같이 20[kVA]의 단상 변압기 3대를 사용하여 45[kW], 역률 0.8(지상)인 3상 전동기 부하에 전력을 공급하는 배전선이 있다. a, b 사이에 60[W]의 전구를 사용하여 점등하고자 할 때, 변압기가 과부하되지 않는 한도 내에서 몇 등까지 점등할 수 있는지 구하시오.

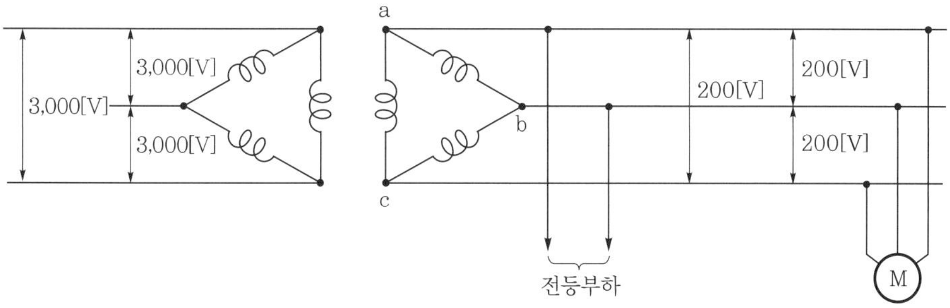

- 계산과정 :
- 답 :

답안

- 계산과정

  – △결선에서 1상에만 단상부하가 접속한 경우 다른 2상에서 $\frac{1}{2}$을 분담하므로 전체 부하는 $1+\frac{1}{2}=1.5$배가 된다.

  – 1상 유효전력 : $\frac{45}{3}=15$[kW]

  1상 무효전력 : $15\times\frac{0.6}{0.8}=11.25$[kVar]

  변압기 여유분을 $\triangle P$[kW]라 하면

  $20^2=(15+\triangle P^2)+11.25^2$에서 $\triangle P=1.54$[kW]

  – 증가시킬 수 있는 전등부하는 $1.54\times1.5=2.31$[kW]

  $\therefore$ 전등수 $n=\frac{2.31\times10^3}{60}=38.5=38$등

- 답 : 38등

문제 13

배점 : 5점

그림과 같은 논리회로의 명칭을 쓰고 논리식과 논리표를 완성하시오.

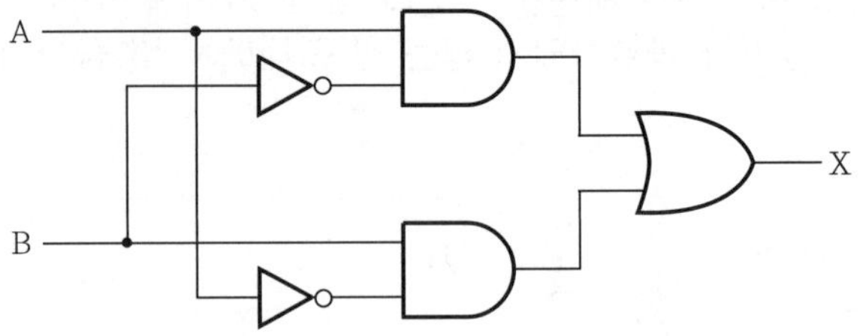

- 논리회로의 명칭 :
- 논리식 : X =
- 논리표 :

A	B	X
0	0	
0	1	
1	0	
1	1	

답안
- Exclusive OR(반일치회로)
- $X = A\overline{B} + \overline{A}B$
- 논리표

A	B	X
0	0	0
0	1	1
1	0	1
1	1	0

문제 14

배점 : 5점

100[kVA], 6,300[V]/210[V]의 단상 변압기 2대를 1차측과 2차측에서 병렬 접속하였다. 2차측에서 단락사고가 발생하였을 때 전원측에 유입하는 단락전류는 몇 [A]인지 구하시오. (단, 변압기의 %임피던스는 6[%]이다.)

- 계산과정 :
- 답 :

답안 • 계산과정

$$I_s = \frac{100}{\%Z} \cdot I_n = \frac{100}{6 \times \frac{1}{2}} \times \frac{100 \times 10^3}{6,300} = 529.1[A]$$

- 답 : 529.1[A]

문제 15

배점 : 6점

동기발전기에 대한 다음 각 물음에 답하시오.

(1) 정격전압 6,000[V], 정격출력 5,000[kVA]인 3상 동기발전기에서 계자전류가 10[A], 그 무부하 단자전압이 6,000[V]이고, 이 계자전류에 있어서의 3상 단락전류가 700[A]라고 한다. 이 발전기의 단락비를 구하시오.
- 계산과정 :
- 답 :

(2) 동기발전기의 단락비에 대한 내용이다. 다음 (   )에 들어갈 내용을 답란에 쓰시오. (단, 내용은 증가, 감소, 높다(고), 낮다(고) 등으로 답란에 쓰시오.)

> 단락비가 큰 동기발전기는 일반적으로 전기자 권선의 권수가 적고 자속수가 (①)하여 기계의 부피가 커지고 따라서 가격도 상승하여 철손과 풍손이 크므로 효율은 (②), 전압변동률은 양호하고 과부하에 대한 내력이 증가하여 안정도가 (③).

- 답란

①	②	③

답안 (1) • 계산과정

$$I_m = \frac{5,000 \times 10^3}{\sqrt{3} \times 6,000} = 481.13[A]$$

$$\therefore \text{ 단락비 } \frac{I_s}{I_m} = \frac{700}{481.13} = 1.45$$

- 답 : 1.45

(2)

①	②	③
증가	낮고	증가

문제 16

배점 : 5점

폭 15[m]인 도로의 양쪽에 간격 20[m]를 두고 대칭 배열로 가로등이 점등되어 있다. 한 등의 전광속은 3,000[lm], 조명률은 45[%]일 때, 도로의 평균조도[lx]를 구하시오.

- 계산과정 :
- 답 :

답안

- 계산과정 : $E = \dfrac{FU}{S} = \dfrac{3{,}000 \times 0.45}{15 \times 20 \times \dfrac{1}{2}} = 9\,[\mathrm{lx}]$
- 답 : 9[lx]

문제 17

배점 : 5점

설계감리업무 수행지침에 따른 설계감리의 기성 및 준공에 대한 내용이다. 다음 (   )에 들어갈 내용을 답란에 쓰시오. (단, 순서에 관계없이 ①~⑤를 작성하되, 동 지침에서 표현하는 단어로 쓰시오.)

> 책임 설계감리원이 설계감리의 기성 및 준공을 처리한 때에는 다음의 준공서류를 구비하여 발주자에게 제출하여야 한다.
> - 설계용역 기성부분 검사원 또는 설계용역 준공검사원
> - 설계용역 기성부분 내역서
> - 설계감리 결과보고서
> - 감리기록서류
>   - (①)
>   - (②)
>   - (③)
>   - (④)
>   - (⑤)
> - 그 밖에 발주자가 과업지시서상에서 요구한 사항

- 답란

①	②	③	④	⑤

답안

① 설계감리 일지
② 설계감리 지시부
③ 설계감리 기록부
④ 설계감리 요청서
⑤ 설계자와 협의사항 기록부

2020년도 기사 제4회 필답형 실기시험

종 목	시험시간	배 점	문제수	형 별
전 기 기 사	2시간 30분	100	15	A

문제 01

배점 : 7점

3상 6,600[V] 전용수전 T/L(ACSR 240[mm^2])의 1선당 저항은 0.2[Ω/km], 긍장은 1,000[m]로 수전하는 단독 수용가의 일일부하곡선을 확인하고 다음 물음에 답하시오. (단, 수용가의 부하 역률은 0.9이다.)

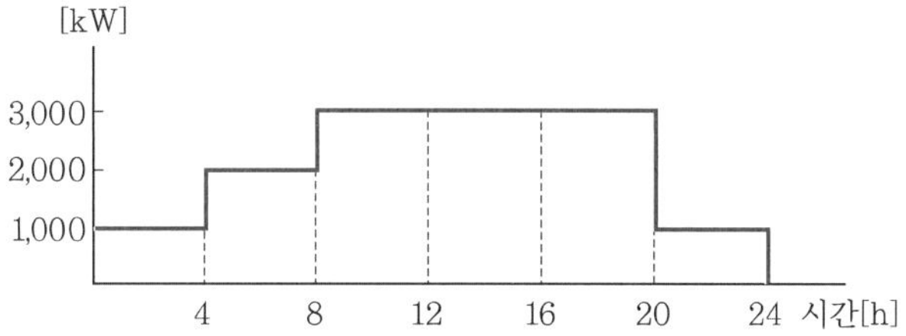

(1) 부하율
- 계산과정 :
- 답 :

(2) 손실계수
- 계산과정 :
- 답 :

(3) 1일 손실전력량
- 계산과정 :
- 답 :

답안

(1) • 계산과정 : $\dfrac{(1{,}000\times4+2{,}000\times4+3{,}000\times12+1{,}000\times4)\times\dfrac{1}{24}}{3{,}000}\times100$

$= 72.22[\%]$

• 답 : 72.22[%]

(2) • 계산과정

1,000[kW] 부하전류를 I, 1선당 저항을 R로 하면

1일 손실 $P_l = 3\times\{I^2R\times4+(2I)^2R\times4+(3I)^2R\times12+I^2R\times4\} = 3I^2R\times132$

평균손실 $3I^2R\times132\times\dfrac{1}{24} = 3I^2R\times5.5$

$$\therefore \text{ 손실계수 } H = \frac{\text{평균손실}}{\text{최대손실}} = \frac{3I^2R \times 5.5}{3(3I)^2R} = \frac{3I^2R \times 5.5}{3I^2R \times 9} \times 100[\%] = 61.11[\%]$$

• 답 : 61.11[%]

(3) • 계산과정 : $3 \times \left(\frac{1{,}000}{\sqrt{3} \times 6.6 \times 0.9}\right)^2 \times 132 \times 0.2 \times 10^{-3} = 748.22[\text{kWh}]$

• 답 : 748.22[kWh]

문제 02

배점 : 8점

가로 10[m], 세로 14[m], 천장 높이 2.75[m], 작업면 높이 0.75[m]인 사무실에 천장 직부 형광등 F32×2를 설치하고자 한다. 이때 다음 각 물음에 답하시오.

(1) 이 사무실의 실지수는 얼마인지 구하시오.
 • 계산과정 :
 • 답 :
(2) 형광등 F32×2의 그림기호를 그리시오.
(3) 이 사무실의 작업면의 조도를 250[lx], 천장 반사율을 70[%], 벽 반사율을 50[%], 바닥 반사율을 10[%], 32[W] 형광등 1등의 광속을 3,200[lm], 보수율을 70[%], 조명률을 50[%]로 한다면, 이 사무실에 필요한 형광등기구의 수를 구하시오.
 • 계산과정 :
 • 답 :

답안

(1) • 계산과정 : 실지수$= \frac{X \cdot Y}{H(X+Y)}$

$$= \frac{10 \times 14}{(2.75 - 0.75) \times (10 + 14)} = 2.92$$

• 답 : 2.92

(2) 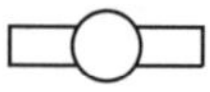

F32×2

(3) • 계산과정 : $N = \frac{EAD}{FU}$

$$= \frac{10 \times 14 \times 250 \times \frac{1}{0.7}}{3{,}200 \times 2 \times 0.5} = 15.63 \qquad \therefore \text{ 16등}$$

• 답 : 16등

문제 03

배점 : 5점

방폭형 전동기란 어떤 것인지 설명하고, 방폭구조의 종류를 3가지만 쓰시오.

(1) 방폭형 전동기
(2) 방폭구조의 종류

답안 (1) 지정된 폭발성 가스 중에서의 사용에 적합하도록 구조, 기타에 관하여 특별히 고려된 전동기

(2) • 내압 방폭구조
• 유입 방폭구조
• 압력 방폭구조

문제 04

배점 : 6점

CT에 대한 다음 각 물음에 답하시오.

(1) Y-△로 결선한 주변압기의 보호로 비율 차동 계전기를 사용한다면 CT의 결선은 어떻게 하여야 하는지를 쓰시오.
(2) 통전 중에 있는 변류기의 2차측 기기를 교체하고자 할 때 가장 먼저 취하여야 할 조치를 쓰시오.
(3) 수전전압이 22.9[kV]인 수전설비의 부하전류가 40[A]이고, 60/5인 변류기를 통하여 과부하계전기를 설치하였다. 만일 120[%]의 과부하에서 차단시킨다면 트립 전류값은 몇 [A]로 설정하여야 하는지 구하시오.
• 계산과정 :
• 답 :

답안 (1) 주변기 1차측 CT는 △결선, 2차측 CT는 Y결선한다.

(2) 변류기 2차측 단자를 단락시킨다.

(3) • 계산과정 : $I_t = 40 \times \frac{5}{60} \times 1.2 = 4[\mathrm{A}]$

• 답 : 4[A]

문제 05

배점 : 5점

다음 그림과 같이 3상 3선식 220[V]에 전열 부하와 전동기 부하가 접속된 경우 설비 불평형률을 구하시오. (단, Ⓗ는 전열 부하이고, Ⓜ은 전동기 부하이다.)

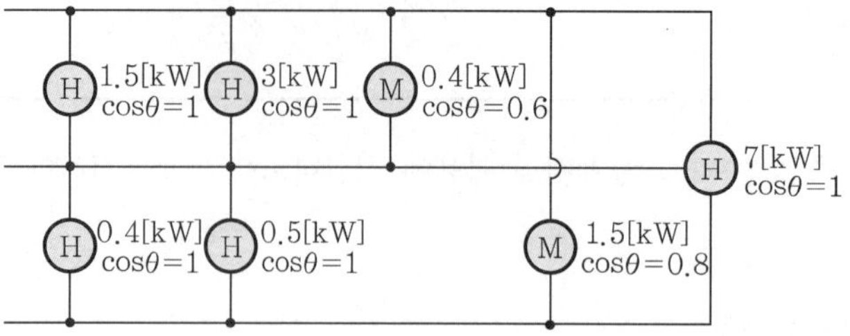

• 계산과정 :
• 답 :

답안 • 계산과정

$$P_{12} = 1.5 + 3 + \frac{0.4}{0.6} = 5.167[\text{kVA}]$$

$$P_{23} = 0.4 + 0.5 = 0.9$$

$$P_{13} = \frac{1.5}{0.8} = 1.875[\text{kVA}]$$

$$P_{123} = 7[\text{kVA}]$$

$$\therefore \text{ 불평형률} = \frac{5.167 - 0.9}{\frac{1}{3}(5.167 + 0.9 + 1.875 + 7)} \times 100 = 85.67[\%]$$

• 답 : 85.67[%]

문제 06

배점 : 6점

전력계통의 발전기, 변압기 등의 증설이나 송전선의 신·증설로 인한 단락·지락전류가 증가하여 송·변전기기의 손상이 증대되고, 부근에 있는 통신선의 유도장해가 증가하는 등의 문제점이 예상되므로 단락용량의 경감대책을 세워야 한다. 이 대책을 3가지만 쓰시오.

답안 • 고 임피던스 기기 채택
• 모선 계통 분리 운용
• 한류 리액터 설치

문제 07

배점 : 7점

어떤 건축물의 전기실에서 180[m] 떨어져 있는 기계실의 부하는 아래 조건과 같고, 전기실에서 기계실까지 케이블 트레이 공사에 의하여 3상 4선식 380/220[V]로 전원을 공급하고 있다. 다음 각 물음에 답하시오.

[조건]

부하명	규 격	대 수	역률×효율	수용률[%]
급수펌프	3상 380[V] 7.5[kW]	4	0.7	70
소방펌프	3상 380[V] 20[kW]	2	0.7	70
히터	단상 220[V] 10[kW]	3(각 상 평형배치)	1	50

(1) 간선의 허용전류[A]를 구하시오.
- 계산과정 :
- 답 :

(2) 적용 전선의 굵기[mm^2]를 선정하시오. (단, 간선의 허용전압강하는 3[%]로 하며, 전선의 굵기[mm^2]는 16, 25, 35, 50, 70, 95, 120, 150에서 선정한다.)
- 계산과정 :
- 답 :

답안 (1) • 계산과정

– 급수펌프 $I = \dfrac{7.5 \times 10^3}{\sqrt{3} \times 380 \times 0.7} \times 4 \times 0.7 = 45.58[A]$

– 소방펌프 $I = \dfrac{20 \times 10^3}{\sqrt{3} \times 380 \times 0.7} \times 2 \times 0.7 = 60.77[A]$

– 히터 $I = \dfrac{10 \times 10^3}{220 \times 1} \times 0.5 = 22.73[A]$

∴ 설계전류 $I_B = 45.48 + 60.77 + 22.73 = 129.08[A]$

간선허용전류 I_B는 설계전류 이상이므로 129.08[A]

• 답 : 129.08[A]

(2) • 계산과정

$$A = \frac{17.8LI}{1,000e} = \frac{17.8 \times 180 \times 129.08}{1,000 \times 380 \times 0.03} = 36.276 = 36.28[mm^2]$$

∴ 50[mm^2] 선정

• 답 : 50[mm^2]

문제 08

배점 : 5점

그림은 3상 4선식 전력량계의 결선도를 나타낸 것이다. PT와 CT를 사용하여 미완성 부분의 결선도를 완성하시오. (단, 접지가 필요한 곳은 접지를 표시하되, 그 접지 종별은 생략한다.)

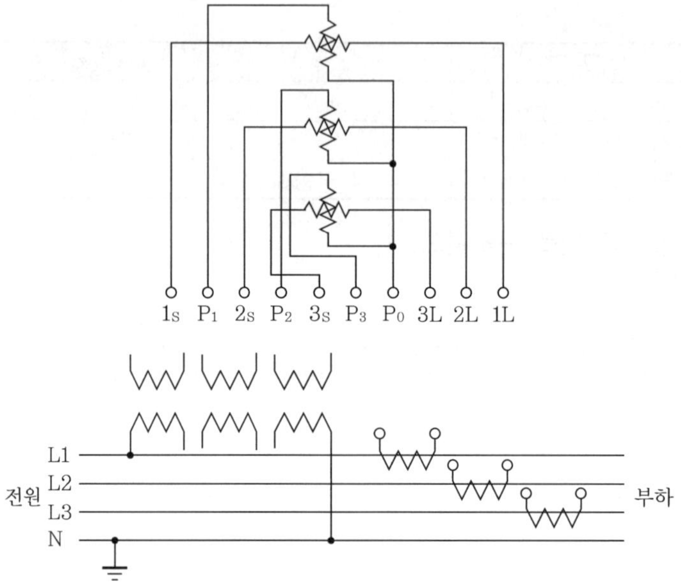

답안

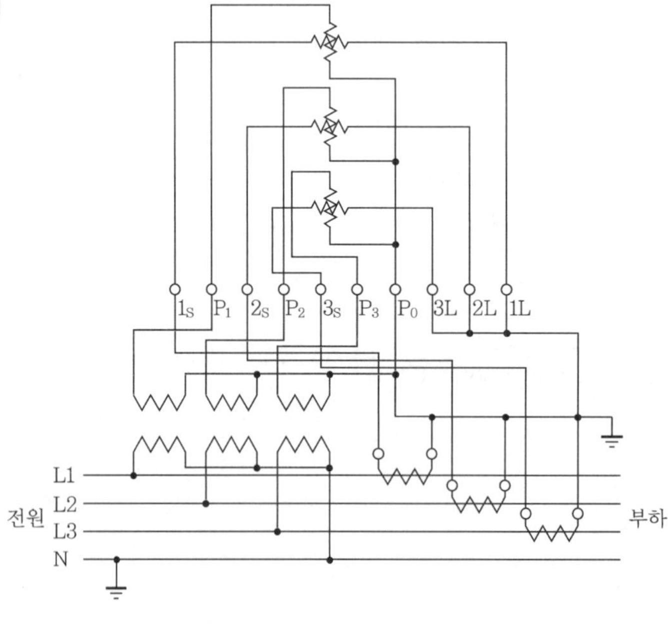

문제 09

배점 : 5점

송전전압이 345[kV], 선로거리가 200[km]인 경우 1회선당 가능 송전전력[kW]을 Still식을 이용하여 구하시오.

• 계산과정 :
• 답 :

답안

• 계산과정 : $V = 5.5\sqrt{0.6l + \frac{P}{100}}$ 에서 $P = \left\{\left(\frac{V}{5.5}\right)^2 - 0.6l\right\} \times 100$

$\therefore P = \left\{\left(\frac{3.45}{5.5}\right)^2 - 0.6 \times 200\right\} \times 100 = 381,471.07[\text{kW}]$

• 답 : 381,471.07[kW]

문제 10

배점 : 11점

다음과 같은 아파트 단지를 계획하고 있다. 주어진 [규모] 및 [조건]을 이용하여 다음 각 물음에 답하시오.

[규모]
① 아파트 동수 및 세대수 : 2동, 300세대
② 세대당 면적과 세대수

• 1동

세대당 면적 $[m^2]$	상정 부하 $[VA/m^2]$	가산 부하 [VA]	세대수	상정 부하 [VA]
50	30	750	50	
70	30	750	40	
90	30	1,000	30	
110	30	1,000	30	
합계				

• 2동

세대당 면적 $[m^2]$	상정 부하 $[VA/m^2]$	가산 부하 [VA]	세대수	상정 부하 [VA]
50	30	750	60	
70	30	750	20	
90	30	1,000	40	
110	30	1,000	30	
합계				

③ 가산[VA] : 80[m^2] 이하 750[VA]
150[m^2] 이하 1,000[VA]
④ 계단, 복도, 지하실 등의 공용면적 1동 : 1,700[m^2], 2동 : 1,700[m^2]
⑤ [m^2]당 상정 부하
아파트 : 30[VA/m^2], 공용부분 : 7[VA/m^2]
⑥ 수용률 : • 70세대 이하 65[%]
• 100세대 이하 60[%]
• 150세대 이하 55[%]
• 200세대 이하 50[%]

[조건]
① 모든 계산은 피상전력을 기준으로 한다.
② 역률은 100[%]로 보고 계산한다.
③ 주변전실로부터 1동까지는 150[m]이며 동 내의 전압강하는 무시한다.
④ 각 세대의 공급방식은 110/220[V]의 단상 3선식으로 한다.
⑤ 변전실의 변압기는 단상 변압기 3대로 구성한다.
⑥ 동간 부등률은 1.4로 본다.
⑦ 공용부분의 수용률은 100[%]로 한다.
⑧ 주변전실에서 각 동까지의 전압강하는 3[%]로 한다.
⑨ 간선은 후강전선관 배관으로 NR 전선을 사용하며 간선의 굵기는 300[mm^2] 이하를 사용하여야 한다.
⑩ 이 아파트 단지의 수전은 13,200/22,900[V]의 Y 3상 4선식의 계통에서 수전한다.

(1) 1동의 상정 부하는 몇 [VA]인가?
(2) 2동의 수용 부하는 몇 [VA]인가?
(3) 1, 2동의 변압기 용량을 계산하기 위한 부하는 몇 [VA]인가?
(4) 이 단지의 변압기는 단상 몇 [kVA]짜리 3대를 설치하여야 하는가? (단, 변압기의 용량은 10[%]의 여유율을 보며 단상 변압기의 표준용량은 75, 100, 150, 200, 300[kVA] 등이다.)
(5) 1동까지의 간선을 1회선으로 공급한다면 간선 규격은 최소 몇 [mm^2] 전선 몇 가닥으로 설치하여야 하는가?
(6) 1동까지의 실제 전압강하는 몇 [%]인가?
(7) 이 아파트용 수전설비의 피뢰기의 정격전압은 몇 [kV]이어야 하는가?
(8) 이 아파트용 수전설비에 설치하는 전력계의 최대 눈금(scale)은 얼마로 하여야 하는가? (단, CT의 1차 정격전류는 5[A], 10[A], 15[A], 20[A], 25[A], 30[A] 등이 있으며 CT의 2차 정격전류는 5[A]로 본다. 또한 PT의 2차 전압은 110[A]로 본다.)

답안 (1) 478,400[VA]
(2) 269,850[VA]
(3) 384,518[VA]
(4) 150[kVA]
(5) 1상당 전선 300[mm^2]×4가닥 설치
(6) 2.47[%]
(7) 18[kV]
(8) 500[kW]로 산정

해설 (1) 상정 부하=(바닥면적×[m^2]당 상정 부하) + 가산 부하에서

세대당 면적 [m^2]	상정 부하 [VA/m^2]	가산 부하 [VA]	세대수	상정 부하 [VA]
50	30	750	50	[(50×30)+750]×50=112,500
70	30	750	40	[(70×30)+750]×40=114,000
90	30	1,000	30	[(90×30)+1,000]×30=111,000
110	30	1,000	30	[(110×30)+1,000]×30=129,000
합 계	466,500[VA]			

∴ 공용면적까지 고려한 상정 부하$=466,500+1,700\times 7=478,400$[VA]

(2)

세대당 면적 [m^2]	상정 부하 [VA/m^2]	가산 부하 [VA]	세대수	상정 부하 [VA]
50	30	750	60	[(50×30)+750]×60=135,000
70	30	750	20	[(70×30)+750]×20=57,000
90	30	1,000	40	[(90×30)+1,000]×40=148,000
110	30	1,000	30	[(110×30)+1,000]×30=129,000
합 계	469,000[VA]			

∴ 공용면적까지 고려한 수용 부하$=469,000\times 0.55+1,700\times 7=269,850$[VA]

(3) 합성 최대전력$=\dfrac{\text{최대전력}}{\text{부등률}}=\dfrac{\text{설비용량}\times\text{수용률}}{\text{부등률}}$

$$=\frac{466,500\times 0.55+1,700\times 7+469,000\times 0.55+1,700\times 7}{1.4}=384,518[\text{VA}]$$

(4) 변압기 용량$=\dfrac{384,518}{3}\times 1.1\times 10^{-3}=140.99$[kVA]

따라서, 표준용량 150[kVA]를 산정한다.

(5) 간선의 굵기 선정

$$I=\frac{P}{V}=\frac{268,475}{220}=1,220.34[\text{A}]$$

$$e'=110\times 0.03=3.3[\text{V}]$$

$$\therefore\ A=\frac{17.8LI}{1,000e'}=\frac{17.8\times 150\times 1,220.34}{1,000\times 3.3}=987.37[\text{mm}^2]$$

∴ 300[mm^2]를 사용할 경우 전선의 가닥수는 $987.37\div 300=3.29\rightarrow 4$(가닥)

(6) $e'=\dfrac{17.8\times 150\times 1,220.34}{1,000\times 300\times 4}=2.72$[V]

전압강하율$=\dfrac{V_s-V_r}{V_r}\times 100=\dfrac{2.72}{110}\times 100=2.47$[%]

(8) 최대수용전력이 384.52[kVA]이므로 전력계의 최대 눈금은 120~150[%]의 여유를 두면 461.4~576.78[kVA]가 된다.

문제 11

배점 : 5점

60[W] 전구 8개를 점등하는 수용가가 있다. 정액제 요금은 60[W] 1등당 1개월(30일)에 205원, 종량제 요금은 기본요금 100원에 1[kWh]당 10원이 추가되고, 전구값은 수용가 부담일 때, 정액제 요금과 같은 점등료를 종량제 요금으로 지불하기 위한 일당 평균 점등시간을 구하시오. (단, 전구값은 1개 65원이고, 수명은 1,000[h]이며, 정액제의 경우는 수용가가 전구값을 부담하지 않는다.)

- 계산과정 :
- 답 :

답안
- 계산과정
  - 정액제 요금
    $8 \times 208 = 1,640$원
  - 종량제 요금
    기본요금 + 사용량요금 + 전구요금
    기본요금 : 100원
    사용량요금 : $0.06 \times 8 \times$ 점등시간$(H) \times 10 = 4.8H$원
    1시간당 전구값 : $\dfrac{\text{전구수} \times 1\text{등 요금}}{\text{전구수명}} = \dfrac{8 \times 65}{1,000} = 0.52$원
  - 정액제 요금과 같은 점등료를 종량제 요금으로 지불하므로
    $1,640 = 100 + 4.8H + 0.52H$에서
    1개월 점등시간 $H = \dfrac{1,640 - 100}{5.32} = 289.47[\text{h}]$
    그러므로 1일 점등시간$= \dfrac{289.47}{30} = 9.65[\text{h}]$
- 답 : 9.65[h]

문제 12

배점 : 5점

조명에 사용되는 광원의 발광원리를 3가지만 쓰시오.

답안
- 온도복사에 의한 백열발광
- 루미네슨스에 의한 방전발광
- 일렉트로 루미네슨스에 의한 전계발광

문제 13

배점 : 5점

전력시설물 공사감리업무 수행지침에서 정하는 감리원은 해당 공사 완료 후 준공검사 전에 사전 시운전 등이 필요한 부분에 대하여는 공사업자에게 시운전을 위한 계획을 수립하여 시운전 30일 이내에 제출하도록 하고, 이를 검토하여 발주자에게 제출하여야 한다. 시운전을 위한 계획 수립 시 포함되어야 하는 사항을 3가지만 쓰시오. (단, 반드시 전력시설물 공사감리업무 수행지침에 표현된 문구를 활용하여 쓰시오.)

답안
- 시운전 일정
- 시운전 항목 및 종류
- 시운전 절차

해설 **준공검사 등의 절차**

(1) 감리원은 해당 공사 완료 후 준공검사 전에 사진 시운전 등이 필요한 부분에 대하여는 공사업자에게 다음의 사항이 포함된 시운전을 위한 계획을 수립하여 시운전 30일 이내에 제출하도록 하고, 이를 검토하여 발주자에게 제출하여야 한다.
① 시운전 일정
② 시운전 항목 및 종류
③ 시운전 절차
④ 시험장비 확보 및 보정
⑤ 기계·기구 사용계획
⑥ 운전요원 및 검사요원 선임계획

(2) 감리원은 공사업자로부터 시운전 계획서를 제출받아 검토, 확정하여 시운전 20일 이내에 발주자 및 공사업자에게 통보하여야 한다.

(3) 감리원은 공사업자에게 다음과 같이 시운전 절차를 준비하도록 하여야 하며 시운전에 입회하여야 한다.
① 기기점검
② 예비운전
③ 시운전
④ 성능보장운전
⑤ 검수
⑥ 운전인도

문제 14 | 배점 : 16점

다음 그림은 어느 수용가의 수전설비 계통도이다. 다음 각 물음에 답하시오.

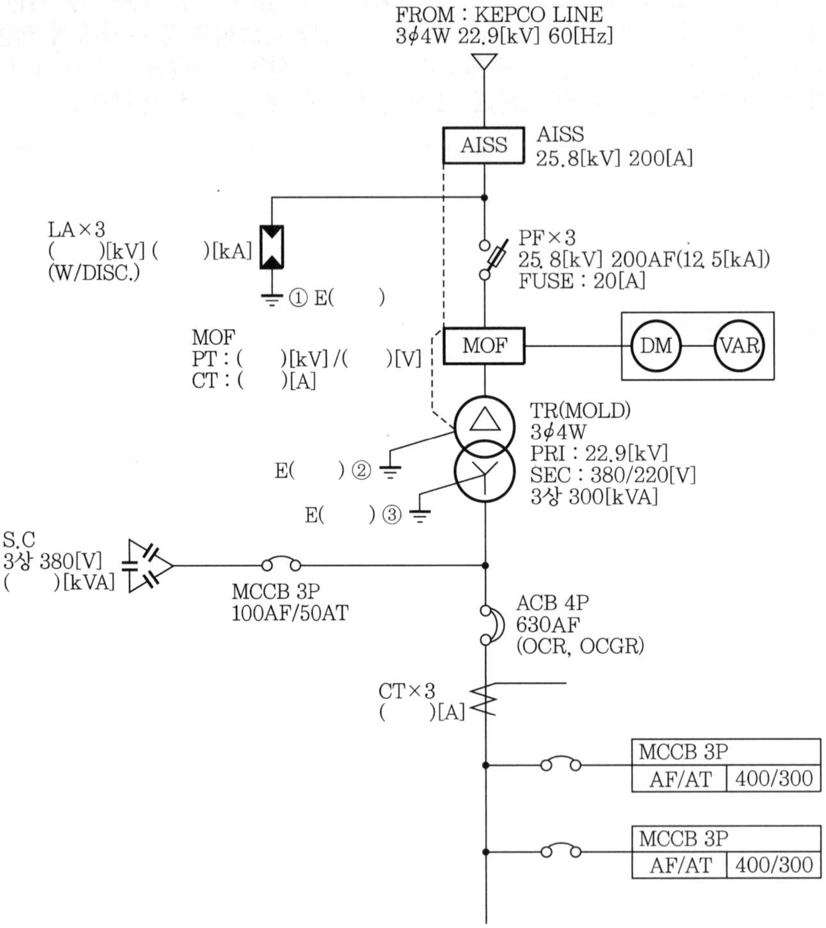

(1) AISS의 한글 명칭을 쓰고 기능을 2가지만 쓰시오.
 ① 명칭 :
 ② 기능
(2) 피뢰기의 정격전압 및 공칭 방전전류를 쓰고 그림에서의 DISC. 기능을 간단히 설명하시오.
 ① 피뢰기 규격 : 　　[kV], 　　[kA]
 ② DISC.(Disconnector)의 기능
(3) ①~③의 접지 종별을 쓰시오.

①	②	③

(4) MOF의 정격을 구하시오. (CT의 여유율은 1.25배로 한다.)
- 계산과정 :
- 답 :

(5) MOLD TR의 장점 및 단점을 2가지씩 쓰시오.
① 장점 :
② 단점 :

(6) CT의 정격을 구하시오. (CT의 여유율은 1.25배로 한다.)
- 계산과정 :
- 답 :

답안 (1) ① 고장 구간 자동 개폐기(기중형)
② • 고장 구간을 자동으로 차단하여 고장 파급을 방지한다.
• 전부하 상태에서 자동 및 수동으로 개방할 수 있어 과부하 보호기능이 있다.

(2) ① 18[kV], 2.5[kA]
② 피뢰기 고장 시 개방되어 피뢰기를 대지로부터 분리한다.

(3) ① 피뢰시스템 접지
② 보호접지
③ 계통접지(중성점 접지)

(4) • 계산과정

PT비 $\dfrac{22,900}{\sqrt{3}} \Big/ \dfrac{190}{\sqrt{3}}$

CT비 $\dfrac{300\times10^3}{\sqrt{3}\times22.9\times10^3}\times1.25=9.45$ $\therefore$ CT비 10/5

• 답 : 10/5

(5) ① 장점
• 난연성이 우수하다.
• 전력손실이 적다.
② 단점
• 충격파 내전압이 낮다.
• 수지층에 차폐물이 없어 운전 중 코일 단면과 접촉하면 위험하다.

(6) • 계산과정

$$\frac{300\times10^3}{\sqrt{3}\times380}\times1.25=569.75$$

$\therefore$ 600/5 적용

• 답 : 600/5

문제 15

배점 : 4점

다음은 PLC 래더 다이어그램방식의 프로그램이다. 프로그램을 참고하여 아래 빈칸을 채우시오. (단, 입력 : LOAD, 직렬 : AND, 직렬 반전 : AND NOT, 병렬 : OR, 병렬 반전 : OR NOT, 출력 : OUT이다.)

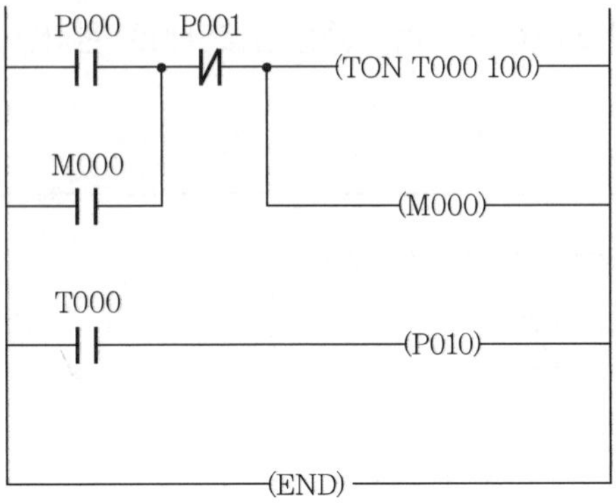

STEP	명령어	번 지
0	LOAD	P000
1		
2		
3	TON	T000
4	DATA	100
5		
6		
7	OUT	P010
8	END	

답안

STEP	명령어	번 지
0	LOAD	P000
1	OR	M000
2	AND NOT	P001
3	TON	T000
4	DATA	100
5	OUT	M000
6	LOAD	T000
7	OUT	P010
8	END	

2021년도 기사 제1회 필답형 실기시험

종 목	시험시간	배 점	문제수	형 별
전 기 기 사	2시간 30분	100	17	A

문제 01

배점 : 9점

수전단 전압이 3,000[V]인 3상 3선식 배전선로의 수전단에 역률 0.8인 520[kW]의 부하가 접속되어 있다. 이 부하에 동일 역률의 부하 80[kW]를 추가하여 600[kW]로 증가시키되 부하와 병렬로 전력용 커패시터를 설치하여 수전단 전압 및 선로전류를 일정하게 유지하고자 할 때, 다음 각 물음에 답하시오. (단, 전선의 1선당 저항 및 리액턴스는 각각 1.78[Ω], 1.17[Ω]이다.)

(1) 이 경우에 필요한 전력용 커패시터의 용량은 몇 [kVA]인가?
- 계산과정 :
- 답 :

(2) 부하 증가 전의 송전단 전압은 몇 [V]인가?
- 계산과정 :
- 답 :

(3) 부하 증가 후의 송전단 전압은 몇 [V]인가?
- 계산과정 :
- 답 :

답안 (1) • 계산과정

부하 증가 후 선로전류가 일정하다면 피상전력이 같아야 하므로

부하 증가 전 피상전력 $P_A = \dfrac{520}{0.8} = 650[\text{kVA}]$

따라서, $650^2 = 600^2 + \left(\dfrac{600}{0.8} \times 0.6 - Q_c\right)^2$

$\therefore$ 커패시터 용량 $Q_c = 200[\text{kVA}]$

• 답 : 200[kVA]

(2) • 계산과정

부하전류 $I = \dfrac{P}{\sqrt{3}\, V_R \cos\theta} = \dfrac{520}{\sqrt{3} \times 3 \times 0.8} = 125.1[\text{A}]$

부하 증가 전 송전단 전압 $V_s = V_r + \sqrt{3}\, I(R\cos\theta + X\sin\theta)[\text{V}]$에서

$\therefore V_s = 3{,}000 + \sqrt{3} \times 125.1(1.78 \times 0.8 + 1.17 \times 0.6)$

$= 3{,}460.6607 = 3{,}460.66[\text{V}]$

• 답 : 3,460.7[V]

(3) • 계산과정

$\cos\theta_2 = \frac{600}{650} \times 100 = 92.307$

$\sin\theta_2 = \sqrt{1-\cos^2\theta_2} = \sqrt{1-0.923^2} = 0.3847$

$\therefore V_s = 3{,}000 + \sqrt{3} \times 125.1 \times (1.78 \times 0.92307 + 1.17 \times 0.3846)$

$= 3{,}453.54[\mathrm{V}]$

• 답 : 3,453.54[V]

문제 02 | 배점 : 4점 |

다음 조명에 대한 각 물음에 답하시오.

(1) 어느 광원의 광색이 어느 온도의 흑체의 광색과 같을 때 그 흑체의 온도를 이 광원의 무엇이라 하는지 쓰시오.

(2) 빛의 분광 특성이 색의 보임에 미치는 효과를 말하며, 동일한 색을 가진 것이라도 조명하는 빛에 따라 다르게 보이는 특성을 무엇이라 하는지 쓰시오.

답안 (1) 색온도

(2) 연색성

문제 03 | 배점 : 5점 |

4L의 물을 15[℃]에서 90[℃]로 온도를 높이는데 1[kW]의 전열기로 25분간 가열하였다. 이 전열기의 효율[%]을 구하시오. (단, 비열은 1[kcal/kg·℃]이며, 온도변화에 관계없이 일정하다.)

• 계산과정 :
• 답 :

답안 • 계산과정 : $y = \frac{mc\theta}{860\,W} \times 100[\%] = \frac{4 \times 1 \times (90-15)}{860 \times 1 \times \frac{25}{60}} \times 100 = 83.72[\%]$

• 답 : 83.72[%]

문제 04

배점 : 8점

주파수 60[Hz], 특성 임피던스 Z_0가 600[Ω], 선로길이 L인 무손실 장거리 송전선로에서 수전단에 부하 Z를 접속할 때 다음을 구하시오. (단, 전파속도는 3×10^5[km/s]이다.)

(1) 송전선로의 인덕턴스[H/km]와 커패시터[F/km]를 각각 구하시오.
- 계산과정 :
- 답 :

(2) 전파의 파장[m]을 구하시오.
- 계산과정 :
- 답 :

(3) 송전단에서 부하측으로 본 합성 임피던스[Ω]를 구하시오.
- 계산과정 :
- 답 :

답안 (1) • 계산과정

특성 임피던수 $Z_0 = LV = \dfrac{1}{CV}$ 이므로

인덕턱스 $L = \dfrac{Z_0}{V}$

$$= \frac{600}{3\times10^5} = 2\times10^{-3}[\text{H/km}]$$

정전용량 $C = \dfrac{1}{Z_0 V}$

$$= \frac{1}{600\times3\times10^5} = 5.56\times10^{-9}[\text{F/km}]$$

• 답 : 인덕턴스 2×10^{-3}[H/km], 커패시터 5.56×10^{-9}[F/km]

(2) • 계산과정

파장 $\lambda = \dfrac{c}{f}$

$$= \frac{3\times10^8}{60} = 5\times10^6[\text{m}]$$

• 답 : 5×10^6[m]

(3) • 계산과정 : $Z_0 = LV$

$$= 2\times10^{-3}\times3\times10^5 = 600[\Omega]$$

• 답 : 특성 임피던스와 동일하므로 600[Ω]이다.

문제 05

배점 : 5점

용량 10[kVA], 철손 120[W], 전부하 동손 200[W]인 단상 변압기 2대를 V결선하여 부하를 걸었을 때, 전부하 효율을 구하시오. (단, 부하 역률은 0.5이다.)

- 계산과정 :
- 답 :

답안

- 계산과정 : $\eta = \dfrac{\sqrt{3}\,P_1 \cos\theta}{\sqrt{3}\,P_1 \cos\theta + 2P_i + 2P_c} \times 100[\%]$

$$= \frac{\sqrt{3}\times 10\times 0.5}{\sqrt{3}\times 10\times 0.5 + 2\times 0.12 + 2\times 0.2}\times 100 = 93.12[\%]$$

- 답 : 93.12[%]

해설 출력은 $P_V = \sqrt{3}\,P_1$[kVA]이고, 철손과 동손은 변압기 2대가 되므로 모두 2배가 된다.

문제 06

배점 : 4점

다음 [보기]는 지중케이블의 사고점 측정법과 절연의 건전도를 측정하는 방법을 열거한 것이다. 이것을 사고점 측정법과 절연 측정법으로 구분하시오.

[보기]
- Megger법
- tanδ측정법
- 부분방전측정법
- Murray Loop법
- Capacity bridge법
- Pulse radar법

답안

- 사고점 측정법
  - Murray Loop법
  - Pulse radar법
  - Capacity bridge법
- 절연 측정법
  - Megger법
  - tanδ측정법
  - 부분방전측정법

문제 07

배점 : 5점

지름 20[cm]의 구형 외구의 광속발산도가 2,000[rlx]라고 한다. 이 외구의 중심에 있는 균등 점광원의 광도[cd]를 구하시오. (단, 외구의 투과율은 90[%]라 한다.)

- 계산과정 :
- 답 :

답안 • 계산과정

구형 외구의 광속발산도(R)=투과율$\times \dfrac{I}{r^2}$

$\therefore$ 광도 $I = \dfrac{2,000 \times 0.1^2}{0.9} = 22.22[\text{cd}]$

- 답 : 22.22[cd]

문제 08

배점 : 5점

접지저항을 결정하는 3가지 저항 요소를 쓰시오.

답안
- 접지도체 및 접지전극 자체 저항
- 접지전극과 토양 사이의 접촉저항
- 접지전극 주위의 토양의 저항

문제 09

배점 : 11점

어떤 인텔리전트 빌딩에 대한 등급별 추정 전원용량에 대한 표를 이용하여 각 물음에 답하시오.

▌표 1▌등급별 추정 전원용량[VA/m^2]

내 용 \ 등급별	0등급	1등급	2등급	3등급
조명	32	22	22	29
콘센트	−	13	5	5
사무자동화(OA)기기	−	−	34	36
일반동력	38	45	45	45
냉방동력	40	43	43	43
사무자동화(OA)동력	−	2	8	8
합계	110	125	157	166

▌표 2▌변압기 표준용량

변압기 표준용량[kVA]
100, 150, 200, 250, 300, 400, 500, 750, 1,000

(1) 연면적 10,000[m^2]인 인텔리전트 2등급인 사무실 빌딩의 전력설비 부하의 용량을 상기 "등급별 추정 전원용량[VA/m^2]"을 이용하여 빈칸에 계산과정과 답을 쓰시오.

부하 내용	면적을 적용한 부하용량[kVA]	
	계산과정	부하용량[kVA]
조명		
콘센트		
OA기기		
일반동력		
냉방동력		
OA동력		
합계		

(2) "(1)"에서 조명, 콘센트, 사무자동화기기의 적정 수용률은 0.75, 일반동력 및 사무자동화 동력의 적정 수용률은 0.5, 냉방동력의 적정 수용률은 0.9이고, 주변압기 부등률은 1.3으로 적용한다. 이때 전압방식을 2단 강압방식으로 채택할 경우 변압기의 용량에 따른 변전설비의 용량을 산출하시오. (단, 조명, 콘센트, 사무자동화기기를 3상 변압기 1대로 구성하고, 상기 부하에 대한 주변압기 1대를 사용하도록 하며, 변압기 용량은 표를 활용한다.)

① 조명, 콘센트, 사무자동화기기에 필요한 변압기 용량 산정
- 계산과정 :
- 답 :

② 일반동력, 사무자동화동력에 필요한 변압기 용량 산정
- 계산과정 :
- 답 :

③ 냉방동력에 필요한 변압기 용량 산정
- 계산과정 :
- 답 :

④ 주변압기 용량 산정
- 계산과정 :
- 답 :

(3) 주변압기에서부터 각 부하에 이르는 변전설비의 단선 계통도를 간단하게 그리시오.

답안 (1)

부하 내용	면적을 적용한 부하용량[kVA]	
	계산과정	부하용량[kVA]
조명	$22\times10{,}000\times10^{-3}=220$	220
콘센트	$5\times10{,}000\times10^{-3}=50$	50
OA기기	$34\times10{,}000\times10^{-3}=340$	340
일반동력	$45\times10{,}000\times10^{-3}=450$	450
냉방동력	$43\times10{,}000\times10^{-3}=430$	430
OA동력	$8\times10{,}000\times10^{-3}=80$	80
합계	$157\times10{,}000\times10^{-3}=1{,}570$	1,570

(2) ① • 계산과정 : $P_{T1}=\dfrac{\sum(\text{설비용량}\times\text{수용률})}{\text{부등률}\times\text{역률}}=\dfrac{(220+50+340)\times0.75}{1\times1}$

$=457.5[\text{kVA}]$

• 답 : 500[kVA]

② • 계산과정 : $P_{T2}=\dfrac{(450+80)\times0.5}{1\times1}=265[\text{kVA}]$

• 답 : 300[kVA]

③ • 계산과정 : $P_{T3}=\dfrac{430\times0.9}{1\times1}=387[\text{kVA}]$

• 답 : 400[kVA]

④ • 계산과정 : $P_{T0}=\dfrac{457.5+265+387}{1.3\times1}=853.46[\text{kVA}]$

• 답 : 1,000[kVA]

(3)

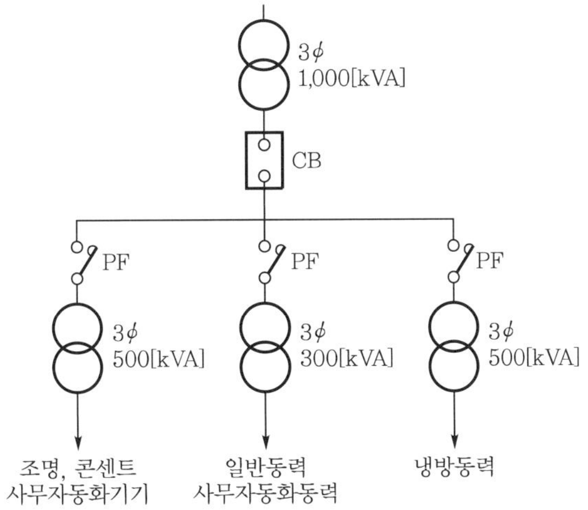

문제 **10**

배점 : 5점

그림과 같이 Y결선된 평형 부하에 전압을 측정할 때 전압계의 지시값이 $V_p=150$[V], $V_l=220$[V]로 나타났다. 다음 각 물음에 답하시오. (단, 부하측에 인가된 각 상의 전압은 평형전압이고 기본파와 제3고조파분 전압만이 포함되어 있다.)

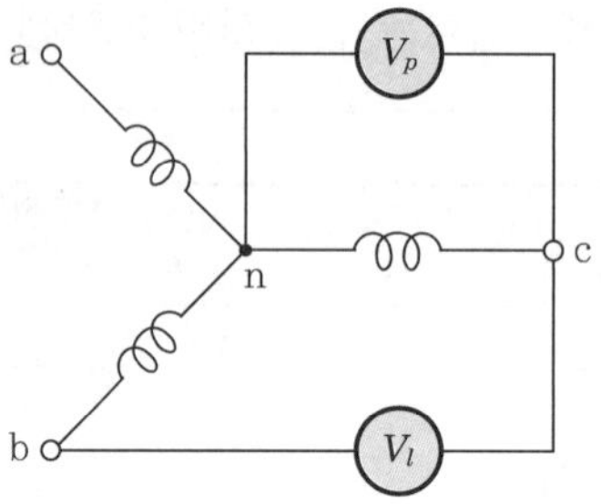

(1) 제3고조파 전압[V]을 구하시오.
- 계산과정 :
- 답 :

(2) 전압의 왜형률[%]을 구하시오.
- 계산과정 :
- 답 :

답안 (1) • 계산과정

상전압 V_p는 기본파와 제3고조파가 존재하므로 $\sqrt{V_1^2+V_3^2}=150$[V]

선간전압 V_l은 기본파만 존재하므로 $\sqrt{3}\,V_1=220$[V]에서

기본파 전압 $V_1=\dfrac{V_l}{\sqrt{3}}=\dfrac{220}{\sqrt{3}}=127.02$[V]

∴ 제3고조파 전압 $V_3=\sqrt{V_p^2-V_1^2}=\sqrt{150^2-127.02^2}=79.79$[V]

• 답 : 79.79[V]

(2) • 계산과정 : $V_{\text{THD}}=\dfrac{\text{고조파의 실효치}}{\text{기본파의 실효치}}=\dfrac{V_3}{V_1}=\dfrac{79.79}{127.02}=0.6282$

• 답 : 62.82[%]

문제 **11** | 배점 : 4점 |

고압 배전선의 구성과 관련된 환상(루프)식 배전 간선의 미완성 단선도를 완성하시오.

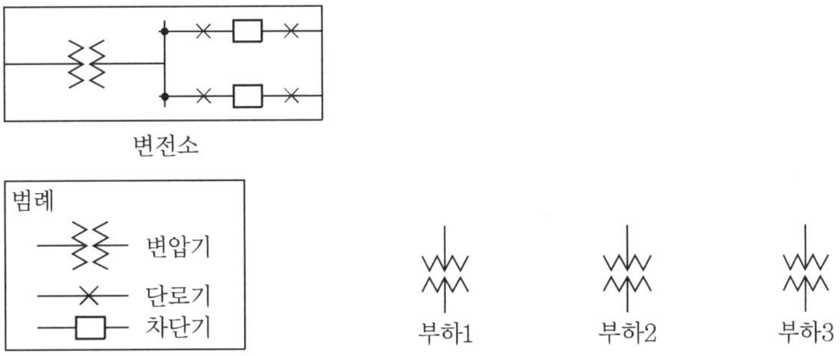

답안

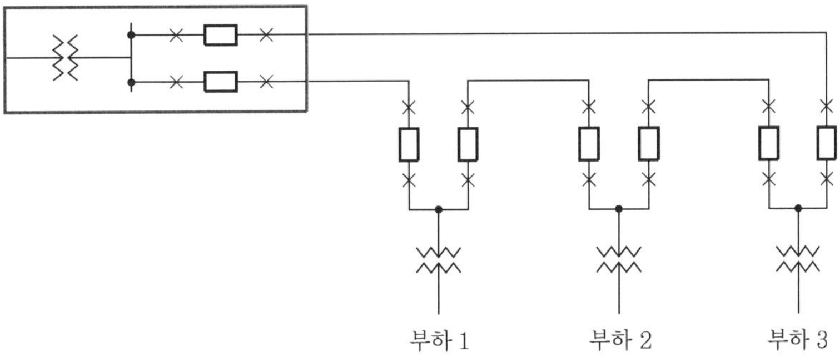

문제 **12** | 배점 : 5점 |

어느 회로의 전압을 전압계로 측정해서 103[V]를 얻었다. %보정이 −0.8[%]인 경우 회로의 전압[V]을 구하시오.

- 계산과정 :
- 답 :

답안

- 계산과정 : $\%\text{ 보정} = \dfrac{T-M}{M} \times 100[\%]$이므로

$$-0.8[\%] = \frac{V_T - 103}{103} \text{ 에서 } \frac{-0.8}{100} + 1 = \frac{V_T}{103}$$

$$\therefore\ V_T = \left(\frac{-0.8}{100} + 1\right) \times 103 = 102.18[\text{V}]$$

- 답 : 102.18[V]

문제 13

배점 : 6점

한국전기설비규정(KEC)에 따른 수용가 설비에서의 전압강하에 대한 내용이다. 다음 각 물음에 답하시오.

(1) 다른 조건을 고려하지 않는다면 수용가 설비의 인입구로부터 기기까지의 전압강하는 다음 표의 값 이하이어야 한다. 다음 (　)에 들어갈 내용을 답란에 쓰시오.

설비의 유형	조명[%]	기타[%]
A : 저압으로 수전하는 경우	(①)	(②)
B : 고압 이상으로 수전하는 경우*	(③)	(④)

* 가능한 한 최종회로 내의 전압강하가 A유형의 값을 넘지 않도록 하는 것이 바람직하다. 사용자의 배선설비가 100[m]를 넘는 부분의 전압강하는 미터 당 0.005[%] 증가할 수 있으나 이러한 증가분은 0.5[%]를 넘지 않아야 한다.

• 답란

①	②	③	④

(2) "(1)"의 조건보다 더 큰 전압강하를 허용할 수 있는 경우를 2가지만 쓰시오.

•

•

답안 (1) ① 3

② 5

③ 6

④ 8

(2) • 기동시간 중의 전동기

• 돌입전류가 큰 기타 기기

해설 KEC 232.3.9 수용가설비에서의 전압강하의 내용이다.

문제 14

배점 : 5점

3상 4선식에서 역률 100[%]의 부하가 각 상과 중성선 간에 연결되어 있다. a상, b상, c상에 흐르는 전류가 각각 10[A], 8[A], 9[A]이다. 중성선에 흐르는 전류(I_n) 크기의 절대값을 구하시오. (단, 각 선전류 간의 위상차는 120°이다.)

• 계산과정 :

• 답 :

답안 • 계산과정 : $I_n = I_a + I_b + I_c = 10 + 8\angle -120° + 9\angle -240°$

$$= 10 + 8\left(-\frac{1}{2} - j\frac{\sqrt{3}}{2}\right) + 9\left(-\frac{1}{2} + j\frac{\sqrt{3}}{2}\right)$$

$$= 1.5 + j\frac{\sqrt{3}}{2} = \sqrt{1.5^2 + \left(\frac{\sqrt{3}}{2}\right)^2} = 1.73[\text{A}]$$

• 답 : 1.73[A]

문제 15

배점 : 6점

보조 릴레이 A, B, C의 계전기로 출력(H레벨)이 생기는 유접점회로와 무접점회로를 그리시오. (단, 보조 릴레이의 접점은 모두 a접점만을 사용하고 무접점회로는 2입력 1출력의 논리게이트만 사용한다.)

(1) A와 B를 같이 ON하거나 C를 ON할 때 X_1 출력
① 유접점회로
② 무접점회로

(2) A를 ON하고 B 또는 C를 ON할 때 X_2 출력
① 유접점회로
② 무접점회로

답안 (1) ① 유접점회로

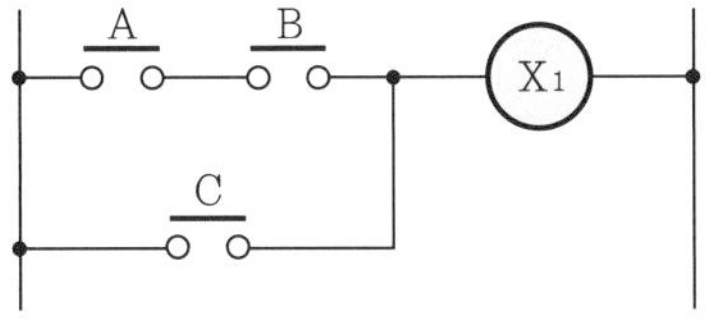

② 무접점회로

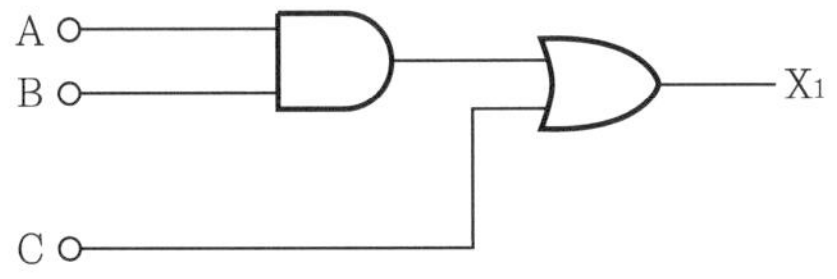

(2) ① 유접점회로

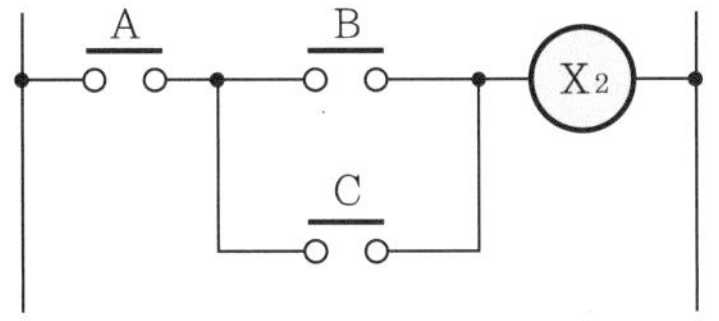

② 무접점회로

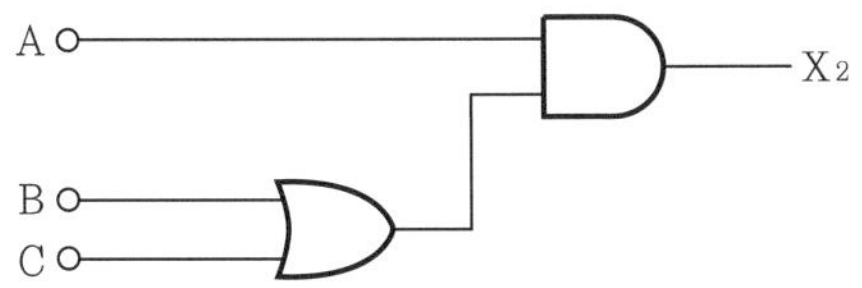

문제 16

배점 : 7점

다음 결선도는 수동 및 자동(T_2 설정시간 동안만 동작) Y-△ 배기 팬 MOTOR 결선도 및 조작회로이다. 다음 각 물음에 답하시오. (단, T_1의 설정시간은 4초, T_2의 설정시간은 10초이다.)

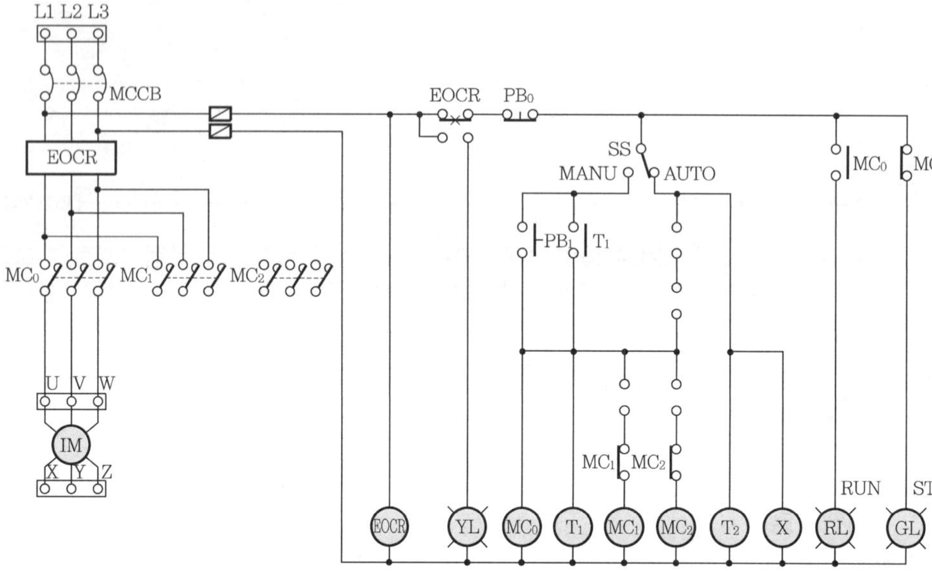

(1) 미완성 시퀀스 회로의 결선 및 접점을 완성하시오. (단, 반드시 접점은 접점의 명칭을 함께 쓰시오.)

(2) 시퀀스 회로의 동작을 참고하여 타임차트를 완성하시오. (단, 점선 한 칸의 시간은 1초이다.)

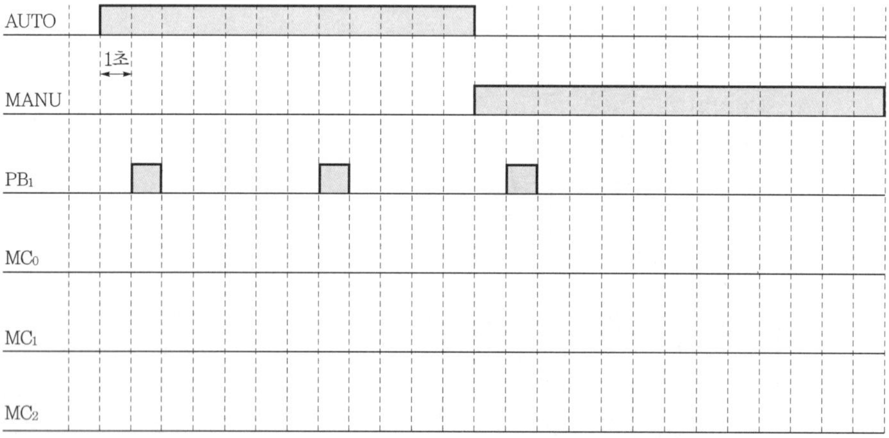

답안 (1)

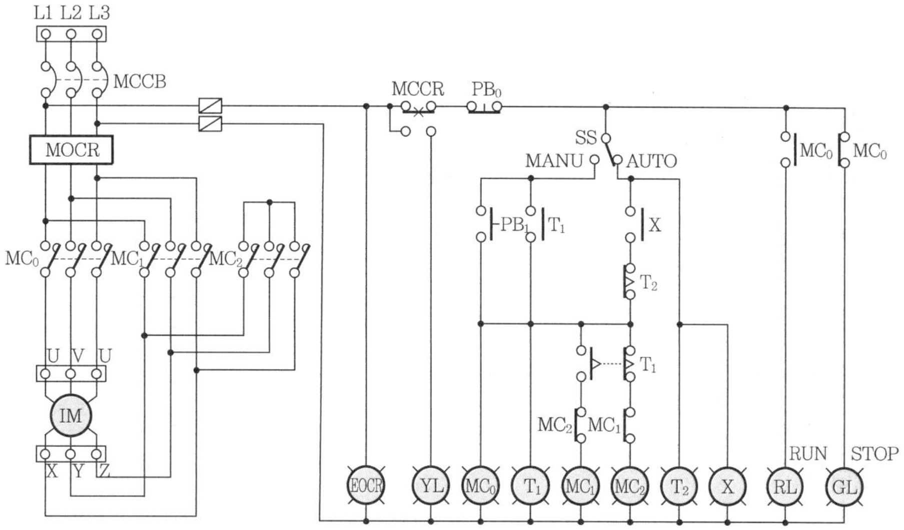
L1 L2 L3
MCCB
MOCR
MC0
MC1
MC2
U V U
IM
X Y Z
MCCR
PB0
SS
MANU
AUTO
PB1
T1
X
T2
T1
MC2
MC1
MC0
MC0
RUN
STOP
EOCR
YL
MC0
T1
MC1
MC2
T2
X
RL
GL

(2)

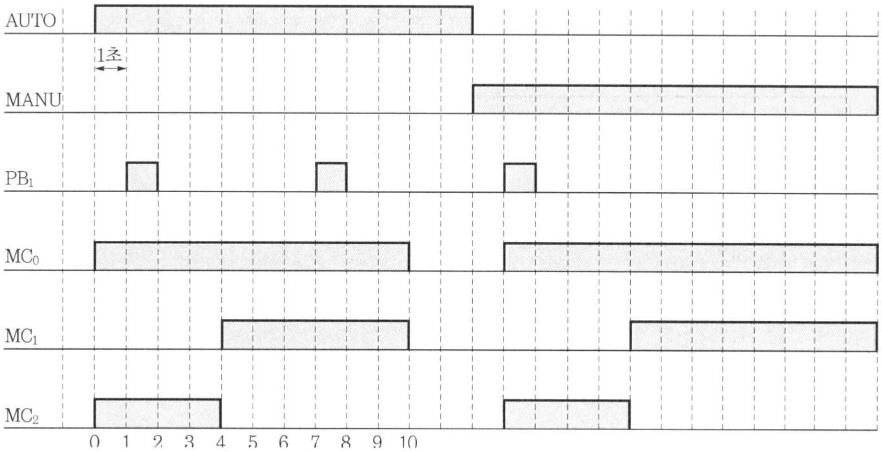
AUTO
1초
MANU
PB1
MC0
MC1
MC2
0 1 2 3 4 5 6 7 8 9 10

문제 17

배점 : 6점

전기설비기술기준에서 전기 사용장소의 사용전압이 저압인 전로의 전선 상호간 및 전로와 대지 사이의 절연저항은 개폐기 또는 과전류 차단기로 구분할 수 있는 전로마다 다음 표에서 정한 값 이상이어야 한다. 다음 (   )에 들어갈 내용을 답란에 쓰시오.

전로의 사용전압[V]	DC 시험전압[V]	절연저항[MΩ]
SELV 및 PELV	(①)	(②)
FELV, 500[V] 이하	(③)	(④)
500[V] 초과	(⑤)	(⑥)

[주] 특별저압(Extra Low Voltage : 2차 전압이 AC 50[V], DC 120[V] 이하)으로 SELV(비접지회로 구성) 및 PELV(접지회로 구성)은 1차와 2차가 전기적으로 절연된 회로, FEVL는 1차와 2차가 전기적으로 절연되지 않은 회로

• **답란**

①	②	③
④	⑤	⑥

답안 ① 250

② 0.5

③ 500

④ 1.0

⑤ 1,000

⑥ 1.0

2021년도 기사 제2회 필답형 실기시험

종 목	시험시간	배 점	문제수	형 별
전 기 기 사	2시간 30분	100	18	A

문제 01 배점 : 5점

아래 그림은 345[kV] 송전선로 철탑 및 1상당 소도체를 나타낸 그림이다. 다음 각 물음에 답하시오. (단, 각 수치의 단위는 [mm]이며, 도체의 직경은 29.61[mm]이다.)

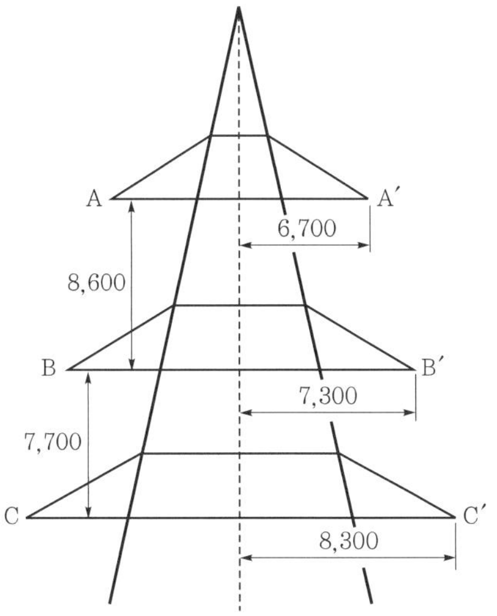

그림 1

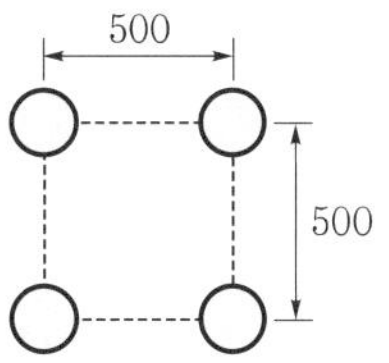

그림 2

(1) 송전철탑 암의 길이 및 암 간격이 [그림 1]과 같을 경우 등가 선간거리[m]를 구하시오,.
- 계산과정 :
- 답 :

(2) 송전선로 1상당 소도체가 [그림 2]와 같이 구성되어 있을 경우 기하학적 평균거리[m]를 구하시오.
- 계산과정 :
- 답 :

답안 (1) • 계산과정

$$D_{AB} = \sqrt{8,600^2 + (7,300 - 6,700)^2} = 8,620[\text{mm}] = 8.62[\text{m}]$$

$$D_{BC} = \sqrt{7,700^2 + (8,300 - 7,300)^2} = 7,760[\text{mm}] = 7.76[\text{m}]$$

$$D_{AC} = \sqrt{(8,600 + 7,700)^2 + (8,300 - 6,700)^2} = 16,380[\text{mm}] = 16.38[\text{m}]$$

$$\therefore \text{ 등가 선간거리 } D_0 = \sqrt[3]{8.62 + 7.71 + 16.38} = 10.31$$

• 답 : 10.31[m]

(2) • 계산과정 : $D_0 = \sqrt[6]{2}\,D = \sqrt[6]{2} \times 0.5 = 0.56[\mathrm{m}]$

• 답 : 0.56[m]

문제 02 배점 : 5점

3상 배전선로의 말단에 늦은 역률 80[%](lag)인 3상 평형부하가 있다. 변전소 인출구의 전압이 3,300[V]일 때, 부하의 단자전압을 최소 3,000[V]로 유지하기 위한 최대 부하전력은 얼마인가? (단, 전선 1선의 저항을 2[Ω], 리액턴스를 1.8[Ω]이라 하고 그 밖의 선로 정수는 무시한다.)

• 계산과정 :
• 답 :

답안 • 계산과정

전압강하 $e = \sqrt{3}\,I(R\cos\theta + X\sin\theta) = \dfrac{P_r}{V_r}(R + X\tan\theta)$

$$\therefore \text{ 부하전력 } P_r = \frac{e\,V_r}{R + X\tan\theta} = \frac{(3{,}300 - 3{,}000)\times 3{,}000}{2 + 1.8\times\dfrac{0.6}{0.8}} \times 10^{-3} = 268.66[\mathrm{kW}]$$

• 답 : 268.66[kW]

문제 03 배점 : 5점

그림에서 차단기 B의 정격차단용량을 100[MVA]로 제한하기 위한 한류 리액터(X_L)의 %리액턴스는 몇 [%]인지 구하시오. (단, 10[MVA]를 기준으로 한다.)

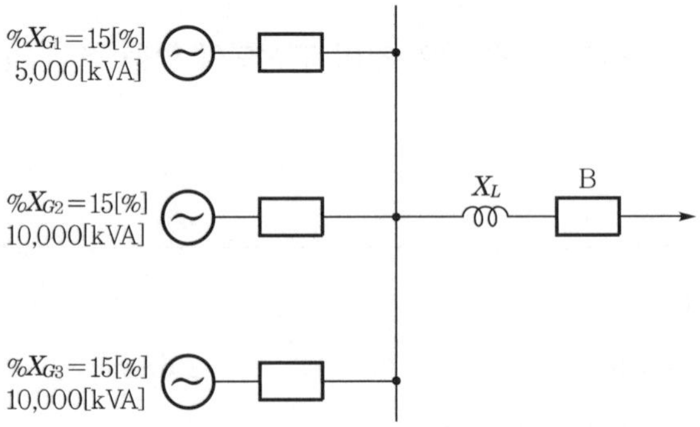

• 계산과정 :
• 답 :

답안 • 계산과정 : ① 기준 BASE를 10[MVA]로 하였을 때 전원측 %리액턴스

• $\%X_{G1} = 15 \times \dfrac{10}{5} = 30[\%]$

• $\%X_{G2} = 15 \times \dfrac{10}{10} = 15[\%]$

• $\%X_{G3} = 15 \times \dfrac{10}{10} = 15[\%]$

② B점에서 본 합성 %리액턴스 : $\%X_G = \dfrac{1}{\dfrac{1}{30}+\dfrac{1}{15}+\dfrac{1}{15}} = 6[\%]$

③ B점의 차단용량 : $Q = \dfrac{100}{\%X_G + \%X_L} \times P_n = \dfrac{100}{(6+\%X_L)} \times 10$

$= 100[\text{MVA}]$

∴ 한류 리액터의 %리액턴스 : $\%X_L = \dfrac{100 \times 10}{100} - 6 = 4[\%]$

• 답 : 4[%]

문제 04

배점 : 6점

154[kV], 60[Hz]의 3상 송전선로가 있다. 사용전선은 19/3.2[mm] 경동연선(지름 1.6[cm])이고, 등가 선간거리 400[cm]의 정삼각형의 정점에 배치되어 있다. 기압 760[mmHg], 기온 30[℃]일 때 코로나 임계전압[kV/phase] 및 코로나 손실[kW/km/phase]을 구하시오. (단, 날씨계수 m_1 =1, 전선표면상태계수 m_0 =0.85, 상대공기밀도 δ는 기압 760[mmHg], 기온 25[℃]일 때 1이다.)

(1) 코로나 임계전압
  • 계산과정 :
  • 답 :

(2) 코로나 손실(단, Peek의 실험식을 사용한다.)
  • 계산과정 :
  • 답 :

답안 (1) • 계산과정

상대 공기밀도 $\delta = \dfrac{b}{760} \times \dfrac{273+t_0}{273+t} = \dfrac{760}{760} \times \dfrac{273+25}{273+30} = 0.98$

∴ 임계전압 $E_o = 24.3 m_0 \cdot m_1 \cdot \delta \cdot d \log_{10} \dfrac{2D}{d}$

$= 24.3 \times 0.85 \times 1 \times 0.98 \times 1.6 \times \log_{10} \dfrac{400 \times 2}{1.6}$

$= 87.41[\text{kV/Phase}]$

• 답 : 87.41[kV/Phase]

(2) • 계산과정

$$P_c = \frac{241}{\delta}(f+25)\sqrt{\frac{d}{2D}}(E-E_0)^2 \times 10^{-5}$$

$$= \frac{241}{0.98}(60+25)\sqrt{\frac{1.6}{2\times 400}}\left(\frac{154}{\sqrt{3}}-87.41\right)^2 \times 10^{-5}$$

$$= 2.11 \times 10^{-2}[\text{kW/km/Phase}]$$

• 답 : 2.11×10^{-2}[kW/km/Phase]

문제 05 배점 : 5점

전선 1선의 1[km]당 정전용량이 0.01[μF]이고, 그 길이는 50[km]인 1회선의 송전선이 있다. 송전단에 22,900[V], 60[Hz]의 평형 3상 전압을 가하는 경우, 무부하 충전용량[kVA]을 구하시오. (단, 정전용량 이외의 선로정수는 무시한다.)

• 계산과정 :
• 답 :

답안 • 계산과정

$$I_C = \omega CE = 2\pi f C \times \frac{V}{\sqrt{3}}$$

$$= 2\pi \times 60 \times 0.01 \times 10^{-6} \times 50 \times \frac{22,900}{\sqrt{3}}$$

$$= 2.492[\text{A}]$$

$$Q_C = 2\pi f CV^2 \times 10^{-3}[\text{kVA}]$$

$$= 2\pi \times 60 \times 0.01 \times 10^{-6} \times 50 \times 22,900^2 \times 10^{-3}$$

$$= 98.85[\text{kVA}]$$

• 답 : 98.85[kVA]

문제 06

배점 : 6점

정격전압 1차 6,600[V], 2차 210[V], 10[kVA]의 단상 변압기 2대를 승압기로 V결선하여 6,300[V]의 3상 전원에 접속하였다. 다음 물음에 답하시오.

(1) 승압된 전압은 몇 [V]인지 구하시오.
- 계산과정 :
- 답 :

(2) 3상 V결선 승압기의 결선도를 완성하시오.

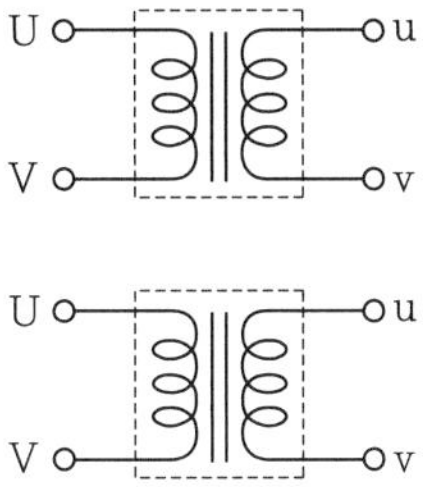

답안

(1) • 계산과정 : $V_2 = V_1\left(1+\frac{1}{\alpha}\right)$

$$= 6{,}300 \times \left(1+\frac{210}{6{,}600}\right)$$

$$= 6{,}500.45[\text{V}]$$

• 답 : 6,500.45[V]

(2)

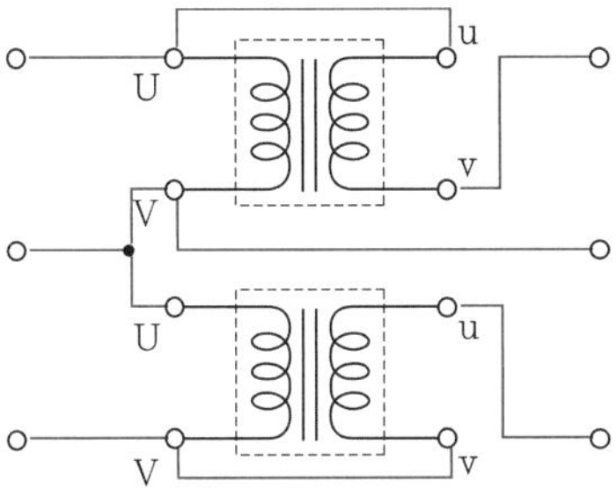

문제 07

배점 : 5점

양수량 0.2[m^3/s], 총양정 15[m]인 펌프용 3상 전동기를 이용하여 옥상 물탱크에 양수하려고 한다. 다음 각 물음에 답하시오. (단, 펌프와 전동기의 합성효율은 65[%], 전동기의 전부하 역률은 85[%], 펌프의 여유계수는 1.1이다.)

(1) 옥상 물탱크에 양수하는데 필요한 피상전력[kVA]을 구하시오.
- 계산과정 :
- 답 :

(2) "(1)"에서 구한 전력을 V결선한 변압기로 공급하는 경우 단상 변압기 1대의 용량[kVA]을 구하시오.
- 계산과정 :
- 답 :

답안 (1) • 계산과정

$$P = \frac{9.8HQK}{\eta \cdot \cos\theta} = \frac{9.8 \times 15 \times 0.2 \times 1.1}{0.65 \times 0.85} = 58.53[\text{kVA}]$$

• 답 : 58.53[kVA]

(2) • 계산과정

$$P_1 = \frac{P_V}{\sqrt{3}} = \frac{58.53}{\sqrt{3}} = 33.79[\text{kVA}]$$

• 답 : 33.79[kVA]

문제 08

배점 : 5점

태양광발전 모듈의 조건이 다음과 같을 때 최대출력동작점에서의 최대출력(P_{MPP})은 몇 [W]인지 구하시오. [단, STC(Standard Test Conditions)에 따른다.]

[조건]
- 태양광발전 모듈 직렬 구성수 : 5개
- 태양광발전 모듈 병렬 구성수 : 2개
- 태양광발전 모듈 개방전압(V_{OC}) : 5[A]
- 태양광발전 모듈 단락전류(I_{SC}) : 22[V]
- 태양광발전 모듈 효율(η) : 15[%]
- 태양광발전 모듈 크기 : (L)1,200[mm]×(W)500[mm]

- **계산과정 :**
- **답 :**

답안
- 계산과정 : $P_{MPP} = A \cdot S \cdot \eta$

$$= (1.2 \times 0.5 \times 5 \times 2) \times 1{,}000 \times 0.15$$
$$= 900[\text{W}]$$

- 답 : 900[W]

해설 (1) **태양전지 모듈 표준 시험조건**
- 모듈 표면온도 25[℃]
- 대기 질량지수 1.5
- 일사 강도 1,000[W/m^2]

(2) **태양전지 모듈 변환 효율**

$$y = \frac{P_{MPP}}{A \times S} \times 100$$

- P_{MPP} : 최대출력[W]
- A : 설치면적[m^2]
- S : 일사강도[W/m^2]

문제 09

배점 : 12점

다음은 3ϕ4W 22.9[kV] 수전설비 단선결선도이다. 다음 각 물음에 답하시오.

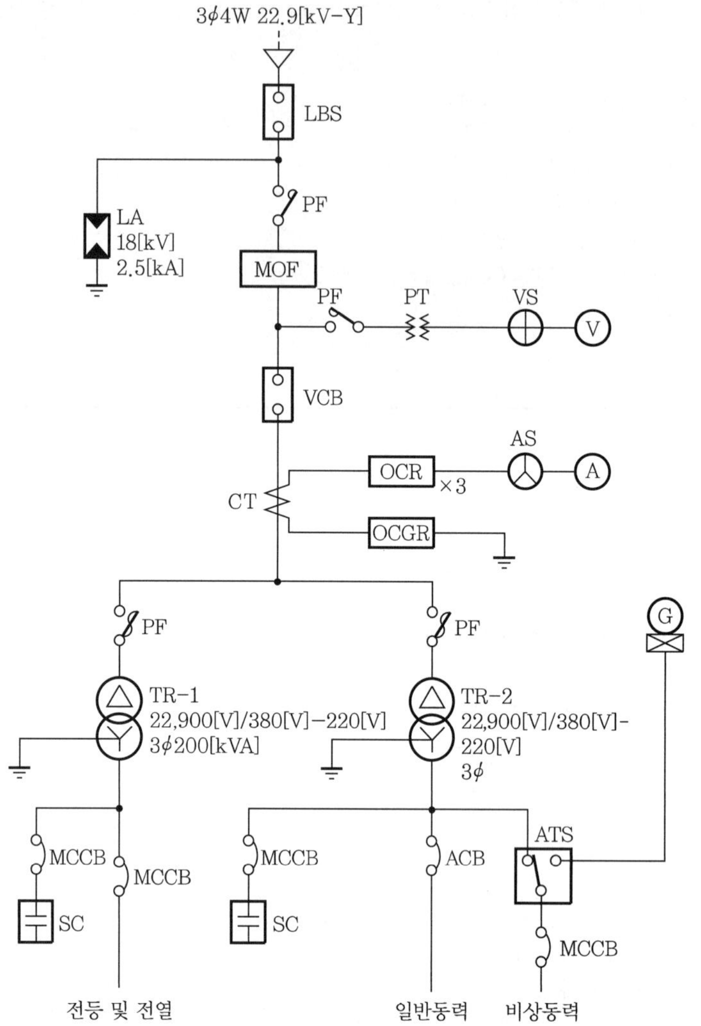

(1) 위 수전설비 단선결선도의 LA에 대하여 각 물음에 답하시오.
   ① 한글 명칭을 쓰시오.
   ② 기능과 역할에 대해 간단히 설명하시오.
   ③ 요구되는 성능조건을 2가지만 쓰시오.

(2) 수전설비 단선결선도 부하집계 및 입력환산표의 ①~③을 구하시오.

▌부하 자료▐

구 분	전등 및 전열	일반동력	비상동력
설비용량 및 효율	합계 350[kW], 100[%]	합계 635[kW], 85[%]	유도전동기 1 7.5[kW] 2대 85[%] 유도전동기 2 11[kW] 1대 85[%] 유도전동기 3 15[kW] 1대 85[%] 비상조명 8,000[W] 100[%]
평균(종합)역률	80[%]	90[%]	90[%]
수용률	60[%]	45[%]	100[%]

▌부하집계 및 입력환산표▐

구 분		설비용량[kW]	효율[%]	역률[%]	입력환산[kVA]
전등 및 전열		350			(①)
일반동력		635			
비상동력	유도전동기 1				(②)
	유도전동기 2	11			
	유도전동기 3				(③)
	비상조명	8			
	소계	–	–	–	

① (①)에 들어갈 입력[kVA]를 구하시오.
- **계산과정 :**
- **답 :**

② (②)에 들어갈 입력[kVA]를 구하시오.
- **계산과정 :**
- **답 :**

③ (③)에 들어갈 입력[kVA]를 구하시오.
- **계산과정 :**
- **답 :**

(3) 단선결선도와 "(2)"의 부하집계표에 의한 TR-2의 적정 용량은 몇 [kVA]인지 선정하시오.

> [참고자료]
> - 일반동력군과 비상동력군 간의 부등률은 1.3으로 한다.
> - 변압기 용량은 15[%] 정도의 여유를 갖게 한다.
> - 변압기 표준규격[kVA]은 200, 300, 400, 500, 600 등으로 한다.

- **계산과정 :**
- **답 :**

(4) 단선결선도에서 TR-2의 2차측 중성점 접지도체의 굵기[mm^2]를 선정하시오.

> [참고자료]
> - 접지도체는 GV전선을 사용하고 표준굵기[mm^2]는 6, 10, 16, 25, 35, 50, 70 중에서 선정한다.
> - GV전선의 표준굵기[mm^2]의 선정은 전기기기의 선정 및 설치-접지설비 및 보호도체(KS C IEC 60364-5-54)에 따른다.
> - 과전류 차단기를 통해 흐를 수 있는 예상 고장전류는 변압기 2차 정격전류의 20배로 본다.

- 도체, 절연물, 그 밖의 부분의 재질 및 초기온도와 최종온도에 따라 정해지는 계수는 143(구리도체)으로 한다.
- 변압기 2차의 과전류 차단기는 고장전류에서 0.1에 차단되는 것이다.

- **계산과정 :**
- **답 :**

답안 (1) ① 피뢰기

② 이상전압 내습 시 피뢰기의 단자전압이 일정값 이상으로 상승하면 대지로 방류시키고, 속류를 차단시킨다.

③ 요구되는 성능조건

- 속류차단 능력이 우수할 것
- 방전내량이 크고, 제한전압이 낮을 것
- 충격방전개시전압이 낮고, 상용주파개시전압이 높을 것
- 경년변화와 반복동작에도 특성변화가 없을 것
- 내구성이 좋고 경제적일 것

(2) ① • 계산과정 : $\frac{350}{1\times0.8} = 437.5[\mathrm{kVA}]$

• 답 : 437.5[kVA]

② • 계산과정 : $\frac{7.5\times2}{0.85\times0.9} = 19.61[\mathrm{kVA}]$

• 답 : 19.61[kVA]

③ • 계산과정 : $\frac{15}{0.85\times0.9} = 19.61[\mathrm{kVA}]$

• 답 : 19.61[kVA]

(3) • 계산과정

① 일반동력 설비용량 : $\frac{635}{0.85\times0.9} = 830.07[\mathrm{kVA}]$

② 비상동력 설비용량

– 유도전동기 1 : $\frac{7.5\times2}{0.85\times0.9} = 19.61[\mathrm{kVA}]$

– 유도전동기 2 : $\frac{11}{0.85\times0.9} = 14.38[\mathrm{kVA}]$

– 유도전동기 3 : $\frac{15}{0.85\times0.9} = 19.61[\mathrm{kVA}]$

– 비상조명 : $\frac{8}{1\times0.9} = 8.89[\mathrm{kVA}]$

∴ 총 설비용량은 $19.61 + 14.38 + 19.61 + 8.89 = 62.49[\mathrm{kVA}]$

③ 일반동력부하의 수용률은 45[%], 비상동력부하의 수용률은 100[%]이므로

$\therefore$ 변압기 용량 : $P = \dfrac{\sum(\text{설비용량[kVA]}\times\text{수용률})}{\text{부등률}}\times\text{여유율}$

$= \dfrac{830.07\times0.45+62.49\times1}{1.3}\times1.15 = 385.71[\text{kVA}]$

• 답 : 400[kVA]

(4) • 계산과정

① TR-2의 2차측 정격전류 : $I_2 = \dfrac{P}{\sqrt{3}\ V} = \dfrac{400}{\sqrt{3}\times0.38} = 607.74[\text{A}]$

② 접지도체의 굵기 : $S = \dfrac{\sqrt{I^2t}}{K} = \dfrac{\sqrt{(20\times607.74)^2\times0.1}}{143} = 26.88[\text{mm}^2]$

• 답 : 35[mm²]

해설

(2) 입력환산 : $P_i = \dfrac{P_o}{\cos\theta\ \eta}$[kVA]

여기서, P_o : 설비용량[kW]

구 분		설비용량[kW]	효율[%]	역률[%]	입력환산[kVA]
전등 및 전열		350	100	80	437.5
일반동력		635	85	90	830.07
비상부하	유도전동기 1	7.5×2	85	90	19.61
	유도전동기 2	11	85	90	14.38
	유도전동기 3	15	85	90	19.61
	비상조명	8	100	90	8.89
	소계	–	–	–	62.49

(4) 접지도체 굵기(KEC) : $S = \dfrac{\sqrt{I^2t}}{K}$[mm²]

여기서, I : 보호장치를 통해 흐를 수 있는 예상 고장전류[A]

t : 자동차단을 위한 보호장치의 동작시간[s]

K : 보호도체, 절연, 기타 부위의 재질 및 초기온도와 최종온도에 따라 정해지는 계수

문제 10 | 배점 : 4점

고조파 부하가 있는 회로에 전류 $i = 10\sin\omega t + 4\sin(2\omega t+30°) + 3\sin(3\omega t+60°)$[A]가 흐를 때 전류[A]의 실효값을 구하시오.

• 계산과정 :

• 답 :

답안

• 계산과정 : $I = \sqrt{\left(\dfrac{10}{\sqrt{2}}\right)^2+\left(\dfrac{4}{\sqrt{2}}\right)^2+\left(\dfrac{3}{\sqrt{2}}\right)^2} = \sqrt{\dfrac{1}{2}(10^2+4^2+3^2)} = 7.905[\text{A}]$

• 답 : 7.91[A]

문제 11

배점 : 8점

아래의 [요구사항]을 참고하여 미완성 시퀀스회로와 타임차트의 빈칸을 채워 완성하시오. (단, 타이머 T_1, T_2, T_3, T_4)의 설정시간은 타이머의 한시동작 a(또는 b)접점이 동작된 시간을 의미하며, 아래의 예시를 활용하여 회로를 완성한다.)

[요구사항]

- 전원을 투입하면 주회로 및 제어회로에 전원이 공급된다.
- 푸시버튼스위치 PB_1을 누르면 전자접촉기 MC_1이 여자, 타이머 T_1이 여자, 램프 RL이 점등되며 전동기 M_1이 회전한다. 이때 푸시버튼스위치 PB_2에 의해 릴레이 X가 여자될 수 있는 상태가 된다.
- 타이머 T_1의 설정시간 후 전자접촉기 MC_2가 여자, 타이머 T_2가 여자, 램프 GL이 점등되며, 타이머 T_1이 소자되고 전동기 M_2가 회전한다.
- 타이머 T_2의 설정시간 후 전자접촉기 MC_3가 여자, 램프 WL이 점등되며, 타이머 T_2가 소자되고 전동기 M_3가 회전한다.
- 푸시버튼스위치 PB_2를 누르면 릴레이 X가 여자, 타이머 T_3, T_4가 여자, 전자접촉기 MC_3가 소자되며, 램프 WL가 소등되고 전동기 M_3이 정지한다.
- 타이머 T_3의 설정시간 후 전자접촉기 MC_2가 소자되고 램프 GL이 소등되며, 전동기 M_2가 정지한다.
- 타이머 T_4의 설정시간 후 전자접촉기 MC_1이 소자되어 릴레이 X, 타이머 T_3, T_4가 소자되고 램프 RL이 소등되며, 전동기 M_1이 정지한다.
- 운전 중 푸시버튼스위치 PB_0를 누르면 전동기의 모든 운전은 정지한다.
- 전동기 운전 중 과전류가 감지되어 EOCR이 동작되면, 모든 제어회로의 전원은 차단되고 램프 YL만 점등된다.
- EOCR을 리셋(RESET)하면 초기 상태로 복귀된다.

예시

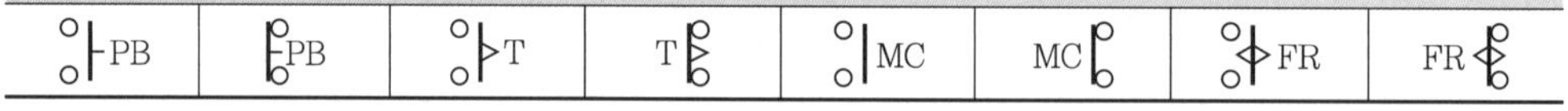

(1) 미완성 시퀀스회로의 빈칸을 채워 완성하시오.

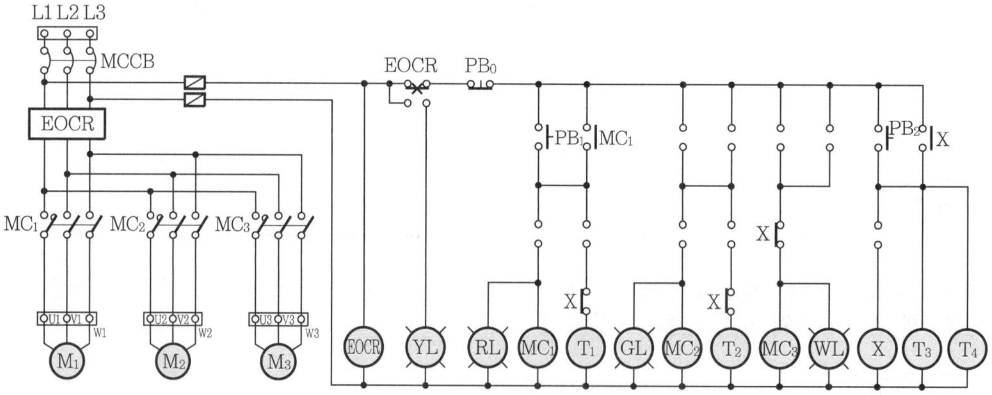

(2) 미완성 타임차트의 릴레이 X, 전자접촉기 MC_1, MC_2, MC_3의 동작사항을 완성하시오.

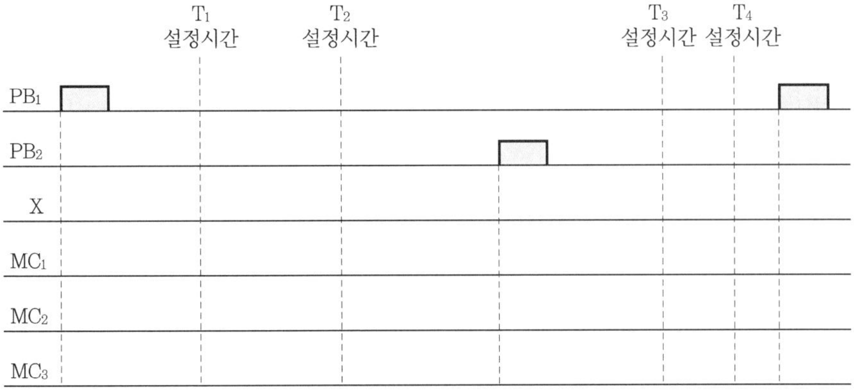

답안 (1)

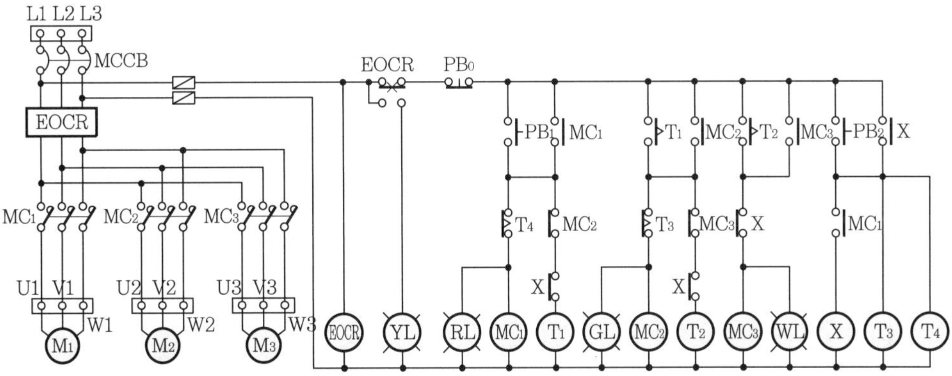

(2)

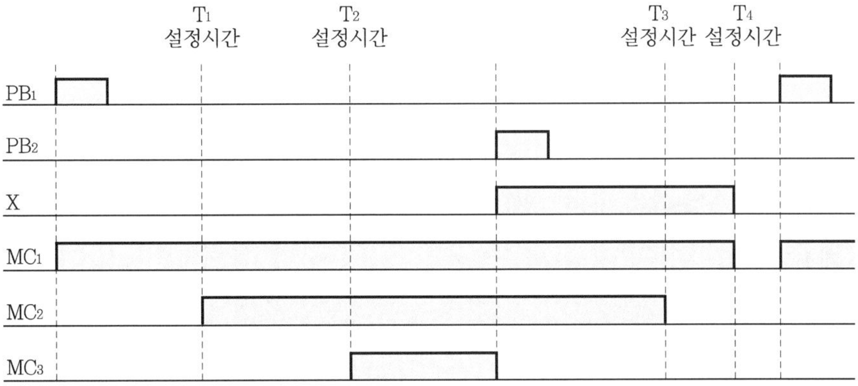

문제 12

배점 : 5점

220[V], 20[A]용 단상 적산전력량계에 어느 부하를 연결했을 때 원판이 20회 회전하는데 소요된 시간은 40.3[초]이다. 만일 20[A]에서 이 계기의 오차가 +2[%]라 하는 경우, 이 부하의 전력[kW]을 구하시오. (단, 이 계기의 계기정수는 1,000[Rev/kWh]이다.)

• **계산과정 :**
• **답 :**

답안 • 계산과정

측정전력 $P_M = \dfrac{3,600 \times n}{KT} = \dfrac{3,600 \times 20}{1,000 \times 40.3} = 1.79[\text{kW}]$

오차율 $\%e = \dfrac{P_M - P_T}{P_T} \times 100$에서 $\%e = \left(\dfrac{P_M}{P_T} - 1\right) \times 100$이므로 $\dfrac{P_M}{P_T} = 1 + \dfrac{\%e}{100}$

$\therefore$ 부하전력 $P_T = \dfrac{1.79}{1 + 0.02} = 1.75[\text{W}]$

• 답 : 1.75[kW]

문제 13

배점 : 5점

그림과 같은 회로에서 최대 눈금 15[A]의 직류 전류계 2개를 접속하고 전류 20[A]를 흘리면 각 전류계의 지시는 몇 [A]인지 구하시오. (단, 전류계 최대 눈금의 전압강하는 A_1이 75[mV], A_2가 50[mV]이다.)

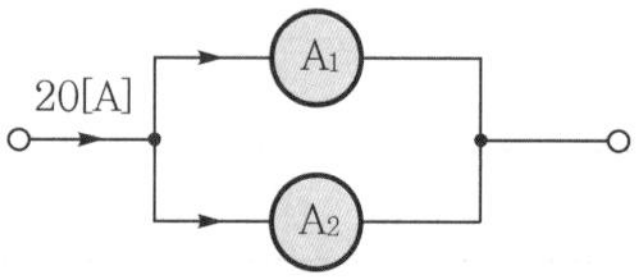

• **계산과정 :**
• **답 :**

답안 • 계산과정

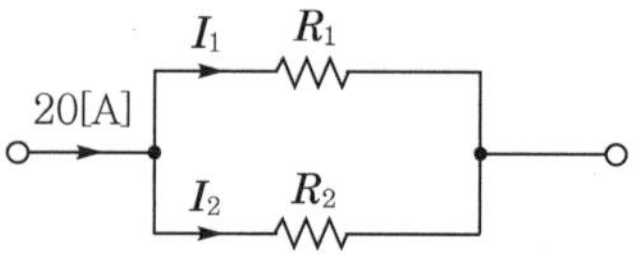

① 전류계 A_1의 내부저항

$R_1 = \dfrac{75 \times 10^{-3}}{15} = 5 \times 10^{-3}[\Omega]$

② 전류계 A_2의 내부저항

$R_2 = \dfrac{50 \times 10^{-3}}{15} = 3.33 \times 10^{-3}[\Omega]$

③ A_1에 흐르는 전류

$$I_1 = \frac{R_2}{R_1 + R_2} \times I$$

$$= \frac{3.33 \times 10^{-3}}{5 \times 10^{-3} + 3.33 \times 10^{-3}} \times 20$$

$$= 8[A]$$

④ A_2에 흐르는 전류

$$I_2 = \frac{R_1}{R_1 + R_2} \times I$$

$$= \frac{5 \times 10^{-3}}{5 \times 10^{-3} + 3.33 \times 10^{-3}} \times 20$$

$$= 12[A]$$

• 답 : $A_1 = 8[A]$, $A_2 = 12[A]$

문제 **14**

배점 : 5점

한국전기설비규정에서 정하는 기구 등의 전로의 절연내력 시험전압[V]에 대한 내용이다. 다음 (   )에 들어갈 내용을 답란에 쓰시오.

공칭전압	최대사용전압	시험전압
6,600[V]	6,900[V]	(①)
13,200[V] (중성점 다중 접지식 전로)	13,800[V]	(②)
22,900[V] (중성점 다중 접지식 전로)	24,000[V]	(③)

• **답란**

①	②	③

답안 ① 7[kV] 이하 시 1.5배 : 6,900×1.5= 10,350[V]

② 7[kV] 초과 25[kV] 이하 시 0.92배(다중 접지) : 13,800×0.92= 12,696[V]

③ 7[kV] 초과 25[kV] 이하 시 0.92배(다중 접지) : 24,000×0.92= 22,080[V]

문제 15

배점 : 5점

단상 2선식 220[V] 회로에서 역률 90[%]인 50[W] 형광등 60개와 200[W] 백열등 30개를 시설한 실내 체육관이 있다. 회로의 최소 분기회로 수는 몇 회로인지 구하시오. (단, 16[A] 분기회로이다.)

- **계산과정 :**
- **답 :**

답안 • 계산과정

① 합성 유효전력 : $50 \times 60 + 200 \times 30 = 9{,}000[\mathrm{W}]$

② 합성 무효전력 : $(50 + 60) \times \dfrac{\sqrt{1 - 0.9^2}}{0.9} = 1{,}452.96[\mathrm{Var}]$

③ 합성 피상전력 : $P_a = \sqrt{9{,}000^2 + 1{,}452.96^2} = 9{,}116.53[\mathrm{VA}]$

$\therefore$ 분기회로 : $N = \dfrac{9{,}116.53}{220 \times 16} = 2.59$

• 답 : 3분기회로

문제 16

배점 : 4점

ALTS의 명칭 및 사용용도를 쓰시오.

(1) 명칭 :
(2) 사용용도 :

답안 (1) 자동 부하 전환 개폐기

(2) 이중전원을 확보하여 주전원의 정전 또는 기준치 이하로 전압이 떨어질 경우 예비전원으로 자동 전환시킴으로써 수용가에 안정된 전원을 공급하도록 하는 개폐기이다.

문제 **17**

배점 : 4점

한국전기설비규정에 따른 보호등전위본딩 도체에 대한 내용이다. 다음 (   )에 들어갈 내용을 답란에 쓰시오.

143.3 등전위본딩 도체
143.3.1 보호등전위본딩 도체
1. 주접지단자에 접속하기 위한 등전위본딩 도체는 설비 내에 있는 가장 큰 보호접지도체 단면적의 $\frac{1}{2}$ 이상의 단면적을 가져야 하고 다음의 단면적 이상이어야 한다.
   가. 구리도체 (①)[mm^2]
   나. 알루미늄 도체 (②)[mm^2]
   다. 강철 도체 (③)[mm^2]
2. 주접지단자에 접속하기 위한 보호본딩도체의 단면적은 구리도체 (④)[mm^2] 또는 다른 재질의 동등한 단면적을 초과할 필요는 없다.

• 답란

①	②	③	④

답안 ① 6
② 16
③ 50
④ 25

문제 18

배점 : 6점

피뢰시스템 – 제3부 : 구조물의 물리적 손상 및 인명위험(KS C IEC 62305-3 : 2012)에 따른 피뢰시스템의 등급에 대한 내용이다. 다음 데이터 중 피뢰시스템의 등급과 관계가 있는 데이터와 없는 데이터를 구분하여 기호로 모두 쓰시오.

[데이터]
① 회전구체의 반지름, 메시의 크기 및 보호각
② 인하도선 사이 및 환상도체 사이의 전형적인 최적거리
③ 수뢰부시스템으로 사용되는 금속관과 금속관의 최소두께
④ 피뢰시스템의 재료 및 사용조건
⑤ 접지극의 최소길이
⑥ 접속도체의 최소치수
⑦ 위험한 불꽃방전에 대비한 이격거리

(1) 피뢰시스템의 등급과 관계가 있는 데이터 :
(2) 피뢰시스템의 등급과 관계가 없는 데이터 :

답안 (1) ① 회전구체의 반지름, 메시의 크기 및 보호각
② 인하도선 사이 및 환상도체 사이의 전형적인 최적거리
⑤ 접지극의 최소길이
⑦ 위험한 불꽃방전에 대비한 이격거리

(2) ③ 수뢰부시스템으로 사용되는 금속관과 금속관의 최소두께
④ 피뢰시스템의 재료 및 사용조건
⑥ 접속도체의 최소치수

2021년도 기사 제3회 필답형 실기시험

종 목	시험시간	배 점	문제수	형 별
전 기 기 사	2시간 30분	100	17	A

문제 01

배점 : 15점

다음과 같은 실내체육관에 조명설계를 계획하고 있다. 주어진 [조건]을 참조하여 다음 각 물음에 답하시오. (단, 기타 주어지지 않은 조건은 무시한다.)

[조건]
- 체육관 면적 : 가로 32[m]×세로 20[m]
- 작업면에서 광원까지의 높이 : 6[m]
- 실내 필요조도 : 500[lx]
- 반사율 : 천장 75[%], 벽 50[%], 바닥 10[%]
- 광원 : 직접 조명기구로 고천장 LED 형광등기구 160[W], 광효율 123[lm/W], 상태 양호
- 벽을 이용하지 않는 경우 등과 벽 사이의 간격(S_o) $\leq 0.5H$

[참고자료 1] 실지수 분류기호

기 호	A	B	C	D	E	F	G	H	I	J
실지수	5.0	4.0	3.0	2.5	2.0	1.5	1.25	1.0	0.8	0.6
범 위	4.5 이상	4.5 ~3.5	3.5 ~2.75	2.75 ~2.25	2.25 ~1.75	1.75 ~1.38	1.38 ~1.12	1.12 ~0.9	0.9 ~0.7	0.7 이하

[참고자료 2] 실지수 도표

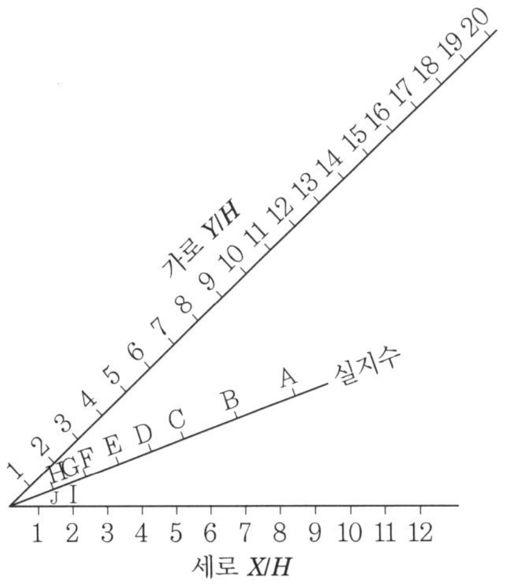

[참고자료 3] 조명률 표

배 광 / 설치 간격	조명기구	감광보상률(D) 보수상태 양	중	부	반사율 천장/벽 실지수	0.75 / 0.5	0.75 / 0.3	0.75 / 0.1	0.50 / 0.5	0.50 / 0.3	0.50 / 0.1	0.30 / 0.3	0.30 / 0.1
반직접	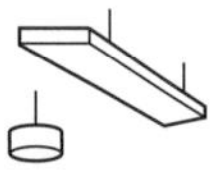	전구			J0.6	26	22	19	24	21	18	19	17
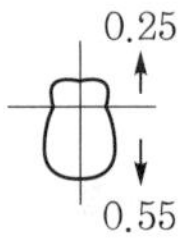					U0.8	33	28	26	30	26	24	25	23
		1.3	1.4	1.5	H1.0	36	32	30	33	30	28	28	26
					G1.25	40	36	33	36	33	30	30	29
					F1.5	43	39	35	39	35	33	33	31
		형광등			E2.0	47	44	40	43	39	36	36	34
					D2.5	51	47	43	46	42	40	39	37
					C3.0	54	49	45	48	44	42	42	38
$S \leqq H$		1.4	1.7	1.8	B4.0	57	53	50	51	47	45	43	41
					A5.0	59	55	52	53	49	47	47	43
직접	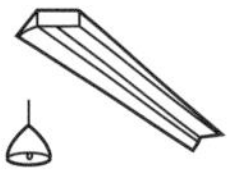	전구			J0.6	34	29	26	32	29	27	29	27
					U0.8	43	38	35	39	36	35	36	34
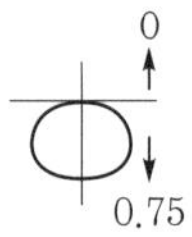					H1.0	47	43	40	41	40	38	40	38
		1.3	1.4	1.5	G1.25	50	47	44	44	43	41	42	41
					F1.5	52	50	47	46	44	43	44	43
		형광등			E2.0	58	55	52	49	48	46	47	46
					D2.5	62	58	56	52	51	49	50	49
					C3.0	64	61	58	54	52	51	51	50
$S \leqq 1.3H$		1.4	1.7	2.0	B4.0	67	64	62	55	53	52	52	52
					A5.0	68	66	64	56	54	53	54	52

(조명률 U[%])

(1) 분류기호 표를 이용한 실지수 기호를 구하시오.
- 계산과정 :
- 실지수 기호 :

(2) 실지수 도표를 이용한 실지수 기호를 구하시오.
- 계산과정 :
- 실지수 기호 :

(3) 조명률을 구하시오.

(4) 소요 등수를 구하시오.
- 계산과정 :
- 답 :

(5) 실내체육관 LED 형광등기구의 최소 분기회로수를 구하시오. (단, LED 형광등기구의 사용전압은 단상 220[V]이며, 16[A] 분기회로로 한다.)
- 계산과정 :
- 답 :

(6) 광원과 광원 사이의 최대 간격과 벽과 광원 사이의 최대 간격(벽을 이용하지 않는 경우)을 구하시오.

① 광원과 광원 사이의 최대 간격(S)은 몇 [m]로 하여야 하는지 구하시오.
- 계산과정 :
- 답 :

② 벽과 광원 사이의 최대 간격(S_o)은 몇 [m]로 하여야 하는지 구하시오.
- 계산과정 :
- 답 :

(7) 그림과 같은 그림 기호의 명칭을 쓰시오.

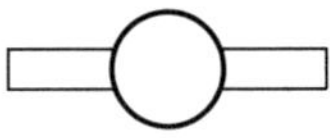

답안 (1) • 계산과정

$$실지수 = \frac{X \cdot Y}{H(X+Y)}$$

$$= \frac{32 \times 20}{6 \times (32+20)} = 2.05 \text{ 이므로}$$

[참고자료 1]에서 실지수 기호는 E이다.

• 실지수 기호 : E

(2) • 계산과정

$$가로\ Y/H = \frac{32}{6} = 5.33$$

$$세로\ X/H = \frac{20}{6} = 3.33$$

[참고자료 2]에서 실지수 기호는 E이다.

• 실지수 기호 : E

(3) [참고자료 3]에서 천정 반사율 0.75, 벽 반사율 0.5
실지수 E칸에서 조명률은 58[%]이다.

(4) • 계산과정

[참고자료 3]에서 감광보상률 1.4 적용

$$N = \frac{AED}{FU}$$

$$= \frac{32 \times 20 \times 500 \times 1.4}{160 \times 123 \times 0.58} = 39.25 \qquad \therefore 40등$$

• 답 : 40등

(5) • 계산과정 : $n = \frac{160 \times 40}{220 \times 16} = 1.82 \qquad \therefore$ 2분기회로

• 답 : 2분기회로

(6) ① • 계산과정

$S \leq 1.5H = 1.5 \times 6 = 9[m]$

• 답 : 9[m]

② • 계산과정

$S_o \leq 0.5H = 0.5 \times 6 = 3[m]$

• 답 : 3[m]

(7) 형광등

문제 02

배점 : 8점

어느 빌딩 수용가가 자가용 디젤발전기 설비를 계획하고 있다. 발전기의 용량 산출에 필요한 부하의 종류 및 특성이 다음과 같을 때 주어진 조건과 참고자료를 이용하여 부하 용량 표의 빈칸을 채우고, 전체 부하를 운전하는데 필요한 발전기 용량[kVA]을 선정하시오.

[조건]

- [참고자료]의 수치는 최소치를 적용한다.
- 전동기 기동 시 필요한 용량은 무시한다.
- 수용률 적용
  - 동력 : 적용부하에 대한 전동기의 대수가 1대인 경우에는 100[%], 2대인 경우에는 80[%]를 적용한다.
  - 전등, 기타 : 100[%]를 적용한다.
- 부하의 종류가 전등, 기타인 경우 역률은 100[%], 효율은 100[%]를 적용한다.
- 수용률을 적용한 용량[kVA]의 합계는 유효분과 무효분을 고려하여 구한다.
- 자가용, 디젤발전기 용량[kVA]은 50, 100, 150, 200, 300, 400, 500에서 선정한다.

[부하 자료]

부하의 종류	출력[kW]	극수(극)	대수(대)	적용부하	기동방법
전동기	37	6	1	소화전 펌프	리액터 기동
	22	6	2	급수펌프	리액터 기동
	11	6	2	배풍기	Y-Δ 기동
	5.5	4	1	배수펌프	직입 기동
전등, 기타	50	–	–	비상조명	–

[부하 용량]

부하의 종류	출력[kW]	극 수	전부하 특성			수용률[%]	수용률을 적용한 용량[kVA]
			역률[%]	효율[%]	입력[kVA]		
전동기	37×1	6					
	22×2	6					
	11×2	6					
	5.5×1	4					
전등, 기타	50	–	100	100			
합 계	–	–	–	–	–	–	

[참고자료]

▌유전동기 전부하 특성표▌

정격 출력 [kW]	극 수	동기회전 속도 [rpm]	전부하 특성 효율 [%]	전부하 특성 역률 PF [%]	무부하 I_0 (각 상의 평균치) [A]	전부하 전류 I (각 상의 평균치) [A]	전부하 슬립 s [%]
0.75	4	1,800	71.5 이상	70.0 이상	2.5	3.8	8.0
1.5			78.0 이상	75.0 이상	3.9	6.6	7.5
2.2			81.0 이상	77.0 이상	5.0	9.1	7.0
3.7			83.0 이상	78.0 이상	8.2	14.6	6.5
5.5			85.0 이상	77.0 이상	11.8	21.8	6.0
7.5			86.0 이상	78.0 이상	14.5	29.1	6.0
11			87.0 이상	79.0 이상	20.9	40.9	6.0
15			88.0 이상	79.5 이상	26.4	55.5	5.5
18.5			88.5 이상	80.0 이상	31.8	67.3	5.5
22			89.0 이상	80.5 이상	36.4	78.2	5.5
30			89.5 이상	81.5 이상	47.3	105.5	5.5
37			90.0 이상	81.5 이상	56.4	129.1	5.5
0.75	6	1,200	70.0 이상	63.0 이상	3.1	4.4	8.5
1.5			76.0 이상	69.0 이상	4.7	7.3	8.0
2.2			79.5 이상	71.0 이상	6.2	10.1	7.0
3.7			82.5 이상	73.0 이상	9.1	15.8	6.5
5.5			84.5 이상	72.0 이상	13.6	23.6	6.0
7.5			85.5 이상	73.0 이상	17.3	30.9	6.0
11			86.5 이상	74.5 이상	23.6	43.6	6.0
15			87.5 이상	75.5 이상	30.0	58.2	6.0
18.5			88.0 이상	76.0 이상	37.3	71.8	5.5
22			88.5 이상	77.0 이상	40.0	82.7	5.5
30			89.0 이상	78.0 이상	50.9	111.8	5.5
37			90.0 이상	78.5 이상	60.9	136.4	5.5

답안

부하의 종류	출력[kW]	극 수	전부하 특성 역률[%]	전부하 특성 효율[%]	전부하 특성 입력[kVA]	수용률 [%]	수용률을 적용한 용량[kVA]
전동기	37×1	6	78.5	90.0	52.37	100	$41.11+j32.44=52.37$
	22×2	6	77.0	88.5	64.57	80	$39.78+j32.96=51.66$
	11×2	6	74.5	86.5	27.31	80	$20.35+j18.22=27.31$
	5.5×1	4	72.0	84.5	9.04	100	$6.51+j6.27=9.04$
전등, 기타	50	–	100	100	50	100	$50+j0=50$
합 계	–	–	–	–	–	–	$157.75+j89.89=181.56$

∴ 발전기의 표준용량 200[kVA] 선정한다.

문제 03

배점 : 5점

송전단 전압이 3,300[V]인 3상 선로에서 수전단 전압을 3,150[V]로 유지하고자 한다. 부하 전력 1,000[kW], 역률 0.8, 배전선로의 길이 3[km]이며, 선로의 리액턴스를 무시한다면 이에 적당한 경동선의 굵기[mm^2]를 선정하시오. (단, 경동선의 고유저항은 1.818×10^{-2} [Ω · mm^2/m]이며, 굵기는 95[mm^2], 120[mm^2], 150[mm^2], 185[mm^2], 240[mm^2]에서 선정한다.)

답안 120[mm^2] 선정

해설 전압강하 $e=\frac{P}{V_r}(R+X\tan\theta)$에서 리액턴스는 무시하므로

$e=\frac{P}{V_r}R=\frac{P}{V_r}\times\rho\frac{l}{A}$로 되어 전선 굵기 $A=\frac{P}{V_r}\times\rho\frac{l}{e}$가 된다.

$$\therefore\ A=\frac{P}{V_r}\times\rho\frac{l}{e}=\frac{1{,}000\times10^3}{3{,}150}\times1.818\times10^{-2}\times\frac{3{,}000}{3{,}300-3{,}150}=115.428[\text{mm}^2]$$

문제 04

배점 : 8점

다음의 그림, 조건 및 참고 표를 이용하여 각 물음에 답하시오.

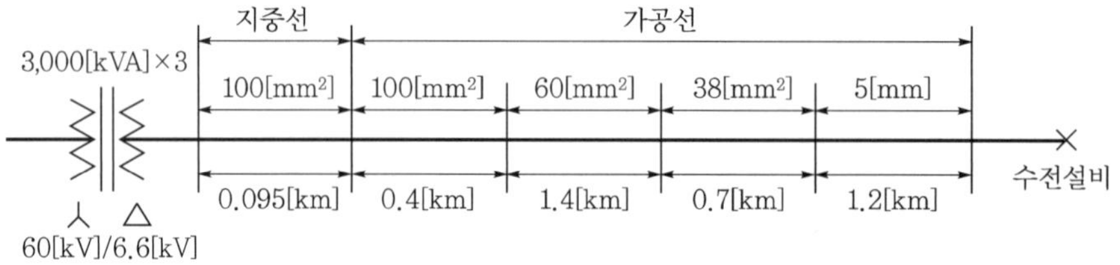

[조건]

변압기의 1차측에서 전원측으로 바라본 1상당의 합성 %리액턴스가 1.5[%](기준용량 10,000[kVA] 이고, 변압기의 %리액턴스가 7.4[%](기준용량 9,000[kVA])

▌표 1 유입차단기 및 전력퓨즈의 표준 정격차단용량 ▌

정격전압[V]	표준 정격차단용량(3상[MVA])
3,600	10, 25, 50, (75), 100, 150, 250
7,200	25, 50, (75), 100, 150, (200), 250

▌표 2 가공전선로(경동선) %임피던스(기준용량 10,000[kVA])▐

배선 방식	선의 굵기 / %r, %x	%r, %x의 값[%/km]									
		100 [mm²]	80 [mm²]	60 [mm²]	50 [mm²]	38 [mm²]	30 [mm²]	22 [mm²]	14 [mm²]	5 [mm]	4 [mm]
3상 3선식 3[kV]	%r	16.5	21.1	27.9	34.8	44.8	57.2	75.7	119.15	83.1	127.8
	%x	29.3	30.6	31.4	32.0	32.9	33.6	34.4	35.7	35.1	36.4
3상 3선식 6[kV]	%r	4.1	5.3	7.0	8.7	11.2	18.9	29.9	29.9	20.8	32.5
	%x	7.5	7.7	7.9	8.0	8.2	8.4	8.6	8.7	8.8	9.1
3상 4선식 5.2[kV]	%r	5.5	7.0	9.3	11.6	14.9	19.1	25.2	39.8	27.7	43.3
	%x	10.2	10.5	10.7	10.9	11.2	11.5	11.8	12.2	12.0	12.4

[주] 3상 4선식, 5.2[kV] 선로에서 전압선 2선, 중앙선 1선인 경우 단락용량의 계산은 3상 3선식 3[kV] 선로에 따른다.

▌표 3 지중케이블 전선로의 %임피던스(기준용량 10,000[kVA])▐

배선 방식	선의 굵기 / %r, %x	%r, %x의 값[%/km]										
		250 [mm²]	200 [mm²]	150 [mm²]	125 [mm²]	100 [mm²]	80 [mm²]	60 [mm²]	50 [mm²]	38 [mm²]	30 [mm²]	22 [mm²]
3상 3선식 3[kV]	%r	6.6	8.2	13.7	13.4	16.8	20.9	27.6	32.7	43.4	55.9	118.5
	%x	5.5	5.6	5.8	5.9	6.0	6.2	6.5	6.6	6.8	7.1	8.3
3상 3선식 6[kV]	%r	1.6	2.0	2.7	3.4	4.2	5.2	6.9	8.2	8.6	14.0	29.6
	%x	1.5	1.5	1.6	1.6	1.7	1.8	1.9	1.9	1.9	2.0	–
3상 4선식 5.2[kV]	%r	2.2	2.7	3.6	4.5	5.6	7.0	9.2	14.5	14.5	18.6	–
	%x	2.0	2.0	2.1	2.2	2.3	2.3	2.4	2.6	2.6	2.7	–

[주] 1. 3상 4선식 5.2[kV] 선로의 $\%r$, $\%x$의 값은 6[kV] 케이블을 사용하여 계산한 것이다.
2. 3상 3선식 5.2[kV]에서 전압선 2선, 중앙선 1선의 경우 단락용량의 계산은 3상 3선식 3[kV] 선로에 따른다.

(1) 수전설비에서 전원측으로 바라본 합성 %임피던스를 구하시오.
- 계산과정 :
- 답 :

(2) 수전설비에서의 3상 단락용량[MVA]을 구하시오.
- 계산과정 :
- 답 :

(3) 수전설비에서의 3상 단락전류[kA]를 구하시오.
- 계산과정 :
- 답 :

(4) 주어진 [표 1]의 표준 정격차단용량으로부터 수전설비의 주차단기를 선정하고자 한다. 수전설비에서 주차단기의 정격차단용량[MVA]을 구하고, [표 1]에서 표준 정격차단용량[MVA]을 선정하시오.
- 계산과정 :
- 답 :

답안 (1) • 계산과정 : 10,000[kVA] 기준 → 변압기 $\%X_1 = \dfrac{10,000}{9,000} \times 7.4 = 8.22[\%]$

지중선 $\%Z = (0.095 \times 4.2) + j(0.095 \times 1.7) = 0.399 + j0.1615[\%]$

가공선 $\%Z = (0.4 \times 4.1 + 1.4 \times 7 + 0.7 \times 11.2 + 1.2 \times 20.8)$
$+ j(0.4 \times 7.5 + 1.4 \times 7.9 + 0.7 \times 8.2 + 1.2 \times 8.8)$
$= 44.24 + j30.36[\%]$

$\therefore$ 합성 $\%Z = (0.399 + 44.24) + j(8.22 + 0.1615 + 30.36)$
$= 44.639 + j38.7415 = 60.1[\%]$

• 답 : 60.1[%]

(2) • 계산과정 : $P_3 = \dfrac{100}{60.1} \times 10,000 \times 10^{-3} = 16.64$

• 답 : 16.64[MVA]

(3) • 계산과정 : $I_s = \dfrac{100}{60.1} \times \dfrac{10,000}{\sqrt{3} \times 6.6} \times 10^{-3} = 1.46[\text{kA}]$

• 답 : 1.46[kA]

(4) • 계산과정 : $P_3 = \sqrt{3} \times 7.2 \times 1.46 = 18.21[\text{MVA}]$

• 답 : 18.21[MVA]

문제 05

배점 : 6점

3상 380[V], 18.5[kW]의 유도전동기가 역률 70[%]로 운전하고 있다. 여기에 전력용 커패시터를 Y결선 후 병렬로 설치하여 역률을 90[%]로 개선하고자 한다. 다음 각 물음에 답하시오.

(1) 3상 전력용 커패시터의 용량[kVA]을 구하시오.
- 계산과정 :
- 답 :

(2) 1상당 전력용 커패시터의 정전용량[μF]을 구하시오.
- 계산과정 :
- 답 :

답안 (1) • 계산과정 : $Q_c = P(\tan\theta_1 - \tan\theta_2)$

$= 18.5(\tan\cos^{-1}0.7 - \tan\cos^{-1}0.9) = 9.91[\text{kVA}]$

• 답 : 9.91[kVA]

(2) • 계산과정 : $Q_Y = \omega c V^2$

$$\therefore C = \frac{Q_Y}{\omega V^2} = \frac{9.91 \times 10^3}{2\pi \times 60 \times 380^2} \times 10^6 = 182.04[\mu\text{F}]$$

• 답 : 182.04[μF]

문제 06

배점 : 5점

60[mm^2](0.3195[Ω/km], 전장 6[km]인 3심 전력 케이블의 어떤 지점에서 1선 지락사고가 발생하여 전기적 사고점 탐지법의 하나인 머레이 루프법으로 측정한 결과 그림과 같은 상태에서 평형이 되었다고 한다. 측정점에서 사고지점까지의 거리[km]를 구하시오.

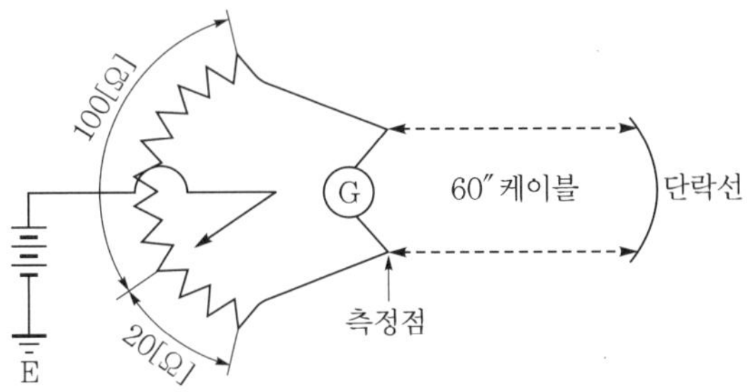

• 계산과정 :
• 답 :

답안

• 계산과정 : $X = \dfrac{20 \times 6 \times 2}{100 + 20} = 2\,[\text{km}]$

• 답 : 2[km]

해설 고장점까지의 거리를 X라 하고 휘트스톤 브리지의 원리를 이용하면

$100X = 20(6 \times 2 - X)$

문제 07

배점 : 5점

냉각탑 플랫폼 위 일직선상 양쪽에 자립형 등기구가 하나씩 설치되어 있다. 냉각탑 팬 모터 중앙의 수평면 조도[lx]를 구하시오.

[조건]
• 광원의 높이 : 2.5[m]
• 냉각탑 플랫폼 크기 : 가로 8[m], 세로 3[m]
• 광원에서 중앙 방향으로의 광도 : 270[cd]

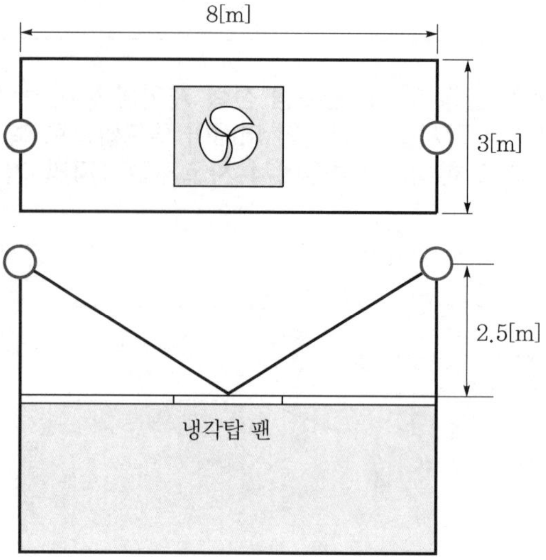

• 계산과정 :
• 답 :

답안
• 계산과정 : $E_n = 2\frac{I}{r^2}\cos\theta = 2 \times \frac{270}{4^2+2.5^2} \times \frac{2.5}{\sqrt{4^2+2.5^2}} = 12.86[\text{lx}]$

• 답 : 12.86[lx]

문제 08

배점 : 5점

선간전압이 200[V], 효율과 역률이 각각 100[%]인 6펄스의 3상 무정전 전원장치(UPS)가 정격용량 200[kVA]에서 운전 중이다. 이때 제5고조파 저감계수(K_5)가 0.5인 경우 기본파와 제5고조파 전류[A]를 구하시오.

(1) 기본파 전류[A]
 • 계산과정 :
 • 답 :
(2) 제5고조파 전류[A]
 • 계산과정 :
 • 답 :

답안
(1) • 계산과정 : $I = \frac{P}{\sqrt{3}\,V} = \frac{200 \times 10^3}{\sqrt{3} \times 200} = 577.35[\text{A}]$

• 답 : 577.35[A]

(2) • 계산과정 : $I_5 = \frac{K_n I}{n} = \frac{0.5 \times 577.35}{5} = 57.74[\text{A}]$

• 답 : 57.74[A]

문제 09 | 배점 : 5점

한국전기설비규정에 따라 계통의 공칭전압이 154[kV]인 중성점 직접 접지식 전로의 절연내력을 시험하고자 한다. 절연내력 시험전압과 시험방법에 대한 다음 각 물음에 답하시오.

(1) 절연내력 시험전압[V]을 구하시오. (단, 최대사용전압은 정격전압으로 한다.)
- **계산과정 :**
- **답 :**

(2) 시험방법을 설명하시오.

답안 (1) • 계산과정 : $154,000 \times 0.72 = 110,880$[V]
• 답 : 110,880[V]

(2) 전로와 대지 사이에 시험전압을 계속하여 10분간 가하여 견디어야 한다.

해설 **KEC 132 전로의 절연저항 및 절연내력**
최대사용전압이 60[kV]를 초과하는 중성점 직접 접지식 전로의 경우 최대사용전압의 0.72배 시험전압으로 10분간 가하여 시험한다.

문제 10 | 배점 : 5점

3상 단락전류가 8[kA]인 계통에서 차단기 동작시간이 0.2초, 변류기의 변류비를 50/5로 사용하는 경우 열적 과전류강도를 선정하시오. (단, 열적 과전류강도는 40배, 75배, 150배, 300배에서 선정한다.)

답안 75배

해설
$S = \dfrac{S_n}{\sqrt{t}}$ [kA]이므로 변류기의 열적 과전류강도(정격 과전류강도)

$S_n = S \cdot \sqrt{t}$

$= \dfrac{8,000}{50} \times \sqrt{0.2}$

$= 71.55$

∴ 75배 선정

- 열적 과전류강도란 변류기(CT)에 손상을 주지 않고 1초간 1차측에 흘릴 수 있는 최대의 전류[kA](실효치)를 말하는 것으로 권선의 온도 상승에 의한 용단은 통하는 과전류에 의해 발생하는 열량에 의해 정해지므로 I^2Rt에 비례하게 된다.
  표준 지속시간은 $t_n = 1$초를 기준으로 한다.
- 변류기의 정격 과전류강도
  - 40 : 정격 1차 전류의 40배
  - 75 : 정격 1차 전류의 75배
  - 150 : 정격 1차 전류의 150배
  - 300 : 정격 1차 전류의 300배

문제 **11**

배점 : 4점

어느 전력계통에서 보호장치를 통해 흐를 수 있는 예상 고장전류가 25[kA], 자동차단을 위한 보호장치의 동작시간이 0.5초이며, 보호도체, 절연, 기타 부위의 재질 및 초기온도와 최종온도에 따라 정해지는 계수가 159일 때, 이 계통의 보호도체 단면적[mm^2]을 구하시오. (단, 보호도체, 절연, 기타 부위의 재질 및 초기온도와 최종온도에 따라 정해지는 계수는 KS C IEC 60364-5-54의 부속서 A에 의한다.)

- 계산과정 :
- 답 :

답안

- 계산과정 : $S = \dfrac{\sqrt{I^2 t}}{K} = \dfrac{I\sqrt{t}}{K} = \dfrac{25 \times 10^3 \times \sqrt{0.5}}{159} = 111.18[\text{mm}^2]$
- 답 : 120[mm^2]

문제 **12**

배점 : 5점

전기안전관리자의 직무에 관한 고시에 따른 계측장비의 권장 교정주기(년)에 대한 표이다. 다음 표의 빈칸을 채워 완성하시오.

구 분		권장 교정주기(년)
계측장비 교정	계전기 시험기	(①)
	적외선 열화상 카메라	(②)
	회로시험기	(③)
	절연저항 측정기(500[V], 100[MΩ])	(④)
	클램프미터	(⑤)

답안 ① 1
② 1
③ 1
④ 1
⑤ 1

해설 **전기안전관리자의 직무에 관한 고시 제9조 (계측장비 교정 등)**

전기안전관리자는 전기설비의 유지·운용 업무를 위해 국가표준기본법 및 교정대상 및 주기설정을 위한 지침에 따라 계측장비(계전기 시험기, 절연내력 시험기, 절연유 내압 시험기, 적외선 열화상 카메라, 전원품질분석기, 절연저항 측정기, 회로시험기, 접지저항 측정기, 클램프미터 등)와 안전장구(특고압 COS 조작봉, 저압검전기, 고압·특고압 검전기, 고압절연장갑, 절연장화, 절연안전모 등)는 연 1회 교정 및 시험을 하여야 한다.

문제 13

| 배점 : 4점 |

다음은 PLC 래더 다이어그램이다. OR(2입력, 1출력), AND(2입력, 1출력), NOT 게이트만을 이용하여, PLC 래더 다이어그램을 논리회로도로 그리시오.

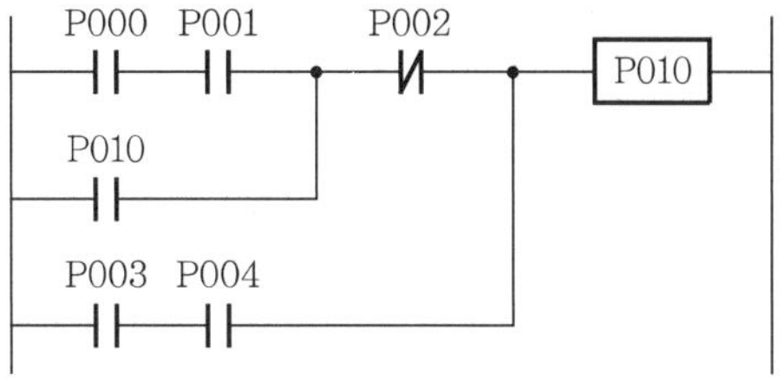

답안 논리회로도

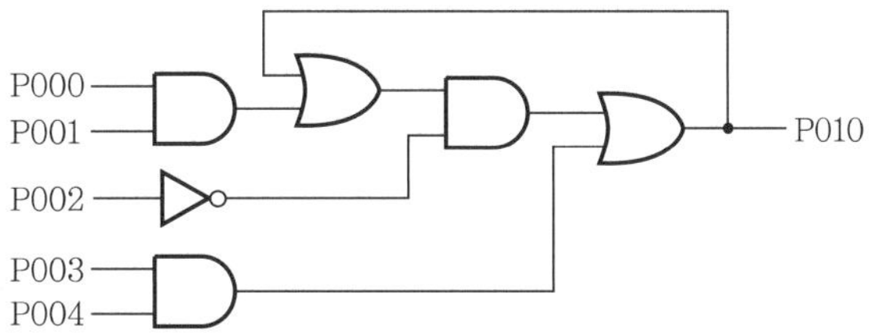

문제 14

| 배점 : 5점 |

설계감리업무 수행지침에 따라 설계감리원은 설계용역 착수 및 수행단계에서 필요한 경우 문서를 비치하고, 그 세부양식은 발주자의 승인을 받아 설계감리과정을 기록하여야 하며, 설계감리 완료와 동시에 발주자에게 제출하여야 한다. 다음 [보기]에서 설계감리원이 필요한 경우 비치하는 문서가 아닌 항목을 답란에 쓰시오.

[보기]
- 근무상황부
- 공사예정공정표
- 해당 용역관련 수·발신 공문서 및 서류
- 설계자와 협의사항 기록부
- 공사 기성신청서
- 설계감리 검토의견 및 조치 결과서
- 설계감리 주요검토결과
- 설계도서 검토의견서
- 설계도서(내역서, 수량산출 및 도면 등)를 검토한 근거서류
- 설계수행계획서

답안 공사예정공정표, 공사 기성신청서, 설계수행계획서

문제 15

배점 : 5점

Δ-Y결선 방식의 주 변압기 보호에 사용되는 비율 차동 계전기를 간략화한 회로도이다. 주 변압기 1차 및 2차측 변류기(CT)의 미결선된 2차 회로를 완성하시오. (단, 결선과 함께 접지가 필요한 곳은 접지 그림기호를 표시하시오.)

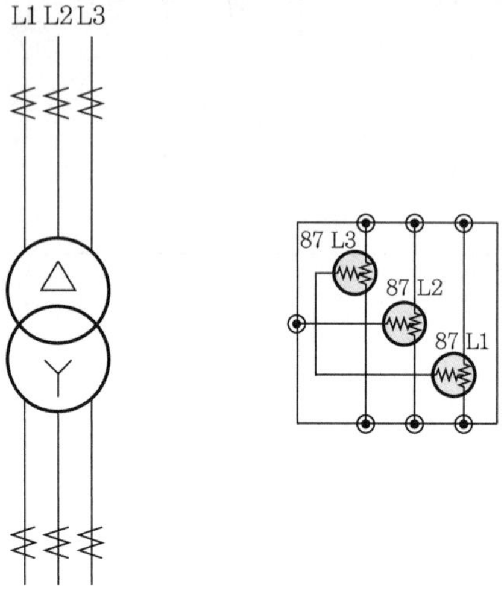

답안

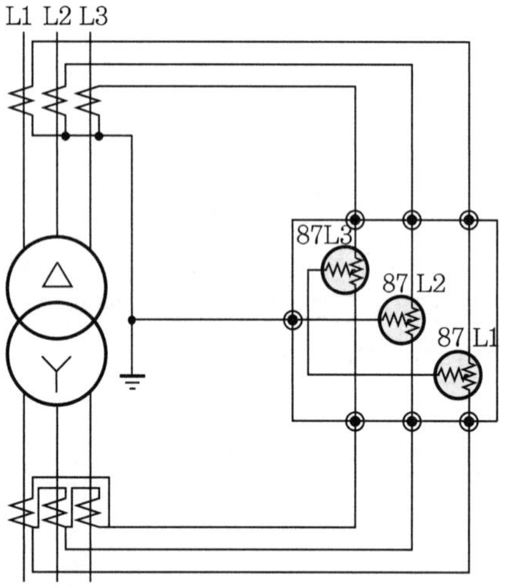

문제 16

배점 : 5점

다음 요구사항을 만족하는 주회로 및 제어회로의 미완성 결선도를 완성하시오. (단, 아래의 예시를 참고하여 접점기호와 명칭을 정확히 표시하시오.)

[요구사항]

- 전원을 투입하면 주회로 및 제어회로에 전원이 공급된다.
- 누름버튼스위치 PB_1을 누르면 전자접촉기 MC_1과 타이머 T_1이 여자되고 MC_1의 보조접점에 의하여 램프 GL이 점등되며, 이때 전동기 M_1이 회전한다.
- 누름버튼스위치 PB_1을 누른 후 손을 떼어도 MC_1은 자기유지되어 전동기 MC_1은 계속 회전한다.
- 타이머 T_1의 설정시간 후,
  - 전자접촉기 MC_2와 타이머 T_2, 플리커릴레이 FR이 여자되고, MC_2의 보조접점에 의하여 램프 RL이 점등되며, 플리커릴레이의 b접점에 의하여 램프 YL이 점등되고, 이때 전동기 M_2가 회전한다.
  - 플리커릴레이 FR의 설정시간 간격으로 램프 YL과 부저 BZ가 교대로 동작한다.
  - MC_1과 타이머 T_1이 소자되어 램프 GL이 소등되고 전동기 M_1은 정지한다.
  - T_1이 소자되어도 MC_2는 자기유지되어 전동기 M_2는 계속 회전한다.
- 타이머 T_2의 설정시간 후 MC_2와 타이머 T_2, 플리커릴레이 FR이 소자되어 램프 RL, 램프 YL이 소등되고, 부저 BZ의 동작이 정지되며, 전동기 M_2가 정지한다.
- 운전 중 누름버튼스위치 PB_0를 누르면 모든 전동기의 운전은 정지한다.
- 전동기 운전 중 과전류가 감지되어 EOCR이 동작되면, 모든 제어회로의 전원은 차단되고 램프 WL만 점등된다.
- EOCR을 리셋(RESET)하면 초기상태로 복귀된다.

예시

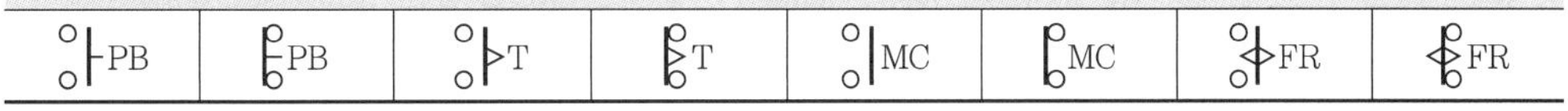

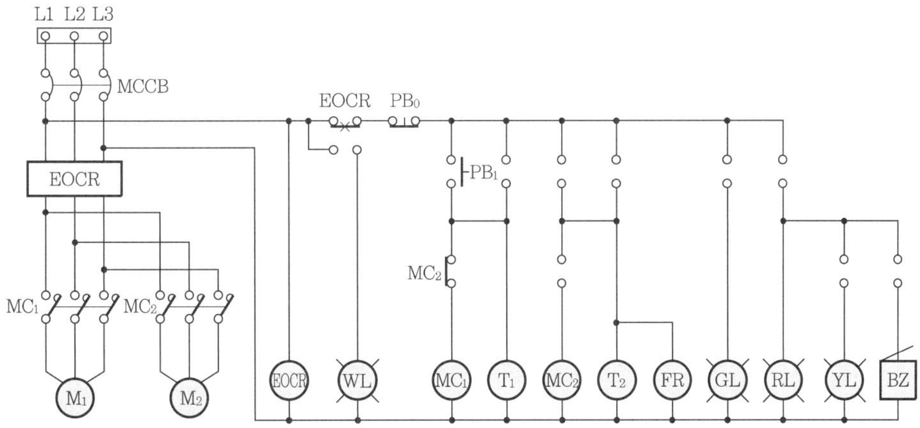

답안

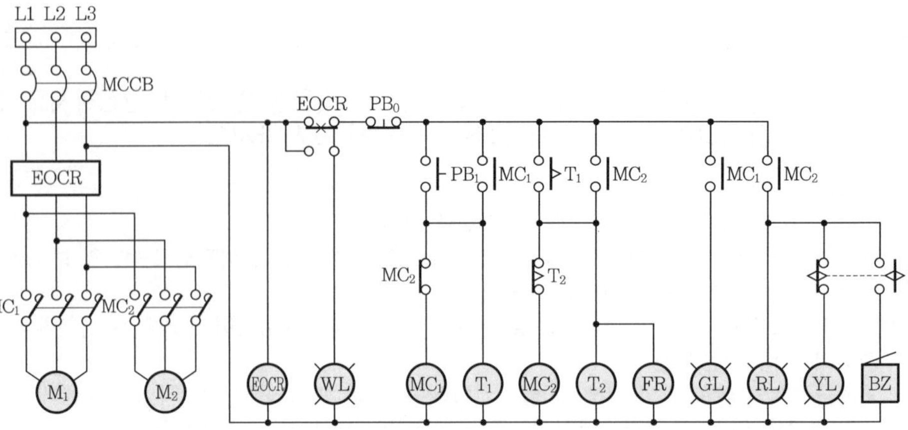

문제 17

배점 : 5점

케이블공사 시설 장소에 대한 표이다. 다음 빈칸에 시설가능 여부를 "O", "X"를 사용하여 완성하시오.

▌케이블공사 시설 장소▌

옥 내						옥측/옥외	
노출장소		은폐 장소					
		점검 가능		점검 불가능			
건조한 장소	습기가 많은 장소 또는 물기가 있는 장소	건조한 장소	습기가 많은 장소 또는 물기가 있는 장소	건조한 장소	습기가 많은 장소 또는 물기가 있는 장소	우선 내	우선 외
O	(①)	O	(②)	(③)	(④)	O	(⑤)

[비고] O : 시설할 수 있다. × : 시설할 수 없다.
1. 점검 가능 장소(예시 : 건물의 빈 공간 등)
2. 점검 불가능 장소(예시 : 구조체 매입, 케이블채널, 지중 매설, 창틀 및 처마도리 등)

답안

① O
② O
③ O
④ O
⑤ O

2022년도 기사 제1회 필답형 실기시험

종　　목	시험시간	배 점	문제수	형 별
전 기 기 사	2시간 30분	100	18	A

문제 01

배점 : 6점

다음 그림은 어떤 논리 게이트의 기호이다. 각 물음에 답하시오.

(1) 논리 게이트 기호의 명칭을 쓰시오.
(2) 논리 게이트의 논리식을 쓰시오.
(3) 논리 게이트의 진리표를 완성하시오.

A	B	Y
0	0	
0	1	
1	0	
1	1	

답안 (1) Exclusive NOR 회로(일치회로)

(2) $Y = \overline{A}\,\overline{B} + AB = A \odot B$

(3)

A	B	Y
0	0	1
0	1	0
1	0	0
1	1	1

문제 02

배점 : 5점

최대수용전력이 5,000[kW]이고, 부하 역률이 90[%], 네트워크 수전방식의 회선수는 4회선이다. 변압기의 과부하율이 130[%]인 경우 네트워크 변압기의 용량[kVA]을 구하시오.

• 계산과정 :
• 답 :

답안

• 계산과정 : $P_t = \frac{\text{최대수용전력}}{\text{회선수}-1} \times \frac{1}{\text{과부하율}} \times \frac{1}{\text{부하 역률}}$[kVA]

$= \frac{5,000}{4-1} \times \frac{1}{1.3} \times \frac{1}{0.9} = 1,424.5$[kVA]

• 답 : 1,424.5[kVA]

문제 03 | 배점 : 6점

다음은 계기용 변압기(PT)의 결선에 대한 그림이다. 각 물음에 답하시오. (단, 1차측 선간전압은 380[V]이며, 각 PT비는 380/110[V]이다.)

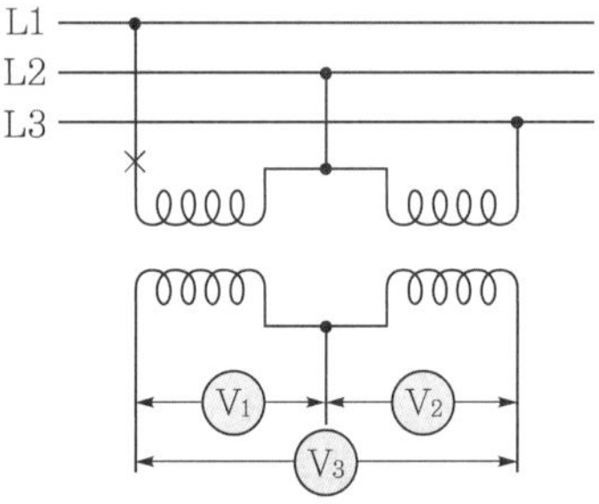

▎그림 (A) ▎

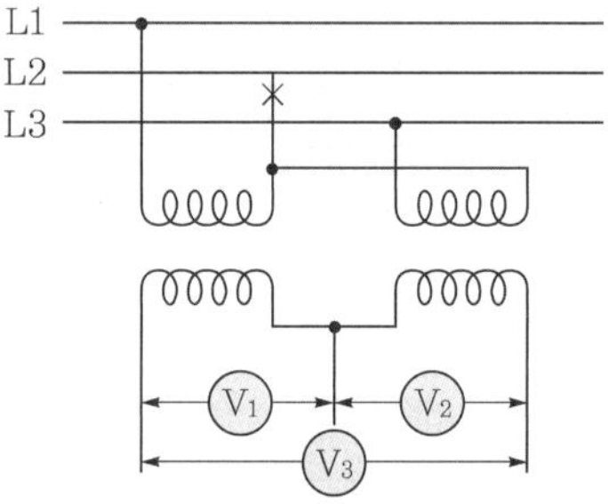

▎그림 (B) ▎

(1) 그림 (A)의 ×점에서 단선이 발생한 경우 전압계 V_1, V_2, V_3의 지시값을 쓰시오.
- V_1=　　• V_2=　　• V_3=

(2) 그림 (B)의 ×점에서 단선이 발생한 경우 전압계 V_1, V_2, V_3의 지시값을 쓰시오.
- V_1=　　• V_2=　　• V_3=

답안 (1) • $V_1 = 0$[V]

• $V_2 = 380 \times \frac{110}{380} = 110$[V]

• $V_3 = 0 + 110 = 110$[V]

(2) • $V_1 = 380 \times \frac{1}{2} \times \frac{110}{380} = 55$[V]

• $V_2 = 380 \times \frac{1}{2} \times \frac{110}{380} = 55$[V]

• $V_3 = 55 - 55 = 0$[V]

문제 04

배점 : 5점

154[kV]의 중성점 직접 접지계통에서 접지계수가 0.75, 유도계수가 1.1일 때, 전력용 피뢰기의 정격전압[kV]을 선정하시오.

피뢰기 정격전압[kV]					
126	144	154	168	182	196

• 계산과정 :
• 답 :

답안 • 계산과정 : $V_n = 0.75 \times 1.1 \times 170 = 140.25[\mathrm{kV}]$

$\therefore$ 144[kV]로 선정

• 답 : 144[kV]

문제 05

배점 : 4점

다음의 논리식과 등가인 유접점 시퀀스회로를 완성하시오. (단, 각 접점의 식별 문자를 표기하고, 선의 접속 및 미접속에 대한 예시를 참고하여 작성하시오.)

• 논리식 : $\mathrm{L} = (\mathrm{X} + \overline{\mathrm{Y}} + \mathrm{Z})(\overline{\mathrm{X}} + \mathrm{Y})$
• 유접점 시퀀스회로

▌선의 접속과 미접속에 대한 예시 ▌

접속	미접속
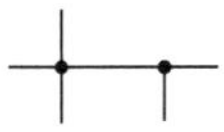	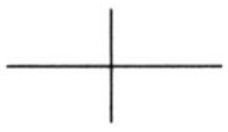

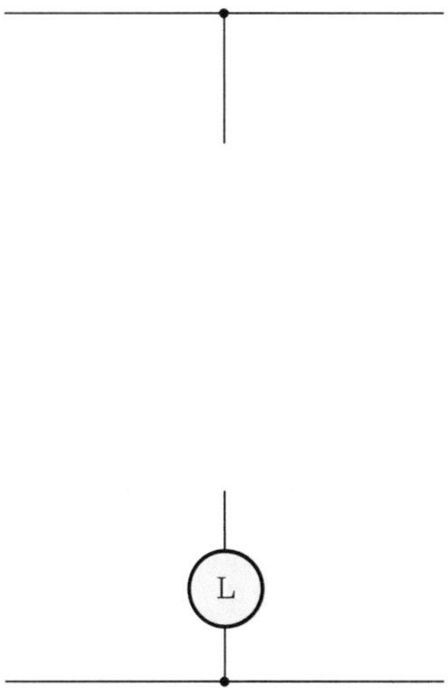

답안

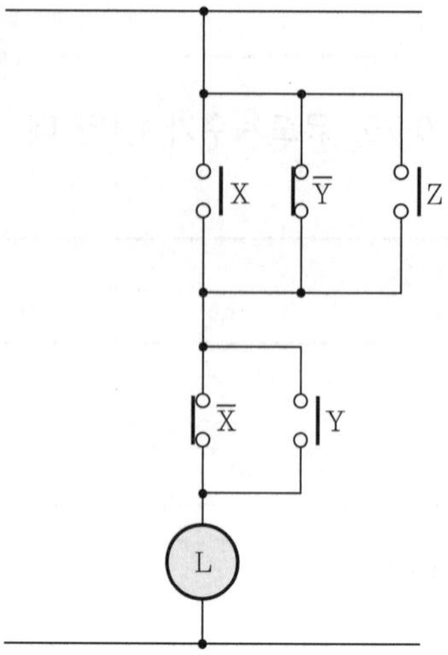

문제 06

배점 : 5점

단상 변압기가 있다. 전부하에서 2차 전압은 115[V]이고, 전압변동률은 2[%]이다. 1차 단자전압을 구하시오. (단, 1차, 2차 권선비는 20 : 1이다.)

- 계산과정 :
- 답 :

답안
- 계산과정

전압변동률 $\varepsilon = \dfrac{V_{20} - V_{2n}}{V_{2n}}$

$$\therefore\ V_{20} = V_{2n}(1+\varepsilon) = 115(1+0.02) = 117.3[\text{V}]$$

$$\therefore\ V_1 = 117.3 \times 20 = 2{,}346[\text{V}]$$

- 답 : 2,346[V]

문제 07 배점 : 6점

전압 22,900[V], 주파수 60[Hz], 선로길이 7[km] 1회선의 3상 지중 송전선로가 있다. 이때 3상 무부하 충전전류 및 충전용량을 구하시오. (단, 케이블의 1선당 작용 정전용량은 0.4[μF/km]라고 한다.)

(1) 충전전류[A]
- 계산과정 :
- 답 :

(2) 충전용량[kVA]
- 계산과정 :
- 답 :

답안

(1) • 계산과정 : $I_c = \omega CE = 2\pi \times 60 \times 0.4 \times 10^{-6} \times 7 \times \frac{22,900}{\sqrt{3}} = 13.96[\text{A}]$

• 답 : 13.96[A]

(2) • 계산과정 : $Q_c = 3\omega CE^2 = 3EI_c = 3 \times \frac{22,900}{\sqrt{3}} \times 13.96 \times 10^{-3} = 553.71[\text{kVA}]$

• 답 : 553.71[kVA]

문제 08 배점 : 5점

건축물의 설계도서 작성기준에 따라 설계도서·법령해석·감리자의 지시 등이 서로 일치하지 아니하는 경우에 있어 계약으로 그 적용의 우선순위를 정하지 아니한 때에 설계도서 해석의 우선순위를 [보기]에서 선택하여 높은 순위에서 낮은 순위 순서로 쓰시오. (단, 답은 기호로 표시한다.)

[보기]
㉠ 설계도면
㉡ 공사시방서
㉢ 산출내역서
㉣ 전문시방서
㉤ 표준시방서
㉥ 감리자의 지시사항

답안 ㉡ → ㉠ → ㉣ → ㉤ → ㉢ → ㉥

문제 09

배점 : 5점

표의 부하를 운전하는 경우 발전기의 최소 용량[kVA]을 산정하시오. (단, 발전기 용량 산정은 다음의 산정식을 이용하고, 전동기의 [kW]당 입력용량계수(a)는 1.45이고, 전동기의 기동계수(c)는 2이고, 발전기의 허용전압강하계수(k)는 1.45이다.)

[발전기 용량 산정식]

$GP \geq [\Sigma P + (\Sigma Pm - PL) \times a + (PL \times a \times c)] \times k$

여기서, GP : 발전기 용량[kVA]

ΣP : 전동기 이외 부하의 입력용량 합계[kVA]

ΣPm : 전동기 부하용량 합계[kW]

PL : 전동기 부하 중 기동용량이 가장 큰 전동기 부하용량[kW]

a : 전동기의 [kW]당 입력용량계수

c : 전동기의 기동계수

k : 발전기의 허용전압강하계수

No	부하종류	용 량
1	유도전동기의 부하용량	37[kW]×1대
2	유도전동기의 부하용량	10[kW]×5대
3	전동기 이외 부하의 입력용량 합계	30[kVA]

- **계산과정 :**
- **답 :**

답안

- 계산과정 : $P_G = \{30 + (37 + 10 \times 5 - 37) \times 1.45 + (37 \times 1.45 \times 2)\} \times 1.45$
  $= 304.21[\text{kVA}]$
- 답 : 304.21[kVA]

문제 10

배점 : 4점

측정범위 1[mA], 내부저항 20[kΩ]의 전류계에 분류기를 붙여서 6[mA]까지 측정하고자 한다. 이때 필요한 분류기의 저항[kΩ]을 구하시오.

- **계산과정 :**
- **답 :**

답안

- 계산과정 : $R_s = \dfrac{1}{m-1} \cdot R_A = \dfrac{1}{\dfrac{6}{1} - 1} \times 20 = 4[\text{k}\Omega]$
- 답 : 4[kΩ]

문제 **11**

배점 : 5점

한국전기설비규정에 따라 기계기구 및 전선을 보호하기 위하여 필요한 곳에는 과전류 차단기를 시설하여야 하는데, 과전류 차단기의 시설을 제한하고 있는 개소가 있다. 이 과전류 차단기의 시설 제한 개소를 3가지 쓰시오. (단, 한국전기설비규정에서 정하는 과전류 차단기의 시설 제한 개소에 대한 예외 사항은 무시한다.)

답안
- 접지공사의 접지도체
- 다선식 전로의 중성선
- 전로 일부를 접지공사한 저압 가공전선로의 접지측 전선

문제 **12**

배점 : 4점

용량 500[kVA]인 변압기에 역률 60[%](지상), 500[kVA]인 부하가 접속되어 있다. 이 부하와 병렬로 전력용 커패시터를 접속하여 역률을 90[%]로 개선했을 때, 이 변압기에 증설할 수 있는 부하 용량[kW]을 구하시오. (단, 증설하는 부하의 역률은 90[%](지상)이다.)

• 계산과정 :
• 답 :

답안
- 계산과정

$$P' = P_a(\cos\theta_2 - \cos\theta_1)$$
$$= 500(0.9 - 0.6)$$
$$= 150[\mathrm{kW}]$$

- 답 : 150[kW]

문제 13

배점 : 11점

그림과 같이 누전차단기를 적용한 회로에서 CVCF에 의한 선간전압이 220[V], 주파수가 60[Hz]이고, ELB_1의 출력단에서 지락이 발생되었다. 다음 각 물음에 답하시오. (단, CVCF 출력단 커패시터의 정전용량이 $C_0 = 5[\mu F]$이고, 부하측 라인필터의 정전용량이 $C_1 = C_2 = 0.1[\mu F]$, 누전차단기 ELB_1에서 부하 1까지 케이블의 대지정전용량이 $C_{L1} = 0.2$, ELB_2에서 부하 2까지 케이블의 대지정전용량이 $C_{L2} = 0.2[\mu F]$이고, 기타 선로의 임피던스와 지락저항은 무시한다.)

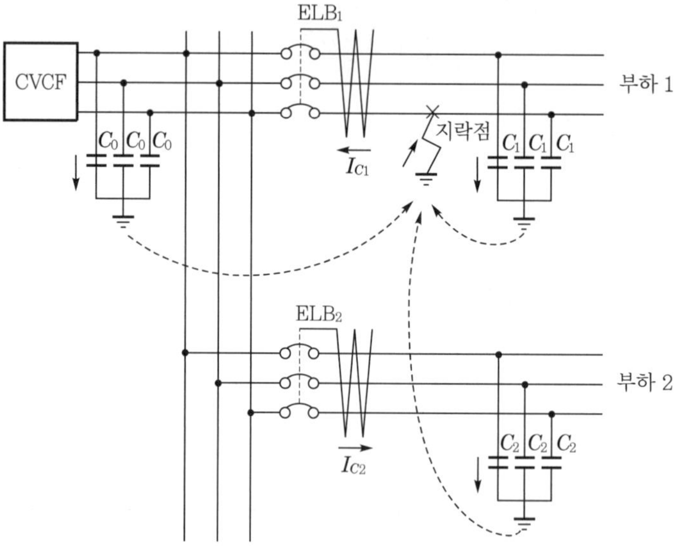

[조건]

- 지락전류는 $I_C = 3 \times 2\pi fCE$를 이용하여 계산한다.
- 누전차단기는 지락 시 지락전류의 $\frac{1}{3}$에서 동작이 가능해야 하며, 부동작전류는 건전 피더(Feeder) ELB_2에 흐르는 지락전류의 2배 이상의 것으로 한다.
- 누전차단기의 시설 구분에 대한 표시기호는 다음과 같다.
  ◯ : 누전차단기를 시설할 것
  △ : 주택에 기계기구를 시설하는 경우에는 누전차단기를 시설할 것
  □ : 주택 구내 또는 도로에 접한 면에 룸에어컨디셔너, 아이스박스, 진열장, 자동판매기 등 전동기를 부품으로 한 기계기구를 시설하는 경우에는 누전차단기를 시설하는 것이 바람직하다.
  ※ 사람이 조작하고자 하는 기계기구를 시설한 장소보다 전기적인 조건이 나쁜 장소에서 접촉할 우려가 있는 경우에는 전기적 조건이 나쁜 장소에 시설된 것으로 취급한다.

(1) 도면에 있는 CVCF의 한글 명칭을 쓰시오.

(2) 건전 피더(Feeder) ELB_2에 흐르는 지락전류 I_{C2}는 몇 [mA]인지 구하시오.
- 계산과정 :
- 답 :

(3) 누전차단기가 불필요한 동작을 하지 않기 위한 전류[mA]의 범위를 구하시오. (단, 소수점 이하는 절사한다.)
- 계산과정 :
- 답 :

(4) 누전차단기의 시설 예에 대한 표의 빈칸에 ○, △, □를 사용하여 표를 완성하시오.

기계기구의 시설장소 / 전로의 대지전압	옥 내		옥 측		옥 외	물기가 있는 장소
	건조한 장소	습기가 많은 장소	우선 내	우선 외		
150[V] 이하						
150[V] 초과, 300[V] 이하						

답안 (1) 정전압 정주파수 공급장치

(2) • 계산과정

$I_{c2} = 3\omega(C_2 + C_{L2}) \cdot E$

$= 3 \times 2\pi \times 60 \times (0.1 + 0.2) \times 10^{-6} \times \dfrac{220}{\sqrt{3}} \times 10^3$

$= 43.1[\text{mA}]$

• 답 : 43.1[mA]

(3) • 계산과정

– 사고피더 ELB_1에 흐르는 지락전류

$I_{c1} = 3\omega(C_0 + C_1 + C_2 + C_{L1} + C_{L2}) \cdot E$

$\therefore\ I_{c1} = 3 \times 2\pi \times 60 \times (5 + 0.1 + 0.1 + 0.2 + 0.2) \times 10^{-6} \times \dfrac{220}{\sqrt{3}} \times 10^3$

$= 804.46[\text{mA}]$

– ELB 동작전류 : $804.46 \times \dfrac{1}{3} = 268.15[\text{mA}]$

– ELB 부동작전류 : $43.1 \times 2 = 86.2[\text{mA}]$

• 답 : 전류범위 86 ~ 268.15[mA]

(4)

기계기구의 시설장소 / 전로의 대지전압	옥 내		옥 측		옥 외	물기가 있는 장소
	건조한 장소	습기가 많은 장소	우선 내	우선 외		
150[V] 이하	–	–	–	□	□	○
150[V] 초과, 300[V] 이하	△	○	–	○	○	○

문제 14

배점 : 5점

대지 고유 저항률 400[Ω · m]의 장소에 직경 19[mm], 길이 2,400[mm] 접지봉을 전부 타입하여 설치할 경우 접지저항값[Ω]을 구하시오.

- 계산과정 :
- 답 :

답안 • 계산과정

$$R = \frac{\rho}{2\pi l}\ln\frac{2l}{r}$$

$$= \frac{400}{2\pi \times 2.4}\ln\frac{2\times 2,400}{19\times\frac{1}{2}}$$

$$= 165.13[\Omega]$$

• 답 : 165.13[Ω]

문제 15

배점 : 4점

50[Hz]로 사용하던 전력용 커패시터를 같은 전압의 60[Hz]로 사용하는 경우 흐르는 전류는 몇 [%] 증가 또는 감소하는지 구하시오.

- 계산과정 :
- 답 :

답안 • 계산과정

$$I_c = j\omega CE$$

$$I_c \propto f$$

$$\therefore \frac{60}{50}\times 100 = 120[\%] \text{ 증가한다.}$$

• 답 : 120[%] 증가

문제 16

배점 : 6점

불평형 3상 전압이 각각 $V_a = 7.3\angle 12.5°$[V], $V_b = 0.4\angle -100°$[V], $V_c = 4.4\angle 154°$[V]일 때 전압의 대칭분[영상분(V_0[V]), 정상분(V_1[V]), 역상분(V_2[V])]을 구하시오. (단, 3상 전압의 상순은 $a - b - c$이다.)

(1) 영상분 전압(V_0)
- 계산과정 :
- 답 :

(2) 정상분 전압(V_1)
- 계산과정 :
- 답 :

(3) 역상분 전압(V_2)
- 계산과정 :
- 답 :

답안

(1) • 계산과정 : $V_0 = \frac{1}{3}(\dot{V}_a + \dot{V}_b + \dot{V}_c)$

$$= \frac{1}{3}(7.3\angle 12.5° + 0.4\angle -100° + 4.4\angle 154°)$$

$$= 1.03 + j1.04 = 1.47\angle 45.11°$$

• 답 : $1.47\angle 45.11°$

(2) • 계산과정 : $V_1 = \frac{1}{3}(\dot{V}_a + a\dot{V}_b + a^2\dot{V}_c)$

$$= \frac{1}{3}(7.3\angle 12.5° + 1\angle 120° \times 0.4\angle -100° + 1\angle -120° \times 4.4\angle 154°)$$

$$= \frac{1}{3}(7.3\angle 12.5° + 0.4\angle 20° + 4.4\angle 34°)$$

$$= 3.72 + j1.39 = 3.97\angle 20.54°$$

• 답 : $3.97\angle 20.54°$

(3) • 계산과정 : $V_2 = \frac{1}{3}(\dot{V}_a + a^2\dot{V}_b + a\dot{V}_c)$

$$= \frac{1}{3}(7.3\angle 12.5° + 1\angle -120° \times 0.4\angle -100° + 1\angle 120° \times 4.4\angle 154°)$$

$$= \frac{1}{3}(7.3\angle 12.5° + 0.4\angle -220° + 4.4\angle 274°)$$

$$= 2.38 + j0.85 = 2.52\angle -19.7°$$

• 답 : $2.52\angle -19.7°$

문제 17

배점 : 9점

154[kV] 계통 변전소에 다음과 같은 정격전압 및 용량을 가진 3권선 변압기가 설치되어 있다. 다음 각 물음에 답하시오. (단, 기타 주어지지 않은 조건은 무시한다.)

1차 전압=154[kV],	2차 전압=66[kV],	3차 전압=23[kV]
1차 용량=100[MVA],	2차 용량=100[MVA],	3차 용량=50[MVA]
$\%X_{12}$=9[%](100[MVA] 기준),	$\%X_{23}$=3[%](50[MVA] 기준),	$\%X_{13}$=8.5[%](50[MVA] 기준)

(1) 각 권선의 %리액턴스를 100[MVA] 기준으로 구하시오.
- 계산과정 :
- $\%X_1 =$, $\%X_2 =$, $\%X_3 =$

(2) 1차 입력이 100[MVA](역률 0.9 lead)이고 3차에 50[MVA]의 전력용 커패시터가 접속되어 있을 때 2차 출력[MVA] 및 그 역률[%]을 구하시오.
- 계산과정 :
- 2차 출력 :
- 역률 :

(3) "(2)"의 조건에서 운전 중 1차 전압이 154[kV]일 때, 2차 및 3차 전압[kV]을 구하시오.
- 계산과정 :
- 2차 전압 :
- 3차 전압 :

답안 (1) • 계산과정

100[MVA] 기준 $\%X_{12} = 9[\%]$

$$\%X_{23} = \frac{100}{50} \times 3 = 6[\%]$$

$$\%X_{13} = \frac{100}{50} \times 8.5 = 17[\%]$$

$$\%X_1 = \frac{1}{2}(9 + 17 - 6) = 10[\%]$$

$$\%X_2 = \frac{1}{2}(9 + 6 - 17) = -1[\%]$$

$$\%X_3 = \frac{1}{2}(17 + 6 - 9) = 7[\%]$$

• $\%X = 10[\%]$, $\%X_2 = -1[\%]$, $\%X_3 = 7[\%]$

(2) • 계산과정

1차 유효전력 : $100 \times 0.9 = 90[MVA]$

1차 무효전력 : $100 \times \sqrt{1 - 0.9^2} = 43.59[MVar]$(진상)

2차 무효전력 : $43.59 + 50 = 93.59[MVar]$

$\therefore$ 2차 출력(피상전력) : $\sqrt{90^2 + 93.59^2} = 129.84[MVA]$

3차 역률 : $\dfrac{90}{129.84} \times 100 = 69.32[\%]$

• 2차 출력 : 129.84[MVA]

• 역률 : 69.32[%]

(3) • 계산과정

전압변동률 $\varepsilon = p\cos\theta \pm q\sin\theta = -q\sin\theta$ ($\because p = 0$)

1차측 $\varepsilon_1 = (-1) \times (10) \times \sqrt{1-0.9^2} = -4.36[\%]$

2차측 $\varepsilon_2 = (-1) \times (1) \times \sqrt{1-0.6932^2} = 0.72[\%]$

3차측 $\varepsilon_1 = (-1) \times (7) = -7[\%]$

$$E_1 = \frac{154}{1+(-0.0436)} = 161.02[\text{kV}]$$

$$E_2 = 161.02 \times \frac{66}{154} = 69.01[\text{kV}]$$

$$E_3 = 161.02 \times \frac{23}{154} = 24.05[\text{kV}]$$

$$\therefore \text{ 2차측 전압 } V_2 = \frac{E_2}{1+\varepsilon_2} = \frac{69.01}{1+0.0072} = 68.52[\text{kV}]$$

$$\text{3차측 전압 } V_3 = \frac{E_2}{1+\varepsilon_3} = \frac{24.05}{1+(-0.07)} = 25.86[\text{kV}]$$

• 2차 전압 : 68.52[kV]
• 3차 전압 : 25.86[kV]

문제 18

배점 : 5점

다음은 어느 제조공장의 부하 목록이다. 부하 중심법 공식을 활용하여 부하의 중심 위치(X, Y)를 구하시오. (단, X는 X축, Y는 Y축의 좌표값을 의미하여, 주어지지 않은 조건은 무시한다.)

구 분	분 류	소비전력량	위치(X)	위치(Y)
①	물류 저장소	120[kWh]	4[m]	4[m]
②	유틸리티	60[kWh]	9[m]	3[m]
③	사무실	20[kWh]	9[m]	9[m]
④	생산라인	320[kWh]	6[m]	12[m]

• **계산과정 :**
• X=　　　[m], Y=　　　[m]

답안

• 계산과정 : $X = \dfrac{120\times4+60\times9+20\times9+320\times6}{120+60+20+320} = 6[\text{m}]$

$$Y = \frac{120\times4+60\times3+20\times9+320\times12}{120+60+20+320} = 9[\text{m}]$$

• X =6[m], Y =9[m]

2022년도 기사 제2회 필답형 실기시험

종 목	시험시간	배 점	문제수	형 별
전 기 기 사	2시간 30분	100	18	A

문제 01

배점 : 5점

그림과 같은 전력계통에서 차단기 a에서의 단락용량[MVA]을 구하시오. (단, 전력계통에서 각 부분에 대한 %임피던스는 10[MVA]의 기준용량으로 환산된 것이다.)

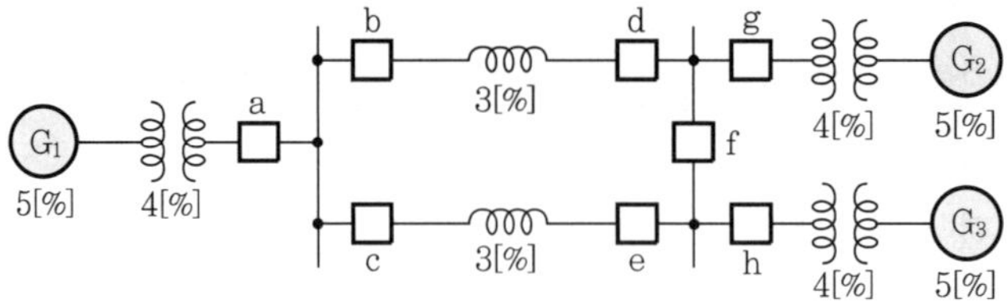

• 계산과정 :
• 답 :

답안 • 계산과정

차단기 a의 우측 단락일 경우

$$P_s = \frac{100}{5+4} \times 10 = 111.11[\text{MVA}]$$

차단기 a의 좌측 단락일 경우

$$P_s = \frac{100}{(3+4+5) \times \frac{1}{2}} \times 10 = 166.67[\text{MVA}]$$

∴ 단락용량이 큰 쪽을 기준이므로 166.67[MVA]로 선정한다.

• 답 : 166.67[MVA]

문제 02

배점 : 6점

입력 A, B, C에 대한 출력 Y1, Y2를 다음의 진리표와 같이 동작시키고자 할 때 다음 각 물음에 답하시오. (단, 회로 작성 시 선의 접속 및 미접속에 대한 예시를 참고하여 작성하시오.)

입 력			출 력	
A	B	C	Y1	Y2
0	0	0	0	1
0	0	1	0	1
0	1	0	0	1
0	1	1	0	0
1	0	0	0	1
1	0	1	1	1
1	1	0	1	1
1	1	1	1	0

▌선의 접속과 미접속에 대한 예시▐

접속	미접속

(1) 출력 Y1, Y2의 간략화된 논리식을 각각 구하시오. (단, 간략화된 논리식은 최소한의 논리게이트 및 접점수 사용을 고려한 논리식이다.)
- Y1 =
- Y2 =

(2) "(1)"에서 구한 논리식을 논리회로로 작성하시오.

(3) "(1)"에서 구한 논리식을 유접점 시퀀스회로로 작성하시오.

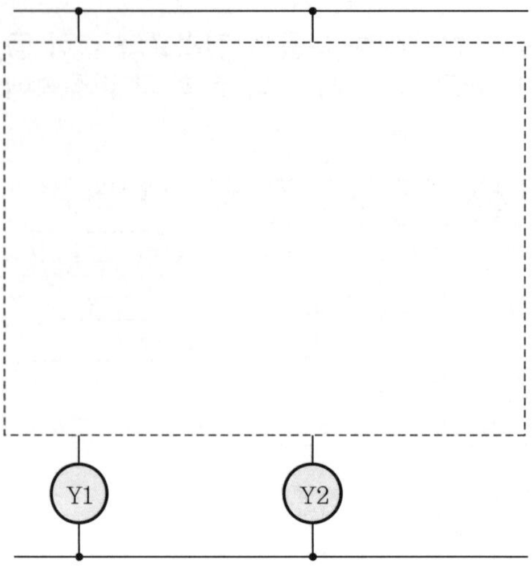

답안 (1) • $Y1 = A\overline{B}C + AB\overline{C} + ABC$

$= A\overline{B}C + AB\overline{C} + ABC + ABC$

$= AC(\overline{B} + B) + AB(\overline{C} + C)$

$= AC + AB$

$= A(B + C)$

• $Y2 = \overline{A}\,\overline{B}\,\overline{C} + \overline{A}\,\overline{B}C + \overline{A}B\overline{C} + A\overline{B}\,\overline{C} + A\overline{B}C + AB\overline{C}$

$= \overline{B}\,\overline{C}(\overline{A} + A) + \overline{B}C(\overline{A} + A) + B\overline{C}(\overline{A} + A)$

$= \overline{B}\,\overline{C} + \overline{B}C + B\overline{C}$

$= \overline{B}\,\overline{C} + \overline{B}\,\overline{C} + \overline{B}C + B\overline{C}$

$= \overline{B}(\overline{C} + C) + \overline{C}(\overline{B} + B)$

$= \overline{B} + \overline{C}$

(2)

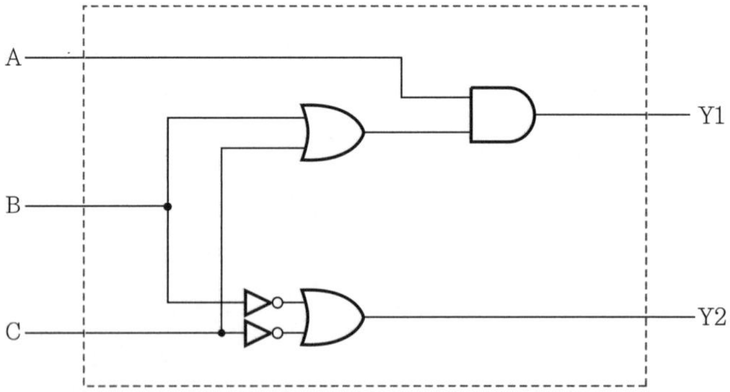

(3)

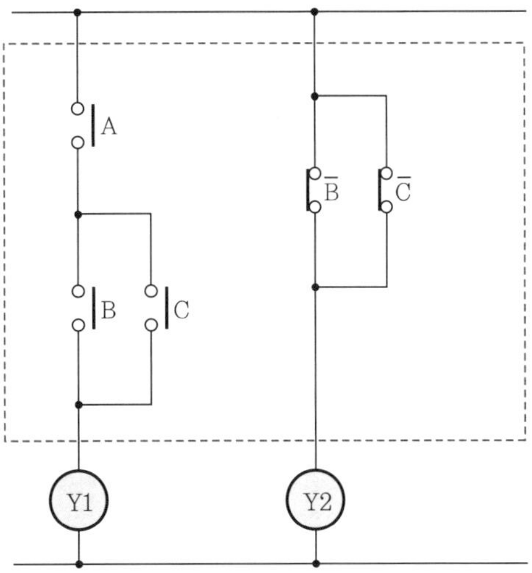

문제 03 배점 : 4점

한국전기설비규정에서 정하는 다음의 각 용어에 대한 정의를 쓰시오.

(1) PEM 도체(protective earthing conductor and a mid-point conductor)
(2) PEL 도체(protective earthing conductor and a line conductor)

답안 (1) 직류회로에서 중간선 겸용 보호도체이다.
(2) 직류회로에서 선도체 겸용 보호도체이다.

문제 04

배점 : 8점

용량이 5,000[kVA]인 수전설비의 수용가에서 5,000[kVA], 역률 75[%](지상)의 부하가 운전 중이다. 다음 각 물음에 답하시오.

(1) 이 수용가에 1,000[kVA]의 전력용 커패시터를 설치하였을 때 개선된 역률[%]을 구하시오.
- 계산과정 :
- 답 :

(2) 1,000[kVA]의 전력용 커패시터를 설치한 후, 역률 80[%](지상)의 부하를 추가로 접속하여 운전하고자 한다. 추가할 수 있는 역률 80[%](지상)의 최대 부하용량[kW]을 구하시오.
- 계산과정 :
- 답 :

(3) 1,000[kVA]의 전력용 커패시터를 설치하고 "(2)"에서 구한 부하를 추가한 후, 이 수용가의 종합 역률를 구하시오.
- 계산과정 :
- 답 :

답안 (1) • 계산과정

$$\cos\theta_2 = \frac{5,000\times0.75}{\sqrt{(5,000\times0.75)^2+(5,000\times\sqrt{1-0.75^2}-1,000)^2}}\times100$$

$$= 85.17[\%]$$

• 답 : 85.17[%]

(2) • 계산과정

$5,000^2 = (5,000\times0.75+0.8X)^2+(5,000\times\sqrt{1-0.75^2}-1,000+0.6X)^2$ 에서

$X = 599.32[\text{kVA}]$ (여기서 X는 여유 피상분)

$\therefore$ 추가 전력 $= 599.32\times0.8$

$= 479.46[\text{kW}]$

• 답 : 479.46[kW]

(3) • 계산과정

$$\cos\theta = \frac{3,750+479.46}{5,000}\times100$$

$$= 84.59[\%]$$

• 답 : 84.59[%]

문제 05

배점 : 4점

3상 3선식 1회선 배전선로의 말단에 역률 80[%](지상)의 평형 3상 부하가 있다. 변전소 인출구 전압이 6,600[V], 부하의 단자전압이 6,000[V]일 때 이 부하의 소비전력은 몇 [kW]인지 구하시오. (단, 선로의 저항은 1.4[Ω], 리액턴스는 1.8[Ω]이고, 기타의 선로 정수는 무시한다.)

- 계산과정 :
- 답 :

답안 • 계산과정

전압강하 $e = \frac{P}{V}(R + X\tan\theta)$에서

전력 $P = \frac{e \cdot V}{R + X\tan\theta} = \frac{(6,600 - 6,000) \times 6,000}{1.4 + 1.8 \times \frac{0.6}{0.8}} \times 10^{-3} = 1,309.09[\text{kW}]$

- 답 : 1,309.09[kW]

문제 06

배점 : 6점

어느 변압기의 2차 정격전압이 2,300[V], 2차 정격전류가 43.5[A], 2차측에서 본 합성저항이 0.66[Ω], 무부하손이 1,000[W]이다. 전부하 시 및 절반부하 시 역률이 100[%] 및 80[%]인 경우에 대한 이 변압기의 효율을 각각 구하시오.

(1) 전부하 시
  ① 역률이 100[%]인 경우 변압기의 효율을 구하시오.
    - 계산과정 :
    - 답 :
  ② 역률이 80[%]인 경우 변압기의 효율을 구하시오.
    - 계산과정 :
    - 답 :

(2) 절반부하 시
  ① 역률이 100[%]인 경우 변압기의 효율을 구하시오.
    - 계산과정 :
    - 답 :
  ② 역률이 80[%]인 경우 변압기의 효율을 구하시오.
    - 계산과정 :
    - 답 :

답안 (1) ① • 계산과정

$$\eta = \frac{1\times 2,300\times 43.5\times 1}{(1\times 2,300\times 43.5\times 1)+1,000+(1^2\times 43.5^2\times 0.66)}\times 100 = 97.8[\%]$$

• 답 : 97.8[%]

② • 계산과정

$$\eta = \frac{1\times 2,300\times 43.5\times 0.8}{(1\times 2,300\times 43.5\times 0.8)+1,000+(1^2\times 43.5^2\times 0.66)}\times 100 = 97.27[\%]$$

• 답 : 97.27[%]

(2) ① • 계산과정

$$\eta = \frac{\frac{1}{2}\times 2,300\times 43.5\times 1}{\left(\frac{1}{2}\times 2,300\times 43.5\times 1\right)+1,000+\left\{\left(\frac{1}{2}\right)^2\times 43.5^2\times 0.66\right\}}\times 100 = 97.44[\%]$$

• 답 : 97.44[%]

② • 계산과정

$$\eta = \frac{\frac{1}{2}\times 2,300\times 43.5\times 0.8}{\left(\frac{1}{2}\times ,2300\times 43.5\times 0.8\right)+1,,000+\left\{\left(\frac{1}{2}\right)^2\times 43.5^2\times 0.66\right\}}\times 100 = 96.83[\%]$$

• 답 : 96.83[%]

문제 07

배점 : 5점

3상 3선식 고압의 수전설비에서 그림과 같이 접속된 변류기의 2차 전류가 각각 4.2[A]일 때 이 수전설비로 공급되는 전력[kW]을 구하시오. (단, 수전전압은 6,600[V], 변류비는 50/8, 역률은 100[%]이다.)

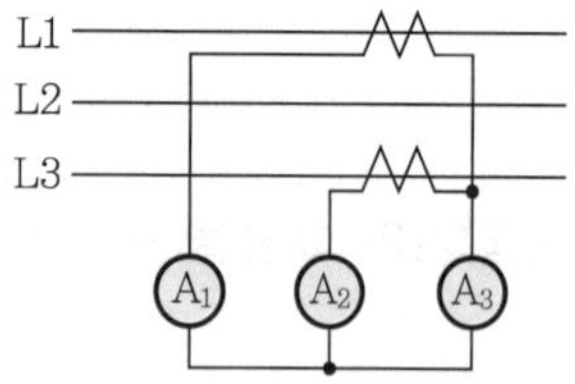

• 계산과정 :
• 답 :

답안

• 계산과정 : $P = \sqrt{3}\times 6,600\times 4.2\times \frac{50}{5}\times 1\times 10^{-3} = 480.12[kW]$

• 답 : 480.12[kW]

문제 08

배점 : 5점

다음은 전기안전관리자의 직무에 관한 고시에 따라 안전관리업무를 대행하는 전기안전관리자가 점검을 실시해야 하는 전기설비의 용량별 점검 횟수 및 간격에 대한 기준을 나타낸 것이다. ( ) 안에 알맞은 내용을 쓰시오.

용량별		점검횟수	점검 간격
저압	1 ~ 300[kW] 이하	월 1회	20일 이상
	300[kW] 초과	월 2회	10일 이상
고압 이상	1 ~ 300[kW] 이하	월 1회	20일 이상
	300[kW] 초과 ~ 500[kW] 이하	월 (①)회	(②)일 이상
	500[kW] 초과 ~ 700[kW] 이하	월 (③)회	(④)일 이상
	700[kW] 초과 ~ 1,500[kW] 이하	월 (⑤)회	(⑥)일 이상
	1,500[kW] 초과 ~ 2,000[kW] 이하	월 (⑦)회	(⑧)일 이상
	2,000[kW] 초과	월 (⑨)회	(⑩)일 이상

• 답란

①	②	③	④	⑤
⑥	⑦	⑧	⑨	⑩

답안

① 2
② 10
③ 3
④ 7
⑤ 4
⑥ 5
⑦ 5
⑧ 4
⑨ 6
⑩ 3

문제 09

배점 : 6점

상의 순서가 $a-b-c$인 불평형 3상 교류회로에서 각 상의 전류가 $I_a=7.28\angle 15.95°$[A], $I_b=12.81\angle -128.66°$[A], $I_c=7.21\angle 123.69°$[A]일 때 전류의 대칭분(영상분(I_0[A]), 정상분(I_1[A]), 역상분(I_2[A]))을 구하시오.

(1) 영상분 전류(I_0)
- 계산과정 :
- 답 :

(2) 정상분 전류(I_1)
- 계산과정 :
- 답 :

(3) 역상분 전류(I_2)
- 계산과정 :
- 답 :

답안 (1) • 계산과정

$$I_0=\frac{1}{3}(7.28\angle 15.95°+12.81\angle -128.66°+7.21\angle 123.69°)$$
$$=-1.67+j0.67=1.8\angle -158.17°\text{[A]}$$

• 답 : $1.8\angle -158.17°$[A]

(2) • 계산과정

$$I_1=\frac{1}{3}(7.28\angle 15.95°+1\angle 120°\times 12.81\angle -128.66°+1\angle -120°\times 7.21\angle 123.69°)$$
$$=\frac{1}{3}(7.28\angle 15.95°+12.81\angle -8.66°+7.21\angle 3.69°)$$
$$=8.95+j0.18=8.95\angle 1.14°\text{[A]}$$

• 답 : $8.95\angle 1.14°$[A]

(3) • 계산과정

$$I_2=\frac{1}{3}(7.28\angle 15.95°+1\angle -120°\times 12.81\angle -128.66°-1\angle 120°\times 7.21\angle 123.69°)$$
$$=\frac{1}{3}(7.28\angle 15.95°+12.81\angle -248.66°+7.21\angle 243.69°)$$
$$=-0.285+j2.489=2.51\angle 96.55°\text{[A]}$$

• 답 : $2.51\angle 96.55°$[A]

문제 10

배점 : 6점

지표면상 10[m] 높이에 수조가 있다. 이 수조에 초당 1[m^3]의 물을 양수하는데 필요한 펌프용 3상 농형 유도전동기에 3상 전력을 공급하고자 한다. 펌프 효율이 70[%]이고, 펌프 축 동력에 20[%]의 여유를 두는 경우에 대한 다음 각 물음에 답하시오. (단, 펌프용 3상 농형 유도전동기의 역률을 100[%]로 가정한다.)

(1) 펌프용 3상 농형 유도전동기의 용량[kW]을 구하시오.
- 계산과정 :
- 답 :

(2) 단상 변압기 2대를 V결선하여 3상 전력을 공급하기 위해서 필요한 단상 변압기 1대의 용량[kVA]을 구하시오.
- 계산과정 :
- 답 :

답안

(1) • 계산과정 : $P_n = \dfrac{9.8 \times 1 \times 10 \times 1.2}{0.7} = 168[\text{kW}]$

• 답 : 168[kW]

(2) • 계산과정 : $P_{\text{V}} = P_{\triangle} \times \dfrac{1}{\sqrt{3}} = 168 \times \dfrac{1}{\sqrt{3}} = 96.99[\text{kVA}]$

• 답 : 96.99[kVA]

문제 11

배점 : 5점

폭 15[m]인 도로의 양쪽에 간격 20[m]를 두고 대칭 배열로 가로등이 점등되어 있다. 한 등의 전 광속이 8,000[lm]이고 조명률이 45[%]일 때 도로의 평균 조도[lx]를 구하시오.

- 계산과정 :
- 답 :

답안

• 계산과정 : $E = \dfrac{8,000 \times 0.45}{\dfrac{1}{2} \times 15 \times 20 \times 1} = 24[\text{lx}]$

• 답 : 24[lx]

문제 12

배점 : 4점

다음은 전력시설물 공사감리업무 수행지침에서 정하는 설계변경 및 계약금액 조정에 대한 사항의 일부를 나타낸 것이다. (   ) 안에 알맞은 내용을 쓰시오.

감리원은 설계변경 등으로 인한 계약금액의 조정을 위한 각종 서류를 공사업자로부터 제출받아 검토·확인한 후 감리업자에게 보고하여야 하며, 감리업자는 소속 비상주감리원에게 검토·확인하게 하고 대표자 명의로 발주자에게 제출하여야 한다. 이때 변경설계도서의 설계자는 (①), 심사자는 (②)이 날인하여야 한다. 다만, 대규모 통합감리의 경우, 설계자는 실제 설계 담당 감리원과 책임감리원이 연명으로 날인하고 변경설계도서의 표지양식은 사전에 발주처와 협의하여 정한다.

• 답란

①	②

답안 ① 책임 감리원
② 비상주 감리원

문제 13

배점 : 4점

다음은 한국전기설비규정에서 정하는 전선의 식별에 대한 기준이다. (   ) 안에 알맞은 내용을 쓰시오.

(1) 전선의 색상은 다음의 표(전선식별)에 따른다.

상(문자)	색 상
L1	(①)
L2	흑색
L3	(②)
N	(③)
보호도체	(④)

(2) 색상 식별이 종단 및 연결 지점에서만 이루어지는 나도체 등은 전선 종단부에 색상이 반영구적으로 유지될 수 있는 도색, 밴드, 색 테이프 등의 방법으로 표시해야 한다.

(3) "(1)" 및 "(2)"를 제외한 전선의 식별은 KS C IEC 60445(인간과 기계 간 인터페이스, 표시 식별의 기본 및 안전원칙 – 장비단자, 도체단자 및 도체의 식별)에 적합하여야 한다.

• 답란

①	②	③	④

답안 ① 갈색
② 회색
③ 청색
④ 녹색-노란색

문제 14

배점 : 4점

그림의 유접점 시퀀스 제어회로에 대한 다음 각 물음에 답하시오. (단, 회로 작성 시 선의 접속 및 미접속에 대한 예시를 참고하여 작성하시오.)

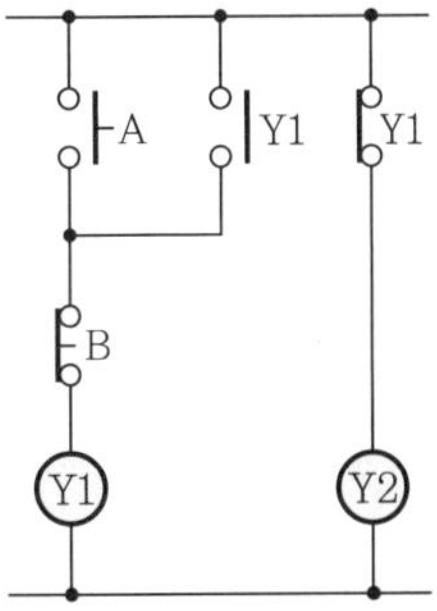

▌선의 접속과 미접속에 대한 예시▐

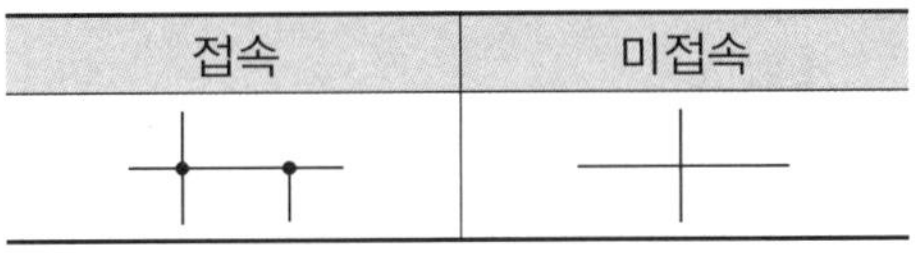

(1) 주어진 시퀀스 제어회로에서 Y1 및 Y2를 출력으로 하는 논리식을 작성하시오.
- Y1 =
- Y2 =

(2) "(1)"에서 구한 논리식을 논리회로로 작성하시오.

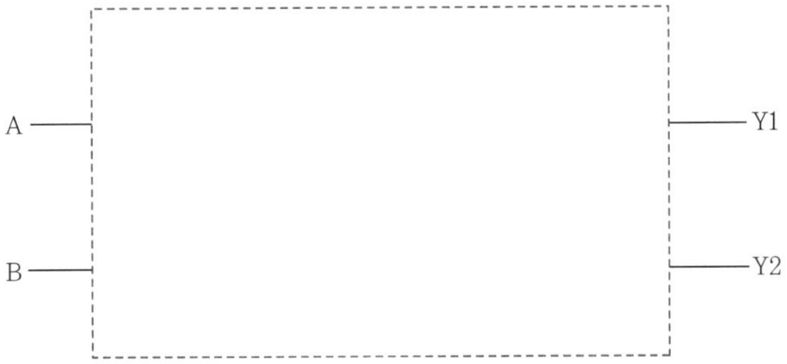

답안 (1) • $Y1 = (A + Y1)\overline{B}$

• $Y2 = \overline{Y1}$

(2)

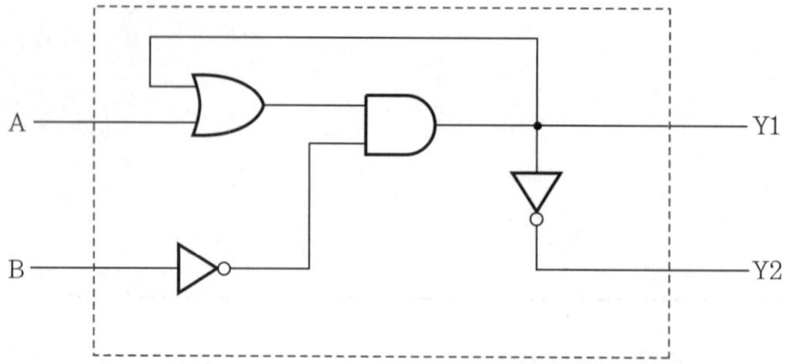

문제 15

배점 : 5점

그림과 같이 전류계 A_1, A_2, A_3와 저항 $R = 25[\Omega]$을 접속하였을 때, 전류계의 지시값이 $A_1 = 10[A]$, $A_2 = 4[A]$, $A_3 = 7[A]$이었다. 이때 부하에서 소비하는 전력[W]과 부하의 역률[%]을 구하시오.

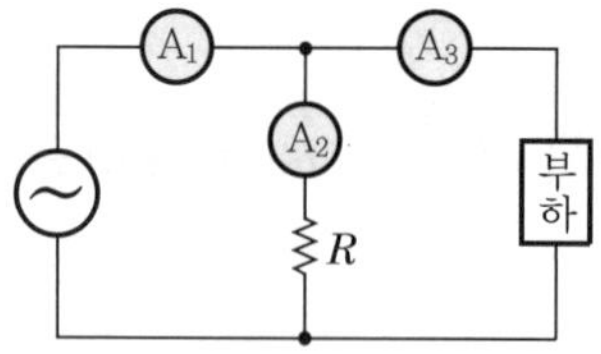

(1) 부하에서 소비하는 전력
- 계산과정 :
- 답 :

(2) 부하의 역률
- 계산과정 :
- 답 :

답안 (1) • 계산과정 : $P = \frac{R}{2}({A_1}^2 - {A_2}^2 - {A_3}^2) = \frac{25}{2}(10^2 - 4^2 - 7^2) = 437.5[W]$

• 답 : 437.5[W]

(2) • 계산과정 : $\cos\theta = \frac{{A_1}^2 - {A_2}^2 - {A_3}^2}{2A_2A_3} = \frac{10^2 - 4^2 - 7^2}{2 \times 4 \times 7} \times 100[\%] = 62.5[\%]$

• 답 : 62.5[%]

문제 16

배점 : 13점

다음은 어느 수용가의 수변전설비에 대한 도면이다. 도면을 이해하고 다음 물음에 답하시오.

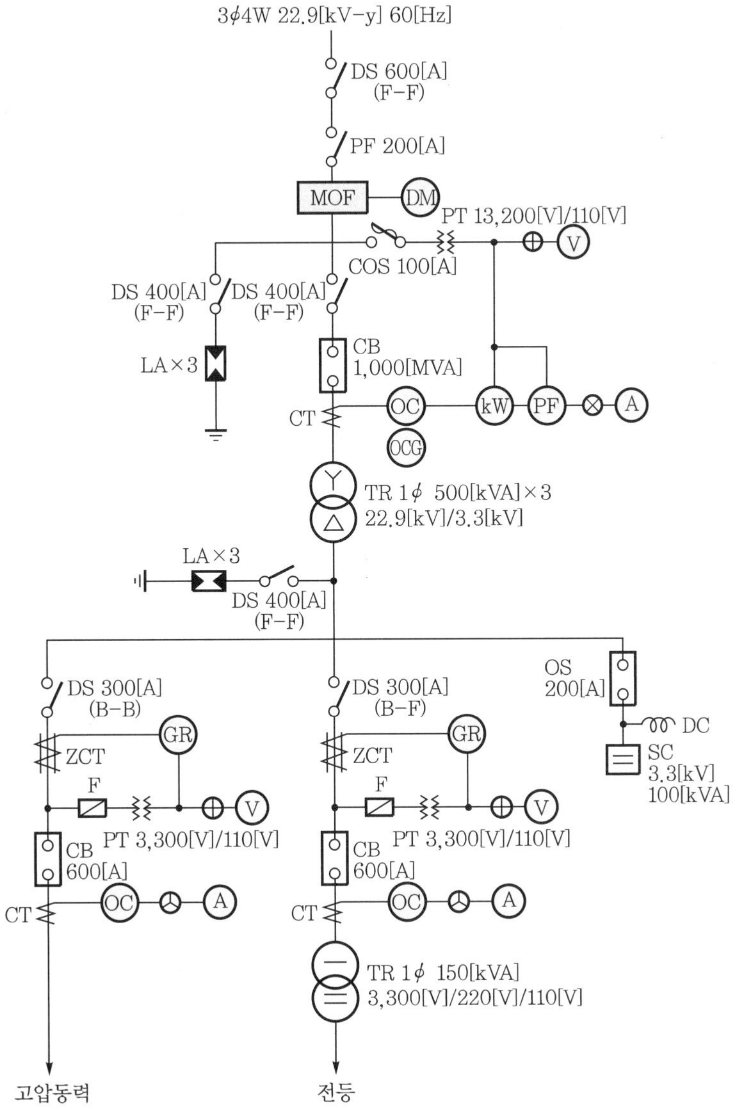

(1) 22.9[kV] 측의 DS의 정격전압을 쓰시오. (단, 정격전압은 계산과정을 생략하고 답만 적으시오.)
(2) MOF의 역할을 쓰시오.
(3) PF의 역할을 쓰시오.
(4) 22.9[kV] LA의 정격전압을 쓰시오.
(5) MOF에 연결된 DM의 명칭을 쓰시오.
(6) 3상의 전압 중 하나를 선택하여 하나의 전압계로 연결해주는 스위치의 명칭(약호)을 쓰시오.

(7) 3상의 전류 중 하나를 선택하여 하나의 전류계로 연결해주는 스위치의 명칭(약호)을 쓰시오.
(8) CB의 역할을 쓰시오.
(9) 3.3[kV] 측의 ZCT의 역할을 쓰시오.
(10) ZCT에 연결된 GR의 역할을 쓰시오.
(11) SC의 역할을 쓰시오.
(12) 3.3[kV] 측의 CB에서 600[A]는 무엇을 의미하는지 쓰시오.
(13) OS의 명칭을 쓰시오.

답안 (1) 25.8[kV]
(2) 계통의 고전압, 대전류를 저전압, 소전류로 변성하여 전력량계에 공급한다.
(3) 단락전류와 같은 고장전류 차단
(4) 18[kV]
(5) 최대 수요 전력계
(6) VS
(7) AS
(8) 주로 단락전류를 차단하고, 일정치 이상의 과부하 전류를 차단하여 기기를 보호하고 통상의 부하전류는 안전하게 통전시킨다.
(9) 지락사고 발생 시 영상전류를 검출하여 지락계전기를 동작시킨다.
(10) 지락사고 시 동작하는 계전기로 ZCT와 조합하여 사용한다.
(11) 부하의 역률을 개선한다.
(12) 차단기의 정격전류
(13) 유입 개폐기

문제 17

배점 : 4점

다음 표의 부하 A, B, C, D로 구성된 수용가의 종합 최대 수요 전력(합성 최대 전력)을 구하시오.

	부하 A	부하 B	부하 C	부하 D
설비용량[kW]	10	20	20	30
수용률	0.8	0.8	0.6	0.6
부등률	1.3			

- **계산과정 :**
- **답 :**

답안
- 계산과정 : $P_n = \dfrac{10 \times 0.8 + 20 \times 0.8 + 20 \times 0.6 + 30 \times 0.6}{1.3} = 41.53[\text{kW}]$
- 답 : 41.53[kW]

문제 **18**

배점 : 6점

공칭전압이 6,600[V]인 3상 3선식 수전설비에서의 단락전류가 8,000[A]일 때 기준용량[MVA]을 구하고, 수전용 차단기의 정격 차단용량을 표에서 선정하시오. (단, 단락지점에서 전원 측을 바라본 계통의 등가 %임피던스는 58.5[%]이다.)

▌차단기의 정격 차단용량[MVA]▐

20	30	50	75	100	150	250	300	400

(1) 기준용량
- **계산과정 :**
- **답 :**

(2) 정격 차단용량
- **계산과정 :**
- **답 :**

답안 (1) • 계산과정

단락전류 $I_s = \dfrac{100}{\%Z} \cdot I_n$에서 정격전류 $I_n = \dfrac{\%Z}{100} \cdot I_s$

$$P_n = \sqrt{3}\,V_n I_n = \sqrt{3} \times 6{,}600 \times \frac{58.5}{100} \times 8{,}000 \times 10^{-6} = 53.5[\text{MVA}]$$

• 답 : 53.5[MVA]

(2) • 계산과정

$$P_s = \sqrt{3} \times 6{,}600 \times \frac{1.2}{1.1} \times 8{,}000 \times 10^{-6} = 99.77[\text{MVA}]$$

∴ 100[MVA]

• 답 : 100[MVA]

2022년도 기사 제3회 필답형 실기시험

종 목	시험시간	배 점	문제수	형 별
전 기 기 사	2시간 30분	100	18	A

문제 01

배점 : 9점

평면이 가로 20[m], 세로 10[m]의 직사각형 형태의 사무실이 있다. 이 사무실의 평균 조도를 200[lx]로 하고자 할 때 주어진 [조건]을 이용하여 다음 각 물음에 답하시오.

[조건]
- 형광등은 40[W]를 사용하며, 이 형광등의 광속은 2,500[lm]이다.
- 조명률은 0.6, 감광보상률은 1.2로 한다.
- 사무실 내부에는 기둥이 없는 것으로 한다.
- 간격은 등기구 센터를 기준으로 한다.
- 등기구는 ○으로 표현하도록 한다.

(1) 이 사무실에 필요한 형광등의 수를 구하시오.
  - 계산과정 :
  - 답 :

(2) 주어진 평면도에 등기구를 배치하시오.

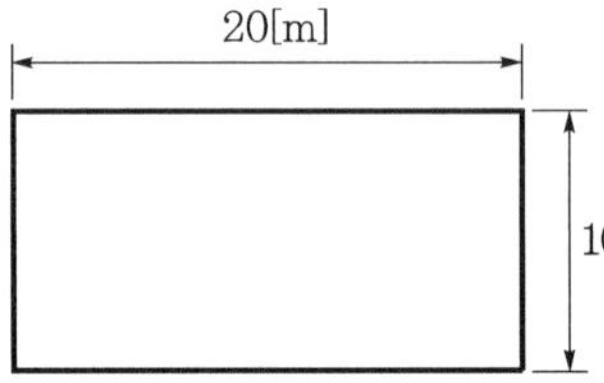

(3) 등간의 간격과 최외각에 설치된 등기구와 사무실 벽간의 간격(아래 그림에서 A, B, C, D)은 각각 몇 [m]인가?

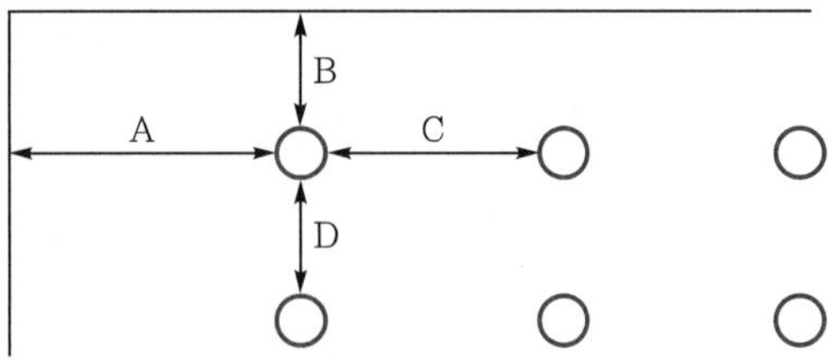

(4) 만일 주파수 60[Hz]에서 사용하는 형광방전등을 50[Hz]에서 사용한다면 광속과 점등시간은 어떻게 변화되는지를 설명하시오.

(5) 양호한 전반조명이라면 등 간격은 등 높이의 몇 배 이하로 해야 하는가?

답안 (1) • 계산과정 : $N=\dfrac{EAD}{FU}=\dfrac{200\times20\times10\times1.2}{2{,}500\times0.6}=32$[등]

• 답 : 32[등]

(2)

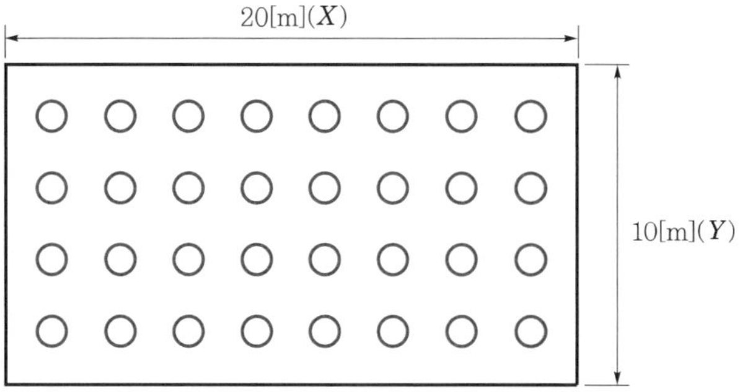

(3) 등기구 간격(C, D) 가로 $\dfrac{20}{8}=2.5$[m]

세로 $\dfrac{10}{4}=2.5$[m]

등기구와 벽 간격(A, B) $2.5\times\dfrac{1}{2}=1.25$[m]

A : 1.25[m], B : 1.25[m], C : 2.5[m], D : 2.5[m]

(4) 광속은 증가하고, 점등시간은 늦어진다.

(5) 1.5배

문제 02 | 배점 : 3점

그림의 논리회로를 유접점 회로로 그리고, 논리식을 구하시오.

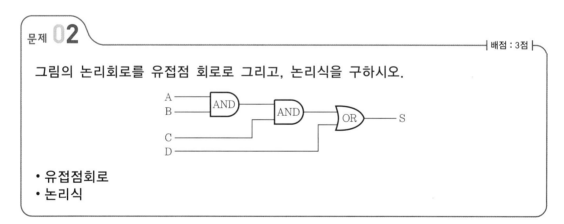

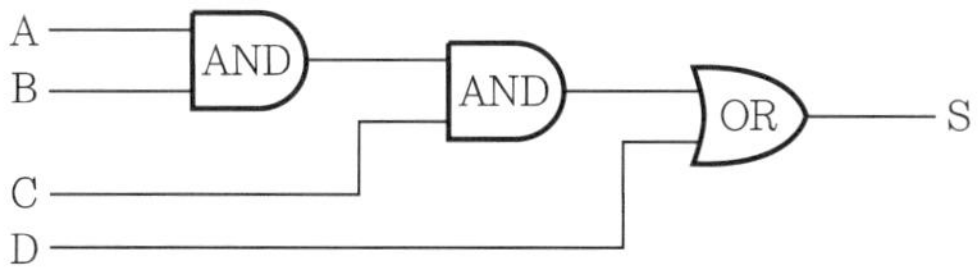

• 유접점회로
• 논리식

답안 • 유접점회로

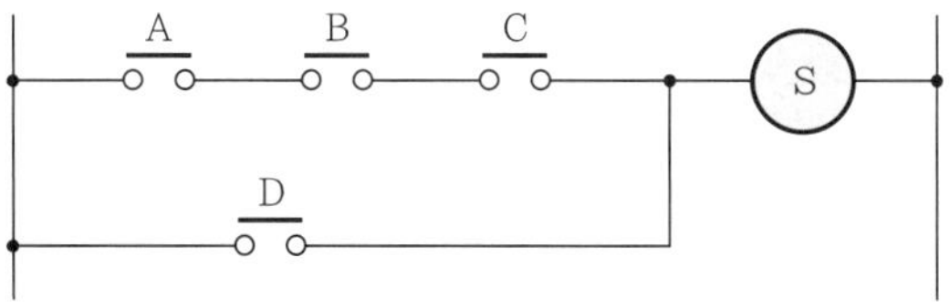

• 논리식 : S = ABC + D

문제 03

배점 : 6점

어떤 부하에 그림과 같이 전압계, 전류계 및 전력계를 접속하였다. 그리고 각 계기들의 지시가 각각 V=220[V], I=25[A], W_1=5.6[kW], W_2=2.4[kW]이다. 이 부하에서 다음 각 물음에 답하시오.

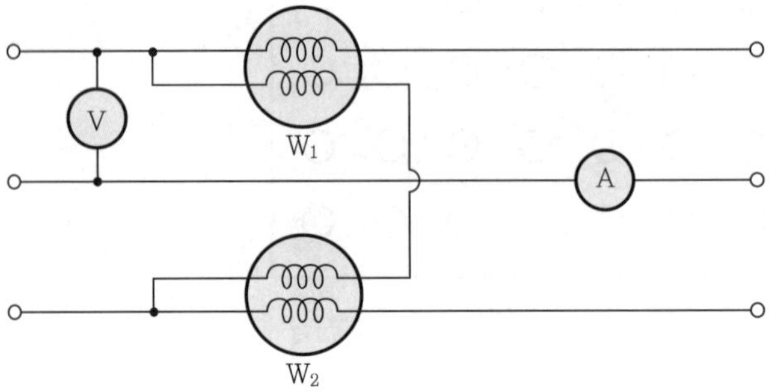

(1) 부하의 소비전력은 몇 [kW]인지 구하시오.
- 계산과정 :
- 답 :

(2) 부하 역률은 몇 [%]인지 구하시오.
- 계산과정 :
- 답 :

답안 (1) • 계산과정 : $P = W_1 + W_2 = 5.6 + 2.4 = 8[\text{kW}]$

• 답 : 8[kW]

(2) • 계산과정 : $\cos\theta = \dfrac{P}{\sqrt{3}\,VI} = \dfrac{8\times 10^3}{\sqrt{3}\times 220\times 25}\times 100 = 83.98[\%]$

• 답 : 83.98[%]

문제 04

배점 : 4점

어느 기간 중에서의 수용가의 최대 수요전력[kW]과 그 수용가가 설치하고 있는 설비용량의 합계[kW]와의 비를 나타내는 용어를 쓰시오.

답안 수용률

문제 05

배점 : 10점

5[km]의 3상 3선식 배전선로의 말단에 1,000[kW], 역률 80[%](지상)의 부하가 접속되어 있다. 지금 전력용 콘덴서로 역률이 95[%]로 개선되었다면 이 선로의 다음 사항은 역률 개선 전의 몇 [%]로 되는지 구하시오. (단, 선로의 임피던스는 1선당 0.3+j0.4[Ω/km]라 하고 부하 전압은 6,000[V]로 일정하다고 한다.)

(1) 전압강하
- 계산과정 :
- 답 :

(2) 전력 손실
- 계산과정 :
- 답 :

답안 (1) • 계산과정

전압강하 $e = \dfrac{P}{V}(R + X\tan\theta)$이므로

개선 전 전압강하

$$e = \frac{1,000}{6} \cdot \left(0.3 \times 5 + 0.4 \times 5 \times \frac{0.6}{0.8}\right)$$

$= 500[\text{V}]$

개선 후 전압강하

$$e = \frac{1,000}{6} \cdot \left(0.3 \times 5 + 0.4 \times 5 \times \frac{\sqrt{1-0.95^2}}{0.95}\right)$$

$= 359.56[\text{V}]$

$$\therefore \frac{359.59}{500} \times 100 = 71.92[\%]$$

• 답 : 71.92[%]

(2) • 계산과정

전력 손실 $P_l \propto \dfrac{1}{\cos^2\theta}$ 이므로 손실비는 $\left(\dfrac{\cos\theta_1}{\cos\theta_2}\right)^2$ 이다.

$$\therefore \left(\frac{0.8}{0.95}\right)^2 \times 100 = 70.91[\%]$$

• 답 : 70.91[%]

문제 06

배점 : 5점

최대출력 400[kW]의 발전기가 일부하율 40[%]로 운전하고 있다. 연료의 발열량은 9,600[kcal/L], 열효율은 36[%]라고 한다면, 이 발전기가 하루에 소비하는 연료 소비량은 몇 [L]인지 구하시오.

- 계산과정 :
- 답 :

답안 • 계산과정

발전소 열효율 $y = \frac{860\,W}{mH} \times 100[\%]$이므로

연료량 $m = \frac{860\,W}{H \cdot y} = \frac{860 \times 400 \times 0.4 \times 24}{9{,}600 \times 0.36} = 955.56[\mathrm{L}]$

• 답 : 955.56[L]

문제 07

배점 : 6점

1차 및 2차 정격전압이 서로 같은 A, B 두 대의 단상 변압기가 있다. A 변압기는 정격출력 20[kVA], %임피던스 4[%], B 변압기는 정격출력 75[kVA], %임피던스 5[%]이다. 이 양 변압기를 병렬로 접속하여 운전할 때 아래 질문에 답하시오. (단, 변압기 A, B의 저항(R_a, R_b)과 리액턴스(X_a, X_b)의 비는 서로 같다. 즉 $X_a/R_a = X_b/R_b$이다.)

(1) 2차측 부하가 60[kVA]일 때 변압기 A, B가 분담하는 전력[kVA]을 구하시오.
- 계산과정 :
- 답 : A가 분담하는 전력
  B가 분담하는 전력

(2) 2차측 부하가 120[kVA]일 때 변압기 A, B가 분담하는 전력[kVA]을 구하시오.
- 계산과정 :
- 답 : A가 분담하는 전력
  B가 분담하는 전력

(3) 양 변압기 모두 과분하 운전하지 않는 조건에서 최대로 걸 수 있는 2차측 부하전력[kVA]을 구하시오.
- 계산과정 :
- 답 :

답안 (1) • 계산과정 : 부하의 분담은 임피던스에 반비례하고, 용량에 비례하므로

$$\text{부하 분담비}\left(\frac{a}{b}\right)=\frac{\%Z_B}{\%Z_A}=\frac{P_A}{P_B}=\frac{5}{4}\times\frac{20}{75}=\frac{1}{3}\rightarrow\frac{\frac{1}{4}}{\frac{3}{4}}\text{ 이 된다.}$$

$$\therefore\ P_a=60\times\frac{1}{4}=15[\mathrm{kVA}]$$

$$P_b=60\times\frac{3}{4}=45[\mathrm{kVA}]$$

• 답 : A가 분담하는 전력 : 15[kVA]

B가 분담하는 전력 : 45[kVA]

(2) • 계산과정 : $P_a=120\times\frac{1}{4}=30[\mathrm{kVA}]$

$$P_b=120\times\frac{3}{4}=90[\mathrm{kVA}]$$

• 답 : A가 분담하는 전력 : 30[kVA]

B가 분담하는 전력 : 90[kVA]

(3) • 계산과정 : A변압기 정격용량이 20[kVA]이므로

부하전력$\times\frac{1}{4}=20$에서 부하전력은 80[kVA]가 된다.

B변압기는 $80\times\frac{3}{4}=60[\mathrm{kVA}]$ 분담하면 된다.

$\therefore$ 최대 부하전력 $P=20+60=80[\mathrm{kVA}]$

• 답 : 80[kVA]

문제 08

| 배점 : 4점 |

다음 설명은 상용전원과 예비전원 운전 시 유의하여야 할 사항이다. (　　) 안에 알맞은 내용을 답란에 쓰시오.

> 상용전원설비와 예비전원설비 사이에는 병렬운전을 하지 않는 것이 원칙이므로 수전용 차단기와 발전용 차단기 사이에는 전기적 또는 기계적으로 (①)을 시설하아여 하며 (②)를 사용하여야 한다.

• 답란

①		②	

답안 ① 인터록

② 전환 개폐기

문제 09

배점 : 4점

그림과 같은 논리 회로도를 보고 다음 각 물음에 답하시오.

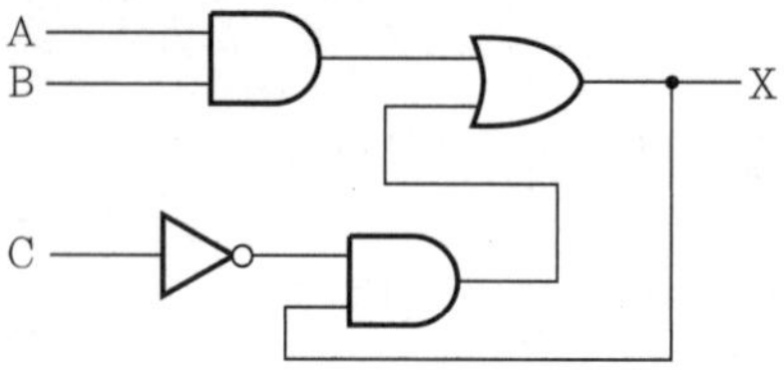

(1) 출력식을 나타내시오.
(2) 주어진 논리회로를 유접점 회로로 바꾸어 그리시오.

답안 (1) $X = AB + \overline{C}X$

(2)

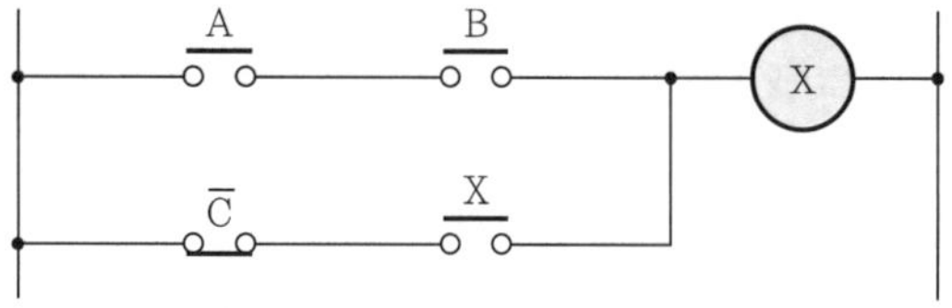

문제 10

배점 : 4점

다음 그림은 계전기의 심벌이다. 각각의 명칭을 우리말로 쓰시오.

(1) OCR (2) OVR (3) UVR (4) GR

답안 (1) 과전류 계전기
(2) 과전압 계전기
(3) 부족 전압 계전기
(4) 지락 계전기

문제 11 배점 : 5점

그림은 고압유도전동기의 기동반 단선결선도이다. 이 그림을 보고 다음 각 물음에 답하시오.

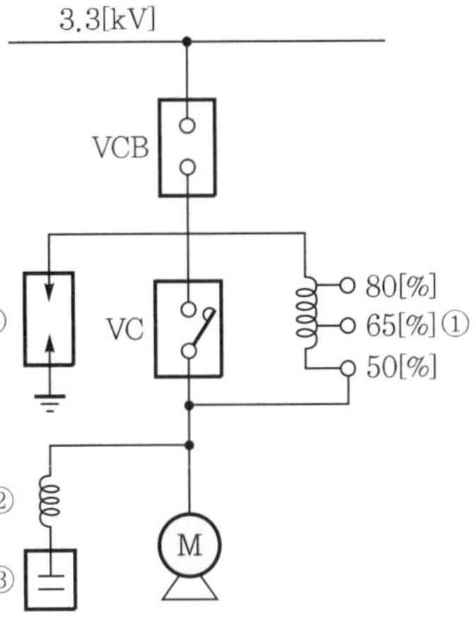

(1) 이 그림에서 적용한 고압유도전동기의 기동방식을 쓰시오.
(2) 단선결선도에서 표시한 ①~④ 기기의 명칭을 쓰시오.

① :
② :
③ :
④ :

답안 (1) 리액터 기동법

(2) ① : 기동용 리액터
② : 직렬 리액터
③ : 전력용 커패시터
④ : 서지흡수기

문제 12 배점 : 7점

가로 10[m], 세로 16[m], 천장높이 3.85[m], 작업면 높이 0.85[m]인 사무실에 천장 직부 형광등 F40×2를 설치하고자 한다. 다음 물음에 답하시오.

(1) 이 사무실의 실지수를 구하시오.
- 계산과정 :
- 답 :

(2) 이 사무실의 작업면 조도를 300[lx], 천장반사율 70[%], 벽반사율 50[%], 바닥반사율 10[%], 40[W] 형광등 1등의 광속 3,150[lm], 보수율 70[%], 조명률을 61[%]로 한다면 이 사무실에 필요한 소요되는 등기구의 수를 구하시오.
- 계산과정 :
- 답 :

답안 (1) • 계산과정

$$실지수 = \frac{X \cdot Y}{H \cdot (X+Y)}$$

$$= \frac{10 \times 16}{(3.85 - 0.85) \times (10 + 16)}$$

$$= 2.05$$

• 답 : 2.05

(2) • 계산과정

$$N = \frac{EAD}{FU}$$

$$= \frac{EA}{FUM}$$

$$= \frac{300 \times 10 \times 16}{3,150 \times 2 \times 0.61 \times 0.7}$$

$$= 17.84[등]$$

$\therefore$ 18[등]

• 답 : 18[등]

문제 **13** 배점 : 6점

그림은 22.9[kY-Y] 1,000[kVA] 이하에 적용 가능한 특별고압 간이수전설비의 표준 결선도이다. 이 결선도를 보고 다음 각 물음에 답하시오.

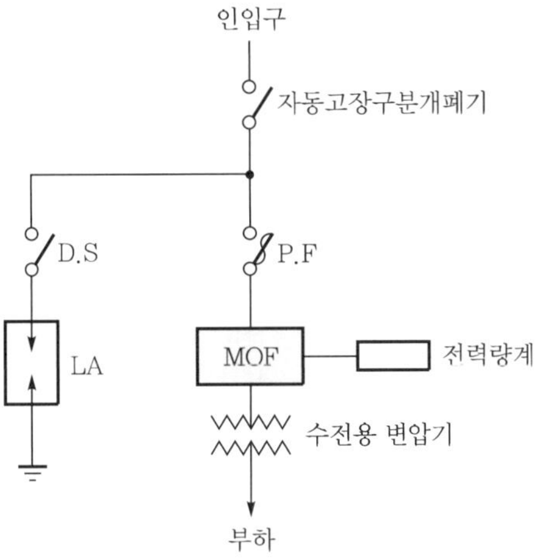

(1) 300[kVA] 이하인 경우에 자동고장구분개폐기 대신 사용할 수 있는 것을 쓰시오.
(2) 위 그림에서 사용된 시설 중 생략할 수 있는 것은 어느 것인지 쓰시오.
(3) LA는 어떤 장치가 붙어 있는 형태의 것을 사용하여야 하는지 쓰시오.
(4) 인입선을 지중선으로 시설하는 경우로 공동주택 등 고장시 정전 피해가 큰 경우는 예비 지중선을 포함하여 몇 회선으로 시설하여야 하는지 쓰시오.
(5) 22.9[kY-Y] 지중인입선에는 어떤 종류의 케이블을 사용하여야 하는지 쓰시오.
(6) 300[kVA] 이하인 경우 PF 대신 COS를 사용할 수 있다. 이 경우 COS의 비대칭 차단전류용량은 몇 [kA] 이상의 것을 사용하여야 하는지 쓰시오.

답안 (1) 인터럽트 스위치
(2) 단로기(DS)
(3) Disconnector 또는 Isolator
(4) 2회선
(5) CNCV-W 케이블(수밀형) 또는 TR CNCV-W 케이블(트리억제형)
(6) 10[kA]

문제 14

배점 : 4점

전기설비를 방폭화한 방폭기기의 구조에 따른 종류 4가지만 쓰시오.

답안
- 내압방폭구조
- 유입방폭구조
- 압력방폭구조
- 안전증방폭구조

문제 15

배점 : 6점

리액터의 사용 목적에 따른 종류를 쓰시오.

사용 목적	리액터 종류
단락사고 시 단락전류 제한	① :
정부하 시 패런티 현상 방지	② :
변압기 중성점 아크 소호	③ :

답안 ① : 한류 리액터
② : 분로 리액터
③ : 소호 리액터

문제 16 배점 : 6점

고압 선로에서의 접지사고 검출 및 경보장치를 그림과 같이 시설하였다. A선에 누전사고가 발생하였을 때 다음 각 물음에 답하시오. (단, 전원이 인가되고 경보벨의 스위치는 닫혀있는 상태라고 한다.)

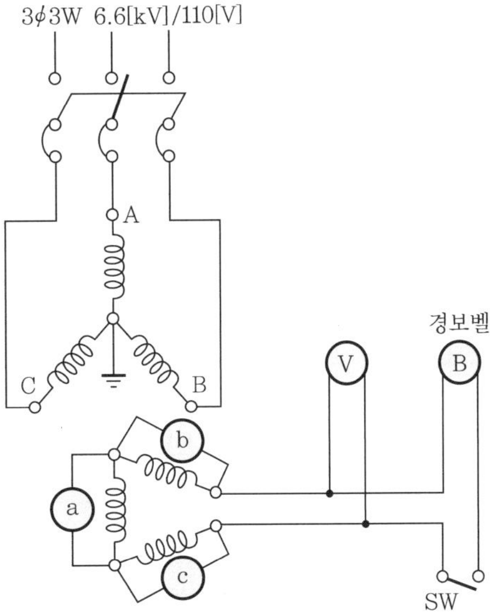

(1) 1차측 A선의 대지전압이 0[V]인 경우 B선 및 C선의 대지전압은 각각 몇 [V]인가?
① B선의 대지전압
② C선의 대지전압

(2) 2차측 전구 ⓐ의 전압이 0[V]인 경우 ⓑ 및 ⓒ 전구의 전압과 전압계 Ⓥ의 지시전압, 경보벨 Ⓑ에 걸리는 전압은 각각 몇 [V]인지 구하시오.
① ⓑ전구의 전압
② ⓒ전구의 전압
③ 전압계 Ⓥ의 지시전압
④ 경보벨 Ⓑ에 걸리는 전압

답안 (1) ① 6,600[V], ② 6,600[V]
(2) ① 110[V], ② 110[V], ③ 190.53[V], ④ 190.53[V]

해설
(1) ① B선의 대지전압 : $\frac{6,600}{\sqrt{3}} \times \sqrt{3} = 6,600[V]$

② C선의 대지전압 : $\frac{6,600}{\sqrt{3}} \times \sqrt{3} = 6,600[V]$

(2) ① ⓑ전구의 전압 : $6,600 \times \frac{110}{6,600} = 110[V]$

② ⓒ전구의 전압 : $6,600 \times \frac{110}{6,600} = 110[V]$

③ 전압계 Ⓥ의 지시전압 : $110 \times \sqrt{3} = 190.53[V]$

④ 경보벨 Ⓑ에 걸리는 전압 : $110 \times \sqrt{3} = 190.53[V]$

문제 17

배점 : 4점

그림과 같이 높이 5[m]의 점에 있는 백열전등에서 광도 12,500[cd]의 빛이 수평거리 7.5[m]의 점 P에 주어지고 있다. 이때 주어진 표를 이용하여 다음 각 물음에 답하시오.

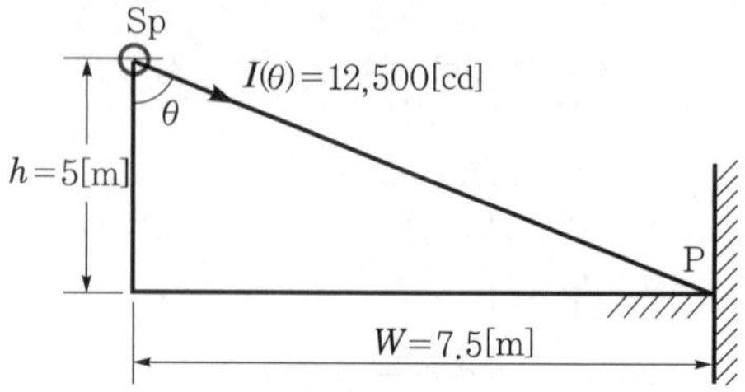

▌ W/h에서 구한 $\cos^2\theta \times \sin\theta$의 값 ▌

W	0.1h	0.2h	0.3h	0.4h	0.5h	0.6h	0.7h	0.8h
$\cos^2\theta \times \sin\theta$	0.099	0.189	0.264	0.320	0.358	0.378	0.385	0.381
W	0.9h	1.0h	1.5h	2.0h	3.0h	4.0h	5.0h	–
$\cos^2\theta \times \sin\theta$	0.370	0.354	0.256	0.179	0.095	0.057	0.038	–

▌ W/h에서 구한 $\cos^3\theta$의 값 ▌

W	0.1h	0.2h	0.3h	0.4h	0.5h	0.6h	0.7h	0.8h
$\cos^3\theta$	0.985	0.945	0.879	0.800	0.716	0.631	0.550	0.476
W	0.9h	1.0h	1.5h	2.0h	3.0h	4.0h	5.0h	–
$\cos^3\theta$	0.411	0.354	0.171	0.089	0.032	0.014	0.008	–

(1) P점의 수평면 조도를 구하시오.
(2) P점의 수직면 조도를 구하시오.

답안 (1) 수평면 조도

그림에서 $\frac{W}{h} = \frac{7.5}{5} = 1.5$이므로 $W = 1.5h$이다.

두 번째 표에서 $1.5h$는 0.171이므로

$$E_h = \frac{I}{r^2}\cos\theta = \frac{I}{h^2}\cos^3\theta = \frac{12,500}{5^2} \times 0.171 = 85.5[\text{lx}]$$

(2) 수직면 조도

그림에서 $\frac{W}{h} = \frac{7.5}{5} = 1.5$이므로 $W = 1.5h$이다.

첫 번째 표에서 $1.5h$는 0.256이므로

$$E_v = \frac{I}{r^2}\sin\theta = \frac{I}{h^2}\cos^2\theta \cdot \sin\theta = \frac{12,500}{5^2} \times 0.256 = 128[\text{lx}]$$

문제 18

배점 : 7점

어느 건물에서 다음과 같이 단상 3선식 110/220[V]를 배전하고 있다. 변압기가 설치된 수전실로부터 100[m] 되는 곳에 부하집계표와 같은 분전반을 시설하려고 한다. 전선의 허용전류표를 참고하여 전압변동률 2[%] 이하, 전압강하율 2[%] 이하가 되도록 한다고 할 때 다음 각 물음에 답하시오. (단, ① 후강전선관 공사로 한다. ② 배전반에서 분전반까지의 3선 모두 같은 굵기 선로로 한다. ③ 부하와 수용률은 100[%]로 본다. ④ 후강전선관 내 전선의 점유율은 48[%] 이내를 유지하도록 한다.)

▌부하집계표▐

회로 번호	부하 명칭	부하[VA]	부하 분담[VA]		NFB 크기			비 고
			A	B	극수	AF	AT	
1	전등	2,400	1,200	1,200	2	50	15	
2	전등	1,400	700	700	2	50	15	
3	콘센트	1,000	1,000	–	1	50	20	
4	콘센트	1,400	1,400	–	1	50	20	
5	콘센트	600	–	600	1	50	20	
6	콘센트	1,000	–	1,000	1	50	20	
7	팬코일	700	700	–	1	30	15	
8	팬코일	700	–	700	1	30	15	
합계		9,200	5,000	4,200				

▌전선의 허용전류▐

단면적[mm^2]	허용전류[A]	전선관 3본 이하 수용시[A]	피복 포함 단면적[mm^2]
5.5	49	34	32
8	61	42	43
14	88	51	58
22	115	80	88
30	139	97	104
38	162	113	121
50	190	133	163
60	270	152	186

▌후강전선관 호칭 방법▐

G16	G22	G28	G36	G42	G54

(1) 간선의 굵기를 계산식에 의하여 구하고 표를 이용하여 공칭단면적은 몇 [mm^2]를 사용하여야 하는지를 선정하시오.
- 계산과정 :
- 답 :

(2) "(1)"에서 구한 전선을 수용할 수 있는 최소한의 후강전선관을 후강전선관 호칭 방법 표에서 선정하시오.
- 계산과정 :
- 답 :

(3) 설비 불평형률은 몇 [%]인지 구하시오.
- 계산과정 :
- 답 :

답안 (1) • 계산과정

A전선의 전류 $I_A = \dfrac{5,000}{110} = 45.45[\text{A}]$

B전선의 전류 $I_B = \dfrac{4,200}{110} = 38.18[\text{A}]$

∴ 큰 값인 45.45[A] 기준으로 전선 굵기를 계산한다.

전선 단면적 $A = \dfrac{19.8LI}{1,000e} = \dfrac{17.8 \times 100 \times 45.45}{1,000 \times 110 \times 0.02} = 36.77[\text{mm}^2]$

∴ $38[\text{mm}^2]$ 선정

• 답 : $38[\text{mm}^2]$

(2) • 계산과정

전선 허용전류표에서 $38[\text{mm}^2]$ 전선 단면적 $121[\text{mm}^2]$

전선관 내부 단면적 $A = \dfrac{\pi D^2}{4} \times 0.48$

∴ 전선관 직경 $D \geq \sqrt{\dfrac{4A}{0.48\pi}} = \sqrt{\dfrac{4 \times 121 \times 3}{0.48\pi}} = 31.03[\text{mm}]$

∴ 전선관은 G36 선정

• 답 : G36

(3) • 계산과정 : $\dfrac{3,100 - 2,300}{\frac{1}{2}(5,000 + 4,200)} \times 100 = 17.39[\%]$

• 답 : 17.39[%]

2023년도 기사 제1회 필답형 실기시험

종　목	시험시간	배 점	문제수	형 별
전 기 기 사	2시간 30분	100	18	A

문제 01 배점 : 5점

아래와 같은 회로에 a-b 단자에 부하를 연결할 경우, 최대전력을 전달하기 위한 부하단 a-b 사이의 저항[Ω]과 a-b 단자 사이의 저항에서 10분 동안 하는 일의 양[kJ]을 계산하시오. (단, 효율은 90[%]로 하시오.)

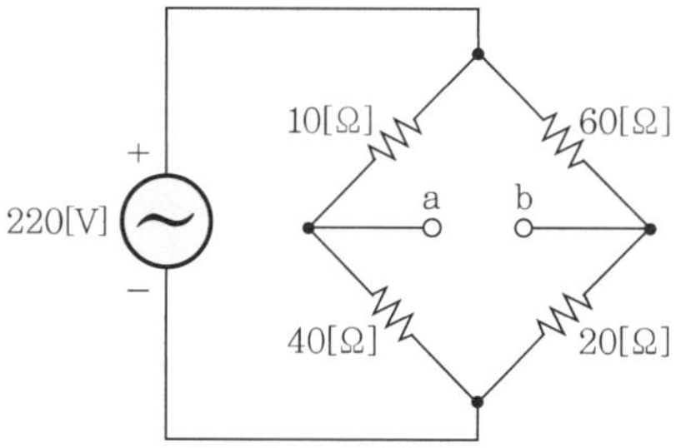

(1) 최대전력을 전달하기 위한 부하단 a-b 사이의 저항값
- 계산과정 :
- 답 :

(2) a-b 단자 사이의 저항에서 10분 동안 하는 일의 양
- 계산과정 :
- 답 :

답안 (1) • 계산과정 : 테브난의 정리를 이용하여 a-b 양단의 전압과 등가저항을 구하면

$$V_{ab} = V_a - V_b = \frac{40}{10+40} \times 220 - \frac{20}{60+20} \times 220 = 121[\text{V}]$$

$$R_{ab} = \frac{10 \times 40}{10+40} + \frac{60 \times 20}{60+20} = 23[\Omega]$$

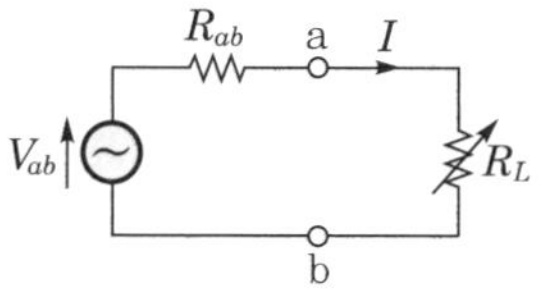

▌테브난의 등가회로▐

최대전력의 조건은 부하저항과 내부저항이 같아야 하므로

$R_L = R_{ab} = 23[\Omega]$

• 답 : 23[Ω]

(2) • 계산과정 : 일의 양 $W = I^2 R_L + \eta \times 10^{-3}$

$$= \left(\frac{121}{23+23}\right)^2 \times 23 \times 10 \times 60 \times 0.9 \times 10^{-3} = 85.936[\text{kJ}]$$

• 답 : 85.94[kJ]

문제 02 | 배점 : 6점 |

그림과 같은 단상 3선식 회로에 있어서 a, b, c 각 선에 흐르는 전류는 각각 몇 [A]인지 구하시오.

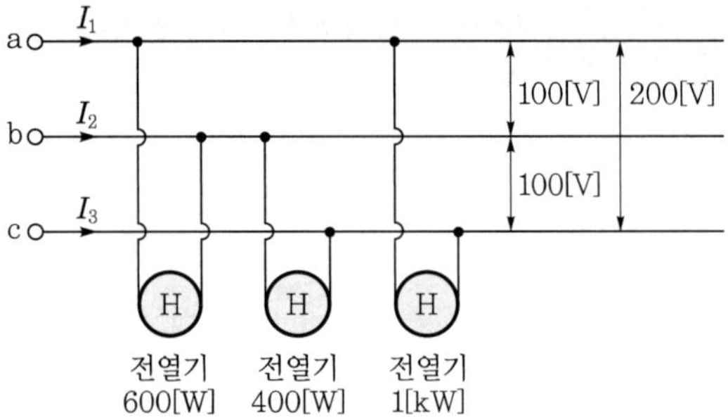

(1) 전류 I_1
- **계산과정 :**
- **답 :**

(2) 전류 I_2
- **계산과정 :**
- **답 :**

(3) 전류 I_3
- **계산과정 :**
- **답 :**

답안

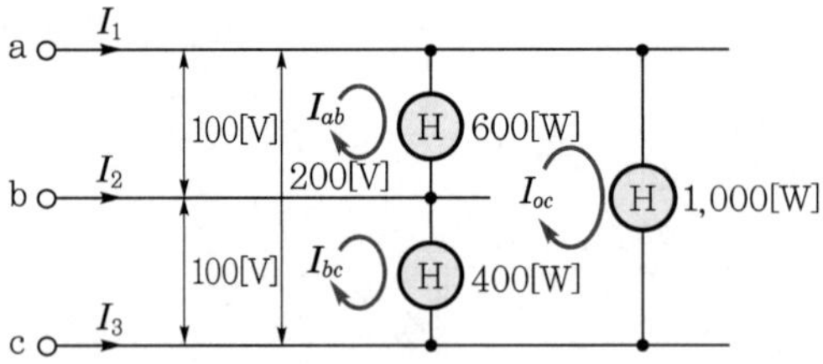

• $I_{ab} = \dfrac{600}{100} = 6[\text{A}]$

• $I_{bc} = \dfrac{400}{100} = 4[\text{A}]$

• $I_{ac} = \dfrac{1,000}{200} = 5[\text{A}]$

(1) • 계산과정 : $I_1 = I_{ab} + I_{ac} = 6 + 5 = 11[\text{A}]$

• 답 : 11[A]

(2) • 계산과정 : $I_2 = I_{bc} - I_{ab} = 4 - 6 = -2[\text{A}]$

• 답 : −2[A]

(3) • 계산과정 : $I_3 = -(I_{bc} + I_{ac}) = -(4+5) = -9[\text{A}]$

• 답 : −9[A]

문제 03

배점 : 4점

회전날개의 지름이 31[m]인 프로펠러형 풍차의 풍속이 16.5[m/s]일 때 풍력에너지[kW]를 계산하시오. (단, 공기의 밀도는 1.225[kg/m^3]이다.)

• 계산과정 :
• 답 :

답안 • 계산과정 : 풍력에너지(전력) P[kW]

$$P = \frac{1}{2}\rho A v^3 \times 10^{-3}$$
$$= \frac{1}{2} \times 1.225 \times \pi \times \left(\frac{31}{2}\right)^2 \times 16.5^3 \times 10^{-3} = 2,076.687[\text{kW}]$$

• 답 : 2,076.69[kW]

문제 04

배점 : 5점

수전전압 22,900[V], 계약전력 300[kW], 3상 단락전류가 7,000[A]인 어떤 수용가의 수전용 차단기의 차단용량은 몇 [MVA]인지 구하시오.

• 계산과정 :
• 답 :

답안 • 계산과정 : $P_s = \sqrt{3}\, V_s I_s \times 10^{-3}$

$$= \sqrt{3} \times 25.8 \times 7,000 \times 10^{-3} = 312.808[\text{MVA}]$$

• 답 : 312.81[MVA]

문제 05

배점 : 4점

건축물의 전기설비 중 간선의 설계 시 고려사항을 4가지만 쓰시오.

답안 • 전기방식 및 배선방식
• 부하의 사용상태와 수용률
• 장래 증설 유무
• 경로에 대한 위치와 넓이

문제 06

배점 : 5점

그림과 같이 3상 4선식 배전선로에 역률 100[%]인 부하 1-N, 2-N, 3-N이 각 상과 중성선 간에 연결되어 있다. 1, 2, 3상에 흐르는 전류가 220[A], 172[A], 190[A]일 때 중성선에 흐르는 전류를 계산하시오.

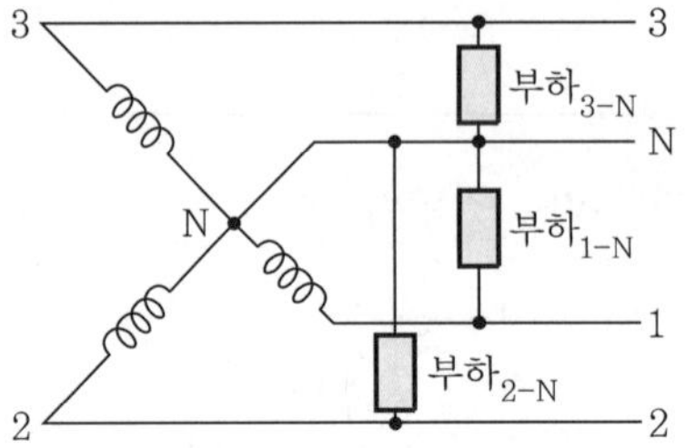

• 계산과정 :
• 답 :

답안 • 계산과정 : $I_n = 220\angle 0° + 172\angle -120° + 190\angle -240°$

$= 39 + j15.58 = \sqrt{39^2 + 15.58^2} = 42[A]$

• 답 : 42[A]

문제 07

배점 : 4점

부하변동에 따른 진상용 콘덴서를 제어함으로써 항상 높은 역률을 유지하며 전기설비의 효율적인 사용을 위해 필요한 양만큼의 콘덴서를 공급하기 위해서는 제어방식이 필요하다. 제어에 이용되는 요소에 따른 자동제어방식의 종류를 4가지만 쓰시오.

답안 • 무효전력에 의한 제어
• 전압에 의한 제어
• 전류에 의한 제어
• 역률에 의한 제어

해설 **제어요소에 따른 자동제어방식의 종류**
• 무효전력에 의한 제어
• 전압에 의한 제어
• 전류에 의한 제어
• 역률에 의한 제어
• 시간(프로그램)에 의한 제어
• 개폐신호에 의한 제어

문제 08

배점 : 12점

그림과 같은 계통에서 ×친 F점(모선 ③)에서 3상 단락고장이 발생하였을 경우 각 모선 간(즉 ①-② 간, ①-③ 간, ②-③ 간)의 고장전력[MVA] 및 고장전류[A] 값을 구하시오. (단, 그림에 표시된 수치는 모두 154[kV], 100[MVA] 기준 %임피던스를 표시하여 모선 ①의 좌측 및 모선 ②의 우측의 %임피던스는 각각 40[%], 4[%]로서 전원측 등가 임피던스를 표시한다.)

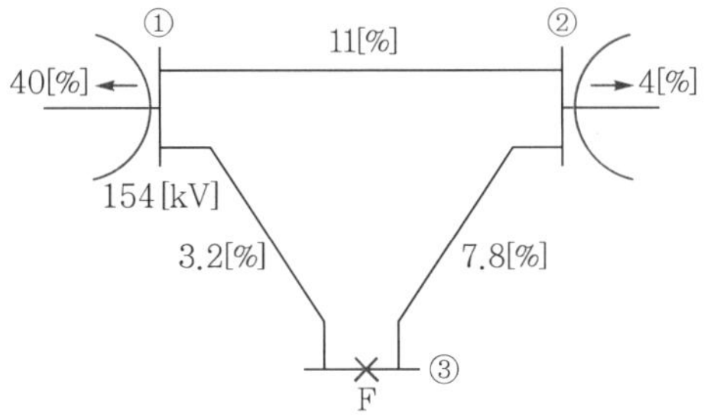

(1) P_{S13}(①-③ 간의 고장전력)
- 계산과정 :
- 답 :

(2) P_{S23}(②-③ 간의 고장전력)
- 계산과정 :
- 답 :

(3) P_{S12}(①-② 간의 고장전력)
- 계산과정 :
- 답 :

(4) I_{S13}(①-③ 간의 고장전류)
- 계산과정 :
- 답 :

(5) I_{S23}(②-③ 간의 고장전류)
- 계산과정 :
- 답 :

(6) I_{S12}(①-② 간의 고장전류)
- 계산과정 :
- 답 :

답안 (1) • 계산과정 : $P_{S13} = 3 \times I_{13}^2 \times Z_{13} = 3 \times 2{,}096.39^2 \times 2.3716 \times 3.2 \times 10^{-6}$

$= 100.06[\text{MVA}]$

• 답 : 100.06[MVA]

(2) • 계산과정 : $P_{S23} = 3 \times I_{23}^2 \times Z_{23} = 3 \times 2{,}729.57^2 \times 2.3716 \times 7.8 \times 10^{-6}$

$= 413.47[\text{MVA}]$

• 답 : 413.47[MVA]

(3) • 계산과정 : $P_{S12} = 3 \times I_{12}^{\ 2} \times Z_{12} = 3 \times 1,325.66^2 \times 2.3716 \times 11 \times 10^{-6}$

$= 137.54[\text{MVA}]$

• 답 : 137.54[MVA]

(4) • 계산과정 : $I_{S13} = \dfrac{e_1 - 0}{Z_{13}} = \dfrac{15,909.77 - 0}{2.3716 \times 3.2} = 2,096.39[\text{A}]$

• 답 : 2,096.39[A]

(5) • 계산과정 : $I_{S23} = \dfrac{e_2 - 0}{Z_{23}} = \dfrac{50,492.98 - 0}{2.3716 \times 7.8} = 2,729.57[\text{A}]$

• 답 : 2,729.57[A]

(6) • 계산과정 : $I_{S12} = \dfrac{e_1 - e_2}{Z_{12}} = \dfrac{15,909.77 - 50,492.98}{2.3716 \times 11} = -1,325.66[\text{A}]$

• 답 : 1,325.66[A]

해설 (1) 등가회로($\%Z$)

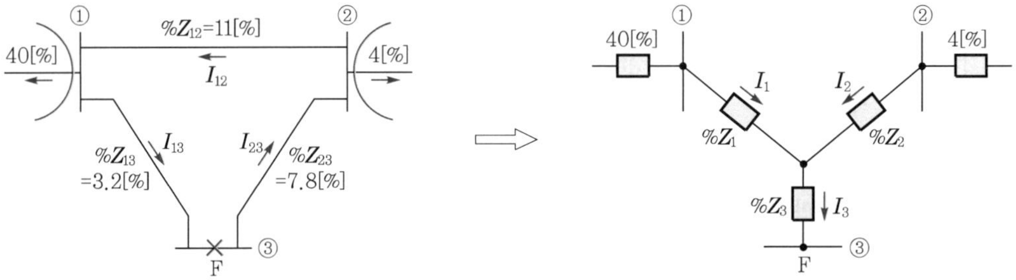

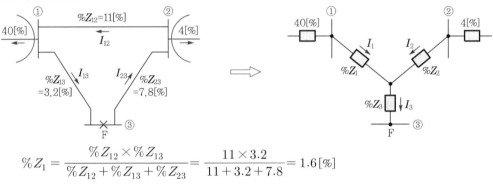

$$\%Z_1 = \frac{\%Z_{12} \times \%Z_{13}}{\%Z_{12} + \%Z_{13} + \%Z_{23}} = \frac{11 \times 3.2}{11 + 3.2 + 7.8} = 1.6[\%]$$

$$\%Z_2 = \frac{\%Z_{12} \times \%Z_{23}}{\%Z_{12} + \%Z_{13} + \%Z_{23}} = \frac{11 \times 7.8}{11 + 3.2 + 7.8} = 3.9[\%]$$

$$\%Z_3 = \frac{\%Z_{13} \times \%Z_{23}}{\%Z_{12} + \%Z_{13} + \%Z_{23}} = \frac{3.2 \times 7.8}{11 + 3.2 + 7.8} = 1.135[\%]$$

(2) 합성임피던스($\%Z_F$)

$$\%Z_F = \frac{(40 + 1.6) \times (4 + 3.9)}{(40 + 1.6) + (4 + 3.9)} + 1.135 = 7.77[\%]$$

(3) 단락전류(I_s)

$$I_s = \frac{100}{\%Z} \cdot I_n = \frac{100}{7.77} \times \frac{100 \times 10^3}{\sqrt{3} \times 154} = 4,825[\text{A}]$$

(4) 등가회로의 I_1과 I_2 전류

$$I_1 = \frac{4 + \%Z_2}{(40 + \%Z_1) + (4 + \%Z_2)} \times I_s = \frac{4 + 3.9}{(40 + 1.6) + (4 + 3.9)} \times 4,825$$

$$= 770.05[\text{A}]$$

$$I_2 = \frac{40 + \%Z_1}{(40 + \%Z_1) + (4 + \%Z_2)} \times I_s = \frac{40 + 1.6}{(40 + 1.6) + (4 + 3.9)} \times 4,825$$

$$= 4,054.95[\text{A}]$$

(5) 임피던스와 %임피던스

$$\%Z = \frac{PZ}{10V^2}[\%]\text{에서 } Z = \frac{10V^2}{P} \cdot \%Z$$

$$\therefore Z = \frac{10 \times 154^2}{100 \times 10^3} \cdot \%Z = 2.3716 \cdot \%Z$$

(6) 모선에 걸리는 전압

• 모선 ① : $e_1 = Z_1 I_1 + Z_3 I_s$

$= (2.3716 \times 1.6) \times 770.05 + (2.3716 \times 1.135) \times 4,825$

$= 15,909.77[\text{V}]$

• 모선 ② : $e_2 = Z_2 I_2 + Z_3 I_s$

$= (2.3716 \times 3.9) \times 4,054.95 + (2.3716 \times 1.135) \times 4,825$

$= 50,492.98[\text{V}]$

• 모선 ③ : 단락이므로 0[V]

(7) 고장전류 계산

$$I_{12} = \frac{e_1 - e_2}{Z_{12}}$$

$$= \frac{15,909.77 - 50,492.98}{2.3716 \times 11} = -1,325.66[\text{A}]$$

$$I_{13} = \frac{e_1 - 0}{Z_{13}}$$

$$= \frac{15,909.77 - 0}{2.3716 \times 3.2} = 2,096.39[\text{A}]$$

$$I_{23} = \frac{e_2 - 0}{Z_{23}}$$

$$= \frac{50,492.98 - 0}{2.3716 \times 7.8} = 2,729.57[\text{A}]$$

(8) 고장전력 계산

$$P_{S12} = 3 \cdot I_{12}^2 \cdot Z_{12}$$

$$= 3 \times 1,325.66^2 \times (2.3716 \times 11) \times 10^{-6} = 137.54[\text{MVA}]$$

$$P_{S13} = 3 \cdot I_{13}^2 \cdot Z_{13}$$

$$= 3 \times 2,096.39^2 \times (2.3716 \times 3.2) \times 10^{-6} = 100.06[\text{MVA}]$$

$$P_{S23} = 3 \cdot I_{23}^2 \cdot Z_{23}$$

$$= 3 \times 2,729.57^2 \times (2.3716 \times 7.8) \times 10^{-6} = 413.47[\text{MVA}]$$

문제 09

배점 : 6점

전압 33,000[V], 주파수 60[c/s], 선로길이 7[km] 1회선의 3상 지중 송전선로가 있다. 이의 3상 무부하 충전전류[A] 및 충전용량[kVA]을 구하여라. (단, 케이블의 심선 1선당의 정전용량은 0.4[μF/km]라고 한다.)

(1) 충전전류
- 계산과정 :
- 답 :

(2) 충전용량
- 계산과정 :
- 답 :

답안

(1) • 계산과정 : $I_c = \omega CE = 2\pi \times 60 \times 0.4 \times 10^{-6} \times 7 \times \dfrac{33,000}{\sqrt{3}} = 20.11[\text{A}]$

• 답 : 20.11[A]

(2) • 계산과정 : $Q_c = 3EI_c = 3 \times \dfrac{33,000}{\sqrt{3}} \times 20.11 \times 10^{-3} = 1,149.44[\text{kVA}]$

• 답 : 1,149.44[kVA]

문제 10

배점 : 10점

어느 변전소에서 그림과 같은 일부하곡선을 가진 3개의 부하 A, B, C의 수용가에 있을 때, 다음 각 물음에 답하시오. (단, 부하 A, B, C의 역률은 각각 100[%], 80[%], 60[%]라 한다.)

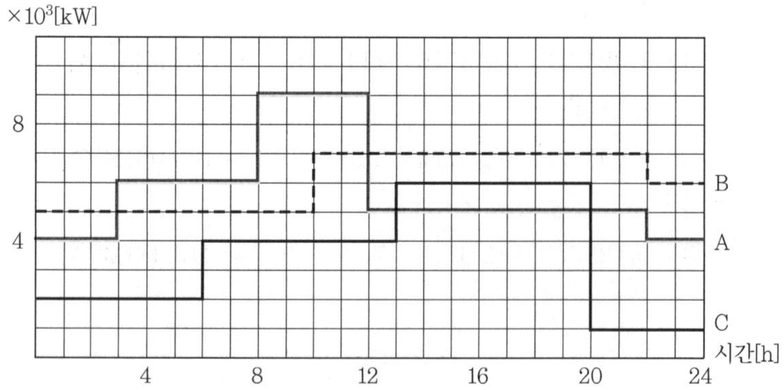

(1) 합성 최대전력[kW]을 구하시오.
- 계산과정 :
- 답 :

(2) 부등률을 구하시오.
- 계산과정 :
- 답 :

(3) 종합 부하율[%]을 구하시오.
- 계산과정 :
- 답 :

(4) 최대 부하 시의 종합 역률[%]을 구하시오.
- 계산과정 :
- 답 :

답안 (1) • 계산과정 : $P_m = (9+7+4) \times 10^3 = 20{,}000[\text{kW}]$

• 답 : 20,000[kW]

(2) • 계산과정 : $\dfrac{(9+7+6) \times 10^3}{20{,}000} = 1.1$

• 답 : 1.1

(3) • 계산과정

$$P_A = (4 \times 3 + 6 \times 5 + 9 \times 4 + 5 \times 10 + 4 \times 2) \times 10^3 \times \frac{1}{24}$$

$$= 5.67 \times 10^3[\text{kW}]$$

$$P_B = (5 \times 10 + 7 \times 12 + 6 \times 2) \times 10^3 \times \frac{1}{24}$$

$$= 6.08 \times 10^3[\text{kW}]$$

$$P_C = (2 \times 6 + 4 \times 7 + 6 \times 7 + 1 \times 4) \times 10^3 \times \frac{1}{24}$$

$$= 3.58 \times 10^3[\text{kW}]$$

$$\text{부하율} = \frac{(5.67 + 6.08 + 3.58) \times 10^3}{20{,}000} \times 100 = 76.65[\%]$$

• 답 : 76.65[%]

(4) • 계산과정 : 합성 유효전력 $P = 20{,}000[\text{kW}]$

합성 무효전력 $P_r = 7 \times 10^3 \times \dfrac{0.6}{0.8} + 4 \times 10^3 \times \dfrac{0.8}{0.6}$

$= 10{,}583.33[\text{kVar}]$

$$\therefore \cos\theta = \frac{20{,}000}{\sqrt{20{,}000^2 + 10{,}583.33^2}} \times 100 = 88.39[\%]$$

• 답 : 88.39[%]

문제 11

배점 : 5점

가스절연변전소의 특징을 5가지만 쓰시오. (단, 가격 또는 비용에 대한 내용은 답에서 제외한다.)

답안
- 소형화 할 수 있다.
- 충전부가 완전히 밀폐되어 안전성이 높다.
- 대기 중 오염물의 영향을 받지 않으므로 신뢰도가 높다.
- 소음이 적고 환경 조화를 기할 수 있다.
- 공장조립이 가능하여 설치공사기간이 단축된다.

문제 12

배점 : 5점

다음은 어느 계전기 회로를 논리식으로 나타낸 것이다. 이 논리식을 이용하여 다음 각 물음에 답하시오. (단, A, B, C는 입력, Y는 출력이다.)

[논리식] $Y = A + B \cdot \overline{C}$

(1) 위의 논리식을 논리회로로 나타내시오.
(2) "(1)"에서 논리회로로 표현된 것을 2입력 NAND gate만을 최소로 사용하여 동일한 출력이 나오도록 논리회로를 변환하여 나타내시오.
(3) "(1)"에서 논리회로로 표현된 것을 2입력 NOR gate만을 최소로 사용하여 동일한 출력이 나오도록 논리회로를 변환하여 나타내시오.

답안 (1)

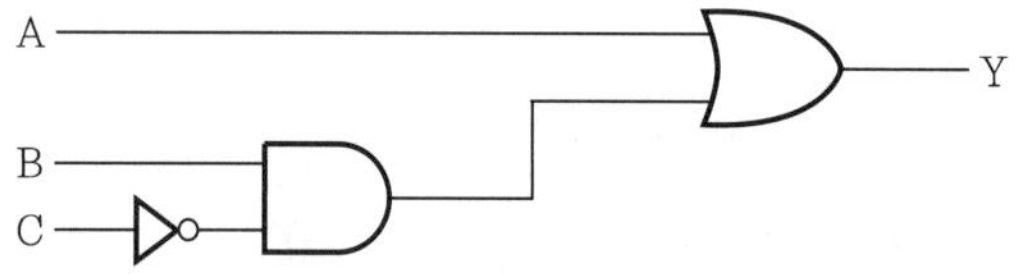

(2)

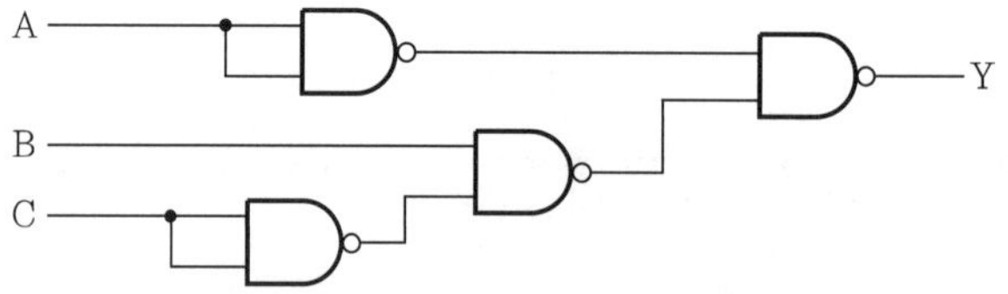

(3)

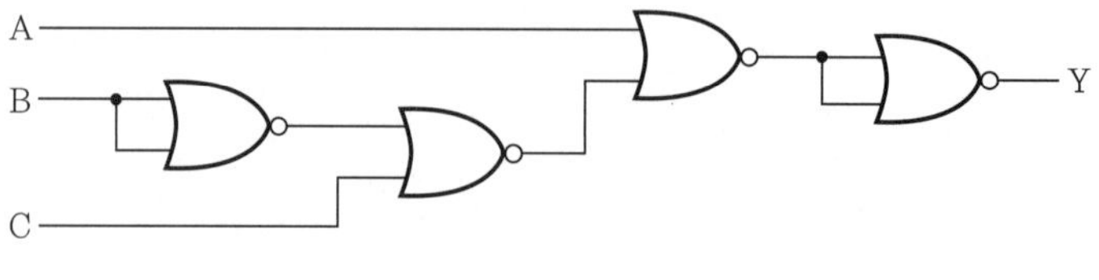

해설 De Morgan의 법칙

- $\overline{A}+\overline{B}=\overline{AB}$
- $\overline{A}\,\overline{B}=\overline{A+B}$
- $\overline{\overline{A}}=A$

문제 13

배점 : 5점

다음 [조건]과 같은 동작이 되도록 감시반회로 배선 단자에 알맞은 제어회로의 배선 단자의 번호를 아래 표에 쓰시오.

[조건]
- 배선용 차단기(MCCB)를 투입(ON)하면 GL1과 GL2가 점등된다.
- 선택스위치(SS)를 "L" 위치에 놓고 PB2를 누른 후 놓으면 전자접촉기(MC)에 의하여 전동기가 운전되고, RL1과 RL2는 점등. GL1과 GL2는 소등된다.
- 전동기 운전 중 PB1을 누르면 전동기는 정지하고, RL1과 RL2는 소등, GL1과 GL2는 점등된다.
- 선택스위치(SS)를 "R" 위치에 놓고 PB3를 누른 후 놓으면 전자접촉기(MC)에 의하여 전동기가 운전되고, RL1과 RL2는 점등. GL1과 GL2는 소등된다.
- 전동기 운전 중 PB4을 누르면 전동기는 정지하고, RL1과 RL2는 소등, GL1과 GL2는 점등된다.
- 전동기 운전 중 과부하에 의하여 EOCR이 작동되면 전동기는 정지하고 모든 램프는 소등되며, EOCR을 RESET하면 초기상태로 된다.

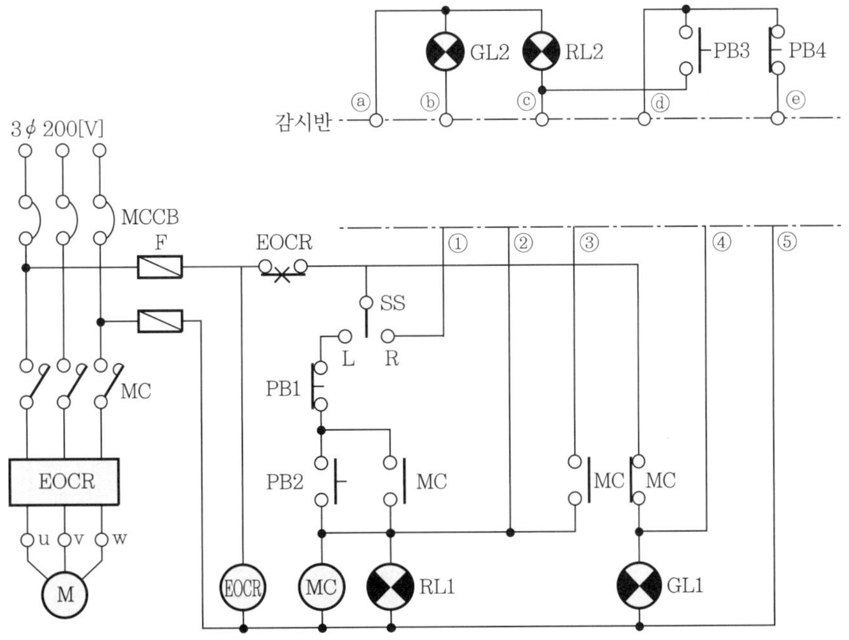

감시반회로 배선 단자	ⓐ	ⓑ	ⓒ	ⓓ	ⓔ
제어회로 배선 단자					

답안

감시반회로 배선 단자	ⓐ	ⓑ	ⓒ	ⓓ	ⓔ
제어회로 배선 단자	⑤	④	②	③	①

문제 14

배점 : 6점

권수비 30인 3상 변압기의 1차에 6.6[kV]를 가할 때 다음 각 물음에 답하시오. (단, 변압기의 손실은 무시한다.)

(1) 2차 전압[V]
- 계산과정 :
- 답 :

(2) 2차에 50[kW], 뒤진 역률 80[%]의 부하를 걸었을 때 2차 및 1차 전류[A]
- 계산과정 :
- 답 :

(3) 1차 입력[kVA]
- 계산과정 :
- 답 :

답안

(1) • 계산과정 : 권수비 $a = \dfrac{V_1}{V_2} = \dfrac{I_2}{I_1}$

$$V_2 = \frac{V_1}{a} = \frac{6,600}{30} = 220[\text{V}]$$

• 답 : 220[V]

(2) • 계산과정 : $I_2 = \dfrac{P}{\sqrt{3}\, V_2 \cdot \cos\theta}$

$$= \frac{50 \times 10^3}{\sqrt{3} \times 220 \times 0.8} = 164.019 = 164.02[\text{A}]$$

$$I_1 = \frac{I_2}{a} = \frac{164.02}{30} = 5.467 = 5.47[\text{A}]$$

• 답 : $I_1 = 5.47$[A], $I_2 = 164.02$[A]

(3) • 계산과정 : $P_1 = \sqrt{3}\, V_1 I_1 \times 10^{-3}$

$$= \sqrt{3} \times 6,600 \times 5.47 \times 10^{-3} = 62.53[\text{kVA}]$$

• 답 : 62.53[kVA]

문제 15

배점 : 3점

지중전선로 시설방식 3가지를 쓰시오.

답안
- 직접매설식
- 관로식
- 암거식

문제 16

배점 : 5점

평형 3상 회로에 변류비 100/5인 변류기 2개를 그림과 같이 접속하였을 때 전류계에 3[A]의 전류가 흘렀다. 1차 전류의 크기는 몇 [A]인지 구하시오.

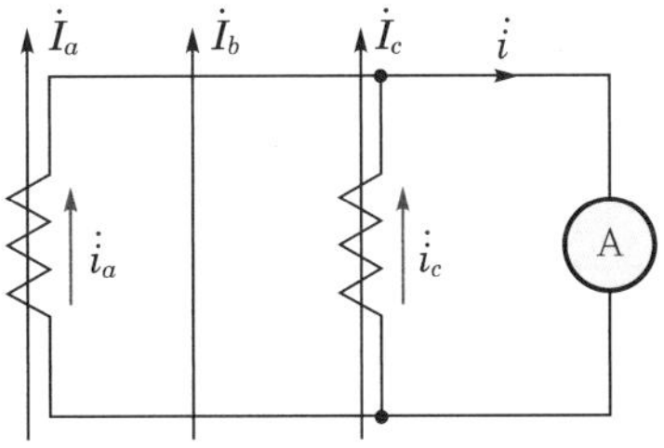

- 계산과정 :
- 답 :

답안
- 계산과정 : CT비 $\dfrac{I_1}{I_2}=\dfrac{100}{5}$

  전류계의 전류 $I_A = I_2$이므로

  $$I_1 = \frac{100}{5} \times I_A$$

  $$= \frac{100}{5} \times 3 = 60[A]$$
- 답 : 60[A]

문제 17

배점 : 5점

역률 개선용 콘덴서회로에 직렬 리액터를 설치하였다. 제3고조파가 존재할 때를 고려한다면 리액터의 용량은 콘덴서 용량의 몇 [%]인지 표기하시오. (단. 주파수 변동을 고려하여 콘덴서 용량의 2[%] 여유를 추가한다.)

- 계산과정 :
- 답 :

답안

- 계산과정 : 제3고조파의 공진조건 $3\omega L = \frac{1}{3\omega C}$ 에서

  리액터의 용량 $X_L = \omega L = \frac{1}{3\times 3} \times \frac{1}{\omega C} = 0.11 X_C$

  11[%]에서 여유 2[%]를 추가하면 13[%]
- 답 : 13[%]

문제 18

배점 : 5점

빙설이 많은 지방에서 전선의 을종 풍압하중 상정 시 전선 주위에 부착하는 빙설의 두께 및 비중은 얼마인지 쓰시오

(1) 두께
(2) 비중

답안 (1) 6[mm]
(2) 0.9

2023년도 기사 제2회 필답형 실기시험

종 목	시험시간	배 점	문제수	형 별
전 기 기 사	2시간 30분	100	18	A

문제 01

배점 : 6점

어느 수용가의 수전설비에 변압기가 그림과 같이 설치되어 있고, 각 변압기에 연결된 수용가군의 설비용량, 수용률과 각 수용가군 내 수용가 간의 부등률, 변압기 상호 간의 부등률은 표에 나타낸 것과 같다. 다음 각 물음에 답하시오.

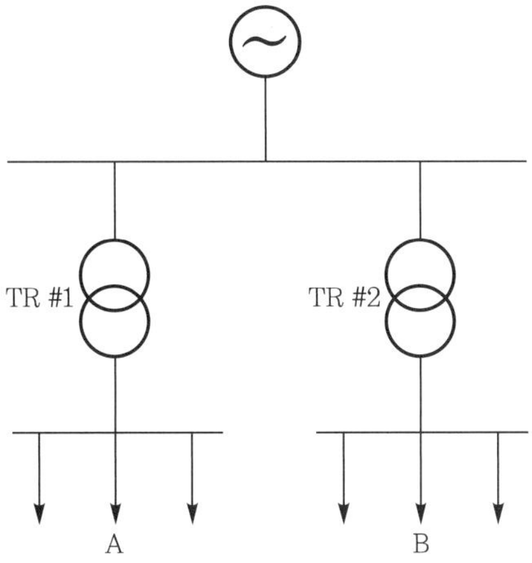

	수용가 A군	수용가 B군
설비용량	50[kW]	30[kW]
수용률	0.6	0.5
역률	1.0	1.0
수용가 간의 부등률	1.2	1.2
변압기 간의 부등률	1.3	

(1) 수용가 A군에 전력을 공급하기 위해 필요한 TR #1 변압기의 용량[kVA]을 구하시오.
- 계산과정 :
- 답 :

(2) 수용가 B군에 전력을 공급하기 위해 필요한 TR #2 변압기의 용량[kVA]을 구하시오.
- 계산과정 :
- 답 :

(3) 간선에 걸리는 최대 부하[kW]를 구하시오.
- 계산과정 :
- 답 :

답안

(1) • 계산과정 : $TR_1 = \dfrac{\text{부하설비용량}\times\text{수용률}}{\text{부등률}\times\text{역률}} = \dfrac{50\times0.6}{1.2\times1.0} = 25[\text{kVA}]$

• 답 : 25[kVA]

(2) • 계산과정 : $TR_2 = \dfrac{30\times0.5}{1.2\times1.0} = 12.5[\text{kVA}]$

• 답 : 12.5[kVA]

(3) • 계산과정 : $P_m = \dfrac{\dfrac{50\times0.6}{1.2}+\dfrac{30\times0.5}{1.2}}{1.3} = 28.846 = 28.85[\text{kW}]$

• 답 : 28.85[kW]

문제 02

배점 : 7점

출력이 7.5[kW], 역률이 80[%]인 3상 380[V]의 유도전동기가 연결된 회로가 있다. 다음 각 물음에 답하시오.

(1) 유도전동기가 연결된 회로에 병렬로 전력용 커패시터를 설치하여 역률을 90[%]로 개선하고자 할 때 전력용 커패시터의 용량을 구하시오.
- 계산과정 :
- 답 :

(2) "(1)"에서 구한 용량을 공급하기 위해 필요한 1상당 전력용 커패시터의 정전용량[μF]을 구하시오. (단, 전원의 주파수는 60[Hz]이고, 전력용 커패시터를 △로 결선하는 경우이다.)
- 계산과정 :
- 답 :

답안

(1) • 계산과정 : $Q_c = 7.5\times\left(\dfrac{0.6}{0.8}-\dfrac{\sqrt{1-0.9^2}}{0.9}\right) = 1.99\ [\text{kVA}]$

• 답 : 1.99[kVA]

(2) • 계산과정 : $C = \dfrac{Q_\triangle}{3\omega V^2} = \dfrac{1.99\times10^3}{3\times2\pi\times60\times380^2}\times10^6 = 12.19[\mu\text{F}]$

• 답 : 12.19[μF]

문제 03 배점 : 6점

상의 순서가 a-b-c인 불평형 3상 교류회로에서 대칭분[영상분(I_0), 정상분(I_1), 역상분(I_2)] 전류가 다음과 같을 때 각 상의 전류(I_a[A], I_b[A], I_c[A])를 구하시오.

- 영상분 전류 : $I_0 = 1.8\angle -159.17°$[A]
- 정상분 전류 : $I_1 = 8.95\angle 1.14°$[A]
- 역상분 전류 : $I_2 = 2.5\angle 96.55°$[A]

(1) a상의 전류(I_a)
- 계산과정 :
- 답 :

(2) b상의 전류(I_b)
- 계산과정 :
- 답 :

(3) c상의 전류(I_c)
- 계산과정 :
- 답 :

답안 (1) • 계산과정 : $I_a = I_0 + I_1 + I_2$

$$= 1.8\angle -159.17° + 8.95\angle 1.14° + 2.5\angle 96.55°$$
$$= 6.98 + j2.02$$
$$= 7.267\angle 16.15°\text{[A]}$$

• 답 : $7.27\angle 16.15°$[A]

(2) • 계산과정 : $I_b = I_0 + a^2 I_1 + a I_2$

$$= 1.8\angle -159.17° + 1\angle 240° \times 8.95\angle 1.14° + 1\angle 120° \times 2.5\angle 96.55°$$
$$= -8.01 - j9.967$$
$$= 12.786\angle 51.20° = 12.79\angle 51.20°\text{[A]}$$

• 답 : $12.79\angle 51.20°$[A]

(3) • 계산과정 : $I_c = I_0 + a I_1 + a^2 I_2$

$$= 1.8\angle -159.17° + 1\angle 120° \times 8.95\angle 1.14° + 1\angle 240° \times 2.5\angle 96.55°$$
$$= -4.017 + j6.025$$
$$= 17.758\angle 37.77° = 17.76\angle 37.77°$$

• 답 : $17.76\angle 37.77°$[A]

문제 04

배점 : 5점

한국전기설비규정에 따라 일반인이 접촉할 우려가 있는 장소에는 주택용 배선차단기를 시설해야 한다. 한국전기설비규정에서 정하는 주택용 배선차단기의 순시트립전류에 따른 차단기의 유형을 쓰고, 주택용 배선차단기의 과전류 트립 동작시간에 대한 부동작전류와 동작전류를 정격전류의 배수로 쓰시오. (단, I_n은 차단기의 정격전류이다.)

▍표 1▍ 순시트립에 따른 구분(주택용 배선차단기)

순시트립전류에 따른 차단기의 유형	순시트립범위
(①)	$3I_n$ 초과 ~ $5I_n$ 이하
(②)	$5I_n$ 초과 ~ $10I_n$ 이하
(③)	$10I_n$ 초과 ~ $20I_n$ 이하

▍표 2▍ 과전류 트립 동작시간 및 특성(주택용 배선차단기)

정격전류의 구분	시 간	정격전류의 배수(모든 극에 통전)	
		부동작전류	동작전류
63[A] 이하	60분	(④)배	(⑤)배
63[A] 초과	120분	(④)배	(⑤)배

• 답란

①	②	③	④	⑤

답안

①	②	③	④	⑤
B	C	D	1.13	1.45

문제 05

배점 : 6점

그림은 브리지 정류회로(전파 정류회로)의 미완성 회로도를 나타낸 것이다. 이 회로도의 미완성 부분을 완성하고, 이 정류회로에 $v(t)=220\sqrt{2}\sin(120\pi t)$[V]의 교류전압이 입력되었을 때 출력측 전압(V_{DC}[V])과 전류(I_{DC}[A])의 평균값을 구하시오. [단, 저항(R)은 20[Ω]이고, 변압기(TR)의 권수비는 1 : 10이고, 직류측에 평활회로(필터)가 없는 정류회로이다.]

(1) 브리지 정류회로를 완성하시오.

(2) 출력측 전압(V_{DC} [V])의 평균값을 구하시오.

- 계산과정 :
- 답 :

(3) 출력측 전류(I_{DC}[A])의 평균값을 구하시오.

- 계산과정 :
- 답 :

답안 (1)

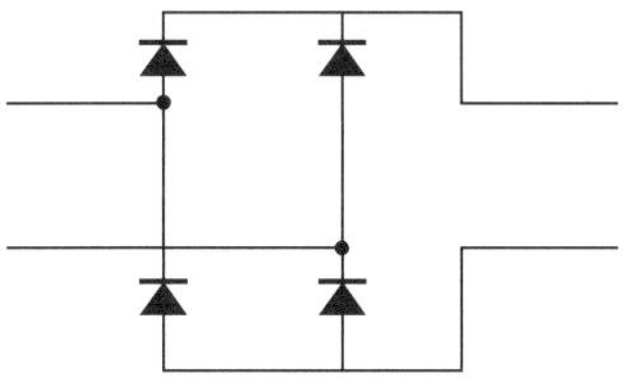

(2) • 계산과정 : 출력측 전압 $V_{DC} = \frac{2\sqrt{2}}{\pi} V_2$

$= \frac{2\sqrt{2}}{\pi} \times 220$

$= 198.069[V]$

• 답 : 198.07[V]

(3) • 계산과정 : 출력측 전류 $I_{DC} = \frac{V_{DC}}{R}$

$= \frac{198.07}{20}$

$= 9.903[A]$

• 답 : 9.90[A]

문제 06

배점 : 4점

전기안전관리자의 직무에 관한 고시에서 전기안전관리자는 해당 사업장의 특성에 따라 점검종류에 따른 측정주기 및 시험항목을 반영하여 전기설비의 일상점검 · 정기점검 · 정밀점검의 절차, 방법 및 기준에 대한 안전관리규정을 작성하고, 매년 점검계획을 세워 점검을 실시해야 하며 그 결과를 기록해야 한다. 점검 실시에 따라 기록한 서류의 보존 및 제출에 대한 다음 사항에서 (　) 안에 들어갈 알맞은 숫자를 쓰시오.

가. 전기안전관리자는 점검 실시에 따라 기록한 서류(전자문서를 포함한다)를 전기설비 설치장소 또는 사업장마다 갖추어 두고, 그 기록서류를 (①)년간 보존해야 한다.
나. 전기안전관리자는 정기검사 대상 전기설비의 정기검사 시 점검 실시에 따라 기록한 서류(전자문서를 포함한다)를 제출하여야 한다. 다만, 전기안전종합정보시스템에 매월 (②)회 이상 안전관리를 위한 확인 · 점검 결과 등을 입력한 경우에는 제출하지 아니할 수 있다.

• 답란

①		②	

답안

①	4	②	1

문제 07

배점 : 5점

3,300/220[V]인 두 개의 변압기 용량이 각각 250[kVA], 200[kVA]이고, %임피던스가 각각 2.7[%], 3[%]이다. 두 변압기를 병렬로 운전하고자 할 때 병렬 합성용량[kVA]을 구하시오.

• 계산과정 :
• 답 :

답안

• 계산과정 : 부하 분담비 $\dfrac{P_a}{P_b} = \dfrac{\%Z_b}{\%Z_a}\dfrac{P_A}{P_B}$

$$= \frac{3}{2.7} \times \frac{250}{200}$$

$$= \frac{25}{18}$$

A군 변압기가 정격용량을 분담할 때 B군 변압기의 부하 분담용량 P_b

$$P_b = \frac{18}{25} \times P_A$$

$$= \frac{18}{25} \times 250 = 180[\text{kVA}]$$

합성용량 $P = P_a + P_b$

$$= 250 + 180 = 430[\text{kVA}]$$

• 답 : 430[kVA]

문제 08

배점 : 4점

380[V], 4극 3상 유도전동기 37[kW]의 분기회로 긍장이 50[m]일 때, 전압강하를 5[V] 이하로 하는데 필요한 전선의 굵기[mm^2]를 구하시오. (단, 전동기의 전부하전류는 75[A]이고, 3상 3선식 회로이다.)

• 계산과정 :
• 답 :

답안 • 계산과정 : 3상 3선식 전선의 굵기

$$A = \frac{30.8LI}{1{,}000e}$$

$$= \frac{30.8 \times 50 \times 75}{1{,}000 \times 5}$$

$$= 23.1[\text{mm}^2]$$

• 답 : 23.1[mm^2]

해설 KS C IEC 전선규격

전선의 공칭단면적[mm^2]		
1.5	2.5	4
6	10	16
25	35	50
70	95	120
150	185	240
300	400	500
630		

문제 09

배점 : 5점

유도전동기(M)를 현장의 동력제어반과 관리실의 원격조작반에서 기동 및 정지가 모두 가능하게 다음의 시퀀스 제어회로를 완성하시오. (단, 회로 작성 시 선의 접속 및 미접속에 대한 예시를 참고하여 작성하시오.)

▌선의 접속과 미접속에 대한 예시▌

접 속	미접속

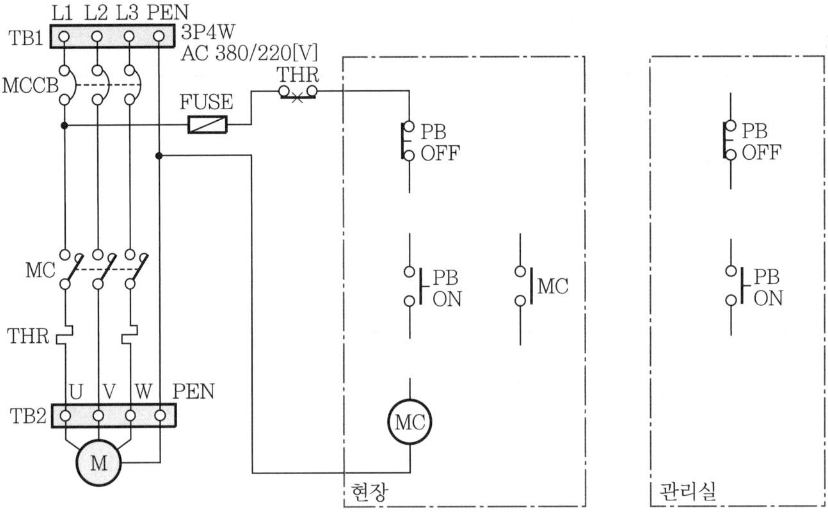

답안

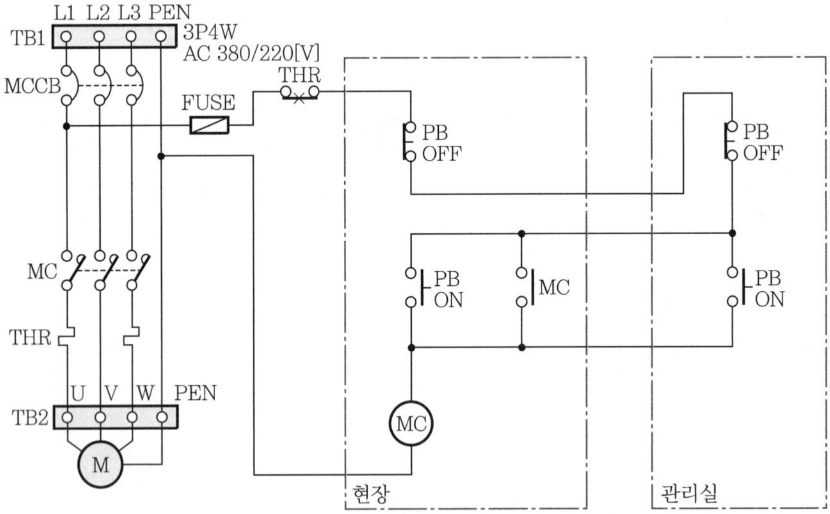

문제 **10**

| 배점 : 4점 |

평형 3상 부하(Z)에 그림과 같이 접속된 전압계의 지시값이 220[V], 전류계의 지시값이 20[A], 전력계의 지시값이 2[kW]일 때 다음 각 물음에 답하시오.

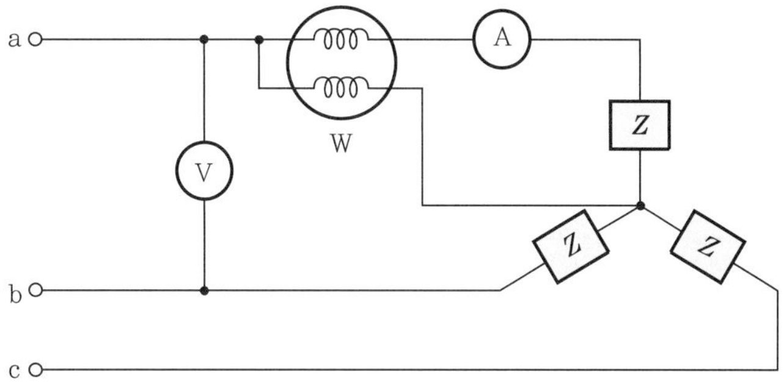

(1) 부하(Z)의 소비전력은 몇 [kW]인지 구하시오.
- 계산과정 :
- 답 :

(2) 부하(Z)의 임피던스[Ω]를 복소수 형태로 구하시오.
- 계산과정 :
- 답 :

답안 (1) • 계산과정 : L상 전력(전력계의 지시값) $P_1 = 2$[kW]이므로

부하의 소비전력(3상) $P_3 = 3P_1 = 3 \times 2 = 6$[kW]

• 답 : 6[kW]

(2) • 계산과정 : 임피던스 $Z = \dfrac{E_P}{I}$

$$= \frac{\frac{220}{\sqrt{3}}}{20} = 6.35[\Omega]$$

저항 $R = \dfrac{P_1}{I^2}$

$$= \frac{2{,}000}{20^2} = 5[\Omega]$$

리액턴스 $X = \sqrt{Z^2 - R^2}$

$$= \sqrt{6.35^2 - 5^2} = 3.91[\Omega]$$

부하의 임피던스 $Z = R + jX$

$$= 5 + j3.91[\Omega]$$

• 답 : $5 + j3.91$[Ω]

문제 11

배점 : 14점

그림과 같은 송전계통의 한 지점인 S에서 3상 단락사고가 발생하였다. 주어진 조건을 이용하여 다음 각 물음에 답하시오.

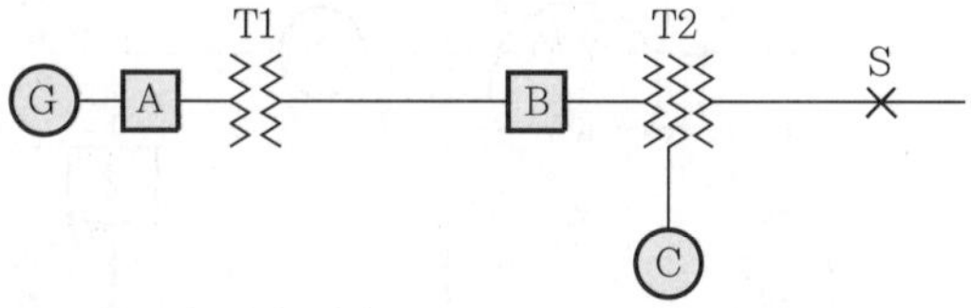

기기명	용 량	전 압	%임피던스
발전기(G)	50,000[kVA]	11[kV]	25
변압기(T1)	50,000[kVA]	11/154[kV]	10
송전선		154[kV]	8(10,000[kVA] 기준)
변압기(T2)	1차 25,000[kVA]	154[kV]	12(25,000[kVA] 기준, 1차–2차)
	2차 30,000[kVA]	77[kV]	16(25,000[kVA] 기준, 2차–3차)
	3차 10,000[kVA]	11[kV]	9.5(10,000[kVA] 기준, 3차–1차)
조상기(C)	10,000[kVA]	11[kV]	15

(1) 주어진 변압기(T2)의 %임피던스를 10[MVA] 기준으로 환산하시오.
- 계산과정 :
- 1차–2차 :
- 2차–3차 :
- 3차–1차 :

(2) 변압기(T2)의 1, 2, 3차 %임피던스를 구하시오.
- 계산과정 :
- 1차 :
- 2차 :
- 3차 :

(3) 고장점 S에서 본 전원측 %임피던스는 10[MVA] 기준으로 얼마인지 구하시오.
- 계산과정 :
- 답 :

(4) S점 단락사고 시의 용량은 몇 [MVA]인지 구하시오.
- 계산과정 :
- 답 :

(5) 고장점을 통과하는 단락전류는 몇 [A]인지 구하시오.
- 계산과정 :
- 답 :

답안

(1) • 계산과정 : $\%Z_{12} = 12 \times \dfrac{10}{25} = 4.8[\%]$

$$\%Z_{23} = 16 \times \frac{10}{25} = 6.4[\%]$$

$$\%Z_{31} = 9.5 \times \frac{10}{10} = 9.5[\%]$$

• 1차–2차 : 4.8[%]
• 2차–3차 : 6.4[%]
• 3차–1차 : 9.5[%]

(2) • 계산과정 : $\%Z_1 = \frac{1}{2}(Z_{12} + Z_{31} - Z_{23}) = \frac{1}{2}(4.8 + 9.5 - 6.4) = 3.95[\%]$

$\%Z_2 = \frac{1}{2}(Z_{12} + Z_{23} - Z_{31}) = \frac{1}{2}(4.8 + 6.4 - 9.5) = 0.85[\%]$

$\%Z_3 = \frac{1}{2}(Z_{23} + Z_{31} - Z_{12}) = \frac{1}{2}(6.4 + 9.5 - 4.8) = 5.55[\%]$

• 1차 : 3.95[%]
• 2차 : 0.85[%]
• 3차 : 5.55[%]

(3) • 계산과정 : 발전기 $\%Z_G = 25 \times \frac{10}{50} = 5[\%]$

변압기 $\%Z_{T1} = 10 \times \frac{10}{50} = 2[\%]$

송전선 $\%Z_L = 8 \times \frac{10}{10} = 8[\%]$

조상기 $\%Z_C = 15 \times \frac{10}{10} = 15[\%]$

발전기에서 T_2 변압기 1차까지 $\%Z_1 = 5 + 2 + 8 + 3.95 = 18.95[\%]$

조상기에서 T_2 변압기 3차까지 $\%Z_2 = 15 + 5.55 = 20.55[\%]$

고장점 S에서 본 전원측 %임피던스

$\%Z = \frac{18.95 \times 20.55}{18.95 + 20.55} + 0.85 = 10.708[\%]$

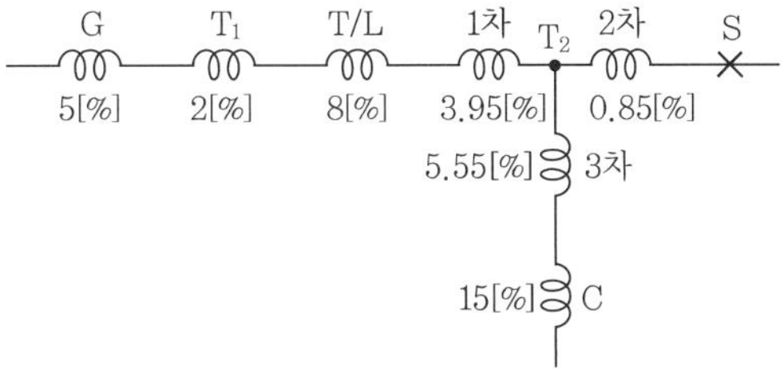

• 답 : 10.71[%]

(4) • 계산과정 : $P_S = \frac{100}{\%Z}P_n = \frac{100}{10.71} \times 10 = 93.370[\text{MVA}]$

• 답 : 93.37[MVA]

(5) • 계산과정 : $I_s = \frac{100}{\%Z}I_n = \frac{100}{10.71} \times \frac{10 \times 10^3}{\sqrt{3} \times 77} = 700.098[\text{A}]$

• 답 : 700.10[A]

문제 12

배점 : 6점

입력 A, B, C에 대한 출력 Y1, Y2를 다음의 진리표와 같이 동작시키고자 할 때 다음 각 물음에 답하시오. (단, 회로 작성 시 선의 접속 및 미접속에 대한 예시를 참고하여 작성하시오.)

입 력			출 력	
A	B	C	Y1	Y2
0	0	0	1	1
0	0	1	0	0
0	1	0	0	1
0	1	1	0	1
1	0	0	1	1
1	0	1	0	0
1	1	0	1	1
1	1	1	0	1

▌선의 접속과 미접속에 대한 예시▐

접 속	미접속
	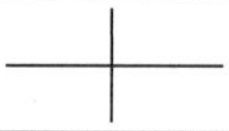

(1) 출력 Y1, Y2의 간략화된 논리식을 각각 구하시오. (단, 간략화된 논리식은 최소한의 논리게이트 및 접점수 사용을 고려한 논리식이다.)
- Y1 =
- Y2 =

(2) "(1)"에서 구한 논리식을 논리회로로 작성하시오.

(3) "(1)"에서 구한 논리식을 유접점 시퀀스회로로 작성하시오. (단, a접점 : 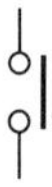, b접점 : )

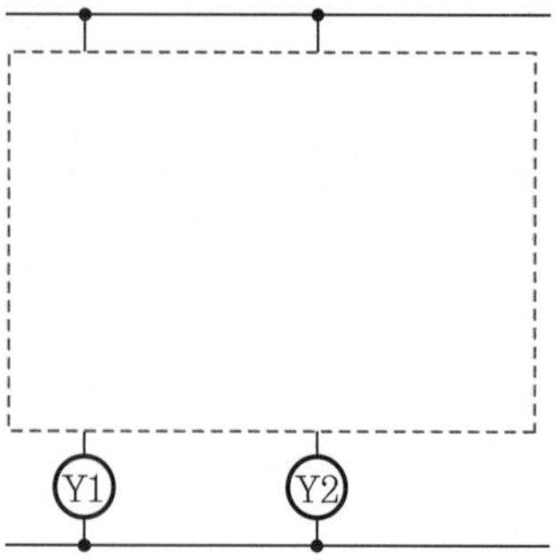

답안 (1) • $Y1 = (A + \overline{B})\overline{C}$

• $Y2 = B + \overline{C}$

(2)

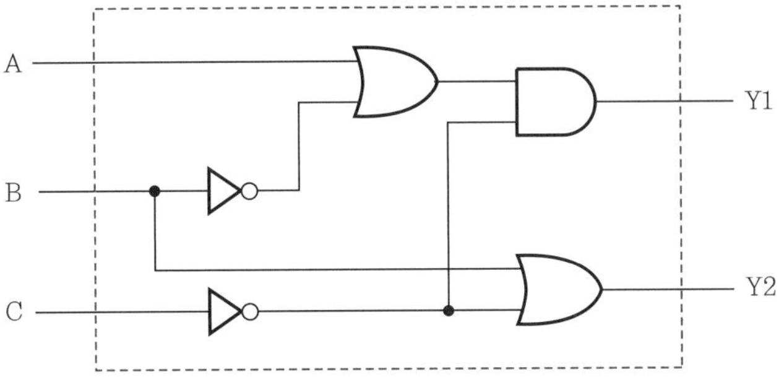

(3)

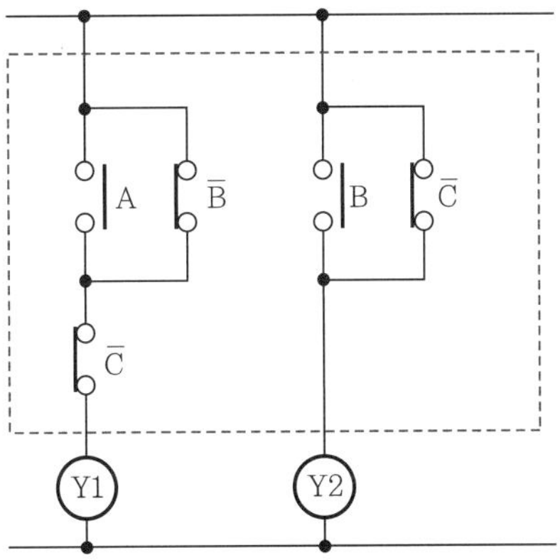

해설 (1) • $Y1 = \overline{A}\,\overline{B}\,\overline{C} + A\overline{B}\,\overline{C} + AB\overline{C}$

$= (\overline{A}\,\overline{B} + A\overline{B} + AB)\overline{C}$

$= (\overline{A}\,\overline{B} + A)\overline{C}$

$= (A + \overline{B})\overline{C}$

• $Y2 = \overline{A}\,\overline{B}\,\overline{C} + \overline{A}B\overline{C} + \overline{A}BC + A\overline{B}\,\overline{C} + AB\overline{C} + ABC$

$= \overline{A}\,\overline{C}(\overline{B} + B) + BC(\overline{A} + A) + A\overline{C}(\overline{B} + B)$

$= \overline{A}\,\overline{C} + BC + A\overline{C}$

$= \overline{C}(\overline{A} + A) + BC$

$= \overline{C} + BC$

$= B + \overline{C}$

문제 13

배점 : 4점

3상 3선식 고압의 수전설비에서 그림과 같이 접속된 변류기의 2차 전류가 2[A]일 때 변류기 1차측에 흐르는 전류의 크기는 몇 [A]인지 계산하시오. (단, 변류기의 변류비는 50/5이다.)

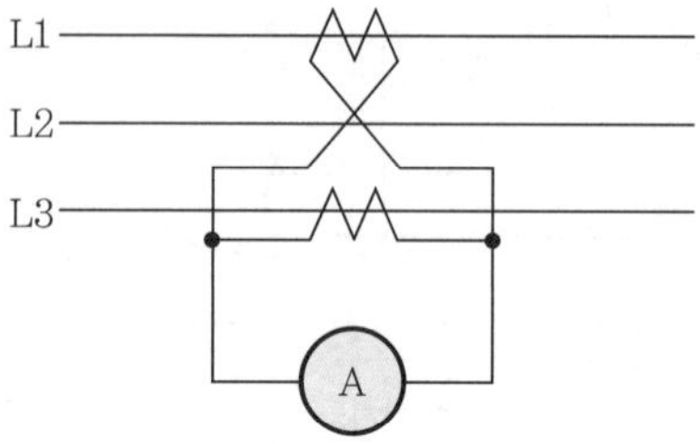

- 계산과정 :
- 답 :

답안

- 계산과정 : $I_1 = \frac{2}{\sqrt{3}} \times \frac{50}{5} = 11.55[A]$
- 답 : 11.55[A]

문제 14

배점 : 5점

다음은 한국전기설비규정에서 정하는 고압 및 특고압 전로에서 피뢰기를 시설해야 하는 장소를 나타낸 것이다. ( )에 알맞은 내용을 쓰시오.

1. 고압 및 특고압의 전로 중 다음에 열거하는 곳 또는 이에 근접한 곳에는 피뢰기를 시설해야 한다.
   가. (①)의 가공전선 인입구 및 인출구
   나. (②)에 접속하는 (③) 변압기의 고압측 및 특고압측
   다. 고압 및 특고압 가공전선로로부터 공급을 받는 (④)의 인입구
   라. 가공전선로와 (⑤)가 접속되는 곳
2. 다음의 어느 하나에 해당하는 경우에는 제1의 규정에 의하지 아니할 수 있다
   가. 제1의 어느 하나에 해당되는 곳에 직접 접속하는 전선이 짧은 경우
   나. 제1의 어느 하나에 해당되는 경우 피보호기기가 보호범위 내에 위치하는 경우

- 답란

①	②	③	④	⑤

답안

①	②	③	④	⑤
발·변전소	특고압 가공전선로	배전용	수용장소	지중전선로

문제 15

배점 : 5점

그림은 접지계통 중 TN-S 계통으로 계통 내에 별도의 중성선(N)과 보호도체(PE)가 있는 접지방식에 대한 미완성 계통도를 나타낸 것이다. TN-S 접지계통을 완성하시오. (단, 계통도 작성 시 선의 접속 및 미접속에 대한 예시를 참고하여 작성하시오.)

▎선의 접속과 미접속에 대한 예시▐

접 속	미접속
	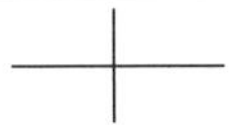

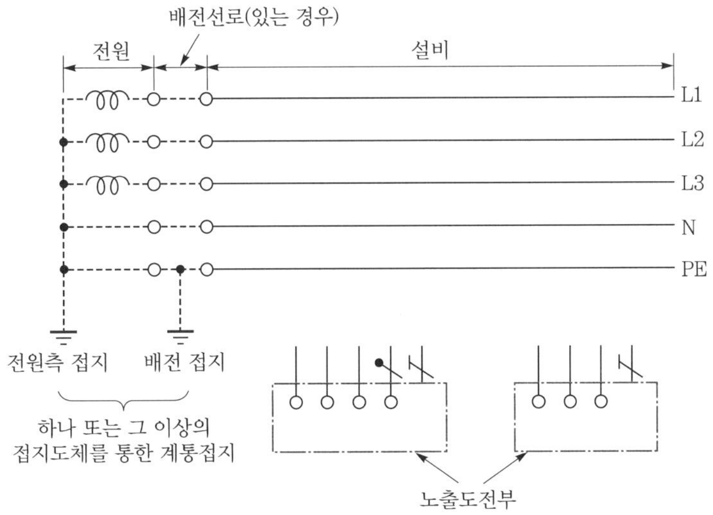

답안

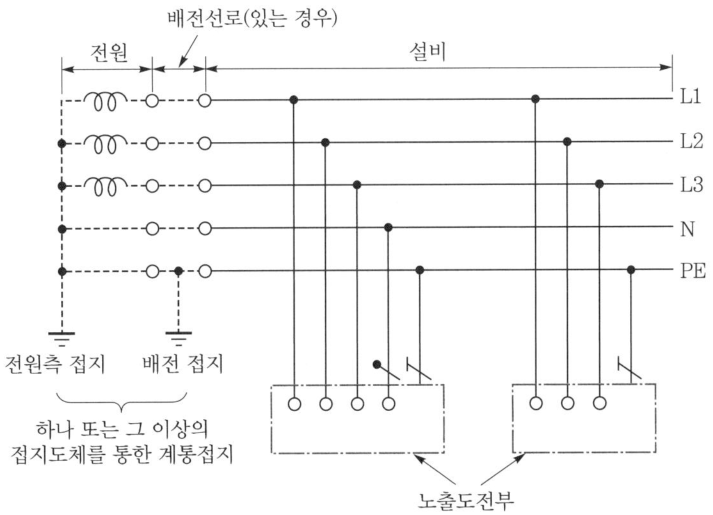

문제 16

배점 : 5점

설비용량이 10[kW]인 수용가 A와 수용가 B의 부하곡선이 각각 다음과 같을 때에 대한 다음 각 물음에 답하시오.

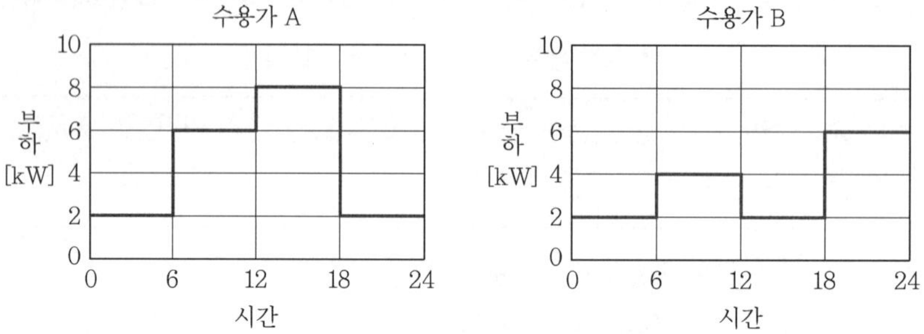

(1) 수용가 A와 수용가 B의 수용률을 구하시오.

수용가	계산과정	답(수용률)
A		
B		

(2) 수용가 A와 수용가 B의 부하율을 구하시오.

수용가	계산과정	답(부하율)
A		
B		

(3) 수용가 A와 B 사이의 부등률을 구하시오.

- 계산과정 :
- 답 :

답안 (1)

수용가	계산과정	답(수용률)
A	$\frac{8}{10} \times 100 = 80[\%]$	80[%]
B	$\frac{4}{10} \times 100 = 40[\%]$	40[%]

(2)

수용가	계산과정	답(부하율)
A	$\frac{2 \times 12 + 6 \times 6 + 8 \times 6}{8 \times 24} \times 100 = 56.25[\%]$	56.25[%]
B	$\frac{2 \times 12 + 4 \times 6 + 6 \times 6}{6 \times 24} \times 100 = 58.33[\%]$	58.33[%]

(3) • 계산과정 : $\frac{8+6}{10} = 1.4$

• 답 : 1.4

문제 17

배점 : 5점

점광원으로부터 원추의 밑면까지의 거리가 $r=4$[m]이고, 밑면의 반지름이 $a=3$[m]인 원형면의 평균조도가 100[lx]라면, 이 점광원의 평균광도를 구하시오.

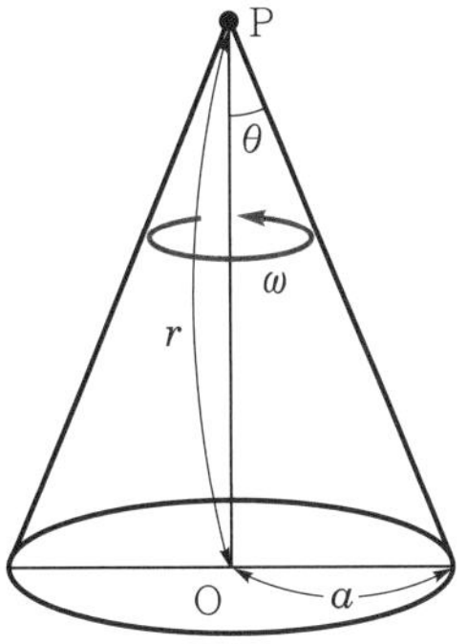

- 계산과정 :
- 답 :

답안
- 계산과정 : – 광속 $F=\omega I\,[\text{lm}]$, 입체각 $\omega=2\pi(1-\cos\theta)$

  – $\cos\theta=\dfrac{r}{\sqrt{a^2+r^2}}=\dfrac{4}{\sqrt{3^2+4^2}}=0.8$

  – 조도 $E=\dfrac{F}{A}=\dfrac{\omega I}{\pi a^2}=\dfrac{2\pi(1-\cos\theta)I}{\pi a^2}=\dfrac{2(1-\cos\theta)I}{a^2}$

  – 광도 $I=\dfrac{Ea^2}{2(1-\cos\theta)}=\dfrac{100\times 3^2}{2(1-0.8)}=2{,}250\,[\text{cd}]$
- 답 : 2,250[cd]

문제 18

배점 : 4점

1선 지락전류가 100[A]이고, 사용전압이 35[kV] 이하인 특고압 전로에 결합된 변압기 저압측의 중성점 접지저항의 최댓값[Ω]을 구하시오. (단, 혼촉 시 저압전로의 대지전압이 150[V]를 초과하여 1초 초과 2초 이내에 특고압 전로를 자동으로 차단하는 장치를 설치한 경우이다.)

- 계산과정 :
- 답 :

답안
- 계산과정 : $R=\dfrac{300}{I}=\dfrac{300}{100}=3\,[\Omega]$
- 답 : 3[Ω]

2023년도 기사 제3회 필답형 실기시험

종　목	시험시간	배 점	문제수	형 별
전 기 기 사	2시간 30분	100	18	A

문제 01　　　　배점 : 8점

현장에서 시험용 변압기가 없을 경우 그림과 같이 주상변압기 2대와 수저항기를 사용하여 변압기의 절연내력시험을 할 수 있다. 이 때 다음 각 물음에 답하시오. (단, 최대사용전압 6,900[V]의 변압기 권선을 시험할 경우이며, $E_2/E_1 = 105/6{,}300$[V]이다.)

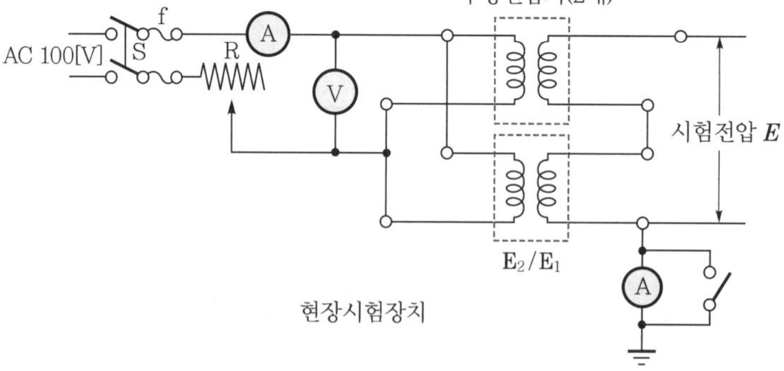

현장시험장치

(1) 절연내력시험전압은 몇 [V]이며, 이 시험전압을 몇 분간 가하여 이에 견디어야 하는지 구하시오.
　① 절연내력시험전압
　　• 계산과정 :
　　• 답 :
　② 가하는 시간
(2) 시험 시 전압계 ⓥ에서 측정되는 전압은 몇 [V]인지 구하시오.
　• 계산과정 :
　• 답 :
(3) 도면에서 오른쪽 하단의 접지되어 있는 전류계는 어떤 용도로 사용되는지 설명하시오.

답안 (1) ① • 계산과정 : $6{,}900 \times 1.5 = 10{,}350$[V]
　　• 답 : 10,350[V]
　② 10분

(2) • 계산과정 : $10{,}350 \times \frac{1}{2} \times \frac{105}{6{,}300} = 86.25$[V]
　• 답 : 86.25[V]

(3) 피시험기기의 누설전류 측정

문제 02 | 배점 : 3점

다음은 단락보호장치의 설치위치에 대한 내용이다. 설명을 보고 괄호에 알맞은 숫자를 쓰시오.

> 단락전류보호장치는 분기점(O)에 설치해야 한다. 다만, 아래 그림과 같이 분기회로의 단락보호장치 설치점(B)과 분기점(O) 사이에 다른 분기회로 또는 콘센트의 접속이 없고 단락, 화재 및 인체에 대한 위험이 최소화될 경우, 분기회로의 단락보호장치 P_2는 분기점(O)으로부터 (①)[m]까지 이동하여 설치할 수 있다.

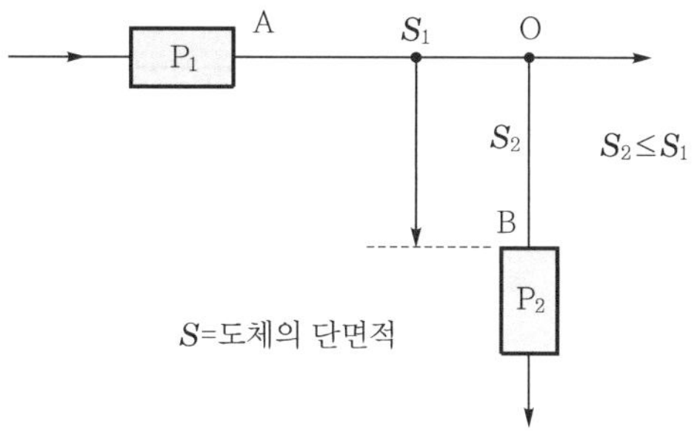

답안 3

문제 03 | 배점 : 5점

연료전지(fuel cell)의 특징을 3가지만 쓰시오.

답안
- 발전 효율이 높다.
- 환경에 주는 영향이 없어 수용가 근처에 설치가 가능하다.
- 단위출력당의 용적 및 중량이 적다.

문제 04 | 배점 : 5점

소선의 직경이 3.2[mm]인 37가닥 연선의 외경은 몇 [mm]인지 구하시오.

- **계산과정 :**
- **답 :**

답안
- 계산과정 : 37가닥은 중심선을 뺀 층수가 3층이므로

$$D = (2 \times 3 + 1) \times 3.2 = 22.4[\text{mm}]$$

- 답 : 22.4[mm]

문제 05

배점 : 6점

다음은 수변전설비에 사용되는 차단기 트립 방식의 설명이다. 빈칸에 알맞은 방식을 쓰시오.

- (①) : 고장 시 변류기 2차 전류에 의해 트립되는 방식
- (②) : 고장 시 콘덴서의 충전전하에 의해 트립되는 방식
- (③) : 고장 시 전압의 저하에 의해 트립되는 방식

• 답란

①		②		③	

답안

①	과전류 트립 방식	②	콘덴서 트립 방식	③	부족 전압 트립 방식

문제 06

배점 : 6점

6,600/220[V]인 두 대의 단상 변압기 A, B가 있다. A의 용량은 30[kVA]로서 2차로 환산한 저항과 리액턴스의 값은 $R_A = 0.03[\Omega]$, $X_A = 0.04[\Omega]$이고, B의 용량은 20[kVA]로서 2차로 환산한 저항과 리액턴스의 값은 $R_B = 0.03[\Omega]$, $X_B = 0.06[\Omega]$이다. 두 변압기를 병렬운전해서 40[kVA]의 부하를 건 경우, A기의 분담 부하[kVA]를 구하시오.

• 계산과정 :
• 답 :

답안

• 계산과정 : – 변압기 임피던스 $Z_a = \sqrt{0.03^2 + 0.04^2} = 0.05[\Omega]$

$$Z_b = \sqrt{0.03^2 + 0.06^2} = 0.067[\Omega]$$

– 퍼센트 임피던스 $\%Z_a = \dfrac{P_A \cdot Z_a}{10\,{V_2}^2} = \dfrac{30 \times 0.05}{10 \times 0.22^2} = 3.1[\%]$

$$\%Z_b = \frac{20 \times 0.067}{10 \times 0.22^2} = 2.77[\%]$$

– 부하 분담비 : $\dfrac{P_a}{P_b} = \dfrac{\%Z_b}{\%Z_a}\dfrac{P_A}{P_B} = \dfrac{2.77}{3.1} \times \dfrac{30}{20} = 1.34$에서 $P_b = \dfrac{P_a}{1.34}$

$P_a + P_b = 40[\text{kVA}]$이므로

$$P_a + \frac{P_a}{1.34} = P_a\left(1 + \frac{1}{1.34}\right) = 40$$

$$P_a = \frac{40}{1 + \dfrac{1}{1.34}} = 22.90[\text{kVA}]$$

• 답 : 22.90[kVA]

문제 07

배점 : 6점

어떤 공장이 220[V], 11[kW]인 3상 유도전동기를 부하설비로 사용할 때, 다음 각 물음에 답하시오. (단, 1일 사용전력량은 192[kWh], 1일 최대전력은 12[kW], 최대전력일 때의 전류는 34[A]이다.)

(1) 일 부하율은 몇 [%]인지 구하시오.
- 계산과정 :
- 답 :

(2) 최대전력일 때의 역률[%]을 구하시오.
- 계산과정 :
- 답 :

답안

(1) • 계산과정 : $부하율 = \frac{평균전력}{최대전력} \times 100[\%]$

$$= \frac{192 \times \frac{1}{24}}{12} \times 100 = 66.67[\%]$$

- 답 : 66.67[%]

(2) • 계산과정 : $\cos\theta = \frac{P}{\sqrt{3}\,VI} = \frac{12 \times 10^3}{\sqrt{3} \times 220 \times 34} \times 100 = 92.62[\%]$

- 답 : 92.62[%]

문제 08

배점 : 5점

VCB의 정격차단전류가 24[kA], 정격전압이 170[kV]일 때 차단기의 차단용량[MVA]을 선정하시오.

차단기 표준차단용량[MVA]				
3,600	5,800	7,300	9,200	12,000

- 계산과정 :
- 답 :

답안

- 계산과정 : 차단기 용량 $P_s = \sqrt{3} \times 170 \times 24$

$$= 7,066.76[\text{MVA}]$$

- 답 : 7,300[MVA]

문제 09

배점 : 4점

동일 용량의 단상 변압기를 V결선하여 3상으로 사용하는 경우 △결선과 비교했을 때 출력비는 몇 [%]인지와 V결선한 변압기 1대당 이용률은 몇 [%]인지 각각 쓰시오.

(1) 출력비
(2) 이용률

답안 (1) 57.7[%]
(2) 86.6[%]

해설
(1) 출력비 $= \dfrac{P_V}{P_\triangle}$

$= \dfrac{\sqrt{3}\,P_1}{3P_1} = 0.577$

$= 57.7[\%]$

(2) 이용률 $= \dfrac{\sqrt{3}\,P_1}{2P_1} = 0.866$

$= 86.6[\%]$

문제 10

배점 : 4점

다음은 한국전기설비규정(KEC)에서 과전류 보호에 대한 내용이다. 괄호 안에 알맞은 내용을 쓰시오.

[회로의 특성에 따른 요구사항]
중성선을 (①) 및 (②)하는 회로의 경우에 설치하는 개폐기 및 차단기는 (①) 시에는 중성선이 선도체보다 늦게 (①)되어야 하며, (②) 시에는 선도체와 동시 또는 그 이전에 (②) 되는 것을 설치하여야 한다.

• 답란

①		②	

답안

①	차단	②	재폐로

문제 11

배점 : 4점

차단기는 고장 시에 발생하는 대전류를 신속하게 차단하여 고장구간을 건전구간으로부터 분리시킨다. 다음 차단기의 약호에 해당하는 명칭을 쓰시오.

[예시] ELB : 누전차단기

(1) OCB
(2) ABB
(3) GCB
(4) MBB

답안 (1) 유입차단기
(2) 공기차단기
(3) 가스차단기
(4) 자기차단기

문제 12

배점 : 5점

다음 논리회로를 보고 진리표를 완성하시오. (단, L → Low, H → High이다.)

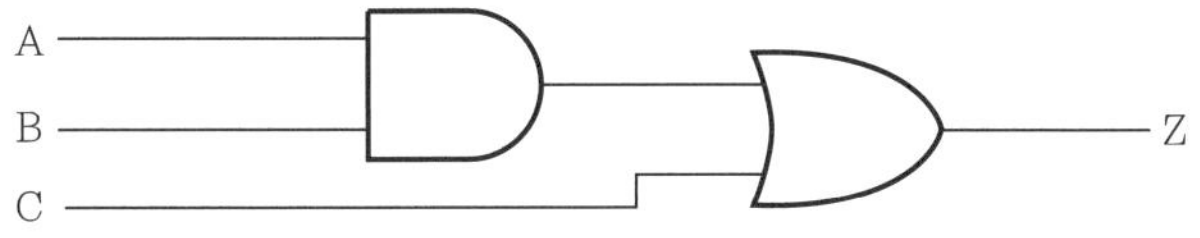

• 진리표

입력	A	L	L	L	L	H	H	H	H
	B	L	L	H	H	L	L	H	H
	C	L	H	L	H	L	H	L	H
출력	Z								

답안

입력	A	L	L	L	L	H	H	H	H
	B	L	L	H	H	L	L	H	H
	C	L	H	L	H	L	H	L	H
출력	Z	L	H	L	H	L	H	H	H

해설 논리식 : $Z = AB + C$

문제 13

배점 : 4점

동기발전기를 병렬운전하려고 한다. 병렬운전이 가능한 조건 4가지를 쓰시오.

답안
- 기전력의 크기가 같을 것
- 기전력의 위상이 같을 것
- 기전력의 주파수가 같을 것
- 기전력의 파형이 같을 것

문제 14

배점 : 5점

그림은 전자개폐기 MC에 의한 시퀀스회로를 개략적으로 그린 것이다. 이 그림을 보고 다음 각 물음에 답하시오.

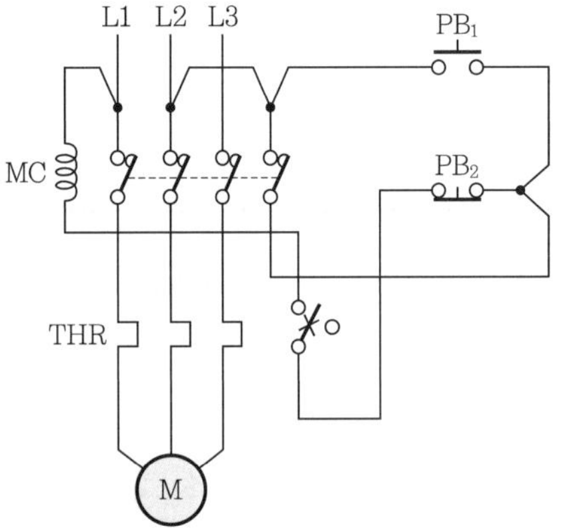

▌예시 1▐

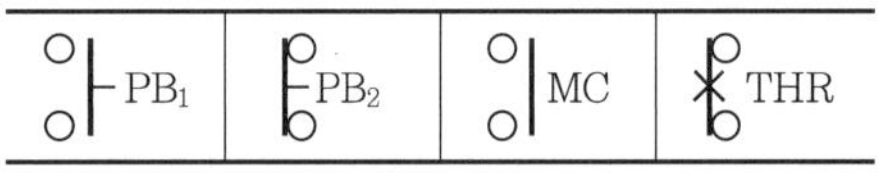

▌선의 접속과 미접속에 대한 예시 2▐

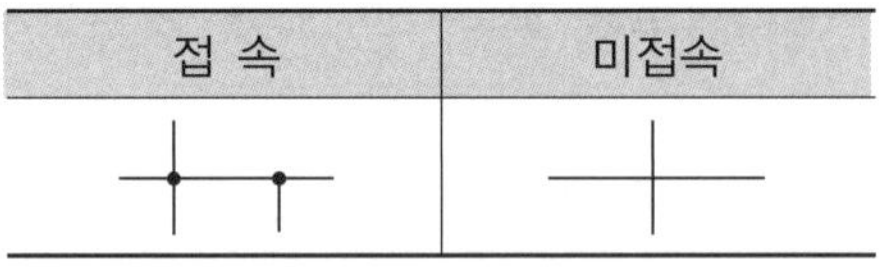

(1) 그림과 같은 회로를 전자개폐기 MC의 보조접점을 사용하여 자기유지가 될 수 있는 일반적인 시퀀스회로로 예시 2가지를 참고하여 그리시오.

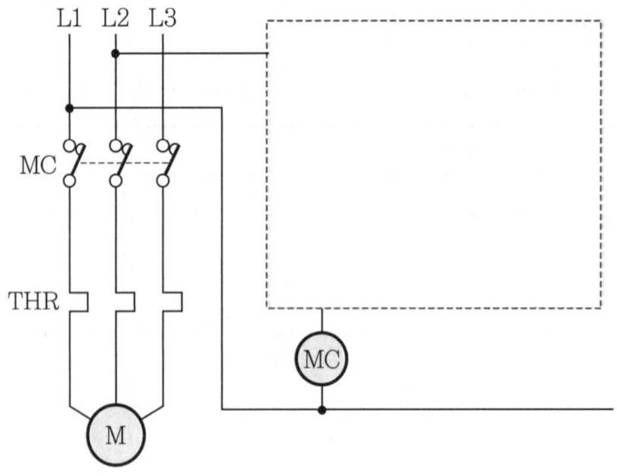

(2) 시간 T_3에 열동계전기가 작동하고, 시간 T_4에서 수동으로 복귀하였다. 이때의 MC의 동작을 타임차트로 표시하시오. (단, 열동계전기는 평상 시 도통 상태로 간주한다.)

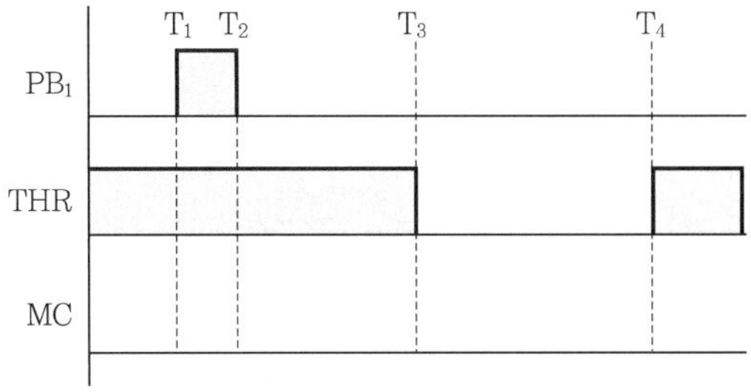

답안 (1)

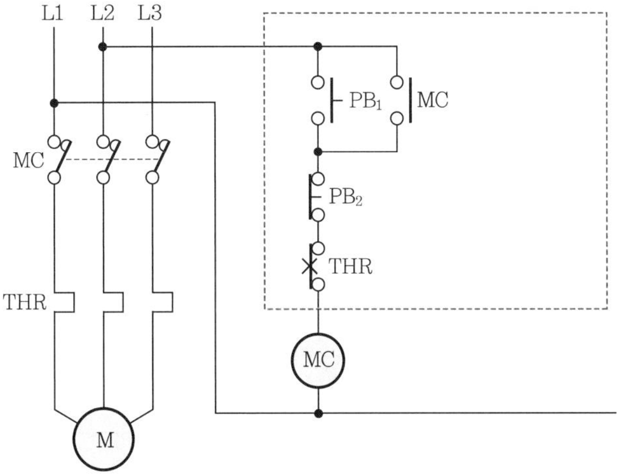

(2)

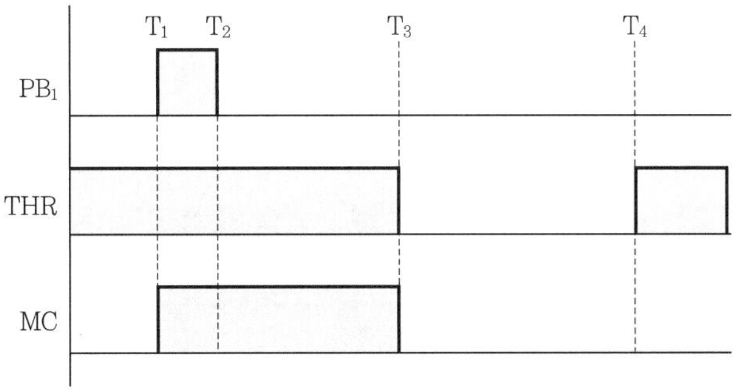

문제 15

배점 : 13점

345[kV] 변전소의 단선도와 변전소에 사용되는 주요 제원을 이용하여 다음 각 물음에 답하시오.

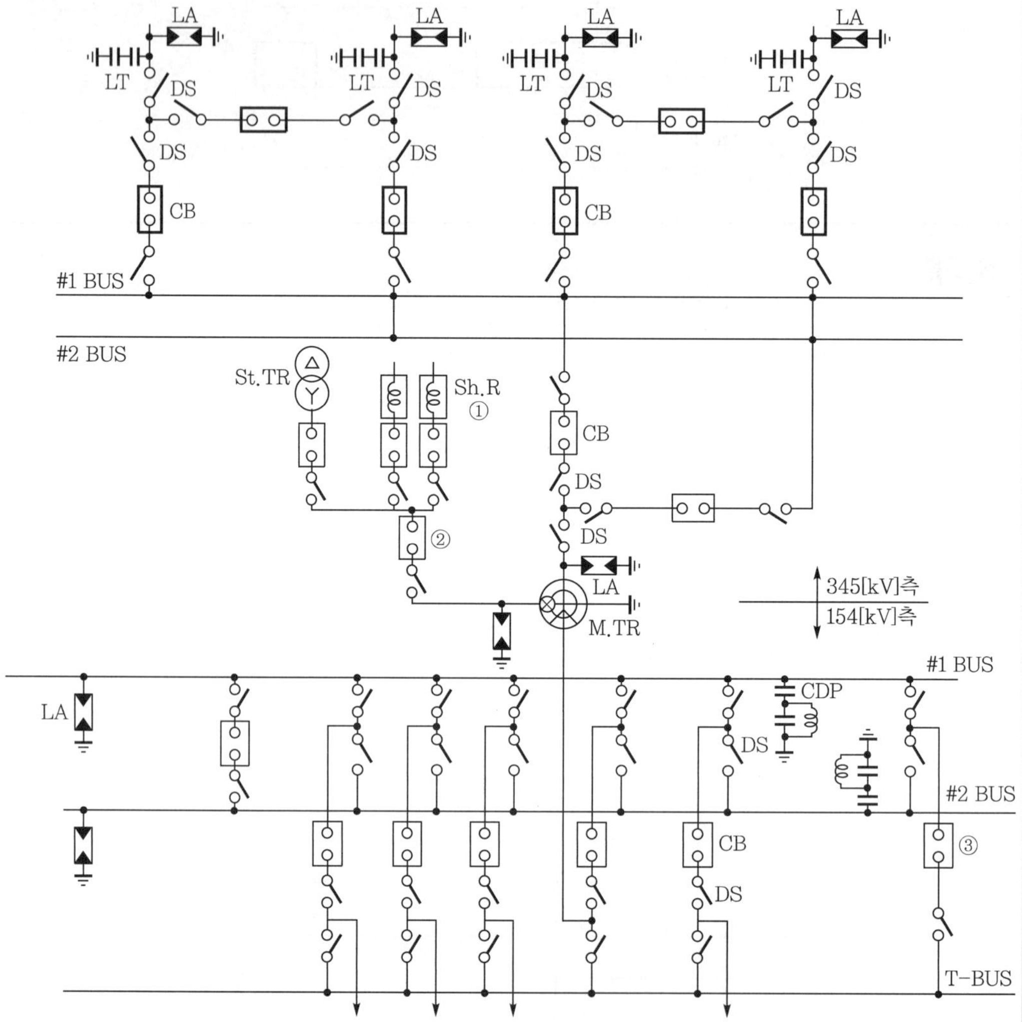

▌345[kV] 변전소 단선도▐

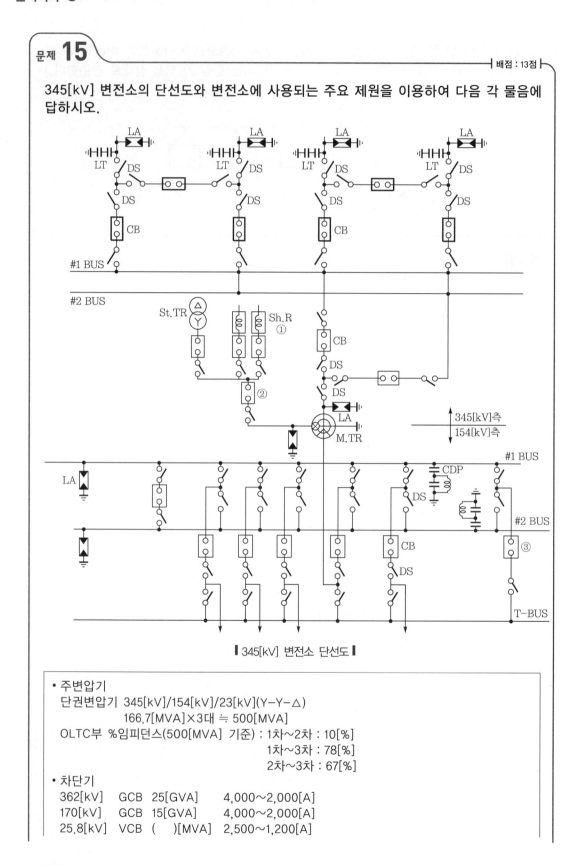

• 주변압기
  단권변압기 345[kV]/154[kV]/23[kV](Y−Y−△)
  166.7[MVA]×3대 ≒ 500[MVA]
  OLTC부 %임피던스(500[MVA] 기준) : 1차~2차 : 10[%]
  1차~3차 : 78[%]
  2차~3차 : 67[%]

• 차단기

362[kV]	GCB	25[GVA]	4,000~2,000[A]
170[kV]	GCB	15[GVA]	4,000~2,000[A]
25.8[kV]	VCB	( )[MVA]	2,500~1,200[A]

• 단로기
362[kV] DS 4,000~2,000[A]
170[kV] DS 4,000~2,000[A]
25.8[kV] DS 2,500~1,200[A]
• 피뢰기
288[kV] LA 10[kA]
144[kV] LA 10[kA]
21[kV] LA 10[kA]
• 분로 리액터
23[kV] Sh.R 30[MVar]
• 주모선
Al-Tube 200∅

(1) 도면의 345[kV]측 모선방식은 어떤 모선방식인지 쓰시오.
(2) 도면의 ①번 기기의 설치 목적은 무엇인지 쓰시오.
(3) 도면에 주어진 제원을 참조하여 주변압기에 대한 등가 %임피던스($\%Z_H$, $\%Z_M$, $\%Z_L$)를 구하고, ②번 23[kV] VCB의 차단용량을 구하시오. (단, 그림과 같은 임피던스 회로는 100[MVA] 기준이다.)

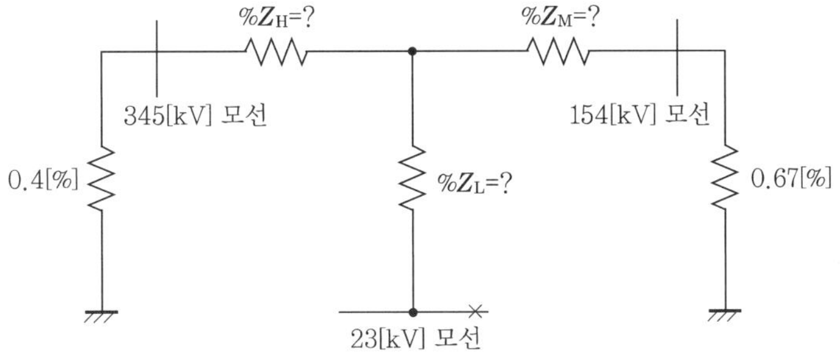

① 등가 %임피던스($\%Z_H$, $\%Z_M$, $\%Z_L$)
• 계산과정 :
• $\%Z_H$:
• $\%Z_M$:
• $\%Z_L$:

② 23[kV] VCB 차단용량
• 계산과정 :
• 답 :

(4) 도면의 345[kV] GCB에 내장된 계전기용 BCT의 오차계급은 C800이다. 부담은 몇 [VA]인지 구하시오.
• 계산과정 :
• 답 :
(5) 도면의 ③번 차단기의 설치목적을 설명하시오.
(6) 주변압기 1Bank(1단×3대)를 증설하여 병렬운전을 하고자 한다. 이 때 병렬운전을 할 수 있는 조건 4가지만 쓰시오.

답안 (1) 2중 모선방식(1.5 차단 모선방식)

(2) 페란티 현상 방지

(3) ① • 계산과정 : - 100[MVA] 기준으로 환산

$$\%Z_{HM} = 10 \times \frac{100}{500} = 2[\%]$$

$$\%Z_{ML} = 67 \times \frac{100}{500} = 13.4[\%]$$

$$\%Z_{HL} = 78 \times \frac{100}{500} = 15.6[\%]$$

- 등가 %임피던스

$$\%Z_H = \frac{1}{2}(Z_{HM} + Z_{HL} - Z_{ML}) = \frac{1}{2}(2 + 15.6 - 13.4) = 2.1[\%]$$

$$\%Z_M = \frac{1}{2}(Z_{HM} + Z_{ML} - Z_{HL}) = \frac{1}{2}(2 + 13.4 - 15.6) = -0.1[\%]$$

$$\%Z_L = \frac{1}{2}(Z_{HL} + Z_{ML} - Z_{HM}) = \frac{1}{2}(15.6 + 13.4 - 2) = 13.5[\%]$$

• $\%Z_H = 2.1[\%]$

• $\%Z_M = -0.1[\%]$

• $\%Z_L = 13.5[\%]$

② • 계산과정 :

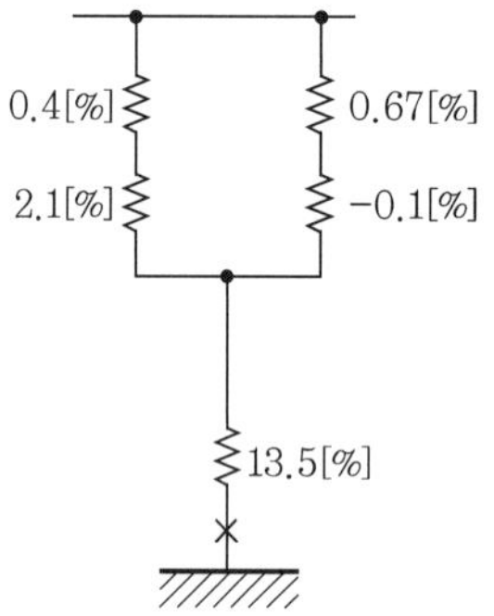

▌등가회로▐

23[kV] VCB 설치점까지 합성 임피던스 $\%Z$

$$\%Z = 13.5 + \frac{(2.1 + 0.4)(-0.1 + 0.67)}{(2.1 + 0.4) + (-0.1 + 0.67)} = 13.96[\%]$$

$$\text{차단용량 } P_s = \frac{100}{\%Z}P_n = \frac{100}{13.96} \times 100 = 716.33[\text{MVA}]$$

• 답 : 716.33[MVA]

(4) • 계산과정 : 오차계급 C800에서 BCT 임피던스가 8[Ω]이므로

$$\text{부담 } P = I^2 Z = 5^2 \times 8 = 200[\text{VA}]$$

• 답 : 200[VA]

(5) 무정전으로 모선 점검을 위해

(6) • 극성이 같을 것

• 정격전압 및 권수비가 같을 것

• 퍼센트 임피던스가 같을 것

• 변압기의 저항과 누설 리액턴스비가 같을 것

문제 16

배점 : 6점

진공차단기(VCB)의 특징을 3가지만 쓰시오.

답안
- 차단성능이 우수하고 차단시간이 짧다.
- 수명이 길고 소형, 경량이다.
- 화재에 대한 안정성이 높고, 소음이 적다.

문제 17

배점 : 6점

22.9[kV-Y] 중성선 다중접지 전선로에 정격전압 13.2[kV], 정격용량 250[kVA]의 단상 변압기 3대를 이용하여 아래 그림과 같이 Y-△ 결선하고자 한다. 다음 물음에 답하시오.

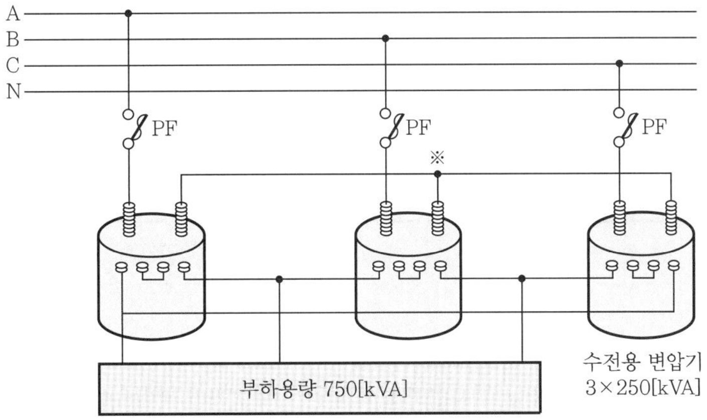

(1) 변압기 1차측 Y결선의 중성점(※ 부분)을 전선로 N선에 연결하여야 하는지 여부와 그 이유를 설명하시오.
- 연결여부 :
- 이유 :

(2) PF에 끼워 넣을 퓨즈 링크는 몇 [A]의 것을 선정하는 것이 좋은지, 계산과정을 쓰고 아래 예시에서 퓨즈 용량을 선정하시오. (단, 퓨즈는 전부하전류의 1.25배로 계산한다.)

퓨즈의 정격용량[A]											
1	3	5	10	15	20	30	40	50	60	75	100

- 계산과정 :
- 답 :

답안 (1) • 연결여부 : 연결하지 않는다.

• 이유 : 연결하고 운전 중 1상 결상 시 역 V결선되어 변압기 소손의 위험이 있다.

(2) • 계산과정 : $I = \dfrac{250 \times 3}{\sqrt{3} \times 22.9} = 18.91[A]$

$I_8 = 18.91 \times 1.25 = 23.64[A]$

• 답 : 30[A]

문제 18

배점 : 5점

다음과 같은 전기설비에 공급해야 할 변압기의 용량을 구하고, 변압기 표준용량에서 선정하시오.

부하의 종류	출력[kW]	수용률[%]	부등률	역률[%]
전등용 설비	60	80	–	95
전열용 설비	40	50	–	90
동력용 설비	70	40	1.4	90

변압기 표준용량[kVA]					
50	75	100	150	200	300

• 계산과정 :

• 답 :

답안 • 계산과정 : ① 전등용 설비 : 유효전력 $P_1 = 60 \times 0.8 = 48[kW]$

무효전력 $P_{1r} = 60 \times 0.8 = \dfrac{\sqrt{1-0.95^2}}{0.95} = 15.78[kVar]$

② 전열용 설비 : 유효전력 $P_2 = 40 \times 0.5 = 20[kW]$

무효전력 $P_{2r} = 40 \times 0.5 = \dfrac{\sqrt{1-0.9^2}}{0.9} = 9.69[kVar]$

③ 동력용 설비 : 유효전력 $P_3 = \dfrac{70 \times 0.4}{1.4} = 20[kW]$

무효전력 $P_{3r} = \dfrac{70 \times 0.4}{1.4} \times \dfrac{\sqrt{1-0.9^2}}{0.9} = 9.69[kVar]$

피상전력 $P_a = \sqrt{(48+20+20)^2 + (15.78+9.69+9.69)^2} = 94.764[kVA]$

변압기 표준용량 $P_T = 100[kVA]$

• 답 : 100[kVA]

2024년도 기사 제1회 필답형 실기시험

종 목	시험시간	배 점	문제수	형 별
전 기 기 사	2시간 30분	100	18	A

문제 01

배점 : 4점

한국전기설비규정에 따른 욕실 또는 화장실 등 인체가 물에 젖어 있는 상태에서 물을 사용하는 장소에 콘센트를 시설하는 경우에 설치해야 하는 인체감전보호용 누전차단기의 정격감도전류[mA]와 동작시간(초)은 얼마 이하를 사용하는지 쓰시오.

- 정격감도전류[mA] :
- 동작시간(초) :

답안
- 정격감도전류[mA] : 15[mA]
- 동작시간(초) : 0.03초

문제 02

배점 : 5점

사용 중인 UPS의 2차측에 단락사고 등이 발생했을 경우 UPS와 고장 회로를 분리하는 방식 3가지를 쓰시오.

답안
- 배선용 차단기에 의한 방식
- 퓨즈에 의한 방식
- 전력 반도체 차단기에 의한 방식

문제 03

배점 : 5점

계약부하설비에 의한 계약최대전력을 정하는 경우에 부하설비용량이 900[kW]이면 전력회사와의 계약최대전력[kW]을 구하시오. (단, 계약최대전력 환산표는 다음과 같다.)

▌계약최대전력 환산표▐

부하설비 입력	계약전력환산율
처음 75[kW]에 대하여	100[%]
다음 75[kW]에 대하여	85[%]
다음 75[kW]에 대하여	75[%]
다음 75[kW]에 대하여	65[%]
300[kW] 초과분에 대하여	60[%]

• 계산과정 :
• 답 :

답안 • 계산과정 : $P = 75 \times 1 + 75 \times 0.85 + 75 \times 0.75 + 75 \times 0.65 + (900 - 300) \times 0.6$
$= 603.75[\mathrm{kW}]$
• 답 : 604[kW]

문제 04

배점 : 5점

전력시설물 공사감리업무 수행지침에 따라 전기공사업자는 해당 공사현장에서 공사업무 수행상 필요한 서식을 비치하고 기록 · 보관하여야 한다. 이에 해당하는 서식을 5가지만 쓰시오.

답안 • 하도급 현황
• 주요 인력 및 장비투입 현황
• 작업계획서
• 기자재 공급원 승인현황
• 주간공정계획 및 실적보고서
• 안전관리비 사용실적 현황
• 각종 측정 기록표

문제 05

배점 : 4점

한국전기설비규정에 따른 저압 전로 중의 전동기 보호용 과전류 보호장치의 시설 중 단락보호전용 퓨즈의 용단 특성에 들어갈 숫자를 쓰시오.

▌단락보호전용 퓨즈(aM)의 용단 특성▐

정격전류의 배수	불용단시간	용단시간
4배	(㉠)초 이내	–
6.3배	–	(㉢)초 이내
8배	0.5초 이내	–
10배	(㉡)초 이내	–
12.5배	–	0.5초 이내
19배	–	(㉣)초 이내

㉠	㉡	㉢	㉣

답안

㉠	㉡	㉢	㉣
60	0.2	60	0.1

문제 06 ┤배점 : 6점├

한국전기설비규정에 나오는 변전소에 대한 내용이다. 빈칸에 들어갈 숫자를 쓰시오.

[상주 감시를 하지 아니하는 변전소의 시설]
1. 변전소(이에 준하는 곳으로서 (①)[kV]를 초과하는 특고압의 전기를 변성하기 위한 것을 포함한다. 이하 같다)의 운전에 필요한 지식 및 기능을 가진 자(이하 "기술원"이라고 한다)가 그 변전소에 상주하여 감시를 하지 아니하는 변전소는 다음에 따라 시설하는 경우에 한한다.
   가. 사용전압이 (②)[kV] 이하의 변압기를 시설하는 변전소로서 기술원이 수시로 순회하거나 그 변전소를 원격 감시 제어하는 제어소(이하에서 "변전 제어소"라 한다)에서 상시 감시하는 경우

①		②	

답안

①	50	②	170

문제 07 ┤배점 : 5점├

보호도체, 절연, 기타 부위의 재질 및 초기온도와 최종온도에 따라 정해지는 계수는 143, 보호장치를 통해 흐를 수 있는 예상 고장전류 실효값은 10,000[A], 자동 차단을 위한 보호장치의 동작시간은 0.2초일 때, 표를 참고하여 보호도체의 최소 공칭 단면적 [mm^2]을 구하시오. (단, 한국전기설비규정 보호도체 단면적 계산식에 따르며, 주어진 조건 이외는 고려하지 않는다.)

▌공칭 단면적[mm^2]▐

6	10	16	25	35	50

- **계산과정 :**
- **답 :**

답안

- 계산과정 : $A = \dfrac{\sqrt{I^2 t}}{K} = \dfrac{\sqrt{10,000^2 \times 0.2}}{143} = 31.27[\text{mm}^2]$
- 답 : 35[mm^2]

문제 08

배점 : 12점

도면은 어느 154[kV] 수용가의 수전설비 단선 결선도의 일부분이다. 도면을 이용하여 다음 각 물음에 답하시오.

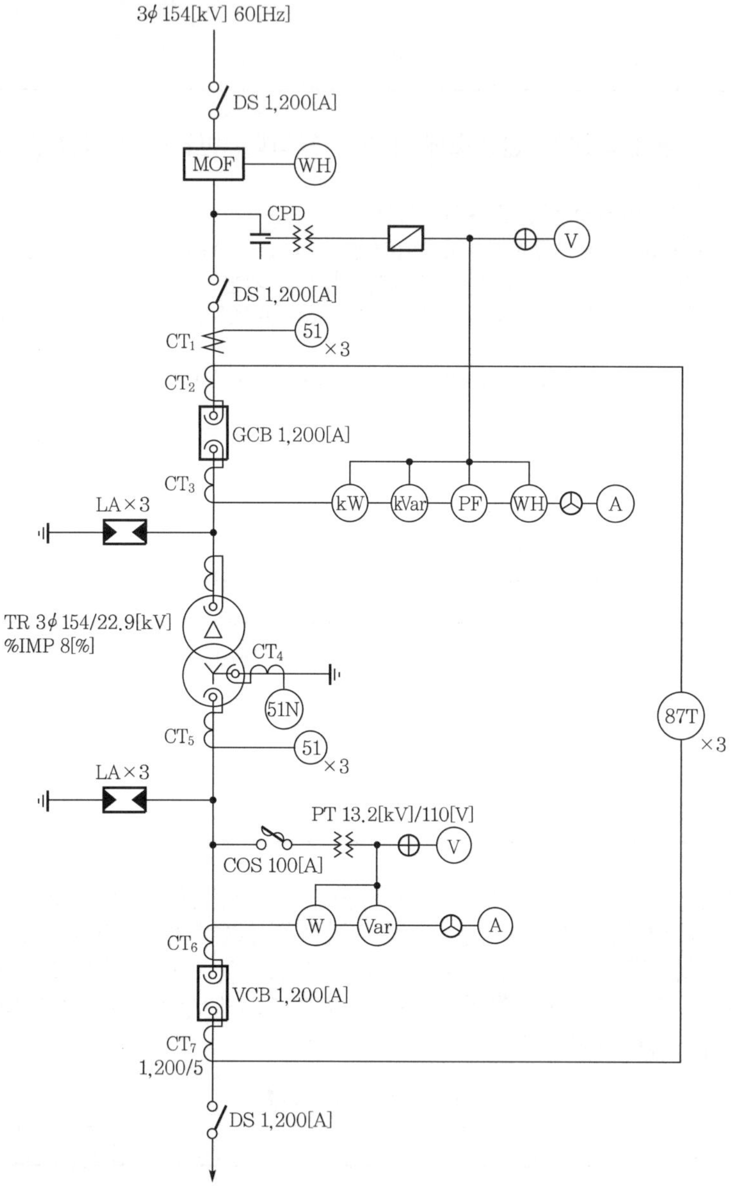

CT의 정격

1차 정격전류[A]	200, 400, 600, 800, 1,200, 1,500
2차 정격전류[A]	5

변압기의 정격

변압기 표준용량[MVA]	15, 20, 25, 30, 40, 50, 60, 80, 100

(1) 변압기 2차 부하설비용량 51[MW], 수용률 70[%], 부하역률 90[%]일 때, 도면의 변압기의 표준용량[MVA]을 선정하시오. (단, 변압기 정격을 참고하여 선정하고, 기타 조건은 무시한다.)
- 계산과정 :
- 답 :

(2) 변압기 1차측 DS의 정격전압[kV]을 쓰시오.

(3) CT_1의 비는 얼마인지 주어진 표에서 선정하시오. (단, "(1)"에서 선정한 변압기 표준용량을 참고하고, 변류기 정격전류 산정 시 여유율은 1.25로 한다.)
- 계산과정 :
- 답 :

(4) VCB의 정격차단전류가 23[kA]일 때 차단기의 차단용량[MVA]을 구하시오.
- 계산과정 :
- 답 :

(5) 과전류 계전기의 정격부담이 9[VA]일 때, 이 계전기의 임피던스[Ω]를 구하시오.
- 계산과정 :
- 답 :

(6) CT_7의 1차 전류가 600[A]일 때 CT_7의 2차에서 비율 차동 계전기의 단자에 흐르는 전류[A]를 구하시오. (단, 위상 보정이 되지 않는 비율 차동 계전기이며, 변류기 결선에 의하여 위상을 보정한다.)
- 계산과정 :
- 답 :

답안

(1) • 계산과정 : $P_T = \dfrac{\text{부하설비용량} \times \text{수용률}}{\text{부등률} \times \cos\theta}$

$$= \frac{51 \times 0.7}{1 \times 0.9} = 39.67[\text{MVA}]$$

• 답 : 40[MVA]

(2) $V = 170[\text{kV}]$

(3) • 계산과정 : $I_1 = \dfrac{P_T}{\sqrt{3}\,V} = \dfrac{40 \times 10^6}{\sqrt{3} \times 154 \times 10^3} = 149.96[\text{A}]$

$$I_c = I_1 \times 1.25 = 149.96 \times 1.25 = 187.45[\text{A}]$$

• 답 : CT_1 비 : 200/5

(4) • 계산과정 : $P_s = \sqrt{3}\, V_s I_s = \sqrt{3} \times 25.8 \times 23 = 1{,}207.8[\text{MVA}]$

• 답 : 1,207.8[MVA]

(5) • 계산과정 : 정격부담 $P = {I_2}^2 \cdot Z_2[\text{VA}]$

$$Z_2 = \frac{P}{{I_2}^2} = \frac{9}{5^2} = 0.36[\Omega]$$

• 답 : 0.36[Ω]

(6) • 계산과정 :

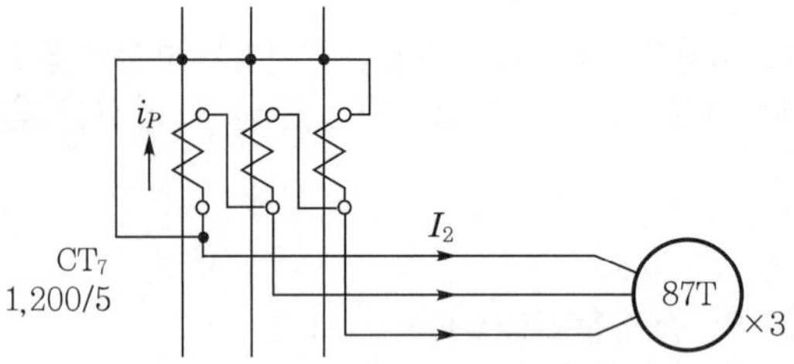

CT_7 2차 상전류 $i_p = I_1 \times \dfrac{1}{CT_7\text{비}} = 600 \times \dfrac{5}{1,200} = 2.5[A]$

$\therefore I_2 = \sqrt{3}\, i_p = \sqrt{3} \times 2.5 = 4.33[A]$

• 답 : 4.33[A]

문제 09

배점 : 4점

어느 빌딩의 수전설비를 계획하려고 한다. 이 빌딩의 예측되는 부하밀도는 조명 20[VA/m^2], 일반동력 35[VA/m^2], 냉방 40[VA/m^2]이다. 이 빌딩의 연면적이 70,000[m^2]일 때, 부하설비용량[kVA]을 구하시오.

• 계산과정 :
• 답 :

답안 • 계산과정 : 부하설비용량 P = 부하밀도 × 빌딩 연면적[VA]

$= (20 + 35 + 40) \times 70,000 \times 10^{-3} = 6,650[kVA]$

• 답 : 6,650[kVA]

문제 10

배점 : 5점

다음과 같이 주어진 계전기에 대한 한글 명칭을 쓰시오.

약호	명칭
OCR	
GR	
OPR	
OVR	
PWR	

답안

약호	명칭
OCR	과전류 계전기
GR	지락 계전기
OPR	결상 계전기
OVR	과전압 계전기
PWR	전력 계전기

문제 11 배점 : 5점

연축전지의 정격용량 200[Ah], 상시부하 10[kW], 표준전압 100[V]인 부동충전방식 충전기의 2차 충전전류[A]를 구하시오. (단, 주어진 조건 이외는 고려하지 않는다.)

• 계산과정 :
• 답 :

답안 • 계산과정 :

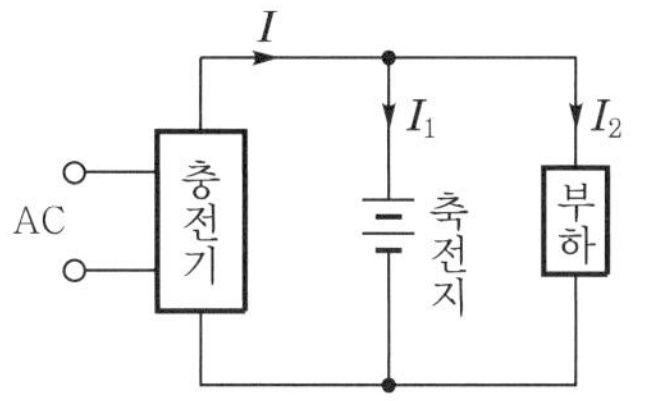

$$I = \frac{\text{축전지용량}}{\text{정격 방전율}} + \frac{\text{부하용량}}{\text{표준전압}} = \frac{200}{10} + \frac{10 \times 10^3}{100} = 120[\text{A}]$$

(정격 방전율 : 연축전지 10[h], 알칼리 축전지 5[h])

• 답 : 120[A]

문제 12 배점 : 5점

어떤 램프의 전압이 220[V], 소비전력이 1,000[W]이고 램프에서 나오는 광속이 2,000[lm]일 때, 램프의 효율을 구하시오. (단, 반드시 단위도 쓰시오.)

• 계산과정 :
• 답 :

답안
• 계산과정 : 램프의 효율 $\eta = \frac{\text{발산 광속}}{\text{소비전력}} = \frac{2,000}{1,000} = 2[\text{lm/W}]$

• 답 : 2[lm/W]

문제 13

배점 : 6점

단상 변압기의 변압비는 각각 3,500/100[V]로 같으며, 고압측을 그림과 같이 직렬로 5,500[V]로 연결하고, 저압측에 각각 3[Ω], 5[Ω]의 저항을 접속하였을 때, 고압측의 단자전압 E_1[V]과 E_2[V]를 구하시오.

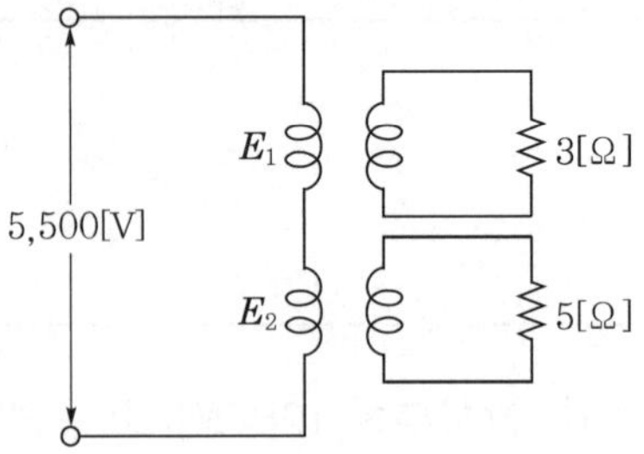

- 계산과정 :
- E_1 :
- E_2 :

답안
- 계산과정 : 2차 저항을 1차로 환산하면

$$R_1' = a^2 \cdot R_1 = \left(\frac{3,500}{100}\right)^2 \times 3 = 3,675[\Omega]$$

$$R_2' = a^2 \cdot R_2 = \left(\frac{3,500}{100}\right)^2 \times 5 = 6,125[\Omega]$$

$$E_1 = \frac{V}{R_1' + R_2'} \times R_1' = \frac{5,500}{3,675 + 6,125} \times 3,675 = 2,062.5[V]$$

$$E_2 = \frac{V}{R_1' + R_2'} \times R_2' = \frac{5,500}{3,675 + 6,125} \times 6,125 = 3,437.5[V]$$

- E_1 : 2,062.5[V]
- E_2 : 3,437.5[V]

문제 14

배점 : 5점

양수량 18[m³/min], 전양정 25[m]의 양수 펌프용 전동기의 소요출력[kW]을 구하시오. (단, 펌프의 효율 82[%], 여유계수는 1.1이다.)

- 계산과정 :
- 답 :

답안
- 계산과정 : $P = \frac{QH}{6.12\eta}k = \frac{18 \times 25}{6.12 \times 0.82} \times 1.1 = 98.64[kW]$
- 답 : 98.64[kW]

문제 **15**

배점 : 5점

그림과 같은 회로에서 중성선이 단선되었을 때, A 부하와 B 부하에 걸리는 전압[V]을 각각 구하시오.

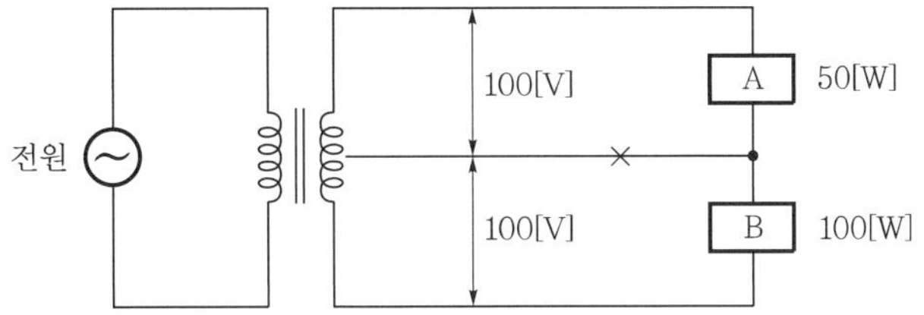

(1) A 부하
- 계산과정 :
- 답 :

(2) B 부하
- 계산과정 :
- 답 :

답안 (1) A 부하

- 계산과정 : A 부하저항 $R_A = \dfrac{V^2}{P_A} = \dfrac{100^2}{50} = 200[\Omega]$

  B 부하저항 $R_B = \dfrac{V^2}{P_B} = \dfrac{100^2}{100} = 100[\Omega]$

  $$V_A = \frac{V'}{R_A + R_B} \times R_A$$

  $$= \frac{200}{200+100} \times 200 = 133.33[V]$$

- 답 : 133.33[V]

(2) B 부하

- 계산과정 : $V_B = \dfrac{V'}{R_A + R_B} \times R_B$

  $$= \frac{200}{200+100} \times 100 = 66.67[V]$$

- 답 : 66.67[V]

문제 16

배점 : 5점

전동기를 현장과 사무실에서 각각 기동 및 정지하려고 한다. 시퀀스 제어 회로를 보고 미완성된 시퀀스 도면을 완성하시오. (단, ON, OFF 스위치를 각각 한 번씩만 사용하고, 선의 접속과 미접속에 대한 예시를 참고하시오.)

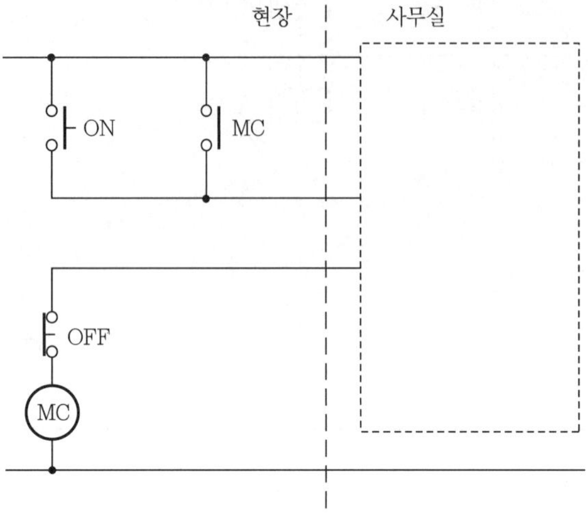

▌선의 접속과 미접속에 대한 예시▐

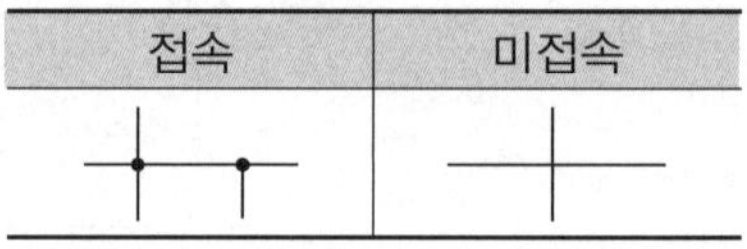

답안

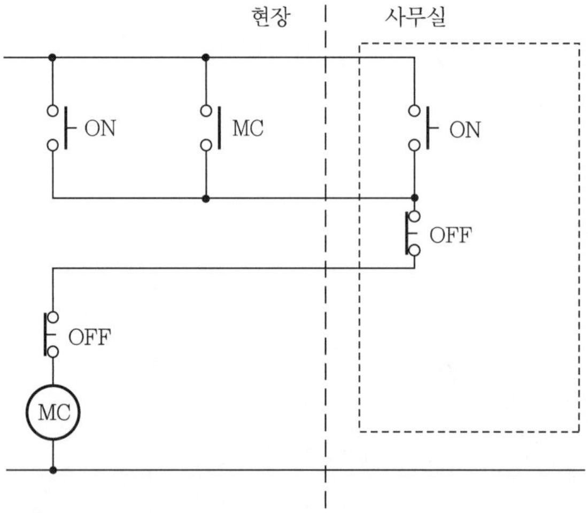

문제 **17**

배점 : 8점

그림은 PLC 래더도를 프로그램으로 변환하여 나타낸 것이다. 프로그램상의 빈칸을 채우시오.

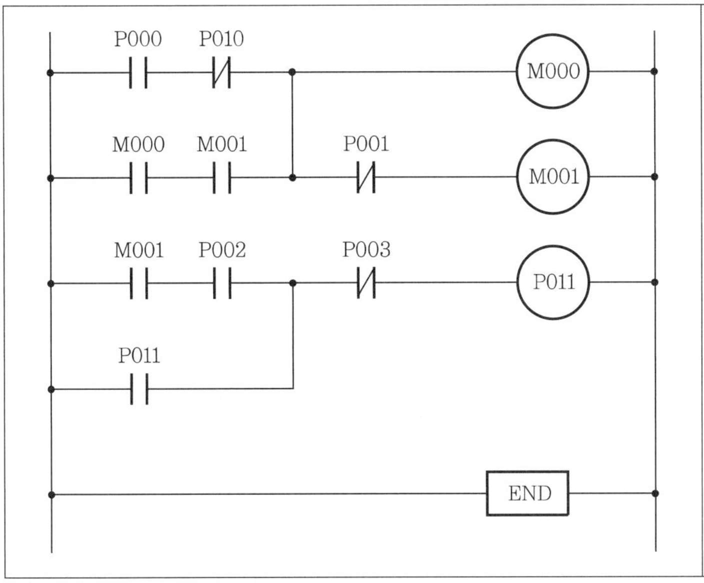

〈명령어〉
1. S(논리연산 시작)
2. A(AND)
3. O(OR)
4. W(출력)
5. N(NOT)
6. AS(그룹간의 직렬 접속)
7. OS(그룹간의 병렬 접속)
8. END(논리연산 종료)

순서	연산자	주소	순서	연산자	주소
0	S	P000	7	W	M001
1	AN	P010	8	(⑤)	(⑥)
2	(①)	(②)	9	A	P002
3	A	M001	10	(⑦)	P011
4	(③)	–	11	AN	P003
5	(④)	M000	12	W	P011
6	AN	P001	13	(⑧)	–

답안 ① S
② M000
③ OS
④ W
⑤ S
⑥ M001
⑦ O
⑧ END

문제 18

배점 : 6점

그림과 같은 논리회로를 보고 다음 물음에 답하시오.

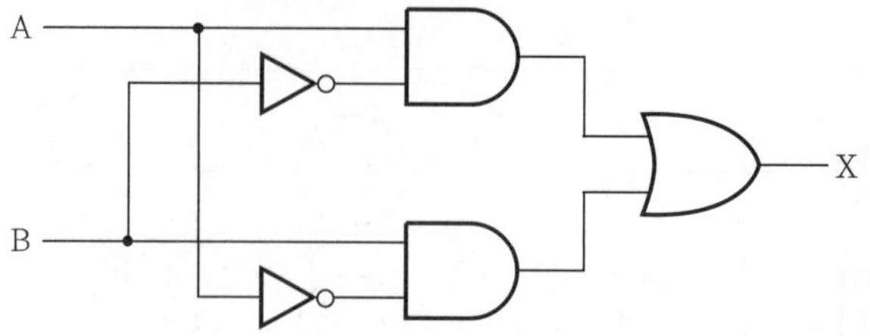

(1) 명칭을 쓰시오.
(2) 출력식을 쓰시오.
(3) 진리표를 완성하시오.

A	B	X
0	0	
0	1	
1	0	
1	1	

답안 (1) Exclusive OR(반일치회로)

(2) $X = A\overline{B} + \overline{A}B$

(3) 진리표

A	B	X
0	0	0
0	1	1
1	0	1
1	1	0

2024년도 기사 제2회 필답형 실기시험

종 목	시험시간	배 점	문제수	형 별
전 기 기 사	2시간 30분	100	18	A

문제 01

배점 : 5점

송전단 전압 6,600[V]의 3상 선로에서 수전단 전압을 6,300[V]로 유지하고자 한다. 부하전력 2,000[kW], 역률 0.8, 전선의 길이 3[km]이며, 선로의 리액턴스를 무시한다면 적당한 경동선의 굵기[mm^2]는 몇 인지 선정하시오. (단, 전선의 공칭 단면적은 아래에 주어진 표에서 선정하시오.)

❙ 공칭 단면적[mm^2] ❙

10	16	25	35	50	70	95	120

• 계산과정 :
• 답 :

답안 • 계산과정

전압강하 $e = \frac{P}{V}(R + X \cdot \tan\theta)$에서 리액턴스를 무시하므로 $X \cdot \tan\theta = 0$이다.

$\therefore\ e = \frac{P}{V} \cdot R = \frac{P}{V} \times \rho \frac{l}{A}$이므로 전선 단면적 $A = \frac{P}{V} \times \rho \frac{l}{e}$

$$A = \frac{2{,}000 \times 10^3}{6{,}300} \times \frac{1}{55} \times \frac{3 \times 10^3}{6{,}600 - 6{,}300} = 57.7[\text{mm}^2]$$

• 답 : 70[mm^2]

문제 02

배점 : 4점

다음 설명에 해당되는 기기의 명칭을 각각 쓰시오.

• (①) : 배전 선로에서 지락 고장이나 단락 고장 사고가 발생하였을 때 고장을 검출하여 선로를 차단한 후 일정시간 경과하면 자동적으로 재투입 동작을 반복함으로써 순간 고장을 제거할 수 있다. 단, 영구 고장일 경우에는 정해진 재투입 동작을 반복한 후 사고 구간만을 계통에서 분리하여 선로에 파급되는 정전 범위를 최소한으로 억제하도록 한다.

• (②) : 부하전류를 차단할 수 없으며 무부하 상태의 회로를 개폐 시, 특히 기기의 점검, 수리를 할 때나 회로의 접속을 변경할 때 사용한다. 근래에는 ASS를 사용하며, 평소 66[kV] 이상에서 사용하는 개폐장치이다.

①	②

답안 ① 리클로저(재폐로 차단기)
② 선로 개폐기

문제 03

배점 : 4점

한국전기설비규정(KEC)에 따른 용어의 정의이다. ( )에 들어갈 내용을 쓰시오.

• "PEN 도체(protective earthing conductor and neutral conductor)"란 (①)회로에서 (②) 겸용 보호도체를 말한다.
• "PEN 도체(protective earthing conductor and a line conductor)"란 (③)회로에서 (④) 겸용 보호도체를 말한다.

①	②	③	④

답안 ① 교류
② 중성선
③ 직류
④ 선도체

문제 04

배점 : 5점

그림과 같이 환상 직류 배전 선로에서 각 구간의 왕복 저항은 0.1[Ω], 급전점 a의 전압은 100[V], 부하점 b, c의 부하전류는 각각 30[A], 50[A]라 할 때, 부하점 b의 전압[V]을 구하시오.

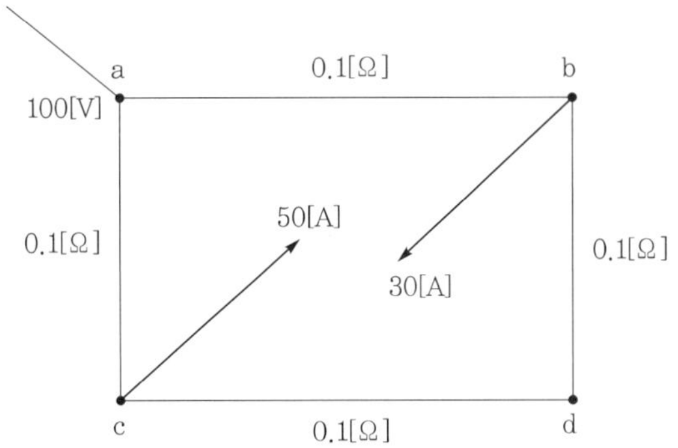

- **계산과정 :**
- **답 :**

답안
- 계산과정 : $I_{ab} = \dfrac{0.3}{0.4} \times 30 + \dfrac{0.1}{0.4} \times 50 = 35[\text{A}]$

  b점의 전압 $V_b = V_a - I_{ab} \cdot R_{ab}$

  $= 100 - 35 \times 0.1 = 96.5[\text{V}]$
- 답 : 96.5[V]

문제 **05** | 배점 : 5점 |

다음은 전류계붙이 개폐기의 그림 기호다. 그림 기호에서 의미하는 내용을 각각 쓰시오. (단, 각 수치를 포함하여 쓰시오.)

3P30[A]
f15[A]
A5

- **3P30[A] :**
- **f15[A] :**
- **A5 :**

답안
- 3P30[A] : 3극 정격전류 30[A]
- f15[A] : 퓨즈 정격전류 15[A]
- A5 : 전류계 정격전류 5[A]

문제 06

배점 : 5점

그림과 같이 Y결선된 평형 부하에 전압을 측정할 때 전압계의 지시값이 상전압 $V_p=150$[V], 선간전압 $V_l=220$[V]로 나타났다. 다음 각 물음에 답하시오. (단, 부하측에 인가된 각 상의 전압은 평형전압이고 기본파와 제3고조파분 전압만이 포함되어 있다.)

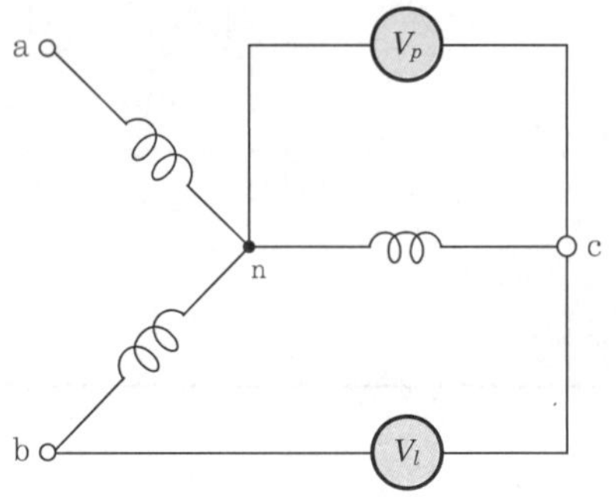

(1) 제3고조파 전압[V]을 구하시오.
- 계산과정 :
- 답 :

(2) 전압의 왜형률[%]을 구하시오.
- 계산과정 :
- 답 :

답안 (1) • 계산과정

상전압 V_p는 기본파와 제3고조파가 존재하므로

$\sqrt{V_1^2+V_3^2}=150$[V]

선간전압 V_l은 기본파만 존재하므로

$\sqrt{3}\,V_1=220$[V]

기본파 전압 $V_1=\dfrac{V_l}{\sqrt{3}}=\dfrac{220}{\sqrt{3}}=127.02$[V]

∴ 제3고조파 전압 $V_3=\sqrt{V_p^2-V_1^2}$

$=\sqrt{150^2-127.02^2}=79.79$[V]

• 답 : 79.79[V]

(2) • 계산과정 : $V_{\mathrm{THD}}=\dfrac{\text{고조파의 실효치}}{\text{기본파의 실효치}}$

$=\dfrac{V_3}{V_1}=\dfrac{79.79}{127.02}=0.6282$

• 답 : 62.82[%]

문제 07

배점 : 6점

다음은 접지에 관한 내용이다. 각 물음에 답하시오.

(1) 피뢰기 접지공사를 실시한 후, 보조 접지 2개(A와 B)를 시설하여 접지저항을 측정하였더니 본 접지와 A 사이의 저항은 86[Ω], A와 B 사이의 저항은 156[Ω], B와 본 접지 사이의 저항은 80[Ω]이었다. 이때 피뢰기의 접지저항값[Ω]을 구하시오.
- 계산과정 :
- 답 :

(2) 한국전기설비규정(KEC)에서 접지와 관련된 용어의 정의이다. [보기]를 참고하여 (　　) 에 들어갈 내용을 쓰시오.

[보기]

보호도체, 접지도체, 접지시스템, 내부 피뢰시스템, 계통접지, 보호접지

- (①) : 계통, 설비 또는 기기의 한 점과 접지극 사이의 도전성 경로 또는 그 경로의 일부가 되는 도체
- (②) : 고장 시 감전에 대한 보호를 목적으로 기기의 한 점 또는 여러 점을 접지하는 것
- (③) : 기기나 계통을 개별적 또는 공통으로 접지하기 위하여 필요한 접속 및 장치로 구성된 설비

①	②	③

답안

(1) • 계산과정 : $R = \frac{1}{2}(86 + 80 - 156) = 5[\Omega]$

• 답 : 5[Ω]

(2)

①	②	③
접지도체	보호접지	접지시스템

문제 08

배점 : 6점

전력계통에 발생되는 단락용량 경감대책을 3가지만 쓰시오.

답안
- 고임피던스 기기 채택
- 모선 계통 분리 운용
- 한류 리액터 설치

문제 09

배점 : 12점

주어진 조건과 배선 평면도를 이용하여 다음 각 물음에 답하시오.

[조건]
- 사용하는 전선은 모두 NR 4.0[mm^2]이다.
- 박스는 모두 4각 박스를 사용하며, 기구 1개에 박스 1개를 사용한다.
  (2개 연동인 경우에는 각 1개씩을 사용하는 것으로 한다.)
- 전선관은 콘크리트 매입 후강 금속관이다.
- 층고는 3[m]이고, 분전반의 설치높이는 1.5[m]이다.
- 3로 스위치 이외의 스위치는 단극 스위치를 사용하며, 2개를 나란히 사용한 개소는 2개소이다.
- 기구는 다음과 같다.
  A : 적산 전력계(전력량계) B : 분전반(전등용) C : 백열전등
  D : 텀블러 스위치 E : 텀블러 스위치(3로 스위치) F : 15[A]용 콘센트

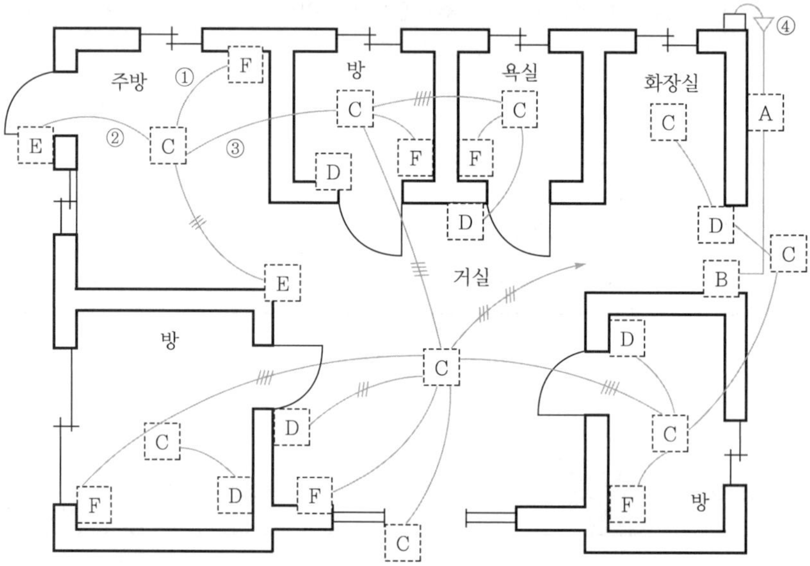

(1) 점선으로 표시된 위치(A~F)에 기구를 배치하여 배선 평면도를 완성하려고 한다. 해당되는 기구의 그림 기호를 그리시오.

A 적산 전력계 (전력량계)		B 분전반 (전등용)	
C 백열전등		D 텀블러 스위치	
E 텀블러 스위치 (3로 스위치)		F 15[A]용 콘센트	

(2) 배선평면도에서 ①~③의 배선 가닥수는 몇 가닥인지 쓰시오.

① ② ③

(3) 도면의 ④에 대한 그림 기호의 명칭은 무엇인지 쓰시오.

(4) 본 배선 평면도에 소요되는 4각 박스와 부싱은 몇 개인지 쓰시오. (단, 자재의 규격은 구분하지 않고 개수만 산정하도록 한다.)
- 4각 박스 :
- 부싱 :

답안 (1)

A 적산 전력계 (전력량계)	WH	B 분전반 (전등용)	
C 백열전등		D 텀블러 스위치	
E 텀블러 스위치 (3로 스위치)		F 15[A]용 콘센트	

(2) ① 2가닥
② 3가닥
③ 4가닥

(3) 케이블 헤드(CH)

(4) • 4각 박스 : 23개
• 부싱 : 46개

문제 10

배점 : 5점

연동선을 사용한 코일의 저항이 0[℃]에서 4,000[Ω]이다. 이 코일에 전류를 흘렸더니 그 온도가 상승하여 코일의 저항이 4,500[Ω]으로 되었다고 한다. 이 때 연동선의 온도[℃]를 구하시오.

- 계산과정 :
- 답 :

답안 • 계산과정 : $R_t = R_0(1+\alpha_0 t)$

$$\left[\alpha_0 : \text{연동선 } 0[℃]\text{의 온도계수 } \left(\alpha_0 = \frac{1}{234.5}\right)\right]$$

$$\text{온도 } t = \left(\frac{R_t}{R_0} - 1\right) / \alpha_0 = \left(\frac{4,500}{4,000} - 1\right) \times 234.5 = 29.31[℃]$$

• 답 : 29.31[℃]

문제 11

배점 : 7점

가로 10[m], 세로 16[m], 천장높이 3.85[m], 작업면 높이 0.85[m]인 사무실에 천장 직부 형광등 F40×2를 설치하려고 한다. 다음 각 물음에 답하시오.

(1) F40×2의 그림 기호를 그리시오.
(2) 이 사무실의 실지수는 얼마인가?
- 계산과정 :
- 답 :

(3) 이 사무실의 작업면 조도를 300[lx], 천장 반사율 70[%], 벽 반사율 50[%], 바닥 반사율 10[%], 형광등 1등의 광속은 3,150[lm], 보수율 70[%], 조명률 61[%]로 한다면 이 사무실에 필요한 소요 등기구수는 몇 등인가?
- 계산과정 :
- 답 :

답안 (1) 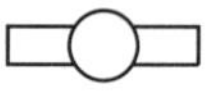

F40×2

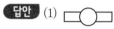

(2) • 계산과정 : 실지수 $G = \dfrac{X \cdot Y}{H(X+Y)}$

$$= \frac{10 \times 16}{3 \times (10+16)} = 2.05$$

• 답 : 2.05

(3) • 계산과정 : 등수(F40×2) $N = \dfrac{E \cdot A \cdot D}{F \cdot U}$

$$= \frac{300 \times 10 \times 16}{3,150 \times 0.61 \times 0.7} = 36.28[\text{개}]$$

• 답 : 37[개]

문제 12

배점 : 5점

고휘도 방전 램프(HID LAMP)의 종류를 3가지만 쓰시오.

답안
- 고압 수은등
- 고압 나트륨등
- 메탈할라이드등

문제 **13**

배점 : 5점

3상 3선식 3,000[V], 200[kVA]의 배전 선로 전압을 3,100[V]로 승압하기 위하여 단상 변압기 3대를 그림과 같이 접속하였다. 이 변압기의 1, 2차 전압과 용량을 구하시오. (단, 변압기의 손실을 무시한다.)

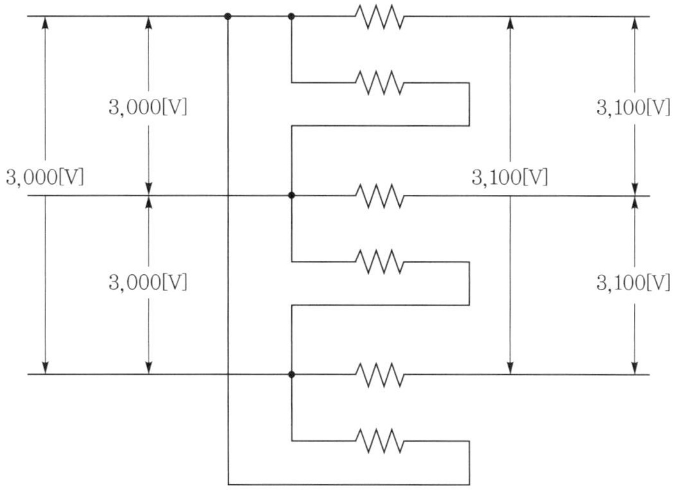

(1) 변압기 1, 2차 전압[V]
- 계산과정 :
- 1차 전압 :
- 2차 전압 :

(2) 변압기 용량[kVA]
- 계산과정 :
- 답 :

답안 (1) 변압기 1, 2차 전압[V]
- 계산과정 : $E_1 = 3,000[\text{V}]$

$$E_2 = -\frac{V_l}{2} + \sqrt{\frac{{V_h}^2}{3} - \frac{{V_l}^2}{12}}$$

$$= -\frac{3,000}{2} + \sqrt{\frac{3,100^2}{3} - \frac{3,000^2}{12}}$$

$$= 66.31[\text{V}]$$

- 1차 전압 : 3,000[V]
- 2차 전압 : 66.31[V]

(2) 변압기 용량[kVA]
- 계산과정 : $P = 3E_2 I_2$

$$= 3 \times 66.31 \times \frac{200 \times 10^3}{\sqrt{3} \times 3,100} \times 10^{-3} = 7.41[\text{kVA}]$$

- 답 : 7.41[kVA]

문제 **14**

배점 : 6점

그림은 변류기를 영상 접속시켜 그 잔류회로에 지락계전기 DG를 삽입시킨 것으로, 선로의 전압은 66[kV], 중성점에 300[Ω]의 저항접지로 하였고, 변류기의 변류비는 300/5[A]이다. 송전전력이 20,000[kW], 역률이 0.8(지상)이고, a상에 완전 지락사고가 발생하였다고 할 때 다음 각 물음에 답하시오. (단, 부하의 정상 임피던스, 역상 임피던스 및 기타 주어지지 않은 요소들은 무시한다.)

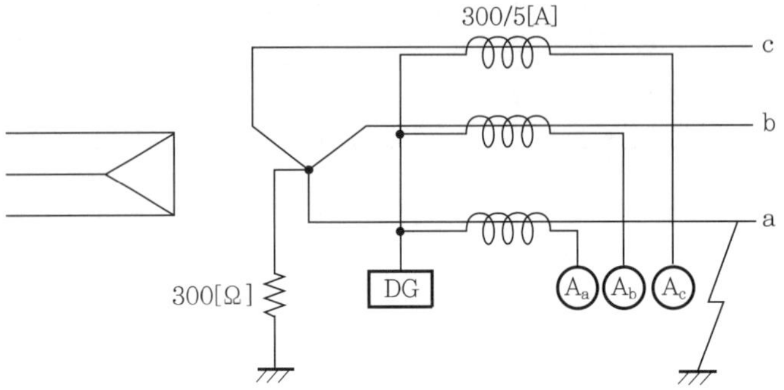

(1) 지락계전기 DG에 흐르는 전류[A]를 구하시오.
- 계산과정 :
- 답 :

(2) a상 전류계 A_a에 흐르는 전류[A]를 구하시오.
- 계산과정 :
- 답 :

(3) b상 전류계 A_b에 흐르는 전류[A]를 구하시오.
- 계산과정 :
- 답 :

(4) c상 전류계 A_c에 흐르는 전류[A]를 구하시오.
- 계산과정 :
- 답 :

답안

(1) • 계산과정 : 1차 지락전류 $I_g = \dfrac{E}{R_g} = \dfrac{66{,}000/\sqrt{3}}{300} = 127.02[\text{A}]$

DG의 전류 $i_g = I_g \times \dfrac{1}{\text{CT비}} = 127.02 \times \dfrac{5}{300} = 2.12[\text{A}]$

• 답 : 2.12[A]

(2) • 계산과정 : 부하전류 $I = \dfrac{20{,}000}{\sqrt{3}\times 66 \times 0.8} \times (0.8 - j0.6) = 174.95 - j131.22$

$= 218.69$

a상 1차 전류 $I_A = \dot{I} + \dot{I_g} = 174.95 + 127.02 - j131.22$

$= 301.97 - j131.22 = 329.25[\text{A}]$

a상 전류계 전류 $\text{A}_\text{a} = 329.25 \times \dfrac{5}{300} = 5.49[\text{A}]$

• 답 : 5.49[A]

(3) • 계산과정 : b상 전류계 전류 $A_b = 218.69 \times \frac{5}{300} = 3.64[A]$

• 답 : 3.64[A]

(4) • 계산과정 : c상 전류계 전류 $A_c = 218.69 \times \frac{5}{300} = 3.64[A]$

• 답 : 3.64[A]

문제 **15** | 배점 : 5점 |

그림과 같이 A 변전소에서 B 변전소로 1회선 송전을 하고 있다. 이 경우 B 변전소의 차단기 (a)의 차단용량[MVA]을 차단기 정격용량표에서 선정하시오. (단, 계통의 %임피던스는 10[MVA]를 기준으로 한다.)

‖ 차단기 정격용량표 ‖

정격용량[MVA]	100	150	250	300	400	500	750

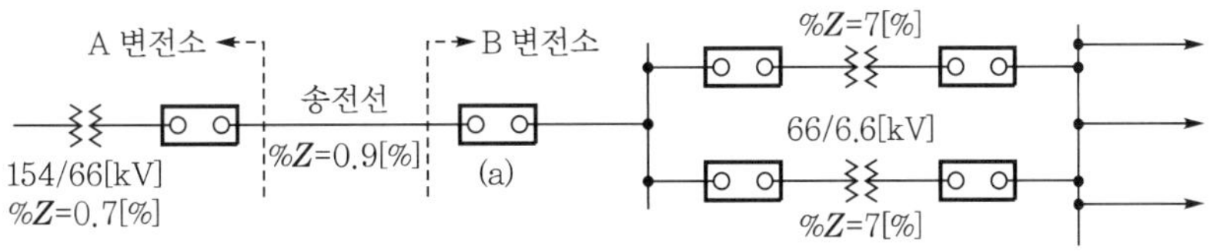

• 계산과정 :
• 답 :

답안

• 계산과정 : $P_s = \frac{100}{\%Z_T + \%Z_L} P_b = \frac{100}{0.7 + 0.9} \times 10 = 625[\text{MVA}]$

• 답 : 750[MVA]

문제 **16** | 배점 : 6점 |

중성점 직접 접지방식의 장점 및 단점을 각각 3가지씩 쓰시오.

(1) 장점
(2) 단점

답안 (1) 장점

① 보호계전기의 동작이 용이하여 회로 차단이 신속하다.
② 선로의 절연 수준 및 기기의 절연 레벨을 낮출 수 있다.
③ 정격이 낮은 피뢰기를 사용할 수 있고 변압기 단절연이 가능하다.

(2) 단점

① 지락전류에 의한 기기의 충격이 크다.
② 통신선의 유도장해가 크다.
③ 과도 안정도가 나쁘다.

문제 17

배점 : 4점

다음의 논리식에 해당하는 유접점 시퀀스회로를 완성하시오. (단, 각 접점의 식별 문자를 표기하고, 선의 접속 및 미접속에 대한 예시를 참고하여 작성하시오.)

- **논리식** : $L = (X + \overline{Y} + \overline{Z})(\overline{X} + Y + \overline{Z})$
- **유접점 시퀀스회로**

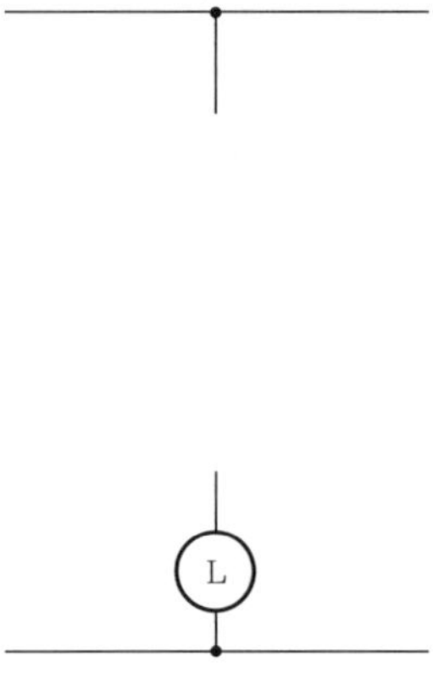

▌선의 접속과 미접속에 대한 예시▐

접속	미접속
	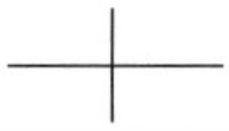

답안

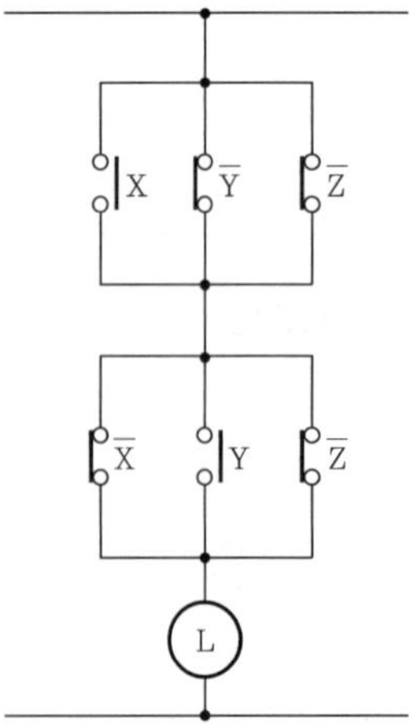

문제 18

배점 : 5점

다음의 PLC 명령어 프로그램과 예시를 참고하여 래더 다이어그램 방식으로 래더도를 완성하시오. (단, 래더도 작성 시 접속에 대한 접점을 반드시 표기하시오.)

▌예시▐

▌선의 접속과 미접속에 대한 예시▐

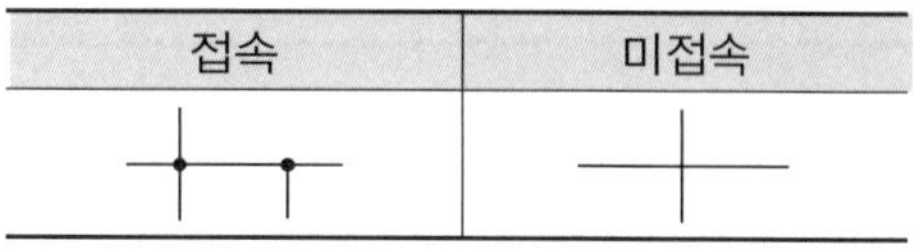

▌명령어 프로그램▐

STEP	명령어	번지
0	STR	P00
1	OR	P01
2	STR NOT	P02
3	OR	P03
4	AND STR	–
5	AND NOT	P04
6	OUT	P10

〈명령어〉
1. STR(입력)
2. AND(직렬 접속)
3. OR(병렬 접속)
4. NOT(부정)
5. OUT(출력)

▌래더도▐

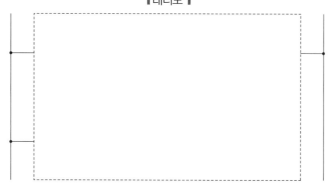

답안

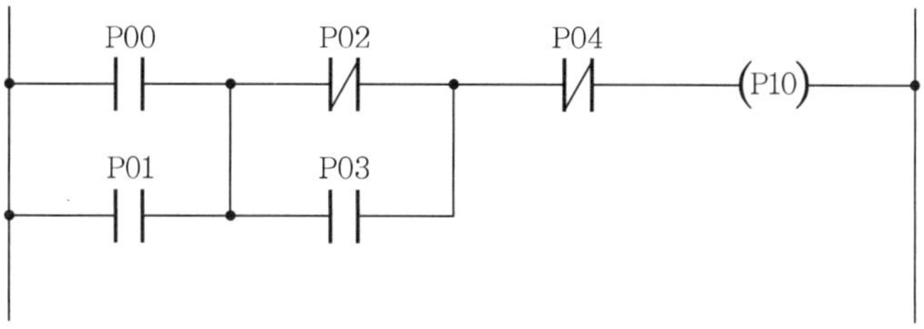

2024년도 기사 제3회 필답형 실기시험

종 목	시험시간	배 점	문제수	형 별
전 기 기 사	2시간 30분	100	18	A

문제 01

배점 : 3점

한국전기설비규정에 따른 아크를 발생하는 기구의 시설에 대한 설명이다. (　)에 들어갈 숫자를 쓰시오.

> 고압용의 개폐기 · 차단기 · 피뢰기 기타 이와 유사한 기구(이하 이 조에서 “기구 등”이라 한다)로서 동작 시에 아크가 생기는 것은 목재의 벽 또는 천장 기타의 가연성 물체로부터 (　)[m] 이상 이격하여 시설하여야 한다.

답안 2[m]

문제 02

배점 : 5점

한국전기설비규정에 따른 발전기 등의 보호장치에 대한 내용이다. 빈칸에 알맞은 내용을 쓰시오.

> [보기]
> 발전기에는 다음의 경우에 자동적으로 이를 전로로부터 차단하는 장치를 시설하여야 한다.
> • 발전기에 과전류나 과전압이 생긴 경우
> • 용량이 (①)[kVA] 이상의 발전기를 구동하는 수차의 압유장치의 유압 또는 전동식 가이드밴 제어장치, 전동식 니이들 제어장치 또는 전동식 디플렉터 제어장치의 전원전압이 현저히 저하한 경우
> • 용량이 (②)[kVA] 이상의 발전기를 구동하는 풍차의 압유장치의 유압, 압축 공기장치의 공기압 또는 전동식 브레이드 제어장치의 전원전압이 현저히 저하한 경우
> • 용량이 (③)[kVA] 이상인 수차 발전기의 스러스트 베어링의 온도가 현저히 상승한 경우
> • 용량이 (④)[kVA] 이상인 발전기의 내부에 고장이 생긴 경우
> • 정격출력이 (⑤)[kW]를 초과하는 증기터빈은 그 스러스트 베어링이 현저하게 마모되거나 그의 온도가 현저히 상승한 경우

①	②	③	④	⑤

답안

①	②	③	④	⑤
500	100	2,000	10,000	10,000

문제 03 | 배점 : 6점

한국전기설비규정에서 정하는 기구 등의 전로의 절연내력 시험전압[V]에 대한 내용이다. 다음 (　)에 들어갈 내용을 쓰시오.

공칭전압	최대사용전압	시험전압
6,600[V]	6,900[V]	(①)
13,200[V](중성점 다중 접지식 전로)	13,800[V]	(②)
22,900[V](중성점 다중 접지식 전로)	24,000[V]	(③)

①	②	③

답안 ① $6,900 \times 1.5 = 10,350[V]$

② $13,800 \times 0.92 = 12,696[V]$

③ $24,000 \times 0.92 = 22,080[V]$

문제 04 | 배점 : 5점

전력시설물 공사감리업무 수행지침에 따른 설계도서 등의 검토에 대한 내용이다. (　)에 들어갈 내용을 쓰시오.

감리원은 설계도서 등에 대하여 공사계약문서 상호 간의 모순되는 사항, 현장 실정과의 부합여부 등 현장 시공을 주안으로 하여 해당 공사 시작 전에 검토하여야 하며 검토내용에는 다음 각 호의 사항 등이 포함되어야 한다.

1. 현장조건에 부합 여부
2. 시공의 (①) 여부
3. 다른 사업 또는 다른 공정과의 상호부합 여부
4. (②), 설계설명서, 기술계산서, (③) 등의 내용에 대한 상호일치 여부
5. (④), 오류 등 불명확한 부분의 존재 여부
6. 발주자가 제공한 (⑤)와 공사업자가 제출한 산출내역서의 수량일치 여부
7. 시공상의 예상 문제점 및 대책 등

①	②	③	④	⑤

답안 ① 실제가능
② 설계도면
③ 산출내역서
④ 설계도서의 누락
⑤ 물량 내역서

문제 05

┃배점 : 4점┃

다음의 그림은 TN 계통의 TN-C-S 방식의 저압배전선로의 접지계통이다. 결선도를 완성하시오. (단, 결선도 작성 시 선의 접속 및 미접속에 대한 예시를 참고하여 작성하시오.)

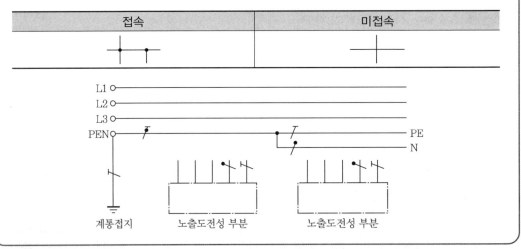

▌선의 접속과 미접속에 대한 예시▐

접속	미접속
(접속 표시)	(미접속 표시)

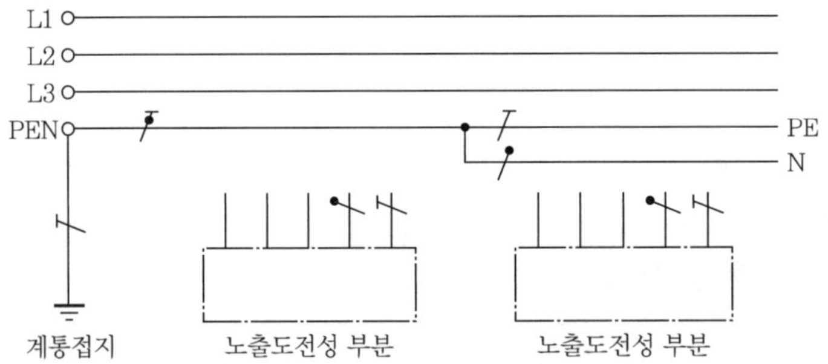

답안

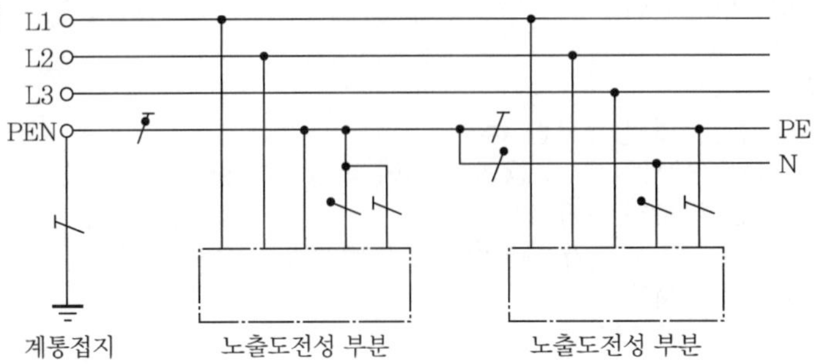

문제 06

배점 : 6점

한국전기설비규정에 따른 지중전선로의 시설에 대한 설명이다. (　)에 들어갈 내용을 쓰시오.

> 지중전선로의 시설
> 1. 지중전선로는 전선에 케이블을 사용하고 또한 (①) · 암거식(暗渠式) 또는 (②)에 의하여 시설하여야 한다.
> 2. 지중전선로를 (①) 또는 암거식에 의하여 시설하는 경우에는 다음에 따라야 한다.
>   가. (①)에 의하여 시설하는 경우에는 매설 깊이를 (③)[m] 이상으로 하되, 매설 깊이를 충족하지 못한 장소에는 견고하고 차량 기타 중량물의 압력에 견디는 것을 사용할 것, 다만 중량물의 압력을 받을 우려가 없는 곳은 0.6[m] 이상으로 한다.

①	②	③

답안 ① 관로식
② 직접 매설식
③ 1.0

문제 07

배점 : 4점

전력용 한류 퓨즈의 단점을 4가지만 쓰시오.

답안
- 재투입 할 수 없다.
- 과전류에 용단될 수 있다.
- 동작 특성 조정 및 임의의 특성을 얻을 수 없다.
- 차단할 때 과전압이 발생된다.

문제 08

배점 : 6점

수전방식 중 스폿 네트워크방식의 특징을 3가지만 쓰시오.

답안
- 무정전 전원공급이 가능하다.
- 설비 및 기기의 이용률이 좋아진다.
- 전압변동률이 적고 손실이 감소한다.

문제 **09** 배점 : 4점

방폭구조의 종류를 4가지만 쓰시오.

답안
- 내압 방폭구조
- 유입 방폭구조
- 압력 방폭구조
- 안전증 방폭구조
- 본질 안전 방폭구조
- 특수 방폭구조

문제 **10** 배점 : 5점

송전단 전압이 3,300[V]인 변전소로부터 5.8[km] 떨어진 곳에 있는 역률 0.9(지상), 500[kW]인 3상 동력부하에 지중 송전선을 설치하여 전력을 공급하고자 한다. 케이블의 허용전류(또는 안전전류) 범위 내에서 전압강하율 10[%]를 초과하지 않도록 아래의 표에서 알맞은 심선의 굵기를 선정하시오. [단, 케이블의 허용전류는 다음 표와 같으며, 도체(동선)의 고유저항은 $\frac{1}{55}$[Ω · mm^2/m]으로 하고 케이블의 정전용량 및 리액턴스 등은 무시한다.]

▍심선의 굵기와 허용전류표 ▍

심선의 굵기[mm^2]	22	30	38	58	60	80	100	125	150
허용전류[A]	50	70	90	100	110	140	160	180	200

- 계산과정 :
- 답 :

답안
- 계산과정 : 수전단 전압 $V_r = \dfrac{V_s}{1+\varepsilon} = \dfrac{3,300}{1+0.1} = 3,000[\text{V}]$

전압강하 $e = \dfrac{P}{V_r}(R + X\tan\theta)$에서 리액턴스를 무시하므로 $X\tan\theta = 0$이다.

$e = \dfrac{P}{V_r} \cdot R = \dfrac{P}{V_r} \times \rho \dfrac{l}{A}$에서

전선 굵기 $A = \dfrac{P}{V_r} \times \rho \dfrac{l}{e} = \dfrac{500 \times 10^3}{3,000} \times \dfrac{1}{55} \times \dfrac{5,800}{3,300 - 3,000}$

$= 58.585[\text{mm}^2]$

부하전류 $I = \dfrac{500 \times 10^3}{\sqrt{3} \times 3,000 \times 0.9} = 106.92[\text{A}]$

∴ 허용전류 범위 내 심선의 굵기는 60[mm^2]이다.

- 답 : 60[mm^2]

문제 11

배점 : 5점

종합부하의 역률은 85[%], 각 부하 간의 부등률은 1.3이며, 변압기는 최대 부하의 20[%]의 여유를 갖는 용량으로 할 때, 그림과 같은 변압기 전용량[kVA]을 구하시오. (단, 변압기 표준용량[kVA] 100, 200, 300, 400, 500에서 선정하시오.)

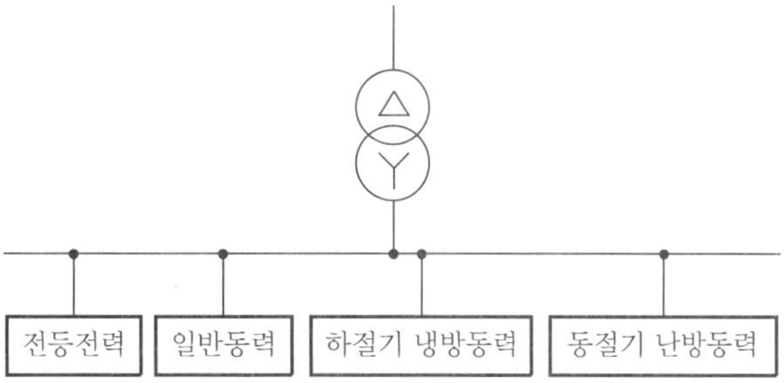

부하명	전등전력	일반동력	하절기 냉방동력	동절기 난방동력
설비용량	120[kW]	230[kW]	130[kW]	70[kW]
수용률	70[%]	60[%]	70[%]	65[%]

- 계산과정 :
- 답 :

답안

- 계산과정 : $P_T = \dfrac{120 \times 0.7 + 230 \times 0.6 + 130 \times 0.7}{1.3 \times 0.85} \times (1 + 0.2) = 339.91[\text{kVA}]$
- 답 : 400[kVA]

문제 12

배점 : 6점

그림과 같이 3상 3선식 배전선로에서 그 중앙에 100[A], 지상 역률 0.8의 부하 및 말단에 100[A], 지상 역률 0.6의 부하가 접속되어 있다. 이 배전선로의 말단 부하와 병렬로 콘덴서를 설치하였을 때, 다음 각 물음에 답하시오. (단, 주어진 조건 이외는 고려하지 않는다.)

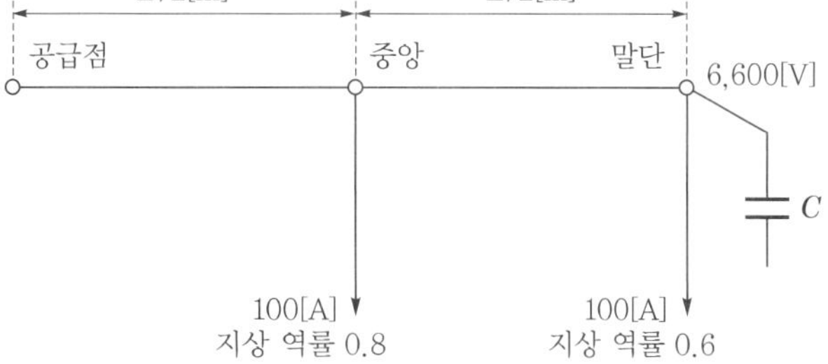

(1) 공급점의 지상 역률을 0.9로 개선하는 콘덴서 용량 Q_c[kVA]를 구하시오.
- 계산과정 :
- 답 :

(2) 선로손실을 최소로 하는 콘덴서 용량 Q_c[kVA]를 구하시오. (단, 말단 전압은 6,600[V]로 일정하고, 전선 1선당의 저항은 r[Ω/m]이다.)
- 계산과정 :
- 답 :

답안

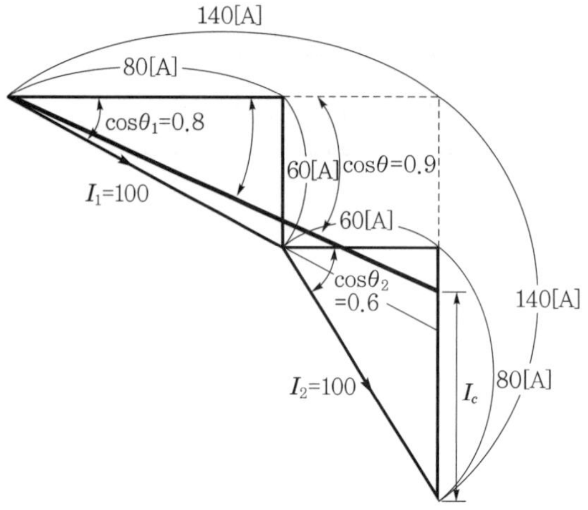

(1) • 계산과정 : $\cos\theta = \dfrac{I}{I_a} = \dfrac{140}{\sqrt{140^2 + (140 - I_c)^2}} = 0.9$

$I_c = 72.19$[A]

$Q_c = \sqrt{3}\, VI_c \times 10^{-3}$

$= \sqrt{3} \times 6{,}600 \times 72.19 \times 10^{-3} = 825.24$[kVA]

• 답 : 825.24[kVA]

(2) • 계산과정 : 손실 $P_l = 3I^2 r = 3r\{140^2 + (140 - I_c)^2 + 80^2 + (60 - I_c)^2\}$

$\left[\because I = \sqrt{140^2 + (140 - I_c)^2 + 80^2 + (60 - I_c)^2}\right]$

손실을 최소로 하려면 전류가 최소가 되어야 하므로

$(140 - I_c)^2 + (60 - I_c)^2 = 0$

$\therefore\ I_c = 110$[A]

$Q_c = \sqrt{3}\, VI_c \times 10^{-3}$

$= \sqrt{3} \times 6{,}600 \times 110 \times 10^{-3} = 1{,}257.47$[kVA]

• 답 : 1,257.47[kVA]

문제 13

배점 : 5점

다음은 컴퓨터 등의 중요한 부하에 대한 무정전 전원공급을 위한 그림이다. "①~⑤"에 알맞은 전기시설물의 명칭을 쓰시오.

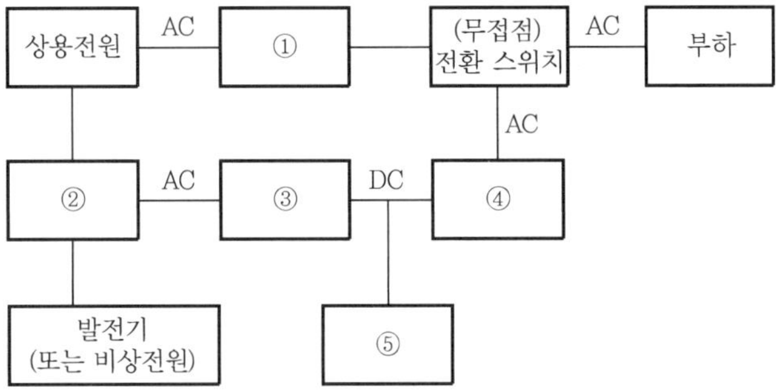

①	②	③	④	⑤

답안 ① 자동 전압 조정기(AVR)
② 절환(절체) 개폐기
③ 컨버터(정류기)
④ 인버터
⑤ 축전지

문제 14

배점 : 3점

다음 단선도에 해당하는 기기의 명칭과 용도를 쓰시오.

▌단선도▐

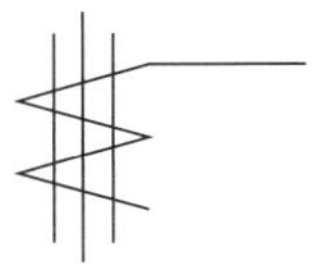

- 명칭 :
- 용도 :

답안
- 명칭 : 영상 변류기
- 용도 : 지락사고 시 지락전류 검출

문제 15

배점 : 14점

도면은 통상적인 단락, 지락 보호에 사용되는 방식으로 주 보호와 후비 보호의 기능을 가지고 있다. 도면을 보고 다음 각 물음에 답하시오. (단, 과전류 계전기와 비율 차동 계전기는 단독 및 보호 협조에 의해 차단기를 동작하는 구조이다.)

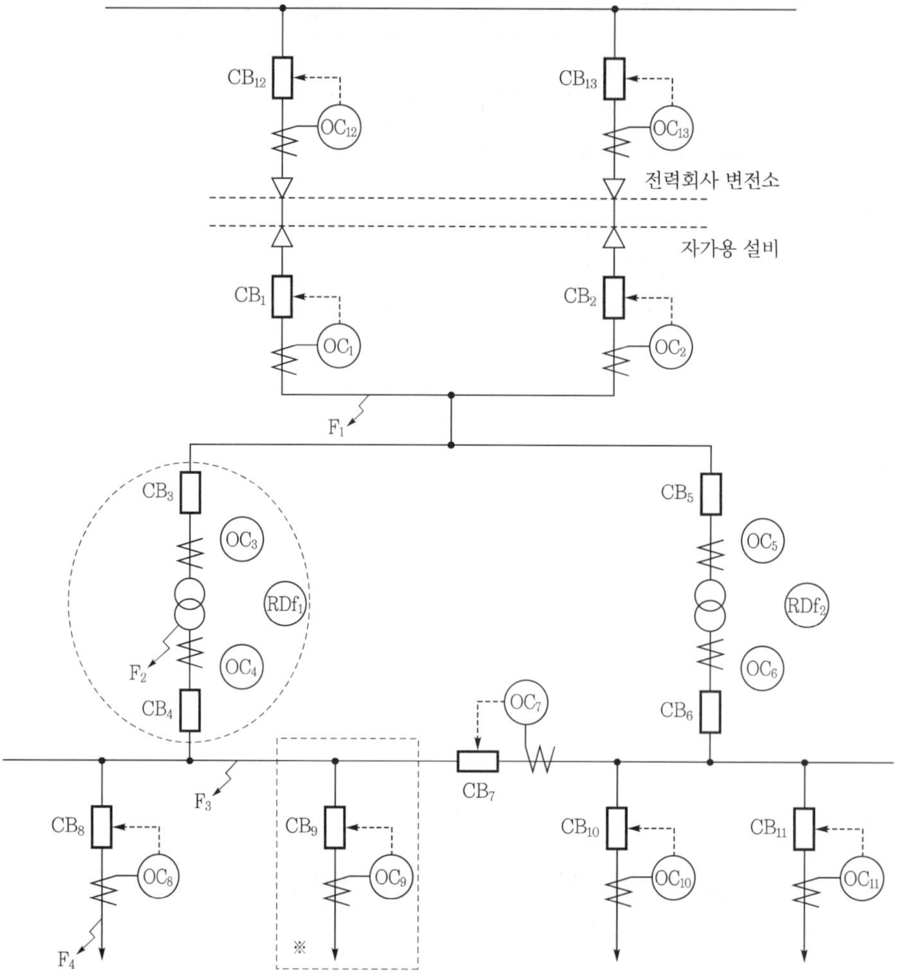

(1) 사고점이 F_1, F_2, F_3, F_4라고 할 때 주 보호와 후비 보호에 대한 다음 표의 빈칸(①, ②)을 채우시오.

사고점	주 보호	후비 보호
F_1	OC_1+CB_1 And OC_2+CB_2	① :
F_2	② :	OC_1+CB_1 And OC_2+CB_2
F_3	OC_4+CB_4 And OC_7+CB_7	OC_3+CB_3 And OC_6+CB_6
F_4	OC_8+CB_8	OC_4+CB_4 And OC_7+CB_7

(2) 그림은 도면의 ※표 부분을 좀 더 상세하게 나타낸 도면이다. 각 부분 ①~④에 대한 명칭을 쓰고, 보호 기능의 구성상 ⑤~⑦의 부분을 검출부, 판정부, 동작부로 나누어 표현하시오.

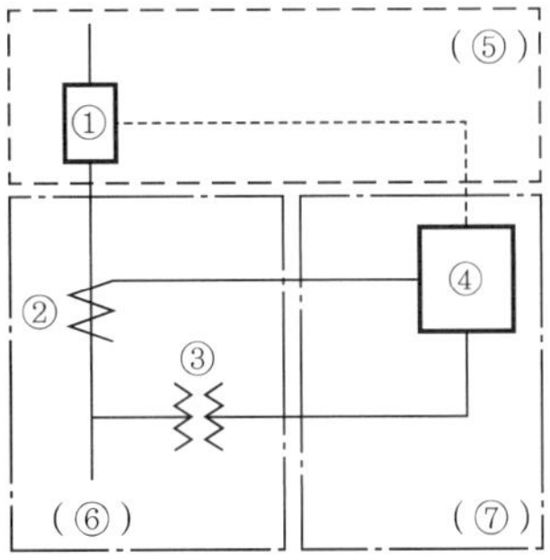

①		②		③	
④		⑤		⑥	
⑦					

(3) "(2)"의 도면을 참고하여 F_2 사고와 관련된 검출부, 판정부, 동작부의 도면을 완성하시오.

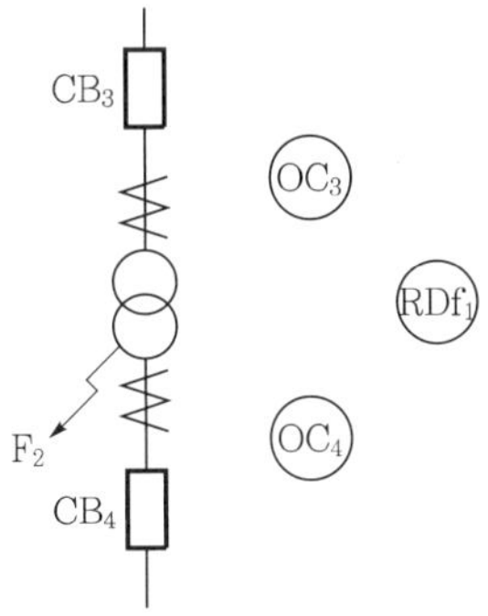

답안 (1) ① $OC_{12} + CB_{12}$ And $OC_{13} + CB_{13}$

② $OC_3 + CB_3$ And $RDf_1 + OC_4 + CB_4$

(2) ① 차단기

② 변류기

③ 계기용 변압기

④ 과전류 계전기

⑤ 동작부

⑥ 검출부

⑦ 판정부

(3)

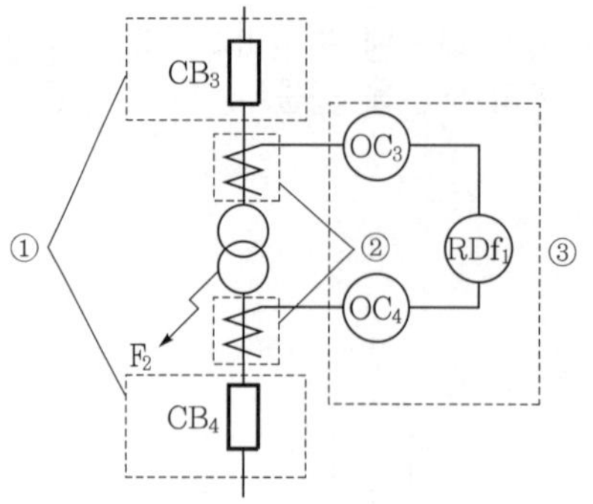

① 동작부
② 검출부
③ 판정부

문제 16

배점 : 4점

한류저항기의 설치 목적을 2가지만 쓰시오.

답안
- SGR을 동작시키기 위한 유효전류 발생
- 계전기 구동에 필요한 지락전류 제한
- 제3고조파 억제 및 계통 안정화
- 계통 지락 시 중성점 불안정 현상 방지

문제 17

배점 : 8점

그림과 같은 전자 릴레이회로를 미완성된 다이오드 매트릭스회로에 다이오드를 추가시켜 다이오드 매트릭스회로로 바꾸어 그리시오.

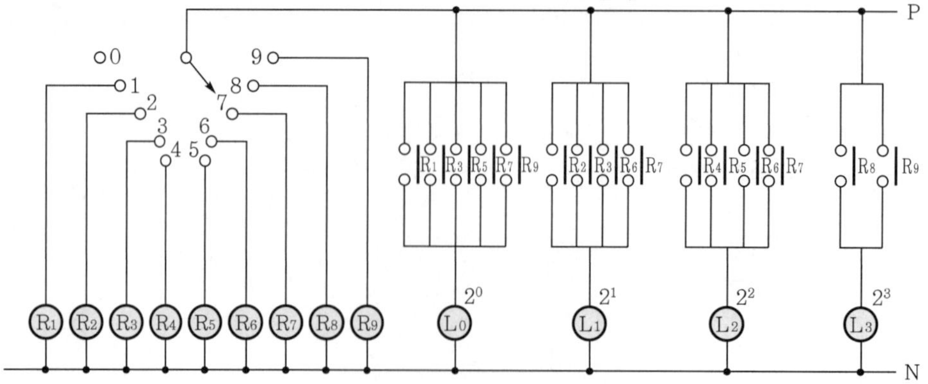

전자 릴레이회로

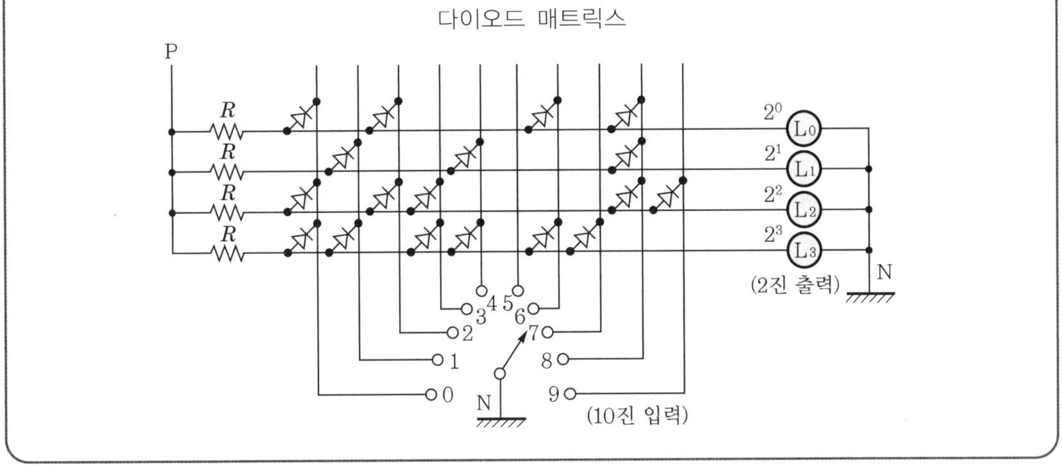

답안 다이오드 매트릭스

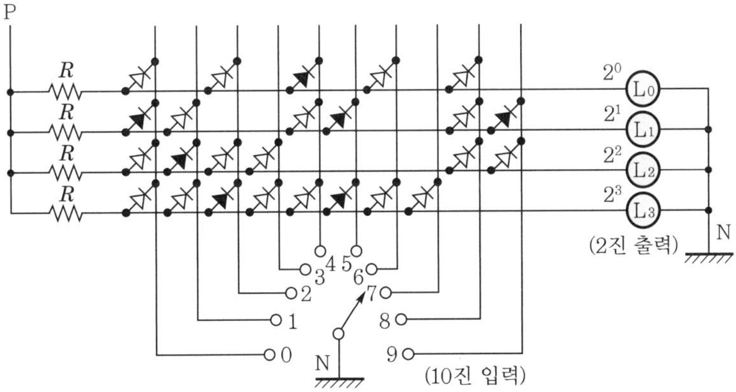

해설 릴레이회로의 논리식

- $L_0 = R_1 + R_3 + R_5 + R_7 + R_9$
- $L_1 = R_2 + R_3 + R_6 + R_7$
- $L_2 = R_4 + R_5 + R_6 + R_7$
- $L_3 = R_8 + R_9$

문제 18

배점 : 7점

3상 송전선로에서 4단자 정수는 $A=0.9$, $B=j380$, $C=j0.5\times10^{-3}$, $D=0.9$이다. 무부하 시에 송전단에 154[kV]를 인가하였을 때, 다음을 구하시오.

(1) 수전단 전압[kV] 및 송전단 전류[A]를 구하시오.
① 수전단 전압
• 계산과정 :
• 답 :
② 송전단 전류
• 계산과정 :
• 답 :

(2) 무부하 시 수전단 전압을 140[kV]로 유지하기 위해 필요한 수전단 조상설비용량[kVar]을 구하시오.
• 계산과정 :
• 답 :

답안 (1) ① 수전단 전압

• 계산과정 : 송전단 전압 $V_s = AV_r + \sqrt{3}BI_r$

무부하 시 $I_r = 0$이므로

수전단 전압 $V_r = \left.\dfrac{V_s}{A}\right|_{I_r=0} = \dfrac{154}{0.9} = 171.111$[kV]

• 답 : 171.11[kV]

② 송전단 전류

• 계산과정 : 송전단 전류 $I_s = C\dfrac{V_r}{\sqrt{3}} + DI_r$

무부하 시 $I_r = 0$이므로

$$I_s = \left.C\frac{V_r}{\sqrt{3}}\right|_{I_r=0} = j0.5\times10^{-3}\times\frac{171.11\times10^3}{\sqrt{3}} = j49.393\text{[A]}$$

• 답 : j49.39[A]

(2) • 계산과정 : 조상기 전류 $I_c = \dfrac{V_s - AV_r}{\sqrt{3}B} = \dfrac{154\times10^3 - 0.9\times140\times10^3}{\sqrt{3}\times j380} = -j42.541$[A]

조상설비용량 $Q = \sqrt{3}V_rI_c = \sqrt{3}\times140\times42.541 = 10{,}315.644$[kVar]

• 답 : 10,315.64[kVar]

협담 전기기사 실기 출제유형별 기출문제집

2023. 4. 26. 초 판 1쇄 발행
2025. 3. 12. 2차 개정증보 2판 1쇄 발행

검인

지은이 | 전수기, 임한규, 정종연
펴낸이 | 이종춘
펴낸곳 | BM (주)도서출판 성안당
주소 | 04032 서울시 마포구 양화로 127 첨단빌딩 3층(출판기획 R&D 센터)
10881 경기도 파주시 문발로 112 파주 출판 문화도시(제작 및 물류)
전화 | 02) 3142-0036
031) 950-6300
팩스 | 031) 955-0510
등록 | 1973. 2. 1. 제406-2005-000046호
출판사 홈페이지 | www.cyber.co.kr
ISBN | 978-89-315-1340-0 (13560)
정가 | 42,000원

이 책을 만든 사람들
기획 | 최옥현
진행 | 박경희
교정·교열 | 김원갑
전산편집 | 전채영
표지 디자인 | 박현정
홍보 | 김계향, 임진성, 김주승, 최정민
국제부 | 이선민, 조혜란
마케팅 | 구본철, 차정욱, 오영일, 나진호, 강호묵
마케팅 지원 | 장상범
제작 | 김유석